典型元素(非金属元素)

典型元素(金属元素)

遷移元素(金属元素)

10	11	12	13	14	15	16	17	18
								2He ヘリウム Helium 4.003 0.1785 −272.2(26 atm) −268.934
			5B ホウ素 Boron 10.81 2.34 2300 3658	6C 炭素 Carbon 12.01 3.513 3550 4800	7N 窒素 Nitrogen 14.01 1.2506 −209.86 −195.8	8O 酸素 Oxygen 16.00 1.429 −218.4 −182.96	9F フッ素 Fluorine 19.00 1.696 −219.62 −188.14	10Ne ネオン Neon 20.18 0.8999 −248.67 −246.05
			13Al アルミニウム Aluminium 26.98 2.6989 660.32 2467	14Si ケイ素 Silicon 28.09 2.3296 1410 2355	15P リン Phosphorus 30.97 1.82 44.2 280	16S 硫黄 Sulfur 32.07 2.07 112.8 444.674	17Cl 塩素 Chlorine 35.45 3.214 −101.0 −33.97	18Ar アルゴン Argon 39.95 1.784 −189.3 −185.8
28Ni ニッケル Nickel 58.69 8.902 1453 2732	29Cu 銅 Copper 63.55 8.96 1083.4 2567	30Zn 亜鉛 Zinc 65.38* 7.134 419.53 907	31Ga ガリウム Gallium 69.72 5.907 27.78 2403	32Ge ゲルマニウム Germanium 72.63 5.323 937.4 2830	33As ヒ素 Arsenic 74.92 5.78 817(28 atm) 616	34Se セレン Selenium 78.97 4.79 217 684.9	35Br 臭素 Bromine 79.90 3.1226 −7.2 58.78	36Kr クリプトン Krypton 83.80 3.7493 −156.66 −152.3
6Pd ラジウム alladium 106.4 12.02 1552 3140	47Ag 銀 Silver 107.9 10.500 951.93 2212	48Cd カドミウム Cadmium 112.4 8.65 321.0 765	49In インジウム Indium 114.8 7.31 156.6 2080	50Sn スズ Tin 118.7 7.31 231.97 2270	51Sb アンチモン Antimony 121.8 6.691 630.63 1635	52Te テルル Tellurium 127.6 6.24 449.5 990	53I ヨウ素 Iodine 126.9 4.93 113.5 184.3	54Xe キセノン Xenon 131.3 5.8971 −111.9 −107.1
8Pt 白金 latinum 195.1 21.45 1772 3830	79Au 金 Gold 197.0 19.32 1064.43 2807	80Hg 水銀 Mercury 200.6 13.546 −38.87 356.58	81Tl タリウム Thallium 204.4 11.85 304 1457	82Pb 鉛 Lead 207.2 11.35 327.5 1740	83Bi ビスマス Bismuth 209.0 9.747 271.3 1610	84Po ポロニウム Polonium (210) 9.32 254 962	85At アスタチン Astatine (210) − 302 −	86Rn ラドン Radon (222) 9.73 −71 −61.8
Ds ムスタチウム mstadtium (281) − − −	111Rg レントゲニウム Roentgenium (280) − − −	112Cn コペルニシウム Copernicium (285) − − −	113Nh ニホニウム Nihonium (278) − − −	114Fl フレロビウム Flerovium (289) − − −	115Mc モスコビウム Moscovium (289) − − −	116Lv リバモリウム Livermorium (293) − − −	117Ts テネシン Tennessine (293) − − −	118Og オガネソン Oganesson (294) − − −
Gd リニウム adolinium 157.3 7.90 1313 3266	65Tb テルビウム Terbium 158.9 8.229 1356 3123	66Dy ジスプロシウム Dysprosium 162.5 8.55 1412 2562	67Ho ホルミウム Holmium 164.9 8.795 1474 2695	68Er エルビウム Erbium 167.3 9.066 1529 2863	69Tm ツリウム Thulium 168.9 9.321 1545 1950	70Yb イッテルビウム Ytterbium 173.0 6.965 824 1193	71Lu ルテチウム Lutetium 175.0 9.84 1663 3395	
Cm ュリウム urium (247) 13.3 1340 −	97Bk バークリウム Berkelium (247) 14.79 1047 −	98Cf カリホルニウム Californium (252) − 900 −	99Es アインスタイニウム Einsteinium (252) − 860 −	100Fm フェルミウム Fermium (257) − − −	101Md メンデレビウム Mendelevium (258) − − −	102No ノーベリウム Nobelium (259) − − −	103Lr ローレンシウム Lawrencium (262) − − −	

ニホニウム 113Nh

原子番号113番の元素はわが国で合成された元素で，亜鉛 30Zn とビスマス 83Bi を高速で衝突させて得られた。2016年11月，その名称がニホニウムNhと決定された。

値は ±3 の範囲で不確定である。(　)をつけた値は，その元素の放射性同位体の質量数の一例である。単体が気体の場合，その密度は g/L 単位(0℃，1.013×10^5 Pa)で示されている。

本書の構成と利用法

本書は，高校化学の基礎～発展までの学習内容を網羅した図説資料集です。
写真や図表，イラストを豊富に盛りこみ，丁寧な説明文と組み合わせて，大学入試対策にも万全を期しています。

本文テーマ

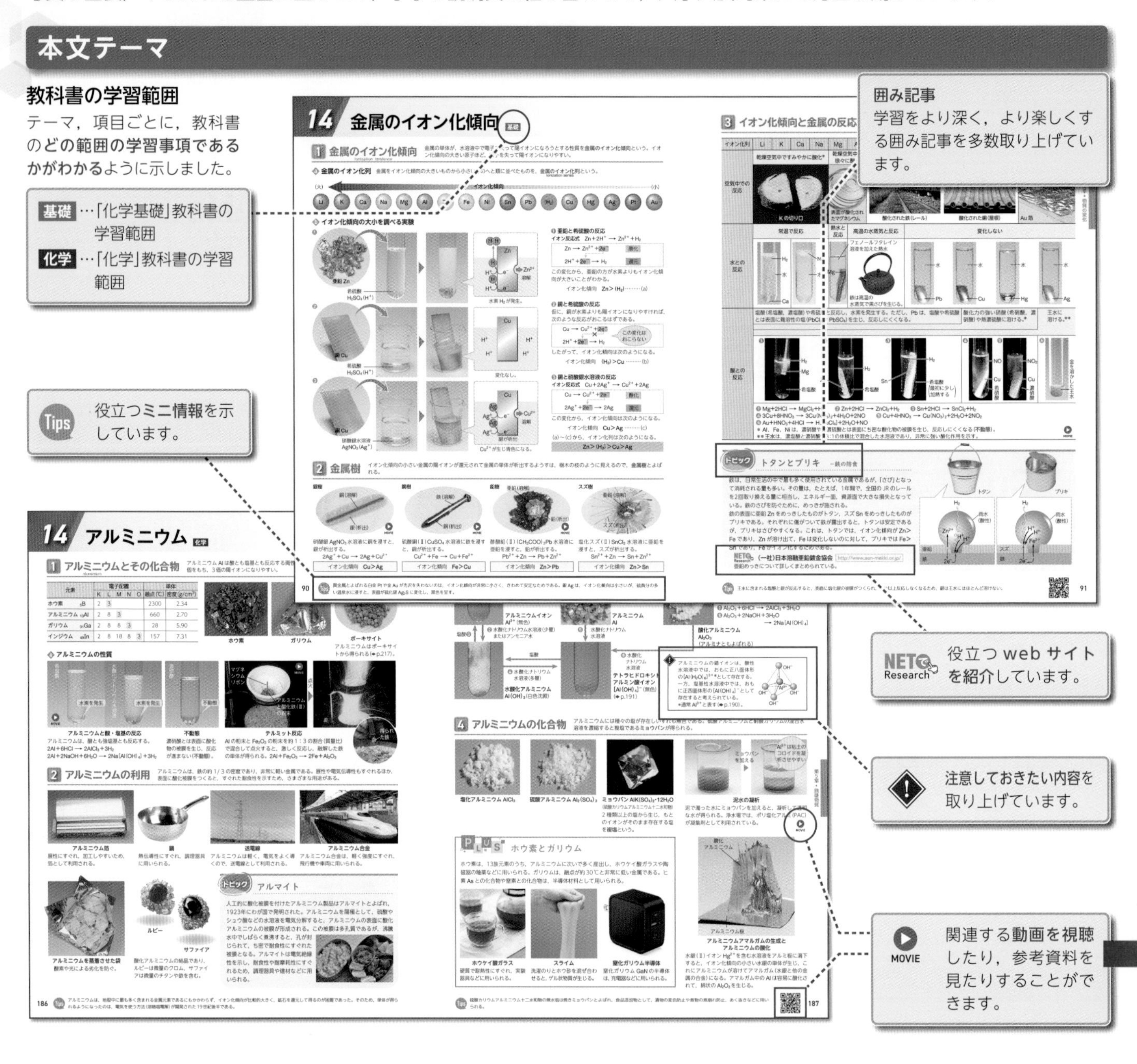

教科書の学習範囲

テーマ，項目ごとに，教科書のどの範囲の学習事項であるかがわかるように示しました。

基礎 …「化学基礎」教科書の学習範囲
化学 …「化学」教科書の学習範囲

囲み記事
学習をより深く，より楽しくする囲み記事を多数取り上げています。

Tips 役立つミニ情報を示しています。

NET Research 役立つ web サイトを紹介しています。

注意しておきたい内容を取り上げています。

MOVIE 関連する動画を視聴したり，参考資料を見たりすることができます。

4種類の囲み記事

本文の学習事項の理解に有用な事項を扱った**4種類の囲み記事**を設けました。

学習内容に関連する補足的な内容，学習事項の理解に有用な内容を取り上げています。

クローズアップ
Close-up

素朴な疑問をもとに，さらに深めて理解したい学習内容を示しています。

学習事項に関連した身近な例を取り上げています。

化学の発展に貢献した科学者たちを紹介しています。

探究活動

定番の実験から入試頻出の実験まで全16テーマを取り上げました。

操作説明

順を追って丁寧に操作を示し，**実験書としても活用**できるようにしています。

結果と考察

実験結果や考察の結果を示しているので，実験の予習・復習を効率的に行うことができます。

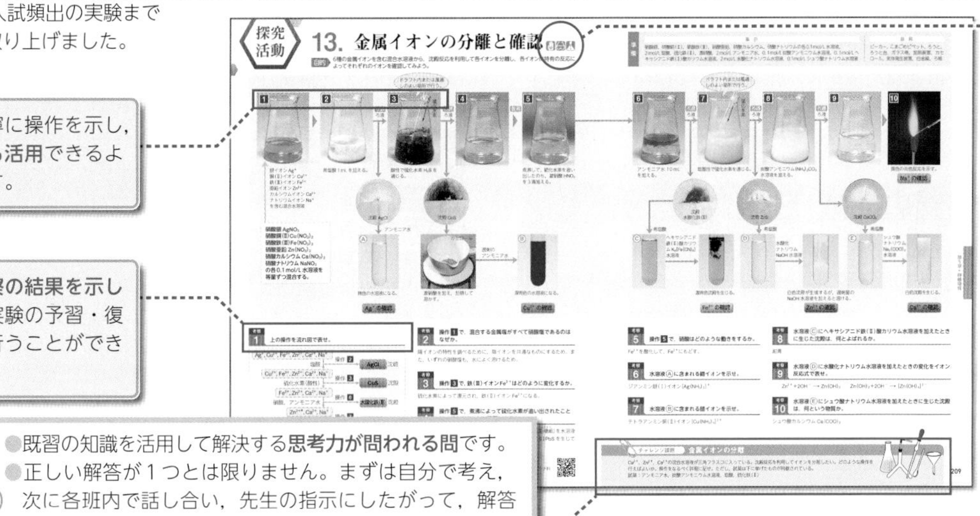

注意喚起

実験を安全に実施するための注意点をアイコンで示しました。

- 風通しのよい場所で行う
- 火気を遠ざける
- やけどに注意する
- 必ず安全メガネを装着する
- 皮膚や衣服への付着に注意する

末尾に**チャレンジ課題**を設けました。

- 既習の知識を活用して解決する**思考力が問われる問**です。
- 正しい解答が1つとは限りません。まずは自分で考え，次に各班内で話し合い，先生の指示にしたがって，解答を提出したり，発表したりしましょう。
- **動画と同じサイトで解答例を配信**しています。

「実験の基本操作」と化学への興味を喚起する「特集（全13テーマ）」

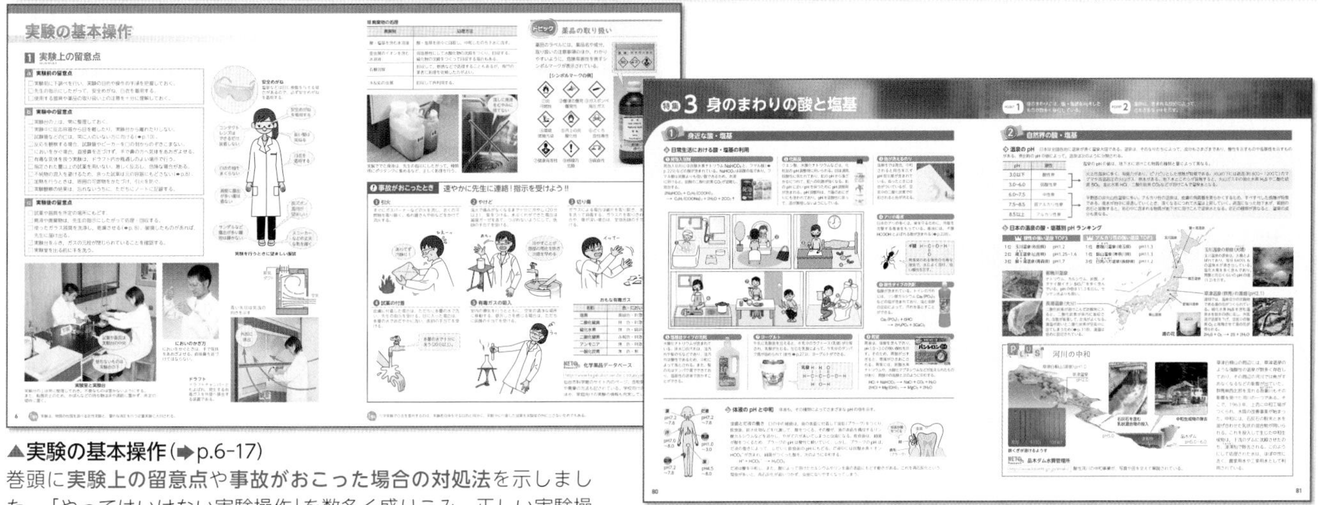

▲**実験の基本操作**（➡p.6-17）
巻頭に**実験上の留意点**や**事故がおこった場合の対処法**を示しました。「やってはいけない実験操作」を数多く盛りこみ，正しい実験操作と対比できるようにしました。

▲特集3「**身のまわりの酸と塩基**」（➡p.80-81）
化学への興味を喚起する13テーマの「特集」を盛りこみました。

プラスウェブのご案内

パソコンや携帯電話で，MOVIEのアイコンを付した内容の実験動画を視聴できます。また，この二次元コードを読み込むと，関連する実験動画を視聴できます。

https://dg-w.jp/b/64f0001　こちらから ▶

注意
①学校内や公共交通機関でのご使用は，校則やマナーを守ってください。
②実験動画の視聴は無料ですが，通信料が必要となります。
③自転車や歩行中のご利用は危険です。絶対におやめください。
④本書の発行終了とともに当サイトを閉鎖することがあります。

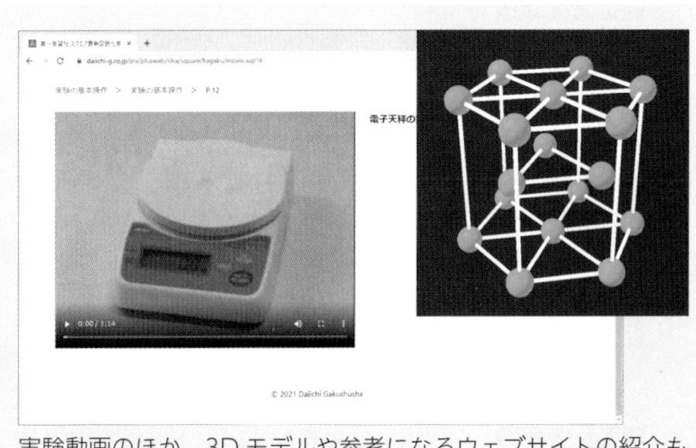

実験動画のほか，3Dモデルや参考になるウェブサイトの紹介も参照できます。

Contents

第6章 有機化合物 化学

第7章 高分子化合物 化学

第8章 環境と化学

特集一覧

探究活動一覧

囲み記事一覧

PLUS

トピック

Close-up（クローズアップ）

特集 1 宇宙における元素の誕生

物質の誕生と輪廻

天然に存在するおよそ 90 種の元素はすべて，約 46 億年前に地球が生まれるさらに約 100 億年前，宇宙ですでに生まれていた。これらは，星(恒星)の生成と死の過程で誕生したことが知られている。約 150 億年前，ビッグバンによって宇宙がつくられ，その約 1 秒後には電子，陽子が現れ，約 3 分後に ^{1}H，^{2}H，He などの原子核ができた。さらに約 10 万年ののち，電子は原子核にとらえられ，軽い元素の原子となった。これらが重力によって集まり，非常に高い温度・圧力のもとで原子核が融合し，最初の恒星が誕生した。

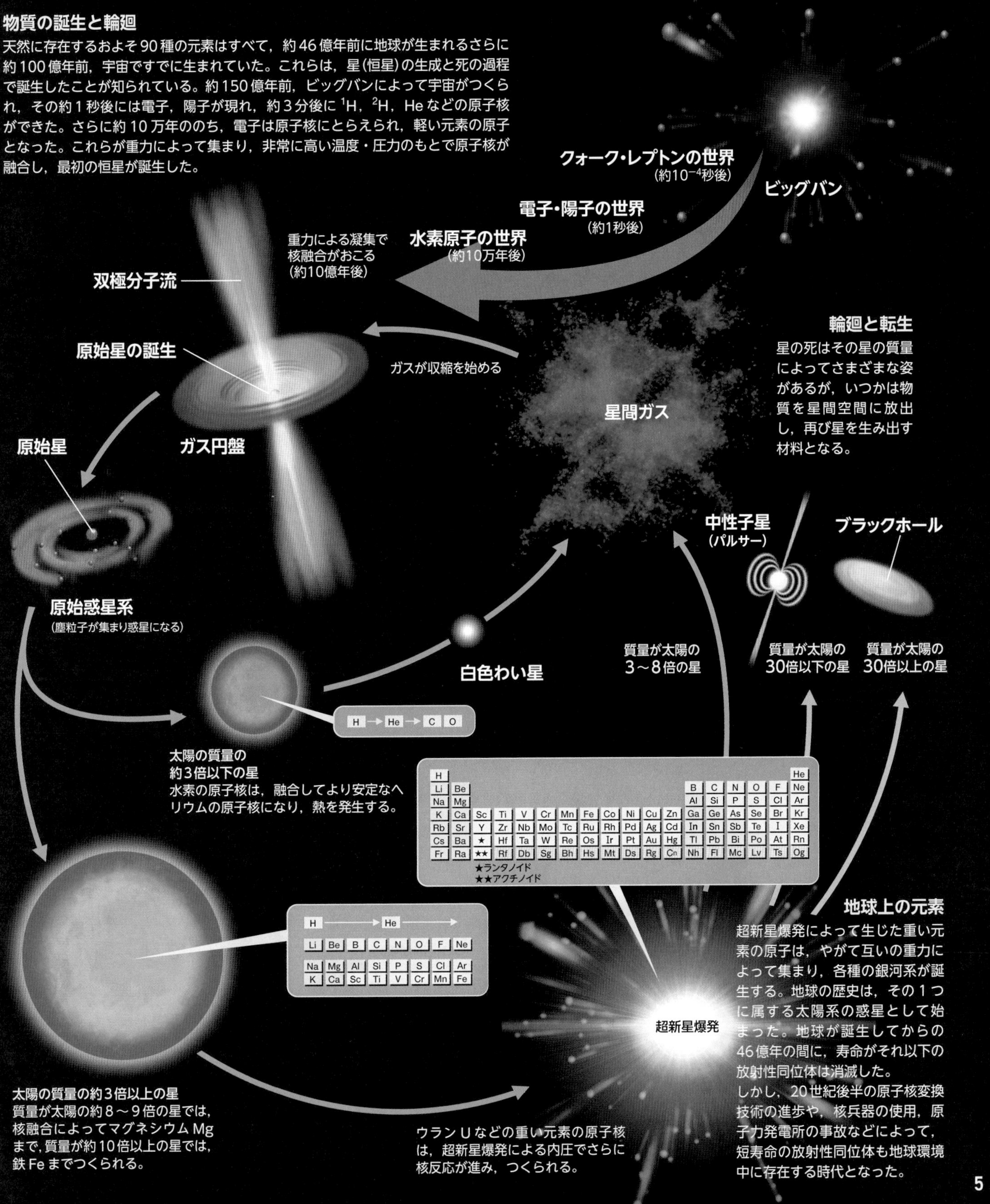

ビッグバン

クォーク・レプトンの世界
(約10^{-4}秒後)

電子・陽子の世界
(約1秒後)

水素原子の世界
(約10万年後)

重力による凝集で
核融合がおこる
(約10億年後)

双極分子流

原始星の誕生

ガスが収縮を始める

星間ガス

ガス円盤

原始星

原始惑星系
(塵粒子が集まり惑星になる)

輪廻と転生

星の死はその星の質量によってさまざまな姿があるが，いつかは物質を星間空間に放出し，再び星を生み出す材料となる。

中性子星
(パルサー)

ブラックホール

白色わい星

質量が太陽の
3～8倍の星

質量が太陽の
30倍以下の星

質量が太陽の
30倍以上の星

H → He → C O

太陽の質量の
約3倍以下の星
水素の原子核は，融合してより安定なヘリウムの原子核になり，熱を発生する。

H																	He
Li	Be											B	C	N	O	F	Ne
Na	Mg											Al	Si	P	S	Cl	Ar
K	Ca	Sc	Ti	V	Cr	Mn	Fe	Co	Ni	Cu	Zn	Ga	Ge	As	Se	Br	Kr
Rb	Sr	Y	Zr	Nb	Mo	Tc	Ru	Rh	Pd	Ag	Cd	In	Sn	Sb	Te	I	Xe
Cs	Ba	★	Hf	Ta	W	Re	Os	Ir	Pt	Au	Hg	Tl	Pb	Bi	Po	At	Rn
Fr	Ra	★★	Rf	Db	Sg	Bh	Hs	Mt	Ds	Rg	Cn	Nh	Fl	Mc	Lv	Ts	Og

★ランタノイド
★★アクチノイド

H → He →

Li Be B C N O F Ne

Na Mg Al Si P S Cl Ar
K Ca Sc Ti V Cr Mn Fe

超新星爆発

地球上の元素

超新星爆発によって生じた重い元素の原子は，やがて互いの重力によって集まり，各種の銀河系が誕生する。地球の歴史は，その 1 つに属する太陽系の惑星として始まった。地球が誕生してからの 46 億年の間に，寿命がそれ以下の放射性同位体は消滅した。
しかし，20 世紀後半の原子核変換技術の進歩や，核兵器の使用，原子力発電所の事故などによって，短寿命の放射性同位体も地球環境中に存在する時代となった。

太陽の質量の約 3 倍以上の星
質量が太陽の約 8 ～ 9 倍の星では，核融合によってマグネシウム Mg まで，質量が約 10 倍以上の星では，鉄 Fe までつくられる。

ウラン U などの重い元素の原子核は，超新星爆発による内圧でさらに核反応が進み，つくられる。

実験の基本操作

1 実験上の留意点
experiment

a 実験前の留意点

☑実験前に下調べを行い，実験の目的や操作の手順を把握しておく。
☑先生の指示にしたがって，安全めがね，白衣を着用する。
☑使用する器具や薬品の取り扱い上の注意を十分に理解しておく。

b 実験中の留意点

☑実験台の上は，常に整理しておく。
☑実験中に反応容器から目を離したり，実験台から離れたりしない。
☑試験管などの口は，常に人のいない方に向ける(➡p.10)。
☑反応を観察する場合，試験管やビーカーを口の側からのぞきこまない。
☑においをかぐ場合，直接鼻を近づけず，手で鼻の方へ気体をあおぎよせる。
☑有毒な気体を扱う実験は，ドラフト内か風通しのよい場所で行う。
☑指定された量以上の試薬を用いない。激しく反応し，危険な場合がある。
☑不純物の混入を避けるため，余った試薬は元の容器にもどさない(➡p.8)。
☑加熱を行うときは，周囲の可燃物をかたづけ，引火を防ぐ。
☑実験観察の結果は，忘れないうちに，ただちにノートに記録する。

c 実験後の留意点

☑試薬や器具を所定の場所にもどす。
☑廃液や廃棄物は，先生の指示にしたがって処理・回収する。
☑使ったガラス器具を洗浄し，乾燥させる(➡p. 8)。破損したものがあれば，先生に届け出る。
☑実験台をふき，ガスの元栓が閉じられていることを確認する。
☑実験室を出る前に手を洗う。

安全めがね
塩基などは目に損傷を与える場合があるので，必ず安全めがねを着用する。
安全めがねを着用する
コンタクトレンズはできるだけ装着しない
長い髪は束ねる
白衣を着用する
白衣の袖をまくらない
過度に露出が多い服は着ない
長ズボン着用が望ましい
サンダルなど露出が多い履物は履かない
スニーカーなどの丈夫な靴を履く

実験を行うときに望ましい服装

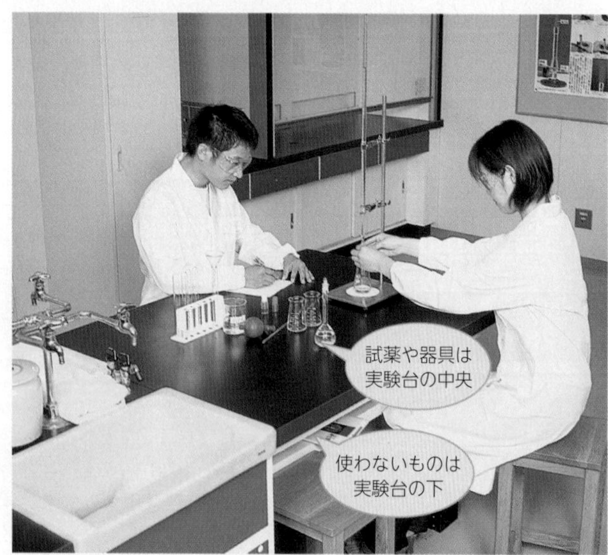
試薬や器具は実験台の中央
使わないものは実験台の下

実験室と実験台
実験台の上は常に整理しておき，不要なものは置かないようにする。また，転倒防止のため，かばんなどの持ち物は床や通路に置かず，所定の場所に置く。

においのかぎ方
においをかぐときは，手で気体をあおぎよせる。直接鼻を近づけてはならない。

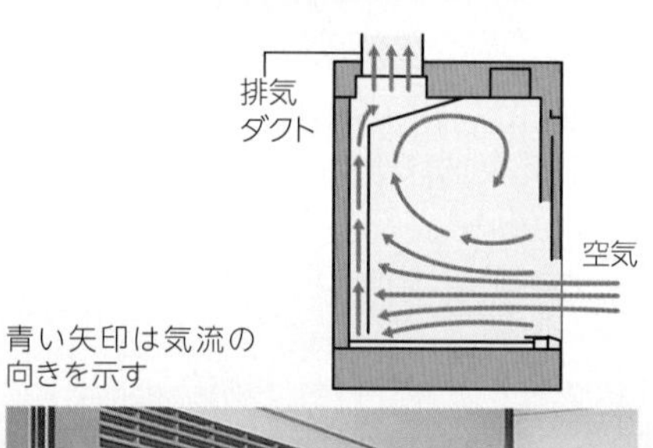
排気ダクト
空気
青い矢印は気流の向きを示す

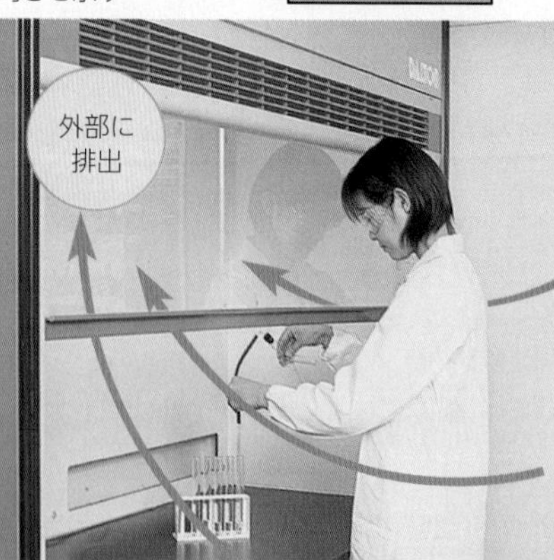
外部に排出

ドラフト
ドラフトチャンバーともよばれ，発生する有毒ガスを外部へ排出する装置である。

Tips 実験は，物質の性質を調べる定性実験と，量的な測定を行う定量実験に大別される。

■廃棄物の処理

廃棄物	処理方法
酸・塩基を含む水溶液	酸・塩基を別々に回収し，中和したのち下水に流す。
重金属のイオンを含む水溶液	弱塩基性にして水酸化物の沈殿をつくり，回収する。硫化物の沈殿をつくって回収する場合もある。
有機溶媒	回収して，燃焼などで処理することもあるが，専門の業者に処理を依頼した方がよい。
未反応の金属	回収して再利用する。

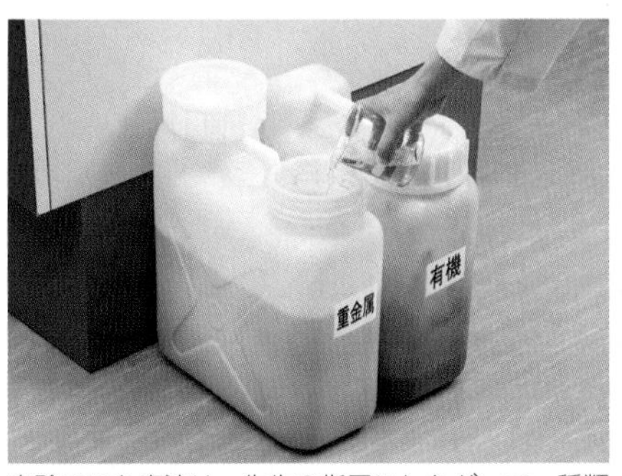

実験ででた廃液は，先生の指示にしたがって，種類別にポリタンクに集めるなど，正しく処理を行う。

トピック 薬品の取り扱い

薬品のラベルには，薬品名や成分，取り扱いの注意事項のほか，わかりやすいように，危険有害性を表すシンボルマークが表示されている。

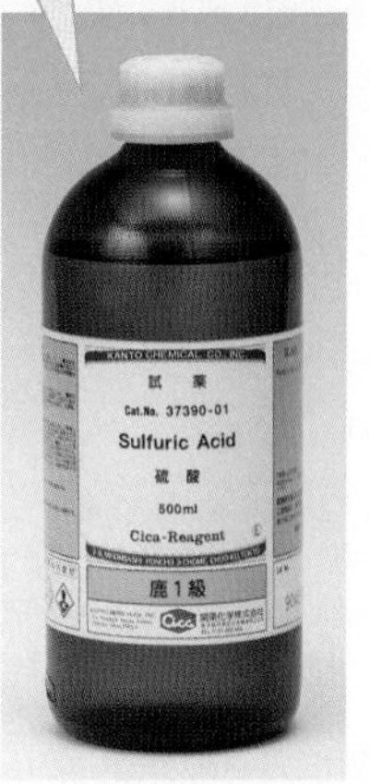

【シンボルマークの例】

①炎 可燃性

②爆弾の爆発 爆発性

③ガスボンベ 高圧ガス

④環境 環境汚染

⑤円上の炎 酸化性

⑥どくろ 急性毒性

⑦健康有害性

⑧感嘆符 危険

⑨腐食性

! 事故が起こったとき　速やかに先生に連絡！指示を受けよう!!

❶ 引火

すぐにガスバーナーなどの火を消し，近くの可燃物を取り除く。ぬれ雑きんや砂などをかけて消火する。

❷ やけど

流水で痛みがなくなるまで十分に冷やし（20分以上），薬をつける。水ぶくれができた場合は滅菌ガーゼをあて，つぶれないようにして，医師の手当てを受ける。

❸ 切り傷

ガラスによる場合は破片を取り除き，水で傷口を洗って消毒する。ガラス片を取りきれない場合や，傷が深い場合は，ただちに医師の手当てを受ける。

❹ 試薬の付着

皮膚に付着した場合は，ただちに多量の水で洗い，先生の指示を受ける。目に入った場合は，多量の水でおだやかに洗い，医師の手当てを受ける。

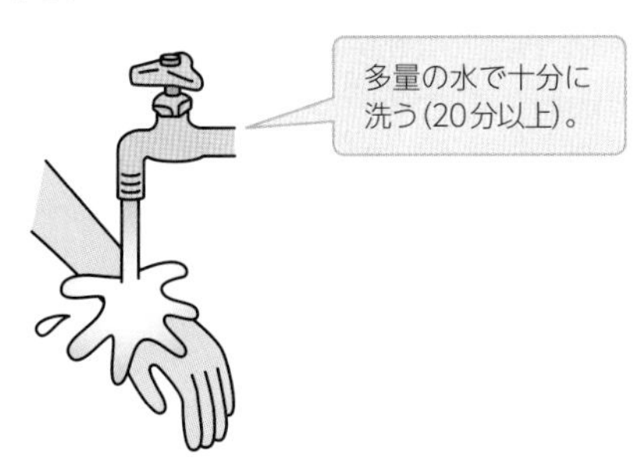

❺ 有毒ガスの吸入

室内の換気を行うとともに，空気の清浄な場所に移動する。息苦しさを感じる場合は，ただちに医師の手当てを受ける。

おもな有毒ガス

名称	色・におい
塩素	黄緑色・刺激臭
二酸化硫黄	無　色・刺激臭
硫化水素	無　色・腐卵臭
二酸化窒素	赤褐色・刺激臭
アンモニア	無　色・刺激臭
一酸化炭素	無　色・無　臭

NET Research 化学薬品データベース

http://www.kagakukan.sendai-c.ed.jp/yakuhin/

仙台市科学館のサイト内のページ。各物質の保管や廃棄の方法も記されている。学校向けの実験のほか，家庭向けの実験の情報も充実している。

Tips 化学実験で白衣を着用するのは，実験者自身を守る目的と同時に，実験中に付着した試薬を実験室の外に出さないためでもある。

ガラス器具の取り扱い

2 試験管の扱い方と試薬のとり方 試験管は破損しやすいので，ていねいに扱う。

test tube

試験管のもち方
親指，人差し指，中指で上部を軽くもつ。

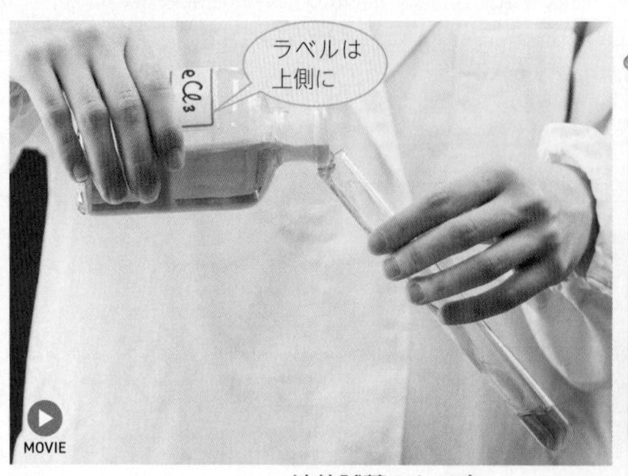

1/4
以下

液体試薬のとり方
試薬びんは利き手にもち，びんの口を試験管の口にのせ，内壁を伝わらせて注ぐ。試薬の量は，試験管の高さの1/4以下にする。

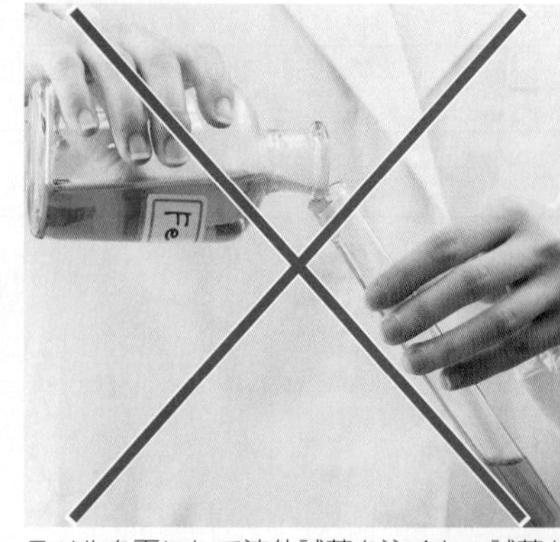

ラベルを下にして液体試薬を注ぐと，試薬がたれたとき，ラベルの文字が読めなくなる。

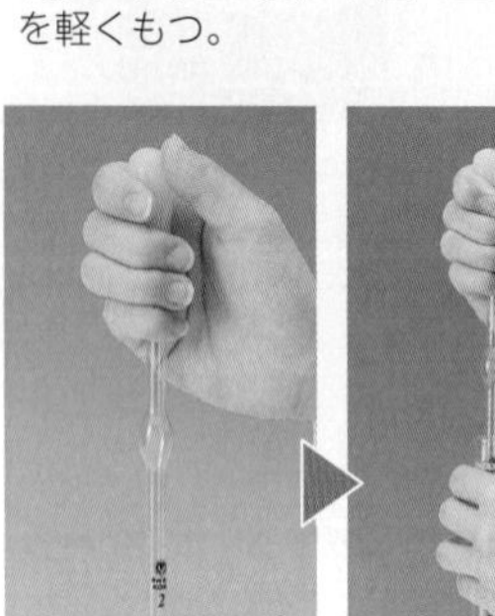

こまごめピペットによる液体試薬のとり方
中指〜小指で本体を固定し，親指と人差し指でゴム帽を操作して，液体試薬をとる。

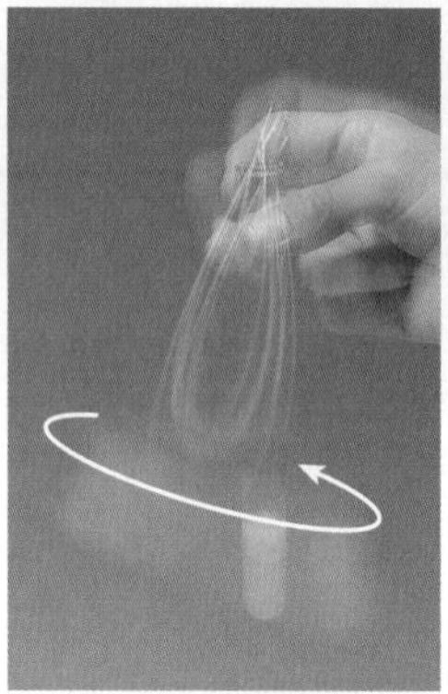

液体試薬のかく拌
試験管の底をまわすようにして振り混ぜる。激しく振るときは，ゴム栓などをして行う。

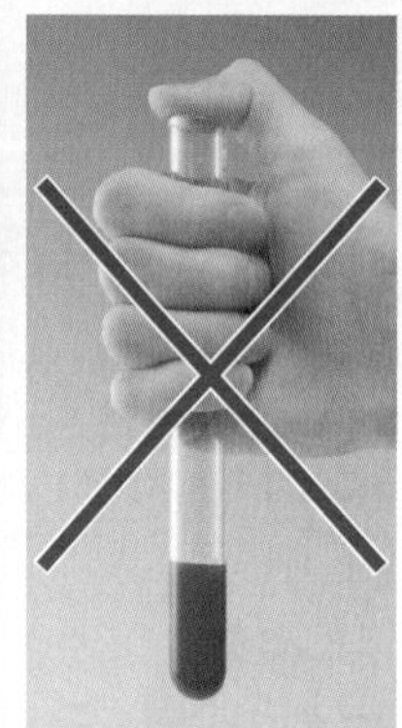

指で栓をして試験管を振ってはならない。

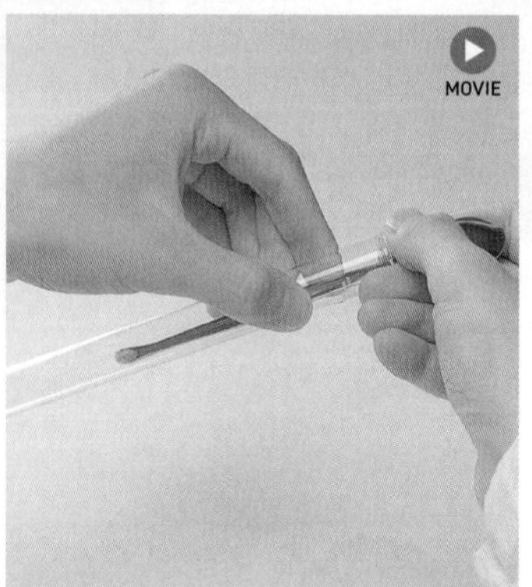

固体試薬のとり方
固体試薬は，試験管を傾けて，薬さじで底の方に入れる。金属片などは，内壁をすべらせて入れる。

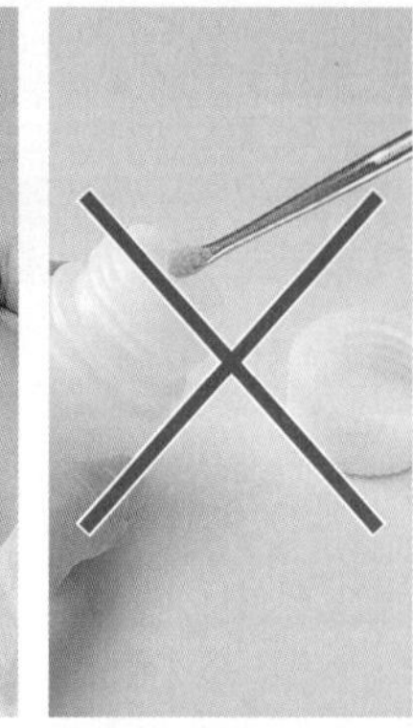

試薬びん中の試薬の純度を保つため，一度とり出した試薬は，びんには戻さない。

3 ガラス器具の洗浄と乾燥 洗浄したガラス器具は，原則として室温で自然乾燥させる。

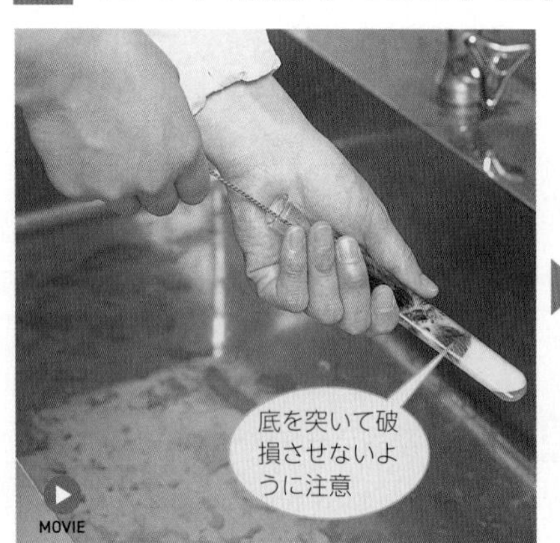

試験管の洗浄と乾燥
ブラシを底まで入れて口のすぐ上の部分をもち，前後に動かして洗う。

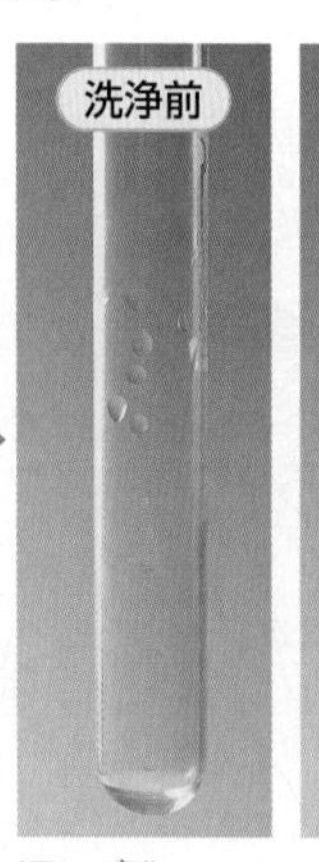

汚れが残っていると水滴になる。

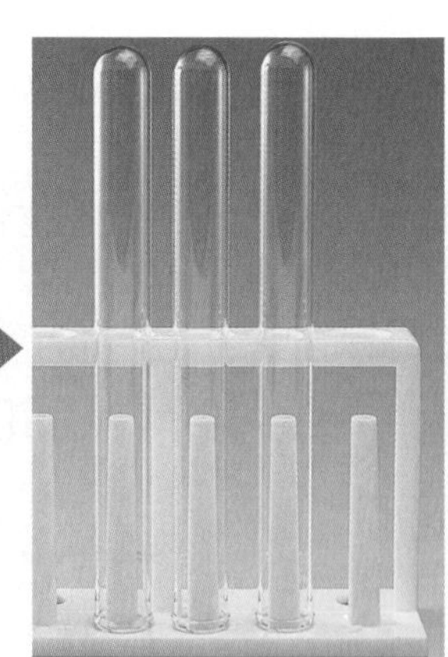

試験管立てに逆さまに立てて乾燥させる。

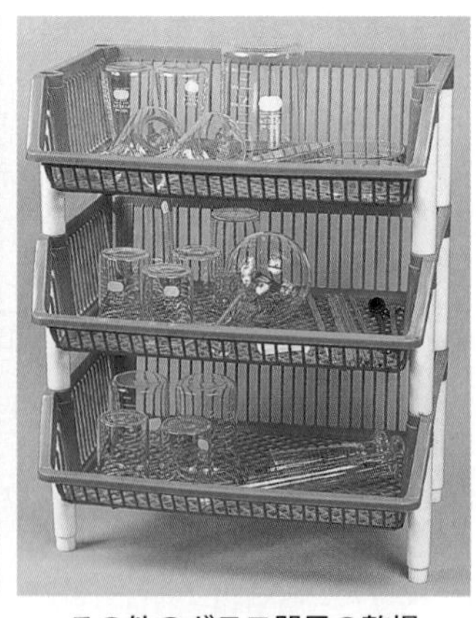

その他のガラス器具の乾燥
水がよく切れるように，逆さまにして乾燥させる。

Tips こまごめピペットで液体試薬をとる際には，試薬がゴム帽に入りこみ，ゴムが劣化するのを防ぐため，とりすぎに注意する。

4 おもな実験器具

実験器具にはさまざまなものがあるので，適した実験器具を選ぶ。
割れたガラス器具は危険なので，使用しない。

PLUS ガラス細工

必要に応じてガラス管やガラス棒を加工することがある。ここでは，ガラス細工の基本操作を示す。

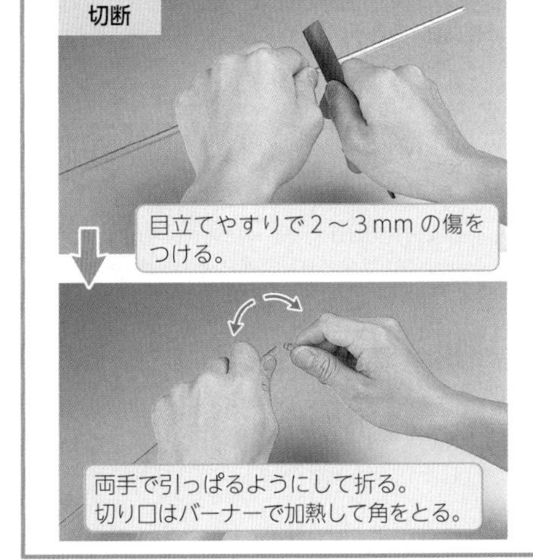

切断
目立てやすりで 2～3 mm の傷をつける。
両手で引っぱるようにして折る。
切り口はバーナーで加熱して角をとる。

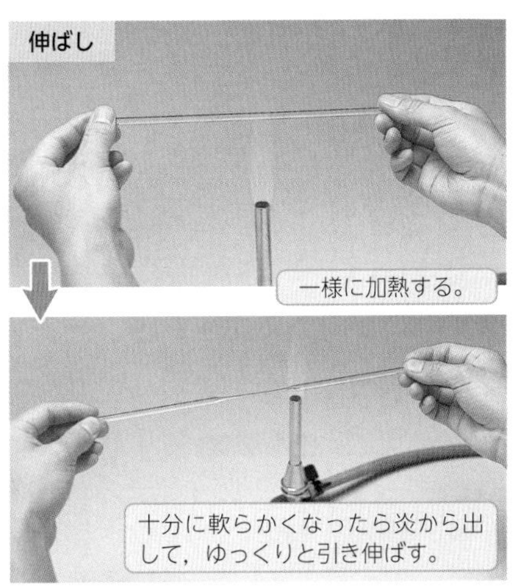

伸ばし
一様に加熱する。
十分に軟らかくなったら炎から出して，ゆっくりと引き伸ばす。

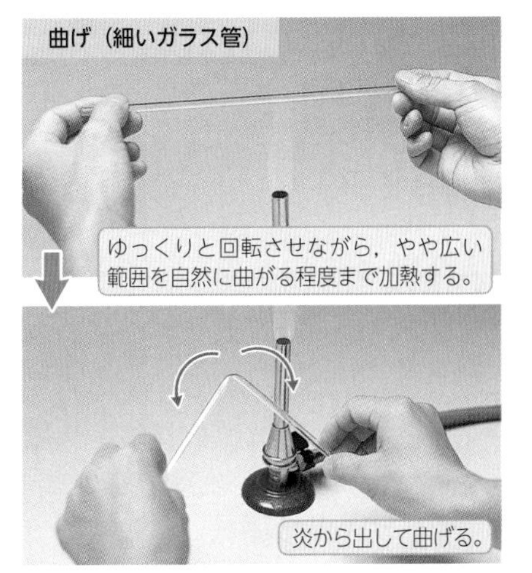

曲げ（細いガラス管）
ゆっくりと回転させながら，やや広い範囲を自然に曲がる程度まで加熱する。
炎から出して曲げる。

Tips 化学実験用のガラス器具には，耐熱性や耐薬品性にすぐれ，衝撃にも強い，ホウケイ酸ガラス(➡ p.174)が用いられている。

加熱操作

5 ガスバーナーの扱い方

加熱操作を行うときは，周囲の可燃物を遠ざけて，引火を防ぐ。

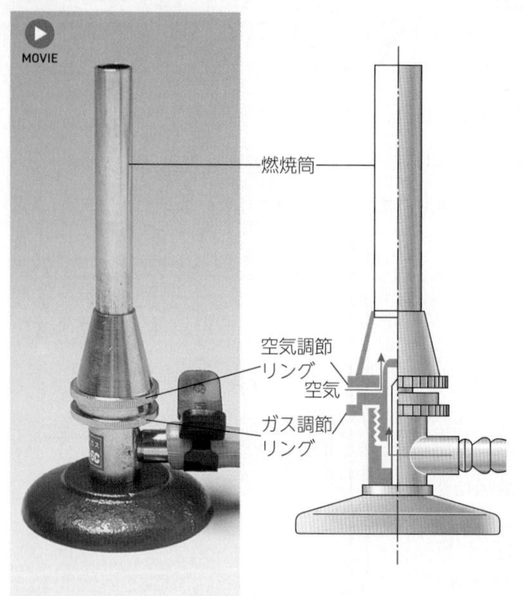

ガスバーナーの構造

点火の手順

❶ 空気・ガス調節リングが閉まっていることを確認する。
❷ 元栓を開ける（コック付きバーナーはコックも開く）。

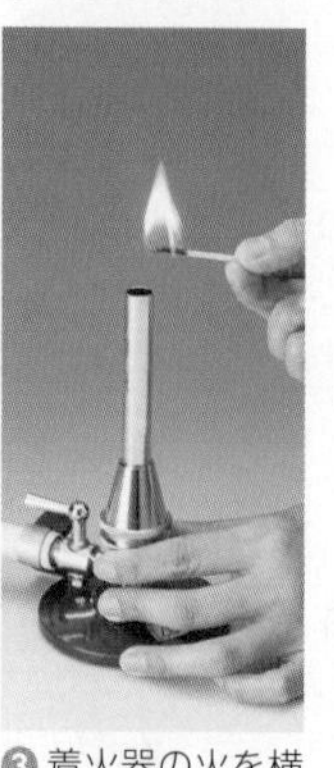
❸ 着火器の火を横から近づけ，ガス調節リングを開ける。

❹ ガスを調節して炎の高さを 4～6cm にする。

❺ 空気を調節して正常な青い炎にする。

使用後はすぐに消火する。消火は点火の操作を逆順に行う。
実験後は空気・ガス調節リングと元栓が閉まっていることを確認する。

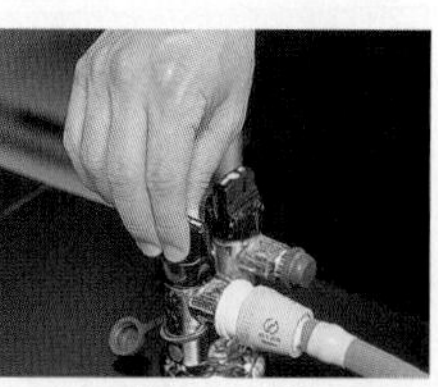
ガスの元栓

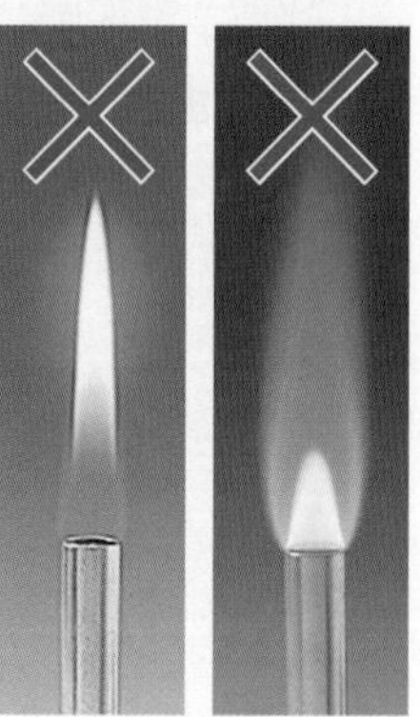
空気不足　空気過剰

6 試験管による加熱

試験管の口は，人のいる方には向けない。

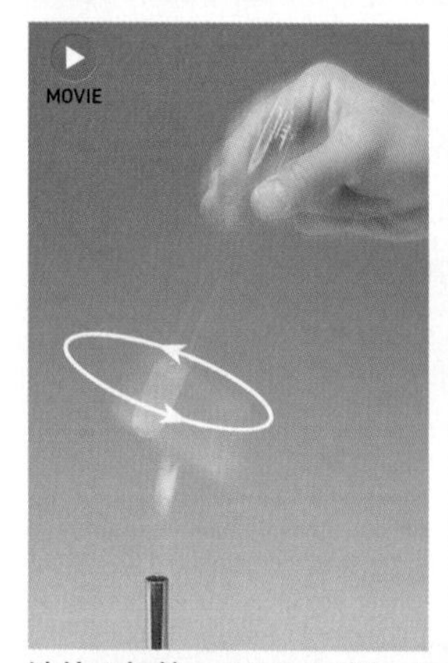

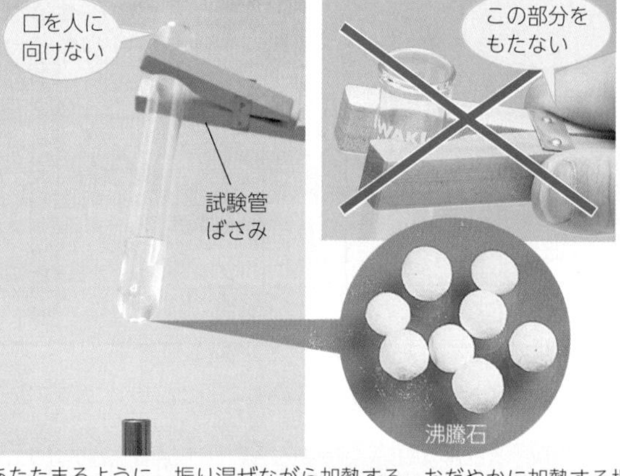

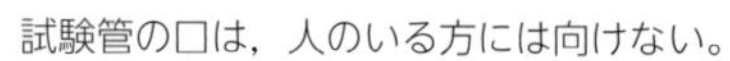

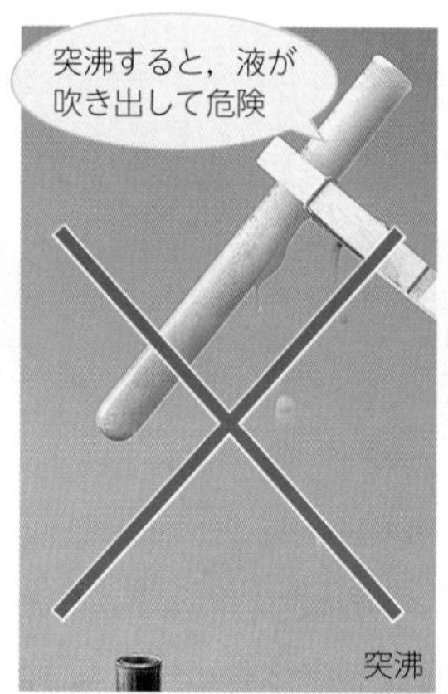

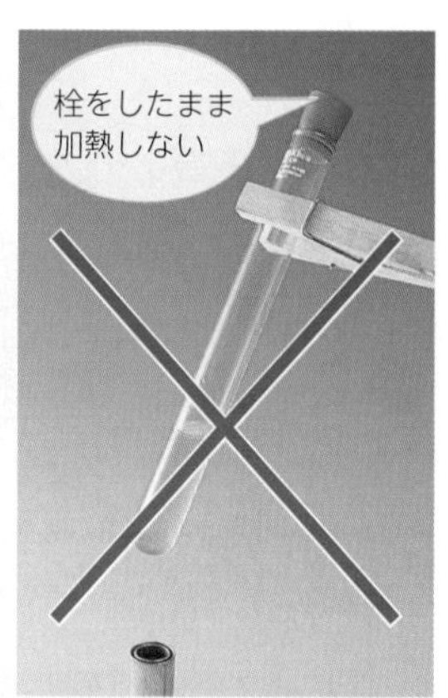

液体の加熱　試薬全体が均一にあたたまるように，振り混ぜながら加熱する。おだやかに加熱する場合は手でもつが，強熱する場合は試験管ばさみを用いる。このとき，突沸を防ぐため，沸騰石を入れておく（加熱の途中では入れない）。また，試験管の口は，必ず人のいない方に向ける。

固体の加熱
固体を加熱するときは，発生した液体が加熱部に流れて試験管が割れないように，口を少し下げておく。

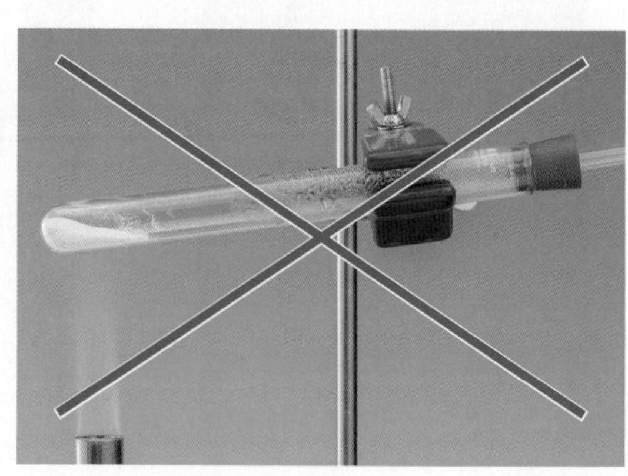

Tips　高等学校で一般に用いられるバーナーは，ブンゼンバーナーともよばれ，ドイツの化学者ブンゼン（1811～1899）によって開発された。ブンゼンは，セシウム Cs やルビジウム Rb を発見したことでも知られている。

7 その他の加熱 やけどを負わないように十分に注意する。

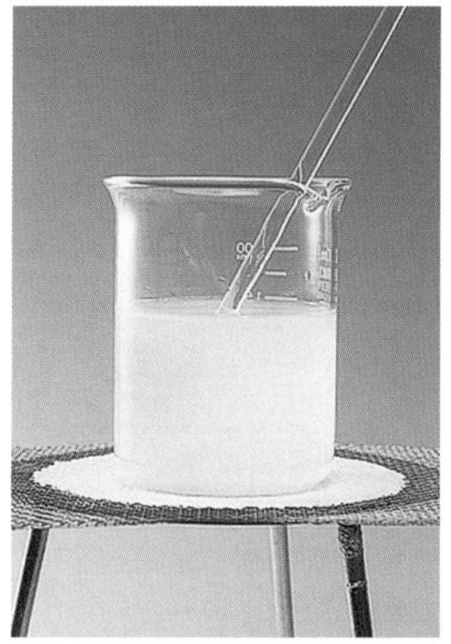
ビーカー内の液体の加熱
液量は半分くらいまでにする。沈殿があるときは，突沸しやすいので，かき混ぜながら加熱する。

水浴
沸点が 100℃よりも低い液体の加熱に用いる。100℃以上で加熱する場合は油を用いた油浴を用いる。

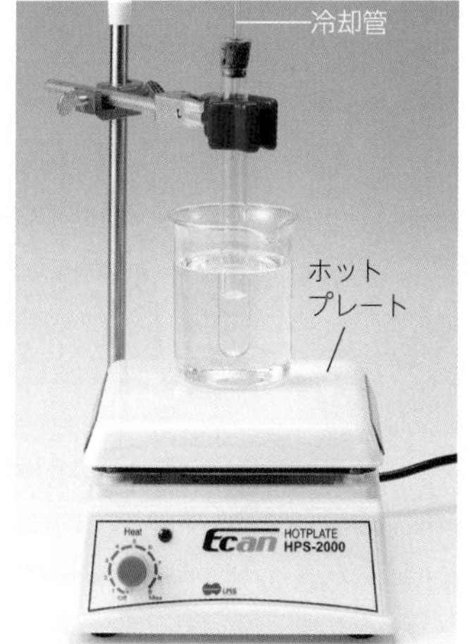

可燃性の液体の加熱
有機溶媒などの可燃性の液体は，引火の恐れがあるため，ホットプレートを用いて加熱を行う。

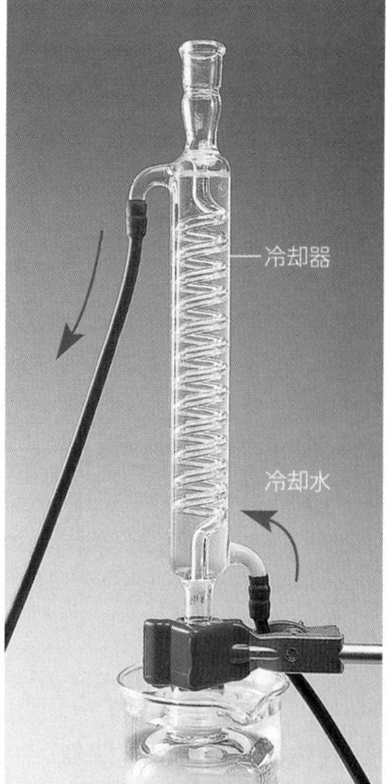

沸点の低い液体の加熱
液体がなくならないように，冷却器をつけて加熱する。蒸気が冷やされ，液体になって反応容器に戻る。

蒸発皿
溶媒を蒸発させるときに用いる。液体が少なくなったら炎を小さくする。

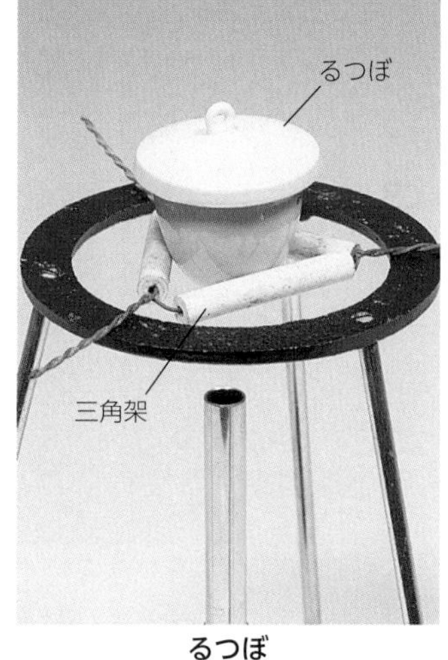

るつぼ
固体を強熱・融解するときに用いる。磁器筒の割れた三角架は使わない。針金が過熱され，るつぼが落下する。

マッフル
るつぼを高温に加熱するときに用いる。もう一方のマッフルをのせると，約1000℃まで加熱できる。

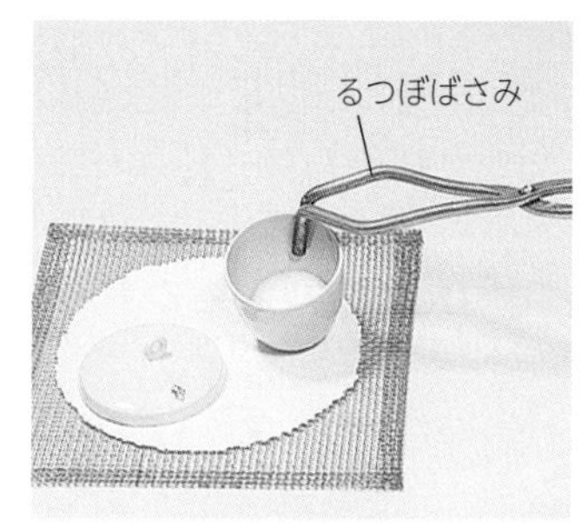

るつぼばさみ
加熱したるつぼなどは，るつぼばさみで扱い，金網か陶磁器製の板の上に置く。

PLUS 逆流を防ぐために

加熱を伴う気体発生の実験などで，気体誘導管の先を水槽の水につけたままで加熱をやめると，水槽内の水が逆流する。特に，水を生じる実験では，逆流した水が試験管内にまで吸い上げられる場合もある。これは，加熱によって生じた気体が加熱をやめることで液体となって体積が小さくなり，急激に容器内の圧力が下がるためである。熱せられていた容器に逆流した水が急激に流れこむと，容器が割れる場合があり，大変危険である。

逆流を防ぐためには，加熱をやめる前に，必ず気体誘導管の先を液体の外に出しておく。また，装置間に逆流した液体を貯めることができる安全びんを設置することも，逆流の防止には有効である(➡p.231)。

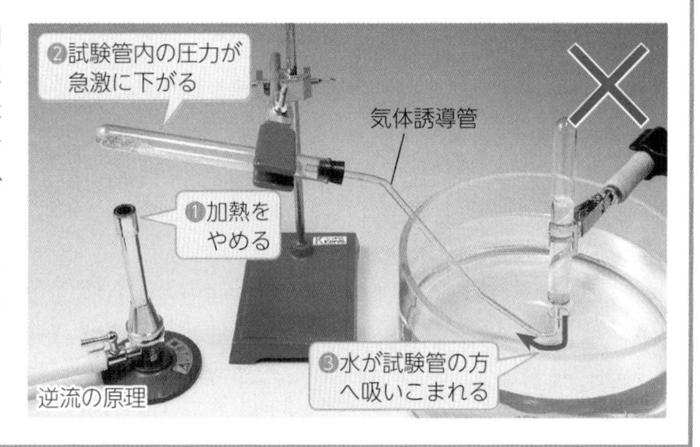

Tips 溶液のかく拌には，磁力を利用したマグネチックスターラーも用いられる。マグネチックスターラーは，磁石でできたかく拌子を用いて，一定の速度で長時間，自動的に溶液をかく拌することができる装置である。

質量・体積の測定

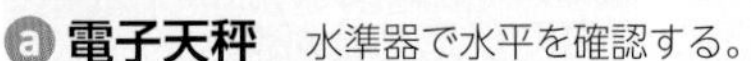

8 質量の測定

質量の測定には，おもに電子天秤を用いる。

ⓐ 電子天秤

水準器で水平を確認する。 MOVIE

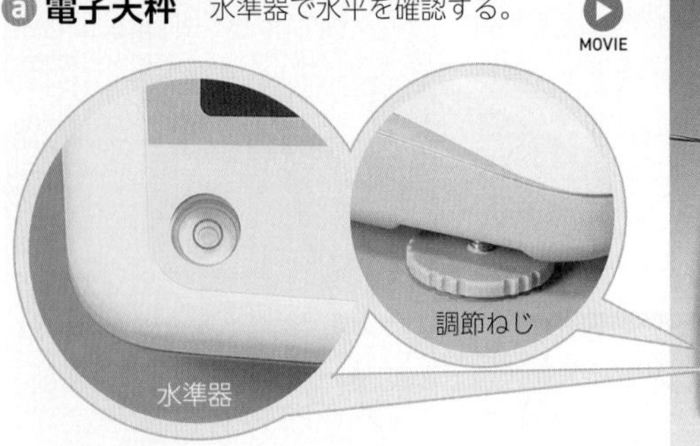

水平な台の上に置き，調節ねじで，水準器の気泡が円の中心になるようにする。

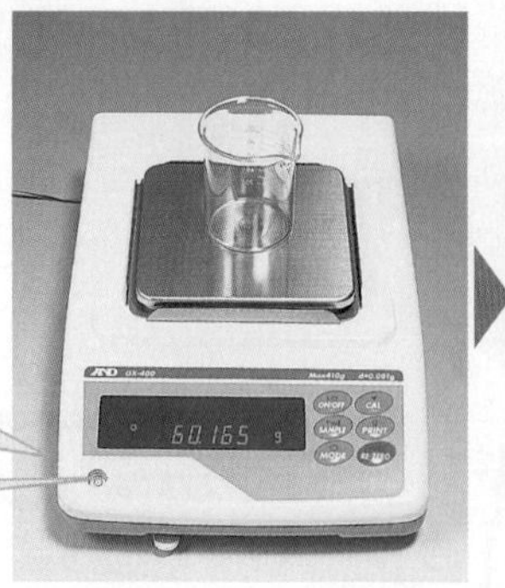

電源を入れて，ビーカーを静かにのせる。

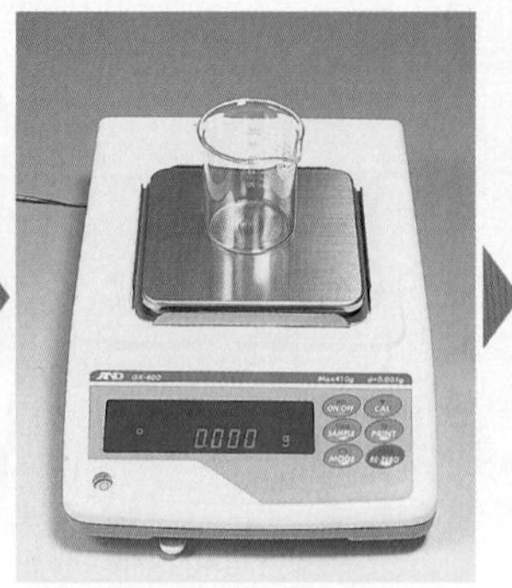

リセットボタンを押して，ビーカーの質量を差し引く。

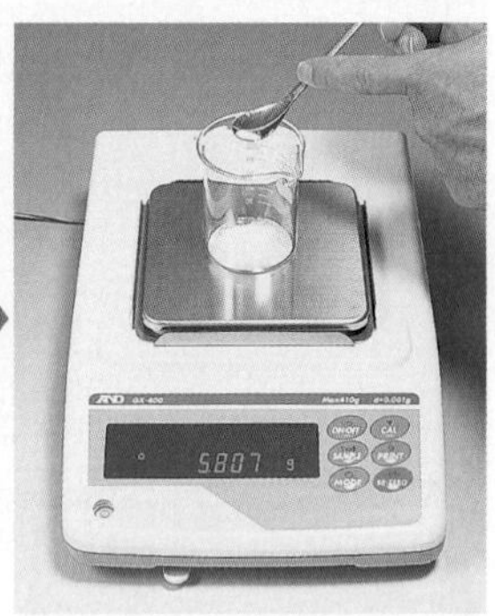

目的の質量まで試薬を少しずつ入れる。収納時には皿にものをのせない。

9 体積の測定

体積の測定器具には，正確にはかり取ることができるものや，精度は低いが手軽に使用できるものなど，さまざまな種類がある。測定の目的に合った器具を選ぶ。

ⓐ 液体の体積の測定器具

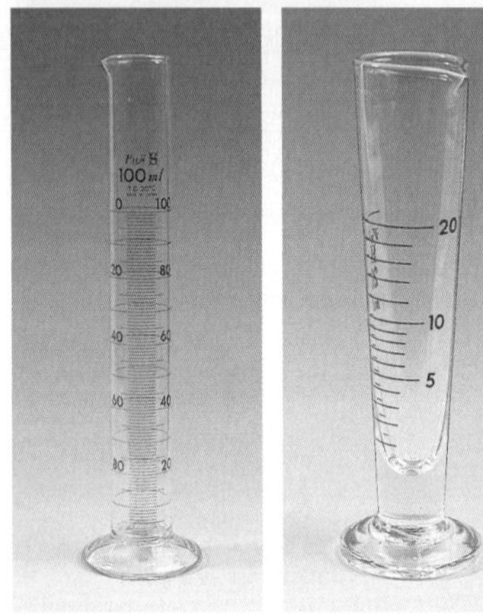

メスシリンダー

メートルグラス

メスシリンダーやメートルグラスは，メスフラスコやホールピペットに比べ，精度が低い。

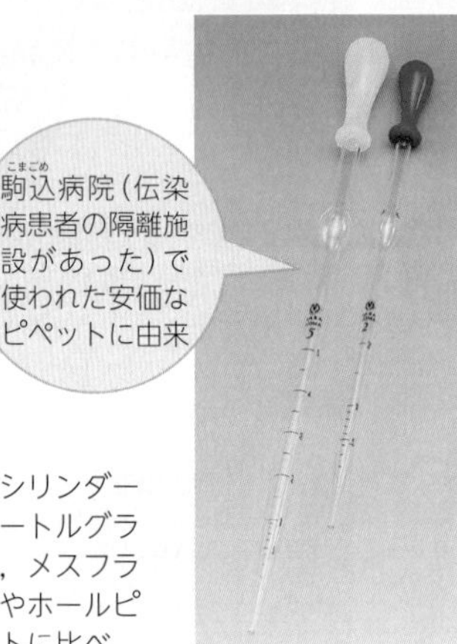

駒込(こまごめ)病院（伝染病患者の隔離施設があった）で使われた安価なピペットに由来

こまごめピペット

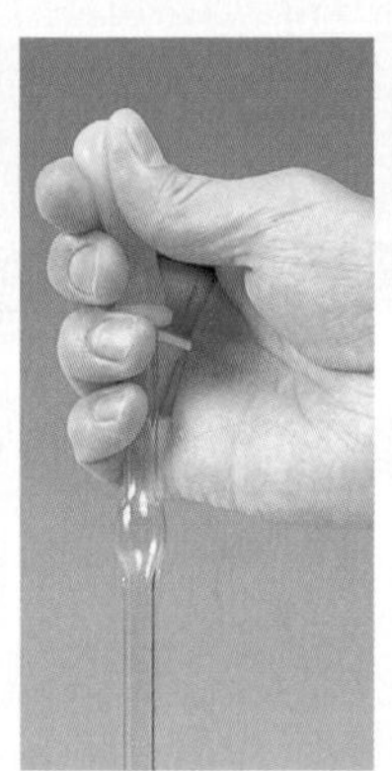

ビーカー

こまごめピペットやビーカーの目盛りは目安であり，正確な体積をはかり取ることはできない。

ⓑ 液体の体積のはかり方

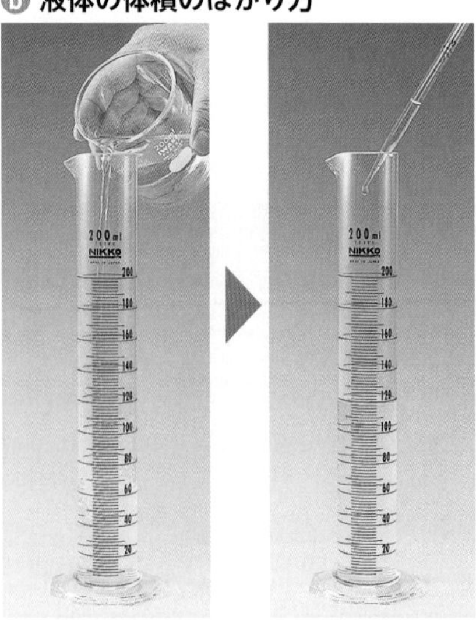

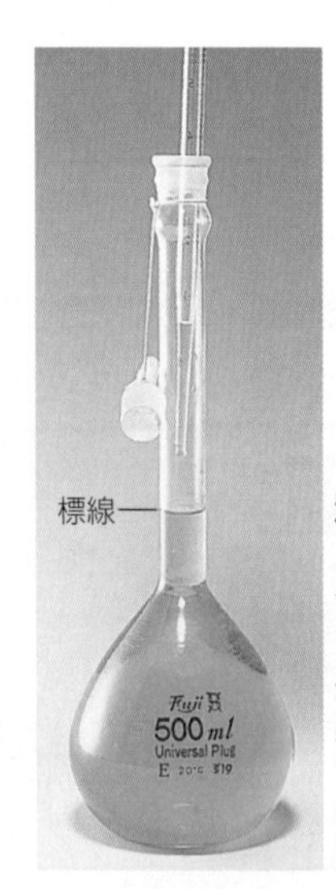

液体のはかり取り方

メスシリンダーは水平な台の上に置き，測定を行う。はかり取る量よりも少なめに入れ，目的の目盛りまでスポイトで滴下する。メスフラスコなどの標線に合わせるときも同様に操作する。

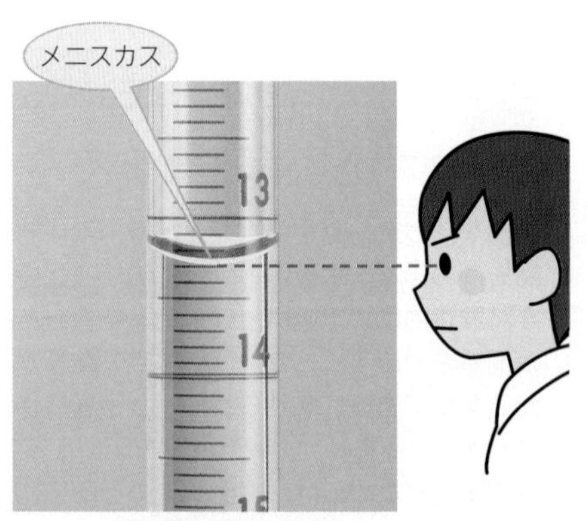

目盛りの読み取り方

液面と目線の高さをそろえ，メニスカス（液面の屈曲）の下側（液面の最も低い部分）を，最小目盛りの1/10まで，目分量で読む。

Tips 質量の測定には，電子天秤のほか，上皿天秤も用いられる。上皿天秤は，支点で支えられた腕の両端に1枚ずつ皿をとりつけた秤（はかり）で，一方の皿には試料，他方には分銅をのせ，左右のつりあいによって重さを測る。

ⓒ 正確に体積をはかり取る測定器具

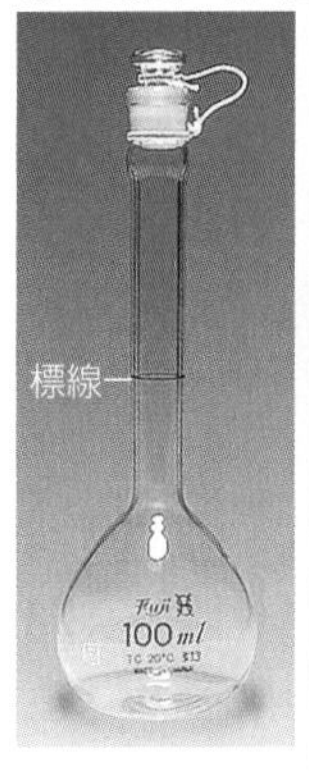

メスフラスコ
一定濃度の溶液を正確につくるときに用いる。

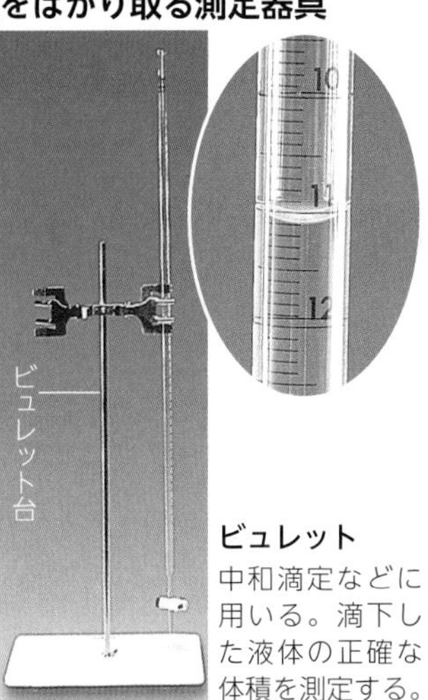

ビュレット
中和滴定などに用いる。滴下した液体の正確な体積を測定する。

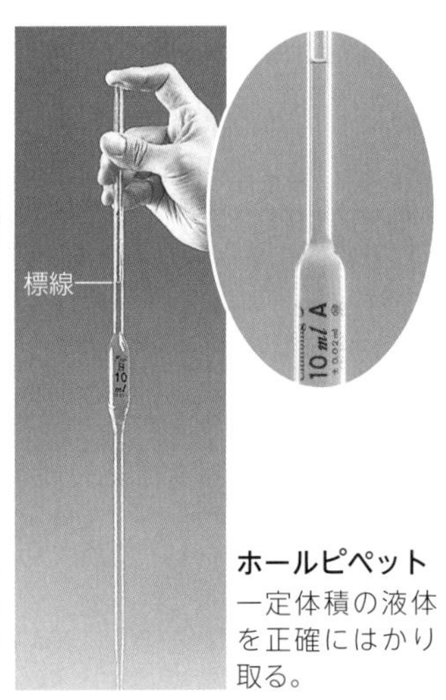

ホールピペット
一定体積の液体を正確にはかり取る。

PLUS ガラス器具の乾燥

ガラス器具を乾燥させるために，乾燥機が用いられる場合もあるが，精度の高いメスフラスコやビュレット，ホールピペットなどは，加熱による変形で正確な体積を測定できなくなるため，必ず常温で自然乾燥させる。

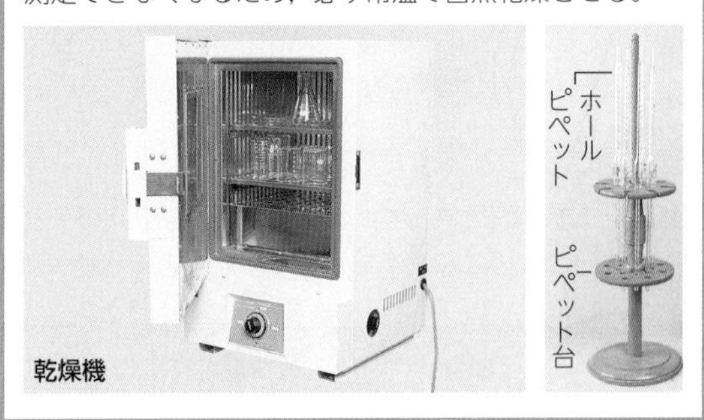

ⓓ 安全ピペッターの扱い方

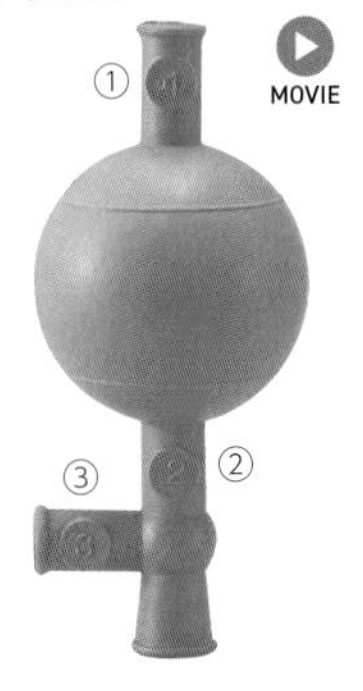

安全ピペッター
ホールピペットなどに取りつけて用いる。

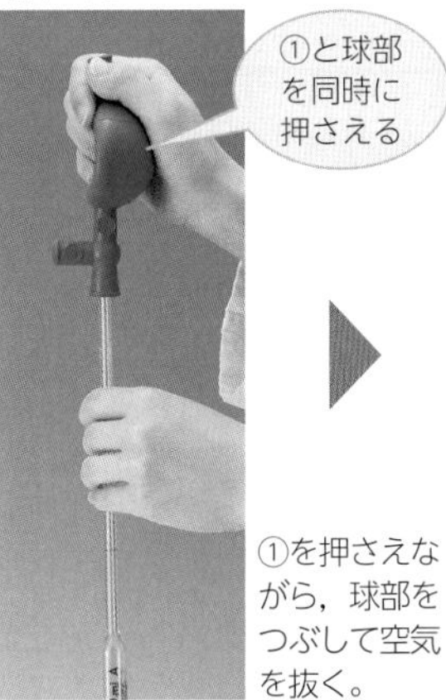

①を押さえながら，球部をつぶして空気を抜く。

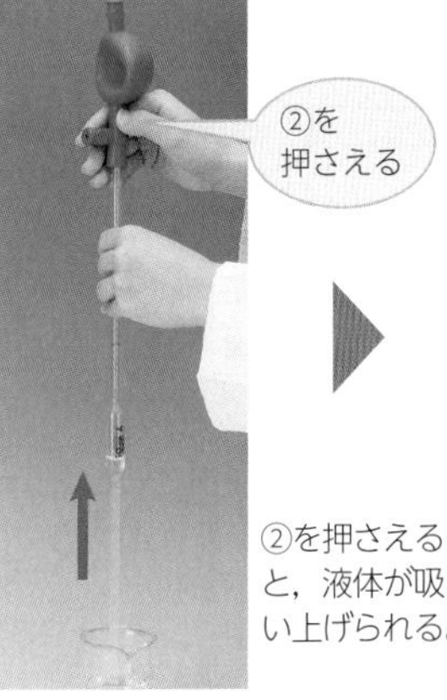

②を押さえると，液体が吸い上げられる。

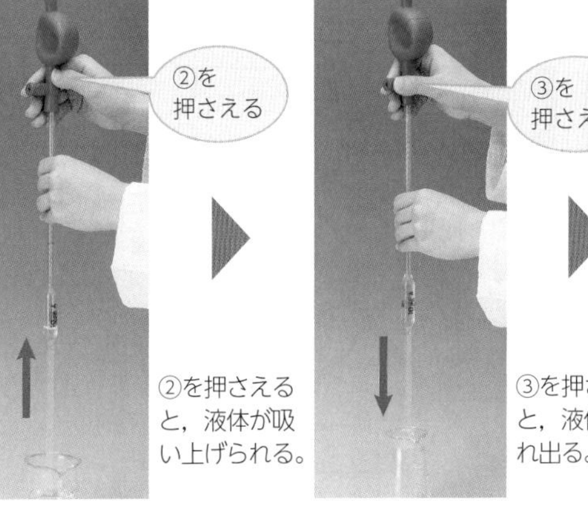
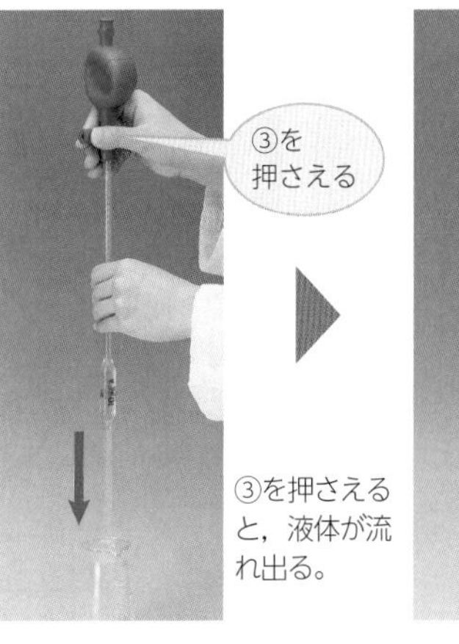

③を押さえると，液体が流れ出る。

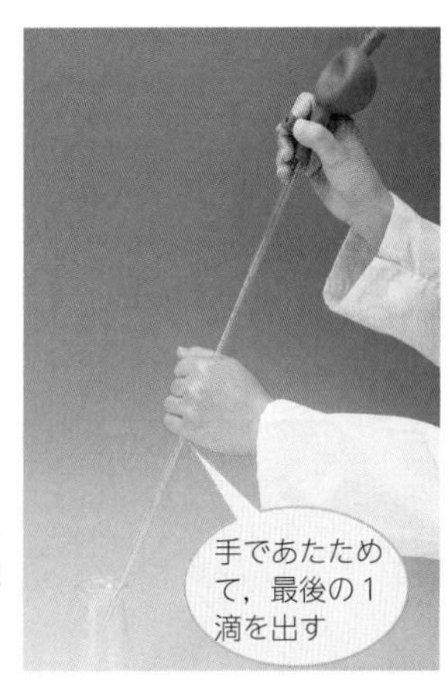

ⓔ 溶液の調製

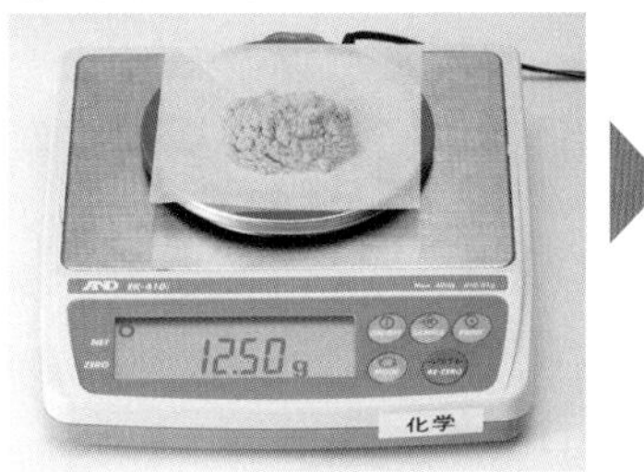

必要な試薬の質量を正確にはかり取る。

少量の蒸留水に溶かす。

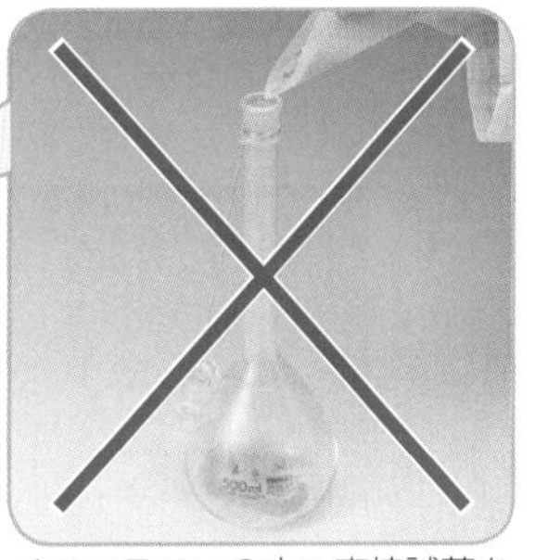

メスフラスコの中へ直接試薬を入れてはいけない。

メスフラスコに移す。
ビーカーの洗液も加える。

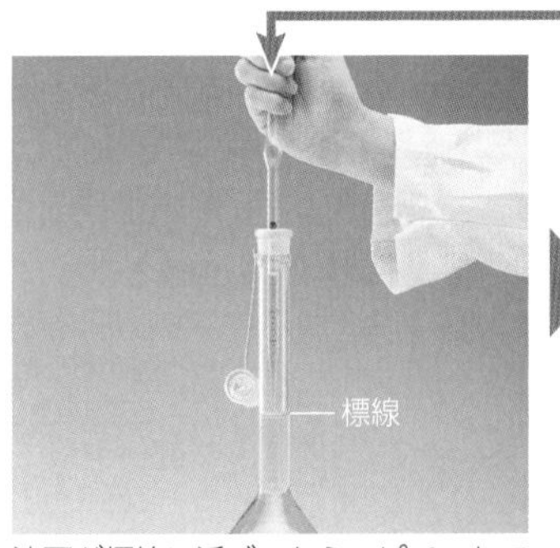

液面が標線に近づいたら，ピペットで少量ずつ蒸留水を加え，標線に合わせる。

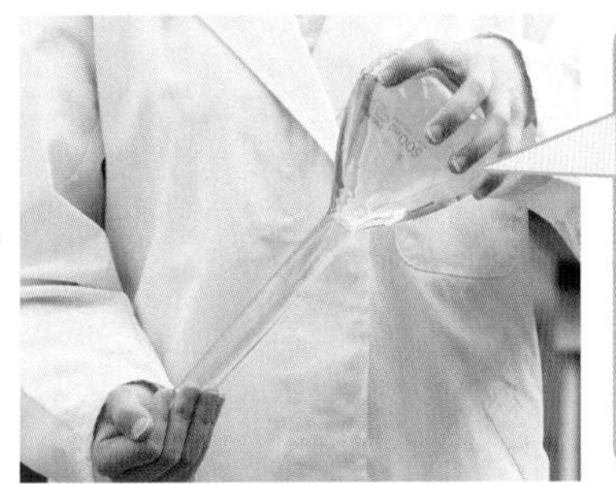

栓をして，よく混ぜる。

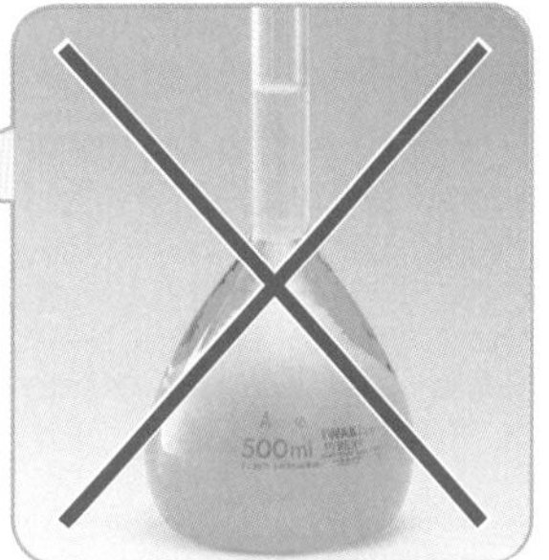

よく混ぜないと，溶液の濃度が均一にならない。

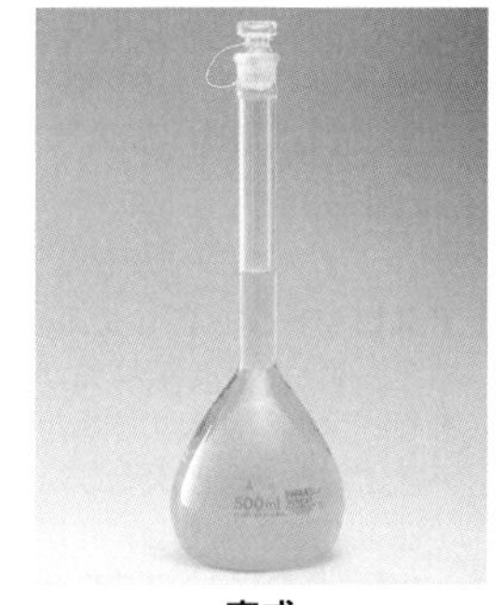

完成

安全ピペッターには，ボタン部分が①，②，③ではなく，Ⓐ(Air：空気を追い出す)，Ⓢ(Suction：液体を吸う)，Ⓔ(Empty：液体を出す)と表示されているものもある。

分離操作

10 ろ過 固体と液体を分離するときに用いる(➡p.18)。

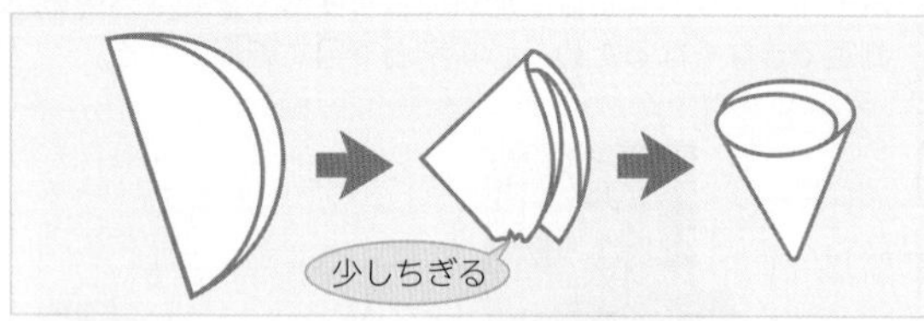

ろ紙の折り方 端をちぎっておくと，ろうとに密着しやすくなる。

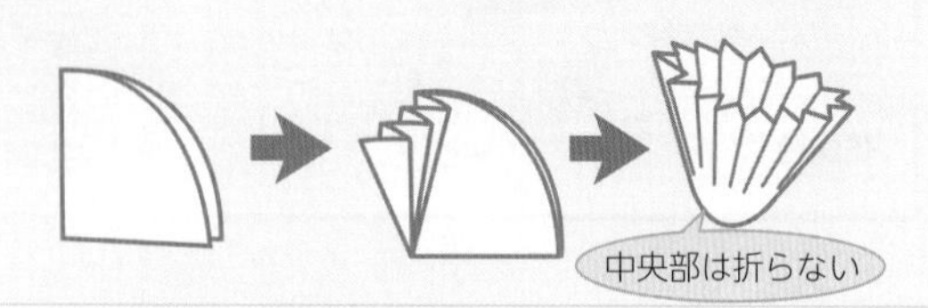

ひだ折りろ紙 ろ過の時間を早めることができる。

ろ紙を溶媒でぬらして，ろうとに密着させる。

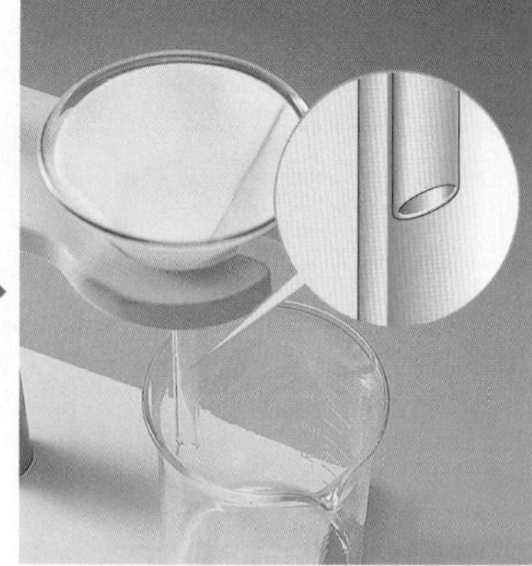

ろうとの足は受器の内壁につける。

ガラス棒を伝わらせて，ろ紙の八分目くらいまで溶液を入れる。

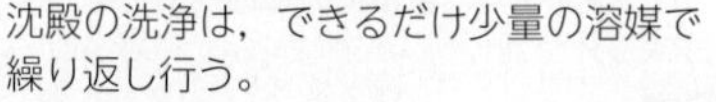

沈殿の洗浄は，できるだけ少量の溶媒で繰り返し行う。

ブフナーろうとにろ紙を入れ，水でぬらして吸引しておく。

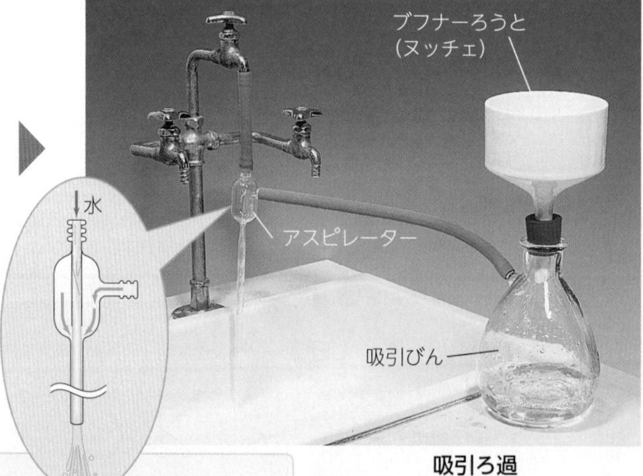

吸引ろ過
通常のろ過では時間を要する場合，吸引ろ過を行う。アスピレーターによって吸引びんの中が減圧され，ろ過の速度が増す。

アスピレーターのしくみ
水を流すと，内部の空気が水とともに流出し，減圧される。水を止めると，水が逆流する場合があるので，吸引を止めるときは，まず アスピレーターと吸引びんの接続をはずす。

保温ろうと

注水口
加熱部
水
ゴム栓
ゴム栓をさす

保温ろうと
溶液を温めながらろ過することによって，飽和に近い溶液でも，結晶を析出させることなくろ過できる。

ADVANTEC https://www.advantec.co.jp/ ろ過についてまとめられたページがある。

ろ紙は，ほぼ純粋なセルロースでできている。ろ紙にはきめの細かさが異なるいくつかの種類があり，粒子の大きさや，ろ過に要する時間を考慮して選択される。

11 蒸留 液体と固体を分離するときや，沸点の違う液体どうしを分離するときに用いる(➡ p.18)。

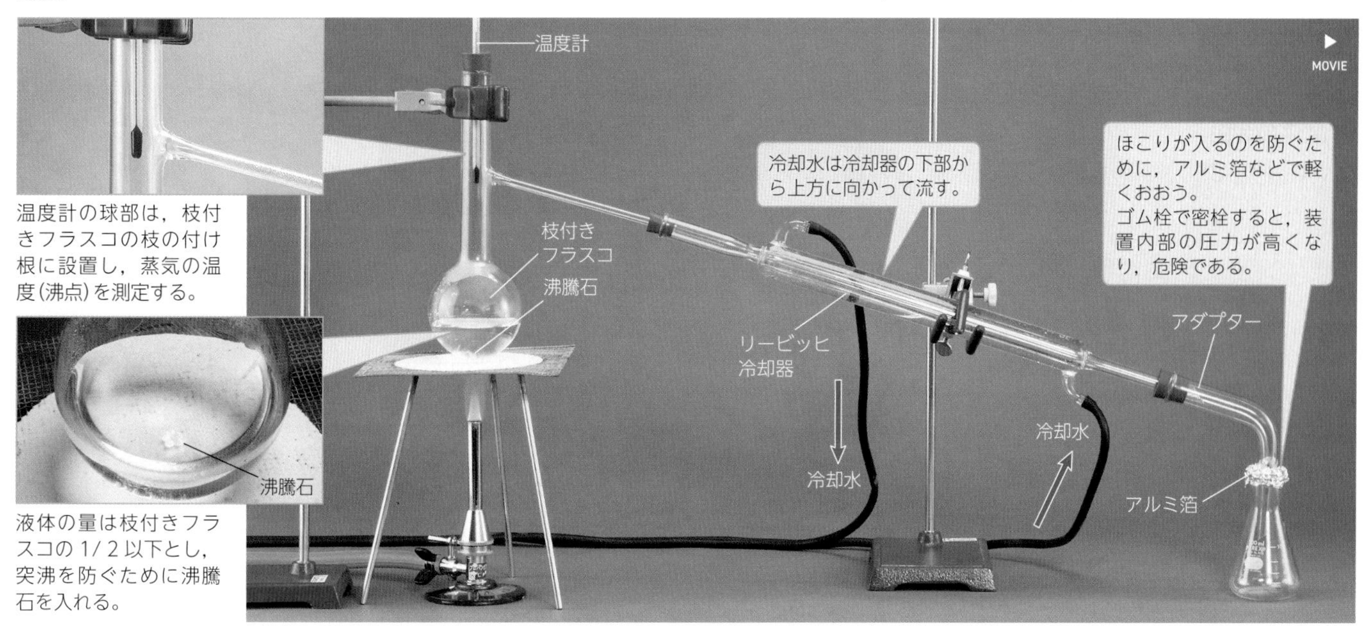
温度計
MOVIE
冷却水は冷却器の下部から上方に向かって流す。
ほこりが入るのを防ぐために，アルミ箔などで軽くおおう。
ゴム栓で密栓すると，装置内部の圧力が高くなり，危険である。
枝付きフラスコ
沸騰石
リービッヒ冷却器
アダプター
冷却水
冷却水
アルミ箔
沸騰石

温度計の球部は，枝付きフラスコの枝の付け根に設置し，蒸気の温度(沸点)を測定する。

液体の量は枝付きフラスコの1/2以下とし，突沸を防ぐために沸騰石を入れる。

12 抽出 溶媒への溶解性の違いを利用して，目的の物質を取り出す(➡ p.19)。

MOVIE

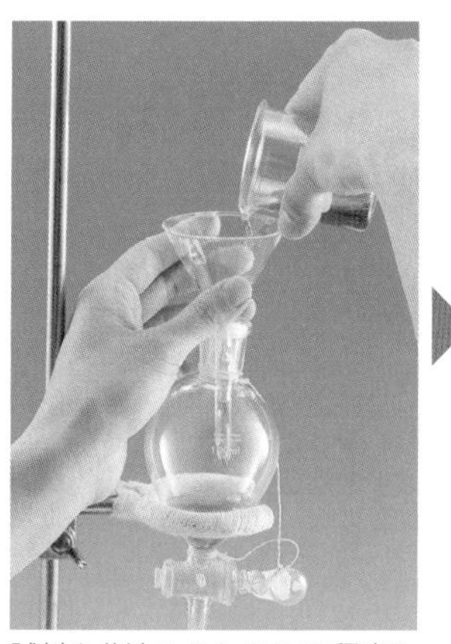

試料を分液ろうとの1/3程度入れる。

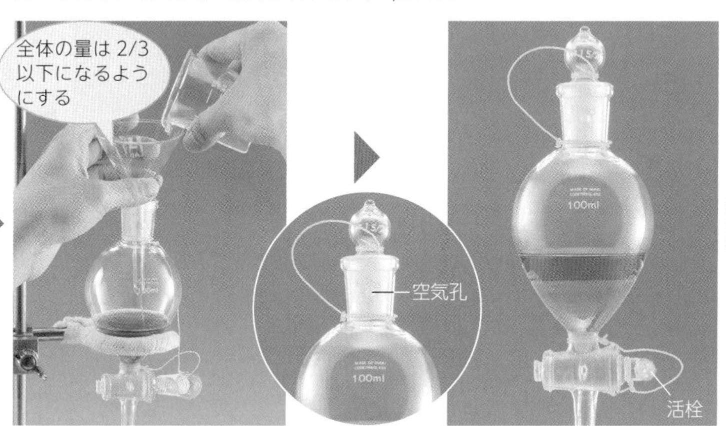
全体の量は2/3以下になるようにする
空気孔

溶媒を入れる。栓をして，ガス抜きの空気孔が閉じられていることを確認する。

活栓

2層に分離する。

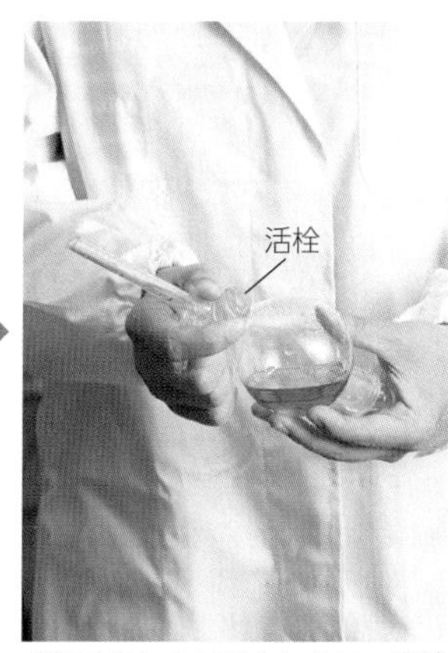
活栓

分液ろうとの足を上に向け，活栓を開いて余分な気体を排出する。

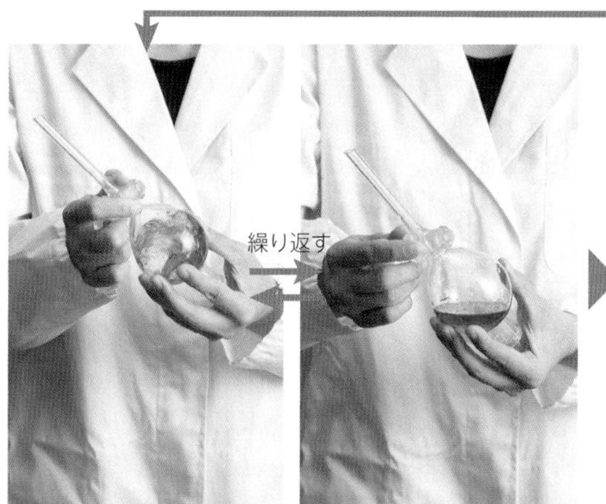
繰り返す

活栓を閉め，上下に振り混ぜる。

途中で活栓を開いてガス抜きをする。これを数回繰り返す。

ふたの溝と空気孔を合わせる

完全に2層に分離するまで静置する。

活栓を開いて下層の溶液を流し出す。

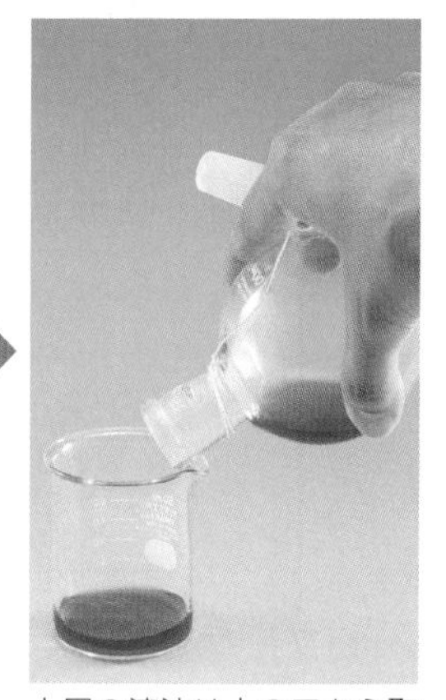

上層の溶液は上の口から取り出す。

Tips 真空ポンプなどで装置の内部を減圧することによって，沸点よりも低い温度で蒸留を行う操作を減圧蒸留という。有機化合物の蒸留では，減圧蒸留などによって蒸留温度を下げ，分解や燃焼を防ぐ場合が多い。

13 気体の発生と捕集 用いる試薬の状態や加熱の有無で適切な方法を選ぶ。

ⓐ 気体の発生

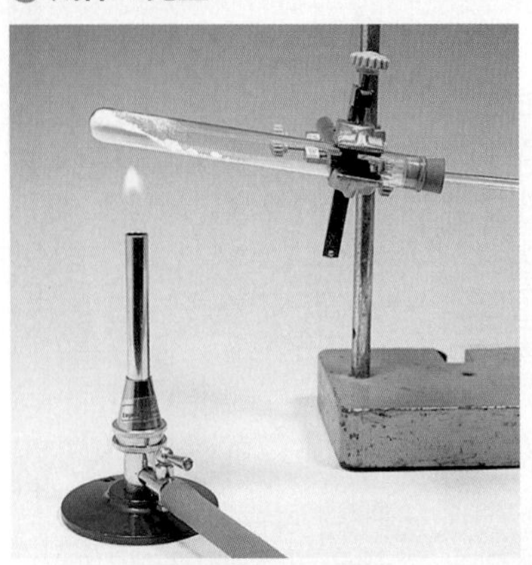

固体の加熱による発生

発生した水が加熱部に流れないように試験管の口を下げる(➡ p.10)。

滴下ろうと

滴下する液体試薬の量を調整するときに用いる。

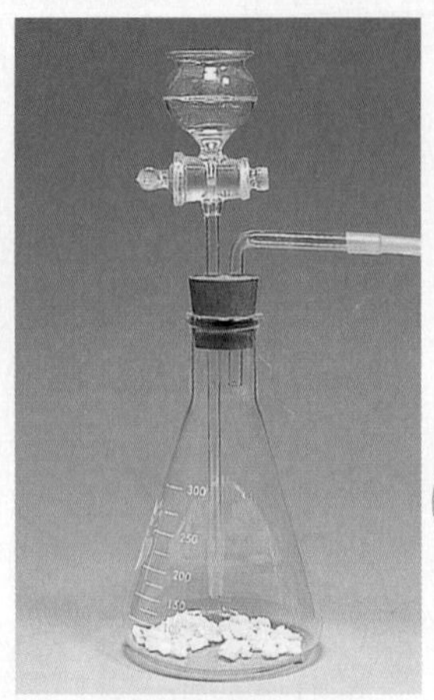

固体と液体による気体の発生

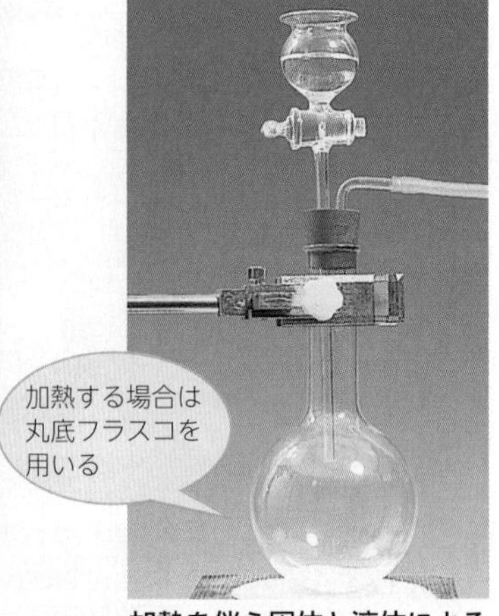

加熱を伴う固体と液体による気体の発生

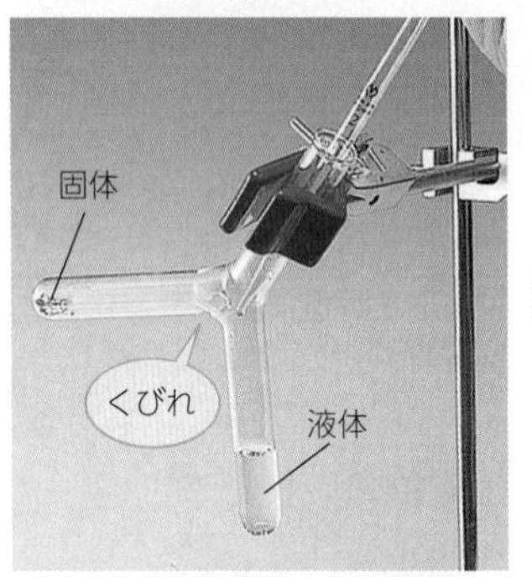

ふたまた試験管による発生

くびれのある方に固体試薬を入れ，もう一方に液体試薬を入れる。

▶

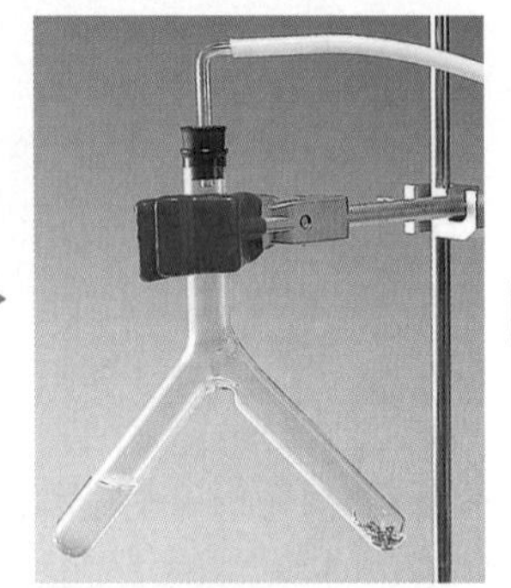

試薬を入れ終えたら，気体誘導管を取り付ける。

▶

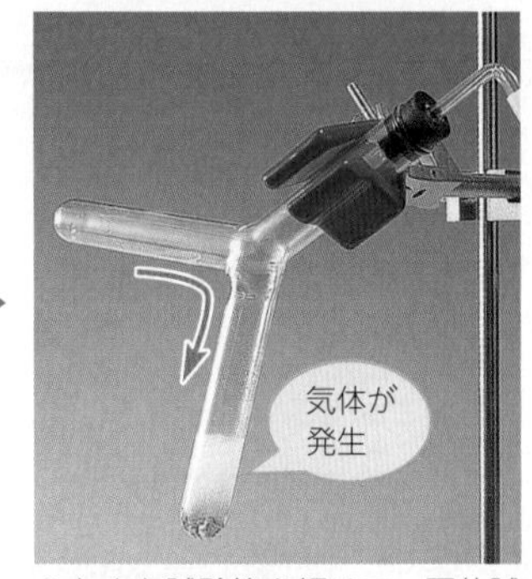

ふたまた試験管を傾けて，固体試薬が入っている側(くびれのある側)に液体を流しこむ。

▶

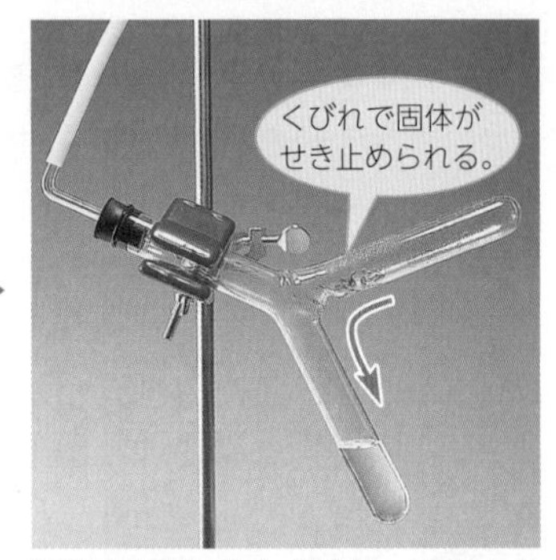

反応を中断したい場合は，ふたまた試験管を逆向きに傾けて，液体と固体を分離する。

ⓑ 気体の捕集

捕集方法は，その気体が水に溶けやすいかどうか，分子量が空気(平均分子量28.8)よりも大きいかどうかで選択する。

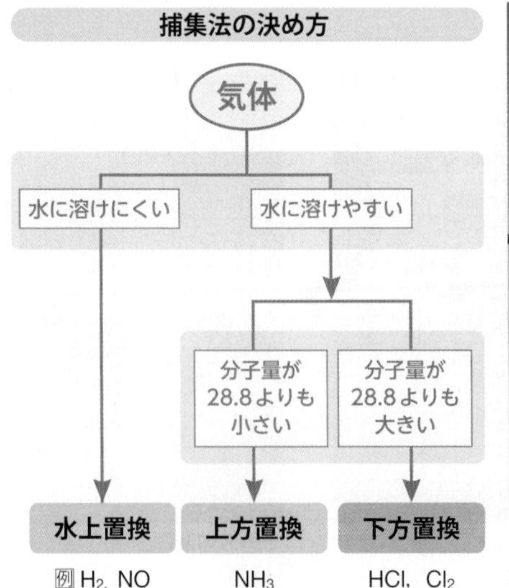

気体発生直後は空気が含まれるので，少し時間がたってから捕集する。

水上置換

水素など，水に溶けにくい気体の捕集方法。

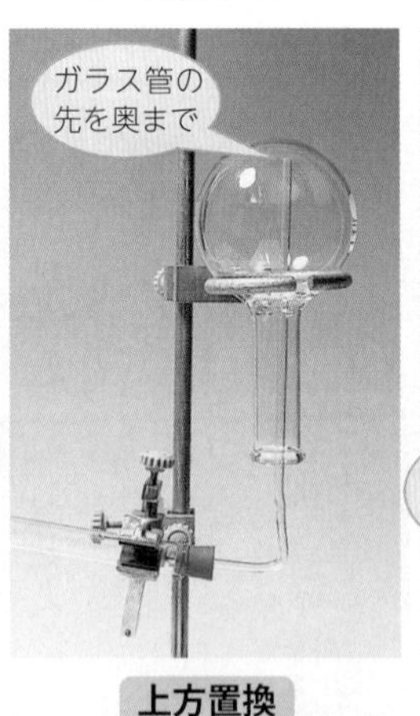

上方置換

アンモニアなど，水に溶けやすく，空気よりも軽い気体の捕集方法。

下方置換

塩化水素など，水に溶けやすく，空気よりも重い気体の捕集方法。

キップの装置は，オランダの化学者キップ(1808～1864)によって発明された。キップの装置は，活栓の開閉によって反応を調節できるため，必要な量だけ試薬を反応させて気体を取り出すことができる。

安全に実験を行うために

化学の実験では，劇薬や引火性の高い物質など，危険な薬品を取り扱う場合も多い。そのため，不注意や知識不足によって，大きな事故につながる場合もある。安全に実験を行うためには，事前に実験内容や使用する試薬・器具などを理解しておき，先生の指示を守り，十分な注意を払いながら正しく操作を行うことが重要である。

実験中におこった事故の例

事故の概要	事故の原因	安全対策
水素の発生を確認しようと，水素発生装置の誘導管の先に直接点火したところ，装置内に引火して，爆発した。	水素発生装置に直接点火したことで，装置内の水素が爆発した。	気体発生装置に直接点火しない。 気体の確認は，別の容器に捕集して行う。
硫化鉄(Ⅱ)と塩酸から硫化水素を発生させる実験を行ったのち，頭痛がしたり，喉が痛くなったりした。	発生した硫化水素が実験室内に拡散した。	有毒な気体を扱うときは，ドラフト内か風通しのよい場所で行う。
濃硫酸が入った試験管に，水を少し入れたところ，試験管中の濃硫酸が飛び散って，手や顔にやけどを負った。	濃硫酸に水を加えたことによって水が沸騰し，濃硫酸などが飛散した。	濃硫酸の希釈は，容器全体を冷却しながら，水に濃硫酸をゆっくりと加える。
ナトリウムを使った実験後，試験管を洗おうとしたところ，試験管に付着していたナトリウムが水にふれて発火し，飛び散った小片が目に入った。	ナトリウムの取り扱いの不注意。 安全めがねをしていなかった。	ナトリウムは注意深く取り扱い，実験後は，先生の指示に従って正しく処理を行う。 実験が完全に終わるまで，安全めがねを装着する。
水溶液を試験管で加熱したところ，突沸してやけどを負った。	よく振り混ぜながら加熱を行わなかった。沸騰石を用いなかった。	試験管を強く加熱する際は，沸騰石を用い，よく振り混ぜる。
ひびが入ったビーカーに気づかず，実験を行っていたところ，ビーカーが割れて，手を切った。	実験前の確認不足。	実験前に，使用するガラス器具が割れていたり，ひびが入ったりしていないか確認する。

実験中にひそむ危険をみつけよう ～こんな操作は危ない!!～

解答 ➡ p.338

次の絵を見て，実験中の態度や操作として間違っているものを，すべて選んでみよう。

Tips 実験前に，実験の注意事項や緊急時の対処法などをまとめた「安全チェックシート」を作成して確認するのも，安全対策として有効である。

1 混合物と純物質 基礎

1 混合物と純物質
mixture pure substance

２種類以上の物質が混じり合ってできた物質を**混合物**，１種類の物質だけからできた物質を**純物質**という。自然界に存在する物質の多くは混合物である。純物質は融点，沸点，密度などが一定の値を示す。

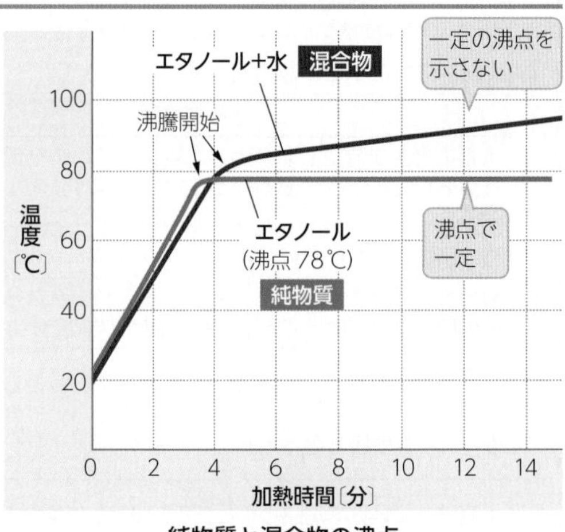

純物質と混合物の沸点

2 混合物の分離と精製
separation purification

混合物は，それを構成する純物質の性質を利用して，いくつかの物質に分けることができる。混合物から目的の物質を分ける操作を**分離**といい，物質をより純粋なものにする操作を**精製**という。

a 混合物の分離法と操作

分離法	操作
ろ過	液体中の不溶性物質をろ紙などを用いて分離。
蒸留	固体が溶けている溶液を沸騰させて，生じる蒸気を冷却し，液体として分離。
分留(➡ p.229)	液体どうしの混合物を加熱して蒸留し，沸点の違いを利用して各液体を分離。
再結晶	少量の不純物を含む固体を熱水に溶かし，これを冷却して結晶を分離。
抽出	混合物に適当な液体を加え，特定の物質を溶出させて分離。
昇華法	固体混合物を加熱し，昇華で生じる気体を冷却して再び固体として分離。
クロマトグラフィー*	ろ紙などへの吸着力の違いを利用して分離。

*ろ紙を用いる場合を**ペーパークロマトグラフィー**といい，シリカゲルやアルミナなどの粉末をガラス管（カラム）に詰めて，それらに対する吸着力の違いを利用する場合を**カラムクロマトグラフィー**という。

b ろ過 filtration MOVIE （➡ p.14）

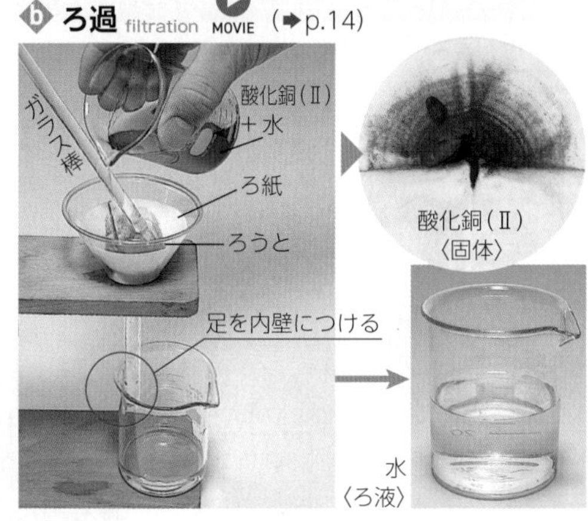

c 蒸留 distillation MOVIE （➡ p.15）

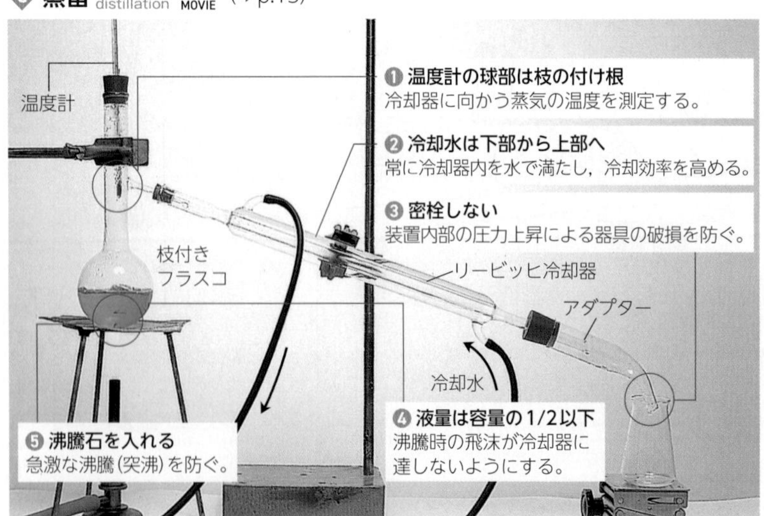

トピック ウイスキー －蒸留の利用－

ウイスキーは，大麦，ライ麦，トウモロコシなどを原料にして発酵させた液体を，通常２回蒸留して，アルコール度数を高めた蒸留酒である。1回目の蒸留でアルコールの濃度は約20%となり，2回目の蒸留では60%程度となる。

ウイスキーの蒸留釜

Tips 日本料理で用いられる「だし」は，食べ物から水を用いて抽出されたうま味成分であり，代表的なものに，こんぶから抽出されるグルタミン酸，かつお節から抽出されるイノシン酸，干ししいたけから抽出されるグアニル酸がある。これらのうま味成分は，いずれもわが国で発見された。

ⓓ 再結晶 recrystallization MOVIE
(➡p.119)

少量の硫酸銅(Ⅱ)五水和物を含む硝酸カリウム

適量の熱水に溶かす

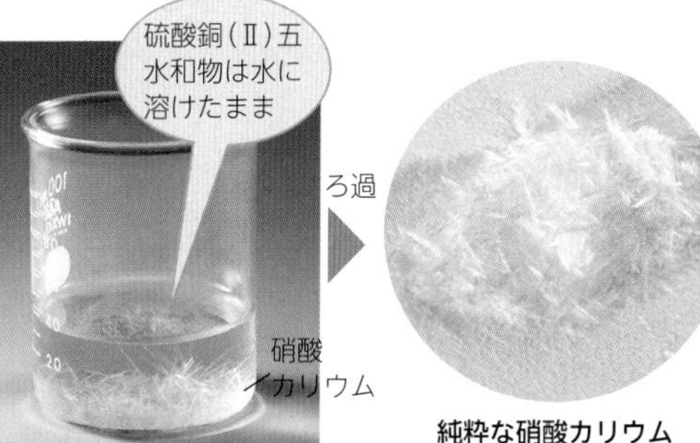

冷却すると硝酸カリウムの結晶が析出

純粋な硝酸カリウム

ⓔ 抽出 extraction MOVIE
(➡p.15)

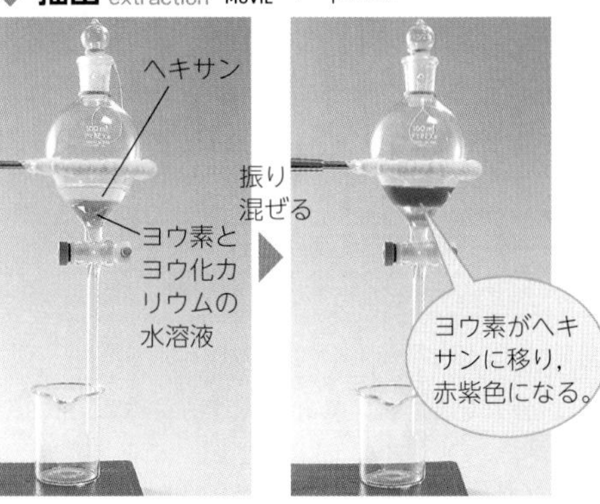

ⓕ 昇華法 sublimation method MOVIE

昇華したヨウ素は，冷水の入ったフラスコで冷却されて固体になる。

ⓖ クロマトグラフィー chromatography

MOVIE

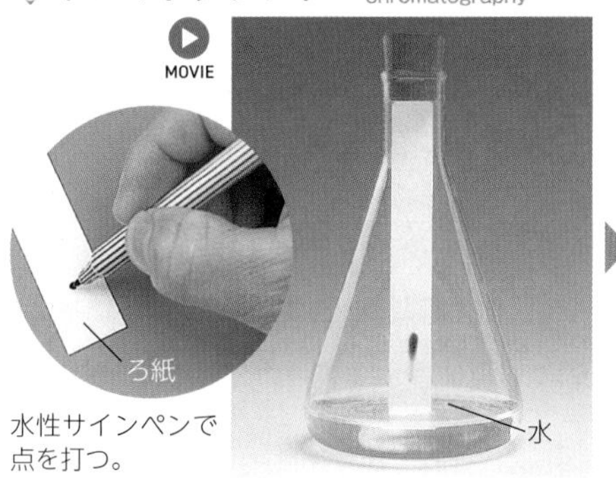

水性サインペンで点を打つ。

ペーパークロマトグラフィー

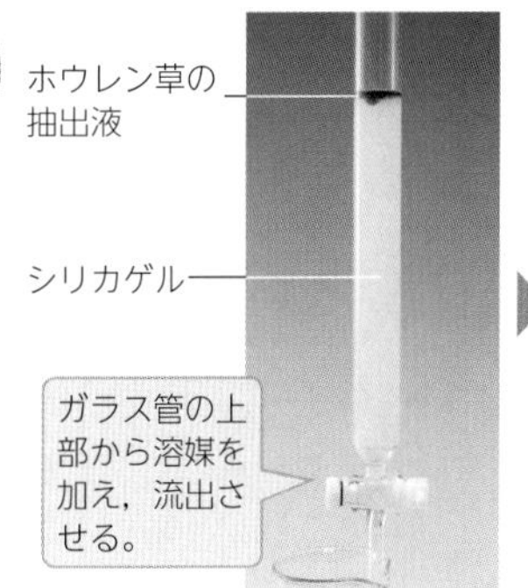

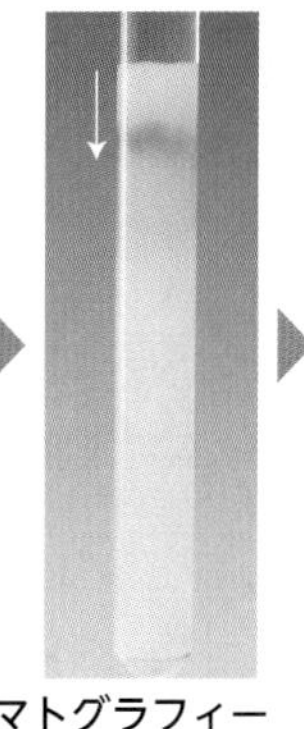
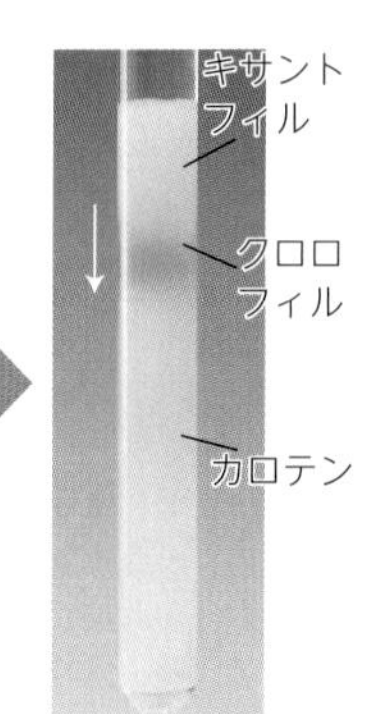

カラムクロマトグラフィー

PLUS 薄層クロマトグラフィー(TLC) thin-layer-chromatography

ろ紙の代わりに，ガラス板にシリカゲルなどを薄くはったプレートを用いるクロマトグラフィーを薄層クロマトグラフィー(TLC)という。ペーパークロマトグラフィーよりも，短時間に混合物をきれいに分離できる。色素抽出液をプレートにつけて，適切な溶媒(展開溶媒)に浸すと，複数の色素が分離される。このとき，色素の原点からの移動距離を，溶媒の移動距離で割った値はRf(アールエフち)値とよばれる。

$$\text{Rf値} = \frac{\text{色素の移動距離}}{\text{溶媒の移動距離}}$$

Rf値は，溶媒や温度などの条件が同じならば，色素によって一定の値を示すため，これを利用して色素が確認できる。

■ シロツメクサの葉に含まれる色素の分離

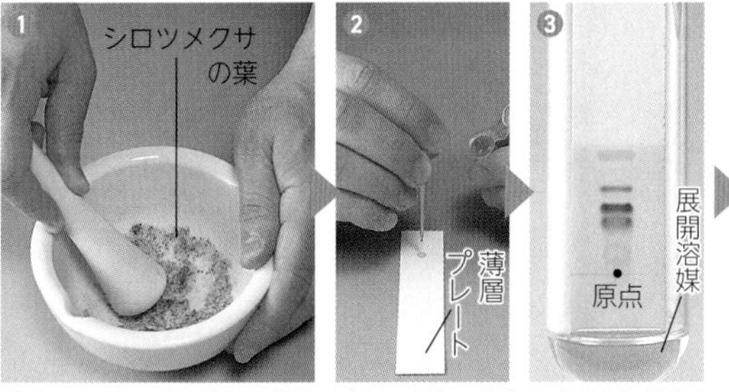

❶ シロツメクサの葉を，乳鉢ですりつぶし，色素の成分を取り出す。
❷ ❶を薄層プレートの下方(原点)にくり返しつける。
❸ 試験管に展開溶媒を入れ，薄層プレートの下端を浸す。
*キサントフィルは，ルテインやビオラキサンチンの総称である。

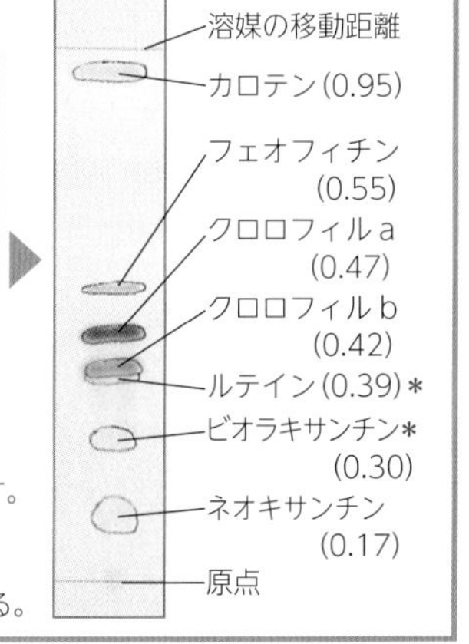

Tips ペーパークロマトグラフィーでは，紙に対する吸着率が小さく，用いる溶媒(展開溶媒)に溶けやすい成分ほど，上部に移動しやすい。

2 化合物・単体とその構成元素 基礎

1 元素 element

物質を構成している基本的な成分を**元素**という。現在知られている元素は，118 種類である。天然には約 90 種類が存在し，他は人工的につくられたものである。元素は**元素記号**で表示される。

日本語名	元素記号	英語名	由来の語	名称の由来
水素	H	hydrogen	Hydro genes (ギ)	水をつくるもの
炭素	C	carbon	Carbo (ラ)	木炭のもと
窒素	N	nitrogen	Nitro genes (ギ)	硝石をつくるもの
酸素	O	oxygen	Oxy genes (ギ)	酸をつくるもの
フッ素	F	fluorine	Fluere (ラ)	流れるもの
ナトリウム	Na	sodium	Natrium (ラ)	鉱物性のアルカリ
塩素	Cl	chlorine	Chloros (ギ)	黄緑色
アルゴン	Ar	argon	Argon (ギ)	怠けているもの
鉄	Fe	iron	Ferrum (ラ)	強い金属
銅	Cu	copper	Cuprum (ラ)	キプロス島の鉱物
銀	Ag	silver	Argentum (ラ)	輝くもの
金	Au	gold	Aurum (ラ)	光るもの

(ギ)はギリシャ語，(ラ)はラテン語を表す。

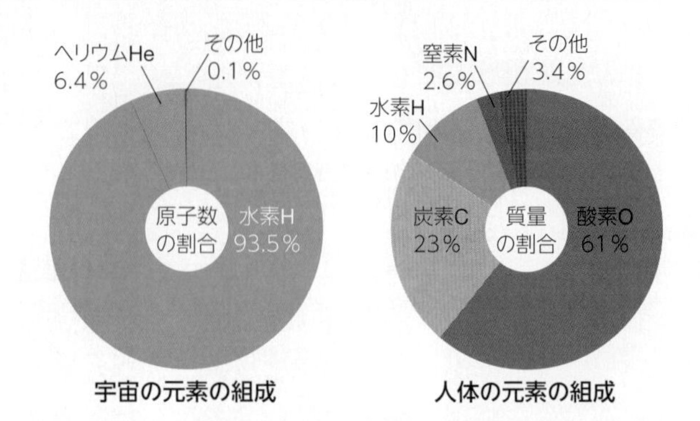

宇宙の元素の組成　　人体の元素の組成

2 化合物と単体 compound simple substance

純物質のうち，２種類以上の成分（元素）からできているものを**化合物**，１種類の成分（元素）からできているものを**単体**という。化合物は分解して単体に分けることができ，単体は反応して化合物をつくることができる。

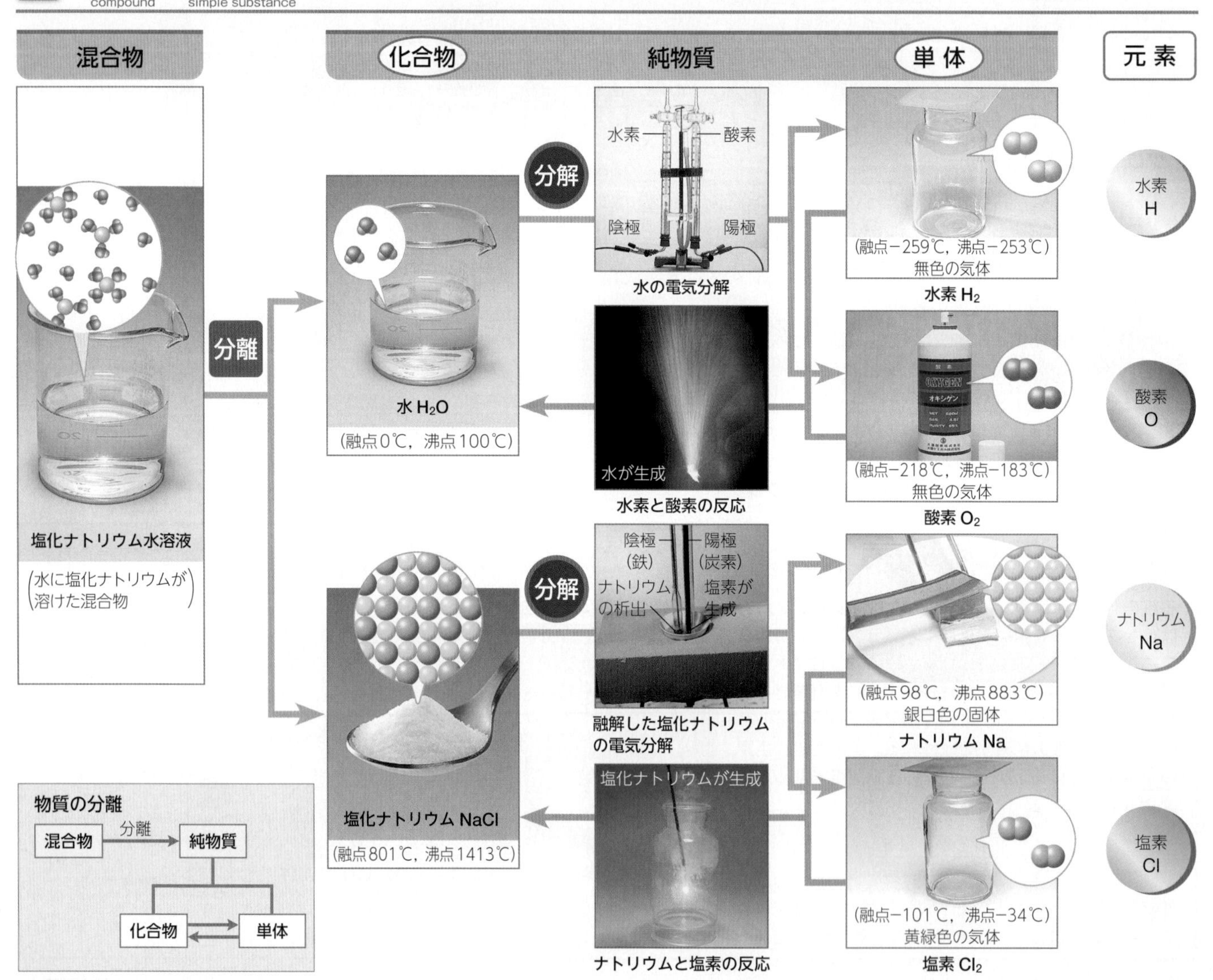

Tips 現在の元素の概念が定着するまで，元素の考え方は国や時代によって異なっていた。古代中国では，木・火・土・金・水を元素とする「五行思想」が，古代ギリシャでは，火・土・水・空気を元素とする「四元素説」が唱えられた。

3 同素体 allotrope

同じ元素からできているが，性質の異なる単体を，互いに**同素体**という。

ⓐ 同素体

同素体が存在する元素には，炭素 C のほか，酸素 O，リン P，硫黄 S などがある。

元素	炭素 C（➡p.170）			
同素体	ダイヤモンド	黒鉛	フラーレン	カーボンナノチューブ
性質	無色透明で，きわめてかたい。	黒色で，やわらかく，電気を導く。	黒色で，電気を導かない。	黒色で，電気を導く。

元素	酸素 O（➡p.160）		リン P（➡p.169）	
同素体	酸素（液体）	オゾン	黄リン	赤リン
性質	無色の気体。 −183℃で淡青色の液体になる。	淡青色で，特異臭の気体。ヨウ化カリウムデンプン紙を青変。	淡黄色で，毒性が強い。 自然発火するため，水中に保管。	暗赤色で，毒性を示さない。

ⓑ 硫黄の同素体

硫黄 S には，斜方硫黄，単斜硫黄，ゴム状硫黄の3つの同素体があり，常温では，斜方硫黄が安定に存在する。単斜硫黄やゴム状硫黄を放置すると，斜方硫黄になる。

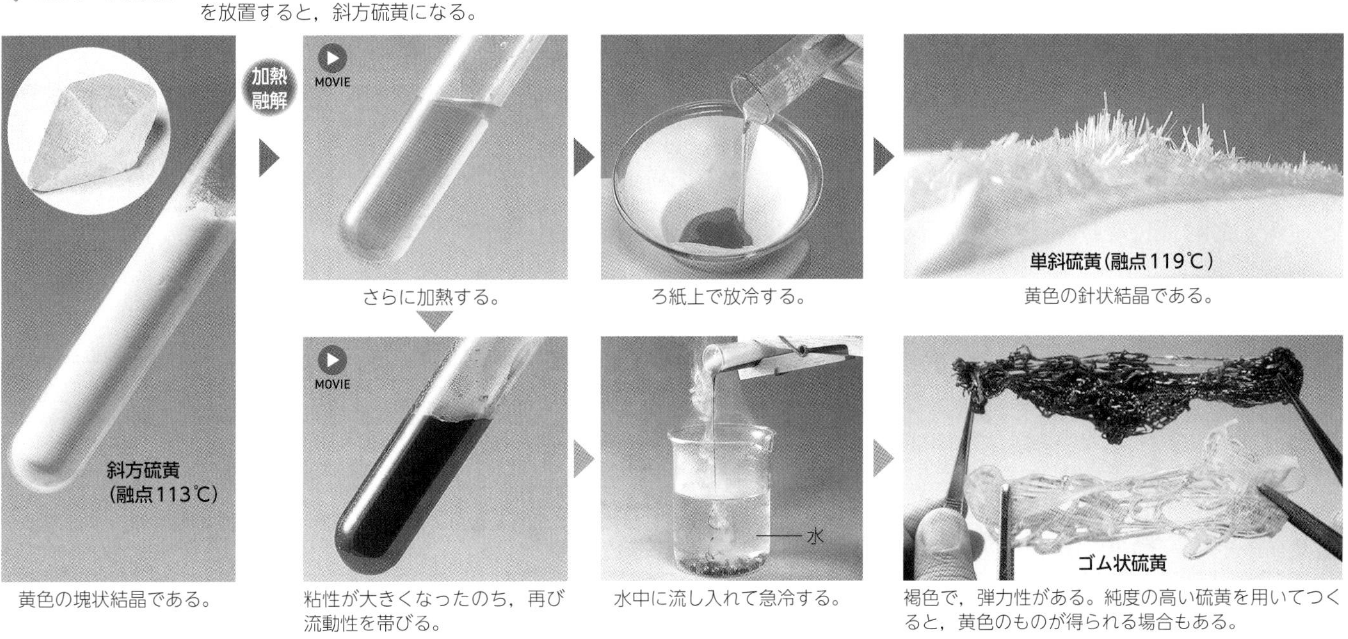

黄色の塊状結晶である。

さらに加熱する。

ろ紙上で放冷する。

黄色の針状結晶である。

粘性が大きくなったのち，再び流動性を帯びる。

水中に流し入れて急冷する。

褐色で，弾力性がある。純度の高い硫黄を用いてつくると，黄色のものが得られる場合もある。

PLUS 単体と元素の違い

単体と元素は，同じ名称でよばれることが多い。このとき，「単体」とは具体的な物質を表しており，「元素」とは構成成分を表している。

例えば，「ホウレンソウには鉄分が多く含まれる」という表現では，「鉄」は構成成分であり，「元素」を表している。鉄の単体は，銀白色の金属であり，単体がホウレンソウに含まれるのではない。

同様に，「水素が燃えて水になる」というときの「水素」は，燃えるという性質を示す具体的な物質を表す「単体」の水素を意味しているが，「水や塩化水素には水素が含まれる」というときの「水素」は，水や塩化水素という化合物に含まれる構成成分としての「水素」であり，「元素」を意味している。

Tips 炭素の同素体には，上記のほかに，グラフェンがある。グラフェンは，炭素原子がはちの巣のような正六角形構造が連なった，原子1個分の厚さのシートである。

3 元素の確認 基礎

1 炎色反応

物質を炎の中で加熱したとき，元素に特有の炎色がみられる現象を**炎色反応**という。炎色反応の色から，元素の種類を確認することができる。炎色反応は，花火の着色に利用されている。

白金線の洗浄
白金線を濃塩酸に浸したのち，ガスバーナーの炎で加熱する。

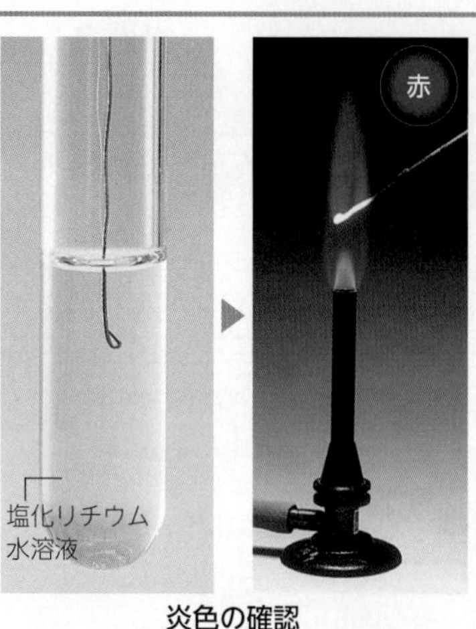

炎色の確認
調べたい試料を白金線につけたのち，炎で加熱する。

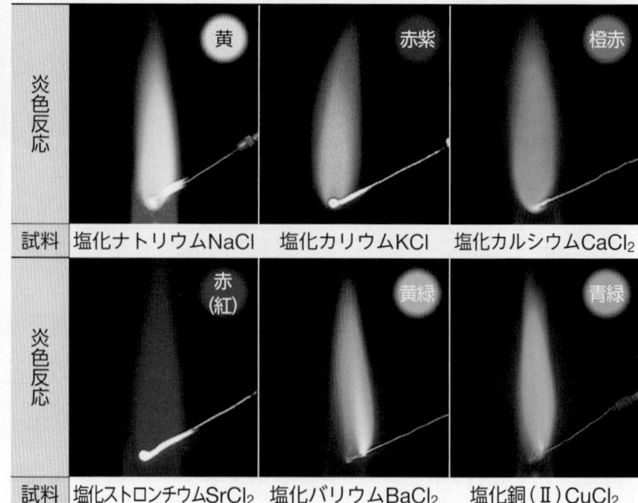

2 塩素の確認

塩素 Cl（塩化物イオン Cl^-）を含む水溶液に硝酸銀水溶液を加えると，水に溶けにくい塩化銀 AgCl の白色沈殿を生じるので，Cl の存在が確認できる。

ⓐ 硝酸銀水溶液による塩素 Cl の確認

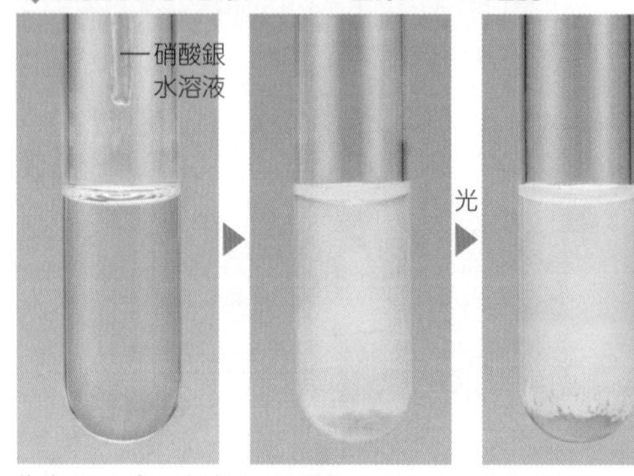

塩素 Cl を含む水溶液に硝酸銀水溶液を加えると，塩化銀の白色沈殿が生じる。

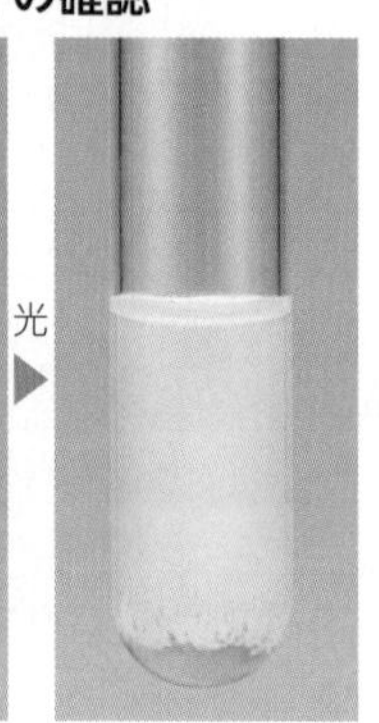

塩化銀は光をあてると黒変する。

ⓑ 銅の炎色反応を利用した塩素 Cl の確認

加熱した酸化銅（Ⅱ）を塩素を含む試料につけると，塩化銅（Ⅱ）になる。単体の銅は，炎色反応を示さないが，塩化銅（Ⅱ）にすると，炎色反応を示すため，Cl の存在が確認できる。

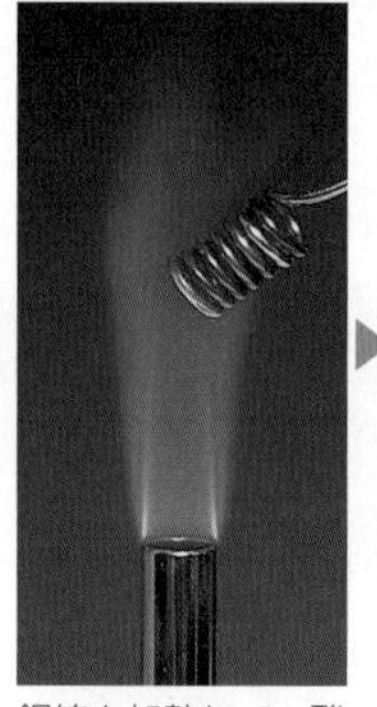

銅線を加熱して，酸化銅（Ⅱ）にする。

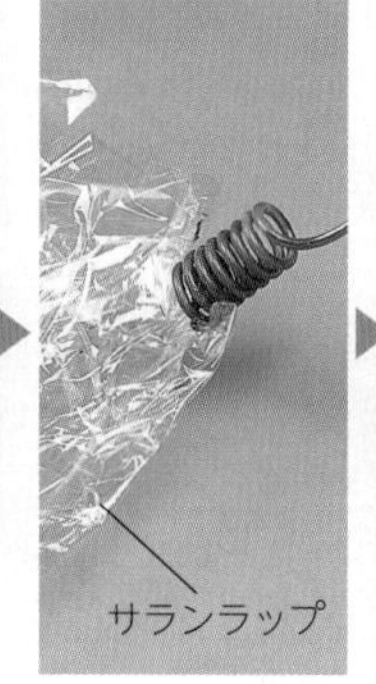

銅線を Cl を含む試料につける。

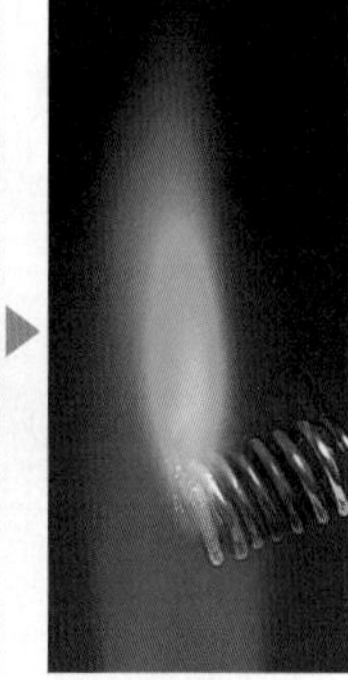

試料の付着した銅線を炎に入れる。

3 炭素・水素の確認

試料を加熱して気体や液体を発生させ，生じた気体や液体に含まれる成分元素を確認すれば，もとの試料に含まれる元素を確認することができる。

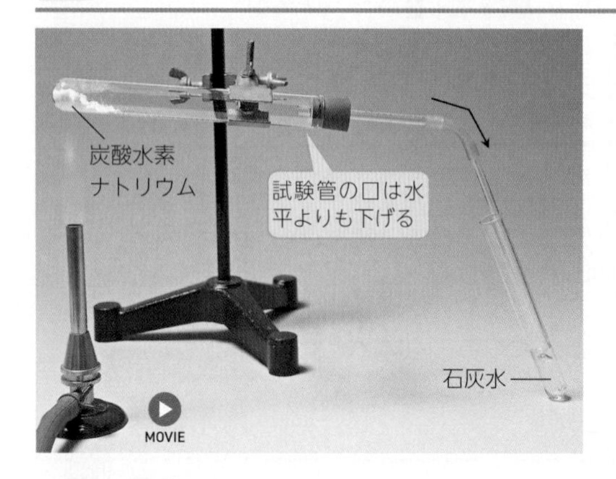

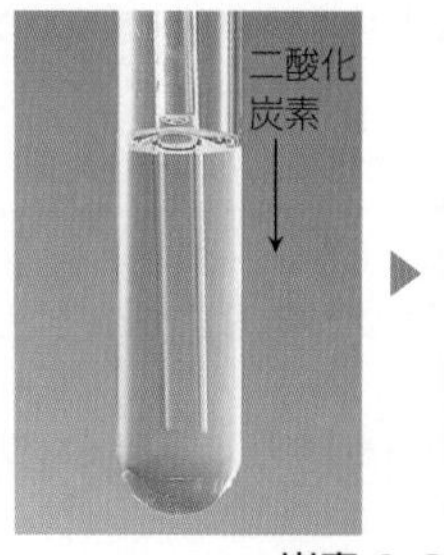

炭素 C の確認
石灰水に二酸化炭素 CO_2 を通じると，炭酸カルシウム $CaCO_3$ を生じて白く濁る。CO_2 から，C の存在が確認できる。

水素 H の確認
白色の硫酸銅（Ⅱ）無水塩に水を加えると，青色の硫酸銅（Ⅱ）五水和物になる。H_2O から，H が確認できる。

Tips 江戸時代の頃の花火では，炎色反応を利用していなかったため，線香花火のような単色の花火が打ち上げられていた。

探究活動 1. 成分元素の確認

目的 使い捨てカイロは，成分表示から，鉄粉，水，活性炭，バーミキュライト，塩類などが含まれていることがわかる。ここでは，元素の確認方法を利用して，含まれる成分元素を確認してみよう。

準備

薬品	器具
0.1mol/L 硝酸銀水溶液，酸化銅（Ⅱ），石灰水，蒸留水，使い捨てカイロ	磁石，薬さじ，ビーカー，ガラス棒，ろうと，ろ紙，試験管，試験管立て，こまごめピペット，白金線，ガスバーナー，マッチ，乳鉢，乳棒，スタンド，気体誘導管

使い捨てカイロの中身に磁石を近づける。

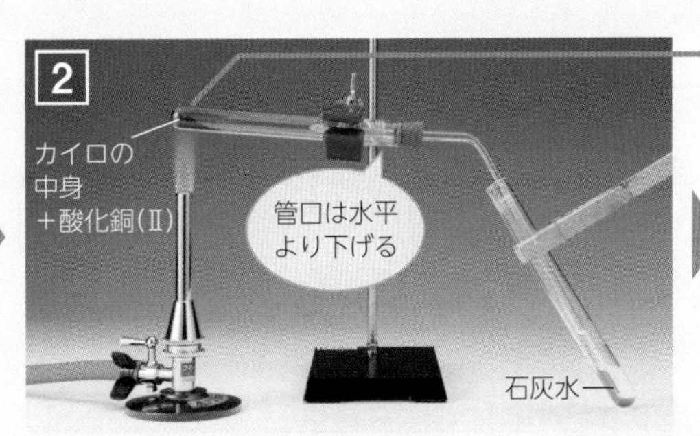

カイロの中身 1g と酸化銅（Ⅱ）1g をよく混合したのち，試験管に入れ加熱する。発生する気体を石灰水に通じる。

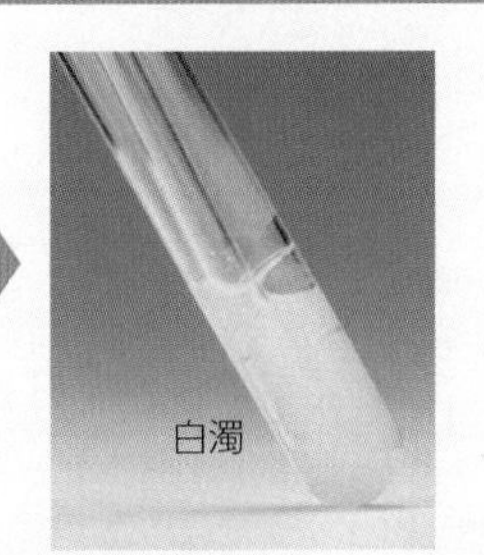

石灰水が白濁する。

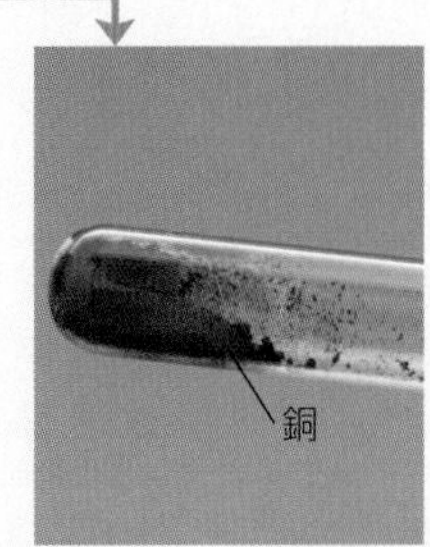

酸化銅（Ⅱ）が還元されて銅が生じる。

カイロの中身 2g を蒸留水 20mL に加えてよくかき混ぜる。

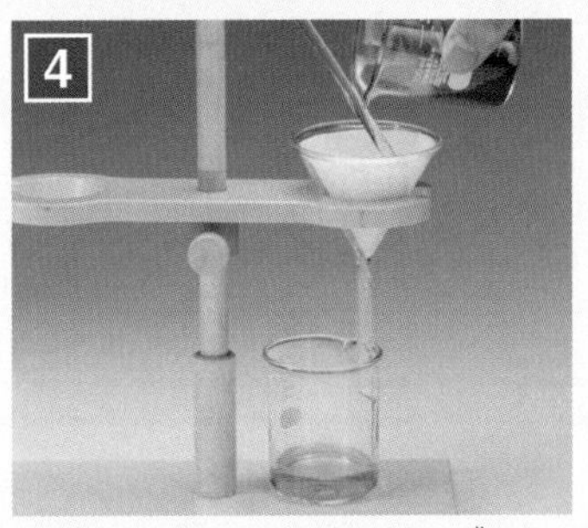

混合物をろ過する。ろ液を 2mL ずつ 2 つの試験管にとる。

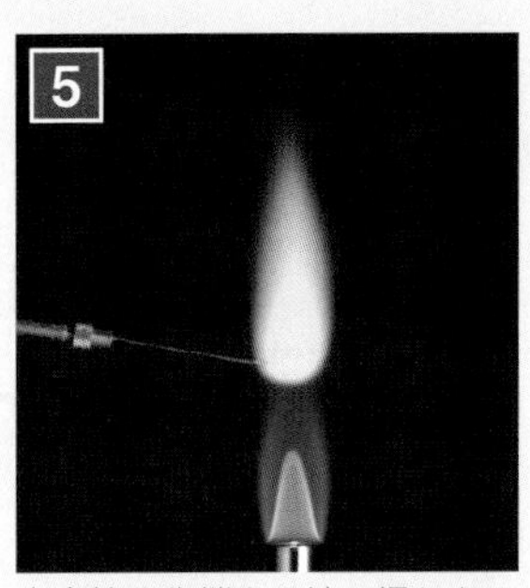

白金線の先端をろ液に浸したのち，ガスバーナーで加熱する。

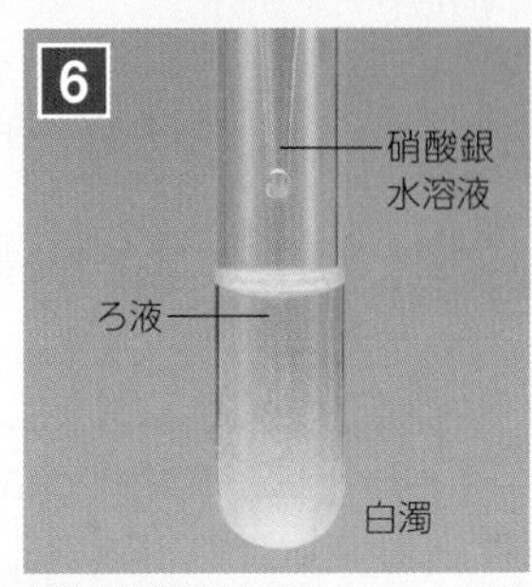

ろ液に硝酸銀水溶液を 2mL 加える。

考察1 操作 1 からどのようなことがわかるか。

使い捨てカイロの中身の一部が磁石に引きつけられた。磁石に引きつけられた物質は鉄 Fe と考えられる。

考察2 操作 2 からどのようなことがわかるか。

酸化銅（Ⅱ）CuO と加熱することによって，石灰水を白濁させる二酸化炭素が生じたことから，カイロに炭素 C が含まれることがわかる（CuO には炭素は含まれない）。CuO は，炭素 C を二酸化炭素 CO_2 にする役割をしており，自身は酸素を失って銅 Cu に変化している。

考察3 操作 5 からどのようなことがわかるか。

炎色反応の炎の色が黄色であったことから，ナトリウム Na が含まれていることがわかる。

考察4 操作 6 からどのようなことがわかるか。

硝酸銀水溶液を加えて白色沈殿が生じたことから，塩素 Cl が含まれていることがわかる。考察 3，4 から，カイロには塩化ナトリウム NaCl が含まれることがわかる。

PLUS カイロに含まれる成分の役割

使い捨てカイロは鉄粉 Fe と空気中の酸素が反応するときに生じる熱を利用している。袋を開けてすぐに温かさを感じられるように，鉄以外にさまざまな添加物が加えられている。例えば，塩化ナトリウムや水は鉄が反応しやすくなるための働きを示す（海水で鉄がさびやすくなるのと同じ働きである）。また，活性炭は，多孔質で空気を多く取り込んで，反応を促進する。バーミキュライトは，保水作用を示し，水でべたつかないようにしている。

チャレンジ課題 物質 X の特定

実験室の薬品棚を整理していると，物質Xと書かれた試薬びんが発見された。物質Xは，塩化ナトリウム，炭酸水素ナトリウム，スクロース，炭酸カルシウム，塩化カルシウムのいずれかであることがわかった。これらの物質のうちのどれかを特定するにはどのような実験を行えばよいか。実験方法と実験結果の判定方法をそれぞれ記せ。

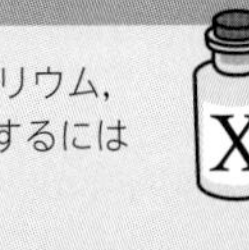

4 熱運動と状態変化 基礎 化学

1 粒子の運動 基礎 化学

物質を構成する粒子の不規則な運動を**熱運動**といい，直進，回転，振動などの運動からなる。また，物質を構成する粒子が，熱運動によって均一に広がっていく現象を**拡散**という。

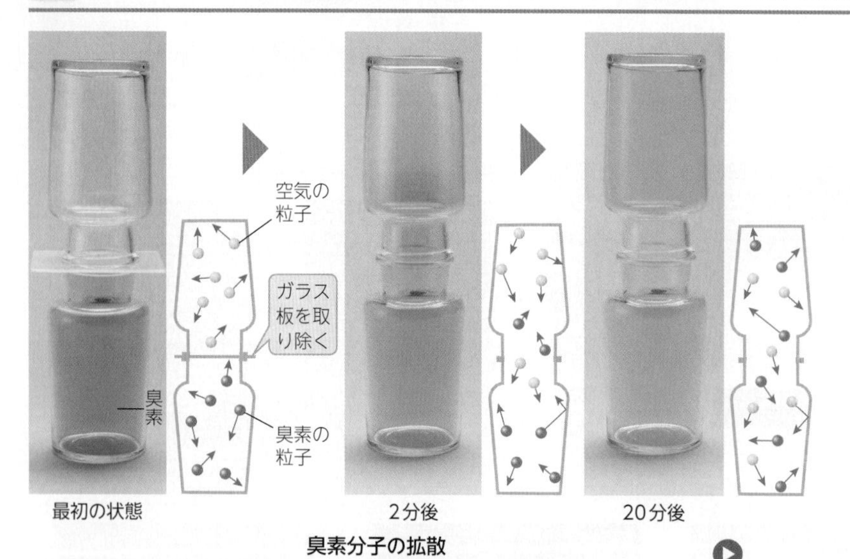

最初の状態　2分後　20分後

臭素分子の拡散
集気びん中の下部の臭素がしだいに上部に広がり，やがて濃度が均一になる。MOVIE

温度と拡散の関係
物質の熱運動のエネルギーは温度が高くなるほど大きくなる。温度が高い方が，物質を構成する粒子の熱運動が激しくなる。

2 物質の三態 基礎

物質には，**固体**，**液体**，**気体**の3つの状態があり，これらを**物質の三態**という。温度を変化させると，物質の三態は互いに変化する。この変化を**状態変化**という。

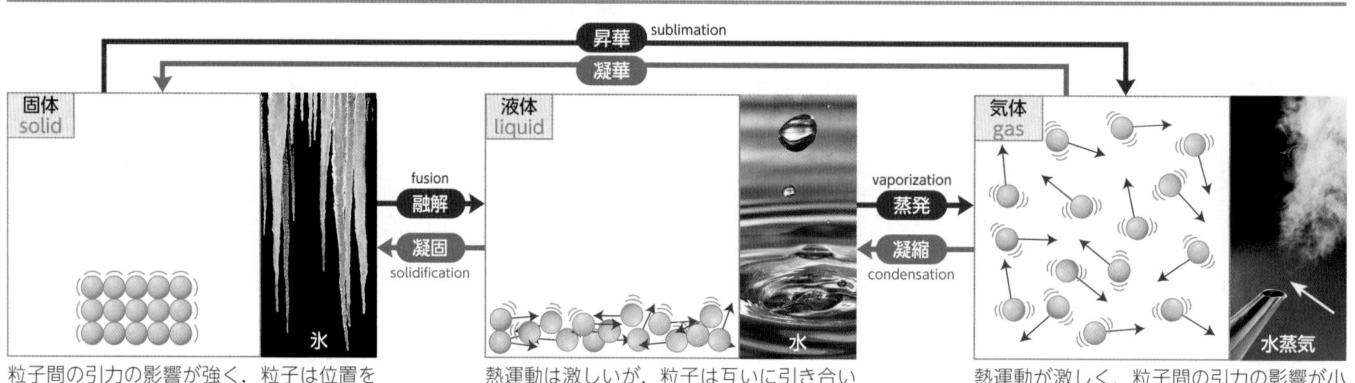

粒子間の引力の影響が強く，粒子は位置を変えずに熱運動(振動)をしている。体積と形は一定を保つ。

熱運動は激しいが，粒子は互いに引き合いながら運動し，位置を変える。一定の体積を保つが，形は一定しない。

熱運動が激しく，粒子間の引力の影響が小さいため，粒子は自由に運動する。体積と形は一定しない。

ⓐ 状態変化の例

屋外に干していた洗濯物が乾く。

寒い日に息を吐くと，白くなる。

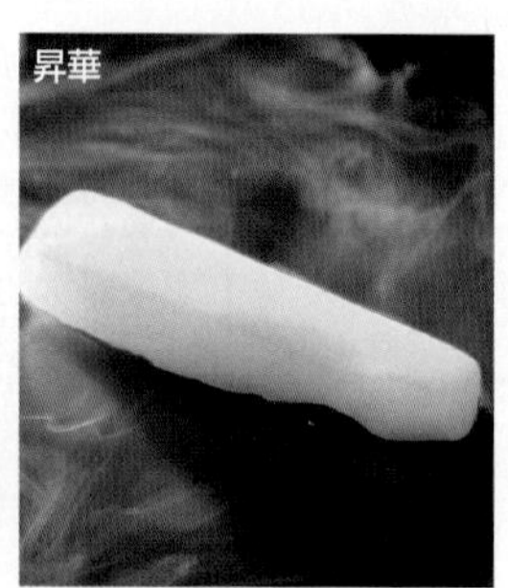

ドライアイスが昇華して徐々に小さくなる。

ⓑ 物質の状態と体積

急激に体積が大きくなる。

少量のメタノールを入れたポリ袋を輪ゴムで閉じ，熱水に浸すと，メタノールが沸騰して気体になる。液体に比べて，気体の体積は非常に大きい。

Tips 昇華の逆向きの変化である気体→固体の変化も，以前は「昇華」とよばれることが多かった。しかし，近年，異なる変化を同一の名称でよぶことは望ましくないとされて，日本化学会から「凝華」の用語が提案され，一般に採用されるようになった。

3 水の状態変化 基礎

物質のもつエネルギーは，状態によって異なっており，状態変化に伴って，このエネルギー差に相当するエネルギーが熱として出入りする。

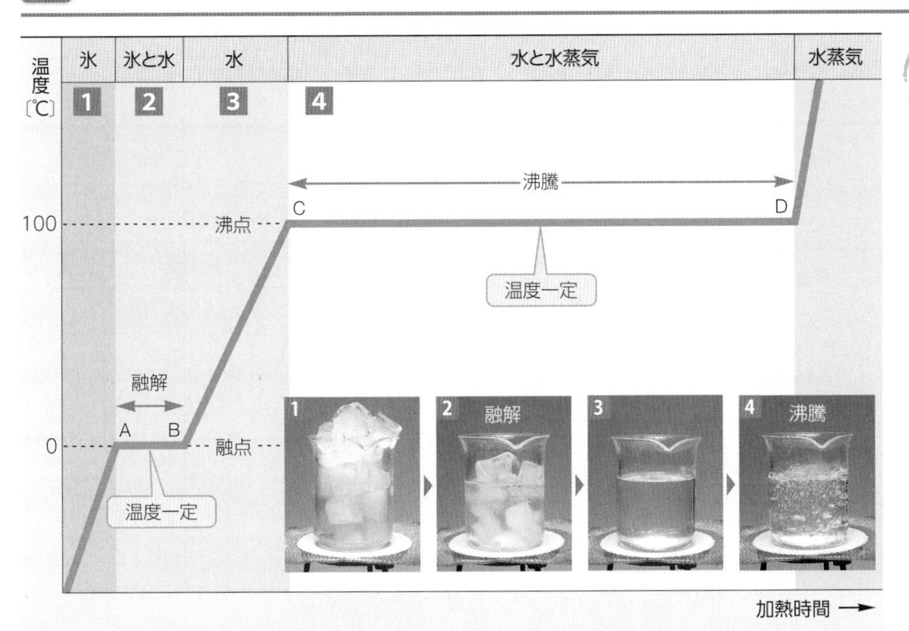

氷を加熱していくときの変化(1.013×10⁵ Pa)
状態変化の間は，加えられた熱は状態変化のために使われ，温度は一定に保たれる。

トピック 状態変化の利用

近年，PCM とよばれる冷却素材が普及している。PCM(phase change material)は，状態変化に伴う熱の出入りを利用した素材で，融点が 30℃前後であるパラフィン(ろうそくの成分)を成分としている。
PCM が体と接触していると，体温によってパラフィンが融解する。このとき，体の熱がパラフィンの融解のために使われるため，肌を冷やすことができる。融解して溶けても，30℃以下で放置すれば，再び凝固するため，再利用できる。

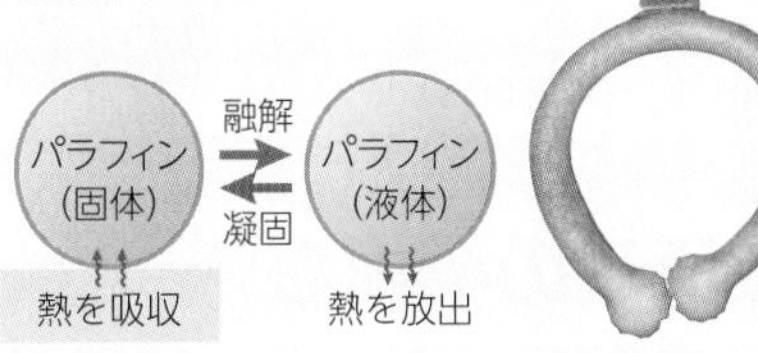

ネッククーラー

4 物理変化と化学変化 基礎

物質の変化には，構成粒子の集合状態だけが変化し，粒子そのものは変化しない**物理変化**(**状態変化**)と，粒子そのものが変化する**化学変化**がある。

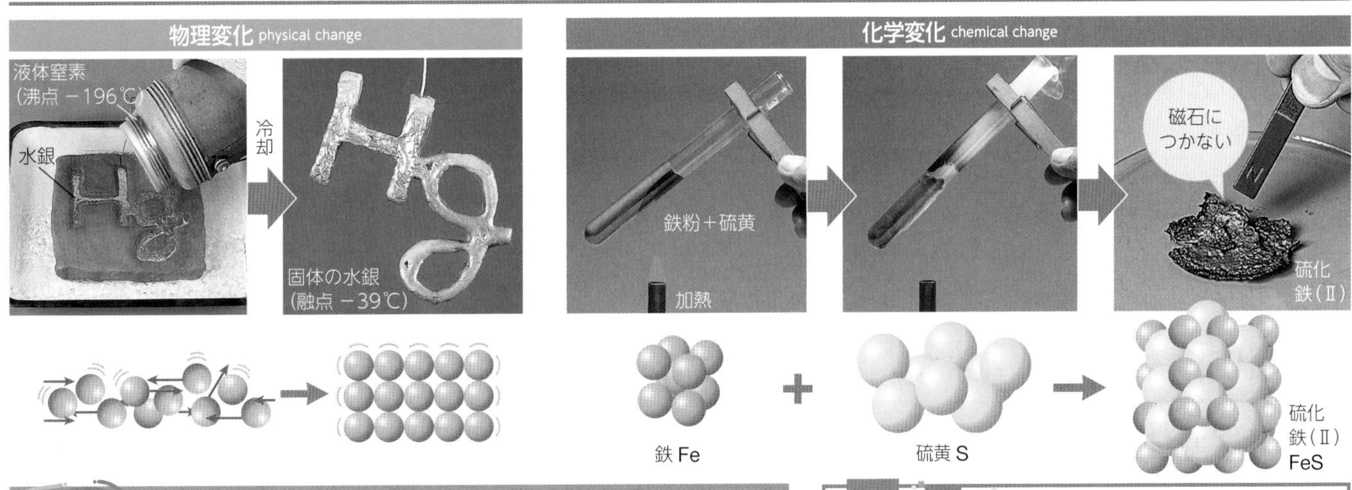

トピック 霜と霜柱

霜は，冬の晴れた朝などに，大気中の水蒸気が0℃以下に冷やされて氷となり(凝華)，地面や植物などの表面に生じたものである。霜が発生すると，低温に弱い植物では，細胞が損傷するため，農作物などに被害が出ることがある。
一方，霜柱は，地中の水分が地表にしみ出し，凝固して氷となったものである。霜柱が発生するためには，地表面の温度が 0℃以下で，かつ地中の温度が 0℃以上でなければならない。このように，霜と霜柱には，どちらも「霜」が含まれるが，でき方に違いがある。

PLUS フリーズドライ

水分を含む食品を急速冷凍し，凍らせた状態で氷となった水分を昇華させて除去し，乾燥させる方法をフリーズドライという。水や湯を注げば，もとの状態に戻すことができる。熱に弱いビタミンなどの栄養素も残りやすく，長期保存ができる。

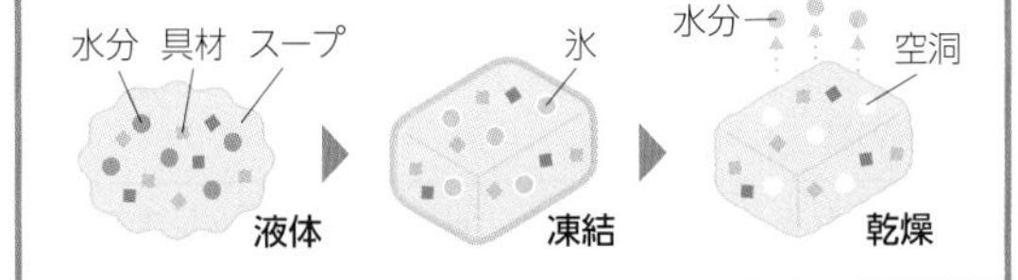

Tips 気体の密度は，液体に比べて非常に小さい。たとえば，液体の水を水蒸気へと変化させると，その体積は1000倍以上になる。

5 原子の構造 基礎

1 原子 atom

物質を構成する最小の粒子を**原子**という。原子は，正の電荷をもつ**原子核**と，負の電荷をもつ**電子**から構成されている。また，原子核は正の電荷をもつ**陽子**と，電荷をもたない**中性子**から構成されている。

ⓐ 原子の大きさ

原子は非常に小さい粒子(直径1×10^{-10}〜5×10^{-10} m 程度)である。

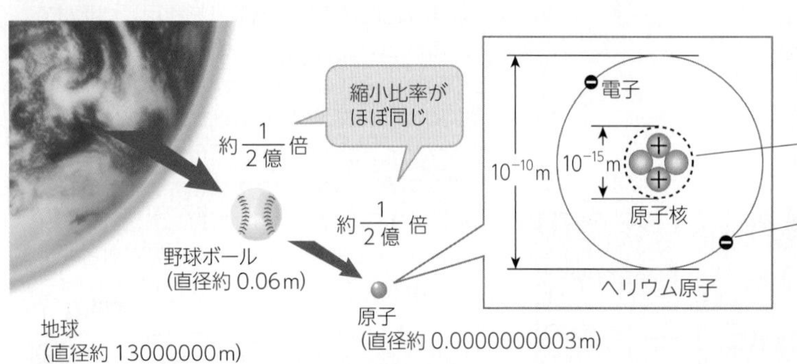

ⓑ 原子の構成

原子は，中心の原子核と，それをとりまく電子からできている。原子は，陽子の数と電子の数が等しく，電気的に中性である。

粒子の種類		質量〔g〕	簡単な比	電気量(クーロン)〔C〕	電荷**
原子核	陽子 proton ＋	1.673×10^{-24}	1	$+1.602\times10^{-19}$	＋1
原子核	中性子* neutron	1.675×10^{-24}	1	0	0
電子 electron ⊖		9.109×10^{-28}	$\frac{1}{1840}$	-1.602×10^{-19}	−1

* ^{1}H には，中性子が存在しない。
**電荷は，正または負の電気量を表し，陽子の電荷は+1，電子の電荷は−1で示される。中性子は電荷をもたない。

2 原子の構成表示

原子の構成は，元素記号の左下に**原子番号**(陽子の数)，左上に**質量数**(陽子の数と中性子の数の和)を添えて表す。

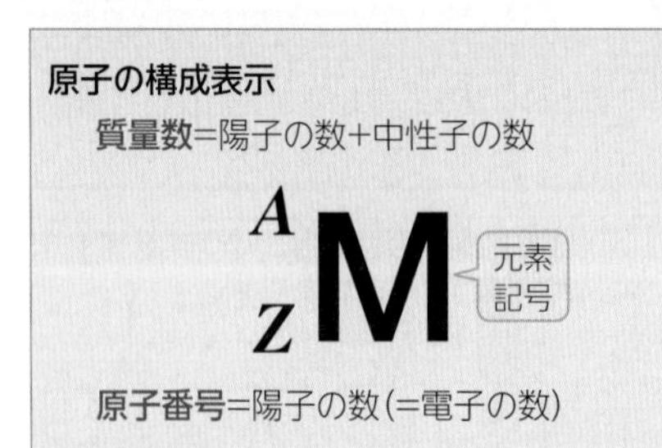

原子の構成表示
質量数=陽子の数+中性子の数
$^{A}_{Z}\mathrm{M}$
元素記号
原子番号=陽子の数(=電子の数)

電子の質量は非常に小さい。原子の質量の大部分は，原子の中心の原子核に集中している。

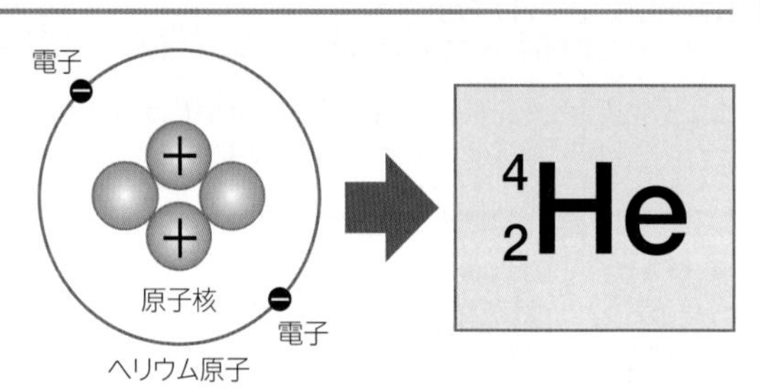

ヘリウム原子の構成表示

ヘリウム原子には，陽子が2個，中性子が2個含まれるので，原子番号は2，質量数は4である。原子番号は，元素ごとに決まっているので，省略される場合もある。

電子顕微鏡

原子は小さすぎて光学顕微鏡では見ることはできない。原子は，光の代わりに電子をあてて観察する電子顕微鏡でとらえることができる。

銅の電子顕微鏡写真

3 同位体 isotope

原子番号が同じで，質量数の異なる原子を互いに**同位体**(アイソトープ)という。多くの元素には同位体が存在し，天然に存在する各同位体の原子数の比(**天然存在比**)は，ほぼ一定である。

ⓐ 同位体(アイソトープ)

同位体は，原子番号(陽子の数)が同じであり，互いに中性子の数が異なる。同位体は質量が異なるだけあり，化学的性質はほぼ同じである。

水素の同位体	$^{1}_{1}$H	$^{2}_{1}$H 重水素(ジュウテリウム)	$^{3}_{1}$H 三重水素(トリチウム)
陽子の数	1	1	1
中性子の数	0	1	2
質量数	1	2	3
電子の数	1	1	1

$^{2}_{1}$H は重水素(ジュウテリウム)，$^{3}_{1}$H は三重水素(トリチウム)とよばれる。重水素は記号 D，三重水素は記号 T で表されることもある。

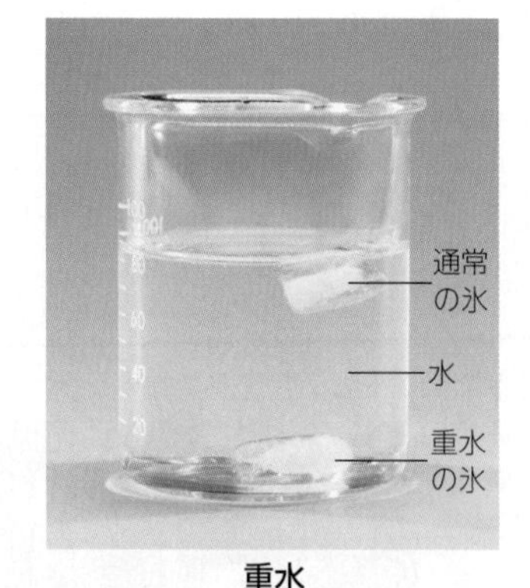

重水

重水素からできた水 $^{2}_{1}H_2O$ を**重水**という。重水は，通常の水に比べて密度が約 11% 大きく，重水の氷は通常の水に沈む。

同位体の存在比

元素	同位体	天然存在比〔%〕
水素	$^{1}_{1}$H	99.9885
	$^{2}_{1}$H	0.0115
	$^{3}_{1}$H	ごく微量
炭素	$^{12}_{6}$C	98.93
	$^{13}_{6}$C	1.07
	$^{14}_{6}$C	ごく微量
酸素	$^{16}_{8}$O	99.757
	$^{17}_{8}$O	0.038
	$^{18}_{8}$O	0.205
塩素	$^{35}_{17}$Cl	75.76
	$^{37}_{17}$Cl	24.24

Be，F，Na，Al，P のように，天然に同位体が存在しない元表もある。

Tips 原子全体の大きさを野球場にたとえると，原子核の大きさは野球場中央にいる一匹のアリに相当する。

4 放射性同位体 radioisotope

同位体のうち，放射線を放出するものを**放射性同位体（ラジオアイソトープ）**という。放射性同位体は原子核が不安定であり，放射線を放出して他の元素の原子に変化する。これを**壊変**，または**崩壊**という。

- **放射線**…高いエネルギーをもつ粒子の流れや電磁波の総称。
- **放射能**…放射線を放出する能力。
- **放射性同位体**…放射線を放出する同位体。

ⓐ 放射線の種類

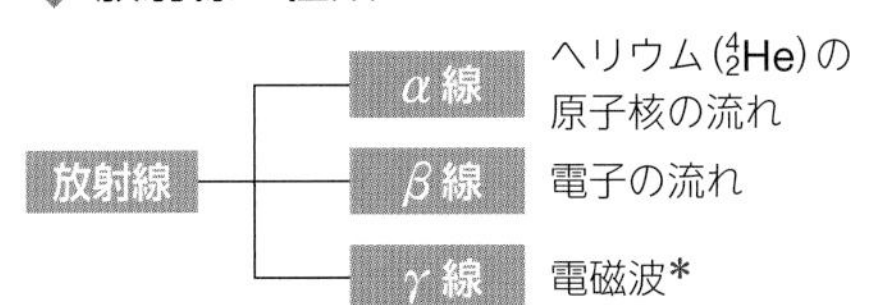

*電気と磁気の性質をもつ波であり，光や電波などがある。

α線　β線　γ線
紙　アルミニウム板　鉛板

衝突した相手に与えるエネルギーはα線が最も大きく，透過力はγ線が最も大きい。

ⓑ 壊変の種類

α壊変（α線が放出される壊変）

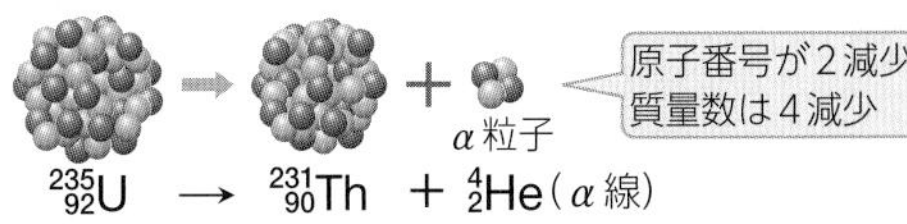

$^{235}_{92}U \rightarrow ^{231}_{90}Th + ^{4}_{2}He$（α線）

β壊変（β線が放出される壊変）

電子
原子番号が1増加
質量数は変化なし

$^{14}_{6}C \rightarrow ^{14}_{7}N + e^-$（β線）

γ壊変（γ線が放出される壊変）

原子番号，質量数は変化しない。

5 半減期と放射性同位体の利用

放射性同位体や放射線は，考古学の分野では年代測定など，医療分野では画像診断やがんの治療など，農業分野では品質改良などに利用されている。

ⓐ 半減期 half-life

壊変によって，放射性同位体の量がもとの半分になるまでの時間を**半減期**という。

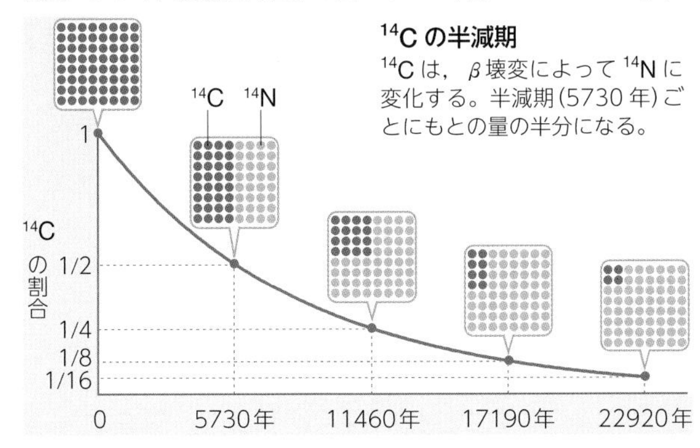

^{14}C の半減期

^{14}C は，β壊変によって ^{14}N に変化する。半減期（5730年）ごとにもとの量の半分になる。

放射性同位体の半減期

放射性同位体		半減期
炭素	^{14}C	5730年
フッ素	^{18}F	110分
カリウム	^{40}K	13億年
ヨウ素	^{131}I	8日
セシウム	^{137}Cs	30年
ウラン	^{238}U	45億年

ⓑ 年代測定

^{14}Cの割合から伐採の時期が推定できる。

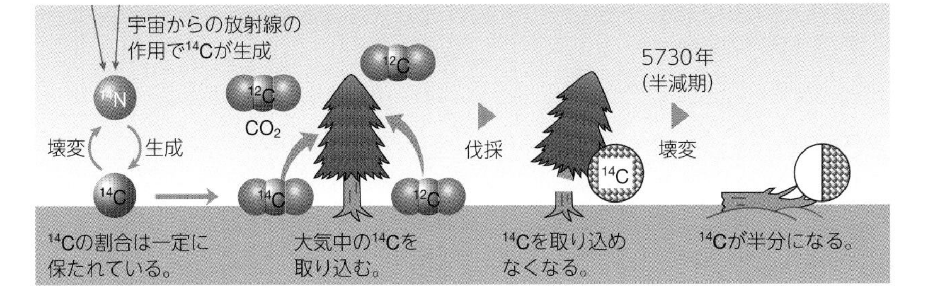

ⓒ 放射線治療

放射性同位体から生じる放射線（γ線）を照射してガン細胞を破壊する。

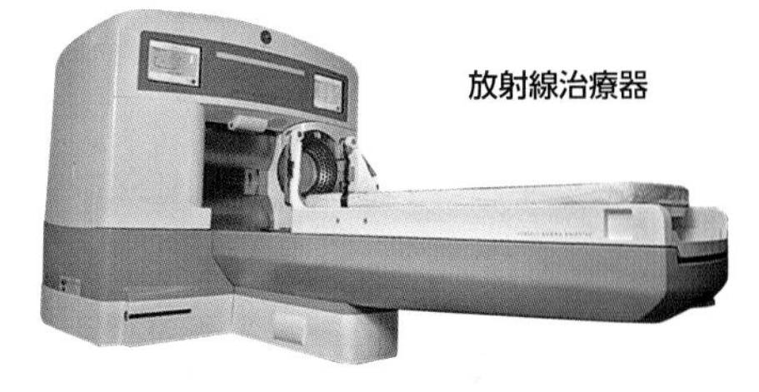

ⓓ トレーサーによる画像診断

放射性同位体を投与し，体内から放出される放射線を検出することで，体内を調べることができる。例えば，ガン細胞はグルコースを取り込みやすいため，グルコースに放射性同位体 ^{18}F を組みこんだ物質を投与して検査すると，放射線の位置から，ガン細胞の位置がわかる。

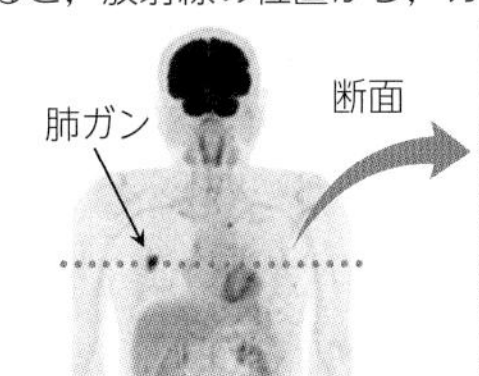

PET 検査の画像
肺ガンに検査薬が集積していることがわかる。

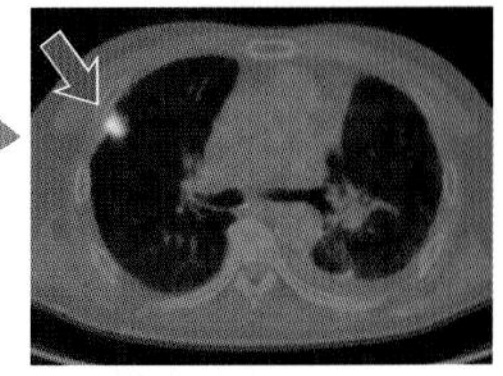

CT 検査との組み合わせ
CT 検査では身体の断面の様子を調べられる。

トピック 身のまわりの放射線

私たちは，自然界から放出される放射線を日常的に浴びながら生活している。自然界から放出される放射線を**自然放射線**という。自然放射線は，宇宙から降り注ぐ宇宙線や，岩石・土，食物，大気中の放射性同位体が放出する放射線である。このうち，岩石や食物中の放射性同位体は，おもにカリウム ^{40}K である。カリウムは，花崗岩などを構成する成分であり，^{40}K は，天然存在比で0.01％存在している。また，カリウムは植物・動物にとって必須の元素であるため，食物を摂取することで放射性同位体を取り込んでいる。

放射線は，自然界にありふれた存在であるが，過剰な量の放射線は人体に深刻な影響を与えるため，放射性同位体の取り扱いには，注意が必要である。

（エネ百科）

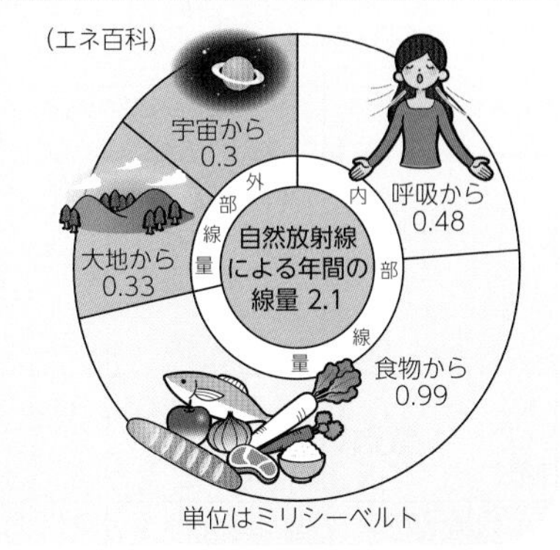

単位はミリシーベルト

放射線は，農業分野において，品種改良に利用されている。植物に放射線を照射し，人為的に突然変異をおこして新しい品種がつくられており，これは放射線育種とよばれる。放射線育種では，実験が容易で，突然変異をおこす効果の大きいγ線が最も多く用いられている。

6 電子配置 基礎

1 電子殻
electronshell

原子内の電子は，原子核をとりまくいくつかの層に分かれて存在すると考えることができる。この層を**電子殻**といい，内側から順にK殻，L殻，M殻，N殻，O殻…とよばれる。

a 電子殻と電子

各電子殻に収容される電子の最大数は決まっている。内側から n 番目の電子殻に収容される電子の最大数は $2n^2$ で求められる。

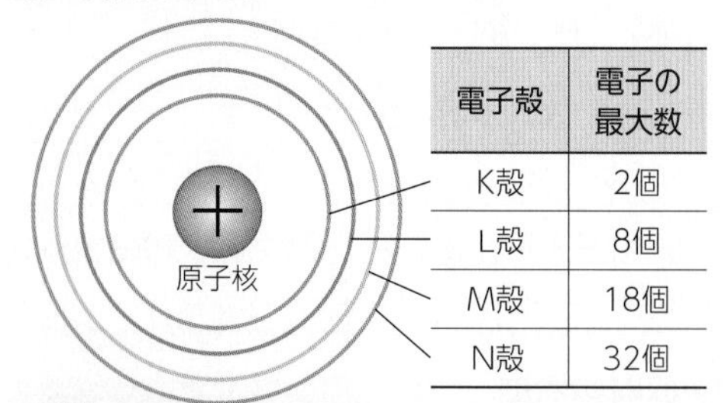

電子殻	電子の最大数
K殻	2個
L殻	8個
M殻	18個
N殻	32個

key person ボーア

(1885〜1962 デンマーク)
原子の構造として，1913年，原子核を中心に，電子殻を同心円状に示したモデルを提唱した。このモデルは**ボーアモデル**とよばれる。

b 水素原子の発光スペクトル
emission spectrum

低圧の水素中で放電させると，水素分子は放電のエネルギーを吸収して水素原子に変化し，同時に発光する。この光を分光器で観察すると，一定波長の光からなる何本かの発光スペクトル(線スペクトル)が見られる。

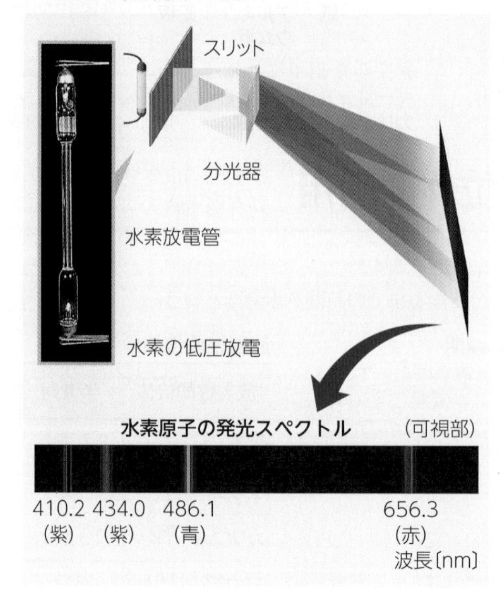

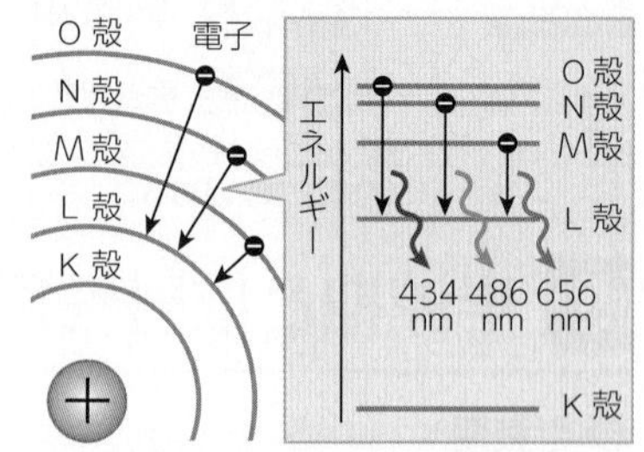

K殻の電子は，エネルギー状態が最も低い。この電子が放電のエネルギーを吸収し，エネルギーの高い電子殻に移動する。その後，エネルギーの低いK殻やL殻などに移るとき，そのエネルギー差に相当する光を発する。

より外側の電子殻からK殻へ移動したときの光は紫外線として観測され，肉眼では見ることはできない。

2 電子配置と価電子・電子式
electron configuration　valence electron

電子は，一般にエネルギーの低い内側の電子殻から順に配置される。安定な電子配置をもつヘリウム $_{2}He$，ネオン $_{10}Ne$，アルゴン $_{18}Ar$ などを**貴ガス**という。

原子番号1〜18の原子の電子配置と価電子の数・電子式

- **最外殻電子** (outermost-shell electron)…最も外側の電子殻(**最外殻**)に存在する電子。
- **価電子** (valence electron)…最外殻電子で，他の原子と結合するときに重要な働きをする電子。
- **閉殻** (closed shell)…最大数の電子で満たされた状態の電子殻。
- **電子式**…元素記号のまわりに最外殻電子を•で示した式。 例 ・C・(不対電子)　:N・(電子対)

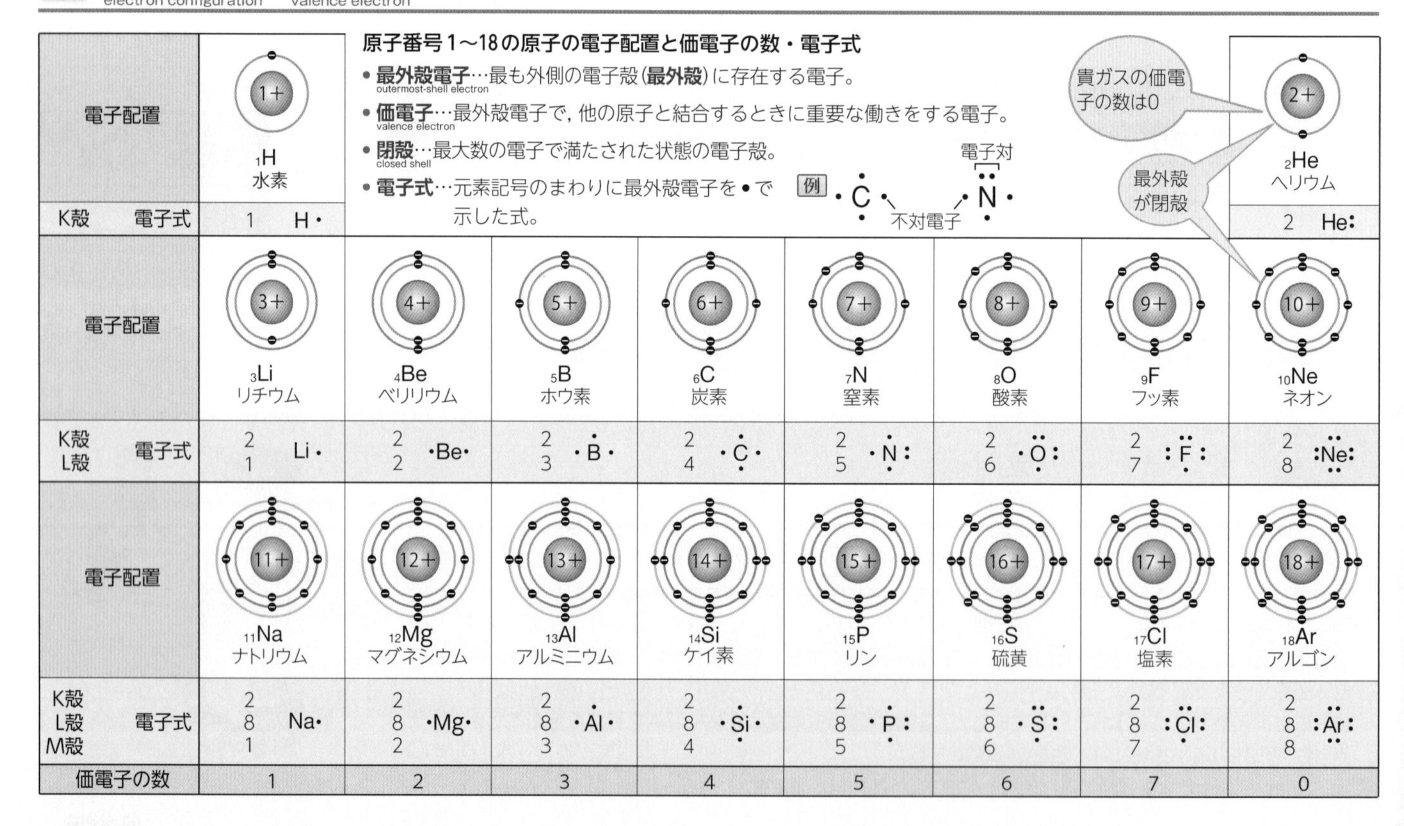

	$_{1}H$ 水素							$_{2}He$ ヘリウム
電子配置	1+							2+
K殻 / 電子式	1 H・							2 He:

	$_{3}Li$ リチウム	$_{4}Be$ ベリリウム	$_{5}B$ ホウ素	$_{6}C$ 炭素	$_{7}N$ 窒素	$_{8}O$ 酸素	$_{9}F$ フッ素	$_{10}Ne$ ネオン
電子配置	3+	4+	5+	6+	7+	8+	9+	10+
K殻 / L殻 電子式	2 / 1 Li・	2 / 2 ・Be・	2 / 3 ・B・	2 / 4 ・C・	2 / 5 ・N:	2 / 6 ・O:	2 / 7 :F:	2 / 8 :Ne:

	$_{11}Na$ ナトリウム	$_{12}Mg$ マグネシウム	$_{13}Al$ アルミニウム	$_{14}Si$ ケイ素	$_{15}P$ リン	$_{16}S$ 硫黄	$_{17}Cl$ 塩素	$_{18}Ar$ アルゴン
電子配置	11+	12+	13+	14+	15+	16+	17+	18+
K殻 / L殻 / M殻 電子式	2 / 8 / 1 Na・	2 / 8 / 2 ・Mg・	2 / 8 / 3 ・Al・	2 / 8 / 4 ・Si・	2 / 8 / 5 ・P:	2 / 8 / 6 ・S:	2 / 8 / 7 :Cl:	2 / 8 / 8 :Ar:
価電子の数	1	2	3	4	5	6	7	0

Tips 電子殻の名称がA殻からではなくK殻からはじまっているのは，当時K殻よりもさらに内側の電子殻が見つかると考えられていたためである。

3 原子の球殻モデル

ボーアモデルでは，電子は電子殻(K殻，L殻，M殻，N殻，…)に存在するとされる。
このモデルを立体的に表すと，球面に対応すると考えられる。

ボーアモデルでは，電子は原子核の周囲を円運動し，特定の半径の軌道のみが許されるとされた。この円運動を立体的に考えると，球面に対応する。K殻が原子核に最も近い球面，次いでL殻，M殻，N殻，…が，それぞれ順に球面をなすものとして，原子やイオンの形は，球で近似されることが多い。ただし，このモデルでは説明できないこともある。
例えば，原子番号1～18の原子では，K殻，L殻，M殻に，電子が順序よく配置されていくが，原子番号19～36の電子配置は，それらの入り方と異なる。この現象の解釈には，新しい理論(量子力学)の発展が必要であった(➡p.30)。

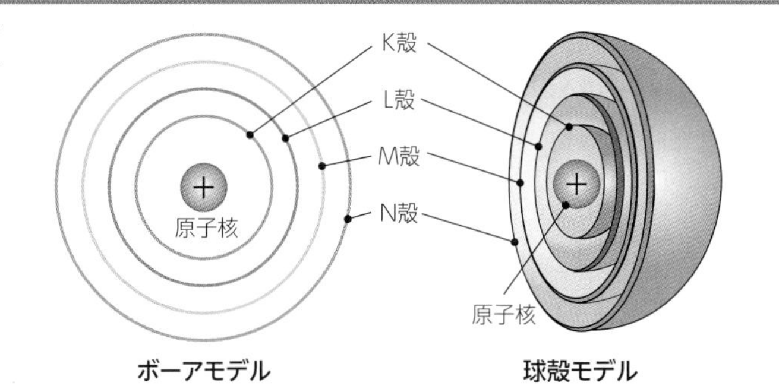

ボーアモデル　　球殻モデル

原子番号19～36の原子の電子配置

原子		$_{19}K$	$_{20}Ca$	$_{21}Sc$	$_{22}Ti$	$_{23}V$	$_{24}Cr$	$_{25}Mn$	$_{26}Fe$	$_{27}Co$	$_{28}Ni$	$_{29}Cu$	$_{30}Zn$	$_{31}Ga$	$_{32}Ge$	$_{33}As$	$_{34}Se$	$_{35}Br$	$_{36}Kr$
電子配置	K殻	2	2	2	2	2	2	2	2	2	2	2	2	2	2	2	2	2	2
	L殻	8	8	8	8	8	8	8	8	8	8	8	8	8	8	8	8	8	8
	M殻	8	8	9	10	11	13	13	14	15	16	18	18	18	18	18	18	18	18
	N殻	1	2	2	2	2	1	2	2	2	2	1	2	3	4	5	6	7	8

$_{19}K$および$_{20}Ca$は，M殻が閉殻になる前にN殻に電子が入っている。また，原子番号21～30の元素は，N殻の最外殻電子の数が1または2の状態である。

PLUS 原子構造の解明

■電子の発見　クルックス管の内部を真空にして高電圧を加えると，放電が起こり，明るく輝き始める。このとき，陰極から陽極に向かって光線のようなものが直進していることが確認され，**陰極線**と名づけられた。
その後，1897年にJ.J.トムソンが，陰極線に電場をかけると曲がることなどから，陰極線は負に帯電した小さい粒子(電子)の流れであることを明らかにした。

■原子核の発見　J.J.トムソンは，1904年にブドウパンモデルとよばれる原子模型を考案した。同じ年，長岡半太郎は，中心に正電荷をもつ球状の部分があり，その周囲を電子が運動しているとする土星型の原子模型を発表した。
ラザフォードは，金箔に正の電荷をもつα線を照射すると，大部分は通過するが，一部が大きく進路を変えることを発見した。このことから，原子核に衝突したα線だけが大きく進路を変えると考え，原子の正電荷と質量の大部分が，原子の中心に集まって原子核を構成しているとして，その大きさは，原子の数万分の1程度と推定した。これらにもとづいて，彼は，1911年，正電荷をもつ小さい原子核が中心にあり，その周囲を電子が運動しているとする太陽系型の原子模型を提案した。

■電子殻の概念の確立　さらにボーアは，水素原子の発光スペクトルを説明するため，1913年，原子中の電子は一定の軌道上に存在し，固有のエネルギーをもつという考え方を提唱し，ボーアモデルを発表した(➡p.31)。

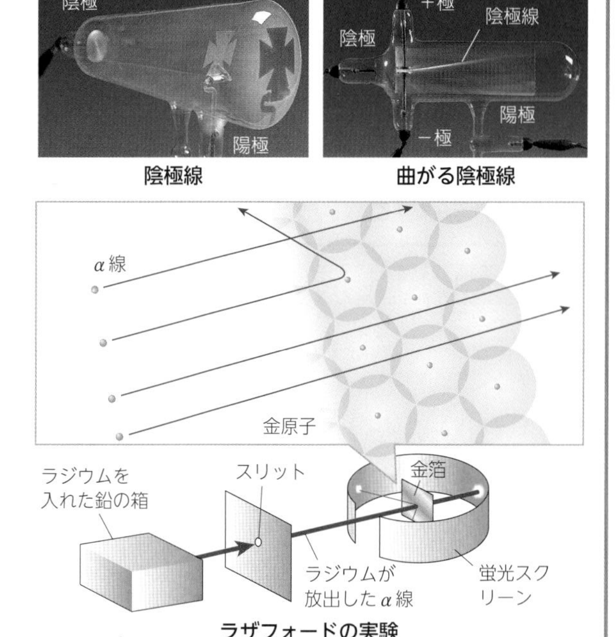

陰極線　　曲がる陰極線

ラザフォードの実験

J.J.トムソン(1856～1940 イギリス)　　J.J.トムソンの原子模型(1904年)

長岡 半太郎(1865～1950 日本)

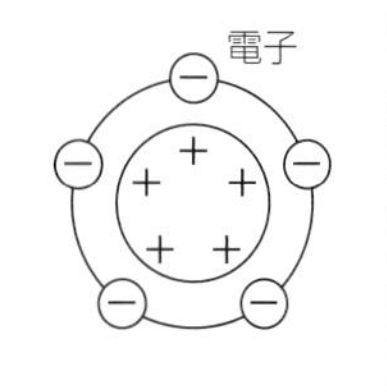

長岡 半太郎の原子模型(1904年)

ラザフォード(1871～1937 イギリス)

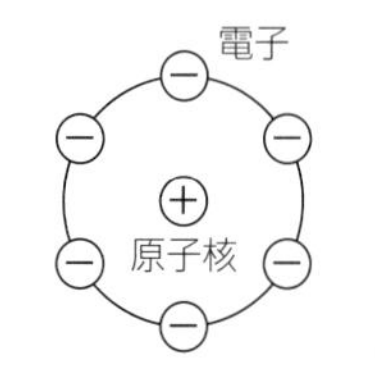

ラザフォードの原子模型(1911年)

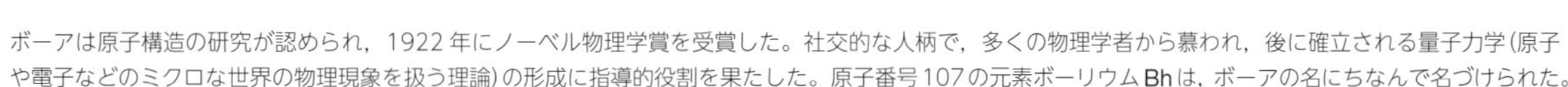
ボーアは原子構造の研究が認められ，1922年にノーベル物理学賞を受賞した。社交的な人柄で，多くの物理学者から慕われ，後に確立される量子力学(原子や電子などのミクロな世界の物理現象を扱う理論)の形成に指導的役割を果たした。原子番号107の元素ボーリウムBhは，ボーアの名にちなんで名づけられた。

7 原子軌道 化学

p.29で学習したようにボーアモデルでは説明できないこともある。ここでは，**原子軌道**とよばれる概念を用いて，さらに詳しく原子の電子配置などを見ていこう。

1 原子軌道とその形状

Atomic orbital

電子は，その位置を正確に決めることができず，存在確率でしか表すことができない。この確率が高い場所を表したものを**原子軌道**という。

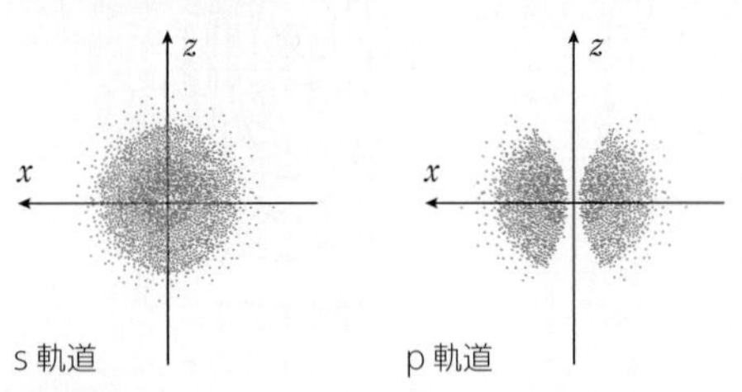

電子雲

電子の存在確率の高い領域（例えば 90％）を点の疎密で表すと，図のように示される。このモデルは電子の雲のように見え，**電子雲**ともよばれる。

国立科学博物館にある電子雲モデル

s 軌道　球形の1つの軌道

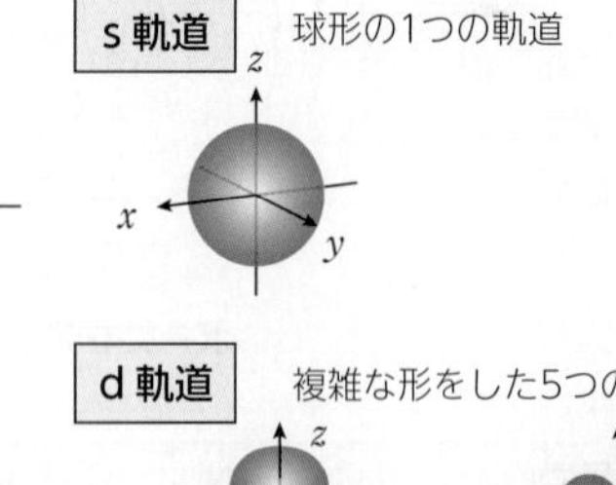

p 軌道　亜鈴（あれい）形の3つの軌道

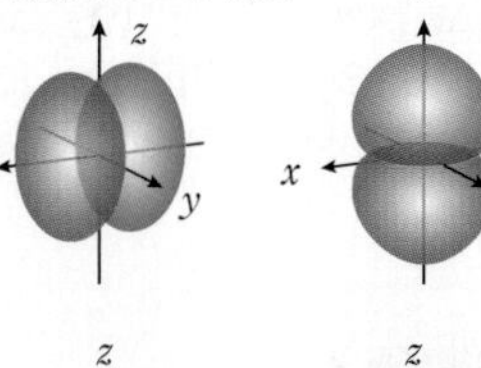

d 軌道　複雑な形をした5つの軌道

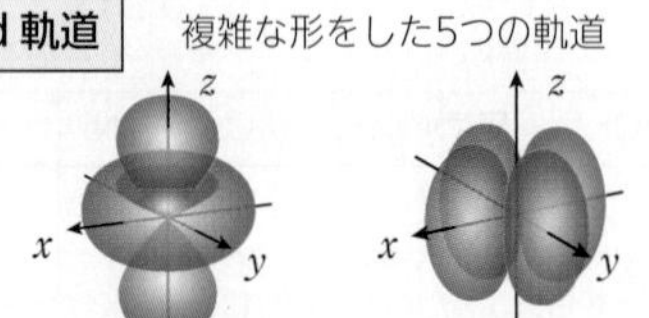

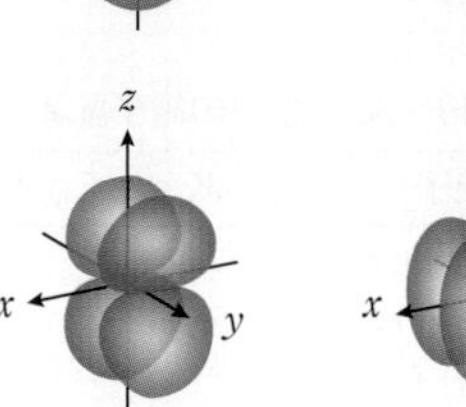

f 軌道　複雑な形をした7つの軌道

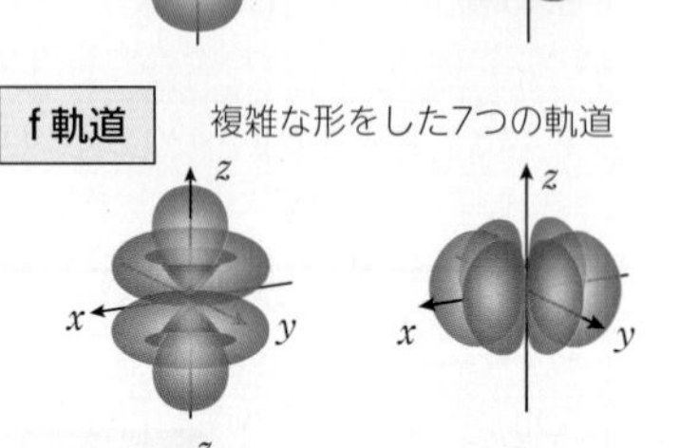

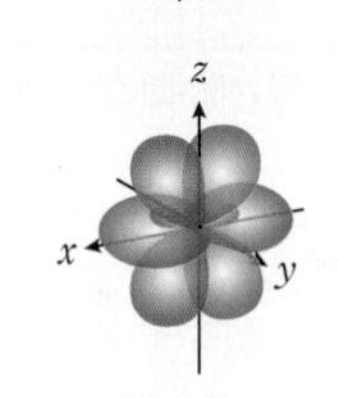

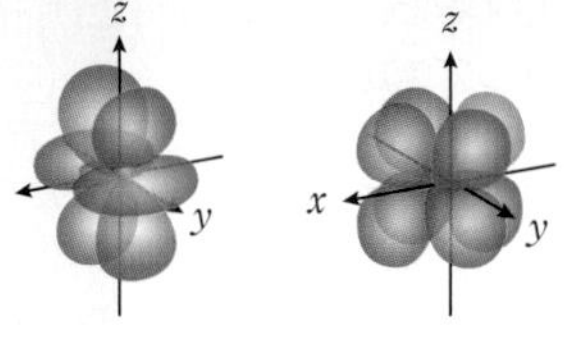

原子軌道には，s 軌道，p 軌道，d 軌道，f 軌道などがあり，各軌道は固有の形をもつ。1つの原子軌道には最大2個の電子が収容される。

2 原子軌道と電子殻の関係

電子殻は各原子軌道から構成される。K 殻は 1s 軌道のみ，L 殻は 2s 軌道と3つの 2p 軌道，M 殻は 3s 軌道，3つの 3p 軌道，5つの 3d 軌道からなる。

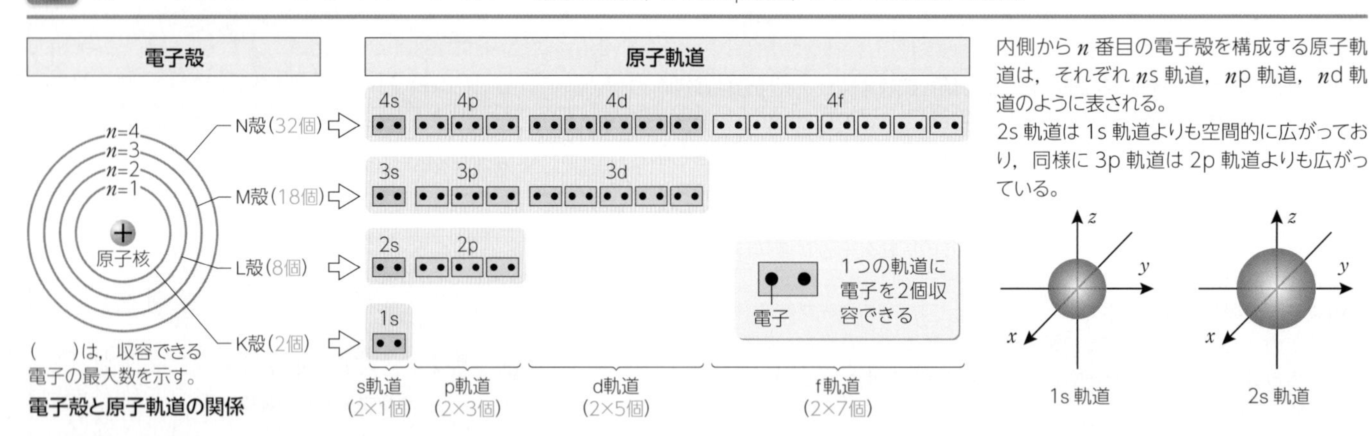

電子殻と原子軌道の関係

内側から n 番目の電子殻を構成する原子軌道は，それぞれ ns 軌道，np 軌道，nd 軌道のように表される。

2s 軌道は 1s 軌道よりも空間的に広がっており，同様に 3p 軌道は 2p 軌道よりも広がっている。

PLUS パウリの排他原理

電子にはスピンとよばれる状態があり，スピンには上向きと下向きがある。上向きのスピンを↑，下向きを↓で表すと，電子配置は図のようになり，同じ原子軌道に収容される電子はスピンが異なっている。このように，各原子軌道に収容される電子は同じ状態では入ることができない。これを**パウリの排他原理**という。

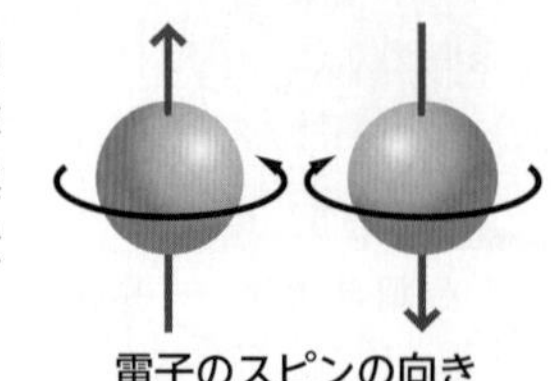

電子のスピンの向き

	1s	2s	2p	3s	3p	3d
$_{2}He$	↑↓					
$_{10}Ne$	↑↓	↑↓	↑↓ ↑↓ ↑↓			
$_{13}Al$	↑↓	↑↓	↑↓ ↑↓ ↑↓	↑↓	↑	

↑↑ や ↓↓ は電子が同じ状態になるため，不可である。

Tips　原子軌道は大学で化学を学習する上で非常に重要な概念である。大学の教科書では，物理化学や量子化学の教科書だけでなく，無機化学や有機化学の教科書にも掲載されている。

3 原子軌道と電子配置

電子はエネルギーの低い軌道から順番に収容される。$_{19}K$ や $_{20}Ca$ ではM殻が満たされる前にN殻に電子が収容されているが，原子軌道を用いて電子配置を考えると，その理由がわかる。

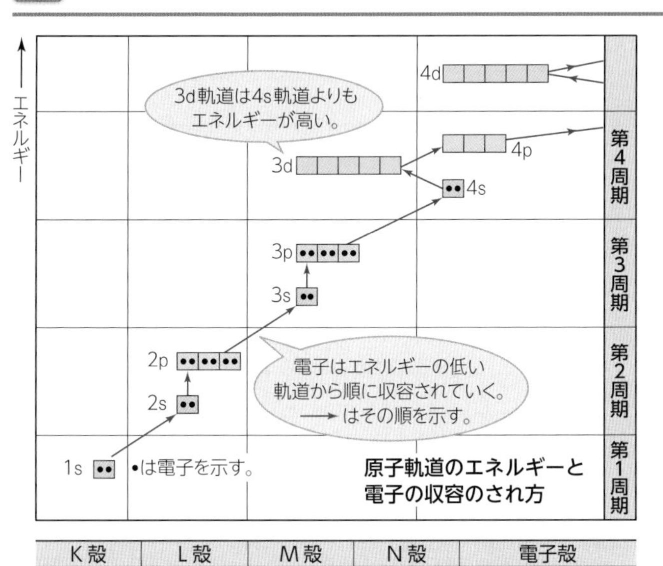

原子軌道のエネルギーと電子の収容のされ方

K殻	L殻	M殻	N殻	電子殻
1	4	9	16	原子軌道の数
2×1=2	2×4=8	2×9=18	2×16=32	電子の最大収容数

原子軌道とエネルギー
一般に，原子核に近い軌道ほどエネルギーは低い。

K殻 L殻 M殻 N殻
1s 2s 2p 3s 3p 3d 4s 4p 4d
典型元素 $_{1}H$ $_{6}C$ $_{10}Ne$ $_{19}K$
遷移元素 $_{22}Ti$ $_{26}Fe$
4s軌道を先に満たす
3d軌道を満たしていく

原子の電子配置
$_{19}K$ や $_{20}Ca$ では3d軌道(M殻)に電子が収容される前に，3d軌道よりもエネルギーの低い4s軌道(N殻)に電子が収容される。そのため，$_{19}K$ や $_{20}Ca$ のM殻には8個の電子しか収容されない。

PLUS フントの規則

1つの原子軌道には最大2個の電子が収容されるが，同じエネルギーの軌道が複数存在するp軌道やd軌道の場合，できるだけ違う軌道に同じスピンの向きの電子が収容される。これを**フントの規則**という。すべての軌道に1つずつ電子が収容されたのち，2つ目の電子が逆向きのスピンで収容されていく。

1s 2s 2p
$_{7}N$
$_{8}O$
バラバラに入る

4 原子軌道と周期表

周期表(➡p.32)では，原子の電子配置にもとづいて元素が配置されている。電子が原子軌道に収容されていくとき，最後に電子が収容される軌道の種類で元素を分類すると，次のようになる。

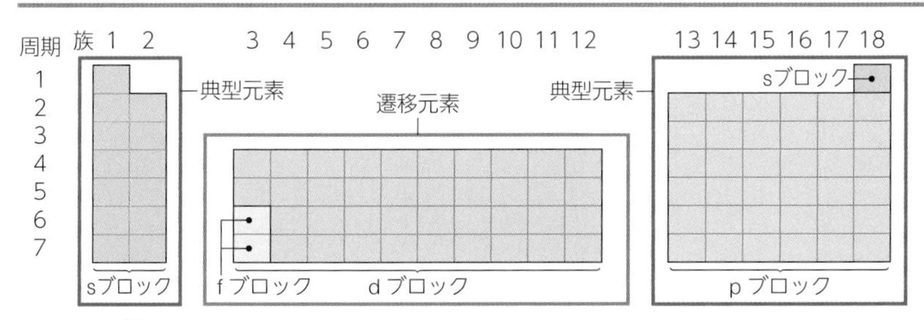

周期表と原子軌道
s軌道は最大2個，p軌道は最大6個の電子を収容できるため，典型元素(sブロック，pブロック)の最外殻電子の数は1〜8である。遷移元素(dブロック，fブロック)では最外殻のs軌道に電子が収容されたのち，内殻のd軌道やf軌道に電子が収容されるため，最外殻電子の数は1，2となる。
fブロックでは，第6，7周期の元素は内殻のf軌道に電子が収容されていく(➡p.318)。

トピック 古典力学から量子力学へ

フラウンホーファー(ドイツ)は，1814年頃，太陽光の吸収スペクトルの観察から，スペクトル中に暗線(特定の波長の光が吸収されて生じた黒い線で**フラウンホーファー線**という)があることを発見した。炎色反応では元素は特有の色を発し，放電によって特有の発光が観察できることから，元素ごとに異なる線スペクトルを示すことがわかっていた。また，各元素は発光と同じ波長の光を吸収することも明らかになった。これらのことから，暗線は太陽光のうち，太陽の表面などで吸収された光によるものであり，フラウンホーファー線とNaやHの線スペクトルが一致することから，太陽にこれらが存在することがわかった。しかし，原子が特定の波長の光を放出・吸収できる理由は不明であった。

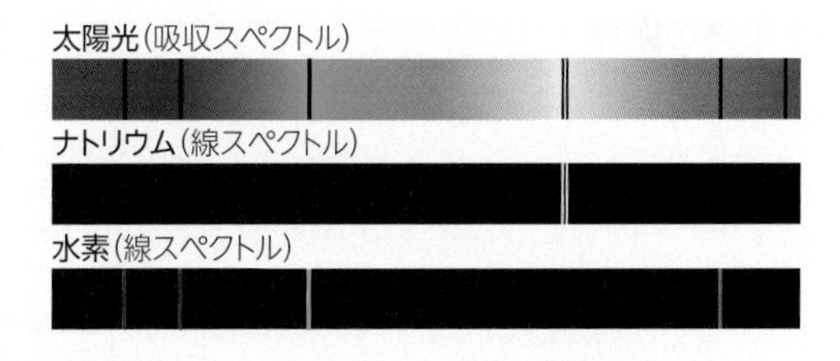

やがて電子や原子核の存在が明らかになり，いろいろな原子のモデルが提案された。例えば，ラザフォードのモデル(➡p.29)では，正電荷をもつ原子核になぜ負電荷をもつ電子が引き寄せられずにいるのかなどの疑問が説明できなかった。1913年，ボーアは，電子は特定の位置(電子殻)にしか存在できず，特定の位置にしか移動できないという考え方を提案し，原子が特定の波長の光を吸収・放出できることを説明した。この考え方は，古典力学とは異なっており，**量子力学**とよばれる新しい学問の手法であった。ボーアモデルは水素原子の電子の運動を説明できたが，その他の原子には適用できなかった。1926年，シュレーディンガー(オーストリア)によって波動方程式が導出され，全原子の電子の軌道(原子軌道)が明らかにされた。

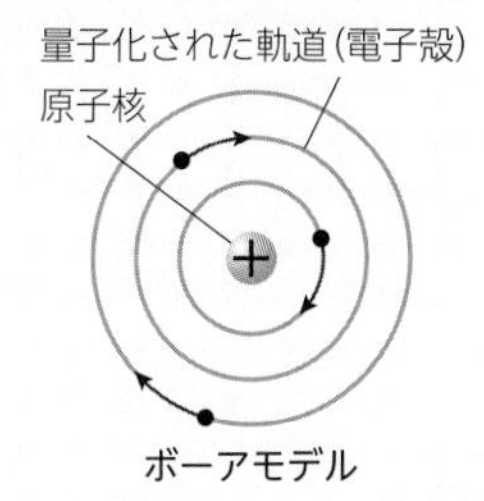

ボーアモデル

フントの規則は実験結果にもとづく理論(経験則)であったが，発表から約80年後に，コンピュータの計算処理能力の飛躍的な向上に伴い，実際に理論的に成り立つことが証明された(2006年)。

8 元素の周期表 基礎

1 元素の周期律 periodic law

元素を原子番号の順に並べると，性質の似た元素が周期的に現れる。この周期性を**元素の周期律**という。元素の周期律は，19世紀後半，メンデレーエフらによって見出された。

a 価電子の数 貴ガスは0，ハロゲンは7である。

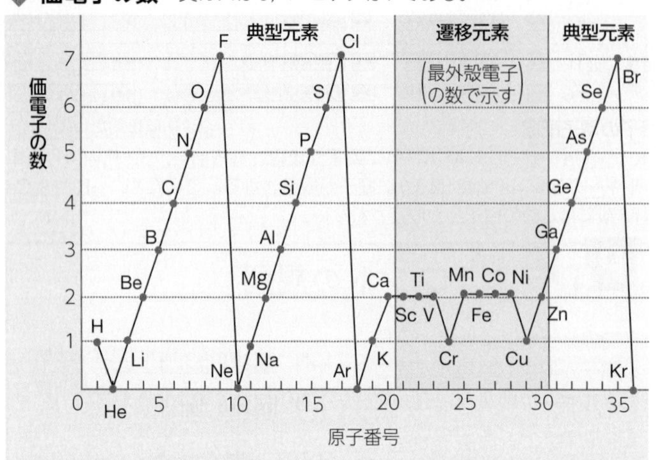

b 原子半径(➡p.37)

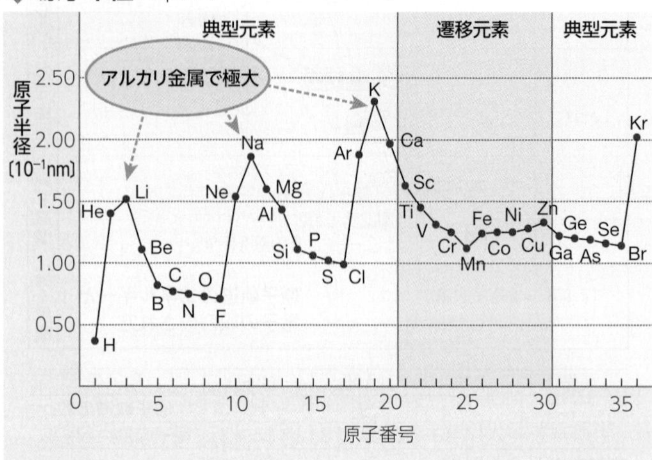

c 第1イオン化エネルギー(➡p.38)

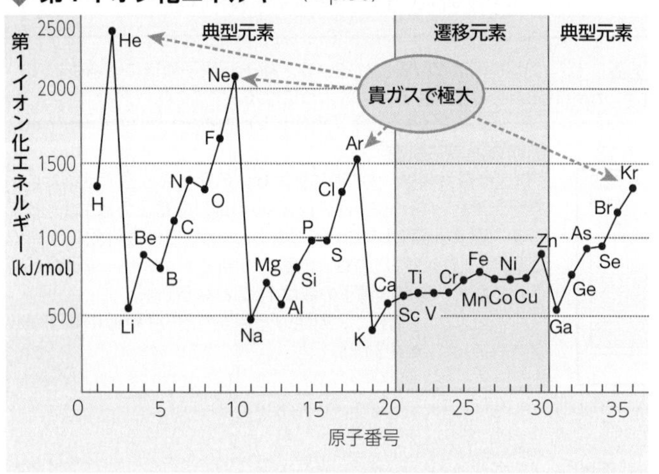

d 電子親和力(➡p.38)

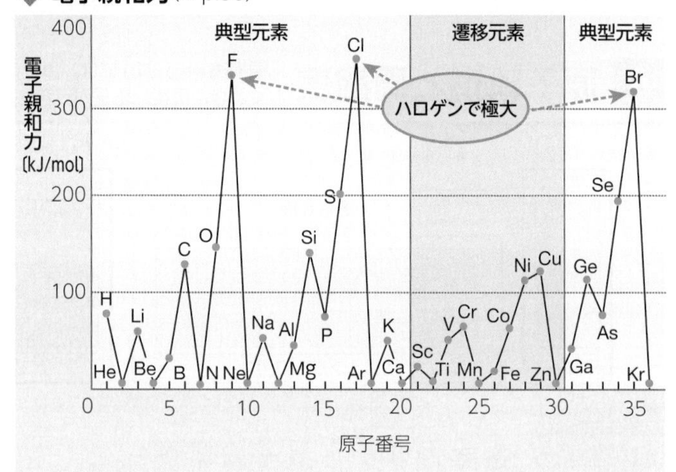

e 単体の融点

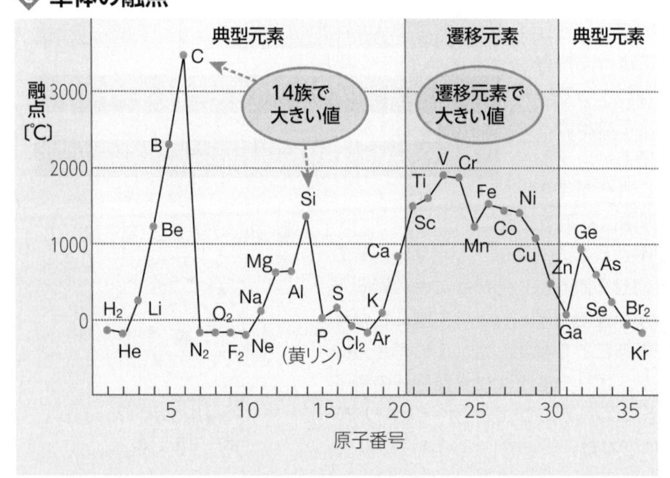

f 電気陰性度(➡p.43)

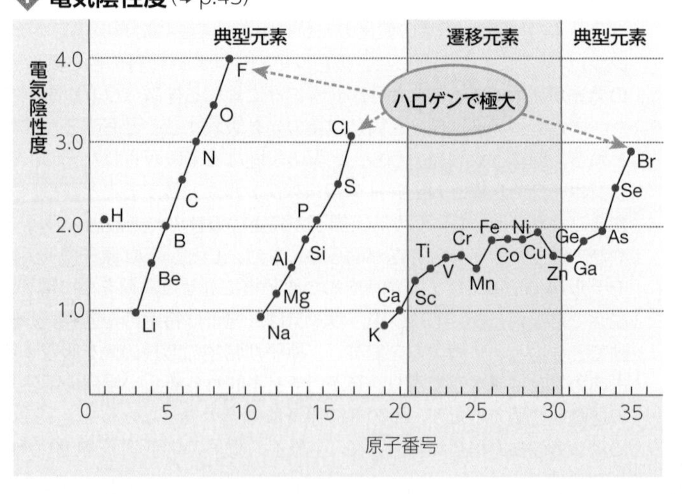

原子番号113番の元素は，亜鉛 Zn とビスマス Bi を衝突させて得られ，わが国の理化学研究所で合成された。2015年12月，113番元素の命名権がわが国に与えられ，2016年11月，その名称がニホニウム Nh と決定された。

2 元素の周期表 periodic table

元素の周期律にもとづいて，元素を原子番号の順に並べ，性質の似た元素が縦に並ぶように配列した表を，**元素の周期表**という。元素の周期表の縦の列を**族**，横の行を**周期**という。

周期 族	1	2	3	4	5	6	7	8	9	10	11	12	13	14	15	16	17	18
1	$_{1}$H																	$_{2}$He
2	$_{3}$Li	$_{4}$Be											$_{5}$B	$_{6}$C	$_{7}$N	$_{8}$O	$_{9}$F	$_{10}$Ne
3	$_{11}$Na	$_{12}$Mg											$_{13}$Al	$_{14}$Si	$_{15}$P	$_{16}$S	$_{17}$Cl	$_{18}$Ar
4	$_{19}$K	$_{20}$Ca	$_{21}$Sc	$_{22}$Ti	$_{23}$V	$_{24}$Cr	$_{25}$Mn	$_{26}$Fe	$_{27}$Co	$_{28}$Ni	$_{29}$Cu	$_{30}$Zn	$_{31}$Ga	$_{32}$Ge	$_{33}$As	$_{34}$Se	$_{35}$Br	$_{36}$Kr
5	$_{37}$Rb	$_{38}$Sr	$_{39}$Y	$_{40}$Zr	$_{41}$Nb	$_{42}$Mo	$_{43}$Tc	$_{44}$Ru	$_{45}$Rh	$_{46}$Pd	$_{47}$Ag	$_{48}$Cd	$_{49}$In	$_{50}$Sn	$_{51}$Sb	$_{52}$Te	$_{53}$I	$_{54}$Xe
6	$_{55}$Cs	$_{56}$Ba	ランタノイド	$_{72}$Hf	$_{73}$Ta	$_{74}$W	$_{75}$Re	$_{76}$Os	$_{77}$Ir	$_{78}$Pt	$_{79}$Au	$_{80}$Hg	$_{81}$Tl	$_{82}$Pb	$_{83}$Bi	$_{84}$Po	$_{85}$At	$_{86}$Rn
7	$_{87}$Fr	$_{88}$Ra	アクチノイド	$_{104}$Rf	$_{105}$Db	$_{106}$Sg	$_{107}$Bh	$_{108}$Hs	$_{109}$Mt	$_{110}$Ds	$_{111}$Rg	$_{112}$Cn	$_{113}$Nh	$_{114}$Fl	$_{115}$Mc	$_{116}$Lv	$_{117}$Ts	$_{118}$Og
族名	アルカリ金属	アルカリ土類金属															ハロゲン	貴ガス(希ガス)
価電子の数	1	2	最外殻電子の数は大部分が2または1										3	4	5	6	7	0

典型元素(非金属元素)
典型元素(金属元素)
遷移元素(金属元素)

典型元素の価電子の数は，族番号の1の位の数値に一致。貴ガスの価電子の数は0。

104番以降の元素については詳しくわかっていない。

■元素の分類
- **典型元素**…1，2族および13〜18族の元素。原子番号の増加に伴って，電子が最外殻に収容され，同族元素は互いに化学的性質が類似。
- **遷移元素**…3〜12族の元素。原子番号の増加に伴って，電子が1つ内側の電子殻に収容され，隣りあう元素も化学的性質が類似。
- 元素は，単体の性質に応じて，**金属元素**と**非金属元素**にも分類される。

3 第3周期元素の性質

典型元素では，族の番号が異なると，原子や単体の性質が大きく変化する。原子が電子を放出して陽イオンになりやすい性質を**陽性**，電子を取り入れて陰イオンになりやすい性質を**陰性**という。

族	1	2	13	14	15	16	17	18
元素	Na	Mg	Al	Si	P	S	Cl	Ar
陽性・陰性	強 ←	陽性		弱	陰性		→ 強	—
単体	ナトリウム	マグネシウム	アルミニウム	ケイ素	黄リン	斜方硫黄	塩素	アルゴン
融点〔℃〕	98	649	660	1410	44	113	−101	−189
水との反応	室温で反応	熱水と反応	高温の水蒸気と反応	反応しにくい			わずかに反応	反応しない
酸化物	Na_2O	MgO	Al_2O_3	SiO_2	P_4O_{10}	SO_3	Cl_2O_7	—
水素化合物	NaH	MgH_2	AlH_3	SiH_4	PH_3	H_2S	HCl	—

key person メンデレーエフ

メンデレーエフ(1834〜1907 ロシア)

メンデレーエフは，1869年，次いで1871年に，元素を原子量の順に配列した周期表を発表し，この中で，未発見の3元素について，性質の予測を行った。後に，予測どおりの性質を示す元素が発見され，周期表に対する評価が高まった。

メンデレーエフが発表した周期表

元素記号の右下の数値は原子量を示す。

	Ⅰ	Ⅱ	Ⅲ	Ⅳ	Ⅴ	Ⅵ	Ⅶ	Ⅷ
1	H_{1}							
2	Li_{7}	Be_{9}	B_{11}	C_{12}	N_{14}	O_{16}	F_{19}	
3	Na_{23}	Mg_{24}	Al_{27}	Si_{28}	P_{31}	S_{32}	$Cl_{35.5}$	
4	K_{39}	Ca_{40}	Eka-B_{44}	Ti_{48}	V_{51}	Cr_{52}	Mn_{55}	Fe_{56} Co_{59}
5	(Cu_{63})	Zn_{65}	Eka-Al_{68}	Eka-Si_{72}	As_{75}	Se_{78}	Br_{80}	Ni_{59} Cu_{63}
6	Rb_{85}	Sr_{87}	Yt_{88}?	Zr_{90}	Nb_{94}	Mo_{96}		Ru_{104} Rh_{104}
7	(Ag_{108})	Cd_{112}	In_{115}	Sn_{118}	Sb_{122}	Te_{127}	I_{127}	Pd_{105} Ag_{108}

元素	原子量	密度〔g/cm^3〕	色	酸化物	酸化物の密度	塩化物	塩化物の沸点
エカケイ素Es(予測)	72	5.5	灰色	EsO_2	4.7	$EsCl_4$	100℃以下
ゲルマニウムGe	72.6	5.32	灰白色	GeO_2	4.23	$GeCl_4$	84℃

Tips 101番元素メンデレビウムMd(1955年発見)は，メンデレーエフの名にちなんで名づけられた。

特集2 元素の周期表をひもとく

同族元素は性質が類似

同族元素の原子は最外殻電子の数が同じため，化学的性質がよく似ている。アルカリ金属の単体は水と激しく反応し，ハロゲンの単体はさまざまな物質とハロゲン化物を生成する。

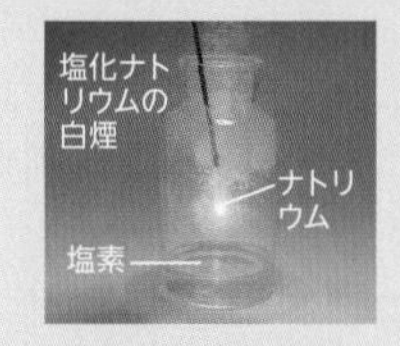

ナトリウムと塩素の反応

遷移元素の隣り合う元素も性質が類似

遷移元素では，最外殻電子の数が1または2のものが多く，隣り合う元素どうしも性質が似ている。例えば，鉄，コバルト，ニッケルは磁石に引き寄せられる性質がある。昭和30年頃の50円硬貨はニッケルでできていたため，磁石に引き寄せられた。

族の番号は最外殻電子の数を表す

典型元素(1，2族，13～18族)の場合，族番号の1の位の数字と最外殻電子の数は一致する(貴ガスのHeを除く)。
遷移元素(3～12族)では，最外殻電子の数は1または2のものがほとんどである。

周期の番号は最外電子殻を表す

第1周期の原子の最外殻はK殻，第2周期の最外殻はL殻，第3周期の場合はM殻，… と周期の番号と最外電子殻は対応している。

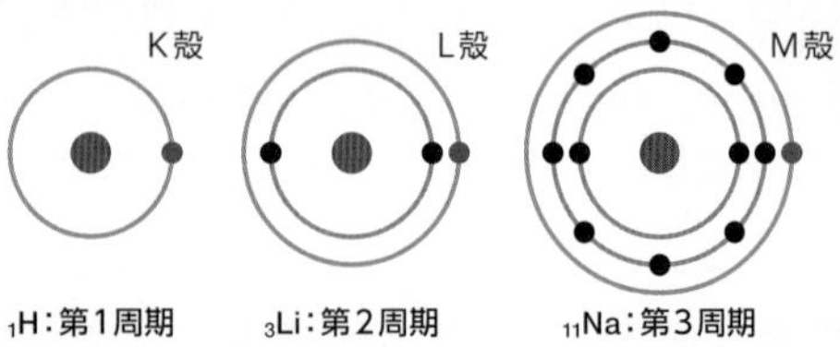

人工元素第1号

テクネチウム$_{43}$Tcは，メンデレーエフがマンガンの下にあることから「エカマンガン」と名づけていた元素である。Tcは，安定な同位体をもたず，すべて放射性同位体からなる。天然にほとんど存在しなかったため，原子番号が比較的小さい元素にもかかわらず発見が遅れた。1937年，モリブデン$_{42}$Moに重水素$^{2}_{1}$Hをあて，初めて人工的に合成された。

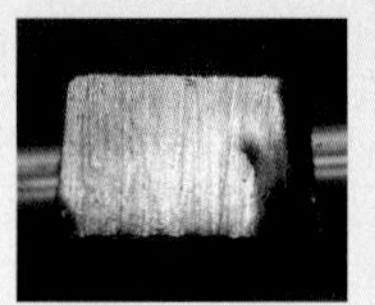

Tcの顕微鏡写真
テクネチウムTcの名前の由来は，ギリシャ語のtechnitos(人造の)である。

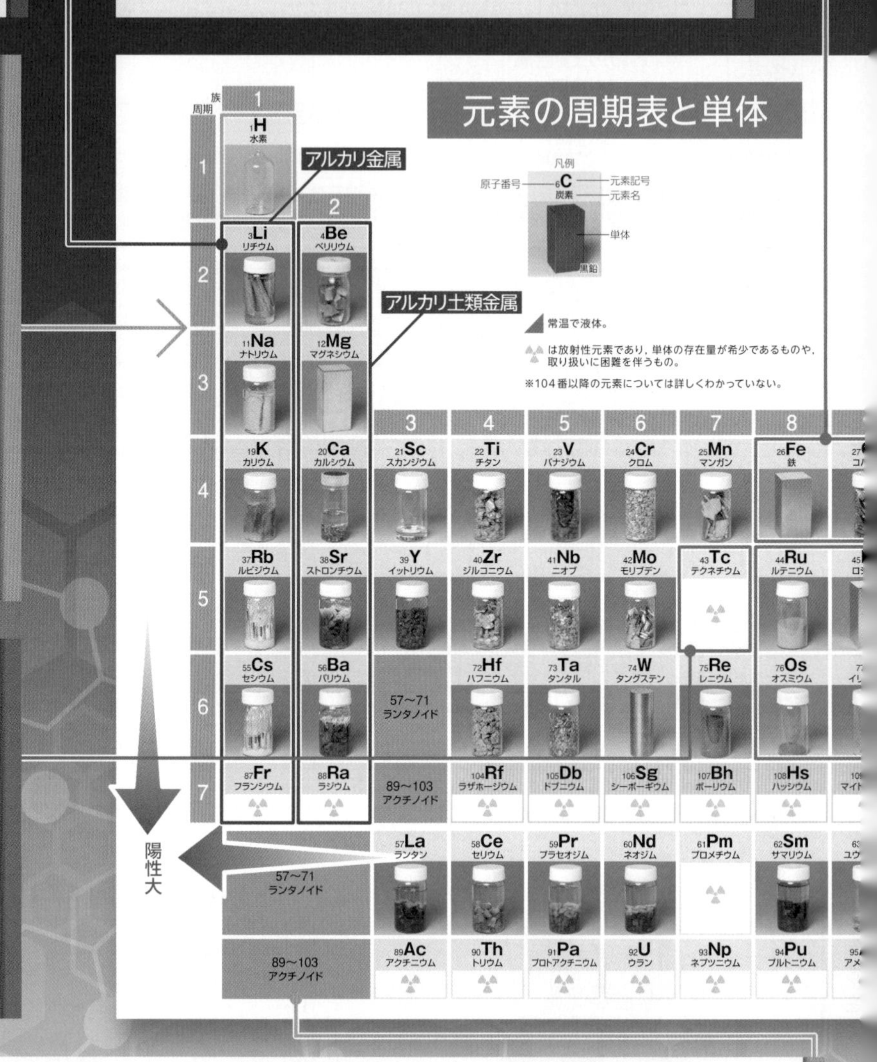

周期表の下側の元素群 ― ランタノイド・アクチノイド ―

$_{57}$La～$_{71}$Luまでの15元素を**ランタノイド**，$_{89}$Ac～$_{103}$Lrまでの15元素を**アクチノイド**という。アクチノイドのうち，天然に存在するのは$_{92}$Uまでで，それ以降は人工の元素である。

通常の周期表(長周期型周期表)では，ランタノイド，アクチノイドは周期表の下側にまとめて配置されている。これらはfブロック元素ともよばれ(➡p.31)，f軌道に電子が充填されていく元素群である。ランタノイドの原子の最外殻電子はP殻にあり，その数はいずれも2個で，ランタノイドに属する15元素は互いに性質がよく似ている。ネオジムNdやサマリウムSmは強力な磁石，ユウロピウムEuは紫外線で光るため紙幣やハガキの偽造防止，ツリウムTmは放射線量計に用いられる。

超長周期型周期表
ランタノイドとアクチノイドを組み込んだ周期表もある。

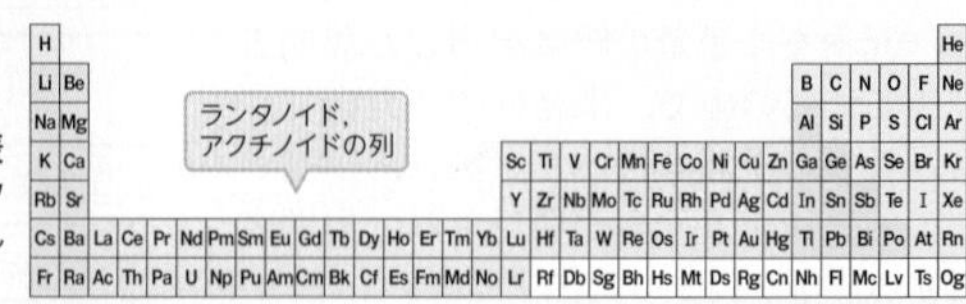

元素の性質は最外殻電子の数と深くかかわっている。
周期表は，原子番号(＝陽子の数 ＝電子の数)の順に元素を並べ，性質の似たものが縦に並ぶように配置されている。
そのため，周期表は物質の性質を知る上で重要な役割を担っている。

単体が半導体になる元素

金属などの導体とプラスチックなどの不導体(絶縁体)の中間的な性質をもつものが半導体となる。単体の半導体としてよく用いられるものには，ケイ素やゲルマニウムがある。

単体が気体の元素は右側に存在

単体が常温・常圧で気体であるものは，非金属元素の単体である。そのため，水素を除き，右側に位置している。なお，単体が液体であるものは，臭素 Br_2 と水銀Hgのみである。

陰性の強い元素は右上，陽性の強い元素は左下に配置

フッ素や酸素，塩素などの陰性の強い元素が周期表の右上，カリウムやナトリウムなどの陽性の強い元素が左下に配置される(貴ガスを除く)。なかでもフッ素は電気陰性度がすべての元素の中で最も大きく，単体はさまざまな物質と反応する。そのため，単体のフッ素は保存が難しい。

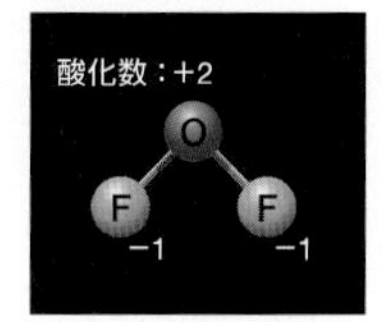

二フッ化酸素 OF_2
フッ素は電子を奪う力が強く，陰性の強い酸素からも電子を奪って結合する。OF_2 は折れ線形の分子である。

典型元素(非金属元素)
典型元素(金属元素)
遷移元素(金属元素)

陰性大
(貴ガスを除く)

陰性大
(貴ガスを除く)

10	11	12	13	14	15	16	17	18
								$_2$He ヘリウム
			$_5$B ホウ素	$_6$C 炭素 (黒鉛)	$_7$N 窒素	$_8$O 酸素	$_9$F フッ素 (きわめて反応性が高い淡黄色の気体)	$_{10}$Ne ネオン
			$_{13}$Al アルミニウム	$_{14}$Si ケイ素	$_{15}$P リン (黄リン)	$_{16}$S 硫黄 (斜方硫黄)	$_{17}$Cl 塩素	$_{18}$Ar アルゴン
i	$_{29}$Cu 銅	$_{30}$Zn 亜鉛	$_{31}$Ga ガリウム	$_{32}$Ge ゲルマニウム	$_{33}$As ヒ素	$_{34}$Se セレン	$_{35}$Br 臭素	$_{36}$Kr クリプトン
d	$_{47}$Ag 銀	$_{48}$Cd カドミウム	$_{49}$In インジウム	$_{50}$Sn スズ	$_{51}$Sb アンチモン	$_{52}$Te テルル	$_{53}$I ヨウ素	$_{54}$Xe キセノン
t	$_{79}$Au 金	$_{80}$Hg 水銀	$_{81}$Tl タリウム	$_{82}$Pb 鉛	$_{83}$Bi ビスマス	$_{84}$Po ポロニウム	$_{85}$At アスタチン	$_{86}$Rn ラドン
s	$_{111}$Rg レントゲニウム	$_{112}$Cn コペルニシウム	$_{113}$Nh ニホニウム	$_{114}$Fl フレロビウム	$_{115}$Mc モスコビウム	$_{116}$Lv リバモリウム	$_{117}$Ts テネシン	$_{118}$Og オガネソン
d	$_{65}$Tb テルビウム	$_{66}$Dy ジスプロシウム	$_{67}$Ho ホルミウム	$_{68}$Er エルビウム	$_{69}$Tm ツリウム	$_{70}$Yb イッテルビウム	$_{71}$Lu ルテチウム	
m	$_{97}$Bk バークリウム	$_{98}$Cf カリホルニウム	$_{99}$Es アインスタイニウム	$_{100}$Fm フェルミウム	$_{101}$Md メンデレビウム	$_{102}$No ノーベリウム	$_{103}$Lr ローレンシウム	

貴ガス
ハロゲン

金属と非金属の境界付近には金属，非金属の両方の性質を示すものが多い

両性金属である $_{13}$Alや $_{30}$Zn，$_{50}$Sn，$_{82}$Pbは，この境界近くに存在している。このほか，両性を示すものには，$_4$Be，$_{31}$Ga，$_{32}$Ge，$_{33}$As，$_{51}$Sb，$_{52}$Teなどがあり，いずれも境界付近に配置されている。

113番元素 ニホニウム

113番元素はわが国にはじめて命名権が与えられた元素である。理化学研究所では，約3万km/s(光速の1/10)にまで加速した亜鉛 $_{30}$Znをビスマス $_{83}$Biに衝突させることを繰り返し，113番元素の合成に成功した。2015年12月に命名権がIUPACから与えられ，2016年11月，新元素の名称がニホニウムと正式に決定された。

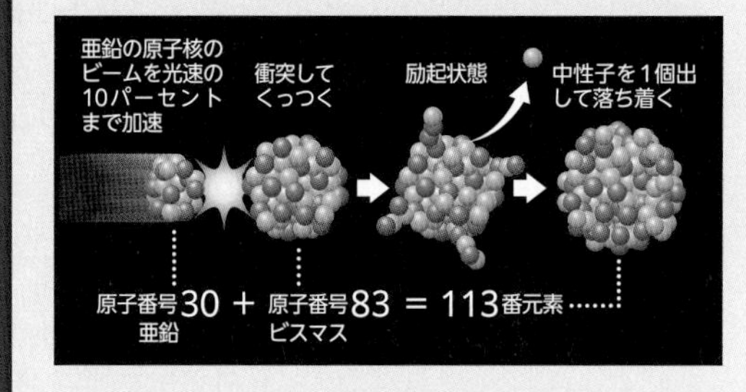

反応しにくい元素は周期表の中心付近に固まっている

反応しにくい安定な金属を**貴金属**という。貴金属は，標準電極電位が大きい(イオン化傾向が小さい)金属である(➡p.90)。一般に，金，銀，白金をはじめとする8種類の金属(ルテニウムRu，ロジウムRh，パラジウムPd，銀Ag，オスミウムOs，イリジウムIr，白金Pt，金Au)が貴金属とされ，周期表の中心に固まっている。なお，貴金属以外の金属を卑(ひ)金属ということがある。ルテニウム，ロジウム，パラジウム，オスミウム，イリジウム，白金の6元素は性質がよく似ており，白金族とよばれることもある。

硬貨に用いられる金属
金，銀と同じ族に属する銅を含めた3種の金属は，古くから硬貨(貨幣)に用いられることが多かったため，貨幣金属ともよばれる。

金製の耳飾り
熊本県の江田船山古墳から出土(5世紀後半頃)。現在も金属光沢をもつ。

9 イオン 基礎

1 イオンの存在 ion

イオンは電荷をもつ粒子で，正の電荷をもつ**陽イオン**と，負の電荷をもつ**陰イオン**がある。原子１個からなる**単原子イオン**と，複数の原子からなる**多原子イオン**がある。

電解質 electrolyte 水溶液中でイオンを生じる物質

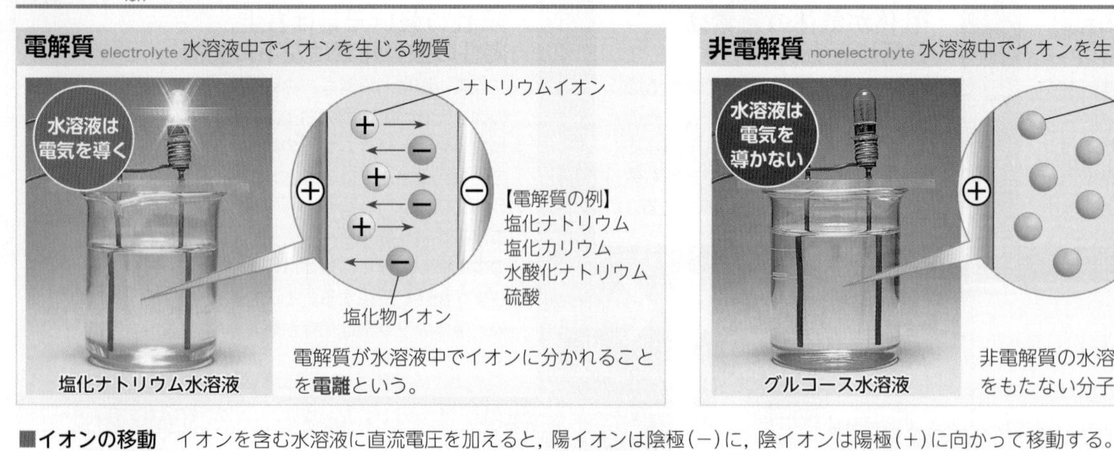

電解質が水溶液中でイオンに分かれることを**電離**という。

非電解質 nonelectrolyte 水溶液中でイオンを生じない物質

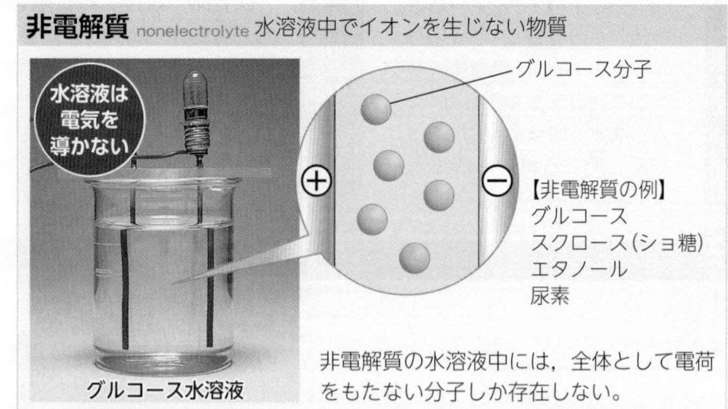

非電解質の水溶液中には，全体として電荷をもたない分子しか存在しない。

■**イオンの移動**　イオンを含む水溶液に直流電圧を加えると，陽イオンは陰極（－）に，陰イオンは陽極（＋）に向かって移動する。

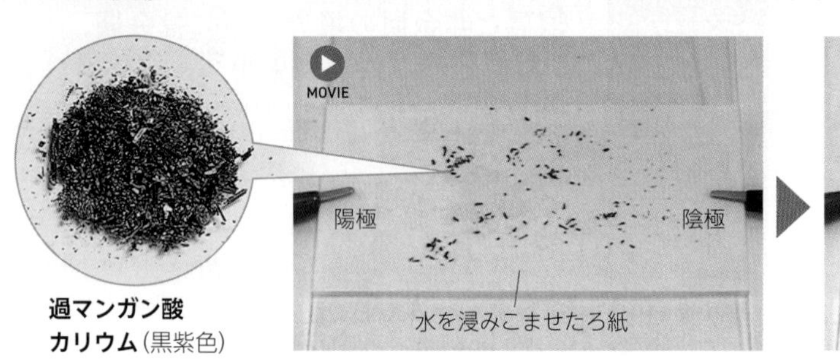

過マンガン酸カリウム（黒紫色）

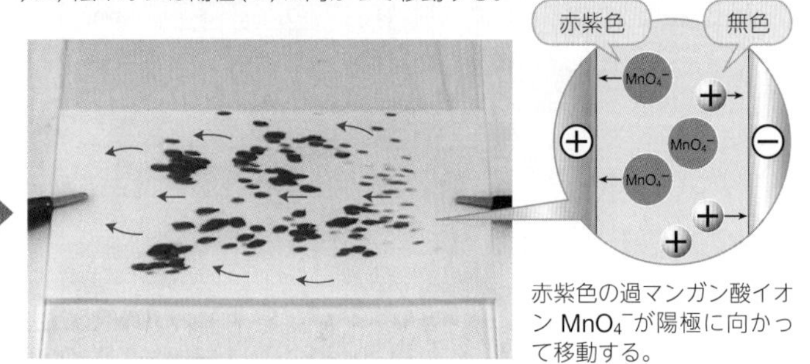

赤紫色の過マンガン酸イオン MnO_4^- が陽極に向かって移動する。

2 イオンの表し方

イオンは構成粒子の種類を元素記号で示し，その右上に正または負の電荷を添えた化学式で表される。イオンの化学式中の電荷の絶対値を，そのイオンの**価数**という。

ⓐ イオンの化学式（イオン式）

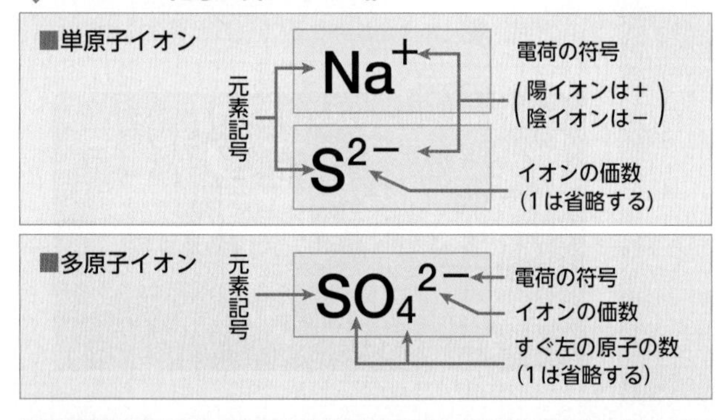

ⓑ イオンの名称

❶ 単原子の陽イオンの名称は，「元素名」に「イオン」を付け加える。

例 Na^+ ナトリウムイオン　Ca^{2+} カルシウムイオン

❷ 同一元素の単原子の陽イオンが２種類以上ある場合は，価数をローマ数字で示して区別する。

例 Fe^{2+} 鉄（Ⅱ）イオン　Fe^{3+} 鉄（Ⅲ）イオン

算用数字	1	2	3	4	5	6	7
ローマ数字	Ⅰ	Ⅱ	Ⅲ	Ⅳ	Ⅴ	Ⅵ	Ⅶ

❸ 単原子の陰イオンの名称は，「元素名」の語尾を「～化物イオン」とする。

例 Cl^- 塩化物イオン　O^{2-} 酸化物イオン

❹ 多原子イオンは，それぞれ固有の名称でよばれる。

例 OH^- 水酸化物イオン　NH_4^+ アンモニウムイオン

価数	1価				2価				3価	
陽イオン	水素イオン	H^+	ルビジウムイオン	Rb^+	マグネシウムイオン	Mg^{2+}	マンガン（Ⅱ）イオン	Mn^{2+}	アルミニウムイオン	Al^{3+}
	リチウムイオン	Li^+	銀イオン	Ag^+	カルシウムイオン	Ca^{2+}	鉄（Ⅱ）イオン	Fe^{2+}	鉄（Ⅲ）イオン	Fe^{3+}
	ナトリウムイオン	Na^+	アンモニウムイオン	NH_4^+	バリウムイオン	Ba^{2+}	鉛（Ⅱ）イオン	Pb^{2+}	クロム（Ⅲ）イオン	Cr^{3+}
	カリウムイオン	K^+	オキソニウムイオン	H_3O^+	亜鉛イオン	Zn^{2+}	スズ（Ⅱ）イオン	Sn^{2+}		
陰イオン	フッ化物イオン	F^-	酢酸イオン	CH_3COO^-	酸化物イオン	O^{2-}	炭酸イオン	CO_3^{2-}	リン酸イオン	PO_4^{3-}
	塩化物イオン	Cl^-	水酸化物イオン	OH^-	硫化物イオン	S^{2-}	クロム酸イオン	CrO_4^{2-}		
	臭化物イオン	Br^-	硝酸イオン	NO_3^-	硫酸イオン	SO_4^{2-}	ニクロム酸イオン	$Cr_2O_7^{2-}$		
	ヨウ化物イオン	I^-	炭酸水素イオン	HCO_3^-	亜硫酸イオン	SO_3^{2-}	シュウ酸イオン	$C_2O_4^{2-}$	□ は多原子イオン	

多原子イオンの電荷は，それを構成する原子団全体の電荷を示している。

Tips 「イオン」は，電気分解のときに電極へ向かって動くものということから，ギリシャ語の「動く」(ion)にちなみ，ファラデーによって命名された（➡p.101）。

3 イオンの生成

各原子が電子を受け取ったり失ったりすると(単原子)イオンが生じる。生じたイオンは，安定な貴ガスと同じ電子配置をとることが多い。

ⓐ 陽イオンの生成 cation

価電子の少ない原子は，価電子を失って陽イオンになりやすい。

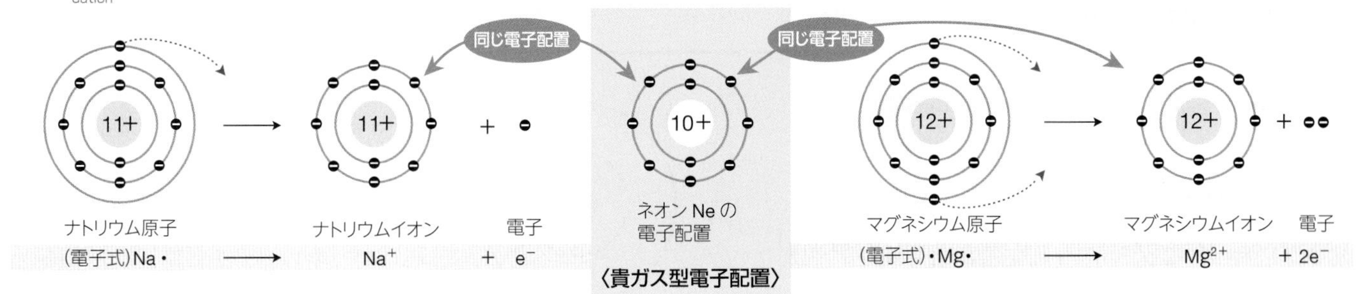

ⓑ 陰イオンの生成 anion

価電子の多い原子は，電子を受け取って陰イオンになりやすい。

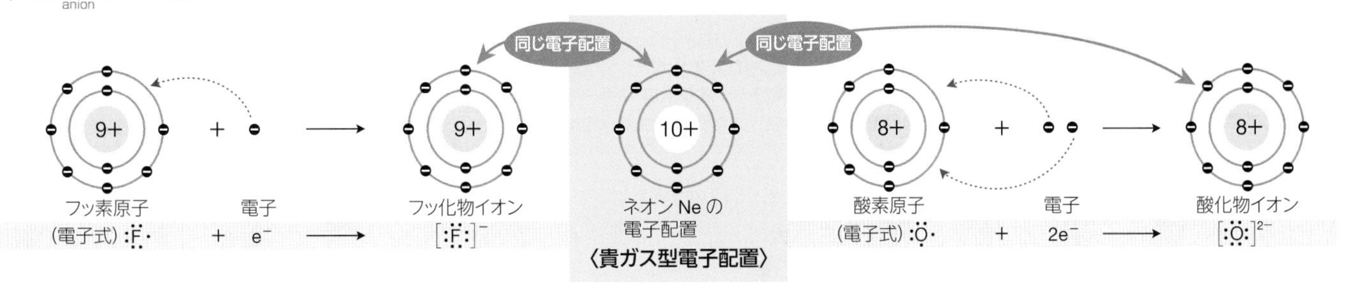

4 原子とイオンの大きさ

原子の大きさは，**共有結合半径**，**金属結合半径**，**ファンデルワールス半径**などを用いて比較される。イオンの大きさは**イオン半径**で比較される。

周期＼族	1	2	13	14	15	16	17	18
1	H 0.037	原子半径〔nm〕(貴ガスを除く非金属は共有結合半径，金属は金属結合半径，貴ガスはファンデルワールス半径で示している) 陽イオンのイオン半径〔nm〕 陰イオンのイオン半径〔nm〕						He 0.140
2	Li 0.152 Li^+ 0.090	Be 0.111 Be^{2+} 0.059	B 0.082	C 0.077	N 0.075	O 0.073 O^{2-} 0.126	F 0.071 F^- 0.119	Ne 0.154
3	Na 0.186 Na^+ 0.116	Mg 0.160 Mg^{2+} 0.086	Al 0.143 Al^{3+} 0.068	Si 0.111	P 0.106	S 0.102 S^{2-} 0.170	Cl 0.099 Cl^- 0.167	Ar 0.188
4	K 0.231 K^+ 0.152	Ca 0.197 Ca^{2+} 0.114	Ga 0.122 Ga^{3+} 0.076	Ge 0.120 Ge^{4+} 0.067	As 0.119	Se 0.116 Se^{2-} 0.184	Br 0.114 Br^- 0.182	Kr 0.202

❶ **原子が陽イオンになるともとの原子よりも小さくなり，陰イオンになると大きくなる。**
➡陽イオンになる場合，最外殻が1つ内側の電子殻になるため。
➡陰イオンになる場合，電子の増加によって，電子どうしが反発するため。

❷ **同族元素の原子やイオンは下にいくほど，大きくなる。**
➡周期が大きいほど，最外殻の電子殻がより外側になるため。

❸ **同じ貴ガス型電子配置のイオンでは，原子番号が大きいほど，イオンは小さくなる。**
例 $O^{2-}>F^->Na^+>Mg^{2+}>Al^{3+}$ (すべて Ne と同じ電子配置)
➡電子の数は同じであるが，原子番号が大きくなるほど，原子核の正電荷が大きくなり，電子が原子核により強く引きつけられるため。

❹ **同じ周期の原子では，貴ガスを除き，原子番号が大きいほど，原子は小さくなる。**
➡原子番号が大きくなるほど，原子核の正電荷が大きくなり，電子が原子核により強く引きつけられるため(電子増加による反発よりも効果が大きい)。

共有結合半径：共有結合している原子間の中心間の距離の1/2
金属結合半径：金属結合している原子間の中心間の距離の1/2
ファンデルワールス半径：同じ原子や分子がファンデルワールス力によって最も接近したときの中心間の距離の1/2
イオン半径：イオン結合を形成したときの陽イオンと陰イオンの中心間の距離から求められる

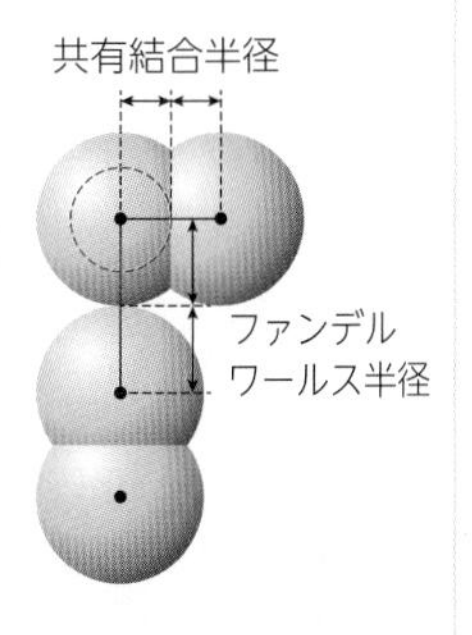

Tips サプリメントに含まれる「鉄 Fe」「亜鉛 Zn」「カルシウム Ca」などの金属は，単体として存在しているのではなく，すべてイオンの状態で存在している。

10 イオンの生成とエネルギー 基礎

1 イオン化エネルギー ionization energy

原子から電子を取り去り，陽イオンにするために必要な最小のエネルギーを**イオン化エネルギー**という。

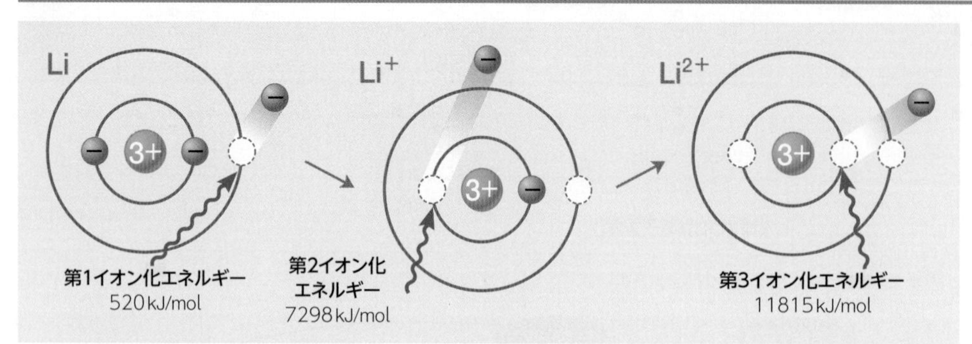

エネルギー
原子の外
第1イオン化エネルギー
N殻
M殻
L殻
K殻

$_3$**Li の第1イオン化エネルギー**

1個目の電子を取り去るのに必要な最小のエネルギーを**第1イオン化エネルギー**，2個目の電子，3個目の電子…を取り去るのに必要な最小のエネルギーをそれぞれ第2, 第3…イオン化エネルギーという。一般に，**イオン化エネルギーの小さい原子ほど陽イオンになりやすい。**

第1イオン化エネルギー〔kJ/mol〕

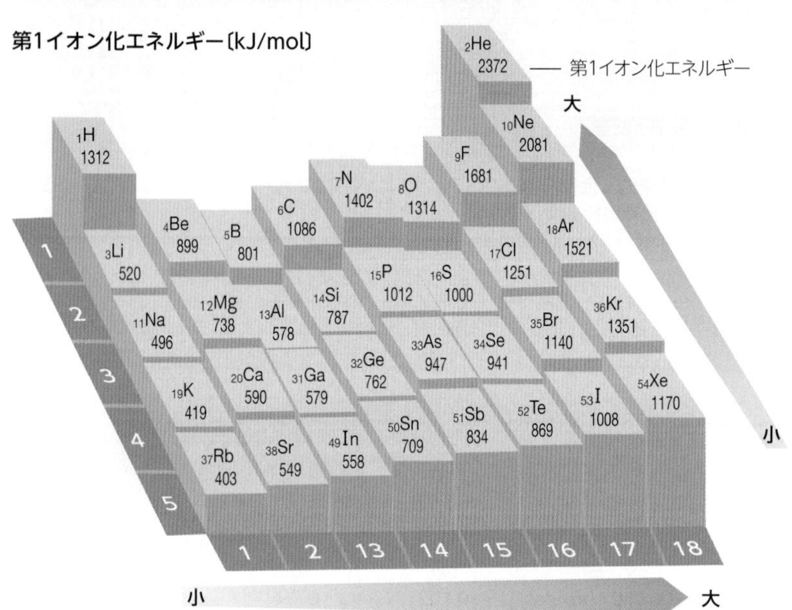

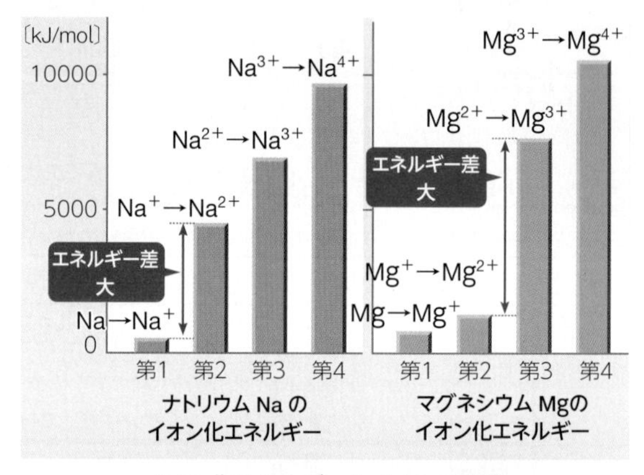

イオン化エネルギーとイオンの価数

イオン化エネルギーの大きな差が，ナトリウム Na では第1と第2の間に，マグネシウム Mg では第2と第3の間に見られる。これは，安定な電子配置からさらに電子を取り去るには，非常に大きいエネルギーを必要とするからであり，Na は1価の陽イオンに，Mg は2価の陽イオンになりやすい。

2 電子親和力 electron affinity

原子が電子を受け取り，陰イオンになるときに放出されるエネルギーを**電子親和力**という。

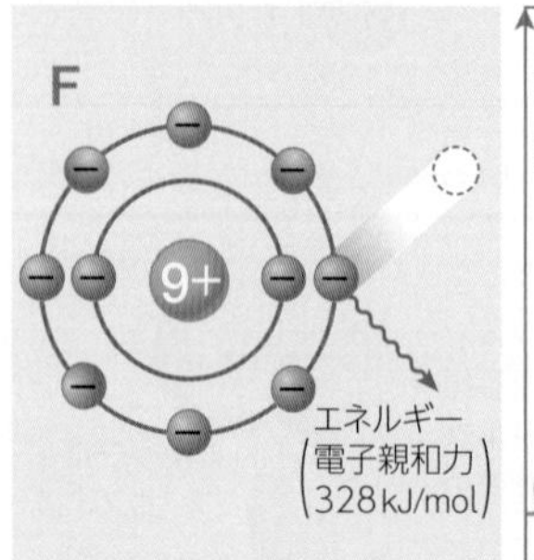

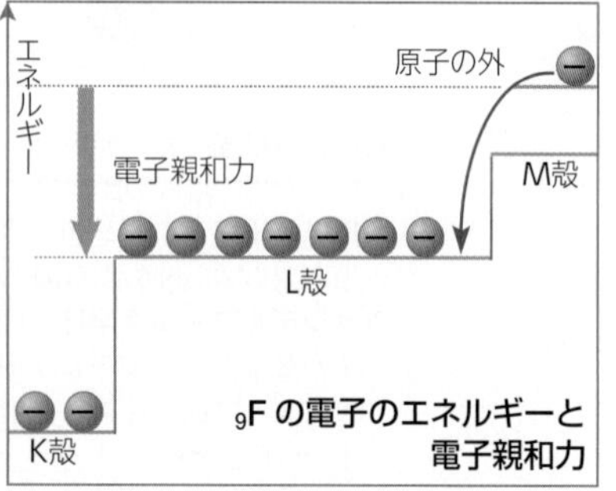

$_9$**F の電子のエネルギーと電子親和力**

1族	16族	17族
Li 60	O 141	F 328
Na 53	S 200	Cl 349
K 48	Se 195	Br 325
		I 295

電子親和力〔kJ/mol〕
陰性の強い原子の電子親和力は大きい。

原子の外にある電子のエネルギーと，陰イオンになったときに収容される最外殻電子のエネルギーの差が電子親和力に相当する。一般に，**電子親和力が大きい原子ほど，陰イオンになりやすい。**

PLUS 陰イオンのイオン化エネルギー

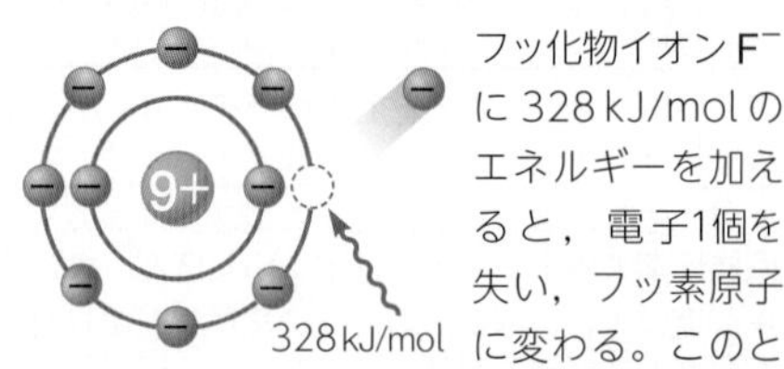

フッ化物イオン F^- に 328 kJ/mol のエネルギーを加えると，電子1個を失い，フッ素原子に変わる。このとき加えたエネルギーは，フッ化物イオンの第1イオン化エネルギーに相当する。一方，この変化を逆に見ると，フッ素原子の電子親和力に相当する。そこで，電子親和力は，陰イオンの第1イオン化エネルギーとして測定される。

Tips 金属原子の電子親和力の値は，ハロゲンなどの陰性原子に比べて非常に小さい。

探究活動 2. イオンの存在

目的 イオンを含む水溶液に電圧をかけると，イオンが移動する。このことを実験で確かめよう。

準備

薬品	器具
塩化銅(Ⅱ)の飽和水溶液，1％硝酸カリウム水溶液，0.1mol/L 硝酸銀水溶液* ＊硝酸銀1.7gを水に溶かし，さらに水を加えて全体を100mLにしたもの。	積層型乾電池(9V)，スライドガラス，金属製クリップ，ワニぐちクリップ付導線，ろ紙，きり吹き，こまごめピペット，はさみ，糸

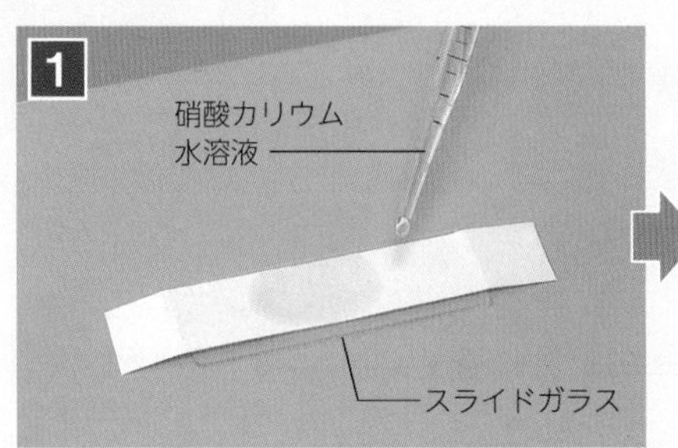

長方形に切ったろ紙をスライドガラスにのせ，硝酸カリウム水溶液を滴下する。

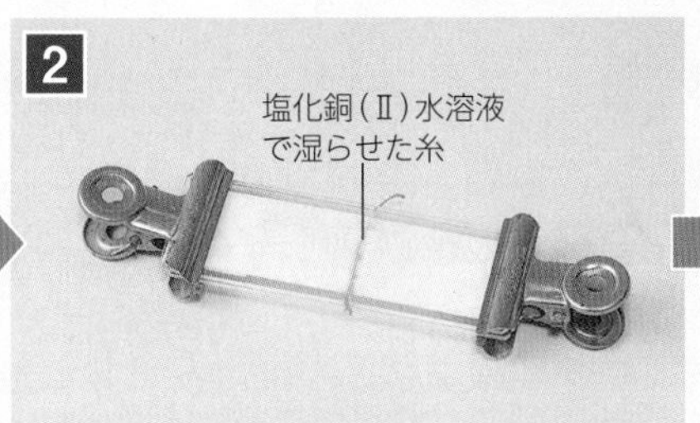

塩化銅(Ⅱ)の飽和水溶液で湿らせた糸を置き，別のスライドガラスを重ねて，金属製クリップでとめる。

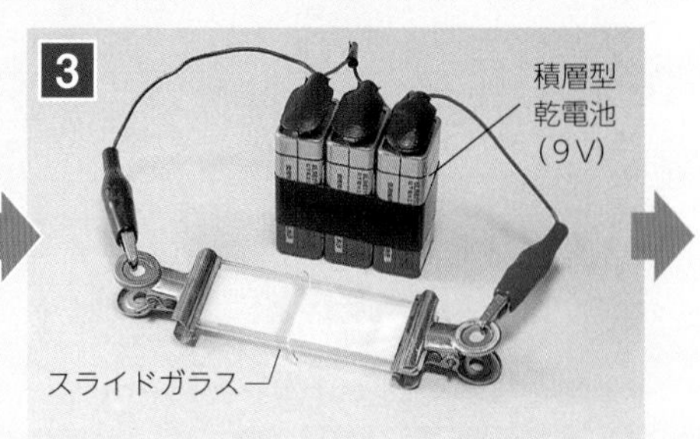

電池に接続して電圧をかける。

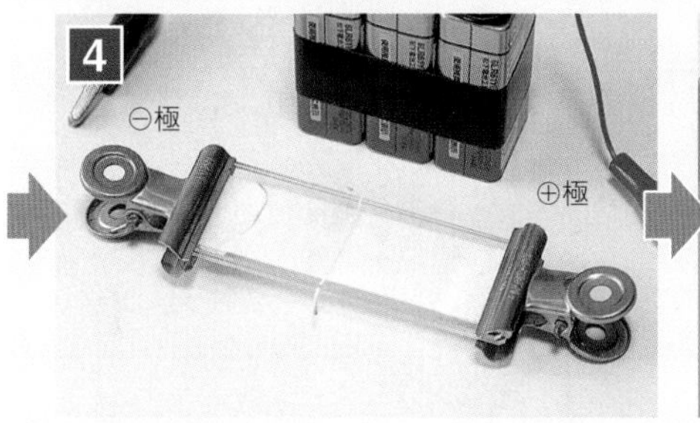

約20分後に通電を止める。

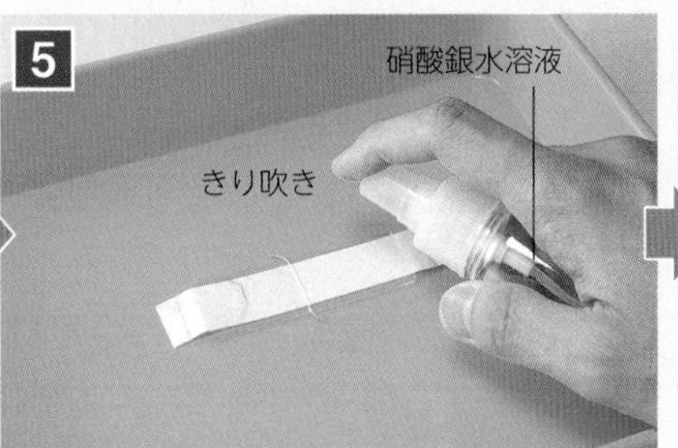

取り出したろ紙を少し乾かしたのち，硝酸銀水溶液を吹きかける。

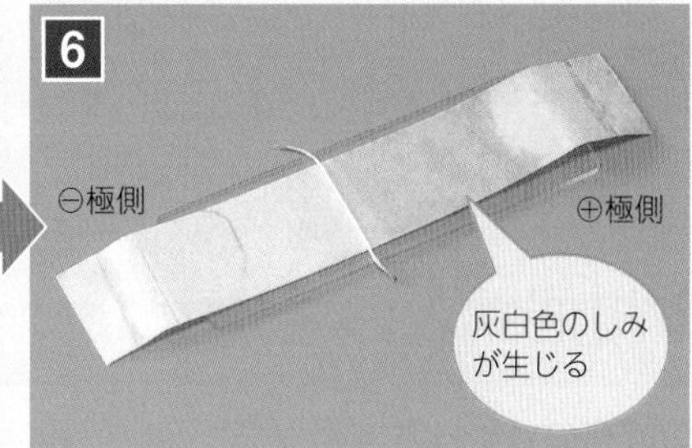

考察 1 操作 1 で，硝酸カリウム水溶液を滴下するのはなぜか。

電流を流れやすくするための電解質水溶液である。なお，硝酸カリウム KNO_3 から生じるカリウムイオン K^+，硝酸イオン NO_3^- は，いずれも無色で，銀イオン Ag^+ と反応せず，銅(Ⅱ)イオン Cu^{2+} や塩化物イオン Cl^- には影響を与えない。

考察 2 操作 4 で得られる青いしみは，どちらの電極(⊕極，⊖極)に向かって移動したか。また，このことから，青いしみにはどのようなイオンが含まれると考えられるか。

青いしみは⊖極に向かって移動した。直流電圧をかけたとき，⊖極に向かって移動するのは，正の電荷をもつイオンであり，陽イオンが含まれると考えられる。青色を示すこの陽イオンは，銅(Ⅱ)イオン Cu^{2+} である。

考察 3 操作 6 で生じる灰白色のしみは，どちらの電極(⊕極，⊖極)の側に生じたか。

灰白色のしみは⊕極側に生じた。これは硝酸銀水溶液中に含まれる銀イオン Ag^+ と塩化物イオン Cl^- が結びついて生じた塩化銀 AgCl が光によって変化した(➡p.159)ものであると考えられる。よって，⊕極側に陰イオンである塩化物イオン Cl^- が存在していたと考えられる。

チャレンジ課題 イオンの移動の確認

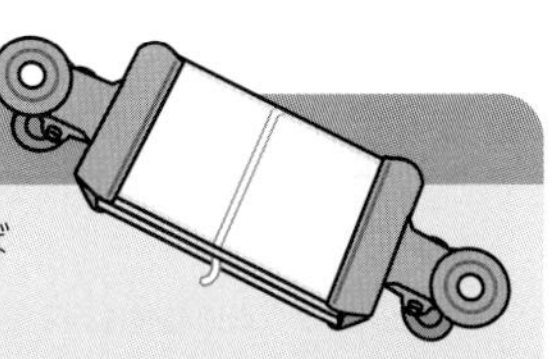

塩化銅(Ⅱ) $CuCl_2$ 水溶液のかわりに，塩酸を用いて，イオンの移動を確認する実験を行いたい。どのような操作を行えばよいか。その方法と結果を記せ。

11 イオン結合 基礎 化学

1 イオン結合の形成 基礎
ionic bond

静電気力(クーロン力)による陽イオンと陰イオンとの結合を**イオン結合**という。

イオン結合は，一般に，金属元素の原子と非金属元素の原子との間に生じる。

MOVIE

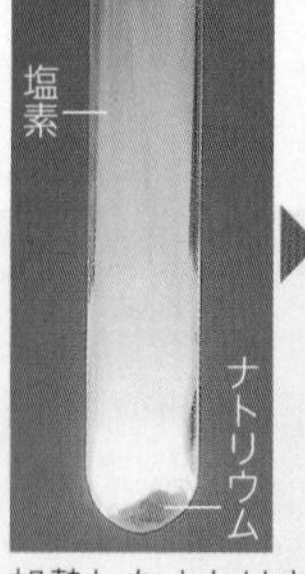
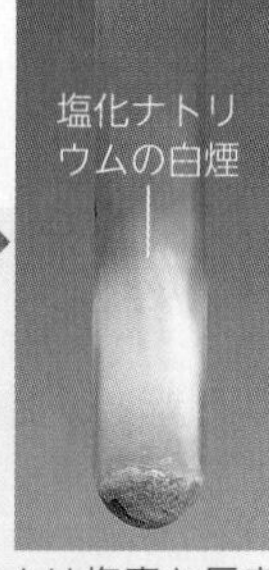

加熱したナトリウムは塩素と反応し，塩化ナトリウムの固体を生じる。

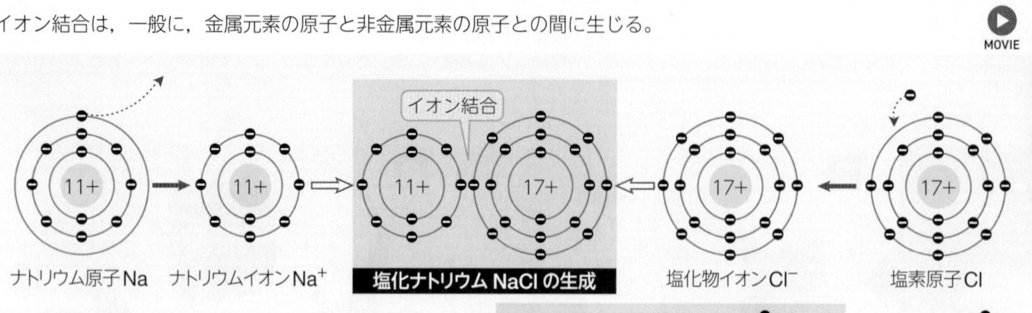

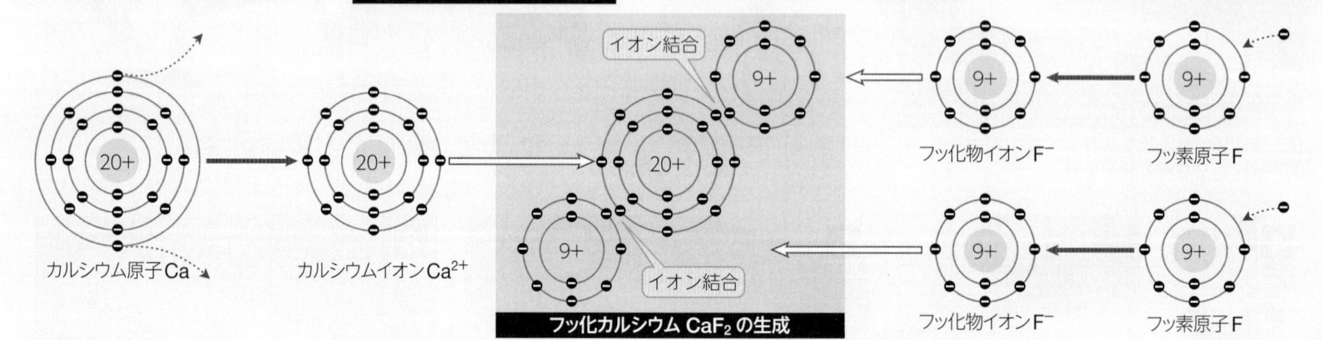

2 組成式と命名法 基礎
compositional formula

イオンからできている化合物は，そのイオンの数を最も簡単な整数比で示した**組成式**で示される。

ⓐ 組成式のつくり方

❶一般に，陽イオン，陰イオンの順に示す。

❷陽イオンと陰イオンの各価数(電荷の絶対値)と，それぞれのイオンの数との積が等しくなるようにする。このとき，単原子イオンの数は元素記号の右下に添える。また，多原子イオンが2つ以上の場合は，(　)で囲み，その右下に数を示す。ただし，1の場合は省略する。

Al^{3+}(アルミニウムイオン)　　SO_4^{2-}(硫酸イオン)

(陽イオンの価数)×(陽イオンの数)＝(陰イオンの価数)×(陰イオンの数)

3　×　x　＝　2　×　y

x，yは，最も簡単な整数なので，陽イオンの数x＝2，陰イオンの数y＝3である。したがって，

$Al_2(SO_4)_3$

ⓑ 組成式の命名

❶陰イオン，陽イオンの名称の順に示し，「イオン」は省略する。

「SO_4^{2-}**硫酸**イオン」+「Al^{3+}**アルミニウム**イオン」→「$Al_2(SO_4)_3$**硫酸アルミニウム**」

❷「〜化物イオン」とよばれる陰イオンを含む化合物では，「物イオン」を省略する。

「S^{2-}**硫化**物イオン」+「Fe^{2+}**鉄(Ⅱ)**イオン」→「FeS **硫化鉄(Ⅱ)**」

ⓒ イオンからできた物質の組成式と名称

陰イオン ＼ 陽イオン	Cl^- 塩化物イオン	O^{2-} 酸化物イオン	NO_3^- 硝酸イオン	SO_4^{2-} 硫酸イオン	PO_4^{3-} リン酸イオン
Na^+ ナトリウムイオン	$NaCl$ 塩化ナトリウム	Na_2O 酸化ナトリウム	$NaNO_3$ 硝酸ナトリウム	Na_2SO_4 硫酸ナトリウム	Na_3PO_4 リン酸ナトリウム
Ca^{2+} カルシウムイオン	$CaCl_2$ 塩化カルシウム	CaO 酸化カルシウム	$Ca(NO_3)_2$ 硝酸カルシウム	$CaSO_4$ 硫酸カルシウム	$Ca_3(PO_4)_2$ リン酸カルシウム
Al^{3+} アルミニウムイオン	$AlCl_3$ 塩化アルミニウム	Al_2O_3 酸化アルミニウム	$Al(NO_3)_3$ 硝酸アルミニウム	$Al_2(SO_4)_3$ 硫酸アルミニウム	$AlPO_4$ リン酸アルミニウム
Fe^{3+} 鉄(Ⅲ)イオン	$FeCl_3$ 塩化鉄(Ⅲ)	Fe_2O_3 酸化鉄(Ⅲ)	$Fe(NO_3)_3$ 硝酸鉄(Ⅲ)	$Fe_2(SO_4)_3$ 硫酸鉄(Ⅲ)	$FePO_4$ リン酸鉄(Ⅲ)

硫酸ナトリウム

酸化カルシウム

Tips 塩化ナトリウムの結晶は通常立方体であるが，10%の尿素を含む水溶液から再結晶させると，正八面体の結晶が得られる。

3 イオン結晶の構造 化学

ionic crystal

多数の陽イオンと陰イオンがイオン結合で交互に多数結合してできた固体を**イオン結晶**という。

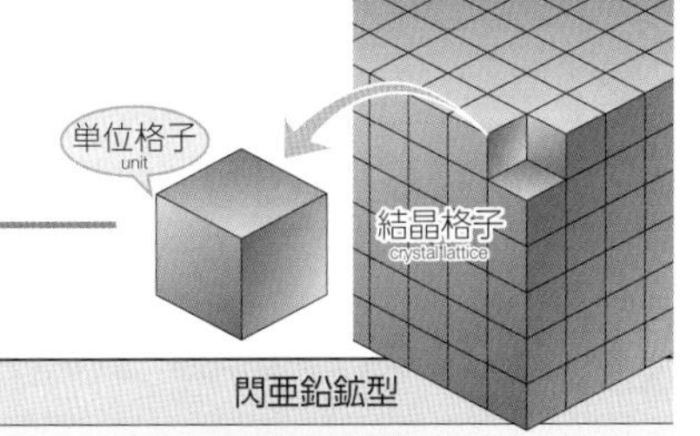

結晶は構成粒子が規則正しく配列した固体である。結晶内の規則的な粒子配列を**結晶格子**といい，結晶格子の最小の繰り返し単位を**単位格子**という。

結晶型	塩化ナトリウム型	塩化セシウム型	閃亜鉛鉱型
例	塩化ナトリウム NaCl	塩化セシウム CsCl	硫化亜鉛 ZnS
単位格子の粒子配列	Na^+, Cl^- Cl^- $\frac{1}{4}$個, $\frac{1}{8}$個, Na^+ $\frac{1}{2}$個 0.564 nm	Cl^-, Cs^+ Cl^- $\frac{1}{8}$個, Cs^+ 1個 0.412 nm	Zn^{2+}, S^{2-} $\frac{1}{8}$個, Zn^{2+}(1個), $\frac{1}{2}$個, S^{2-} 0.540 nm
配位数*	6	8	4
単位格子に含まれるイオンの数	ナトリウムイオン Na^+：$\frac{1}{4}\times 12+1=4$ 塩化物イオン Cl^-：$\frac{1}{8}\times 8+\frac{1}{2}\times 6=4$	セシウムイオン Cs^+：1 塩化物イオン Cl^-：$\frac{1}{8}\times 8=1$	亜鉛イオン Zn^{2+}：$1\times 4=4$ 硫化物イオン S^{2-}：$\frac{1}{8}\times 8+\frac{1}{2}\times 6=4$
その他の例	LiF，NaBr，KI，MgO	CsBr，CsI，NH_4Cl	CdS，AgI

*1つの粒子に接している粒子の数。

4 イオン結晶の性質 基礎

イオン結晶は粒子間の結合が強いため，一般に融点が高くてかたいが，もろい(へき開)。また，固体では電気を導かないが，融解して生じた液体や水溶液は電気を導く。

イオン結晶の性質

❶かたいが，割れやすい。
❷融点が高い。
❸水に溶けやすいものが多い($CaCO_3$，AgCl のように溶けにくいものもある)。
❹固体では電気を導かないが，融解して生じた液体(融解液)や水溶液は電気をよく導く。

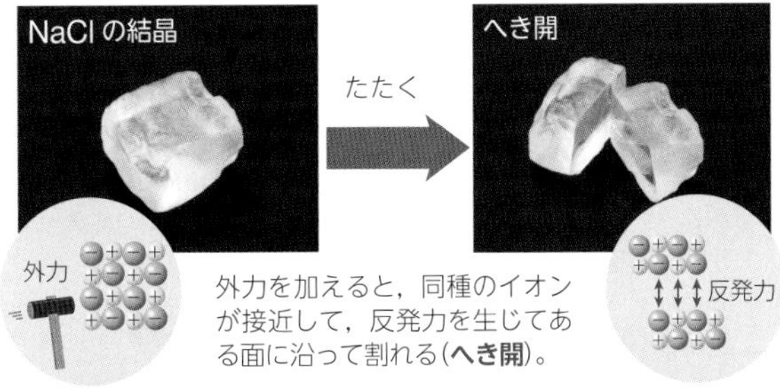

外力を加えると，同種のイオンが接近して，反発力を生じてある面に沿って割れる(**へき開**)。

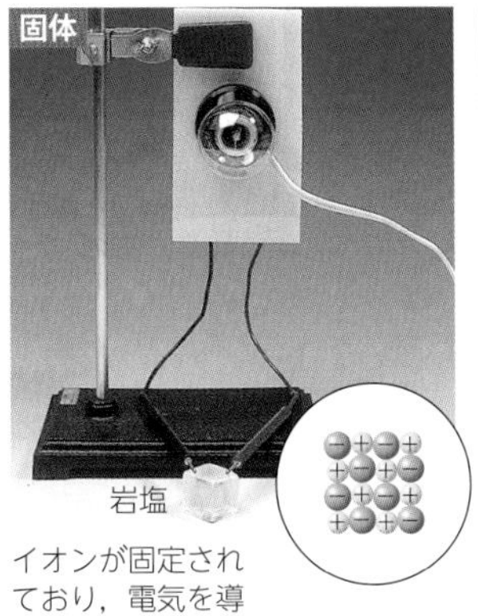

イオンが固定されており，電気を導かない。

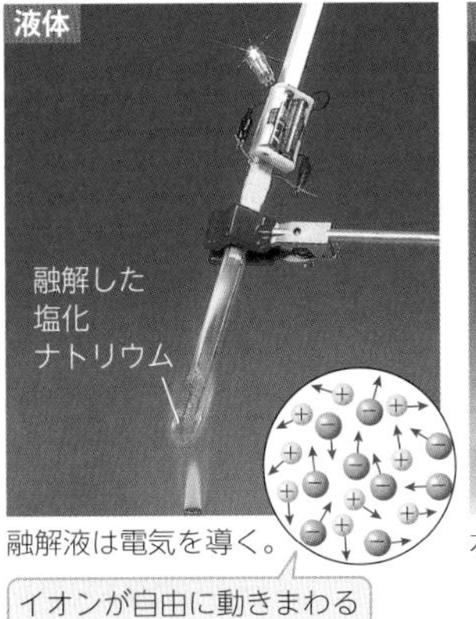

融解液は電気を導く。

水溶液は電気を導く。

PLUS イオン結晶の融点

陽イオンと陰イオンの間に働く静電気力の大きさは，両イオンの電荷の積が大きいほど大きく，両イオン間の距離が近いほど大きい。一般に，同じ結晶構造をもつイオン結晶であれば，イオン間の静電気力が大きいほど，融点が高い。

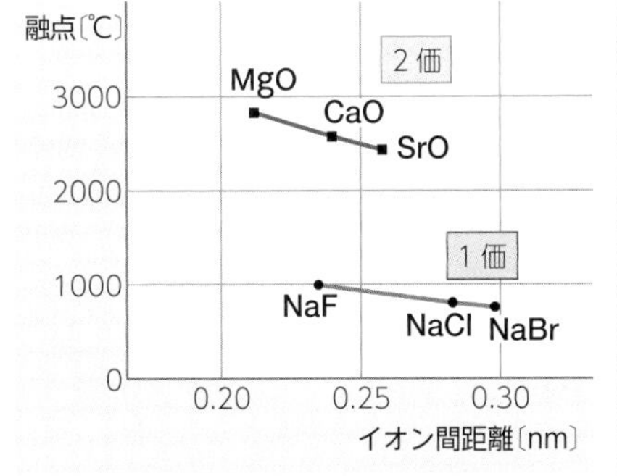

イオン結晶の融点の比較
いずれも塩化ナトリウム型の結晶構造をもつ。

Tips イオン結晶は，水に溶けやすいものが多いが，炭酸カルシウム $CaCO_3$ や硫酸バリウム $BaSO_4$，塩化銀 AgCl などのように，水に溶けにくいものもある。

12 共有結合 基礎

1 共有結合と分子の形成

covalent bond　molecule

原子どうしが互いの不対電子を出し合って共有電子対をつくり，それを共有して生じる結合を**共有結合**という。共有結合は，非金属元素の原子間に生じる。

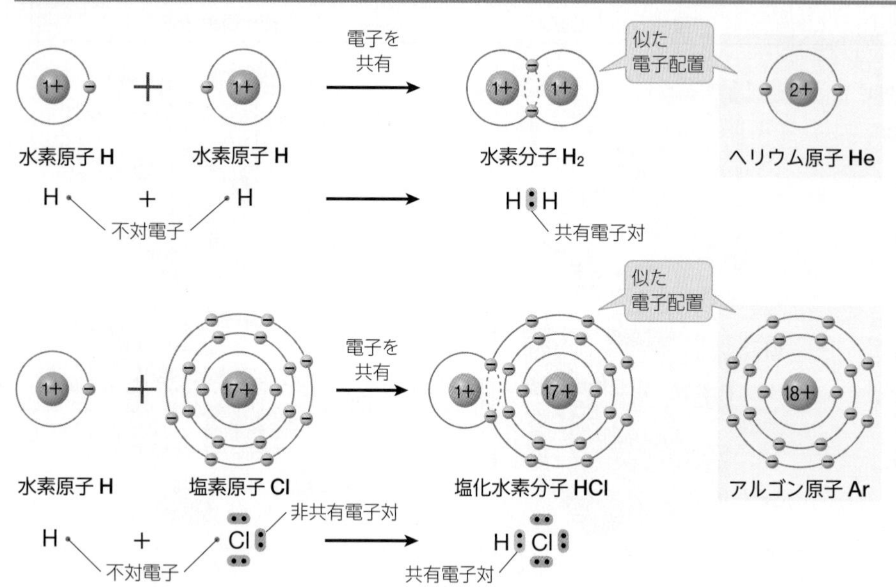

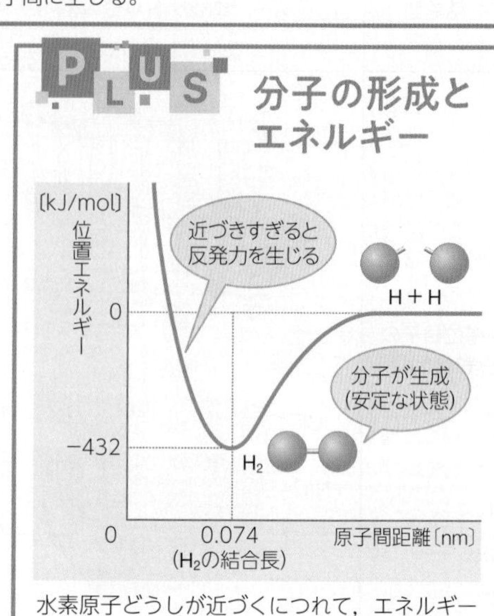

水素原子どうしが近づくにつれて，エネルギーがどのように変化するかを示したものである。

2 分子を表す化学式

分子は，構成原子とその数を示した**分子式**，分子中の電子のようすをわかりやすく示した**電子式**，1組の共有電子対を1本の線（価標）で示した**構造式**などで表される。

原子の価標

元素名	価標（数）
水素	H−　(1)
フッ素	F−　(1)
酸素	−O−　(2)
窒素	−N−　(3)
炭素	−C−　(4)

1つの原子から出る線の数を**原子価**という。構造式は，各原子の原子価を満たすように表す。

■**分子の分類**　構成原子の数によって，**単原子分子**，**二原子分子**…などに分類される。

分子	フッ化水素	水	二酸化炭素	シアン化水素	アンモニア	メタン
分子式	HF	H_2O	CO_2	HCN	NH_3	CH_4
電子式	H : F :	H : O : H	: O :: C :: O :	H : C ⋮ N :	H : N : H（下にH）	H : C : H（上下にH）
構造式	H−F（単結合，↑価標）	H−O−H	O=C=O（二重結合）	H−C≡N（三重結合）	H−N−H（下にH）	H−C−H（上下にH）
立体構造	直線形	折れ線形（V字形）104.5°	直線形	直線形	三角錐形 106.7°	正四面体形 109.5°
分類	二原子分子	三原子分子（多原子分子）	三原子分子（多原子分子）	三原子分子（多原子分子）	四原子分子（多原子分子）	五原子分子（多原子分子）

3 配位結合

coordinate bond

一方の原子から供与された非共有電子対が共有されて生じる結合を**配位結合**という。配位結合は，共有結合と同じであり，区別できない。配位結合で生じるイオンに，**錯イオン**がある（➡p.190）。

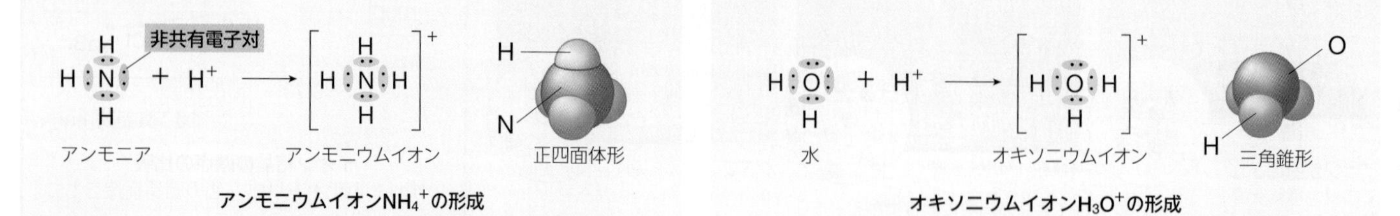

アンモニウムイオンNH_4^+の形成　**オキソニウムイオンH_3O^+の形成**

Tips　構造式は，原子のつながり方を示したものであり，共有結合のなす角や原子の中心間距離を示すものではない。たとえば，右のH_2Oの構造式はすべて同じ原子のつながり方を示す。

4 電気陰性度と分子の極性
electronegativity

原子が共有電子対を引き寄せる強さの尺度を**電気陰性度**という。異なる原子間の共有結合では，電気陰性度に差があると，両原子間に電気的なかたより(**極性**)を生じる。

a 電気陰性度

電気陰性度の値は，ポーリングによって求められた値を，新たなデータに基づいて改訂したものである。典型元素では，周期表の右上ほど電気陰性度が大きい。18 族の貴ガスは，化学結合を形成しにくく，値を省略している。

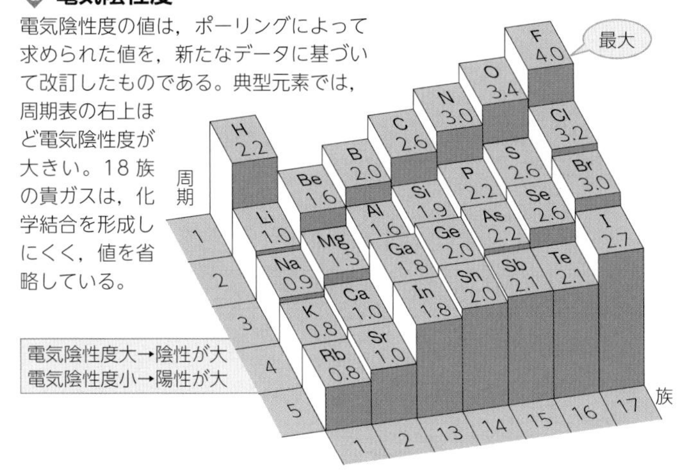

b 結合の極性

異なる原子間の共有結合では，電気陰性度の大きい原子側に共有電子対が引き寄せられ，両原子間に電気的なかたより(**極性**)を生じる。

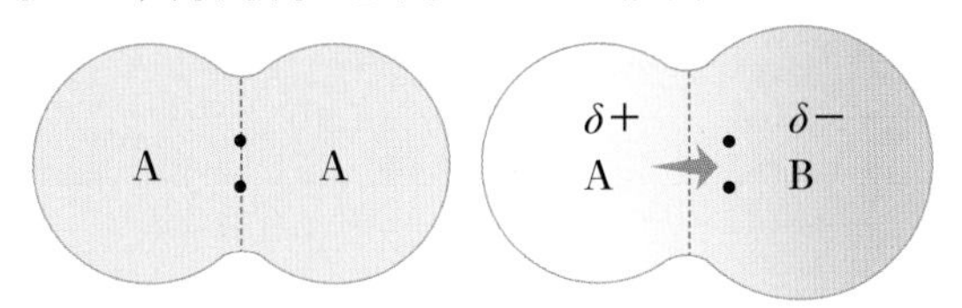

$\delta+$，$\delta-$ は電荷のわずかなかたよりを表している。

c 分子の極性

■**無極性分子**　全体として極性を示さない分子。

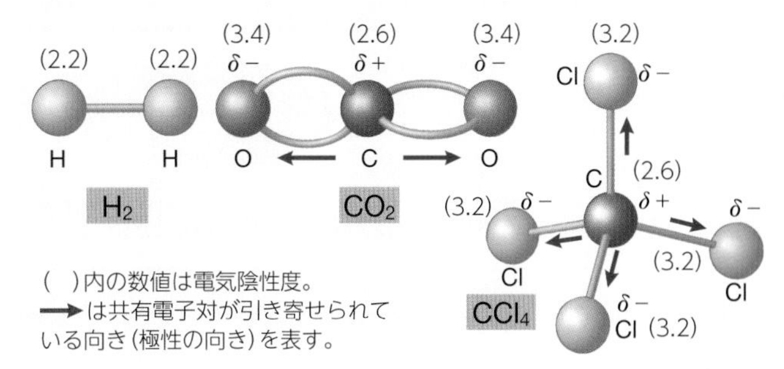

結合に極性のない水素 H_2 などは無極性である。また結合に極性があっても，二酸化炭素 CO_2 や四塩化炭素 CCl_4 などの分子では，結合の極性が互いに打ち消され，分子全体としては無極性となる。

■**極性分子**　全体として極性を示す分子。

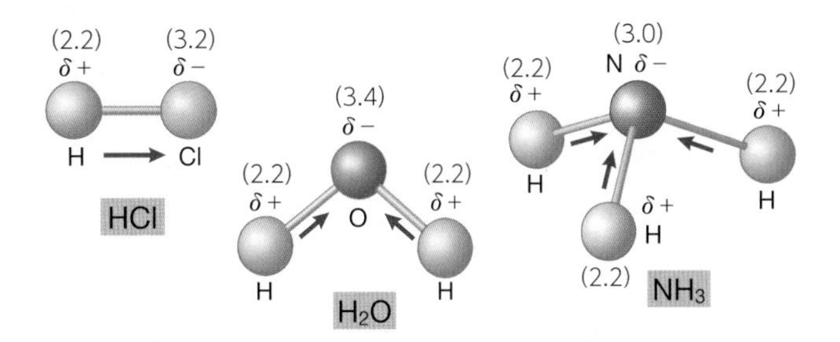

結合に極性があり，それが打ち消されずに残る場合，分子は極性をもつ。

Close-up ケテラーの三角形 ー化学結合を予測するー

化学結合は，イオン結合，共有結合，金属結合に大別される。かつて，物質中の結合がどの化学結合であるかは，経験的に考えられてきた。ポーリングは，1932 年，結合エネルギー(➡p.133)にもとづいた電気陰性度を提案し，さらにその考え方をもとに，2 つの元素の電気陰性度の差が約 1.7 よりも大きい場合にはイオン結合，それよりも小さい場合には共有結合が形成されるという傾向を見いだした。

1940 年代に入ると，オランダのケテラーらは，結合を形成する 2 つの元素の電気陰性度の平均値 $\chi_{平均}$ と電気陰性度の差 $\Delta\chi$ に注目して，化学結合の分類法を提唱した。これは，**ケテラーの三角形**として知られる。

右図のケテラーの三角形では，大まかに次のような傾向がある。

$\Delta\chi$ が大きい	→	イオン結合
$\Delta\chi$ が小さく，$\chi_{平均}$ が大きい	→	共有結合
$\Delta\chi$ が小さく，$\chi_{平均}$ が小さい	→	金属結合

ケテラーの三角形を利用して，いくつかの化合物の結合の種類を考えてみよう。

❶ 塩化ナトリウム NaCl　(電気陰性度 Na＝0.9，Cl＝3.2)

$$\Delta\chi = 3.2 - 0.9 = 2.3 \qquad \chi_{平均} = \frac{0.9+3.2}{2} = 2.05$$

これをケテラーの三角形にあてはめると，イオン結合からなることがわかる。

❷ 水 H_2O　(電気陰性度 H＝2.2，O＝3.4)

$$\Delta\chi = 3.4 - 2.2 = 1.2 \qquad \chi_{平均} = \frac{2.2+3.4}{2} = 2.8$$

これをケテラーの三角形にあてはめると，共有結合からなることがわかる。

このように，ケテラーの三角形の提唱によって，大まかにではあるが，多数の化合物を結合にもとづいて分類することができるようになった。

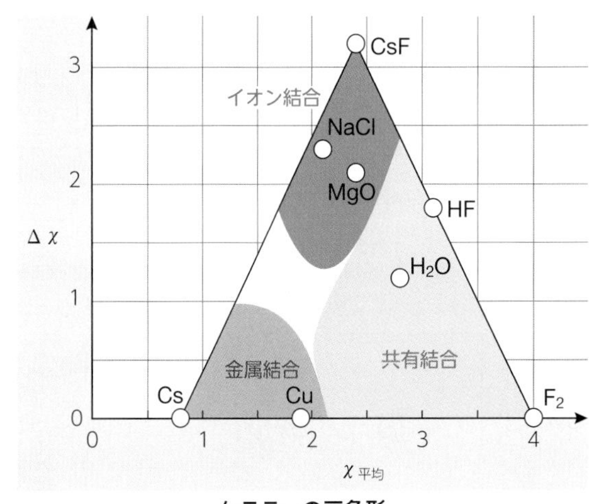

ケテラーの三角形

三フッ化ホウ素 BF_3 はどこに位置するだろうか。同様の計算を行って確認してみよう。

Tips 電気陰性度を提唱したアメリカの化学者ポーリング(1901〜1994)は，化学結合の性質と分子構造を解明した業績によって，1954 年，ノーベル化学賞を受賞した。また，彼は核実験の反対運動にも精力的に取り組み，1962年，ノーベル平和賞を受賞した。

13 電子対の反発と分子の形 基礎

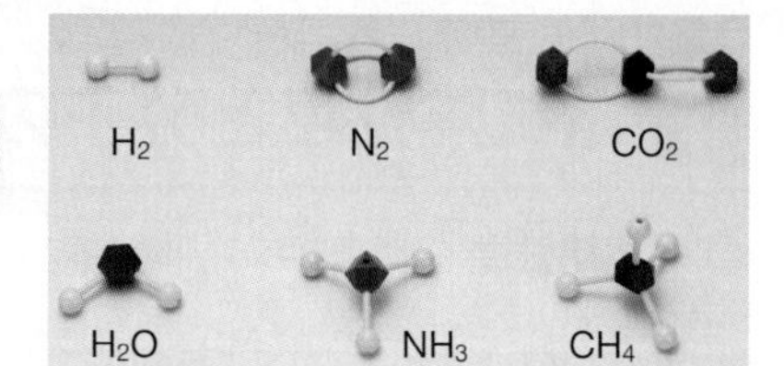

1 原子価殻電子対反発則
valence shell electron pair repulsion rule

分子の形は中心原子の電子対の反発から予想できる。このような考え方を**原子価殻電子対反発則**(**VSEPR 則**)という。VSEPR 則にしたがい，右のような手順で予想する。

分子の電子式を書く。 ▶ 中心原子のまわりの電子対の数を求める。 ▶ ①の表を参照して結合の形を決める。 ▶ 各原子の配置から，分子の形を予想する。

❶各電子対の反発が最小になるように結合の方向を決める。
電子対は負の電荷をもち，互いに反発するため，反発が最小となるように配置する。

電子対	2組	3組	4組	5組	6組
構造	180° 電子対	120°	109.5°	90° 120°	90°
形	直線形	正三角形	正四面体形	三方両錐形	正八面体形

❷分子の形は非共有電子対を含まない形で示す。
分子の形を表す際には非共有電子対を含めず，原子の配列だけで示す。

分子	メタン CH_4	アンモニア NH_3	水 H_2O
電子式	H:C:H（上下にH）	H:N:H（下にH）	H:O:H
電子対の数	4組 (共有電子対：4)	4組 (共有電子対：3，非共有電子対：1)	4組 (共有電子対：2，非共有電子対：2)
分子の形	H C H H H	非共有電子対 N H H H → N H H H	O H H → O H H
	正四面体形	三角錐形	折れ線形(V 字形)

❸結合の種類を区別せず，いずれも1組の電子対とみなす*。

分子	二酸化炭素 CO_2	ホルムアルデヒド HCHO
電子式	:O::C::O:	H:C:H :: :O:
電子対の数	2組	3組
分子の形	O C O 直線形	H C H O 三角形

*分子のおおまかな形を考える場合は，電子(電子対)が集合した部分がいくつあるかが重要なので，結合の種類は区別せずに考える。

❹電子対どうしが反発する力は次の順に小さくなる。
非共有電子対どうし＞非共有電子対と共有電子対＞共有電子対どうし

非共有電子対は，共有電子対よりも空間的に広がっているため，反発が大きくなる。

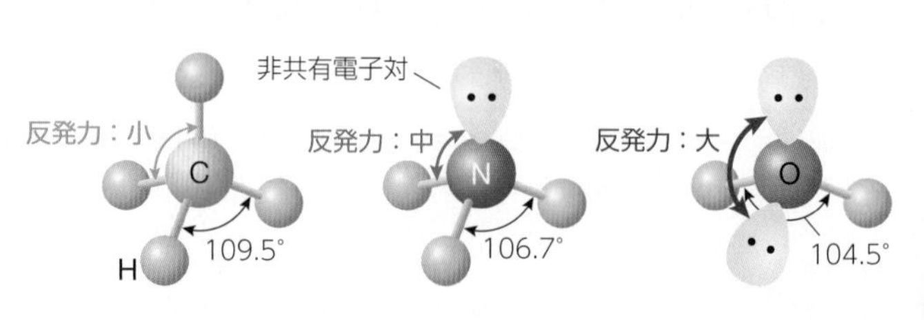

∠HCH ＞ ∠HNH ＞ ∠HOH となる。これは，メタンでは共有電子対の反発しかないのに対し，アンモニアでは非共有電子対と共有電子対の反発も存在し，水ではさらに非共有電子対どうしの反発も加わるためである。

ナノカーレースという国際大会では，ナノカーとよばれる 100〜1000 個の原子でできた分子を動かして金原子が並べられたコースでレースを行っている。ナノカーには，車のように車輪で走るものやチョウのように羽ばたく力で進むものなどがある。第2回レースが2022年3月にフランスで行われ，日本のチームが優勝した。

2 さまざまな分子の形

電子対の総数と分子の形の違いについて表にまとめる。中心原子の周りの電子が８個以下のものや８個よりも多い分子も存在し，それぞれ**電子欠損化合物**，**超原子価化合物**とよばれる。

共有電子対・非共有電子対の数と分子の形

電子対数	共有電子対	非共有電子対	分子の形	例
2	2	0	直線形	CO_2
3	3	0	正三角形	電子欠損化合物 BF_3
3	2	1	折れ線形（V字形）	O_3
4	4	0	正四面体形	CH_4
4	3	1	三角錐形	NH_3
4	2	2	折れ線形（V字形）	H_2O

電子対数	共有電子対	非共有電子対	分子の形	例（超原子価化合物）
5	5	0	三方両錐形	PCl_5
5	2	3	直線形*	XeF_2
6	6	0	正八面体形	SF_6
6	4	2	正方形	XeF_4

***電子対５組の分子の非共有電子対の入り方**

共有電子対２組，非共有電子対３組の分子の場合，非共有電子対の入る位置によって，反発力が異なってくる。図Ａや Ｂの場合，非共有電子対どうしの反発が大きくなる。図Ｃのように非共有電子対が入っているものが最も反発力が小さく，そのため，分子の構造は直線形となる。

90°　90°　90°　120°

最も反発力が小さい

図Ａ　図Ｂ　図Ｃ

3 複雑な分子の形を予想する

複雑な化合物にも段階的に VSEPR 則を適用することで，大まかな形を推定することができる。

例 メタノール分子 CH_3OH の形

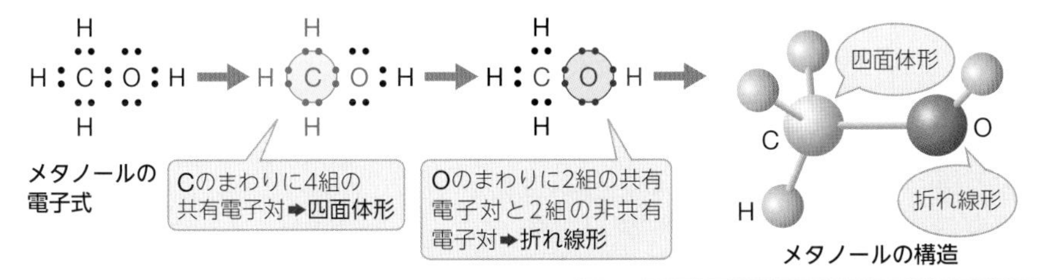

分子の形を予想できれば，極性の有無が判断でき，分子どうしの混合のしやすさ，物質の融点・沸点の大まかな傾向をつかむことができる。

key person

モアッサン ～フッ素化学の父～

単体のフッ素は極めて反応性が高いため，単体を取り出すことは非常に難しかった。1886年，フランスの化学者モアッサンは，－25℃で液化したフッ化水素を白金電極で電気分解してフッ素を得た。フッ素は空気とも反応するため，白金製の特別な装置内で実験を行った。モアッサンはフッ素化学の父とよばれている。

フッ素は，ほとんどの非金属や金属と反応するため，化合物の立体構造の研究に重要な役割を果たしている。貴ガスは化学反応を起こしにくいが，フッ素は極めて電気陰性度が大きく，キセノンなどの貴ガスからも電子を奪い，フッ化物を形成する。

Tips ナノの世界では，変わった形の分子がつくられており，構造式が人の形をしたナノプシャンや，ペンギンの形をしたペンギノンなどがある。ペンギノン

14 分子間の相互作用 基礎 化学

1 分子間力 molecular force 基礎 化学

分子間に働く相互作用を**分子間力**という。分子間力には，**ファンデルワールス力**，**極性分子間の静電気的な引力**，**水素結合**がある。

ⓐ ファンデルワールス力

すべての分子間に働く弱い引力。

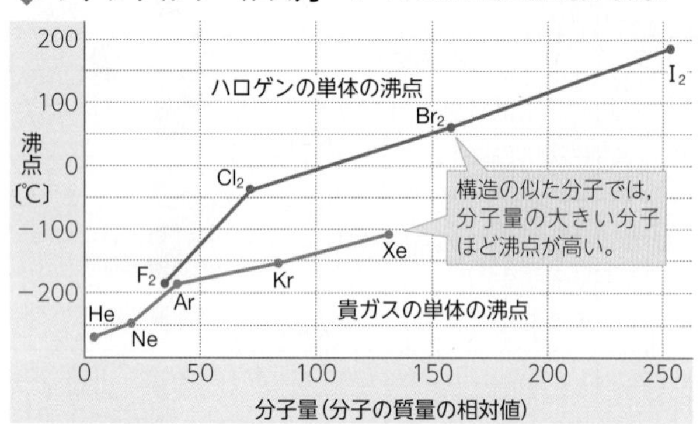

ⓑ 極性分子間の静電気的な引力

極性分子では，各分子に生じている電荷の偏り $\delta+$ と $\delta-$ の間に，静電気的な引力が働く。

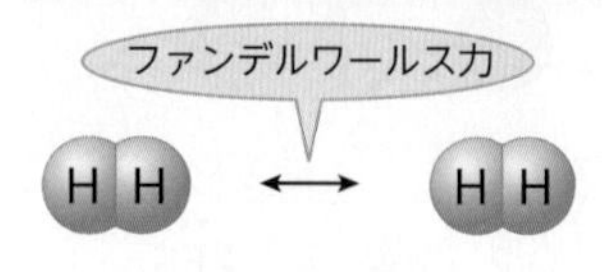

無極性分子

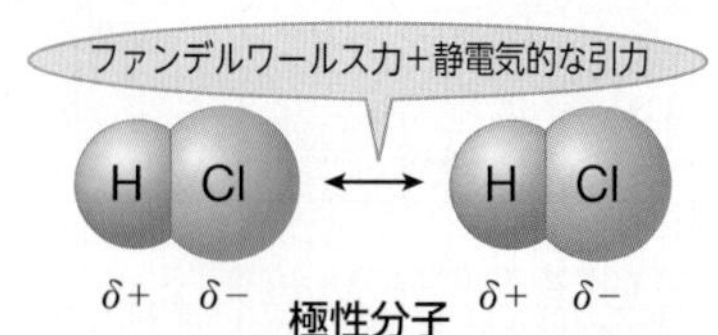

極性分子

分子量がほぼ同じ場合，沸点は極性分子からなる物質の方が，無極性分子からなる物質よりも高い。これは，極性分子間では，静電気的な引力が加わるためである。

分子	フッ素 F_2	塩化水素 HCl
極性	無極性分子	極性分子
分子量	38	36.5
沸点〔℃〕	−188	−85

ⓒ 水素結合

電気陰性度の大きいフッ素 F，酸素 O，窒素 N の原子間に水素原子 H が介在して生じる結合。一般に，ファンデルワールス力や，極性分子間の静電気的な引力よりも強い。

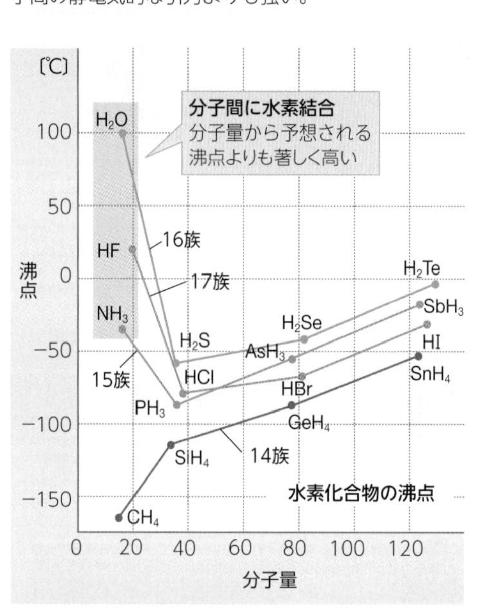

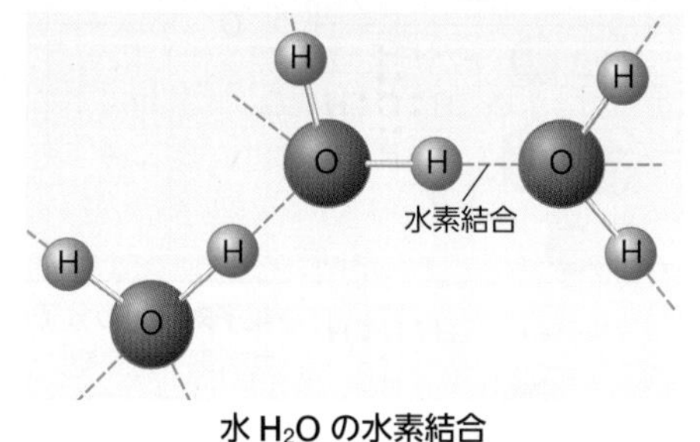

水 H_2O の水素結合

酸素原子 O と，他の分子の酸素原子 O との間に水素原子 H が存在する。

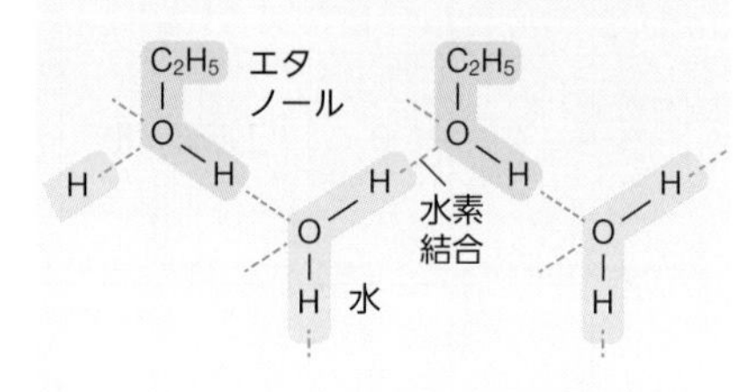

水とエタノールの水素結合

水とエタノールを混合すると，互いの分子間に水素結合が生じ，よく混じり合う。

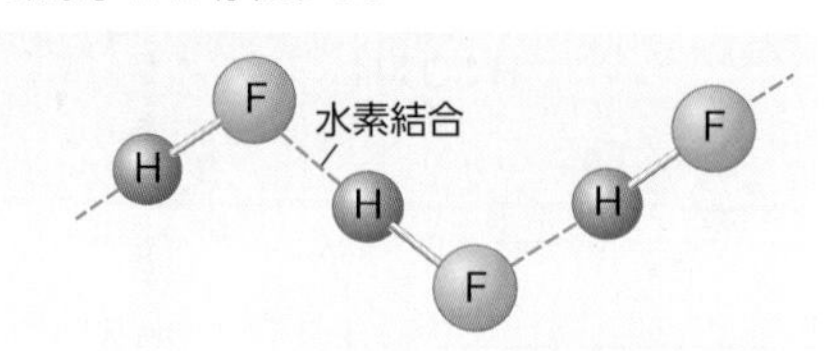

フッ化水素 HF の水素結合

フッ素原子 F と，他の分子のフッ素原子 F との間に水素原子 H が存在する。

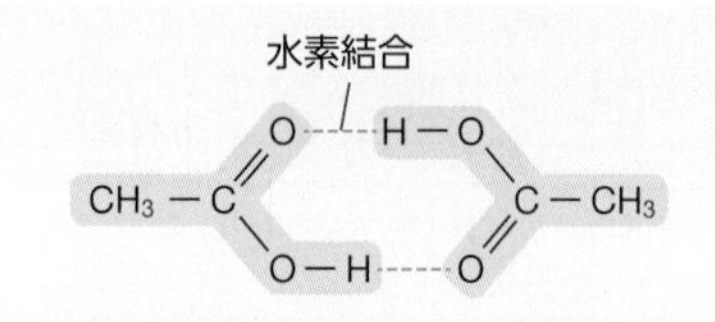

酢酸分子 CH_3COOH の二量体

酢酸をベンゼンなどの無極性溶媒に溶かすと，水素結合で2分子が結合した**二量体**になる。

ⓓ 生体内の水素結合

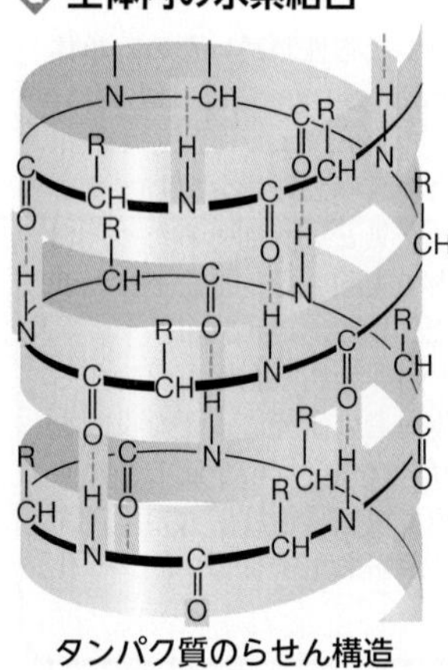

タンパク質のらせん構造

タンパク質は，多数のアミノ酸が連なってできた巨大な分子（**高分子**）である。タンパク質は，分子内で水素結合を形成して立体的な構造をつくっている。タンパク質を加熱すると，水素結合が切断されて，もとの構造を保てなくなり，タンパク質の性質が変化する。

PLUS ファンデルワールス力の要因

分子内における電荷の分布は，極性の有無にかかわらず，瞬間的には偏りを生じている。この電荷の偏りは，近くにある他の分子に影響をおよぼす。ファンデルワールス力は，この電荷の偏りに起因している。質量が大きい分子ほど電子を多くもち，電荷の偏りが大きくなるため，ファンデルワールス力は，強くはたらく。

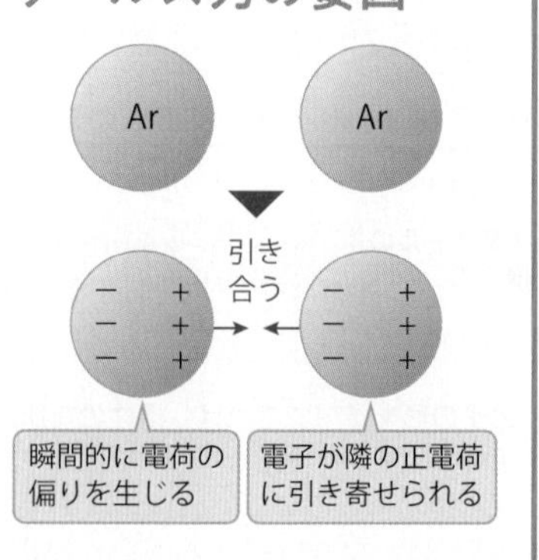

Tips 分子間力による分子の結びつきは，共有結合に比べると非常に弱い。例えば，水分子中の水素 H と酸素 O の間の共有結合を切断するには 463kJ/mol のエネルギーが必要であるが，水分子間の分子間力を切断するのに必要なエネルギーは 22kJ/mol である。

2 水の特性と水素結合 hydrogen bond 化学

水は特異的に，固体の方が液体よりも密度が小さいため，氷は水に浮く。また，水は温まりにくく，冷めにくい性質をもつ。

①氷は水に浮く

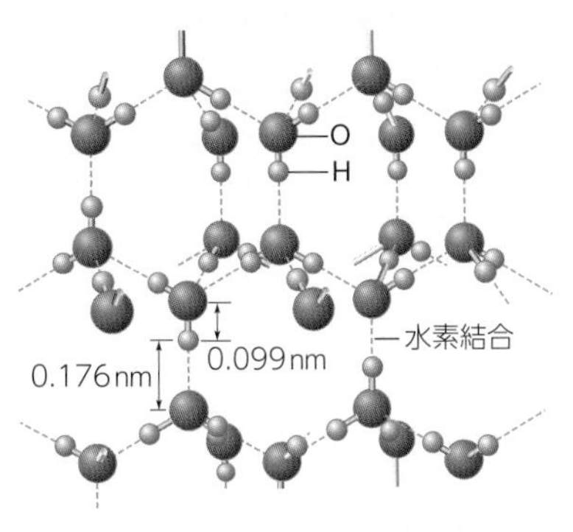

氷の構造
水分子が水素結合によって固定され，すき間の大きい構造をとっている。そのため，液体のときよりも体積が大きくなり，密度は小さくなる。

水

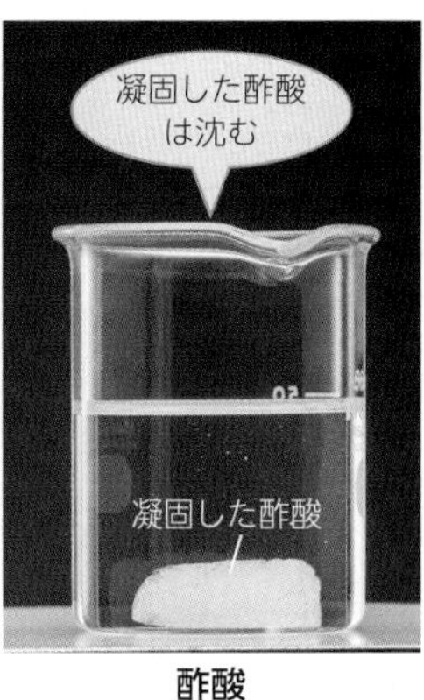

酢酸

水と酢酸の密度の比較
多くの物質は固体の方が液体よりも密度が大きいので，固体は液体に沈む。一方，水の固体(氷)は，すき間の大きい構造をとるため，固体の方が液体よりも密度が小さく固体は液体に浮かぶ。

②4℃で密度が最大になる

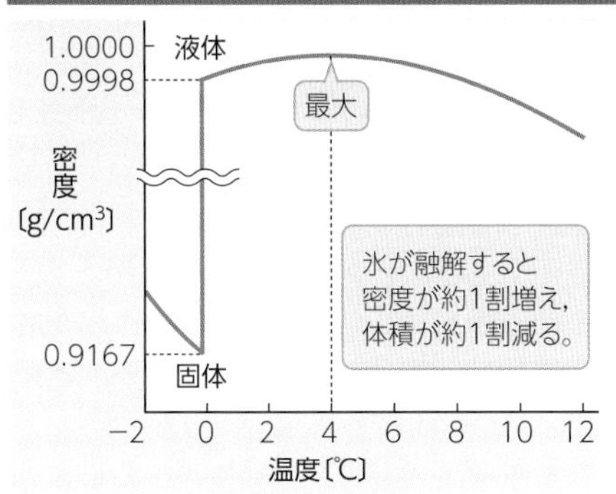

水の密度の温度変化
4℃で密度が最大になり，高温になるほど密度が小さくなる。

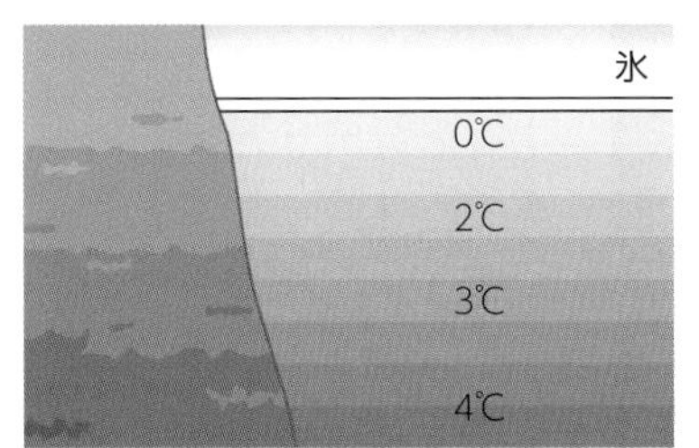

冬季の湖の温度分布
表面が凍結していても，深い場所では，水の密度が最大になる4℃で保たれる。夏には，水面付近が暖められ，湖底付近の温度が最も低くなる。

③極性が大きい

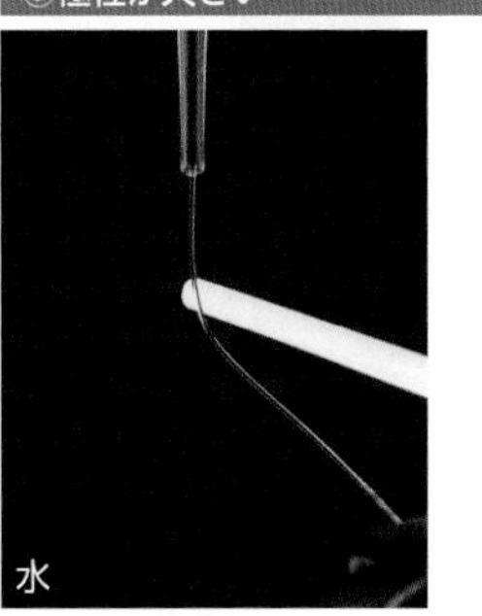

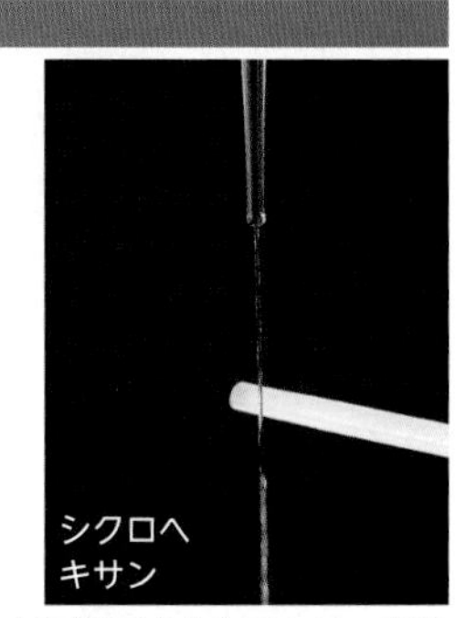

水は比較的大きい極性をもつ。水に帯電させたストローを近づけると，水がストローに引き寄せられる。

④表面張力が大きい

液体は，分子どうしが互いに引き合って表面積をなるべく小さくしようとする傾向がある。水は，水素結合によって互いの分子を引き合う力が大きい。

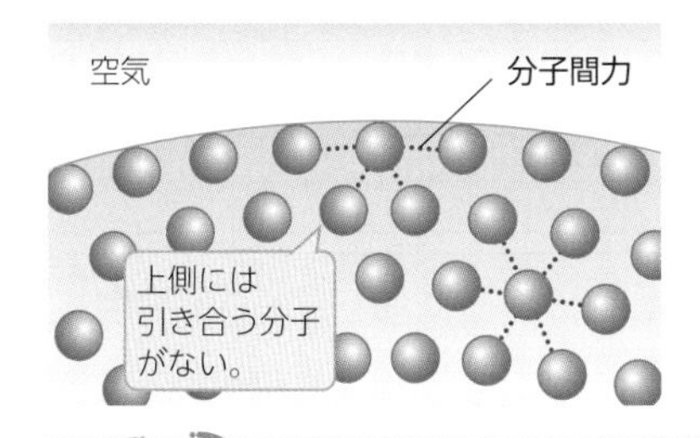

⑤温まりにくく，冷めにくい

水は，他の物質に比べて，比熱が大きく，温まりにくく，冷めにくい。これは，水素結合の切断や形成に伴って，熱を吸収したり，放出したりするためである。地球表面において，日中と夜間の温度変化が比較的小さく抑えられているのは，水の比熱が大きいためである。

物質	比熱〔J/(g･℃)〕
水	4.2
エタノール	2.4
ヘキサン	2.3
菜種油	2.0

PLUS エタノールと水の混合

50mL の水と 50mL のエタノール C_2H_5OH を混合すると，混合溶液の体積は 100mL にはならず，約 97mL になる。これは，水分子とエタノール分子との間に新たな水素結合が生じ，液体中で水分子が形成する構造が崩され，分子がより密に詰まるためと考えられる。

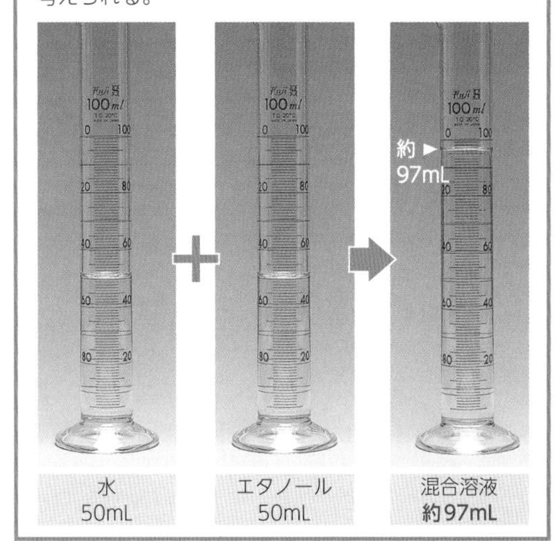

水 50mL　エタノール 50mL　混合溶液 約97mL

トピック ヤモリの指

ヤモリは，壁を登ったり，天井に張りついたりできる。しかし，その指から粘着物質が分泌されているわけではない。ヤモリの指の裏は，長さ約0.05mm の無数の織毛に覆われており，接触面と分子レベルの接点が非常に多くなるため，分子間力が大きく働いて，接着力を生じている。

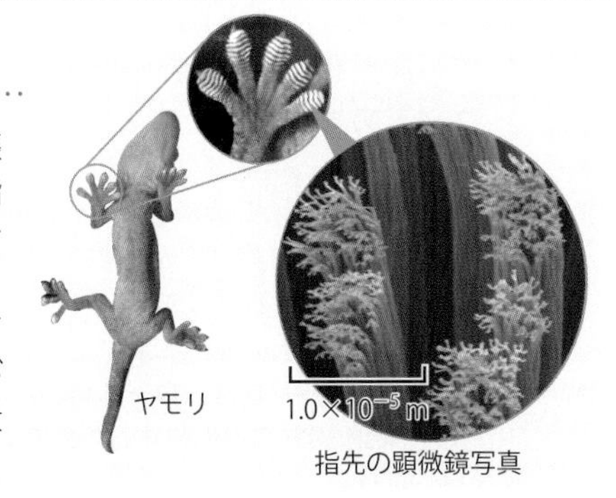

指先の顕微鏡写真

Tips 寒さの厳しい地域では，冬季に水道管の中にある水が凍結して水道管が破損しないように，水を出したままにすることがある。

15 分子結晶と共有結合の結晶 基礎

1 分子結晶 基礎
molecular crystal

多数の分子が分子間力によって集合し，規則的に配列してできた固体を分子結晶という。分子結晶には，ヨウ素 I_2 やドライアイス CO_2，ナフタレン $C_{10}H_8$ などがある。

ⓐ 分子結晶の構造と例

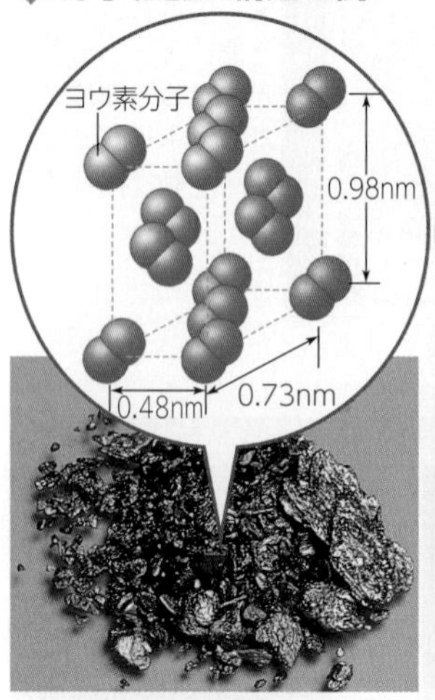

ヨウ素 I_2

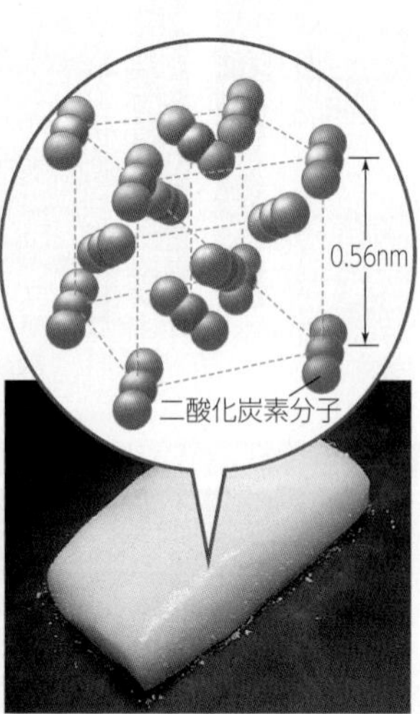

ドライアイス CO_2 MOVIE

ドライアイスは，二酸化炭素分子が単位格子の8つの頂点および6つの面の中心に位置している。
したがって，単位格子に含まれる分子の数は次のように求められる。

$$\underbrace{\frac{1}{8}\times 8}_{\text{各頂点にある分子の数}}+\underbrace{\frac{1}{2}\times 6}_{\text{各面にある分子の数}}=4\ \text{個}$$

硫黄 S_8

ナフタレン $C_{10}H_8$

スクロース $C_{12}H_{22}O_{11}$

ⓑ 分子結晶の性質

①やわらかく，くだけやすい。

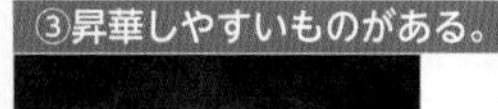
③昇華しやすいものがある。

▶ 昇華する

②電気を導かない。

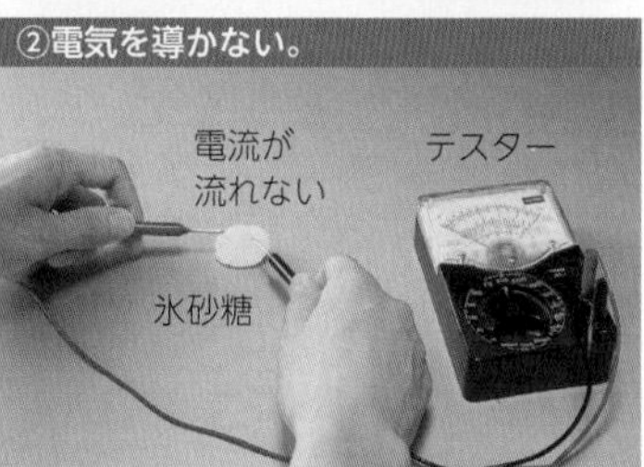

④融点・沸点が低い。

分子間力は，イオン結合や共有結合に比べて非常に弱い引力であるため，分子からなる物質は，一般に，融点・沸点が低い。

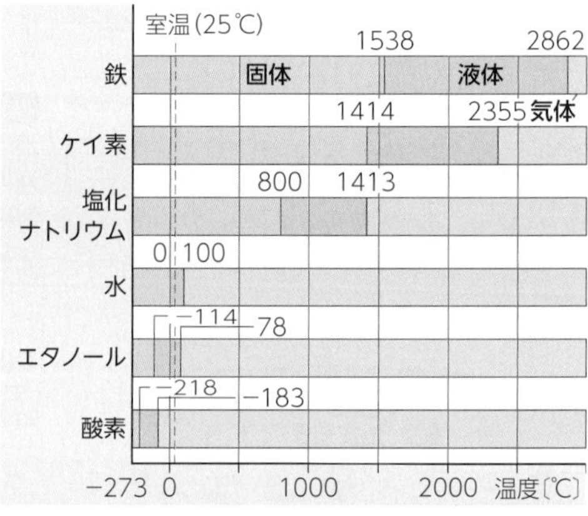

⑤極性の大きいものは水に溶けやすく，極性の小さいものは水に溶けにくい(➡p.118)。

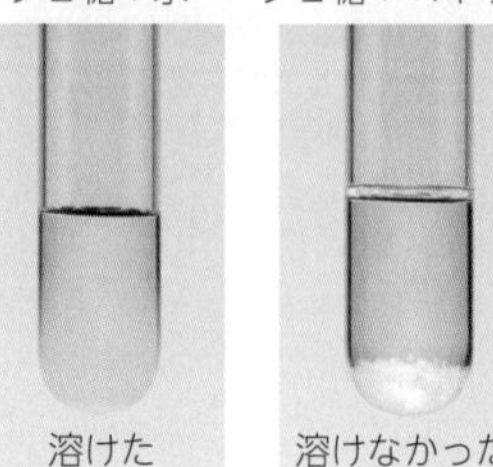

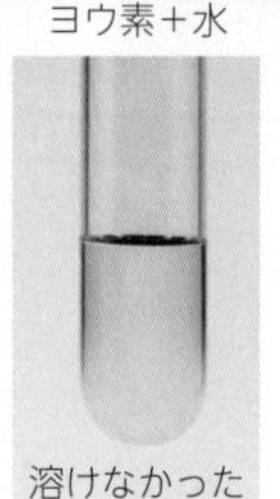

ヨウ素＋ヘキサン
溶けた

極性分子どうし，あるいは無極性分子どうしは混ざりやすく，極性分子と無極性分子は混ざりにくい。シヨ糖(スクロース)は極性分子であり，水に溶けやすく，無極性分子のヘキサンには溶けにくい。

はちみつ

ミツバチは，花の蜜(濃度約10％のスクロース水溶液)を吸い取り，唾液によってスクロースをグルコース(ブドウ糖)とフルクトース(果糖)に分解する。この水溶液から水分を蒸発させると，質量の約80％を糖類が占める水溶液ができる。これがはちみつである。このように，糖類は水に非常に溶けやすい。これは，糖類が極性の大きい−O−H結合を多数もち，水分子と水素結合を形成するためである。

Tips 冷凍庫に長期間保存した氷は小さくなる。これは，分子結晶である氷が昇華するためである。

2 共有結合の結晶 基礎

covalent crystal

多数の原子がすべて共有結合によって結びつき，規則正しく配列してできた固体を**共有結合の結晶**といい，組成式で表される。共有結合の結晶には，ダイヤモンドCや黒鉛C，ケイ素Siなどがある。

ⓐ おもな共有結合の結晶

ダイヤモンドと黒鉛は，ともに炭素の同素体である。

ダイヤモンド
融点　3550℃
密度　3.5g/cm^3

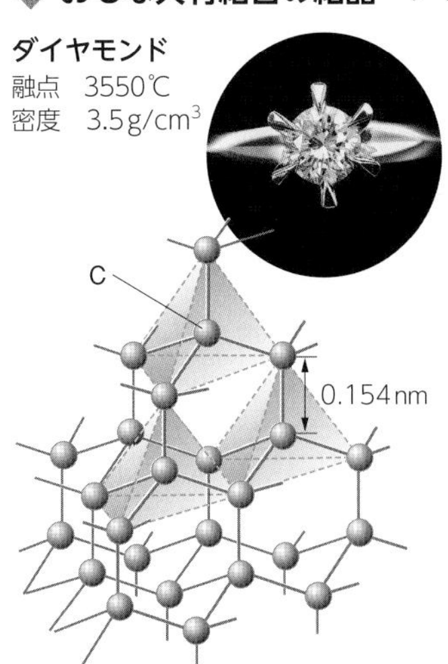

すべての炭素原子が4個の価電子を使い，4個の炭素原子と共有結合をし，正四面体構造を形成している

黒鉛
融点　3530℃
密度　2.3g/cm^3

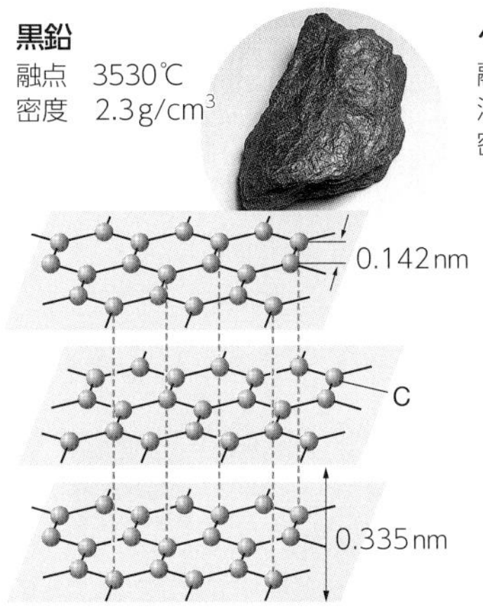

炭素原子は3個の価電子を使い，3個の炭素原子と共有結合し，平面構造をつくっている。残りの1個の電子が平面上を自由に動きまわれるため，黒鉛は電気をよく導く。

ケイ素
融点　1410℃
沸点　2355℃
密度　2.33g/cm^3

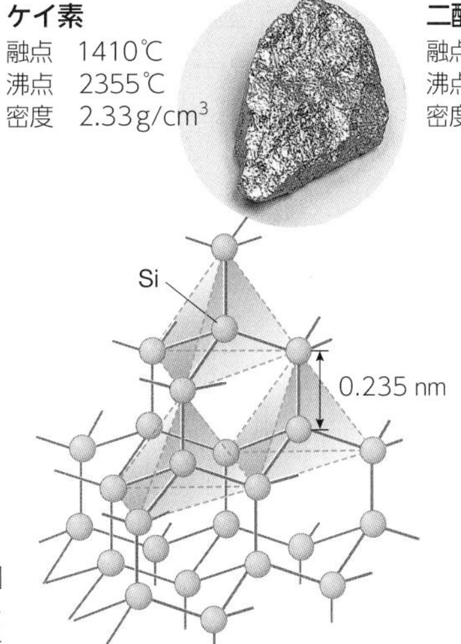

ダイヤモンドと同じ結晶構造をとっており，半導体として使用される。

二酸化ケイ素
融点　1550℃
沸点　2950℃
密度　2.65g/cm^3

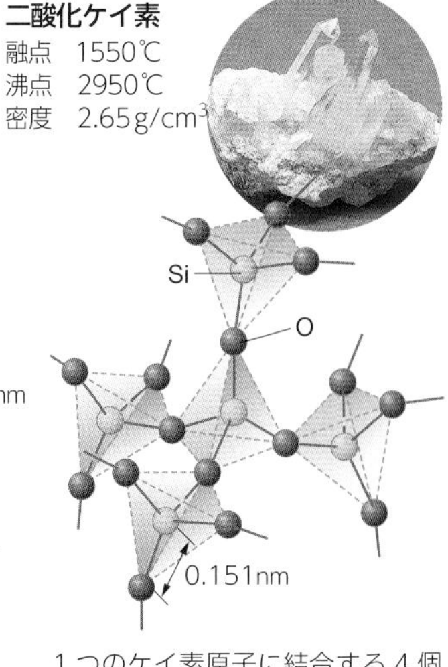

1つのケイ素原子に結合する4個の酸素原子は，正四面体を形成している。

ⓑ 共有結合の結晶の性質

①かたい

ダイヤモンドは，すべての物質の中で最もかたい。

ダイヤモンドは，ガラス切りなどに利用される。

②電気を導かない。

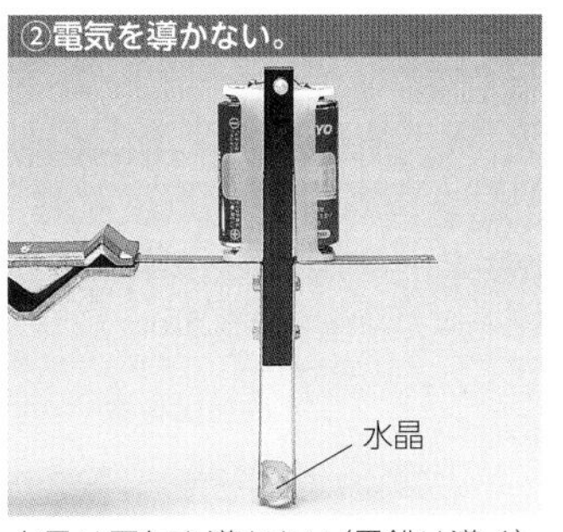

水晶は電気を導かない(黒鉛は導く)。

③融点が高い。

	C	Si	SiO_2
融点〔℃〕	3550(ダイヤモンド)	1410	1550

ダイヤモンドは，高圧下では約4000℃で融解する。

黒鉛の性質
黒鉛は，共有結合の結晶であるが，電気を導きやすい，薄くはがれやすいなど，他の共有結合の結晶と異なる性質を示す。

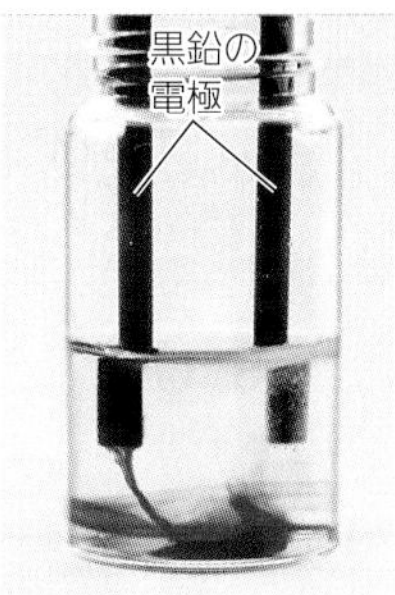

水溶液の電気分解

PLUS アモルファス(非晶質)

一般に，多くの固体は，構成粒子が規則正しく配列している。しかし，条件によっては，不規則な配列をとり一定の融点をもたない固体になる。これを**アモルファス(非晶質)**という。代表的な非晶質には，ガラス，ゴム，プラスチックなどがある。
通常，高温の融解液をゆっくりと冷却すると，結晶が得られる。しかし，融解液を急冷すると，構成粒子が規則正しく配列する前に，不規則な状態のまま固体となる。これがアモルファスである。アモルファスは，同じ組成であっても，もとの結晶とは異なる性質を示す。

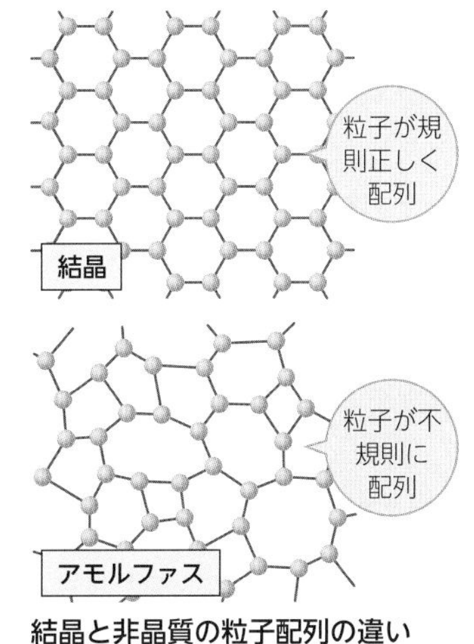

結晶と非晶質の粒子配列の違い

すばる望遠鏡(ハワイ)

石英やケイ砂の融解液を急冷すると，非晶質である石英ガラスが得られる。石英ガラスには温度変化に強い，光透過性にすぐれる，均一性が高いなどの特徴がある。
数々の銀河を発見してきた国立天文台のすばる望遠鏡にも石英ガラスが使われている。

Tips　水晶は無色透明であるが，その構造に不純物が混入すると，さまざまな色を呈するようになる。たとえば，紫水晶(アメシスト)は，ケイ素原子の一部が鉄イオンに置き換わったものと考えられている。紫水晶を加熱していくと，構成粒子の配列が変わり，黄水晶(シトリン)になる。

16 金属結合 基礎 化学

1 金属結合 基礎

metallic bond

金属原子の価電子が**自由電子**として金属内を自由に動き回り，原子どうしを結びつける結合を**金属結合**という。

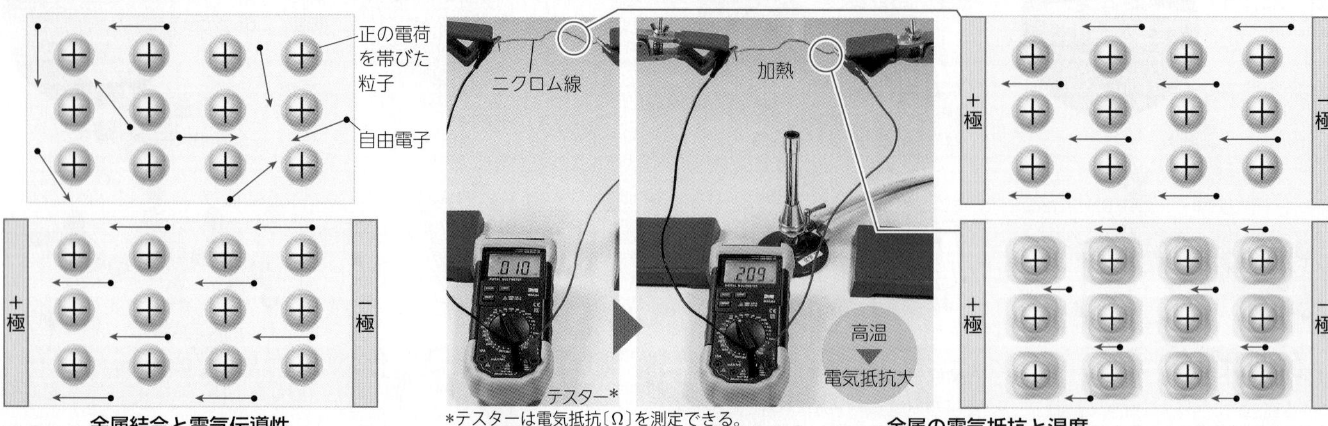

金属結合と電気伝導性

電圧を加えると，自由電子が正極に向かって移動し，電流が流れる。

*テスターは電気抵抗〔Ω〕を測定できる。

金属の電気抵抗と温度

高温では金属原子の振動が激しくなり，自由電子の運動が妨げられる。

2 金属の性質 基礎

多数の金属原子が金属結合によって規則的に配列してできた固体を**金属結晶**という。金属は，金属結合を形成することによってさまざまな性質を示す。

a 金属光沢

銀（銀白色の光沢）

銅（赤色の光沢）

b 電気伝導度と熱伝導度

銅を100とした相対値。

MOVIE

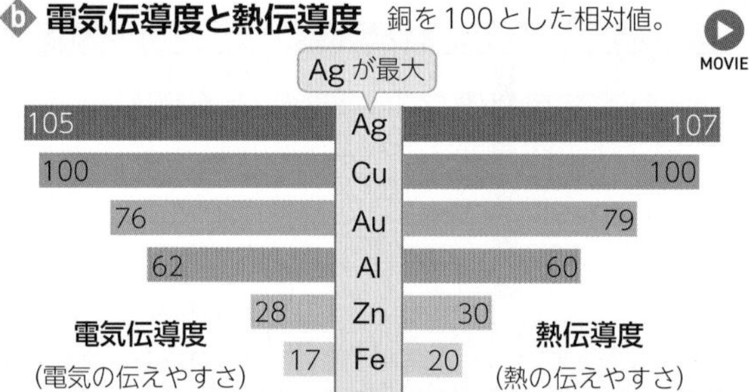

電気伝導度	金属	熱伝導度
105	Ag	107
100	Cu	100
76	Au	79
62	Al	60
28	Zn	30
17	Fe	20

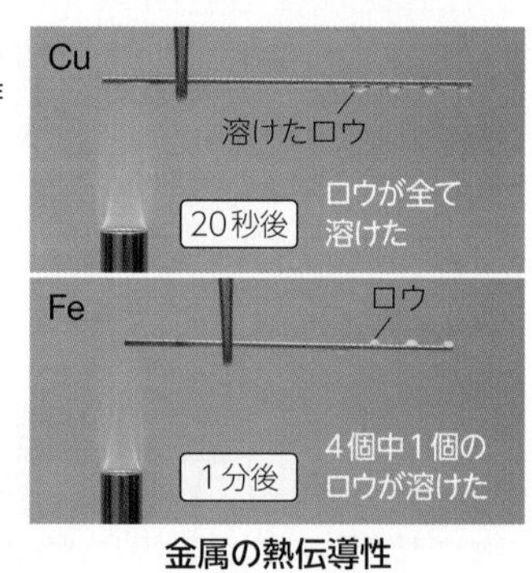

金属の熱伝導性

c 展性・延性

金属に外力を加えると，原子が比較的容易に移動し，薄い箔になったり（**展性**），細い線になったり（**延性**）する。

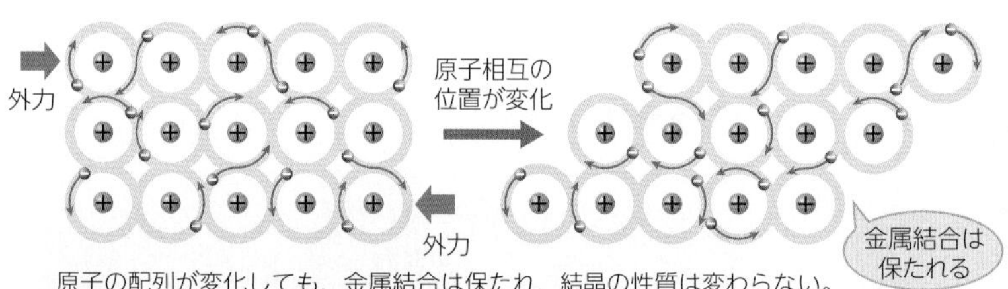

原子の配列が変化しても，金属結合は保たれ，結晶の性質は変わらない。

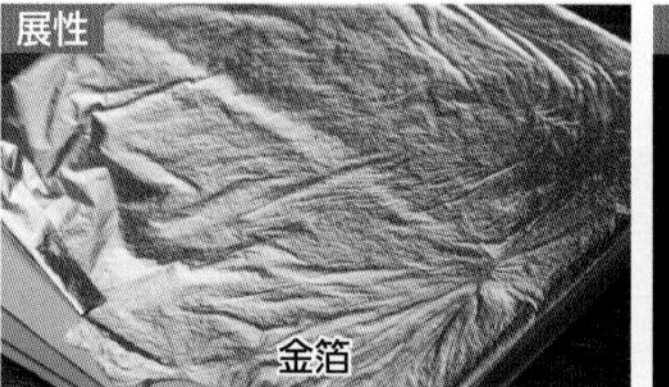

金1g（体積0.052 cm^3）は厚さ100 nm（面積0.5 m^2）の箔にできる。

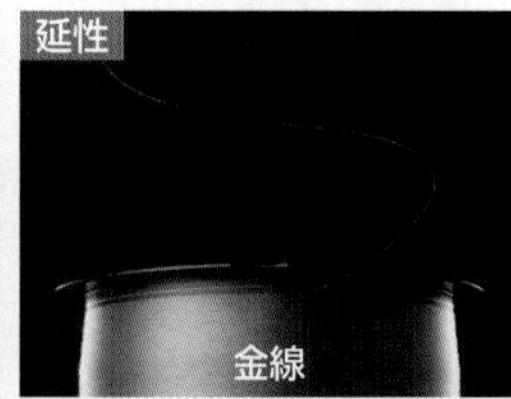

金1gは約3000 mの線にできる。

d 融点

水銀 Hg は常温で唯一液体の金属である。

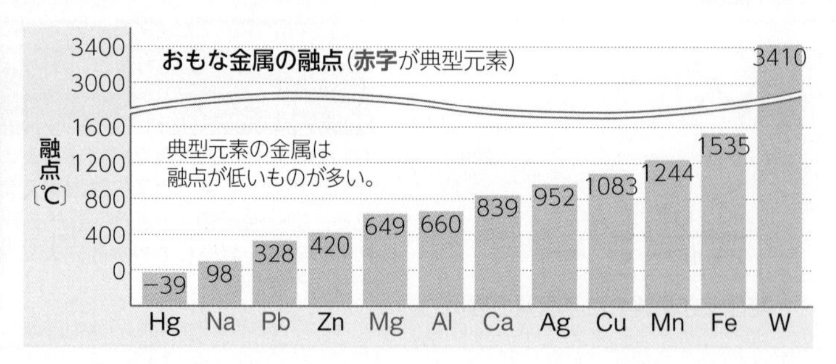

金属	Hg	Na	Pb	Zn	Mg	Al	Ca	Ag	Cu	Mn	Fe	W
融点〔℃〕	−39	98	328	420	649	660	839	952	1083	1244	1535	3410

遷移元素の金属は融点の高いものが多い。

タングステン W は融点が高く，電球のフィラメントとして利用される。

Tips 水よりも密度の小さい金属は，リチウム，ナトリウム，カリウムであるが，いずれも水と激しく反応するため，水に安定に浮く金属はない。

3 金属結晶の構造 化学

金属結晶は，**体心立方格子**，**面心立方格子**，**六方最密構造**などに分類される。空間を金属原子の体積が占める割合を**充填率**といい，結晶格子の種類ごとに決まっている。

結晶格子	体心立方格子	面心立方格子	六方最密構造
粒子配列			
単位格子	$\frac{1}{8}$個　1個	$\frac{1}{8}$個　$\frac{1}{2}$個	単位格子　$\frac{1}{6}$個　$\frac{1}{2}$個　合計1個　単位格子
配位数	8	12	12
含まれる粒子の数	$\frac{1}{8}\times 8+1=2$	$\frac{1}{8}\times 8+\frac{1}{2}\times 6=4$	$\frac{1}{6}\times 12+\frac{1}{2}\times 2+3=6$(単位格子には2個)
充填率	68％	74％(**最密充填**)	
例	Na，Ba，Cr，Fe	Ca，Al，Cu，Ag	Be，Mg，Zn，Cd

4 最密充填構造 化学
closest packed structure

六方最密構造と面心立方格子は，いずれも最も密に詰まった構造(最密充填)であるが，原子の層の重なり方が異なる。

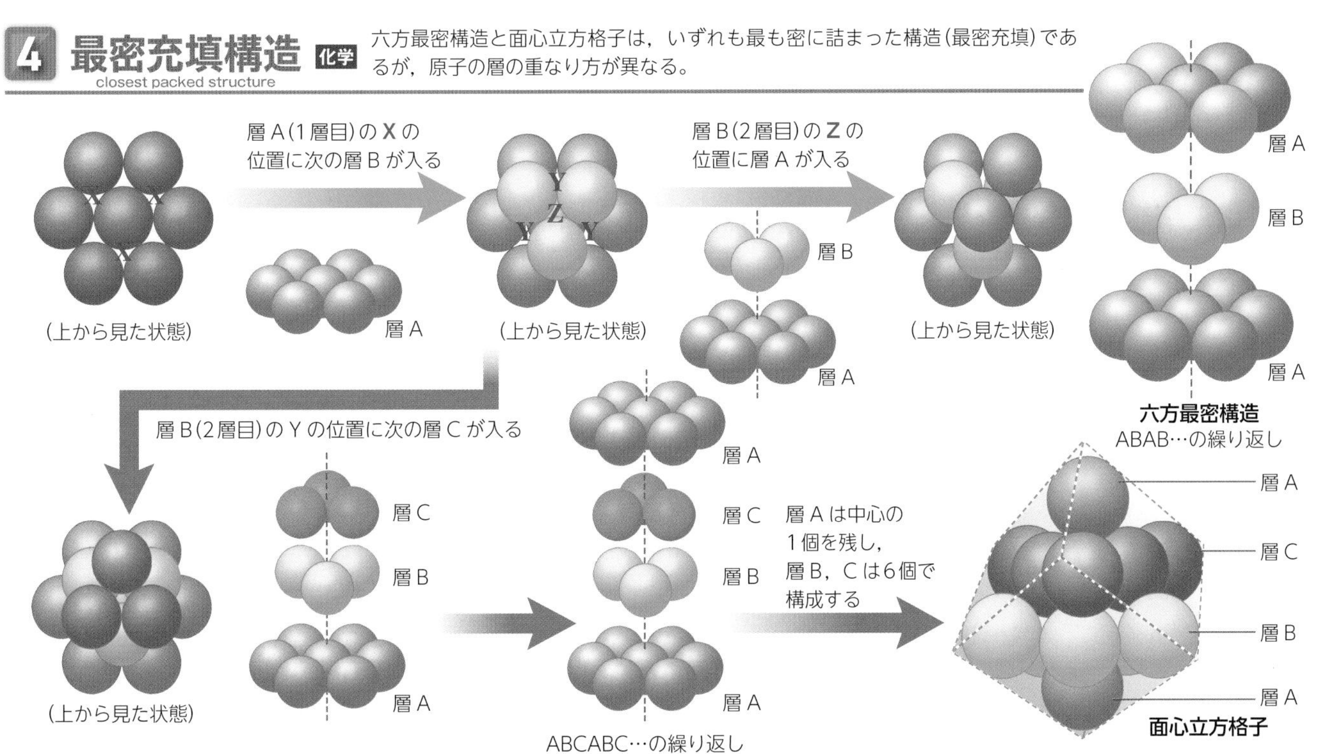

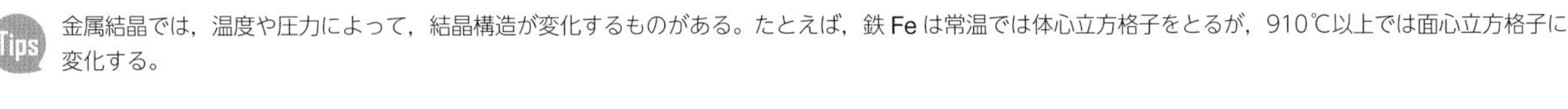
Tips 金属結晶では，温度や圧力によって，結晶構造が変化するものがある。たとえば，鉄Feは常温では体心立方格子をとるが，910℃以上では面心立方格子に変化する。

17 結晶格子と単位格子 化学

1 金属結晶と原子半径，充填率

atomic packing factor

体心立方格子，面心立方格子について，単位格子の一辺と原子半径の関係および充填率は次のようになる。

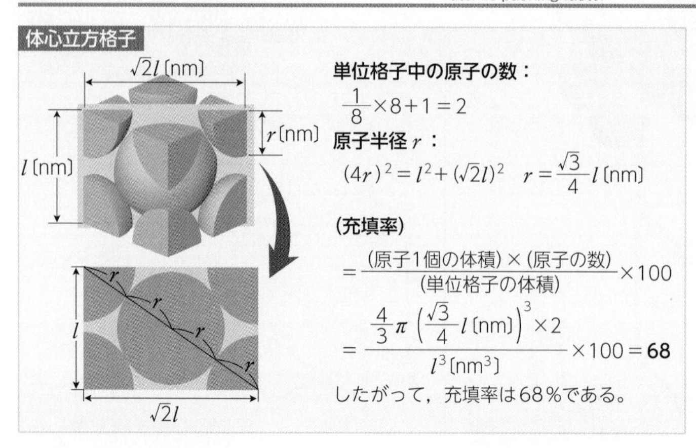

単位格子中の原子の数：

$\frac{1}{8}\times8+1=2$

原子半径 r：

$(4r)^2=l^2+(\sqrt{2}l)^2 \quad r=\frac{\sqrt{3}}{4}l$〔nm〕

(充填率)

$=\frac{(原子1個の体積)\times(原子の数)}{(単位格子の体積)}\times100$

$=\frac{\frac{4}{3}\pi\left(\frac{\sqrt{3}}{4}l〔nm〕\right)^3\times2}{l^3〔nm^3〕}\times100=\mathbf{68}$

したがって，充填率は68％である。

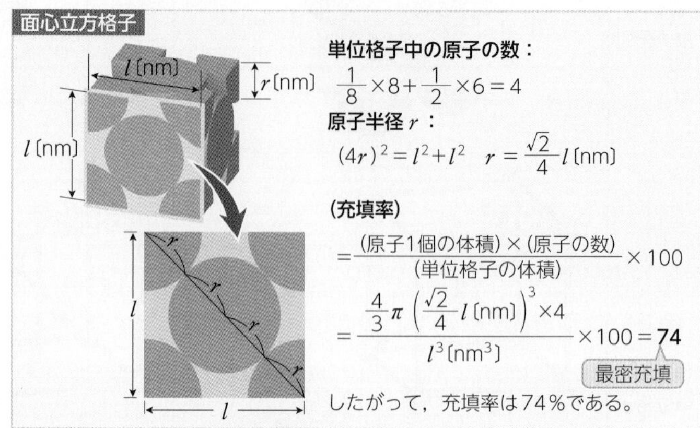

単位格子中の原子の数：

$\frac{1}{8}\times8+\frac{1}{2}\times6=4$

原子半径 r：

$(4r)^2=l^2+l^2 \quad r=\frac{\sqrt{2}}{4}l$〔nm〕

(充填率)

$=\frac{(原子1個の体積)\times(原子の数)}{(単位格子の体積)}\times100$

$=\frac{\frac{4}{3}\pi\left(\frac{\sqrt{2}}{4}l〔nm〕\right)^3\times4}{l^3〔nm^3〕}\times100=\mathbf{74}$

最密充填

したがって，充填率は74％である。

2 イオン結晶と組成式

単位格子に含まれる陽イオンと陰イオンの数の比は，組成式で示される陽イオンの数と陰イオンの数の比に等しい。

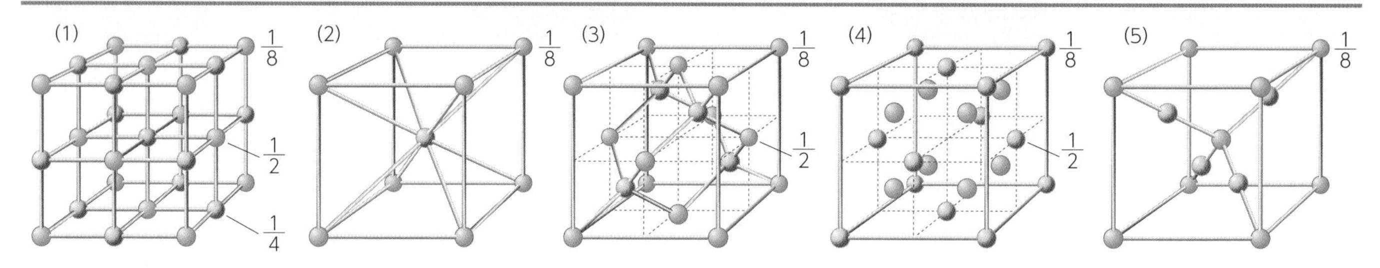

	(1)	(2)	(3)	(4)	(5)
Aイオン	$\frac{1}{4}\times12+1=4$	1	$1\times4=4$	$\frac{1}{8}\times8+\frac{1}{2}\times6=4$	$1\times4=4$
Bイオン	$\frac{1}{8}\times8+\frac{1}{2}\times6=4$	$\frac{1}{8}\times8=1$	$\frac{1}{8}\times8+\frac{1}{2}\times6=4$	$1\times8=8$	$\frac{1}{8}\times8+1=2$
組成式	AB	AB	AB	AB_2	A_2B
例	塩化ナトリウム NaCl	塩化セシウム CsCl	硫化亜鉛 ZnS	フッ化カルシウム CaF_2	酸化銅(Ⅰ) Cu_2O

3 イオン結晶と密度

結晶の密度は，単位格子の質量と体積から求めることができる。イオン結晶の密度は，単位格子中に含まれる組成式単位の総質量とその体積から求められる。

イオン結晶の密度 d〔g/cm³〕は，単位格子の一辺の長さ l〔cm〕，単位格子に含まれる組成式単位の数 n，アボガドロ定数 N_A〔/mol〕，イオン結晶のモル質量 M〔g/mol〕などの値を用いて，次のように求められる。

密度〔g/cm³〕

$=\frac{単位格子の質量〔g〕}{単位格子の体積〔cm^3〕}$

$=\frac{M\times\frac{n}{N_A}}{l^3}=\frac{M\times n}{l^3\times N_A}$

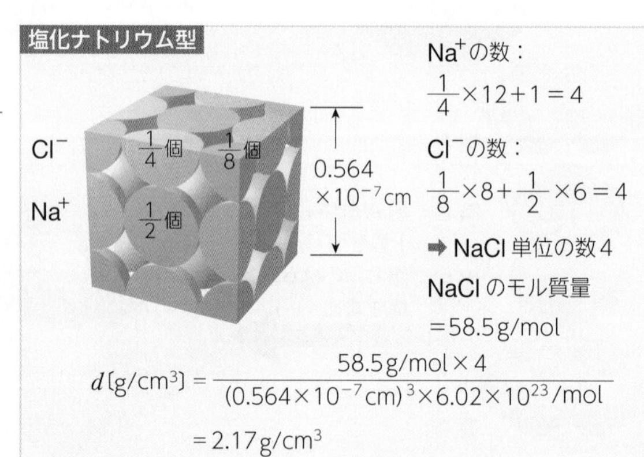

Na^+ の数：

$\frac{1}{4}\times12+1=4$

Cl^- の数：

$\frac{1}{8}\times8+\frac{1}{2}\times6=4$

➡ NaCl 単位の数 4

NaCl のモル質量

=58.5 g/mol

$d〔g/cm^3〕=\frac{58.5\,g/mol\times4}{(0.564\times10^{-7}\,cm)^3\times6.02\times10^{23}/mol}$

$=2.17\,g/cm^3$

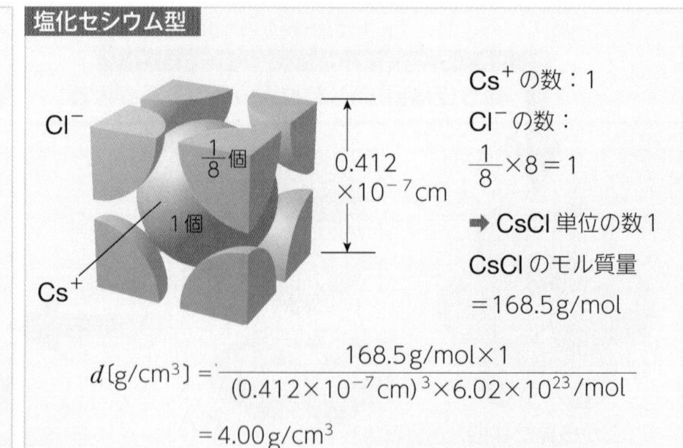

Cs^+ の数：1

Cl^- の数：

$\frac{1}{8}\times8=1$

➡ CsCl 単位の数 1

CsCl のモル質量

=168.5 g/mol

$d〔g/cm^3〕=\frac{168.5\,g/mol\times1}{(0.412\times10^{-7}\,cm)^3\times6.02\times10^{23}/mol}$

$=4.00\,g/cm^3$

Tips 塩化ナトリウム NaCl 型の結晶では，陽イオン，陰イオンのみの配列に着目すると，いずれも面心立方格子と同じであり，それらが互いにずれて重なった構造をしている。

4 共有結合の結晶

ダイヤモンドは，すべての炭素原子が共有結合を形成してできている。ダイヤモンドのような結晶構造は，ダイヤモンド型とよばれ，ケイ素や炭化ケイ素も同じ結晶構造をもつ。

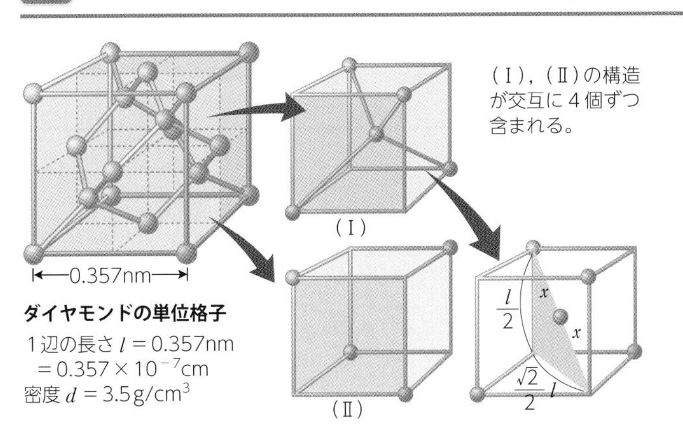

ダイヤモンドの単位格子
1辺の長さ $l=0.357\text{nm}$
$=0.357\times10^{-7}\text{cm}$
密度 $d=3.5\text{g/cm}^3$

■単位格子に含まれる炭素原子の数

$$\frac{1}{8}\times8+\frac{1}{2}\times6+1\times4=8$$

■アボガドロ定数

$$\frac{(\text{密度})\times(\text{単位格子の体積})}{(\text{炭素原子の数})}\times(\text{アボガドロ定数})=\left(\begin{array}{l}\text{炭素原子の}\\\text{モル質量}\end{array}\right)$$

$$N_\text{A}=\frac{n\times M[\text{g/mol}]}{d[\text{g/cm}^3]\times(0.357\times10^{-7}\text{cm})^3}=\frac{8\times12\text{g/mol}}{3.5\text{g/cm}^3\times(0.357\times10^{-7}\text{cm})^3}$$
$$=6.0\times10^{23}/\text{mol}$$

■原子間の距離 原子間の距離を x[nm]とすると，

$$(2x)^2=\left(\frac{l}{2}\right)^2+\left(\frac{\sqrt{2}}{2}l\right)^2\quad x[\text{nm}]=\frac{\sqrt{3}}{4}l[\text{nm}]=\frac{\sqrt{3}}{4}\times0.357\text{nm}=0.154\text{nm}$$

5 分子結晶

ドライアイスでは，二酸化炭素分子 CO_2 中の炭素原子Cが，単位格子(立方体)の各頂点と面の中心に位置し，面心立方格子を形づくって配列している。

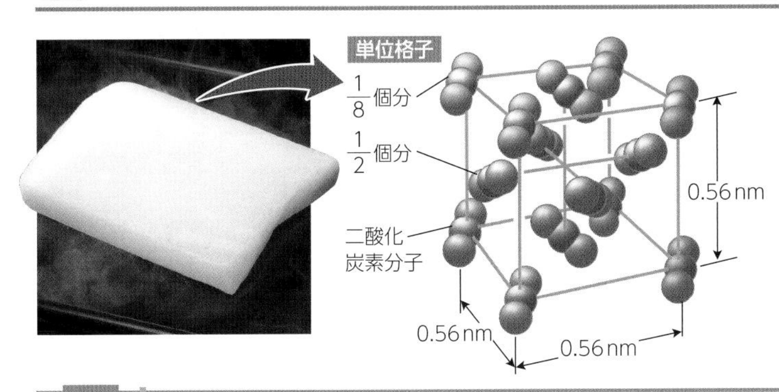

■単位格子中の CO_2 分子の数 $\frac{1}{8}\times8+\frac{1}{2}\times6=4$

■CO_2 の分子量 単位格子の質量(密度×単位格子の体積)は，CO_2 分子4個分の質量に相当する。CO_2 のモル質量は，CO_2 分子のアボガドロ定数個の質量なので，ドライアイスの密度を 1.66g/cm^3 とすると，

$$(\text{モル質量})=\frac{(\text{密度})\times(\text{単位格子の体積})}{(\text{単位格子中の }CO_2\text{ 分子の数})}\times(\text{アボガドロ定数})$$
$$=\frac{1.66\text{g/cm}^3\times(0.56\times10^{-7}\text{cm})^3}{4}\times6.02\times10^{23}/\text{mol}=44\text{g/mol}$$

したがって，CO_2 の分子量は，44である。

PLUS イオン結晶の安定性と半径比

イオン結晶において，陽イオンと陰イオンの間には静電気力が働くが，陽イオンどうし，または陰イオンどうしの間には反発力が働く。したがって，イオン結晶が安定な状態になるためには，次の条件を満たさなければならない。

❶ 陽イオンと陰イオンは，できるだけ多く接する。
❷ 同符号のイオンは反発するため，陽イオンどうしまたは陰イオンどうしは接しない。

このとき，イオン結晶の結晶構造を知るには，右表のような陽イオンと陰イオンの半径比(r_+/r_-)や配位数などの値がおおまかな目安となる。

イオンの半径比と結晶型の関係

半径比(r_+/r_-)	配位数	結晶型
0.732～	8	塩化セシウム型
0.414～0.732	6	塩化ナトリウム型
0.225～0.414	4	閃亜鉛鉱型

この関係にあてはまらないイオン結晶も多い。

■塩化セシウム型の半径比の限界

下図に示すCsClの結晶では，(ⅰ)のように Cs^+ と Cl^- が接し，Cl^- どうしは離れている。ここで，仮に陽イオンを小さくしていき，ちょうど陰イオンが接した場合(ⅱ)を考える。

(ⅱ)では，陰イオンどうしが接しており，$AB=2r_-$ となる。また，$AC=2(r_++r_-)$ である。三平方の定理から，$AC=\sqrt{3}AB$ なので，

$2(r_++r_-)=\sqrt{3}\times2r_-$　　したがって，$r_+/r_-=\sqrt{3}-1=0.732$

陽イオンがさらに小さくなって，イオンの半径比が $r_+/r_-=0.732$ よりも小さくなると安定な構造を保てなくなる。

(ⅰ)　(ⅱ)　AB：AC＝1：$\sqrt{3}$

■塩化ナトリウム型の半径比の限界

下図に示すNaClの結晶では，(ⅲ)のように Na^+ と Cl^- が接し，Cl^- どうしは離れている。ここで，仮に陽イオンを小さくしていき，ちょうど陰イオンが接した場合(ⅳ)を考える。

(ⅳ)では，陰イオンどうしが接しており，$EG=2r_-$ となる。また，$EF=r_++r_-$ である。三平方の定理から，$EG=\sqrt{2}EF$ なので，

$2r_-=\sqrt{2}(r_++r_-)$　　したがって，$r_+/r_-=\sqrt{2}-1=0.414$

陽イオンがさらに小さくなって，イオンの半径比が $r_+/r_-=0.414$ よりも小さくなると安定な構造を保てなくなる。

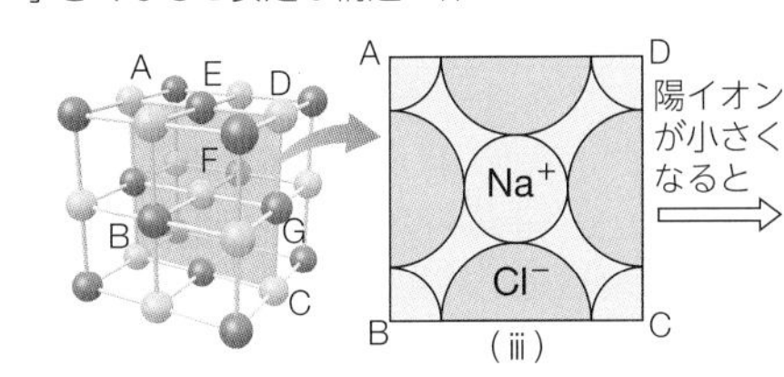

(ⅲ)

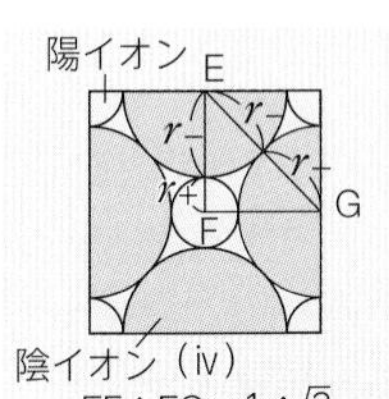

(ⅳ)
EF：EG＝1：$\sqrt{2}$

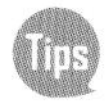
ケイ素Siは，ダイヤモンド型の構造をもち，きわめて純度の高い結晶を得ることができる。ケイ素の結晶は，アボガドロ定数の定義値の決定の際に用いられた。

18 化学結合と結晶 基礎

1 化学結合と結晶の分類 crystal

結晶は，構成粒子間の化学結合にもとづいて，**金属結晶**，**イオン結晶**，**共有結合の結晶**，**分子結晶**に分類される。

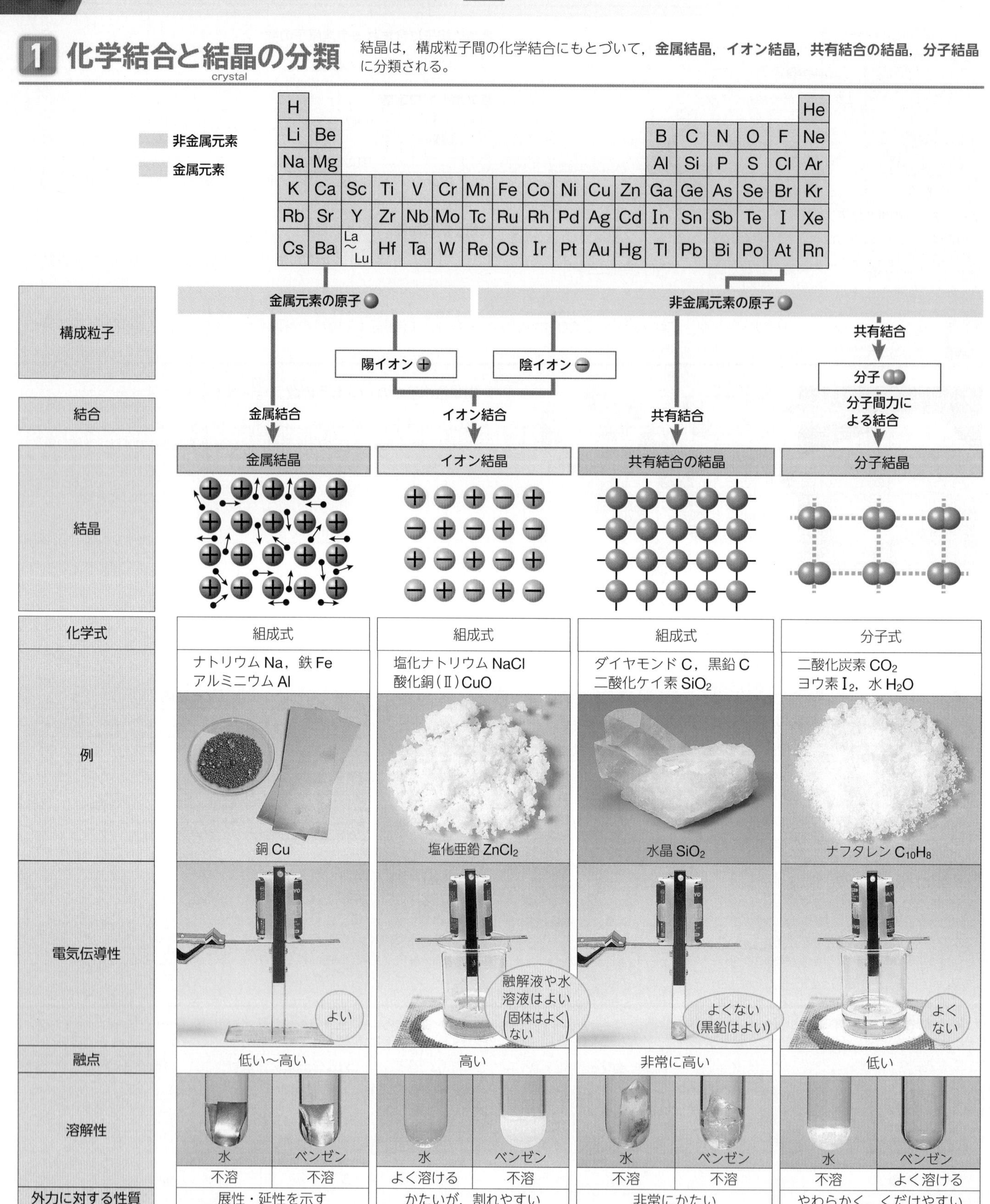
化学式	組成式	組成式	組成式	分子式
例	ナトリウム Na，鉄 Fe アルミニウム Al 銅 Cu	塩化ナトリウム NaCl 酸化銅(Ⅱ)CuO 塩化亜鉛 ZnCl₂	ダイヤモンド C，黒鉛 C 二酸化ケイ素 SiO₂ 水晶 SiO₂	二酸化炭素 CO₂ ヨウ素 I₂，水 H₂O ナフタレン C₁₀H₈
電気伝導性	よい	融解液や水溶液はよい（固体はよくない）	よくない（黒鉛はよい）	よくない
融点	低い～高い	高い	非常に高い	低い
溶解性	水 不溶／ベンゼン 不溶	水 よく溶ける／ベンゼン 不溶	水 不溶／ベンゼン 不溶	水 不溶／ベンゼン よく溶ける
外力に対する性質	展性・延性を示す	かたいが，割れやすい	非常にかたい	やわらかく，くだけやすい

構成粒子：金属元素の原子 ● ／ 非金属元素の原子 ●

陽イオン ⊕ ／ 陰イオン ⊖ ／ 共有結合 → 分子 ●●

結合：金属結合／イオン結合／共有結合／分子間力による結合

Tips 一般に，イオン結晶は，金属元素の原子と非金属元素の原子から構成される。しかし，塩化アンモニウム NH_4Cl や硝酸アンモニウム NH_4NO_3 のように，非金属元素の原子のみで構成されているものもある。

2 結晶の利用

身のまわりでは，結晶がさまざまな形で利用されている。

a 金属結晶の利用

物質	鉄 Fe	アルミニウム Al	銅 Cu	亜鉛 Zn	チタン Ti
利用	建設材料	一円硬貨	電線	乾電池の負極	めがねフレーム
性質	反応性が高く，さびやすい。加工が比較的容易。	密度が小さく(軽金属)，やわらかい。	展性・延性にすぐれる。加工しやすい。	常温ではややもろい。加工しにくい。	耐食性，耐熱性にすぐれ，生体適合性を示す。
その他の利用	自動車部品，機械部品，日用品	建築材料(サッシ)，アルミホイル，送電線	硬貨，日用品，黄銅などの合金	トタン，黄銅	人工関節，ゴルフクラブ

b イオン結晶の利用

物質	炭酸ナトリウム Na_2CO_3	酸化カルシウム CaO	水酸化カルシウム $Ca(OH)_2$	塩化マグネシウム $MgCl_2$	硫酸バリウム $BaSO_4$
利用	ソーダガラス	乾燥剤	漆喰(しっくい)	にがり(凝固剤)	X線造影剤
性質	水溶液は塩基性を示し，苦みがある。	水と反応して，強く発熱する。	CO_2 を吸収し，炭酸カルシウム $CaCO_3$ を生じる。	水を吸収しやすく，水に非常に溶けやすい。	水に溶けにくく，X線を透過させにくい。
その他の利用	入浴剤，ナトリウム化合物の合成原料	発熱剤，金属の脱硫	酸性土壌の改良剤	道路の凍結防止剤	製紙用の薬品

c 共有結合の結晶の利用

物質	ダイヤモンド C	黒鉛 C	ケイ素 Si	二酸化ケイ素 SiO_2
利用	装飾品	鉛筆の芯	シリコンウェハー	光ファイバー
性質	電気伝導性を示さない。非常にかたく，融点が高い。	電気伝導性を示す。もろく，はがれやすい。	わずかに電気を導く。金属のような光沢を示す。	電気伝導性を示さない。多様な結晶構造をもつ。
その他の利用	ダイヤモンドカッター，歯科用ドリル	電極，自動車などのブレーキパッド	集積回路，太陽電池	ガラスの原料，乾燥剤(シリカゲル)の原料

d 分子結晶の利用

物質	ドライアイス CO_2	氷 H_2O	ヨウ素 I_2	*p*-ジクロロベンゼン $C_6H_4Cl_2$
利用	保冷剤		うがい薬	防虫剤
性質	昇華性を示し，−78.5℃で固体から気体へと変化する。	水分子が水素結合によって集合している。	常温で黒紫色の固体。昇華性を示す。	融点は54℃で，昇華性を示す。
その他の利用	食品の酸化防止剤，細菌の繁殖防止材	冷却材，保冷剤	X線造影剤，殺菌剤	防臭剤，合成樹脂や農薬の合成原料

1 原子量・分子量・式量 基礎

1 原子の相対質量 relative atomic mass

原子１個の質量は非常に小さく，水素原子 ^{1}H の質量をg単位で表すと，1.6735×10^{-24} g となり，扱いにくい。そこで，原子の質量は，炭素原子 ^{12}C １個の質量を12として求めた**原子の相対質量**で比較される。

ⓐ 原子の相対質量

原子		質量〔g〕	相対質量	質量数
水素	^{1}H	1.6735×10^{-24}	1.0078	1
	^{2}H	3.3446×10^{-24}	2.0141	2
炭素	^{12}C	1.9926×10^{-23}	**12（基準）**	12
	^{13}C	2.1593×10^{-23}	13.003	13
ナトリウム	^{23}Na	3.8175×10^{-23}	22.990	23
塩素	^{35}Cl	5.8067×10^{-23}	34.969	35
	^{37}Cl	6.1383×10^{-23}	36.966	37

原子の相対質量は，その質量数に近い値となる。

原子の相対質量の求め方

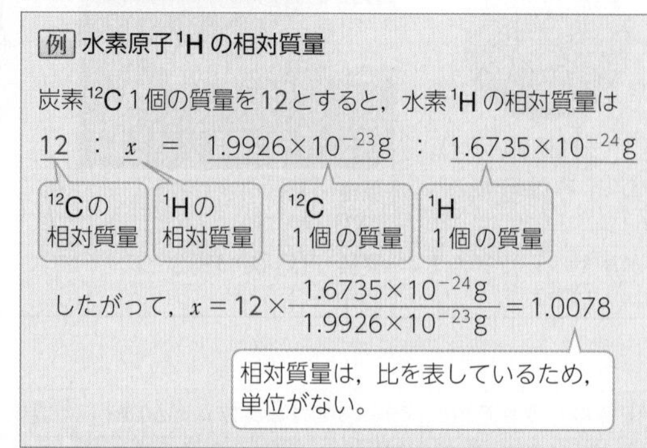

ⓑ 原子１個の質量比較

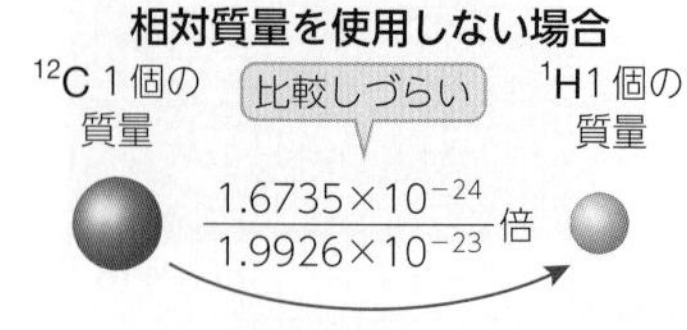

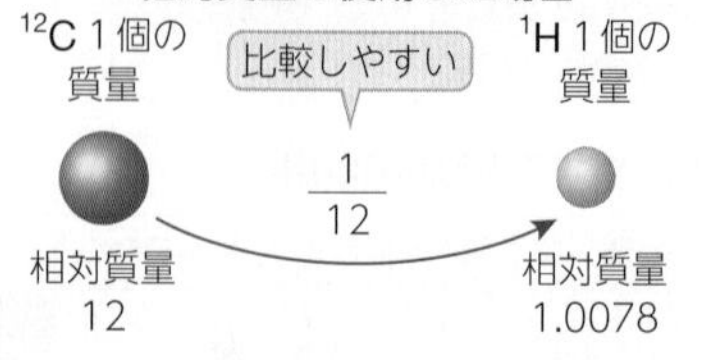

2 元素の原子量 atomic weight

多くの元素にはいくつかの同位体が存在し，その天然存在比はほぼ一定である。そこで，質量の比較には，各同位体の相対質量と天然存在比から求めた相対質量の平均値を用いる。この値を**元素の原子量**という。

ⓐ 質量の平均値の考え方

りんごが100個あり，そのうち70個が220g，30個が200gであるとき，りんご１個の質量の平均値は，次のように求められる。

$$220g\times\frac{70}{100}+200g\times\frac{30}{100}=214g$$

りんごが同じ割合で多量にあるとき，平均値214gを用いれば，その質量を簡単に見積もることができる。
りんご100個の質量＝214g×100＝21.4kg

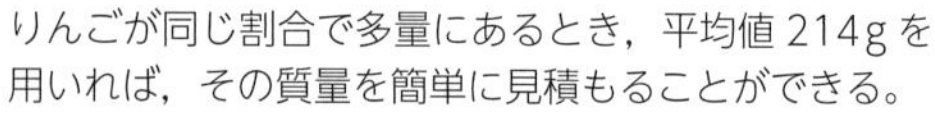

原子量は，質量の平均値の考え方を利用している。

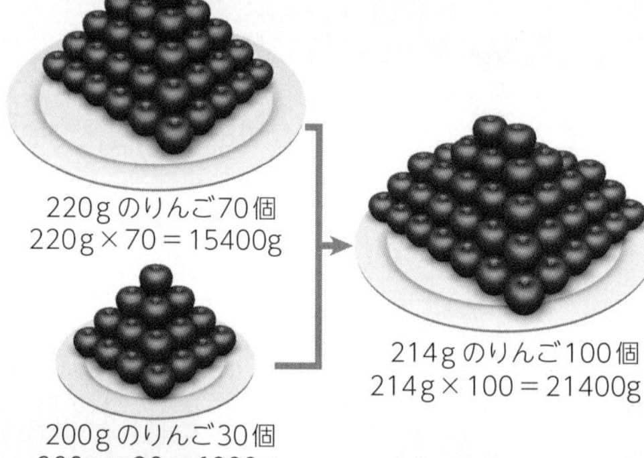

元素の原子量（概数）

元素	原子量	元素	原子量
H	1.0	Si	28
Li	7.0	S	32
C	12	Cl	35.5
N	14	K	39
O	16	Ca	40
Ne	20	Mn	55
Na	23	Fe	56
Mg	24	Cu	63.5
Al	27	Ag	108

ⓑ 原子量の求め方

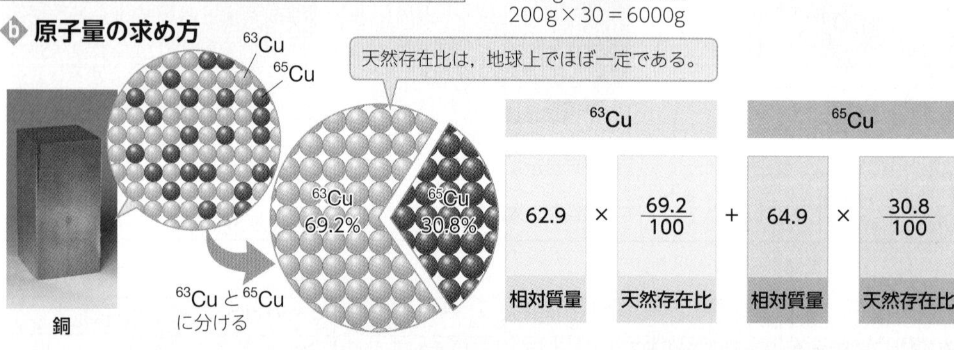

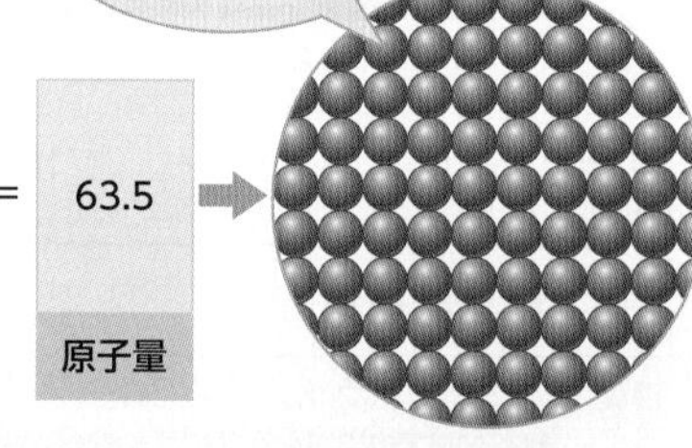

すべての粒子の相対質量を63.5とみなせる。

3 分子量 molecular weight

分子１個の質量もきわめて小さいので，分子の相対質量は，分子式にもとづいて，分子を構成する元素の原子量の総和で求められ，これを**分子量**という。原子量をもとにしているため，分子量も単位がない。

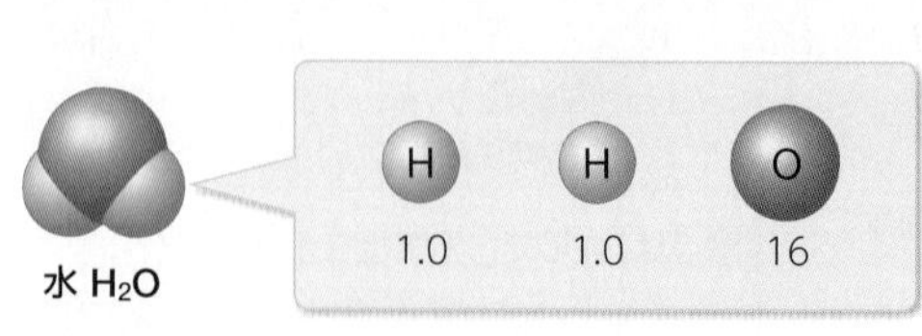

H_2Oの分子量＝Hの原子量×2＋Oの原子量
＝1.0×2＋16＝18

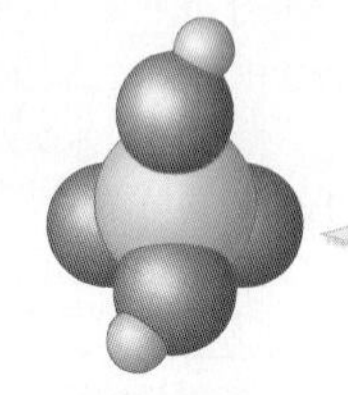

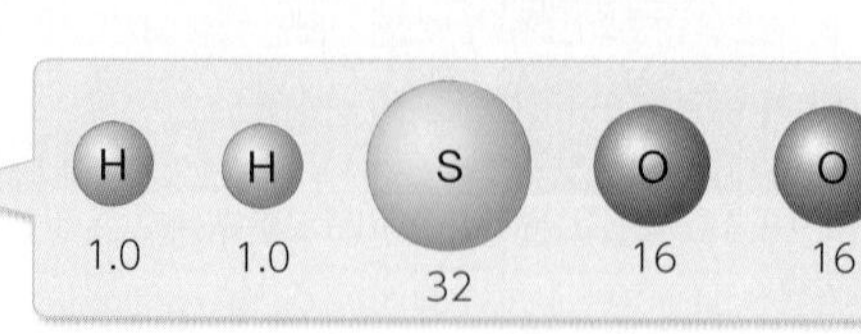

硫酸 H_2SO_4

H_2SO_4の分子量＝Hの原子量×2＋Sの原子量＋Oの原子量×4
＝1.0×2＋32＋16×4＝98

Tips 相対質量，原子量，分子量，式量のように単位がない数のことを無名数という。無名数に対し，単位のある数のことを名数という。

4 式量
fomula weight

イオンや，組成式で表される物質の場合も，その相対質量は，イオンの化学式や組成式を構成する元素の原子量の総和で求められ，これを**式量**という。式量も分子量と同様に単位がない。

イオンの式量

ナトリウムイオン Na^+

Na^+の式量
＝Naの原子量＝23

水酸化物イオン OH^-

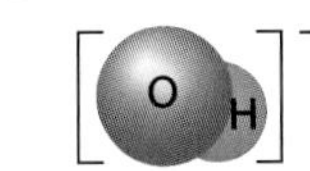

OH^-の式量
＝Oの原子量＋Hの原子量
＝16＋1.0＝17

イオンの生成には電子の出入りを伴うが，その質量はきわめて小さいため，無視できる。そのためイオンの式量は原子量の総和で考えてよい。

組成式で表される物質の式量

塩化ナトリウム NaCl

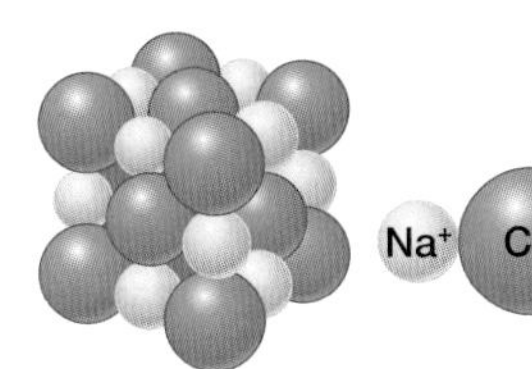
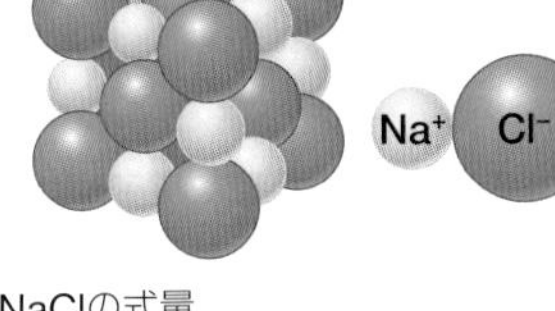

NaClの式量
＝Naの原子量＋Clの原子量
＝23＋35.5＝58.5

銅 Cu

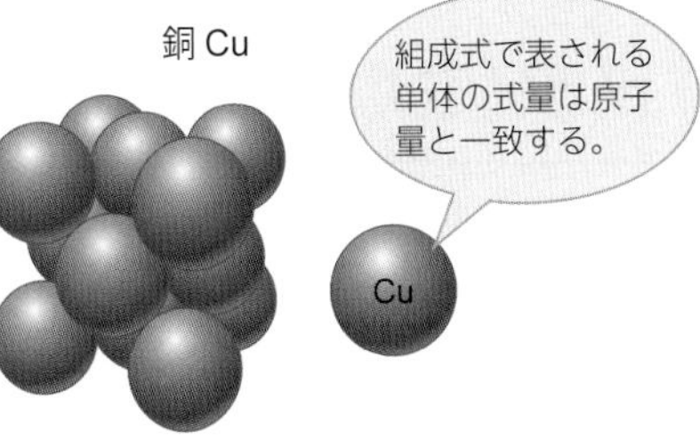

組成式で表される単体の式量は原子量と一致する。
Cu

Cuの式量＝Cuの原子量＝63.5

結晶水を含む物質の式量

硫酸銅(Ⅱ)五水和物 $CuSO_4 \cdot 5H_2O$の式量＝63.5＋32＋16×4＋(1.0×2＋16)×5＝249.5
（$5H_2O$：結晶水，63.5：Cu，32：S，16：O，1.0：H，16：O）

5 構成粒子の数

原子量，分子量は，それぞれ6.02×10^{23}個分の原子，分子の質量の値に相当する。式量についても同様に考えることができる。

相対質量と個数の関係

原子	炭素 ^{12}C	水素 ^{1}H	ナトリウム ^{23}Na
原子1個の質量	1.9926×10^{-23}g	1.6735×10^{-24}g	3.8175×10^{-23}g
相対質量	12(基準)	1.0078	22.990
相対質量に g 単位を付けた質量	12g	1.0078g	22.990g
相対質量に g 単位を付けた質量中の原子の数	$\frac{12g}{1.9926\times10^{-23}g}=6.02\times10^{23}$	$\frac{1.0078g}{1.6735\times10^{-24}g}=6.02\times10^{23}$	$\frac{22.990g}{3.8175\times10^{-23}g}=6.02\times10^{23}$

原子の数は等しい

質量数12の炭素原子 ^{12}C

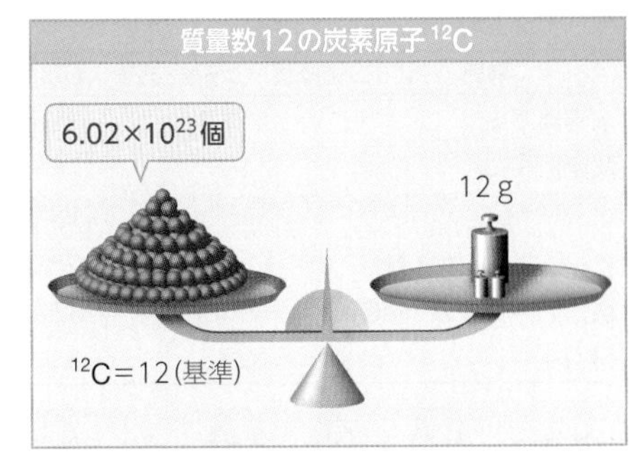

ナトリウム原子 Na

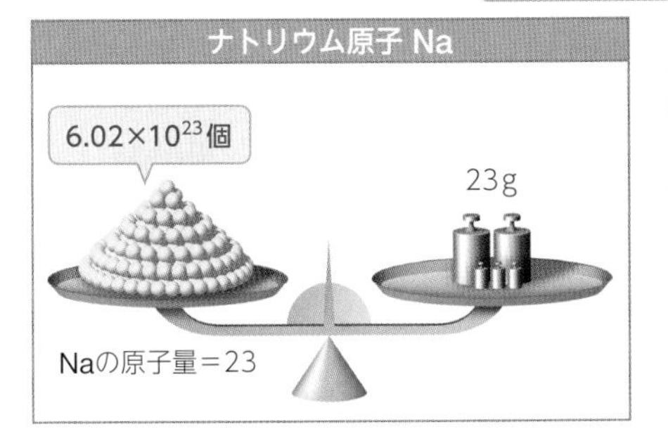

水分子 H_2O

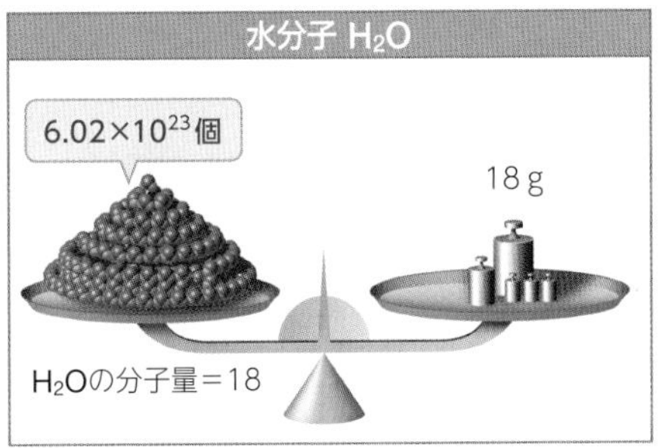

塩化ナトリウム NaCl

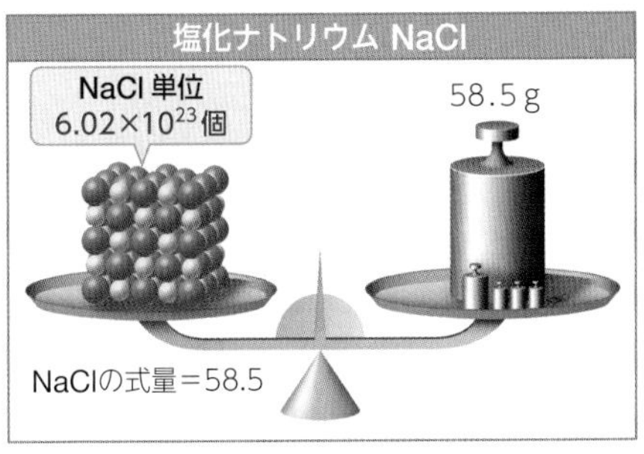

Close-up（クローズアップ） なぜ原子量の基準は ^{12}C＝12なのか

●原子量のはじまり　ドルトン(イギリス)は，1803年，水素原子を基準(H＝1)として，20種類あまりの原子量を発表した。しかし，その原子量は，C＝5.4，O＝7など正確ではなかった。これに対して，ベルセリウス(スウェーデン)は，多くの元素と化合物をつくる酸素原子に注目し，O＝100とする原子量表を発表した。しかし，Mo＝601.56など，大きな値になるものがあり，その後，扱いやすくなるようにO＝16の基準に変更された。

●同位体の存在　その後，1913年に，酸素に3種類の同位体(^{16}O, ^{17}O, ^{18}O)があることがわかった。物理学者は^{16}O＝16を原子量の基準とし，化学者は天然に存在する酸素の相対質量の平均値O＝16を基準としたため，物理と化学の間で原子量に0.0275％の差を生じた。そこで，基準を統一するための協議が行われた。新たに基準となる元素は，従来の基準からの修正量が少なく，できる限り同位体のない元素がよく，^{18}Oや^{19}F, ^{12}Cが提案された。

●現在の原子量　協議の結果，^{12}Cが原子量の基準として定められた。^{12}Cには同位体の^{13}Cが存在するが，^{12}Cの質量は質量分析によって精密な測定が可能であった。また，^{12}Cを基準とすれば，有効数字4桁以内の計算であれば従来通りの数値を使用することが可能であった。以上の理由から，1961年，IUPAC(国際純正および応用化学連合)とIUPAP(国際純粋・応用物理学連合)は，原子量の基準を^{12}C＝12とすることに決定した。

原子量基準の候補

^{18}O＝18：修正量が最も少ない。

^{19}F＝19：同位体がない。

これらの候補もあった中で^{12}C＝12が選ばれたのは…?

^{12}C＝12：従来から質量分析で用いられており，質量が精密に測定可能であった。

2 物質量 基礎

1 mol(モル) mole

12個の集団を１ダースと表すように，物質の構成粒子（原子・分子・イオンなど）も集団で扱う。6.02×10^{23}個の集団を**1モル**（記号 **mol**）という。

- **1mol**…6.02214076×10^{23}個の粒子を含む集団。
- **物質量**…molを単位として表される量。amount of substance
- **アボガドロ定数** N_A…1 molあたりの粒子の数。Avogadro constant
  N_A**=6.02214076×10²³/mol**

本書は，アボガドロ定数を 6.02×10^{23}/mol として扱う。

	1ダース	2ダース	3ダース
本数	12本	12×2本	12×3本

	1mol	2mol	3mol
粒子の数	6.02×10^{23}個	$6.02\times10^{23}\times2$個	$6.02\times10^{23}\times3$個

2 1molの質量

物質 1 mol の質量を**モル質量**という。モル質量は，原子量・分子量・式量にグラム毎モル（記号 **g/mol**）をつけて表される。

物質	原子量・分子量・式量	モル質量
水素原子 H	1.0	1.0g/mol
酸素原子 O	16	16 g/mol
水分子 H_2O	18	18 g/mol
ナトリウムイオン Na^+	23	23 g/mol
塩化ナトリウム NaCl	58.5	58.5g/mol
銅 Cu	63.5	63.5g/mol

水1mol=18g

水分子 H_2O	6.02×10^{23}個	1mol / 18g
酸素原子 O	6.02×10^{23}個	1mol / 16g
水素原子 H	$6.02\times10^{23}\times2$個	2mol / 1.0×2＝2.0g

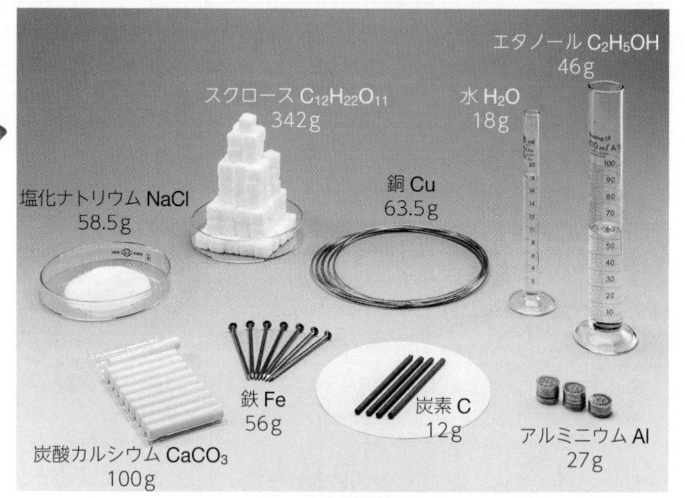

いろいろな物質1mol

3 気体の体積

気体の種類によらず，同温，同圧，同体積の気体中には，常に同数の分子が含まれる（**アボガドロの法則**）。気体 1 mol の体積を**モル体積**といい，0℃，1.013×10^5Pa（標準状態）では，気体の種類によらず，ほぼ22.4 L/mol である。

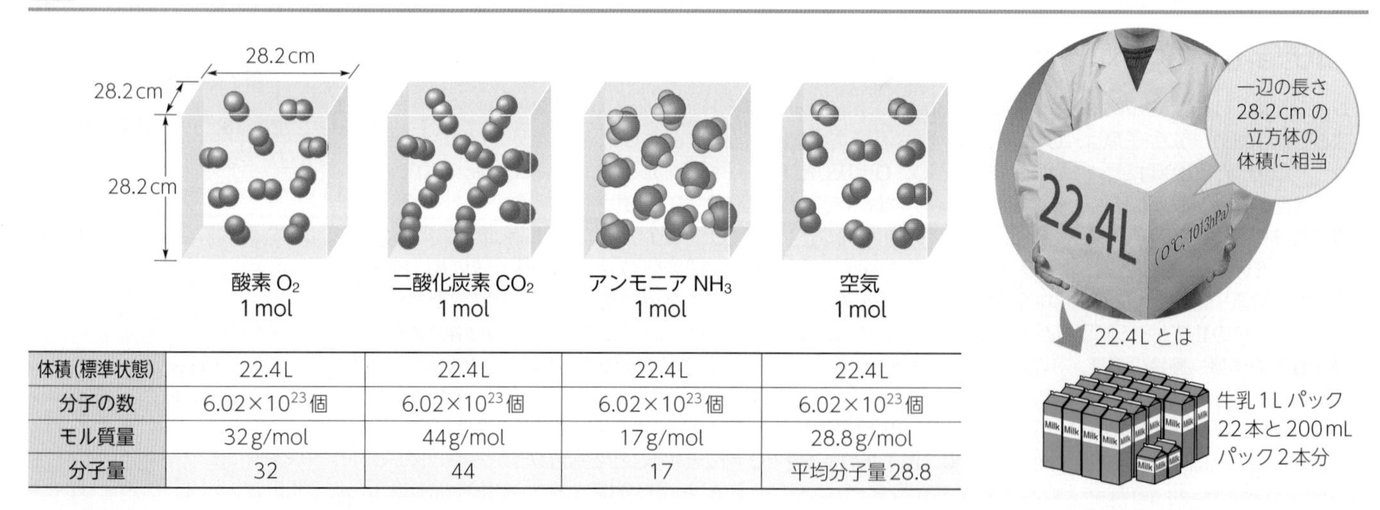

体積（標準状態）	22.4L	22.4L	22.4L	22.4L
分子の数	6.02×10^{23}個	6.02×10^{23}個	6.02×10^{23}個	6.02×10^{23}個
モル質量	32g/mol	44g/mol	17g/mol	28.8g/mol
分子量	32	44	17	平均分子量28.8

Tips 「標準状態」の定義は，学問分野によって異なる場合があり，化学では，気体の標準状態を，0℃，1.013×10^5Pa として取り扱うことが多い。本書では，0℃，1.013×10^5Pa の状態を気体の標準状態として取り扱う。

4 物質量の換算

$$\text{物質量}\ n\,[\text{mol}] = \frac{\text{質量}\ w\,[\text{g}]}{\text{モル質量}\ M\,[\text{g/mol}]} = \frac{\text{粒子の個数}\ N}{\text{アボガドロ定数}\ N_A\,[/\text{mol}]} = \frac{\text{気体の体積}\ v\,[\text{L}]}{\text{気体のモル体積}\ V_m\,[\text{L/mol}]}$$

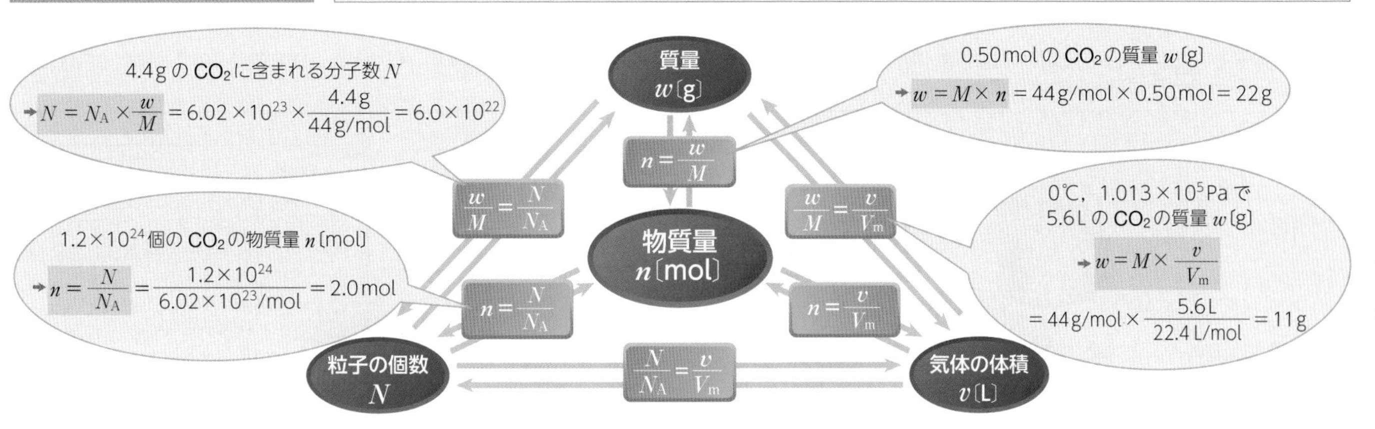

5 アボガドロ定数の確認

ステアリン酸は水になじみやすい親水性の部分と，なじみにくい疎水性の部分からなり，水面上で分子1層からなる膜(**単分子膜**)をつくる。膜の面積からアボガドロ定数が確認できる。

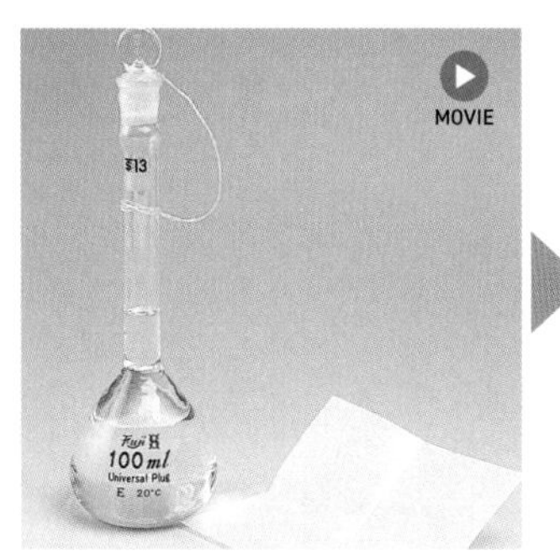

ステアリン酸 $C_{17}H_{35}COOH$(分子量284)0.030gをシクロヘキサンに溶かして100mLとする。

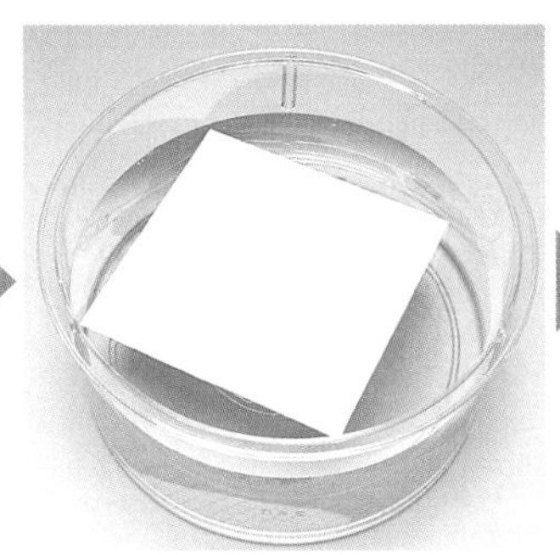
墨汁を1滴落とした水面上にステアリン酸溶液1滴(0.050mL ➡Tips)を滴下し，方眼紙をかぶせる。

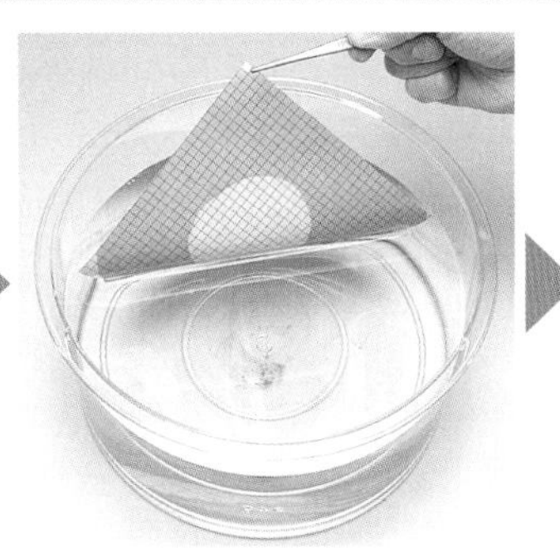
しばらくして方眼紙を引き上げ，水洗いする。

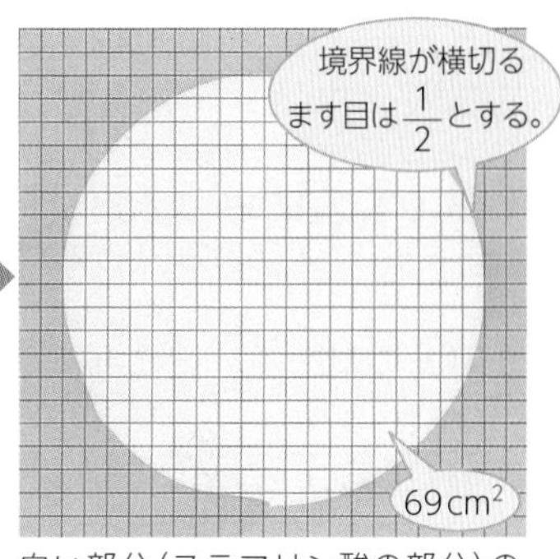

白い部分(ステアリン酸の部分)のます目を数え，全体の面積を求める。

■**実験結果を用いた計算の仕方**

滴下した1滴中に含まれるステアリン酸の物質量は以下のように求められる。

$$\underbrace{\frac{0.030\text{g}}{284\text{g/mol}}}_{\text{溶液100mL中のステアリン酸の物質量}} \times \underbrace{\frac{0.050\text{mL}}{100\text{mL}}}_{\text{滴下したステアリン酸の割合}} = 5.28\times10^{-8}\text{mol}$$

単分子膜の面積は69cm^{2}であり，ステアリン酸1分子の断面積は2.05×10^{-15}cm^2(文献値)なので，単分子膜中のステアリン酸分子の数は，

$\frac{69\text{cm}^2}{2.05\times10^{-15}\text{cm}^2} = 3.36\times10^{16}$となる。したがって，

$$N_A\,[/\text{mol}] = \frac{\text{構成粒子の数}}{\text{物質量[mol]}} = \frac{3.36\times10^{16}}{5.28\times10^{-8}\text{mol}} = 6.4\times10^{23}/\text{mol}$$

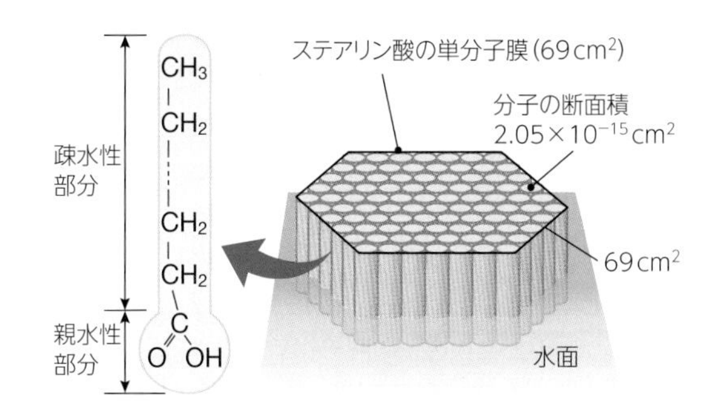

トピック アボガドロ定数の決定

アボガドロ定数を精度よく測定する方法の1つにX線結晶密度法があり，ケイ素 ^{28}Si の結晶を球体に研磨したものが用いられる。この方法では，正確に1kgのケイ素の球体を作成し，その直径と結晶格子の長さからアボガドロ定数を求める。この球体は限りなく真球に近く，直径のずれは0.6nm以内，体積の不確かさは1億分の2に収まっている。測定中に空気中の酸素によって表面のケイ素が酸化されるが，1kgからの質量のずれは24μg以内であり，これらの数値を補正しながらアボガドロ定数が求められた。この測定を高精度化するための国際プロジェクトでは，産業技術総合研究所が主導的な役割を果たした。これまでは1molの定義として，「12gの^{12}Cの中に存在する原子の数に等しい数の要素粒子を含む系の物質量」とされていたが，2019年の改定により，アボガドロ定数が不確さのない定義値6.02214076×10^{23}/molとされ，molが定義された。

ケイ素の結晶からなる球体
©産総研

Tips 溶液1滴分の体積を求めるには，まず溶液をこまごめピペットで1mLはかり取る。次に，1滴ずつ滴下していき，総滴下数を数える。総滴下数が20滴であったとすると，ステアリン酸溶液の1滴分の体積は，$\frac{1\text{mL}}{20\text{滴}} = 0.050$mLとなる。

3 溶液の濃度 基礎 化学

1 溶液 基礎

溶液に溶けている物質を**溶質**(solute)，溶質を溶かしている液体を**溶媒**(solvent)，物質が溶解して均一になった液体を**溶液**(solution)という。また，溶媒が水の溶液を**水溶液**という。

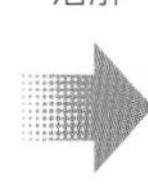
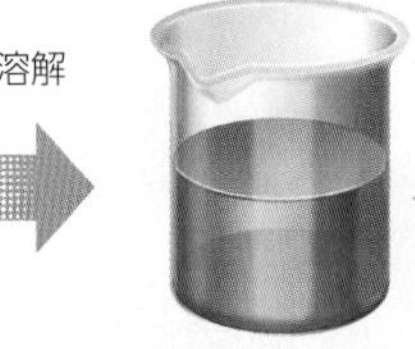

溶解

塩化ナトリウム
溶質
溶液に溶けている物質。

水
溶媒
溶質を溶かしている液体。

塩化ナトリウム水溶液
溶液
物質が溶解して均一になった液体。

(溶液の質量)＝(溶質の質量)＋(溶媒の質量)は常に成立する。しかし，溶液の体積は，溶質の体積と溶媒の体積の和に必ずしも一致しない。

一般に，溶質が溶媒に溶ける量には限度があり，一定量の溶媒に溶ける溶質の最大量を**溶解度**という。

結晶水

硫酸銅(Ⅱ)五水和物 $CuSO_4・5H_2O$ は，硫酸銅(Ⅱ) $CuSO_4$ と水 H_2O が1：5の割合で結合してできている。このように，物質を構成する成分として含まれる水を**結晶水**，または**水和水**という。結晶水をもつ物質を水に溶かすと，結晶水が溶媒の一部となるため，加えた水の質量よりも溶媒の質量は増える。

2 質量パーセント濃度 基礎

溶液の質量に対する溶質の質量の割合を百分率〔%〕で表した濃度を**質量パーセント濃度**という。

$$\text{質量パーセント濃度〔\%〕} = \frac{\text{溶質の質量〔g〕}}{\text{溶液の質量〔g〕}} \times 100 = \frac{\text{溶質の質量〔g〕}}{\text{溶媒の質量〔g〕} + \text{溶質の質量〔g〕}} \times 100 = \frac{\text{溶質の質量〔g〕}}{\text{密度〔g/cm}^3\text{〕} \times \text{溶液の体積〔cm}^3\text{〕}} \times 100$$

a 5.0%グルコース水溶液100gの調製

溶質(グルコース)の質量…(溶液の質量)×(質量%濃度)

$= 100\text{g} \times \frac{5.0}{100} = 5.0\text{g}$

溶媒(水)の質量……………(溶液の質量)－(溶質の質量)

$= 100\text{g} - 5.0\text{g} = 95\text{g}$

グルコース5.0g
水95g
5.0%グルコース水溶液100g

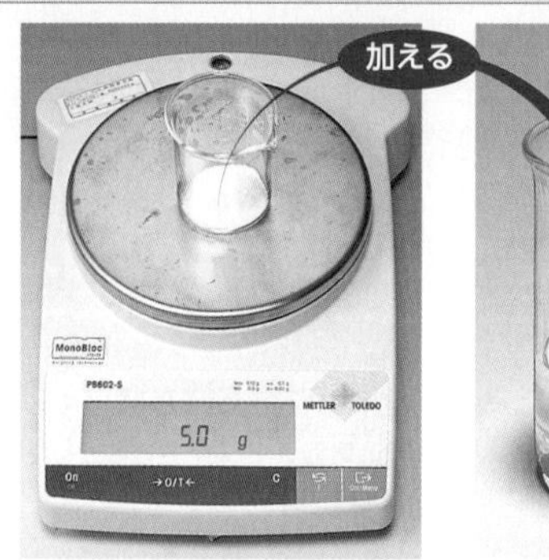

グルコース(ブドウ糖) 5.0g

水 95g

5.0%グルコース水溶液 100g

b 5.0%硫酸銅(Ⅱ)水溶液100gの調製

溶質(硫酸銅(Ⅱ))の質量 $= 100\text{g} \times \frac{5.0}{100} = 5.0\text{g}$

硫酸銅(Ⅱ)五水和物 $CuSO_4・5H_2O$ (式量250)のような結晶水を含む物質を用いる場合，結晶水は溶媒の水に加わり，溶質は $CuSO_4$ (式量160)だけである。したがって，必要な硫酸銅(Ⅱ)五水和物の質量を x〔g〕とすると，

$x\text{〔g〕} \times \frac{160}{250} = 5.0\text{g} \qquad x = 7.8\text{g}$

溶かすのに必要な水の量は，$100\text{g} - 7.8\text{g} = 92.2\text{g}$

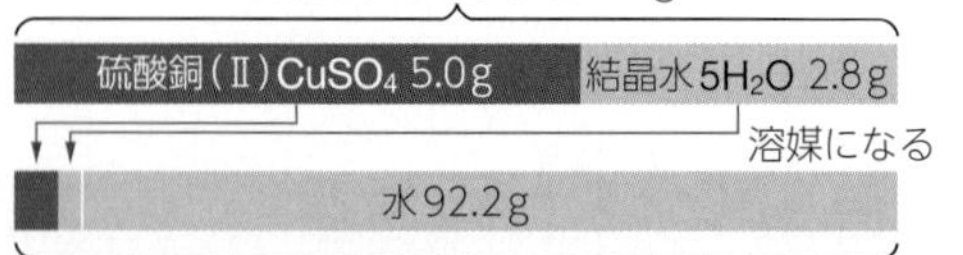

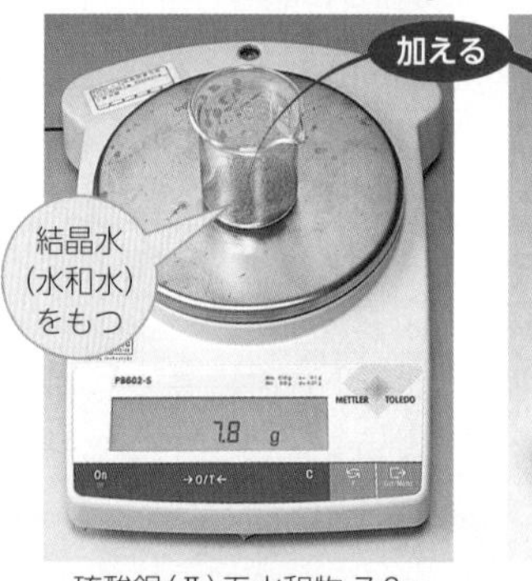

硫酸銅(Ⅱ)五水和物 7.8g

水 100－7.8＝92.2g

5.0%硫酸銅(Ⅱ)水溶液 100g

トピック ppm と ppb

角砂糖1個(4.0g)を浴槽(120cm×50cm×60cm)に入れた水に溶かすと，その質量パーセント濃度は0.0011%となり，これは，11ppmと表される。ppmは，100万分の1を示す。また，同じ角砂糖を25mプール(25m×10m×1.6m)に入れた水に溶かしたときの濃度は10ppbとなる。ppbは，10億分の1を示す。これらの濃度は，環境問題などで，ごく微量の物質を扱う場合に用いられる。

11ppm
(ppm＝parts per million)

角砂糖(約4.0g)

10ppb
(ppb＝parts per billion)

0.0001%＝1ppm＝1000ppb

Tips 海水の塩分(主成分：塩化ナトリウム)の質量パーセント濃度は約3.5%である。また，人間の血液や体液の塩分濃度は約0.9%である。そのため，輸液製剤として用いられる生理食塩水(塩化ナトリウム水溶液)の濃度も0.9%に調製されている。

3 モル濃度 基礎

molar concentration

溶液1L中の溶質の量を物質量で表した濃度を**モル濃度**という。

モル濃度〔mol/L〕= 溶質の物質量〔mol〕/ 溶液の体積〔L〕

溶液の体積から物質量を求めることができるため，化学変化を伴う実験で用いられる。

ⓐ 0.10 mol/L グルコース水溶液500 mL の調製 (➡p.13)

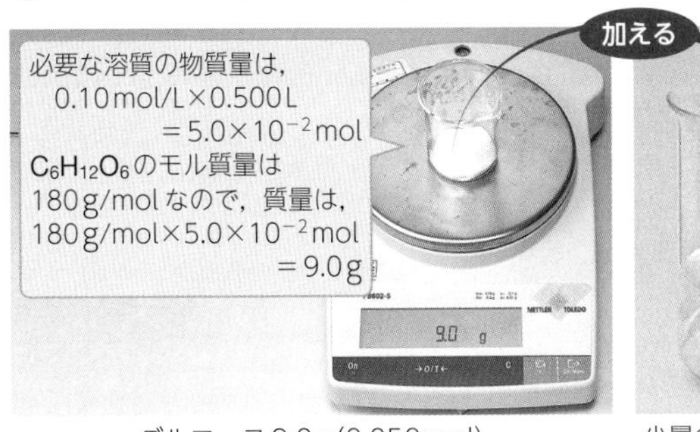
必要な溶質の物質量は，
0.10 mol/L×0.500 L
= 5.0×10⁻² mol
$C_6H_{12}O_6$のモル質量は
180 g/mol なので，質量は，
180 g/mol×5.0×10⁻² mol
= 9.0 g
加える
9.0 g

グルコース9.0 g (0.050 mol)

少量の蒸留水に溶かす。

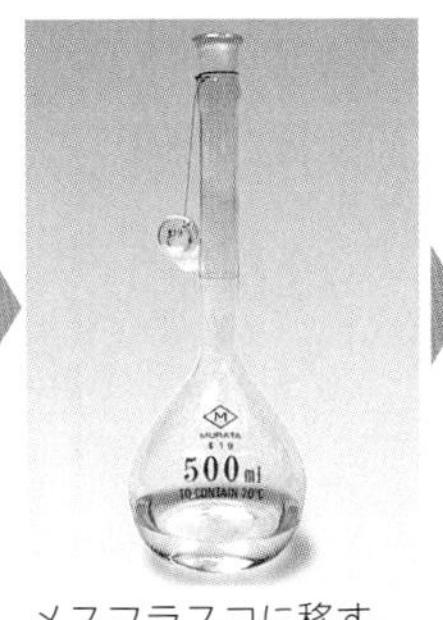
500ml

メスフラスコに移す。ビーカーの洗液も加える。

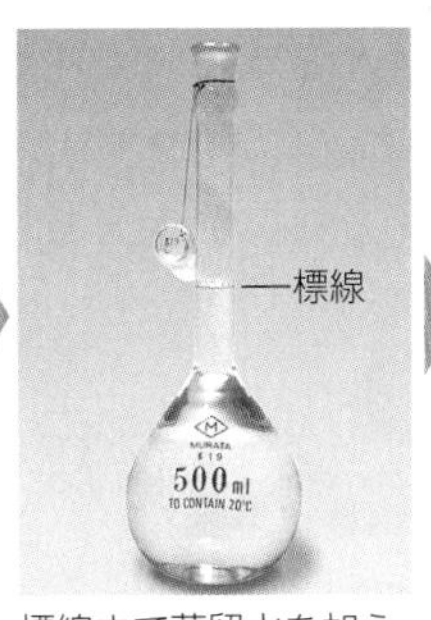
標線
500ml

標線まで蒸留水を加え，よく混合する。

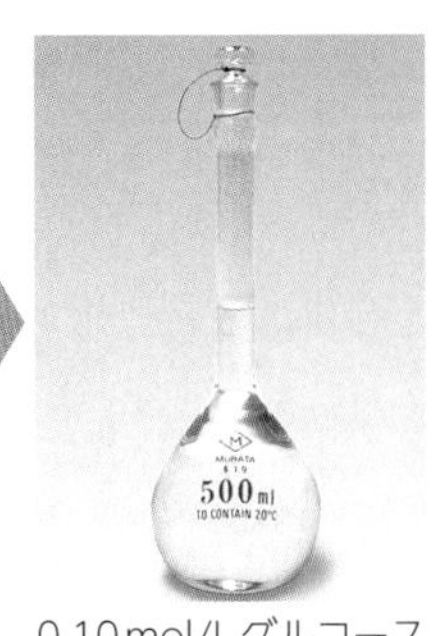
500ml

0.10 mol/L グルコース水溶液500 mL

ⓑ 0.10 mol/L 硫酸銅(Ⅱ)水溶液1 L の調製

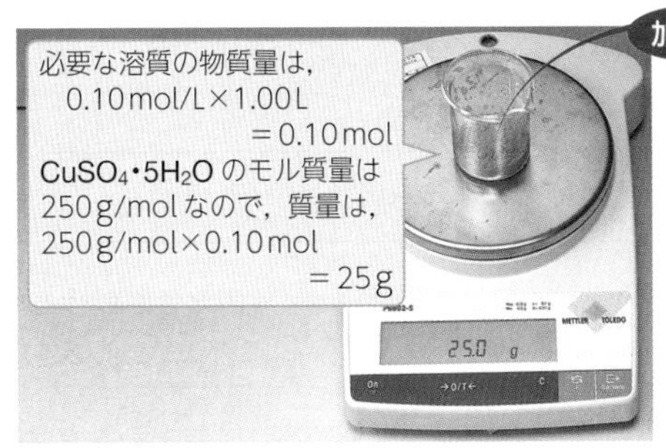
必要な溶質の物質量は，
0.10 mol/L×1.00 L
= 0.10 mol
$CuSO_4・5H_2O$ のモル質量は
250 g/mol なので，質量は，
250 g/mol×0.10 mol
= 25 g
加える
25.0 g

硫酸銅(Ⅱ)五水和物25 g (0.10 mol)

少量の蒸留水に溶かす。

1000ml

メスフラスコに移す。ビーカーの洗液も加える。

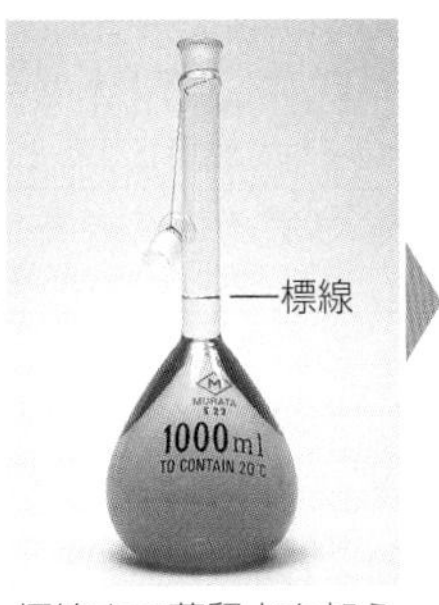
標線
1000ml

標線まで蒸留水を加え，よく混合する。

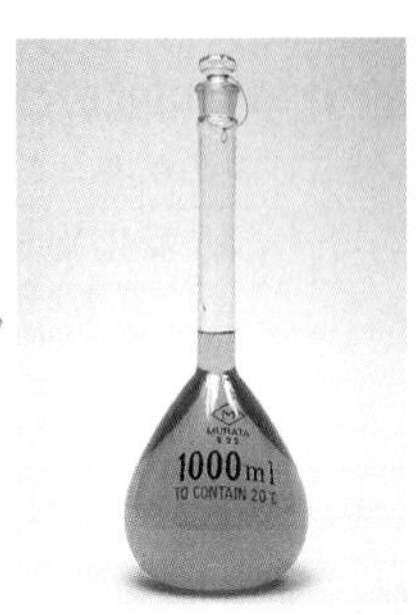
1000ml

0.10 mol/L 硫酸銅(Ⅱ)水溶液1L

4 質量モル濃度 化学

molality

溶媒1kg中の溶質の量を物質量で表した濃度を**質量モル濃度**という。温度変化が大きい場合，溶液の体積が変化し，モル濃度も変化するが，質量モル濃度は変化しない。

質量モル濃度〔mol/kg〕= 溶質の物質量〔mol〕/ 溶媒の質量〔kg〕

沸点上昇や凝固点降下(➡p.122)など，温度変化を伴う実験で用いられる。

ⓐ 0.10 mol/kg グルコース水溶液の調製

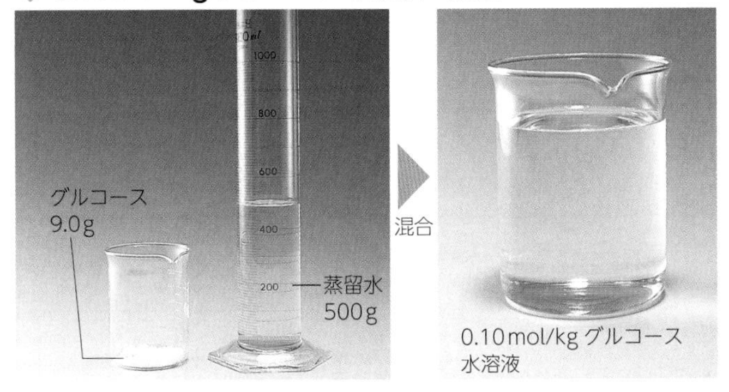
グルコース
9.0g
蒸留水
500g
混合

0.10 mol/kg グルコース水溶液

溶媒を500 gとすると，調製に必要な溶質の物質量は，

$$0.10\,\text{mol/kg}\times\frac{500}{1000}\,\text{kg}=0.050\,\text{mol}$$

グルコースのモル質量は180 g/mol なので，必要なグルコースの質量は，

180 g/mol × 0.050 mol = 9.0 g

ⓑ 0.10 mol/kg 硫酸銅(Ⅱ)水溶液の調製

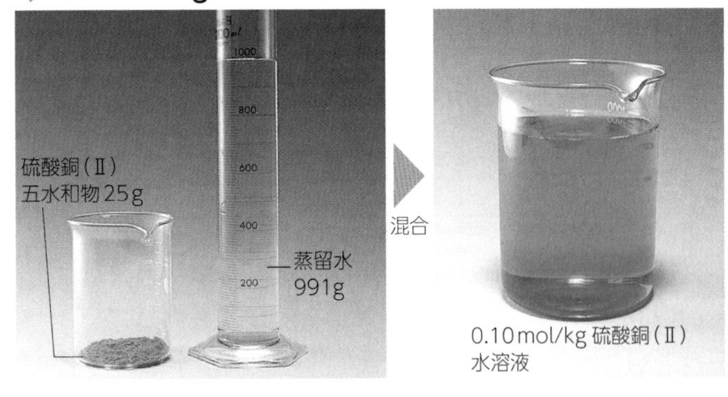
硫酸銅(Ⅱ)
五水和物25g
蒸留水
991g
混合

0.10 mol/kg 硫酸銅(Ⅱ)水溶液

溶媒を1 kg とすると，必要な溶質は0.10 mol/kg×1 kg=0.10 mol

必要な $CuSO_4・5H_2O$ は，250 g/mol × 0.10 mol=25 g

硫酸銅(Ⅱ)五水和物25 g中には，水和水が$25\,\text{g}\times\frac{90}{250}$=9.0 g含まれるので，

最初に用意する溶媒は1000 g − 9 g=991 gになる。

Tips 水酸化ナトリウム水溶液のように，溶媒が水の場合「NaOHaq」と書くことがある。aq はラテン語で水を意味する「aqua」の略である。溶媒に用いられる多量の水を「aq」で表すこともある。

4 化学反応式と量的関係 基礎

1 化学変化と化学反応式
chemical change　reaction formula

構成粒子の元素の組み合わせが変化することを**化学変化**という。化学変化は，**化学反応式**で表される。化学変化において，反応する物質を**反応物**(reactant)，生成する物質を**生成物**(product)という。

ⓐ 化学変化
メタンを燃焼させると，二酸化炭素と水を生じる*($CH_4 + 2O_2 \longrightarrow CO_2 + 2H_2O$)。*このような燃焼は**完全燃焼**とよばれる。

メタンの燃焼

都市ガス(メタン)

O_2　CH_4

H_2Oの生成を確認

メタンの燃焼によって生じた水蒸気が，フラスコの表面で冷却され，凝縮することで水滴がつく。

CO_2の生成を確認

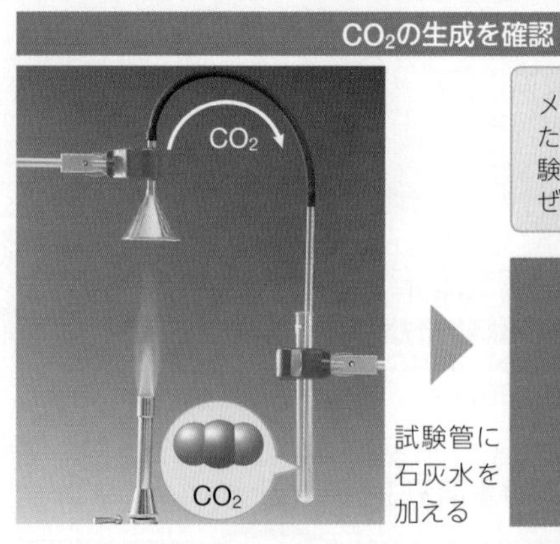

試験管に石灰水を加える

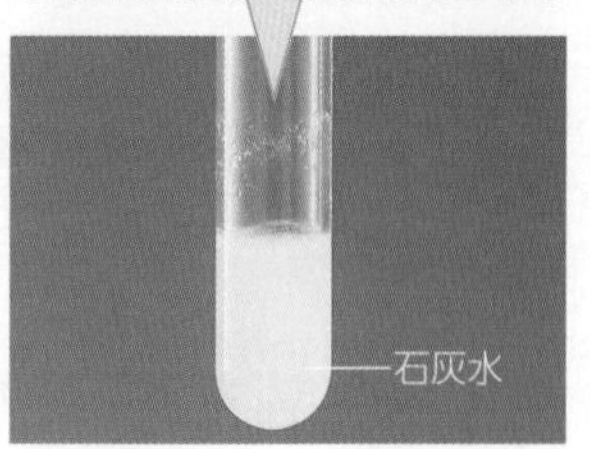

メタンの燃焼によって発生した気体を試験管に捕集し，試験管に石灰水を加えて振り混ぜると白く濁る。

ⓑ 化学反応式のつくりかた
化学反応式では，化学式につけられた係数によって，両辺における各原子の数が等しくなっている。

例 **エタンの燃焼**　エタン C_2H_6 を燃焼させると，二酸化炭素 CO_2 と水 H_2O を生じる。

1	反応物(C_2H_6とO_2)を左辺，生成物(CO_2とH_2O)を右辺に書き，矢印(→)で結ぶ。	$C_2H_6 + O_2 \longrightarrow CO_2 + H_2O$
2	両辺を合わせて登場回数が最も少ないCとHの数がそれぞれ等しくなるように係数をつける。	$C_2H_6 + O_2 \longrightarrow 2CO_2 + 3H_2O$
3	両辺のOの数が等しくなるように，左辺のO_2に係数をつける。	$C_2H_6 + \frac{7}{2}O_2 \longrightarrow 2CO_2 + 3H_2O$
4	両辺を2倍して，係数の比を最も簡単な整数比にする。	$2C_2H_6 + 7O_2 \longrightarrow 4CO_2 + 6H_2O$

ⓒ イオン反応式
反応に関与するイオンの化学式を用いて表した反応式を**イオン反応式**といい，その両辺では，原子の種類と数だけでなく，電荷の総和も等しい。

例 **塩化銀の沈殿**　硝酸銀水溶液に塩化ナトリウム水溶液を加えると塩化銀AgClが沈殿する。

❶ 化学反応式で表す。

$$AgNO_3 + NaCl \rightarrow AgCl + NaNO_3$$

❷ 水中で電離している物質をイオンで表し，反応に関係しないイオンを消去する。

$$Ag^+ + \cancel{NO_3^-} + \cancel{Na^+} + Cl^- \rightarrow AgCl + \cancel{Na^+} + \cancel{NO_3^-}$$

$$Ag^+ + Cl^- \longrightarrow AgCl\downarrow$$

電荷の総和＝＋1＋(－1)＝0　　電荷＝0

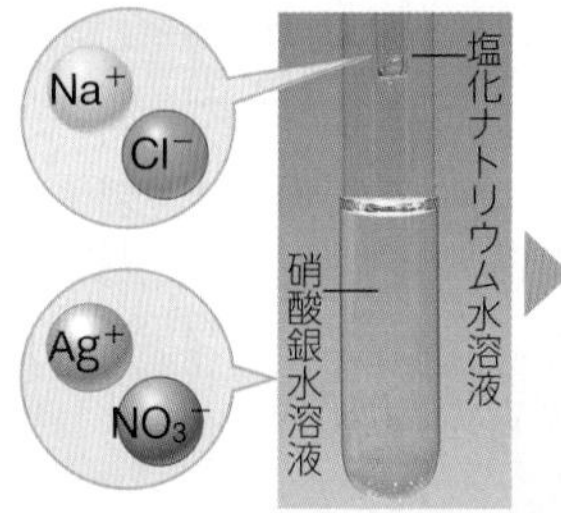

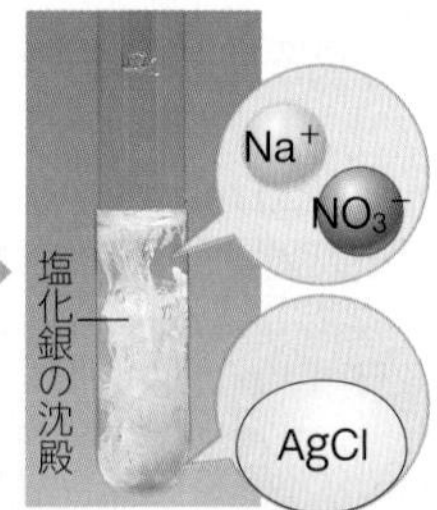

塩化銀の沈殿

PLUS 未定係数法

右(上)のような，複雑な化学反応式の係数は，これを未知数とし，連立方程式を立てることによって求めることができる(**未定係数法**)。
両辺の各原子の個数に着目すると，右(中)の連立方程式が成り立つ。5個の未知数に対して方程式が4つなので，a～eの比を求めることができる。$a=1$とすると，$b=8/3$，$c=1$，$d=4/3$，$e=2/3$となるので，全体を3倍して最も簡単な整数比にすると，$a:b:c:d:e=3:8:3:4:2$となる。したがって，反応式は右(下)のように表される。

$$aCu + bHNO_3 \longrightarrow cCu(NO_3)_2 + dH_2O + eNO$$

Cu に関して　$a = c$ ……………… ❶
H に関して　$b = 2d$ ……………… ❷
N に関して　$b = 2c + e$ ……… ❸
O に関して　$3b = 6c + d + e$ … ❹

$$3Cu + 8HNO_3 \longrightarrow 3Cu(NO_3)_2 + 4H_2O + 2NO$$

Tips 完全燃焼に対して，酸素が不十分な状態で燃焼することを不完全燃焼という。

2 化学反応式の示す量的関係

化学反応式の係数の比は，物質量や分子の数などの，反応に関係する物質間の量的関係を表しており，ここから質量や気体の体積の関係を求めることができる。

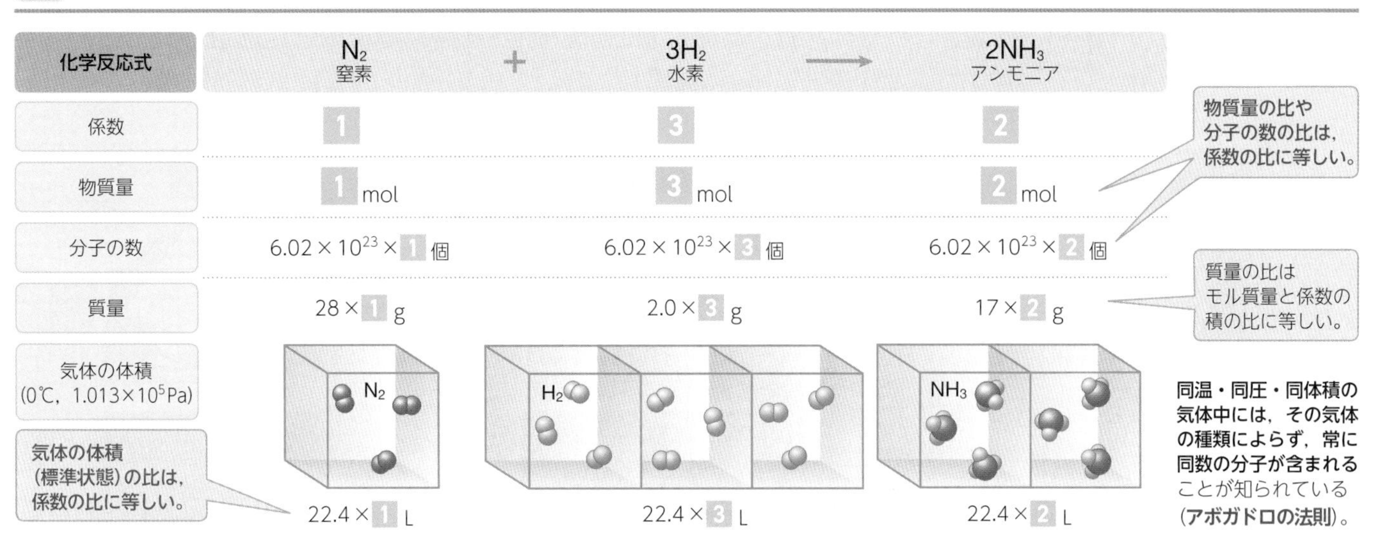

化学反応式	N_2 窒素	＋	$3H_2$ 水素	⟶	$2NH_3$ アンモニア
係数	1		3		2
物質量	1 mol		3 mol		2 mol
分子の数	$6.02\times10^{23}\times$ 1 個		$6.02\times10^{23}\times$ 3 個		$6.02\times10^{23}\times$ 2 個
質量	28 × 1 g		2.0 × 3 g		17 × 2 g
気体の体積 (0℃，1.013×10^5Pa)	22.4 × 1 L		22.4 × 3 L		22.4 × 2 L

同温・同圧・同体積の気体中には，その気体の種類によらず，常に同数の分子が含まれることが知られている（**アボガドロの法則**）。

気体の発生と化学反応式

化学反応では，一方の物質が不足し，他方の物質が反応せずに残る場合がある。このような反応を**過不足のある反応**といい，量的関係は，不足する方の物質（すべて反応する物質）の量から考える。

3.0 mol/L の希硫酸 H_2SO_4 50 mL（**0.15 mol**）に，**0.10 mol**（10.6 g）の炭酸ナトリウム Na_2CO_3 を加えると，炭酸ナトリウムがすべて反応し，次の化学反応式から，**0.10 mol**（4.4 g）の二酸化炭素 CO_2 が発生することがわかる。

	Na_2CO_3 ＋	H_2SO_4 ⟶	Na_2SO_4 ＋	H_2O ＋	CO_2
反応前	**0.10 mol**	**0.15 mol**			0
変化量	－0.10 mol	－0.10 mol			**＋0.10 mol**
変化後	0	0.05 mol			**0.10 mol**

反応せずに残る　　0.10 mol 発生

実際に実験を行うと，発生した二酸化炭素の質量は，反応前の質量の総和69.92 g と，反応後の質量65.52 g の差である4.40 g（0.10 mol）として確認することができる。

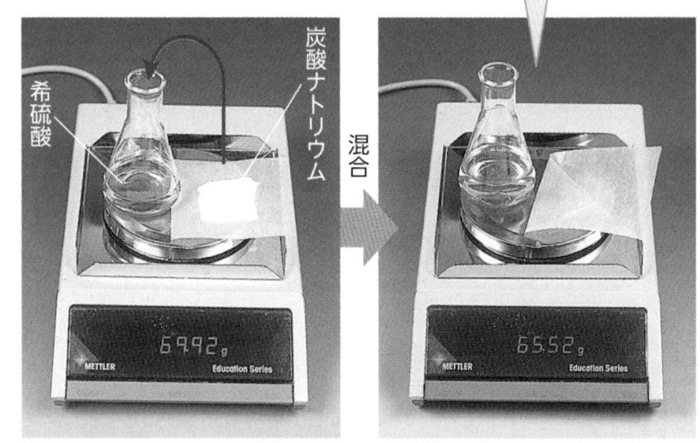

炭酸ナトリウムと希硫酸の反応（二酸化炭素の発生）

PLUS ぴったり200 mL 発生する水素

MOVIE

マグネシウム Mg に希塩酸 HCl を加えると，水素 H_2 が発生する。

$Mg + 2HCl \longrightarrow MgCl_2 + H_2$

化学反応式から，反応が完全に進行すると，マグネシウムに等しい物質量の水素が発生することがわかる。したがって，200 mL の水素を発生させるためには，これに相当する物質量のマグネシウムに，十分な量の希塩酸を加え，完全に反応させればよい。

ここで，常温・常圧（25℃，1.013×10^5Pa）における気体1 mol の体積を 24 L（$=24\times10^3$mL）とすると，水素 200 mL の物質量は，次のように求められる。

$$\frac{200\text{mL}}{24\times10^3\text{mL/mol}} = 8.3\times10^{-3}\text{mol}$$

8.3×10^{-3}mol のマグネシウム（Mg＝24）の質量は，

$24\text{g/mol}\times8.3\times10^{-3}\text{mol}=0.20\text{g}$ であり，0.20 g のマグネシウムを希塩酸と完全に反応させることによって，200 mL の水素が得られることがわかる。

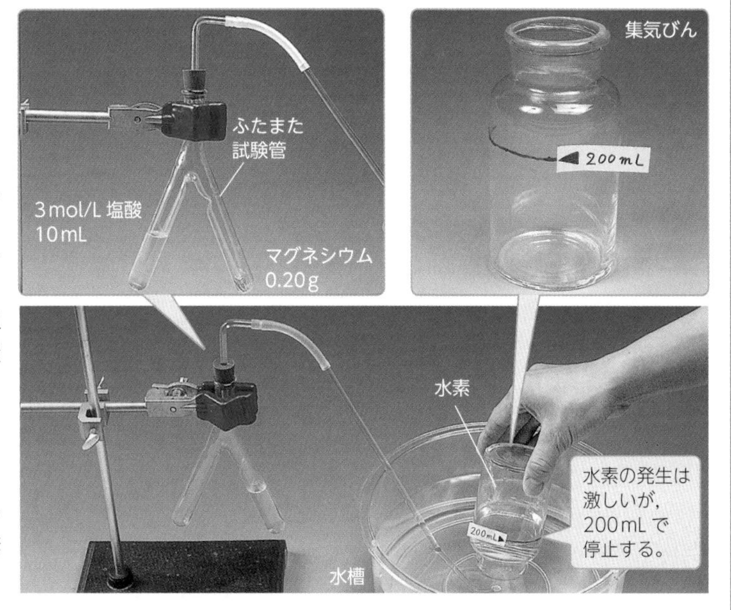

Tips 焼鳥，焼肉，焼魚などの料理は，都市ガスで焼くよりも，炭火で焼く方が美味しくなる。都市ガスの主成分はメタンであり，メタンの燃焼によって水が発生するが，炭火焼きでは炭素が燃焼し，水が発生しない。そのため，炭火焼きでは食材の表面がパリッとして美味しくなるといわれている。

探究活動

3. 化学反応式と量的関係

目的 炭酸カルシウムと塩酸を反応させて二酸化炭素を発生させる実験を行い，物質量の比にもとづいて化学反応式をかいてみよう。

コニカルビーカーに，2.0 mol/L の塩酸 25mL をメスシリンダーではかって入れる。

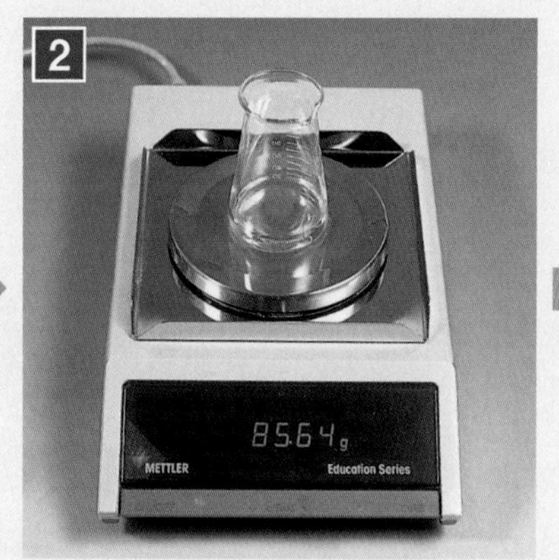

全質量 w〔g〕を電子天秤で測定する。

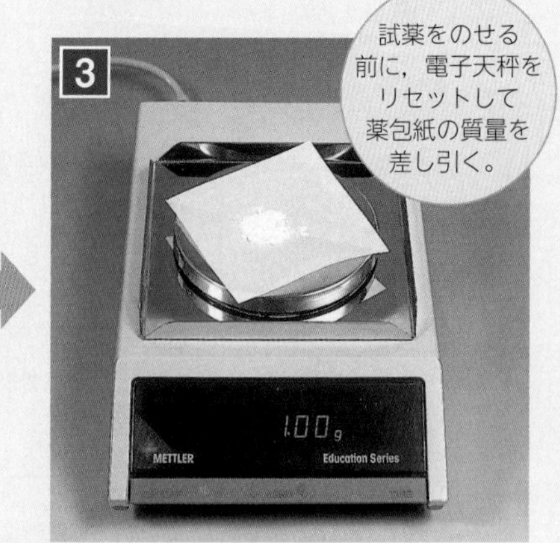

電子天秤に薬包紙をのせ，炭酸カルシウム 1.0g をはかりとる。

2.0 mol/L の塩酸 25 mL と 2.0 g の炭酸カルシウムを用いて，操作 1 ～ 6 を行う。

2.0 mol/L の塩酸 25 mL と 3.0 g の炭酸カルシウムを用いて，操作 1 ～ 6 を行う。

考察 1　実験の結果をまとめ，次の表を完成せよ。

	実験 1	実験 2	実験 3	実験 4
炭酸カルシウムの質量〔g〕	1.0	2.0	3.0	4.0
(塩酸＋コニカルビーカー) の質量 w〔g〕	85.64	85.95	85.86	85.88
(炭酸カルシウム＋塩酸＋コニカルビーカー) の質量 A〔g〕	86.64	87.95	88.86	89.88
(反応後の内容物＋コニカルビーカー) の質量 B〔g〕	86.23	87.06	87.79	88.79
発生した二酸化炭素の質量 $(A-B)$〔g〕	0.41	0.89	1.07	1.09
未反応の炭酸カルシウムの有無	無	無	有	有

考察 2　考察 1 において，発生する二酸化炭素の質量が $(A-B)$ で計算されるのは，どのような法則にもとづくか。

質量保存の法則である。この反応で発生する二酸化炭素は，空気中に逃げる。したがって，発生した二酸化炭素の質量は，反応前の全質量 A〔g〕から反応後の全質量 B〔g〕を差し引いたものになる。

考察 3　炭酸カルシウムおよび発生した二酸化炭素を物質量〔mol〕で示し，次の表にまとめよ。

	実験 1	実験 2	実験 3	実験 4
炭酸カルシウムの質量〔g〕	1.0	2.0	3.0	4.0
炭酸カルシウムの物質量〔mol〕	0.010	0.020	0.030	0.040
発生した二酸化炭素の物質量〔mol〕	0.0093	0.020	0.024	0.025

炭酸カルシウムおよび二酸化炭素の化学式は，それぞれ $CaCO_3$ (式量 100)，CO_2 (分子量 44) である。

Tips 現在，地球上にある炭酸カルシウムのほとんどは，サンゴ，貝，フズリナ，ウミユリなどの生物が「殻」としてつくり出したものである。サンゴの場合，海水中のカルシウムイオン Ca^{2+} と炭酸水素イオン HCO_3^- を取りこんでつくり出している。

準備

薬品	器具
炭酸カルシウム10g，2.0mol/L 塩酸100mL	コニカルビーカー(100mL)4個，電子天秤，メスシリンダー(25mL)，薬包紙，薬さじ，グラフ用紙

4

発生する気泡で溶液が吹きこぼれないように少しずつ加える。

操作**2**のコニカルビーカーに，操作**3**ではかりとった炭酸カルシウムを少量ずつすべて加える。

5

コニカルビーカーを傾け，器壁に残っているものも完全に反応させる。

6

気泡の発生がなくなり，反応が完全に終了したことを確認する。
86.23g
METTLER
Education Series

反応が終わったら，全質量 B〔g〕を電子天秤で測定する。

実験4 2.0mol/L の塩酸25mL と4.0g の炭酸カルシウムを用いて，操作**1**～**6**を行う。

考察4 炭酸カルシウムと二酸化炭素の物質量の関係をグラフで表せ。

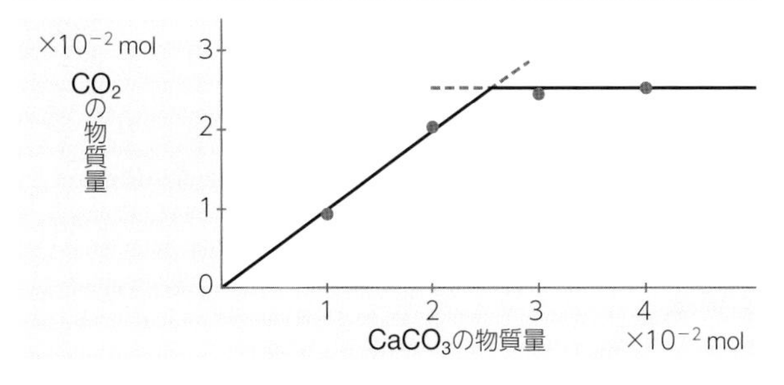

考察5 塩酸がすべて反応するときの，炭酸カルシウムの最小量は何 g か。

考察4 のグラフの，2つの直線が交わる点であり，炭酸カルシウム0.025mol(2.5g)加えたときである。

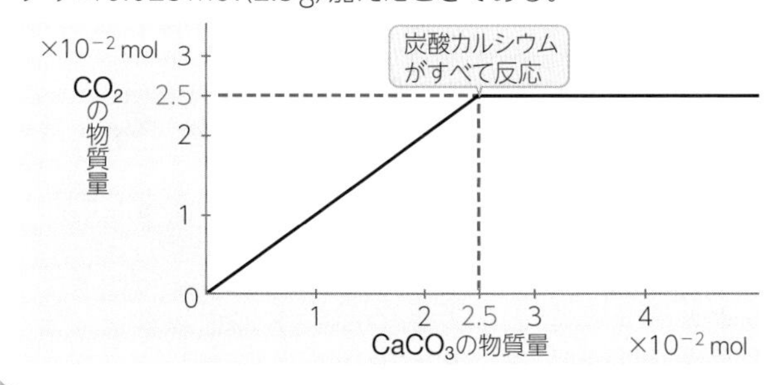

考察6 炭酸カルシウムと塩酸が過不足なく反応するとき，各物質の物質量の比はいくらか。

炭酸カルシウムと塩酸が過不足なく反応したのは，**考察5** から，炭酸カルシウムを0.025mol加え，二酸化炭素が0.025mol発生したときである。このとき，2.0mol/L の塩酸 25mL が完全に反応しており，これに含まれる塩化水素は，次式で求められる。

$$2.0\,\text{mol/L} \times \frac{25}{1000}\,\text{L} = 0.050\,\text{mol}$$

したがって，過不足なく反応するときの物質量の比は，次のようになる。

炭酸カルシウム：塩化水素：二酸化炭素＝0.025：0.050：0.025＝1：2：1

考察7 炭酸カルシウム $CaCO_3$ と塩化水素 HCl の反応の化学反応式を 考察6 の結果をふまえて記せ。

$$CaCO_3 + 2HCl \longrightarrow CaCl_2 + H_2O + CO_2$$

考察8 実験4で，未反応の炭酸カルシウムは何 g か。考察7 で得られた化学反応式を用いて計算せよ。

考察5 から，発生した二酸化炭素は0.025mol である。化学反応式における量的関係から，炭酸カルシウムも0.025mol 反応することがわかる。炭酸カルシウムのモル質量は100g/mol なので，その質量は次のように求められる。

$$100\,\text{g/mol} \times 0.025\,\text{mol} = 2.5\,\text{g}$$

したがって，未反応の炭酸カルシウムは，4.0g − 2.5g = 1.5g である。

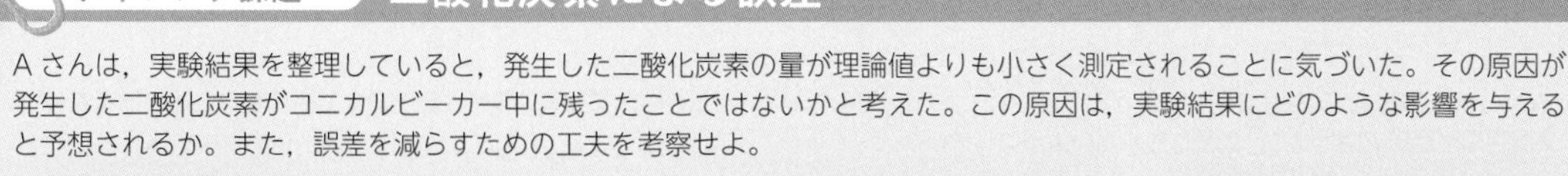

チャレンジ課題 二酸化炭素による誤差

A さんは，実験結果を整理していると，発生した二酸化炭素の量が理論値よりも小さく測定されることに気づいた。その原因が発生した二酸化炭素がコニカルビーカー中に残ったことではないかと考えた。この原因は，実験結果にどのような影響を与えると予想されるか。また，誤差を減らすための工夫を考察せよ。

5 化学の歴史と基本法則 基礎

B.C.

デモクリトス[Democritos]
(B.C.460頃～B.C.370頃 ギリシャ)

「原子説」
物質を細かく分けていくと，それ以上分割できない最小の粒子(アトモス＝原子)にたどり着く。

「四元素説」
物質は空気，水，土，火からできている。

アリストテレス[Aristoteles]
(B.C.384～B.C.322 ギリシャ)

錬金術師の実験室

アリストテレスの考えは，金をつくりだそうとする**錬金術**の流行を促した。しかし，実験はことごとく失敗した。もちろん金をつくることはできなかったが，その過程において，ろ過や蒸留などの実験技術が発達し，硫酸や硝酸，王水，塩基(アルカリ)などが発見された。

memo
当時は，アリストテレスの四元素説が支持されていた。

否定

17世紀

元素はそれ以上に簡単な物質に分割できない究極の物質(単体)である。

ボイルは，1661年に『懐疑的化学者』を出版し，その中でこの元素観を発表した。しかしながら，ボイルは具体的な元素を決定することができなかった。また，ボイルは1662年にボイルの法則を発表した。

ボイル[Boyle]
(1627～1691 イギリス)

memo
17世紀初頭，フランシス・ベーコン(1561～1626 イギリス)は，観察と実験による研究方法を主張した。それまでは，十分な検証や実験を行わず，正しいものと信じられている考えを信じる傾向があった。
ボイルは，ベーコンの方法にもとづき，観察や実験を研究の基礎においた。18世紀から19世紀にかけて，化学の基本法則を発見できたのは，観察と実験によって，さまざまな物質の性質や変化をはっきり知ることができたためである。

18世紀

1774

1 質量保存の法則
law of conservation of mass

ラボアジエ[Lavoisier]
(1743～1794 フランス)

化学反応において，反応物の質量の総和は，生成物の質量の総和に等しい。

ラボアジエの実験

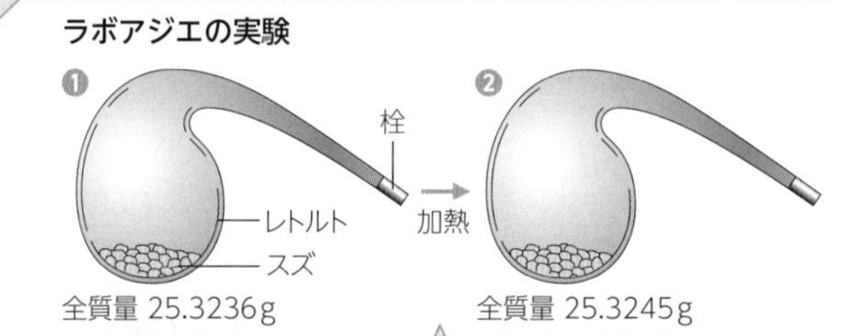

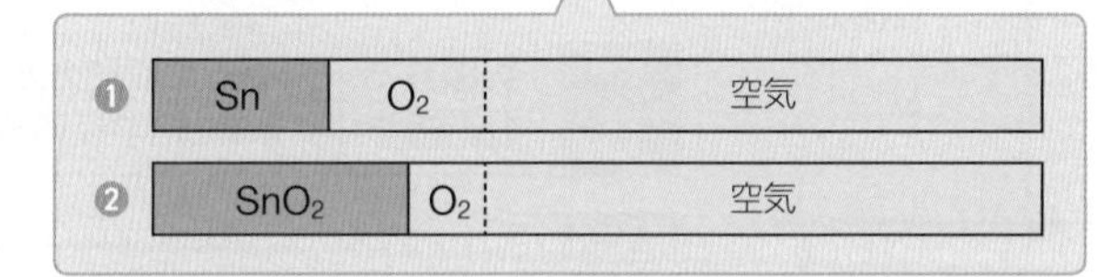

栓をしたレトルトに入れたスズを加熱して化学変化をおこし，その前後の質量が等しいことを示した。さらに，実験後にレトルトの栓を開けると，空気が入り，全体の質量が増加した。この増加分は，スズの燃焼による質量の増加分に等しく，物質の燃焼が酸素と結びつく反応であることを証明した。

質量保存の法則の発見や燃焼のしくみの解明などの多大な功績を残したことから，ラボアジエは「近代化学の父」とよばれている。

ラボアジエの使用していた精密実験機器は，非常に高価だった。研究費用を稼ぐため，化学の研究だけでなく，徴税請負人として，税金の徴収も行っていた。どんなに優れた研究者であっても，市民にとっては憎むべき徴税請負人であったため，フランス革命の際，処刑された。

memo
「なぜ燃える物質と燃えない物質があるのか？」という問いに対して，シュタール(1660～1734 ドイツ)は，可燃性の元素(フロギストン)を考えた。

フロギストン説
燃える物質には，フロギストンが含まれており，燃焼は，物質からフロギストンが放出されることである。

フロギストン説は18世紀後半まで，約100年間信じられていた。しかし，金属が燃焼するとき，質量が増加することをフロギストン説では説明ができなかった。
ラボアジエは，フロギストン説を打開し，燃焼のしくみを解明した。

Tips 錬金術において，実験が成功するかどうかの鍵は，実験者の精神状態が握るとされており，実験が失敗したときは，実験者の精神が統一できていなかったためと考えられた。また，錬金術師たちは，実験手順や結果を暗号化し，外部にもれないようにしていた。

1799 ● **2 定比例の法則** law of definite proportion

プルースト[Proust]
(1754〜1826 フランス)

同じ化合物を構成する成分元素の質量比は，常に一定である。

例 水 H_2O

海から分離・精製した水

化学反応で生じる水

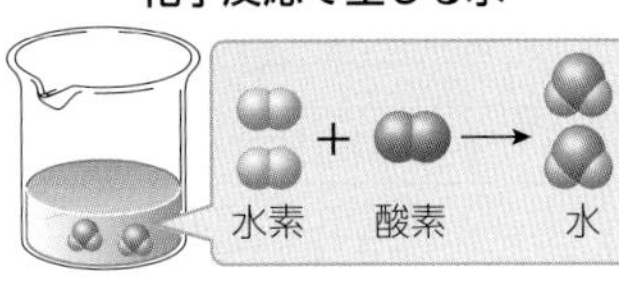

製法によらず，H_2O の水素と酸素の質量比は一定
H の質量：O の質量＝1：8

そのころ日本では…?

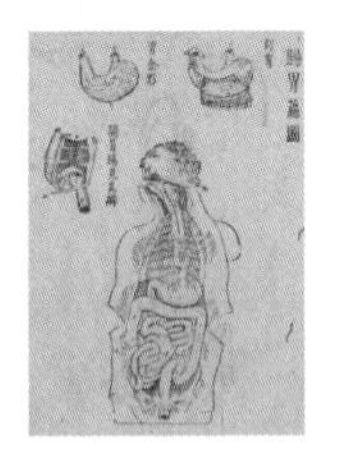

1774 年に，杉田玄白と前野良沢は日本最初の翻訳解剖書である解体新書を翻訳・出版した。

19世紀

1803 ● **3 倍数比例の法則** law of multiple proportion　**ドルトンの原子説**

ドルトン[Dalton]
(1766〜1844 イギリス)

2種類の元素 A，B からなる化合物が 2 種類以上あるとき，A の一定質量と化合する B の質量は，化合物どうしで簡単な整数比になる。

例 酸化銅(Ⅱ)CuO と酸化銅(Ⅰ)Cu_2O

	銅の質量	:	酸素の質量
CuO	3.97g	:	1
Cu_2O	7.94g	:	1

同じ量の酸素と結びついている銅の質量比は 3.97g : 7.94g＝**1：2**となる。

ドルトンは，ラボアジエの質量保存の法則や，プルーストの定比例の法則を，原子説を用いて説明しようとした。

ドルトンの原子説(1803年)の要点

①物質は原子とよばれる究極的な粒子からできている。
②同種の原子は，すべて大きさ，質量が一定で，同じ性質をもつ。
③原子はさらに分割することも，他の原子に変えることもできない。
④原子は破壊もできず，新しくつくることもできない。
⑤原子は簡単な整数比で反応し，化合物をつくる。

1808 ● **4 気体反応の法則** law of gaseous reaction

ゲーリュサック[Gay-Lussac]
(1778〜1850 フランス)

気体が反応したり，生成したりする化学変化において，これらの気体の体積比は，同温，同圧のもとで，簡単な整数比になる。

水素(2 体積)　＋　**酸素**(1 体積)　→ ×　**水蒸気**(2 体積)

ドルトンの原子説④の"原子は破壊もできず，新しくつくることもできない"に矛盾してしまう。

ゲーリュサックは，同温・同圧・同体積の気体中に，同数の気体粒子が含まれると仮定したが，ドルトンの考えにもとづいて，水蒸気を水素原子 1 個と酸素原子 1 個からなるとしたため，うまく説明できなかった。

1811 ● **5 アボガドロの法則** Avogadro's law

アボガドロ[Avogadro]
(1776〜1856 イタリア)

気体は，その種類によらず，同温・同圧のとき，同体積中に同数の分子を含む。この分子は，いくつかの原子が結合してできており，原子に分割することもできる。

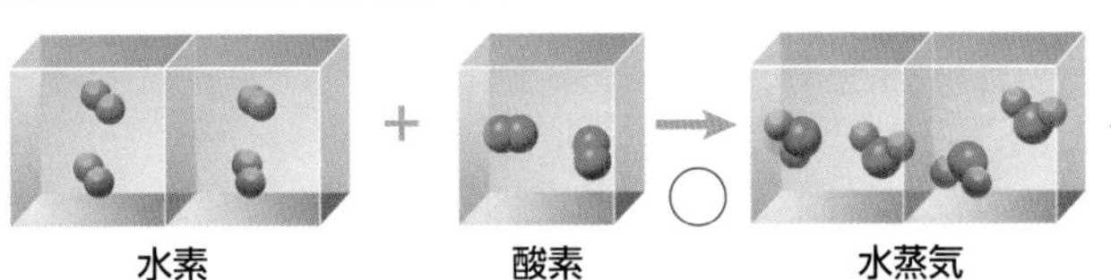

アボガドロの分子説により，気体反応の法則を，ドルトンの原子説との矛盾なく説明した。

アボガドロは，分割できる粒子(分子)を考えた。ドルトンは分子説に反対しており，分子説が認められたのはアボガドロの死後の1858年以降である。

1〜5 までの法則を，化学の基本法則という。

1860 ● 分子の存在を確認(カニッツァーロ，イタリア)

1869 ● 元素の周期表を発表(メンデレーエフ，ロシア)

そのころ日本では…?

1837 年，宇田川榕菴(ようあん)は，日本最初の翻訳化学書である舎密開宗(せいみかいそう)を著し，それまで日本に知られていなかった化学という学問を紹介した。舎密開宗の中には，実験装置図も描かれていた。

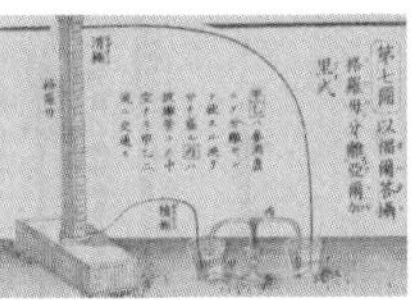

ボルタ電池で水を電気分解する実験装置図

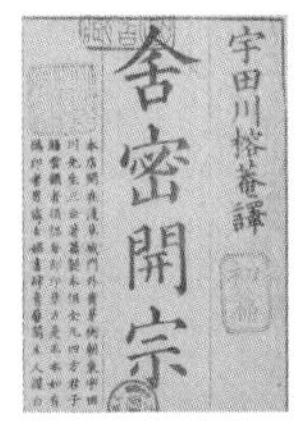

Tips 定比例の法則を「一定組成の法則」，倍数比例の法則を「倍数組成の法則」，気体反応の法則を「反応体積比の法則」とよぶことが日本化学会によって提案されている。

6 酸と塩基 基礎

1 酸と塩基 acid base

塩酸（塩化水素 HCl の水溶液）や酢酸 CH_3COOH など，**酸**の水溶液が示す特有の性質を**酸性**といい，水酸化ナトリウム NaOH や水酸化カルシウム $Ca(OH)_2$ など，**塩基**の水溶液が示す特有の性質を**塩基性**という。

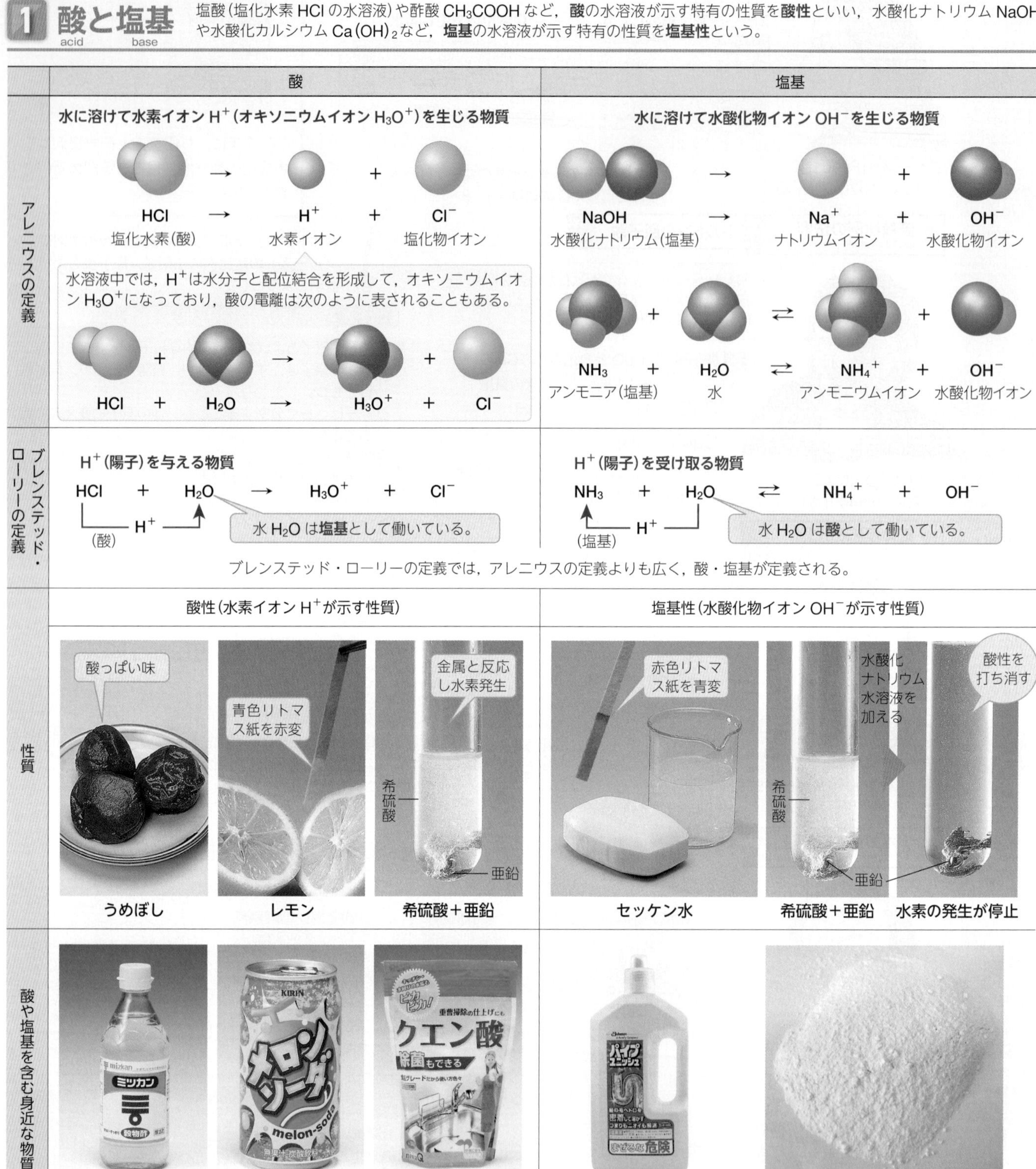

酸
塩基
アレニウスの定義
水に溶けて水素イオン H^+（オキソニウムイオン H_3O^+）を生じる物質
HCl → H^+ + Cl^-
塩化水素（酸）　水素イオン　塩化物イオン
水溶液中では，H^+ は水分子と配位結合を形成して，オキソニウムイオン H_3O^+ になっており，酸の電離は次のように表されることもある。
HCl + H_2O → H_3O^+ + Cl^-
水に溶けて水酸化物イオン OH^- を生じる物質
NaOH → Na^+ + OH^-
水酸化ナトリウム（塩基）　ナトリウムイオン　水酸化物イオン
NH_3 + H_2O ⇄ NH_4^+ + OH^-
アンモニア（塩基）　水　アンモニウムイオン　水酸化物イオン
ブレンステッド・ローリーの定義
H^+（陽子）を与える物質
HCl + H_2O → H_3O^+ + Cl^-
（酸）　H^+
水 H_2O は**塩基**として働いている。
H^+（陽子）を受け取る物質
NH_3 + H_2O ⇄ NH_4^+ + OH^-
（塩基）　H^+
水 H_2O は**酸**として働いている。
ブレンステッド・ローリーの定義では，アレニウスの定義よりも広く，酸・塩基が定義される。
性質
酸性（水素イオン H^+ が示す性質）
酸っぱい味
うめぼし
青色リトマス紙を赤変
レモン
金属と反応し水素発生
希硫酸
亜鉛
希硫酸＋亜鉛
塩基性（水酸化物イオン OH^- が示す性質）
赤色リトマス紙を青変
セッケン水
水酸化ナトリウム水溶液を加える
酸性を打ち消す
希硫酸
亜鉛
希硫酸＋亜鉛
水素の発生が停止
酸や塩基を含む身近な物質

食酢
（酢酸 CH_3COOH を含む）

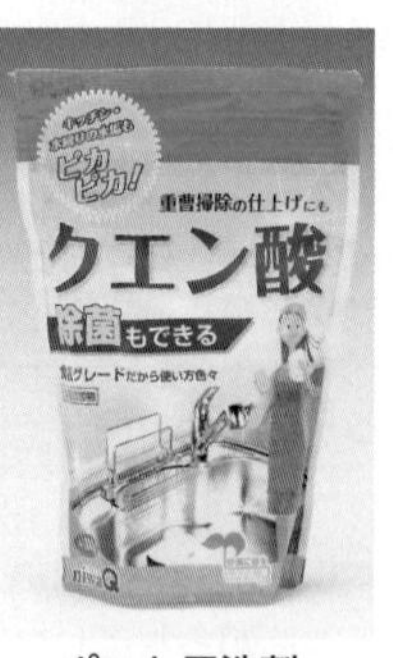

炭酸飲料水
（炭酸 H_2CO_3 を含む）

ポット用洗剤
（クエン酸*を含む）

パイプ洗浄剤
（NaOH を含む）

酸性土壌の中和剤
（$Ca(OH)_2$ を含む）

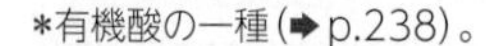
*有機酸の一種（➡ p.238）。

水に溶けやすい塩基を特に**アルカリ**といい，アルカリの性質を**アルカリ性**という。

Tips 日本語の「酸」「塩基」は，蘭学者の宇田川榕菴（ようあん）らによって命名された。宇田川は，江戸時代後期の大垣藩（現在の岐阜県大垣市）に生まれ，藩医として活躍する一方，植物学や化学の書籍を翻訳し，多くの元素の日本語名や「酸化」「還元」といった化学用語を生み出した。

2 酸・塩基の価数

酸の化学式中の，水素イオン H^+ になることができる H の数を**酸の価数**という。また，塩基の化学式中の，水酸化物イオン OH^- になることのできる OH の数を**塩基の価数**という。

価数	酸	電離式
1価	塩化水素 HCl	$HCl \rightarrow H^+ + Cl^-$
	硝酸 HNO_3	$HNO_3 \rightarrow H^+ + NO_3^-$
	酢酸 CH_3COOH	$CH_3COOH \rightleftarrows H^+ + CH_3COO^-$
2価❶	硫酸 H_2SO_4	$H_2SO_4 \rightarrow H^+ + HSO_4^-$ $HSO_4^- \rightleftarrows H^+ + SO_4^{2-}$
	シュウ酸 $(COOH)_2$ $H_2C_2O_4$ と表されることもある	$\begin{matrix}COOH\\COOH\end{matrix} \rightleftarrows H^+ + \begin{matrix}COO^-\\COOH\end{matrix}$ $\begin{matrix}COO^-\\COOH\end{matrix} \rightleftarrows H^+ + \begin{matrix}COO^-\\COO^-\end{matrix}$
	炭酸❷ H_2CO_3	$H_2CO_3 \rightleftarrows H^+ + HCO_3^-$ $HCO_3^- \rightleftarrows H^+ + CO_3^{2-}$
3価❶	リン酸 H_3PO_4	$H_3PO_4 \rightleftarrows H^+ + H_2PO_4^-$ $H_2PO_4^- \rightleftarrows H^+ + HPO_4^{2-}$ $HPO_4^{2-} \rightleftarrows H^+ + PO_4^{3-}$

価数	塩基	電離式，イオン反応式
1価	水酸化ナトリウム NaOH	$NaOH \rightarrow Na^+ + OH^-$
	水酸化カリウム KOH	$KOH \rightarrow K^+ + OH^-$
	アンモニア NH_3	$NH_3 + H_2O \rightleftarrows NH_4^+ + OH^-$
2価	水酸化カルシウム $Ca(OH)_2$	$Ca(OH)_2 \rightarrow Ca^{2+} + 2OH^-$
	水酸化バリウム $Ba(OH)_2$	$Ba(OH)_2 \rightarrow Ba^{2+} + 2OH^-$
	水酸化マグネシウム❸ $Mg(OH)_2$	$Mg(OH)_2 + 2H^+ \rightarrow Mg^{2+} + 2H_2O$
	水酸化銅(Ⅱ)❸ $Cu(OH)_2$	$Cu(OH)_2 + 2H^+ \rightarrow Cu^{2+} + 2H_2O$
3価	水酸化アルミニウム❸ $Al(OH)_3$	$Al(OH)_3 + 3H^+ \rightarrow Al^{3+} + 3H_2O$

❶ **2価，3価の酸はそれぞれ2段階，3段階に電離する。**
❷ 炭酸は炭酸水（二酸化炭素の水溶液）中に存在する。$H_2O + CO_2 \rightleftarrows H_2CO_3$
❸ 水酸化マグネシウムや水酸化アルミニウムは水に溶けにくいが，H^+ を受け取ることができるため塩基である。

3 酸・塩基の強弱

酸や塩基が水溶液中で電離している割合を，**電離度**といい，記号 α $(0 < \alpha \leqq 1)$ で表される。酸・塩基の強弱は，電離度の値の大きさに関係する。

a 電離度とその大きさによる違い

MOVIE

$$電離度\ \alpha = \frac{電離した酸(塩基)の物質量}{溶かした酸(塩基)の全物質量} \quad (0 < \alpha \leqq 1)$$

$\alpha = 1$
100％電離

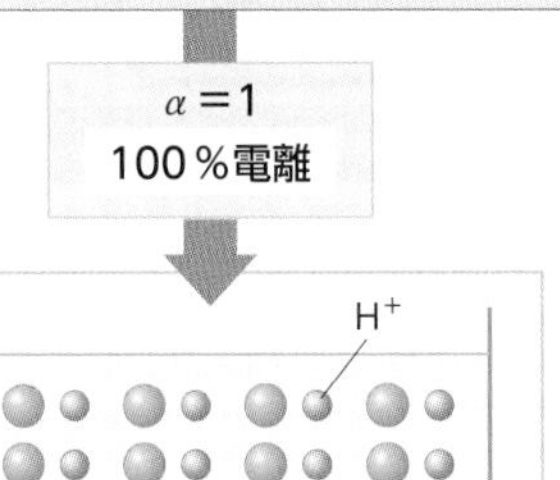

酸の分子 を 20 個水に溶かすと，すべてが電離して H^+（ ）を20個生じる。

$\alpha = 0.05$
5％電離

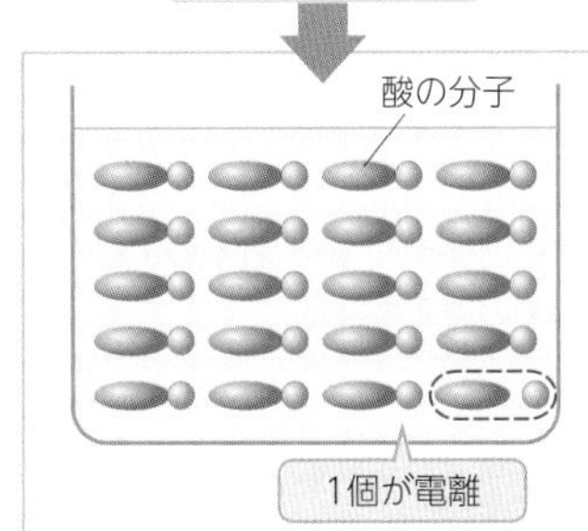

酸の分子 を 20 個水に溶かすと，20×0.05＝1個が電離して H^+（ ）を1個生じる。

強酸の例

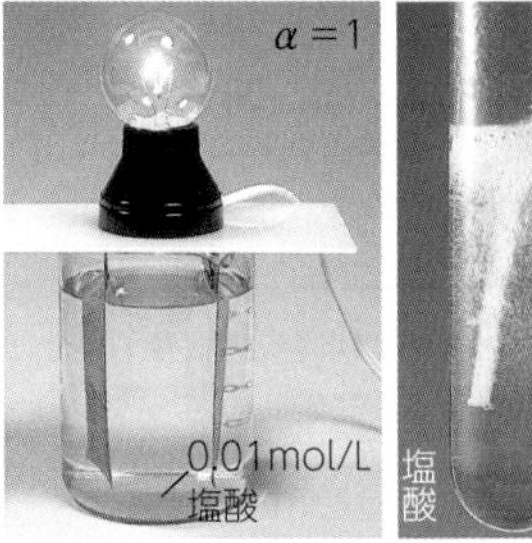

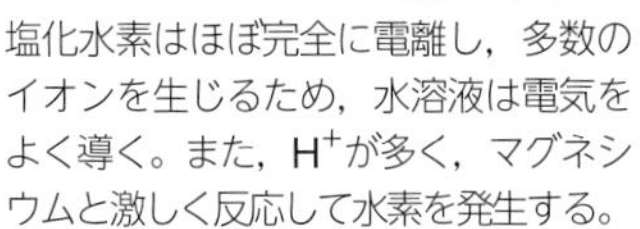

塩化水素はほぼ完全に電離し，多数のイオンを生じるため，水溶液は電気をよく導く。また，H^+ が多く，マグネシウムと激しく反応して水素を発生する。

弱酸の例

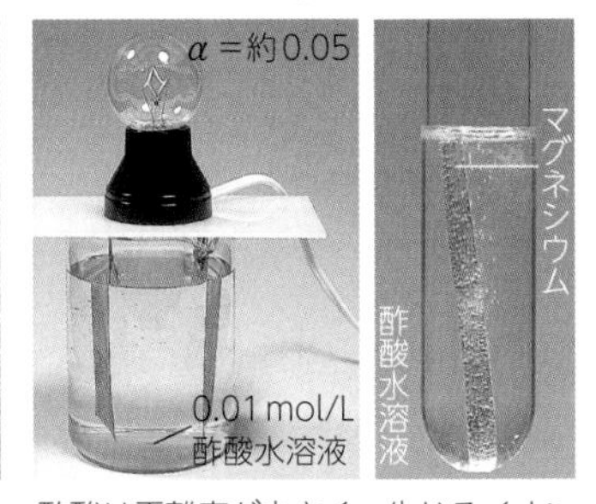

酢酸は電離度が小さく，生じるイオンが少ないため，水溶液は電気を導きにくい。また，H^+ が少なく，マグネシウムとの反応はおだやかである。

b 酸・塩基の強弱

強酸 strong acid		強塩基 strong base	
濃度によらず，電離度が1に近い値をとる酸。		濃度によらず，電離度が1に近い値をとる塩基。	
塩化水素	HCl	水酸化ナトリウム	NaOH
臭化水素	HBr	水酸化カリウム	KOH
硝酸	HNO_3	水酸化カルシウム	$Ca(OH)_2$
硫酸	H_2SO_4	水酸化バリウム	$Ba(OH)_2$
弱酸 weak acid		**弱塩基 weak base**	
濃度が大きいとき，電離度が1よりもかなり小さい酸。		濃度が大きいとき，電離度が1よりもかなり小さい塩基。	
酢酸	CH_3COOH	アンモニア	NH_3
硫化水素	H_2S	水酸化マグネシウム	$Mg(OH)_2$
シュウ酸	$(COOH)_2$	水酸化銅(Ⅱ)	$Cu(OH)_2$
リン酸	H_3PO_4	水酸化アルミニウム	$Al(OH)_3$

シュウ酸，リン酸は，比較的電離しやすく，中程度の強さの酸とよばれることもある。

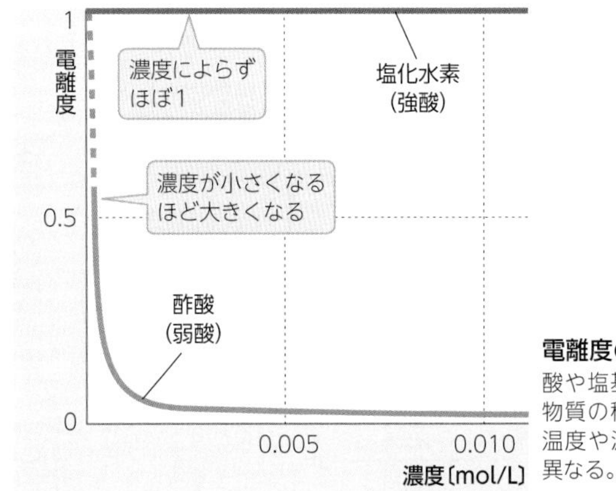

電離度の変化
酸や塩基の電離度 α は，物質の種類だけでなく，温度や濃度によっても異なる。

Tips 弱酸の電離では，第1段階が最も大きい電離度の値を示し，第2段階，第3段階と電離が進むにつれて電離度の値は小さくなる。強酸である硫酸の電離でも，第1段階の電離度はほぼ1を示すが，第2段階の電離度は1に満たない。

7 水素イオン濃度とpH 基礎 化学

1 水素イオン濃度 hydrogen ion concentration

基礎 化学 水はごくわずかに電離しており，水素イオン H^+（オキソニウムイオン）と水酸化物イオン OH^- を生じる。H^+ のモル濃度 $[H^+]$ を**水素イオン濃度**，OH^- のモル濃度 $[OH^-]$ を**水酸化物イオン濃度**という。

a 水の電離

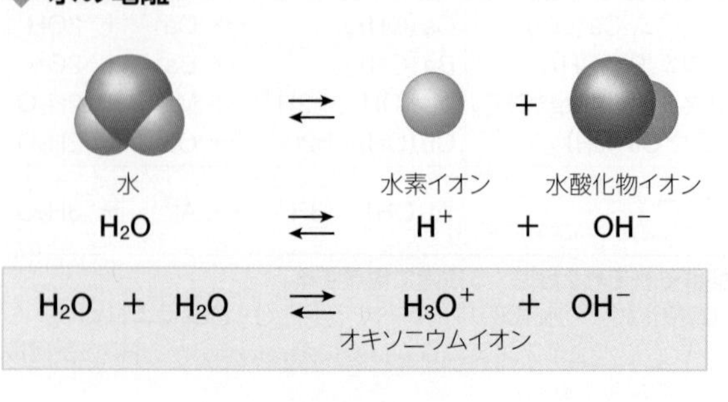

$H_2O \rightleftarrows H^+ + OH^-$

$H_2O + H_2O \rightleftarrows H_3O^+ + OH^-$

オキソニウムイオン

b 水のイオン積 化学

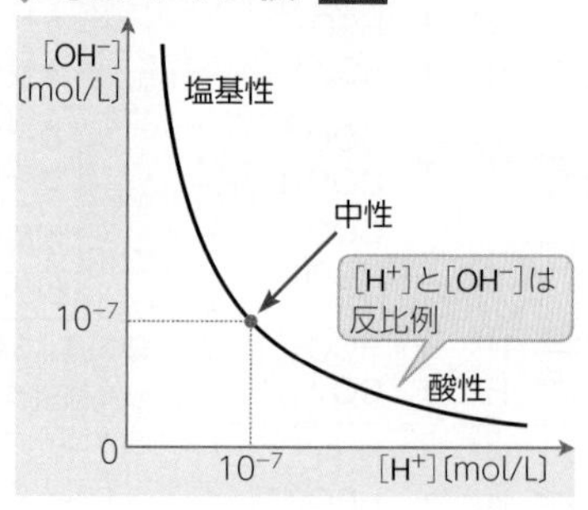

水のイオン積

$[H^+][OH^-] = K_w$

$K_w = 1.0 \times 10^{-14}\ (mol/L)^2$　(25℃)

水や水溶液中において，$[H^+]$ と $[OH^-]$ の積は**水のイオン積** K_w とよばれ，一定温度では一定になる。

水のイオン積は，高温になるほど大きくなる。たとえば，10℃で $0.3 \times 10^{-14}\ (mol/L)^2$，50℃で $5.5 \times 10^{-14}\ (mol/L)^2$ である。

c 水素イオン濃度と水溶液の性質

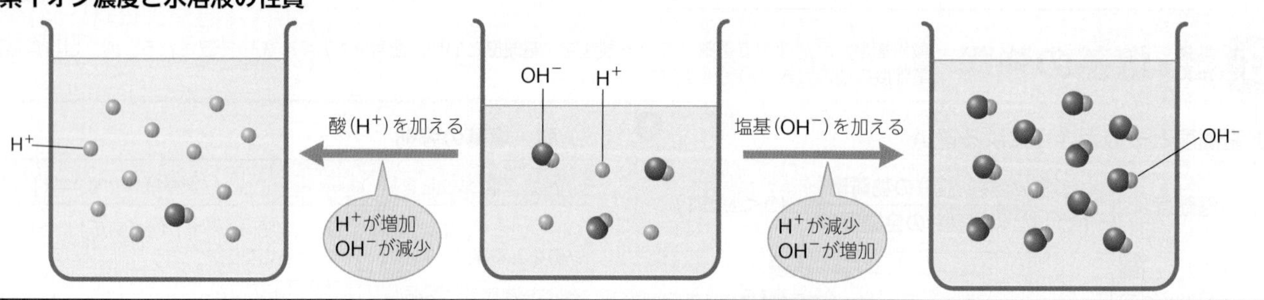

酸性	中性	塩基性
$[H^+] > [OH^-]$	$[H^+] = [OH^-]$	$[H^+] < [OH^-]$
$[H^+] > 1.0 \times 10^{-7}$ mol/L	$[H^+] = 1.0 \times 10^{-7}$ mol/L	$[H^+] < 1.0 \times 10^{-7}$ mol/L
$[OH^-] < 1.0 \times 10^{-7}$ mol/L	$[OH^-] = 1.0 \times 10^{-7}$ mol/L	$[OH^-] > 1.0 \times 10^{-7}$ mol/L

2 水素イオン指数 pH hydrogen ion exponent

基礎 酸性，中性，塩基性で水素イオン濃度は，約 1.0 mol/L〜1.0×10^{-14} mol/L と広範囲に変化する。扱いやすい数字にするため，**pH**の値を用いる。

a pHの求め方

pH

$$pH = -\log_{10}[H^+]$$

$[H^+] = a \times 10^{-b}$ mol/L のとき，$pH = b - \log_{10} a$

1価の酸の水溶液のモル濃度を c〔mol/L〕，電離度を α とすると，水素イオン濃度 $[H^+]$ は，次式で表される。

$[H^+] = c\alpha$〔mol/L〕

	HA	⇄	H^+	+	A^-
はじめ	c		0		0
変化量	$-c\alpha$		$+c\alpha$		$+c\alpha$
電離後	$c(1-\alpha)$		$c\alpha$		$c\alpha$

b 酸の水溶液の希釈

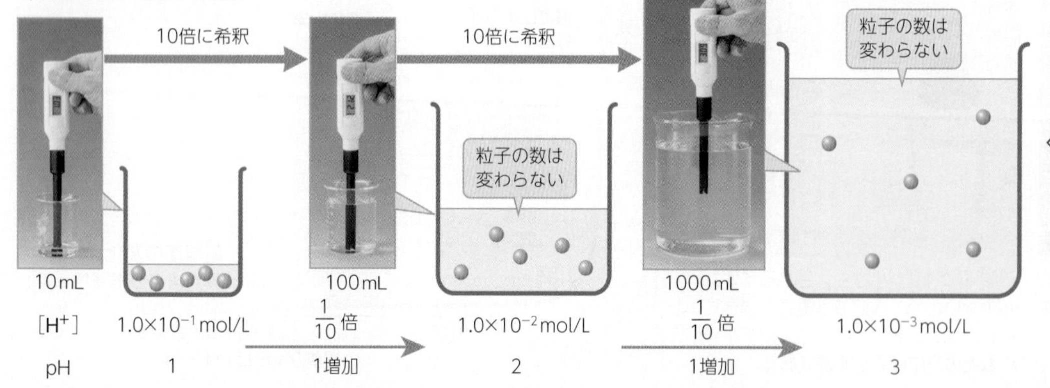

c 塩基の水溶液の希釈

塩基の水溶液の希釈では，10倍に希釈するごとに $[OH^-]$ が $\frac{1}{10}$，$[H^+]$ が10倍となり，pHは1ずつ減少していく。

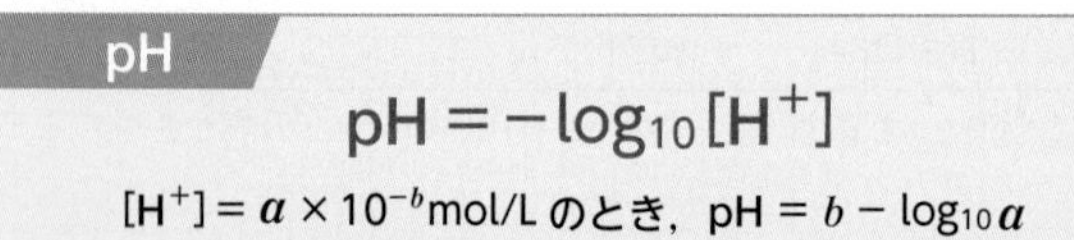

! pH=6の水溶液を100倍に希釈してpH=8の水溶液を得ることはできない。酸の水溶液を希釈していくと，pHは次第に7(中性)に近づく。同様に，塩基の水溶液を希釈していっても，pHは7(中性)に近づいていく。

Tips pHは「power of hydrogen ion concentration」の略であり，「power」には「べき乗」の意味がある。水素イオンに限らず，水酸化物イオンや金属イオンの濃度を示す場合にも用いられ，「pOH」や「pNa」と表すことがある。

d 身近な物質の pH

強　酸性　中性　塩基性　強

pH	0	1	2	3	4	5	6	7	8	9	10	11	12	13	14
$[H^+]$		10^{-1}	10^{-2}	10^{-3}	10^{-4}	10^{-5}	10^{-6}	10^{-7}	10^{-8}	10^{-9}	10^{-10}	10^{-11}	10^{-12}	10^{-13}	
$[OH^-]$		10^{-13}	10^{-12}	10^{-11}	10^{-10}	10^{-9}	10^{-8}	10^{-7}	10^{-6}	10^{-5}	10^{-4}	10^{-3}	10^{-2}	10^{-1}	

身近な物質：胃液，レモン果汁，食酢，炭酸水，雨水，牛乳，血液，セッケン水，木灰汁，換気扇クリーナー

濃度が大きい酸や塩基の水溶液では，pHの値が負になったり，14よりも大きくなったりする。

3 pH と指示薬 基礎

indicator

水溶液の pH に応じて特有の色調を示す化合物を**酸・塩基の指示薬**（pH 指示薬）といい，指示薬の色調が変化する pH の範囲を**変色域**という。変色域は，指示薬ごとに異なる。

a 指示薬と変色域

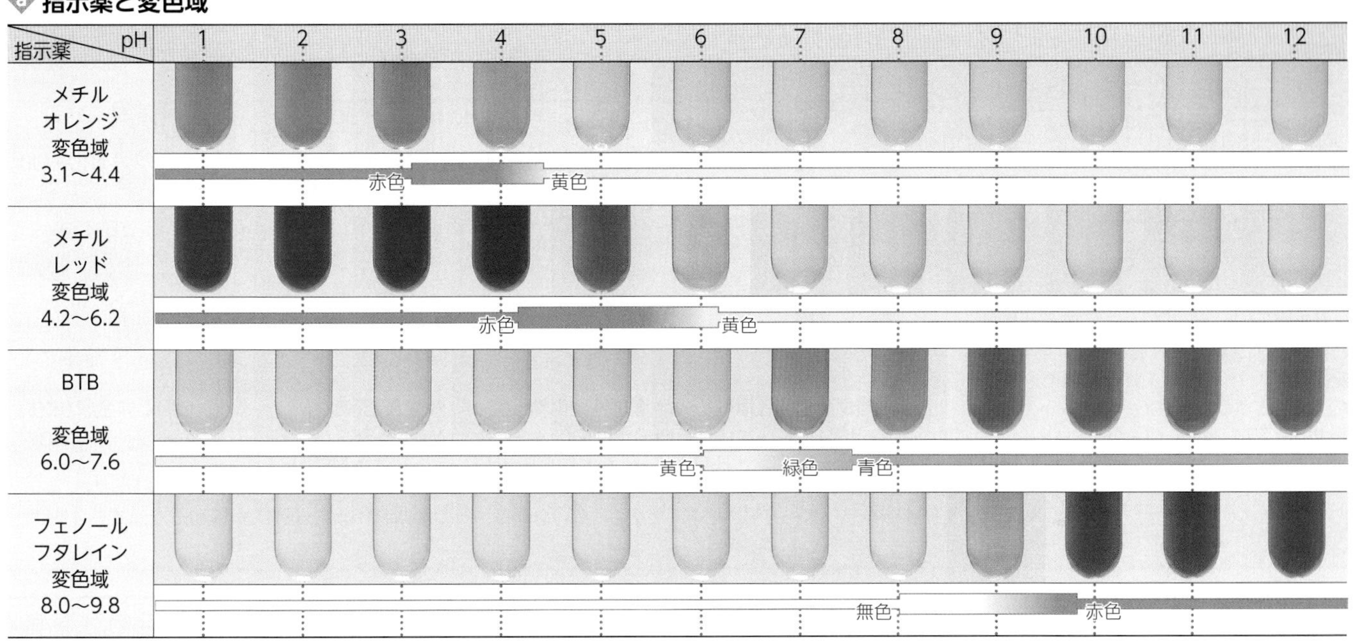

b pH の測定

水溶液の pH は，pH メーターや pH 試験紙などを用いてはかることができる。

簡易 pH メーター　　万能 pH 試験紙

トピック 身近な指示薬

pH に応じて変色する色素は，植物にも含まれており，花や果実の色素アントシアンがその代表的なものである。紫キャベツを煮て得られる水溶液は，アントシアンを含み，pH に応じてさまざまな色調を示す。アントシアンは，酸性で安定化し，赤色を示すが，塩基性は不安定で，速やかに退色する。塩基性で現れる色は，おもに他の色素によるものである。

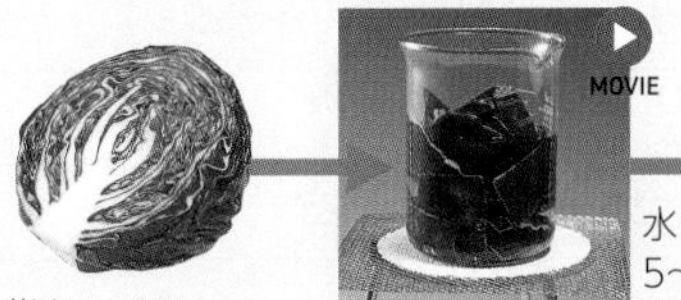

紫キャベツ

水を加えて 5～10分程度煮沸する。

pH＝1　pH＝4　pH＝7　pH＝10　pH＝13

酸性，塩基性を簡単に調べられるリトマス試験紙は，リトマスごけの汁を発酵させた物質をエタノールに溶かし，ろ紙に吸い込ませ，乾燥させたものである。リトマス試験紙は変色域が広いため，液性のおよその判定には使用できるが，pH を判定することはできない。

8 中和と塩 基礎 化学

1 中和 基礎
neutralization

酸と塩基が反応して，互いにその性質を打ち消し合う変化を**中和**という。水溶液中の中和では，塩とともに水を生じ，このとき熱が発生する。

ⓐ 中和

H^+ Cl^- 酸

H_2O 水

$NaCl$ 塩

Na^+ OH^- 塩基

H^+ Cl^- 塩酸

Na^+OH^- 水酸化ナトリウム水溶液

Na^+ Cl^- H_2O 塩化ナトリウム水溶液

ⓑ 水の生成を伴わない中和
一般に，中和では塩とともに水が生じるが，水を生じない中和もある。

MOVIE

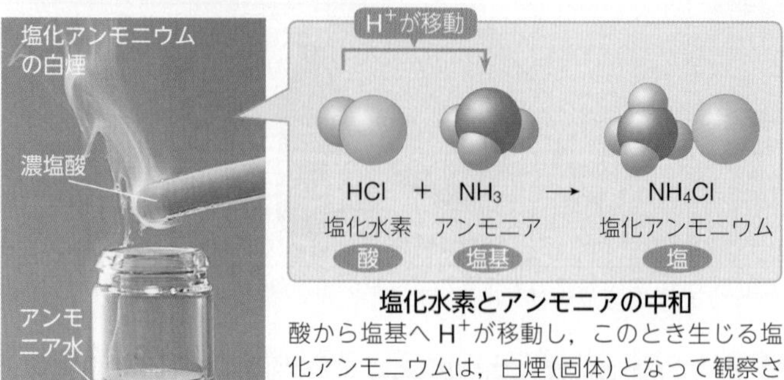

塩化水素とアンモニアの中和
酸から塩基へ H^+が移動し，このとき生じる塩化アンモニウムは，白煙（固体）となって観察される。この中和では，水を生じない。

2 塩の生成 基礎
salt

酸の H^+を他の陽イオンで置き換えた化合物や，塩基の OH^-を他の酸の陰イオンで置き換えた化合物を**塩**という。塩は，中和以外の化学反応によっても生じる。

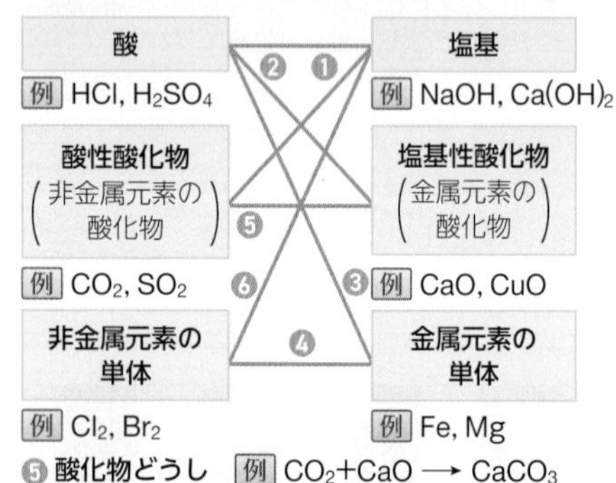

❺ 酸化物どうし 例 $CO_2+CaO \longrightarrow CaCO_3$
❻ 単体と塩基 例 $Cl_2+2NaOH \longrightarrow NaCl+NaClO+H_2O$

❶ **酸性酸化物と塩基**
$CO_2+Ca(OH)_2 \longrightarrow CaCO_3+H_2O$

塩化銅（Ⅱ） 塩酸 酸化銅（Ⅱ）

❷ **塩基性酸化物と酸**
$CuO+2HCl \longrightarrow CuCl_2+H_2O$

硫酸マグネシウム 希硫酸 マグネシウム

❸ **金属と酸**
$Mg+H_2SO_4 \longrightarrow MgSO_4+H_2$

鉄線 塩化鉄（Ⅲ） 塩素

❹ **金属と非金属（単体）**
$2Fe+3Cl_2 \longrightarrow 2FeCl_3$

3 塩の分類 基礎

塩は，**正塩**，**酸性塩**，**塩基性塩**に分類される。ただし，この分類は，その塩の水溶液が，酸性か塩基性かを示すものではない。

ⓐ 塩の分類
塩基性塩は一般に水に溶けにくい。

分類	定義	例			
正塩	酸のHも塩基のOHも残っていない塩	NaCl (NaOH HCl)	Na_2SO_4 (NaOH H_2SO_4)	KNO_3 (KOH HNO_3)	$CaCl_2$ ($Ca(OH)_2$ HCl)
酸性塩	酸のHが残っている塩	$NaHSO_4$ (NaOH H_2SO_4)	$NaHCO_3$ (NaOH H_2CO_3)	NaH_2PO_4 (NaOH H_3PO_4)	
塩基性塩	塩基のOHが残っている塩	$CaCl(OH)$ ($Ca(OH)_2$ HCl)	$MgCl(OH)$ ($Mg(OH)_2$ HCl)		

ⓑ 正塩の水溶液の性質
弱酸と弱塩基からなる塩は，塩によって異なるが，一般にほぼ中性を示す。

分類	水溶液の性質	例			
強酸＋強塩基	中性	NaCl (NaOH HCl)	Na_2SO_4 (NaOH H_2SO_4)	KNO_3 (KOH HNO_3)	$CaCl_2$ ($Ca(OH)_2$ HCl)
強酸＋弱塩基	酸性	NH_4Cl (NH_3 HCl)	$CuSO_4$ ($Cu(OH)_2$ H_2SO_4)	$(NH_4)_2SO_4$ (NH_3 H_2SO_4)	
弱酸＋強塩基	塩基性	CH_3COONa (CH_3COOH NaOH)	Na_2CO_3 (NaOH H_2CO_3)	Na_2S (NaOH H_2S)	
弱酸＋弱塩基	ほぼ中性	$(NH_4)_2CO_3$ (NH_3 H_2CO_3)			

PLUS 酸性塩の水溶液の性質

酸性塩のうち，$NaHSO_4$ の水溶液は酸性を示す。これは，H_2SO_4 が強酸であり，電離で生じた HSO_4^-も電離するためである。

$$NaHSO_4 \longrightarrow Na^+ + HSO_4^-$$
$$HSO_4^- \rightleftarrows H^+ + SO_4^{2-}$$

一方，$NaHCO_3$の水溶液は塩基性を示す。これは，H_2CO_3 が弱酸であり，電離で生じた HCO_3^-が加水分解するためである。

$$NaHCO_3 \longrightarrow Na^+ + HCO_3^-$$
$$HCO_3^- + H_2O \rightleftarrows H_2CO_3 + OH^-$$

このように，酸性塩の水溶液の性質は，塩によって異なっており，塩をつくる酸の強弱がかかわっている。

Tips 水酸化カルシウムを主成分とする漆喰（しっくい）とよばれる素材が城郭などに使われる。主成分の水酸化カルシウムが空気中の二酸化炭素と反応して，徐々に白色の炭酸カルシウムを生じ，かたくなる。白鷺城ともよばれる姫路城の白さは，漆喰によるものである。

4 弱酸・弱塩基の遊離 基礎

弱酸の塩に強酸を反応させると，弱酸が生じる(**弱酸の遊離**)。同様に，弱塩基の塩に強塩基を反応させると，弱塩基が生じる(**弱塩基の遊離**)。弱酸・弱塩基の遊離は，気体の発生などに用いられる。

a 弱酸の遊離　弱酸の陰イオンは弱酸に戻りやすいために反応が起こる。

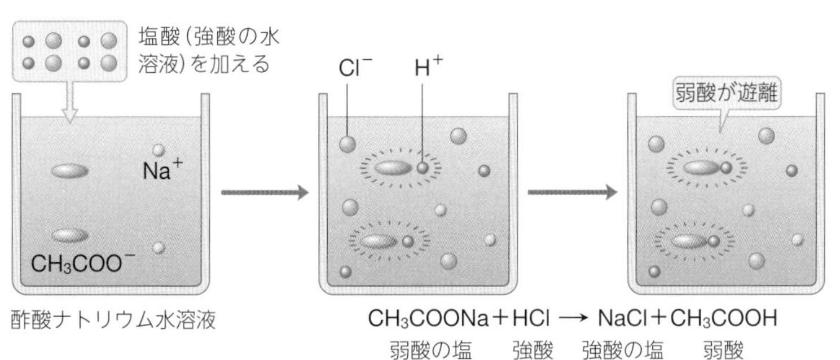

$CH_3COONa + HCl \longrightarrow NaCl + CH_3COOH$
弱酸の塩　強酸　強酸の塩　弱酸

b 弱塩基の遊離　弱塩基の陽イオンは弱塩基に戻りやすい。

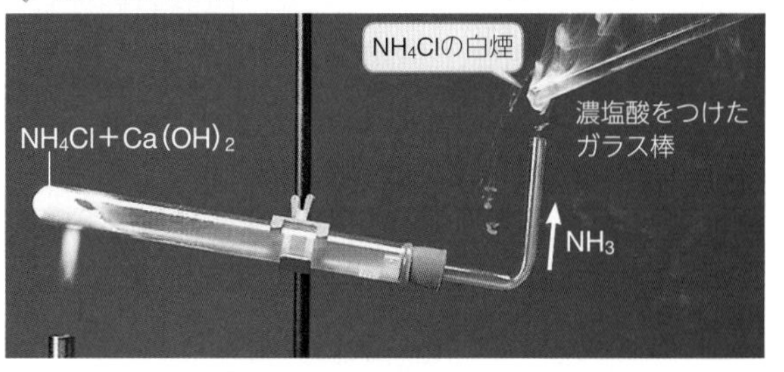

$2NH_4Cl + Ca(OH)_2 \longrightarrow CaCl_2 + 2H_2O + 2NH_3\uparrow$
弱塩基の塩　強塩基　強塩基の塩　弱塩基

5 塩の加水分解 化学
hydrolysis

弱酸の陰イオンや，弱塩基の陽イオンは，もとの弱酸や弱塩基に戻る反応を起こしやすい。弱酸や弱塩基の塩が水と反応して，他の分子やイオンが生じる反応を**塩の加水分解**(➡ p.148)という。

a 弱酸と強塩基からなる塩 CH_3COONa

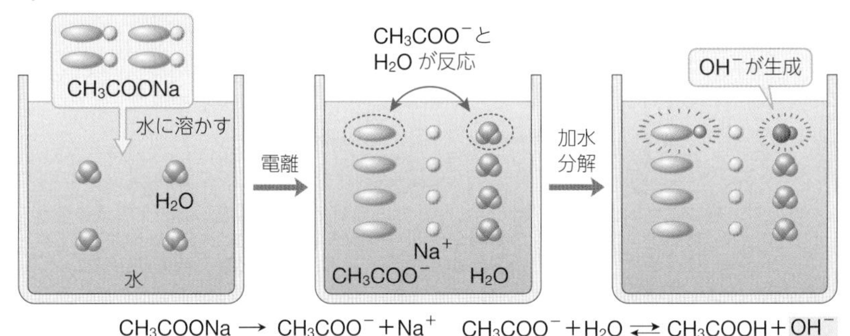

$CH_3COONa \longrightarrow CH_3COO^- + Na^+$　$CH_3COO^- + H_2O \rightleftarrows CH_3COOH + OH^-$

b 塩の水溶液のpH(0.1mol/L)

塩		pH	変化
硫酸水素ナトリウム	$NaHSO_4$	1.2	電離でH^+を生成
硫酸銅(Ⅱ)	$CuSO_4$	3.2	加水分解
塩化アンモニウム	NH_4Cl	5.1	加水分解
塩化ナトリウム	$NaCl$	7.0	電離
炭酸水素ナトリウム	$NaHCO_3$	8.4	加水分解
酢酸ナトリウム	CH_3COONa	8.8	加水分解
炭酸ナトリウム	Na_2CO_3	11.7	加水分解
リン酸ナトリウム	Na_3PO_4	12.8	加水分解

6 中和の量的関係 基礎

酸から生じるH^+の物質量と，塩基から生じるOH^-の物質量が等しいとき，酸と塩基は過不足なく中和する。

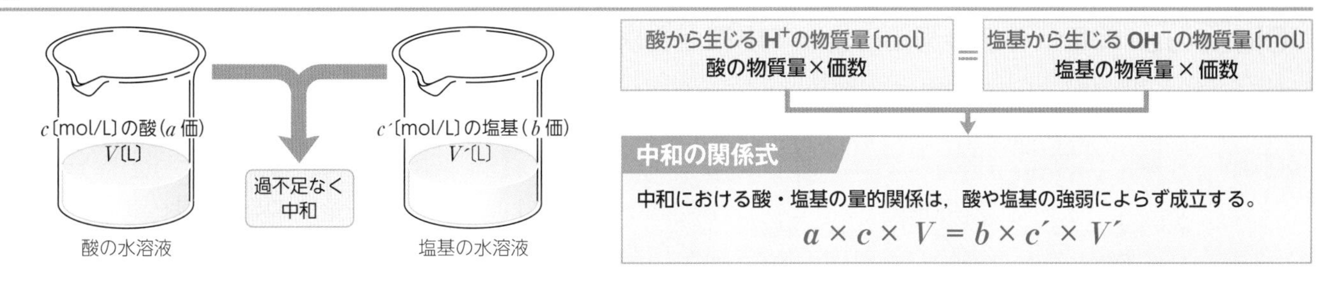

中和の関係式

中和における酸・塩基の量的関係は，酸や塩基の強弱によらず成立する。

$$a \times c \times V = b \times c' \times V'$$

Close-up(クローズアップ) 中和の関係式はなぜ酸・塩基の強弱にかかわらず成り立つか

塩化水素1molと酢酸1molをそれぞれ中和するとき，酢酸は弱酸なので，塩化水素を中和する場合に比べて必要なOH^-の量が少ないように思える。しかし，実際には，酸の強弱に関係なく，どちらの中和にも1molのOH^-が必要になる。

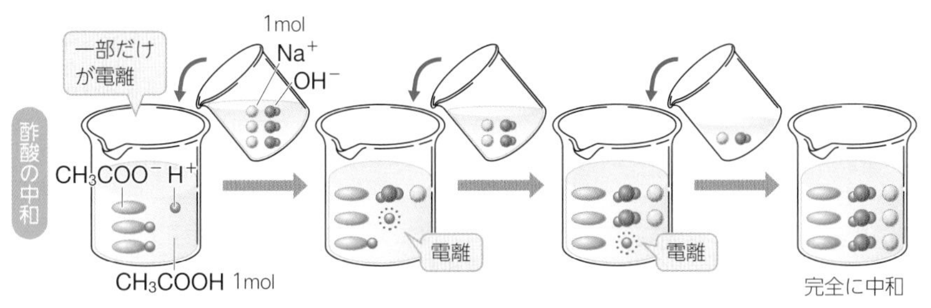

HClは1価の強酸なので，1molのHClからはH^+が1mol生じ，その中和にはNaOH 1molが必要である。一方，酢酸は1価の弱酸であり，水溶液中ではH^+が非常に少ない。しかし，NaOH水溶液を加えて，このH^+を中和すると，酢酸分子が新たに電離してH^+を生じ，中和される。このようにして，次々と酢酸から生じるH^+が消費され，すべての酢酸が中和される。したがって，弱酸である酢酸の中和でも，塩化水素と同様に1molのNaOHが必要になる。

リン酸と水酸化ナトリウムが完全に中和すると，リン酸ナトリウムNa_3PO_4が生成するが，不完全な中和がおこると，リン酸水素二ナトリウムNa_2HPO_4やリン酸二水素ナトリウムNaH_2PO_4ができる。リン酸水素二ナトリウムは弱い塩基性を示すが，リン酸二水素ナトリウムは弱い酸性を示す。

9 中和滴定と滴定曲線 基礎

1 中和滴定 neutralization titration

濃度未知の酸，または塩基の水溶液の濃度を，正確な濃度がわかっている塩基，または酸の水溶液（標準溶液）と過不足なく中和させて，未知の濃度を求める操作を**中和滴定**という。酸と塩基が過不足なく中和する点を**中和点**という。

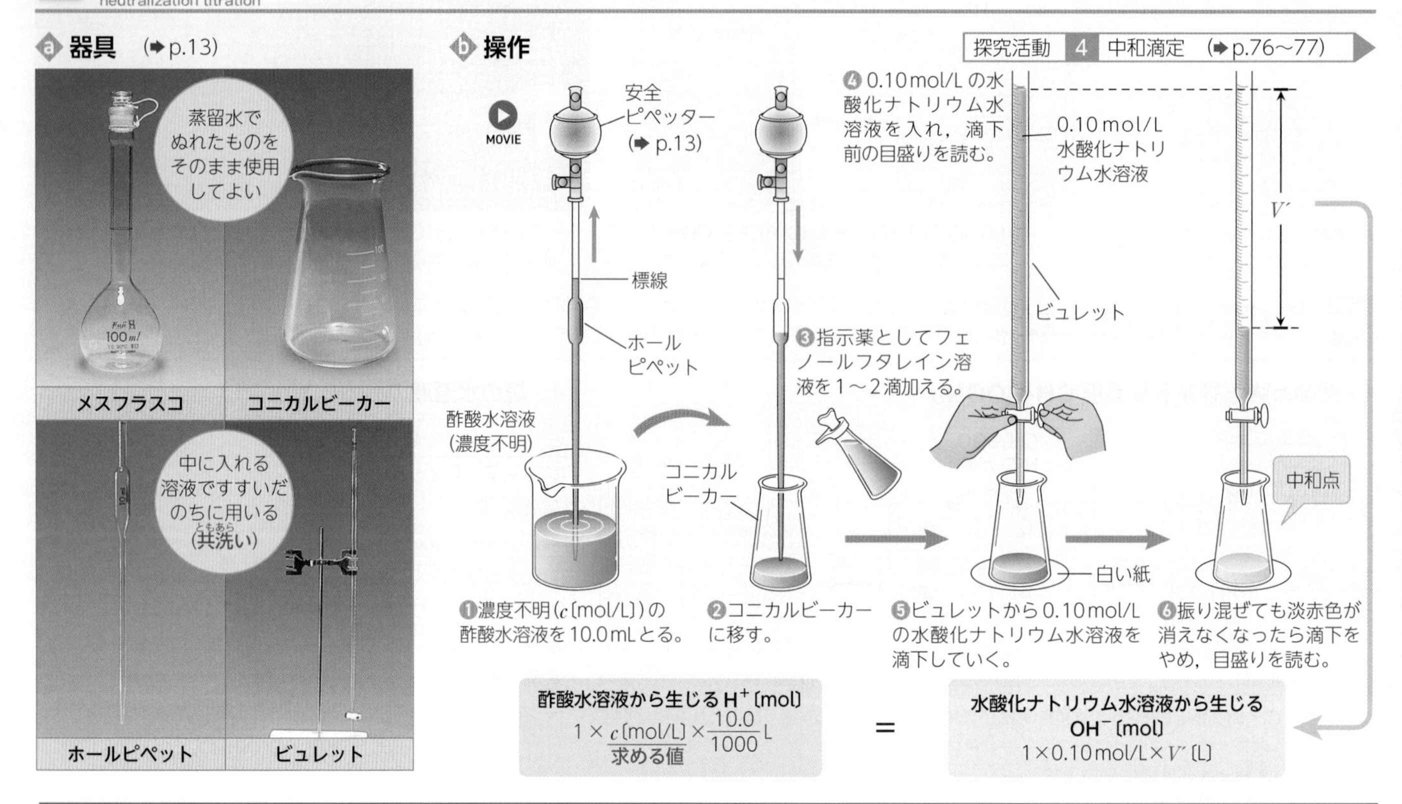

酢酸水溶液から生じる H^+〔mol〕		水酸化ナトリウム水溶液から生じる OH^-〔mol〕
$1 \times c$〔mol/L〕$\times \dfrac{10.0}{1000}$ L（c：求める値）	=	1×0.10 mol/L $\times V'$〔L〕

Close-up 電気伝導度の測定によって中和点を求める

水溶液の電気伝導性が変化することを利用しても中和点を求めることができる。

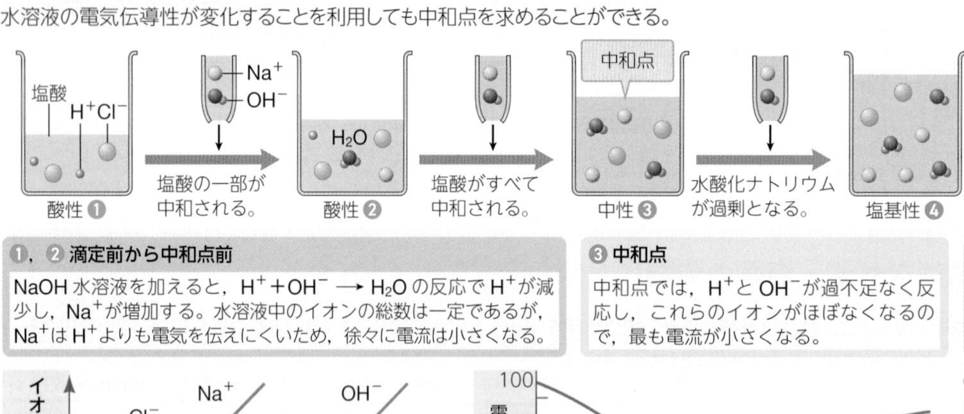

❶，❷ 滴定前から中和点前
NaOH 水溶液を加えると，$H^+ + OH^- \longrightarrow H_2O$ の反応で H^+ が減少し，Na^+ が増加する。水溶液中のイオンの総数は一定であるが，Na^+ は H^+ よりも電気を伝えにくいため，徐々に電流は小さくなる。

❸ 中和点
中和点では，H^+ と OH^- が過不足なく反応し，これらのイオンがほぼなくなるので，最も電流が小さくなる。

❹ 中和点後
中和点を過ぎると，NaOH が過剰となり，水溶液中のイオンの総数が増えていくため，電流は大きくなる。

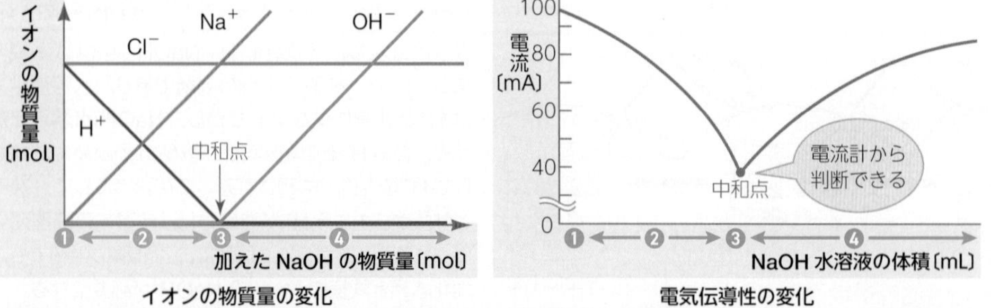

イオンの物質量の変化　　電気伝導性の変化

❶，❷，❸，❹と，それぞれ電流値の変化を調べていくと，中和点で最も電流値が小さくなるため，中和点を求めることができる。このような電気伝導性の変化を利用した中和滴定法は，おもに弱酸と弱塩基の中和滴定において用いられる。これは，弱酸と弱塩基の中和滴定では，適当な指示薬を使用して中和滴定を行うことが難しいためである。

Tips ホールピペットから流下した溶液は，最後の1，2滴が残ってしまう。その場合は，ホールピペットのふくらみの部分を手でおおって温めると，内部の空気を膨張させて落とすことができる（➡p.13）。

2 中和滴定曲線
neutralization titration curve

中和滴定において，加えた酸または塩基の体積と，混合水溶液の pH との関係を表す曲線を**中和滴定曲線**という。中和点における水溶液の pH は，中和で生じる正塩の水溶液の pH に相当し，必ずしも 7 (中性) とは限らない。

中和滴定曲線の見方

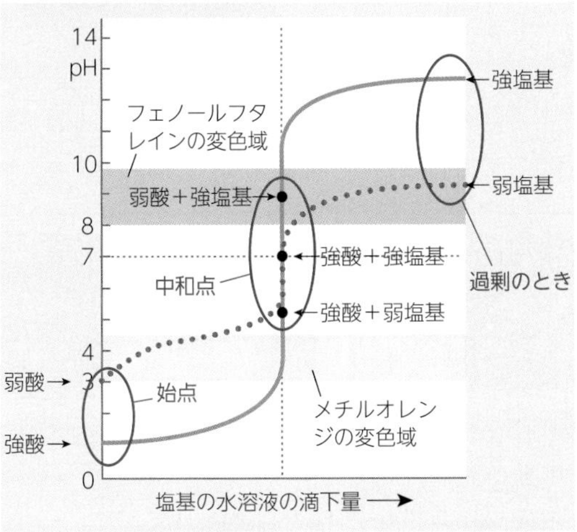

14
pH
フェノールフタレインの変色域
10
弱酸＋強塩基
8
7
中和点
4
3
弱酸→
始点
強酸→
0
強塩基
弱塩基
強酸＋強塩基
強酸＋弱塩基
過剰のとき
メチルオレンジの変色域
塩基の水溶液の滴下量 ⟶

注目するポイント

❶酸・塩基のどちらを滴下したか
中和滴定曲線が
右上がり⟶酸に塩基を滴下
右下がり⟶塩基に酸を滴下

❷酸・塩基の強弱
始点，中和点，過剰のときの pH から酸・塩基の強弱を判断する。

❸指示薬の決定
pH が急激に変化している範囲*に変色域が含まれる指示薬を用いる。
*中和点付近では，pH が急激に変化する。

■酸・塩基の組み合わせと指示薬

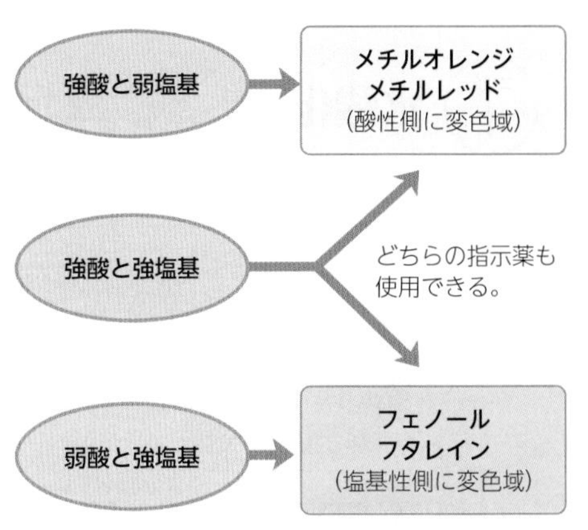

弱酸と弱塩基の中和の終点は指示薬では決めにくい。

強酸・強塩基型

$HCl + NaOH$

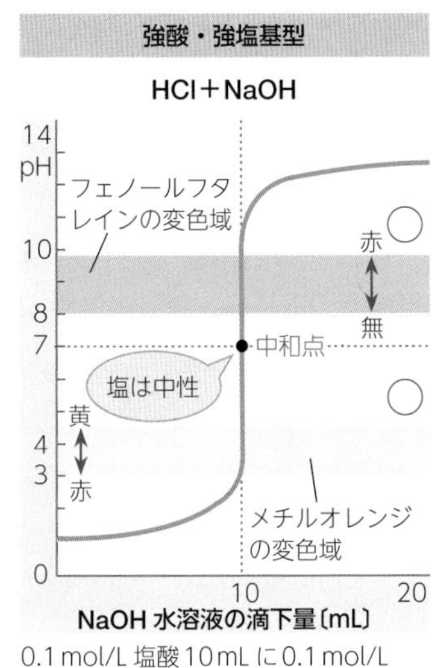

0.1 mol/L 塩酸 10 mL に 0.1 mol/L 水酸化ナトリウム水溶液を滴下

弱酸・強塩基型

$CH_3COOH + NaOH$

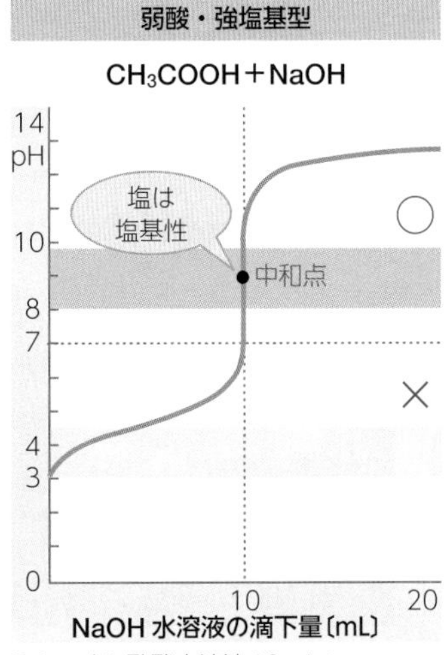

0.1 mol/L 酢酸水溶液 10 mL に 0.1 mol/L 水酸化ナトリウム水溶液を滴下

強酸・弱塩基型

$HCl + NH_3$

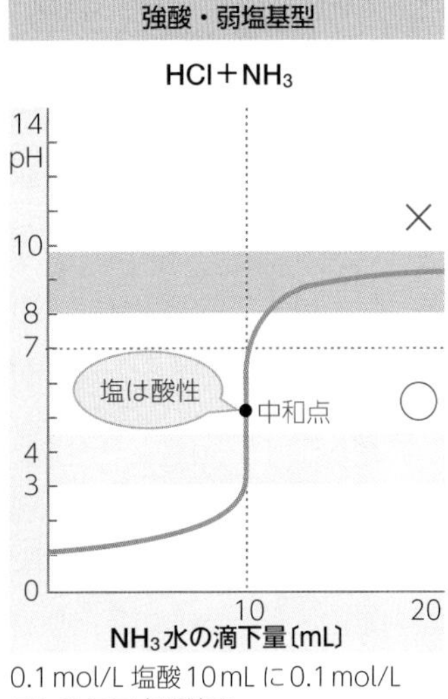

0.1 mol/L 塩酸 10 mL に 0.1 mol/L アンモニア水を滴下

弱酸・弱塩基型

$CH_3COOH + NH_3$

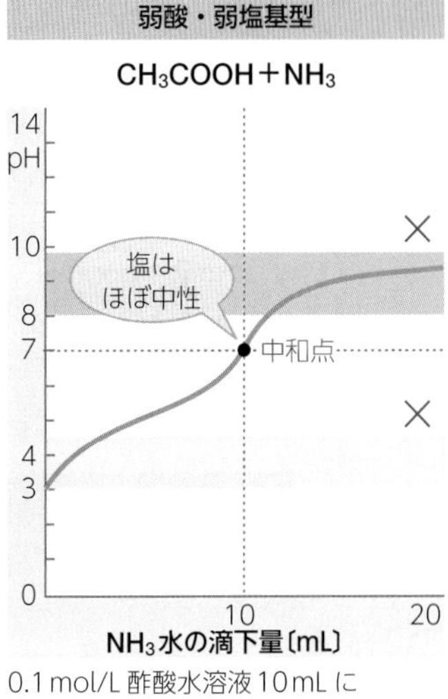

0.1 mol/L 酢酸水溶液 10 mL に 0.1 mol/L アンモニア水を滴下

強塩基・強酸型

$NaOH + HCl$

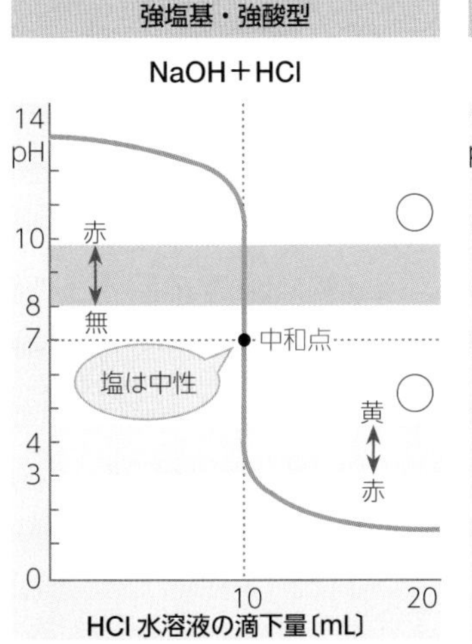

0.1 mol/L 水酸化ナトリウム水溶液 10 mL に 0.1 mol/L 塩酸を滴下

強塩基・弱酸型

$NaOH + CH_3COOH$

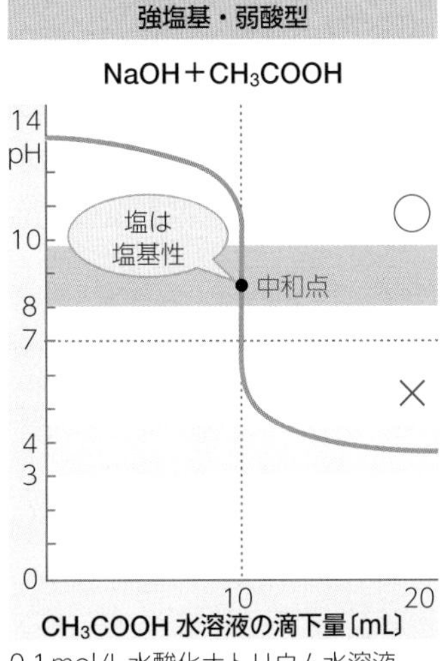

0.1 mol/L 水酸化ナトリウム水溶液 10 mL に 0.1 mol/L 酢酸水溶液を滴下

弱塩基・強酸型

$NH_3 + HCl$

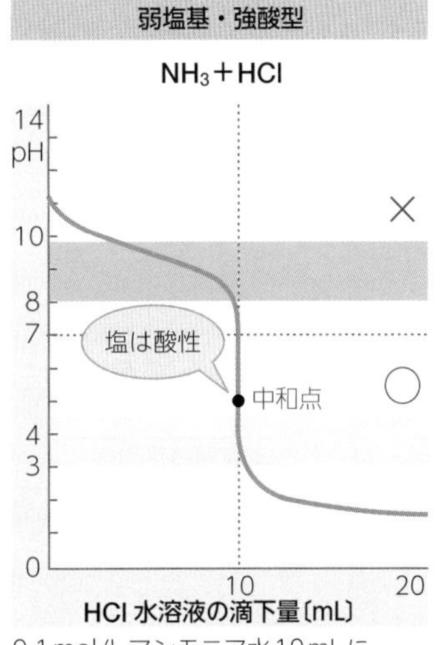

0.1 mol/L アンモニア水 10 mL に 0.1 mol/L 塩酸を滴下

弱塩基・弱酸型

$NH_3 + CH_3COOH$

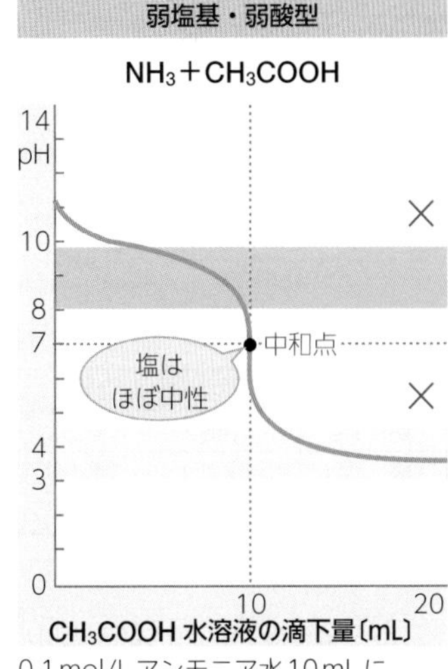

0.1 mol/L アンモニア水 10 mL に 0.1 mol/L 酢酸水溶液を滴下

Tips 19.95 mL の純粋な水に 0.10 mol/L の水酸化ナトリウム水溶液を 0.05 mL (ビュレットおよそ 1 滴) 加えると，$[OH^-] = 2.5 \times 10^{-4}$ mol/L となり，その pH は 10.4 である。このように，中和滴定における中和点付近での pH の変化は大きい。

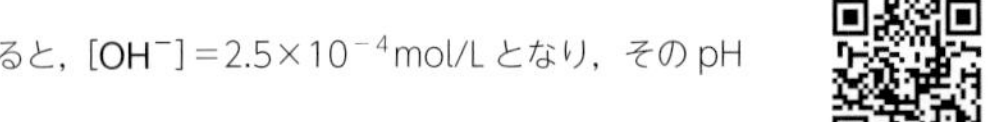

探究活動 4. 中和滴定

neutralization titration

目的 市販の食酢中に含まれる酢酸の濃度を中和滴定で求めてみよう。

実験1 滴定に用いるNaOH水溶液の濃度の決定 → 実験2 NaOH水溶液を用いて食酢の濃度を決定

実験1 水酸化ナトリウム水溶液の濃度の決定(➡ p.77 PLUS)

1. シュウ酸の標準溶液100 mL の調製

秤量びんを使ってシュウ酸二水和物の質量を正確にはかる。

測定値 0.630 g

はかりとったシュウ酸二水和物を少量の水に溶かす。

シュウ酸水溶液をメスフラスコ(100 mL)に入れる。少量の水でビーカーを洗い，その洗液もメスフラスコに入れる。

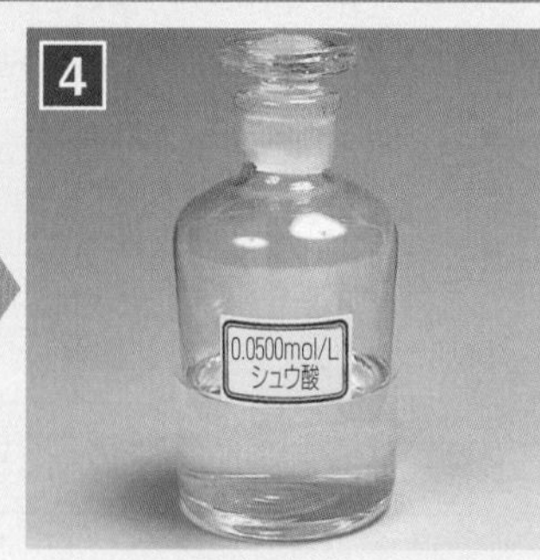

スポイトで正確に標線まで水を入れたのち，栓をしてよく混ぜる。試薬びんに移して保存する。

2. 水酸化ナトリウム水溶液(約0.1mol/L)の調製

天秤で約0.8 g の水酸化ナトリウムをはかりとる。

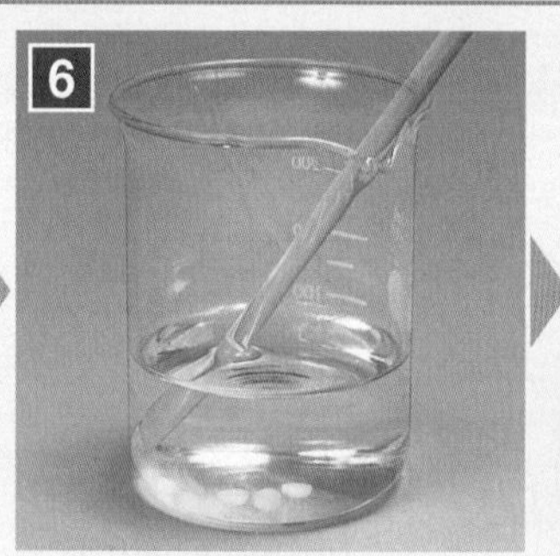

はかりとった水酸化ナトリウムを約200 mL の水に溶かす。

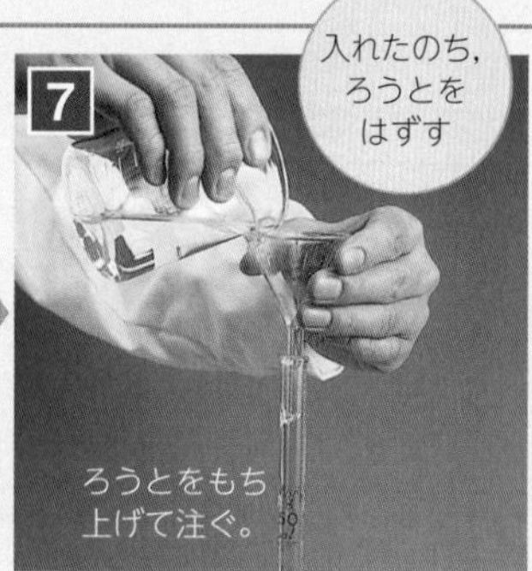

ビュレットの活栓を閉めた状態で，水酸化ナトリウム水溶液を入れる。

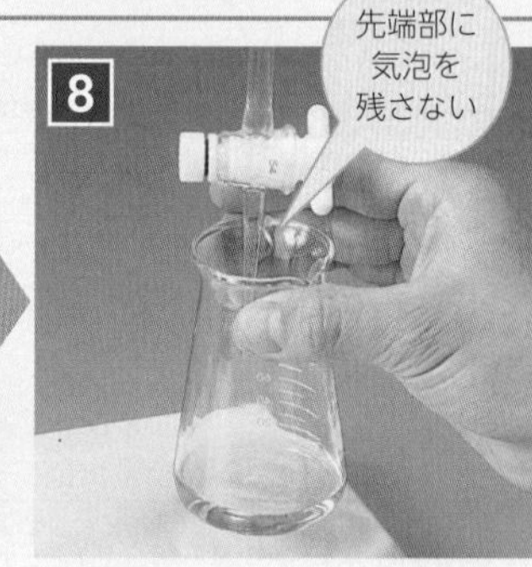

活栓を開き，ビュレットの先端まで水酸化ナトリウム水溶液を満たす。

考察1 水酸化ナトリウム水溶液のモル濃度を求めよ。

シュウ酸二水和物 $(COOH)_2 \cdot 2H_2O$ 0.630 g (5.00×10^{-3} mol)を水に溶かして100 mL にした水溶液のモル濃度は，

$$\frac{5.00 \times 10^{-3}\,\text{mol}}{0.100\,\text{L}} = 5.00 \times 10^{-2}\,\text{mol/L}$$

9 ～ 12 で NaOH 水溶液を滴定した結果は次のようになる。

	1回	2回	3回
始点	0.82	4.32	4.65
終点	12.40	15.89	16.21
滴定量	11.58	11.57	11.56

▶ 滴定量の平均値 11.57 mL

水酸化ナトリウム水溶液のモル濃度を x〔mol/L〕とすると，

$$2 \times 5.00 \times 10^{-2}\,\text{mol/L} \times \frac{10.0}{1000}\,\text{L} = 1 \times x\,\text{〔mol/L〕} \times \frac{11.57}{1000}\,\text{L}$$

$$x = 8.64 \times 10^{-2}\,\text{mol/L}$$

考察2 うすめた食酢中の酢酸のモル濃度を求めよ。ただし，食酢中の酸は酢酸だけとする。

13 ～ 15 の滴定結果をまとめると，次のようになる。

	1回	2回	3回
始点	5.06	1.62	2.74
終点	13.37	9.87	11.03
滴定量	8.31	8.25	8.29

▶ 滴定量の平均値 8.28 mL

うすめた食酢中の酢酸のモル濃度を y〔mol/L〕とすると，中和の公式から，次のように求めることができる。

$$1 \times y\,\text{〔mol/L〕} \times \frac{10.0}{1000}\,\text{L} = 1 \times 8.64 \times 10^{-2}\,\text{mol/L} \times \frac{8.28}{1000}\,\text{L}$$

$$y = 7.15 \times 10^{-2}\,\text{mol/L}$$

Tips ホウレンソウを生食したときの苦味は，おもにシュウ酸によるものである(0.6～1.0%)。また，サトイモや未成熟のパイナップルなどにも含まれるシュウ酸カルシウムは針状結晶で，そのまま摂取すると痛みを伴う。シュウ酸カルシウムは尿路結石の主成分でもある。

準備	薬品	器具
	シュウ酸二水和物 $(COOH)_2 \cdot 2H_2O$，水酸化ナトリウム，市販の食酢，フェノールフタレイン溶液，蒸留水	電子天秤，秤量びん，スポイト，ビーカー(100mL，200mL)，メスフラスコ(100mL)，ろうと，ビュレット(25mL)，ホールピペット(10mL)，コニカルビーカー(100mL)，ガラス棒

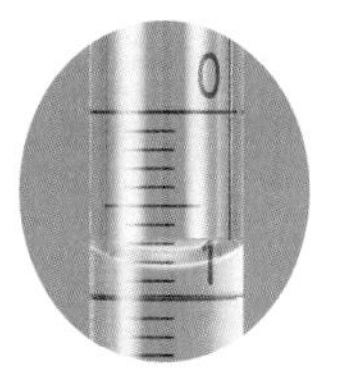

0.82mL

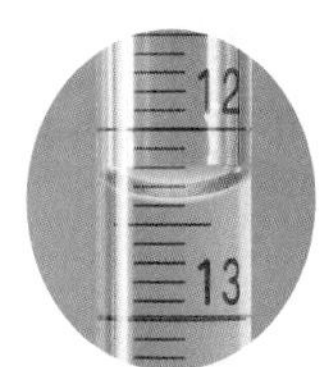

12.40mL

3. 水酸化ナトリウム水溶液の正確なモル濃度を求める。

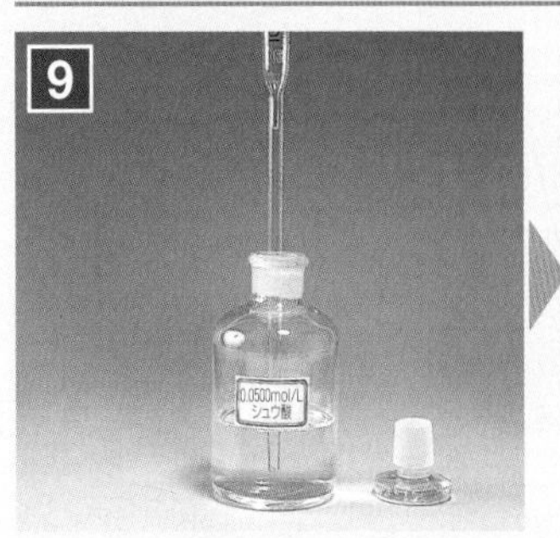

シュウ酸の標準水溶液 10mL をホールピペットで正確にはかりとる。

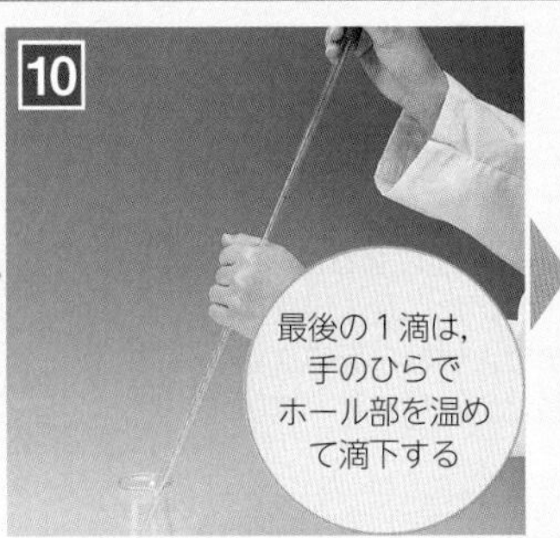

10
最後の1滴は，手のひらでホール部を温めて滴下する

コニカルビーカーに移したのち，フェノールフタレイン溶液を1〜2滴加える。

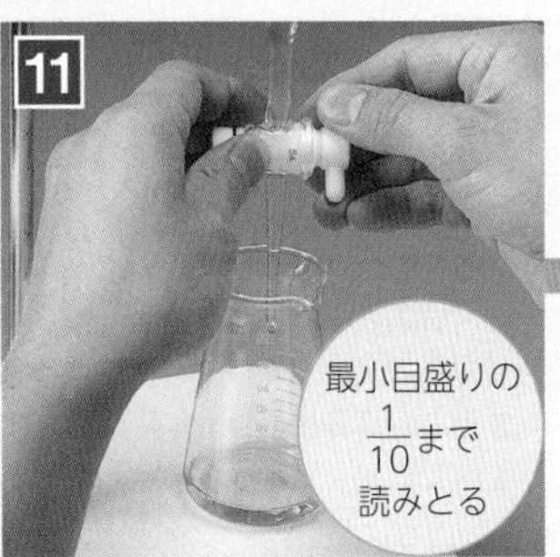

ビュレットの目盛り(始点)を読んだのち，コニカルビーカーを振り混ぜながら水酸化ナトリウム水溶液を滴下する。

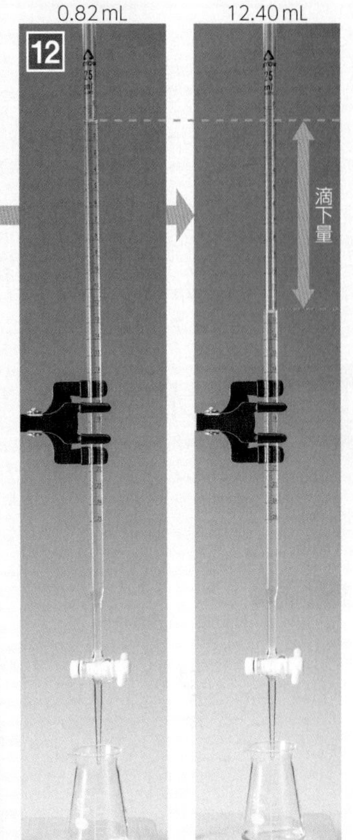

振り混ぜても赤色が消えなくなったら滴下をやめ，ビュレットの目盛り(終点)を読む。

操作9〜12を3回繰り返す。

実験2 食酢の濃度の決定

4. 食酢を10倍にうすめ，その正確な濃度を求める。

食酢 10mL をホールピペットで正確にはかりとってメスフラスコ(100mL)に入れ，水を標線まで加えて10倍にうすめる。

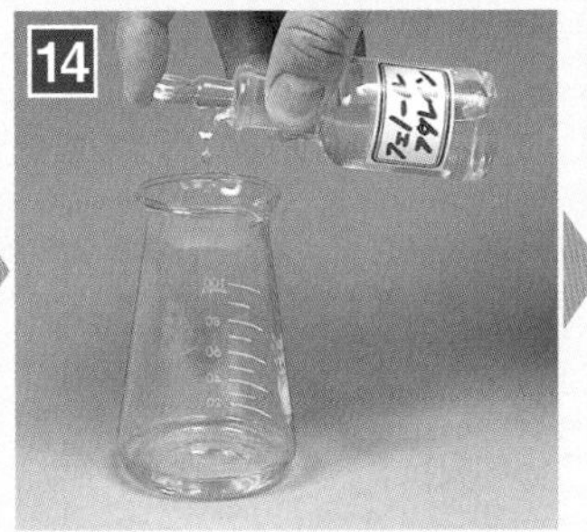

うすめた食酢 10mL をホールピペットでコニカルビーカーにとり，フェノールフタレイン溶液を1〜2滴加える。

始点を読んだのち，水酸化ナトリウム水溶液を，溶液全体がうすい赤色になるまで滴下して，終点を読む。

操作14〜15を3回繰り返す。

考察3 食酢の密度を1.01g/cm³として，食酢の質量パーセント濃度を求めよ。

もとの食酢の濃度は10倍なので，

$7.15 \times 10^{-2}\text{mol/L} \times 10 = 0.715\text{mol/L}$

よって，水溶液1L中に酢酸 CH_3COOH(分子量60.0)が0.715mol含まれることがわかる。したがって，食酢の質量パーセント濃度は次のように求められる。

$$\text{質量パーセント濃度} = \frac{\text{食酢中の酢酸の質量}}{\text{食酢の質量}} \times 100$$

$$= \frac{60.0\,\text{g/mol} \times 0.715\,\text{mol}}{1.01\,\text{g/cm}^3 \times 1000\,\text{cm}^3} \times 100 = 4.25$$

4.25%

PLUS 標準溶液の調製

標準溶液を調製するには，純度の高い安定な物質が必要であり，シュウ酸二水和物がよく用いられる。水酸化ナトリウムは，空気中の水分を吸収して溶ける性質(**潮解性**)が強く，空気中の二酸化炭素とも容易に反応するため，高純度のものを得にくい。

そこで，およその質量をはかりとり，その溶液をシュウ酸の標準溶液で中和滴定し，正確な濃度が求められる。

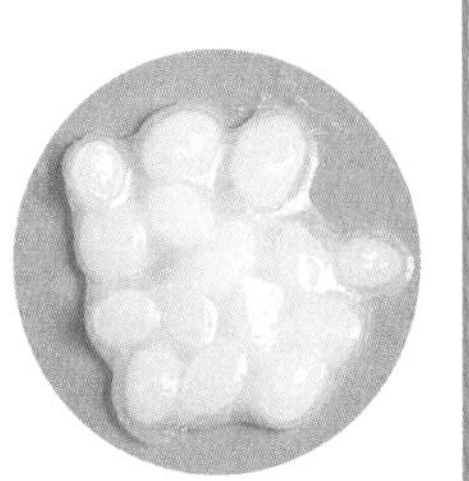
潮解した NaOH

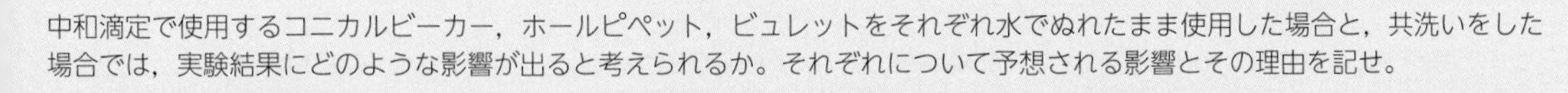

チャレンジ課題 共洗いの適否

中和滴定で使用するコニカルビーカー，ホールピペット，ビュレットをそれぞれ水でぬれたまま使用した場合と，共洗いをした場合では，実験結果にどのような影響が出ると考えられるか。それぞれについて予想される影響とその理由を記せ。

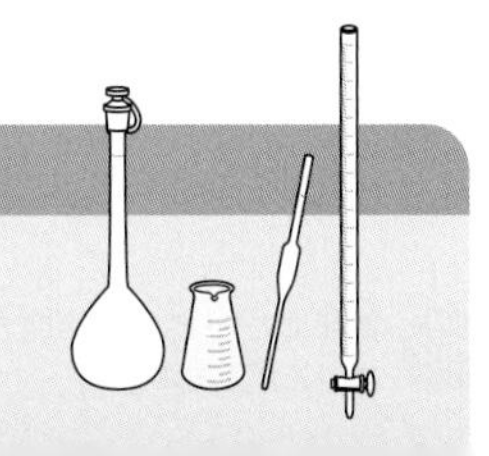

10 中和滴定の応用 基礎

1 炭酸ナトリウムの二段階滴定

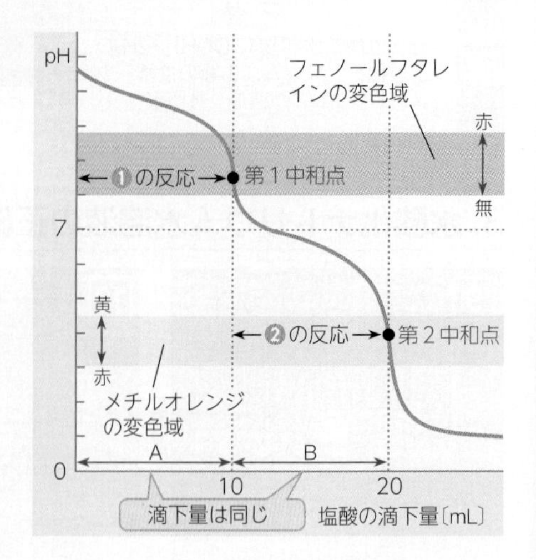

炭酸ナトリウムNa_2CO_3水溶液は，塩の加水分解によって塩基性を示す。塩酸（HClの水溶液）を用いて，この水溶液の中和滴定を行うと，右図のような，２つの中和点をもつ中和滴定曲線が得られる。これは，次のような２段階の反応が起こるためである。

$Na_2CO_3 + HCl \longrightarrow NaCl + NaHCO_3$ …❶
$NaHCO_3 + HCl \longrightarrow NaCl + H_2O + CO_2$ …❷

式❶の終点（第１中和点）は，炭酸水素ナトリウム$NaHCO_3$の加水分解によって弱い塩基性になるため，フェノールフタレインの変色で知ることができる。式❷の終点（第２中和点）では，生じた二酸化炭素によって酸性になるため，メチルオレンジの変色が見られる。式❶の反応が終わるまで，式❷の反応は起こらないため，図中のA，Bの滴下量は等しくなる。この関係を利用すると，水酸化ナトリウムと炭酸ナトリウムの混合水溶液も二段階滴定によって定量できる。

例題 水酸化ナトリウムと炭酸ナトリウムの混合水溶液の中和滴定

濃度不明の水酸化ナトリウム$NaOH$と炭酸ナトリウムNa_2CO_3の混合水溶液20mLをとり，フェノールフタレインを指示薬にして，1.0mol/L塩酸で中和滴定を行うと，塩酸を15.0mL滴下したところで，赤色が消えて無色になった。次に，その水溶液にメチルオレンジを数滴加え，塩酸をさらに滴下していくと，滴下した量が20.0mLになったところで，水溶液の色が黄色から赤色に変化した。この水溶液20.0mL中に含まれていた水酸化ナトリウムと炭酸ナトリウムの物質量は，それぞれ何molか。

解説

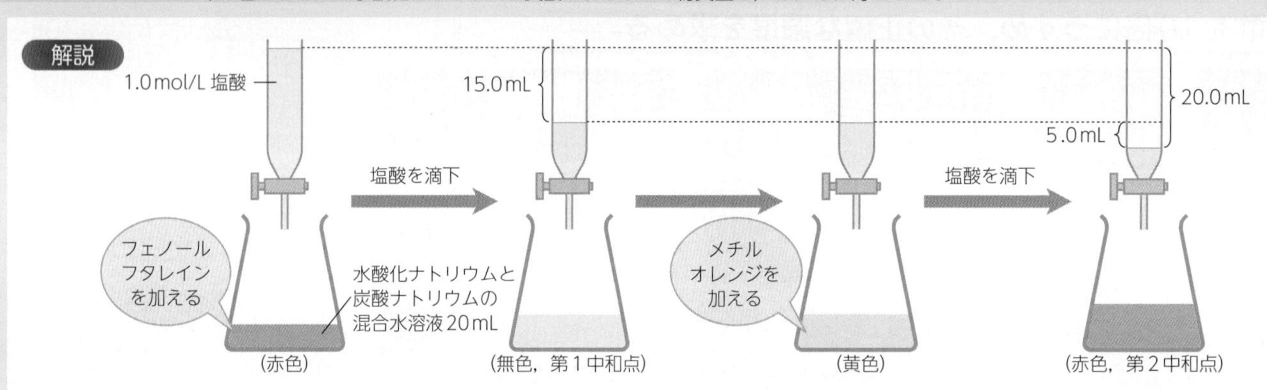

$NaOH$，Na_2CO_3，$NaHCO_3$の塩基性の強さは，$NaOH > Na_2CO_3 > NaHCO_3$の順である。$HCl$は，この順にそれぞれと反応する。炭酸ナトリウムと水酸化ナトリウムの混合水溶液の中和滴定では，まず，第１段階で，$NaOH$とHClの中和，およびNa_2CO_3とHClから$NaHCO_3$が生じる変化が起こる。第２段階では，$NaHCO_3$とHClの反応が起こる。

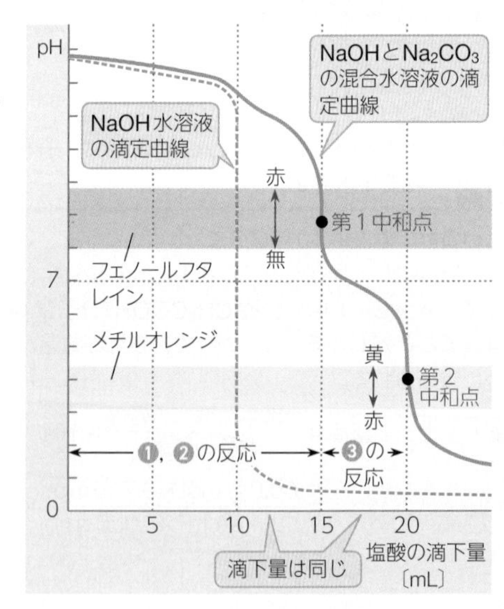

第１中和点までは，次の式❶，❷の変化が起こる。

$NaOH + HCl \longrightarrow NaCl + H_2O$ …❶
$Na_2CO_3 + HCl \longrightarrow NaCl + NaHCO_3$ …❷

混合水溶液中の$NaOH$の物質量をx〔mol〕，Na_2CO_3の物質量をy〔mol〕とすると，式❶，❷から，$(x+y)$〔mol〕は，第１中和点までに要したHClの物質量に等しい。

$$(x+y)\text{〔mol〕} = 1.0\,\text{mol/L} \times \frac{15.0}{1000}\,\text{L} = 0.015\,\text{mol}$$

次に，第１中和点から第２中和点までは，次の式❸の変化が起こる。

$NaHCO_3 + HCl \longrightarrow NaCl + H_2O + CO_2$ …❸

式❷の反応で生じた$NaHCO_3$の物質量はy〔mol〕であり，式❸から，これは，第１中和点から第２中和点の間の中和に要したHClの物質量に等しい。

$$y\text{〔mol〕} = 1.0\,\text{mol/L} \times \frac{20.0-15.0}{1000}\,\text{L} = \mathbf{0.0050\,mol}$$

したがって，$x = 0.015\,\text{mol} - 0.0050\,\text{mol} = \mathbf{0.010\,mol}$

Tips 水酸化ナトリウムと炭酸ナトリウムの混合水溶液の滴定では，pH指示薬の色の混合を防ぐため，第１中和点が過ぎて，フェノールフタレインの赤色が消えたら，メチルオレンジを加える。

2 逆滴定 back titration

二酸化炭素やアンモニアなどの気体を直接中和滴定し，定量することは難しい。このため，二酸化炭素を過剰の塩基に吸収させたり，アンモニアを過剰の酸に吸収させたりして，残った未反応の塩基や酸をそれぞれ滴定する。このような定量法は**逆滴定**とよばれる。

例題 空気中の二酸化炭素の定量

0.0050 mol/L の水酸化バリウム $Ba(OH)_2$ 水溶液 100 mL に空気 10 L を通じ，空気中の二酸化炭素をすべて吸収させた。反応後の水溶液をろ過し，そのろ液を 10 mL とり，メチルオレンジを数滴加えて，0.010 mol/L 塩酸で中和滴定を行ったところ，7.4 mL を要した。空気 10 L 中に含まれていた二酸化炭素の物質量は何 mol か。

解説

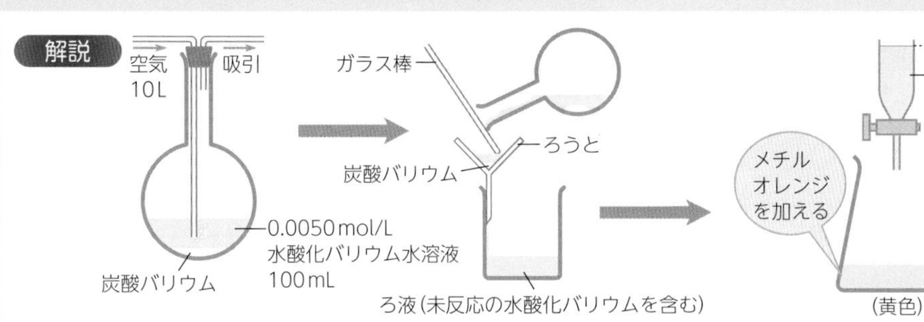

❶ $Ba(OH)_2$ 水溶液に空気を通じると，空気中の CO_2 が吸収されて $BaCO_3$ が沈殿する。
$Ba(OH)_2 + CO_2 \longrightarrow BaCO_3\downarrow + H_2O$ …①

❷ろ過して炭酸バリウムの沈殿を除く。ろ液には未反応の $Ba(OH)_2$ が含まれる。

❸ろ液を 10.0 mL 取り，未反応の $Ba(OH)_2$ を塩酸で滴定する。
$Ba(OH)_2 + 2HCl \longrightarrow BaCl_2 + 2H_2O$ …②

❹中和点では，赤色の溶液になる。

解 Answer

この反応における各物質の量的関係は次のようになる。

$Ba(OH)_2$ の物質量	
$BaCO_3$（すなわち CO_2）の物質量	ここを中和滴定

空気 10 L 中の CO_2 の物質量を x〔mol〕とすると，式①から，x は CO_2 と反応した $Ba(OH)_2$ の物質量と等しいので，未反応の $Ba(OH)_2$ は，

$$Ba(OH)_2 \text{の物質量} = 0.0050\,\text{mol/L} \times \frac{100}{1000}\,\text{L} - x\,\text{〔mol〕}$$

ろ液 10 mL（もとのろ液の $\frac{1}{10}$ の量）を塩酸で中和滴定（式②）したので，中和の量的関係から，次式が成立する。

$$\underbrace{\left(0.0050\,\text{mol/L} \times \frac{100}{1000}\,\text{L} - x\,\text{〔mol〕}\right) \times 2 \times \frac{1}{10}}_{Ba(OH)_2\text{から生じる}OH^-\text{の物質量}} = \underbrace{0.010\,\text{mol/L} \times \frac{7.4}{1000}\,\text{L} \times 1}_{HCl\text{から生じる}H^+\text{の物質量}}$$

したがって，$x = 1.3 \times 10^{-4}$ mol

例題 アンモニアの定量

濃度不明の塩化アンモニウム水溶液 25.0 mL をフラスコに入れ，濃い水酸化ナトリウム水溶液を十分に加えて加熱し，アンモニアを発生させた。このアンモニアを，0.100 mol/L の硫酸水溶液 50.0 mL にすべて吸収させたのち，メチルレッドを数滴加え，0.100 mol/L 水酸化ナトリウム水溶液で中和滴定を行ったところ，25.0 mL を要した。硫酸水溶液に吸収されたアンモニアの物質量は何 mol か。

解説

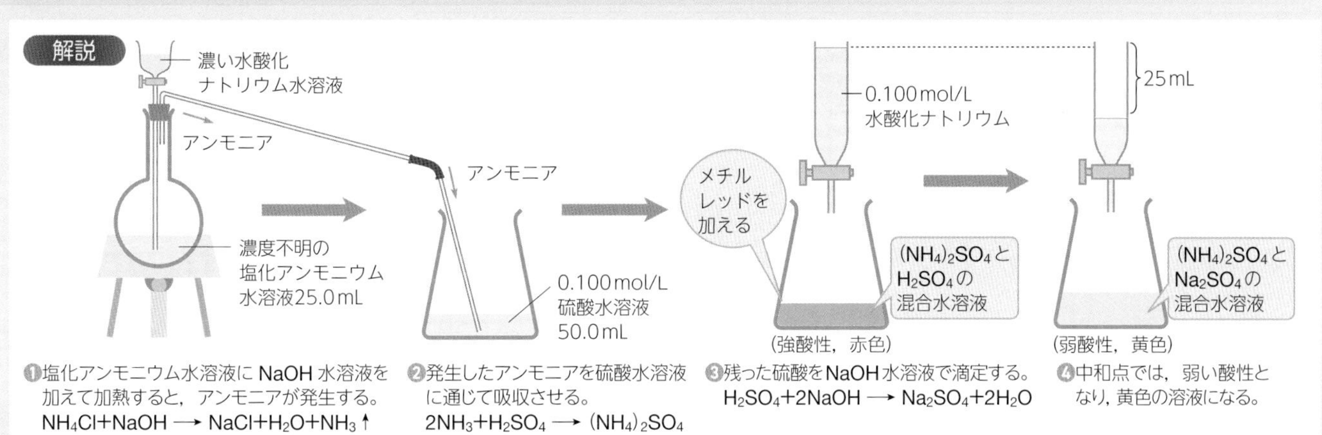

❶塩化アンモニウム水溶液に NaOH 水溶液を加えて加熱すると，アンモニアが発生する。
$NH_4Cl + NaOH \longrightarrow NaCl + H_2O + NH_3\uparrow$

❷発生したアンモニアを硫酸水溶液に通じて吸収させる。
$2NH_3 + H_2SO_4 \longrightarrow (NH_4)_2SO_4$

❸残った硫酸を NaOH 水溶液で滴定する。
$H_2SO_4 + 2NaOH \longrightarrow Na_2SO_4 + 2H_2O$

❹中和点では，弱い酸性となり，黄色の溶液になる。

解 Answer

H_2SO_4 が放出する H^+	
NH_3 が受け取る H^+	ここを中和滴定

吸収された NH_3 の物質量を x〔mol〕とすると，消費された H_2SO_4 は $\frac{1}{2}x$〔mol〕なので，水溶液中に残る H_2SO_4 の物質量は，

$$H_2SO_4 \text{の物質量} = 0.100\,\text{mol/L} \times \frac{50.0}{1000}\,\text{L} - \frac{1}{2}x\,\text{〔mol〕}$$

この中和滴定では，次の化学反応式で示される中和が起こる。

$$H_2SO_4 + 2NaOH \longrightarrow Na_2SO_4 + 2H_2O$$

中和の量的関係から，次式が成り立つ。

$$\underbrace{\left(0.100\,\text{mol/L} \times \frac{50.0}{1000}\,\text{L} - \frac{1}{2}x\,\text{〔mol〕}\right) \times 2}_{H_2SO_4\text{から生じる}H^+\text{の物質量}} = \underbrace{0.100\,\text{mol/L} \times \frac{25.0}{1000}\,\text{L} \times 1}_{NaOH\text{から生じる}OH^-\text{の物質量}}$$

したがって，$x = 7.50 \times 10^{-3}$ mol

Tips 食品中のタンパク質の量は，中和滴定を利用したケルダール法で測定される。まず，タンパク質を硫酸で分解し，硫酸アンモニウムとする。これに NaOH を加え，遊離してきたアンモニアを酸の水溶液に吸収させて，残った酸を滴定する。求めたアンモニアの量からタンパク質のおよその量が算出される。

特集3 身のまわりの酸と塩基

① 身近な酸・塩基

ⓐ 日常生活における酸・塩基の利用

❶ 発泡入浴剤

発泡入浴剤には炭酸水素ナトリウム $NaHCO_3$ と，フマル酸（➡p.238）などの酸が含まれている。$NaHCO_3$ は弱酸の塩であり，フマル酸は炭酸よりも強い酸であるため，お湯に溶けると，弱酸の二酸化炭素 CO_2 が遊離し，発泡する。

$$2NaHCO_3 + C_2H_2(COOH)_2 \longrightarrow C_2H_2(COONa)_2 + 2H_2O + 2CO_2\uparrow$$

❷ 化粧品

クエン酸，水酸化ナトリウムなどは，化粧品の pH 調整剤に用いられる。肌は通常，弱酸性に保たれており，肌の pH から遠ざかるにつれて，肌への刺激が強くなる。肌の pH に近い pH を保つために pH 調整剤が含まれる。pH 調整剤は，市販のおにぎりにも使われており，pH を弱酸性に保って，菌が繁殖しないようにしている。

❸ 色が消えるのり

塩基性では青色，中和されると無色を示す pH 指示薬が含まれている。ぬったときには色がついているが，空気中の二酸化炭素で中和されると色が消える。

❹ アリの毒液

日本のアリの多くは，巣を守るために，外敵を攻撃する毒液をもっている。毒液には，ギ酸 HCOOH とよばれる酸が含まれる（➡p.238）。

ギ酸 H−C−O−H（C=O）

刺激臭のある無色の有毒な液体で，水によく溶け，酸性を示す。

❺ 酸性タイプの洗剤

塩酸が含まれている。トイレの汚れには，リン酸カルシウム $Ca_3(PO_4)_2$ などの塩が含まれており，塩と塩酸の反応によって，汚れを落とすことができる。

$$Ca_3(PO_4)_2 + 6HCl \longrightarrow 2H_3PO_4 + 3CaCl_2$$

❻ 塩基性タイプの洗剤

水酸化ナトリウムが含まれている。排水口の汚れは，油汚れや髪の毛などであり，油汚れは酸性であるため，中和によって落とされる。また，髪の毛はタンパク質でできており，塩基性の溶液で溶かすことができる。

❼ ヨーグルト

牛乳に乳酸菌を加えると，牛乳中のラクトース（乳糖）が分解され，乳酸が生じる。生じた乳酸によって，牛乳中のタンパク質が固められて（変性➡p.279），ヨーグルトができる。

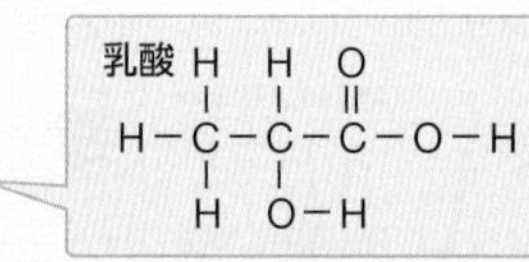

❽ 胃薬

胃液は，塩酸を含んでおり，pH1.0〜3.0 の強い酸性を示す。そのため，胃酸が出すぎると，胃痛がひきおこされる。胃薬には，炭酸水素ナトリウムや，水酸化マグネシウムなどが加えられたものがあり，胃酸中の塩酸と次のように中和する。

$$HCl + NaHCO_3 \longrightarrow NaCl + CO_2 + H_2O$$
$$2HCl + Mg(OH)_2 \longrightarrow MgCl_2 + 2H_2O$$

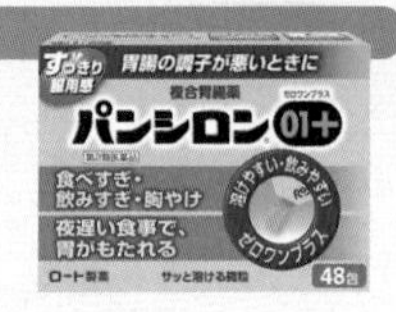

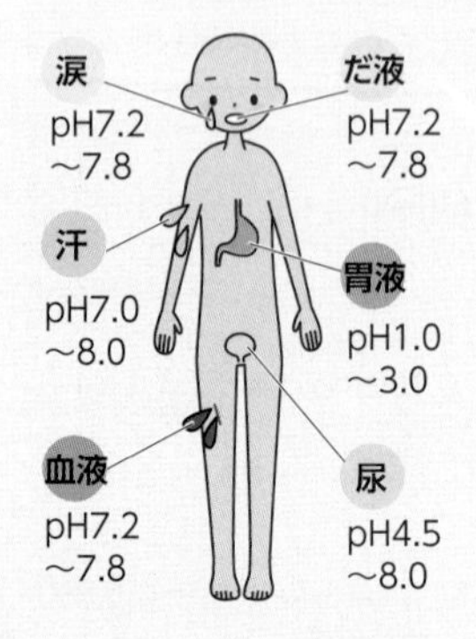

ⓑ 体液の pH と中和

体液も，その種類によってさまざまな pH の値を示す。

虫歯とだ液の働き　口の中の細菌は，歯の表面に付着して歯垢（プラーク）をつくり，飲食後，炭水化物などを代謝して，酸をつくる。その酸が，歯の表面を構成するリン酸カルシウムなどを溶かし，やがて穴があいてしまうと虫歯になる。飲食後は，細菌が酸をつくるため，プラークの pH は酸性に傾いていく。しかし，プラークの pH は，だ液の働きによって，しだいに飲食前の pH にもどる。だ液中には炭酸水素イオン HCO_3^- が含まれ，細菌がつくった酸を，次のように中和する。

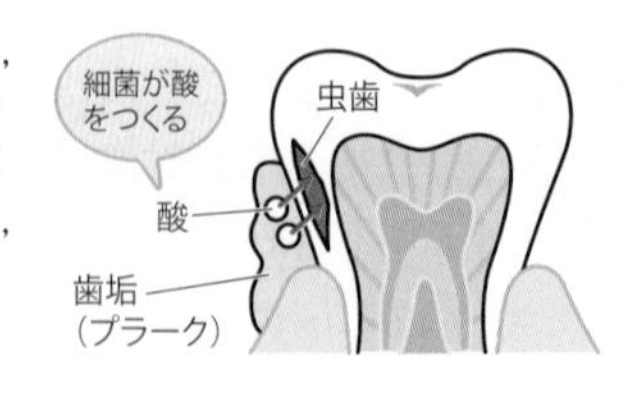

$$H^+ + HCO_3^- \longrightarrow H_2CO_3$$

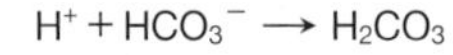

だ液は酸を中和し，また，酸によって溶けたカルシウムやリンを歯の表面にもどす働きがある。これを再石灰化という。間食が多いと，再石灰化が追いつかず，虫歯になりやすくなってしまう。

POINT 1 身のまわりには，酸・塩基を利用したものが数多く存在している。

POINT 2 温泉は，含まれる成分によって，さまざまな pH を示す。

② 自然界の酸・塩基

ⓐ 温泉の pH

日本は全国各地に温泉が湧く温泉大国である。温泉は，そのなりたちによって，成分もさまざまであり，酸性を示すものや塩基性を示すものがある。湧出時の pH の値によって，温泉は次のように分類される。

pH	液性
3.0 以下	酸性泉
3.0~6.0	弱酸性泉
6.0~7.5	中性泉
7.5~8.5	弱アルカリ性泉
8.5 以上	アルカリ性泉

温泉の pH の値は，地下水に溶けこむ物質の種類と量によって異なる。

（酸性泉・弱酸性泉）火山性温泉に多く，殺菌力があり，ピリピリとした感触が特徴である。火山の下には高温（約 800~1200℃）のマグマや高温高圧の火山ガス，熱水がある。地下水とこれらが接触すると，火山ガス中の硫化水素 H_2S や二酸化硫黄 SO_2，塩化水素 HCl，二酸化炭素 CO_2 などが溶けこんで温泉水となる。

（中性泉・弱アルカリ性泉・アルカリ性泉）平野部の非火山性温泉に多い。アルカリ性の温泉は，皮膚の角質層を柔らかくするため，すべすべした感触が特徴である。雨水が地中に浸透していくとき，深くなるにつれて水温は上昇していく。高温になった地下水が，周囲の岩石と接触すると，岩石中に含まれる物質が地下水に溶けこんで温泉水となる。岩石の種類が異なると，温泉の成分も異なる。

ⓑ 日本の温泉の酸・塩基別 pH ランキング

酸性の強い温泉 TOP3		
1位	玉川温泉（秋田県）	pH1.2
2位	蔵王（ざおう）温泉（山形県）	pH1.25~1.6
3位	酸ヶ湯（すかゆ）温泉（青森県）	pH1.7

アルカリ性の強い温泉 TOP3		
1位	都幾川（ときがわ）温泉（埼玉県）	pH11.3
1位	飯山温泉（神奈川県）	pH11.3
3位	白馬八方（はくばはっぽう）温泉（長野県）	pH11.2

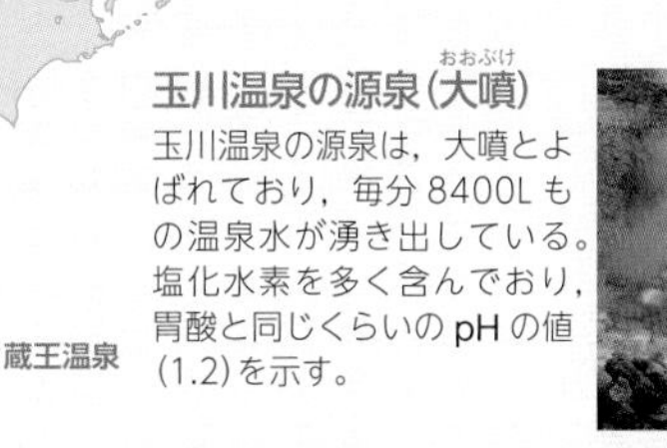

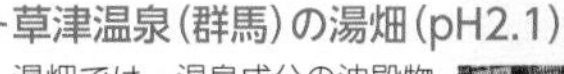

都幾川温泉
ナトリウム，カルシウム，炭酸，メタケイ酸イオン SiO_3^{2-} を多く含んでいる。pH の値は 11.3 を示し，セッケン水よりも高い。

長湯温泉（大分）
二酸化炭素が溶けこんだ炭酸泉に入ると，二酸化炭素が体内に吸収され，血管が拡張して，血流がよくなる。湯温が高いと二酸化炭素が空気中に出てしまうため（➡p. 120），湯温は低めに設定されている。

玉川温泉の源泉（大噴（おおぶけ））
玉川温泉の源泉は，大噴とよばれており，毎分 8400L もの温泉水が湧き出している。塩化水素を多く含んでおり，胃酸と同じくらいの pH の値（1.2）を示す。

草津温泉（群馬）の湯畑（pH2.1）
湯畑では，温泉成分の沈殿物である湯の花がつくられている。硫化水素 H_2S を含む温泉水を数本の樋に流し，外気温で温度を下げ，空気中の酸素 O_2 と接触させて湯の花が得られる。

$$2H_2S + O_2 \longrightarrow 2S + 2H_2O$$

湯の花

PLUS 河川の中和

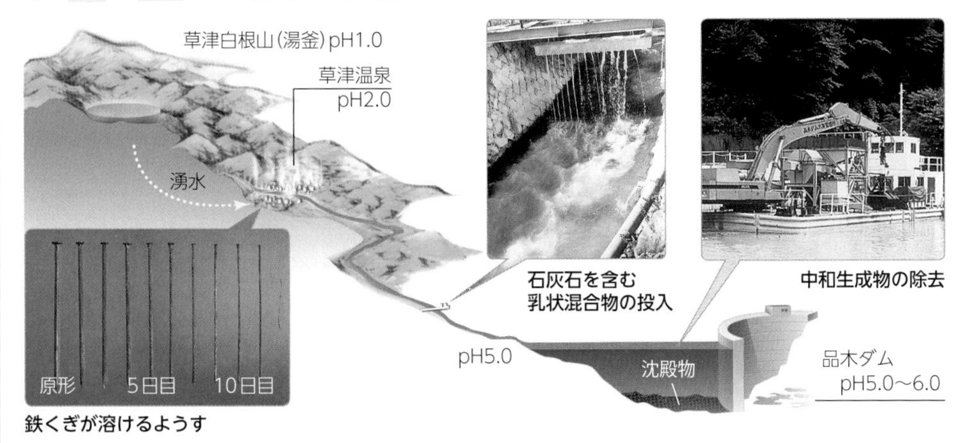

鉄くぎが溶けるようす

草津白根山の周辺には，草津温泉のような強酸性の温泉が数多く存在しており，その周辺の河川では魚がすめなくなるなどの影響が出ていた。群馬県西北部を流れる吾妻川（あがつまがわ）もその影響を受けた河川の一つである。そこで，1963 年，上流に中和工場がつくられ，水質の改善事業が始まった。中和には，石灰石の粉末と水を混ぜ合わせた乳状の混合物が用いられる。これを投入して生じた中和生成物は，下流のダムに沈殿させたのち，浚渫（しゅんせつ）船で除去される。このようにして処理された水は，ほぼ中性に近く，農業用水や工業用水として利用されている。

NET Research 品木ダム水質管理所
http://www.ktr.mlit.go.jp/sinaki/ 酸性河川の中和事業が，写真や図を交えて解説されている。

11 酸化と還元 基礎

1 酸化・還元と酸素原子の授受
oxidation　reduction

酸化　物質が酸素原子を受け取る変化。

還元　物質が酸素原子を失う変化。

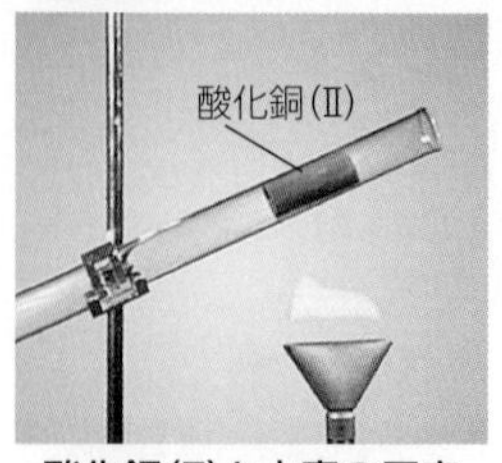

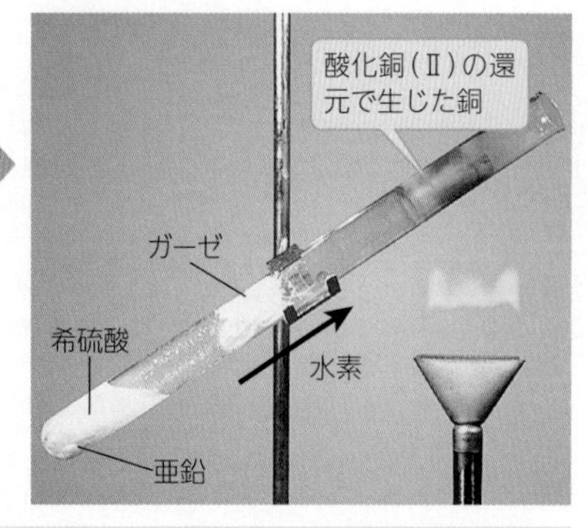

酸化銅(Ⅱ)と水素の反応
黒色の酸化銅(Ⅱ) CuO に水素 H_2 を通じて加熱すると，赤色の銅 Cu に変化する。

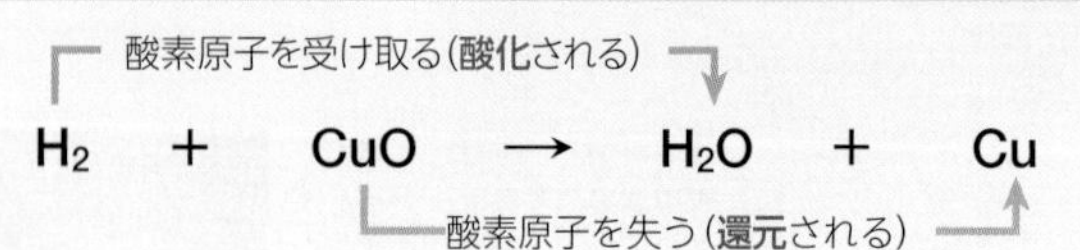

酸素原子を受け取る(**酸化**される)

$$H_2 + CuO \longrightarrow H_2O + Cu$$

酸素原子を失う(**還元**される)

2 酸化・還元と水素原子の授受

酸化　物質が水素原子を失う変化。

還元　物質が水素原子を受け取る変化。

ヨウ素溶液と硫化水素の反応
褐色のヨウ素 I_2 溶液に硫化水素 H_2S を通じると，硫黄 S が生じて白濁する。

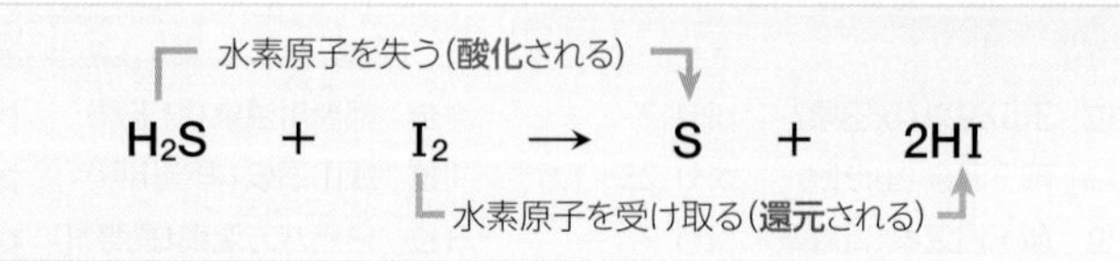

水素原子を失う(**酸化**される)

$$H_2S + I_2 \longrightarrow S + 2HI$$

水素原子を受け取る(**還元**される)

3 酸化・還元と電子の授受

酸化　物質が電子を失う変化。

還元　物質が電子を受け取る変化。

酸化と還元は常に同時におこり，このような反応を**酸化還元反応**という。

濃塩酸
塩素
塩素が発生
さらし粉
ヨウ素の生成

ヨウ化カリウム水溶液と塩素の反応
無色のヨウ化カリウム KI 水溶液に塩素 Cl_2 を通じると，ヨウ素 I_2 が生じて赤褐色になる。この反応は，酸素原子や水素原子の授受はないが，酸化還元反応である。

$$2KI + Cl_2 \longrightarrow I_2 + 2KCl$$

このとき，ヨウ化物イオン I^- と塩素との間で，次のように電子の授受がある。

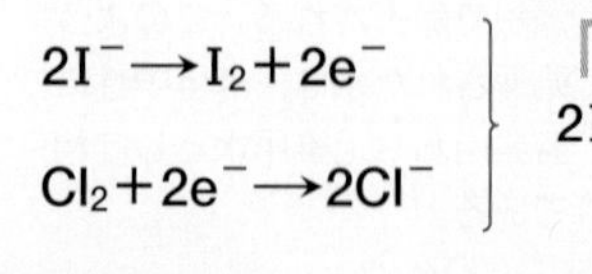

$$2I^- \longrightarrow I_2 + 2e^-$$
$$Cl_2 + 2e^- \longrightarrow 2Cl^-$$

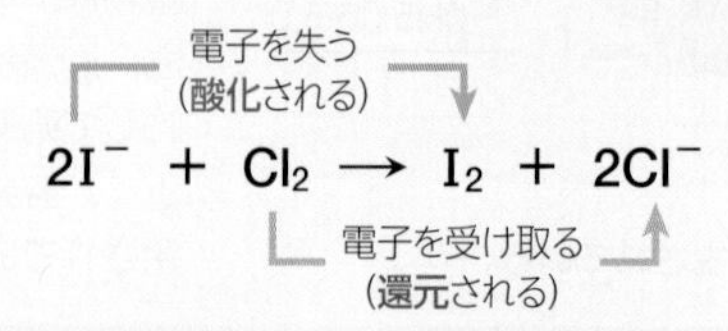

電子を失う(**酸化**される)

$$2I^- + Cl_2 \longrightarrow I_2 + 2Cl^-$$

電子を受け取る(**還元**される)

4 酸化数
oxidation number

物質中の原子の酸化の程度を表す数値を**酸化数**という。

酸化　物質を構成する原子の酸化数が増加。

還元　物質を構成する原子の酸化数が減少。

酸化数の取り決め

❶ **単体中の原子の酸化数は0**とする。　例 O_2 (0)　H_2 (0)　Ca (0)

❷ 単原子イオン中の原子の酸化数は，**そのイオンの電荷に等しい。**　例 Ca^{2+} (+2)　Cl^- (−1)

❸ 化合物中の**水素原子の酸化数は+1，酸素原子の酸化数は−2**とする。ただし，金属の水素化合物では水素の酸化数を−1，過酸化水素のような過酸化物では酸素の酸化数を−1とする(➡ Close-up)。
例 H_2O (H: +1)　LiH (水素化リチウム) (H: −1)　H_2O (O: −2)　H_2O_2 (過酸化水素) (O: −1)
また，化合物中のアルカリ金属の原子の酸化数は+1，アルカリ土類金属の原子の酸化数は+2とする。

❹ **化合物中の各原子の酸化数の総和は0**である。
例 H_2O : $(+1)\times2+(-2)=0$

❺ 多原子イオン中の各原子の酸化数の総和は，**多原子イオンの電荷に等しい。**
例 OH^- : $(-2)+(+1)=-1$　H_3O^+ : $(+1)\times3+(-2)=+1$

酸化数の求め方

$KMnO_4$ 中の Mn の酸化数を求めてみる。Mn の酸化数を x とすると，❸と❹から，次式が成り立つ。

K (+1)　Mn (x)　O_4 (−2) : $(+1)+x+(-2)\times4=0$　　$x=+7$

Tips　鉄の酸化の進行には酸素と水が必要であり，砂漠地帯の鉄はさびにくく，酸素も水もない月面ではまったくさびない。

5 物質中の原子の酸化数

酸化数はローマ数字を用いて±Ⅰ，±Ⅱ，±Ⅲ，±Ⅳ，±Ⅴ，±Ⅵ，±Ⅶ，…で表されることもある。

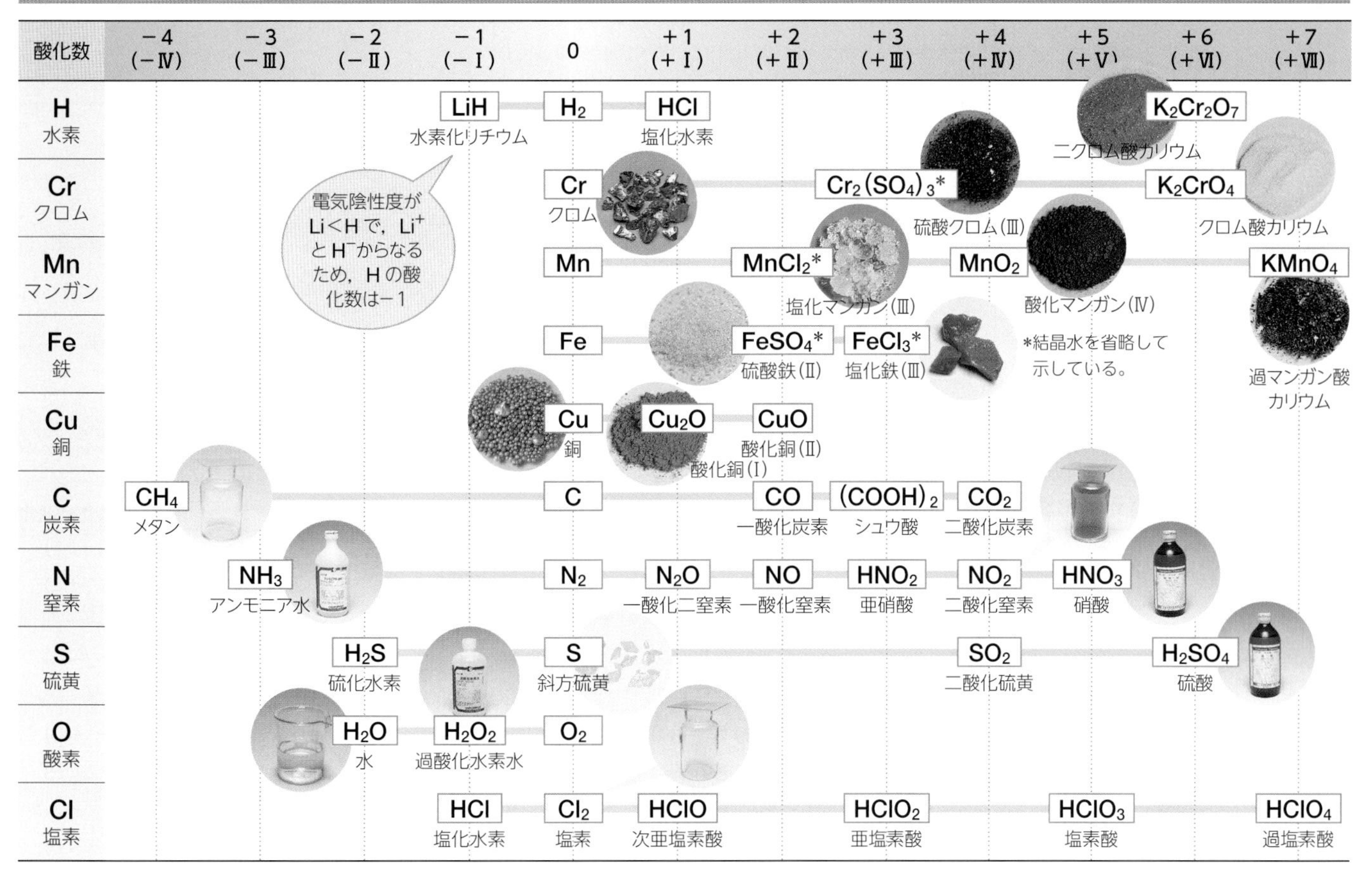

酸化数	−4 (−Ⅳ)	−3 (−Ⅲ)	−2 (−Ⅱ)	−1 (−Ⅰ)	0	+1 (+Ⅰ)	+2 (+Ⅱ)	+3 (+Ⅲ)	+4 (+Ⅳ)	+5 (+Ⅴ)	+6 (+Ⅵ)	+7 (+Ⅶ)
H 水素				LiH 水素化リチウム	H_2	HCl 塩化水素					$K_2Cr_2O_7$ ニクロム酸カリウム	
Cr クロム					Cr クロム			$Cr_2(SO_4)_3^*$ 硫酸クロム(Ⅲ)			K_2CrO_4 クロム酸カリウム	
Mn マンガン					Mn		$MnCl_2^*$ 塩化マンガン(Ⅲ)		MnO_2 酸化マンガン(Ⅳ)			$KMnO_4$ 過マンガン酸カリウム
Fe 鉄					Fe		$FeSO_4^*$ 硫酸鉄(Ⅱ)	$FeCl_3^*$ 塩化鉄(Ⅲ)				
Cu 銅					Cu 銅	Cu_2O 酸化銅(Ⅰ)	CuO 酸化銅(Ⅱ)					
C 炭素	CH_4 メタン				C	CO 一酸化炭素	$(COOH)_2$ シュウ酸		CO_2 二酸化炭素			
N 窒素		NH_3 アンモニア水			N_2	N_2O 一酸化二窒素	NO 一酸化窒素	HNO_2 亜硝酸	NO_2 二酸化窒素	HNO_3 硝酸		
S 硫黄			H_2S 硫化水素		S 斜方硫黄				SO_2 二酸化硫黄		H_2SO_4 硫酸	
O 酸素			H_2O 水	H_2O_2 過酸化水素水	O_2							
Cl 塩素				HCl 塩化水素	Cl_2 塩素	HClO 次亜塩素酸		$HClO_2$ 亜塩素酸		$HClO_3$ 塩素酸		$HClO_4$ 過塩素酸

電気陰性度が Li＜H で，Li^+ と H^- からなるため，H の酸化数は−1

＊結晶水を省略して示している。

6 酸化数の利用

化学反応式に酸化数を付けると電子の授受が見えてくる。

ⓐ 酸化数の理解

電子を受け取る　　還元される

電子を失う　　酸化される

電子の数が1個増加 酸化数 −1　　単体中の原子 酸化数 0　　電子の数が1個減少 酸化数 +1

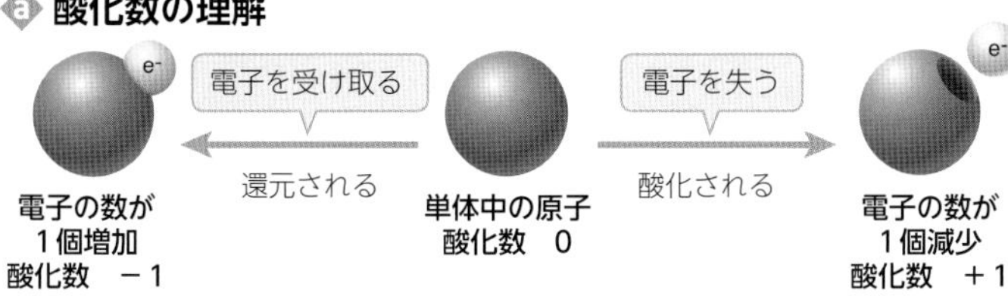

ⓑ 酸化数の利用

化学反応式やイオン反応式において，化学式中の原子の酸化数を求め，反応前後の酸化数の変化を確認することで電子の授受が明確になる。

酸化 反応の前後で酸化数が増加する。

還元 反応の前後で酸化数が減少する。

酸化数増加(電子を失う)

$$2KI + Cl_2 \longrightarrow I_2 + 2KCl$$

(K：+1，I：−1，Cl₂：0 → I₂：0，K：+1，Cl：−1)

酸化数減少(電子を受け取る)

次の反応のように，反応の前後で各原子の酸化数に変化がない場合，その反応は酸化還元反応ではないことがわかる。

$$CaCO_3 + 2HCl \longrightarrow CaCl_2 + CO_2 + H_2O$$

(Ca +2，C +4，O −2，H +1，Cl −1 → Ca +2，Cl −1，C +4，O −2，H +1，O −2)

酸化還元反応ではない

Close-up(クローズアップ) なぜ H_2O_2 中の O の酸化数は−1なのか

分子中の原子の酸化数は，次の規則にしたがって分子のもつ共有電子対を各原子に割り当てて決められる。

規則❶ 異なる元素の原子間の共有電子対は，電気陰性度の大きい原子に割り当てる。

規則❷ 同じ元素の原子間の共有電子対は，共有電子対を形成する電子を各原子に均等に割り当てる。

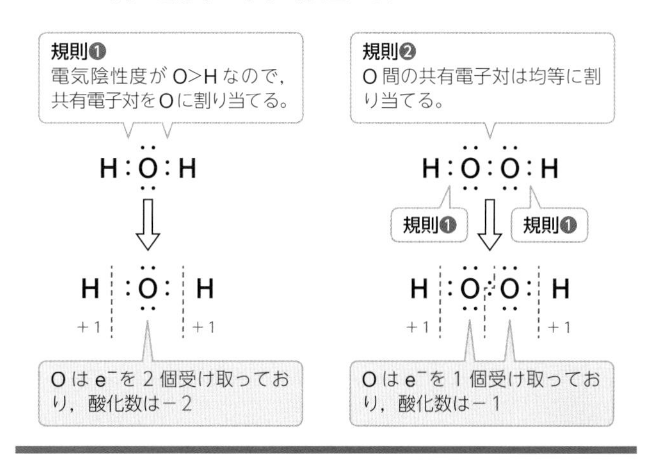

酸素の化合物に，二フッ化酸素 OF_2 がある。フッ素は酸素よりも電気陰性度が大きく，Close-up中の規則にしたがってOの酸化数を求めると，OF_2 中のOの酸化数は+2となる。

12 酸化剤と還元剤 基礎

1 酸化剤・還元剤 oxidizing agent reducing agent

相手を酸化する物質を**酸化剤**という。酸化剤自身は還元される。
相手を還元する物質を**還元剤**という。還元剤自身は酸化される。

マグネシウムの燃焼

還元剤 酸化剤

$$2Mg + O_2 \longrightarrow 2MgO$$

酸化数　0　0　+2　−2

電子を取得・酸化数減少　還元される

電子を放出・酸化数増加　酸化される

還元剤	酸化される		還元される	酸化剤
相手を還元する物質〔酸化される物質〕	受け取る	酸素 O	失う	相手を酸化する物質〔還元される物質〕
	失う	水素 H	受け取る	
	失う	電子 e^-	受け取る	
	酸化数増加		酸化数減少	

a おもな酸化剤と還元剤の働き方

酸化剤（e^-を受け取る）

酸化剤		酸化数変化
オゾン O_3（酸性）	$\underline{O}_3 + 2H^+ + 2e^- \rightarrow O_2 + H_2\underline{O}$	(0→−2)
（中性・塩基性）	$\underline{O}_3 + H_2O + 2e^- \rightarrow O_2 + 2\underline{O}H^-$	(0→−2)
塩素 Cl_2	$\underline{Cl}_2 + 2e^- \rightarrow 2\underline{Cl}^-$	(0→−1)
濃硝酸 HNO_3	$H\underline{N}O_3 + H^+ + e^- \rightarrow \underline{N}O_2 + H_2O$	(+5→+4)
希硝酸 HNO_3	$H\underline{N}O_3 + 3H^+ + 3e^- \rightarrow \underline{N}O + 2H_2O$	(+5→+2)
熱濃硫酸（加熱した濃硫酸）H_2SO_4	$H_2\underline{S}O_4 + 2H^+ + 2e^- \rightarrow \underline{S}O_2 + 2H_2O$	(+6→+4)
過マンガン酸カリウム $KMnO_4$（酸性*）	$\underline{Mn}O_4^- + 8H^+ + 5e^- \rightarrow \underline{Mn}^{2+} + 4H_2O$	(+7→+2)
（中性・塩基性）	$\underline{Mn}O_4^- + 2H_2O + 3e^- \rightarrow \underline{Mn}O_2 + 4OH^-$	(+7→+4)
ニクロム酸カリウム $K_2Cr_2O_7$（酸性*）	$\underline{Cr}_2O_7^{2-} + 14H^+ + 6e^- \rightarrow 2\underline{Cr}^{3+} + 7H_2O$	(+6→+3)
過酸化水素 H_2O_2（酸性*）	$H_2\underline{O}_2 + 2H^+ + 2e^- \rightarrow 2H_2\underline{O}$	(−1→−2)
（中性・塩基性）	$H_2\underline{O}_2 + 2e^- \rightarrow 2\underline{O}H^-$	(−1→−2)
二酸化硫黄 SO_2	$\underline{S}O_2 + 4H^+ + 4e^- \rightarrow \underline{S} + 2H_2O$	(+4→0)

還元剤（e^-を与える）

還元剤		酸化数変化
ナトリウム Na	$\underline{Na} \rightarrow \underline{Na}^+ + e^-$	(0→+1)
マグネシウム Mg	$\underline{Mg} \rightarrow \underline{Mg}^{2+} + 2e^-$	(0→+2)
水素 H_2	$\underline{H}_2 \rightarrow 2\underline{H}^+ + 2e^-$	(0→+1)
硫化水素 H_2S	$H_2\underline{S} \rightarrow \underline{S} + 2H^+ + 2e^-$	(−2→0)
シュウ酸 $(COOH)_2$	$(\underline{C}OOH)_2 \rightarrow 2\underline{C}O_2 + 2H^+ + 2e^-$	(+3→+4)
ヨウ化カリウム KI	$2\underline{I}^- \rightarrow \underline{I}_2 + 2e^-$	(−1→0)
硫酸鉄（Ⅱ）$FeSO_4$	$\underline{Fe}^{2+} \rightarrow \underline{Fe}^{3+} + e^-$	(+2→+3)
塩化スズ（Ⅱ）$SnCl_2$	$\underline{Sn}^{2+} \rightarrow \underline{Sn}^{4+} + 2e^-$	(+2→+4)
過酸化水素 H_2O_2	$H_2\underline{O}_2 \rightarrow \underline{O}_2 + 2H^+ + 2e^-$	(−1→0)
二酸化硫黄 SO_2	$\underline{S}O_2 + 2H_2O \rightarrow \underline{S}O_4^{2-} + 4H^+ + 2e^-$	(+4→+6)

*酸性にする場合，一般に硫酸が用いられる。塩酸ではCl^-が還元剤として働き，硝酸はそれ自体が酸化剤として働くためである(➡ p.87)。

b 酸化剤・還元剤の働きを示す反応式（半反応式）のつくり方

■最初に電子 e^- を加える方法

酸化剤・還元剤の例	酸化剤：過マンガン酸カリウム（硫酸酸性）$KMnO_4$	還元剤：二酸化硫黄 SO_2
❶左辺に反応前の物質，右辺に反応後の物質を書く。	$MnO_4^- \rightarrow Mn^{2+}$	$SO_2 \rightarrow SO_4^{2-}$
❷酸化数の変化を調べて e^- を加える。	$\underset{+7}{\underline{Mn}O_4^-}$ [$+5e^-$] $\rightarrow \underset{+2}{\underline{Mn}^{2+}}$ 酸化数が5減少するので，左辺に$5e^-$を加える。	$\underset{+4}{\underline{S}O_2} \rightarrow \underset{+6}{\underline{S}O_4^{2-}}$ [$+2e^-$] 酸化数が2増加するので，右辺に$2e^-$を加える。
❸両辺の電荷の合計が等しくなるように H^+を加える。	MnO_4^- [$+8H^+$] $+5e^- \rightarrow Mn^{2+}$	$SO_2 \rightarrow SO_4^{2-}$ [$+4H^+$] $+2e^-$
❹両辺の水素原子の数が等しくなるように H_2O を加える。	$MnO_4^- + 8H^+ + 5e^- \rightarrow Mn^{2+}$ [$+4H_2O$]	SO_2 [$+2H_2O$] $\rightarrow SO_4^{2-} + 4H^+ + 2e^-$

■最初に水 H_2O を加える方法

酸化剤・還元剤の例	酸化剤：過マンガン酸カリウム（硫酸酸性）$KMnO_4$	還元剤：二酸化硫黄 SO_2
❶左辺に反応前の物質，右辺に反応後の物質を書く。	$MnO_4^- \rightarrow Mn^{2+}$	$SO_2 \rightarrow SO_4^{2-}$
❷両辺の酸素原子の数が等しくなるようにH_2Oを加える。	$MnO_4^- \rightarrow Mn^{2+}$ [$+4H_2O$]	SO_2 [$+2H_2O$] $\rightarrow SO_4^{2-}$
❸両辺の水素原子の数が等しくなるようにH^+を加える。	MnO_4^- [$+8H^+$] $\rightarrow Mn^{2+} + 4H_2O$	$SO_2 + 2H_2O \rightarrow SO_4^{2-}$ [$+4H^+$]
❹両辺の電荷の合計が等しくなるように e^-を加える。	$MnO_4^- + 8H^+$ [$+5e^-$] $\rightarrow Mn^{2+} + 4H_2O$	$SO_2 + 2H_2O \rightarrow SO_4^{2-} + 4H^+$ [$+2e^-$]

Tips マグネシウムは明るい白色の光を発して燃焼する。この性質を利用して，マグネシウムの粉末が花火の色を明るくするために用いられることがある。また，古くは，写真撮影時のフラッシュにマグネシウムの燃焼が用いられていた。

2 酸化還元反応式のつくり方

半反応式を組み合わせて電子 e^- を消去し，イオンを化合物の形にすると，酸化還元の化学反応式が得られる。

硫酸で酸性にしたニクロム酸カリウム $K_2Cr_2O_7$ 水溶液に過酸化水素 H_2O_2 水を加えると，酸化還元反応が起こる。この反応の化学反応式は，右のようにしてつくる。

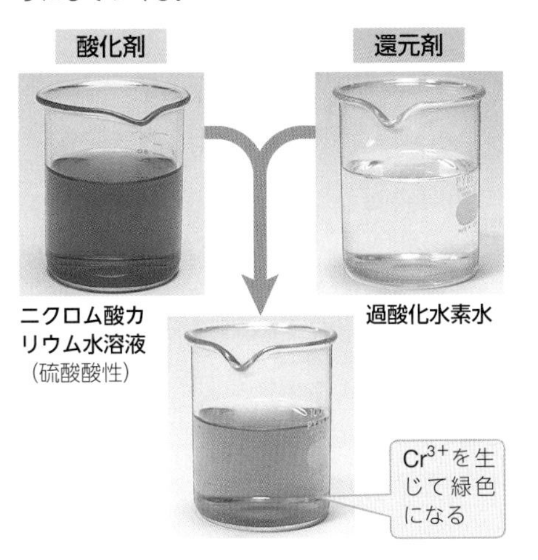

①酸化剤と還元剤の半反応式を書く。

酸化剤	$Cr_2O_7^{2-} + 14H^+ + 6e^- \longrightarrow 2Cr^{3+} + 7H_2O$	……❶
還元剤	$H_2O_2 \longrightarrow O_2 + 2H^+ + 2e^-$	……❷

②授受する電子 e^- の数が等しくなるように，半反応式を整数倍して足し合わせる。

$$
\begin{array}{rll}
 & Cr_2O_7^{2-} + 14H^+ + 6e^- \longrightarrow 2Cr^{3+} + 7H_2O & ❶\times 1 \\
+) & 3H_2O_2 \longrightarrow 3O_2 + 6H^+ + 6e^- & ❷\times 3 \\
\hline
 & Cr_2O_7^{2-} + 8H^+ + 3H_2O_2 \longrightarrow 2Cr^{3+} + 3O_2 + 7H_2O &
\end{array}
$$

❶式に $6e^-$ があるので，❷式を3倍する

③左辺（反応物）に注目して，省略されていたイオンを加える。

左辺の $Cr_2O_7^{2-}$ は $K_2Cr_2O_7$ から，H^+ は H_2SO_4 から生じたものなので，両辺に $2K^+$ と $4SO_4^{2-}$ を加える。

$$Cr_2O_7^{2-} + 8H^+ + 3H_2O_2 \longrightarrow 2Cr^{3+} + 3O_2 + 7H_2O$$

（左辺に $2K^+$，$4SO_4^{2-}$；右辺に $2K^+$，$4SO_4^{2-}$ を加える）

$$K_2Cr_2O_7 + 4H_2SO_4 + 3H_2O_2 \longrightarrow 2Cr^{3+} + 3O_2 + 7H_2O + 2K^+ + 4SO_4^{2-}$$

④右辺を整える。このとき，余ったイオンがあれば，それらを組み合わせて化合物にする。

まず Cr^{3+} と SO_4^{2-} で化合物をつくる。このとき，$2K^+$ と SO_4^{2-} が余るので，K_2SO_4 とする。

$$K_2Cr_2O_7 + 4H_2SO_4 + 3H_2O_2 \longrightarrow K_2SO_4 + Cr_2(SO_4)_3 + 3O_2 + 7H_2O$$

3 酸化剤にも還元剤にもなる物質

H_2O_2 中の O や SO_2 中の S は，中間の酸化数をとっているため，H_2O_2 や SO_2 は相手によって酸化剤としても還元剤としても働くことができる。

ⓐ 過酸化水素の反応

ⓑ 二酸化硫黄の反応

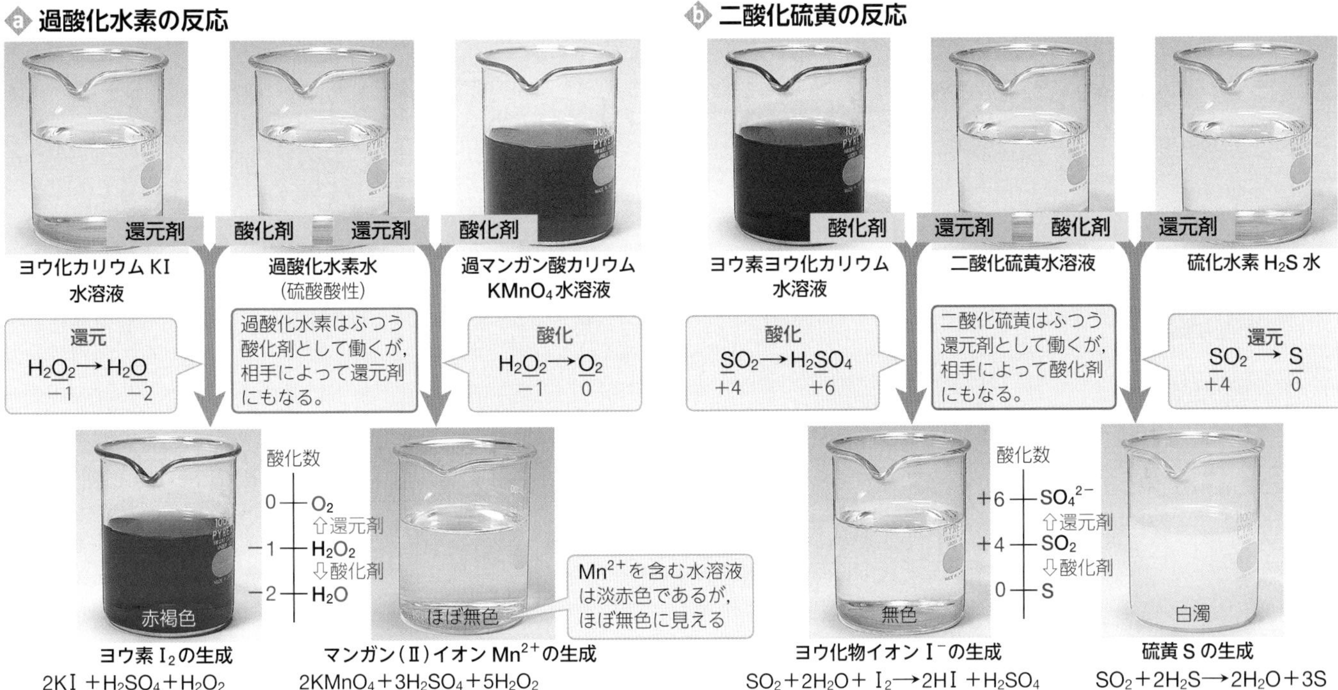

PLUS 酸化剤と還元剤の電子の授受

硫酸鉄（Ⅱ）$FeSO_4$ 水溶液と過マンガン酸カリウム $KMnO_4$ 水溶液を反応させると，過マンガン酸カリウムが酸化剤，硫酸鉄（Ⅱ）水溶液が還元剤として働く。これらの水溶液を別々のビーカーにとって，塩橋（両水溶液を電気的に接続する役割を果たす）でつなぎ，電流計を接続すると，酸化剤である過マンガン酸カリウムから還元剤である硫酸鉄（Ⅱ）水溶液に向かって電流が流れる。このことから，還元剤が放出した電子を酸化剤を受け取っていることがわかる。

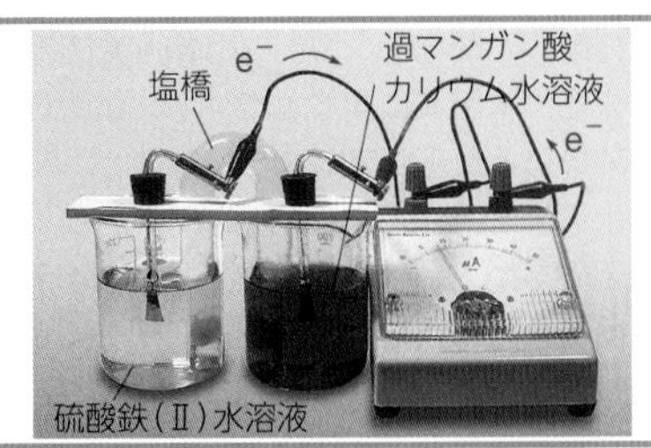

Tips　ヨウ素はヨードともよばれる。ヨードはドイツ語の Jod（ヨード）に由来しており，ポピドンヨードやヨードチンキなど，ヨウ素を含む製品の名称に用いられている。

13 酸化還元滴定 基礎

1 酸化還元反応の量的関係

酸化剤が受け取る電子の物質量と，還元剤が失う電子の物質量は等しい。

酸化剤の半反応式
$MnO_4^- + 8H^+ + 5e^-$
$\longrightarrow Mn^{2+} + 4H_2O$…❶

1 mol の MnO_4^- は，
5 mol の電子 e^- を受け取る

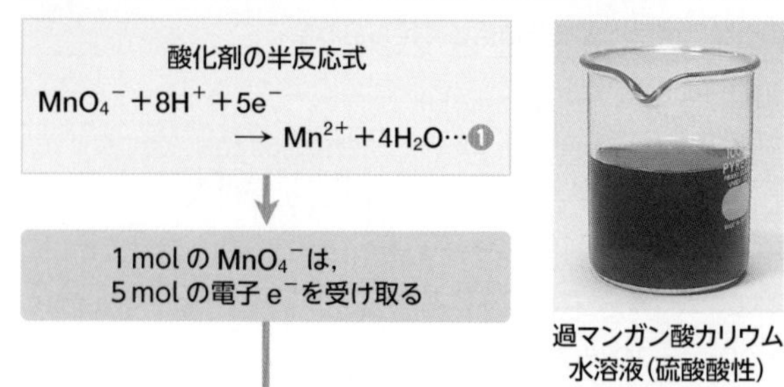

過マンガン酸カリウム水溶液（硫酸酸性）

過酸化水素水

還元剤の半反応式
$H_2O_2 \longrightarrow O_2 + 2H^+ + 2e^-$…❷

1 mol の H_2O_2 は，
2 mol の電子 e^- を放出する

酸化剤が受け取る電子の物質量＝還元剤が失う電子の物質量

化学反応式やイオン反応式の係数の比から，量的関係を知ることもできる。❶×2＋❷×5から，
$2MnO_4^- + 5H_2O_2 + 6H^+ \longrightarrow 2Mn^{2+} + 5O_2 + 8H_2O$　したがって，2 mol の MnO_4^- と 5 mol の H_2O_2 が過不足なく反応する。

2 過酸化水素水の濃度決定

酸化還元反応を利用して，濃度が正確にわかっている標準溶液で，濃度不明の酸化剤や還元剤の濃度を決定する操作を**酸化還元滴定**という。

過マンガン酸カリウム $KMnO_4$ を用いて，過酸化水素 H_2O_2 水の濃度を決定する場合には，次のような手順で滴定を行う。

ⓐ 過マンガン酸カリウム水溶液の濃度決定
およその濃度の $KMnO_4$ 水溶液を調製する。→ シュウ酸標準溶液を用いて，正確な濃度を決定する。

→ ⓑ 過酸化水素水の濃度決定
正確な濃度のわかった $KMnO_4$ 水溶液で，過酸化水素水の濃度を求める。

ⓐ 過マンガン酸カリウム水溶液の濃度決定

約 0.030 mol/L 過マンガン酸カリウム水溶液
過マンガン酸カリウムの結晶を約 0.95 g はかりとり，水 200 mL に溶かしてビュレットに移す。

0.100 mol/L シュウ酸標準溶液
ホールピペットで，シュウ酸標準溶液 10.0 mL をコニカルビーカーに移し，希硫酸を加えて酸性にする。

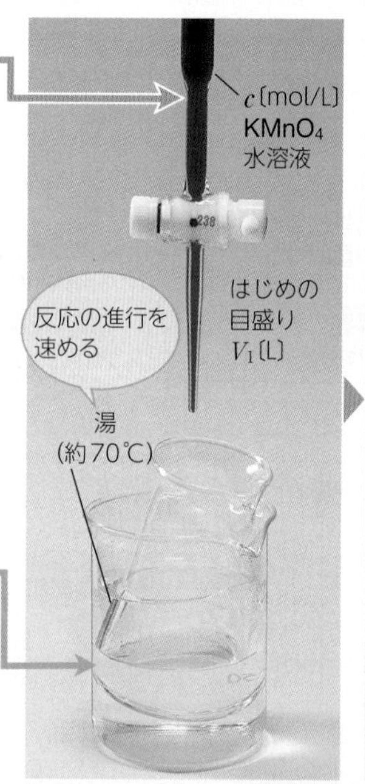

0.100 mol/L シュウ酸標準溶液 10.0 mL に濃度 c〔mol/L〕の過マンガン酸カリウム水溶液を滴下する。
MnO_4^-，$(COOH)_2$ の半反応式は次のように表される。

酸化剤　$MnO_4^- + 8H^+ + 5e^- \longrightarrow Mn^{2+} + 4H_2O$
還元剤　$(COOH)_2 \longrightarrow 2CO_2 + 2H^+ + 2e^-$

したがって，酸化剤が受け取る電子の物質量＝還元剤が失う電子の物質量から，次式が成り立つ。

$$\underbrace{c\,[\mathrm{mol/L}] \times (V_2 - V_1)\,[\mathrm{L}] \times 5}_{MnO_4^-\text{が受け取る }e^-} = \underbrace{0.100\,\mathrm{mol/L} \times \frac{10.0}{1000}\,\mathrm{L} \times 2}_{(COOH)_2\text{が失う }e^-}$$

PLUS 過マンガン酸カリウム水溶液の調製

過マンガン酸カリウム $KMnO_4$ の結晶は，光によって分解し，酸化マンガン(Ⅳ) MnO_2 を生じることがある。また，水溶液にするとき，水に微量の有機物が含まれていると反応してしまう。したがって，正確な濃度の水溶液を調製することは難しい。
そのため，過マンガン酸カリウム水溶液は，使用する前に，シュウ酸の標準溶液を用いて正確な濃度を決定してから滴定に用いる。

過マンガン酸カリウム

Tips シュウ酸二水和物は安定な物質であり，正確な濃度の水溶液を調製することができる。シュウ酸は，還元剤として酸化還元滴定に用いられるほか，中和滴定でも標準物質（2 価の酸）として用いられる。

b 過酸化水素水の濃度決定

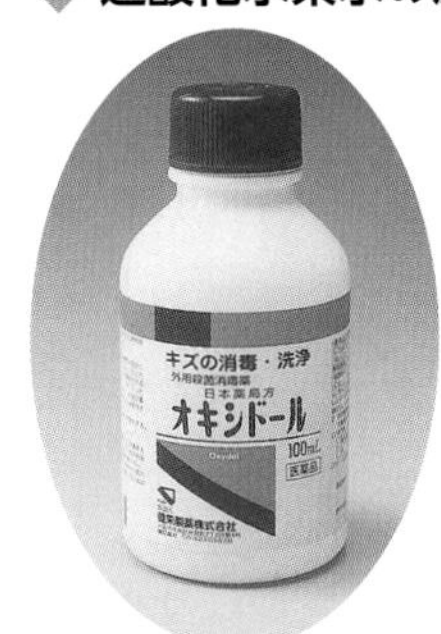

オキシドール

❶ オキシドール(過酸化水素の約3％水溶液)は濃度が大きすぎるので，10.0 mL をメスフラスコにとり，水を加えて100mL とする(10倍希釈)。
❷ 希釈したオキシドール 10.0mL をコニカルビーカーにとり，希硫酸で酸性にする。
❸ a で濃度を決定した過マンガン酸カリウム水溶液(3.05×10^{-2} mol/L)で滴定を行う。

オキシドール中の過酸化水素の濃度決定

MnO_4^-とH_2O_2の半反応式はそれぞれ次のように表される。

酸化剤 $MnO_4^- + 8H^+ + 5e^- \longrightarrow Mn^{2+} + 4H_2O$

還元剤 $H_2O_2 \longrightarrow O_2 + 2H^+ + 2e^-$

酸化剤が受け取る電子の物質量＝還元剤の失う電子の物質量なので，薄めたオキシドールの濃度を c〔mol/L〕とすると，次式が成り立つ。

$3.05\times10^{-2}\,\text{mol/L}\times\frac{12.0}{1000}\,\text{L}\times5 = c\,\text{〔mol/L〕}\times\frac{10.0}{1000}\,\text{L}\times2 \quad c = 9.15\times10^{-2}\,\text{mol/L}$

したがって，薄める前のオキシドールの濃度は**9.15×10^{-1}mol/Lと求まる**。

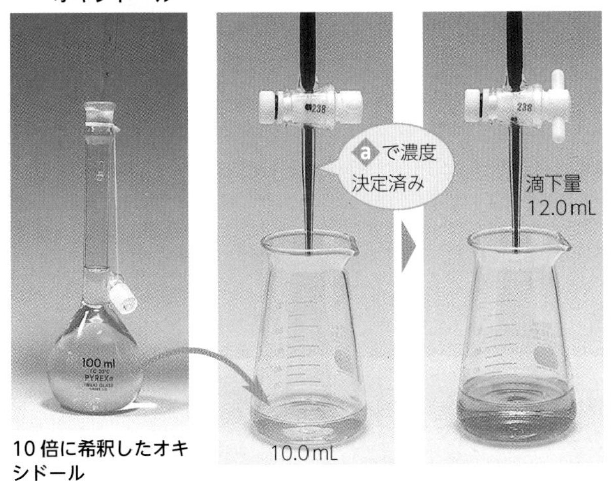

10倍に希釈したオキシドール

PLUS 「硫酸酸性」の理由

酸化還元反応を酸性条件で行う場合，硫酸で酸性にすることが多い。これは，希硫酸が酸化剤としても還元剤としても働かず，酸化還元の量的関係に影響を与えないためである。塩酸を用いると，Cl^-が還元剤として働き，MnO_4^-と反応する。そのため，終点までに必要な $KMnO_4$の量が増加してしまう。また，硝酸を用いると，HNO_3 が酸化剤として働いて試料の還元剤を消費する。そのため，終点までに必要な $KMnO_4$ の量が少なくなってしまう。

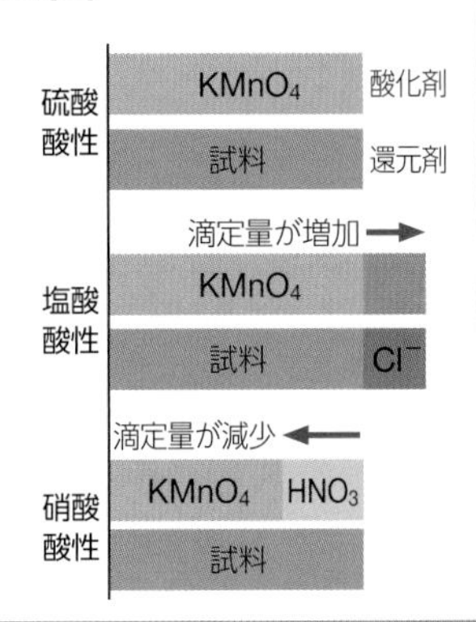

3 ヨウ素滴定

過酸化水素水に十分量のヨウ化カリウム水溶液を加えると，ヨウ素 I_2 を生じる。この I_2 をチオ硫酸ナトリウム水溶液で滴定すると，生じたI_2の量がわかり，間接的にはじめのH_2O_2の量が求められる。これを**ヨウ素滴定**という。

a 過酸化水素水とヨウ化カリウムの反応

オキシドールを正確にはかりとり，希硫酸を加えて酸性にする。

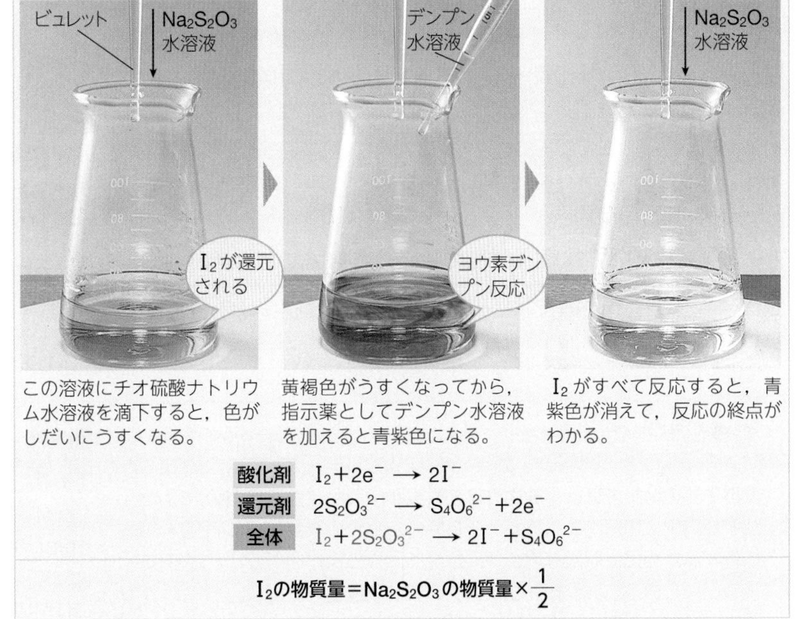

十分な量のヨウ化カリウム水溶液を加えると，I_2 が遊離し，溶液が褐色に変化する。

酸化剤 $H_2O_2 + 2H^+ + 2e^- \longrightarrow 2H_2O$

還元剤 $2I^- \longrightarrow I_2 + 2e^-$

全体 $H_2O_2 + 2H^+ + 2I^- \longrightarrow 2H_2O + I_2$

H_2O_2の物質量＝I_2の物質量

b チオ硫酸ナトリウム水溶液による滴定

この溶液にチオ硫酸ナトリウム水溶液を滴下すると，色がしだいにうすくなる。

黄褐色がうすくなってから，指示薬としてデンプン水溶液を加えると青紫色になる。

I_2 がすべて反応すると，青紫色が消えて，反応の終点がわかる。

酸化剤 $I_2 + 2e^- \longrightarrow 2I^-$

還元剤 $2S_2O_3^{2-} \longrightarrow S_4O_6^{2-} + 2e^-$

全体 $I_2 + 2S_2O_3^{2-} \longrightarrow 2I^- + S_4O_6^{2-}$

I_2の物質量＝$Na_2S_2O_3$の物質量$\times\frac{1}{2}$

a で生じた I_2の物質量＝ b で定量された I_2の物質量なので，

H_2O_2の物質量＝$Na_2S_2O_3$の物質量$\times\frac{1}{2}$

Tips オキシドールは消毒殺菌剤として用いられ，傷口に塗布すると泡が発生する。この泡は過酸化水素が分解して生じた酸素によるものである。

探究活動 5. CODとDOの測定

目的 湖水，河川水や海水などに溶けている酸素の濃度は，生物がそこに住むことができるかどうかを決める重要な要因であり，水質汚染を把握するための重要な指標である。ここでは，酸化還元反応を利用して，水質に関する2つの指標(CODとDO)を調べてみよう。

実験1 CODの測定

湖沼などの水1Lに含まれている有機物を酸化するために必要な酸素の量〔mg/L〕を**化学的酸素要求量COD**(Chemical Oxygen Demand)という。CODが大きいほど，水中に有機物が多い。

試料水を100mLはかりとり，2.0mol/L硫酸水溶液10mLを加え，硫酸酸性にする。

硝酸銀水溶液を5mL加えて，試料水に含まれるCl^-を沈殿させる。

0.0050mol/Lの過マンガン酸カリウム水溶液を10.0mL加える。

100℃で30分間加熱し，有機物を完全に酸化させる。

0.0125mol/Lシュウ酸ナトリウム水溶液を10.0mL加える。

シュウ酸イオンが過マンガン酸イオンと反応して無色の水溶液になる。

約70℃に保ちながら，0.0050mol/L過マンガン酸カリウム水溶液で滴定する。

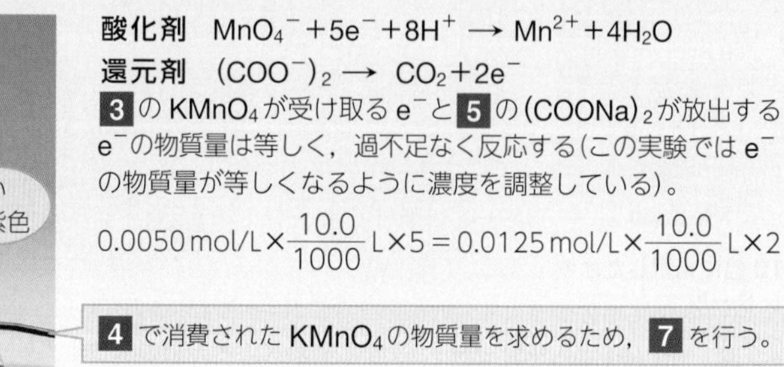

酸化剤 $MnO_4^- + 5e^- + 8H^+ \longrightarrow Mn^{2+} + 4H_2O$

還元剤 $(COO^-)_2 \longrightarrow CO_2 + 2e^-$

3の$KMnO_4$が受け取るe^-と**5**の$(COONa)_2$が放出するe^-の物質量は等しく，過不足なく反応する(この実験ではe^-の物質量が等しくなるように濃度を調整している)。

$$0.0050\,\text{mol/L} \times \frac{10.0}{1000}\,\text{L} \times 5 = 0.0125\,\text{mol/L} \times \frac{10.0}{1000}\,\text{L} \times 2$$

4で消費された$KMnO_4$の物質量を求めるため，**7**を行う。

▶▶▶ ブランクテストとして，試料水のかわりに純水100mLで**1**～**7**と同じ操作をする。

ブランクの滴定量0.25mL

ブランクを考慮した滴定値
5.55mL−0.25mL = **5.30mL**

考察1 操作**2**においてなぜ塩化物イオンを取り除く必要があるのか。

塩化物イオンは還元作用を示すため，試料水に残留すると過マンガン酸カリウムと反応して，実験誤差の原因となるから。

考察2 操作**4**において100℃で30分加熱するのはなぜか。

試料水に含まれる有機物と過マンガン酸カリウムの反応は，反応速度が小さく緩やかに反応するため。加温して反応を加速することで有機物を完全に酸化する。

PLUS ブランクテストの役割

微量物質の分析では，不純物の存在や実験中のわずかな物質の分解などが結果に影響をおよぼす。そこで，これらの影響による誤差を補正するために，試料を用いずに，全く同様の操作を行うことが望ましい。このような操作を**ブランクテスト(空試験)**という。
この実験では，過マンガン酸カリウムが長時間の加熱によって少量分解する。したがって，試料を用いない場合でも，滴定の終点に達するまで0.25mLを要する。そこで，この値を実験値から差し引き，加熱による分解の影響を除いた値を得ている。

考察3 試料水100mLに含まれる有機物と反応した過マンガン酸カリウムの物質量を求めよ。

操作**3**の$KMnO_4$と操作**5**の$(COONa)_2$が過不足なく反応するので，有機物と反応した$KMnO_4$は，滴定で加えた$KMnO_4$と等しい。

$$0.0050\,\text{mol/L} \times \frac{5.30}{1000}\,\text{L} = 2.65 \times 10^{-5}\,\text{mol} \quad \mathbf{2.7 \times 10^{-5}\,mol}$$

酸化剤	操作**3**で加えたMnO_4^-が受け取るe^-の物質量	滴定で加えたMnO_4^-が受け取るe^-の物質量
還元剤	操作**5**で加えた$(COO^-)_2$が放出するe^-の物質量	試料水中の有機物が放出するe^-の物質量

考察4 この試料水1Lに含まれている有機物を酸化するために必要な酸素の量〔mg/L〕で表せ。

1molのMnO_4^-は5molの電子を受け取る。一方，1molのO_2は4molの電子を受け取る。　$O_2 + 4e^- + 4H^+ \longrightarrow 2H_2O$
よって，1molのMnO_4^-と同じ働き(5molの電子を受け取る)をするために酸素は5/4mol必要である。したがって，必要な酸素〔mg〕は，

$$2.65 \times 10^{-5}\,\text{mol} \times \frac{5}{4} \times \frac{1000}{100} \times 32.0\,\text{g/mol} = 10.6 \times 10^{-3}\,\text{g}$$
$$= 10.6\,\text{mg}$$

1Lあたり11mgの酸素が必要なので，CODは**11mg/L**となる。

準備	薬品	器具
	COD：2.0 mol/L 硫酸水溶液，1 mol/L 硝酸銀水溶液，0.0050 mol/L 過マンガン酸カリウム水溶液，0.0125 mol/L シュウ酸ナトリウム水溶液 DO：2.0 mol/L 硫酸マンガン水溶液，NaOH＋KI 水溶液（NaOH 20 g-KI 6.0 g/水 40 mL），6 mol/L 硫酸水溶液，1.0×10^{-2} mol/L チオ硫酸ナトリウム水溶液，デンプン水溶液	酸素びん，メスピペット，ホールピペット，ビュレット，ビュレット台，安全ピペッター，ろうと

実験 2 DOの測定

水中に溶解している酸素の量を**溶存酸素 DO**（Dissolved Oxygen）という。DOが大きいほど，水中に酸素が豊富に存在することを意味する。水中に有機物を多量に含むと，水中の微生物が有機物を分解するときに酸素を多く消費するため，DOが小さくなる。

溶存酸素の固定

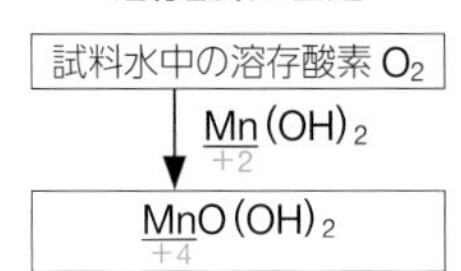

溶存酸素の定量

酸性条件で $MnO(OH)_2$ は酸化剤として働き，I^- を酸化する。

$\underset{+4}{Mn}O(OH)_2 \longrightarrow \underset{+2}{Mn}^{2+}$

$\underset{-1}{I^-} \longrightarrow \underset{0}{I_2}$

I_2 を $Na_2S_2O_3$ で滴定

■溶存酸素の固定

酸素びんに試料水をあふれるまで入れる。

$MnSO_4$ 水溶液と NaOH-KI 水溶液をそれぞれ 0.50 mL ずつ加える。

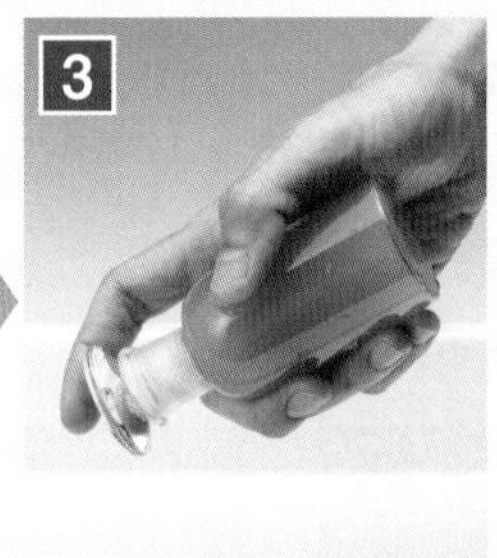

気泡が入らないように栓をしたのち，びんを転倒させて，全体をよく混合する。

沈殿が沈んで，上澄みが透明になるまで放置する。

■溶存酸素の定量

6 mol/L 硫酸水溶液 1 mL を加え，密栓をして数回連続転倒させて，沈殿を溶解する。

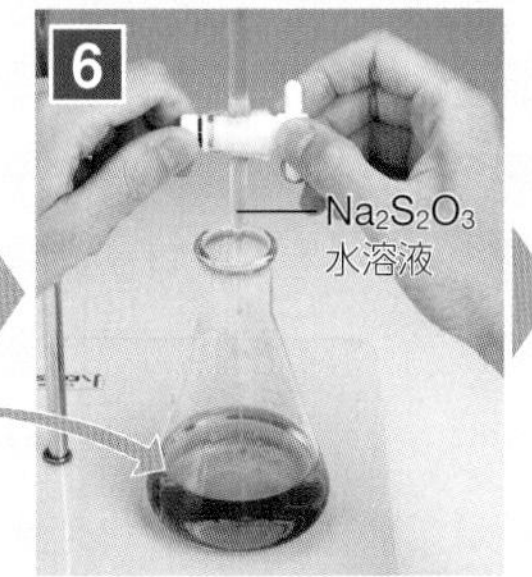

1.00×10^{-2} mol/L チオ硫酸ナトリウム水溶液で滴定する。

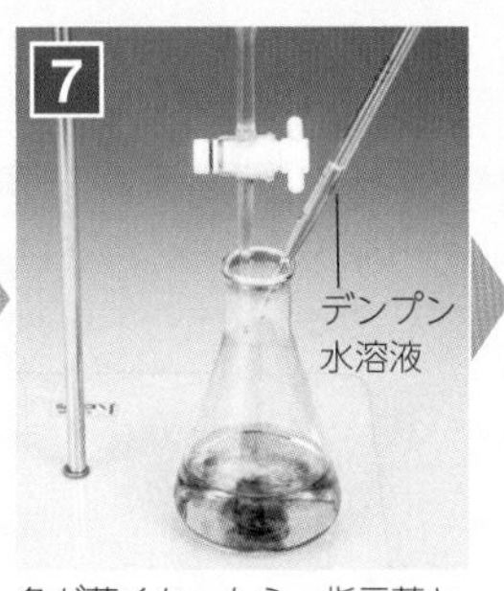

色が薄くなったら，指示薬としてデンプン水溶液を加える。

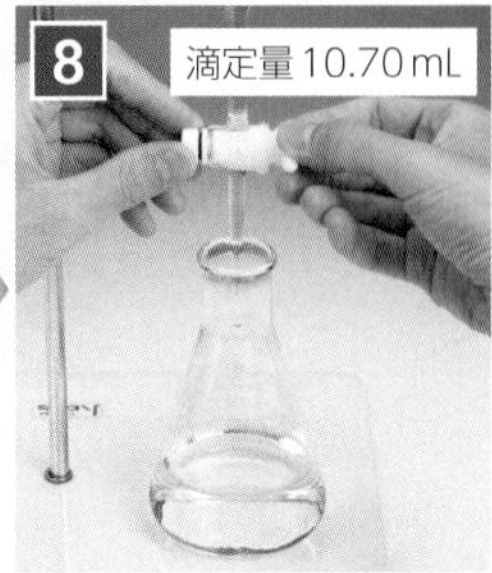

ヨウ素 I_2 がすべて反応して青紫色が消えたところを終点とする。

考察 5 この実験操作で起こっている反応を化学反応式で表せ。

(1) Mn^{2+} は水溶液を塩基性にすると，$Mn(OH)_2$ となって沈殿する。

$Mn^{2+} + 2OH^- \longrightarrow Mn(OH)_2$（白色沈殿） ……①

(2) 生じた $Mn(OH)_2$ は塩基性の条件では，きわめて酸化されやすく，試料水中の酸素と反応して $MnO(OH)_2$ になる。

$2Mn(OH)_2 + O_2 \longrightarrow 2MnO(OH)_2$（褐色沈殿） ……②

(3) 水溶液を酸性にすると，$MnO(OH)_2$ は酸化剤として働き，I^- を酸化して I_2 が生じる。

$MnO(OH)_2 + 2I^- + 4H^+ \longrightarrow Mn^{2+} + I_2 + 3H_2O$ ……③

(4) ヨウ素 I_2 はチオ硫酸ナトリウムによって還元される。

$2Na_2S_2O_3 + I_2 \longrightarrow 2NaI + Na_2S_4O_6$ ……④

考察 6 酸素は大気中に存在するため，溶け込んだり，溶け出したりする。この実験では，どのような工夫がなされているか。

試料水中の酸素は，$Mn(OH)_2$ と反応して $MnO(OH)_2$ となり，$MnO(OH)_2$ の沈殿として固定される。

I^- の存在下で，硫酸を加えて酸性にすると $MnO(OH)_2$ は溶解し，I^- を I_2 に酸化する。同時に硫酸によって，残っていた $Mn(OH)_2$ は Mn^{2+} になるため，新たに $MnO(OH)_2$ は生じなくなる。そのため，I_2 を定量すると，酸素の量を求めることができる。

考察 7 試料水に溶存していた酸素の物質量を求めよ。

②式の係数から，　$MnO(OH)_2 : O_2 = 2 : 1$

③式の係数から，　$MnO(OH)_2 : I_2 = 1 : 1$

④式の係数から，　$Na_2S_2O_3 : I_2 = 2 : 1$

したがって，$Na_2S_2O_3 : I_2 : MnO(OH)_2 : O_2 = 1 : \frac{1}{2} : \frac{1}{2} : \frac{1}{4}$

すなわち，滴定で消費された $Na_2S_2O_3$ の物質量の $\frac{1}{4}$ の物質量の O_2 が溶けていたので，

$1.00\times10^{-2}\,\mathrm{mol/L}\times\frac{10.70}{1000}\,\mathrm{L}\times\frac{1}{4} = \mathbf{2.68\times10^{-5}\,mol}$

考察 8 試料水 1L に含まれている酸素の量〔mg/L〕で表せ。

酸素びんの体積は 101.5 mL であり，操作 2 で試料水に 0.50 mL＋0.50 mL＝1.0 mL を加えて，試料水があふれているので，試料水の正味の体積は 100.5 mL になる。したがって，試料水 1L 中に含まれる酸素の量〔mg〕は次のように求められる。

$2.68\times10^{-5}\,\mathrm{mol}\times\frac{1000}{100.5}\times32.0\,\mathrm{g/mol} = 8.53\times10^{-3}\,\mathrm{g} = 8.53\,\mathrm{mg}$

1L あたり 8.53 mg の酸素が含まれるので，DO は **8.53 mg/L** となる。

14 金属のイオン化傾向 基礎

1 金属のイオン化傾向
ionization tendency

金属の単体が，水溶液中で電子を失って陽イオンになろうとする性質を**金属のイオン化傾向**という。イオン化傾向の大きい原子ほど，電子を失って陽イオンになりやすい。

ⓐ 金属のイオン化列
金属をイオン化傾向の大きいものから小さいものへと順に並べたものを，**金属のイオン化列**（ionization series）という。

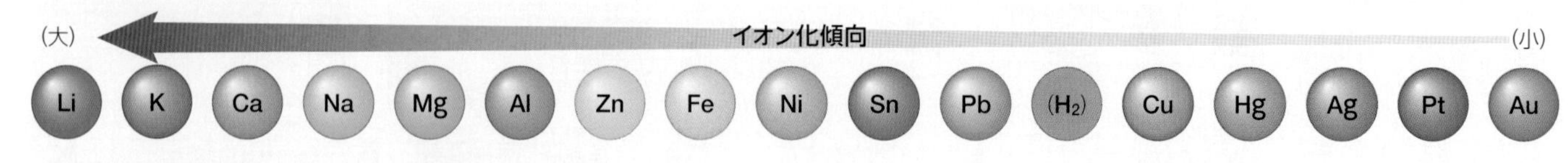

ⓑ イオン化傾向の大小を調べる実験

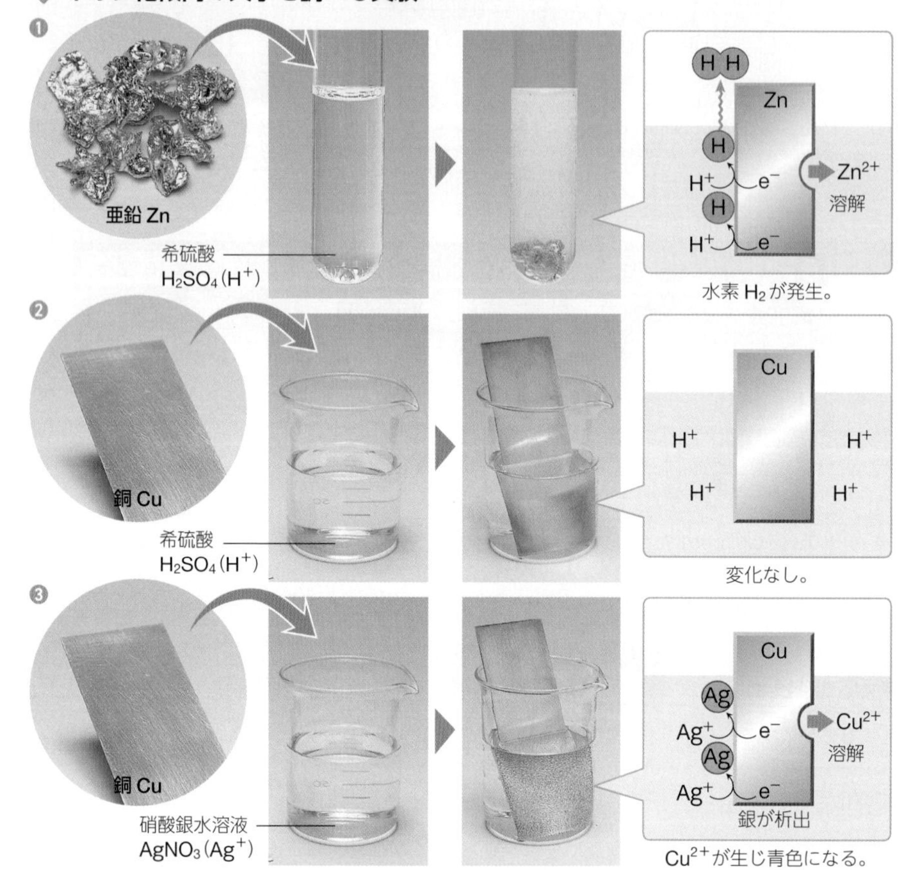

❶ 亜鉛と希硫酸の反応

イオン反応式 $Zn + 2H^+ \longrightarrow Zn^{2+} + H_2$

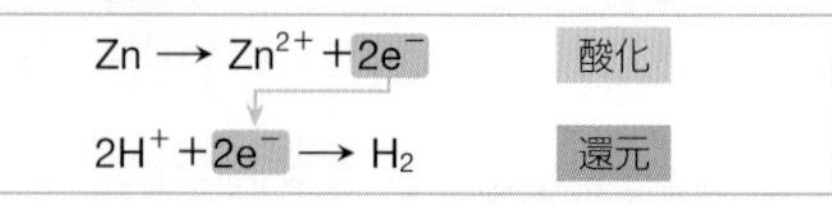

この変化から，亜鉛の方が水素よりもイオン化傾向が大きいことがわかる。

イオン化傾向 **Zn＞(H₂)**………(a)

❷ 銅と希硫酸の反応

仮に，銅が水素よりも陽イオンになりやすければ，次のような反応がおこるはずである。

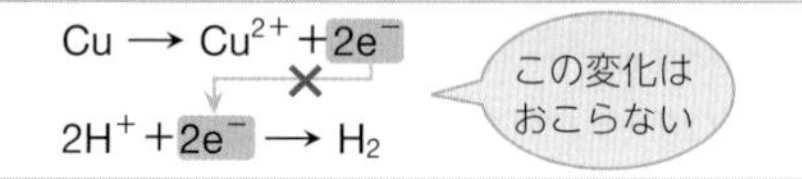

したがって，イオン化傾向は次のようになる。

イオン化傾向 **(H₂)＞Cu**………(b)

❸ 銅と硝酸銀水溶液の反応

イオン反応式 $Cu + 2Ag^+ \longrightarrow Cu^{2+} + 2Ag$

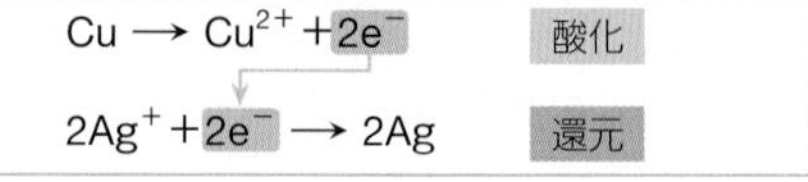

この変化から，イオン化傾向は次のようになる。

イオン化傾向 **Cu＞Ag**………(c)

(a)～(c)から，イオン化列は次のようになる。

Zn＞(H₂)＞Cu＞Ag

2 金属樹

イオン化傾向の小さい金属の陽イオンが還元されて金属の単体が析出するようすは，樹木の枝のように見えるので，**金属樹**とよばれる。

銀樹

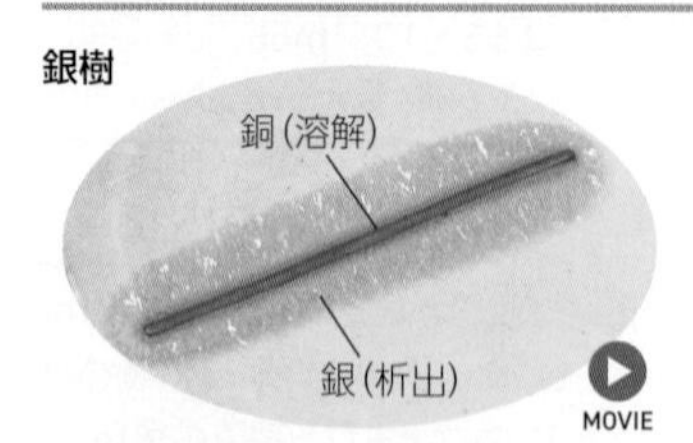

硝酸銀 $AgNO_3$ 水溶液に銅を浸すと，銀が析出する。

$2Ag^+ + Cu \longrightarrow 2Ag + Cu^{2+}$

イオン化傾向 **Cu＞Ag**

銅樹

硫酸銅(Ⅱ) $CuSO_4$ 水溶液に鉄を浸すと，銅が析出する。

$Cu^{2+} + Fe \longrightarrow Cu + Fe^{2+}$

イオン化傾向 **Fe＞Cu**

鉛樹

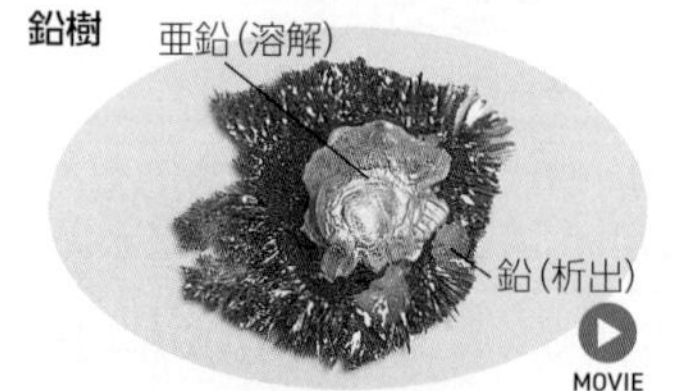

酢酸鉛(Ⅱ) $(CH_3COO)_2Pb$ 水溶液に亜鉛を浸すと，鉛が析出する。

$Pb^{2+} + Zn \longrightarrow Pb + Zn^{2+}$

イオン化傾向 **Zn＞Pb**

スズ樹

塩化スズ(Ⅱ) $SnCl_2$ 水溶液に亜鉛を浸すと，スズが析出する。

$Sn^{2+} + Zn \longrightarrow Sn + Zn^{2+}$

イオン化傾向 **Zn＞Sn**

Tips 貴金属とよばれる白金 Pt や金 Au が光沢を失わないのは，イオン化傾向が非常に小さく，きわめて安定なためである。銀 Ag は，イオン化傾向は小さいが，硫黄分の多い温泉水に浸すと，表面が硫化銀 Ag_2S に変化し，黒色を呈す。

3 イオン化傾向と金属の反応

一般に，イオン化傾向の大きい金属は陽イオンになりやすく，反応性に富んでいる。

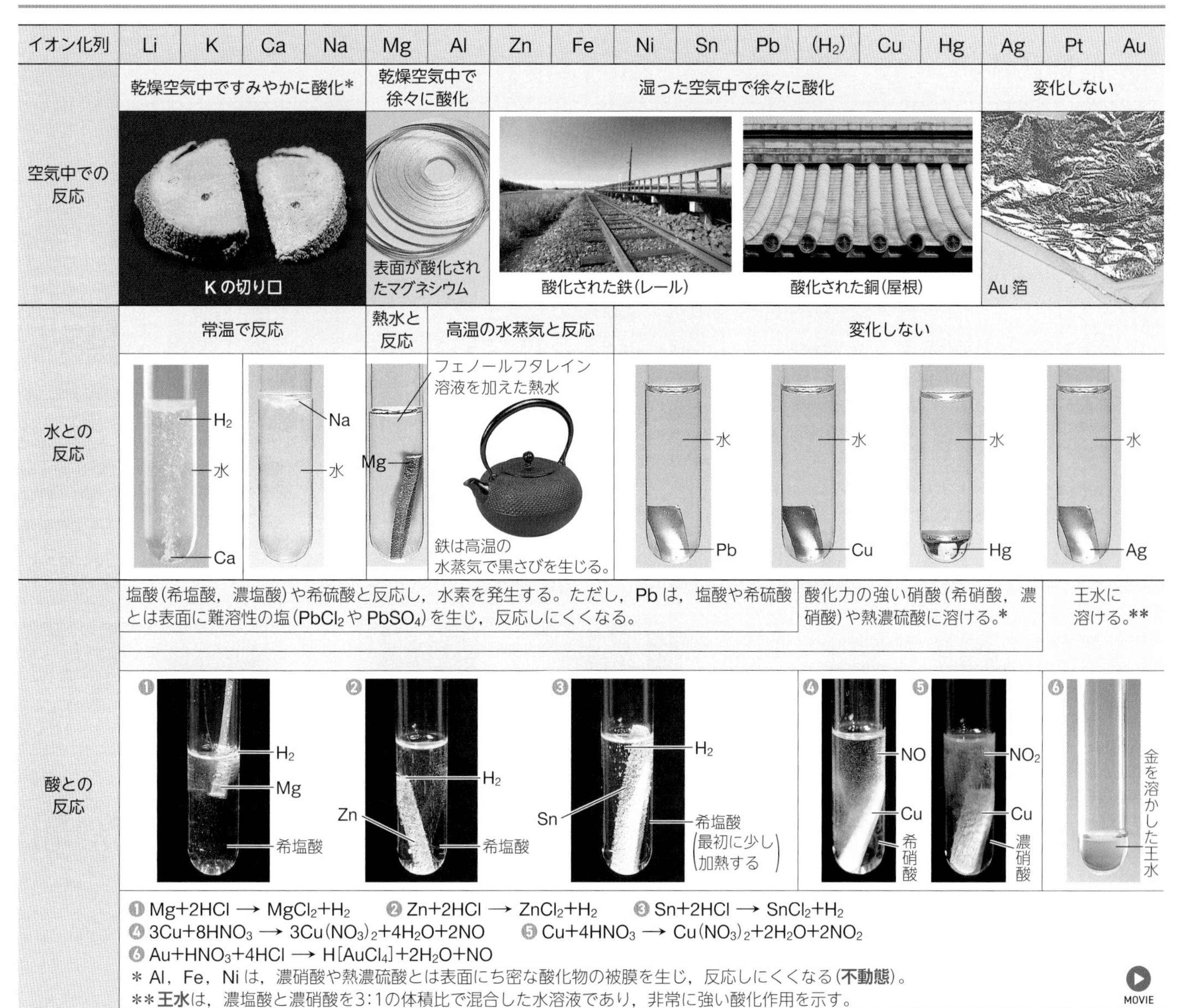

イオン化列	Li	K	Ca	Na	Mg	Al	Zn	Fe	Ni	Sn	Pb	(H_2)	Cu	Hg	Ag	Pt	Au
空気中での反応	乾燥空気中ですみやかに酸化*				乾燥空気中で徐々に酸化		湿った空気中で徐々に酸化								変化しない		
水との反応	常温で反応				熱水と反応	高温の水蒸気と反応			変化しない								
酸との反応	塩酸（希塩酸，濃塩酸）や希硫酸と反応し，水素を発生する。ただし，Pb は，塩酸や希硫酸とは表面に難溶性の塩（$PbCl_2$ や $PbSO_4$）を生じ，反応しにくくなる。											酸化力の強い硝酸（希硝酸，濃硝酸）や熱濃硫酸に溶ける。*				王水に溶ける。**	

❶ $Mg + 2HCl \longrightarrow MgCl_2 + H_2$　❷ $Zn + 2HCl \longrightarrow ZnCl_2 + H_2$　❸ $Sn + 2HCl \longrightarrow SnCl_2 + H_2$

❹ $3Cu + 8HNO_3 \longrightarrow 3Cu(NO_3)_2 + 4H_2O + 2NO$　❺ $Cu + 4HNO_3 \longrightarrow Cu(NO_3)_2 + 2H_2O + 2NO_2$

❻ $Au + HNO_3 + 4HCl \longrightarrow H[AuCl_4] + 2H_2O + NO$

* Al，Fe，Ni は，濃硝酸や熱濃硫酸とは表面にち密な酸化物の被膜を生じ，反応しにくくなる（**不動態**）。

** **王水**は，濃塩酸と濃硝酸を3:1の体積比で混合した水溶液であり，非常に強い酸化作用を示す。

MOVIE

トピック　トタンとブリキ　―鉄の防食

鉄は，日常生活の中で最も多く使用されている金属であるが，「さび」となって消耗される量も多い。その量は，たとえば，1年間で，全国の JR のレールを2回取り換える量に相当し，エネルギー面，資源面で大きな損失となっている。鉄のさびを防ぐために，めっきが施される。

鉄の表面に亜鉛 Zn をめっきしたものがトタン，スズ Sn をめっきしたものがブリキである。それぞれに傷がついて鉄が露出すると，トタンは安定であるが，ブリキはさびやすくなる。これは，トタンでは，イオン化傾向が Zn＞Fe であり，Zn が溶け出て，Fe は変化しないのに対して，ブリキでは Fe＞Sn であり，Fe がイオン化するためである。

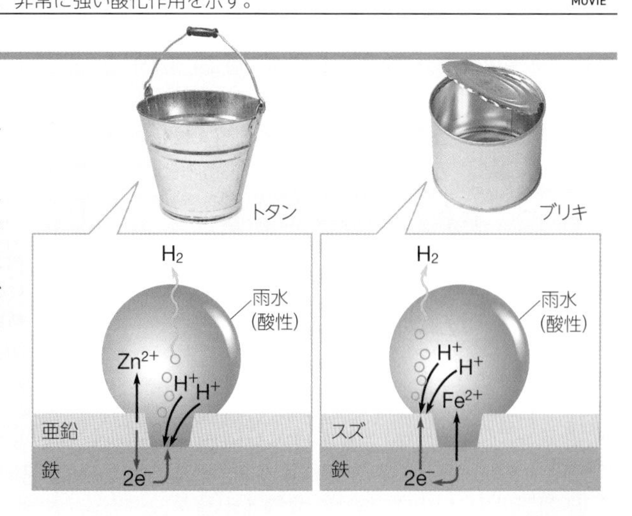

NET Research （一社）日本溶融亜鉛鍍金協会　http://www.aen-mekki.or.jp/

亜鉛めっきについて詳しくまとめられている。

Tips　王水に含まれる塩酸と銀が反応すると，表面に塩化銀の被膜がつくられ，それ以上反応しなくなるため，銀は王水にはほとんど溶けない。

15 電池 化学

1 電池の原理

酸化還元反応を利用して化学エネルギーを電気エネルギーとして取り出す装置を**電池(化学電池)**という。電池の両極に電球などを導線で接続し，電流を流すことを**放電**といい，両極間の電位差(電圧)を電池の**起電力**という。

a 電池の構成

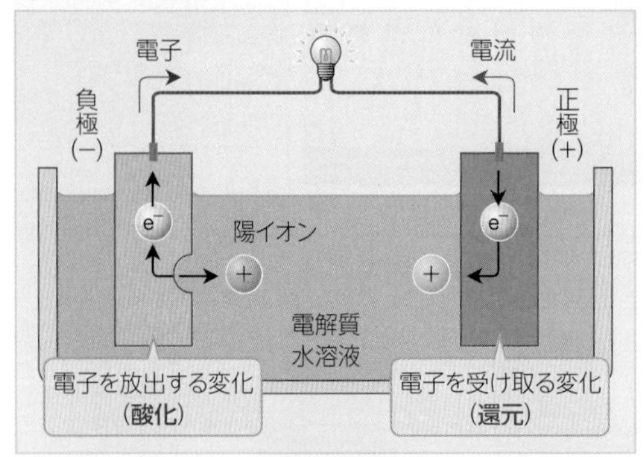

電池の原理

電池の両極で実際に反応する物質を**活物質**といい，それぞれ**負極活物質**，**正極活物質**とよばれる。

b ボルタ電池

希硫酸に亜鉛板と銅板を浸した構造の電池を**ボルタ電池**という。1800年ごろ，ボルタ(イタリア)によって開発された最初の電池で，電気化学の発展に貢献した。

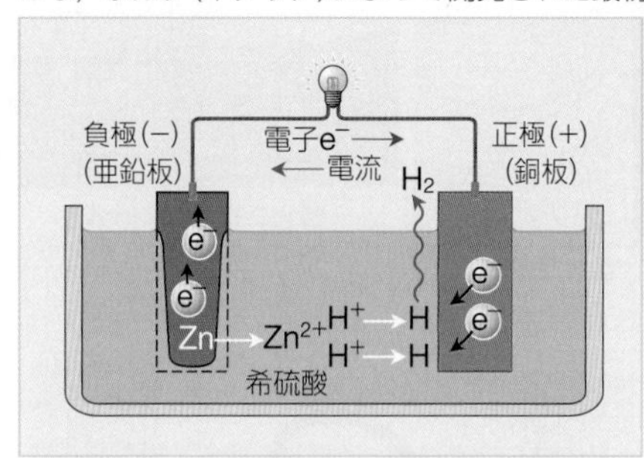

ボルタ電池のしくみ

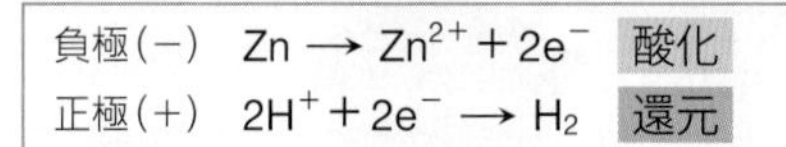

負極(−)	$Zn \longrightarrow Zn^{2+} + 2e^-$	酸化
正極(+)	$2H^+ + 2e^- \longrightarrow H_2$	還元

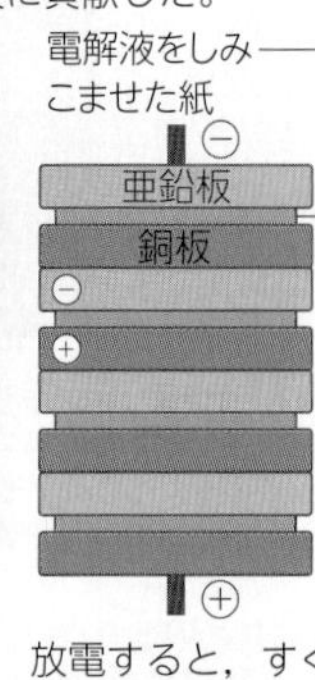

放電すると，すぐに起電力が低下し，実用的な電池とはならなかった。

2 ダニエル電池 Daniell cell

亜鉛 Zn 板を浸した硫酸亜鉛 $ZnSO_4$ 水溶液と銅 Cu 板を浸した硫酸銅(Ⅱ) $CuSO_4$ 水溶液を，素焼き板などで仕切った電池である。起電力の低下がおこりにくい。

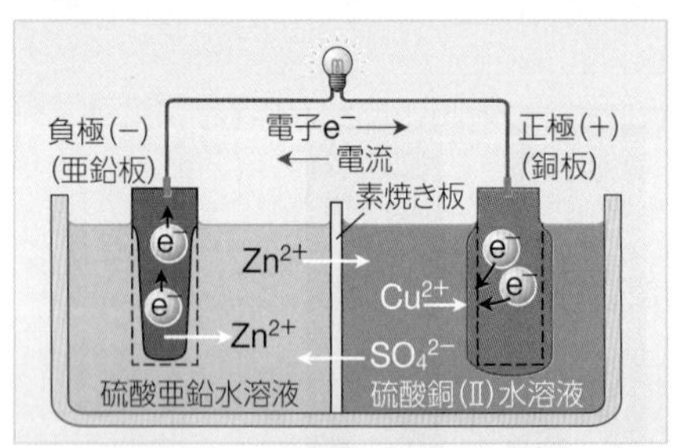

ダニエル電池のしくみ

イオン化傾向の大きい亜鉛が溶けて，生じた電子が導線を通って銅板へと移動する。銅板上では，Cu^{2+} が電子を受け取って Cu になる。

負極(−)	$Zn \longrightarrow Zn^{2+} + 2e^-$	酸化
正極(+)	$Cu^{2+} + 2e^- \longrightarrow Cu$	還元

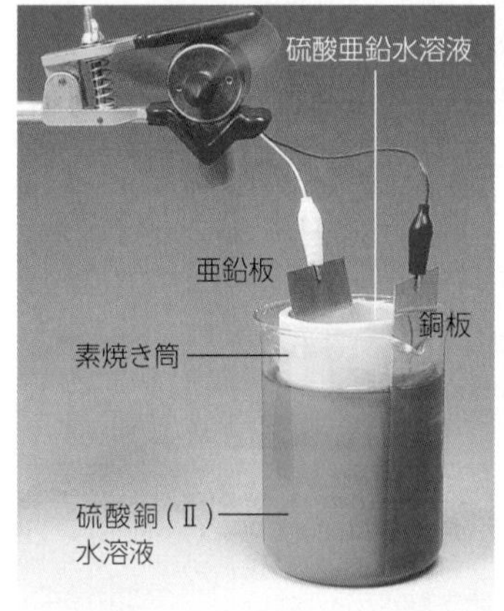

多孔質の素焼きの円筒は，両液の混合を防ぐが，イオンは通過させる。

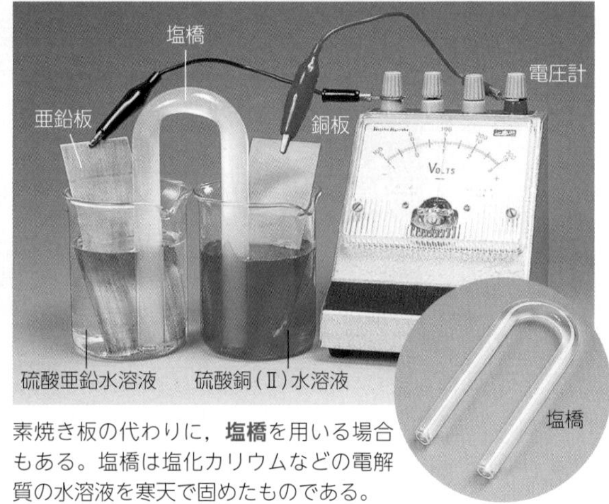

素焼き板の代わりに，**塩橋**を用いる場合もある。塩橋は塩化カリウムなどの電解質の水溶液を寒天で固めたものである。

■**ダニエル電池の起電力** 負極または正極を構成する部分(金属とその金属イオンを含む電解質水溶液など)を**半電池**という。半電池内の電解質の濃度を変えて長時間起電力を保ったり，金属や電解質水溶液の種類を変えて，起電力の異なる電池をつくったりすることができる。

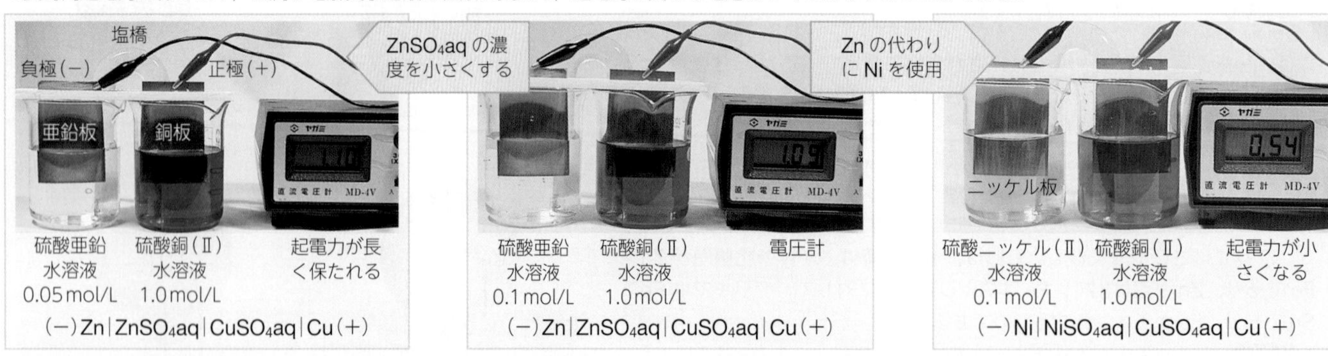

硫酸亜鉛水溶液 0.05 mol/L	硫酸銅(Ⅱ)水溶液 1.0 mol/L	起電力が長く保たれる
(−)Zn | $ZnSO_4aq$ | $CuSO_4aq$ | Cu(+)		
硫酸亜鉛水溶液 0.1 mol/L	硫酸銅(Ⅱ)水溶液 1.0 mol/L	電圧計
(−)Zn | $ZnSO_4aq$ | $CuSO_4aq$ | Cu(+)		
硫酸ニッケル(Ⅱ)水溶液 0.1 mol/L	硫酸銅(Ⅱ)水溶液 1.0 mol/L	起電力が小さくなる
(−)Ni | $NiSO_4aq$ | $CuSO_4aq$ | Cu(+)		

電解質水溶液の濃度を，負極側で小さく，正極側で大きくするほど，長時間電流を取り出す(放電する)ことができる。

半電池を構成する2種の金属のイオン化傾向の差が大きいほど，電池の起電力は大きくなる。

Tips ボルタ電池は，1800年，イタリアのボルタによって発明された。わが国では，江戸時代後期，1837～1847年にかけて出版された初の体系的翻訳化学書『舎密開宗(せいみかいそう)』において，その構造が解説されている(➡ p.67)。

3 乾電池 dry cell

電解質水溶液を糊状にして，携帯性を高めた電池を**乾電池**という。負極活物質に亜鉛，正極活物質に酸化マンガン(Ⅳ)，電解質水溶液に塩化亜鉛水溶液を用いた**マンガン乾電池**や，電解質水溶液に KOH 水溶液を用いた**アルカリマンガン乾電池**がある。

a マンガン乾電池

(−)Zn | $ZnCl_2$aq，NH_4Claq | MnO_2・C(+)

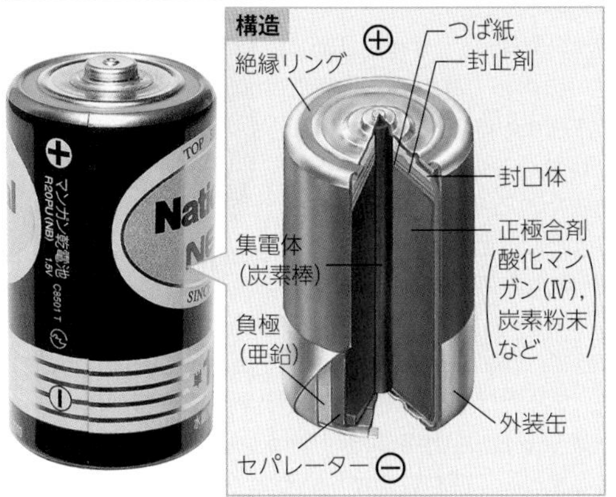

負極では亜鉛 Zn が酸化されてイオンに変わり，正極では酸化マンガン(Ⅳ) MnO_2 が還元される。

b アルカリマンガン乾電池

(−)Zn | KOHaq | MnO_2(+)

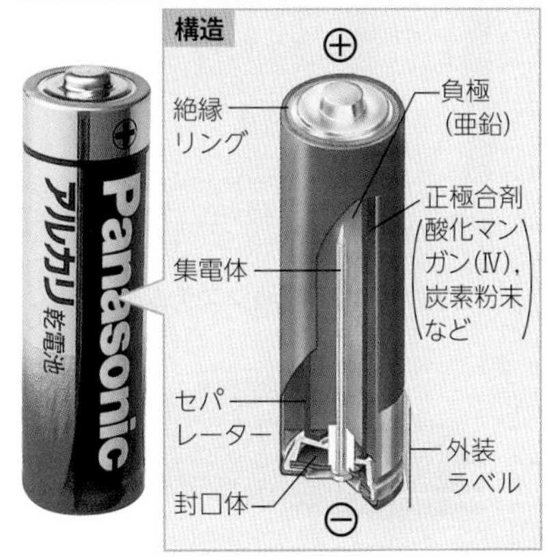

電解質水溶液に KOH 水溶液が用いられる。安定した電圧で長時間放電できる。

トピック 液漏れに注意！

乾電池の負極では，わずかに次のような自己放電反応が起こり，水素が発生している。

$$2H_2O + 2e^- \longrightarrow H_2 + 2OH^-$$

通常では水素の発生量が少ないため問題にならないが，使用範囲を超えると，水素の発生によって電池内の圧力が上昇する。そこで，乾電池には，安全弁が設けられ，内圧の上昇時に水素が放出されるようになっている。このとき，電解液が漏れ出るのが，電池の液漏れである。アルカリマンガン乾電池の場合，強い塩基性を示す水酸化カリウム水溶液が漏れ出ることになるため，触れないように注意が必要である。

4 鉛蓄電池 lead storage battery

希硫酸(密度約 1.2 g/cm^3，質量パーセント濃度約 30%)に鉛と酸化鉛(Ⅳ)を浸した電池である。充電することによって，繰り返し使用できる。充電できる電池を**二次電池**(**蓄電池**)といい，充電できない電池を**一次電池**という。

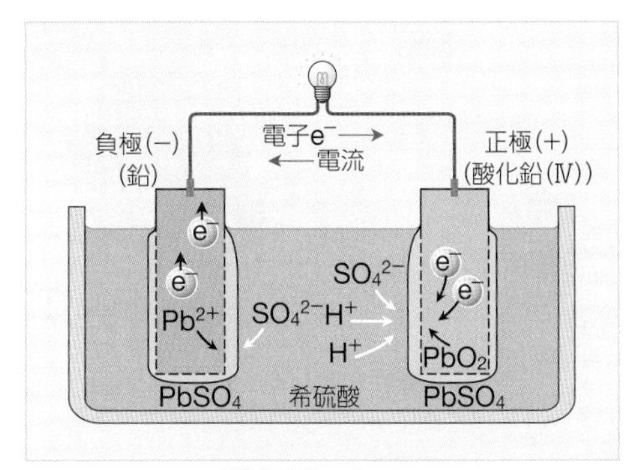

鉛蓄電池のしくみ

放電すると，両極の表面に水に難溶の硫酸鉛(Ⅱ)が生じる。

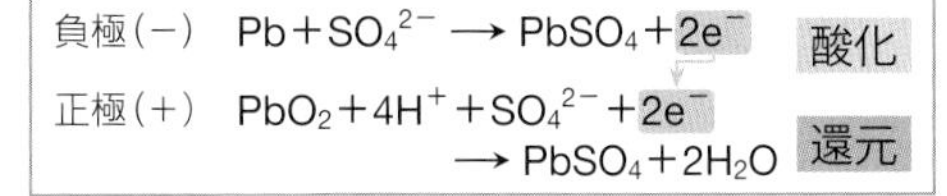

負極(−)	$Pb + SO_4^{2-} \longrightarrow PbSO_4 + 2e^-$	酸化
正極(+)	$PbO_2 + 4H^+ + SO_4^{2-} + 2e^- \longrightarrow PbSO_4 + 2H_2O$	還元

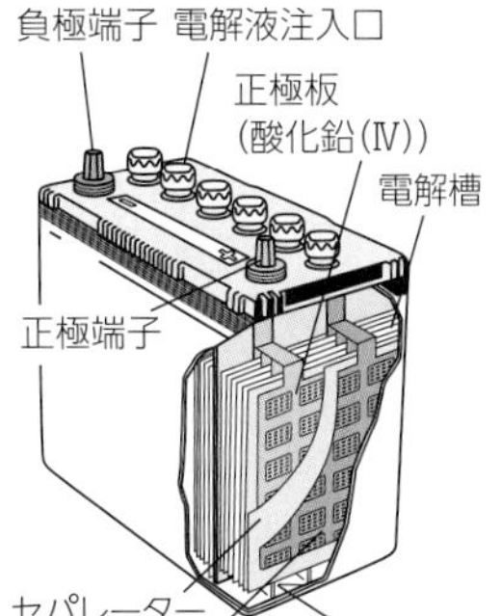

自動車用鉛蓄電池の構造

希硫酸中に，セパレーターでへだてた鉛と酸化鉛(Ⅳ)を，交互に浸した構造をしている。

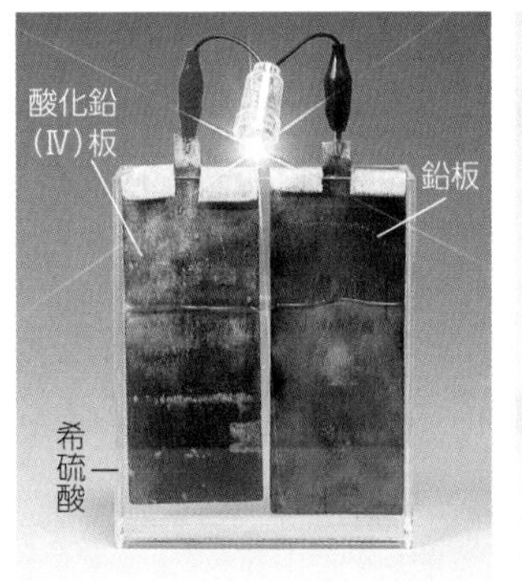

放電

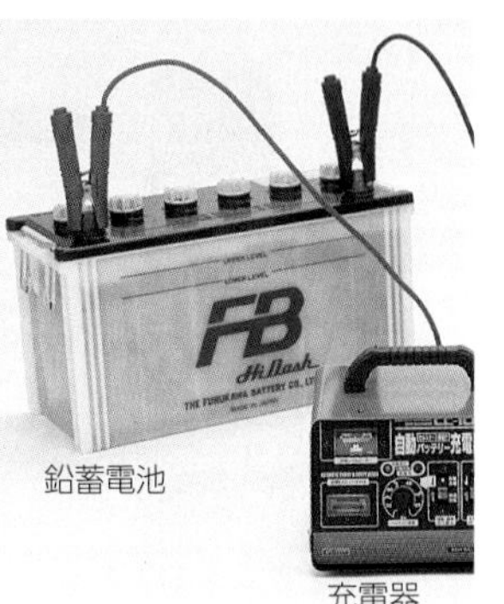

充電

放電によって両極の質量は増加し，希硫酸の濃度は小さくなり，密度も減少する。外部電源の正極を鉛蓄電池の正極に，負極を鉛蓄電池の負極に接続すると，放電時の逆反応がおこり，元の状態にもどる。

$$Pb + 2H_2SO_4 + PbO_2 \underset{充電}{\overset{放電}{\rightleftarrows}} 2PbSO_4 + 2H_2O$$

PLUS 標準電極電位

金属イオン M^{n+}の濃度が 1 mol/L の水溶液に金属 M を入れると，$M^{n+} + ne^- \rightleftarrows M$ の平衡が成立する。このとき，水溶液と金属単体との間に生じる電位差を**標準電極電位**という。この電位差は，直接は測定できないため，1 mol/L の塩酸に白金黒付き白金電極を浸し，これに水素を吹きこんだ水素電極を基準(0 V)として測定される。

標準電極電位の小さい金属ほど電子を放出しやすく，この値の順に金属を並べたものが金属のイオン化列に相当する。

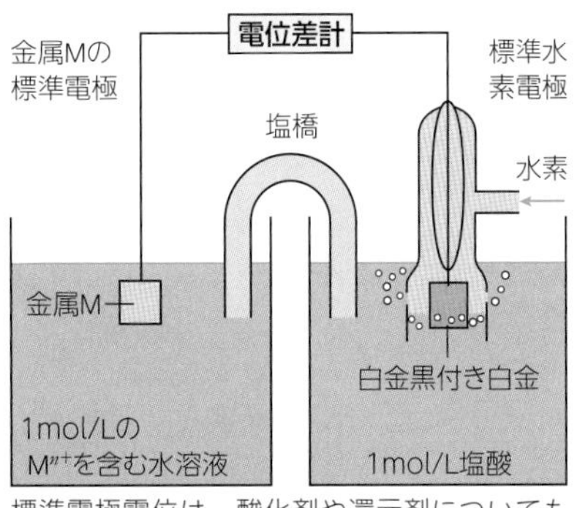

標準電極電位は，酸化剤や還元剤についても測定されている。

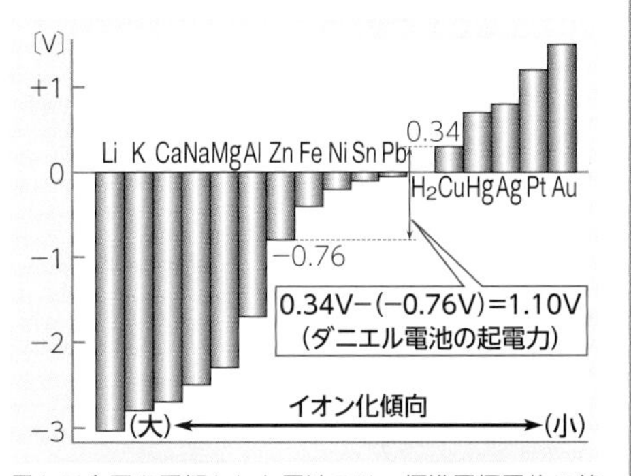

異なる金属を電極とした電池では，標準電極電位の差が起電力になる。

バッテリーは，電解液が入った状態では，外部回路につないで放電させなくても，時間の経過とともに電気エネルギーが失われる。この現象を自己放電という。しばらく運転していない車は，自己放電によって「バッテリーが上がった」とよばれる状態になり，エンジンがかからなくなる場合がある。

5 燃料電池
fuel cell

燃料電池は，水素などの燃料と酸素などの酸化剤を反応させ，酸化還元反応のエネルギーを電気エネルギーに変換する装置である。放電に伴う生成物は水だけであり，二酸化炭素を発生しない。

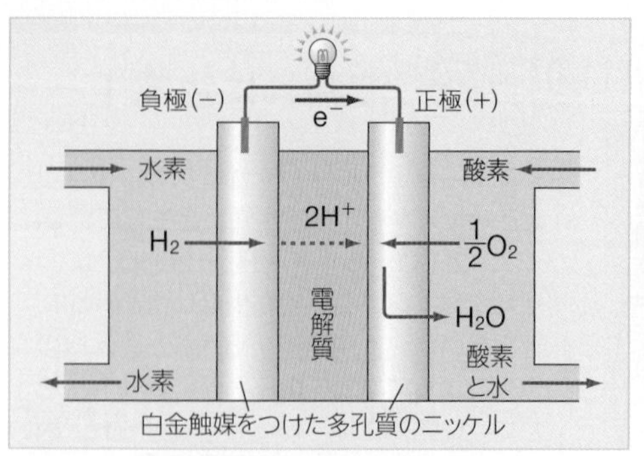

燃料電池のしくみ(リン酸形)

負極	$2H_2 \longrightarrow 4H^+ + 4e^-$	$2H_2 + O_2 \longrightarrow 2H_2O$
正極	$O_2 + 4H^+ + 4e^- \longrightarrow 2H_2O$	

電解質の種類によって，アルカリ形，リン酸形，固体高分子形などの種類がある。

家庭用の燃料電池システム

燃料電池自動車

トピック 宇宙で活躍する燃料電池

燃料電池の原理は，19 世紀初め，デービーによって考案され，実際に制作されたのは19世紀中ごろである。しかしこの電池は，あまり関心をもたれることなく忘れ去られ，実用化には至らなかった。

アポロ計画で使われた燃料電池

20 世紀半ばに宇宙開発が始まり，ジェミニ計画で，固体高分子形燃料電池が採用されたことによって，燃料電池は，再び注目を集めることになった。その後，アルカリ形燃料電池が採用され，アポロ計画から，スペースシャトル，宇宙ステーションに至るまで，電源や飲料水源として使われ続けている。

6 さまざまな実用電池

実用的に用いられる電池には，さまざまなものがあり，その特性に応じて使い分けられている。

■リチウム電池 (−)Li | Li塩・有機溶媒 | $(CF)_n$ または MnO_2 (+)

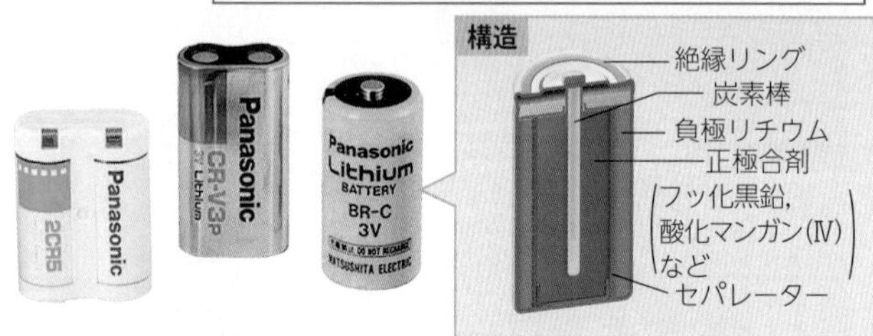

防犯用ブザー

特徴 起電力 約3.0V

高起電力，長寿命である。低温の環境でも使用できる。

使用例
- 家電製品の記憶保持用
- 防犯用ブザー
- 水道メーター・ガスメーター

■酸化銀電池(銀電池) (−)Zn | KOHaq | Ag_2O (+)

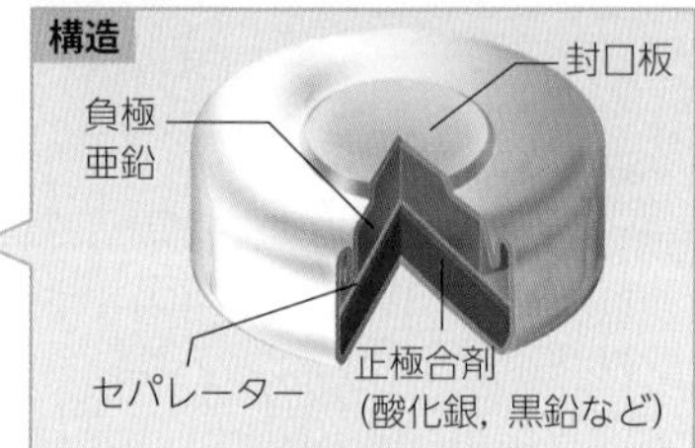

特徴 起電力 約1.5V

電圧が安定している。

使用例
- 腕時計
- 補聴器
- カメラの露出計

■空気電池 (−)Zn | KOHaq | 空気(O_2) (+)

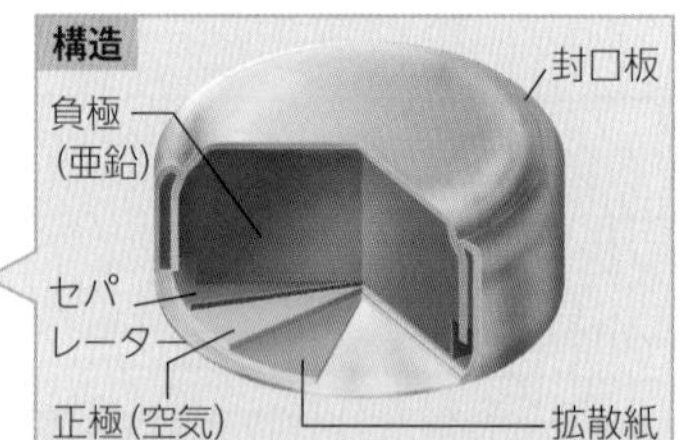

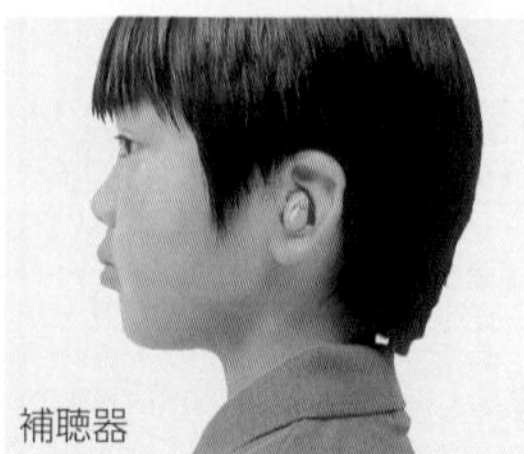

補聴器

特徴 起電力 約1.4V

電圧が安定しており，長期間にわたって連続使用できる。

使用例
- 腕時計
- 補聴器
- ページャー(無線呼出し)

■ニッケル・水素電池 二次電池 (−)MH | KOHaq | NiO(OH) (+)

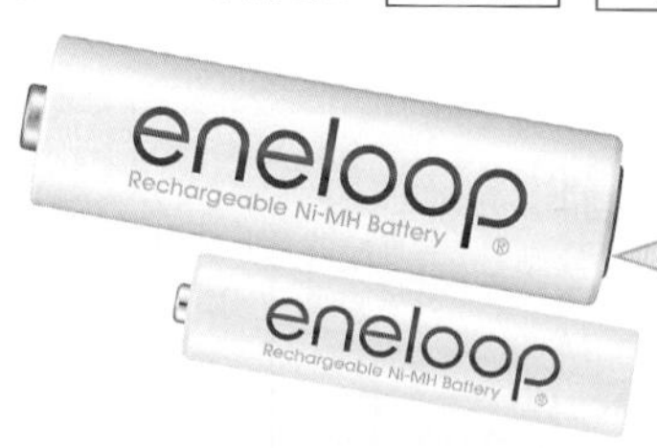

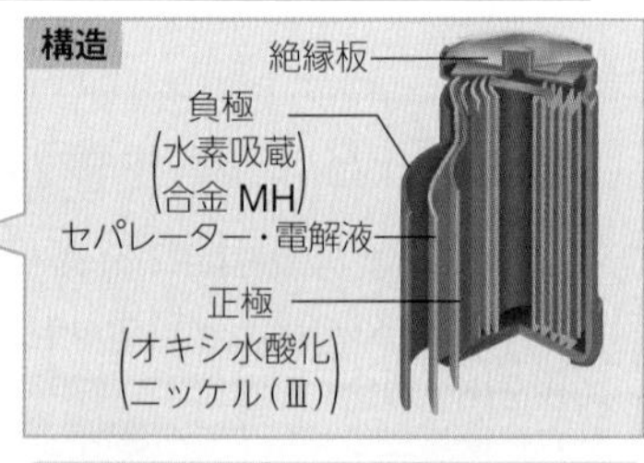

ハイブリッドカー

特徴 起電力 約1.2V

連続使用が可能で，容量が大きい。

使用例
- 充電式の乾電池
- ハイブリッドカーのバッテリー
- 非常灯

Tips 燃料電池に用いる水素は，通常，天然ガスからつくられており，水素を得る際には二酸化炭素を発生する。しかし，燃料電池は，発電に伴って発生する排熱を有効利用する仕組みがつくられており，全体としては，二酸化炭素の排出を削減できると考えられている。

7 リチウムイオン電池
lithium-ion battery

リチウムイオン電池は，一般に，負極に黒鉛などの炭素材料，正極にリチウムイオンを含む酸化物，電解液に有機溶媒を用いた構造の二次電池である。

ⓐ 放電時の反応

放電時には，黒鉛の層中のリチウムイオンが正極側に出ていく。

負極　$LiC_6 \longrightarrow Li_{1-x}C_6 + xLi^+ + xe^-$
正極　$Li_{1-x}CoO_2 + xLi^+ + xe^- \longrightarrow LiCoO_2$

$LiC_6 + Li_{1-x}CoO_2 \longrightarrow Li_{1-x}C_6 + LiCoO_2 (0 < x < 0.5)$

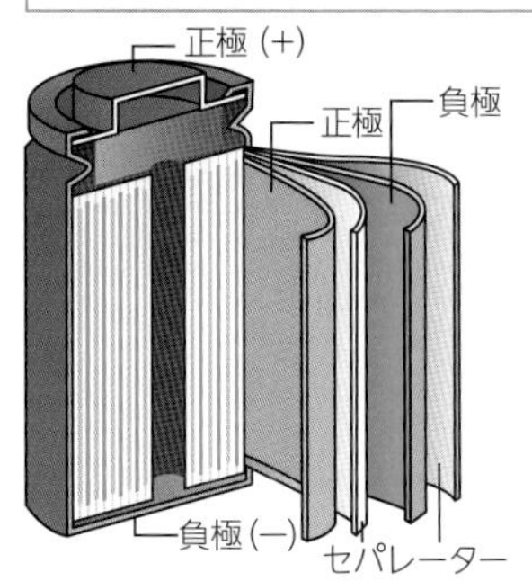

筒状のリチウムイオン電池
負極と正極をセパレーターで挟み，巻き取って筒状にする。

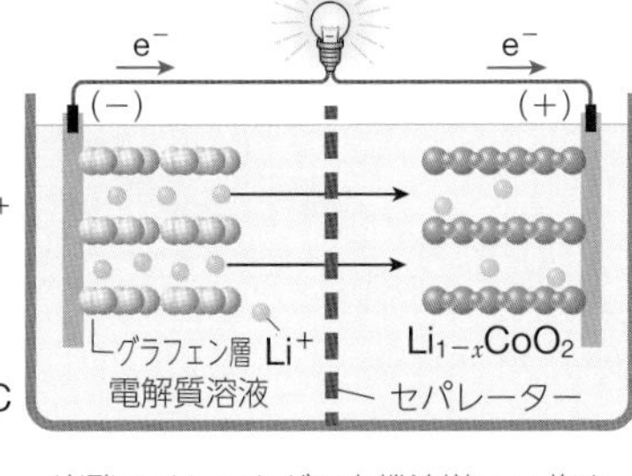

グラフェン層からLi+が放出されると同時に負極から電子が流れ出る。

炭酸エチレンなどの有機溶媒にLi塩を溶解させた溶液を用いる。水は1.5V〜2V程度で電気分解するため，電解液に水溶液を用いることができない。

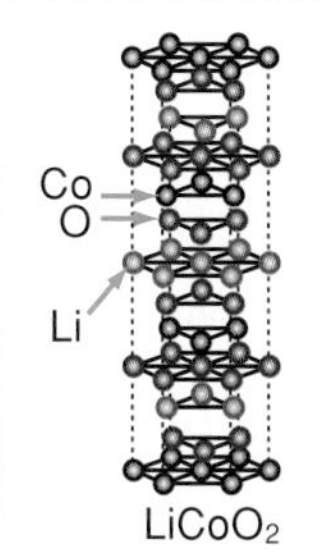

負極から放出されたLi+が正極に取り込まれる。

ⓑ 充電時の反応

外部の電源につないで充電すると，放電時の逆向きの反応が起こる。

$Li_{1-x}C_6 + LiCoO_2 \longrightarrow LiC_6 + Li_{1-x}CoO_2$

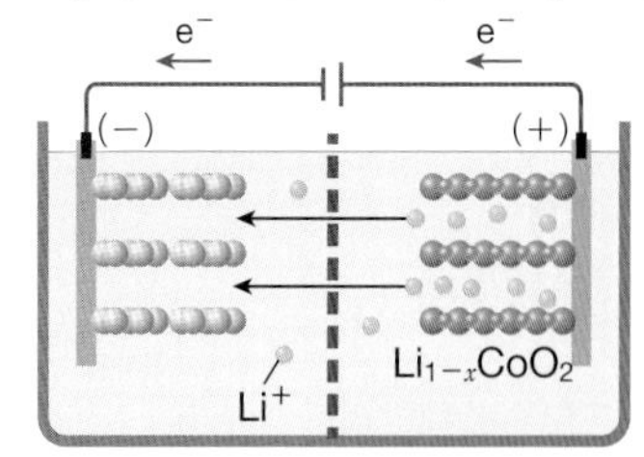

最初の状態では，負極は黒鉛層だけである。充電によって，正極の$LiCoO_2$からLi+が供給され，Li+が入りこんでLi+C−のように黒鉛が負の電荷を帯びる。

リチウムイオン電池の安全性の確保

リチウムは，軽量でイオン化しやすいなど電池にとってすぐれた性質をもつ一方で，反応性が高く，発火の危険性などが実用化の壁となった。開発途中の負極に金属リチウムを用いた電池では，発火して電解液の有機溶媒が爆発することがあった。負極に炭素材料を用いることで，充電しても，安全なLi+のままであるため，金属リチウムによる発火のリスクが回避できた。

<特徴>

❶ 小型・軽量である。
❷ 高い起電力(約3.7V)を示す。
❸ 電池の容量が大きい。
❹ 充放電の繰り返しによる劣化が小さい。

これらの特徴から，あらゆる電子機器のバッテリーとしてなくてはならない存在である。また，高い起電力と高容量を生かして電気自動車などのバッテリーにも利用される。

携帯電話

電気自動車

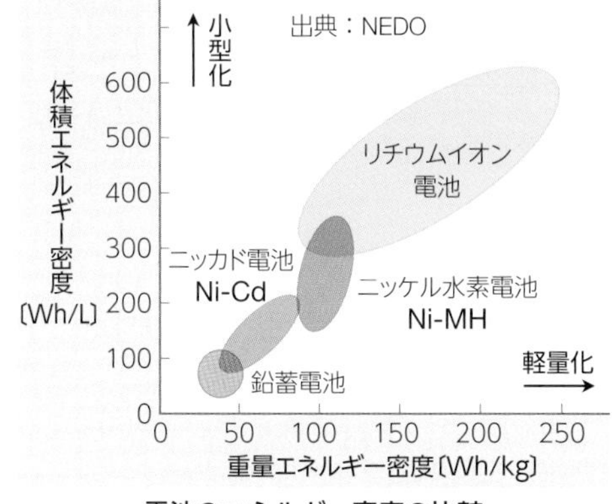

電池のエネルギー密度の比較
リチウムイオン電池は，単位体積・質量あたりから得られるエネルギーの量が多い。

PLUS 電池の容量

スマートフォンなどの電子機器を購入するときに，電池のもちを気にする人が多い。電子機器が1回の充電でどれだけ使用できるかは，電子機器の電力消費量が大きく関わるが，同時に，電池の容量も大きな要因となる。

電池の容量は，電池から一定の電流を何時間取り出すことができるかを示す**放電容量**で表される。放電容量は，1mAの電流を1時間取り出すことができるときを1mAh（ミリアンペアアワー）と表す。

また，電池から実際に取り出せる電力量は，放電容量に電圧をかけた値となる。例えば，リチウムイオン電池の場合，起電力(電圧)は約3.7Vなので，

$$電力量〔Wh〕= \frac{放電容量〔mAh〕}{1000} \times 3.7\ V$$

この値が大きいほど，電池から取り出せるエネルギーが大きい。リチウムイオン電池は，起電力が高く，小さく軽量なので，単位質量・体積あたりから取り出せる電力量の点で，非常にすぐれた電池である。

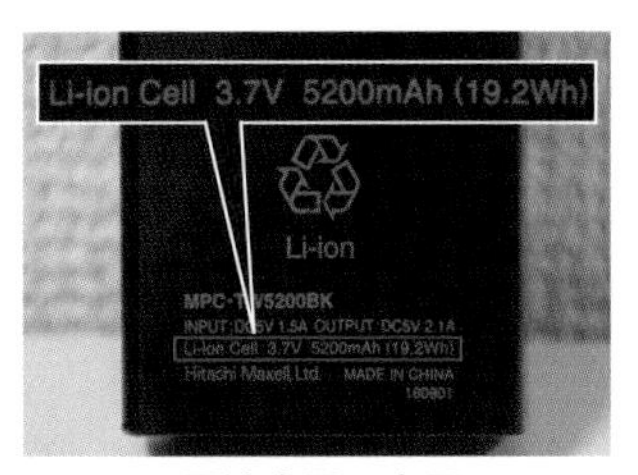

電池容量の表示

飛行場の手荷物検査
160Whを超えるモバイルバッテリーは，飛行機に持ち込めない。

key person

屋井 先蔵 〜初の乾電池を製作〜

新潟に生まれた屋井先蔵(1864〜1927)は，自らが発明した「連続電気時計」に使用するため，それまでの液体型電池に代わる新しい電池の開発に取り組んだ。彼は苦心の末，1889年，ついに世界初の「乾電池」を発明した。屋井は，ろうそくに使う灯芯に，濃い塩化アンモニウム水溶液を浸みこませ，さらにセッコウを加えてペースト状にしたものを，電解液として亜鉛管に入れた。負極の亜鉛を管にしたのも，屋井の考案による。その構造は，現在の電池とほとんど変わらないものであった。このように，わが国では，古くから電池の開発が盛んにおこなわれ，現在でも，さまざまな電池の開発が進められている。

Tips 乾電池には，単1，単2，単3のように，電池の大きさが異なるものがある。これらの電池は，いずれも電池の構成は同じなので起電力は同じであるが，活物質の量が異なるため，電池の容量が異なっており，数字が小さくなるにつれて，電池の容量が大きくなる。

探究活動

6. 金属の推定

目的 金属のイオン化傾向の大きさは，金属によって異なる。金属のイオン化傾向の違いを利用して，金属を推定しよう。

実験1 金属間に流れる電流の測定

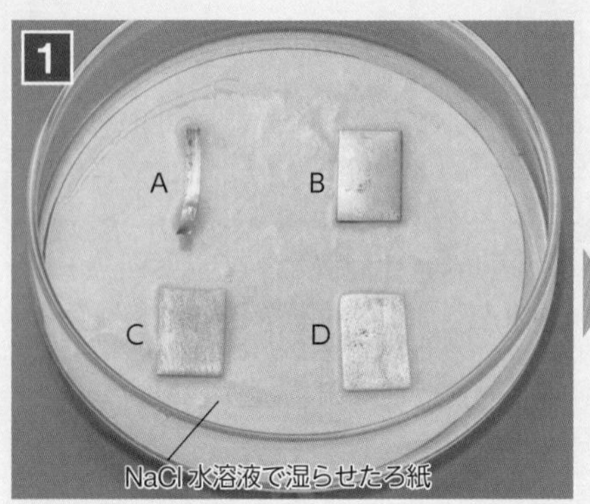

異なる4種類の銀白色の金属片（Al，Ag，Mg，Fe）を用意する。A，B，C，Dとして表示する。5％ NaCl 水溶液で湿らせたろ紙の上に，AからDの金属片をのせる。

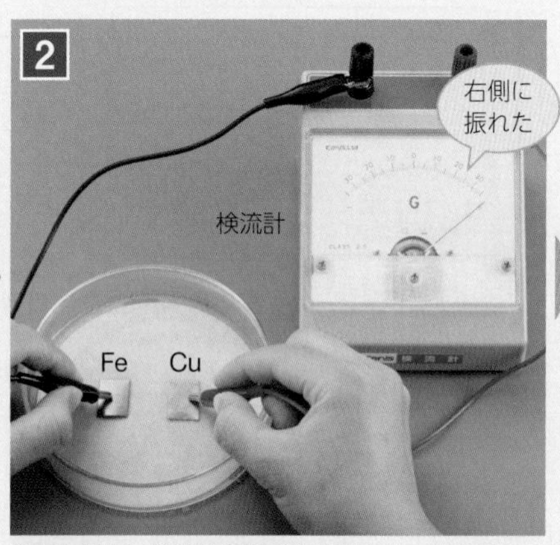

鉄板と銅板に検流計の端子を接触させ，針の振れる向きを調べる。

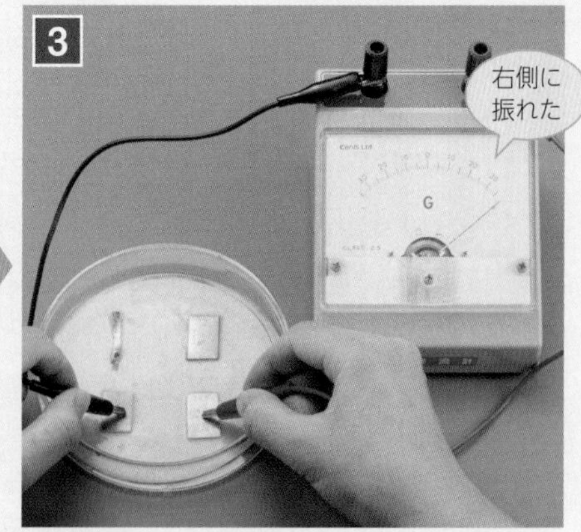

2つの金属に検流計の端子を接触させ，針の振れる向きを調べる。

考察1 電流の流れた向きから，何がわかるか。

電解質水溶液と異なる2種類の金属片によって電池が形成される。イオン化傾向の大きい金属が負極，小さい金属が正極となる。電流は正極から負極に向けて流れるため，電流はイオン化傾向の小さい金属から，大きい金属に向かって流れる。この実験から，2つの金属のイオン化傾向の大きさの関係がわかる。

考察2 2の結果から，検流計の針の振れる向きと電流の流れる向き，および電子の流れる向きの関係を示せ。

鉄 Fe と銅 Cu では，鉄の方がイオン化傾向が大きいため，電子は，導線を通って Fe → Cu の向きに流れる。電流の流れる向きは，電子の流れる向きの逆向きなので Cu → Fe の向きに流れる。

検流計は，右側（Cu 側）に振れており，これは電子の流れる向きに対応している。

考察3 実験の結果を表に整理せよ。

－端子［黒］	＋端子［赤］	針の振れた向き	導線を流れる電子の向き	電流の流れる向き
A	B	右	A（ → ）B	A（ ← ）B
A	C	右	A（ → ）C	A（ ← ）C
A	D	右	A（ → ）D	A（ ← ）D
B	C	左	B（ ← ）C	B（ → ）C
B	D	右	B（ → ）D	B（ ← ）D
C	D	右	C（ → ）D	C（ ← ）D

考察4 3の実験結果から，イオン化傾向の大きさの関係を導き，金属を推定せよ。

実験1から，イオン化傾向はA＞B，A＞C，A＞D，C＞B，B＞D，C＞Dであることがわかる。この関係をまとめると，A＞C＞B＞Dとなる。

4種類の金属は，Al，Ag，Mg，Fe のいずれかであるので，金属のイオン化傾向の順は Mg＞Al＞Fe＞Ag であり，

A：Mg，B：Fe，C：Al，D：Ag と決まる。

考察5 希塩酸と金属片A～Cの反応を化学反応式で表せ。また，金属片Dと濃硝酸の反応を化学反応式で表せ。

各金属と希塩酸との反応は，次のように表される。

A：$Mg + 2HCl \rightarrow MgCl_2 + H_2\uparrow$

B：$Fe + 2HCl \rightarrow FeCl_2 + H_2\uparrow$

C：$2Al + 6HCl \rightarrow 2AlCl_3 + 3H_2\uparrow$

金属片Dと濃硝酸の反応は，次のように表される。

D：$Ag + 2HNO_3 \rightarrow AgNO_3 + H_2O + NO_2\uparrow$

考察6 希塩酸や濃硝酸との反応から何がわかるか。

実験2における希塩酸との反応から，その金属のイオン化傾向が H_2 より大きいのか小さいのかが判断できる。

反応して水素を発生するA，B，Cは H_2 よりイオン化傾向が大きく，反応しないDは小さいことがわかる。また，Dは濃硝酸と反応することから，酸化力の強い酸とは反応する金属（Cu，Hg，Ag のいずれか）であることがわかる。この結果は，実験1の結果に対応している。

なお，Fe，Al は，濃硝酸とは不動態を形成するため，ほとんど反応しない。

準備	薬品	器具
	金属片(鉄, マグネシウム, 銀, アルミニウム), 銅板, 5% NaCl 水溶液, 希塩酸, 濃硝酸	検流計, ペトリ皿, ろ紙, 試験管5本, 試験管立て, こまごめピペット4本, ハサミ, ピンセット

実験2 金属と酸の反応から金属のイオン化傾向を調べる

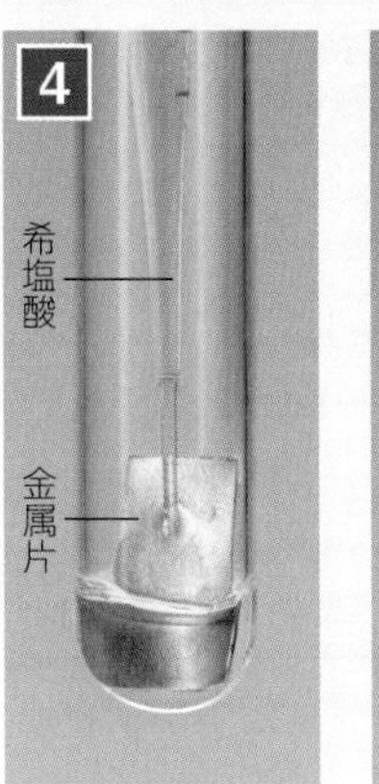

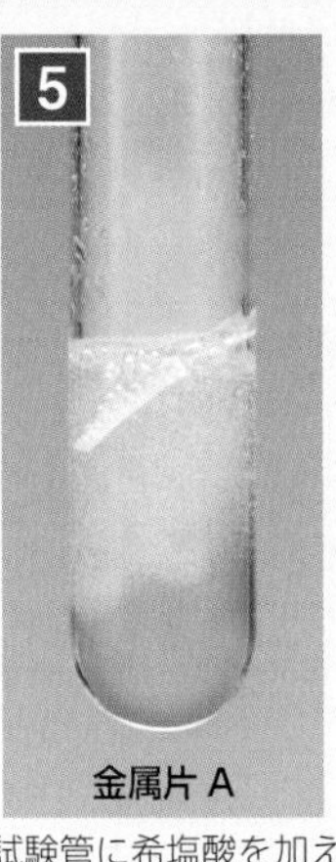

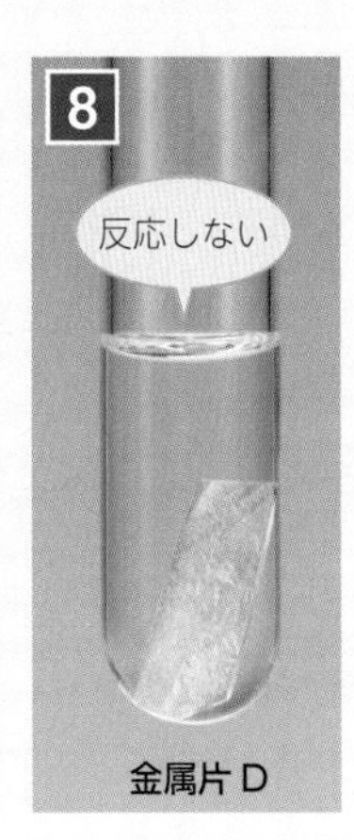

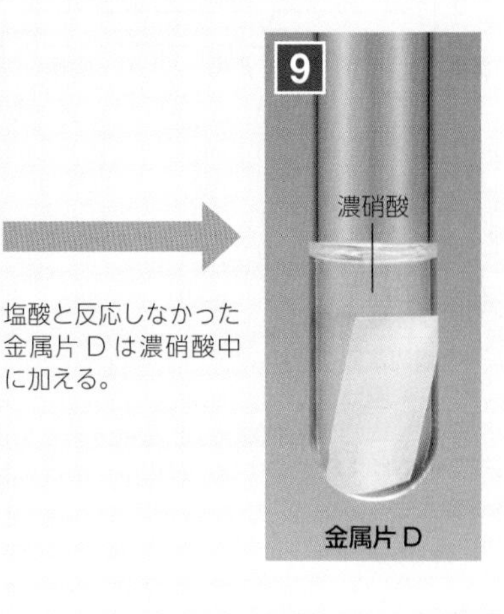

金属片 A〜D を入れた試験管に希塩酸を加えて，反応の様子を観察する。

考察7 イオン化傾向からわかった金属の種類を，別の実験によって確認せよ。ただし，金属の種類の確認方法は，p.204-205 を参照すること。

5〜9 の操作で得られた水溶液 1mL を水 5mL を入れた別の試験管にとり分け，次の操作を行うと，それぞれの金属イオンが含まれることが確認できる。

Ag^+ の確認

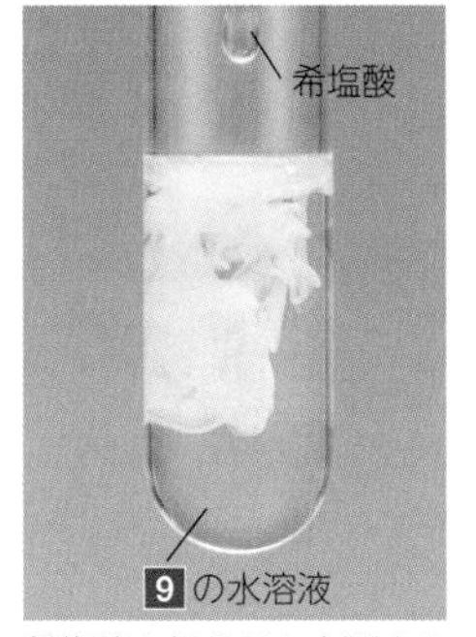

希塩酸を加えると白濁する。

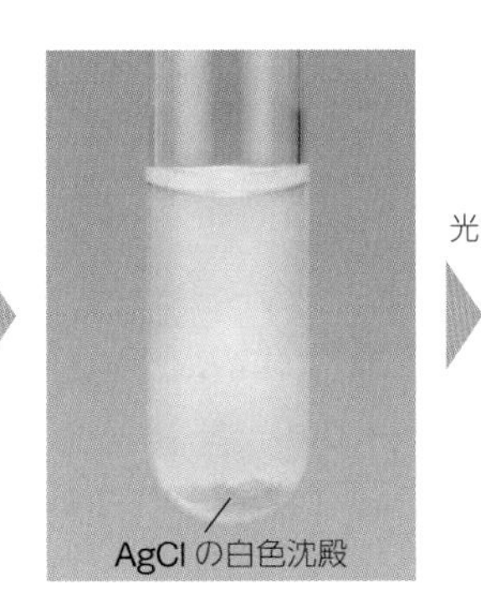

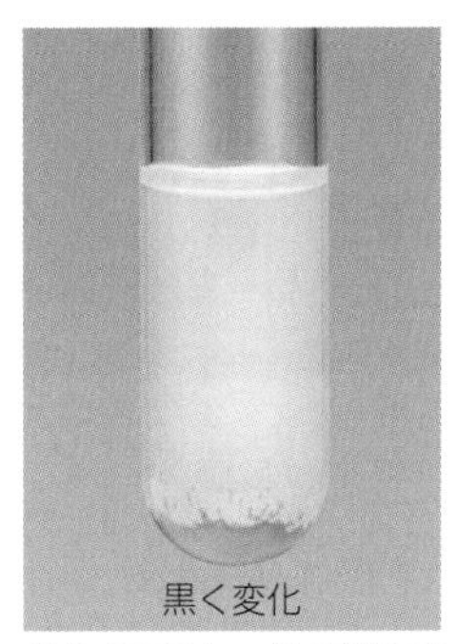

光をあてると，銀の微粒子を生じて黒くなる。

Fe^{2+} の確認

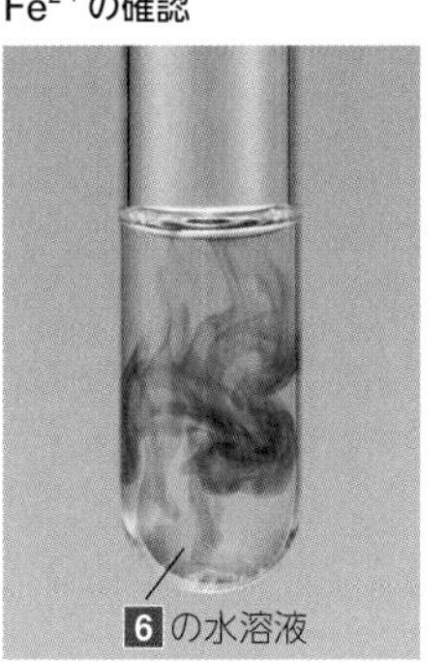

$K_3[Fe(CN)_6]$ 水溶液を加えると，濃青色沈殿を生じる。

Al^{3+} の確認

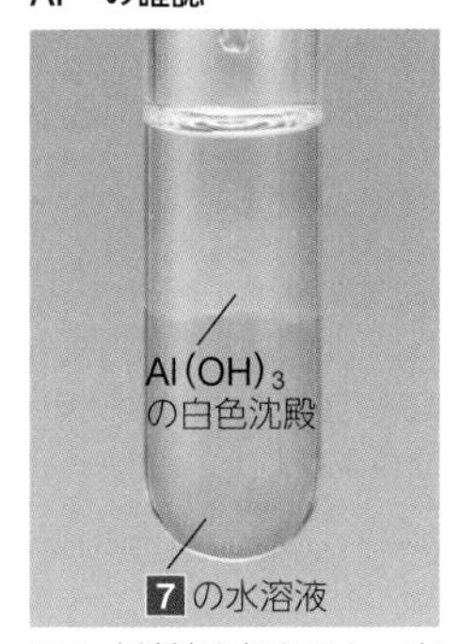

NH_3 水溶液を加えると，白色沈殿を生じる。

PLUS 局部電池

銅線を巻きつけた鉄くぎを $K_3[Fe(CN)_6]$ 水溶液とフェノールフタレイン水溶液で湿らせたろ紙上に放置しておくと，銅線の周囲が赤くなり，鉄くぎの周囲が青くなる。これは，鉄くぎと銅線の間で，右のような反応が進行するためである。このように，接触した金属間で電子の移動が起こり(電流が流れ)，局所的に電池が形成される状態を**局部電池**という。
局部電池が形成されると，電子のやり取りが起こるため，金属の腐食が進行しやすくなる。鉄くぎには不純物が含まれ，全体が均一ではないので，銅線がない場合でも，ぬれた鉄くぎ自体で局部電池が形成され，ゆっくりと腐食が進行する。

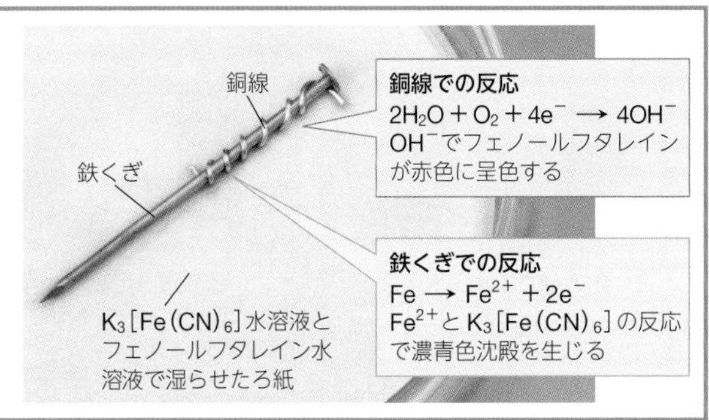

16 電気分解 化学

1 電気分解の原理 electrolysis

電解質の水溶液や溶融塩などに外部から電気エネルギーを加え，酸化還元反応を引き起こす操作を**電気分解**(**電解**)という。

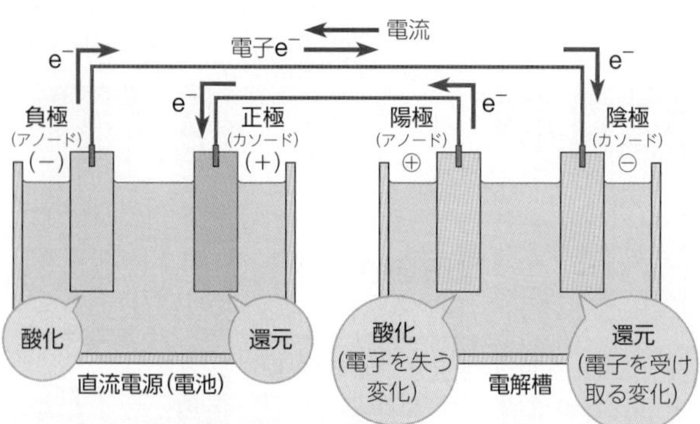

電源(電池)と電気分解との関係

電気分解では，電源の負極と接続した電極を**陰極**，正極と接続した電極を**陽極**という。

水溶液の電気分解における電極での反応

陰極での反応(還元反応)		
大	Ag^+	$Ag^+ + e^- \longrightarrow Ag$
↑	Cu^{2+}	$Cu^{2+} + 2e^- \longrightarrow Cu$
	H^+	$2H^+ + 2e^- \longrightarrow H_2$
小	(H_2O)	$2H_2O + 2e^- \longrightarrow H_2 + 2OH^-$
還元されない		Al よりもイオン化傾向の大きい金属のイオンは，水溶液中では還元されない。

中・塩基性水溶液では，$[H^+]$は非常に小さい。酸性の式にH^+と同数のOH^-を加えて整理すると，中・塩基性の式が得られる。

$2H^+ + 2e^- \longrightarrow H_2$ 〈酸性〉
↓ $+2OH^-$ ↓ $+2OH^-$
$2H_2O + 2e^- \longrightarrow H_2 + 2OH^-$ 〈中・塩基性〉

陽極での反応(酸化反応)		
大	金属の電極	陽極が Pt, C 以外の場合，電極が酸化され溶解する。 例 $Cu \longrightarrow Cu^{2+} + 2e^-$ $Ag \longrightarrow Ag^+ + e^-$
↑	I^-	$2I^- \longrightarrow I_2 + 2e^-$
	Br^-	$2Br^- \longrightarrow Br_2 + 2e^-$
	Cl^-	$2Cl^- \longrightarrow Cl_2 + 2e^-$
	H_2O	$2H_2O \longrightarrow O_2 + 4H^+ + 4e^-$
小	(OH^-)	$4OH^- \longrightarrow O_2 + 2H_2O + 4e^-$
酸化されない		NO_3^- や SO_4^{2-} などの多原子イオンは酸化されない。

2 水溶液の電気分解

電解質の種類や用いた電極の違いによって，さまざまな酸化還元反応が起こる。

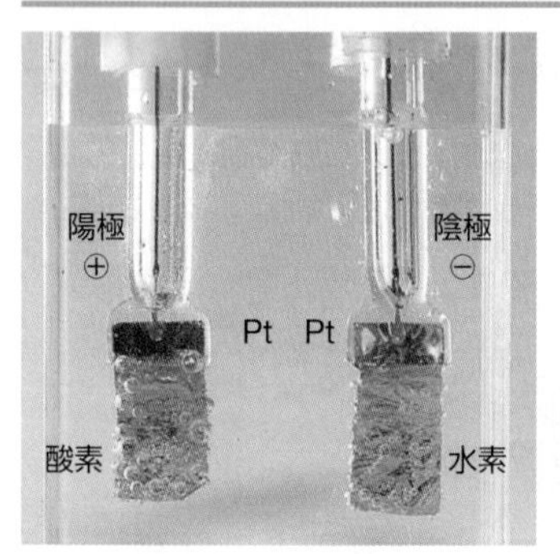

硫酸 H_2SO_4 水溶液

陽極：$2H_2O \longrightarrow O_2 + 4H^+ + 4e^-$
陰極：$2H^+ + 2e^- \longrightarrow H_2$

$2H_2O \longrightarrow 2H_2 + O_2$

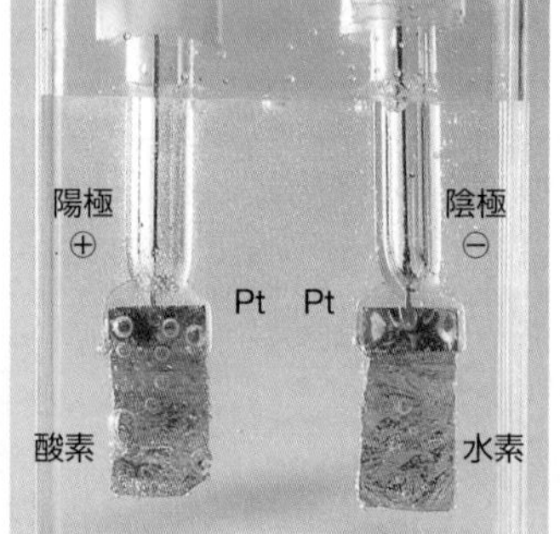

水酸化ナトリウム NaOH 水溶液

陽極：$4OH^- \longrightarrow 2H_2O + O_2 + 4e^-$
陰極：$2H_2O + 2e^- \longrightarrow H_2 + 2OH^-$

$2H_2O \longrightarrow 2H_2 + O_2$

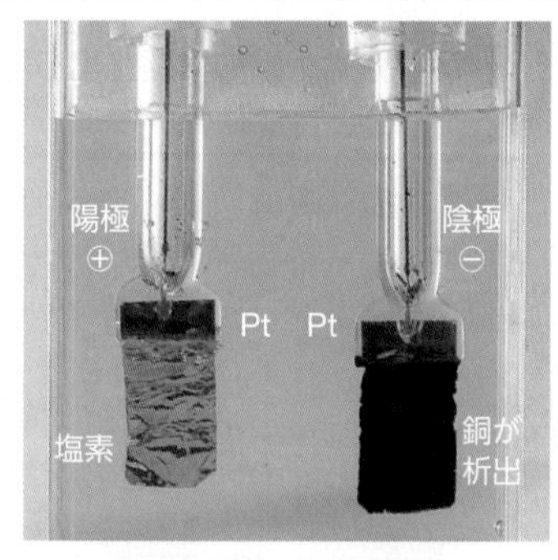

塩化銅(Ⅱ) $CuCl_2$ 水溶液

陽極：$2Cl^- \longrightarrow Cl_2 + 2e^-$
陰極：$Cu^{2+} + 2e^- \longrightarrow Cu$

$CuCl_2 \longrightarrow Cu + Cl_2$

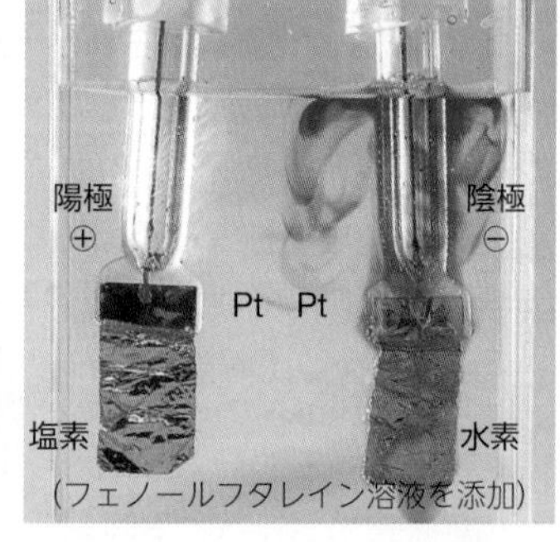

塩化ナトリウム NaCl 水溶液

陽極：$2Cl^- \longrightarrow Cl_2 + 2e^-$
陰極：$2H_2O + 2e^- \longrightarrow H_2 + 2OH^-$

$2NaCl + 2H_2O \longrightarrow H_2 + Cl_2 + 2NaOH$

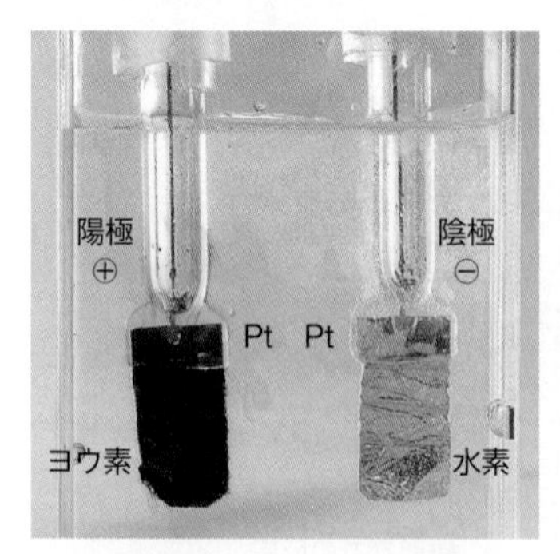

ヨウ化カリウム KI 水溶液

陽極：$2I^- \longrightarrow I_2 + 2e^-$
陰極：$2H_2O + 2e^- \longrightarrow H_2 + 2OH^-$

$2KI + 2H_2O \longrightarrow H_2 + I_2 + 2KOH$

硝酸銀 $AgNO_3$ 水溶液

陽極：$2H_2O \longrightarrow O_2 + 4H^+ + 4e^-$
陰極：$Ag^+ + e^- \longrightarrow Ag$

$4AgNO_3 + 2H_2O \longrightarrow 4Ag + O_2 + 4HNO_3$

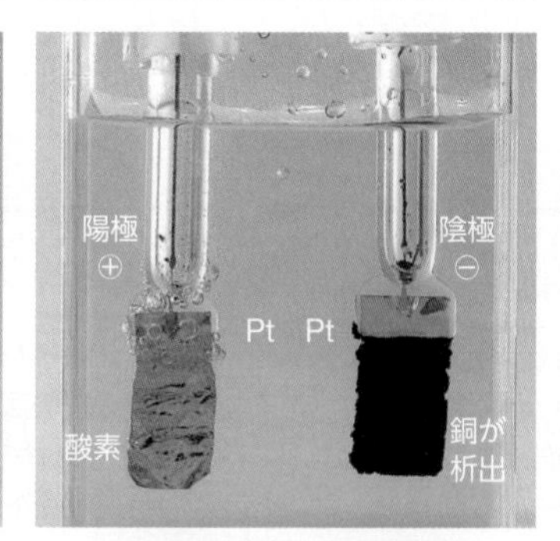

硫酸銅(Ⅱ) $CuSO_4$ 水溶液

陽極：$2H_2O \longrightarrow O_2 + 4H^+ + 4e^-$
陰極：$Cu^{2+} + 2e^- \longrightarrow Cu$

$2CuSO_4 + 2H_2O \longrightarrow 2Cu + O_2 + 2H_2SO_4$

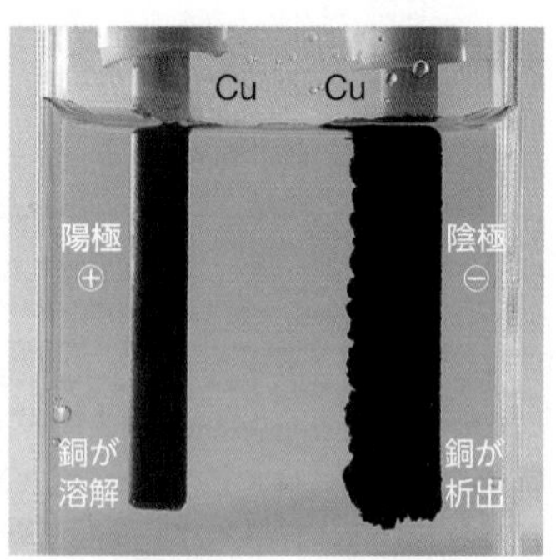

硫酸銅(Ⅱ) $CuSO_4$ 水溶液

陽極：$Cu \longrightarrow Cu^{2+} + 2e^-$
陰極：$Cu^{2+} + 2e^- \longrightarrow Cu$

Cu(陽極) ⟶ Cu(陰極)

MOVIE

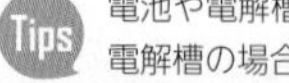

Tips 電池や電解槽で酸化反応がおこっている電極をアノード(anode)，還元反応がおこっている電極をカソード(cathode)という。わが国では，電池の場合は正極と負極，電解槽の場合は陽極と陰極という。電池の負極から電子が電解槽の陰極へ移動し，陽極で発生した電子が電池の正極へ移動する。

3 電気分解の応用

電気分解は，金属の精錬や，水酸化ナトリウムの製造などに利用されている。

a 溶融塩電解

塩や金属の酸化物などの融解液を電気分解する操作を，**溶融塩電解**(**融解塩電解**)という。イオン化傾向の大きい金属の単体は溶融塩電解によって得る。

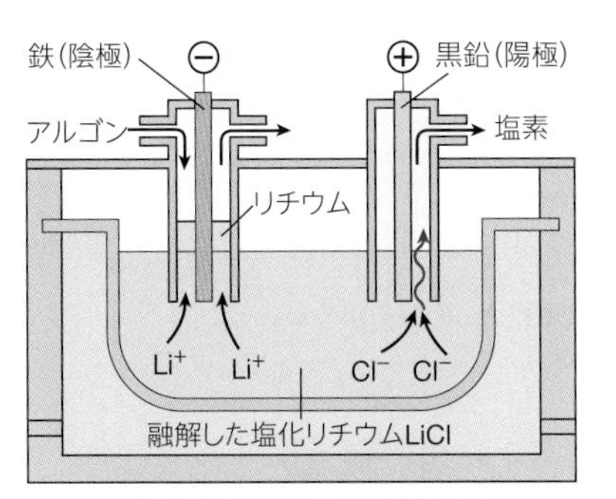

塩化リチウムの溶融塩電解

塩化リチウムを融解し，400～420℃，8～9Vで電気分解すると，陰極に液体のリチウムが生成する。このリチウムは，鉄製のひしゃくでくみ取られる。

陽極：$2Cl^- \longrightarrow Cl_2 + 2e^-$ 酸化
陰極：$Li^+ + e^- \longrightarrow Li$ 還元

溶融塩電解による生成物

電解液	陰極		陽極	
	電極	生成物	電極	生成物
LiCl	Fe	Li	C	Cl_2
NaCl	Fe	Na	C	Cl_2
NaOH	Fe	Na	Ni	O_2
$MgCl_2$	Fe	Mg	C	Cl_2
Al_2O_3 +氷晶石	C	Al	C	CO, CO_2

塩化ナトリウムの溶融塩電解(➡ p.181)，酸化アルミニウムの溶融塩電解(➡ p.217)

b 銅の電解精錬

粗銅(純度約99%)を陽極，純銅を陰極にして電気分解すると，純度が99.99%以上の銅が得られる(➡ p.216)。

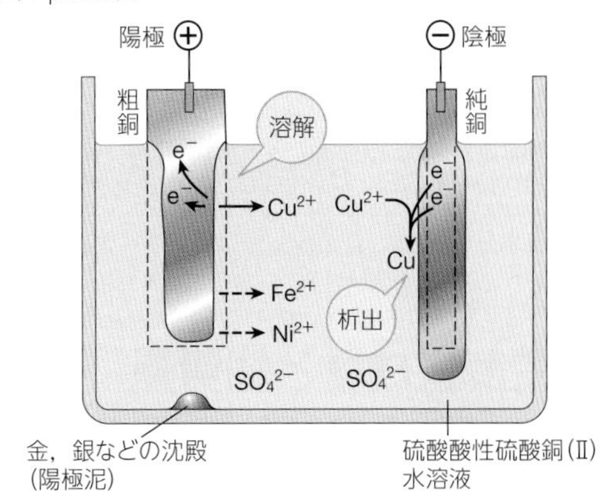

粗銅中の鉄やニッケルなどは，銅よりもイオン化傾向が大きく，溶け出してイオンのままで存在する。一方，イオン化傾向の小さい金や銀などは，単体のままで陽極の下に他の不純物(ケイ酸塩など)とともに沈殿する。この沈殿を**陽極泥**という。

c 水酸化ナトリウムの製造

Na^+だけを通過させる陽イオン交換膜を用いて，塩化ナトリウム水溶液を電気分解すると，陰極側で水酸化ナトリウムが得られる。

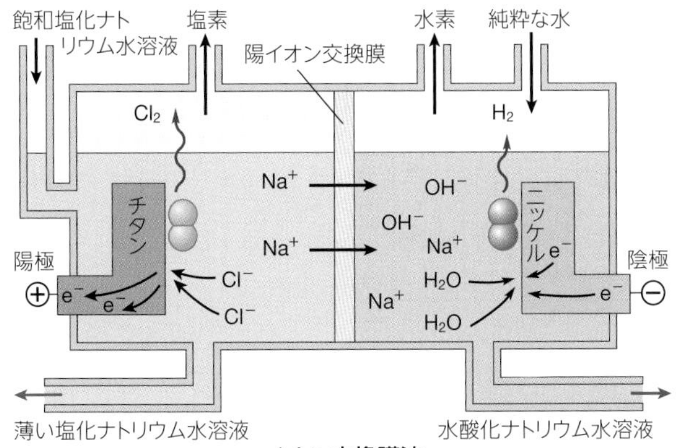

イオン交換膜法

陽極：$2Cl^- \longrightarrow Cl_2 + 2e^-$ 酸化
陰極：$2H_2O + 2e^- \longrightarrow H_2 + 2OH^-$ 還元

陰極では水酸化物イオンOH^-が生じ，Na^+が陽イオン交換膜を透過して陰極側へ移動するため，陰極付近で水酸化ナトリウムNaOHが濃縮される。このようなNaOHの製法を**イオン交換膜法**という。

d 電気めっき

固体の表面に金属の薄い被膜をつくることを**めっき**という。電気分解を利用してめっきをする操作を特に**電気めっき**という。

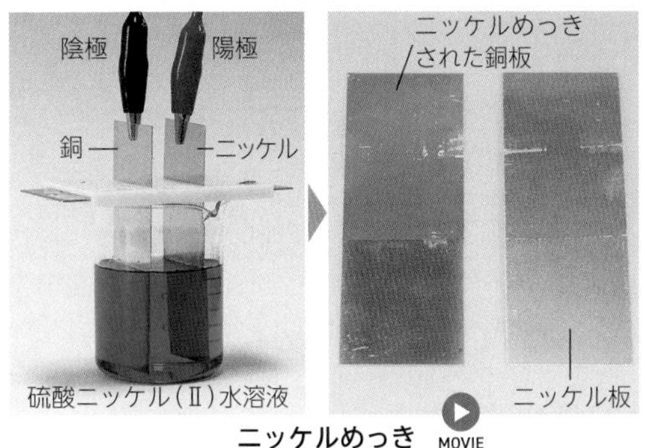

ニッケルめっき

ニッケル板を陽極，銅板を陰極にして硫酸ニッケル(Ⅱ)$NiSO_4$水溶液を電気分解すると，銅板にニッケルの被膜が形成される。

陽極：$Ni \longrightarrow Ni^{2+} + 2e^-$ 酸化
陰極：$Ni^{2+} + 2e^- \longrightarrow Ni$ 還元

一般に，ある金属のイオンを含む水溶液を，その金属の単体を陽極にして電気分解すると，陰極がめっきされる。

ニッケルめっき

クロムめっき

金めっき(メダル)

PLUS 食塩の製造

わが国では，岩塩が産出されないため，食塩(塩化ナトリウム)の製造には，一般に海水が用いられる。海水には塩化ナトリウムが約3%しか含まれず，加熱濃縮には多量のエネルギーが必要になる。そこで，陽イオン交換膜(Na^+だけを通過させる)と陰イオン交換膜(Cl^-だけを通過させる)を用いて電解し，15～20%まで濃縮する。次に，濃縮された食塩水を蒸発乾固させて食塩が取り出される。このほか，南米などから天日塩を輸入してつくられる食塩もある。

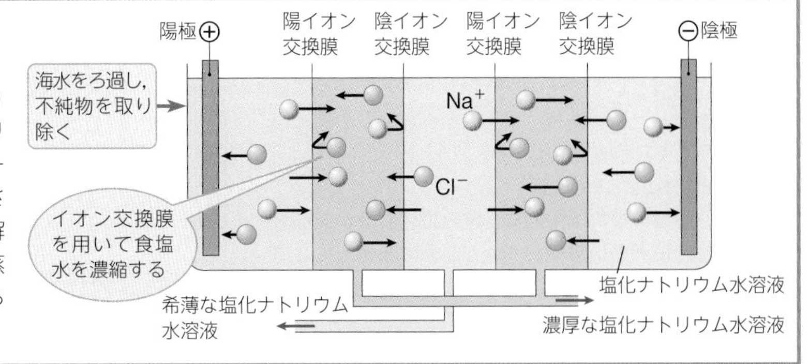

Tips 銅の電解精錬において，陽極泥(ようきょくでい)には金や銀が豊富に含まれている。このほか，粗銅には鉛も含まれており，鉛(Ⅱ)イオンとなって溶け出すが，電解液中の硫酸と反応して水に難溶の硫酸鉛(Ⅱ)の白色沈殿となり，これも陽極泥として回収される。

17 電気分解の量的関係 化学

1 ファラデーの法則
Faraday's law of electrolysis

電気量は，電流の大きさと電流を流した時間の積で表される。1Aの電流が1秒間流れたときの電気量を **1C（クーロン）**といい，次の関係が成り立つ。 **電気量〔C〕＝電流〔A〕×時間〔秒〕**

ファラデー（イギリス）によって，1833年，電気分解の量的関係に関する法則が見出された。

ファラデーの電気分解の法則

❶電極で反応したり，生成したりするイオンや物質の物質量は，流れた電気量に比例する。
❷同じ電気量で反応したり，生成したりするイオンの物質量は，そのイオンの価数に反比例する。*

*当時知られていた反応についての法則であり，Fe^{3+}がFe^{2+}に変化するような反応では成り立たない。

電子1molあたりの電気量の絶対値を**ファラデー定数**Fという。電子1個のもつ電気量の絶対値eとアボガドロ定数N_Aの積で求められる。

$F = e \times N_A = 1.602\times10^{-19}C\times6.022\times10^{23}/mol = 9.65\times10^4C/mol$　　**$F = 9.65\times10^4C/mol$**

2 電解生成物と物質量

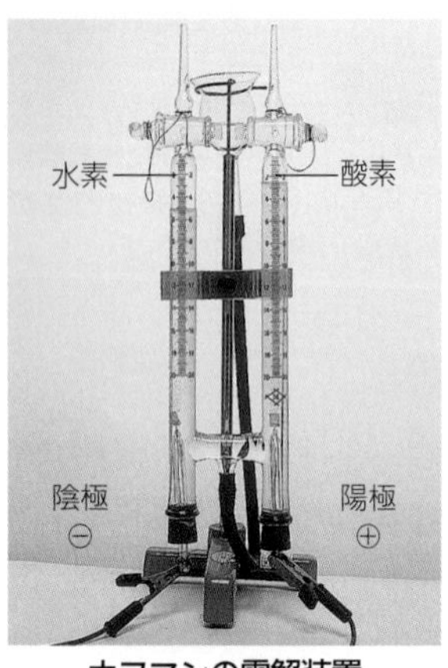

ホフマンの電解装置
水酸化ナトリウム水溶液を用いて，水の電気分解を行っている。気体の体積がわかるように目盛りがついている。

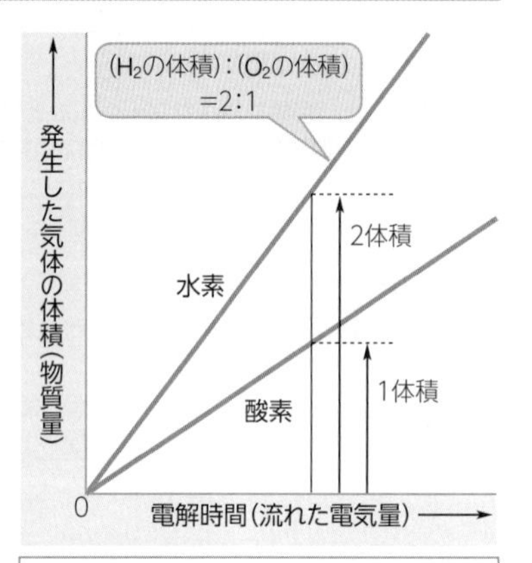

陰極：$2H_2O + 2e^- \longrightarrow H_2 + 2OH^-$
陽極：$4OH^- \longrightarrow 2H_2O + O_2 + 4e^-$

流れた電子1molあたり，水素は$\frac{1}{2}$mol，酸素は$\frac{1}{4}$mol発生する。

3 電解槽の接続と電気量

ⓐ 直列接続 各電解槽を流れる電流は等しい。 $I = I_A = I_B$

電流を通じる時間は回路全体で同じなので，$Q = Q_A = Q_B$

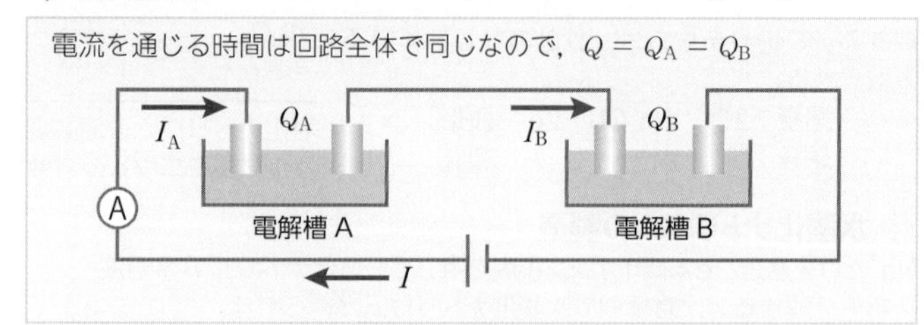

ⓑ 並列接続 各電解槽を流れる電流の和が全体を流れる電流に等しい。

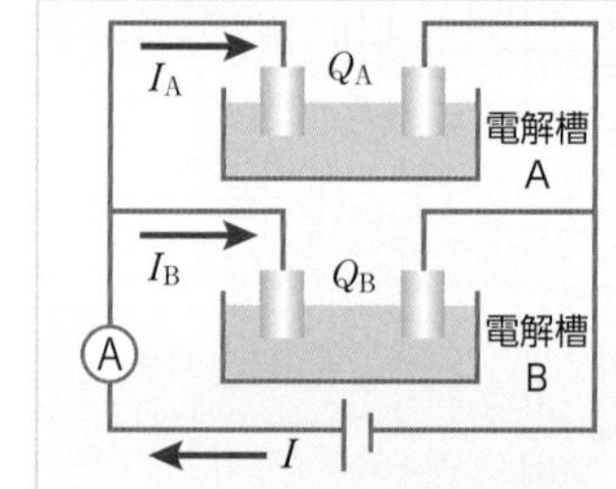

各電解槽を流れる電流の和が全体を流れる電流に等しい。

$I = I_A + I_B$

電流を通じる時間は回路全体で同じなので，

$Q = Q_A + Q_B$

■**電子1mol（9.65×10^4C）あたりの変化量**

電解質水溶液	陰極（Pt）における変化	生成物の物質量	陽極（Pt）における変化	生成物の物質量
硝酸銀 $AgNO_3$	$Ag^+ + e^- \longrightarrow Ag$	銀 Ag が1mol析出	$2H_2O \longrightarrow O_2 + 4H^+ + 4e^-$	酸素 O_2が$\frac{1}{4}$mol発生
塩化銅（Ⅱ）$CuCl_2$	$Cu^{2+} + 2e^- \longrightarrow Cu$	銅 Cu が$\frac{1}{2}$mol析出	$2Cl^- \longrightarrow Cl_2 + 2e^-$	塩素 Cl_2が$\frac{1}{2}$mol発生
硫酸ナトリウム Na_2SO_4*	$2H_2O + 2e^- \longrightarrow H_2 + 2OH^-$	水素 H_2が$\frac{1}{2}$mol析出	$2H_2O \longrightarrow O_2 + 4H^+ + 4e^-$	酸素 O_2が$\frac{1}{4}$mol発生

*Na_2SO_4水溶液の電気分解は，水の電気分解と同じである。

PLUS ヘキサンによる電解金属葉

硫酸銅（Ⅱ）水溶液の上に有機溶媒であるヘキサンの層をのせ，陰極としてシャープペンシルの芯を使って電気分解すると，硫酸銅（Ⅱ）水溶液とヘキサンの層の境目に銅が薄く広がって析出する。

$Cu^{2+} + 2e^- \longrightarrow Cu$

一般に，金属の塩の水溶液に，水と混合しない有機溶媒を重ね，境界面に陰極の先端が位置するようにして電気分解すると，葉脈のような金属薄膜が観察できる。これを電解金属葉という。

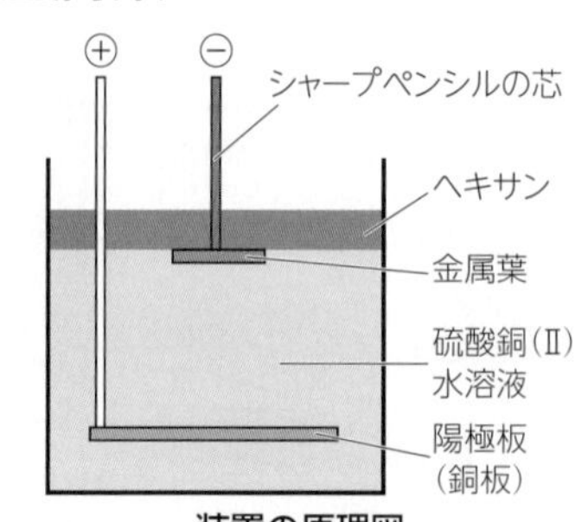

装置の原理図

銅の電解金属葉

Tips ファラデーが1860年のクリスマスの夜にロンドン市民に語りかけた科学の講話（クリスマス・レクチャー）が，著書「ろうそくの科学」として残されている。クリスマス・レクチャーは，イギリスの王立研究所が開催する青少年向けの科学実験講座で，1826年以来，180回以上も続いている。

探究活動 7. ファラデー定数

目的 電気分解における銅板の質量変化からファラデー定数を求めよう。

準備

薬品	器具
アセトン，0.10 mol/L 硫酸銅(Ⅱ)水溶液，銅板(3.0 cm×10 cm)2枚	ビーカー(200 mL)，ワニ口クリップ付き導線2本，電流計，直流電源，時計，電子天秤

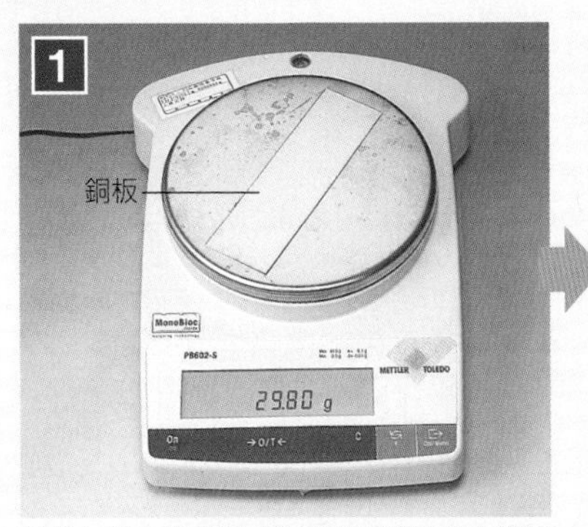

陽極に用いる銅板の質量を電子天秤で測定する。

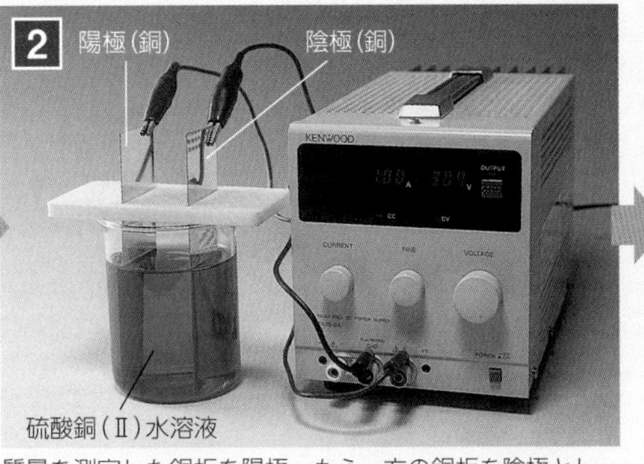

質量を測定した銅板を陽極，もう一方の銅板を陰極とし，硫酸銅(Ⅱ)水溶液に浸す。電源，電解装置および電流計を接続し，1.0 A の電流を10分間通じる。

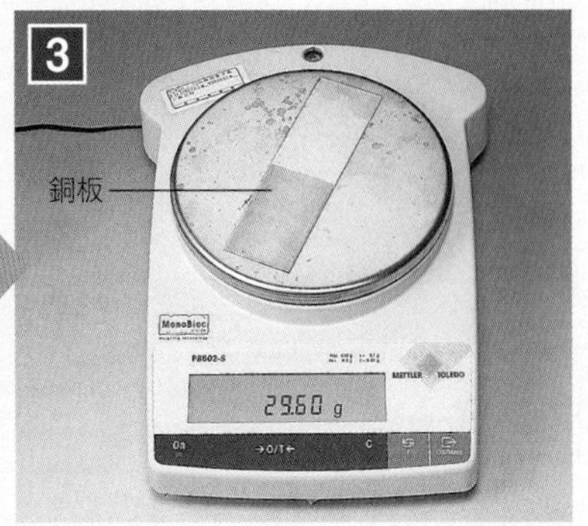

電流を通したのち，陽極の銅板を流水で洗浄し，アセトンで洗ってよく乾燥させ，再びその質量を測定する。

考察 1 銅板(陽極)の質量変化を求めよ。

電解前	電解後	質量変化
29.80 g	29.60 g	0.20 g

考察 2 流れた電気量を求めよ。

電気量〔C〕＝電流〔A〕×時間〔秒〕に各値を代入する。

$$1.0\,\text{A} \times (10 \times 60)\,\text{s} = 600\,\text{C}$$

考察 3 ファラデー定数を求めよ。

陽極では，右のような反応がおこり，銅板が銅(Ⅱ)イオンになって溶ける。このとき，銅1 mol が溶けると，電子が2 mol 移動することがわかる。

実験から，溶けた銅は0.20 g であり，これは $\dfrac{0.20}{63.5}$ mol である。したがって，このとき移動した電子の物質量は右の式で表される。

ここでは，電子 $\dfrac{0.40}{63.5}$ mol が600 C の電気量に相当したので，ファラデー定数(電子1 mol が運ぶ電気量)は右のように求められる。

陽極：$Cu \longrightarrow Cu^{2+} + 2e^-$

$$\frac{0.20}{63.5}\,\text{mol} \times 2 = \frac{0.40}{63.5}\,\text{mol}$$

$$\frac{600\,\text{C}}{\dfrac{0.40}{63.5}\,\text{mol}} = 9.5 \times 10^4\,\text{C/mol}$$

考察 4 電子1個がもつ電気量〔C〕を求めよ。

電子1個がもつ電気量を電気素量という。考察3 の結果から，電気素量は，右のように求められる。実際の電気素量は，1.602×10^{-19} C であり，よい値が得られたと評価することができる。

$$\frac{9.5 \times 10^4\,\text{C/mol}}{6.02 \times 10^{23}/\text{mol}} = 1.58 \times 10^{-19}\,\text{C}$$

key person(キーパーソン)　ファラデー ～電気化学の祖～

ファラデーは，鍛冶屋の子として生まれ，十分な教育を受けないまま，13歳で製本見習い工として働き始めた。当時，ロンドンの王立科学研究所の所長であったデービーの講義を聴いたことをきっかけに，1813年，研究所の助手となる(➡p. 181)。やがて，実験にもとづく数多くの偉大な業績をあげ，実験所長や化学の教授を歴任した。電解質水溶液の電気化学的反応を研究し，1833年，「ファラデーの法則」を発表する。このとき水溶液中に，電極に向かって移動するものがあると考え，これをギリシャ語の「動く」という意味の語にちなんで「イオン」と名づけた。

ファラデー(1791～1867 イギリス)

Tips この実験では，硫酸銅(Ⅱ)水溶液に2枚の銅板を浸し，一方を陽極，一方を陰極として用いているので，陽極で減少した質量と陰極で増加した質量はそれぞれ等しい。また，電解前後で水溶液中の硫酸銅(Ⅱ)水溶液のモル濃度は変化していない。

特集 4 文房具と化学

POINT 1 文房具には，さまざまな化学の技術が用いられている。ここでは，代表的な文房具と，それらがどのように化学と関わりがあるのかを紹介した。

鉛筆

～なぜ紙に字が書けるのか～

鉛筆の芯(しん)は，黒鉛(グラファイト)と粘土からつくられている。黒鉛は炭素原子のみで構成されており，炭素原子の価電子4個のうちの3個が共有結合を形成することで，正六角形が繰り返される平面構造をなし，この平面構造どうしが弱い分子間力で結びつけられ，層状に重なっている(図1)。

黒鉛の層状構造を結びつけている分子間力は弱い引力なので，鉛筆で紙をなぞると，紙のでこぼこに引っかかって黒鉛がはがれ落ち，それが繊維のすき間に入り込むことで，字を書くことができる(図2)。

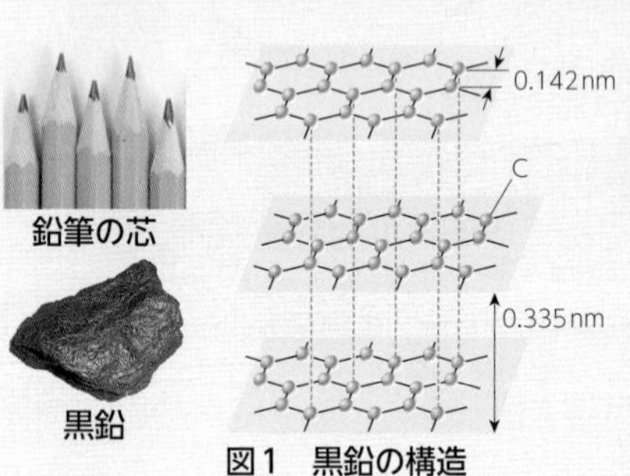

図1　黒鉛の構造

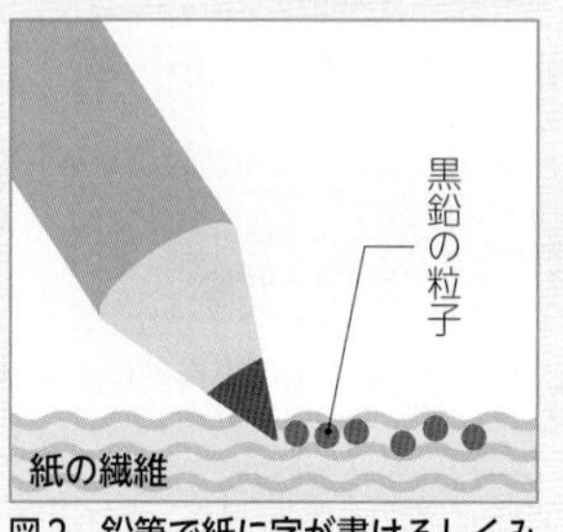

図2　鉛筆で紙に字が書けるしくみ

芯の硬さは，黒鉛と粘土との混合割合で決まる。粘土の割合が多くなるほど硬くなり，その硬さはHとBからなる硬度記号で示される(図3)。たとえば，HBは，黒鉛が約65％，粘土が約35％の割合でつくられている。鉛筆は芯の硬さによって，書ける線の太さや濃さに違いがでるため，用途に応じて，使い分けられる。

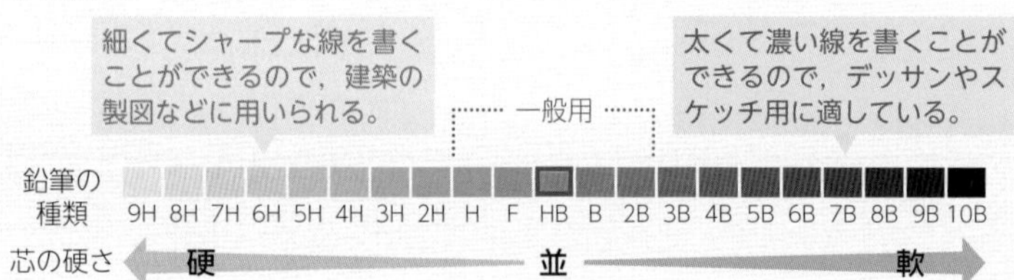

図3　硬度による鉛筆の分類　HはHardの頭文字，BはBlackの頭文字である。また，中間のFはFirm(引き締まった)の頭文字を用いている。

▶p.170　6. 炭素

消しゴム

～字を消せるのはなぜか～

16世紀に黒鉛が発見され，鉛筆として利用されると同時に，書いた文字を消す作業も必要になった。当時は食品のパンで消していたが，18世紀に入り，天然ゴムで消せることが発見され，その後，ポリ塩化ビニルを主な原料としたプラスチック製消しゴムが開発された。

プラスチック製消しゴムは，ポリ塩化ビニルに，軟らかくして加工しやすくするための可塑剤，充填剤(炭酸カルシウム)，着色料や香料などを加えてつくられる。可塑剤であるフタル酸のエステルは，黒鉛を引きつける力が紙の繊維よりも強い。そのため，消しゴムで紙をこすると，黒鉛が消しゴムに引きつけられ，消しクズに包み込まれて，紙と消しゴムの表面から取り除かれる(図4)。

天然ゴムは，現在，ボールペンなどで書いた文字を紙の繊維ごと削り取って消す砂消しゴムに用いられている。

▶p.286　10. 合成樹脂

図4　消しゴムで字が消えるしくみ

色鉛筆

～消しゴムで消せないわけ～

色鉛筆の芯は，色を出すための顔料や染料，書き味を滑(なめ)らかにするためのロウ，それらを固めるための糊(のり)などからつくられている。これらの成分は，親油性の有機化合物であり，繊維と繊維のすき間に入り込むだけの黒鉛とは異なり，紙の繊維の中にまでしみこむ。そのため，消しゴムでは，色鉛筆で書いた文字を消すことはできない。

色鉛筆の芯は糊で固めているだけなので，軟らかく折れやすい。そのため，軸の形状を丸くし，芯に加わる外部からの力がどこからでも等しく伝わるようにすることで，衝撃から芯を守っている。

▶p.238　9. カルボン酸とエステル　▶p.254　16. 染料

トピック　進化する文房具

▶p.254　16. 染料

「一度書いたら消せない」というボールペンの常識を覆(くつがえ)したフリクションペンは，2007年に日本で発売された。このペンで書いた文字をペン先に付属しているゴム(図a・○の部分)でこすると，発生する摩擦熱によって，文字を消すことができる。

使用されているインクは，色素(ロイコ染料)，顕色剤(発色させる物質)，変色温度調整剤の3つの物質をマイクロカプセルに封入したものである。

文字を書いたとき，色素は構造(Ⅰ)の状態で発色している(図b)。摩擦によって温度が65℃以上になると，顕色剤によって(Ⅰ)の分子内からH^+が奪われて無色の構造(Ⅱ)となり，文字が消える。このとき顕色剤は塩基として作用するが，この作用を助けているのが変色温度調整剤である。

(Ⅰ)と(Ⅱ)の構造変化は，温度によって可逆的に進行する。一度文字を消した紙を冷凍庫などに入れて−10～−20℃に冷却すると，顕色剤によって奪われていたH^+が再び色素に渡されて構造(Ⅰ)に戻り，消えていた文字がよみがえる。

フリクションペン

～書いて消せるボールペン～

書く　消す

(Ⅰ)発色　$-H^+$ ⇄ $+H^+$　(Ⅱ)消色

図a　フリクションペン

図b　色素の構造　Rは炭化水素基を表す。

修正液
～使う前に振るのはなぜか～

修正液の主成分は，溶剤（メチルシクロヘキサン）と固着剤（アクリル系樹脂），顔料（酸化チタン（Ⅳ））である（図5）。溶剤が蒸発することで固着剤が固化し，顔料である酸化チタン（Ⅳ）を紙などの表面に定着させる。

酸化チタン（Ⅳ）は水や有機溶媒に溶けず，溶剤や固着剤よりも密度が大きいため，使用しないときは沈殿している。そのため，使用前によく振り混ぜる必要がある。振り混ぜ方が不十分だと，上澄みの無色透明なメチルシクロヘキサン（図6）のみが出てくる。また，よく混合できるように，修正ペンの内部には金属球が入れられており，振るとカチカチと音がする。

▶ p.200　21. クロム・マンガン・チタン

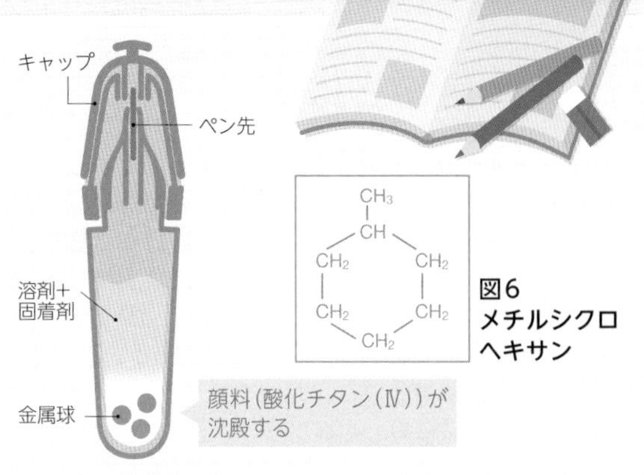

図5　修正ペンの構造

図6　メチルシクロヘキサン

接着剤
～モノとモノがくっつくしくみ～

物と物を接着する材料の歴史は古く，土器やパピルスの接着には，漆（うるし）やにかわが利用されていた。近年，化学の発達とともに，多くの接着剤が合成されている。

原子レベルでみた場合，接着される物質（被着体）の表面にはでこぼこがあり，被着体どうしをいくらぴったり重ねても，すき間が生じる。接着剤は，このすき間をうめる役割をはたし，液体の状態から固体に変化するときに接着力を生じる。有機系接着剤の多くは，単量体（モノマー）から重合体（ポリマー）になるときに接着力を示す。

瞬間接着剤では，単量体から重合体になる反応が瞬間的におこる。代表的な瞬間接着剤「アロンアルファ」は，単量体としてα - シアノアクリル酸エステルを用いている。これが空気中の水分子と反応することで急激に重合がおこる（図7）。

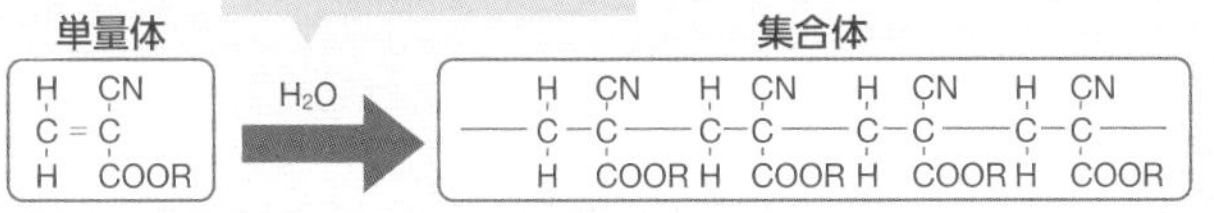

図7　瞬間接着剤の反応　Rは炭化水素基を表す。

●接着のしくみ

接着剤が被着体どうしをくっつけるしくみには，大きく分けて，①機械的接着，②化学的接着，③物理的接着の3つがある（図8）。

たとえば，紙と紙をデンプン糊で接着させる場合，①と③によって紙どうしを接着させる。デンプンと，紙の主成分であるセルロースは，ヒドロキシ基を多数もっており，それらが互いに水素結合で強く引きつけ合う（③）。さらに，紙の繊維と繊維の間にデンプンが入り込み，より強固に接着させる（①）。

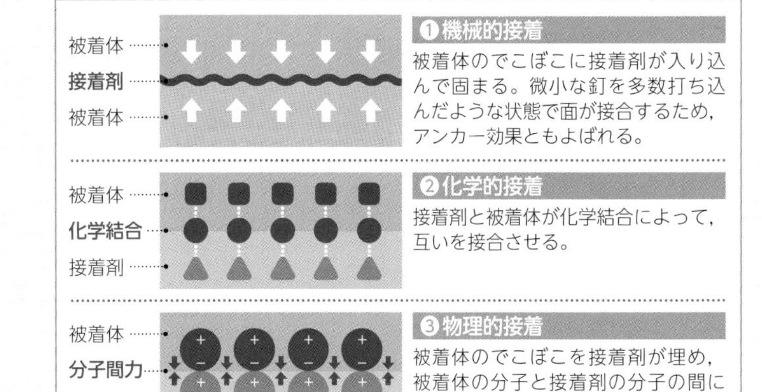

被着体
接着剤
被着体
❶機械的接着
被着体のでこぼこに接着剤が入り込んで固まる。微小な釘を多数打ち込んだような状態で面が接合するため，アンカー効果ともよばれる。
被着体
化学結合
接着剤
❷化学的接着
接着剤と被着体が化学結合によって，互いを接合させる。
被着体
分子間力
接着剤
❸物理的接着
被着体のでこぼこを接着剤が埋め，被着体の分子と接着剤の分子の間に分子間力が働いて，接着する。

図8　接着のしくみ

▶ p.286　10. 合成樹脂

付箋
～貼ってはがせる糊つきしおり～

貼ってはがせる付箋（ふせん）は，1969年にアメリカの会社が強力な接着剤を開発しているとき，よくくっつくが簡単にはがれてしまう接着剤ができ，その失敗作から生まれた。

この付箋の接着剤（主成分はアクリル系高分子）は球状になっており（図9），貼るときに，球状の部分が押しつぶされて表面積が広がり，分子間力の働く面積が増えて，被着体とくっつく。はがすときは，再び球状に戻り，接触している部分が減るため，分子間力が極端に弱まる（図10）。

最近，図書館などで，蔵書に付箋を使用しないように求めているところがある。これは，付箋をはがす時に，ごくわずかの接着剤が被着体に残ってしまい，シミや黄変の原因になると考えられているためである。

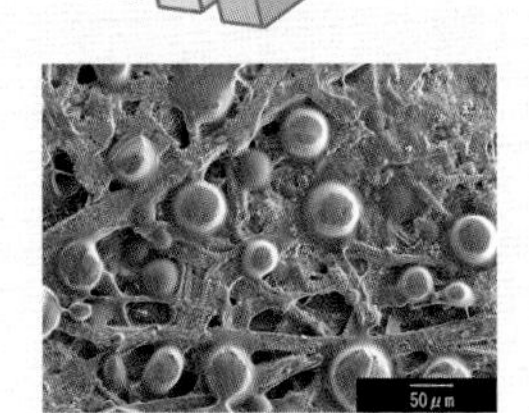

図9　付箋の表面
丸い部分が接着剤である。

❶初期状態（くっつかない）

❷接着状態（くっつく）

押す

接着剤の接触面積が増えるためくっつく

❸剥離状態（はがれる）

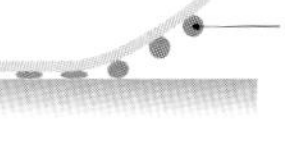

接着剤が元の球状に戻りつつはがれる

図10　付箋が接着するしくみ

特集5 私たちはニセ科学に惑わされない！

1 ニセ科学とは？

ニセ科学とは，**科学を装うが科学ではないもの**のことである。**科学を装う**とは，科学の専門家でない人には，実験で確認されていたり，科学理論の裏づけがあったりするように見えるということである。**科学ではない**とは，実際には，十分な精度で実験が行われていなかったり，理論の裏づけの部分が間違っていたりするため，科学的根拠が無いということである。

たとえば，タレントを集めて「☆☆ダイエット」を1ヶ月やってみたら何kg痩せた，といった内容のテレビ番組や，ネットの広告がある。☆☆は，手に入りやすい食品やサプリメントであることが多い。しかし，☆☆を食べたことの他に，何をやっていたかまではわからない。そのため，☆☆の効果であるとは言えないことが多い。

また，☆☆を選んだ理由が，研究によって，☆☆に脂肪燃焼効果のある成分が含まれていることがわかったためという場合であっても，☆☆に含まれる特定の成分を抽出して実験動物に大量に与えたときに効果があっただけで，ヒトが☆☆を食べただけでは効果を期待できない場合もある。

私たちが日常で目にするニセ科学は，こういった商品宣伝の中で使われていることが多い。特に，健康や美容を謳う商品の多くは，多かれ少なかれニセ科学を取り入れた宣伝を行っている。

ニセ科学の特徴

情報量を落としているが故の特徴

❶「合っている」「間違っている」をはっきりと示す
❷ 正解が1つ
❸ 実験を説明する理屈が簡単

科学の特徴

現実を相手にしているが故の特徴

❶「合っている」「間違っている」は前提が必要
❷ 正解は条件次第で変わる
❸ 理屈を支える膨大な数の実験（experiment）が存在する

2 食にまつわるニセ科学 ………… ケーススタディ 1

特定の商品を買って食べたり飲んだりするだけで，痩せる，健康になる，美容にいいといった，望ましい結果が得られるとする宣伝が多く行われている。年配の人に向けては，がんやアトピー，糖尿病，高血圧に効果があると称するサプリメントが多数販売されている。

「○○大学の研究成果を使っている」といった触れこみがあったり，医師の肩書きをもつ人が広告に登場していたりすると，科学的根拠があるかのように見えてしまう。また，有名な芸能人が登場し，「効果があった」「愛用している」と勧めてくることも多く，つい買ってしまったりする。しかし世の中には，**楽をして簡単に望む結果が得られるようなうまい話は無い**。結果としてお金を無駄にするだけでなく，**健康被害を受けてしまうこともある**。

国の出している情報を活用しよう

1 » パソコンやスマホを使って「イソフラボン」「サプリ」を検索してみよう。どのような宣伝が行われているだろうか。

2 » 「健康食品の安全性・有効性情報」（https://hfnet.nibiohn.go.jp/）にアクセスしよう。

3 » 「素材情報データベース」をクリック。

4 » リストから「イソフラボン」をクリックする。

5 » 表示された情報の「有効性」を読んでみよう。宣伝から受ける印象は，この情報を読んだ後でどのように変わっただろうか。

6 » 他のサプリや健康食品の成分で気になったものがあれば，同じように調べてみよう。

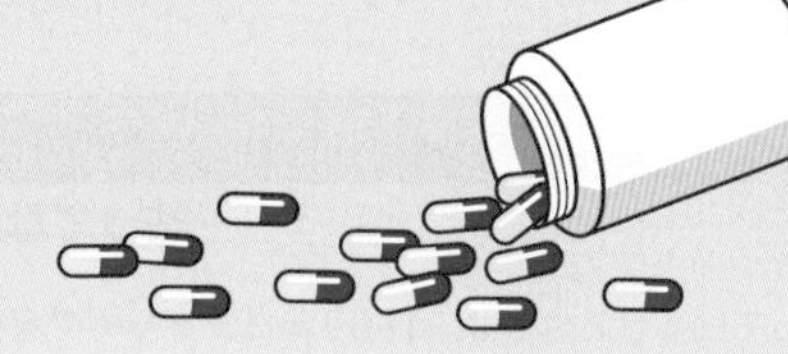

3 水にまつわるニセ科学 ………… ケーススタディ 2

水は，私たちが生きていくために不可欠なものである。日本では，安価で安全な水道水が，ほぼ全ての地域で手軽に手に入ることから，原料である水に「付加価値」をつけるハードルが低い。そのため，「健康にいい」という触れこみで，さまざまな浄水器や活水器と称する装置が販売されたり，水に何かを添加するという商売が行われたりしている。

しかし，**水は薬ではない**。有害な不純物や病原菌などに汚染され，「健康に悪い水」になることはあり，そういった**汚染が無ければ「安全な水」と言える。が，「健康にいい水」とは言えない**のである。

☞検討すべきポイント 水に何かを混ぜたとして，その物質の種類や量と，効果との関係は確かなものだろうか？

どのような問題があるのだろうか？

水素水・水素サプリは，その開発に，水素を用いた病気の治療の研究者や，サプリの材料そのものを開発した研究者が関わっているため，一般の人には，ニセ科学であるかどうかを判断しにくい。チェックポイントは，発生する水素の量が十分か，臨床試験が行われているかの2点である。事の始まりは，脳梗塞モデル動物の治療において，血液を再度流したときの細胞の損傷が水素によって抑えられた，という結果であった。このとき，水素は気体を吸わせることによって与えられており，血中水素濃度が増加することも測定で確認されていた。

一方，水素は水にほとんど溶けないため（➡p.120，気体の溶解度），水素水を飲んでも血中水素濃度は変わらない。また，水素は腸内細菌が大量に作ることがわかっており，胃腸からの水素の取り込みは，腸内細菌が作る量以上のものにならない限り意味がない。動物実験で効果があったときの水素の量と，商品の水素の量に大差があることが，水素水の特徴である。

水素はさまざまな病気を治療でき，また，健康にいいといった宣伝はあるが，下のフローチャートに沿って調べると，ヒトの臨床試験で何かの病気に対する効果を確認したとする論文はわずかしかない。また，その追試も不十分であった。たとえ研究者が開発に関わっていたとしても，都度フローチャートに戻って確認する必要がある。

4 惑わされないために

科学っぽい情報がウソなのか，本当なのかを確認する方法について，いくつか紹介した。ニセ科学に惑わされないためには，ある程度の科学の知識があった方が望ましいことは確かである。しかし，知識があれば惑わされないで済むというものでもない。なぜなら，ニセ科学のネタは数多くあり，次々に新しいものが出てくる一方で，私たちが身につけられる科学の知識は，科学のごく一部でしかないからである。そのため，知識の量で対抗しようとしても限界がある。

ニセ科学の本当の問題は，「〇〇を使うだけ」で，楽をして手軽に望む結果を得たい，という私たちの**心の隙間につけ込んでくる**部分にある。ものごとを単純化し，お手軽に結果を求める気持ちにストップをかけることが重要である。

山形大学准教授 天羽 優子
漫画制作：とだ 勝之

健康情報の信頼性を評価するためのフローチャート

坪野吉孝著「食べ物とがん予防」（文春新書）をもとに作成

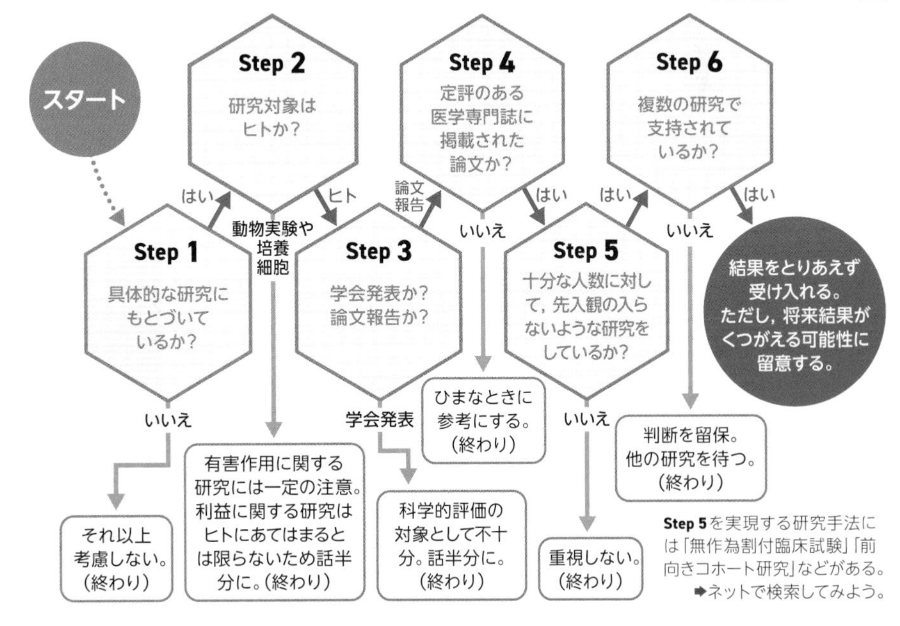

Step 5を実現する研究手法には「無作為割付臨床試験」「前向きコホート研究」などがある。
➡ネットで検索してみよう。

1 物質の三態と状態変化 化学

1 水の状態変化
change of state

物質の構成粒子は，絶えず振動や直進などの運動(熱運動)をしており，各物質がもつエネルギーは固体<液体<気体の順に大きい。状態変化に伴って，各状態の差に相当するエネルギーが熱として出入りする。

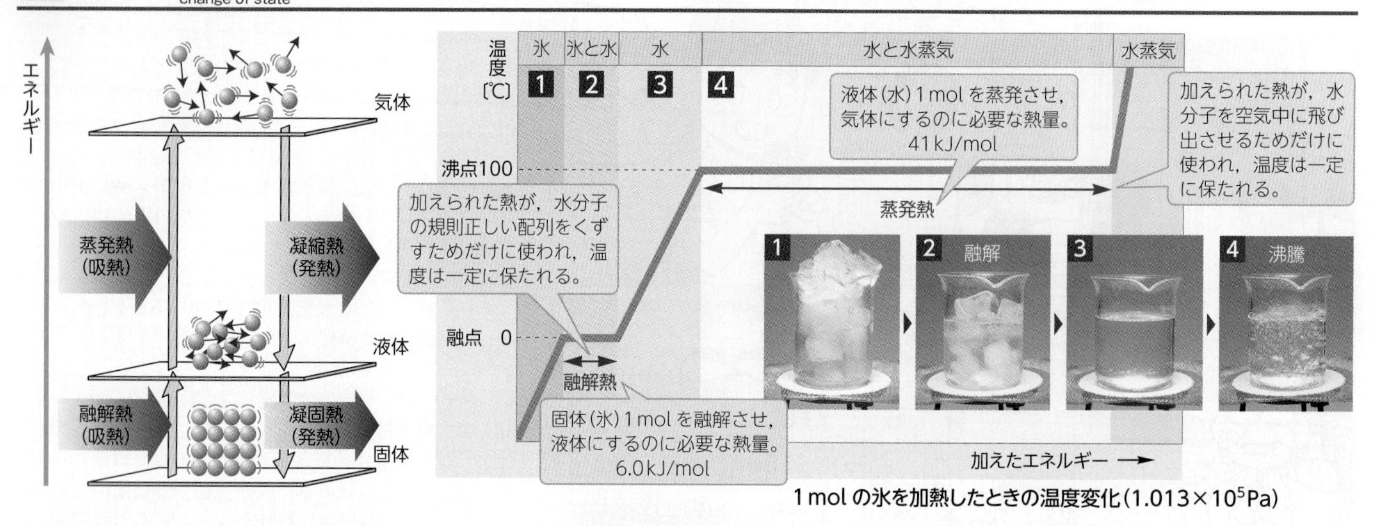

1molの氷を加熱したときの温度変化(1.013×10^5Pa)

2 気体分子の熱運動

気体分子の熱運動は温度が高いほど激しく，エネルギーが大きい。同じ温度でも，気体分子の熱運動の速さはすべて同じではなく，一定の分布をもつ。熱運動の激しさを表す尺度に**絶対温度**がある。

a 熱運動のエネルギー

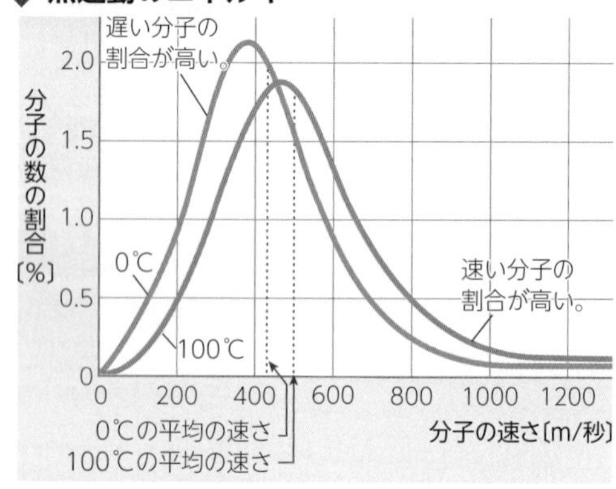

酸素分子の速さの分布

同じ温度でも，気体分子の速さにはばらつきがある。気体分子の速さは平均の速さで比較される。

分子の平均の速さ〔m/s〕

気体		He	Ne	O_2
分子量		4.0	20	32
平均の速さ	273K	1202	535	425
	373K	1404	626	497
	773K	2022	901	715

気体分子の熱運動のエネルギーEは，分子の質量mに比例し，速さvの2乗に比例する。また，熱運動のエネルギーは，気体分子の種類によらず，絶対温度に比例し，温度が高くなるほど，大きくなる。

$$E = \frac{1}{2}mv^2 = kT \ (k\text{は比例定数})$$

したがって，同温では，分子量が小さい気体の方が平均の速さが大きくなる。

b 絶対温度

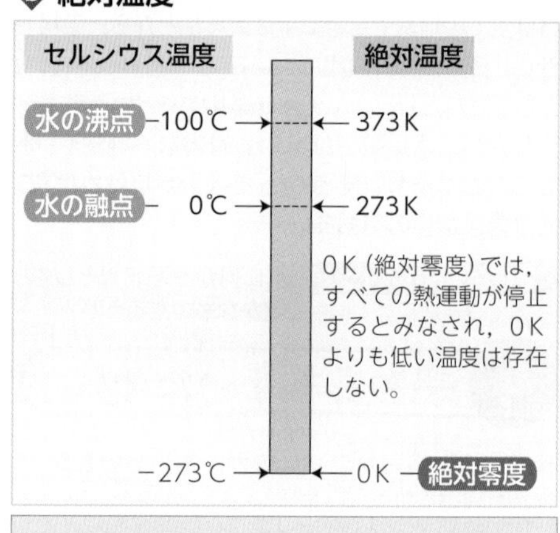

絶対温度 T = セルシウス温度 t + 273

PLUS 粒子の質量と速さの関係

アンモニアNH_3と塩化水素HClが反応すると，塩化アンモニウムNH_4Clの白煙が生じる。

$$NH_3 + HCl \rightleftarrows NH_4Cl$$

ガラス管の両端にそれぞれ濃アンモニア水(NH_3は空気の0.59倍の重さ)と濃塩酸(HClは空気の1.27倍の重さ)をしみこませた脱脂綿をつけると，濃塩酸の脱脂綿に近い側にNH_4Clの白煙が生じる。

これは，同じ温度の場合，粒子の質量が小さいものほど熱運動の速さが大きく，粒子の質量が小さいNH_3の方が移動速度が大きいためである。

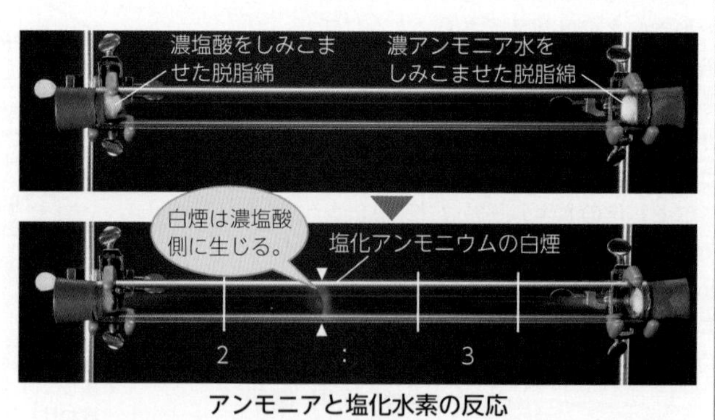

アンモニアと塩化水素の反応

Tips マッコウクジラは，頭部にある脳油(鯨ロウ)を利用して水中を潜水・浮上する。たとえば，水中で海水を取り込んで脳油を冷やして凝固させると，脳油の密度が大きくなるため，潜水するときのおもりとなる。

3 物質の状態図
phase diagram

物質の三態と温度・圧力との関係を表した図を**状態図**という。

〔×10⁵Pa〕 融解曲線 超臨界状態 221 固体 ❷ 液体 臨界点 critical point 圧力 蒸気圧曲線 ❶ X Y 1.013 0.006 三重点 triple point 気体 昇華圧曲線 0.01 100 374 温度〔℃〕

水の状態図

状態図中の固体，液体，気体の境界線上の温度，圧力では，その両方の状態が存在する。

- **融解曲線**…固体と液体が共存
- **蒸気圧曲線**…液体と気体が共存
- **昇華圧曲線**…固体と気体が共存
- **三重点**…固体，液体，気体の3つの状態が共存
- **臨界点**…気体と液体を区別できなくなる

矢印❶
大気圧（1.013×10^5 Pa）のもとで氷を加熱
X点（0℃）で融解する。⟶ X点は大気圧での融点
Y点（100℃）で沸騰する。⟶ Y点は大気圧での沸点

矢印❷
水の状態図は，他の物質とは異なり，融解曲線が左に傾いている。そのため，一定温度で氷に圧力をかけると，融点が下がり，融解して水になる。

アイススケート
矢印❷の変化により，氷が融けて滑りやすくなる。氷の融解には，エッジとの摩擦熱も関係するといわれている。

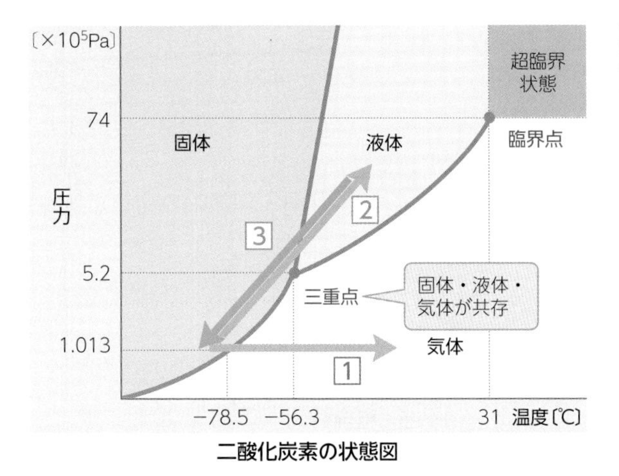

二酸化炭素の状態図

温度と圧力が臨界点の温度（**臨界温度**），圧力（**臨界圧力**）よりも高くなると，物質は，気体と液体の区別ができなくなる（**超臨界状態**）。

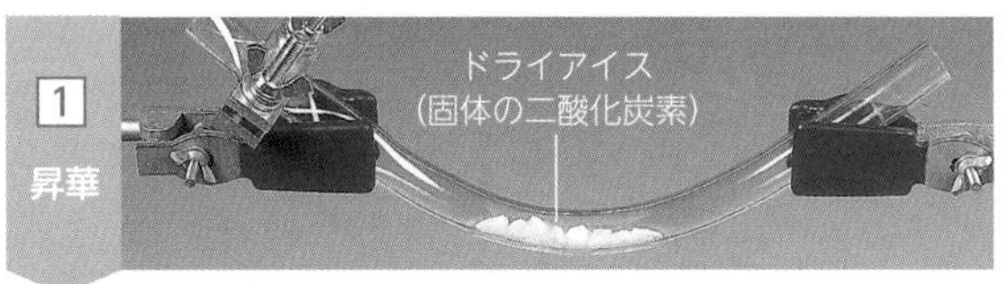

一方をクランプで閉じたチューブにドライアイスを入れる。ドライアイスの一部が昇華して気体になる。

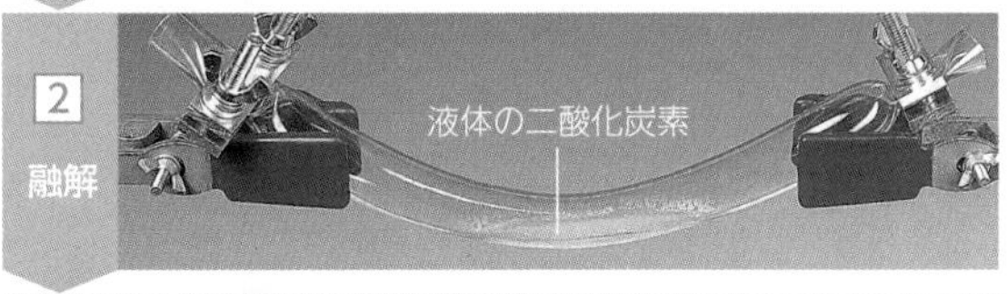

両端を閉じると，ドライアイスが気体になるにつれてチューブ内の圧力が増し，ドライアイスが液体になる。

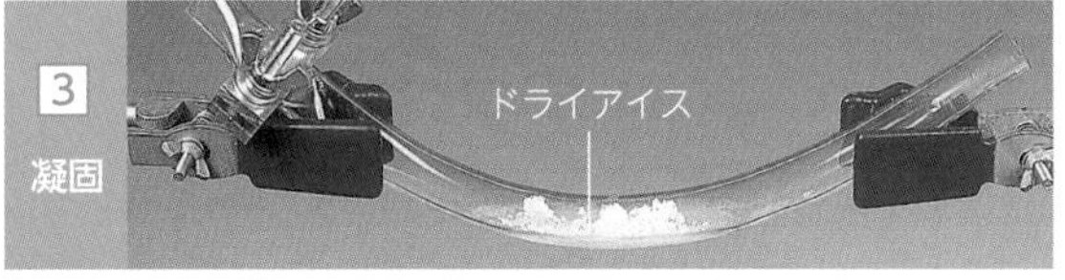

クランプをはずすとチューブ内の圧力が急減し，温度が下がって液体の二酸化炭素が凝固する。

「ドライアイス」は，1925年に初めて売り出されたときの商品名が，そのまま一般的な呼称となったものである。

MOVIE

PLUS 超臨界状態とその利用

ふたのない容器に液体を入れて加熱すると，液体が表面から蒸発し，蒸気圧が外圧と等しくなると沸騰が起こる。しかし，密閉された耐圧容器で液体を加熱すると，容器内の圧力が上昇するため，沸騰は起こらず，気体の量が増えて，気体の密度が大きくなる。このとき，液体は膨張するため，密度がわずかに小さくなる。このまま加熱を続けると，ある温度と圧力に達したとき，気体と液体の密度が等しくなり，気体と液体を区別できなくなる。このような状態を**超臨界状態**といい，超臨界状態の物質を**超臨界流体**という。

超臨界流体の特徴　超臨界流体は，液体のように物質を溶かしやすい性質と気体のように拡散しやすい性質（すき間に入り込みやすい性質）をもっており，溶媒として優れた特性を示す。このため，抽出溶媒などとして，さまざまな場面で利用されている。例えば，超臨界状態の二酸化炭素は，コーヒー豆からカフェインを除去したり，花や種子からエッセンシャルオイルを取り出すために利用されている。常温・常圧に戻せば，気体の二酸化炭素になって除去されるので，残留の恐れもなく，使用後の処理も容易である。

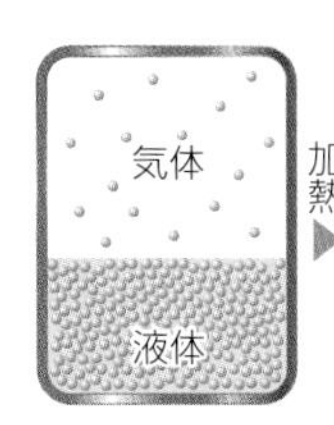

加熱

加熱

液体と気体を区別できなくなり，境界がなくなる。

カフェインレスコーヒー

エッセンシャルオイル

Tips　物質には，三態以外に，第4の状態としてプラズマがある。プラズマは気体分子の一部が陽イオンと電子に電離して運動している状態をいう。オーロラや稲妻が発生する際の大気はプラズマである。

2 気体の圧力と蒸気圧 化学

1 気体の圧力の測定 pressure

気体分子が器壁に衝突して，単位面積あたりに加えられる力を，気体の**圧力**という。気体の圧力は，単位面積に衝突する気体分子の数が多いほど，また，温度が高いほど大きい。

a 気体の圧力

圧力 P は，面に加わる力を F，断面積を S とすると，次のように表される。

$$圧力 P = \frac{加わる力 F}{断面積 S}$$

圧力の単位には，**パスカル**（記号 **Pa**）が用いられる。
1Pa = 1N/m^2

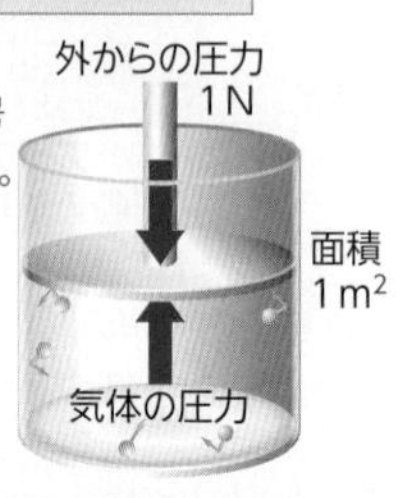

b 大気圧

大気（空気）の示す圧力を**大気圧**といい，海水面での平均値は 1.013×10^5Pa である。気体の圧力は，水銀柱の示す圧力でも表される。水銀柱 760 mm の示す圧力が 760 mmHg である。

1.013×10^5Pa = 760 mmHg = 1 atm（1 気圧）

液柱の質量を m とすると，液柱がおよぼす力は $F = mg$ である（g は重力加速度）。液柱の質量は，液柱の密度を ρ，断面積を S，高さを h とすると，ρSh で表されるので，$F = \rho Shg$ となる。

$$P = \frac{F}{S} = \frac{\rho Shg}{S} = \rho hg$$

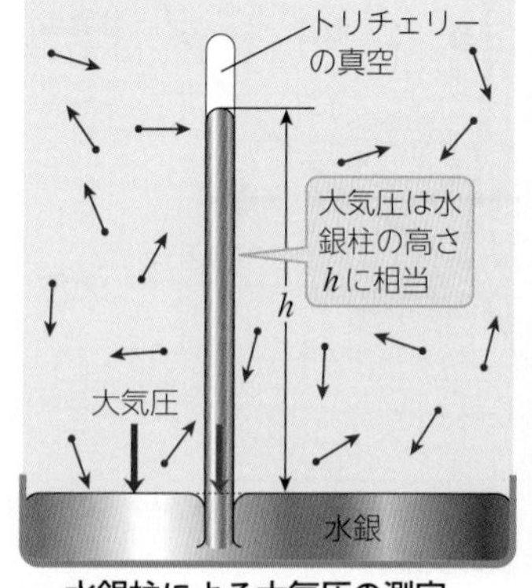

水銀柱による大気圧の測定

c 圧力の測定（原理）

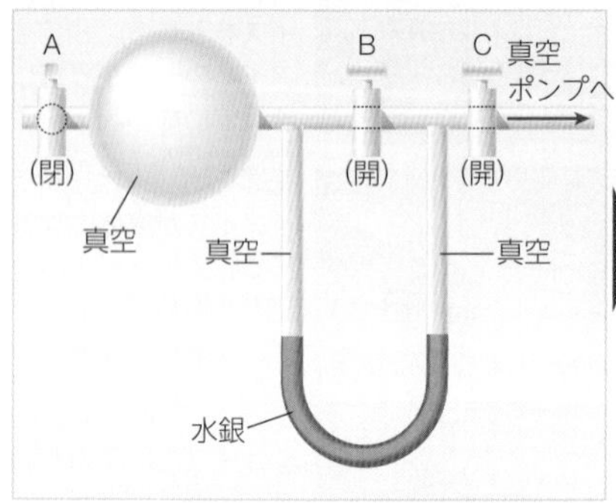

コック A を閉じて，B，C を開け，右側のガラス管口を真空ポンプにつないで管内を真空にする。

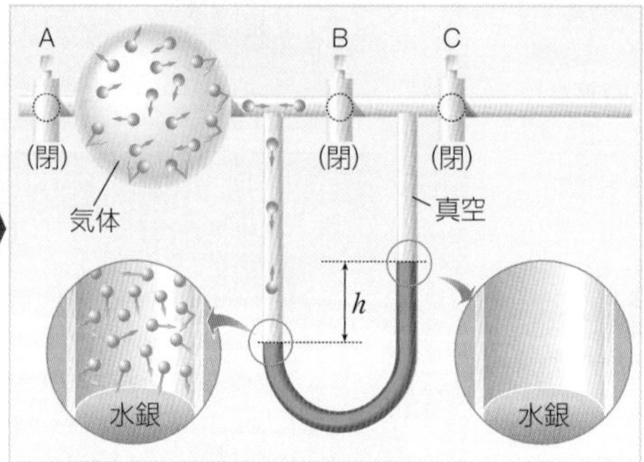

コック B，C を閉じて，A を開け，気体を封入する。A を閉じたとき，水銀柱の高さの差 h が，気体の圧力に相当する。

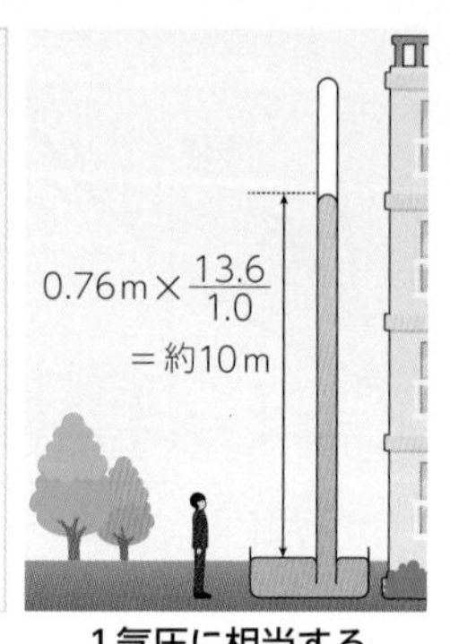

1 気圧に相当する水柱の高さ

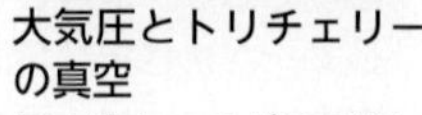
大気圧とトリチェリーの真空
長さ約 1 m のガラス管に水銀を満たし，これを倒立させると，ガラス管の上部に真空部（**トリチェリーの真空**）ができる。

2 飽和蒸気圧 saturated vapor pressure

液体を密閉容器に入れて一定温度に保つと，やがて液体の蒸発が見かけ上停止する。この状態を**気液平衡**という。このときの気体（蒸気）が示す圧力を**飽和蒸気圧**，または単に**蒸気圧**という。

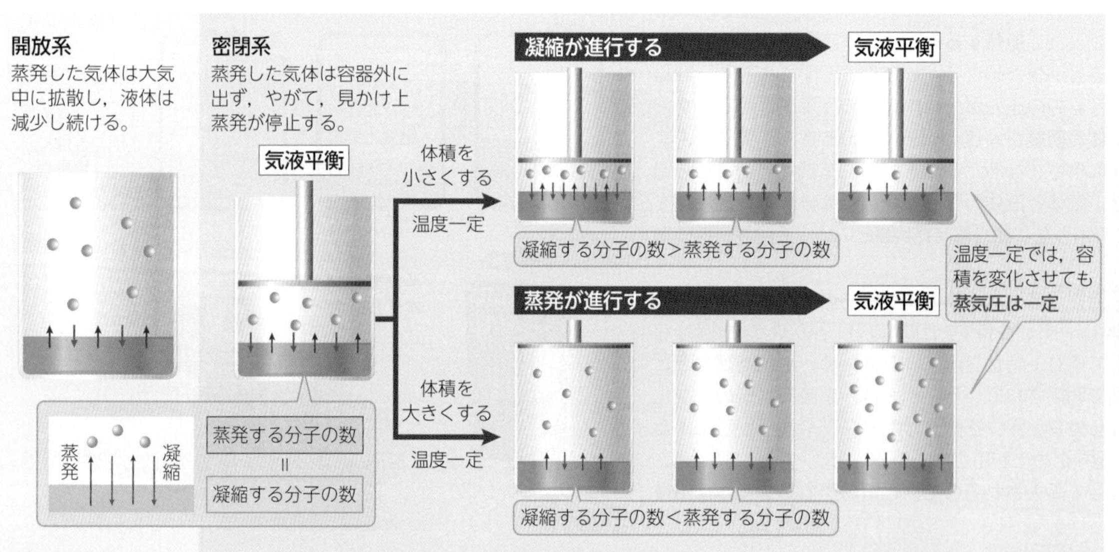

Tips 世界初の真空ポンプは，ドイツのゲーリケが 1650 年に製作した。彼は，銅製の2つの半球を合わせて中の空気を吸い出し，両側を馬8頭ずつで引っ張っても半球を離すことが困難であることを実演した。

3 飽和蒸気圧の測定と蒸気圧曲線

飽和蒸気圧は温度が高くなるほど大きくなる。飽和蒸気圧と温度との関係を示した曲線を**蒸気圧曲線**という。

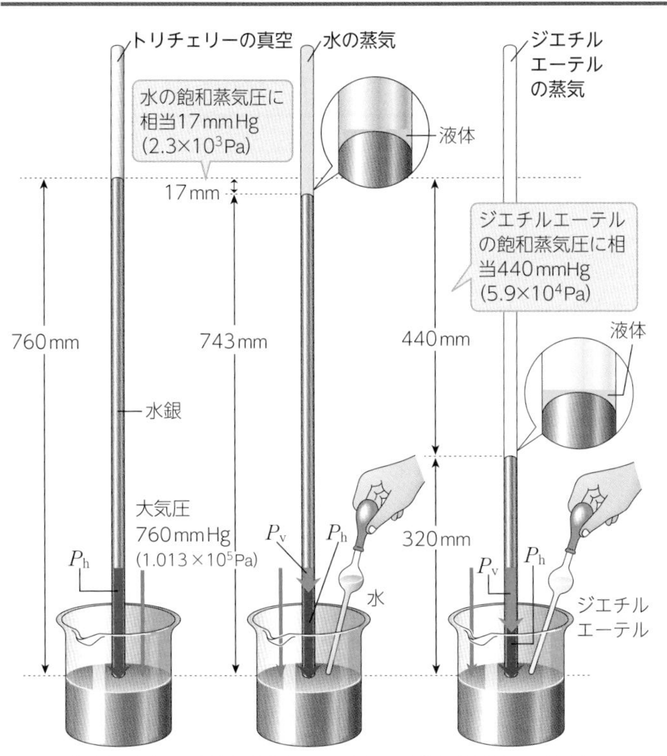

飽和蒸気圧の測定(20℃, 1.013×10^5Pa(760 mmHg))

ガラス管の下部から入れた物質が水銀柱の上端で気体となって水銀面を押し下げ，やがて飽和状態となる。水銀柱がおよぼす圧力 P_h と物質の蒸気圧 P_v の和は，大気圧 P と等しい。$P = P_h + P_v$

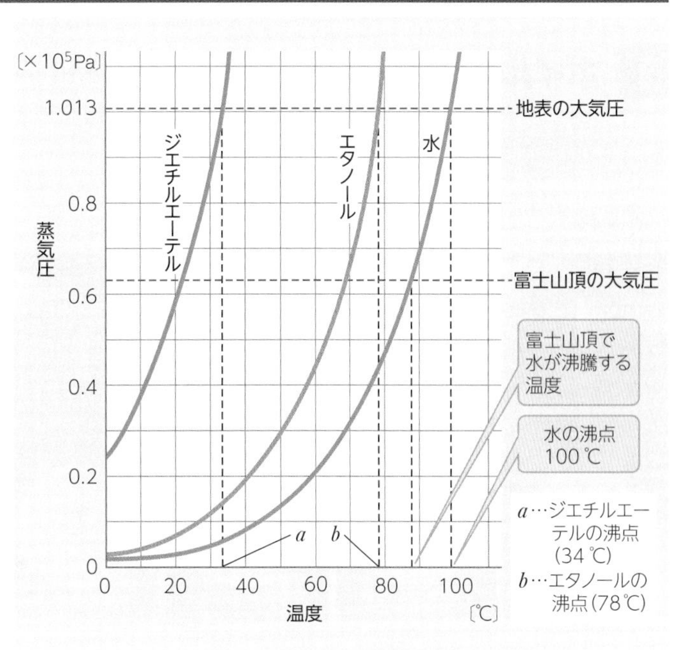

蒸気圧曲線と沸点

液体の飽和蒸気圧が大気圧に達したときの温度が**沸点**である。外圧が小さくなれば，液体の沸騰する温度は低くなる。例えば，富士山頂の大気圧はおよそ0.63×10^5Pa であり，そこでは，水がおよそ87℃で沸騰する。

同じ温度では，蒸気圧の大きい物質ほど蒸発しやすい。蒸気圧の大きい物質では，分子間に働く引力が弱く，気体になりやすい。

4 沸騰 boiling

液体の蒸気圧が外圧に等しくなると，液体の表面だけでなく，内部からも蒸発が起こり，激しく気泡を発生する。この現象を**沸騰**という。

ⓐ 加熱による沸騰

沸騰時の気泡は，液体中で生じた気体である。蒸気圧が大きくなり，大気圧に押しつぶされなくなると，気泡が形成される。

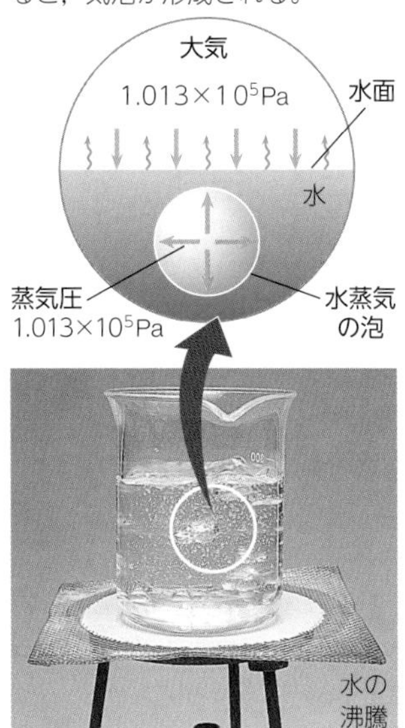

水の沸騰

ⓑ 減圧による沸騰

水をしばらく沸騰させ，フラスコ内を水蒸気で満たす。

ガスバーナーの火を止めて，沸騰がおさまるのを待つ。

アスピレーターでフラスコ内を減圧すると，再び沸騰する。

PLUS 温度を下げても沸騰

丸底フラスコに水を入れてしばらく沸騰させたのちゴム栓をし，フラスコを逆さにする。フラスコの底を氷水で冷却すると，水蒸気の一部が凝縮し，気体部分の圧力が低下する。これは，減圧したことと同じであり，再び沸騰がおこる。

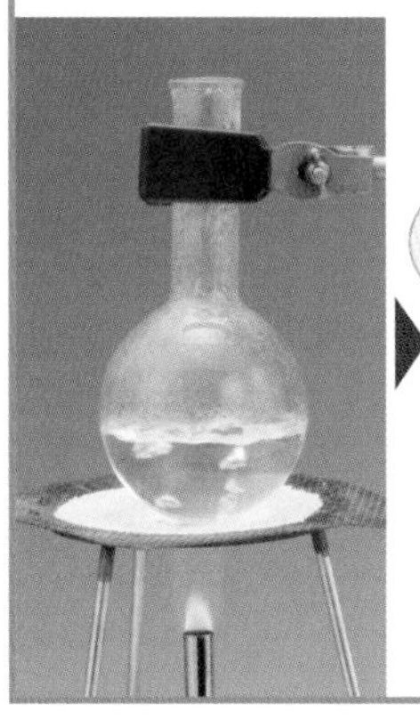

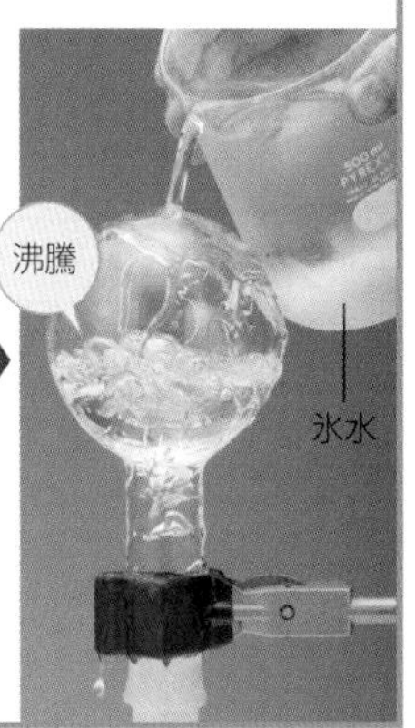

水の沸騰時に生じる気泡にかかる圧力は，厳密には，大気圧＋水圧である。しかし，実験器具程度の水深であれば水圧は大気圧の100分の1程度であり，ほとんど無視して考えてよい。

3 気体の体積・圧力・温度 化学

1 ボイルの法則 Boyle's law

一定温度のもとで，一定質量の気体の体積 V は，圧力 P に反比例する。これを**ボイルの法則**という。

ボイルの法則

$$PV = k\text{（一定）} \quad \text{または} \quad P_1V_1 = P_2V_2$$

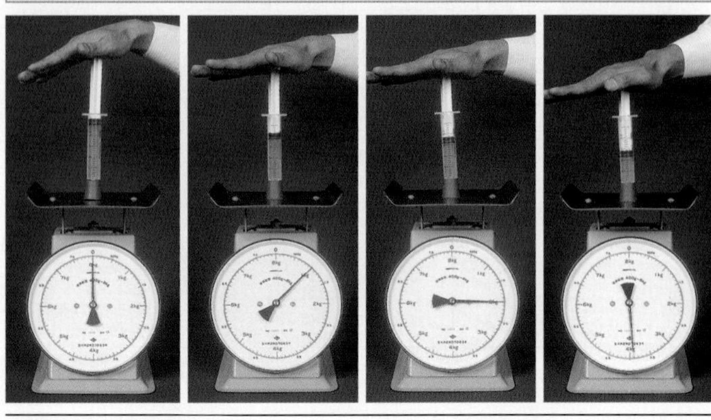

圧力 P	1013 hPa	1317 hPa	1621 hPa	2229 hPa
体積 V	25 mL	19 mL	16 mL	11 mL
PV	2.5×10^4	2.5×10^4	2.6×10^4	2.5×10^4

いずれの場合にも，気体の圧力 P と体積 V の積は，ほぼ一定である。

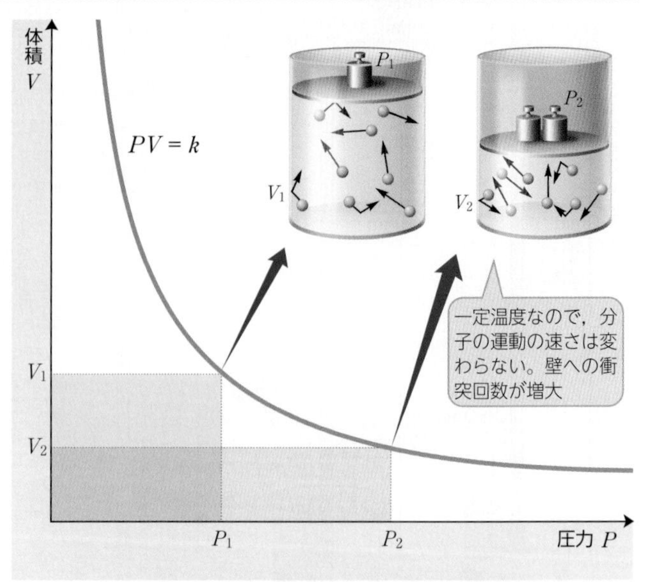

一定質量の気体の体積と圧力の関係（温度一定）

□部分の面積と□部分の面積は等しい。

2 シャルルの法則 Charles' law

一定圧力のもとで，一定質量の気体の体積 V は，絶対温度 T に比例する。これを**シャルルの法則**という。

シャルルの法則

$$V = kT\ (k：\text{定数}) \quad \text{または} \quad \frac{V_1}{T_1} = \frac{V_2}{T_2}$$

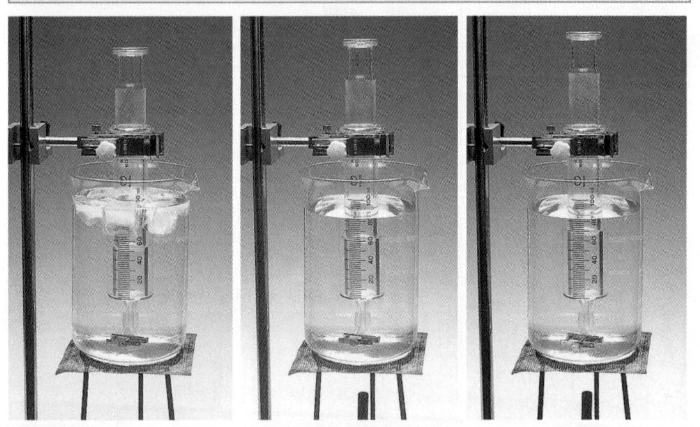

セルシウス温度 t	0℃	45℃	90℃
絶対温度 T	273K	318K	363K
体積 V	50 mL	58 mL	66 mL
V/T	0.18	0.18	0.18

いずれの場合にも気体の体積 V を絶対温度 T で割った値は，ほぼ一定である。また，温度が0℃から45℃に上昇したとき，気体の体積が，0℃のときの体積（50 mL）の318/273倍に増加している。

$$V_2 = \frac{T_2}{T_1}\times V_1 = \frac{318}{273}\times 50 = 58\,\text{mL}$$

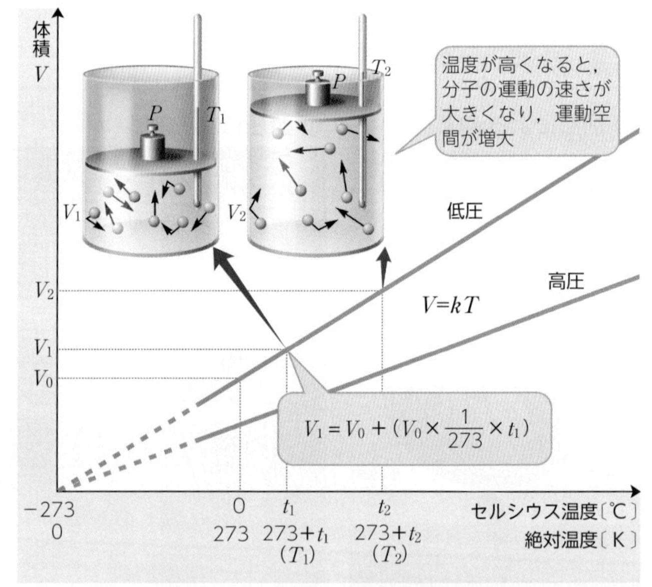

一定質量の気体の体積と温度の関係（圧力一定）

一定圧力の気体の体積は，絶対温度に比例する。直線の傾きは $V_0/273$ である。

1K 上昇するごとに0℃のときの体積の1/273ずつ増加する。

0K（−273℃）は，最も低い温度であり，**絶対零度**とよばれる。この温度では，物質を構成する粒子の熱運動が停止する。

Tips ロバート・ボイルは，1627年，当時のイギリスでは最富裕な貴族であったコルク伯爵の14人兄弟の末っ子として誕生した。彼は，ボイルの法則以外にも，沸点が外圧によって変化することなども発見した。

3 ボイル・シャルルの法則
Boyle-Charles' law

一定質量の気体の体積 V は，圧力 P に反比例し，絶対温度 T に比例する。これを**ボイル・シャルルの法則**という。

ボイル・シャルルの法則

$$\frac{PV}{T}=k\text{(一定)} \quad \text{または} \quad \frac{P_1V_1}{T_1}=\frac{P_2V_2}{T_2}$$

状態Ⅰと中間の状態の間には，ボイルの法則が成り立つ。

$$P_1V_1=P_2V' \quad V'=\frac{P_1V_1}{P_2} \quad \cdots\cdots\cdots\cdots ❶$$

また，中間の状態と状態Ⅱの間には，シャルルの法則が成り立つ。

$$\frac{V'}{T_1}=\frac{V_2}{T_2} \quad V'=\frac{V_2T_1}{T_2} \quad \cdots\cdots\cdots\cdots ❷$$

❶，❷式から V' を消去すると，

$\dfrac{P_1V_1}{T_1}=\dfrac{P_2V_2}{T_2}=$（一定）が得られる。

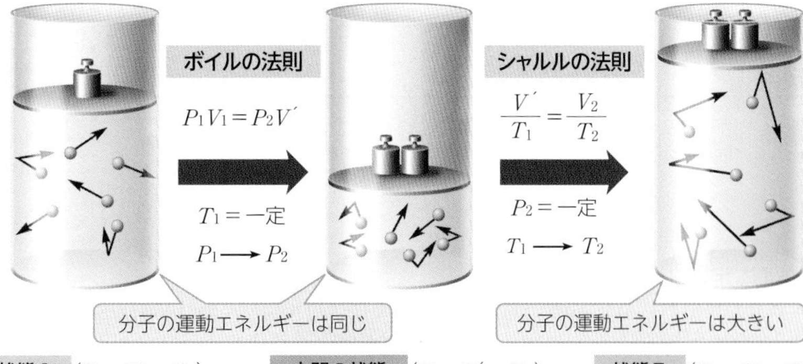

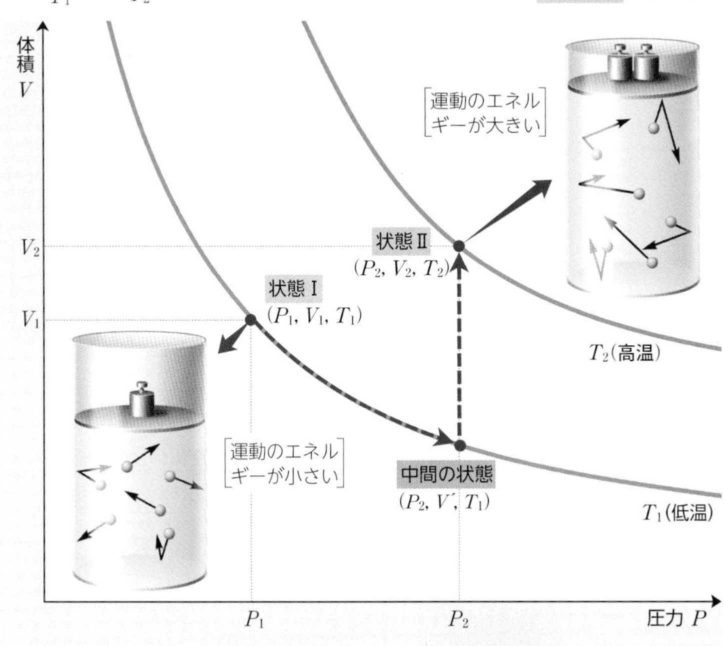

一定質量の気体の体積・圧力・温度の関係

PLUS 気体の法則と気体分子の運動エネルギーの関係

各気体の法則は，気体分子の運動エネルギーと関連付けて考えることができる。

■ボイルの法則 $PV=k$（一定）

PV の単位は Pa·L である。Pa＝N/m^2 であり，L＝10^{-3}m^3 なので， Pa·L＝N/m^2×10^{-3}m^3＝10^{-3}N·m と表される。また，J＝N·m なので，10^{-3}N·m＝10^{-3}J となる。

すなわち，PV〔Pa·L〕の単位はエネルギー〔J〕と同じである。$PV=k$（一定）ということは，温度が一定であれば気体分子のもつ運動エネルギーは一定であり，一定質量の気体のもつエネルギーは保存されることを表している。

■シャルルの法則 $V/T=k$（一定）

気体分子の運動エネルギーは絶対温度と比例する（➡p.106）。温度が高くなると気体分子の運動エネルギーは大きくなり，体積（運動空間）が増大する。また，0 K では，気体分子の熱運動はほぼ停止するので，体積は0とみなせる。

PLUS 断熱変化

ピストンに入れた気体の体積をゆっくり変化させると，気体は外部と熱のやり取りを行い，外部と同じ一定の温度に保たれる。このとき，温度が一定なので，変化の前後でボイルの法則が成り立つ。

これに対し，容器を断熱材で囲み，外部と熱のやり取りなしに体積を変化させる変化を**断熱変化**という。断熱変化では，外部から仕事をされた分，気体のもつエネルギーが変化し，気体の温度が変化する。容器を断熱材で囲んでいない場合でも，気体の体積を急激に変化させれば，外部との熱のやり取りが追いつかず，断熱変化とみなすことができる。

例えば，気体を急激に圧縮した場合，外力は内部の気体に仕事をしたことになる。すると，内部の気体は外力がした仕事の分だけエネルギーを得て，温度が上昇する。

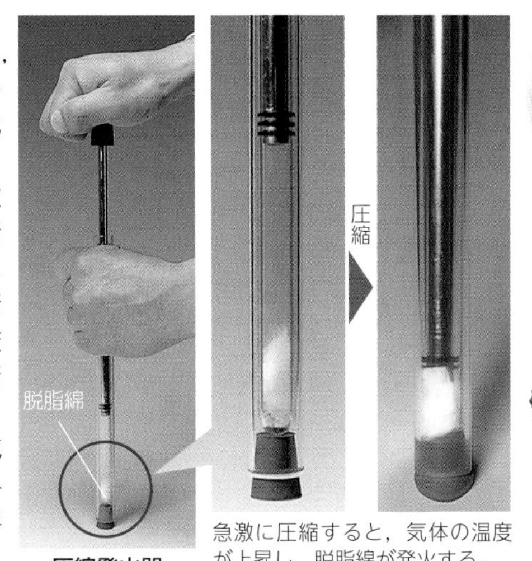

圧縮発火器

急激に圧縮すると，気体の温度が上昇し，脱脂綿が発火する。

ディーゼルエンジンとその搭載車両

Tips スキー場などで使われる人工雪は，降雪機のノズルから圧縮空気と加圧水を放出してつくる。圧縮空気は大気中で急激に膨張し，－40℃以下になるため，大気中の水蒸気が微小な氷の粒となる。この氷の粒を核として，加圧水が凝固し，0.1mm の氷の粒ができる。

4 気体の状態方程式 化学

1 気体の状態方程式 equation of state

気体の体積と圧力と温度，物質の間に成立する関係式を**気体の状態方程式**という。４つの物理量(圧力，体積，温度，物質量)のうち，３つがわかれば，残り１つを計算によって求めることができる。

気体の状態方程式

$$PV = nRT \quad \text{または} \quad PV = \frac{w}{M}RT$$

（P：圧力〔Pa〕　V：体積〔L〕　T：絶対温度〔K〕
n：物質量〔mol〕　w：質量〔g〕　M：モル質量〔g/mol〕
R：気体定数 8.31×10^3 Pa・L/(K・mol)　(単位をとった値は分子量に相当)）

ⓐ 気体定数 R の求め方

0℃，1.013×10^5 Pa における気体 1 mol について，ボイル・シャルルの法則の定数 k を求めると，気体のモル体積 V_m〔L/mol〕は 22.4 L/mol なので，

$$k = \frac{PV_m}{T} = \frac{1.013\times10^5\,\text{Pa}\times22.4\,\text{L/mol}}{273\,\text{K}} = 8.31\times10^3\,\text{Pa・L/(mol・K)}$$

この値は，気体の種類によらず一定であり，**気体定数**(記号 R)とよばれる。

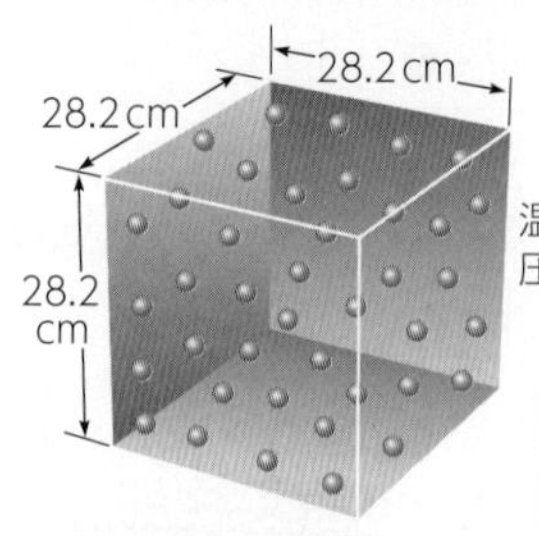

■気体の状態方程式を導く

異なる物質量の気体について，気体定数 R を求めるとそれぞれ右のようになる。
n〔mol〕の気体の体積を V とすると，$V = nV_m$ なので，

$$\frac{PV}{T} = nR \longrightarrow PV = nRT$$

物質量	体積	R
1 mol	V_m	$PV_m/T = R$
2 mol	$2V_m$	$2PV_m/T = 2R$
3 mol	$3V_m$	$3PV_m/T = 3R$
↓	↓	↓
n〔mol〕	nV_m	$nPV_m/T = nR$

ⓑ 気体定数の単位

気体定数は，扱う単位によって異なる値となる。圧力を Pa，体積を m^3 で表すと，$1\,\text{L} = 10^{-3}\,m^3$ なので，R は次のように表される。

$$R = 8.31\times10^3\,\text{Pa・L/(K・mol)} = 8.31\,\text{Pa・m}^3\text{/(K・mol)}$$

$1\,\text{Pa} = 1\,\text{N/m}^2$，$1\,\text{N・m} = 1\,\text{J}$ であり，$1\,\text{Pa・m}^3 = 1\,\text{N・m} = 1\,\text{J}$ なので，$R = 8.31\,\text{J/(K・mol)}$ となる。この表し方は，物理でよく用いられる。

2 気体の密度 density

気体の密度は，ある温度，ある圧力のもとで，一定体積を占める気体の質量で表される。

気体の密度 d は $d = \dfrac{w}{V}$〔g/L〕で表される。

$PV = \dfrac{w}{M}RT$ より，

$$\frac{w}{V} = \frac{PM}{RT}$$

気体の密度は，分子量に比例して大きくなる。したがって，気体の分子量を空気の平均分子量である 28.8 と比較すれば，その気体が同温・同圧の空気よりも軽いのか重いのかを知ることができる。

気体の密度(0℃，1.013×10^5 Pa)

気体		分子量	密度〔g/L〕
水素	H_2	2.0	0.0899
ヘリウム	He	4.0	0.1785
メタン	CH_4	16	0.717
アンモニア	NH_3	17	0.771
空気		28.8*	1.293
二酸化炭素	CO_2	44	1.977
プロパン	C_3H_8	44	2.02
塩素	Cl_2	71	3.214

*空気は平均分子量である。

ガス検知器
メタン用のガス検知器は高い位置，プロパン用のガス検知器は低い位置に設置される。

空気の密度の温度変化

温度〔℃〕	密度〔g/L〕
0	1.29
10	1.24
25	1.18
50	1.09
100	0.94
150	0.83
200	0.74
300	0.61

気体の密度は絶対温度に反比例する。

トピック 熱気球

熱気球では，気球内部の空気が加熱されて膨張し，密度が小さくなることで浮かぶことができる。25℃のときの気体の密度 d〔g/L〕は，気体の状態方程式から，次のように求められる。

$$d = \frac{PM}{RT} = \frac{1.013\times10^5\,\text{Pa}\times28.8\,\text{g/mol}}{8.31\times10^3\,\text{Pa・L/(K・mol)}\times298\,\text{K}} = 1.18\,\text{g/L}$$

この気体を 100℃まで加熱すると，膨張して一部が気球外へと抜けるため，気体の密度は小さくなる。このときの密度は，同様にして 0.941 g/L と求められる。3～4 人乗りの一般的な気球(体積 2.20×10^6 L)において，25℃，100℃のときの気球内部の気体の質量は，密度〔g/L〕×体積〔L〕から，

25℃　：$1.18\,\text{g/L}\times2.20\times10^6\,\text{L} = 2.60\times10^6\,\text{g} = 2600\,\text{kg}$

100℃：$0.94\,\text{g/L}\times2.20\times10^6\,\text{L} = 2.07\times10^6\,\text{g} = 2070\,\text{kg}$

これらを比べると，2600 kg − 2070 kg = 530 kg となり，空気を加熱することで 530 kg 軽くなっていることがわかる。この差が乗客などを含めた気球の総重量よりも大きいとき，気球は上昇する。

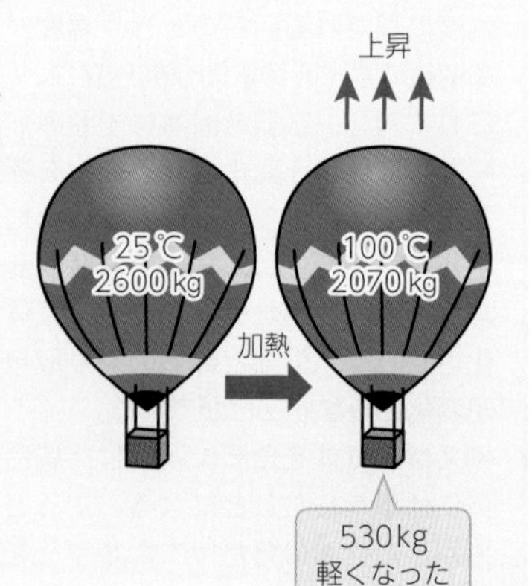

Tips　人類史上初の有人飛行は，1783 年 11 月 21 日，フランスのモンゴルフィエ兄弟が熱気球を使って成功させた。その 11 日後，同じくフランスのシャルルが，水素気球を使って単独有人飛行を成功させた。

3 分圧と全圧

partial pressuretotal pressure

混合気体が示す圧力を**全圧**といい，混合気体の各成分気体が，それぞれ単独で混合気体と同じ体積を占めるときに示す圧力を**分圧**という。

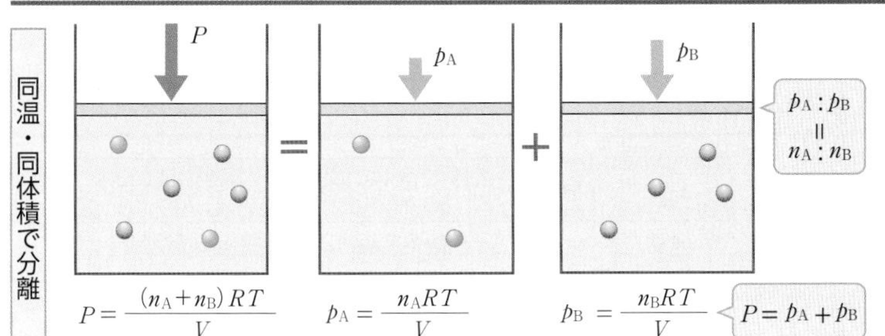

$P = \frac{(n_A + n_B)RT}{V}$ 　 $p_A = \frac{n_A RT}{V}$ 　 $p_B = \frac{n_B RT}{V}$ 　 $P = p_A + p_B$

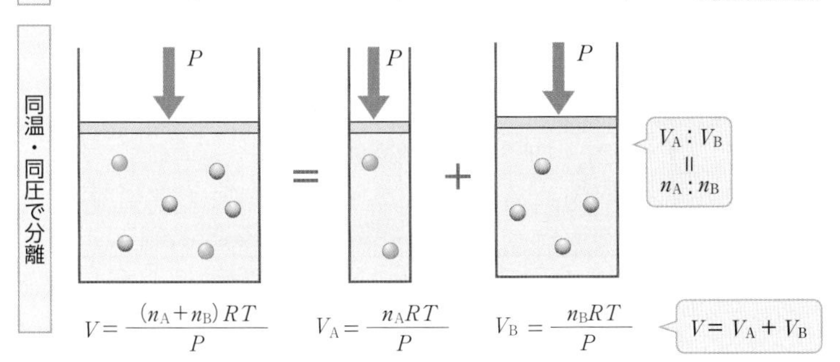

$V = \frac{(n_A + n_B)RT}{P}$ 　 $V_A = \frac{n_A RT}{P}$ 　 $V_B = \frac{n_B RT}{P}$ 　 $V = V_A + V_B$

ドルトンの分圧の法則

混合気体の全圧 P は，成分気体の分圧の和に等しい。

$$P = p_A + p_B + \cdots$$

混合気体の総物質量に対する成分気体の物質量の割合を**モル分率**という。

分圧＝全圧×モル分率

$$p_A = \frac{n_A}{n_A + n_B}P \qquad p_B = \frac{n_B}{n_A + n_B}P$$

気体の混合の考え方

①体積比 $V_A : V_B$ で気体 A と B を混合する
同温・同圧のもとで気体を混合する場合，体積比は物質量比 ($V_A : V_B = n_A : n_B$) となる。

②気体 A と B を混合して体積 V とする
各気体について，別々に考える。体積 V における分圧 p_A，p_B を求め，全圧 P はその和 ($p_A + p_B$) となる。

③気体 A，B からなる混合気体の分圧
混合気体は，必要に応じて，同じ体積の成分気体に分けて，別々に考えることができる。

4 平均分子量

混合気体を 1 種類の仮想的な分子からなるものとしたときの，見かけ上の分子量を混合気体の**平均分子量**という。

a 平均分子量の求め方

分子量 M_A の気体 n_A〔mol〕と，分子量 M_B の気体 n_B〔mol〕が混合した気体の平均分子量（見かけの分子量）$\overline{M}$ は，次のようにして求められる。

$$\overline{M} = M_A \times \frac{n_A}{n_A + n_B} + M_B \times \frac{n_B}{n_A + n_B}$$

（$\frac{n_A}{n_A + n_B}$：気体 A のモル分率，$\frac{n_B}{n_A + n_B}$：気体 B のモル分率）

混合気体であっても，平均分子量 $\overline{M}$ を用いると，気体の状態方程式を適用することができる。

$$PV = nRT = \frac{w}{\overline{M}}RT$$

b 空気の平均分子量

空気を，物質量の比が，窒素：酸素＝4:1 の混合気体とする。

$$\text{空気の平均分子量} = 28.0 \times \frac{4}{4+1} + 32.0 \times \frac{1}{4+1} = 28.8$$

（28.0：窒素の分子量，$\frac{4}{4+1}$：窒素のモル分率，32.0：酸素の分子量，$\frac{1}{4+1}$：酸素のモル分率）

したがって，
空気の平均分子量は 28.8 である。

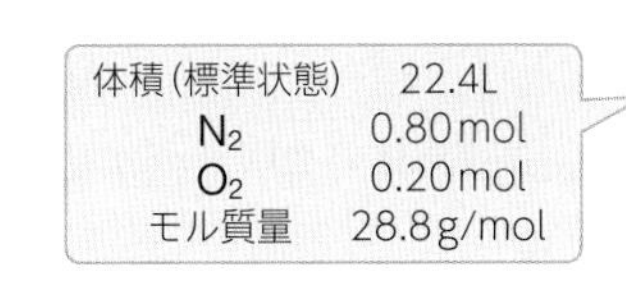
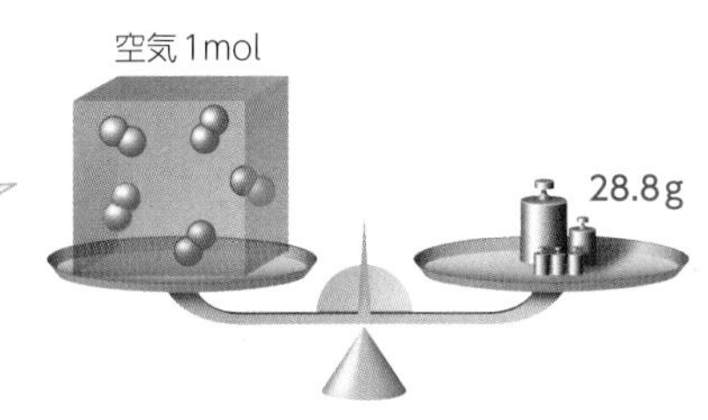

5 水上置換と気体の分圧

気体を水上置換で捕集したとき，その気体は，水蒸気を含む混合気体である。

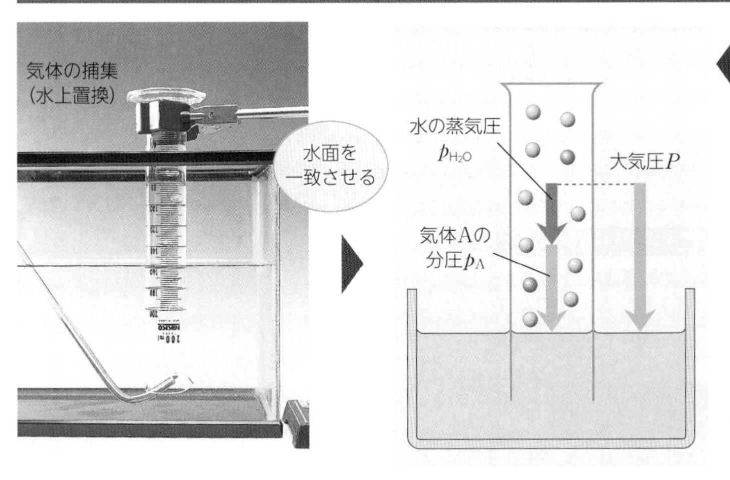

水上置換で捕集した気体は，目的の気体と水蒸気の混合気体となる。容器内と水層の液面を一致させた場合，圧力には次の関係が成り立つ。

$$P = p_A + p_{H_2O}$$

容器内の液面が，水層の液体と比較して高い場合には，次の関係が成り立つ。

$$P = p'_A + p_{H_2O} + p_h$$

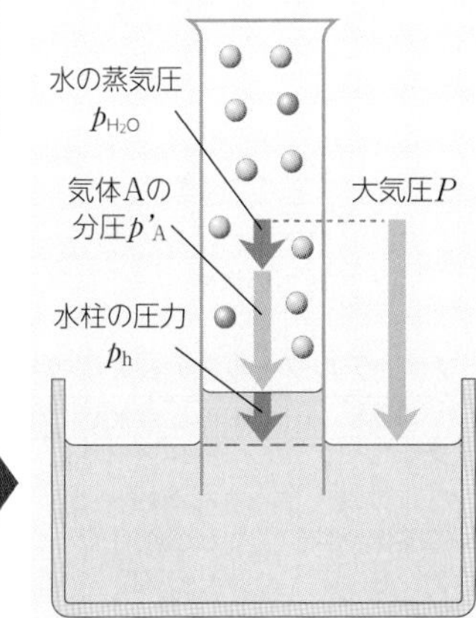

Tips 同温・同圧の条件で，同体積の乾いた空気と湿った空気の質量を比べると，乾いた空気の方が重い。これは，湿った空気には，分子量が空気の平均分子量よりも小さい水が含まれているためである。

5 実在気体と理想気体 化学

1 実在気体と理想気体 (real gas / ideal gas)

実在の気体(**実在気体**)は，気体の状態方程式に厳密にはしたがわない。一方，気体の状態方程式に厳密にしたがうと考えた仮想の気体を**理想気体**という。

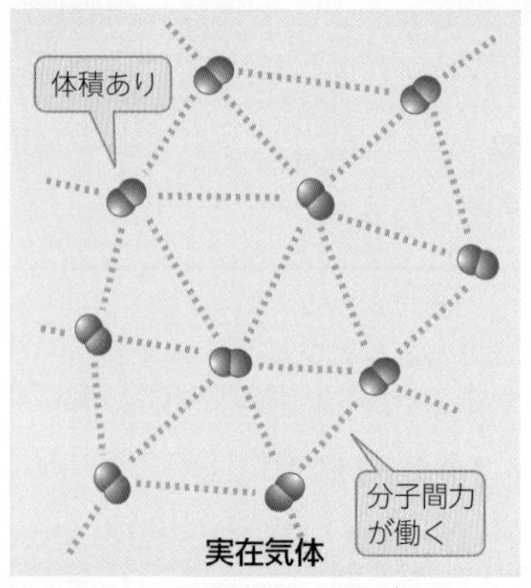

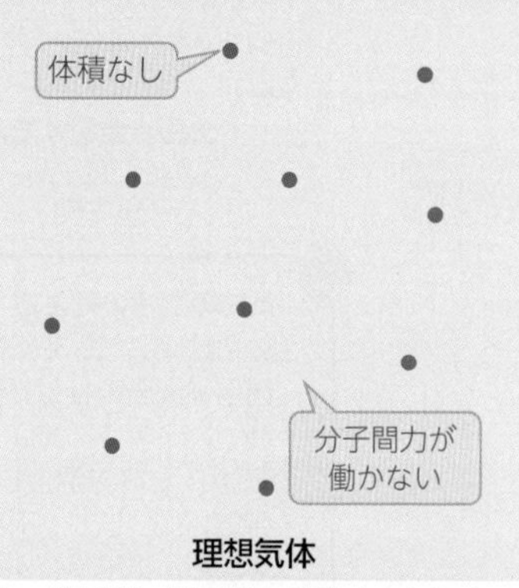

実在気体は，分子自身に体積があること，また，分子間に分子間力が働くことによって，気体の状態方程式に，厳密にはしたがわない。

気体	分子量	気体 1 mol の体積〔L〕(0℃, 1.013×10^5 Pa)
水素	2.0	22.42
ヘリウム	4.0	22.43
窒素	28	22.42
酸素	32	22.39
メタン	16	22.37
二酸化炭素	44	22.26
塩化水素	36.5	22.21
アンモニア	17	22.09
理想気体		22.41

極性が大きく分子間力が大きい

実在気体は，0℃，1.013×10^5 Pa での体積が厳密に 22.41 L にはならない。分子間力の大きい気体では，理想気体からのずれが大きい。

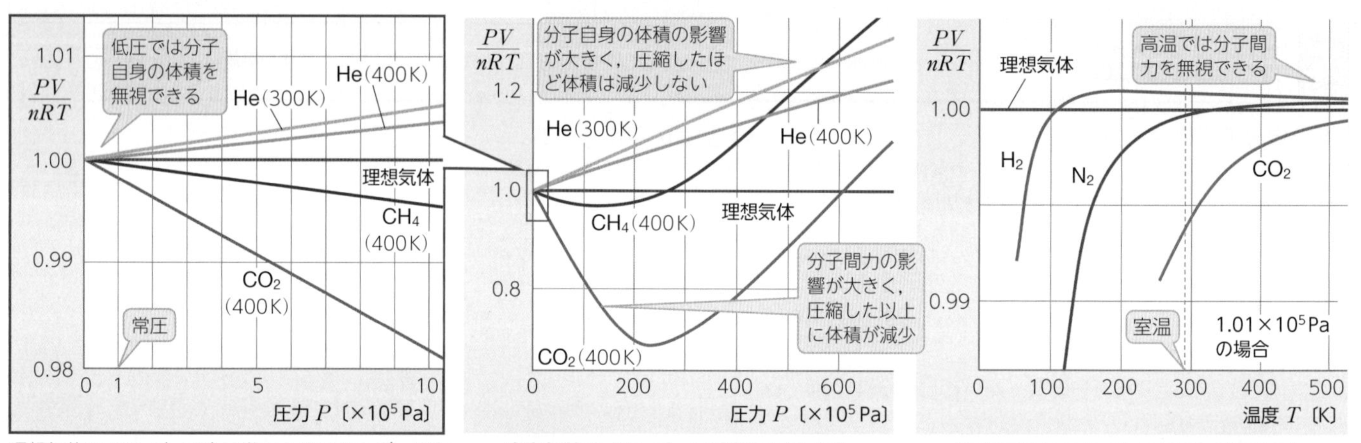

理想気体の $PV/(nRT)$ は常に 1.0 であるが，実在気体では 1.0 からずれる。

実在気体の $PV/(nRT)$ 値の圧力変化

実在気体の $PV/(nRT)$ 値の温度変化

一般に，常温・常圧では理想気体とみなせる。

PLUS ファンデルワールスの状態方程式

ファンデルワールス(オランダ)は，1873 年，実在気体に状態方程式を適用するため，分子自身の体積と，分子間力を補正する方法を提案した。

$$\left(P_{実測}+\frac{n^2}{V^2_{実測}}a\right)(V_{実測}-nb)=nRT$$

(a：分子間力の比例定数　b：気体 1 mol の体積　n：気体の物質量)

ファンデルワールスの式の定数

気体	a〔Pa・L²/mol²〕	b〔L/mol〕
水素	24530	0.02622
ヘリウム	3469	0.02377
二酸化炭素	365600	0.04283
アンモニア	425300	0.03737

分子自身の体積の補正

実在気体の分子が運動できる空間 V は，$V_{実測}$ よりも分子自身の体積分 (nb) だけ小さくなる。

$$V=V_{実測}-nb$$

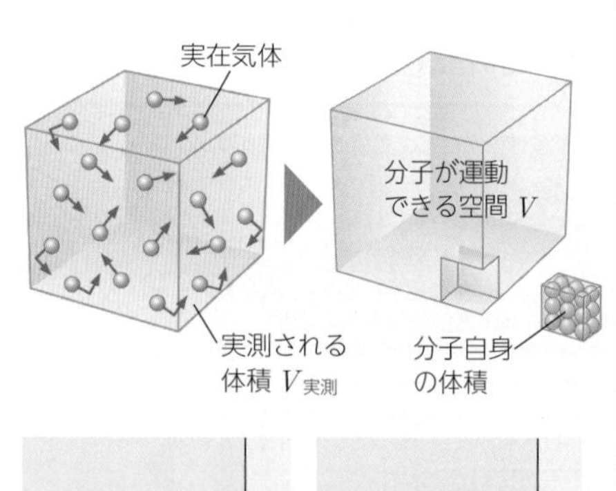

分子間力の補正

実在気体では，分子間力の影響で，分子が器壁へ衝突する力と衝突頻度が減少し，圧力が小さくなる。この影響は $n^2/V^2_{実測}$ に比例する。

$$P=P_{実測}+\frac{n^2}{V^2_{実測}}a$$

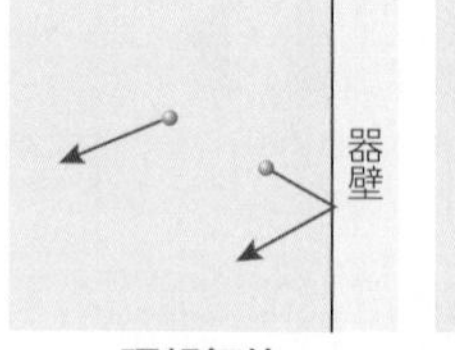

分子間力
器壁
実在気体

Tips ファンデルワールスの状態方程式によって，気体の液化など，低温における研究が発展した。これらの功績から，1910 年，ファンデルワールスはノーベル物理学賞を受賞した。

2 実在気体の凝縮

理想気体は，圧縮や冷却によっても状態変化をおこさないが，実在気体は状態変化をおこす。そのため，理想気体と実在気体とでは，圧縮や冷却に伴う圧力変化に著しい違いがみられる。

ⓐ 一定温度で体積を小さくする場合

実在気体は，圧縮して体積を減少させると液体になる。

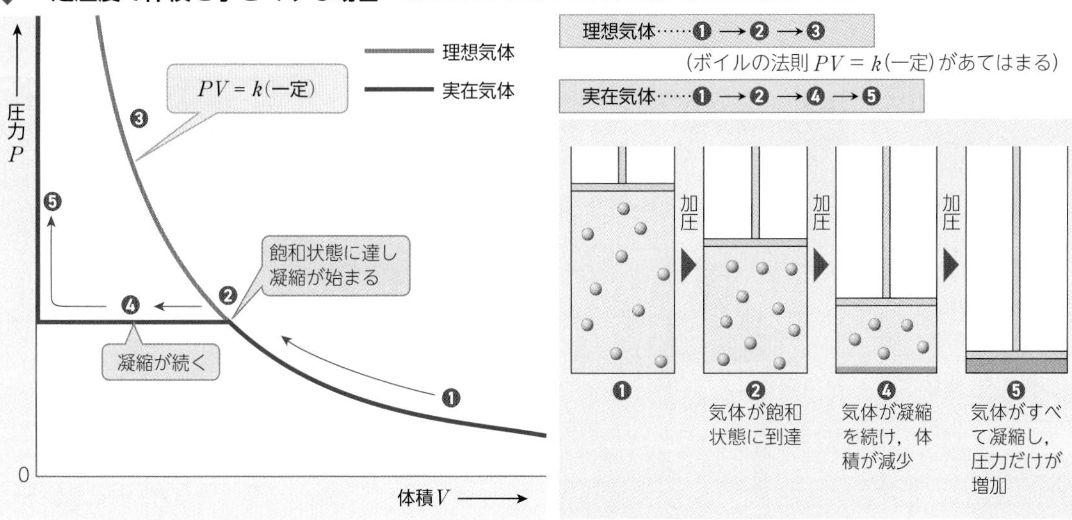

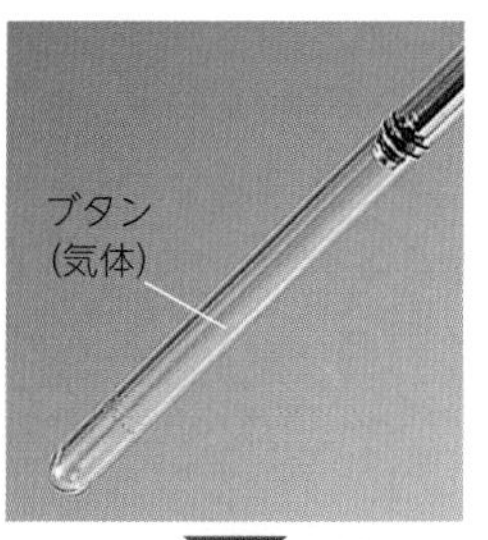

圧縮

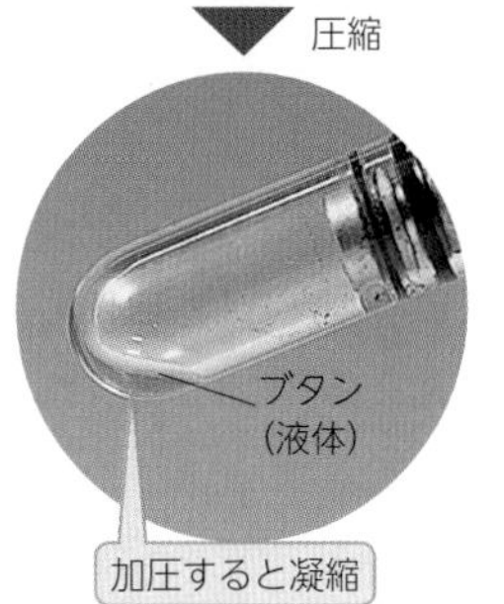

ⓑ 一定体積で温度を下げる場合

実在気体は，冷却すると液体になる

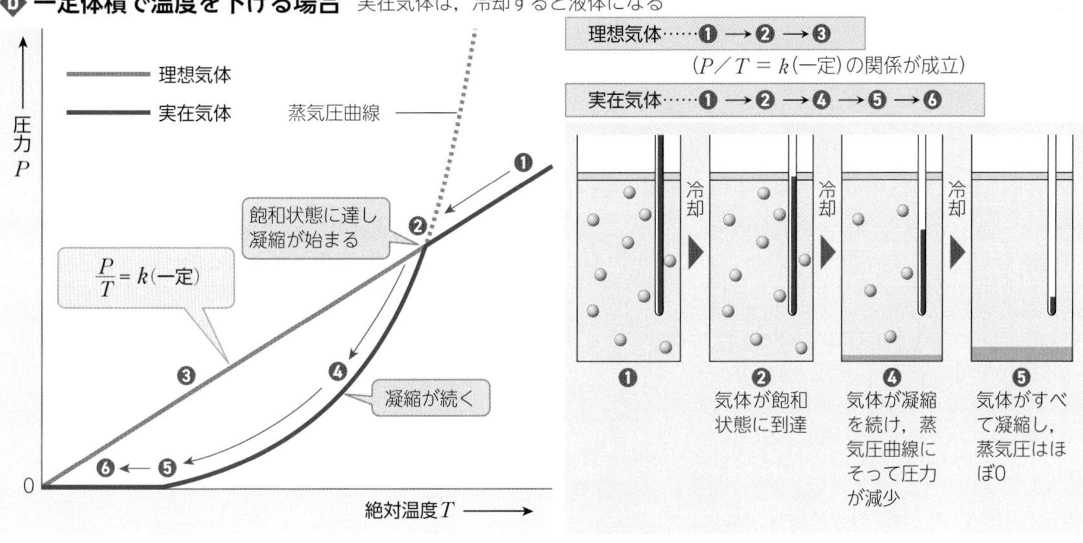

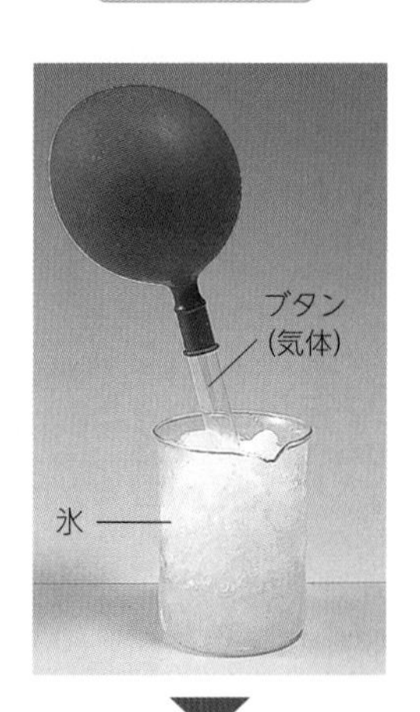

ⓒ 一定圧力で温度を下げる場合

実在気体は，冷却すると液体を経て固体になる。

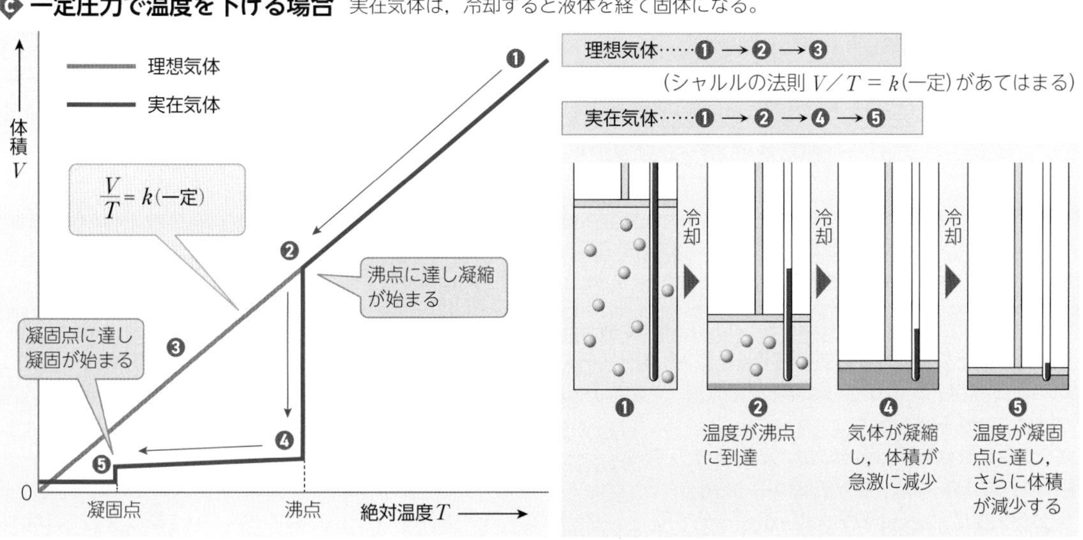

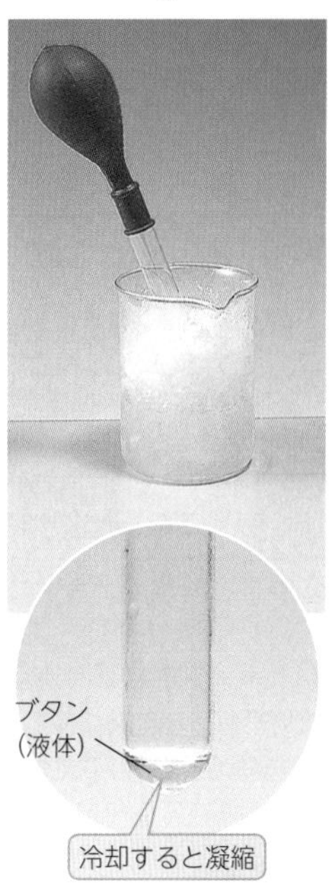

Tips 水素の液化に最初に成功したのはイギリスのデュワーである。魔法瓶(デュワー瓶)はデュワーの発明である。

探究活動 8. 気体の分子量の測定

目的 アセトンの沸点(56℃)は，水よりも低く，湯浴による加熱で容易に気体にすることができる。そこで，アセトンの質量や体積などを調べ，これらを気体の状態方程式に代入して分子量を求めてみよう。

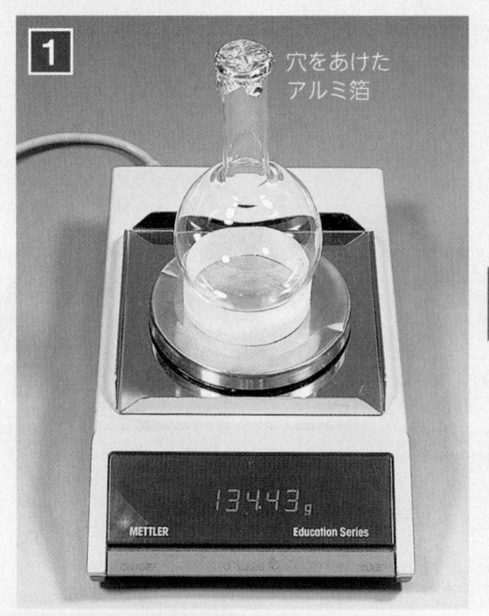

乾燥した 300 mL 丸底フラスコに，針で孔をあけたアルミ箔でふたをする。アルミ箔を含めた容器全体の質量 w_1〔g〕を測定する。

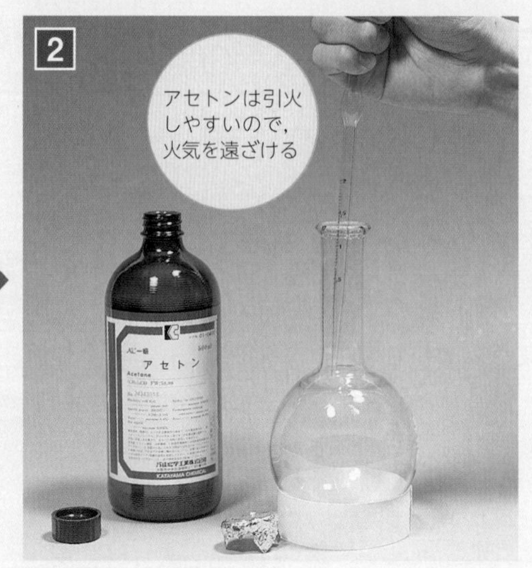

丸底フラスコに約4 mL のアセトンを入れて，アルミ箔でふたをする。

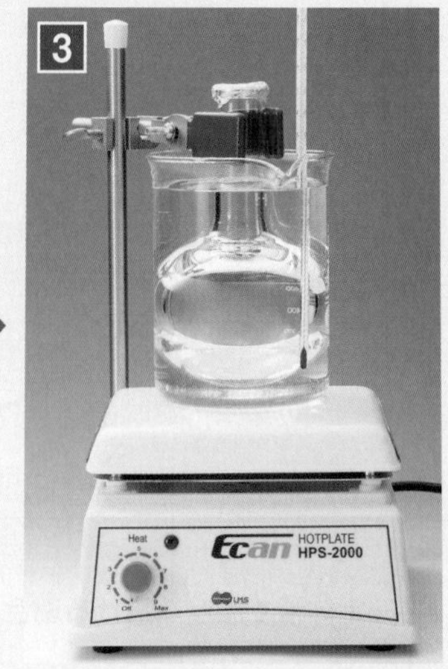

1 L ビーカーに水を入れ，丸底フラスコをアルミ箔がぬれない程度に深く浸して，加熱する。

測定値 w_1 = 134.43g　大気圧 =1.012 × 10^5 Pa　温度(室温) = 20℃

考察 1　アセトンの蒸気について，気体の状態方程式が成り立つのは 1 ～ 6 のどの状態か？

4 の状態である。気体の状態方程式が成立するためには，アセトンがすべて気体でなければならない。したがって，4 の状態における圧力，体積，温度，気体のアセトンの質量が必要になる。ただし，80℃のまま丸底フラスコの質量を測定すると，気体のアセトンが拡散して外に出てしまうため，すぐに冷やして液体に戻してから質量を測定する。

考察 2　実験で得られた測定値を用いてアセトンの分子量を求めよ。

w_1	w_2	w_2-w_1	温度	体積	圧力
134.43 g	135.15 g	0.72 g	80℃	0.405 L	1.012 × 10^5Pa

$PV=\frac{w}{M}RT$ から，$M=\frac{wRT}{PV}$ なので，

$$M=\frac{0.72\,\mathrm{g}\times 8.31\times 10^3\,\mathrm{Pa\cdot L/(K\cdot mol)}\times 353\,\mathrm{K}}{1.012\times 10^5\,\mathrm{Pa}\times 0.405\,\mathrm{L}}=52\,\mathrm{g/mol}$$

したがって，分子量は52になる。

考察 3　この実験操作で分子量が測定できる物質の条件を記せ。

この方法で分子量を求めるためには，(1) 沸点が 100℃よりも低い，(2) 分子量が28.8よりも大きい，という2つの条件が必要である。
(1) は，測定物質の沸点が水の沸点(100℃)よりも低くなければ，100℃以下で気体にすることができないからである。
(2) は，測定物質の気体が空気をフラスコから押し出すには，その気体の密度が空気よりも大きい必要がある。気体の分子量が空気の平均分子量(28.8)よりも大きければ，気体の密度は，空気よりも大きい。

考察 4　アセトンの実際の分子量は58である。実際の値に比べて，実験から求めた値が小さくなるのはなぜか？

$M=\frac{wRT}{PV}$ なので，M が小さく出る原因としては，P，V の測定値が真の値より大きいか，w，T の測定値が真の値より小さいかである。この実験では，アセトンの質量 w_2-w_1 を，フラスコ内に存在するアセトンがすべて液体であるとして算出している。しかし，厳密には，アセトンの一部は気体になっており，アセトンの蒸気圧 0.24 × 10^5Pa (20 ℃) を考慮する必要があり，これが真の値からのずれの大きな要因と考えられる。

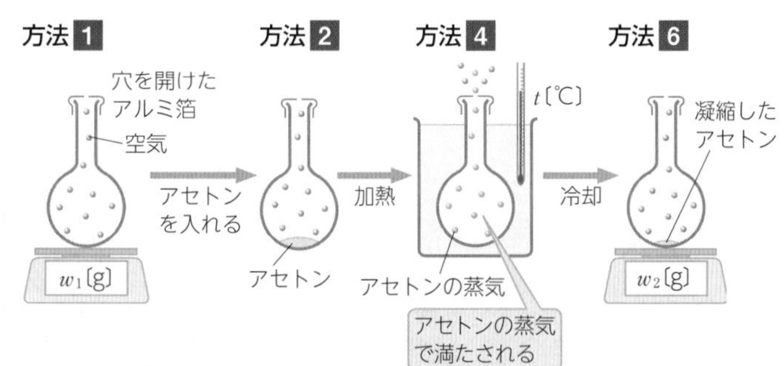

図の方法 6 では，アセトンの一部が蒸発しているため，その分だけ空気がフラスコから追い出されている。
したがって，w_2-w_1 は，追い出された空気の質量 w_a の分だけ小さくなっている。

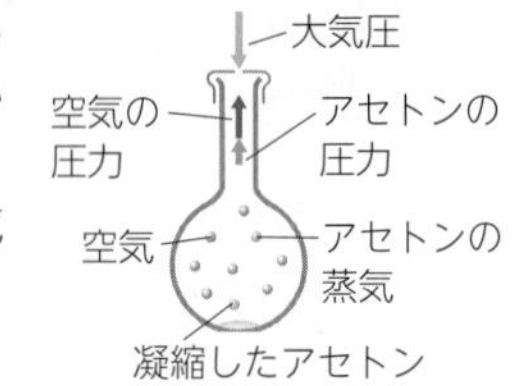

準備	薬品	器具
	アセトン	丸底フラスコ(300mL)，ビーカー(1L)，メスシリンダー(500mL)，アルミ箔，スタンド，金網，ガスバーナー，温度計，電子天秤(0.01gまで測定可能なもの)，気圧計，こまごめピペット

フラスコ内のアセトンが完全に蒸発したのち，さらに2分間加熱を続け，一定温度を保つ。そのときの水温 t〔℃〕を測定する。

測定値 $t = 80$℃

丸底フラスコをビーカーから出して，すぐに水で十分に冷やし，フラスコの外側の水分を完全にふいて，室温にもどす。

全体の質量 w_2〔g〕を測定する。

測定値 $w_2 = 135.15$g

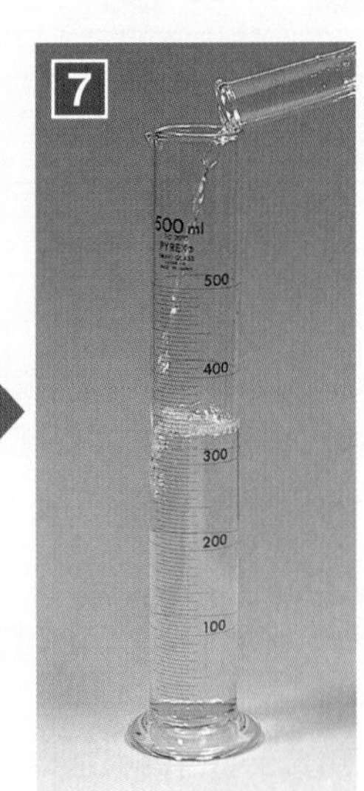

丸底フラスコに水を満たして，その体積 V〔mL〕をメスシリンダーで測定する。

測定値 $V = 405$mL

考察
5 アセトンの蒸気圧を補正して，アセトンの分子量を求めよ。

w_1は，丸底フラスコと丸底フラスコ内の空気(圧力1.012×10^5Pa)の質量の和である。一方，w_2は，丸底フラスコと液体のアセトンとその中を満たす気体の質量の和である。このとき，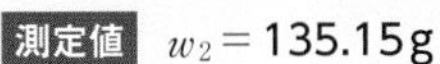考察4で示したように，フラスコ内は，空気とアセトンで満たされており，アセトンの蒸気分だけ空気が追い出されている。したがって，求めるべきアセトンの質量は，$w_2 - w_1$に追い出された空気の質量 w_a を加える必要がある。

室温は20℃であり，20℃におけるアセトンの蒸気圧は，0.24×10^5Pa なので，追い出された空気の質量 w_a〔g〕は，次のように求められる。

$$w_a = \frac{0.24\times10^5\text{Pa}\times0.405\text{L}\times28.8\text{g/mol}}{8.3\times10^3\text{Pa}\cdot\text{L/(K}\cdot\text{mol)}\times(273+20)\text{K}} = 0.115\text{g}$$

したがって，実際のアセトンの質量は，$w_2 - w_1$に w_a を加えた値と見積もられ，この値(0.72g + 0.115g)を用いて 考察2 の式から分子量を求めると，分子量は60と求められる。

PLUS 水上置換によって捕集された気体の分子量の求め方

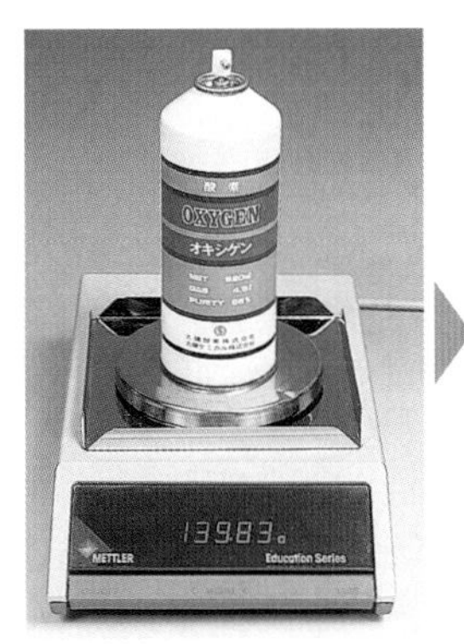

酸素の入ったボンベの質量 w_1を測定する。
$w_1 = 139.83$g

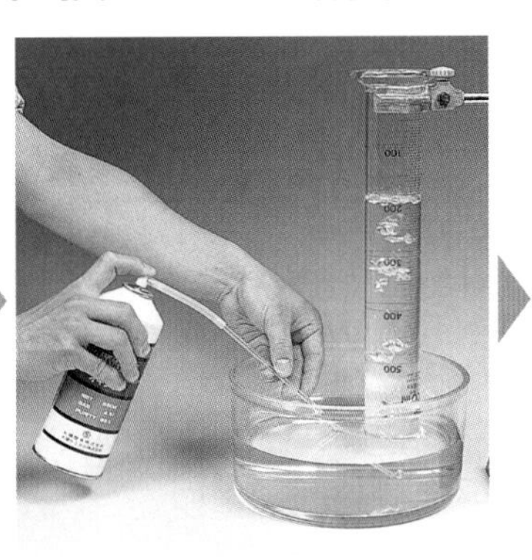

メスシリンダーに酸素を捕集し，その体積 Vを測定する。 $V = 400$mL
このときの水温 tと大気圧 Pを測定する。
$t = 20$℃，$P = 1.013\times10^5$Pa

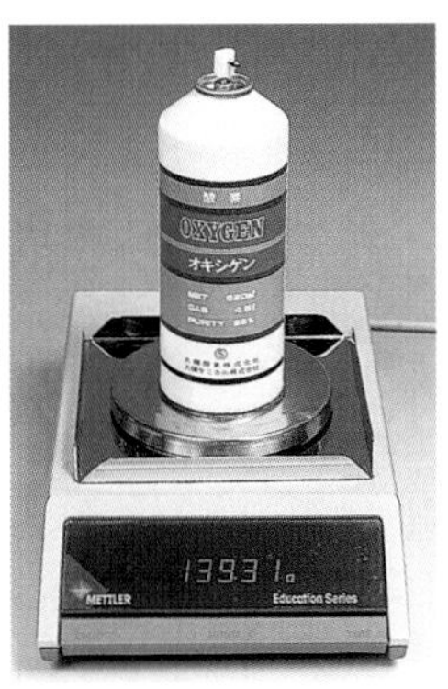

酸素を捕集したあとのボンベの質量 w_2を測定する。
$w_2 = 139.31$g

水上置換によって捕集された酸素には，水蒸気が含まれる。酸素の分子量は，酸素の分圧を求めたのち，気体の状態方程式から計算される。

酸素の質量 $w = w_1 - w_2 = 0.52$g
絶対温度 $T = 273 + t = 293$K
酸素の分圧 $P = 1.013\times10^5 - \underbrace{2.34\times10^3}_{20℃における水蒸気圧}$
$= 99.0\times10^3$Pa

気体の状態方程式にこれらを代入すると，酸素のモル質量 M〔g/mol〕が求められる。

$$M = \frac{wRT}{PV} = \frac{0.52\times8.31\times10^3\times293}{99.0\times10^3\times\frac{400}{1000}}$$
$$= 32\text{g/mol}$$

したがって，酸素の分子量は32である。

6 溶解と溶解度 基礎 化学

1 溶解 基礎 化学
dissolution

液体(**溶媒**)に他の物質(**溶質**)が混合し，均一な液体(**溶液**)になることを**溶解**という。

- **極性溶媒**…水のような極性分子からなる溶媒。エタノール C_2H_5OH のような極性分子が溶けやすい。イオン結晶にも溶けやすいものが多い。
polar solvent
- **無極性溶媒**…シクロヘキサン C_6H_{12} のような無極性分子からなる溶媒。ヨウ素 I_2 のような無極性分子が溶けやすい。
nonpolar solvent

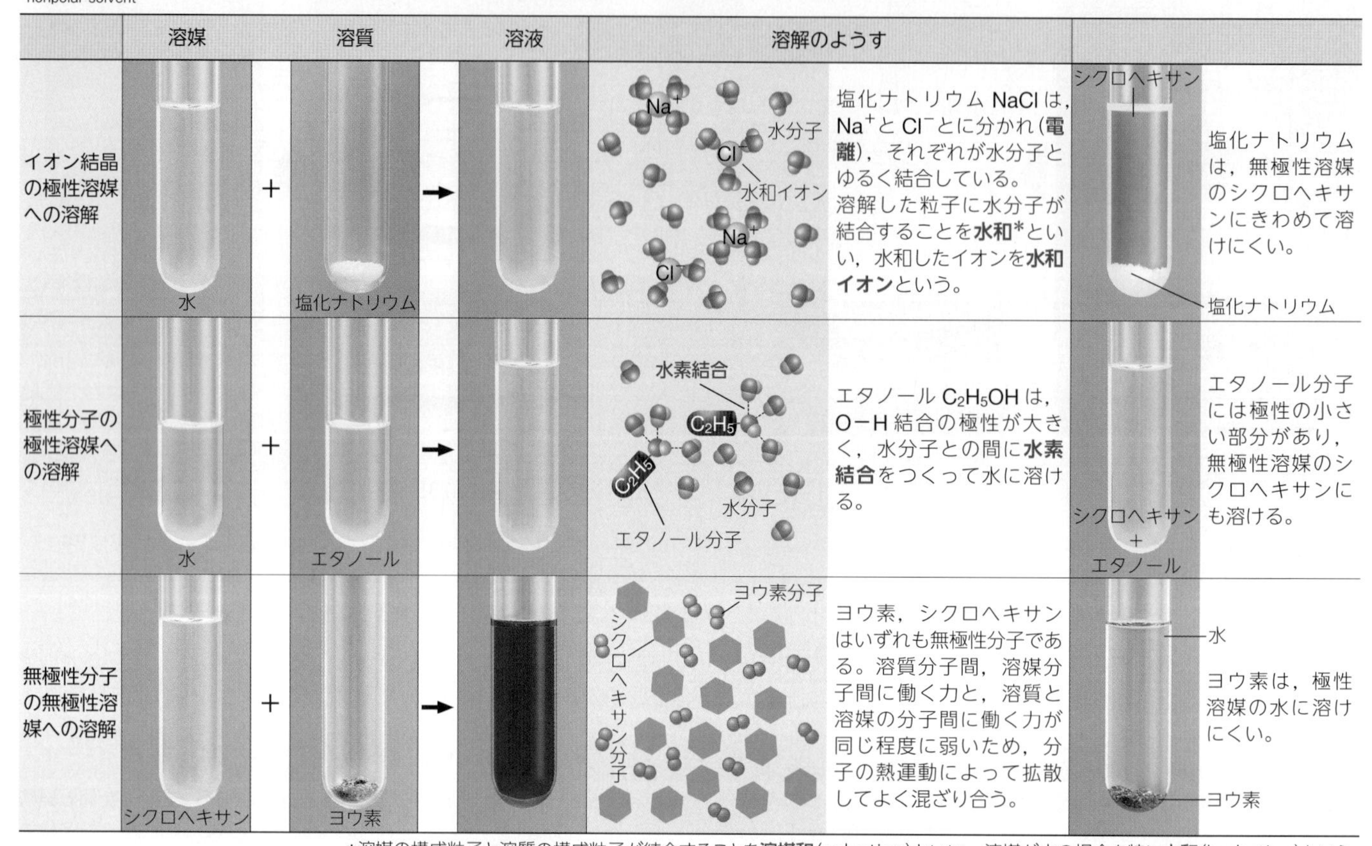

	溶媒		溶質		溶液	溶解のようす		
イオン結晶の極性溶媒への溶解	水	＋	塩化ナトリウム	→		Na^+ Cl^- 水分子 水和イオン	塩化ナトリウム NaCl は，Na^+ と Cl^- とに分かれ(**電離**)，それぞれが水分子とゆるく結合している。溶解した粒子に水分子が結合することを**水和***といい，水和したイオンを**水和イオン**という。	シクロヘキサン 塩化ナトリウム 塩化ナトリウムは，無極性溶媒のシクロヘキサンにきわめて溶けにくい。
極性分子の極性溶媒への溶解	水	＋	エタノール	→		水素結合 C_2H_5 水分子 エタノール分子	エタノール C_2H_5OH は，O−H 結合の極性が大きく，水分子との間に**水素結合**をつくって水に溶ける。	シクロヘキサン＋エタノール エタノール分子には極性の小さい部分があり，無極性溶媒のシクロヘキサンにも溶ける。
無極性分子の無極性溶媒への溶解	シクロヘキサン	＋	ヨウ素	→		ヨウ素分子 シクロヘキサン分子	ヨウ素，シクロヘキサンはいずれも無極性分子である。溶質分子間，溶媒分子間に働く力と，溶質と溶媒の分子間に働く力が同じ程度に弱いため，分子の熱運動によって拡散してよく混ざり合う。	水 ヨウ素 ヨウ素は，極性溶媒の水に溶けにくい。

*溶媒の構成粒子と溶質の構成粒子が結合することを**溶媒和**(solvation)といい，溶媒が水の場合を特に**水和**(hydration)という。

PLUS イオン結晶の溶解

イオン結晶は，粒子間の結合が強く，結晶構造をくずすためには，高温にする必要がある。しかし，水に溶解すると，容易に結晶構造がくずれる。たとえば，水に塩化ナトリウム NaCl を加えると，次のようにして溶解する。

❶ 結晶表面の Na^+ に，水分子中の負に帯電した O 原子が静電気的な引力によって引きつけられる。
❷ Cl^- には，水分子中の正に帯電した H 原子が引きつけられる。
❸ Na^+ や Cl^- が水分子と結びつくと，結晶中の Na^+ と Cl^- 間の結合が弱まる。
❹ Na^+ と Cl^- は熱運動によって水中に拡散していく。

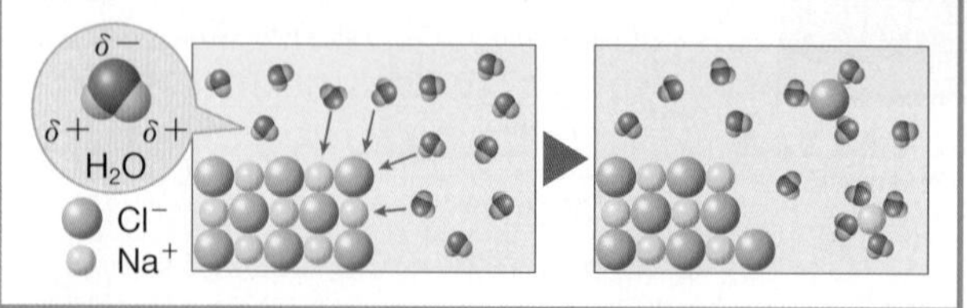

トピック エタノールは，水にもベンゼンにも溶ける！

エタノール C_2H_5OH は，分子中に極性の大きいヒドロキシ基 −OH と極性の小さい炭化水素基 C_2H_5− が存在する。そのため，エタノール分子は水(極性溶媒)とベンゼン(無極性溶媒)のいずれにも溶ける。ヒドロキシ基 −OH のように極性が大きく水和されやすい原子団を**親水基**という。一方，エチル基のように極性が小さく水和されにくい原子団を**疎水基**という。

C_2H_5 O H δ− δ+
炭化水素基(極性：小) ヒドロキシ基(極性：大)

エタノールと同じアルコールに分類されるブタノール $CH_3CH_2CH_2CH_2OH$ の場合，分子中の疎水基の割合が大きくなるので，水に溶けにくくなる。

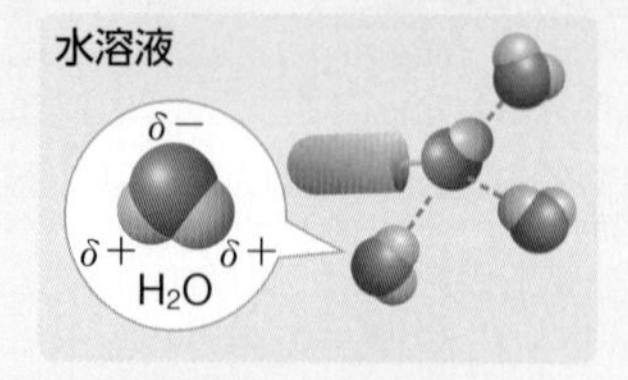

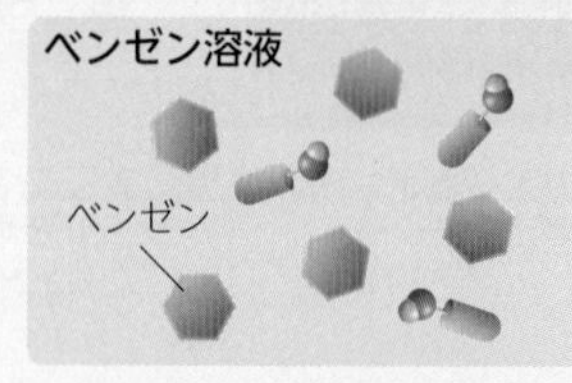

Tips 銅(Ⅱ)イオン Cu^{2+} は本来無色であるが，水に溶け，水和イオンになることで，ただちに青色を呈する。そのため，アルコールなどの有機溶媒に含まれる微量の水分の検出に用いられる。

2 固体の溶解度 solubility 基礎 化学

固体の溶解度は，溶媒（水）100gに溶ける溶質の最大限の質量〔g〕の数値で示される。

- **飽和溶液**（saturated solution）…溶質が溶解度に相当する量まで溶解した溶液。
- **溶解度曲線**（solubility curve）…溶解度と温度の関係を示したグラフ。

硝酸カリウムの溶解度曲線

A 不飽和溶液

B 飽和溶液

C 飽和溶液と結晶

BとCの溶解度の差（x）に相当する量の結晶が析出する。

固体の溶解度は，温度が高くなるほど大きくなるものが多いが，硫酸リチウムのように小さくなるものもある。
結晶水をもつ物質の溶解度は，無水塩を溶質として表される。

硝酸ナトリウム　硝酸カリウム　塩化アンモニウム　塩化カリウム　硫酸リチウム　塩化ナトリウム　硫酸銅（Ⅱ）

溶解度（水100gに溶けうる溶質の質量〔g〕の数値）　温度〔℃〕

3 再結晶 recrystallization 基礎

溶解度の違いを利用して，物質を精製することができる。

少量の不純物を含む固体を溶かし，高い温度で高濃度の溶液をつくる。この溶液を冷却すると，不純物は飽和に達せず溶液中に残り，目的の物質だけが結晶となって析出する。
このようにして固体を精製する方法を**再結晶**という（➡p.19）。

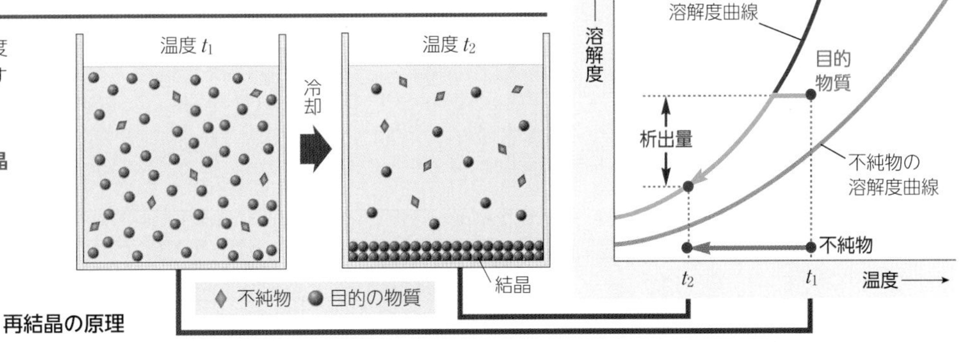

再結晶の原理

PLUS 溶解と極性

2本の試験管に四塩化炭素 CCl_4，水 H_2O，ベンゼン C_6H_6 を順に入れて3層とし，一方の試験管にはヨウ素 I_2 を，他方には硫酸銅（Ⅱ）無水塩 $CuSO_4$ をそれぞれ少量加えて振り混ぜると，ヨウ素はベンゼンと四塩化炭素によく溶け，赤紫色の溶液になるが，水には溶けない。一方，硫酸銅（Ⅱ）無水塩は水に溶けて，青色の溶液になるが，ベンゼン，四塩化炭素には溶けない。

溶媒＼溶質		ヨウ素（無極性分子の分子結晶）	硫酸銅（Ⅱ）無水塩（イオン結晶）
極性溶媒	水	×	○
無極性溶媒	ベンゼン	○	×
	四塩化炭素	○	×

○溶ける　×溶けない

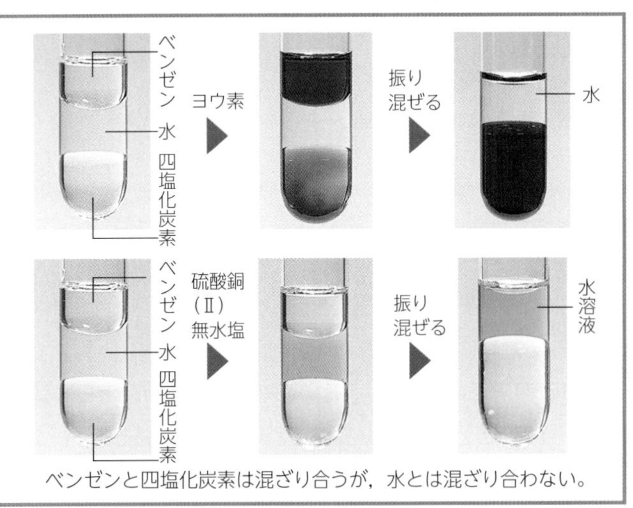

ベンゼンと四塩化炭素は混ざり合うが，水とは混ざり合わない。

Tips 高温の酢酸ナトリウム水溶液をゆっくりと冷却すると，ある温度で飽和溶液になる。しかし，さらに温度を下げても，結晶が析出しない場合がある。このとき，水溶液中には，溶解度以上の酢酸ナトリウムが溶けている。このような状態を過飽和という。

7 気体の溶解度 化学

1 気体の溶解度 solubility

気体の溶解度は，気体の圧力が 1．013×10⁵Pa のとき，溶媒 1L に溶ける気体の物質量〔mol〕，または溶ける気体の体積〔mL〕で表される。

低温　溶解度大

高温　溶解度小

炭酸飲料水の二酸化炭素の溶解度

水 1L に溶ける気体の物質量〔mol〕

温度〔℃〕＼気体	水素 H_2	窒素 N_2	酸素 O_2	二酸化炭素 CO_2	アンモニア NH_3	塩化水素 HCl
0	0.98×10^{-3}	1.06×10^{-3}	2.19×10^{-3}	76.6×10^{-3}	21.3	23.1
20	0.81×10^{-3}	0.71×10^{-3}	1.39×10^{-3}	39.0×10^{-3}	14.2	19.7
40	0.74×10^{-3}	0.55×10^{-3}	1.04×10^{-3}	23.7×10^{-3}	9.19	17.2
60	0.73×10^{-3}	0.49×10^{-3}	0.88×10^{-3}	16.6×10^{-3}	5.82	15.1

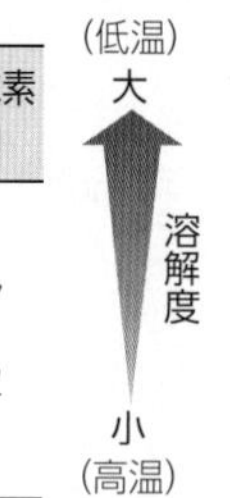

溶解度〔$\times10^{-3}$ mol／水 1L〕　2.5　2.0　1.5　1.0　0.5
酸素 O_2
水素 H_2
窒素 N_2
0　20　40　60
温度〔℃〕

気体の溶解度と温度
一定圧力のもとで，気体の溶解度は，温度が高くなると小さくなる。気体の溶解度は，その質量で表すこともできる。

2 ヘンリーの法則 Henry's law

気体の溶解度と圧力の関係は，1805年，ヘンリーによって見出され，**ヘンリーの法則**とよばれる。

ヘンリーの法則

溶解度の小さい気体の場合，一定温度で，一定量の溶媒に溶解する気体の物質量（または質量）は，その気体の圧力（混合気体では分圧）に比例する。

※アンモニアや塩化水素などは水と反応し，ヘンリーの法則にあてはまらない。

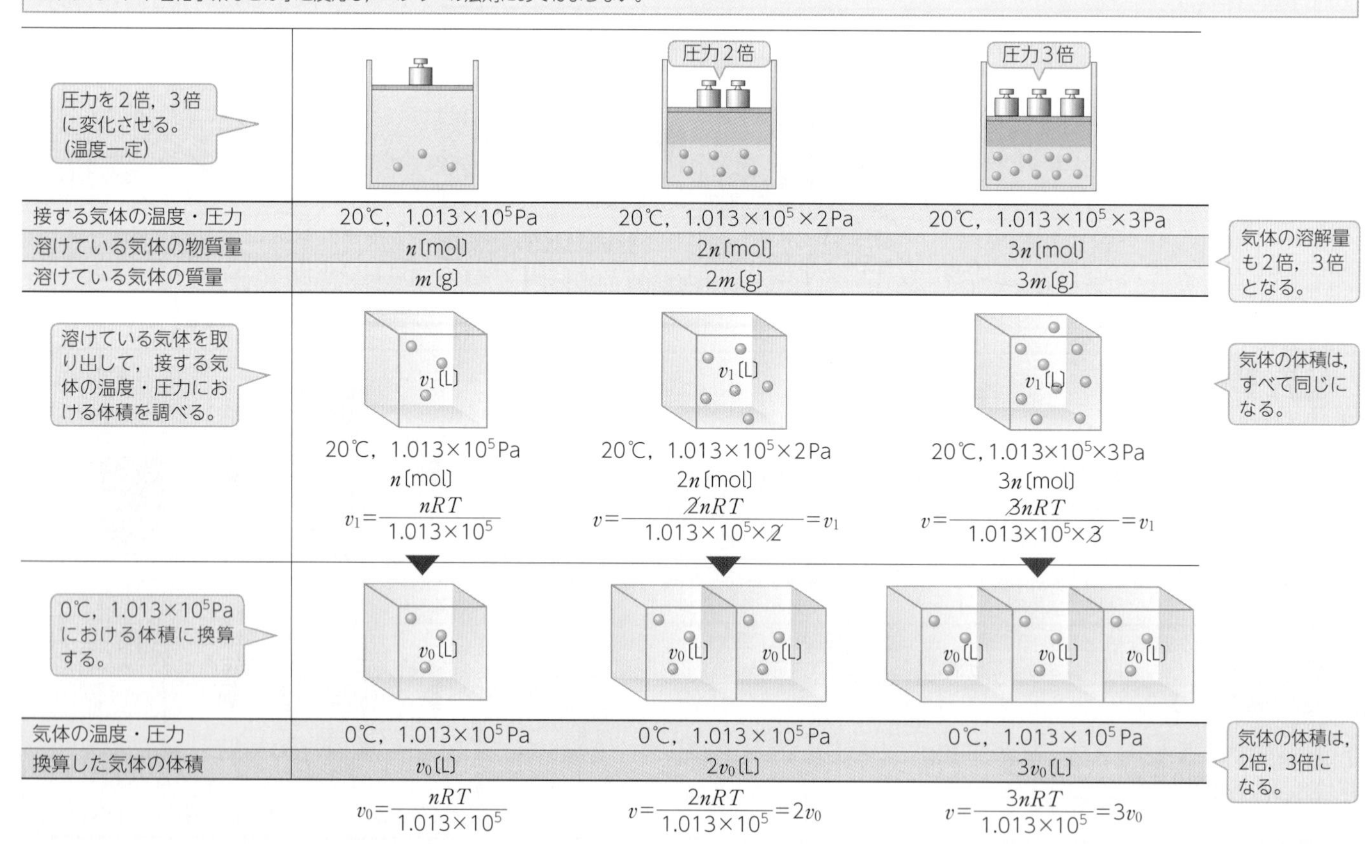

Tips　炭酸水の発明は，酸素を発見したことで有名なイギリスのプリーストリー（1733～1804）によってなされた。牧師職に就いていた彼は，隣にあった醸造所に出入りし実験をする中で，発酵で生じる二酸化炭素を水中に集め，炭酸水を発明した。

トピック　炭酸飲料

大気中では，二酸化炭素の割合は0.04％程度であり，1.013×10^5Paにおいて，二酸化炭素の分圧は40Pa程度である。したがって，水に二酸化炭素はごくわずかしか溶けず，炭酸の酸味などを感じることはない。炭酸飲料中には，どれくらいのCO_2が溶けているだろうか。炭酸飲料1L中に溶けるCO_2の量を求めてみよう。
二酸化炭素は20℃，1.013×10^5Paにおいて，水1Lに39.0×10^{-3}mol溶解する。一般に，炭酸飲料の容器内の圧力は，2×10^5Pa～4×10^5Paになっており，圧力が4×10^5Paであれば，圧力は1.013×10^5Paの4倍なので，ヘンリーの法則から，炭酸飲料1L中の二酸化炭素の物質量は，39.0×10^{-3}mol×4＝0.156molである。これを体積(0℃，1.013×10^5Pa)に換算すると，22.4L/mol×0.156mol＝3.49Lになる。実際の炭酸飲料の製造では，高圧条件にするとともに，溶解度と温度の関係を考慮して，低温で二酸化炭素を通じ，効率よく二酸化炭素を溶解させている。

高圧　溶解度大

低圧　溶解度小

栓をとると容器内の圧力が低下するため，溶解度が小さくなり，二酸化炭素が気体となって飛び出す。

3 混合気体の溶解

混合気体では，水に溶解する各成分気体の物質量は，それぞれの気体の分圧に比例する。

空気(物質量の比は窒素：酸素＝4：1)が一定量の水に接しているとき，窒素および酸素の溶解量は，各気体の分圧から，次のように求められる。

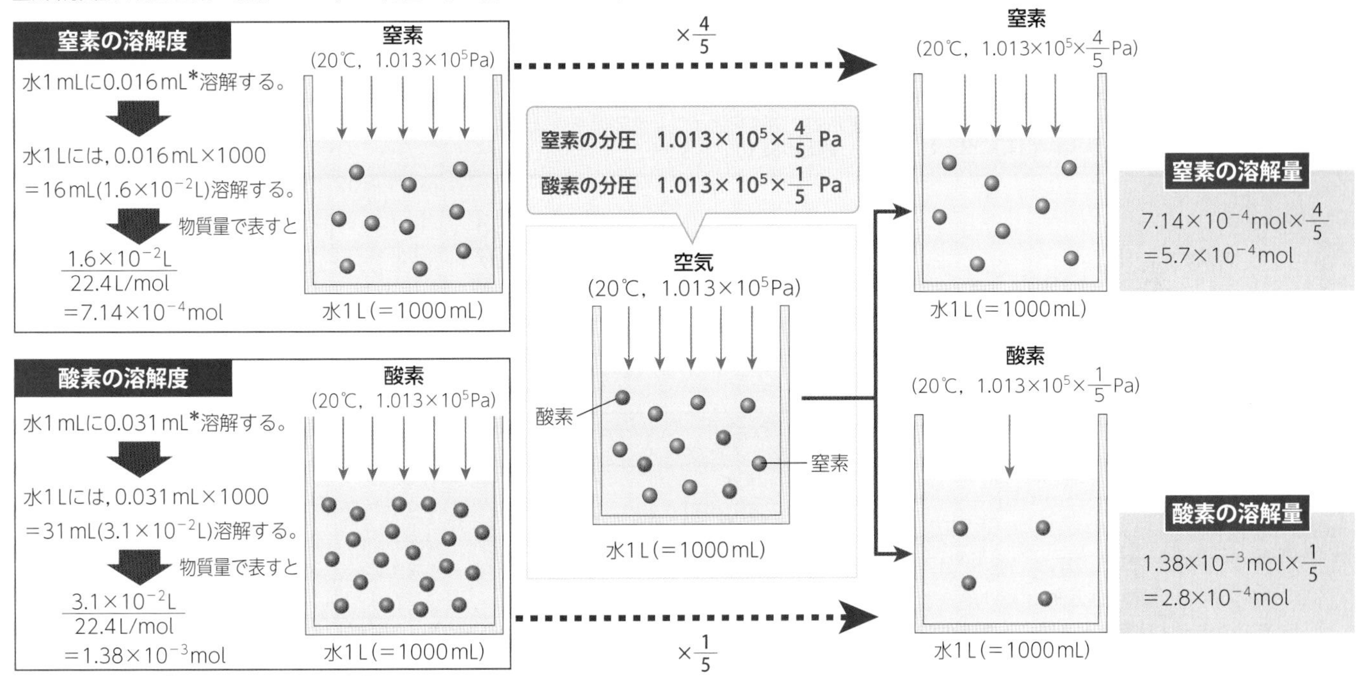

*0℃，1.013×10^5Paに換算したときの体積。

トピック　減圧症 decompression sickness　小論文対策

スキューバダイビングでは，高圧の空気ボンベを身につけて潜水する。水中では，深さ10mで約$1.013\times10^5\times2$Pa，20mでは約$1.013\times10^5\times3$Paの水圧(圧力)がかかり，同時に水温も低くなる。このような状況では，肺から取り入れる空気の量が，地表よりも多くなり，血液に溶けこむ酸素や窒素の量も多くなる。酸素は細胞内で消費されるが，窒素は血液中や細胞内に残り，潜水を終えて急に浮上すると，圧力が減少するため，この窒素が気泡になる。これが血液の流れを妨げ，関節痛やしびれなどの神経症状を引きおこし，時には，ダイバーの命を奪う。このような減圧症を防ぐためには，浮上に時間をかけて，圧力変化を緩やかにする必要がある。

高圧チェンバー
内部の気圧を徐々に変化させることができ，減圧症の治療に用いられる。

NET Research　減圧症(MSDマニュアル家庭版)
https://www.msdmanuals.com/ja-jp/ホーム

Tips　ラムネは，ビー玉の入った瓶にシロップと炭酸水を入れた飲料である。ビー玉は，二酸化炭素が外部に出ていかないように，その圧力で内側から栓をするために入れられている。

8 沸点上昇と凝固点降下 化学

希薄溶液の性質（蒸気圧降下，沸点上昇，凝固点降下，浸透圧）は，いずれも溶液中の溶質粒子の数によって決まり，溶質粒子の種類には関係しない。このような性質を**束一的性質**という。

1 蒸気圧降下 depression of vapor pressure

不揮発性の溶質を含む溶液の蒸気圧は，同じ温度でその溶媒が示す蒸気圧よりも低くなる。これを**蒸気圧降下**という。

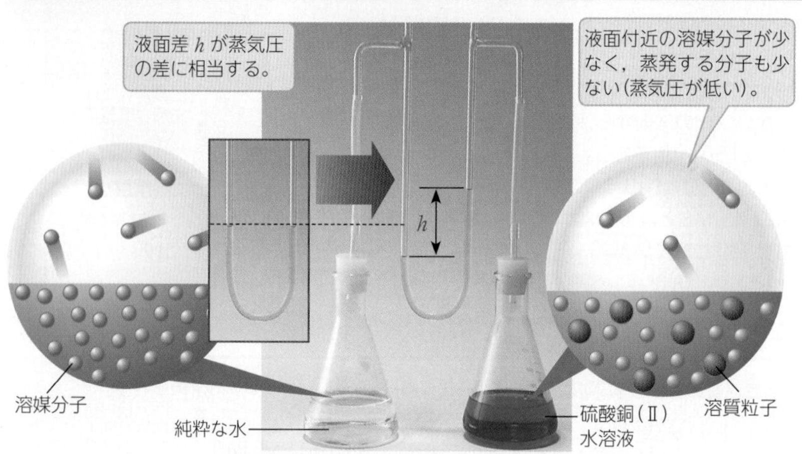

硫酸銅（Ⅱ）$CuSO_4$ 水溶液の蒸気圧降下

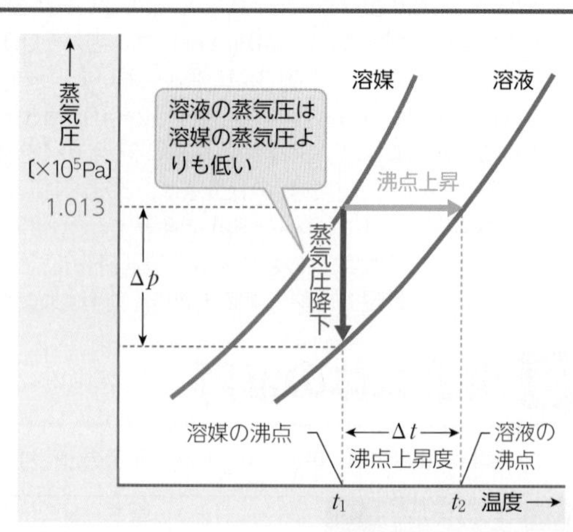

溶媒および溶液の蒸気圧曲線

2 沸点上昇・凝固点降下 elevation of boiling point depression of freezing point

不揮発性の物質を溶かした溶液の沸点は溶媒よりも高くなり（**沸点上昇**），凝固点は溶媒よりも低くなる（**凝固点降下**）。

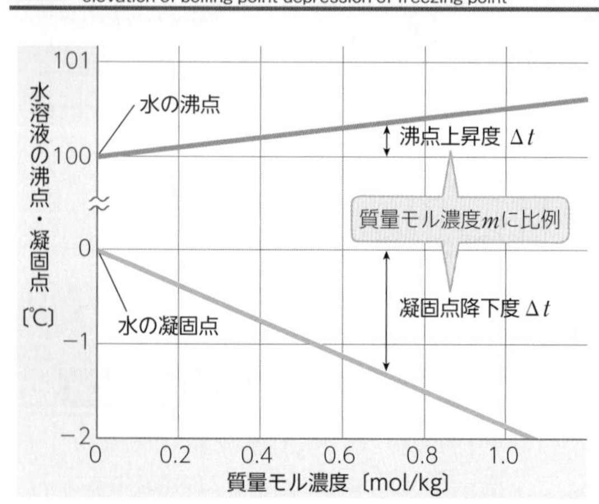

水溶液の沸点・凝固点と質量モル濃度の関係

$$\Delta t = Km = K \times \frac{\frac{w}{M}}{W}$$

（Δt：沸点上昇度（凝固点降下度）
K：モル沸点上昇（モル凝固点降下）
m：質量モル濃度　M：溶質のモル質量
w：溶質の質量〔g〕　W：溶媒の質量〔kg〕）

溶質が電解質の場合は，電離によって溶質粒子の数が増加するため，同じ濃度の非電解質水溶液よりもΔtの値は大きくなる（➡ p.125）。

モル沸点上昇とモル凝固点降下

物質	沸点〔℃〕	モル沸点上昇〔K・kg/mol〕	凝固点〔℃〕	モル凝固点降下〔K・kg/mol〕
水	100	0.52	0	1.85
二硫化炭素	46	2.35	− 112	3.76
ベンゼン	80	2.53	5.5	5.12
ナフタレン	218	5.80	80	6.94
ショウノウ	207	5.61	179	37.7

モル沸点上昇およびモル凝固点降下は，各溶媒に固有の値である。

PLUS ラウールの法則

1887年，フランスのラウール（1830～1901）は，不揮発性の溶質が溶けた希薄溶液の蒸気圧について，次の法則を発見した。

ラウールの法則

希薄溶液の蒸気圧は溶媒のモル分率に比例する。

$$p = xp_0$$

（p：溶液の蒸気圧　p_0：溶媒の蒸気圧　x：溶媒のモル分率 $\frac{n_A}{n_A+n_B}$
n_A：溶媒の物質量　n_B：溶質の物質量）

ラウールの法則を用いると，希薄溶液の蒸気圧降下度Δpは次のように表される。

$$\Delta p = p_0 - p = p_0 - xp_0 = (1-x)p_0 = \frac{n_B}{n_A+n_B}p_0$$

希薄溶液では $n_A \gg n_B$ なので，$n_A + n_B \fallingdotseq n_A$ と近似できる。

$$\Delta p = \frac{n_B}{n_A+n_B} \fallingdotseq \frac{n_B}{n_A}p_0$$

溶媒の質量を w_A〔kg〕，溶媒のモル質量を M_A〔g/mol〕とおくと，n_A〔mol〕は，$\frac{w_A}{M_A}$と表される。

$$\Delta p = \frac{n_B}{n_A}p_0 = \frac{n_B}{\frac{w_A}{M_A}}p_0 = \frac{n_B M_A}{w_A}p_0$$

この式において，$\frac{n_B}{w_A}$は質量モル濃度 m〔mol/kg〕を表すので，$M_A p_0$ を比例定数 k とおくと，Δp は次のように表される。

$$\Delta p = km$$

したがって，蒸気圧降下度 Δp は質量モル濃度に比例することがわかる。

Tips 沸点上昇度や凝固点降下度の計算に質量モル濃度が用いられるのは，質量モル濃度の値が温度によって変化しないためである。

3 沸点上昇度と分子量

溶液の沸点上昇度を測定することによって，溶質の分子量を求めることができる。

■斜方硫黄の分子量の測定

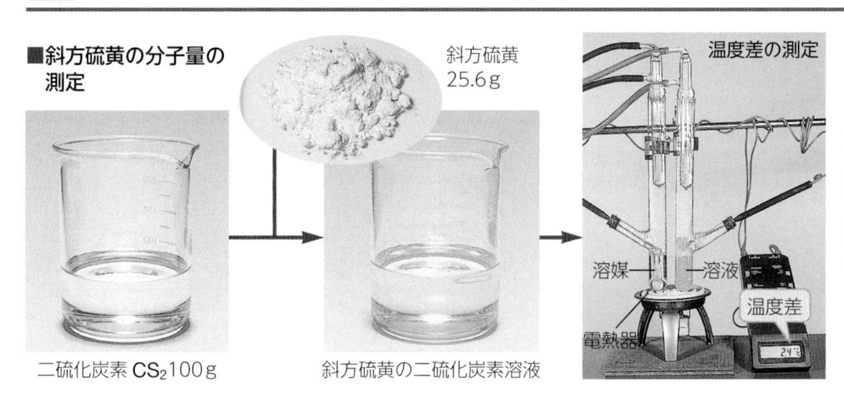

二硫化炭素 CS_2 100g　斜方硫黄の二硫化炭素溶液

二硫化炭素と，斜方硫黄の二硫化炭素溶液の沸点の差を示差温度計で測定すると，2.4Kの沸点上昇がみられる。

溶質の質量 w ＝25.6g
溶媒の質量 W ＝100g＝0.100kg
沸点上昇度 Δt ＝2.4K
二硫化炭素のモル沸点上昇 K：2.35K･kg/mol

$$M=\frac{K\times w}{\Delta t\times W}=\frac{2.35\,\mathrm{K\cdot kg/mol}\times 25.6\,\mathrm{g}}{2.4\,\mathrm{K}\times 0.100\,\mathrm{kg}}=251\,\mathrm{g/mol}$$

斜方硫黄の分子式を S_x とすると，
$32x=251$　が成り立ち，$x=7.84≒8$ より，
斜方硫黄は分子式 S_8 で示されることがわかる。

4 凝固点降下度と分子量

溶液の凝固点降下度を測定することによって，溶質の分子量を求めることができる。

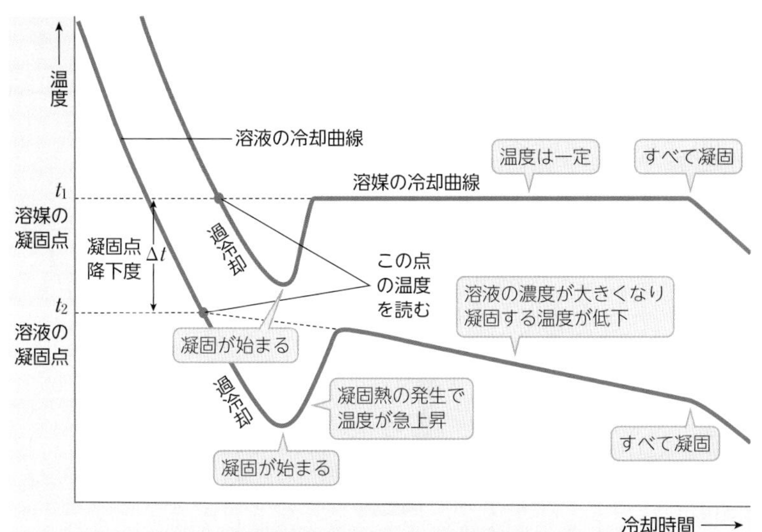

溶媒および溶液の冷却曲線

凝固するのは溶媒だけなので，凝固が進むとしだいに水溶液の濃度は大きくなる。

$$M=\frac{K\times w}{\Delta t\times W}$$

（M：溶質のモル質量　w：溶質の質量〔g〕
W：溶媒の質量〔kg〕　Δt：凝固点降下度
K：溶媒のモル凝固点降下）

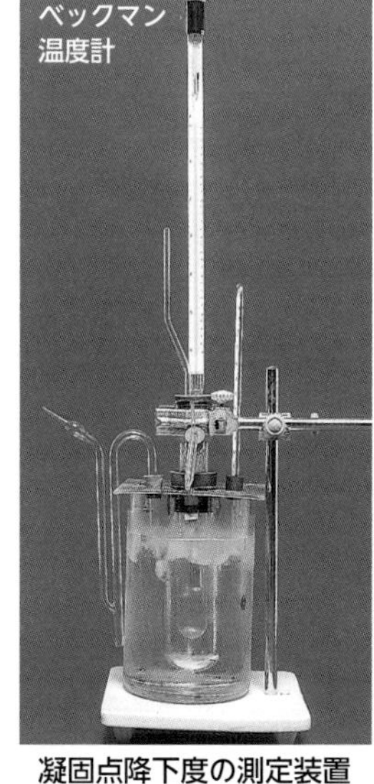

凝固点降下度の測定装置

ベックマン温度計は限られた温度範囲（～6K）の温度の上昇度や降下度を精密に測定できる。

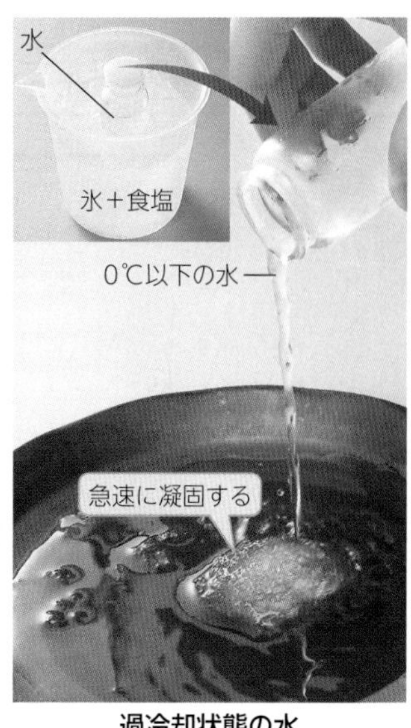

過冷却状態の水

水を冷却していくと0℃以下でも氷にならない場合がある。この状態を**過冷却**という。過冷却の水は，衝撃などで急速に凝固する。

凝固点降下の利用

凍結防止剤

道路に塩化カルシウムを散布すると，雪や雨水に溶けて水溶液になり，凍結しにくくなる。

エチレングリコールは毒性を示す。誤用防止のため，着色されている。

自動車の不凍液

ラジエーターの冷却水には，エチレングリコールが混合されている。

Close-up（クローズアップ） 食塩水を冷やしても食塩氷にならないのはなぜか？

水が氷になると，水分子が右図のような規則正しい構造をつくる。水分子が氷になるには，水分子がこの構造に適当な向きになって水素結合を形成する必要がある。しかし，水分子がイオンと水和していると，水分子がイオンに引きつけられて適切な向きになりにくい。このため，氷が生成するときには，イオンと水和した水は結晶になることができず，純粋な氷が得られる。

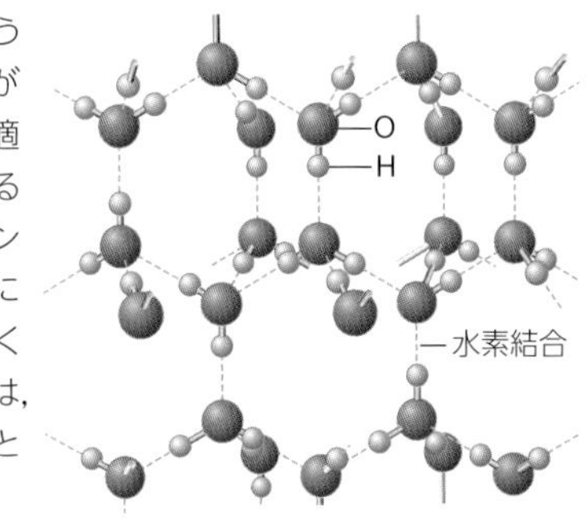

Tips 塩化ナトリウムは，塩化カルシウムと比べて溶解度が低いが，長時間凍結を防止することができるので，高速道路などの凍結防止剤として用いられる。

9 浸透圧 化学

1 浸透 osmosis

溶媒分子は透過させるが，大きな溶質粒子は透過させない膜を**半透膜**という。溶媒分子が半透膜を透過して溶液側に入る現象を**浸透**という。

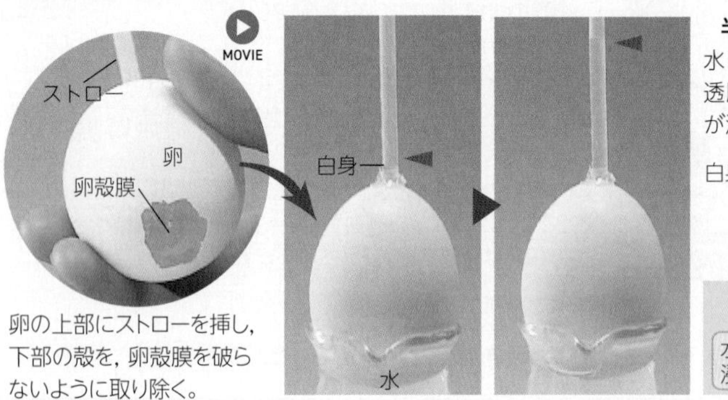

卵の上部にストローを挿し，下部の殻を，卵殻膜を破らないように取り除く。

半透性を示す卵殻膜

水に浸すと，卵殻膜（半透膜）を通して内部に水が浸透する。

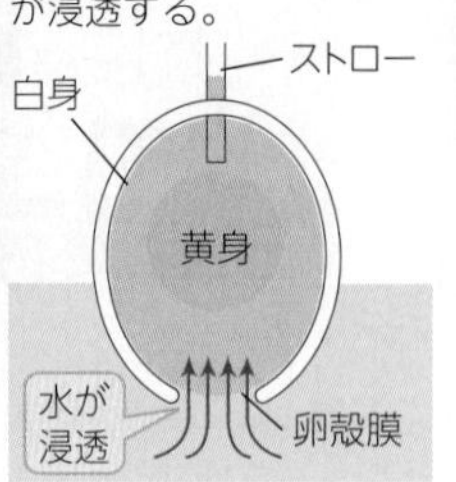

野菜の塩漬け

野菜を塩漬けにすると，野菜の水が細胞膜を透過するため，しなびてくる。塩漬けにされた食品は，加工する前に比べて腐りにくい。これは，塩分の濃度が高い環境では，細菌の細胞内の水が浸透によって外へ出てしまい，細菌が生育しにくいためである。

2 溶液の浸透圧 osmotic pressure

水と水溶液を半透膜で仕切ると，水が水溶液側に浸透する。水の浸透をおさえ，液面差を生じさせないために必要な圧力を**浸透圧**という。

ⓐ 浸透圧

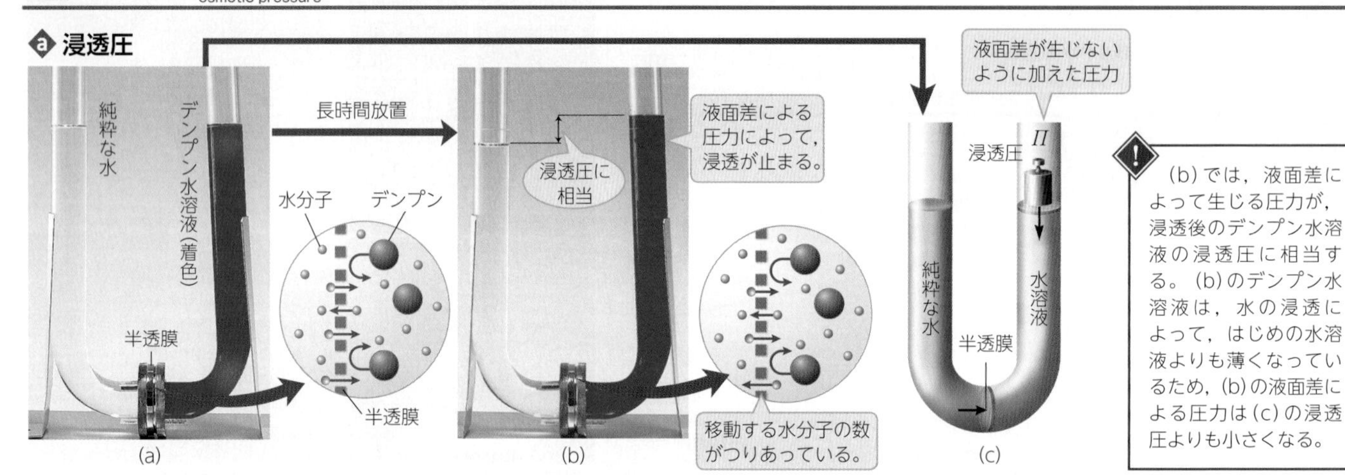

(b)では，液面差によって生じる圧力が，浸透後のデンプン水溶液の浸透圧に相当する。(b)のデンプン水溶液は，水の浸透によって，はじめの水溶液よりも薄くなっているため，(b)の液面差による圧力は(c)の浸透圧よりも小さくなる。

デンプン水溶液の浸透圧

デンプン水溶液と水を半透膜で仕切ると，水が水溶液側に浸透し，両液面の高さの差が，ある一定値になってつり合う。液面差を生じさせないためには，水溶液側に，デンプン水溶液の浸透圧に相当する圧力を加える必要がある。

ファントホッフの浸透圧の法則

$\Pi V=nRT$ または $\Pi=cRT$

（Π：浸透圧〔Pa〕　V：溶液の体積〔L〕　T：絶対温度〔K〕
R：気体定数〔Pa・L/K・mol〕　c：モル濃度 n/V〔mol/L〕）

Close-up（クローズアップ） 液面差から水柱の示す圧力を求める

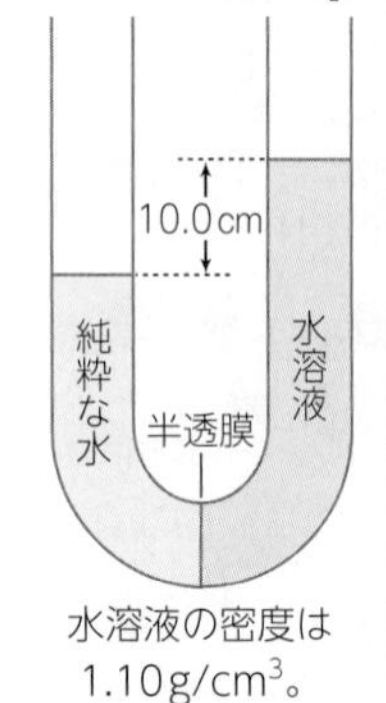

水溶液の密度は1.10g/cm^3。

液面差で生じる圧力（液柱の圧力）は，$P_h=\rho hg$（➡p.108）から求めることができる。しかし，一般には，高さ〔cm〕と圧力〔Pa〕の関係がわかっている水銀柱を基準にして，比を利用して求める場合が多い。

次の関係を利用して，液柱の圧力を求めてみよう。

前提1 $P_h=\rho hg$ から，液柱の圧力は密度 ρ×高さ h に比例する。

前提2 760mmHg=1.013×10^{5}Pa なので，水銀柱760mm（=76.0cm）の圧力が 1.013×10^{5}Pa になる。

水銀の密度は13.6g/cm^{3}であり，水溶液の密度は1.10g/cm^{3}なので，水柱と水銀柱の密度×高さを求めると，

13.6g/cm^3×76.0cm のとき　⇒　1.013×10^{5}Pa

1.10g/cm^3×10.0cm のとき　⇒　P_h=?

したがって，次の比例式が成り立つ。

13.6g/cm^3×76.0cm : 1.10g/cm^3×10.0cm = 1.013×10^5 : P_h

$$P_h=\frac{1.10\,\mathrm{g/cm^3}\times10.0\,\mathrm{cm}}{13.6\,\mathrm{g/cm^3}\times76.0\,\mathrm{cm}}\times1.013\times10^5\,\mathrm{Pa}$$

$P_h=1.08\times10^3$Pa

Tips オランダの化学者ファントホッフ（1852～1911）は，「気体分子の運動と溶液中の溶質粒子の運動は同じように考えられる」として，浸透圧にも気体の状態方程式と同じ関係式が成立すると考えた。この研究により，彼は1901年に最初のノーベル化学賞を受賞した。

ⓑ 条件による浸透圧の違い

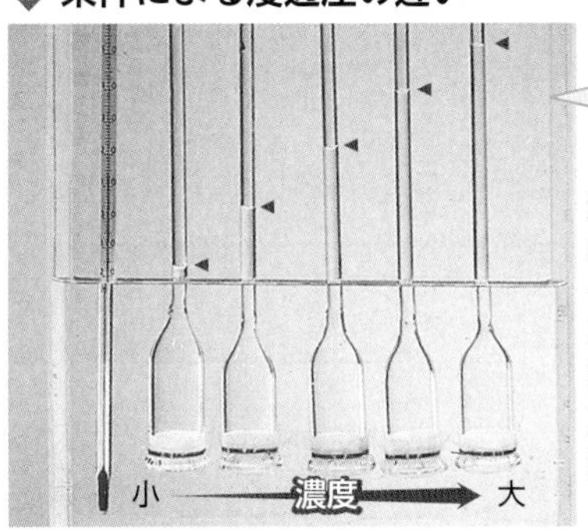

濃度の異なるデンプン水溶液の浸透圧
ろうと管にセロハン膜をつけ，左から順に一定量の蒸留水，濃度 1g/L，2g/L，3g/L，4g/L のデンプン水溶液を入れ，蒸留水中に浸したものである。

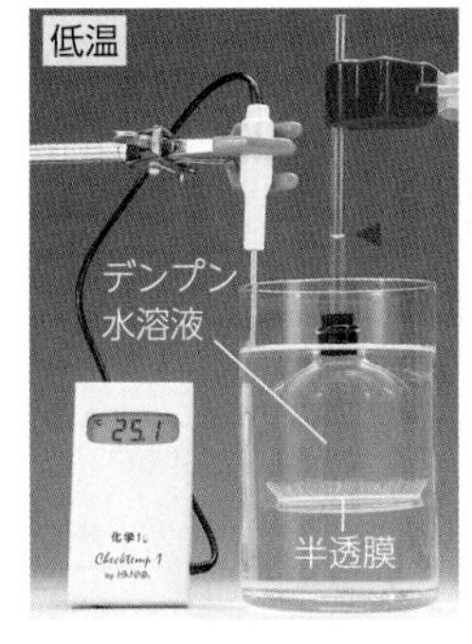

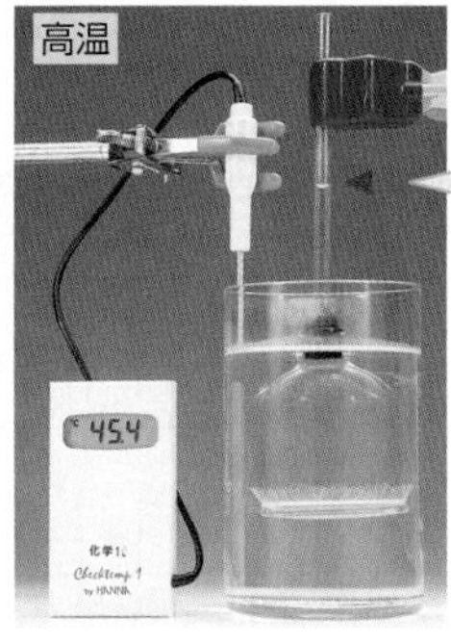

温度の異なるデンプン水溶液の浸透圧
同じ濃度のデンプン水溶液を，温度の異なる蒸留水中に浸したものである。

ⓒ 生理食塩水と浸透圧

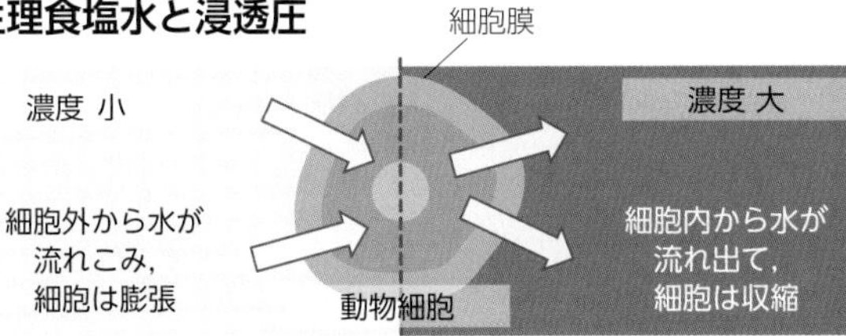

動物細胞の細胞膜は半透膜であるため，細胞内外の濃度が異なると浸透によって細胞が膨張または収縮する。そのため，点滴や注射の際の薬剤の希釈には，体液が示す浸透圧と等しくなるように濃度を調整した生理食塩水が用いられる。

赤血球の膨張と収縮

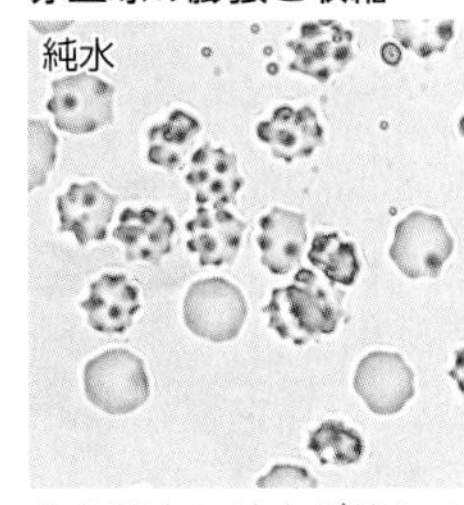

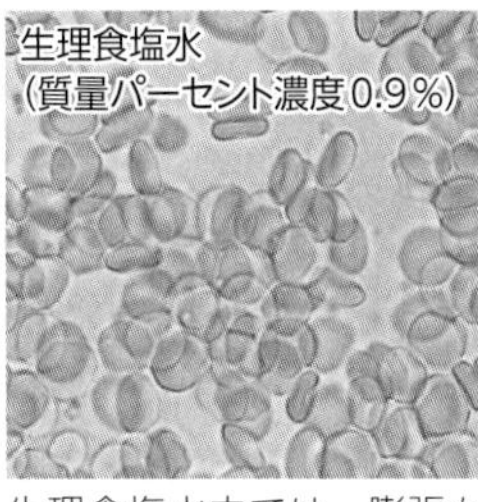

濃い食塩水

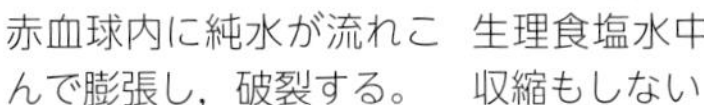
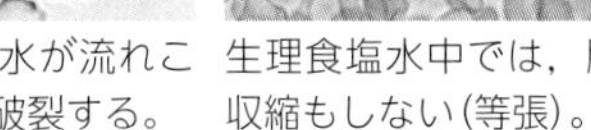

赤血球内に純水が流れこんで膨張し，破裂する。

生理食塩水中では，膨張も収縮もしない（等張）。

赤血球内から水が抜け，収縮する。

3 電解質の希薄溶液の性質

電解質は水溶液中で電離してイオンを生じるため，電解質水溶液中の溶質粒子の数は，同じ濃度，同じ体積の非電解質水溶液に比べて多くなる。

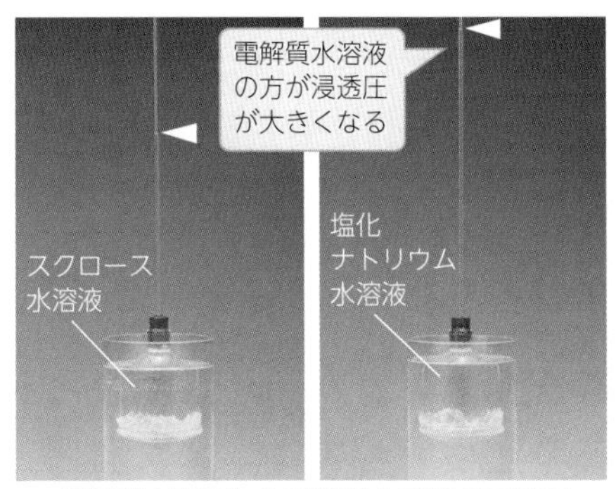

電解質水溶液と非電解質水溶液の浸透圧
同じ濃度で比較すると，電解質水溶液（塩化ナトリウム水溶液）の方が，浸透圧が大きくなる。

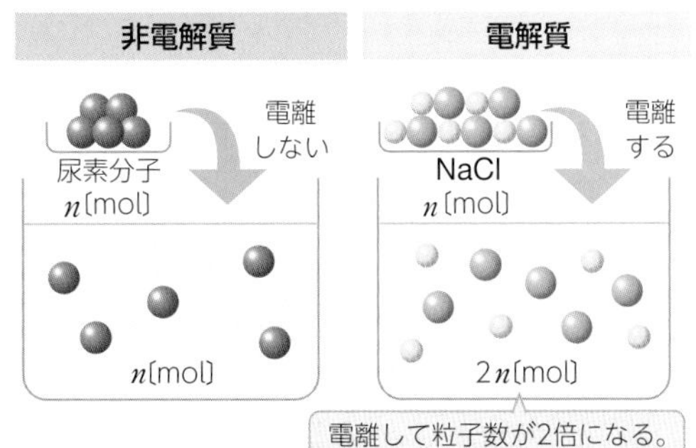

粒子の数が2倍になると，モル濃度や質量モル濃度が2倍になるので，浸透圧や凝固点降下度，沸点上昇度もそれぞれ2倍になる。

AB型電解質の電離　（電離度＝α）

	AB	$\rightleftarrows$	A^+	＋	B^-
溶かした物質量〔mol〕	n		—		—
水溶液中の物質量〔mol〕	$n(1-\alpha)$		$n\alpha$		$n\alpha$

溶質粒子の物質量の合計は，
$n(1-\alpha)+n\alpha+n\alpha=n(1+\alpha)$〔mol〕
完全電離（$\alpha=1$）のとき，物質量の合計は2倍になる。

トピック 海水の淡水化

論述対策

水と海水を，水だけを透過させる膜で隔てると，水が海水側に浸透する。しかし，海水側に浸透圧よりも高い圧力をかけると，海水中の水分子だけが浸透膜を透過し，水側に浸透する。この現象を**逆浸透**という。逆浸透を利用して，海水から淡水（ナトリウムイオンや塩化物イオンをほとんど含まない水）を得ることができる。現在では，この原理を応用した海水淡水化装置がつくられ，水資源の乏しい地域などで用いられている。

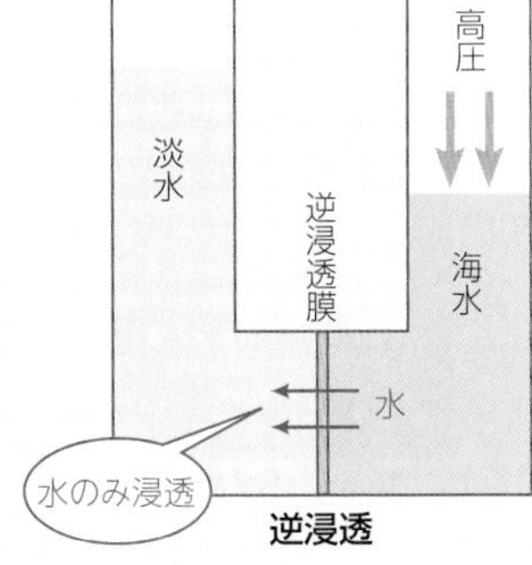

逆浸透

海水淡水化装置（福岡県）

NET Research 福岡地区水道企業団
http://www.f-suiki.or.jp/facility/kaitan-center/ 淡水化の原理などが解説されている。

Tips 海水魚の体液は海水よりも濃度が低いため，水分が体外に出ていきやすい。そこで大量の海水を飲みこみ，濃度の濃い尿を排出することで，体内の水分量を調整している。一方，淡水魚では体液の方が濃度が濃く，水が体内に浸透してくるので，多量の水を尿とともに排出し，水分量を調整している。

10 コロイド溶液 化学

1 粒子の大きさと溶液の種類

水溶液は，溶けている溶質の大きさによって，**真の溶液**，**コロイド溶液**などに分類される。

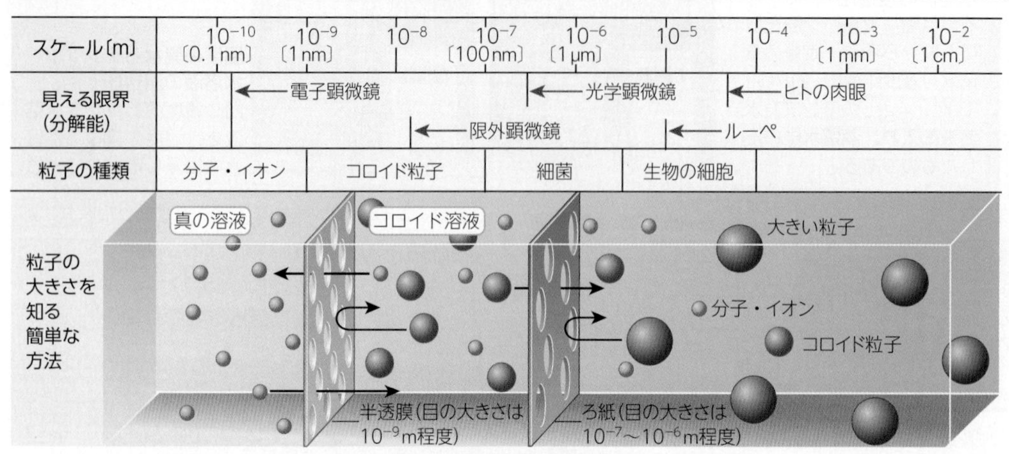

コロイド粒子の大きさの比較

溶液の種類	含まれる粒子（直径）
真の溶液 例 塩化ナトリウム水溶液 溶媒：水 溶質：塩化ナトリウム	分子やイオン（10^{-10} m程度）
コロイド溶液 例 牛乳 分散媒：水 分散質：脂肪 タンパク質 など	コロイド粒子（10^{-9}～10^{-7} m 程度）

分子やイオンは，ろ紙も半透膜も通過できる。コロイド粒子は，ろ紙を通過するが，半透膜は通過できない。

2 コロイド粒子とコロイド
colloidal particle

コロイド粒子が分散している状態を**コロイド**といい，固体状のもの，液体状のもの，気体状のものがある。このうち，液体状のものを**コロイド溶液**という。

a コロイド粒子とコロイド溶液

- **分散媒**…コロイド粒子を分散させている物質。
- **分散質**…分散しているコロイド粒子。

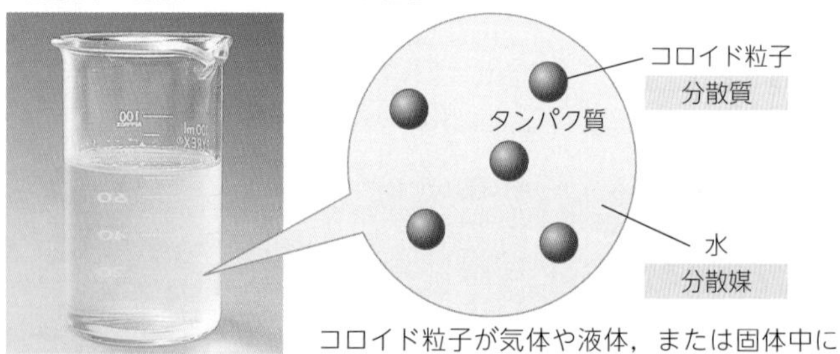

卵白水溶液

コロイド粒子が気体や液体，または固体中に分散している系を**分散系**という。

b コロイド粒子による分類

コロイド	コロイド粒子	例	モデル
分子コロイド	高分子化合物（分子1個がコロイド粒子）	デンプン，タンパク質（卵白，ゼラチン，にかわなど），寒天などの水溶液	
分散コロイド	水に溶けない固体	水酸化鉄（Ⅲ），硫黄，炭素，金などのコロイド溶液	
ミセルコロイド（会合コロイド）	ミセル（セッケンの分子が多数集合したもの）	セッケン水，合成洗剤の水溶液	

ある濃度以上のセッケン水では，セッケンの構成粒子が疎水基（親油基）を内側，親水基を外側にしてミセル（➡p.242）を形成し，水溶液中に分散する。

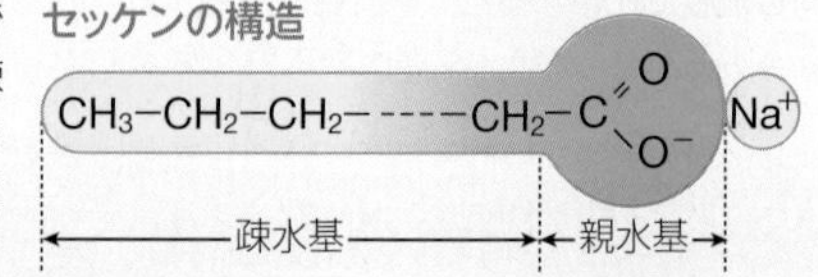

c いろいろなコロイド

- **懸濁液（サスペンション）***…液体に不溶の固体が分散しているもの。
- **乳濁液（エマルション）***…液体に不溶の液体が分散しているもの。
- **エーロゾル**…分散媒が気体で，分散質が固体や液体のコロイド。

*粒子がコロイドより大きい場合も，懸濁液，乳濁液とよぶことがある。

分散媒と分散質の種類

分散媒	分散質	物質
固体	固体	ステンドグラス，色ガラス
	液体	ゼリー
	気体	マシュマロ
液体	固体	泥水，絵の具（懸濁液）
	液体	牛乳，マヨネーズ（乳濁液）
	気体	泡立てた卵白
気体	固体	煙，ほこり，雲（エーロゾル）
	液体	雲，霧（エーロゾル）
	気体	―

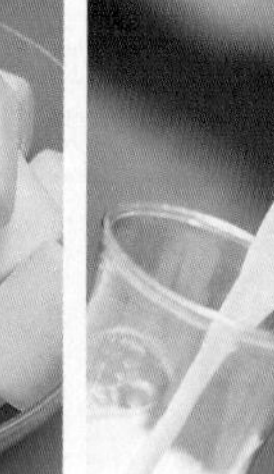

	ステンドグラス	マシュマロ	牛乳（乳濁液）	雲（エーロゾル）
分散媒	ケイ酸ナトリウム（固体）	卵白，ゼラチン（固体）	水（液体）	空気（気体）
分散質	金属酸化物（固体）	空気（気体）	油脂（液体）	水滴（液体），氷（固体）

Tips ステンドグラスの色は，分散質となる金属酸化物（金属イオン）の種類によって異なる。江戸切子などのガラス細工でも，コバルトや銅，金などの金属を利用して，ガラスに色をつけている。

3 コロイド溶液の生成 colloidal solution

水に溶解するとそのままコロイド溶液になるものや，化学変化によってコロイド溶液ができるものがある。

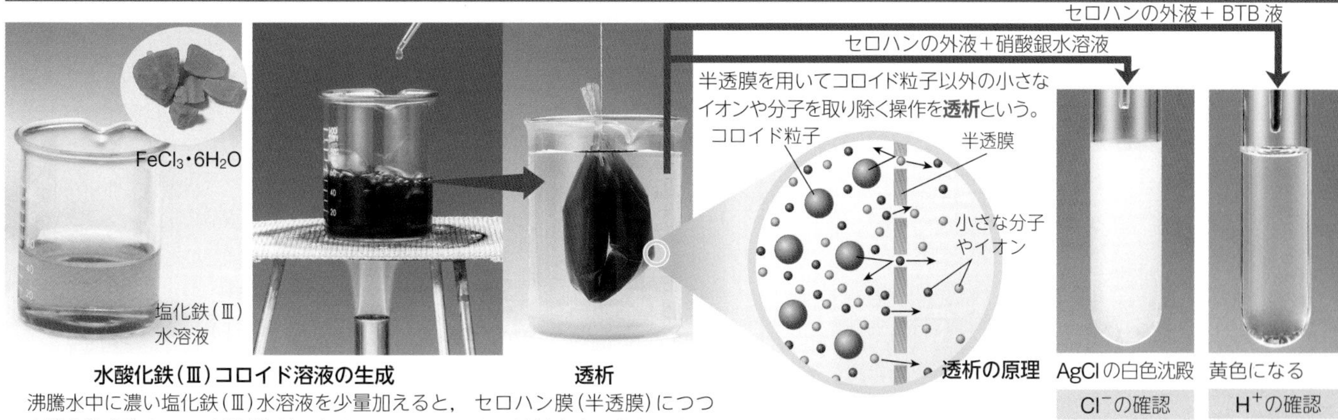

水酸化鉄(Ⅲ)コロイド溶液の生成
沸騰水中に濃い塩化鉄(Ⅲ)水溶液を少量加えると，水酸化鉄(Ⅲ)のコロイド溶液ができる。

$$FeCl_3 + 2H_2O \longrightarrow FeO(OH) + 3HCl$$
(生成物の一例)

透析
セロハン膜(半透膜)につつんで純粋な水に入れると，コロイド溶液が精製される。

Fe^{3+} の水酸化物は $Fe(OH)_3$ と表される場合もあるが，実際には $Fe(OH)_3$ の OH 間から H_2O が取れて生じた $FeO(OH)$ や $Fe_2O_3 \cdot nH_2O$ が混ざり合った組成と考えられており，決まった組成式では表せない。

4 コロイド溶液の性質

コロイド溶液は真の溶液とは異なる性質を示す。

a チンダル現象 Tyndall phenomenon

コロイド溶液に強い光をあてると，コロイド粒子が光を散乱するため，光の通路が明るく見える。このような現象を**チンダル現象**という。

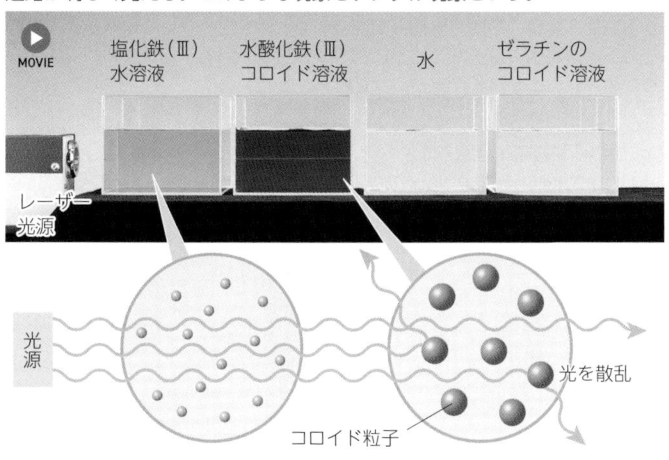

b ブラウン運動 Brownian movement

コロイド溶液を限外顕微鏡で観察すると，コロイド粒子がゆれ動きながら不規則な運動をするのが見える。この運動を**ブラウン運動**という。

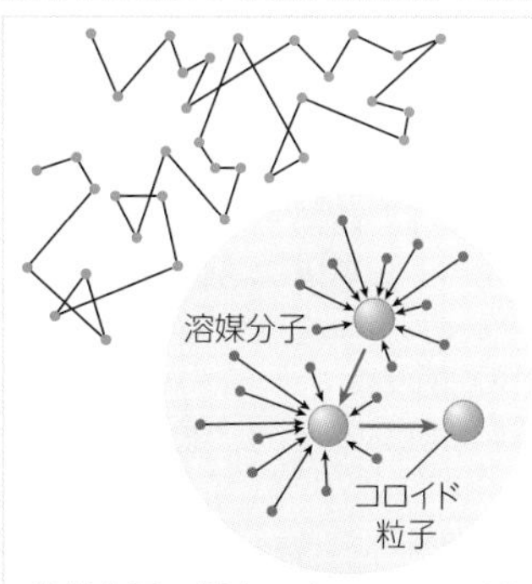

溶媒分子の衝突によってコロイド粒子が不規則に運動する。

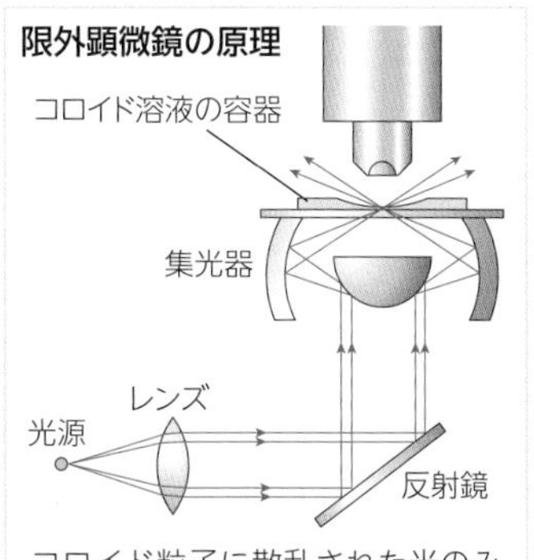

コロイド粒子に散乱された光のみ対物レンズに入るため，コロイド粒子が輝く点として観察される。

c 電気泳動 electrophoresis

コロイド溶液に直流電圧をかけると，コロイド粒子が陰極または陽極の方向に移動する。これは，コロイド粒子が正または負に帯電しているためである。このような現象を**電気泳動**という。

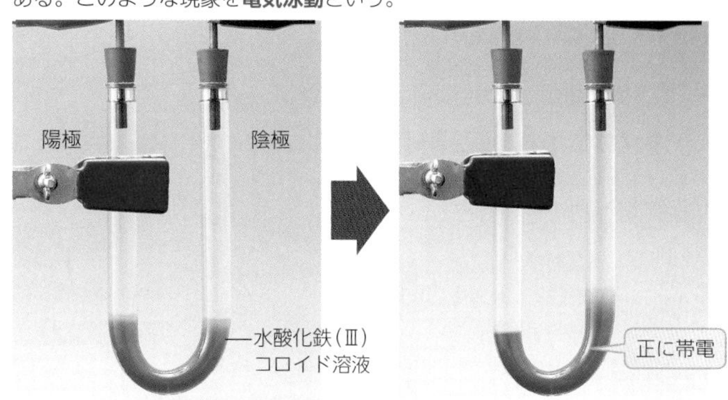

水酸化鉄(Ⅲ)コロイド溶液の電気泳動
水酸化鉄(Ⅲ)のコロイド粒子は陰極に引き寄せられる。

トピック 身近なチンダル現象

空気中の水蒸気やチリに光があたると，コロイド粒子と同様に，光を散乱する。そのため，霧が出ているときに光がさすと，光の筋が見えるようになる。また，レーザー光線も，空気中に存在する水蒸気などで散乱され，一筋の光として目に見えるため，ショーの演出などで利用されている。

Tips 「チンダル現象」の名称は，イギリスの物理学者ジョン・チンダル(1820～1893)によって発見されたことにちなむ。チンダルは登山家でもあり，氷河の研究もしていた。彼は，アルプスの氷河の氷の中に花のような模様ができることを発見し，この現象はチンダル像とよばれている。

5 疎水コロイドと親水コロイド

コロイド粒子は，ファンデルワールス力などによって粒子どうしが互いに引き合っているが，粒子がもつ電荷によって互いに反発するため，沈殿せずに分散している。

ⓐ 凝析と疎水コロイド

少量の電解質で，コロイド粒子が集合して沈殿する現象を**凝析**という。凝析しやすいコロイドを**疎水コロイド**といい，疎水コロイドの粒子は，水分子を引きつける力が弱い。

<疎水コロイドの例> 水酸化鉄(Ⅲ)，硫黄，金のコロイド溶液

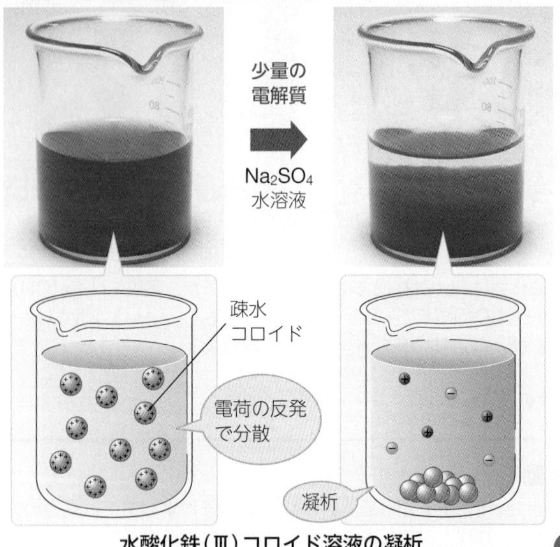

水酸化鉄(Ⅲ)コロイド溶液の凝析

MOVIE

電解質を加えると，反対符号のイオンの働きで粒子どうしが接近しやすくなり，粒子間の引力によって集合して沈殿する。

凝析をおこす効果は，一般に，コロイド粒子のもつ電荷と反対符号で，価数の大きいイオンほど大きい。

ⓑ 塩析と親水コロイド

少量の電解質では沈殿しないが，多量の電解質を加えるとコロイド粒子が多数集合して沈殿する現象を**塩析**という。多量の電解質で塩析するコロイドを**親水コロイド**といい，親水コロイドの粒子は，表面に多数の水分子を引きつけている(水和 ➡ p.118)。

<親水コロイドの例> デンプン，タンパク質，セッケンの水溶液

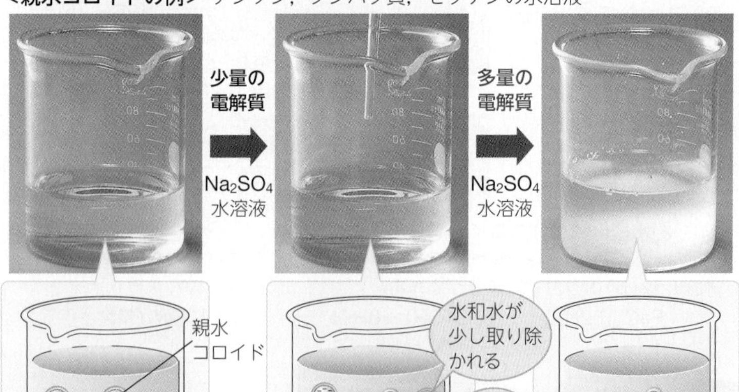

ゼラチン水溶液の塩析

ゼラチン水溶液は，少量の電解質水溶液を加えても沈殿を生じない。しかし，多量の電解質を加えると，親水コロイドの粒子に引きつけられている水分子が電解質によって奪われるため，コロイド粒子が集合し，沈殿を生じる。

ⓒ 親水コロイドの保護作用

疎水コロイドに親水コロイドを加えると，疎水コロイドの粒子は親水コロイドの粒子に取りかこまれ，凝析しにくくなる。このような作用を**保護作用**といい，保護作用を示す親水コロイドを**保護コロイド**という。

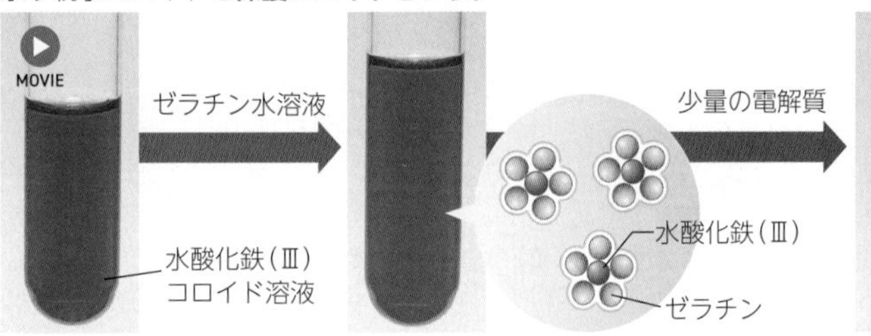

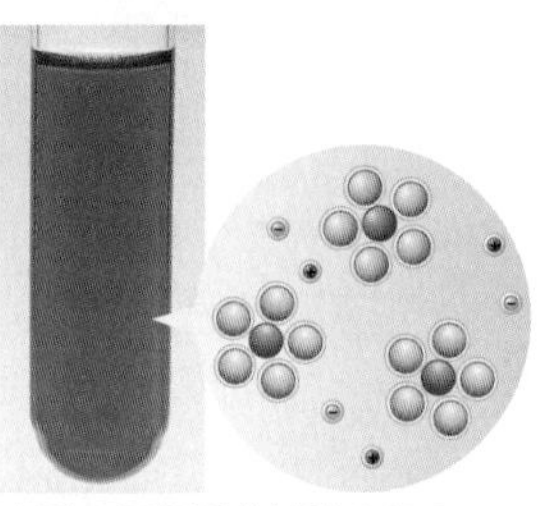

ゼラチンによる保護作用

水酸化鉄(Ⅲ)コロイドがゼラチンのコロイド粒子に取り囲まれる。

少量の電解質水溶液を加えても凝析しない。

墨汁

にかわ

墨汁では，にかわ(親水コロイド)が保護コロイドとして働き，炭素コロイド(疎水コロイド)の粒子が沈殿するのを防いでいる。

6 ゾルとゲル
sol gel

コロイド溶液は，**ゾル**ともよばれる。ゾルが加熱や冷却によって，流動性を失った状態を**ゲル**という。

ゲルから水を蒸発させたものを**キセロゲル**という。キセロゲルは，表面に水蒸気やその他の気体を引きつけやすく，乾燥剤や脱臭剤として広く利用されている(➡ p.173)。

$Na_2SiO_3 + 2HCl \longrightarrow H_2SiO_3 + 2NaCl$

トピック 豆腐

豆乳をゆっくり加熱していくと，表面にうすい膜状の物質が生じる。これは，豆乳に含まれるタンパク質の一部が変性(➡ p. 279)してできたものであり，湯葉とよばれる。湯葉を取り除いた豆乳ににがり(塩化マグネシウム)を加えると，豆乳中のタンパク質が塩析によって沈殿する。これが豆腐であり，木綿布を敷いた型に入れて水を抜くと，木綿豆腐となる。

湯葉

木綿豆腐

Tips にかわとゼラチンは，いずれも動物から得られるコラーゲンなどのタンパク質を主成分としたものである。にかわは画材などに，ゼラチンは食品や医薬品用に精製されてそれぞれ用いられる。

探究活動

9. 凝固点降下度と分子量

目的 凝固点降下度が，溶質（不揮発性の非電解質）の質量モル濃度に比例することを利用して，溶質の分子量を求めてみよう。

準備

薬品	器具
尿素，氷，食塩（塩化ナトリウム）	ビーカー（500mL），ガラスびん（50mL），ゴム栓，デジタル温度計，マグネチックスターラー，撹拌子，電子てんびん，薬包紙，薬さじ，ガラス棒

1

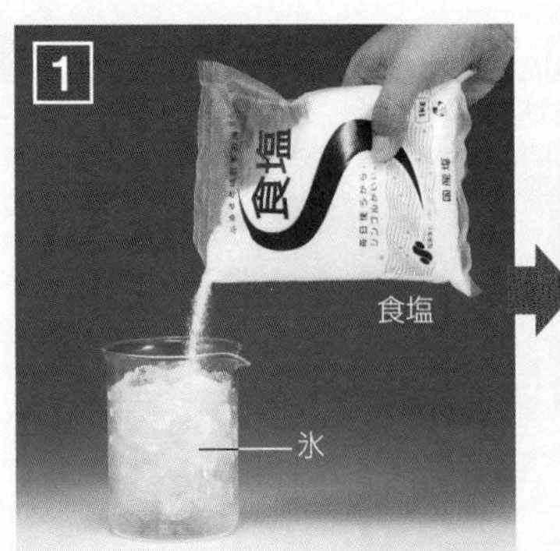

500mL ビーカーに氷を入れ，これに食塩を振りかけてよく混合する。この氷と食塩の混合物は，寒剤とよばれる。

2

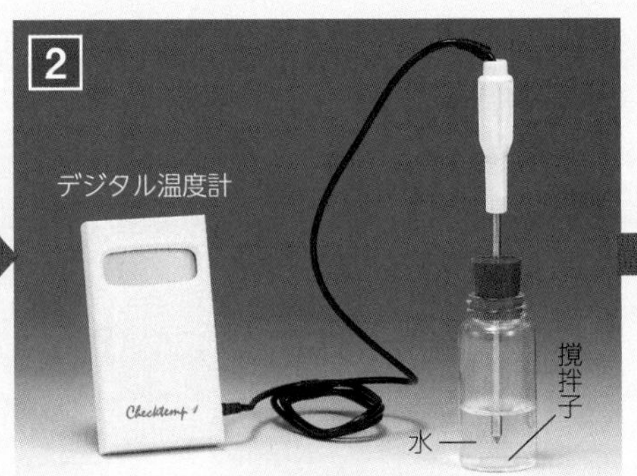

ガラスびんに水20gを入れ，さらに撹拌子（かくはんし）を入れる。このガラスびん中の水にデジタル温度計の測定部を浸し，これを操作**1**の寒剤の中に入れる。

3

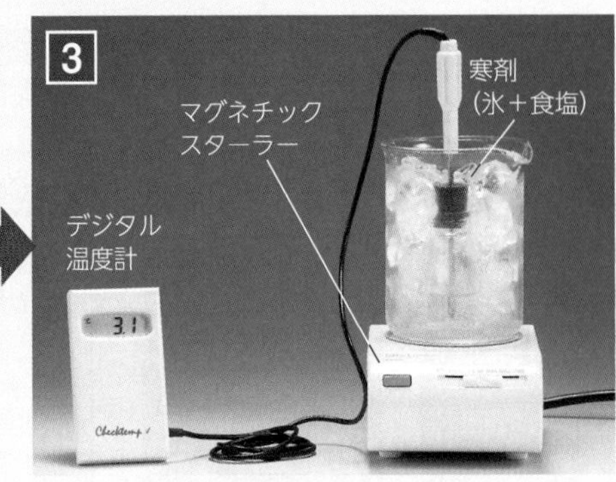

撹拌子をゆっくりと回転させ，水の温度が5℃付近になった時点から，20秒ごとに水温を測定し，冷却時間と温度の関係を調べる。測定開始から280秒程度測定する。

4 操作**3**が終了したのち，水20gに尿素1.8gを溶かした水溶液をガラスびんに入れ，操作**3**と同様にして，冷却時間と温度の関係を調べる。

考察 1 操作**3**，**4**における冷却時間と温度の関係をグラフに表し，水および尿素水溶液の凝固点を求めよ。

水の凝固点の測定

冷却時間〔秒〕	0	20	40	60	80	100	120	140	160	180	200	220	240	260	280
水の温度〔℃〕	5.5	4.0	2.1	1.1	0.1	−0.7	−1.1	−1.2	0	0	0	0	0	0	0

尿素水溶液の測定

冷却時間〔秒〕	0	20	40	60	80	100	120	140	160	180	200	220	240	260	280
尿素水溶液の温度〔℃〕	5.1	1.0	−0.5	−2.1	−3.0	−3.5	−4.1	−4.6	−4.7	−4.3	−2.7	−2.7	−2.7	−2.7	−2.7

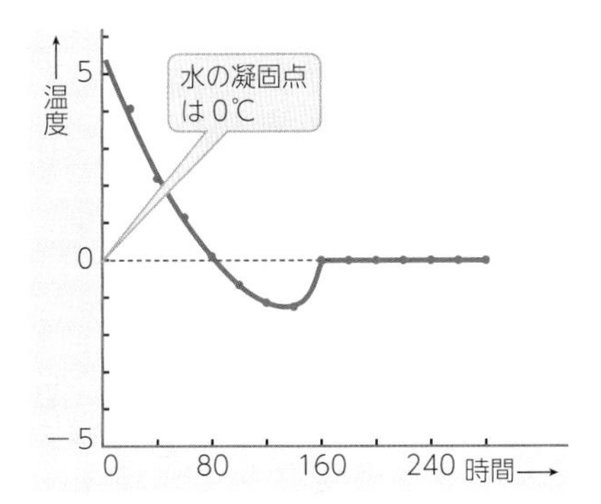

考察 2 尿素水溶液の凝固点降下度は何Kか。

水の凝固点は0℃（考察1），尿素水溶液の凝固点は−2.7℃（考察1）なので，

$\Delta t = 0-(-2.7) = 2.7\text{K}$

考察 3 尿素の分子量を求めよ。ただし，水のモル凝固点降下Kは1.85K・kg/molとする。

凝固点降下度は，質量モル濃度に比例するため，尿素のモル質量を M〔g/mol〕とすると，

$\Delta t = Km = K\times\dfrac{w/M}{W}$ より，$M = \dfrac{K\times w}{\Delta t\times W} = \dfrac{1.85\text{K・kg/mol}\times1.8\text{g}}{2.7\text{K}\times0.020\text{kg}} = 62\text{g/mol}$

したがって，尿素の分子量は62である。

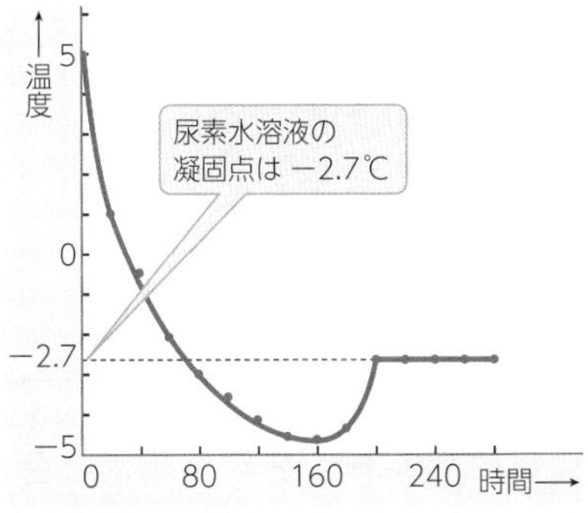

この実験では，冷却曲線に右下がりの直線部分が現れなかった。

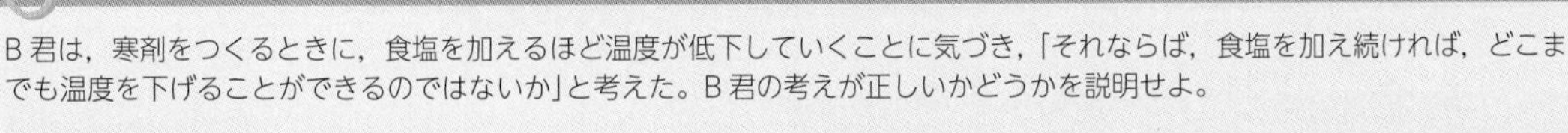

チャレンジ課題 寒剤

B君は，寒剤をつくるときに，食塩を加えるほど温度が低下していくことに気づき，「それならば，食塩を加え続ければ，どこまでも温度を下げることができるのではないか」と考えた。B君の考えが正しいかどうかを説明せよ。

1 化学反応とエンタルピー変化 化学

1 熱の出入りとエンタルピー変化

化学反応には，熱を発生する**発熱反応**と熱を吸収する**吸熱反応**がある。反応で出入りする熱は，反応物と生成物のエネルギーの差に相当する。

- **エンタルピー**H…一定圧力における物質のもつエネルギーを表すのに用いられる量。
- **系**…反応にかかわる物質
- **外界**…系の外側
- **エンタルピー変化**ΔH…化学反応の前後における物質のもつエンタルピーの変化量。

ΔH ＝生成物のエンタルピーの総和－反応物のエンタルピーの総和

発熱反応（$\Delta H<0$）

反応物のエンタルピーの総和 > 生成物のエンタルピーの総和

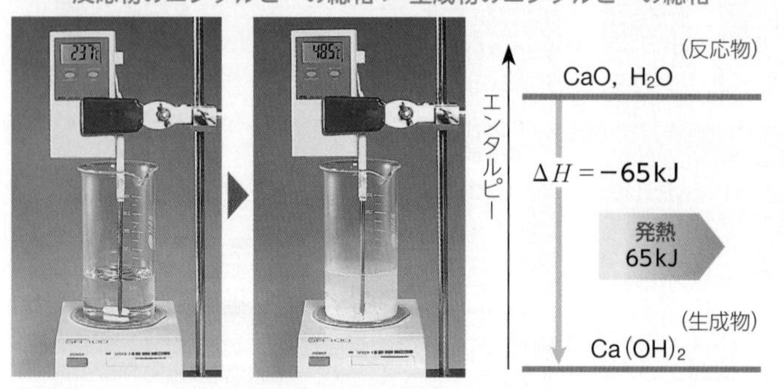

酸化カルシウムと水の反応 $CaO + H_2O \longrightarrow Ca(OH)_2$　$\Delta H=-65$kJ

酸化カルシウムを水に加えると，熱が発生して水溶液の温度が上昇する。

吸熱反応（$\Delta H>0$）

反応物のエンタルピーの総和 < 生成物のエンタルピーの総和

硝酸アンモニウムの溶解 $NH_4NO_3 + aq \longrightarrow NH_4NO_3aq$　$\Delta H=+26$kJ

硝酸アンモニウムを多量の水（aq）に溶かすと，熱が吸収されて水溶液の温度が下降する。

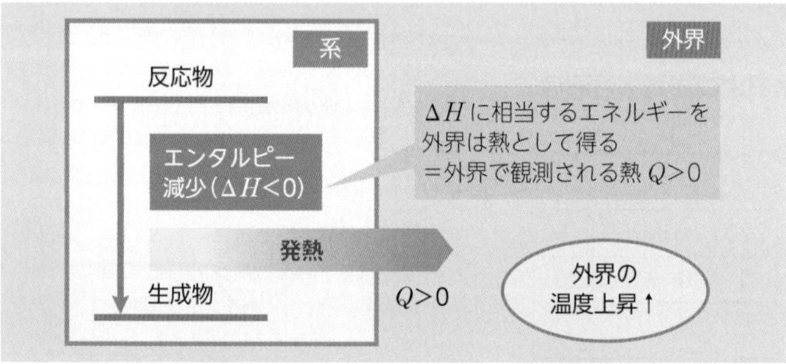

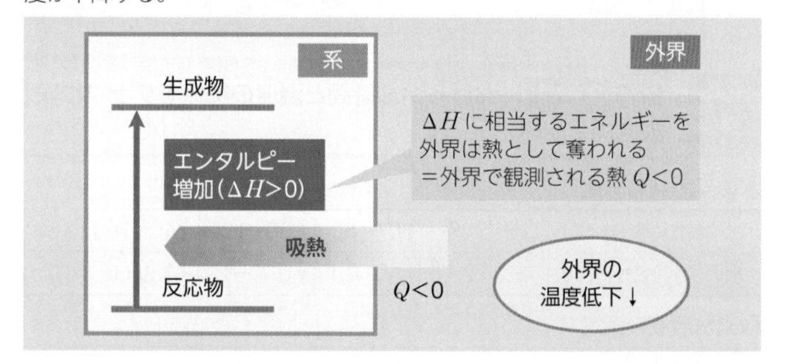

外界で観測される熱量Qとエンタルピー変化ΔHの関係

系のエンタルピーが減少すると，その熱量に相当する分が外界に放出（発熱）されるため，外界の温度は上昇し，外界の熱量は増加（$Q>0$）する。一方，系のエンタルピーが増加する反応では，その熱量に相当する分を系は外界から奪う（吸熱する）ため，外界の温度は低下し，外界の熱量は減少（$Q<0$）する。このように，エンタルピー変化ΔHと外界で観測される熱量Qには，$\Delta H=-Q$の関係が成立する。

$$\Delta H = -Q$$

エンタルピー変化　　観測される熱

■エンタルピー変化の表し方

化学反応式にエンタルピー変化ΔHを添えた式は熱化学方程式（thermochemical equation）とよばれる。「熱化学反応式」や「エンタルピー変化を付した化学反応式」とよばれることもある。

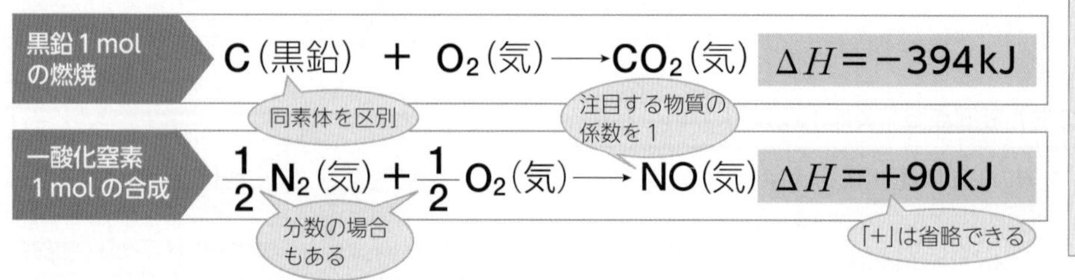

留意点

❶物質のもつエンタルピーは，温度や圧力によって変わるため，一般に，**25℃，1.013×10^5Paにおける値**で示される。

❷化学式には，その物質の状態を示す。
固体…（固）または（s）　**液体**…（液）または（l）
気体…（気）または（g）
ただし，状態が明らかな場合は省略してもよい。

❸係数は**各物質の物質量**を表す。そのため，通常の化学反応式と異なり，係数が分数になることもある。

熱化学方程式の以前の表し方

以前の熱化学方程式は，化学反応式の矢印（ ⟶ ）をイコール（＝）に変えて，式の最後に外界で観測された熱量を書き添える表し方で表された。この場合，書き添えた熱量は，ΔHと符号は反対になる。

発熱反応は＋
吸熱反応は－

C（黒鉛）＋ O_2 ＝ CO_2（気）＋ 394kJ

Tips 化学反応や状態変化，物質の溶解などに伴う熱の出入りを研究する化学分野を熱化学（thermochemistry）という。

2 熱量の測定

反応のエンタルピー変化は，熱量を測定することで求めることができる。

熱量 Q〔J〕＝質量 m〔g〕× 比熱 c〔J/(g・K)〕× 温度変化 ΔT〔K〕

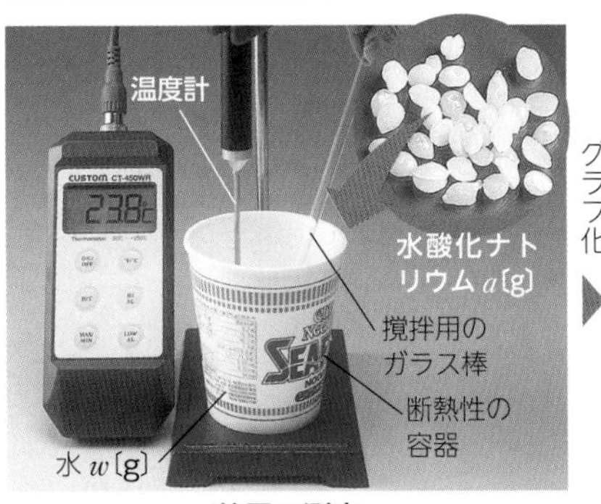

熱量の測定
NaOH を加え，一定時間ごとに温度を測る。

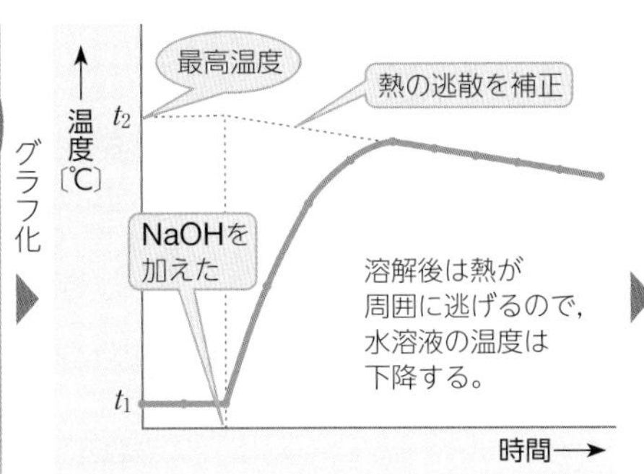

水酸化ナトリウムの溶解に伴う発熱によって，水溶液の温度は上昇する。

絶対温度Kと摂氏温度℃の目盛りの間隔は同じなので，温度差〔℃〕がそのまま温度差〔K〕になる。

データ処理の例

水の質量 w	NaOH の質量 a	温度変化 t_2-t_1
98.0g	2.0g	5.3K

水溶液の比熱を 4.2J/(g·K) として，2.0g の NaOH の溶解で発生した熱は，

$(98.0+2.0)\,\mathrm{g}\times 4.2\,\mathrm{J/(g\cdot K)}\times 5.3\,\mathrm{K}=2226\,\mathrm{J}$

NaOH＝40なので，1mol あたりでは，

$2226\,\mathrm{J}\times\dfrac{40\,\mathrm{g/mol}}{2.0\,\mathrm{g}}=44.5\times10^{3}\,\mathrm{J/mol}=45\,\mathrm{kJ/mol}$

したがって，エンタルピー変化は，次式で表される。

NaOH(固)＋aq ⟶ NaOHaq　$\Delta H=-45\,\mathrm{kJ}$

3 反応エンタルピーの種類

化学反応に伴うエンタルピー変化は，**反応エンタルピー**とよばれる。反応エンタルピーは，注目する物質 1mol あたりの値で示される。反応の種類に応じて名称がつけられる。

反応エンタルピー	燃焼エンタルピー	生成エンタルピー	中和エンタルピー	溶解エンタルピー
定義	物質 1mol が完全燃焼するときのエンタルピー変化	化合物1mol が成分元素の単体から生成するときのエンタルピー変化	酸と塩基が中和して，水を 1mol 生成するときのエンタルピー変化	物質 1mol が多量の溶媒に溶けるときのエンタルピー変化
例	ガスコンロ **メタンの燃焼** CH_4(気)＋$2O_2$ ⟶ CO_2＋$2H_2O$(液) $\Delta H=-891\,\mathrm{kJ}$	塩化銅(Ⅱ)(固体)　銅　塩素 **塩化銅(Ⅱ)の生成** Cu(固)＋Cl_2 ⟶ $CuCl_2$(固) $\Delta H=-220\,\mathrm{kJ}$	水酸化ナトリウム水溶液　塩酸 **塩酸の中和** HClaq＋NaOHaq ⟶ NaClaq＋H_2O(液) $\Delta H=-56\,\mathrm{kJ}$	濃硫酸　水 **濃硫酸の水への溶解** H_2SO_4(液)＋aq ⟶ H_2SO_4aq $\Delta H=-95\,\mathrm{kJ}$

4 状態変化と熱

物質のもつエンタルピーは，その状態(三態)によって異なる。そのため，状態変化では熱の出入りを伴う。一般に，物質のもつエンタルピーは，固体 ⟶ 液体 ⟶ 気体の順に大きくなる。

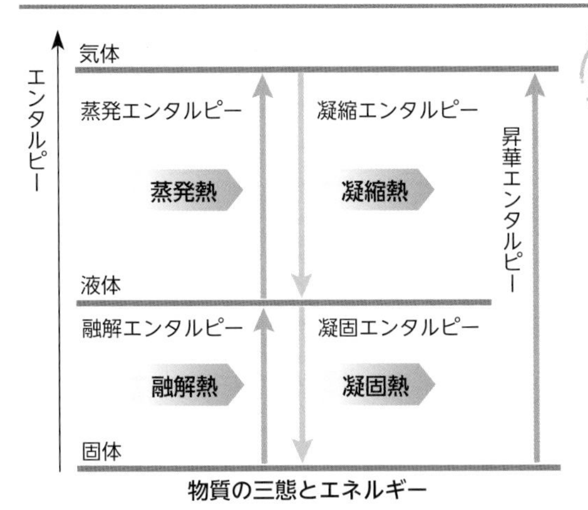

物質の三態とエネルギー

トピック 反応で出入りする熱の利用

加熱できる弁当箱　弁当の容器の下に酸化カルシウム CaO と水の入った袋が詰められている。ひもを引っ張り，袋を破ると CaO と水が接触し，発熱反応が起こる。

CaO(固)＋H_2O(液) ⟶ $Ca(OH)_2$(固)　$\Delta H=-65\,\mathrm{kJ}$

冷却パック　硝酸アンモニウム NH_4NO_3 や尿素 $CO(NH_2)_2$ などの固体と袋に入った水がある。パックをたたくと水の入った袋が破れ，固体が水に溶けて，吸熱反応が起こる。

NH_4NO_3(固)＋aq ⟶ NH_4NO_3aq　$\Delta H=+26\,\mathrm{kJ}$

Tips 水は蒸発エンタルピー(蒸発熱)がきわめて大きく，すぐれた冷却剤になる。ヒトの体温が上昇しそうになると汗が出るのは，汗に含まれる水の蒸発によって体から熱を奪い，体温を下げようとする働きによる。夏の夕方に水をまく「打ち水」も，水の蒸発熱を利用して涼を得るために行われる。

2 ヘスの法則と結合エネルギー 化学

1 ヘスの法則 Hess's law

化学反応において，物質の最初の状態と最後の状態が決まれば，全体のエンタルピー変化は反応の経路には関係なく一定になる。これを**ヘスの法則（総熱量保存の法則）**という。

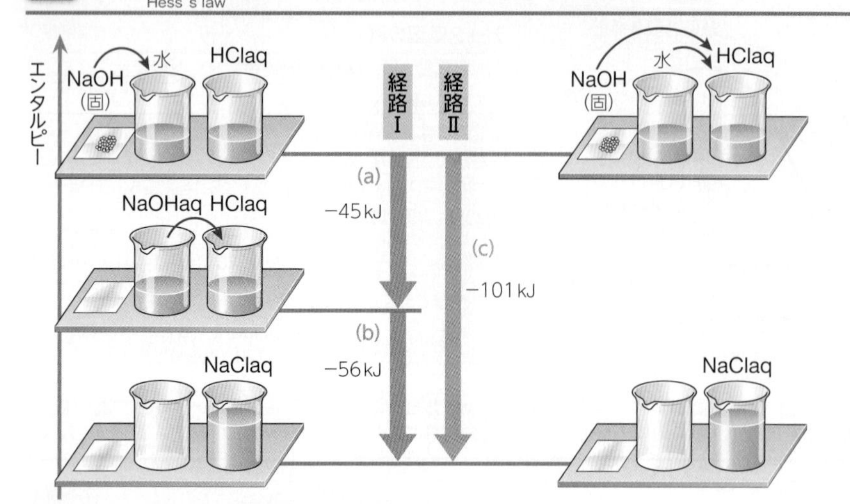

経路Ⅰ

まず，固体の水酸化ナトリウムを水に溶かす。
次に，その水溶液を塩酸に加えて中和させる。

(a) $NaOH$（固）$+aq \longrightarrow NaOHaq$ $\Delta H=-45\,kJ$

(b) $NaOHaq+HClaq \longrightarrow NaClaq+H_2O$（液） $\Delta H=-56\,kJ$

経路Ⅱ

固体の水酸化ナトリウムと水を直接塩酸に加えて中和させる。

(c) $NaOH$（固）$+HClaq \longrightarrow NaClaq+H_2O$（液） $\Delta H=-101\,kJ$

経路Ⅰ全体のエンタルピー変化は，
$-45\,kJ+(-56\,kJ)=-101\,kJ$ であり，経路Ⅱのエンタルピー変化と一致する。

2 ヘスの法則の利用

ヘスの法則を利用すると，直接測定することが困難な反応のエンタルピー変化を求めることができる。

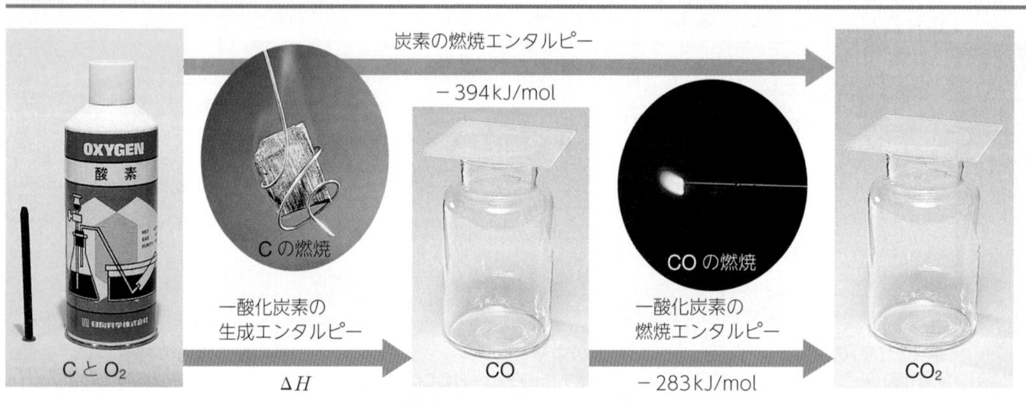

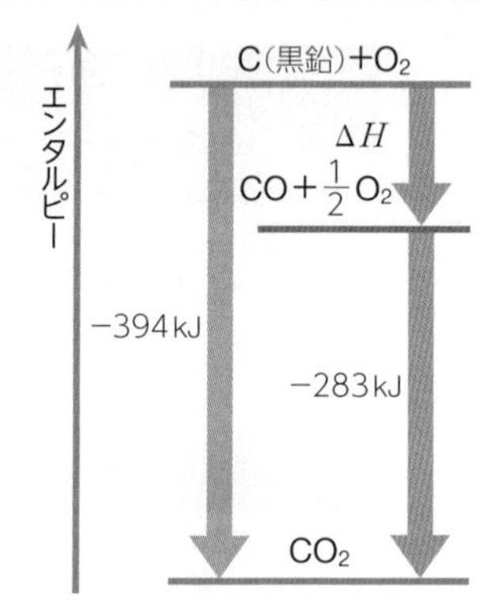

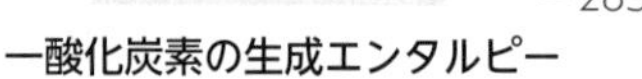

一酸化炭素の生成エンタルピー

炭素 C と酸素 O_2 から一酸化炭素 CO を合成しようとすると，同時に，二酸化炭素 CO_2 も生じる。したがって，一酸化炭素の生成エンタルピーは，この反応の熱量を測定しても求められない。そのため，炭素の燃焼エンタルピーと一酸化炭素の燃焼エンタルピーから，ヘスの法則を利用して求める。

一酸化炭素の生成エンタルピーは，$-394\,kJ-(-283\,kJ)=-111\,kJ$ から，$-111\,kJ/mol$ となる。

3 反応エンタルピーと生成エンタルピー

反応物と生成物の生成エンタルピーを組み合わせて，反応エンタルピーを求めることができる。

例 メタンの燃焼エンタルピーを求める。

$CH_4+2O_2 \longrightarrow CO_2+2H_2O$（液） $\Delta H=?$

各化合物の生成エンタルピーは，次のように表される。

C（黒鉛）$+O_2 \longrightarrow CO_2$ $\Delta H_1=-394\,kJ$ …❶

$H_2+\frac{1}{2}O_2 \longrightarrow H_2O$（液） $\Delta H_2=-286\,kJ$ …❷

C（黒鉛）$+2H_2 \longrightarrow CH_4$ $\Delta H_3=-75\,kJ$ …❸

ヘスの法則から，❶＋❷×2＋❸×(−1)を計算すると，

$$\Delta H = \underbrace{\Delta H_1+\Delta H_2\times 2}_{\text{生成物の生成エンタルピーの総和}} - \underbrace{\Delta H_3}_{\text{反応物の生成エンタルピーの総和}} = -891\,kJ$$

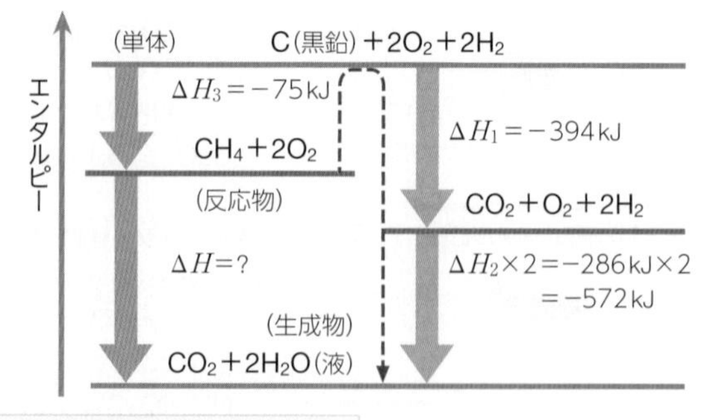

---の経路は，まず反応物を単体にしてから，生成物をつくる経路を考えており，左の式と一致する。

（反応エンタルピー）＝（生成物の生成エンタルピーの総和）−（反応物の生成エンタルピーの総和）

Tips ヘスはスイスに生まれたロシアの化学者である。彼は，エネルギー保存の法則が確立する1847年に先立つ1840年，ヘスの法則（総熱量保存の法則）を発表した。

4 結合エネルギー
bond energy

分子内の共有結合を切断するのに必要なエネルギーをその結合の**結合エネルギー**といい，気体分子内の結合 1mol あたりのエネルギー〔kJ/mol〕で表される。結合エネルギーが大きいほど，その結合は強い。

a 結合エネルギー

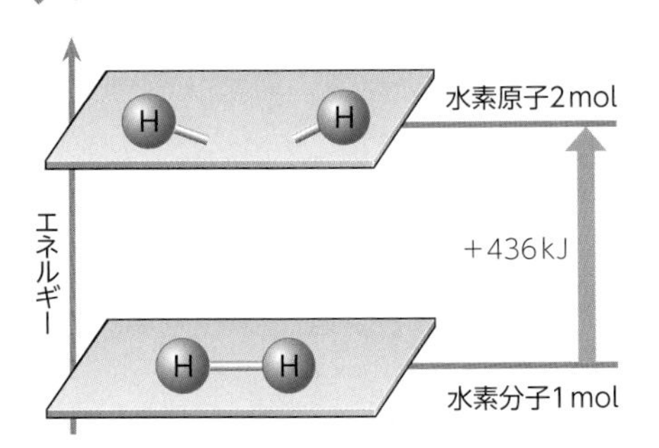

H－H の結合エネルギー

H_2(気) ⟶ 2H(気)　$\Delta H = +436$ kJ

原子が共有結合を形成するとき，結合エネルギーに相当するエネルギーが放出される。

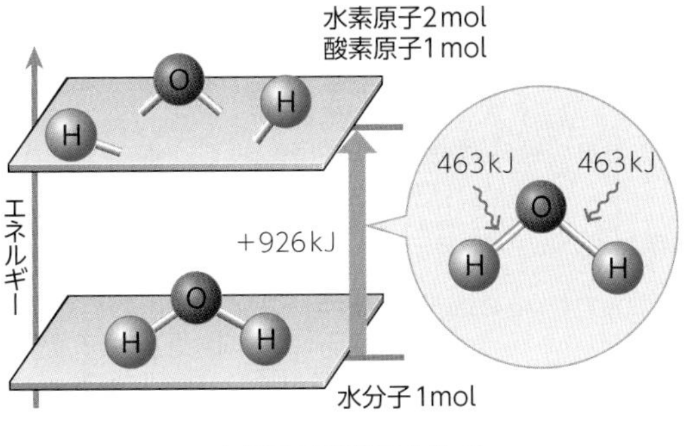

水素原子2mol
酸素原子1mol
463kJ　463kJ
エネルギー
+926kJ
水分子1mol

水分子の解離エネルギー

H_2O(気) ⟶ 2H(気)＋O(気)　$\Delta H = +926$ kJ

水は，分子内に 2 個の O−H 結合をもつので，O−H 結合 1mol あたりの結合エネルギーは，$\frac{926\text{kJ}}{2\text{mol}}$＝463kJ/mol となる。

結合		結合エネルギー〔kJ/mol〕(25℃)
H−H	(H_2)	436
Cl−Cl	(Cl_2)	243
I − I	(I_2)	153
H−Cl	(HCl)	432
H− I	(HI)	299
O=O	(O_2)	498
N≡N	(N_2)	945
C−H	(CH_4)	415
N−H	(NH_3)	390
O−H	(H_2O)	463
C=O	(CO_2)	803
C−C	(C_2H_6)	370
C=C	(C_2H_4)	723
C≡C	(C_2H_2)	960

表中の結合エネルギーは（ ）内の物質から求めた値である(➡p.326)。

! 水分子 H_2O をばらばらにするには，実際には H_2O ⟶ HO＋H，HO ⟶ H＋O の 2 段階に結合を切断することになる。このとき，必要なエネルギーは各段階で異なり，1 段階目では 496kJ，2 段階目では 430kJ のエネルギーが必要である。水分子中の O−H 結合の結合エネルギーは，これらのエネルギーを平均した値(496kJ＋430kJ)/2＝463kJ である。

b 結合エネルギーと反応エンタルピー

気体反応における反応エンタルピーは，結合エネルギーから求めることができる。右図の---は，反応物をすべて原子状に切断したのち，結合しなおして生成物にする経路を考えている。

（反応エンタルピー）＝(反応物の結合エネルギーの総和)
　　　　　　　　　　−(生成物の結合エネルギーの総和)

右図の反応における反応エンタルピーは次のようになる。

ΔH＝(+436kJ×2＋498kJ) −(+463kJ×4)＝−482kJ

(+436kJ×2＋498kJ)：反応物のすべての結合を切断するときのエンタルピー変化
(+463kJ×4)：結合しなおして生成物が生じるときのエンタルピー変化

4H(気)＋2O(気)
エンタルピー
反応物の結合エネルギーの総和
H−H の結合エネルギー ×2＋ O=O の結合エネルギー
＝+436kJ×2＋498kJ
ばらばらにする
結合しなおす
生成物の結合エネルギーの総和
O−H の結合エネルギー ×4
＝+463kJ×4
反応物 $2H_2+O_2$
ΔH
生成物 $2H_2O$(気)

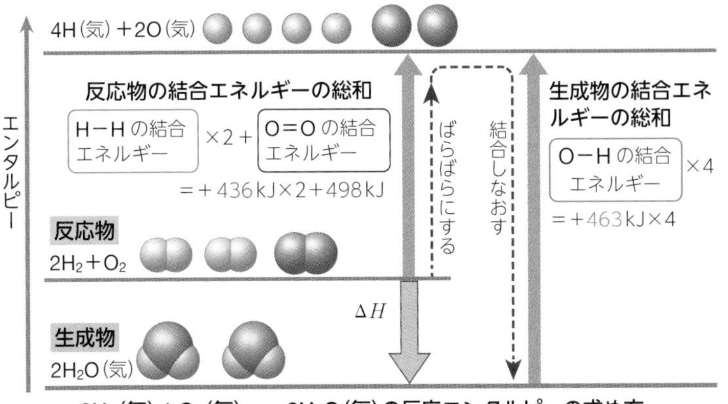

$2H_2$(気)＋O_2(気) ⟶ $2H_2O$(気) の反応エンタルピーの求め方

PLUS 結晶の格子エネルギー
lattice energy

結晶をばらばらの構成粒子にするのに必要なエネルギーを**格子エネルギー**という。
塩化ナトリウムの場合，格子エネルギーは次式で表される。

NaCl(固) ⟶ Na^+(気)＋Cl^-(気)　ΔH＝?

格子エネルギーは，右図のようないくつかの変化のサイクルを考えて，計算によって求められる。このような考え方を**ボルン・ハーバーサイクル**という。

A	NaCl(固)の生成エンタルピー	Na(固)＋$\frac{1}{2}Cl_2$(気) ⟶ NaCl(固)	ΔH＝−411kJ
B	Na(固)の昇華エンタルピー	Na(固) ⟶ Na(気)	ΔH＝+92kJ
C	Cl_2(気)の結合エネルギー×$\frac{1}{2}$	$\frac{1}{2}Cl_2$(気) ⟶ Cl(気)	ΔH＝+122kJ
D	Na(気)のイオン化エネルギー	Na(気) ⟶ Na^+(気)＋e^-	ΔH＝+496kJ
E	Cl(気)の電子親和力	Cl(気)＋e^- ⟶ Cl^-(気)	ΔH＝−349kJ

$\Delta H = -A + B + C + D + E$ ＝**+772kJ**

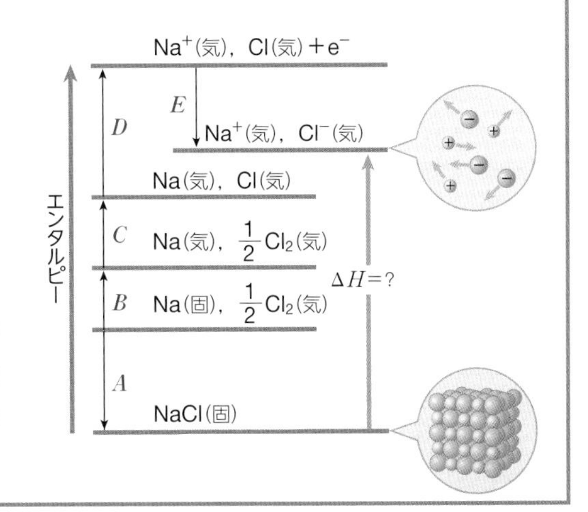

Tips 炭素原子間の二重結合(C=C)の結合エネルギーの値は，単結合(C−C)の結合エネルギーを 2 倍した値よりも小さい。これは，二重結合を形成する 2 本の結合の性質が，互いに異なることと関連している。

探究活動

10. ヘスの法則の利用

目的 ヘスの法則を利用して，直接測定できない反応エンタルピーを求めてみよう。ここでは，マグネシウムの燃焼エンタルピーを求めてみよう。

【実験計画】

マグネシウムの燃焼は，非常に激しく，直接熱量を測定して燃焼エンタルピーを求めることは難しい。

$Mg(固) + \frac{1}{2}O_2 \longrightarrow MgO(固)$　　$\Delta H = ?$ ……(1)

そこで，右図のような関係を利用すれば，間接的に Mg の燃焼エンタルピーを求めることができると考えた。
H_2O(液)の生成エンタルピーは，文献値から－286 kJ/mol であり，Mg と塩酸，MgO と塩酸の反応のエンタルピー変化がわかれば，Mg の燃焼エンタルピーを求めることができる。

$Mg(固) + 2HClaq \longrightarrow MgCl_2\,aq + H_2$　　$\Delta H_1 = -Q_1$ ……(2)

$MgO(固) + 2HClaq \longrightarrow MgCl_2\,aq + H_2O(液)$　　$\Delta H_2 = -Q_2$ ……(3)

$H_2 + \frac{1}{2}O_2 \longrightarrow H_2O(液)$　　$\Delta H_3 = -286\,kJ$ …(4)

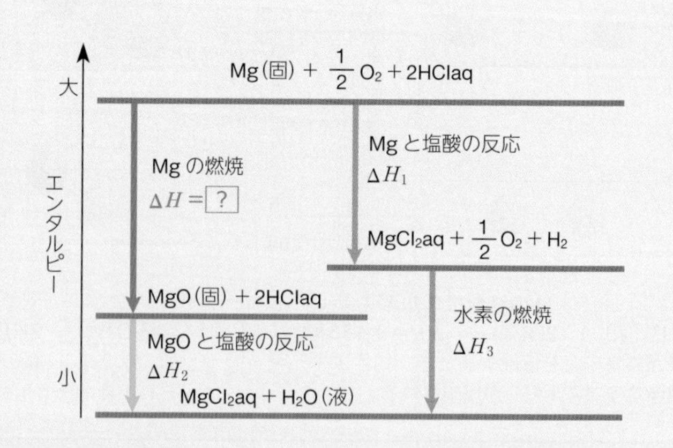

断熱性の容器の質量を測定する。その後，約1 mol/L 塩酸約100 mL を加えて質量を測定し，加えた塩酸の質量を求める。

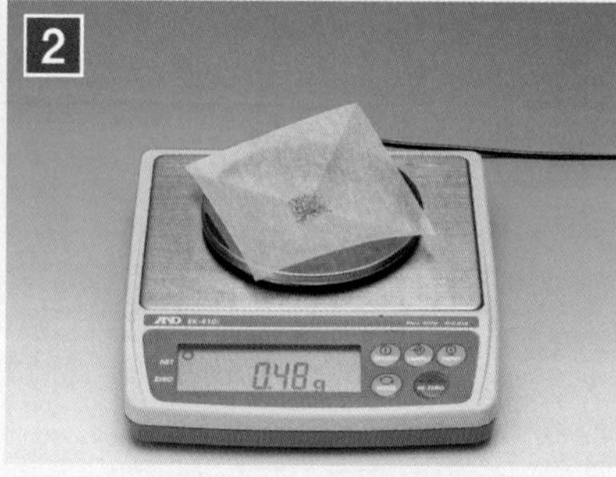

マグネシウム0.020 mol 程度(約0.48 g)を測り取り，質量を正確に記録する。

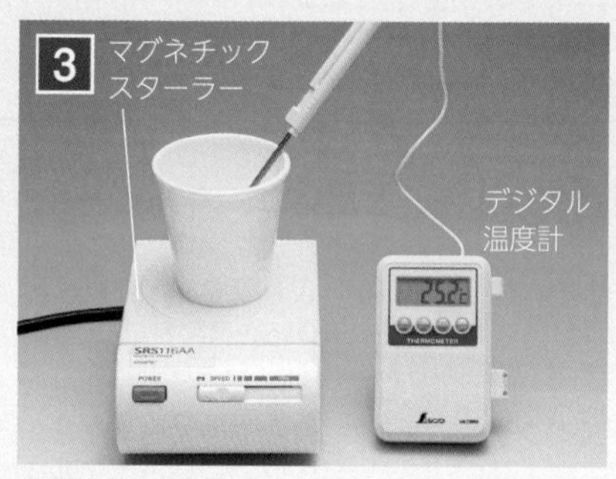

塩酸の温度を測定する。

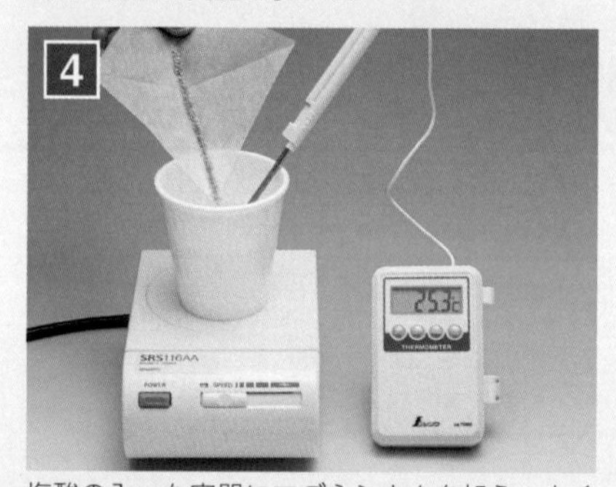

塩酸の入った容器にマグネシウムを加え，よくかき混ぜる。激しく反応するので，注意する。

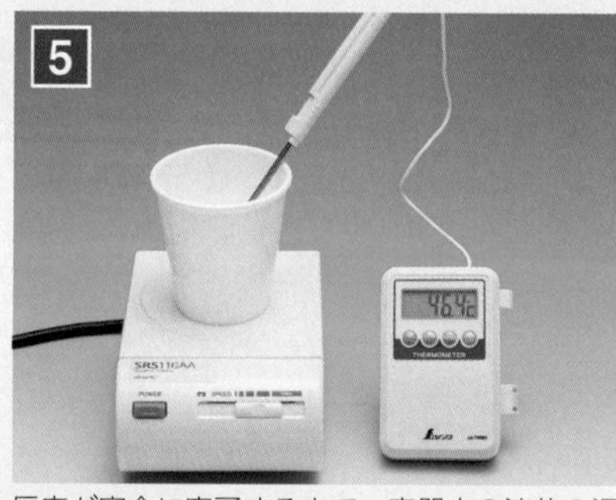

反応が完全に完了するまで，容器内の液体の温度を20秒ごとに測定する。

6 酸化マグネシウムについても，マグネシウムの場合と同様に，操作 **1** ～ **5** を行う。酸化マグネシウム 0.020 mol は約0.80 g である。

① Mg 粉末を塩酸に入れると激しく反応するので，飛び散った塩酸に触れないように注意する。
② Mg 粉末は酸化されやすい。また，MgO は吸湿性を示し，水分を含みやすいため，いずれもなるべく新しいものを用いる。

【測定結果】

マグネシウムと塩酸の反応

時間〔s〕	0	20	40	60	80	100	120	140	160	180	200	220	240	260	280	300	320	340	360
温度〔℃〕	25.2	33.8	40.9	44.0	45.6	46.3	46.4	46.4	46.2	46.1	45.9	45.8	45.6	45.5	45.4	45.2	45.0	44.9	44.8

酸化マグネシウムと塩酸の反応

時間〔s〕	0	20	40	60	80	100	120	140	160	180	200	220	240	260	280	300	320	340	360
温度〔℃〕	25.9	26.7	28.2	30.0	31.1	32.0	32.5	32.7	32.8	32.8	32.8	32.8	32.7	32.7	32.6	32.6	32.5	32.5	32.4

Tips この実験においては，Mg と塩酸の反応を早く完結させて，温度低下の影響を少なくするために，Mg 粉末を用いている。

準備	薬品	器具
	マグネシウム(粉末)，酸化マグネシウム(粉末)，約1mol/L 塩酸	発泡ポリスチレン製の容器，デジタル温度計，電子天秤，100mL メスシリンダー

考察 1　温度の時間変化をグラフで表し，温度変化ΔTを求めよ。また，得られた各値を表に整理せよ。

マグネシウムと塩酸の反応

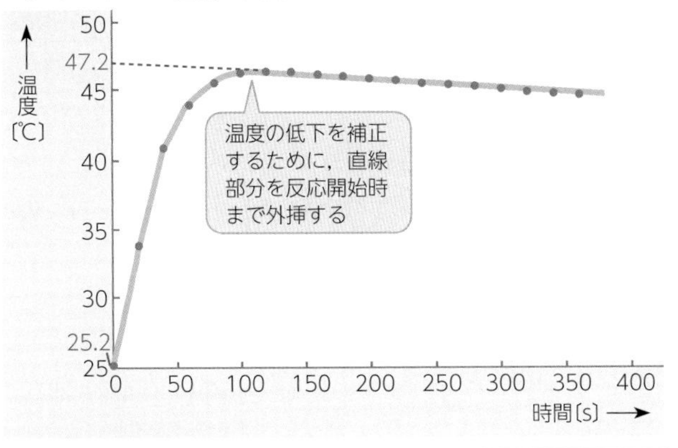

Mg の質量	0.48g
Mg の物質量	0.020mol
塩酸の質量	102.41g
温度変化ΔT	47.2℃－25.2℃＝22.0℃　　22.0K

酸化マグネシウムと塩酸の反応

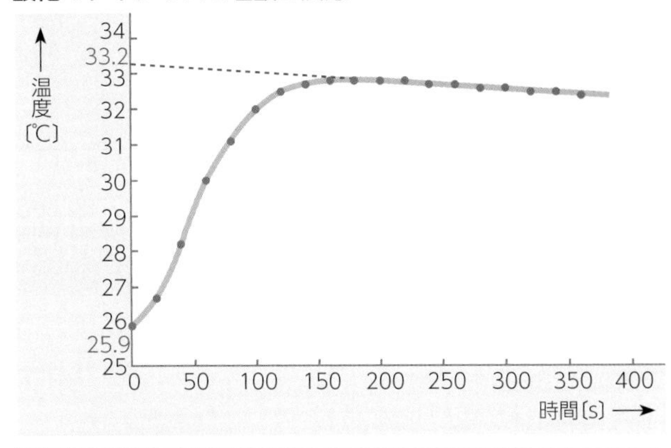

MgO の質量	0.80g
MgO の物質量	0.020mol
塩酸の質量	100.53g
温度変化ΔT	33.2℃－25.9℃＝7.3℃　　7.3K

考察 2　各反応の反応エンタルピーを求めよ。ただし，水溶液の比熱は4.18J/(g･K)とみなしてよい。

Mg と塩酸の反応のΔHの算出

発熱量 $q_1 = mc\,\Delta T$

$= (102.41\text{g} + 0.48\text{g}) \times 4.18\text{J/(g·K)} \times 22.0\text{K}$

$= 9461\text{J} = 9.461\text{kJ}$

$$Q_1 = \frac{9.461\text{kJ}}{0.020\text{mol}} = 473\text{kJ/mol}$$

したがって，Mg と塩酸の反応は，次のように表される。

Mg(固)＋2HClaq ⟶ $MgCl_2$aq＋H_2(気)　　$\Delta H_1 = -473\text{kJ}$

MgO と塩酸の反応のΔHの算出

発熱量 $q_2 = mc\,\Delta T$

$= (100.53\text{g} + 0.80\text{g}) \times 4.18\text{J/(g·K)} \times 7.3\text{K}$

$= 3091\text{J} = 3.091\text{kJ}$

$$Q_2 = \frac{3.091\text{kJ}}{0.020\text{mol}} = 154\text{kJ/mol}$$

したがって，MgO と塩酸の反応は，次のように表される。

MgO(固)＋2HClaq ⟶ $MgCl_2$aq＋H_2O(液)　　$\Delta H_2 = -154\text{kJ}$

考察 3　Mg の燃焼エンタルピーはいくらか。

Mg(固) + 2HClaq ⟶ $MgCl_2$aq + H_2(気)　　$\Delta H_1 = -473\text{kJ}$ ……(2)

MgO(固) +2HClaq ⟶ $MgCl_2$aq + H_2O(液)　　$\Delta H_2 = -154\text{kJ}$ ……(3)

$H_2 + \frac{1}{2}O_2$ ⟶ H_2O(液)　　$\Delta H_3 = -286\text{kJ}$ ……(4)

(2)式＋(3)式×(－1)＋(4)式として式を整理すると，Mg の燃焼エンタルピーは次のように求められる。

Mg(固) + $\frac{1}{2}O_2$ ⟶ MgO(固)　　$\Delta H = -605\text{kJ}$

(参考)　Mg の燃焼エンタルピー：－603kJ/mol(化学便覧第6版)

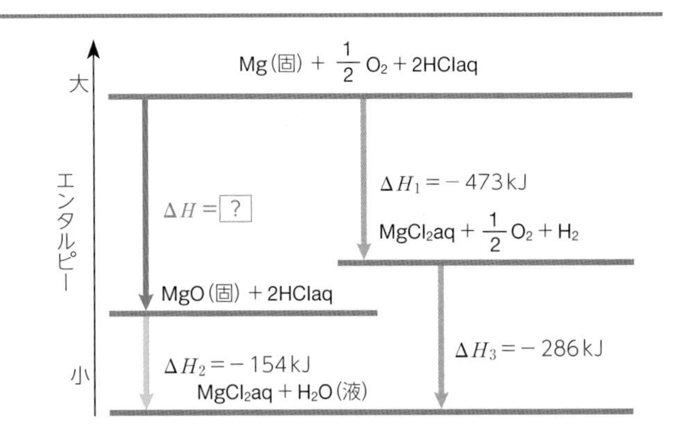

Tips　酸化マグネシウム MgO は，摂取すると腸内の水分を引き寄せて便をやわらかくする性質があり，下剤などに用いられる。

3 化学反応と光 化学

1 光の波長とエネルギー

光は電気と磁気の性質をもつ電磁波の一種である。光のもつエネルギーは，波長の長さに反比例し，波長が短いほど，エネルギーは大きくなる。

ⓐ 光の波長とエネルギー

ヒトの目に見える光(可視光)の波長は，およそ400〜800nm である。

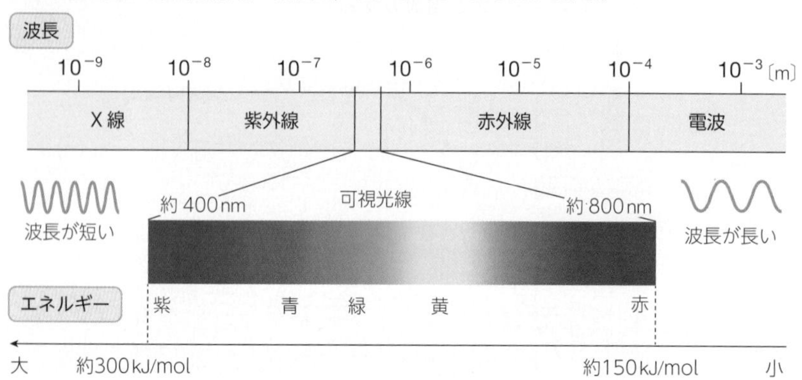

ⓑ 光の性質

光は波としての性質をもち，波の山と山(谷と谷)の間の長さを**波長**という。また，1秒間に振動する回数を**振動数**という。波の速さ，振動数，波長には次の関係がある。

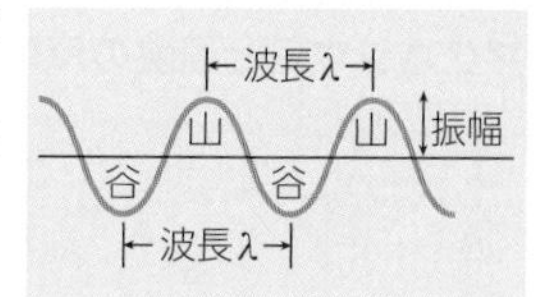

波の速さ＝振動数×波長

また，光は粒子としての性質をもち，光の粒子(光子)1個のもつエネルギーEは，波長λに反比例する。

$$E=\frac{hc}{\lambda}$$

光の波長が400nmのとき，光子1molのエネルギーは，

$$E=\frac{6.6\times10^{-34}\,\mathrm{J\cdot s}\times3.0\times10^{8}\,\mathrm{m/s}}{400\times10^{-9}\,\mathrm{m}}\times6.0\times10^{23}/\mathrm{mol}=297\,\mathrm{kJ}$$

2 化学発光

化学反応には，光の発生を伴うものがある。この現象は**化学発光**とよばれる。化学発光の多くは酸化還元反応であり，酸化還元反応に伴って放出されるエネルギーの一部が可視光として観測される。

ⓐ ルミノール反応

塩基性水溶液中でルミノールとH_2O_2，鉄を含む触媒を混合すると青い光が発生する。

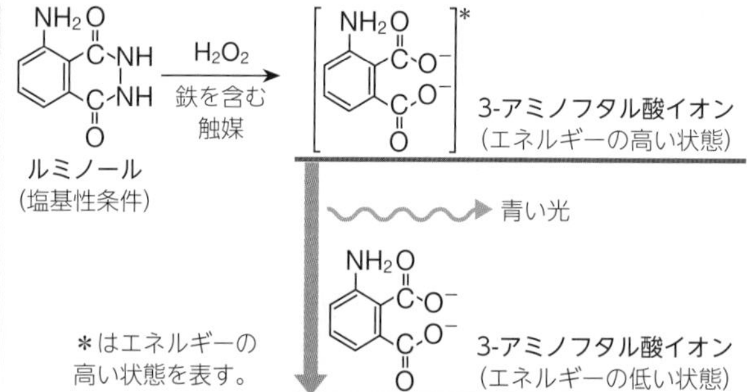

ルミノールが酸化されて生じた3-アミノフタル酸イオンは，エネルギーの高い不安定な状態(励起状態)になっている。これが安定な状態(基底状態)になる過程で発光が起こる。

ⓑ 生物発光

ホタルなどの生物は，ルシフェリンとよばれる化合物をもっている。ルシフェリンは酵素ルシフェラーゼの作用によって酸素で酸化され，光が発生する。この光を利用して，雌雄間の交信や種の確認を行っている。

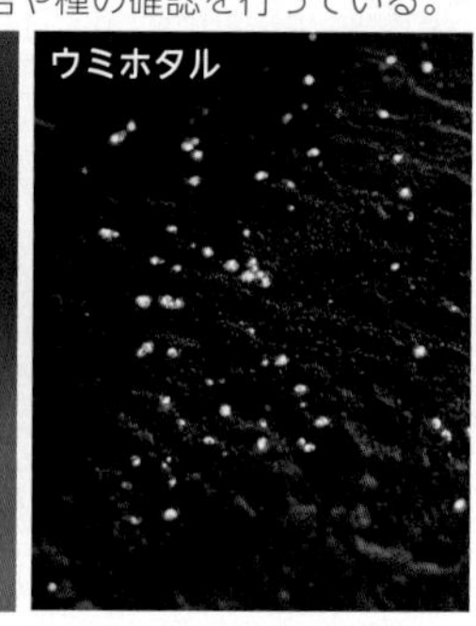

PLUS ケミカルライトのしくみ

ケミカルライトは，化学発光を利用したライトである。内部にシュウ酸ジエステルと過酸化水素などが仕切られて入っており，これらが混合すると，化学発光が起こる。

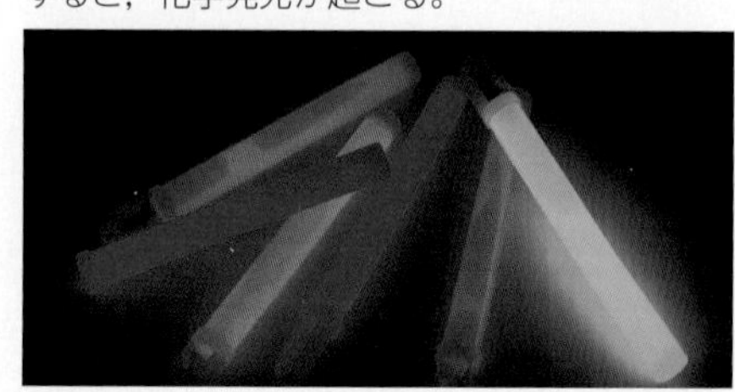

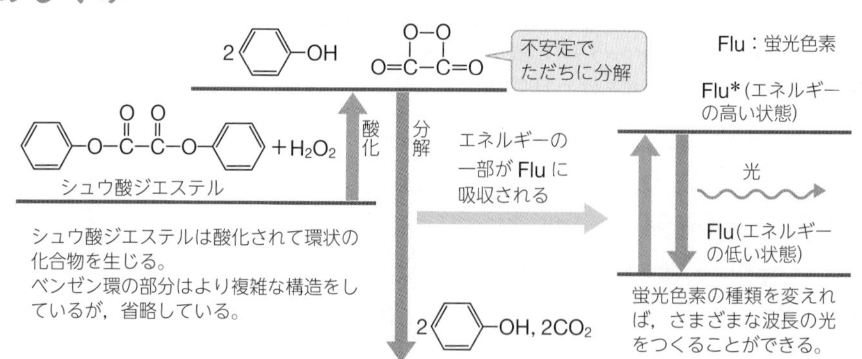

Tips ルミノールによる発光は「ルミノール反応」とよばれ，犯罪捜査に利用される。血痕にルミノールと水酸化ナトリウムを混ぜたアルカリ溶液と過酸化水素水の混合液を吹きかけると，血痕が青白く光る。この反応は，血液が数万倍以上に希釈されていても観察できるため，極微量の血痕でも見つけることができる。

3 光化学反応
photochemical reaction

化学反応には，光のエネルギーを吸収して進むものがある。このような反応を**光化学反応**という。

a 硝酸の分解

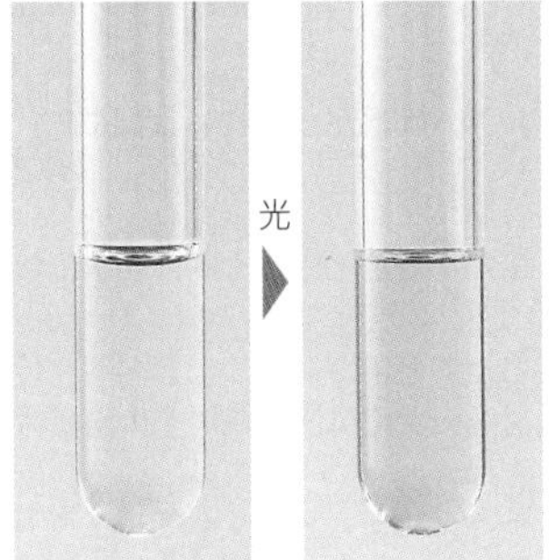

濃硝酸に光をあてると，硝酸が分解して二酸化窒素 NO_2 が発生し，水溶液が黄色になる。

$4HNO_3 \longrightarrow 4NO_2 + O_2 + 2H_2O$

b 臭化銀の分解

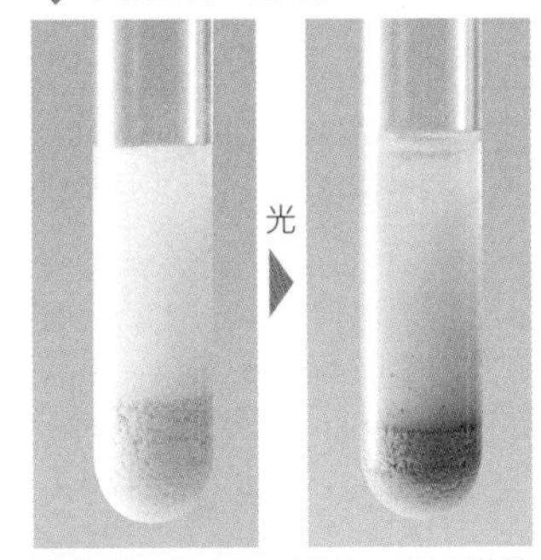

臭化銀に光をあてると，銀の微粒子が生成し，黒色に変化する（感光性，➡p.159）。

$2AgBr \longrightarrow 2Ag + Br_2$

c 鉄(Ⅲ)イオンの光還元

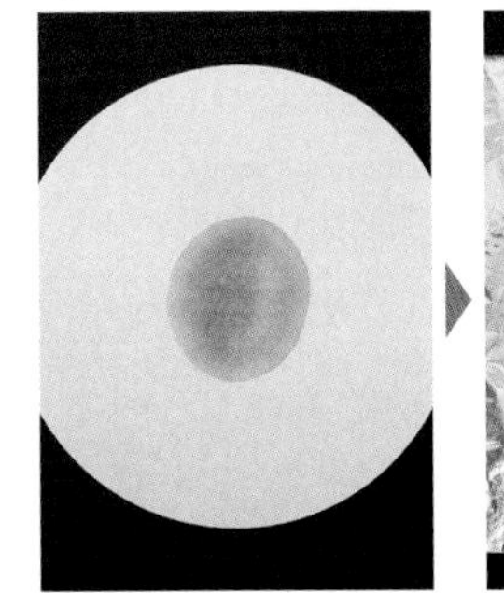

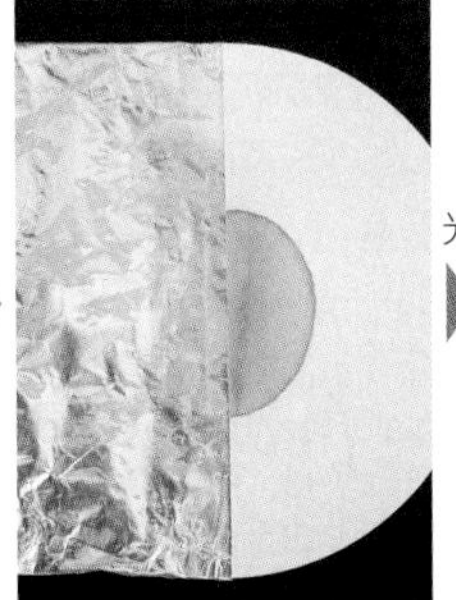

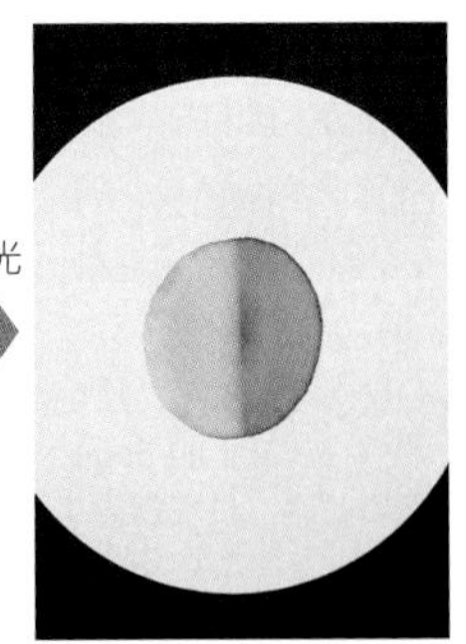

Fe^{3+} を含む水溶液に紫外線をあてると，水分子と反応し，Fe^{2+} になる。ここにヘキサシアニド鉄(Ⅲ)酸イオンを共存させておくと，濃青色の化合物が生成する（➡p.192）。

$Fe^{3+} + H_2O \longrightarrow Fe^{2+} + H^+ + \cdot OH$

・OH のような不対電子(・)をもつものは反応性が高く，**ラジカル**とよばれる。

d ヘキサンと臭素の反応

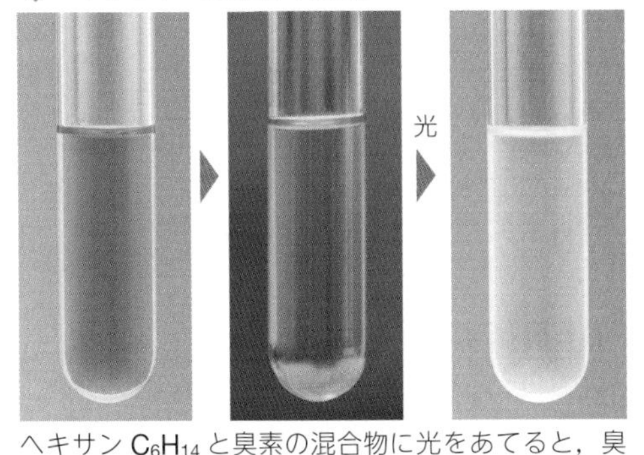

ヘキサン C_6H_{14} と臭素の混合物に光をあてると，臭素の赤褐色が消える（➡p.227）。

$C_6H_{14} + Br_2 \longrightarrow C_6H_{13}Br + HBr$

e 光による重合

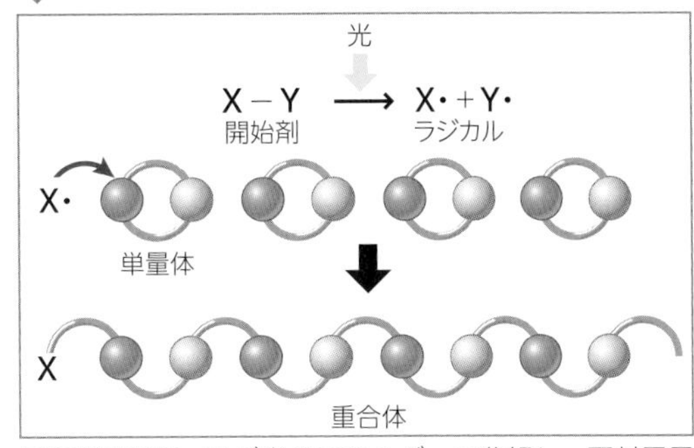

反応開始剤 X－Y が光のエネルギーで分解し，不対電子をもつラジカル X・と Y・が生成する。これが単量体に作用し，次々と分子をつなげていく。

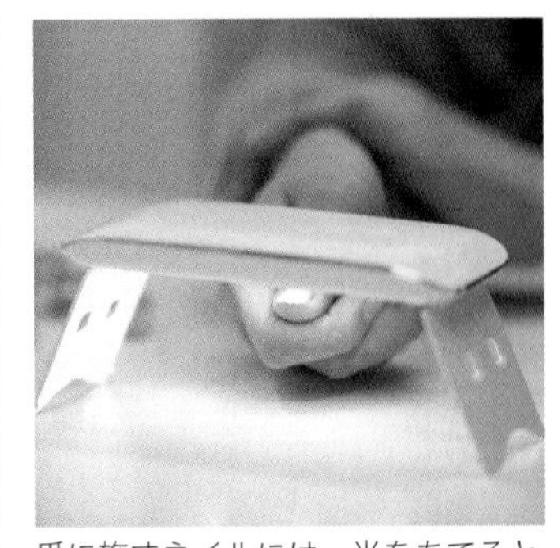

爪に施すネイルには，光をあてると硬まる樹脂を利用したものがある（➡p.289）。

Close-up（クローズアップ） 光合成とはどのような反応か？

植物は，細胞内の葉緑体で，太陽光のエネルギーを使って二酸化炭素と水からグルコースを合成している。これを**光合成**という。

$6CO_2 + 6H_2O \longrightarrow C_6H_{12}O_6 + 6O_2$

光合成はチラコイドでの反応とストロマでの反応とに分けられる。

チラコイドでの反応（光化学反応） チラコイドに含まれるクロロフィルなどの光合成色素は，太陽光に含まれる青色の光と赤色の光をよく吸収する。吸収した光のエネルギーを使って，水から酸素，水素イオン H^+，電子 e^- がつくられる。H^+ は ATP の合成に，電子は NADPH の合成に使われる。また，O_2 は大気中に放出される。

ストロマでの反応 チラコイドでつくられた ATP と NADPH を使う複雑な反応によって二酸化炭素が還元されて，グルコースが合成される。グルコースは，デンプンとして植物の体内に貯蔵される。

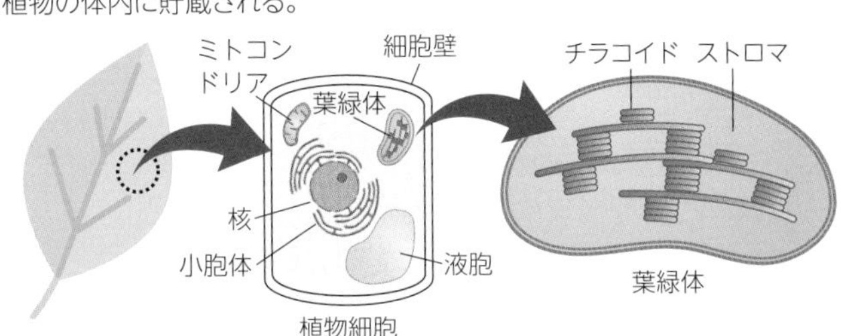

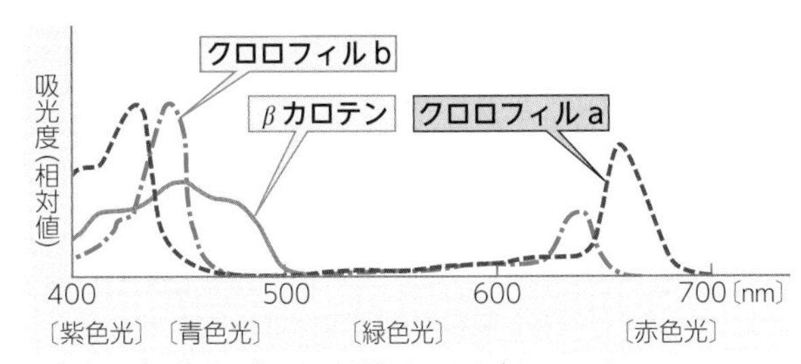

吸光度はどの波長の光をよく吸収するかを表している。

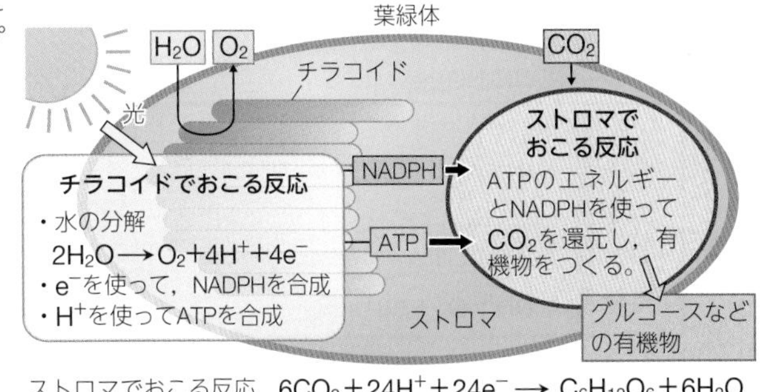

ストロマでおこる反応　$6CO_2 + 24H^+ + 24e^- \longrightarrow C_6H_{12}O_6 + 6H_2O$

Tips 食品中に含まれる油脂やビタミンなどの成分には，紫外線の作用によって変質しやすいものがある。このような成分を含む液体は，褐色の遮光びんに入れて販売される。褐色のガラスは，波長が550 nm よりも短い光を吸収する。

特集 6 化学反応や状態変化の進みやすさ

エネルギーが大きい状態から小さい状態へ反応は進行しやすい

1 mol の水酸化ナトリウム NaOH を水に溶かすと，図 1 のように，45 kJ の発熱を伴って，反応が進行する。

$$NaOH + aq \longrightarrow NaOHaq \quad \Delta H = -45\,kJ$$

このとき，生成物のエンタルピーは，反応物のエンタルピーよりも 45 kJ 小さくなっている。すなわち，この反応では，系のエンタルピーが小さくなる向きに反応が進行している。

一般に化学反応や状態変化では，次のような原則がある。

原則1 物質はエンタルピーが大きい状態から，エンタルピーが小さい安定な状態に向かって変化しやすい。

この傾向は，高い位置にある物体（位置エネルギーが大きい）が低い位置（位置エネルギーが小さい）に転がり落ちるのと同様に，化学変化や状態変化などを引き起こす駆動力として働く。

燃焼などの化学反応の多くは発熱反応であり，この原則にしたがって，エンタルピーが小さくなる向き（$\Delta H < 0$）に進行している。

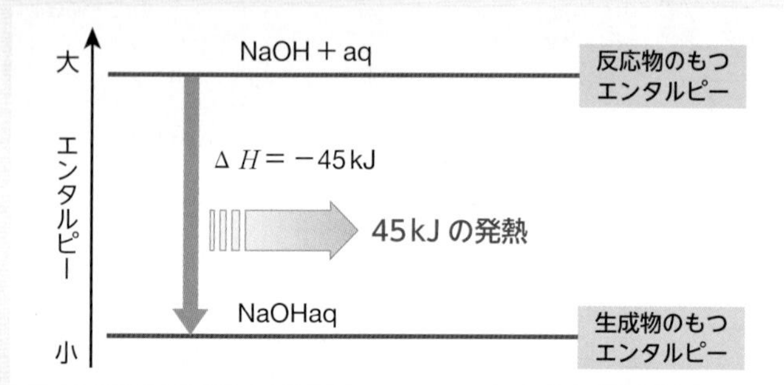

図1 水酸化ナトリウムの溶解

② 硝酸アンモニウムの水への溶解のような吸熱反応が存在するのはなぜだろうか。

硝酸アンモニウムを水に溶かすと，水温が低下する。これは硝酸アンモニウムの溶解が吸熱反応であることを示している（図2）。

硝酸アンモニウムの溶解は，吸熱反応であることから，$\Delta H > 0$ となっている。すなわち，原則 1 にしたがっていないことになる。これは，**原則 1 以外にも，反応の進行に関わる別の原則が存在している**ことを示しており，それは次のような原則2であることが知られている。

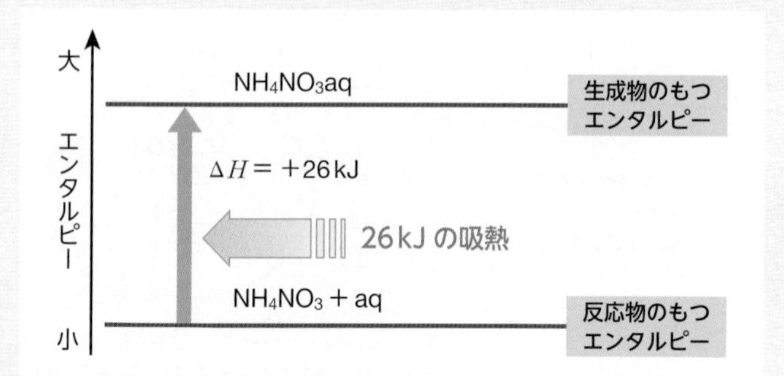

図2 硝酸アンモニウムの溶解

原則2 物質は，乱雑さ（散らばり）が小さい状態から大きい状態に向かって変化しやすい。

状態変化や化学反応では，物質のもつエネルギーとともに，構成粒子の集合状態が変化する。たとえば，固体が水に溶けるとき，固体の構成粒子が，水溶液中に散らばる。また，一定圧力のもとで液体が気体になる場合，分子が空間内に散らばっていく。この集合状態の変化は，構成粒子の散らばりの度合いで比較できる。

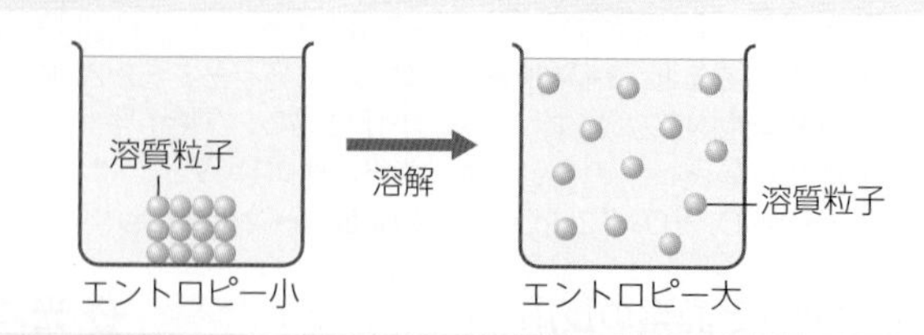

図3 乱雑さの度合い

粒子の散らばり（乱雑さ）の度合いは，**エントロピー**（記号 S）とよばれる量で表され，その変化量を**エントロピー変化**（記号 ΔS）という。ある変化によって粒子の乱雑さが大きくなったときは $\Delta S > 0$ となり，逆に粒子の乱雑さが小さくなったときは $\Delta S < 0$ となる。

原則 2 は，エントロピー変化 ΔS を用いると，化学反応や状態変化は，エントロピーが大きくなる向き（$\Delta S > 0$）に変化しやすいと言い換えられる。

表1 $\Delta S > 0$ あるいは $\Delta S < 0$ となる変化の例

$\Delta S > 0$ となる変化	$\Delta S < 0$ となる変化
・固体の融解，昇華 ・液体の蒸発 ・固体の液体中への溶解 ・固体や溶液から気体が発生する反応 ・気体の反応で，気体分子の数が増加するもの	・気体の凝縮 ・液体の凝固 ・気体の液体中への溶解 ・溶液から沈殿が生成する反応 ・気体の反応で，気体分子数が減少するもの

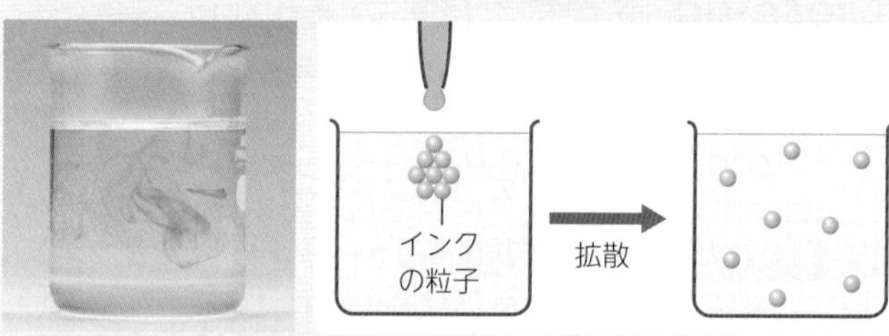

インクの拡散（$\Delta S > 0$）

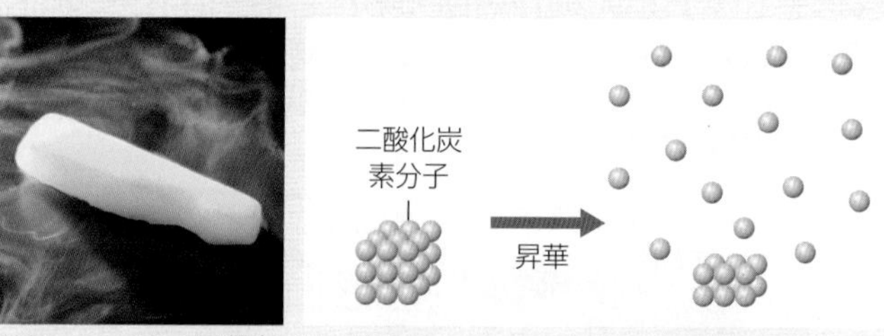

ドライアイスの昇華（$\Delta S > 0$）

化学反応や状態変化は，物質のもつエネルギーが小さくなる向きに進みやすい。
また，乱雑さが増大する向きに進みやすい。

3 エンタルピー変化とエントロピー変化を同時に考えることはできないだろうか。

水が蒸発する変化では，水分子の乱雑さが大きくなるので$\Delta S>0$となり，原則2を満たす。しかし，蒸発によって水のもつエンタルピーは大きくなる($\Delta H>0$)ので，原則1は満たされない。この変化は低温ではおこりにくく，高温でおこりやすい。

一方，水が凝固する変化では，水分子の乱雑さが小さくなるので$\Delta S<0$となり，原則2は満たされていない。

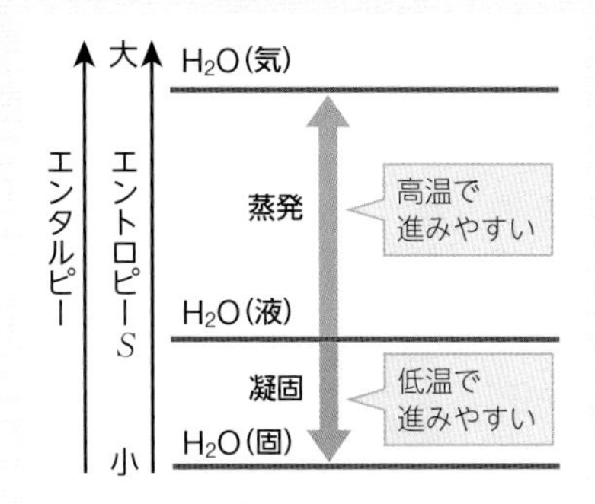

図4　水の状態変化

しかし，エンタルピーは小さくなる($\Delta H<0$)ので，原則1は満たされている。この変化は，高温ではおこりにくく，低温でおこりやすい(図4)。このように，化学反応や状態変化のおこりやすさは，エンタルピー変化やエントロピー変化に加えて，温度も考慮する必要がある。そこで，ギブズ(アメリカ)は，これらの尺度をまとめて考えるために，**ギブズエネルギー**(記号G)を定義し，**ギブズエネルギー変化**ΔGを次のように表した。

$$\Delta G = \Delta H - T\Delta S$$

化学反応や状態変化は，エンタルピー変化$\Delta H<0$となる向きに進みやすく，エントロピー変化$\Delta S>0$となる向きに進みやすいので，2つの原則をまとめると，**$\Delta G<0$の向きに変化が進みやすい**ということになる。

4 可逆変化・不可逆変化と平衡

ギブズエネルギー変化は，化学変化や状態変化が円滑に進行するかどうかを決める要因になる。次のような化学変化を考える。

aA＋bB ⟶ cC＋dD(A～Dは化学式，a～dは反応式の係数)

最初，反応容器内にはAとBがある。この反応が右向きに進むとき，$\Delta H<0$(発熱反応)，$\Delta S>0$であれば，$\Delta G=\Delta H-T\Delta S<0$となる。多くの場合，このような反応は，一度始まれば，自発的に(自然に)最後まで進む**不可逆変化**である。一方，$\Delta H>0$(吸熱反応)，$\Delta S<0$であれば，$\Delta G>0$となるので，この反応は自発的には進まない。$\Delta H<0$かつ$\Delta S<0$となる場合，または$\Delta H>0$かつ$\Delta S>0$となる場合は，どうなるであろうか。この場合には，反応が始まって一定時間が経過した後，平衡状態(➡p.144)になる。このような場合が**可逆変化**である。たとえば，水の状態変化では，液体と気体の間では気液平衡に，液体と固体の間では融解平衡になる。以上の関係をまとめると，表2のようになる。

表2　エンタルピー変化・エントロピー変化と反応や状態変化の方向

エンタルピー変化	エントロピー変化	反応や状態変化
発熱($\Delta H<0$)	増大($\Delta S>0$)	自発的に進行する
発熱($\Delta H<0$)	減少($\Delta S<0$)	場合による*
吸熱($\Delta H>0$)	増大($\Delta S>0$)	場合による*
吸熱($\Delta H>0$)	減少($\Delta S<0$)	自発的には進行しない

*多くの場合，平衡状態となって見かけ上停止する。

5 溶液の性質

溶液では，溶質粒子が溶媒分子の間に散らばっているため，乱雑さが大きくなっている(図5)。したがって，同じ温度の溶液のエントロピーは，純溶媒に比べて大きく，溶液のギブズエネルギーは，同じ温度の純溶媒より小さくなり，安定になっている。第3章で学習した希薄溶液の性質は，純溶媒に比べて，溶液ではエントロピーが大きくなって溶液のギブズエネルギーが小さくなることで生じている。

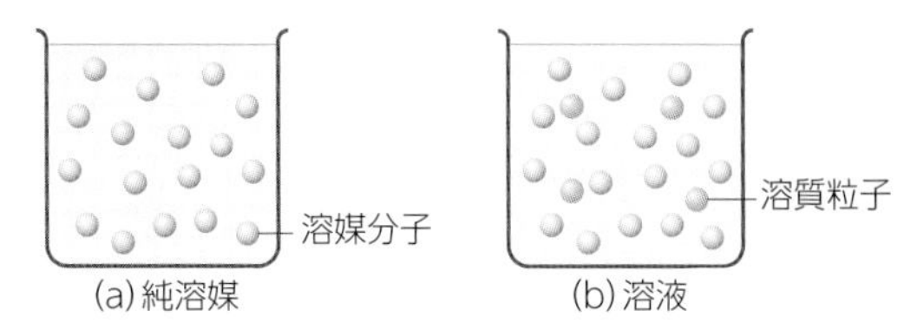

図5　純溶媒と溶液

❶ 蒸気圧降下

純溶媒が気液平衡になっているとき，単位時間あたりに蒸発する溶媒分子の数と凝縮する溶媒分子の数は等しい。このとき，液体と気体のギブズエネルギーは等しくなっている。しかし，同じ温度の溶液は，純溶媒に比べてエントロピーが大きいので，ギブズエネルギーが小さくなる。そのため，同じ温度では，気体の状態よりも水溶液の状態の方が安定になっており，蒸発して気体になる傾向は，純溶媒よりも小さくなる。したがって，蒸発する溶媒分子の数が純溶媒に比べて少なくなり，蒸気圧降下がおこり，希薄溶液の沸点は純溶媒の沸点より上昇する(沸点上昇➡p.122)。

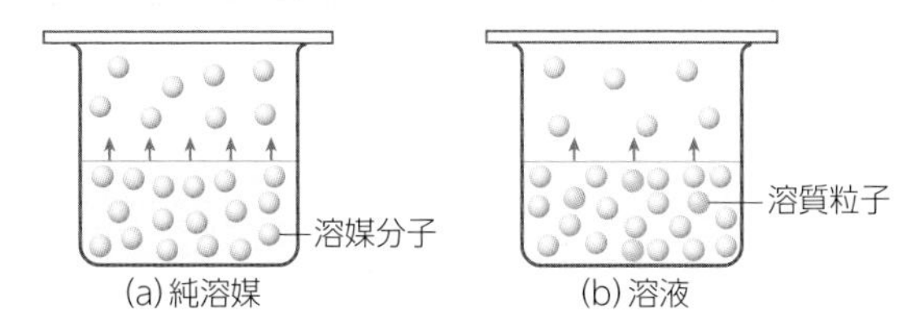

図6　水溶液の蒸気圧降下

❷ 凝固点降下

水の凝固点では固体と液体の水が融解平衡になっている。このとき，単位時間あたりに融解する水分子の数と凝固する水分子の数は等しい。しかし，0℃の水溶液は，水よりもエントロピーが大きく，ギブズエネルギーが小さくなっている。そのため，同じ温度では，氷の状態よりも水溶液の状態の方が安定な状態になっており，凝固する傾向が小さい。また，このとき，融解する水分子の数＞凝固する水分子の数となる(図7)。

融解がおこると溶媒分子のエントロピーは大きくなる。エントロピーの増大は温度を下げることで抑制することができるので，水溶液の温度を純溶媒の凝固点より下げて融解を抑制すれば，融解する水分子の数＝凝固する水分子の数とすることができる。この温度が溶液の凝固点である。このように，溶液の凝固点は純溶媒よりも低くなる(➡p.122)。

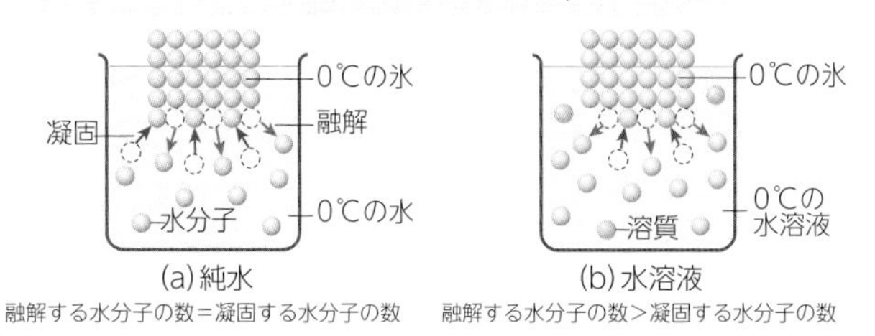

図7　水溶液の凝固点降下

4 化学反応の速さ① 化学

1 化学反応の速さ rate of reaction

化学反応の速さは，単位時間あたりの生成物の増加量（濃度）や，反応物の減少量（濃度）で表される。これを**反応速度**という。

ⓐ 速い反応と遅い反応

速い反応

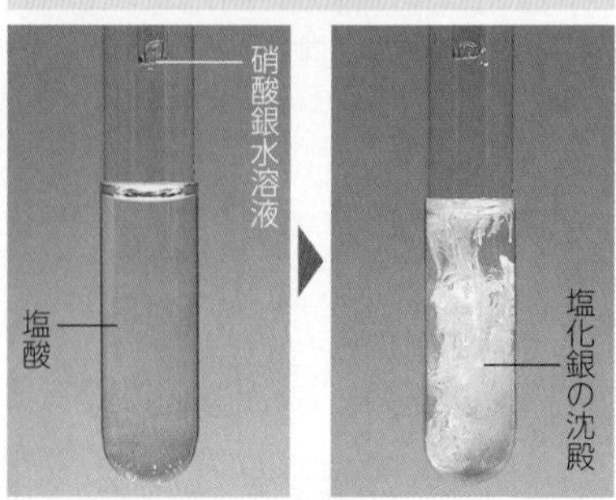

塩酸に硝酸銀水溶液を加えると，ただちに反応して，塩化銀の白色沈殿を生じる。

$$Ag^{+} + Cl^{-} \longrightarrow AgCl$$

遅い反応

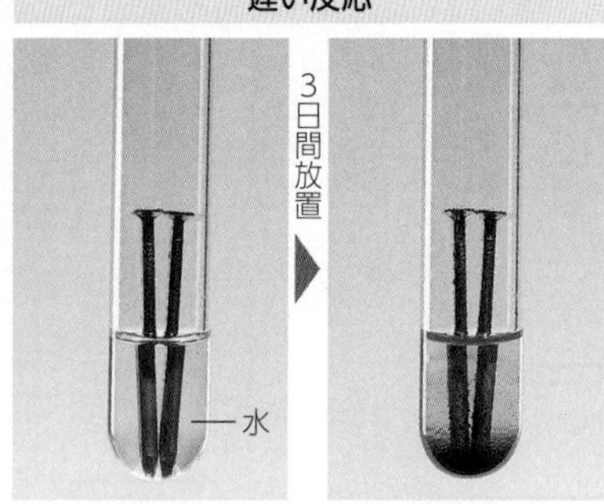

鉄くぎは徐々に酸化され，さびを生じる。

身のまわりでみられる速い反応と遅い反応
火薬は一瞬のうちに燃焼する。一方で，銅ぶき屋根の緑色は長い年月をかけて形成される。

ⓑ 化学反応の速さの表し方

$$\text{反応速度}\ v = -\frac{\text{反応物の減少量}^*}{\text{反応時間}} \quad \text{または}\ v = \frac{\text{生成物の増加量}^*}{\text{反応時間}}$$

常に正の値

*物質の変化量は濃度の変化量で表される。

物質ごとの反応速度の関係

2A ⟶ B において，A の濃度の平均の減少速度 v_A および B の濃度の平均の増加速度 v_B はそれぞれ次のように表される。

$$v_A = -\frac{\Delta[A]}{\Delta t} = -\frac{[A]_2 - [A]_1}{t_2 - t_1}$$

$$v_B = \frac{\Delta[B]}{\Delta t} = \frac{[B]_2 - [B]_1}{t_2 - t_1}$$

この反応では，$-\Delta[A] = 2\Delta[B]$ であり，v_A，v_B について，次式が成り立つ。

$$v_A = 2v_B \ (v_A : v_B = 2 : 1)$$

濃度
t_1 の瞬間の反応速度
$t_1 \sim t_2$ 間の平均の反応速度
$[A]_1$ ❶
$\Delta[A]$
$[A]_2$ ❷
生成物 B
$[B]_2$
$\Delta[B]$
$[B]_1$
反応物 A
Δt
2A ⟶ B
0　t_1　t_2　時間

2 化学反応の速さと濃度

反応速度は，反応物どうしの衝突の頻度によって変化し，一般に，濃度が大きくなるほど，大きくなる。

ⓐ 濃度と反応の速さ

酸素 20 %
酸素 100 %

スチールウールの燃焼
$3Fe + 2O_2 \longrightarrow Fe_3O_4$
酸素濃度が大きいほど，激しく燃焼する。

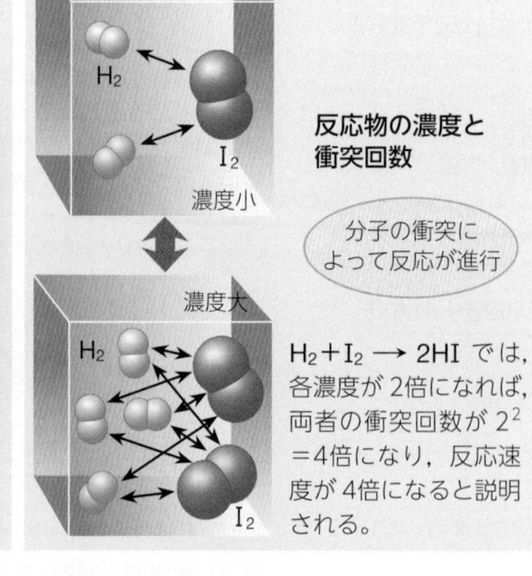

反応物の濃度と衝突回数

分子の衝突によって反応が進行

$H_2 + I_2 \longrightarrow 2HI$ では，各濃度が 2倍になれば，両者の衝突回数が $2^2 = 4$倍になり，反応速度が 4倍になると説明される。

ⓑ 固体の表面積と反応速度

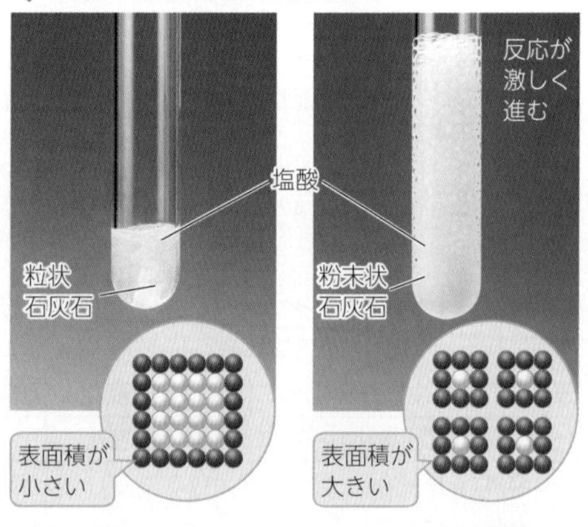

固体と液体の反応では，固体表面の粒子と液体中の粒子が反応する。したがって，固体を粉末にして表面積を大きくすると，反応速度が大きくなる。

Tips 小麦粉や金属粉末などの微粒子が浮遊した状態にあるとき，火花などから引火した粉末が次々と燃焼（酸化）し，爆発することがある。このような現象を「粉じん爆発」という。これらの物質を扱う工場などでは，爆発を防ぐために，粉じんを除去したり，発火源をつくらないような安全対策がとられている。

3 反応速度式 rate equation

反応速度は一般に濃度によって決まり，反応が進むにつれて刻々と変化していく。反応速度と反応物の濃度の関係は，**反応速度式**を用いて表される。

a 反応速度の求め方

化学反応 aA + bB ⟶ cC の反応速度 v は，一般に，次のような反応速度式を用いて表される。

$v = k[\mathrm{A}]^l[\mathrm{B}]^m$ ([A]，[B]：反応物の濃度　l，m = 0，1，2…)

比例定数 k は，温度が一定であれば一定値をとり，**反応速度定数** (reaction rate constant) とよばれる。

! 反応物[A]，[B]の指数 l，m は，化学反応式の係数(a，b)とは無関係であり，反応速度式は実験によって求められる(➡Close-up)。指数の和 $l+m$ を**反応次数**という。

過酸化水素の分解

1.50 mol/L の過酸化水素水 10.0 mL に酸化マンガン(Ⅳ)を加え，発生する酸素の体積を 60 秒ごとに測定する。

$2H_2O_2 \longrightarrow 2H_2O + O_2$

また，このときの温度と大気圧も測定する。

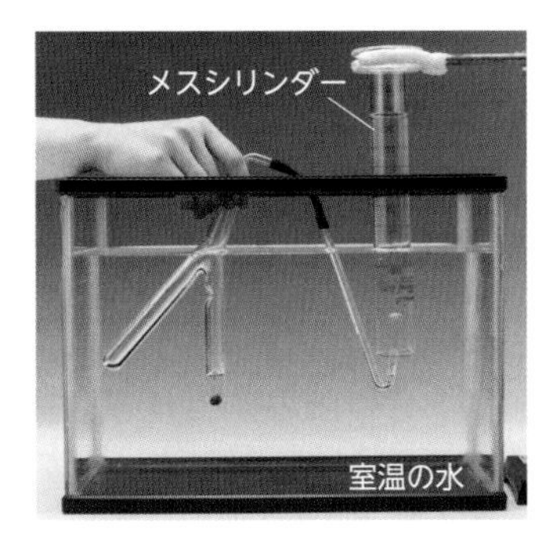

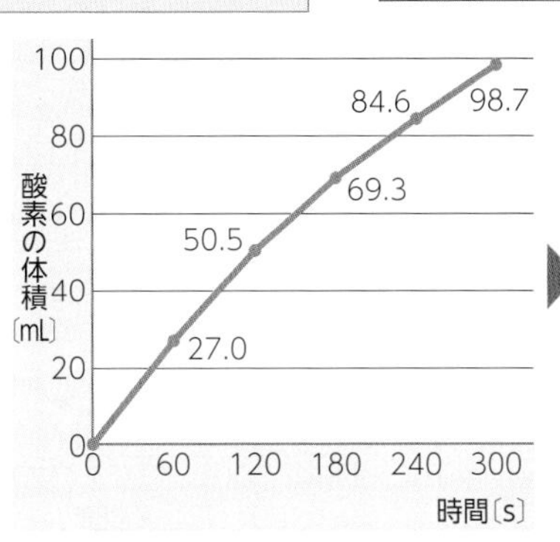

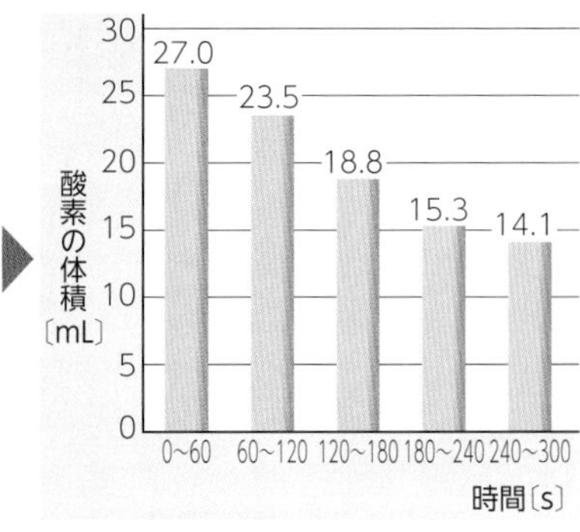

b データ処理　過酸化水素の分解(18℃，触媒：酸化マンガン(Ⅳ))

時間〔s〕	酸素の体積〔mL〕	60秒間に発生した酸素の体積〔mL〕	過酸化水素の物質量変化〔mol〕	過酸化水素の濃度変化 Δ[H₂O₂]〔mol/L〕	平均反応速度 $v=\frac{\Delta[H_2O_2]}{\Delta t}$〔mol/(L·s)〕	過酸化水素の濃度 [H₂O₂]〔mol/L〕	過酸化水素の平均濃度〔mol/L〕
0	0					1.50	
		27.0	2.3×10^{-3}	0.23	3.8×10^{-3}		1.39
60	27.0					1.27	
		23.5 *1	2.0×10^{-3} *2	0.20 *3	3.3×10^{-3} *4		1.17 *6
120	50.5					1.07 *5	
		18.8	1.6×10^{-3}	0.16	2.7×10^{-3}		0.99
180	69.3					0.91	
		15.3	1.3×10^{-3}	0.13	2.2×10^{-3}		0.85
240	84.6					0.78	
		14.1	1.2×10^{-3}	0.12	2.0×10^{-3}		0.72
300	98.7					0.66	

*1　50.5 mL − 27.0 mL = 23.5 mL

*2　$PV=nRT$ から，$n=\dfrac{PV}{RT}=\dfrac{1.013\times10^5\,\mathrm{Pa}\times23.5\times10^{-3}\,\mathrm{L}}{8.31\times10^3\,\mathrm{Pa\cdot L/(K\cdot mol)}\times(273+18)\,\mathrm{K}}=9.84\times10^{-4}\,\mathrm{mol}$

反応式の係数の比から，$9.84\times10^{-4}\,\mathrm{mol}\times2=1.97\times10^{-3}\,\mathrm{mol}$

*3　$\dfrac{1.97\times10^{-3}\,\mathrm{mol}}{(10.0\times10^{-3})\,\mathrm{L}}=0.197\,\mathrm{mol/L}$

*4　$\dfrac{0.197\,\mathrm{mol/L}}{60\,\mathrm{s}}=3.28\times10^{-3}\,\mathrm{mol/(L\cdot s)}$

*5　1.27 mol/L − 0.197 mol/L = 1.073 mol/L

*6　$\dfrac{1.27\,\mathrm{mol/L}+1.07\,\mathrm{mol/L}}{2}=1.17\,\mathrm{mol/L}$

c 反応速度式の決定

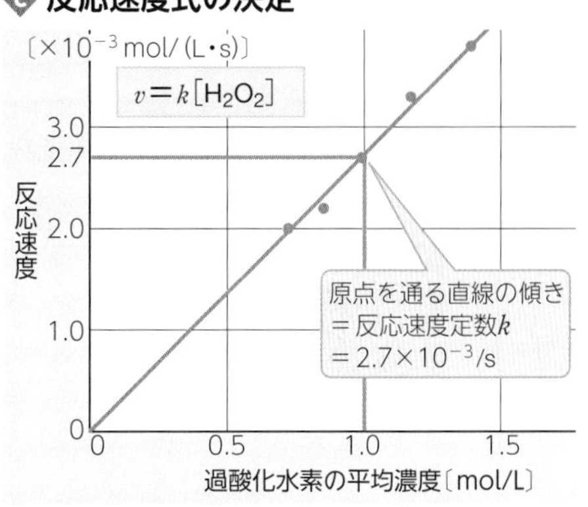

平均濃度 [H₂O₂] と平均反応速度 v の関係をグラフに表すと原点を通る直線が得られ，[H₂O₂] と v の間に比例関係があることがわかる。したがって，この反応の反応速度式は，以下のようになる。

$v=k[H_2O_2]$

Close-up（クローズアップ）　反応速度式は，化学反応式からわかるのか？

ヨウ化水素の熱分解($2HI \longrightarrow H_2 + I_2$)の反応速度式は，化学反応式の左辺の係数に準じて $v=k[\mathrm{HI}]^2$ と表されるが，過酸化水素の分解($2H_2O_2 \longrightarrow 2H_2O + O_2$)の反応速度式は $v=k[H_2O_2]$ と表され，化学反応式の係数に準じていない。実際には，ヨウ化水素の熱分解のように，反応速度式が化学反応式の係数に準じるものの方が少ない。これは，多くの化学反応が，複数の段階を経て進行しているためである。このような反応を**多段階反応**(複合反応)という。

例えば，五酸化二窒素 N_2O_5 の分解($2N_2O_5 \longrightarrow 4NO_2 + O_2$)の反応速度式は $v=k[N_2O_5]$ と表される。この反応は，次の反応(**素反応**)を経て三段階で進行している。

$N_2O_5 \longrightarrow N_2O_3 + O_2$ …❶　$N_2O_3 \longrightarrow NO + NO_2$ …❷　$N_2O_5 + NO \longrightarrow 3NO_2$ …❸

❶～❸の素反応を比べると，❶の速度が最も遅く，❷と❸は速やかに進行する。すなわち❶の反応で N_2O_3 が生じると，これがただちに❷で消費され，ここで生成する NO も❸でただちに消費される。したがって，全体の反応速度は❶の反応速度式によって決まるため，全体の反応速度式は $v=k[N_2O_5]$ となる。このように，多段階反応において最も速度が遅く，反応全体の速度を支配する素反応を**律速段階**という。

このように，化学反応のメカニズムは複雑であり，反応速度式は実験で得られたデータから求められている。

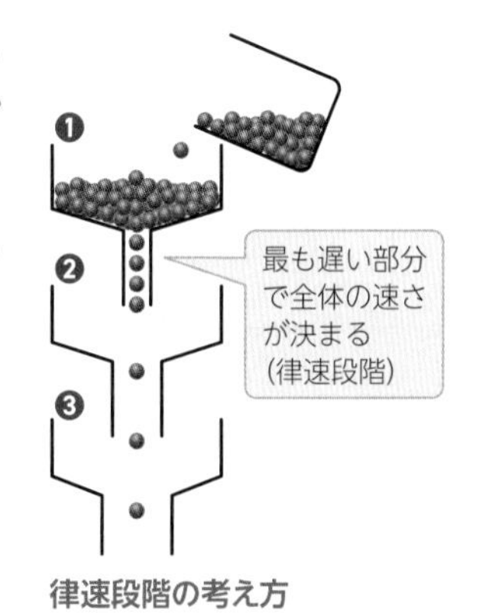

律速段階の考え方

過酸化水素の分解や五酸化二窒素の分解のように，反応速度が反応物の濃度に比例して一次式になっている反応を一次反応という。一次反応の半減期(反応物の濃度が最初の二分の一になるまでの時間)は最初の濃度の大小によらず一定になる。

5 化学反応の速さ② 化学

1 化学反応の速さと温度

反応速度は，温度が高くなるほど大きくなる。温度を高くすると反応速度が急激に大きくなることは，反応速度定数が温度の上昇とともに急激に増大することを示している。

a 温度による反応の速さの違い

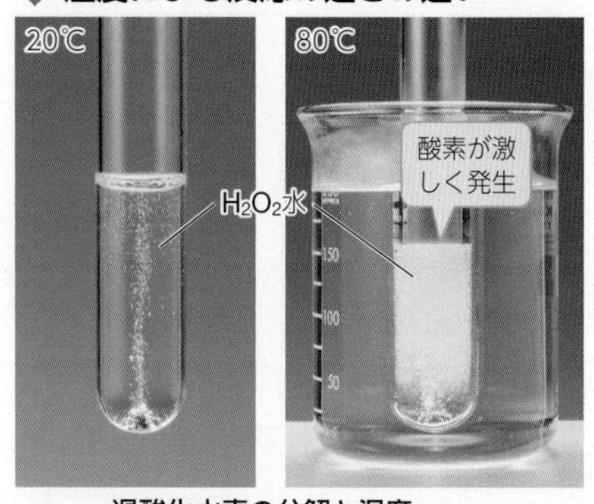

過酸化水素の分解と温度

b 反応速度定数の温度変化

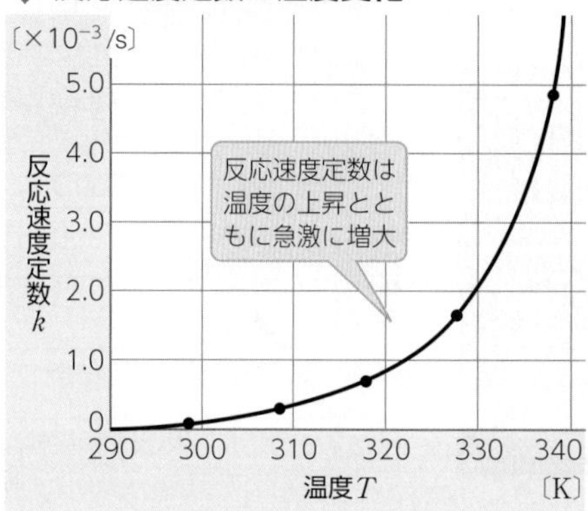

T[K]	k[/s]
298K	3.38×10^{-5}/s
308K	1.35×10^{-4}/s
318K	4.98×10^{-4}/s
328K	1.50×10^{-3}/s
338K	4.87×10^{-3}/s

10K ごとに：4.0倍，3.7倍，3.0倍，3.2倍

五酸化二窒素の分解反応の反応速度定数と温度

反応速度式は次式で表される。

$v=k[N_2O_5]$

反応速度定数が2～4倍になると，反応速度も2～4倍になる。

2 活性化エネルギー
activation energy

化学反応は，反応物の粒子どうしが衝突してエネルギーの高い不安定な状態(**遷移状態**)をつくり，この状態を経由して進行する。このとき必要なエネルギーを**活性化エネルギー**という。

a ヨウ化水素の分解反応におけるエネルギーの変化

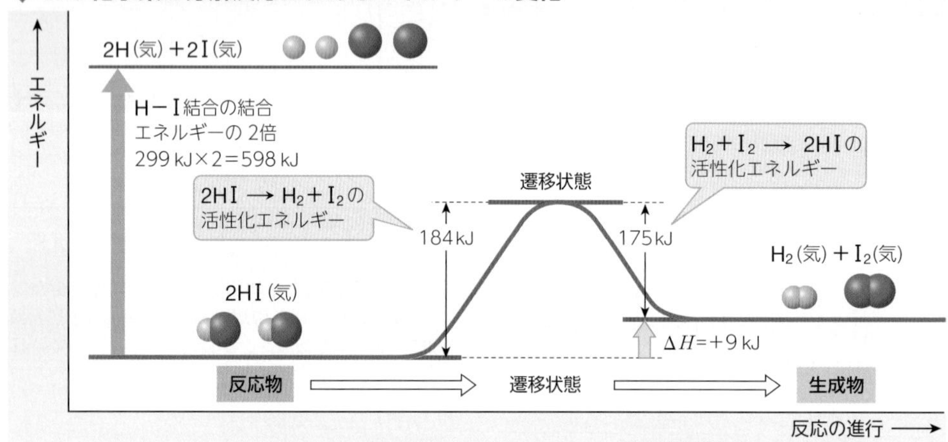

$2HI \longrightarrow H_2+I_2$の反応において，HI が H 原子と I 原子に解離して反応が進むとすると，必要なエネルギーは次のように求められる。

H－I の結合エネルギー×2mol

＝299kJ/mol×2mol＝598kJ

しかし，実際に必要なエネルギーは184kJ である。これはこの反応が H 原子や I 原子に解離せず，2個の H 原子と 2個の I 原子がゆるやかに結合した遷移状態を経由しているためと考えられている。このような状態の原子の集合体を，**活性錯合体**という。

184kJ は，活性錯合体 1mol ができるために必要なエネルギーであり，これがこの反応の活性化エネルギーである。

b 分子のエネルギーと分子の数の割合

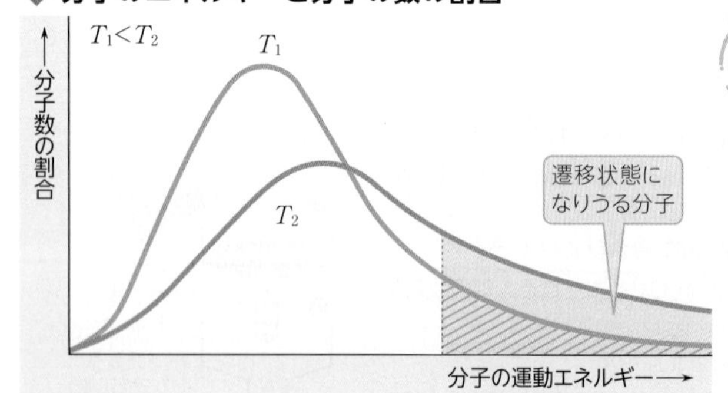

反応温度が上昇すると熱運動が激しくなって，単位時間あたりの衝突回数は増加するが，10K の温度上昇では衝突回数は数％しか増えていない。

温度の上昇に伴って反応速度が急激に速くなるのは，大きいエネルギーをもつ分子の割合が増加し，遷移状態になりうる分子の数が急激に増加するためである。

トピック 活性化エネルギーと反応の進みやすさ

黒鉛とダイヤモンドは，ともに炭素の単体である。黒鉛がダイヤモンドに変化する反応の熱化学方程式は，次のように表される。

C(黒鉛) ⟶ C(ダイヤモンド)　$\Delta H=+2$kJ

両者のもつエネルギーの差はきわめて小さいが，黒鉛をダイヤモンドに変化させることはきわめて難しい。これは，この反応の活性化エネルギーがきわめて大きいためである。このように活性化エネルギーが大きい反応は，一般に進行しにくい。

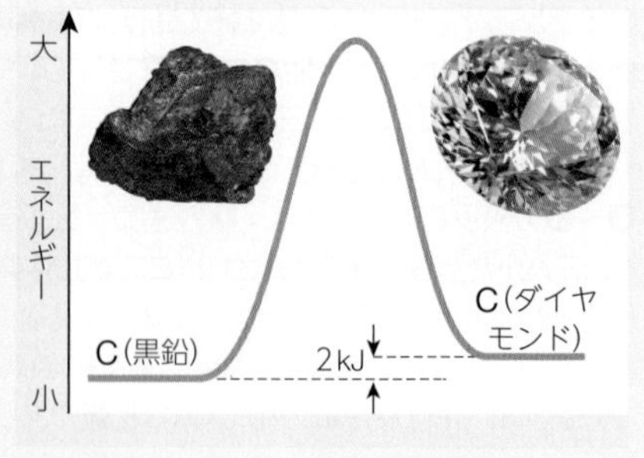

Tips HI の分解を700K で行うときに白金触媒を用いると，活性化エネルギーが184kJ/mol から58kJ/mol に低下する。このとき，反応速度は約10億倍になる。

3 触媒 catalyst

反応速度を大きくするが，反応の前後で変化しない物質を**触媒**という。触媒によって，反応は活性化エネルギーの小さい別の経路で進行し，反応速度が大きくなる。

ⓐ 均一触媒と不均一触媒

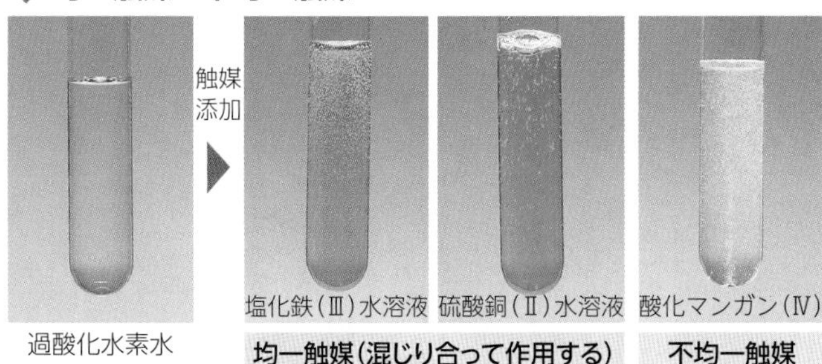

過酸化水素水に触媒を加えると，過酸化水素の分解が速やかに進行する。

ⓑ 触媒と活性化エネルギー

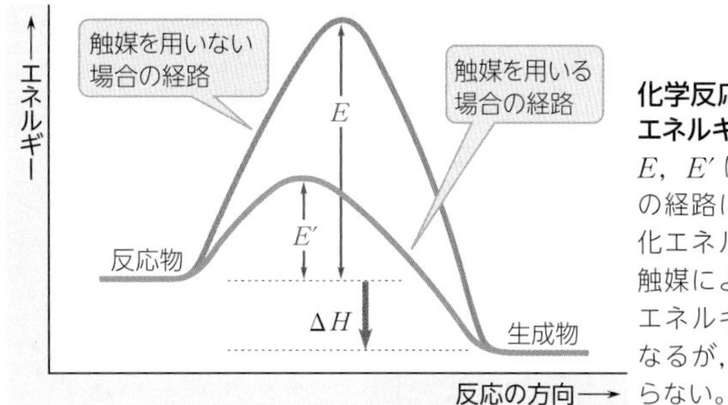

化学反応におけるエネルギー変化
E，E' は，それぞれの経路における活性化エネルギーを示す。触媒によって活性化エネルギーは小さくなるが，ΔH は変わらない。

ⓒ 触媒の働き(不均一触媒)

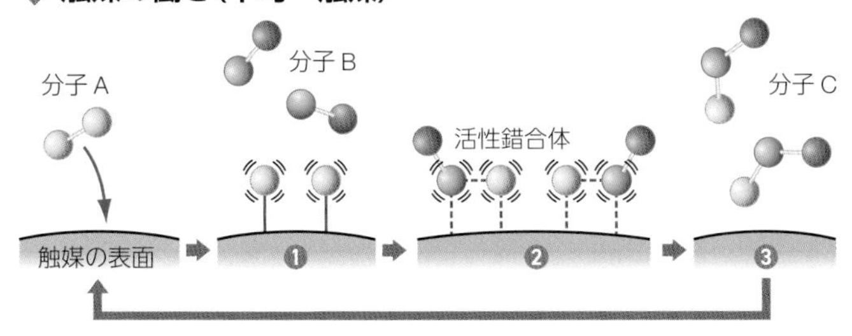

❶ 分子Aが触媒表面に吸着され，原子に解離して触媒と結合する。
❷ 分子Bが触媒表面に吸着され，分子Aから生じた原子と容易に結合し，活性錯合体を形成する。
❸ 分子Cが触媒からはなれ，触媒表面が再生される。再生された触媒は再び作用できるため，触媒は少量でも有効に働くことができる。

PLUS 酵素 enzyme

生物の体内では，さまざまな化学反応が体温に近い温度で起こっている。これらの化学反応の多くは，**酵素**とよばれるタンパク質が触媒となって進行する。

例えば，生体内で人体に有害な過酸化水素 H_2O_2 が発生すると，肝臓などに多く含まれる酵素カタラーゼによって水 H_2O と酸素 O_2 に分解される。このとき，反応の活性化エネルギーは，触媒のない場合の約 75kJ/mol から，約 8kJ/mol にまで低下する。これは，反応速度を約 10^{15} 倍も加速させていることになる。

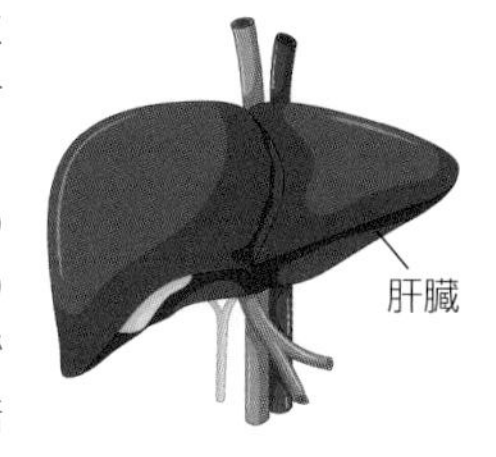

ⓓ 触媒の利用

排気ガス有害成分
炭化水素(HC)
一酸化炭素(CO)
窒素酸化物(NOx)
三元触媒
無害ガス
水
二酸化炭素
窒素

排ガスの浄化
自動車などの排ガスには一酸化炭素，窒素酸化物，炭化水素などが含まれている。これらを白金，ロジウムを主要成分とする触媒を用いて反応させ，水，二酸化炭素，窒素に変えて排気する。

油脂汚れ(皮脂など)･･･リパーゼ
タンパク質汚れ(垢など)･･･プロテアーゼ
デンプン汚れ(食品など)･･･アミラーゼ

酵素を配合した洗剤
衣類にはさまざまな種類の汚れがつくが，これを洗浄する洗剤として，酵素による分解反応を利用したものが市販されている。

PLUS アレニウスの式

19世紀末，スウェーデンのアレニウスは，実験のデータから反応速度定数 k と絶対温度 T との間に，次の関係が成り立つことを見出した。この式を**アレニウスの式**という。

$k=Ae^{-\frac{E}{RT}}$ （R：気体定数=8.31J/(mol・K)，E：活性化エネルギー，A：比例定数）

この式は，両辺の対数をとると，次のように変形することができる。

$\log_e k=-\dfrac{E}{RT}+\log_e A$ （e は自然対数の底，$\log_e k=2.303\log_{10}k$ である）

この式を利用して，活性化エネルギー E を求めることができる。いろいろな温度 T で実験を行い，各温度における反応速度定数 k を求める。次に $1/T$ を横軸，$\log_e k$ を縦軸とするグラフを作成すると，直線が得られる。この直線の傾きは $-E/R$ に等しいので，この値から活性化エネルギー E が求められる。例えば，右図の2点から，活性化エネルギー E は，次式のように求められる。

$$-\frac{E}{R}=\frac{-14.00-(-6.00)}{0.00176/\mathrm{K}-0.00140/\mathrm{K}}=-2.22\times10^{4}\mathrm{K}$$

$$E=2.22\times10^{4}\mathrm{K}\times8.31\,\mathrm{J/(mol\cdot K)}=1.84\times10^{5}\mathrm{J/mol}=1.84\times10^{2}\mathrm{kJ/mol}$$

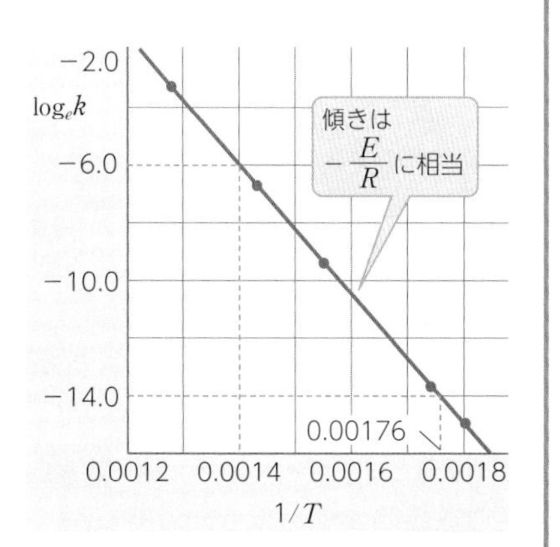

Tips 過酸化水素の分解は，触媒がなくても徐々に進行するため，市販の過酸化水素水には分解を抑制する安定化剤として，微量のリン酸が添加されている。このような作用を示す物質は，かつて「負触媒」とよばれたが，現在では使われない用語となっている。

6 可逆反応と化学平衡 化学

1 不可逆反応と可逆反応
irreversible reaction　reversible reaction

化学反応には，反応が一方向だけに進むものと，逆向きの反応もおこるものがある。

ⓐ 不可逆反応
反応が一方向だけに進行し，逆向きの変化がおこらない反応を**不可逆反応**という。燃焼のように大きな発熱を伴う反応や気体が発生して系外に出ていく反応は不可逆反応である。

エタノールを燃焼させると，水と二酸化炭素が生じる。

$C_2H_6O + 3O_2 \longrightarrow 2CO_2 + 3H_2O$

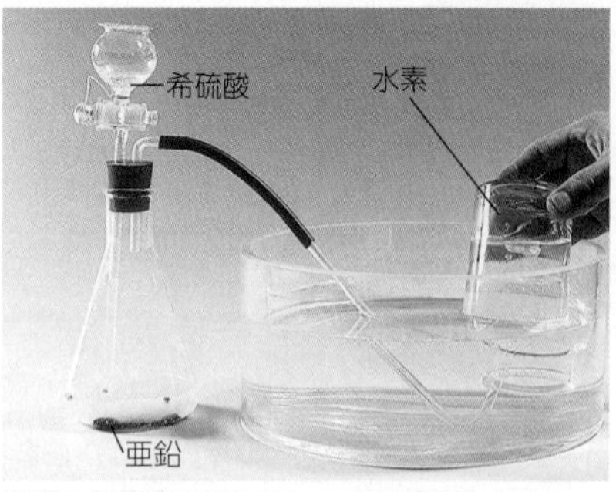

亜鉛に希硫酸を加えると，水素が発生する。

$Zn + H_2SO_4 \longrightarrow ZnSO_4 + H_2$

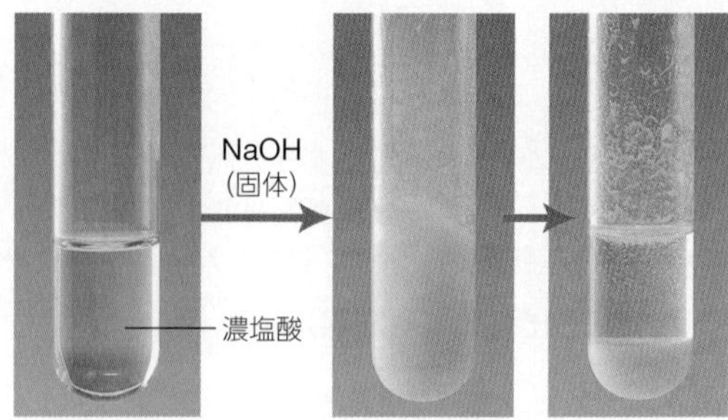

濃塩酸に固体の水酸化ナトリウムを加えると，激しく反応して塩化ナトリウムが沈殿する。

$HCl + NaOH \longrightarrow NaCl + H_2O$

ⓑ 可逆反応
化学反応において，右向きの反応を**正反応**，左向きの反応を**逆反応**といい，正・逆どちらの向きにもおこる反応を**可逆反応**という。可逆反応は両向きの⇄で表される。

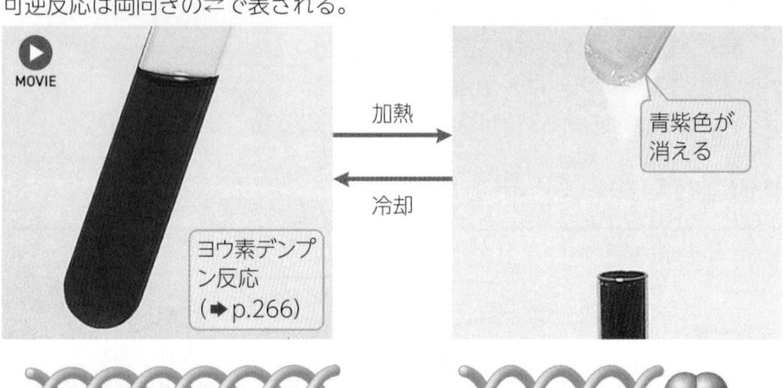

ヨウ素分子を取りこんだデンプン分子(青紫色)　デンプン分子　ヨウ素分子

デンプン水溶液にヨウ素ヨウ化カリウム水溶液(ヨウ素液)を加えると，青紫色を呈する。呈色した水溶液を加熱すると，ヨウ素分子がデンプン分子から離れ，青紫色は消えるが，これを冷却すると再び呈色する。

(➡p.266)

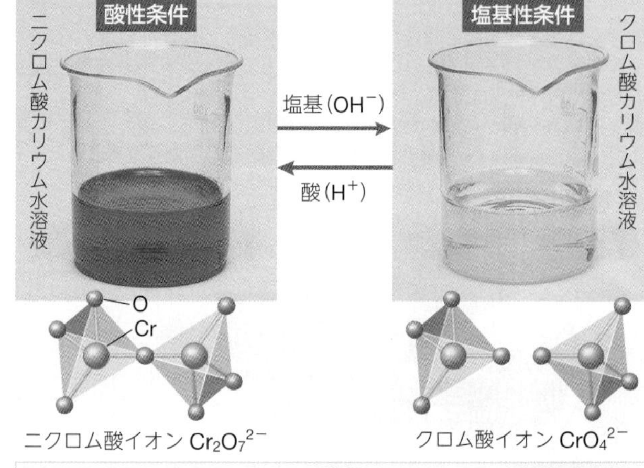

二クロム酸イオン $Cr_2O_7^{2-}$　クロム酸イオン CrO_4^{2-}

$$Cr_2O_7^{2-}\text{(赤橙色)} \underset{H^+}{\overset{OH^-}{\rightleftarrows}} 2CrO_4^{2-}\text{(黄色)}$$

2 化学平衡
chemical equilibrium

可逆反応において，正反応がおこると反応物が減少し，生成物が増加する。やがて，生成物がある一定量に達すると，これらが混合した状態となり，見かけ上反応が停止する。この状態を**化学平衡の状態**，または単に**平衡状態**という。

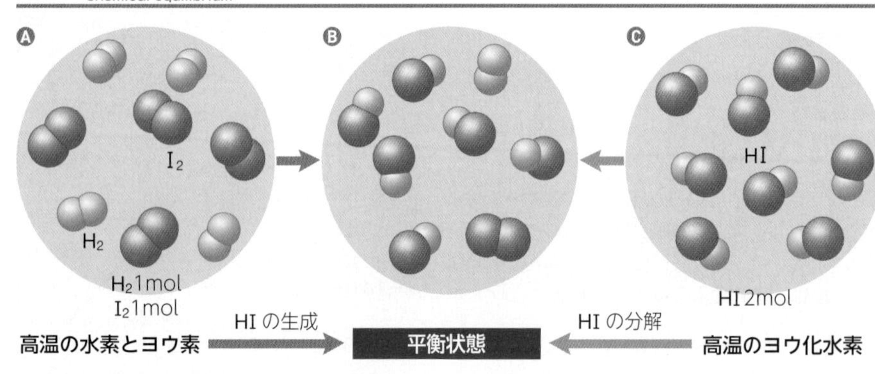

水素とヨウ素の混合気体を反応させた場合も，ヨウ化水素を分解させた場合も，水素，ヨウ素，ヨウ化水素が混ざりあった平衡状態になる。

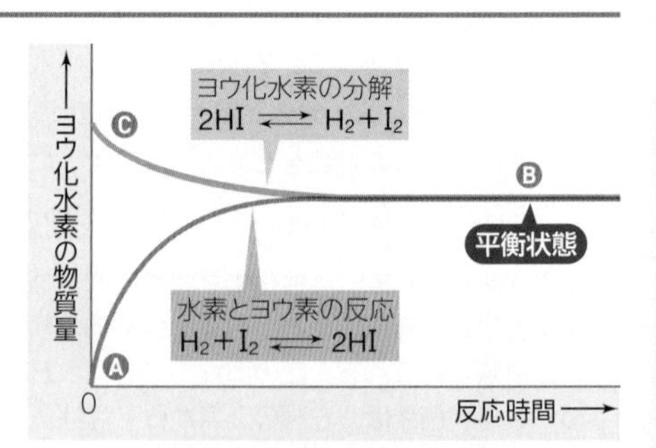

ヨウ化水素の生成と分解

H_2 1 mol と I_2 1 mol からの HI 生成反応でも，HI 2 mol の分解反応でも，平衡状態では同じ物質量のヨウ化水素が存在する。

Tips 洗濯のりとして使われるポリビニルアルコールの分子も，水溶液中でデンプンと同様のらせん構造をとる。そのため，ポリビニルアルコールを含む水溶液は，ヨウ素ヨウ化カリウム水溶液を加えると呈色する。

3 平衡状態と平衡定数 equilibrium constant

平衡状態では，各反応物と各生成物の濃度の間に，一定の関係がある。

ⓐ 反応速度と平衡状態

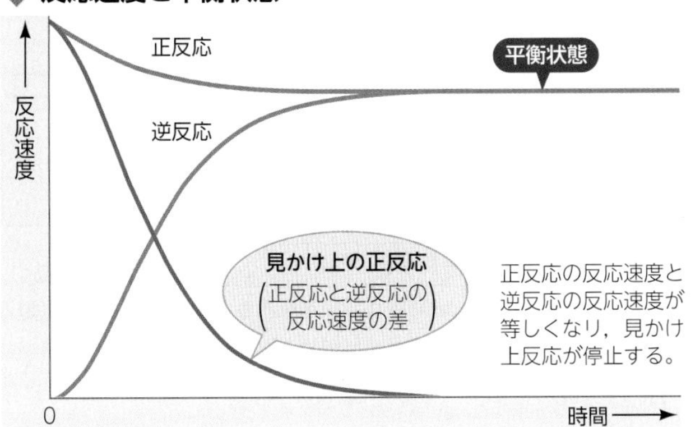

可逆反応では，反応の進行に伴って反応物の濃度が減少するため，正反応の反応速度v_1はしだいに小さくなる。逆に，生成物の濃度は増えるため，逆反応の反応速度v_2は大きくなる。

ⓑ 反応物・生成物の物質量と平衡状態

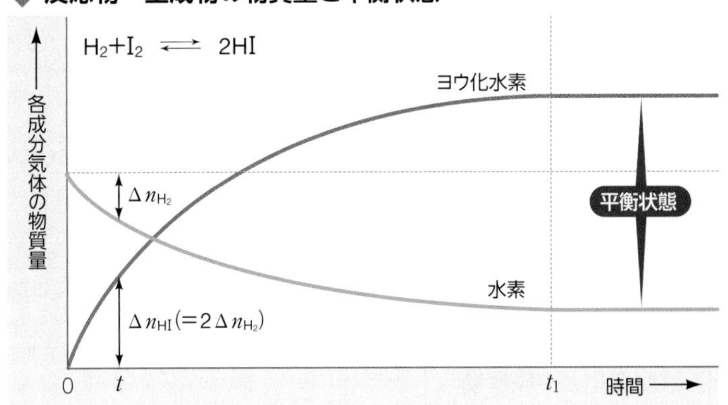

時刻tにおいて，生成したヨウ化水素の物質量Δn_{HI}は，そのときの水素の物質量の減少量Δn_{H_2}の2倍に等しい。時刻t_1以降は平衡状態になっている。

ⓒ 平衡定数

化学平衡の法則（質量作用の法則） law of chemical equilibrium / law of mass action

$$aA + bB \rightleftarrows cC + dD \quad (a, b, c, d \text{ は係数})$$

で示される反応の平衡状態（温度一定）では，各物質のモル濃度の間に次式が成り立つ。

$$\frac{[C]^c[D]^d}{[A]^a[B]^b} = K(\text{一定})$$ ← 平衡定数

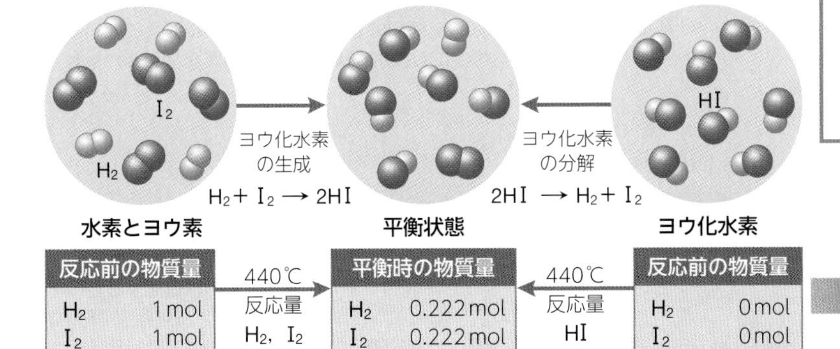

反応前の物質量		440℃ 反応量	平衡時の物質量		440℃ 反応量	反応前の物質量	
H_2	1 mol	H_2，I_2	H_2	0.222 mol	HI	H_2	0 mol
I_2	1 mol	0.778 mol	I_2	0.222 mol	0.444 mol	I_2	0 mol
HI	0 mol		HI	1.556 mol		HI	2 mol

平衡定数

容器の体積をVとすると，

$$K = \frac{[HI]^2}{[H_2][I_2]} = \frac{\left(\frac{1.556}{V}\text{mol/L}\right)^2}{\frac{0.222}{V}\text{mol/L} \times \frac{0.222}{V}\text{mol/L}} = 49.1$$

PLUS 固体が関与する平衡状態

固体が関与する反応の場合，固体の量は，その平衡状態に影響を与えず，平衡定数は，気体成分の濃度だけで表される。例えば，赤熱したコークスに二酸化炭素を反応させると，次のような平衡状態に達する。

$$C(\text{固}) + CO_2(\text{気}) \rightleftarrows 2CO(\text{気}) \quad K = \frac{[CO]^2}{[CO_2]}$$

固体と液体が平衡状態にある場合も，その平衡定数は，液体成分の濃度だけで表される。

PLUS 圧平衡定数 pressure equilibrium constant

気体AとBから気体CとDを生じる反応が，次式で示される平衡状態（温度一定）に達している。

$$aA + bB \rightleftarrows cC + dD \quad (a, b, c, d \text{ は係数})$$

このとき，各気体の分圧をそれぞれP_A，P_B，P_C，P_Dとすると，一般に，次式が成り立つ。

$$\frac{P_C{}^c P_D{}^d}{P_A{}^a P_B{}^b} = K_P(\text{一定}) \quad \cdots❶$$

この一定値K_Pを**圧平衡定数**という。各成分物質のモル濃度から求められた平衡定数Kは，圧平衡定数と区別する場合，**濃度平衡定数**とよばれる。各成分物質の分圧と，そのモル濃度との関係は，気体の状態方程式$PV = nRT$から，次のように求められる。

$$P_A = \frac{n_A}{V}RT = [A]RT,\quad P_B = \frac{n_B}{V}RT = [B]RT$$

$$P_C = \frac{n_C}{V}RT = [C]RT,\quad P_D = \frac{n_D}{V}RT = [D]RT$$

これらを❶式に代入すると，圧平衡定数K_Pと濃度平衡定数Kの関係が次のように表される。

$$K_P = \frac{([C]RT)^c([D]RT)^d}{([A]RT)^a([B]RT)^b} = \frac{[C]^c[D]^d}{[A]^a[B]^b}(RT)^{(c+d)-(a+b)} = K(RT)^{(c+d)-(a+b)}$$

Kは温度が一定であれば一定なので，圧平衡定数K_Pも一定であることが確認される。

Tips 「質量作用の法則」の名称は，“law of mass action” の “mass” を「質量」と誤訳したものといわれている。歴史的に，化学平衡は反応に関わる物質の “active mass” によって論じられた。“active mass” は溶液中の濃度（concentration）を意味し，「活動量」または「活性質量」と訳される。

7 平衡移動 化学

1 ルシャトリエの原理
Le Chatelier's principle

ある平衡状態が別の平衡状態に移ることを**平衡移動**という。
化学平衡は，濃度，圧力，温度などを変化させると，その影響をやわらげる向きに移動する。

ルシャトリエの原理（平衡移動の原理）

化学平衡は，濃度，圧力，温度などを変化させると，その影響をやわらげる向きに移動し，新しい平衡状態になる。

! 平衡状態に何らかの操作を加え，ルシャトリエの原理にしたがって平衡が移動しても，加えた操作をすべて打ち消すほどの効果はなく，あくまでも操作の影響をやわらげるだけである。

条件		平衡移動の向き
濃度	増加	増加した物質が減少する向き
	減少	減少した物質が増加する向き

条件		平衡移動の向き
温度	加熱	吸熱反応の方向
	冷却	発熱反応の方向

条件		平衡移動の向き
圧力	加圧	気体分子の総数が減少する向き
	減圧	気体分子の総数が増加する向き

触媒と平衡移動
触媒の存在は平衡移動に関係しない。

a 濃度変化と平衡移動

$NH_3 + H_2O \rightleftarrows NH_4^+ + OH^-$

炭酸アンモニウム$(NH_4)_2CO_3$を加えると，NH_4^+が増加するため，その影響をやわらげる向き（NH_4^+を減少させる左向き）に平衡が移動する。このような化学平衡の移動を**共通イオン効果**という。
common-ion effect

MOVIE

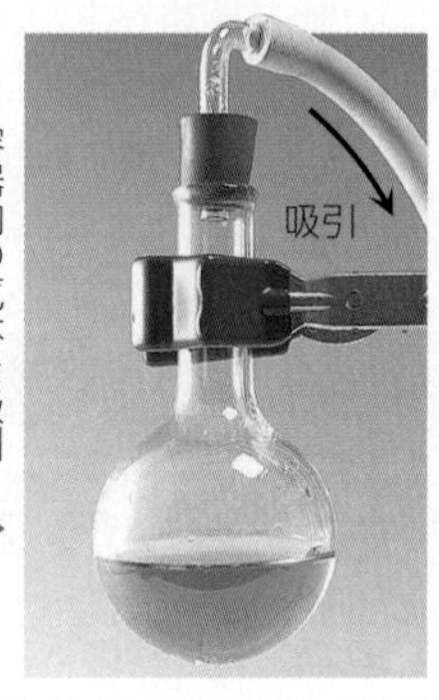

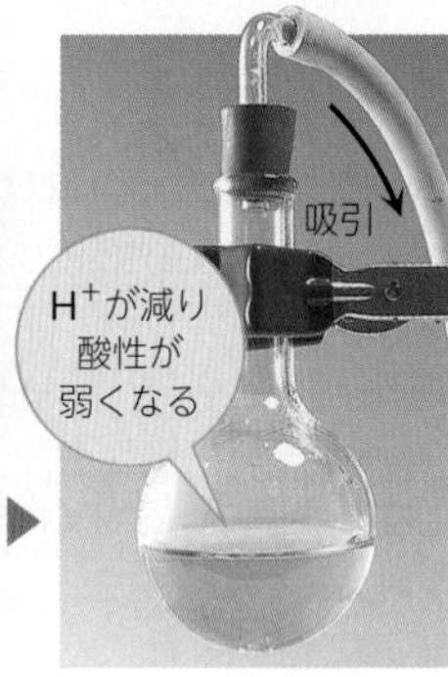

$CO_2 + H_2O \rightleftarrows HCO_3^- + H^+$

アスピレーターで容器内の気体を吸引すると，二酸化炭素CO_2が抜け出るため，その影響をやわらげる向き（CO_2を増加させる左向き）に化学平衡が移動する。

MOVIE

b 温度変化と平衡移動

フラスコ内の二酸化窒素NO_2は，次の平衡状態にある。 $2NO_2$(赤褐色) $\rightleftarrows$ N_2O_4(無色)

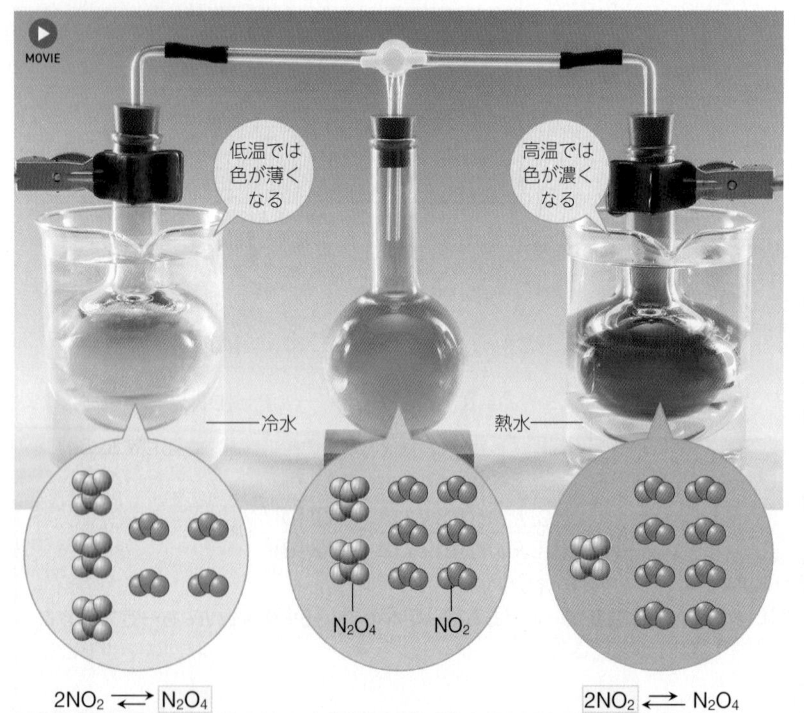

二酸化窒素NO_2から四酸化二窒素N_2O_4を生じる反応は発熱反応であり，次式で表される。

$2NO_2$(赤褐色) $\rightleftarrows$ N_2O_4(無色)　$\Delta H = -57\text{kJ}$

フラスコを冷却して温度を低くすると，その影響をやわらげる向き（発熱反応である右向き）に平衡が移動し，赤褐色が薄くなる。逆に，加熱して温度を高くすると，吸熱反応である左向きに平衡が移動し，赤褐色は濃くなる。

key person（キーパーソン） ルシャトリエ

ルシャトリエ
(1850～1936 フランス)

ルシャトリエは，セメント，ガラス，陶器について研究し，それらの製造に，高い温度の測定が必要であったため，熱電対や光温度計を開発した。また，合金の性質を調べるために，金属顕微鏡を改良したり，表面研磨の新しい方法を考案したりもした。セメントの製造に関する研究から，1884年，化学平衡の移動原理を導き出し，条件の変化に応じて，平衡がどの方向に移動するかが決まることを提唱した。

Tips 溶液中で，固体が関与する平衡状態に，その固体を加えても平衡の移動はおこらない。たとえば，飽和食塩水では$NaCl$(固) $\rightleftarrows$ $Na^+ + Cl^-$の平衡が成立しており，ここに食塩を加えても，その一部が新たに溶けることはない。

C 圧力変化と平衡移動

注射器内の二酸化窒素 NO_2 は，次の平衡状態にある。 $2NO_2$(赤褐色) ⇄ N_2O_4(無色)

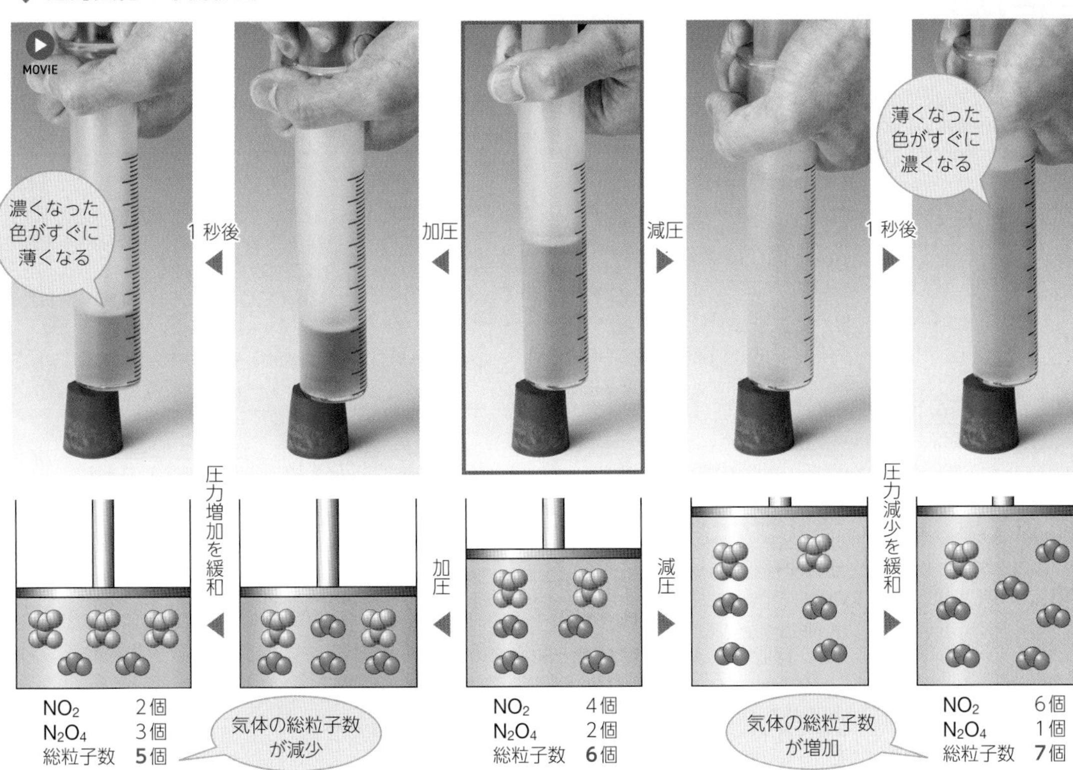

ピストンを押して加圧すると，その直後は色が濃くなるが(側方から観察した場合)，ただちに薄くなる。これは加圧によってその影響をやわらげる向き(気体分子の総数が減少する右向き)に化学平衡が移動するためである。
反対に，ピストンを引いて減圧すると，その直後は色が薄くなるが，ただちに色が濃くなる。

! 反応に関与しない気体(貴ガスなど)を加え，体積一定で全圧が増加した場合，NO_2，N_2O_4 の濃度は変化しないので，化学平衡の移動はおこらない。

2 アンモニアの合成と化学平衡

アンモニアの工業的製法における反応条件の設定には，ルシャトリエの原理が考慮されている。

アンモニアは，工業的には窒素と水素から次の反応によって合成される。

$$N_2 + 3H_2 \rightleftarrows 2NH_3 \quad \Delta H = -92\text{kJ}$$

反応の温度や圧力などの条件を変えると，ルシャトリエの原理にしたがって，右のグラフのように，アンモニアの生成率が変化する。
工業的な合成においては，生成率や反応速度とともに，設備の耐久性(高圧に耐えられるか)なども考慮され，次のような条件で合成されている。

圧力：およそ 3.0×10^7 Pa
温度：400～500℃
触媒：四酸化三鉄 Fe_3O_4 を主成分とする触媒を用いる。

このようなアンモニアの工業的製法を**ハーバー・ボッシュ法**という。

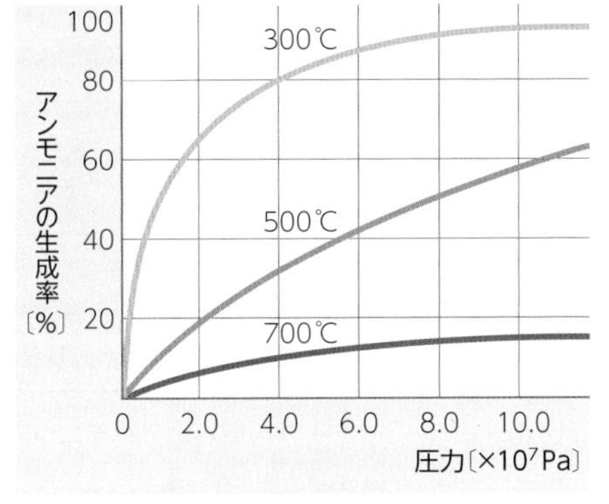

アンモニアの生成率と圧力
窒素と水素を 1：3 の物質量の比で混合し，反応させた場合のものである。低温・高圧の条件ほど生成率が高くなる。

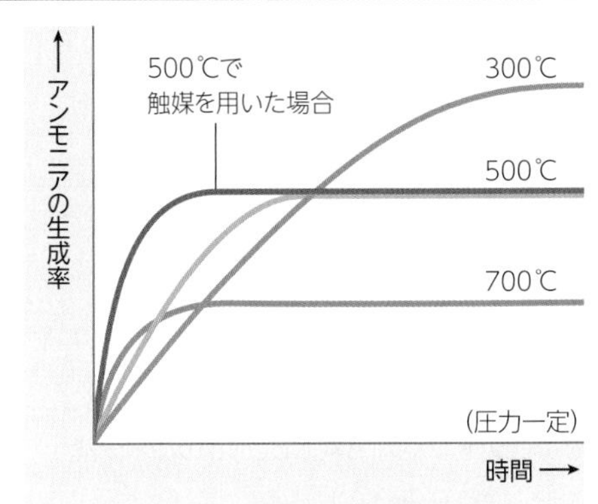

アンモニアの生成率と温度・触媒
生成率が一定になった状態が平衡状態である。低温ほど生成率は高いが，平衡に達するまでに時間がかかる。触媒を用いると速く平衡に達する。

アンモニアの合成プラント

反応条件のまとめ

温度	**低温にする ➡ 平衡は右に移動** 低温では反応の速さが小さくなり，平衡に達するまでに長い時間を要するため，温度を数百℃とし，触媒(主成分 Fe_3O_4)を利用する。
圧力	**高圧にする ➡ 平衡は右に移動** 設備の耐久性などを考慮して，およそ 3.0×10^7 Pa に設定する。
濃度	**生成したアンモニア NH_3 を取り出す ➡ 平衡は右に移動** アンモニアを冷却し，液体にして分離する。

Tips ハーバー・ボッシュ法によって得られたアンモニアは，窒素肥料の大量合成を可能とし，食糧の増産に大きく貢献した。ドイツのベルリンにあるハーバーの記念碑には，「空気からパンを作った人」と銘文が刻まれている。

8 電離平衡 化学

1 電離平衡 ionization equilibrium

酢酸やアンモニアなどの電解質を水に溶かすと，その一部が電離し，電離せずに残っている電解質との間で平衡状態になる。このような電離による平衡を**電離平衡**という。

ⓐ 弱酸の電離平衡

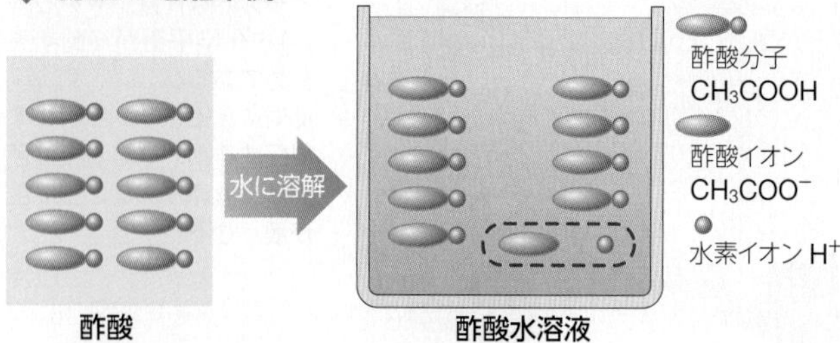

$$CH_3COOH \rightleftarrows CH_3COO^- + H^+$$

$$\frac{[CH_3COO^-][H^+]}{[CH_3COOH]} = K_a \text{（酸の電離定数）}$$

濃度が c〔mol/L〕の酢酸水溶液の電離度をαとすると，平衡時の各モル濃度は次のようになる。

$$\begin{array}{ccccc} CH_3COOH & \rightleftarrows & CH_3COO^- & + & H^+ \\ c(1-\alpha) & & c\alpha & & c\alpha \end{array}$$

酢酸は弱酸なので，αは非常に小さく，$1-\alpha$は1とみなされ，K_a は次のように表される。

$$K_a = \frac{c\alpha \times c\alpha}{c(1-\alpha)} = \frac{c\alpha^2}{1-\alpha} = c\alpha^2$$

ⓑ 弱塩基の電離平衡

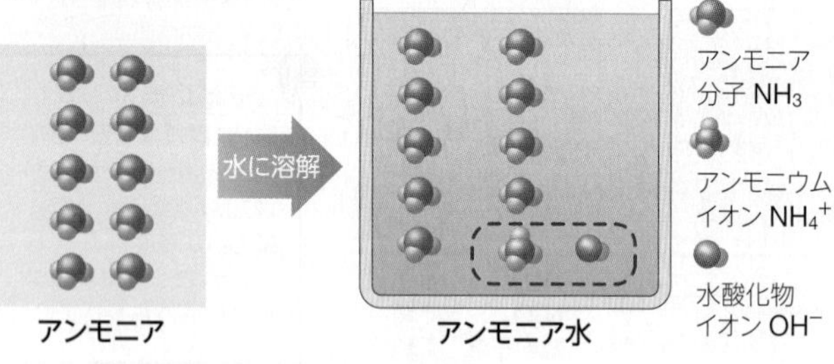

$$NH_3 + H_2O \rightleftarrows NH_4^+ + OH^-$$

$$\frac{[NH_4^+][OH^-]}{[NH_3][H_2O]} = K$$

$[H_2O]$は一定とみなせるので，

$$\frac{[NH_4^+][OH^-]}{[NH_3]} = K[H_2O] = K_b \text{（塩基の電離定数）}$$

濃度が c〔mol/L〕のアンモニア水の電離度をαとすると，酢酸の場合と同様にして，次のように表される。

$$K_b = \frac{c\alpha \times c\alpha}{c(1-\alpha)} = \frac{c\alpha^2}{1-\alpha} = c\alpha^2$$

弱酸・弱塩基の電離定数（25℃）

	物質	電離定数〔mol/L〕
酸	HF	2.1×10^{-3}
	CH_3COOH	2.7×10^{-5}
	C_6H_5OH	1.4×10^{-10}
塩基	CH_3NH_2	3.2×10^{-4}
	NH_3	2.3×10^{-5}
	$C_6H_5NH_2$	5.2×10^{-10}

電離定数が大きいほど，酸では$[H^+]$が大きく，塩基では$[OH^-]$が大きい。

酢酸・アンモニアの電離平衡

電離反応	$CH_3COOH \rightleftarrows CH_3COO^- + H^+$	$NH_3 + H_2O \rightleftarrows NH_4^+ + OH^-$
電離定数	$K_a = \dfrac{[CH_3COO^-][H^+]}{[CH_3COOH]}$	$K_b = \dfrac{[NH_4^+][OH^-]}{[NH_3]}$
電離度	$\alpha = \sqrt{\dfrac{K_a}{c}}$　c：酢酸の濃度	$\alpha = \sqrt{\dfrac{K_b}{c}}$　c：アンモニアの濃度
イオン濃度	$[H^+] = c\alpha = \sqrt{cK_a}$	$[OH^-] = c\alpha = \sqrt{cK_b}$ $[H^+] = \dfrac{K_w}{\sqrt{cK_b}}$

（$K_w = [H^+][OH^-]$，➡ p.66）

2 塩の加水分解 hydrolysis of solt

弱酸の塩や弱塩基の塩を水に溶かすと，電離で生じた弱酸や弱塩基のイオンの一部が水分子と反応して，他の分子やイオンを生じる変化がおこる。このような反応を**塩の加水分解**という。

■酢酸ナトリウム CH_3COONa の加水分解

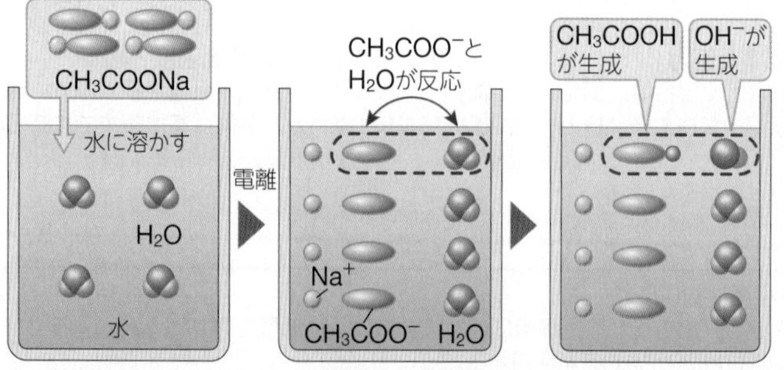

CH_3COONaを水に溶かすと，電離してCH_3COO^-を生じる。CH_3COO^-の一部が水分子H_2Oと反応してOH^-を生じるため，水溶液は塩基性を示す。

$$CH_3COO^- + H_2O \rightleftarrows CH_3COOH + OH^-$$

$[H_2O]$は一定とみなせるので，$\dfrac{[CH_3COOH][OH^-]}{[CH_3COO^-]} = K_h$（加水分解定数）

■塩化アンモニウム NH_4Cl の加水分解

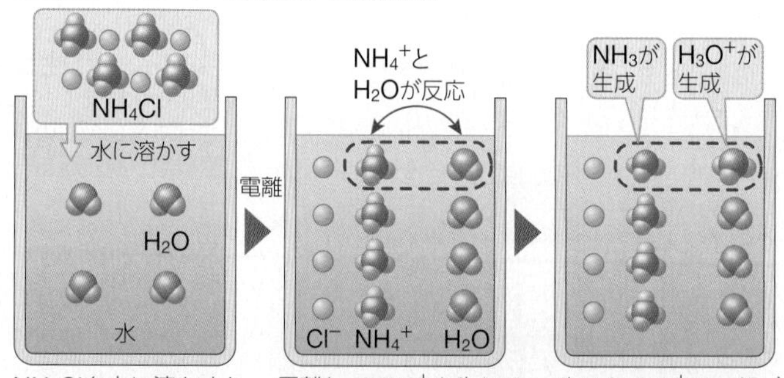

NH_4Clを水に溶かすと，電離してNH_4^+を生じる。生じたNH_4^+の一部が水分子H_2Oと反応してH^+（H_3O^+）を生じるため，水溶液は酸性を示す。

$$NH_4^+ + H_2O \rightleftarrows NH_3 + H_3O^+$$

$[H_2O]$は一定とみなせるので，$\dfrac{[NH_3][H^+]}{[NH_4^+]} = K_h$（加水分解定数）

弱酸や弱塩基の電離度は希釈する（水を加える）ほど大きくなり，1に近づく。これに対して，電離定数は濃度によって変化しない。したがって，酸や塩基の強弱は，厳密には電離度ではなく，電離定数によって比較する必要がある。

3 緩衝液 buffer

弱酸とその塩の混合水溶液，または弱塩基とその塩の混合水溶液は，少量の酸や塩基を加えても，pH が大きく変化せず，ほぼ一定に保たれる。このような作用を**緩衝作用**といい，緩衝作用を示す水溶液を**緩衝液**という。

ⓐ 緩衝作用 buffer action

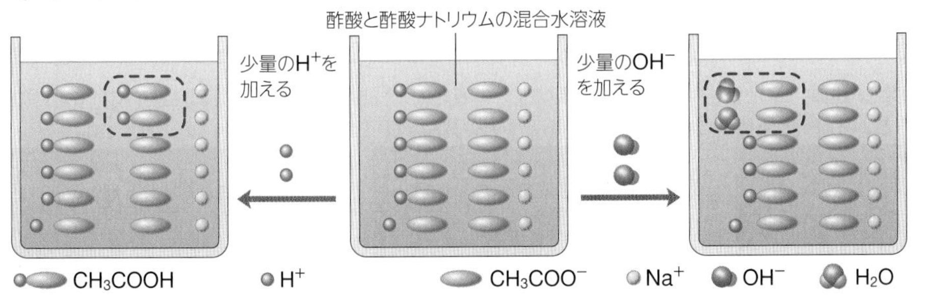

H^+ はCH_3COO^-と反応して消費される。

$CH_3COO^- + H^+ \longrightarrow CH_3COOH$

緩衝液 ┌ 0.1 mol/L CH_3COOH
　　　 └ 0.1 mol/L CH_3COONa

CH_3COOHとCH_3COO^-が多量に存在。

OH^- はCH_3COOHと反応して消費される。

$CH_3COOH + OH^- \longrightarrow CH_3COO^- + H_2O$

ⓑ 緩衝液の働き

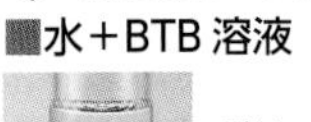

■水＋BTB 溶液

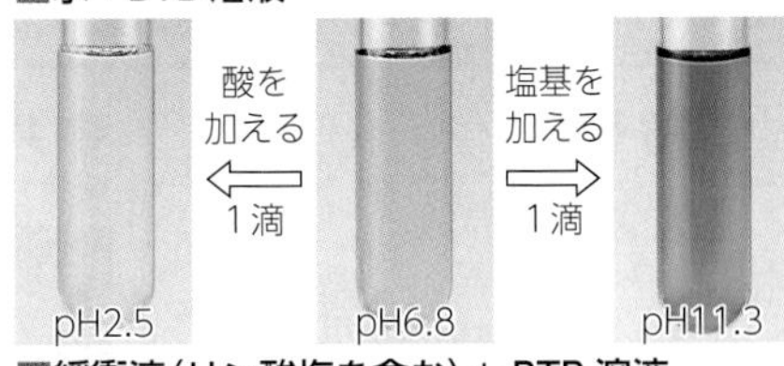

■緩衝液（リン酸塩を含む）＋ BTB 溶液

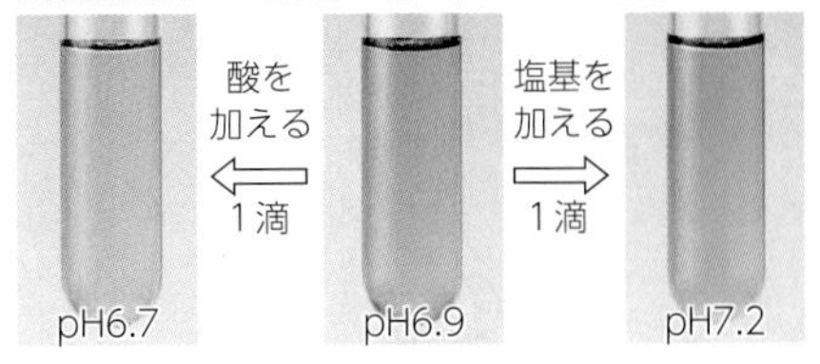

Close-up（クローズアップ） 中和滴定曲線の形を考えてみよう

0.20 mol/L 酢酸水溶液10 mL に，0.20 mol/L 水酸化ナトリウム水溶液を滴下していくと，下のような中和滴定曲線が得られる。この滴定曲線中のいくつかの点の pH を計算によって求めてみよう。

点❶の pH　最初は酢酸の水溶液なので，$[H^+] = c\alpha = \sqrt{cK_a}$ である。

したがって，$pH = -\log_{10}[H^+]$

$$= -\log_{10}\sqrt{0.20 \times 2.7 \times 10^{-5}} = 2.63$$

点❷の pH　点②では，中和点の半分の NaOH 水溶液を加えているので，酢酸の半分が中和されて CH_3COONa になっている。

したがって，この点では，$[CH_3COOH] = [CH_3COO^-]$ になっており，電離定数 K_a の式は，次のように表される。

$$K_a = \frac{[CH_3COO^-][H^+]}{[CH_3COOH]} = [H^+]$$

したがって，$[H^+] = K_a = 2.7 \times 10^{-5}$ mol/L

$$pH = -\log_{10}[H^+] = -\log_{10}(2.7 \times 10^{-5}) = 4.57$$

この点では，酢酸と酢酸ナトリウムが等量ずつ存在しており，緩衝液になっている。このため，B 点の付近では pH の変化が小さくなっている。

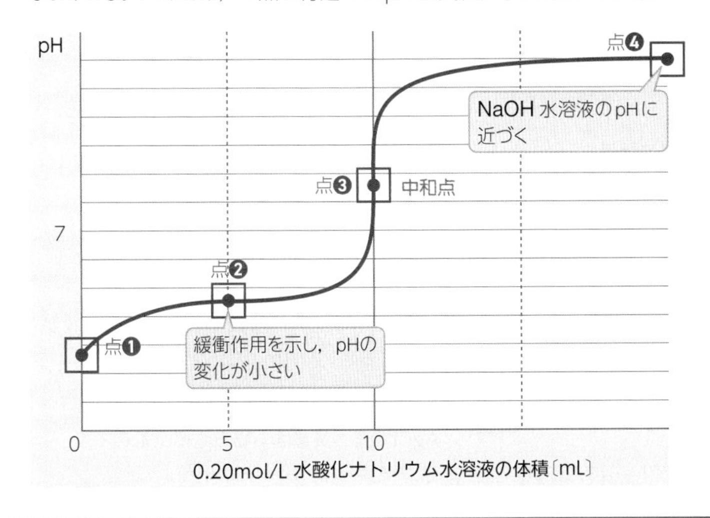

点❸の pH　中和点では，酢酸がすべて中和されて，酢酸ナトリウムの水溶液になっている。酢酸ナトリウム水溶液は，加水分解によって弱い塩基性を示す。

$$CH_3COONa \longrightarrow CH_3COO^- + Na^+ \quad \cdots ①$$

$$CH_3COO^- + H_2O \rightleftarrows CH_3COOH + OH^- \quad \cdots ②$$

②式の平衡定数（加水分解定数）は次式で表される。

$$K_h = \frac{[CH_3COOH][OH^-]}{[CH_3COO^-]} \quad \cdots ③$$

③式の分母と分子に$[H^+]$をかけて整理すると，K_h は，酢酸の電離定数 K_a と水のイオン積 K_w を用いて次のように表される。

$$K_h = \frac{[CH_3COOH][OH^-] \times [H^+]}{[CH_3COO^-] \times [H^+]} = \frac{[OH^-][H^+]}{\dfrac{[CH_3COO^-][H^+]}{[CH_3COOH]}} = \frac{K_w}{K_a}$$

中和点では，体積がはじめの2倍になっているので，$[CH_3COO^-] = 0.10$ mol/L になる。水と反応したCH_3COO^-を x〔mol/L〕とすると，加水分解の量的関係は次のようになる。

	CH_3COO^-	$+ H_2O \rightleftarrows$	CH_3COOH	$+ OH^-$	
はじめ	0.10		0	0	〔mol/L〕
変化量	$-x$		$+x$	$+x$	〔mol/L〕
平衡時	$0.10-x$		x	x	〔mol/L〕

したがって，加水分解定数 K_h は，次のようになる。

$$K_h = \frac{[CH_3COOH][OH^-]}{[CH_3COO^-]} = \frac{x \times x}{0.10\,\text{mol/L} - x}$$

ここで，xは0.10に対して非常に小さく，$0.10 - x \fallingdotseq 0.10$とみなせるので，

$$K_h = \frac{x^2\,(\text{mol/L})^2}{0.10\,\text{mol/L}}$$

$[OH^-] = x$〔mol/L〕なので，

$$[OH^-] = \sqrt{0.10\,\text{mol/L} \times K_h} = \sqrt{0.10\,\text{mol/L} \times \frac{K_w}{K_a}}$$

$K_w = [H^+][OH^-]$から，

$$[H^+] = \frac{K_w}{[OH^-]} = \sqrt{\frac{K_w K_a}{0.10\,\text{mol/L}}} = 1.64 \times 10^{-9}\,\text{mol/L}$$

$pH = -\log_{10}[H^+] = -\log_{10}(1.64 \times 10^{-9}) = 8.79$

Tips ヒトの血液には二酸化炭素と水素イオンとが含まれており，H^+が発生すると $HCO_3^- + H^+ \longrightarrow H_2O + CO_2$，$OH^-$が発生すると $CO_2 + OH^- \longrightarrow HCO_3^-$ の反応がおこる。このような緩衝作用によって，ヒトの血液は pH が約7.4に保たれている。

9 溶解平衡と溶解度積 化学

1 溶解平衡 dissolution equilibrium

飽和溶液中に溶質の固体が存在するとき，その表面では単位時間あたりに固体から溶解する粒子の数と固体として析出する粒子の数が等しくなっている。このような状態を**溶解平衡**という。

ⓐ 溶解平衡

溶解する粒子の数	=	析出する粒子の数

ⓑ 共通イオン効果

塩化ナトリウムの飽和水溶液に，同種のイオン(共通イオン)である Na^+ や Cl^- を含む電解質を加えると，**共通イオン効果**によって，塩化ナトリウムの結晶が析出する。

ナトリウムイオンが増加し，平衡が左に移動する。

次の溶解平衡が成り立っている。

$NaCl(固) \rightleftarrows Na^+ + Cl^-$

塩化物イオンが増加し，平衡が左に移動する。

2 溶解度積 solubility product

難溶性塩の飽和溶液では溶解平衡が成り立っており，このとき，水溶液中の各成分イオンのモル濃度の積が一定となる。この積 K_{sp} を**溶解度積**という。一般に，溶解度積の値が小さい塩であるほど，沈殿を生じやすい。

ⓐ 溶解度積

溶解平衡が $MX(固) \rightleftarrows M^+ + X^-$ で表されるとき，溶解度積は，次のように表される。

$$K_{sp} = [M^+][X^-]$$

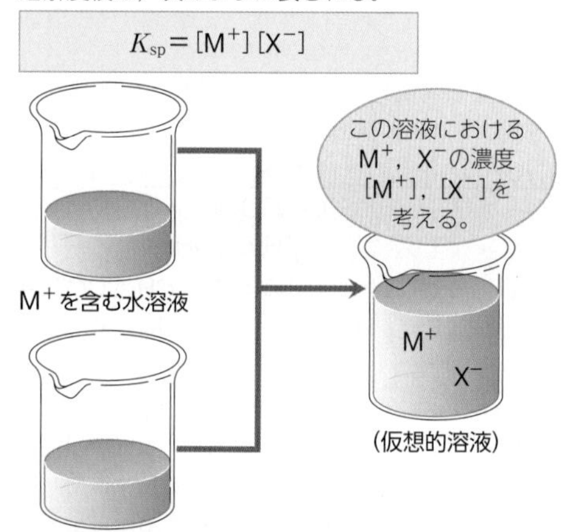

溶解度積(25℃)

塩	溶解度積 K_{sp}	
AgCl	$[Ag^+][Cl^-]$	$1.8\times10^{-10}(mol/L)^2$
$CaCO_3$	$[Ca^{2+}][CO_3^{2-}]$	$6.7\times10^{-5}(mol/L)^2$
CuS	$[Cu^{2+}][S^{2-}]$	$6.5\times10^{-30}(mol/L)^2$
FeS	$[Fe^{2+}][S^{2-}]$	$3.7\times10^{-19}(mol/L)^2$
ZnS	$[Zn^{2+}][S^{2-}]$	$2.2\times10^{-18}(mol/L)^2$
Ag_2CrO_4	$[Ag^+]^2[CrO_4^{2-}]$	$3.6\times10^{-12}(mol/L)^3$

溶解度積の式は，塩をつくるイオンの数を考慮してつくられるので，陽イオンと陰イオンの数の比が異なる塩どうしの場合には，溶解度積の値を単純に比較できない。

■ **沈殿形成の条件**

難溶性の塩 MX の溶解度積を K_{sp} とすると，MX の沈殿が生じるかどうかは，次のように判定できる。

$[M^+][X^-] \leqq K_{sp}$ ……沈殿を生じない
$[M^+][X^-] > K_{sp}$ ……沈殿を生じる

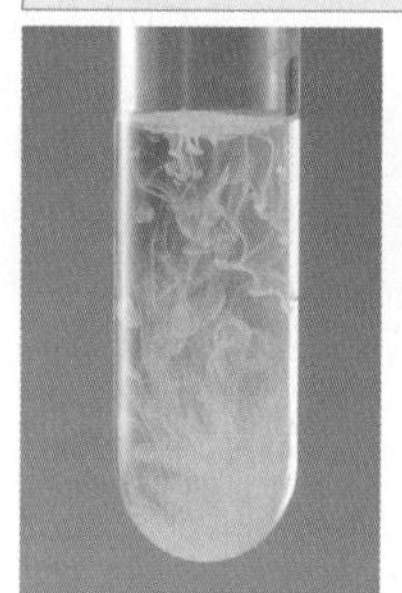

塩化銀 AgCl
(白色沈殿)

クロム酸銀 Ag_2CrO_4
(赤褐色沈殿)

■ **溶解度積と沈殿生成の関係**

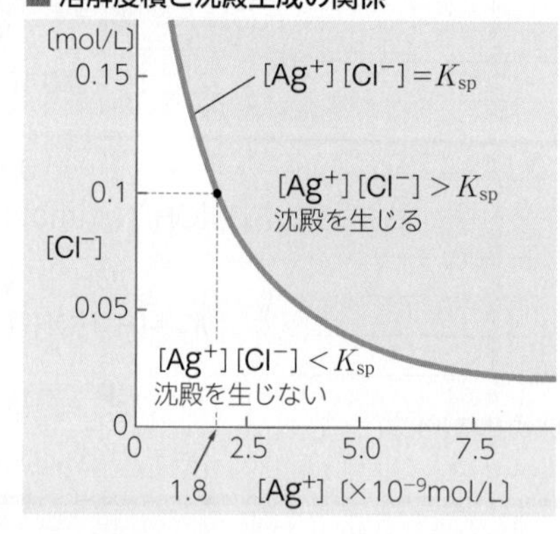

塩化銀の沈殿生成に必要な$[Ag^+]$

($[Cl^-] = 1.0\times10^{-2}$ mol/L の水溶液の場合)

$AgCl(固) \rightleftarrows Ag^+ + Cl^-$　　$K_{sp} = [Ag^+][Cl^-]$

$[Ag^+][Cl^-] > K_{sp}$ から，

$$[Ag^+] > \frac{K_{sp}}{[Cl^-]} = \frac{1.8\times10^{-10}(mol/L)^2}{1.0\times10^{-2}mol/L} = 1.8\times10^{-8}mol/L$$

クロム酸銀の沈殿生成に必要な$[Ag^+]$

($[CrO_4^{2-}] = 1.0\times10^{-2}$ mol/L の水溶液の場合)

$Ag_2CrO_4(固) \rightleftarrows 2Ag^+ + CrO_4^{2-}$

$K_{sp} = [Ag^+]^2[CrO_4^{2-}]$

$[Ag^+]^2[CrO_4^{2-}] > K_{sp}$ から，

$$[Ag^+] > \sqrt{\frac{K_{sp}}{[CrO_4^{2-}]}} = \sqrt{\frac{3.6\times10^{-12}(mol/L)^3}{1.0\times10^{-2}mol/L}} = 1.9\times10^{-5}mol/L$$

Cl^- の方がより小さい$[Ag^+]$で沈殿を生じる。

ⓑ 溶解度と溶解度積の関係

固体の溶解度は，溶解度積から見積もることができる。

AgCl の溶解度を s〔mol/L〕と表すと，

$$AgCl \rightleftarrows Ag^+ + Cl^-$$
$$\qquad\quad s \qquad s \quad 〔mol/L〕$$

したがって，　$K_{sp} = [Ag^+][Cl^-] = s^2$

$K_{sp} = 1.8\times10^{-10}(mol/L)^2$ なので，

$$s = \sqrt{1.8\times10^{-10}(mol/L)^2} = 1.34\times10^{-5}mol/L$$

AgCl のモル質量は 143.5 g/mol なので，1L 中に溶ける AgCl の質量は，

$143.5\,g/mol\times1.34\times10^{-5}mol/L$
$=1.92\times10^{-3}g/L$

Tips モール法は，日本農林規格(JAS)において，食品中の食塩を定量する方法の1つとして採用されている。

3 硫化物の沈殿生成と pH

金属イオンの硫化物には，CuS や ZnS のような難溶性の塩が多い。金属イオンの硫化物は，水溶液の pH によって，沈殿を形成したり，しなかったりする。

Zn^{2+}を含む水溶液に硫化水素を通じると，中性・塩基性の条件であれば，ZnS の白色沈殿を生じる。

$$Zn^{2+} + S^{2-} \rightleftarrows ZnS$$

$$K_{sp} = [Zn^{2+}][S^{2-}] = 2.2\times10^{-18}(mol/L)^2$$

一方，強い酸性条件では，H_2S を通じても沈殿は生じない。

これは，硫化水素の電離平衡によって説明できる。

$$H_2S \rightleftarrows 2H^+ + S^{2-}$$

強い酸性条件では，上の式の平衡は左に移動するため，$[S^{2-}]$は小さくなる。すると，$[Zn^{2+}]$と$[S^{2-}]$の積が溶解度積に達せず，沈殿を生じない。

一方，CuS のように，溶解度積がさらに小さい場合には，酸性条件でも，$[Cu^{2+}]$と$[S^{2-}]$の積が溶解度積を上回るため，沈殿を生じる。

$$Cu^{2+} + S^{2-} \rightleftarrows CuS$$

$$K_{sp} = [Cu^{2+}][S^{2-}] = 6.5\times10^{-30}(mol/L)^2$$

$Zn^{2+} + H_2S$(中性・塩基性)
$[Zn^{2+}][S^{2-}] > K_{sp}$
ZnS の白色沈殿を生じる。

$Zn^{2+} + H_2S$(酸性)
$[Zn^{2+}][S^{2-}] \leqq K_{sp}$
沈殿を生じない。

Cu^{2+}，Zn^{2+}を含む水溶液
酸性条件では，CuS だけを沈殿させることができる。

H_2S の飽和水溶液の濃度は 0.10 mol/L (25℃) であり，H_2S を通じる間は，$[H_2S] = 0.10$ mol/L に保たれるとみなせる。したがって，pH を調節することによって，$[S^{2-}]$を調整できる。

4 沈殿滴定

沈殿を生じる反応を利用して，未知の濃度を決定する方法を**沈殿滴定**という。沈殿滴定は，水溶液中の塩化物イオン Cl^- の濃度決定などに用いられる。指示薬としてクロム酸カリウムを用いる Cl^- の滴定は**モール法**とよばれる。

Cl^-を含む水溶液に硝酸銀水溶液を加えると，塩化銀の白色沈殿を生じる。

$$Ag^+ + Cl^- \longrightarrow AgCl$$

したがって，Cl^-を含む水溶液を濃度のわかった硝酸銀水溶液で滴定すると，上の式の量的関係から，Cl^-の濃度を求めることができる。

$[Cl^-] = x$ (mol/L) の水溶液 V (L) に，c (mol/L) の硝酸銀水溶液 V' (L) を加えたとき，過不足なく反応し，沈殿が生じたとすると，次式が成立する。

$$\underbrace{x\,(\text{mol/L}) \times V\,(\text{L})}_{Cl^-\text{の物質量}} = \underbrace{c\,(\text{mol/L}) \times V'\,(\text{L})}_{Ag^+\text{の物質量}}$$

このとき，指示薬としてクロム酸カリウム水溶液を加えておくと，塩化銀の沈殿生成が完了したときに，クロム酸銀の赤褐色沈殿が生成し，終点を判定できる。

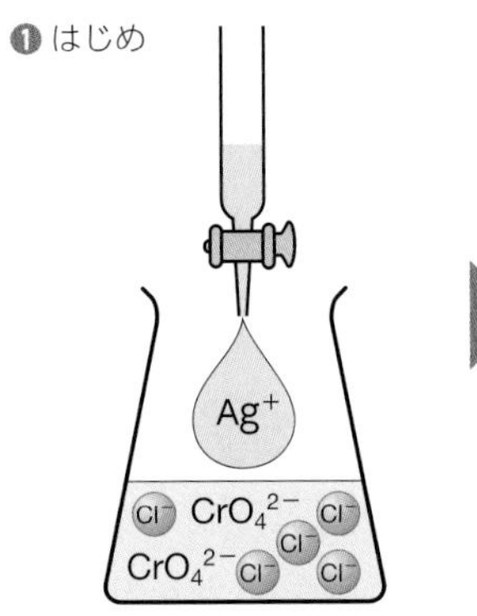

Ag^+を滴下すると，AgCl の白色沈殿を生じる。Ag^+は反応して AgCl になるため，$[Ag^+]$は低く保たれる。

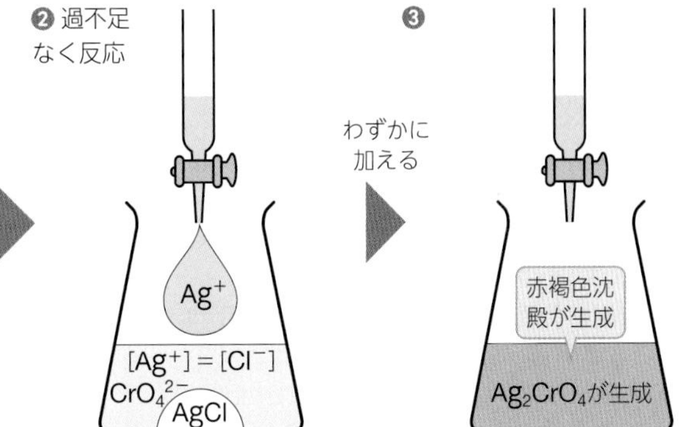

ちょうど反応が完結するので，
$[Ag^+] = [Cl^-]$
$K_{sp} = [Ag^+][Cl^-] = [Ag^+]^2$
$[Ag^+] = \sqrt{K_{sp}}$

❷を超えると Ag^+が過剰になって$[Ag^+]$が大きくなるため，Ag_2CrO_4 の赤褐色沈殿を生じる。

PLUS 難溶性の塩の溶けやすさの比較

難溶性の塩 AgX が沈殿した水溶液に，より溶解度積が小さい塩 AgY をつくるイオン Y^-を加えると，AgX が溶けて，AgY の沈殿が生じる。

$$AgX(固) + Y^- \rightleftarrows AgY(固) + X^-$$

この関係を利用して，溶解度積の大小関係を比べることができる。

チオシアン酸銀 AgSCN の沈殿を含む水溶液に，KI 水溶液を加えると，AgSCN の沈殿が溶けて AgI の沈殿が生じる。

$$AgSCN(固) + I^- \rightleftarrows AgI(固) + SCN^-$$

したがって，溶解度積の大きさは，AgSCN＞AgI であることがわかる。

＊ Fe^{3+}は SCN^-と反応して赤色の$[FeSCN]^{2+}$を生じるので，SCN^-の確認のために加えている。

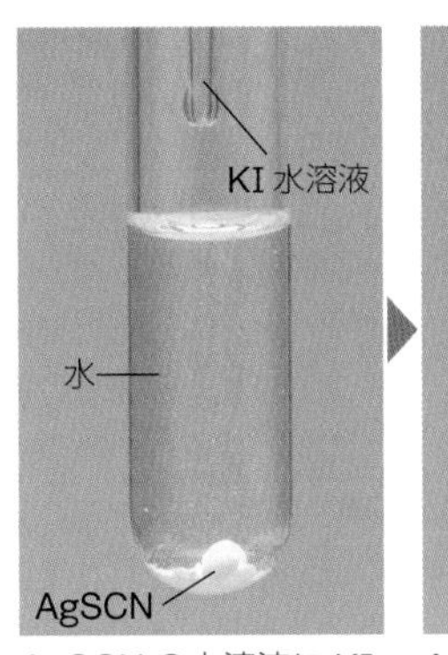

AgSCN の水溶液に KI 水溶液を加える。

AgI の黄色沈殿を生じる。

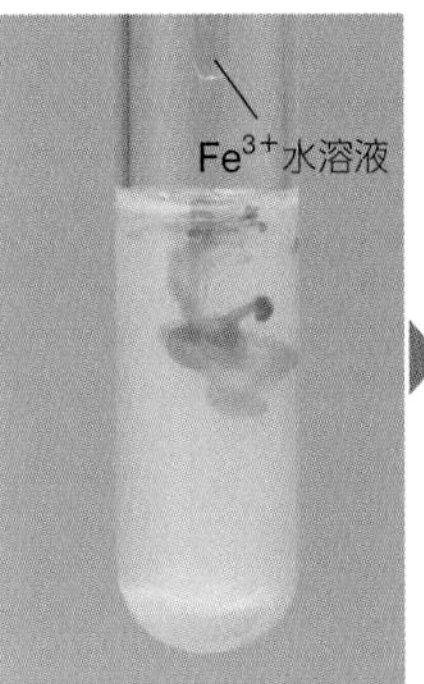

Fe^{3+}を含む水溶液を加える。

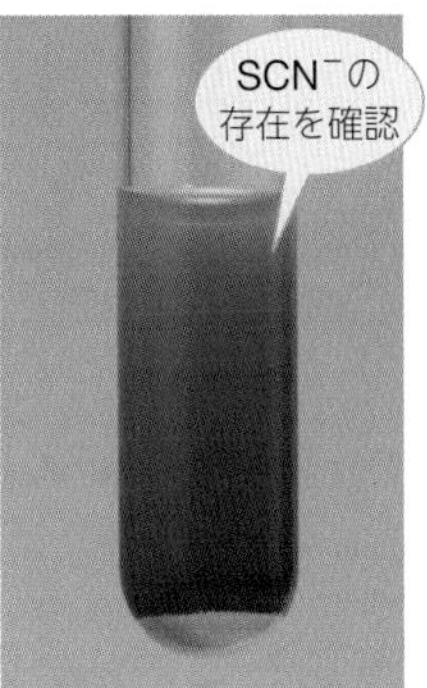

$[FeSCN]^{2+}$を生じ，血赤色を示す。

探究活動 11. しょう油の塩分濃度の測定

目的 しょう油に含まれる塩化ナトリウムの量を，モール法を利用して求めてみよう。

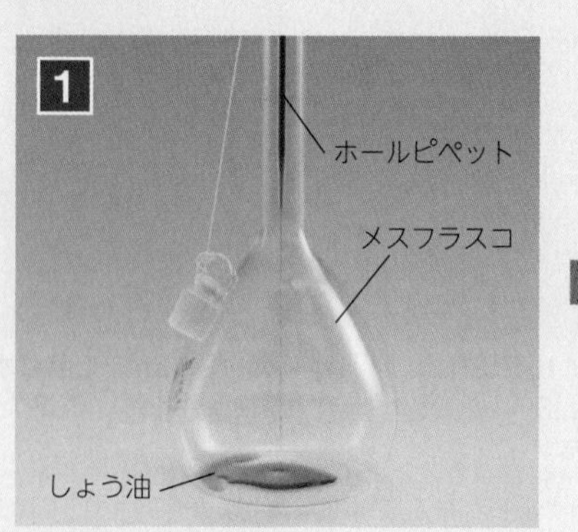

しょう油10.0mLをホールピペットでメスフラスコにとり，水を加えて1000mLにする。

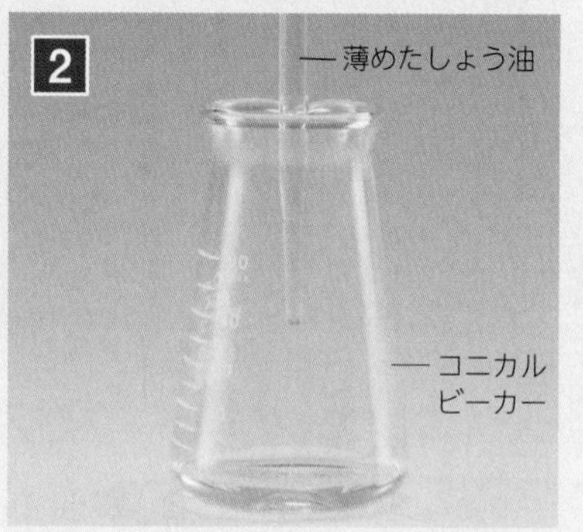

薄めたしょう油10.0mLを，ホールピペットを用いてコニカルビーカーにとる。

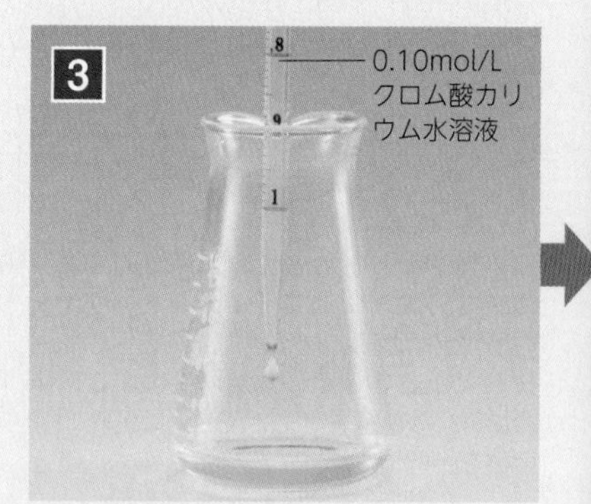

指示薬として，0.10mol/L クロム酸カリウム水溶液を1.0mL 加える。

考察1 実験の条件，および滴定時の硝酸銀水溶液の滴下量を表にまとめよ。

しょう油の密度を求めるため，しょう油10.0mLを正確に測り質量を測定すると11.54gであった。したがって，しょう油の密度は，1.15g/mLとなる。また，その他の条件は下記のとおりである。

滴定に用いた薄めたしょう油の体積＝10.0mL
硝酸銀水溶液の濃度＝0.0200mol/L
クロム酸カリウム水溶液の濃度＝0.10mol/L
クロム酸カリウム水溶液の体積＝1.0mL

また，滴定の結果は表のようになった。

	1回目	2回目	3回目
始点〔mL〕	2.90	1.58	1.23
終点〔mL〕	17.39	16.08	15.77
滴下量〔mL〕	14.49	14.50	14.54

滴下量の平均値

3回分の滴下量の平均値は次のように求められる。

$$\frac{14.49\,\text{mL}+14.50\,\text{mL}+14.54\,\text{mL}}{3}=14.51\,\text{mL}$$

考察2 この滴定でみられる沈殿反応を，イオン反応式で表せ。

$Ag^{+} + Cl^{-} \longrightarrow AgCl$

$2Ag^{+} + CrO_4^{2-} \longrightarrow Ag_2CrO_4$

考察3 薄めたしょう油中の塩化物イオン Cl^{-} のモル濃度を求めよ。

滴定が完了したとき，$Ag^{+}+Cl^{-} \longrightarrow AgCl$ の反応が過不足なく進行したとみなせるので，Ag^{+}の物質量＝Cl^{-}の物質量の関係が成り立つ。

したがってCl^{-}の濃度をc〔mol/L〕とすると，次式が成り立つ。

$$0.0200\,\text{mol/L}\times\frac{14.51}{1000}\,\text{L}=c\,[\text{mol/L}]\times\frac{10.0}{1000}\,\text{L}$$

$$c=2.90\times10^{-2}\,\text{mol/L}$$

考察4 薄める前のしょう油中の塩化ナトリウムの質量パーセント濃度を求めよ。ただし，Cl^{-}はすべて塩化ナトリウム由来のものとみなす。

しょう油を100倍に薄めているので，薄める前のしょう油のCl^{-}の濃度は，

$2.90\times10^{-2}\,\text{mol/L}\times100=2.90\,\text{mol/L}$ である。

しょう油1Lについて考えると，しょう油1Lには塩化ナトリウムは2.90mol含まれる。

また，しょう油の密度は1.15g/mLであり，塩化ナトリウムのモル質量は58.5g/molなので，質量パーセント濃度は，

$$\frac{\text{しょう油中の塩化ナトリウムの質量}}{\text{しょう油の質量}}\times100=\frac{58.5\,\text{g/mol}\times2.90\,\text{mol}}{1.15\,\text{g/mL}\times1000\,\text{mL}}\times100$$

$=14.8$　　**14.8%**

参考 市販のしょう油には，成分表示に，食塩相当量が示されている。

右の写真では15mLあたり2.5gの塩化ナトリウムが含まれるので，質量パーセント濃度は約14%である。

$$\frac{2.5\,\text{g}}{1.15\,\text{g/mL}\times15\,\text{mL}}\times100=14$$

しょう油の成分表示

準備	薬品	器具
	0.0200mol/L 硝酸銀 $AgNO_3$ 水溶液，0.10mol/L クロム酸カリウム K_2CrO_4 水溶液，しょう油，蒸留水	ホールピペット，褐色ビュレット，メスピペット，メスフラスコ，コニカルビーカー，ビュレット台，安全ピペッター，ろうと

0.0200mol/L 硝酸銀水溶液を褐色ビュレットに入れ，ビュレットの目盛りを読む。

コニカルビーカーを振り混ぜながら，ビュレットから硝酸銀水溶液を滴下する。

白色沈殿の中に赤褐色の沈殿が生じたときを終点とし，このときのビュレットの目盛りを読み取る。

操作**2**～**6**を3回繰り返す。

考察5 褐色のビュレットを用いる理由を説明せよ。

硝酸銀水溶液は，光によって分解して，銀の微粒子を生じる。したがって，光による分解を防ぐため，遮光性の褐色ビュレットを用いる。

考察6 滴定に使用する水溶液が酸性状態にあると，モール法による滴定で正確な結果が得られなくなる。その理由を CrO_4^{2-}，$Cr_2O_7^{2-}$，H^+ に着目して説明せよ。

水溶液を酸性にすると，次式のように CrO_4^{2-} が $Cr_2O_7^{2-}$ に変化する。

$$2CrO_4^{2-} + 2H^+ \longrightarrow Cr_2O_7^{2-} + H_2O$$

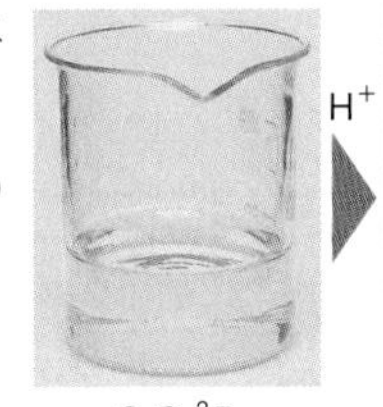

CrO_4^{2-}

$Cr_2O_7^{2-}$

したがって，酸性水溶液中では，CrO_4^{2-} の濃度が小さくなる。

$2Ag^+ + CrO_4^{2-} \rightleftarrows Ag_2CrO_4$ の平衡において，

$[Ag^+]^2[CrO_4^{2-}] > K_{sp}$ であればクロム酸銀が沈殿するので，指示薬に相当するクロム酸銀が沈殿をはじめる $[Ag^+]$ は次式で表される。

$$[Ag^+] > \sqrt{\frac{K_{sp}}{[CrO_4^{2-}]}} \quad \cdots①$$

①式中の分母の項 $[CrO_4^{2-}]$ が減少すると，クロム酸銀の沈殿に必要な $[Ag^+]$ が大きくなる。結果的に塩化銀の白色沈殿の析出が終わったあとでも，過剰の硝酸銀水溶液を滴下しないとクロム酸銀の赤褐色沈殿が生成せず，滴定量が実際の値よりも大きくなるため，求められる Cl^- の濃度も大きくなる。

考察7 操作**6**でクロム酸銀 Ag_2CrO_4 が沈殿しはじめたとき，沈殿せずに残っている Cl^- の濃度〔mol/L〕を求めよ。また，溶液に残っている Cl^- の物質量は何％になるか。

塩化銀 AgCl とクロム酸銀 Ag_2CrO_4 の溶解度積 K_{sp} はそれぞれ $1.8\times10^{-10}(mol/L)^2$，$3.6\times10^{-12}(mol/L)^3$ である。クロム酸銀が沈殿し始めたときの溶液の体積は 10.0mL＋1.0mL＋14.51mL＝25.51mL である。したがって，$[CrO_4^{2-}]$ は，

$$[CrO_4^{2-}] = 0.10\,mol/L \times \frac{1.0\,mL}{25.51\,mL} = 3.92\times10^{-3}\,mol/L$$

$[Ag^+]^2[CrO_4^{2-}] > 3.6\times10^{-12}$ mol/L であれば，クロム酸銀が沈殿するので，クロム酸銀が沈殿しはじめたときの Ag^+ の濃度は，

$$[Ag^+] = \sqrt{\frac{K_{sp}}{[CrO_4^{2-}]}} = \sqrt{\frac{3.6\times10^{-12}(mol/L)^3}{3.92\times10^{-3}mol/L}} = 3.0\times10^{-5}mol/L$$

このとき沈殿せずに残っている $[Cl^-]$ は，

$$[Cl^-] = \frac{K_{sp}}{[Ag^+]} = \frac{1.8\times10^{-10}(mol/L)^2}{3.0\times10^{-5}mol/L} = 6.0\times10^{-6}mol/L$$

最初の Cl^- の物質量と比較すると，残っている Cl^- の物質量の割合は次のようになる。

$$\frac{6.0\times10^{-6}mol/L \times \frac{25.51}{1000}L}{2.90\times10^{-2}mol/L \times \frac{10.0}{1000}L}\times100 = 0.05$$

したがって，0.05％である。

チャレンジ課題 モール法の留意点

この実験では，指示薬として 0.10mol/L クロム酸カリウム水溶液を 1.0mL 加えている。指示薬の量を多量にした場合と，少なくした場合では，結果はそれぞれどのように変化すると予想されるか。

1 水素と貴ガス 化学

1 水素 hydrogen

水素 H_2 は，水に溶けにくく，最も軽い気体である。

分子モデル	
分子式	H_2
色・におい	無色・無臭
融点	−259℃
沸点	−253℃
密度 (0℃, 1.013×10^5Pa)	0.0899g/L

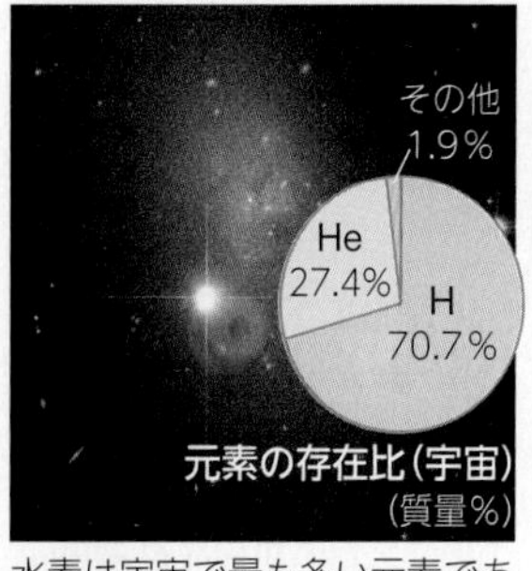

元素の存在比（宇宙）（質量%）

水素は宇宙で最も多い元素である。地球上にも，水などの化合物として多く存在する。

a 製法

MOVIE

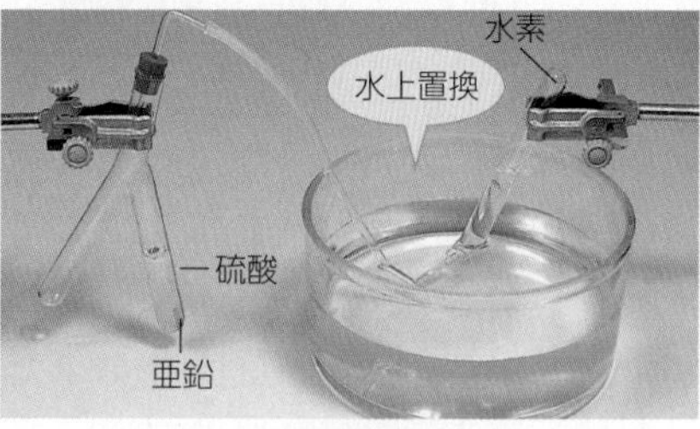

水素の発生

$Zn + H_2SO_4 \longrightarrow ZnSO_4 + H_2$

$2Al + 3H_2SO_4 \longrightarrow Al_2(SO_4)_3 + 3H_2$

工業的には，天然ガス（主成分メタン CH_4）と水蒸気を反応させて得られる。

$CH_4 + H_2O \xrightarrow{Ni} 3H_2 + CO$

$CH_4 + 2H_2O \xrightarrow{Ni} 4H_2 + CO_2$

b 性質

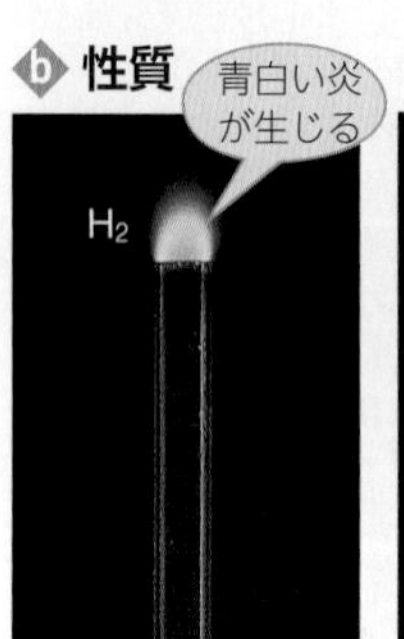

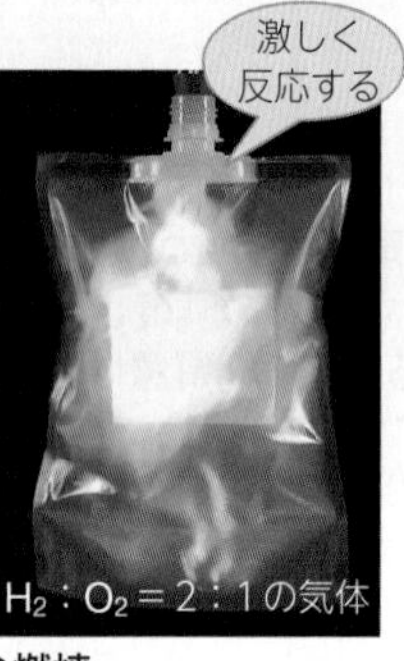

水素の燃焼

水素を燃焼させると，水が生じる。

$2H_2 + O_2 \longrightarrow 2H_2O$

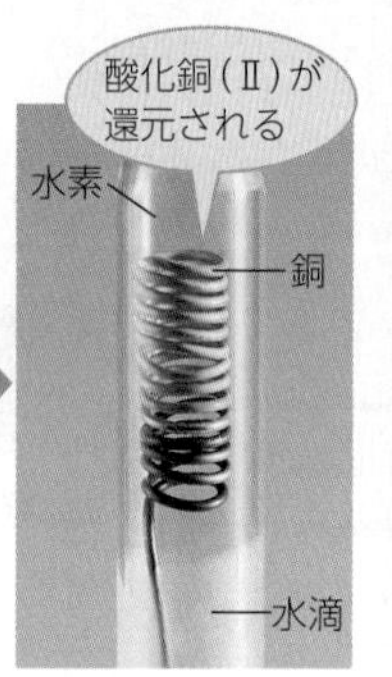

水素の還元作用

水素は還元剤としてはたらく。

$CuO + H_2 \longrightarrow Cu + H_2O$

MOVIE

c 利用

ロケット

水素の燃焼で生じるエネルギーは，ロケットに利用される。

燃料電池自動車

水素を空気中の酸素と反応させて発電している（➡p.94）。

2 水素化合物 hydrogen compound

水素と他の元素との化合物を**水素化合物**という。金属元素との水素化合物は，イオン結晶からなるものが多い。

周期＼族	1	2	13	14	15	16	17
2	LiH 水素化リチウム	BeH_2 水素化ベリリウム	B_2H_6 ジボラン	CH_4 メタン	NH_3 アンモニア	H_2O 水	HF フッ化水素
3	NaH 水素化ナトリウム	MgH_2 水素化マグネシウム	AlH_3 水素化アルミニウム*	SiH_4 シラン	PH_3 ホスフィン	H_2S 硫化水素	HCl 塩化水素

*その他に重合体がある。

凡例：固体　液体　気体（常温）　イオン結晶

a 非金属元素の水素化合物

非金属元素の水素化合物は分子からなり，常温・常圧では気体のものが多い。

族	14	15	16	17
分子の形状	正四面体形	三角錐形	折れ線形（V字形）	直線形
例	109.5°, 0.109 nm メタン CH_4	0.101 nm, 106.7° アンモニア NH_3	0.096 nm, 104.5° 水 H_2O	0.092nm フッ化水素 HF

b 金属元素の水素化合物

水素はナトリウムやカルシウムなどの陽性の強い金属元素とも反応して NaH や CaH_2 などの水素化合物をつくる。

水素化ナトリウム NaH

水と反応して水素を発生する。

$Na\underset{-1}{H} + H_2O \longrightarrow NaOH + \underset{0}{H_2}$

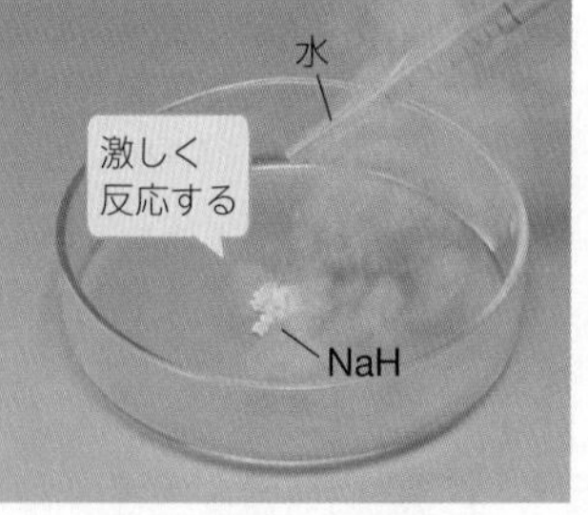

NaH と水との反応

Tips 貴ガスは安定で化合物をつくらないと考えられていたが，1946 年，キセノン Xe の化合物である $XePtF_4$ や XeF_4 が合成された。XeF_4 は，キセノンとフッ素 F_2 の混合物に光をあてると無色の結晶として得られる。

3 貴ガス noble gas

貴ガス(希ガス)の単体は，いずれも**単原子分子** monoatomic molecule からなる無色・無臭の気体である。安定な電子配置をとっているため，反応性がきわめて低い。

元素		原子の電子配置						融点〔℃〕	沸点〔℃〕	大気中の体積〔%〕	用途など
		K	L	M	N	O	P				
ヘリウム helium	$_{2}He$	2						−272*	−269	0.000524	極低温冷却材
ネオン neon	$_{10}Ne$	2	8					−249	−246	0.00182	照明，半導体製造
アルゴン argon	$_{18}Ar$	2	8	8				−189	−186	0.934（N_2，O_2に次いで多い）	溶接，電球
クリプトン krypton	$_{36}Kr$	2	8	18	8			−157	−152	0.000114	照明，断熱材
キセノン xenon	$_{54}Xe$	2	8	18	18	8		−112	−107	0.0000087	照明，イオンエンジン
ラドン radon	$_{86}Rn$	2	8	18	32	18	8	−71	−62	ごく微量	温泉水に含まれる

*2.6×10^{6} Pa の条件

貴ガスの放電　低圧で封入した貴ガスに高電圧をかけると，特有の色を発する。

■利用

飛行船　ヘリウムは，密度が小さく不燃性なので，飛行船の浮揚ガスとして用いられる。

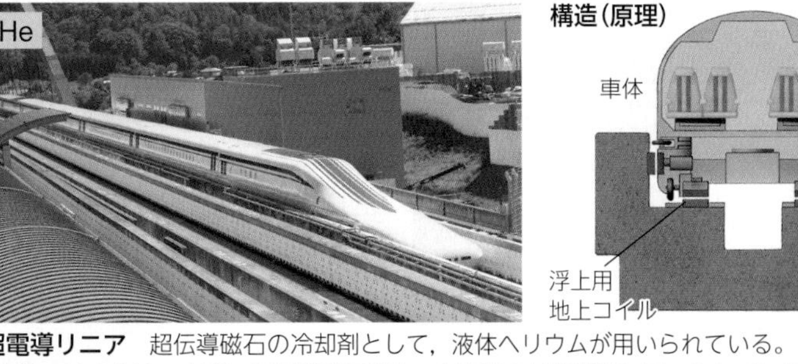

超電導リニア　超伝導磁石の冷却剤として，液体ヘリウムが用いられている。
(液体ヘリウムは，内槽に超伝導磁石が入った容器の外槽部分に用いられている。)

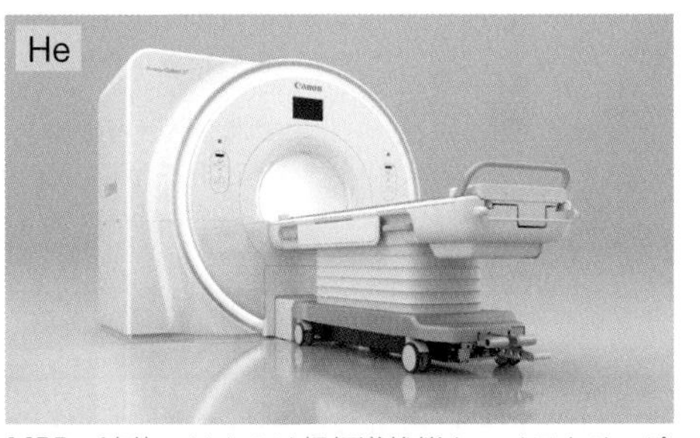

MRI　液体ヘリウムは超伝導状態をつくるため，冷却材として MRI に使用される。

ネオンサイン

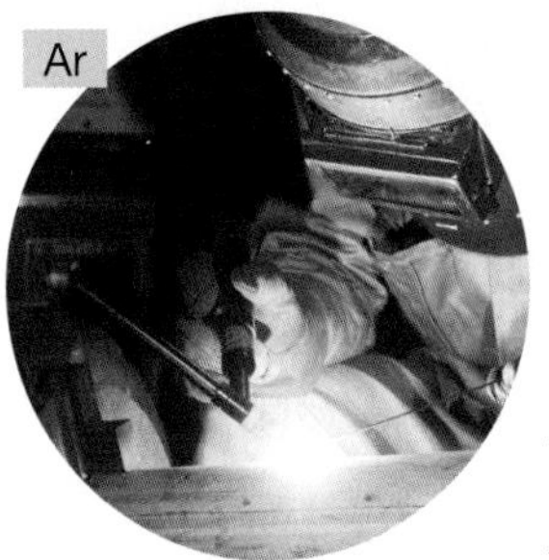

アルゴン溶接

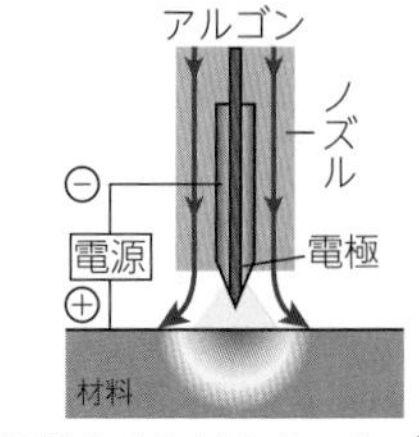

電極のまわりからアルゴンを放出し，金属の溶接部を大気から遮断することで，金属表面の酸化を防ぐ。

白熱電球とクリプトン電球
フィラメントの昇華を防ぐため，アルゴンやクリプトンが封入されている。

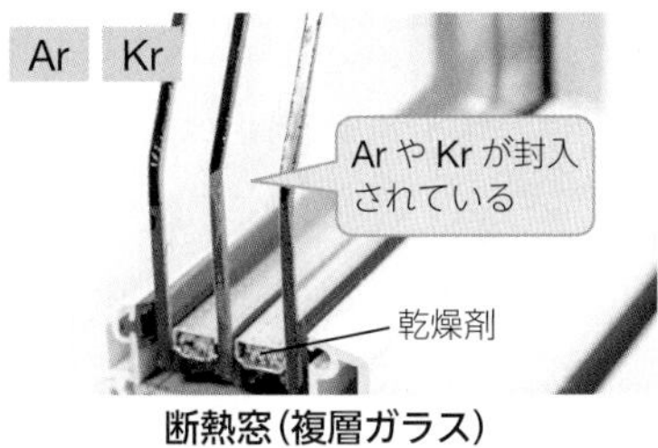

断熱窓(複層ガラス)
アルゴンやクリプトンは，熱伝導率が小さく，断熱性にすぐれている。

ストロボ
キセノンを封入した放電管は強い光を発する。

ラドンを含む温泉(三朝温泉，鳥取県)
ラドン原子は，すべて放射性同位体である。ラドンは，地域によって温泉水や地下水に含まれる。

トピック　Ar が空気中に多い理由

アルゴン Ar は，空気中に窒素，酸素に次いで多く含まれる。これは，地殻中に多く存在するカリウムの約 0.01% を占める放射性同位体 ^{40}K によるところが大きい。$^{40}_{19}K$ の約 89% は，β壊変によって $^{40}_{20}Ca$ に変化するが，残りの約 11% は，電子が原子核に取り込まれ，陽子と反応して中性子になる現象がおこり，原子番号が 1 少ないアルゴン ^{40}Ar に変化する。この変化によって生成した $^{40}_{18}Ar$ が空気中に多く放出されている。

$$^{40}_{19}K \longrightarrow {}^{40}_{20}Ca + e^- \ (89\%)$$
$$^{40}_{19}K + e^- \longrightarrow {}^{40}_{18}Ar \ (11\%)$$

Tips　貴ガスの「貴 (noble)」は「反応しにくい」を意味する。一方，希ガスの「希 (rare)」は，空気中の存在量が希少であると考えられたことによる。

2 ハロゲン 化学

17
F
Cl
Br
I
At
Ts

1 ハロゲンの単体 halogen

17族元素は**ハロゲン**と総称される。ハロゲンの原子は，価電子を7個もち，1価の陰イオンになりやすい。ハロゲンの単体はいずれも二原子分子であり，分子量の大きいものほど融点・沸点が高い。

元素		原子の電子配置					電気陰性度	分子式	融点〔℃〕	沸点〔℃〕	状態	色	酸化力	水素との反応 $H_2+X_2 \longrightarrow 2HX$	水との反応
		K	L	M	N	O									
フッ素 fluorine	$_{9}F$	2	7				4.0	F_2	−220	−188	気体	淡黄色	強	冷暗所でも爆発的に反応	激しく反応 $2F_2+2H_2O \longrightarrow 4HF+O_2$
塩素 chlorine	$_{17}Cl$	2	8	7			3.2	Cl_2	−101	−34	気体	黄緑色	↑	室温で光をあてると爆発的に反応	一部が反応 $Cl_2+H_2O \longrightarrow HCl+HClO$
臭素 bromine	$_{35}Br$	2	8	18	7		3.0	Br_2	−7	59	液体	赤褐色	↓	高温で反応	Cl_2よりもおだやかに反応 $Br_2+H_2O \longrightarrow HBr+HBrO$
ヨウ素 iodine	$_{53}I$	2	8	18	18	7	2.7	I_2	114	184	固体	黒紫色	弱	高温でわずかに反応	反応しにくい

ⓐ フッ素 F_2

単体

所在

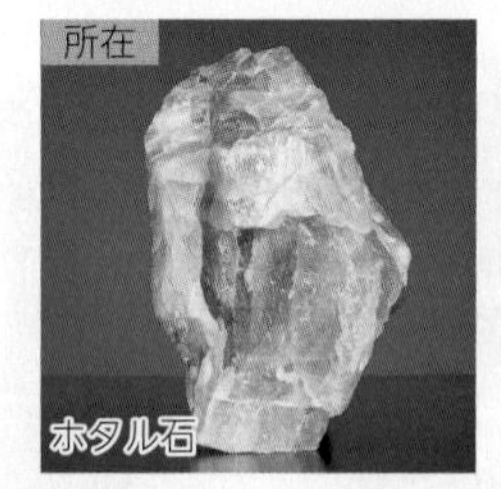

単体は淡黄色の気体。ホタル石や氷晶石にイオンとして含まれる。反応性が非常に高く，水と反応して水を酸化する。

ⓑ 塩素 Cl_2

単体

利用

単体は黄緑色の気体。水に少し溶けて**塩素水**を生じる。このとき酸化作用の強い HClO を生じるため，殺菌剤として用いられる。

ⓒ 臭素 Br_2

単体

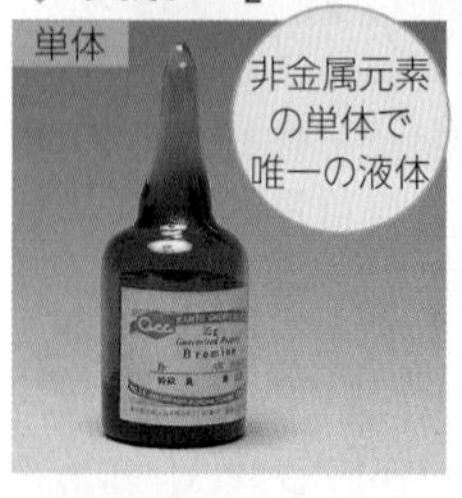

所在

単体は赤褐色の液体。海水にイオンとして含まれる。水に少し溶けて**臭素水**を生じる。

ⓓ ヨウ素 I_2

単体

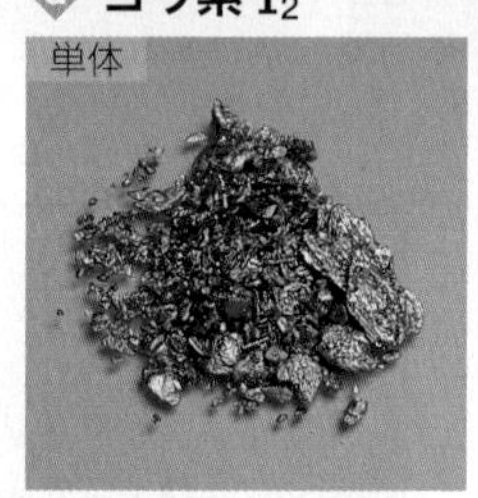

利用

単体は黒紫色の固体。殺菌作用を示し，うがい薬に用いられる。

2 ハロゲンの単体の酸化作用

ハロゲンのイオンを含む水溶液に，より酸化作用の強いハロゲンの単体を加えると，酸化作用の弱いハロゲンが単体として遊離する。

ⓐ 臭化カリウム水溶液と塩素水の反応

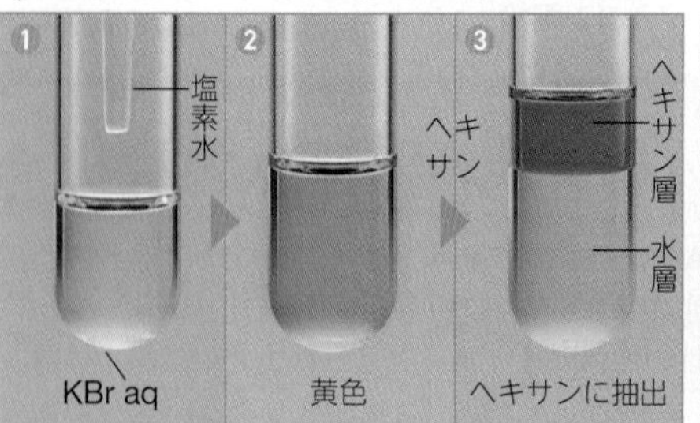

❶ 臭化カリウム KBr 水溶液に塩素水を加える。
❷ 溶液は黄色になる（臭素 Br_2 が遊離する）。
❸ ヘキサンを加えると，臭素が上層のヘキサンに抽出される。*

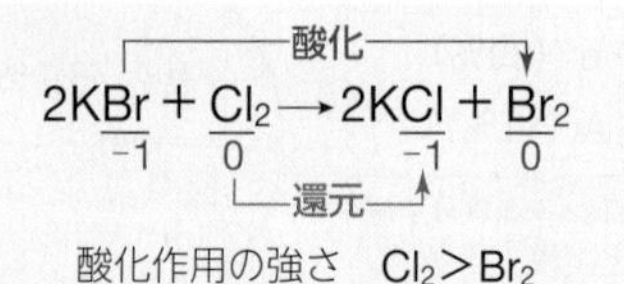

$$2K\underset{-1}{Br} + \underset{0}{Cl_2} \longrightarrow 2K\underset{-1}{Cl} + \underset{0}{Br_2}$$

（酸化：Br，還元：Cl）

酸化作用の強さ　$Cl_2 > Br_2$

ⓑ ヨウ化カリウム水溶液と塩素水の反応

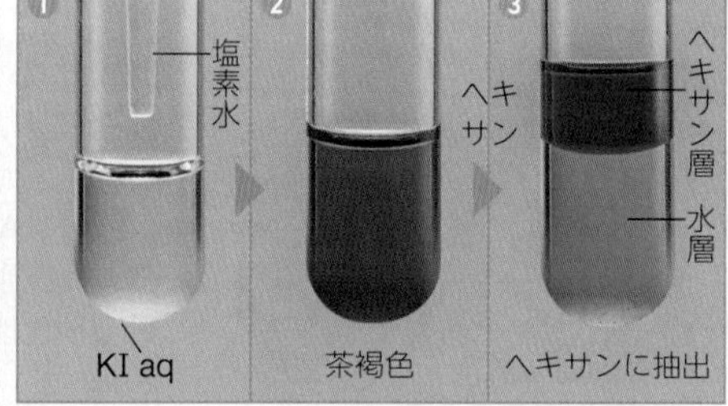

❶ ヨウ化カリウム KI 水溶液に塩素水を加える。
❷ 溶液は茶褐色になる（ヨウ素 I_2 が遊離する）。
❸ ヘキサンを加えると，ヨウ素が上層のヘキサンに抽出される。

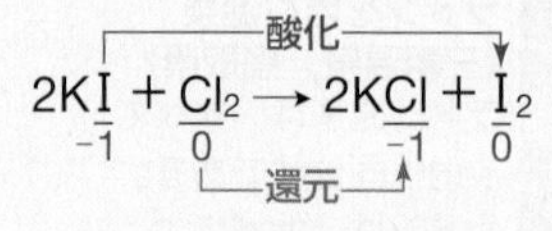

$$2K\underset{-1}{I} + \underset{0}{Cl_2} \longrightarrow 2K\underset{-1}{Cl} + \underset{0}{I_2}$$

（酸化：I，還元：Cl）

酸化作用の強さ　$Cl_2 > I_2$

ⓒ ヨウ化カリウム水溶液と臭素水の反応

①
②
③
臭素水
ヘキサン
ヘキサン層
水層
KI aq
茶褐色
ヘキサンに抽出

❶ ヨウ化カリウム KI 水溶液に臭素水を加える。
❷ 溶液は茶褐色になる（ヨウ素 I_2 が遊離する）。
❸ ヘキサンを加えると，ヨウ素が上層のヘキサンに抽出される。

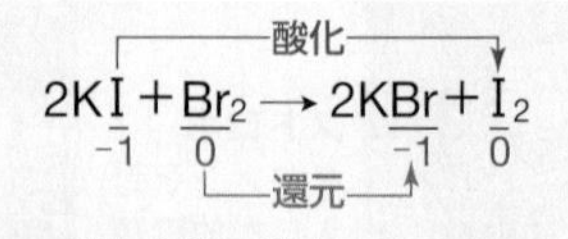

$$2K\underset{-1}{I} + \underset{0}{Br_2} \longrightarrow 2K\underset{-1}{Br} + \underset{0}{I_2}$$

（酸化：I，還元：Br）

酸化作用の強さ　$Br_2 > I_2$

*臭素やヨウ素は無極性分子からなり，無極性溶媒のヘキサン C_6H_{14} によく溶ける。

ハロゲン（単体）の酸化作用の強さ　フッ素＞塩素＞臭素＞ヨウ素

Tips 臭素（bromine）の化合物である臭化銀 AgBr は，写真の感光材として用いられており，印画紙（bromide paper）は，肖像写真を示す「ブロマイド」の語源である。

3 塩素 chlorine

塩素 Cl_2 は，黄緑色，刺激臭の有毒な気体で，漂白作用を示す。また，殺菌作用を示し，水道水の殺菌などに利用される。

ⓐ 製法

工業的には，塩化ナトリウム水溶液を電気分解して得られ(➡ p.98)，実験室では塩酸と酸化剤の反応で得られる。

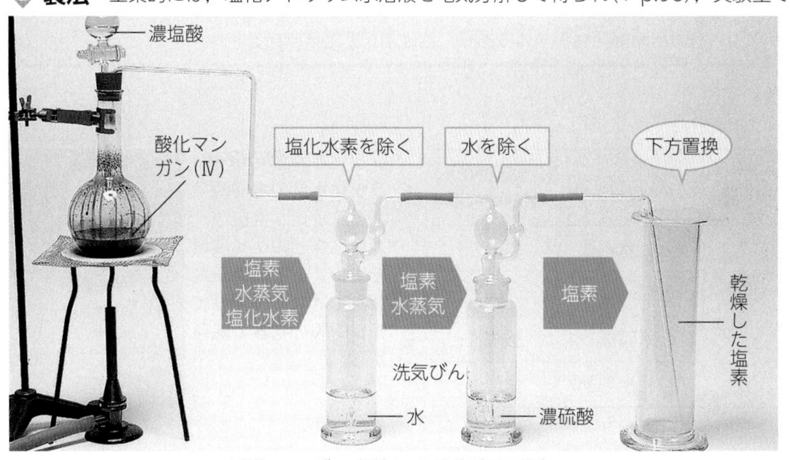

酸化マンガン(Ⅳ)による塩素の発生

酸化マンガン(Ⅳ) MnO_2 に濃塩酸を加えて加熱すると，塩素が発生する。
発生した塩素には，塩化水素と水蒸気が含まれるので，まず，水に通じて塩化水素を除き，次いで，濃硫酸に通じて水を除去する。

$$MnO_2 + 4HCl \longrightarrow MnCl_2 + 2H_2O + Cl_2$$

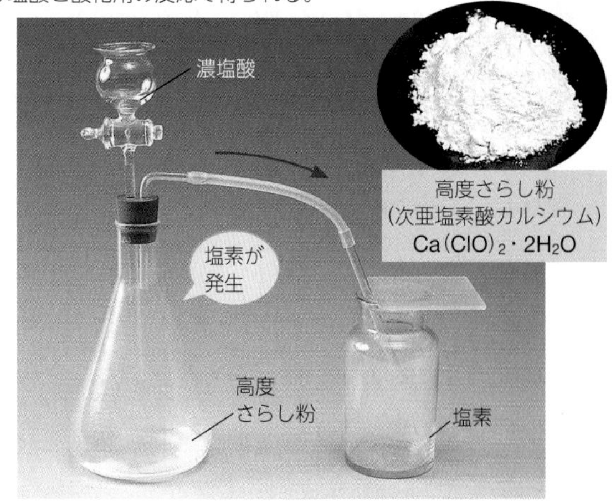

さらし粉による塩素の発生

高度さらし粉 $Ca(ClO)_2 \cdot 2H_2O$ や，さらし粉 $CaCl(ClO) \cdot H_2O$ に濃塩酸を加えると，塩素が発生する。

$$Ca(ClO)_2 \cdot 2H_2O + 4HCl \longrightarrow CaCl_2 + 4H_2O + 2Cl_2$$
$$CaCl(ClO) \cdot H_2O + 2HCl \longrightarrow CaCl_2 + 2H_2O + Cl_2$$

ⓑ 性質

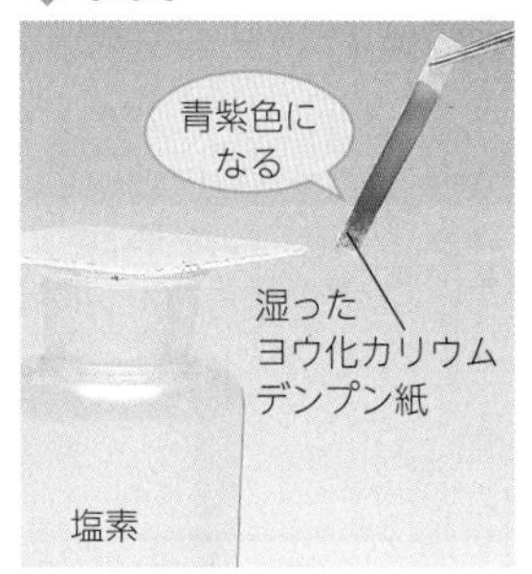

塩素の検出

塩素の酸化作用でヨウ素が生じ，ヨウ素デンプン反応によって呈色する。

$$2KI + Cl_2 \longrightarrow 2KCl + I_2$$

漂白作用

塩素は水に溶けると，次亜塩素酸 HClO を生じる。次亜塩素酸は強い酸化剤として働き，漂白作用，殺菌作用を示す。 MOVIE

$$Cl_2 + H_2O \longrightarrow HCl + HClO$$

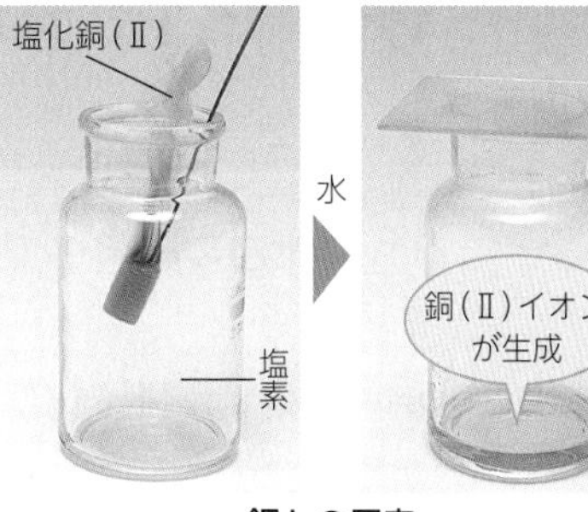

銅との反応

加熱した銅と激しく反応し，塩化銅(Ⅱ) $CuCl_2$ を生じる。 MOVIE

$$Cu + Cl_2 \longrightarrow CuCl_2$$

アンチモンとの反応

アンチモンの粉末を投入すると，激しく反応する。

$$2Sb + 3Cl_2 \longrightarrow 2SbCl_3$$

4 ヨウ素 iodine

ヨウ素 I_2 は，黒紫色の固体で，昇華性を示す。

昇華性

ヨウ素は昇華性をもち，蒸気を冷却すると黒紫色の結晶が得られる。

ヨウ素ヨウ化カリウム水溶液

ヨウ素は水に溶けにくいが，ヨウ化カリウム KI 水溶液には三ヨウ化物イオン I_3^- を生じて，よく溶ける。
この溶液は**ヨウ素液**とよばれる。

$$I_2 + I^- \longrightarrow I_3^-$$

ヨウ素デンプン反応

ヨウ素液は，デンプンの検出に利用される(➡ p.270)。

トピック 世界に誇る資源 ヨウ素

ヨウ素は，うがい薬やレントゲンの造影剤のような医療分野や，液晶の偏光フィルムの製造など，幅広い分野で利用される。

千葉県にあるガス田からくみ上げられる地下水(かん水)には，通常の海水の約2000倍のヨウ素が含まれ，世界有数のヨウ素の産出地となっている。

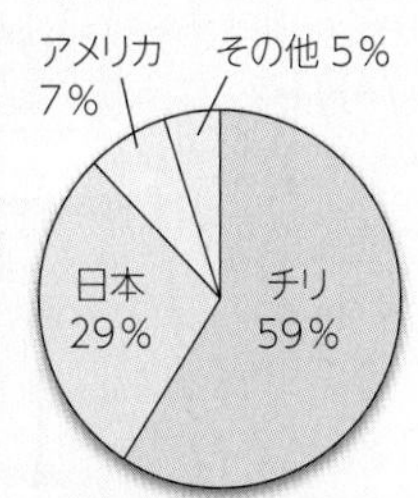

ヨウ素の生産地別生産割合(2017年)

Tips 塩素は，気体の色が黄緑色のため，ギリシャ語で黄緑色という意味の「chloros」にちなんで，発見者であるデービーが「chlorine」と命名した。一方，日本語の「塩素」は，代表的な塩である食塩(塩化ナトリウム NaCl)の成分であることから命名された。

3 ハロゲンの化合物 化学

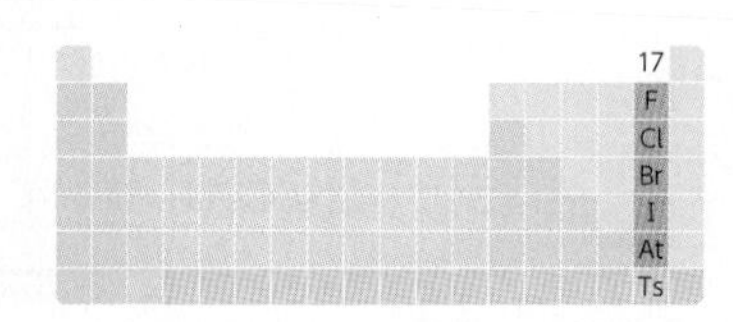

1 ハロゲン化水素

ハロゲン化水素はすべて無色で刺激臭である。
常温では，フッ化水素のみ水素結合のため揮発性の液体であり，他はすべて気体である。

酸としての強さは**フッ化水素のみ弱酸であり，他はすべて強酸**である。
酸の強さは HCl ＜ HBr ＜ HI である。

物質名	化学式	融点〔℃〕	沸点〔℃〕	常温での状態	色	極性	水溶液の名称	水溶液の酸性の強弱
フッ化水素	HF	−83	20	液体*	無色	大	フッ化水素酸	弱酸性
塩化水素	HCl	−114	−85	気体	無色	↑	塩酸	強酸性
臭化水素	HBr	−89	−67	気体	無色	↓	臭化水素酸	強酸性
ヨウ化水素	HI	−51	−35	気体	無色	小	ヨウ化水素酸	強酸性

*沸点が 20℃であり，気体とする場合もある。

フッ化水素酸の保存
フッ化水素の水溶液であるフッ化水素酸は，ガラスなどのケイ酸塩を溶かすため，ガラスびんではなく，**ポリエチレン製の容器で保存**する。

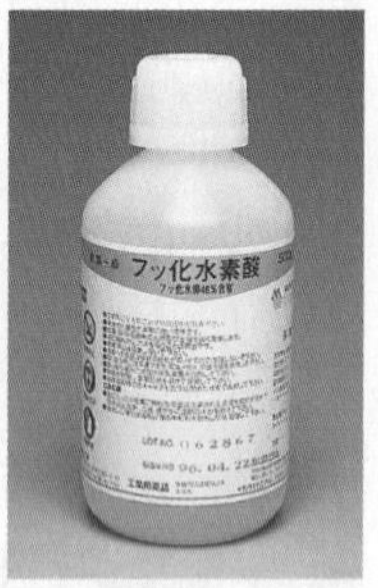

2 フッ化水素の性質

フッ化水素 HF はホタル石に濃硫酸を加えて加熱すると得られる（$CaF_2 + H_2SO_4 \longrightarrow CaSO_4 + 2HF$）。
フッ化水素の水溶液は**フッ化水素酸**とよばれる。

❶ フッ素は多くの物質と激しく反応する。
水とは，フッ化水素を生じる。

$$2F_2 + 2H_2O \longrightarrow 4HF + O_2$$

❷ **フッ化水素酸は二酸化ケイ素やガラスを溶かす**ので，ガラスに目盛りをつけたり，くもりガラスを製造したりするのに利用される。

$$SiO_2 + 6HF \longrightarrow H_2SiF_6 + 2H_2O$$

（H_2SiF_6：ヘキサフルオロケイ酸）

MOVIE

ガラスに塗ったパラフィンを削って文字を書く。

フッ化水素酸を塗ってしばらく放置する。

水洗後，パラフィンを落とすと，ガラスに文字が残る。

3 塩化水素
hydrogen chloride

強い刺激臭をもつ無色の気体。水によく溶け，水溶液は**塩酸**とよばれる。

ⓐ 製法

工業的には水素と塩素を直接反応させて得られる。

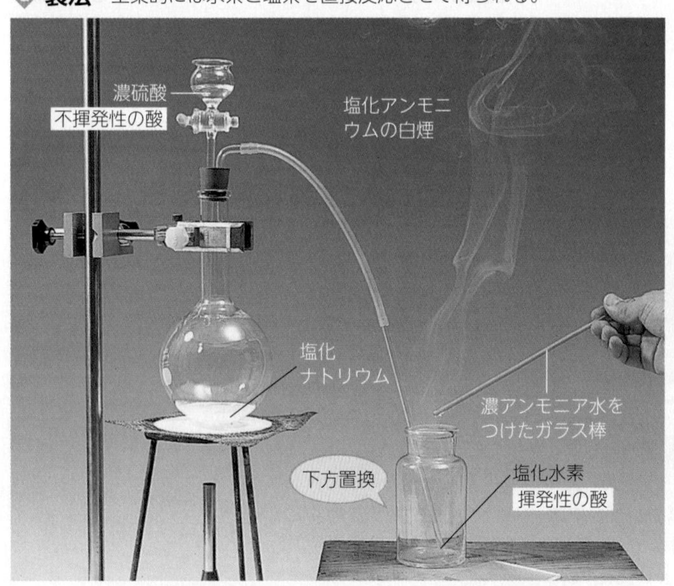

塩化ナトリウムに濃硫酸を加えて加熱すると，塩化水素が発生する。
塩化水素にアンモニア水を近づけると，塩化アンモニウムの白煙を生じる。

$$NaCl + H_2SO_4 \longrightarrow NaHSO_4 + HCl \qquad NH_3 + HCl \longrightarrow NH_4Cl$$

ⓑ 性質

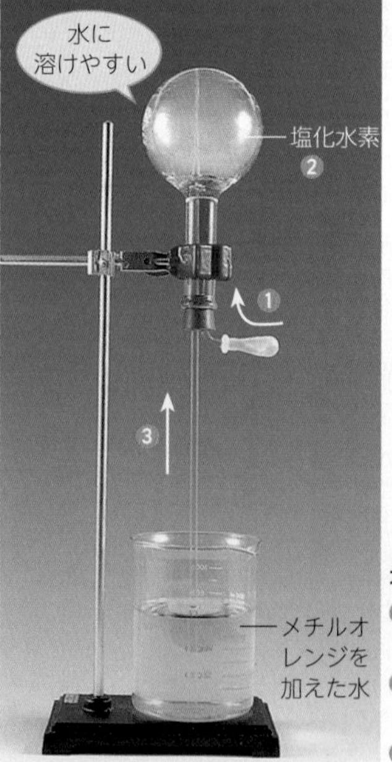

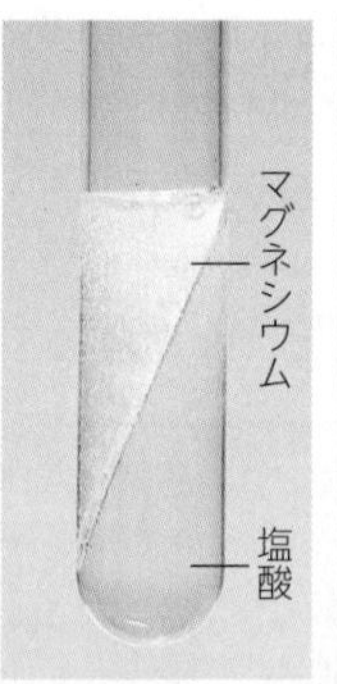

マグネシウムとの反応

$$Mg + 2HCl \longrightarrow MgCl_2 + H_2$$

硝酸銀水溶液との反応

$$Ag^+ + Cl^- \longrightarrow AgCl$$

塩化水素の噴水実験

❶塩化水素を満たしたフラスコに少量の水を入れる。
❷塩化水素が水に溶けてフラスコ内の圧力が下がる。
❸ビーカーの水が吸い上げられる。メチルオレンジを加えた水は赤変する。

Tips 濃塩酸には発煙性がある。これは，濃塩酸中の塩化水素が気化し，空気中で水蒸気に溶けて再び塩酸になることで煙のように見えるからである。

4 塩素のオキソ酸 oxo-acid

分子中に酸素原子を含む酸を**オキソ酸**という。
オキソ酸には硝酸 HNO_3，硫酸 H_2SO_4，リン酸 H_3PO_4 などがある。

オキソ酸は，最も安定なものを基準として，それよりも中心原子の酸化数が大きいものは「過」，小さいものは順に「亜」，「次亜」を付してよばれる。

オキソ酸	Clの酸化数	性質・利用	酸の強さ
過塩素酸　$HClO_4$	+7	塩は強力な酸化剤であり，爆薬に利用される。	強
塩素酸　$HClO_3$	+5	水溶液は強酸で，漂白作用を示す。カリウム塩はマッチ・花火などの原料となる。	↑
亜塩素酸　$HClO_2$	+3	ナトリウム塩は漂白剤，酸化剤として用いられる。	↑
次亜塩素酸　HClO	+1	水溶液中で徐々に分解する。**漂白剤，殺菌剤**として利用される。	弱

塩素には，4種類のオキソ酸がある。オキソ酸の酸性は，分子中の酸素原子の数が多くなるほど(中心の塩素原子の酸化数が大きくなるほど)強くなる。HClO は HOCl とも表される。

次亜塩素酸ナトリウム NaClO
強い酸化作用を示し，漂白剤として利用される。

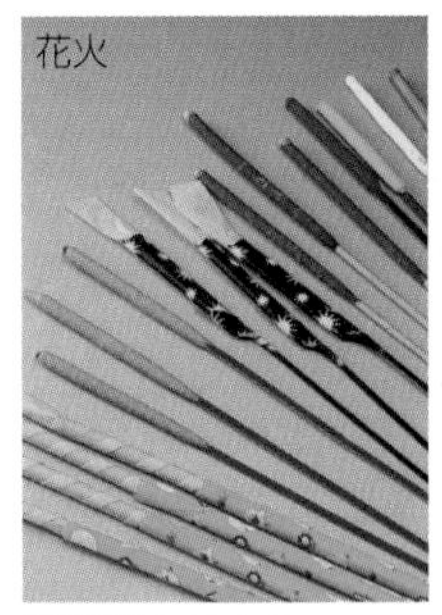

塩素酸カリウム $KClO_3$
酸化剤として，花火やマッチの頭薬に利用される。

高度さらし粉 $Ca(ClO)_2 \cdot 2H_2O$
強い酸化作用を示し，繊維やパルプの漂白に用いられる。

5 ハロゲン化銀

ハロゲン化銀はフッ化銀を除いて水に不溶である。塩化銀，臭化銀，ヨウ化銀には感光性があり，光があたると銀が遊離する(➡p.198)。この性質を利用したものが写真フィルムの感光剤であり，AgBr が使用されている。

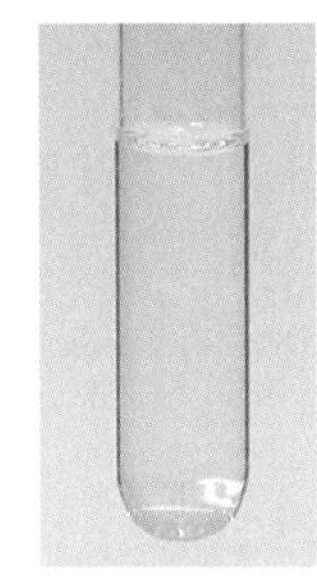

フッ化銀 AgF
水に溶ける。

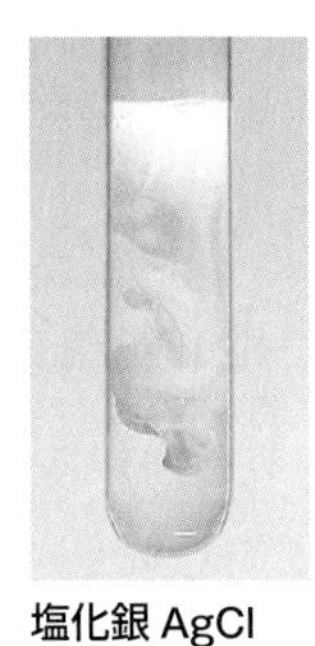

塩化銀 AgCl (白色沈殿)
アンモニア水に溶ける。

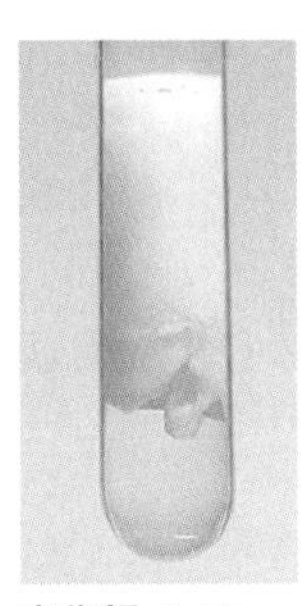

臭化銀 AgBr (淡黄色沈殿)
アンモニア水に少し溶ける。

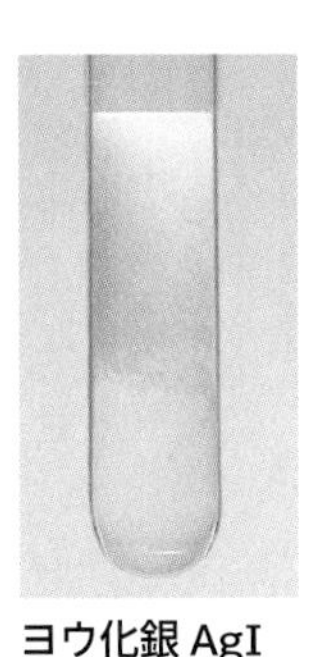

ヨウ化銀 AgI (黄色沈殿)
アンモニア水に溶けない。

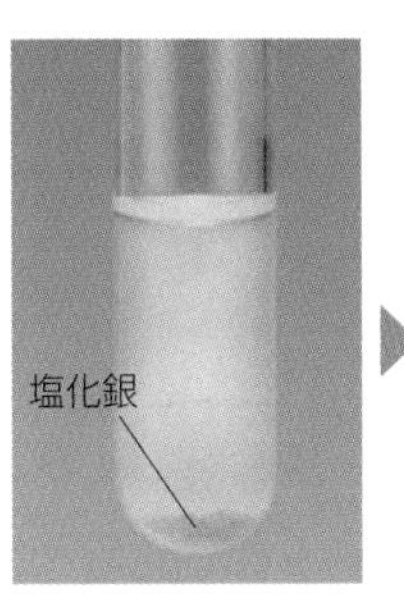

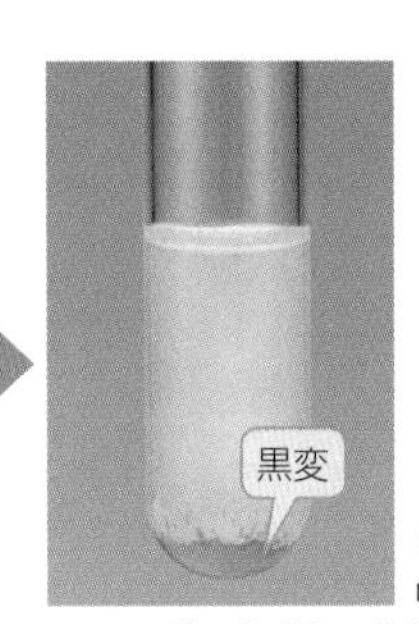

ハロゲン化ガラス
光　遮光

ハロゲン化銀の感光性
ハロゲン化銀に光があたると，銀原子を生じて黒くなる。光にあたると色が濃くなるレンズは，塩化銀や臭化銀のコロイド粒子を分散させたものである。

$$2AgCl \rightleftarrows 2Ag + Cl_2 \qquad 2AgBr \rightleftarrows 2Ag + Br_2$$

PLUS 混ぜるな危険 !!

塩素系漂白剤は，次亜塩素酸ナトリウム NaClO を含み，衣類のしみ取りのほか，食器やまな板の洗浄，除菌などに用いられる。一方，トイレ用洗剤には，約10％の塩酸が含まれている。塩素系漂白剤にトイレ用洗剤を混合すると，次の酸化還元反応によって塩素 Cl_2 が発生する。塩素は強い毒性を示し，危険である。

$$NaClO + 2HCl \longrightarrow NaCl + H_2O + Cl_2$$

ここで，次亜塩素酸ナトリウムは酸化剤，塩酸は還元剤として作用している。

塩素系漂白剤 (NaClO を含む)

トイレ用洗剤 (HCl を含む)

トピック 胃液に含まれる塩酸

わたしたちの胃で分泌される胃液は，塩酸を含む消化液である。この胃液に含まれる塩酸の酸性によって，同じ胃液に含まれるタンパク質や脂肪の分解酵素(➡p. 280)が活性化されている。また，取り込まれた細菌などを殺菌し，感染症を防ぐ働きもある。
塩酸は強い酸性を示すが，胃そのものには影響を与えない。これは，胃の内側を広くおおう粘液層が塩酸を中和する働きがあるためである。
しかし，暴飲暴食や喫煙，ストレスなどによって，この粘液層が正常につくられなかったり，塩酸が過剰に分泌されたりする場合がある。このような状態になると，胃壁や胃につながる十二指腸がダメージを受け，胃潰瘍や十二指腸潰瘍などを発症しやすくなる。

身近に利用されている塩素の化合物には，殺菌作用のある二酸化塩素 ClO_2 や防虫・防カビ剤として利用されているパラジクロロベンゼン PDCB や，食品などを包むラップとして利用されるポリ塩化ビニリデン PVDC などがある。

4 酸素と硫黄 化学

1 酸素 oxygen

酸素 O_2 は，空気中に体積で約21％含まれる。植物の光合成によって生成し，工業的には液体空気の分留で得られる。

分子モデル	
分子式	O_2
色・におい	無色・無臭
融点	−218℃
沸点	−183℃
密度 (0℃，1.013×10⁵Pa)	1.43g/L

ⓐ 製法

酸素の発生
酸化マンガン(Ⅳ)を触媒として，塩素酸カリウム $KClO_3$ や過酸化水素 H_2O_2 を分解して得られる。

$2KClO_3 \longrightarrow 2KCl + 3O_2$

$2H_2O_2 \longrightarrow 2H_2O + O_2$

ⓑ 性質

助燃性　酸素中では，加熱した鉄が激しく燃焼する。　$3Fe + 2O_2 \longrightarrow Fe_3O_4$

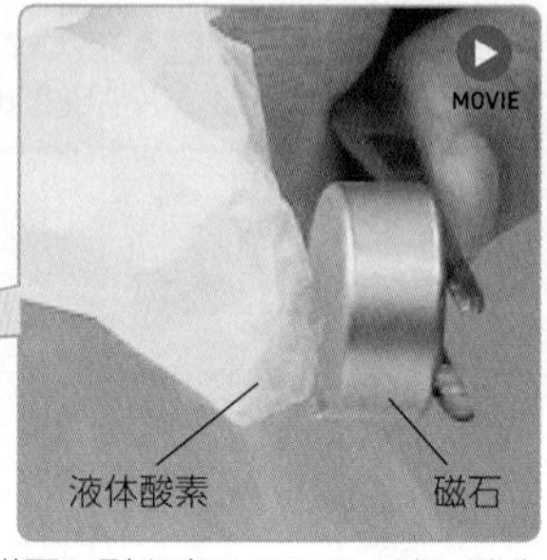

液体酸素　淡青色。磁性をもち，磁石に引き寄せられる。強い酸化力をもつ。液体酸素はロケットの推進剤としても利用される。

ⓒ 利用

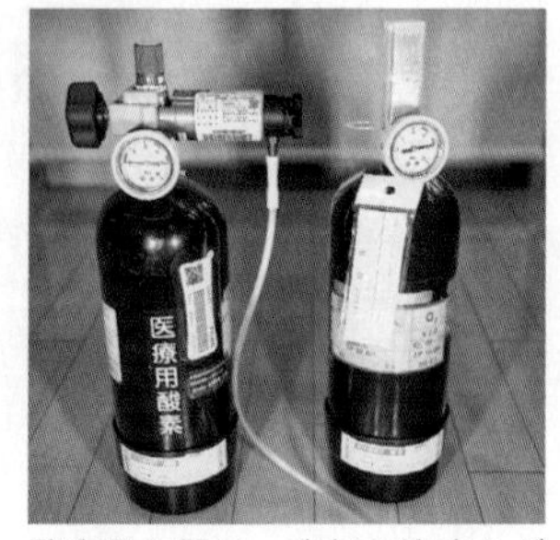

酸素吸入器は，病気の治療などに用いられる。

2 オゾン ozone

オゾン O_3 は酸素の同素体であり，淡青色・特異臭の有毒な気体で，強い酸化作用を示す。大気中では，酸素の光化学反応によって生じる。

分子モデル	
分子式	O_3
色・におい	淡青色・特異臭
融点	−193℃
沸点	−111℃
密度 (0℃，1.013×10⁵Pa)	2.14g/L

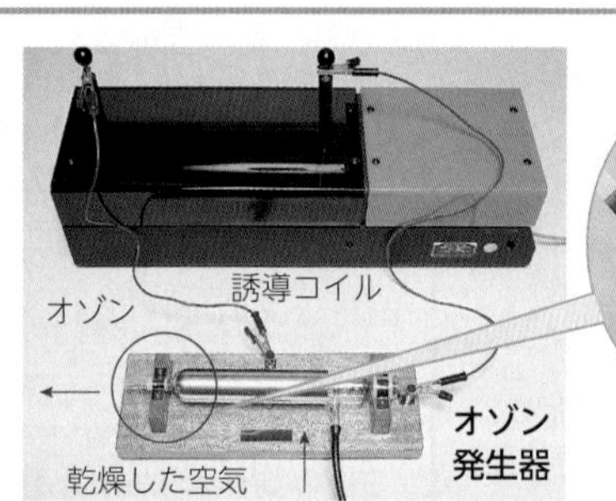

オゾン発生器

$3O_2 \longrightarrow 2O_3$

オゾンの発生

酸素中の無声放電で得られる。

オゾンの酸化作用で，ヨウ化カリウムデンプン紙が青紫色に変わる。

$2KI + H_2O + O_3 \longrightarrow 2KOH + I_2 + O_2$

オゾン脱臭機
オゾンの酸化作用を利用して，殺菌や脱臭に利用される。

3 酸化物 oxide

酸化物は，水や酸・塩基との反応の違いに応じて，**酸性酸化物**，**塩基性酸化物**，**両性酸化物**に分類される。

酸化物
酸素と他の元素との化合物

- **酸性酸化物**　非金属元素の酸化物で，水と反応して酸となるものや，塩基と反応して塩を生じるもの。
- **塩基性酸化物**　金属元素の酸化物で，水と反応して塩基となるものや，酸と反応して塩を生じるもの。
- **両性酸化物**　酸とも塩基とも反応する酸化物。

ⓐ 第2，第3周期元素の酸化物

周期＼族	1	2	13	14	15	16	17
2	Li_2O 酸化リチウム	BeO 酸化ベリリウム	B_2O_3 三酸化二ホウ素	CO_2 二酸化炭素	N_2O_5 五酸化二窒素	−	−
3	Na_2O 酸化ナトリウム	MgO 酸化マグネシウム	Al_2O_3 酸化アルミニウム	SiO_2 二酸化ケイ素	P_4O_{10} 十酸化四リン*	SO_3 三酸化硫黄	Cl_2O_7 七酸化二塩素

水に溶ける　塩基性酸化物　両性酸化物　酸性酸化物

*五酸化二リンともよばれる。

Tips　食品の製造過程において，オゾンが添加物として用いられることがあり，日本では認可されている。しかし，食品衛生法上では記載義務がないため，食品の成分表記では記載されていない。

4 硫黄
sulfur

硫黄 S の単体は，火山の火口付近に産出し，**斜方硫黄**，**単斜硫黄**，**ゴム状硫黄**の同素体がある。 MOVIE

黄色　塊状結晶
融点　113℃
密度　2.07 g/cm³
環状分子　S_8

斜方硫黄
二硫化炭素 CS_2 溶液から結晶化させて得られる。

単斜硫黄
斜方硫黄を融解して冷却すると得られる。

ゴム状硫黄
斜方硫黄を沸点近くまで加熱し，急冷すると得られる。

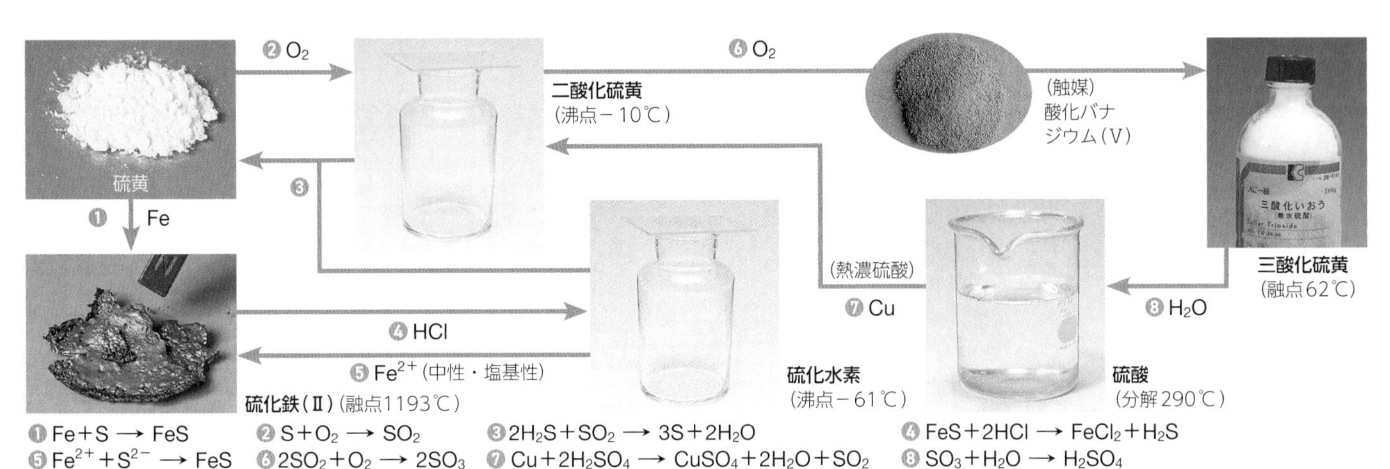

❶ $Fe + S \longrightarrow FeS$
❷ $S + O_2 \longrightarrow SO_2$
❸ $2H_2S + SO_2 \longrightarrow 3S + 2H_2O$
❹ $FeS + 2HCl \longrightarrow FeCl_2 + H_2S$
❺ $Fe^{2+} + S^{2-} \longrightarrow FeS$
❻ $2SO_2 + O_2 \longrightarrow 2SO_3$
❼ $Cu + 2H_2SO_4 \longrightarrow CuSO_4 + 2H_2O + SO_2$
❽ $SO_3 + H_2O \longrightarrow H_2SO_4$

5 硫化水素
hydrogen sulfide

硫化水素 H_2S は，無色・腐卵臭の有毒な気体で，還元作用を示す。火山ガスや温泉水に含まれ，種々の金属イオンと反応して硫化物の沈殿を生じる。

分子モデル	
分子式	H_2S
色・におい	無色・腐卵臭
融点	−85.5℃
沸点	−60.7℃
密度 (0℃，1.013×10^5 Pa)	1.54 g/L

ⓐ 製法

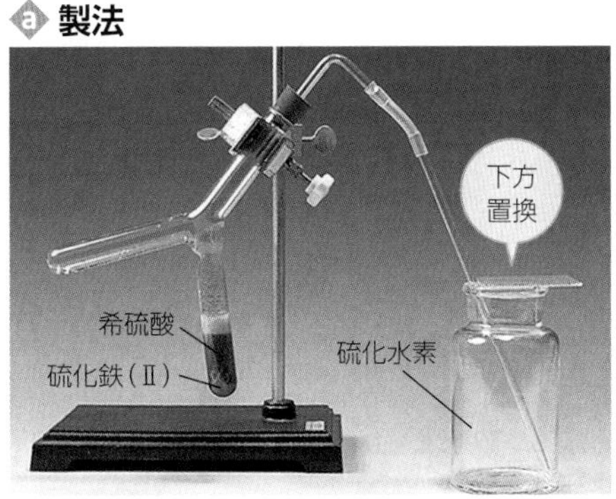

$FeS + H_2SO_4 \longrightarrow FeSO_4 + H_2S$

ⓑ 性質

空気中で青白い炎をあげて燃焼する。
$2H_2S + 3O_2 \longrightarrow 2H_2O + 2SO_2$

硫化水素の水溶液は**硫化水素水**とよばれ，弱い酸性を示す。

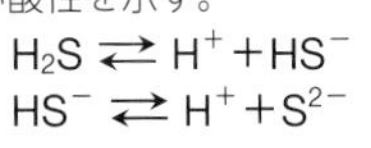

$H_2S \rightleftarrows H^+ + HS^-$
$HS^- \rightleftarrows H^+ + S^{2-}$

BTB 溶液を滴下
酸性
黄変

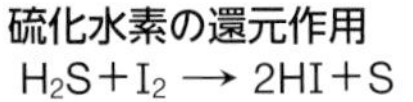

硫化水素の還元作用
$H_2S + I_2 \longrightarrow 2HI + S$

MOVIE

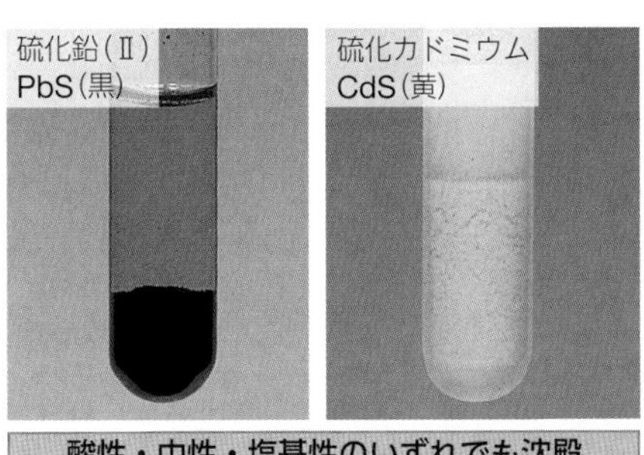

酸性・中性・塩基性のいずれでも沈殿
硫化銀 Ag_2S(黒)，硫化銅(Ⅱ) CuS(黒)

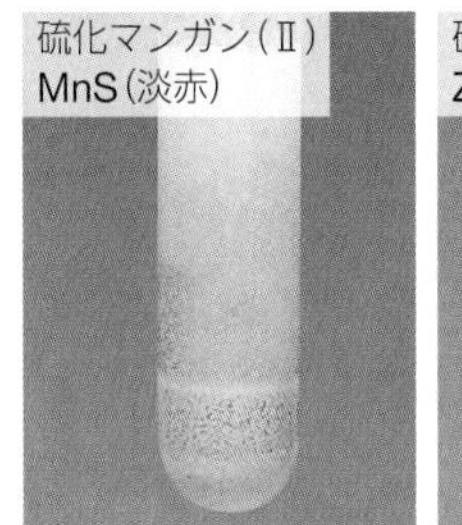

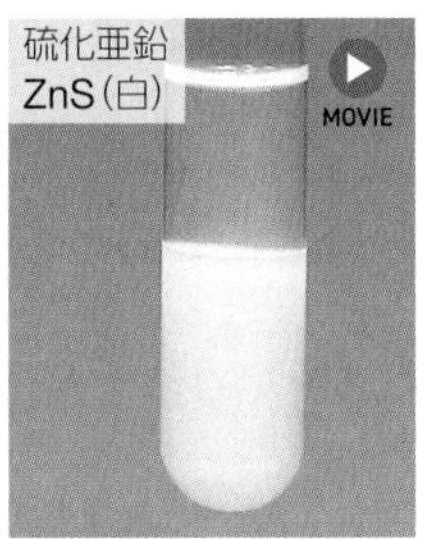

中性・塩基性で沈殿
硫化鉄(Ⅱ) FeS(黒)，硫化ニッケル(Ⅱ) NiS(黒)

硫黄は，火山地帯に単体や化合物として広く存在している。また，生体にも不可欠な元素であり，システインやメチオニンなどのアミノ酸として体内に多く含まれる。毛髪が燃えたときの特有なにおいは，これらの硫黄化合物による。

6 二酸化硫黄 sulfur dioxide

二酸化硫黄 SO_2 は，無色・刺激臭の有毒な気体で，水によく溶け，その水溶液（亜硫酸）は酸性を示す。また，還元作用を示すが，強力な還元剤に対しては酸化剤として働く場合もある。

分子モデル	
分子式	SO_2
色・におい	無色・刺激臭
融点	−75.5℃
沸点	−10℃
密度 (0℃, 1.013×10^5Pa)	2.93g/L

ⓐ 製法

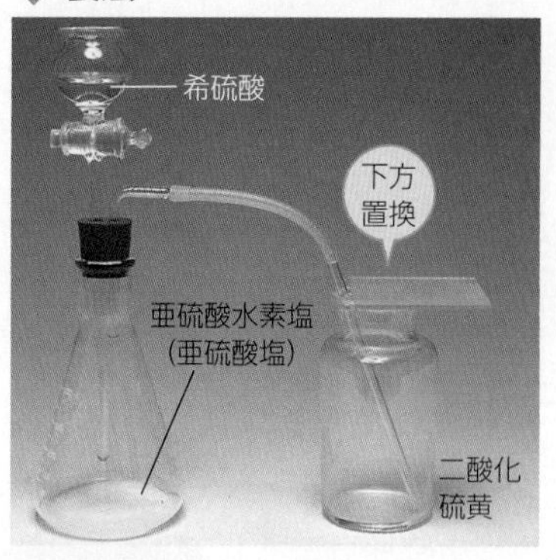

二酸化硫黄の発生

亜硫酸水素ナトリウムに希硫酸を加えて得られる。

$$2NaHSO_3 + H_2SO_4 \longrightarrow Na_2SO_4 + 2H_2O + 2SO_2$$

また，亜硫酸ナトリウムに希硫酸を加えても得られる。

$$Na_2SO_3 + H_2SO_4 \longrightarrow Na_2SO_4 + H_2O + SO_2$$

工業的には黄鉄鉱（主成分 FeS_2）や硫黄の燃焼によって得られる。

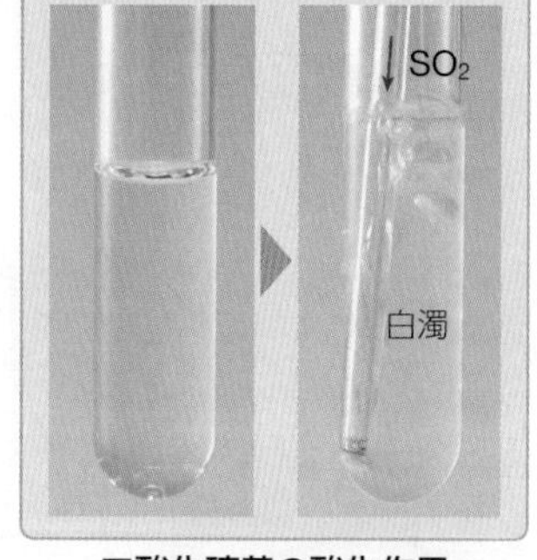

二酸化硫黄の酸化作用

火山地帯で見られる硫黄は，火山ガスに含まれる H_2S と SO_2 の反応によるものである。

$$2H_2S + SO_2 \longrightarrow 2H_2O + 3S$$

ⓑ 性質

水溶液は弱い酸性を示す。

$$H_2O + SO_2 \rightleftarrows H^+ + HSO_3^-$$

二酸化硫黄の漂白作用

還元作用によって，花びらが漂白される。

$$SO_2 + 2H_2O \longrightarrow SO_4^{2-} + 4H^+ + 2e^-$$

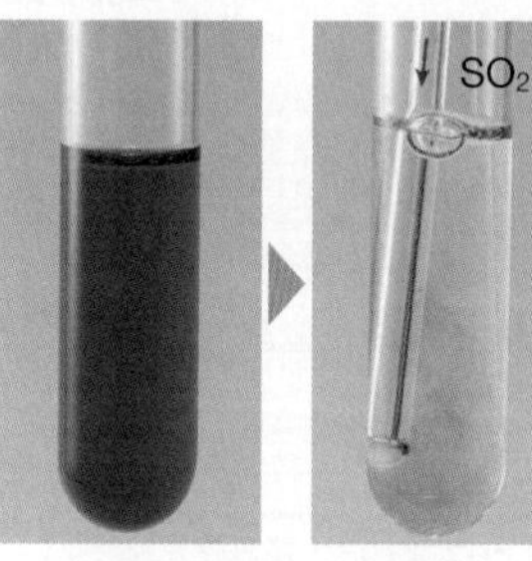

二酸化硫黄の還元作用

硫酸酸性の $KMnO_4$ 水溶液に通じると，赤紫色が消える。

7 硫酸 sulfuric acid

硫酸 H_2SO_4 は，二酸化硫黄 SO_2 を原料に，酸化バナジウム（V）を触媒として製造される（**接触法**）。

硫酸の工業的製法（➡p.212）

分子モデル	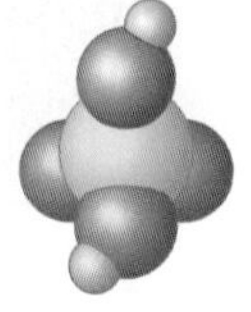
分子式	H_2SO_4
色	無色
融点	10.4℃ (290℃で分解)
密度 (25℃)	1.83g/cm^3

ⓐ 濃硫酸

濃硫酸は，無色で，粘度や密度の大きい不揮発性の液体である。脱水作用や酸化作用を示す。

濃硫酸の脱水作用

砂糖（スクロース $C_{12}H_{22}O_{11}$）に濃硫酸を加えると，水素原子と酸素原子が水分子の形で奪われ，炭素が残る反応が起こる。

$$C_{12}H_{22}O_{11} \longrightarrow 12C + 11H_2O$$

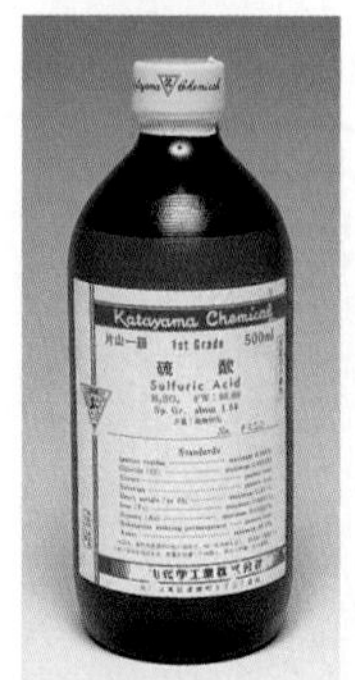

市販の濃硫酸

濃度約98％

密度1.83g/cm^3

デシケーター

濃硫酸の吸湿作用

濃硫酸は水分（水蒸気）を吸収するので，乾燥剤に用いられる。

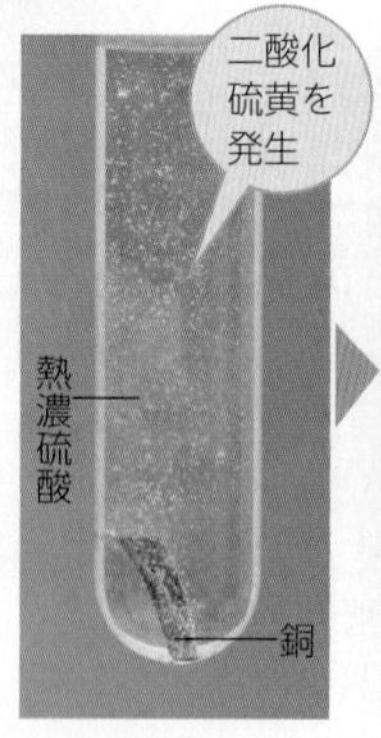

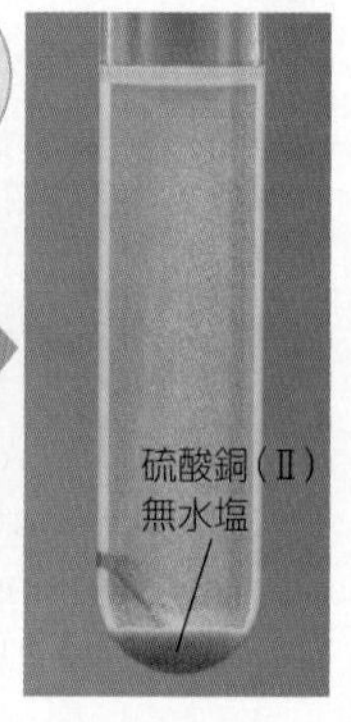

濃硫酸の酸化作用

熱濃硫酸（加熱した濃硫酸）は強い酸化作用を示し，銅と反応して二酸化硫黄を生じる。

$$Cu + 2H_2SO_4 \longrightarrow CuSO_4 + 2H_2O + SO_2$$

Tips 二酸化硫黄は，呼吸器を強く刺激し，ぜんそくや肺炎などを引きおこす。1960年代に三重県四日市で公害病（四日市ぜんそく）を発生させた主要な原因物質である。

ⓑ 希硫酸　希硫酸は，強い酸性を示し，水素よりもイオン化傾向の大きい金属と反応して，水素を発生する。

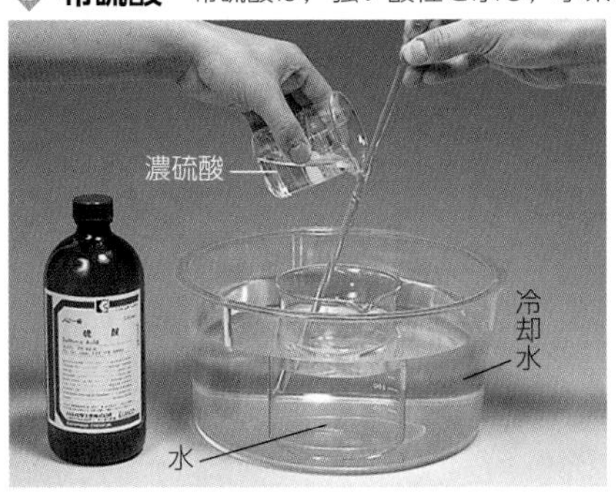

希硫酸のつくり方

濃硫酸を水で薄めると多量の熱を発生する。

$H_2SO_4 + aq \longrightarrow H_2SO_4aq \quad \Delta H = -95\,kJ$

容器全体を冷却しながら，水に濃硫酸を少しずつ加えて，希硫酸をつくる。濃硫酸に水を加えると，発生した熱で水が沸騰し，危険である。

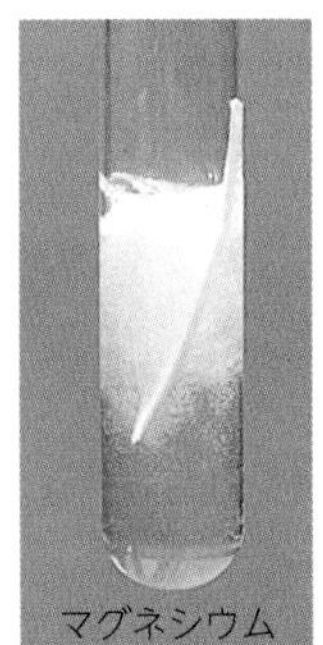

金属との反応

希硫酸はマグネシウムや亜鉛とは反応して水素を発生するが，銅とは反応しない。

$Mg + H_2SO_4 \longrightarrow MgSO_4 + H_2$

$Zn + H_2SO_4 \longrightarrow ZnSO_4 + H_2$

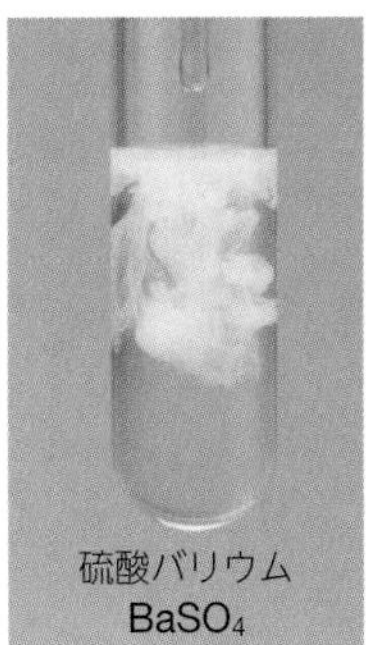

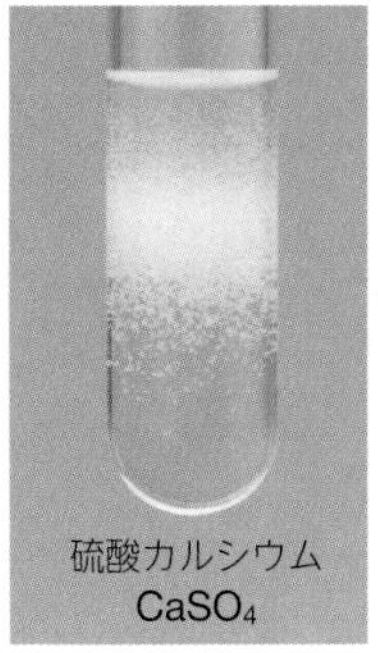

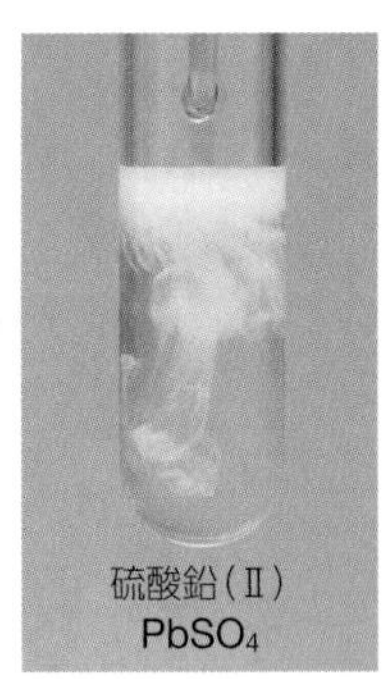

硫酸塩の沈殿

硫酸イオン SO_4^{2-} は，バリウムイオン Ba^{2+} やカルシウムイオン Ca^{2+}，鉛(Ⅱ)イオン Pb^{2+} と反応し，白色沈殿を生じる。

$Ba^{2+} + SO_4^{2-} \longrightarrow BaSO_4$　(白色沈殿)

$Ca^{2+} + SO_4^{2-} \longrightarrow CaSO_4$　(白色沈殿)

$Pb^{2+} + SO_4^{2-} \longrightarrow PbSO_4$　(白色沈殿)

ⓒ 希硫酸と濃硫酸の性質の違い

亜鉛＋希硫酸

亜鉛＋濃硫酸

	希硫酸	濃硫酸
脱水作用	×	○
吸湿作用	×	○
酸化作用	×	○
金属との反応	激しく反応して水素を発生する	ほとんど反応しない

濃硫酸はほとんど電離していないため，亜鉛を入れてもほとんど水素を発生しない。

トピック　あぶり出し

MOVIE

紙に希硫酸で文字を書いてあぶると，水だけが蒸発して不揮発性の硫酸が残り，その脱水作用によって，文字を書いた紙(セルロース)の部分が炭素に変化して黒くなる。

$(C_6H_{10}O_5)_n \longrightarrow 6nC + 5nH_2O$

白衣などに希硫酸が付着して，そのままにしておくと，黒く変色したり，穴が開いたりするのも同じ現象である。

ⓓ 硫酸の利用

鉛蓄電池

自動車のバッテリーなどに使用される鉛蓄電池(➡ p.93)の電解質水溶液には，希硫酸が利用されている。

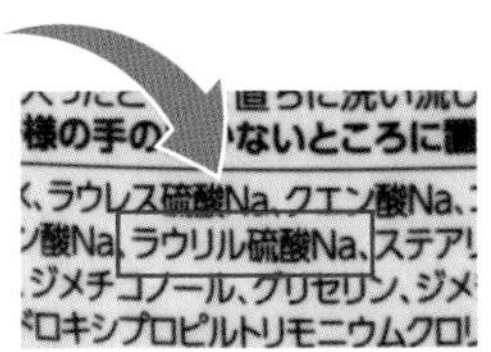

洗剤

ラウリル硫酸ナトリウムなど，洗剤の製造などに使用される。

肥料

硫酸アンモニウムは硫安ともよばれ，植物の生育のために必要な窒素を補う肥料として用いられる。

ⓔ チオ硫酸ナトリウムの反応

チオ硫酸ナトリウム五水和物

$Na_2S_2O_3 \cdot 5H_2O$

チオ硫酸ナトリウム五水和物は，ハイポともよばれ，亜硫酸ナトリウムと硫黄からつくられる。

脱塩素剤

チオ硫酸ナトリウムは，還元剤として，水道水中の塩素を除く作用があり，金魚や熱帯魚などの水槽に水道水を入れるときに用いられる。

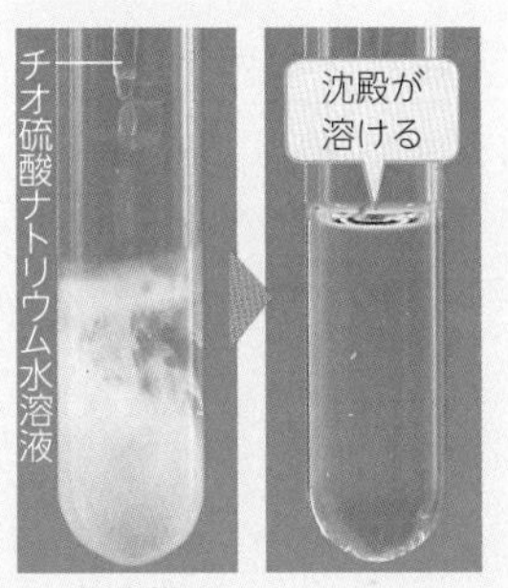

塩化銀

塩化銀に $Na_2S_2O_3$ 水溶液を加えると，錯イオンを形成して溶解する。

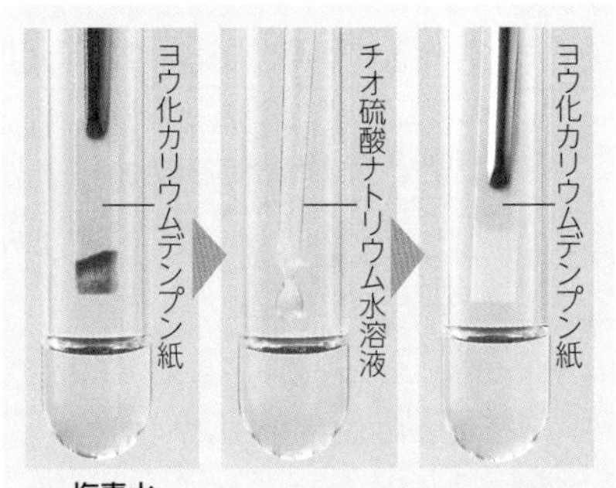

塩素水

塩素水はヨウ化カリウムデンプン紙を青くするが，塩素水に $Na_2S_2O_3$ 水溶液を加えると塩素が還元され，反応しなくなる。

Tips　チオ硫酸とは，硫酸がもつ酸素原子1つが硫黄原子に置き換わった物質である。

探究活動

12. 塩素と二酸化硫黄の性質

目的 塩素，二酸化硫黄を発生させて，その性質を調べてみよう。ここでは，試験管を使ったマイクロスケールの実験を行う。

【塩素の製法と性質】

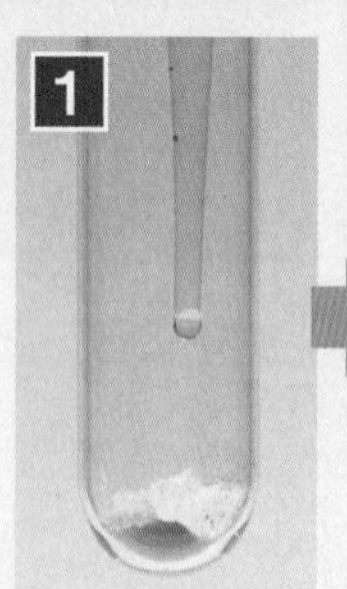

1 乾いた試験管に小さじ2杯の高度さらし粉と，濃塩酸3mLを入れ，ただちに軽くゴム栓をする。

塩素

こまごめピペットに塩素をとる。

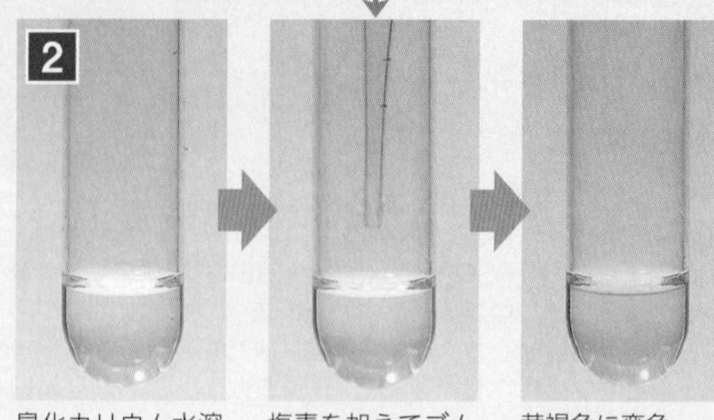

2 臭化カリウム水溶液2mL　塩素を加えてゴム栓をする。　黄褐色に変色。

塩素は有毒なのでドラフト内で行う。

3 ヨウ化カリウム水溶液2mL　塩素を加えてゴム栓をする。　褐色に変色。

4 デンプン水溶液2mLに操作3で得られた水溶液を1滴加える。　青紫色に変色。

5 蒸留水でぬらしたリトマス紙と赤色の花を入れた試験管に塩素を加える。

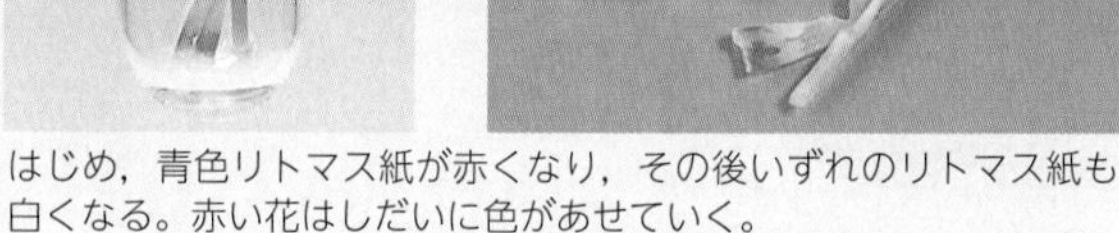

はじめ，青色リトマス紙が赤くなり，その後いずれのリトマス紙も白くなる。赤い花はしだいに色があせていく。

考察1 操作1における塩素の発生を化学反応式で表せ。

$Ca(ClO)_2 \cdot 2H_2O + 4HCl \longrightarrow CaCl_2 + 4H_2O + 2Cl_2$

高度さらし粉

考察2 操作2 3 4における水溶液の色の変化をそれぞれ説明せよ。

操作2では，$2KBr + Cl_2 \longrightarrow 2KCl + Br_2$の反応がおこり，生じた臭素$Br_2$が水溶液に溶けて黄褐色になった。

操作3では，$2KI + Cl_2 \longrightarrow 2KCl + I_2$の反応がおこり，生じたヨウ素$I_2$がヨウ化カリウムKI水溶液に溶けて褐色になった。

操作4では，3で生成したI_2によって，ヨウ素デンプン反応がおこり，青紫色になった。

考察3 操作5における変化を化学反応式で表し，説明せよ。

塩素が水に溶けると，次式の反応がおこる。

$Cl_2 + H_2O \rightleftarrows HCl + HClO$

生じた塩酸が酸性を示すため，青色リトマス紙が赤くなる。また，次亜塩素酸HClOが強い酸化作用をもつため，リトマス紙や花の色が漂白される。

$ClO^- + 2H^+ + 2e^- \longrightarrow Cl^- + H_2O$

Tips 実験のスケールを小さくすることは，試薬の少量化，それによる廃液などの実験廃棄物の少量化，少量のため危険性が小さくなることによる安全性の確保などの利点があるため，より少量で行える実験の開発が進められている。

準備

薬品	器具
高度さらし粉，濃塩酸，0.1mol/L 臭化カリウム水溶液，0.1mol/L ヨウ化カリウム水溶液，0.02mol/L 過マンガン酸カリウム水溶液，3mol/L 硫酸，6mol/L 硫酸，1％デンプン水溶液，亜硫酸水素ナトリウム，ヨウ素ヨウ化カリウム水溶液(ヨウ素液)，硫化鉄(Ⅱ)，3％過酸化水素水，赤色リトマス紙，青色リトマス紙，赤い花	試験管，こまごめピペット，ゴム栓

【二酸化硫黄の製法と性質】

6

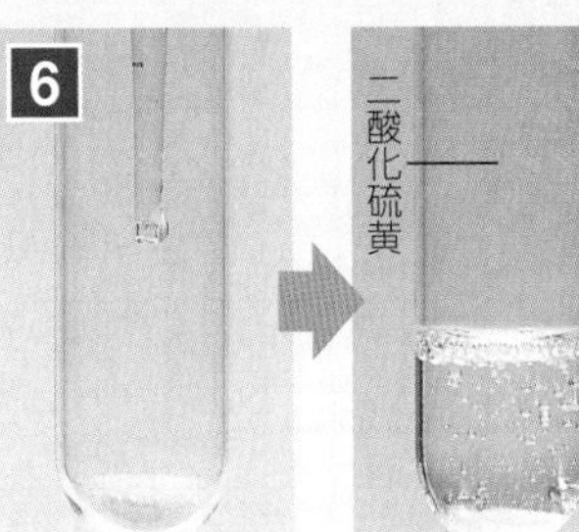

乾いた試験管に小さじ1杯の亜硫酸水素ナトリウムと，6mol/Lの硫酸を2mL入れ，反応が止まったらゴム栓をする。

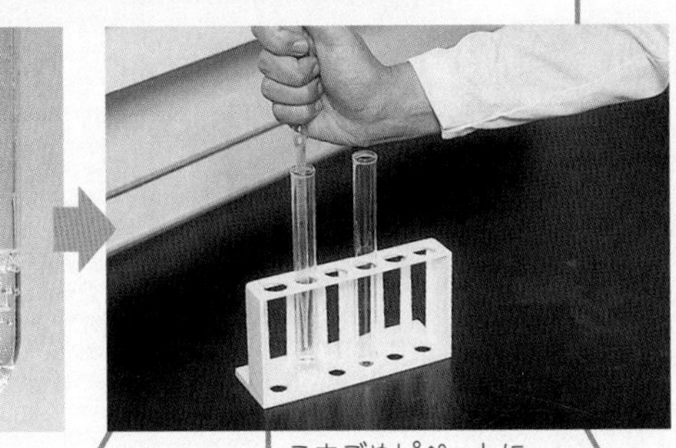

こまごめピペットに二酸化硫黄をとる。

7

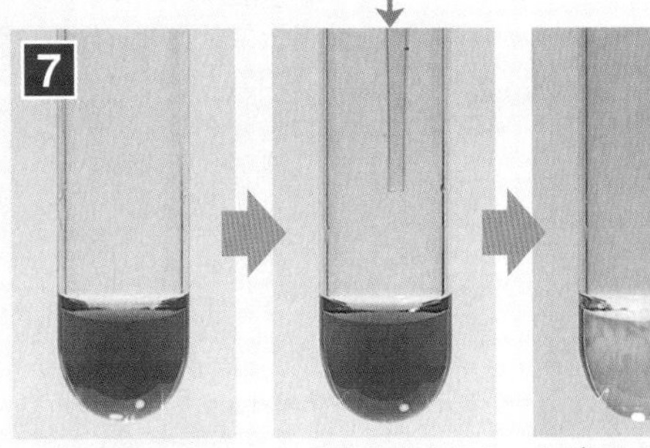

過マンガン酸カリウム水溶液2mL(硫酸酸性)。

二酸化硫黄を加えて，ゴム栓をする。

色が消える。

二酸化硫黄や硫化水素は有毒なのでドラフト内で行う。

8

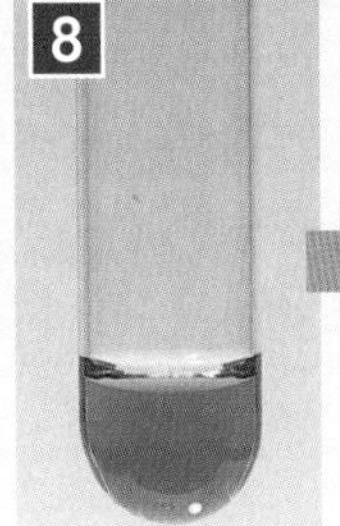

デンプンを含むヨウ素ヨウ化カリウム水溶液2mL

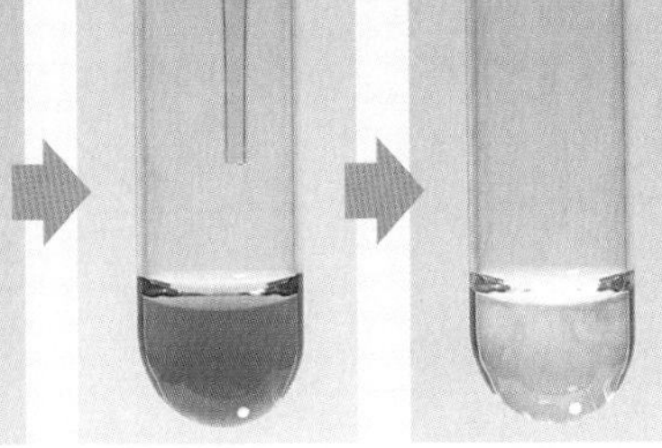

二酸化硫黄を加えて，ゴム栓をする。

色が消える。

9

乾いた試験管に一片の硫化鉄(Ⅱ)と3mol/L硫酸2mLを入れ，少し加熱する。

生成した硫化水素に二酸化硫黄を加える。

試験管の内壁に硫黄が生成。

10

蒸留水でぬらしたリトマス紙と赤色の花を入れた試験管に二酸化硫黄を加える。

青色リトマス紙が赤くなり，赤い花はしだいに色があせていく。

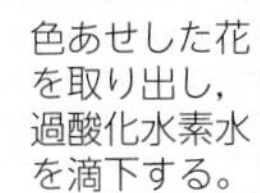

色あせした花を取り出し，過酸化水素水を滴下する。

11

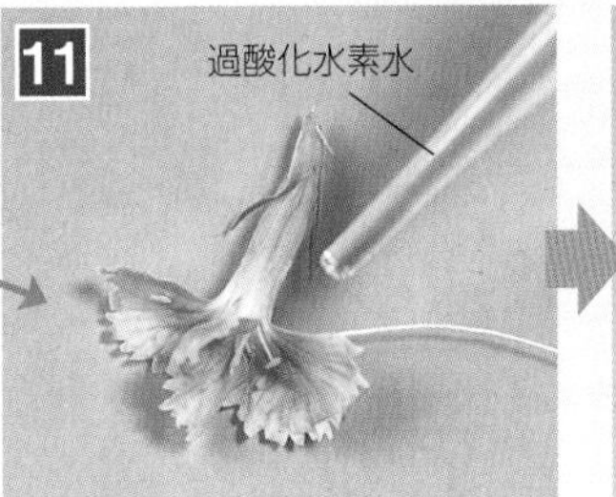

再び花が赤くなる。

考察 4 操作6における二酸化硫黄の発生を化学反応式で表せ。

$2NaHSO_3 + H_2SO_4 \longrightarrow Na_2SO_4 + 2H_2O + 2SO_2$

考察 5 操作7 8における水溶液の色の変化をそれぞれ説明せよ。

操作7　$2MnO_4^- + 5SO_2 + 2H_2O \longrightarrow 2Mn^{2+} + 5SO_4^{2-} + 4H^+$の反応がおこり，赤紫色の過マンガン酸イオン$MnO_4^-$から，ほぼ無色のマンガン(Ⅱ)イオン$Mn^{2+}$を生じた。

操作8　二酸化硫黄によって，ヨウ素I_2がヨウ化物イオンI^-に還元されたため，ヨウ素デンプン反応の色(青紫色)が消えた。

考察 6 操作9における変化をそれぞれ化学反応式で表せ。

$FeS + H_2SO_4 \longrightarrow FeSO_4 + H_2S$

$2H_2S + SO_2 \longrightarrow 2H_2O + 3S$

考察 7 操作11において，過酸化水素水を滴下すると花が再び赤くなったのはなぜか。

花の色素が二酸化硫黄によって還元され，色を失ったが，過酸化水素の酸化作用によって色素がもとの形にもどり，色が復活したと考えられる。

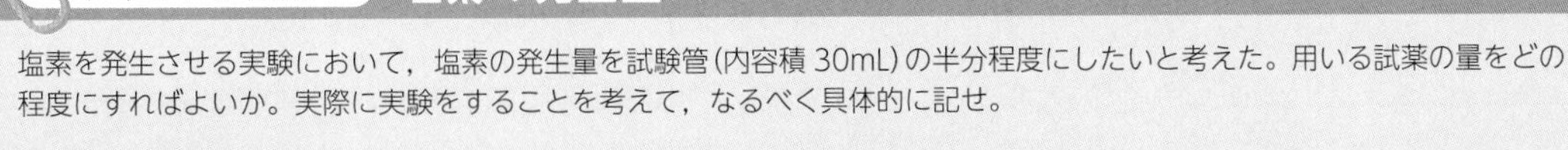

チャレンジ課題　塩素の発生量

塩素を発生させる実験において，塩素の発生量を試験管(内容積30mL)の半分程度にしたいと考えた。用いる試薬の量をどの程度にすればよいか。実際に実験をすることを考えて，なるべく具体的に記せ。

5 窒素とリン 化学

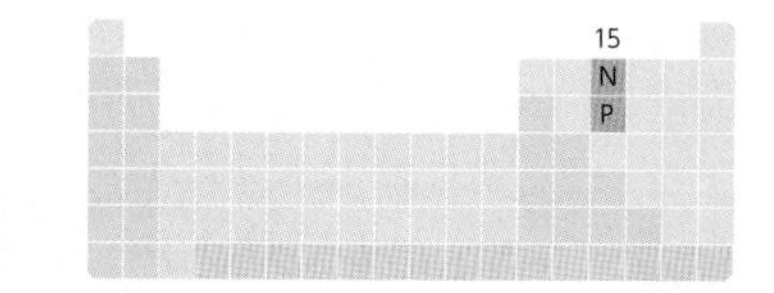

1 窒素 nitrogen

窒素 N_2 は，無色，無臭の気体で，空気の78％(体積)を占める。常温では化学的に安定である。

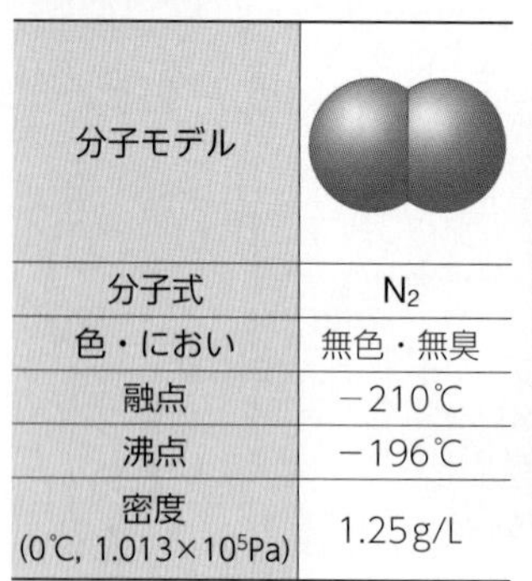

分子モデル	
分子式	N_2
色・におい	無色・無臭
融点	−210℃
沸点	−196℃
密度 (0℃, 1.013×10^{5}Pa)	1.25g/L

ⓐ 製法

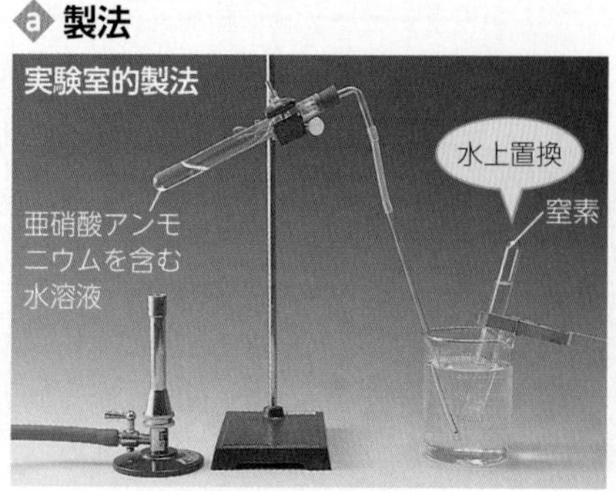

$NH_4NO_2 \longrightarrow 2H_2O + N_2$

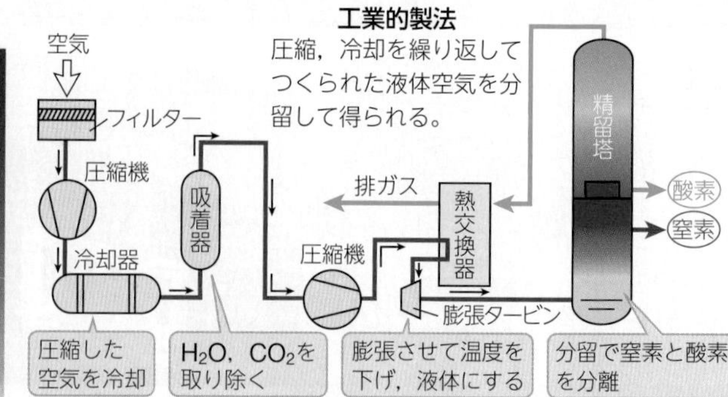

ⓑ 性質

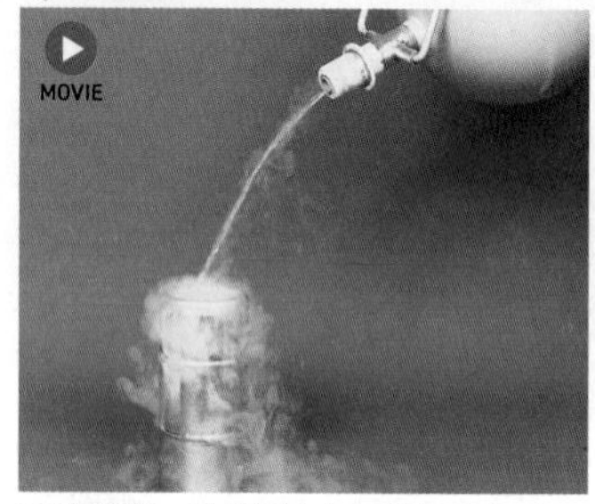

テニスボール
液体窒素
床に落とすと割れる

液体窒素　冷却剤として用いられる。

ⓒ 利用

窒素充填包装　高純度の窒素は食品の酸化を防ぐため，食品包装の充填ガスとして用いられる。

ⓓ 窒素とその化合物の相互関係

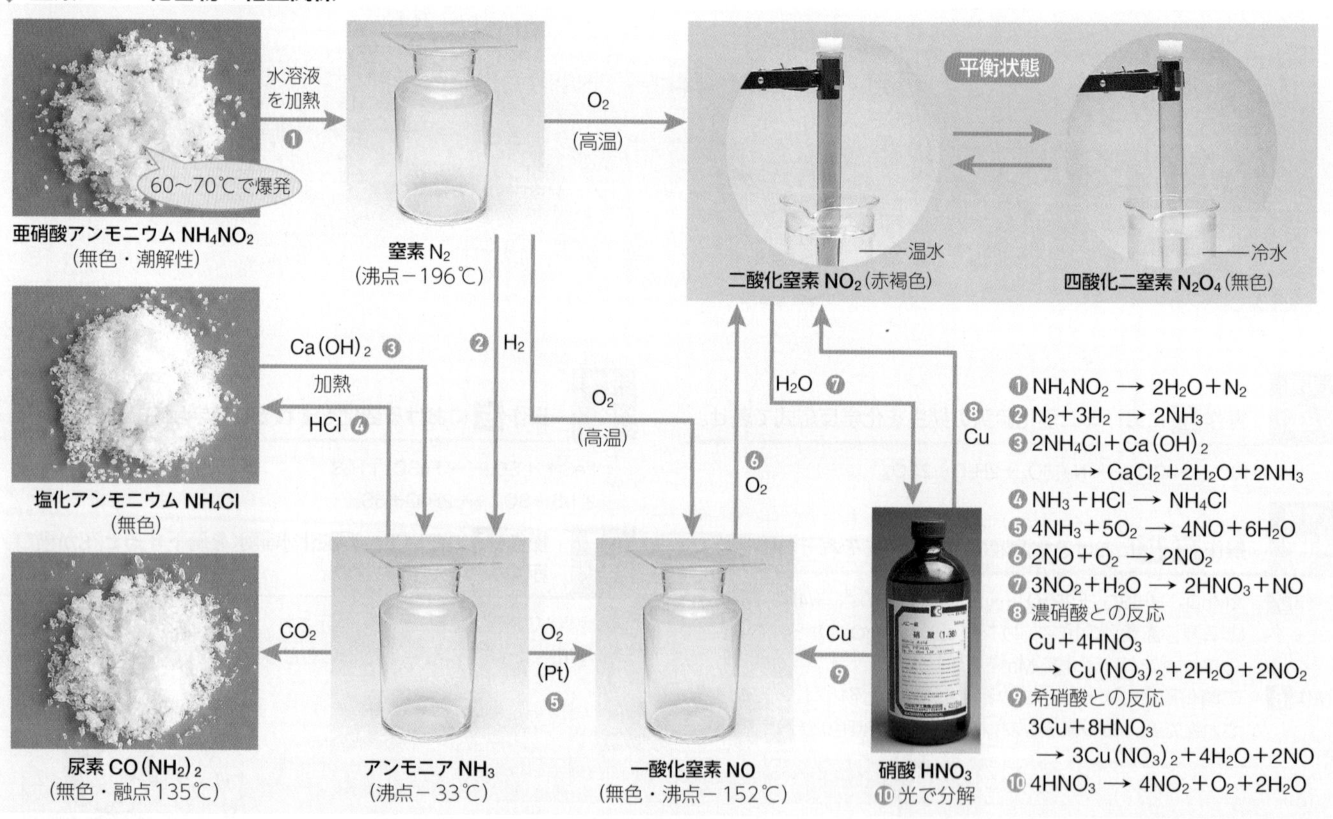

Tips 「窒素」は，「息がつまる(窒息する)物質」という意味のドイツ語(Stickstoff)から名づけられた。一方，窒素を示す英語「nitrogen」は，「硝石をつくるもの」を意味するギリシャ語(nitro genes)に由来する。

2 窒素酸化物
nitrogen oxides

窒素は，高温では酸素と化合して，一酸化窒素 NO などの窒素酸化物を生じる。窒素酸化物には，酸化数が＋1から＋5のものまである。大気汚染の原因となる一酸化窒素や二酸化窒素などは NO_x と総称される。

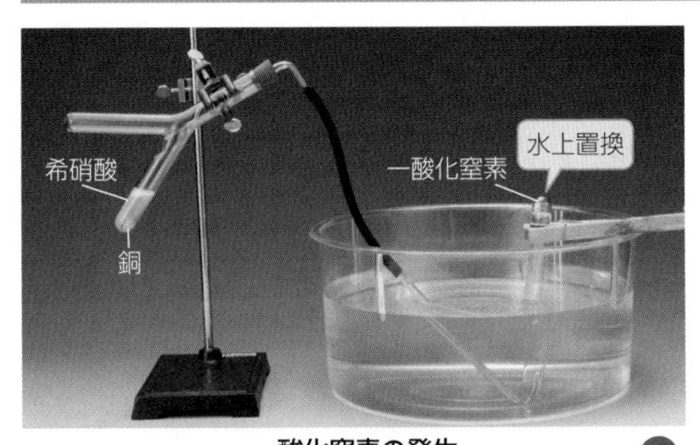

一酸化窒素の発生
$3Cu + 8HNO_3 \longrightarrow 3Cu(NO_3)_2 + 4H_2O + 2NO$
MOVIE

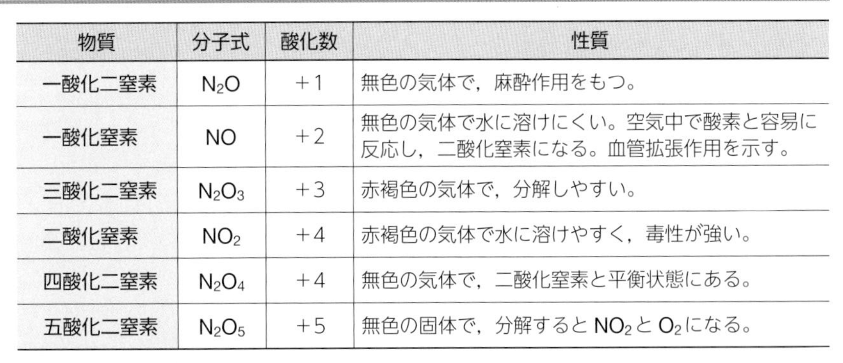

物質	分子式	酸化数	性質
一酸化二窒素	N_2O	＋1	無色の気体で，麻酔作用をもつ。
一酸化窒素	NO	＋2	無色の気体で水に溶けにくい。空気中で酸素と容易に反応し，二酸化窒素になる。血管拡張作用を示す。
三酸化二窒素	N_2O_3	＋3	赤褐色の気体で，分解しやすい。
二酸化窒素	NO_2	＋4	赤褐色の気体で水に溶けやすく，毒性が強い。
四酸化二窒素	N_2O_4	＋4	無色の気体で，二酸化窒素と平衡状態にある。
五酸化二窒素	N_2O_5	＋5	無色の固体で，分解すると NO_2 と O_2 になる。

濃硝酸
銅
下方置換
二酸化窒素
MOVIE

二酸化窒素の発生
$Cu + 4HNO_3 \longrightarrow Cu(NO_3)_2 + 2H_2O + 2NO_2$

一酸化窒素と二酸化窒素の性質

捕集した一酸化窒素 NO に酸素を加えると，ただちに赤褐色の二酸化窒素 NO_2 に変化する。 $2NO + O_2 \longrightarrow 2NO_2$

NO_2 は水に溶けて，試験管内の水面が上昇する。
MOVIE

3 アンモニア
ammonia

アンモニア NH_3 は無色，刺激臭の，空気よりも軽い気体である。

アンモニアの工業的製法（➡p.212）

分子モデル	
分子式	NH_3
色・におい	無色・刺激臭
融点	−77.7℃
沸点	−33.4℃
密度 (0℃, 1.013×10^5Pa)	0.771 g/L

窒素 N_2 と水素 H_2 から，四酸化三鉄 Fe_3O_4 を触媒として製造される（**ハーバー・ボッシュ法**）。

a 製法

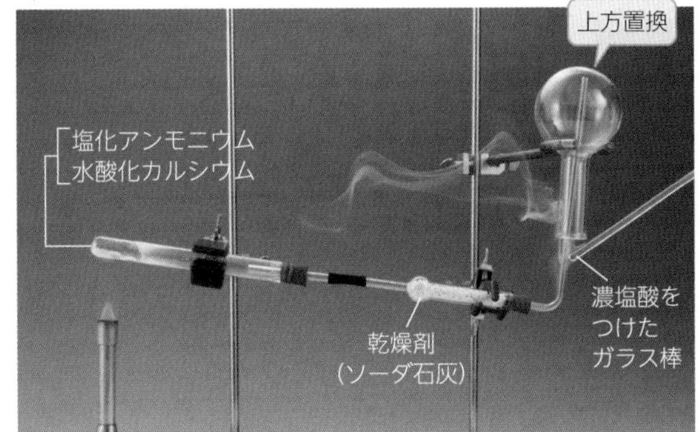

アンモニアの発生と検出
$2NH_4Cl + Ca(OH)_2 \longrightarrow CaCl_2 + 2H_2O + 2NH_3$

b 性質

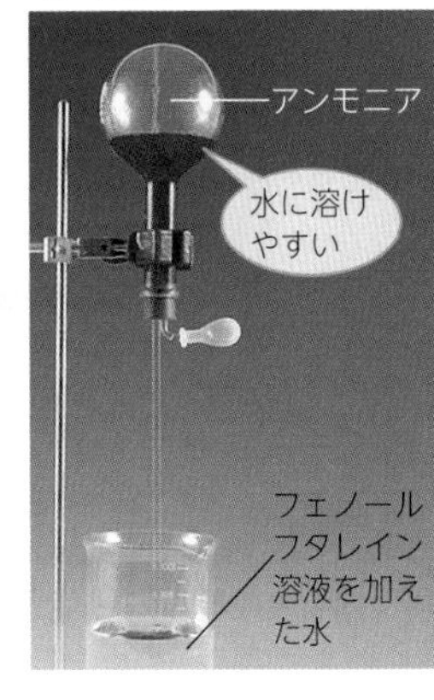

アンモニアの噴水実験
アンモニアは水に溶けやすく，水溶液は塩基性を示す。
そのため，アンモニアで満たしたフラスコ内に少し水を入れると，フラスコ内が減圧され，ガラス管を伝ってビーカーの水が上昇する。このとき，フェノールフタレイン溶液を加えた水は赤変する。

c 利用

窒素肥料

尿素樹脂
（柄の部分）

アンモニウム塩は肥料として用いられる。また，アンモニアを原料として合成繊維やプラスチックがつくられる。

トピック 肥料の必要性

自然界の植物は，動物のフンや死骸などが微生物に分解されたものを栄養分として利用している。植物が必要とする元素の種類や量は，植物の種類によって異なっている。十分に植物を生育させることのできない土壌や，農作物の大量生産により養分が不足する土壌では肥料が必要になる。土壌中で特に不足しやすい元素は，窒素 N，リン P，カリウム K であり，これらは**肥料の三要素**とよばれる。

アンモニアは蒸発エンタルピーが大きく（+23 kJ/mol），液化されたものが気体に変わるとき，周囲から大量の熱を奪う。そのため，業務用大型冷凍庫の冷媒（熱を運ぶ物質）として用いられる。

4 硝酸 nitric acid

硝酸 HNO_3 は無色，揮発性の液体で，強い酸性と酸化作用を示す。
市販の濃硝酸は，約61％(約13.5 mol/L)の水溶液である。

硝酸の工業的製法(➡p.212)

分子モデル	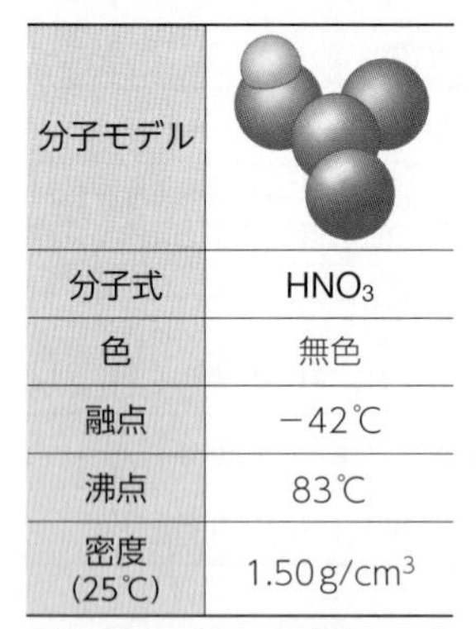
分子式	HNO_3
色	無色
融点	−42℃
沸点	83℃
密度(25℃)	1.50 g/cm^3

アンモニア NH_3 を原料に，白金触媒などを用いて製造される(**オストワルト法**)。

ⓐ 製法

実験室的製法

冷却水
小孔
冷却水
硝酸(液体)
硝酸
硝酸(気体)
硝酸ナトリウム＋濃硫酸

硝酸ナトリウムと不揮発性の濃硫酸を加熱すると，揮発性の硝酸が気体として発生する。

$$NaNO_3 + H_2SO_4 \longrightarrow NaHSO_4 + HNO_3$$

ⓑ 性質

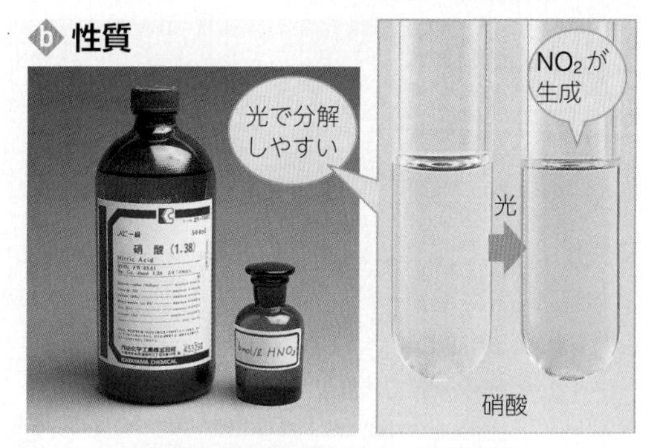

硝酸の保存(硝酸の光による分解)
硝酸は光を吸収して二酸化窒素を発生しながら分解するため，褐色びんに保存する。

$$4HNO_3 \longrightarrow 2H_2O + 4NO_2 + O_2$$

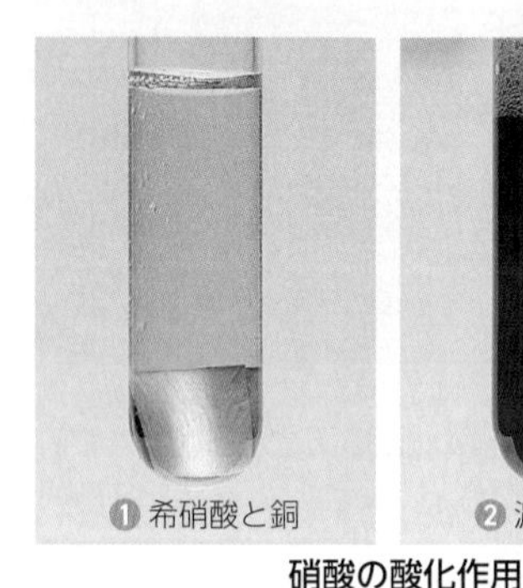
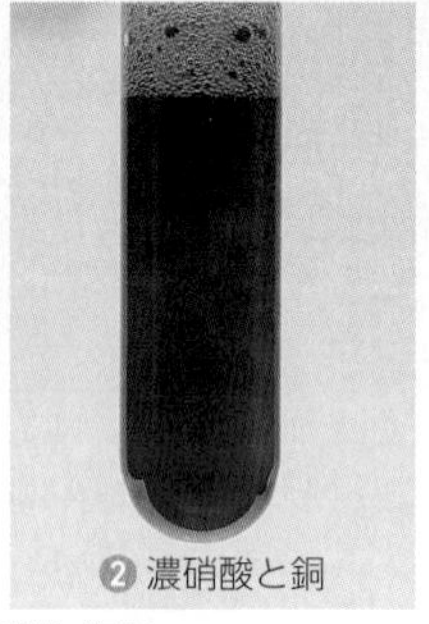

硝酸の酸化作用

❶ $3Cu + 8HNO_3 \longrightarrow 3Cu(NO_3)_2 + 4H_2O + 2NO$

❷ $Cu + 4HNO_3 \longrightarrow Cu(NO_3)_2 + 2H_2O + 2NO_2$

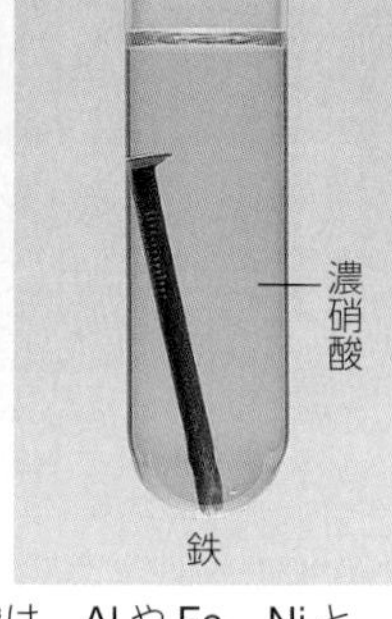

不動態の形成　濃硝酸は，Al や Fe，Ni と，表面にち密な酸化被膜をつくり，それ以上反応しない。このような状態を**不動態**という。

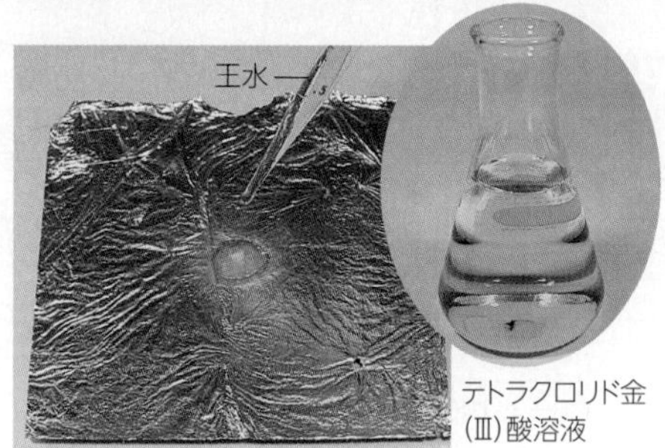

王水による金箔の溶解　王水(濃塩酸と濃硝酸を体積比 3：1 で混合した溶液)は酸化作用がきわめて強く，金や白金をも溶かす。

$$Au + HNO_3 + 4HCl \longrightarrow H[AuCl_4] + 2H_2O + NO$$

ⓒ 利用

硝酸アンモニウム NH_4NO_3
硝酸アンモニウムは，窒素肥料や火薬の原料，冷却パックに利用される。

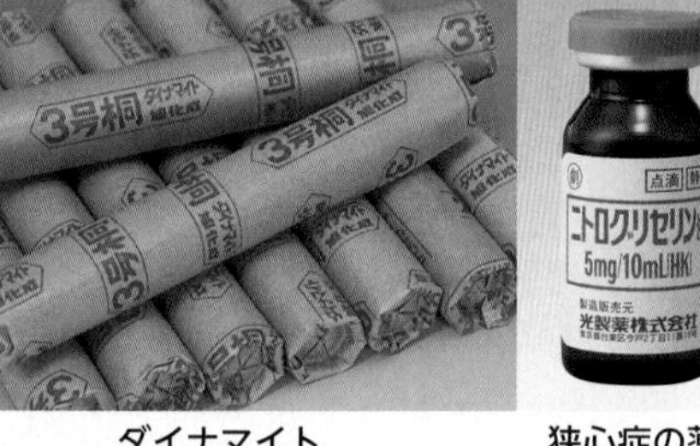

ダイナマイト

狭心症の薬

ニトログリセリン $C_3H_5(ONO_2)_3$
ニトログリセリンは，爆薬として利用される。
また，ニトログリセリンを体内に取り入れると，一酸化窒素を生成して，血管拡張作用を示すため，狭心症の薬としても用いられる。

key person　ハーバー ～食糧危機を救った科学者～

19世紀の終わりごろ，急速に増えていく世界の人口に対して，食糧供給が問題になっていた。化学肥料の原料となるチリ硝石(窒素を含む鉱石)など，天然資源の枯渇が心配されはじめたのである。多くの科学者がこの問題を解決しようと努めるなか，ハーバーは，窒素と水素から，化学肥料の原料となるアンモニアを合成する方法の開発に着手した。窒素は大気中に大量に存在するが，そのままでは水素と反応させてアンモニアにすることができない。ハーバーは研究を重ね，高圧下で触媒を用いることで，窒素と水素から直接アンモニアを合成できることを発見した。その後，ボッシュ(1874～1940，ドイツ)の協力を得て，1913年，その工業化に成功する。この発明によって，化学肥料が大量に製造されるようになり，食糧の生産量が飛躍的に増大した。
この業績が高く評価され，ハーバーは，1919年，ノーベル化学賞を受賞した。
ハーバー・ボッシュ法では大量のエネルギーが必要である。ハーバー・ボッシュ法によるアンモニア合成にはコスト削減や合成収率の向上に限界があるため，新たなアンモニア合成方法の研究が現在も進められている。

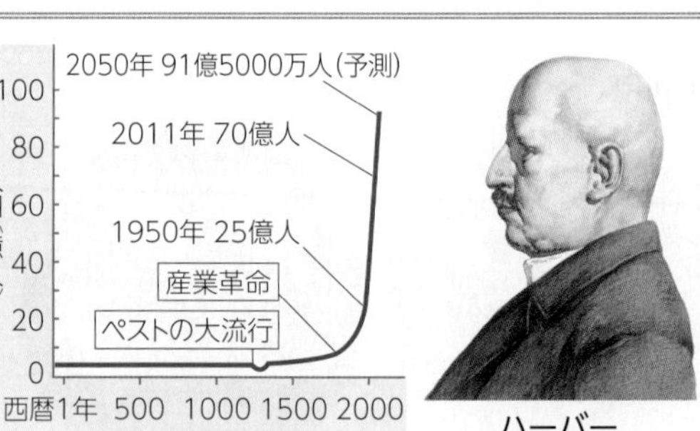

世界人口の推移

ハーバー(1868～1934 ドイツ)

Tips　窒素のオキソ酸である亜硝酸 HNO_2 は，溶液中にのみ存在し，単離できない物質である。化合物である亜硝酸ナトリウム $NaNO_2$ は，ジアゾニウム塩の合成に必要な物質である。

5 リン phosphorus

リンPには，黄リンと赤リンの同素体が存在する。黄リンは，空気を断って約250℃に熱すると赤リンになる。

ⓐ リンの同素体

黄リンの保存
黄リンは空気中で自然発火しやすく，水中に保存される。

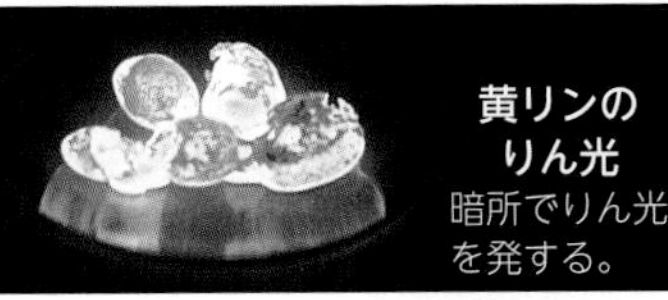

黄リンのりん光
暗所でりん光を発する。

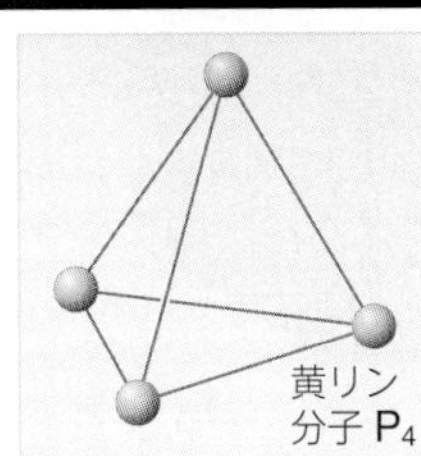

黄リン分子 P_4

黄リン P_4		赤リン P_x
淡黄色	色	暗赤色
44	融点〔℃〕	590(加圧下)
34	発火点〔℃〕	260
1.82	密度〔g/cm^3〕	2.20
する	自然発火	しない
溶けない	水に対して	溶けない
溶ける	二硫化炭素に対して	溶けない
有毒	毒性	無毒

リンの単体は組成式Pで表されることもある。

赤リンとその利用
点火を助けるので，マッチ箱側の発火剤に利用される。

赤リン分子 P_x

ⓑ 黄リンの発火

黄リンの二硫化炭素 CS_2 溶液

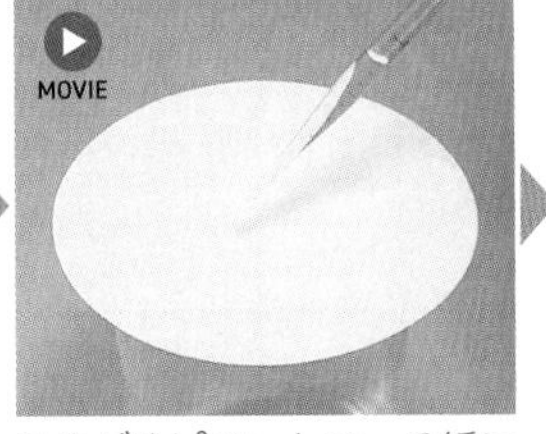

こまごめピペットで，ろ紙に溶液を数滴落とす。

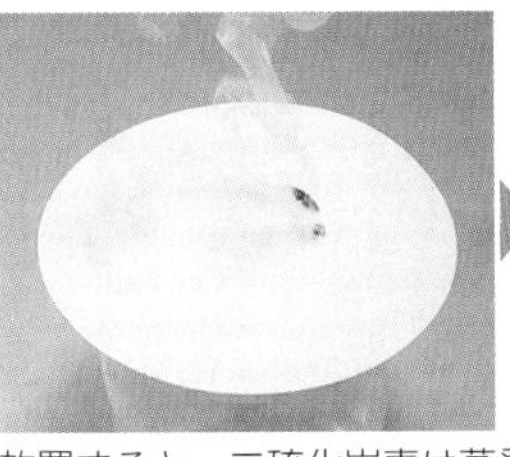

放置すると，二硫化炭素は蒸発するため，残った黄リンが空気中の酸素によって燃焼し，ろ紙がこげる。

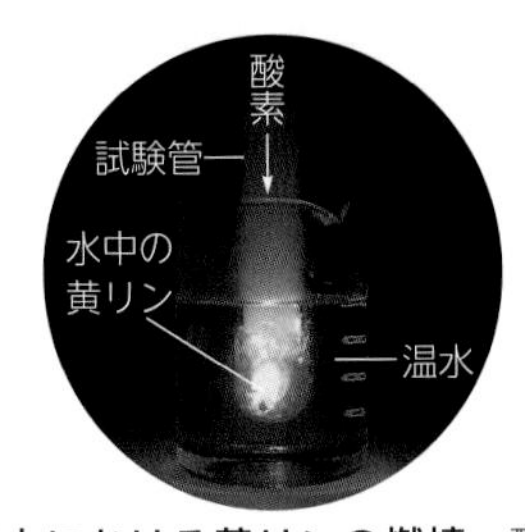

水中における黄リンの燃焼 酸素を送りこむと，水中でも燃焼する。

ⓒ リンの化合物

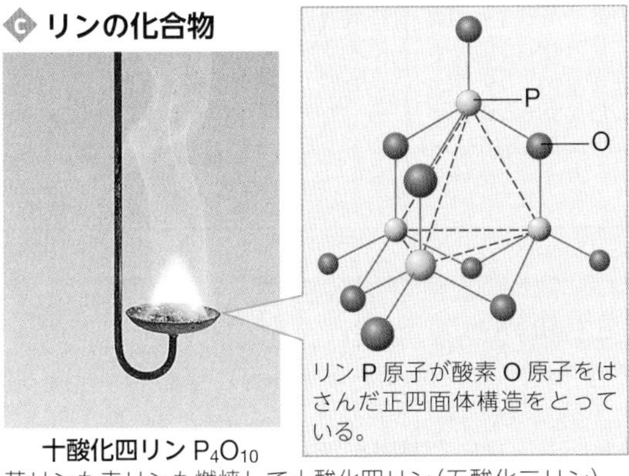

リンP原子が酸素O原子をはさんだ正四面体構造をとっている。

十酸化四リン P_4O_{10}
黄リンも赤リンも燃焼して十酸化四リン(五酸化二リン)を生じる。 $4P + 5O_2 \longrightarrow P_4O_{10}$

十酸化四リンの潮解性
十酸化四リンは吸湿性が強く，乾燥剤や脱水剤として利用される。
水に溶けると，リン酸を生じる。
$P_4O_{10} + 6H_2O \longrightarrow 4H_3PO_4$

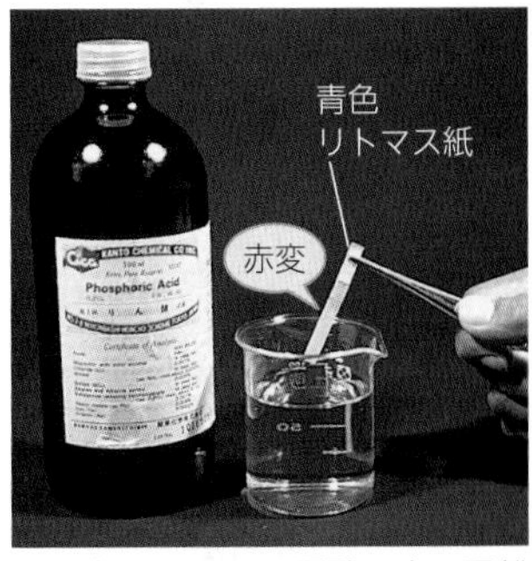

リン酸 H_3PO_4 は，弱酸の中で電離度が比較的大きく，中程度の強さの酸である。

リン酸カルシウム $Ca_3(PO_4)_2$　**過リン酸石灰(リン酸肥料)**

リン酸カルシウム $Ca_3(PO_4)_2$ は，骨や歯のおもな成分であり，天然にはリン鉱石として産出する。
過リン酸石灰は，リン酸カルシウムに硫酸を加えてつくられる。リン酸二水素カルシウム $Ca(H_2PO_4)_2$ と硫酸カルシウム $CaSO_4$ の混合物である。

$Ca_3(PO_4)_2 + 2H_2SO_4 \longrightarrow Ca(H_2PO_4)_2 + 2CaSO_4$

トピック リン資源の確保に向けて

リンは肥料の三要素の一つであり，食糧生産を支える上でなくてはならない物質である。20世紀以降の世界人口の増加に伴い，以前は堆肥などで補っていたリンを，リン鉱石をもとに合成した化学肥料によって対応していた。
しかし，そのリン鉱石も現在の埋蔵量としては数十年で枯渇すると推定されており，生活排水や下水からリンを回収する取り組みが世界各国で行われている。

ナウル共和国でのリン鉱石場
ナウル共和国ではかつて大量のリン鉱石が回収され，多くの国へ輸出されていた。現在では，枯渇してきている。

Tips 純粋な P_4 は白色であるため，黄リンは白リンともよばれる。一般に「黄リン」の名称が用いられているのは，表層に薄い赤リンの被膜が生じ，黄色を帯びているためといわれている。

6 炭素 化学

1 炭素 carbon

炭素Cには，ダイヤモンド，黒鉛(グラファイト)，フラーレン，カーボンナノチューブなどの同素体が存在する。
木炭や活性炭は，黒鉛の微小な結晶が不規則に配列しており，無定形炭素とよばれる。

ダイヤモンド diamond	黒鉛 graphite	フラーレン fullerene	カーボンナノチューブ carbon nanotube
密度：3.5g/cm^3	密度：2.3g/cm^3	密度：1.7g/cm^3（計算値）	密度：－
電気を導かない	電気をよく導く	電気を導かない	電気をよく導く(半導体もある)
各炭素原子が4個の価電子をすべて用いて共有結合を形成し，正四面体形をつくりながら配列している。非常にかたく，融点が高い(3550℃)。無色透明で，光の屈折率が大きい。	各炭素原子が3個の価電子を用いて平面(シート)をつくっており，残りの1個がシート内を動き回ることができる。シートどうしは，分子間力で弱く結びついており，薄くはがれやすい。	多数の炭素原子から構成される球殻状の分子や，その分子からなる物質を総称してフラーレンという。図は60個の炭素原子がサッカーボール型に結合したフラーレン分子C_{60}である。C_{60}以外に，C_{70}やC_{76}，C_{80}などもある。	1991年，フラーレンの生成作業中に発見された。黒鉛の平面を丸めたような構造であり，直径数十nm，長さ数μmの筒状であったことから，カーボンナノチューブとよばれるようになった。
用途：宝石，ガラスカッター	用途：電極，鉛筆の芯		

PLUS グラフェン graphene

炭素原子が正六角形を形づくりながら形成された，原子1個分の厚さのシートを**グラフェン**という。2004年，セロハンテープを黒鉛に貼り付けてはがすことで得られることがガイム(オランダ)とノボセロフ(ロシア)によって発見され，2010年，ノーベル物理学賞が贈られた。

グラフェンは，厚さが1nmと非常に薄く，軽くて丈夫であり，電気や熱の伝導率が非常に高い。そのため，トランジスタなどの電子機器や太陽電池への利用が期待されている。

トピック 活性炭

ヤシ殻や石炭を高温の水蒸気と反応させると，多孔質の炭素(無定形炭素)が得られる。これを**活性炭**という。活性炭は，多孔質で表面積が大きく，多くの物質を吸着する。このとき，表面は無極性なので，活性炭は，水のような極性分子を吸着しにくく，有機化合物を選択的に吸着しやすい。

この性質を利用して，脱臭剤や水質の浄化，大気汚染物質の除去などに利用されている。

活性炭　冷蔵庫の脱臭剤

活性炭は，内部に網目状に構成された直径1～20nmの微細な孔を多数もつため，その表面積が1gあたり500～2500m^{2}に達する。

浄水器

Tips カーボンナノチューブは，アルミニウムよりも軽いうえに，鋼鉄のおよそ20倍の強度をもちつつも，非常にしなやかな弾性力を示すため，将来，宇宙エレベーター(地上から宇宙まで伸びる軌道をもつエレベーター)を建造する際の，ロープ素材としての利用が期待されている。

2 一酸化炭素 carbon monoxide

炭素の不完全燃焼によって発生し，有毒である。液化しにくく，石灰水と反応しない。

分子モデル	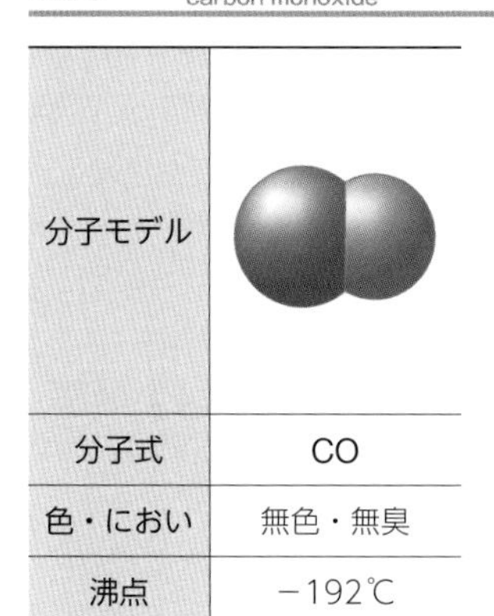
分子式	CO
色・におい	無色・無臭
沸点	−192℃

a 製法

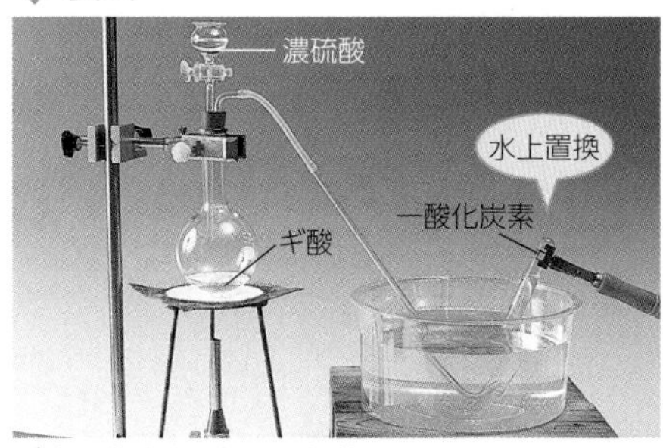

ギ酸に濃硫酸を加えて加熱する。

$HCOOH \longrightarrow H_2O + CO$

b 性質

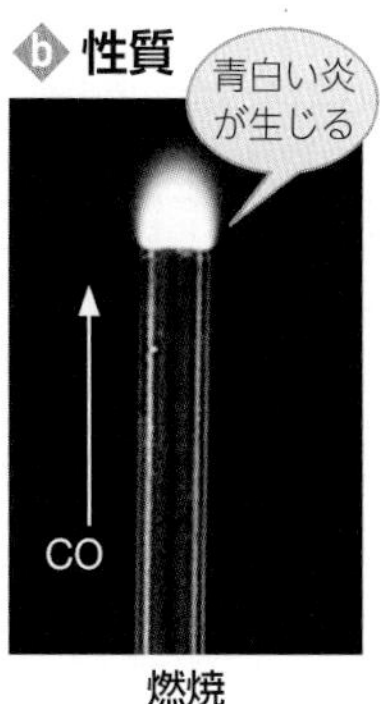

燃焼

$2CO + O_2 \longrightarrow 2CO_2$

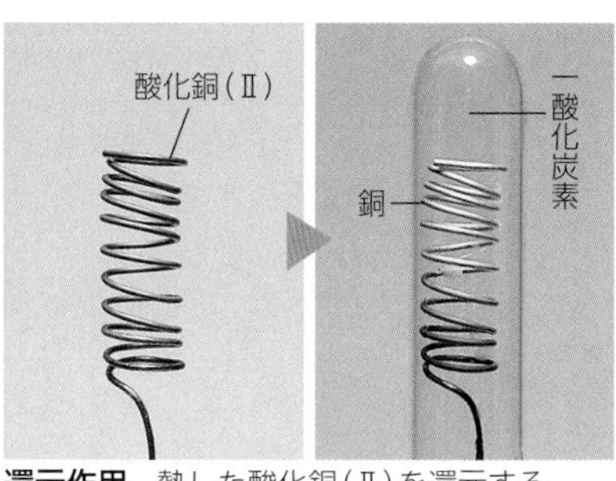

還元作用 熱した酸化銅（Ⅱ）を還元する。

$CuO + CO \longrightarrow Cu + CO_2$

PLUS 一酸化炭素中毒

一酸化炭素は，酸素が不足している状態で，炭素を不完全燃焼することで発生する。一酸化炭素が体内に入ると，赤血球中のタンパク質であるヘモグロビンと結合してしまう。本来ヘモグロビンは，肺で酸素と結合し，肺の酸素を各組織に運搬する働きをもつが，一酸化炭素は，ヘモグロビンに対して，酸素よりも数百倍も結合しやすいため，一酸化炭素が結合したヘモグロビンは，血液の酸素運搬能力を低下させる。その結果，脳や心臓など，酸素を多量に消費する臓器で機能不全を生じる。一酸化炭素の空気中の濃度が 0.1％ を越えると重篤な症状を引きおこし，0.5％ では5分で死に至るといわれている。

一酸化炭素中毒は，自覚のないままに進行する場合が多く，屋内での火の取り扱いに際しては，換気に細心の注意を払う必要がある。

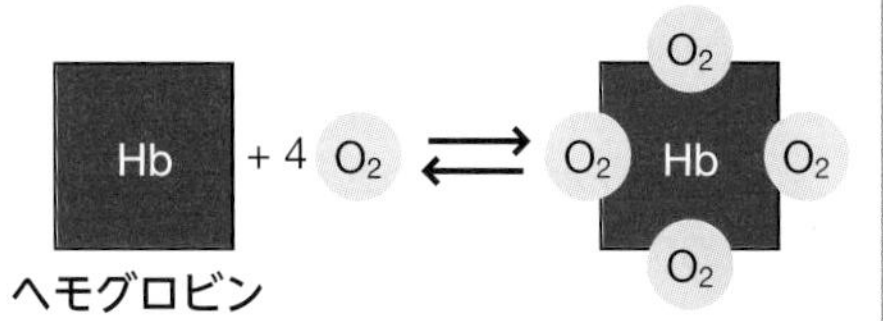

ヘモグロビン

1分子のヘモグロビンは，酸素4分子を運搬する能力をもつ。肺では，酸素分圧が高く，酸素と結合する右向きの反応が進行する。

一方，体の組織では，酸素分圧が低く，左向きの反応が進行する。

3 二酸化炭素 carbon dioxide

二酸化炭素は，炭素の燃焼のほか，生物の呼吸によっても発生する。固体のドライアイスは昇華性を示す。

分子モデル	
分子式	CO_2
色・におい	無色・無臭
沸点	−79℃（昇華）

a 製法

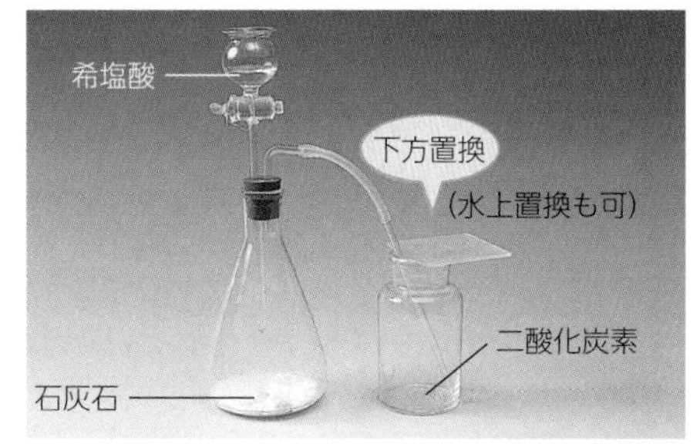

石灰石（主成分 $CaCO_3$）に希塩酸を加える。

$CaCO_3 + 2HCl \longrightarrow CaCl_2 + H_2O + CO_2$

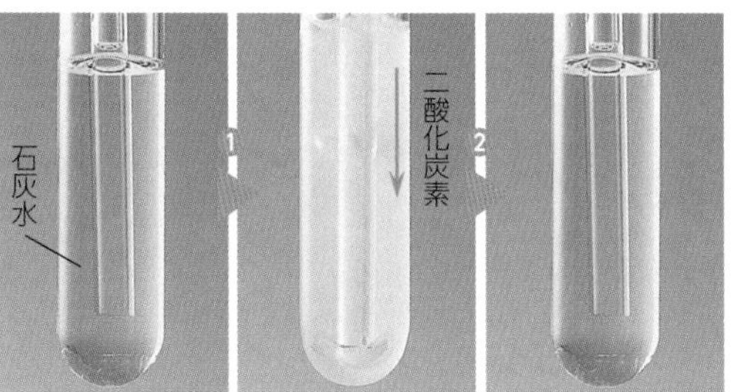

石灰水の白濁 ❶石灰水に通じると白濁する。

$Ca(OH)_2 + CO_2 \longrightarrow CaCO_3 + H_2O$

❷さらに通じると濁りが消える。

$CaCO_3 + CO_2 + H_2O \longrightarrow Ca(HCO_3)_2$

b 性質

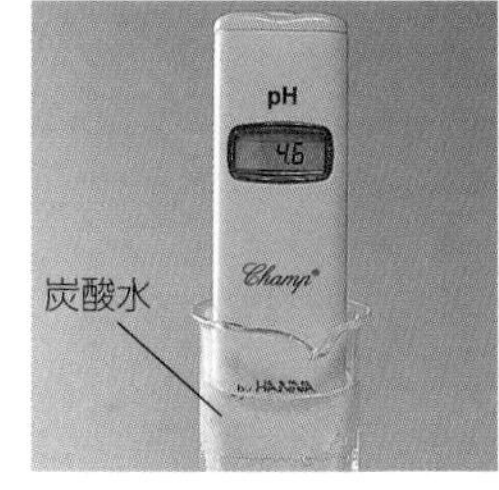

弱酸

水溶液は弱酸性を示す。

$H_2O + CO_2 \longrightarrow H_2CO_3$

$\left(\begin{array}{l} H_2CO_3 \rightleftarrows H^+ + HCO_3^- \\ HCO_3^- \rightleftarrows H^+ + CO_3^{2-} \end{array} \right)$

c 利用

炭酸飲料

二酸化炭素を高圧で溶かし込んでいる。ペットボトル入りの炭酸飲料の場合，その内圧は，大気圧のおよそ4倍である。

トピック ドライアイス

気体の CO_2 を冷却・圧縮して液体とし，圧力を急激に下げると蒸発する。このとき，熱が吸収されることなどによって，周囲の温度が凝固点よりも下がり，粉末状の CO_2 が得られる。これを押し固めたものがドライアイスである。

原料の CO_2 は，石油の精製などで生じる副産物を使用しており，ドライアイスの使用によって，正味の CO_2 の排出量は増減しない。ドライアイスは，保冷剤や，設備の研磨・洗浄などに利用される。

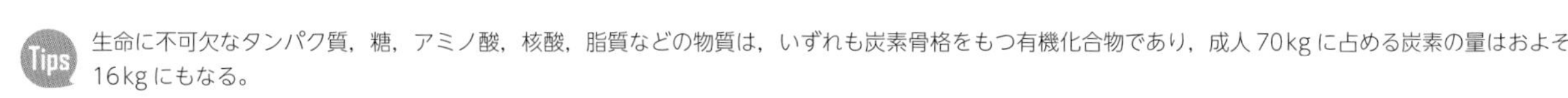

Tips 生命に不可欠なタンパク質，糖，アミノ酸，核酸，脂質などの物質は，いずれも炭素骨格をもつ有機化合物であり，成人 70kg に占める炭素の量はおよそ 16kg にもなる。

7 ケイ素 化学

14
Si

1 ケイ素 silicon

ケイ素 Si の単体は，金属のような灰色の光沢を示し，半導体として利用される。天然に存在しないが，地殻中に酸化物やケイ酸塩として存在する。

a 性質

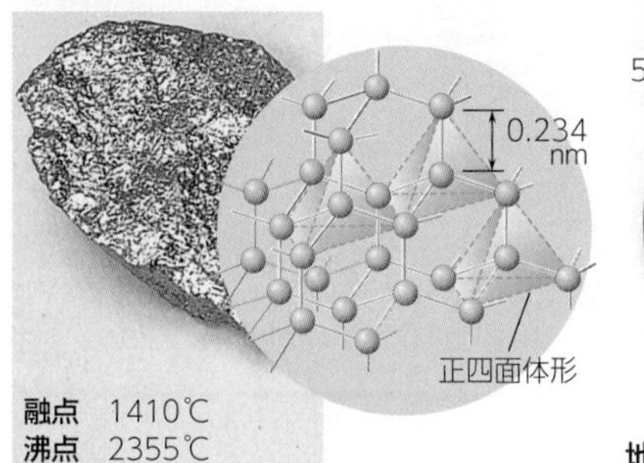

融点 1410℃
沸点 2355℃
密度 2.33 g/cm^3

鉄 5.0%
その他 12.6%
アルミニウム 8.1%
酸素 46.6%
ケイ素 27.7%

地殻中の元素の割合（質量%）

トピック ゾーンメルティング法

高純度ケイ素は，ゾーンメルティング法とよばれる精製法でも得られる。この方法では，純度の低い棒状のケイ素を端から順次加熱融解し，凝固させていく。これによりSi原子が規則的に配列する。また，不純物が融解した部分に集まり，取り除かれる。この操作を繰り返すことで，高純度ケイ素が得られる。

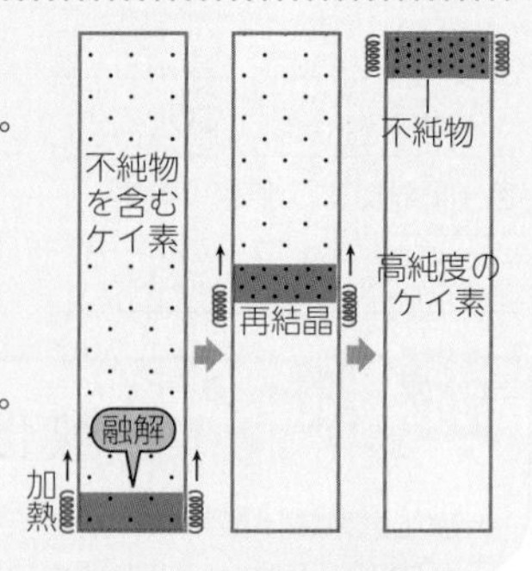

b 高純度ケイ素の製造法

❶二酸化ケイ素 SiO_2 にコークスを混合して電気炉で強熱すると，ケイ素（純度99%）が得られる。

$SiO_2 + 2C \longrightarrow Si + 2CO$

❷❶のケイ素を HCl と反応させ，約1100℃で熱分解する。不純物が蒸発し，高純度（99.999999999%）のケイ素の多結晶が得られる。

❸多結晶のケイ素を融解させる。

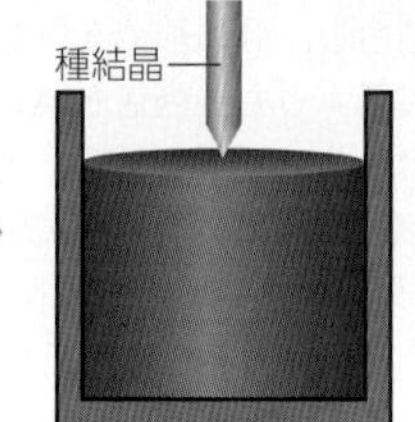

❹種結晶を接触させ，回転させながらゆっくりと引き上げる。

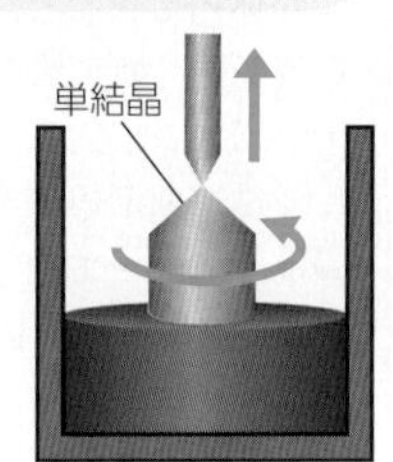

❺種結晶と同じ配列をした高純度のケイ素の単結晶が得られる。

c 利用

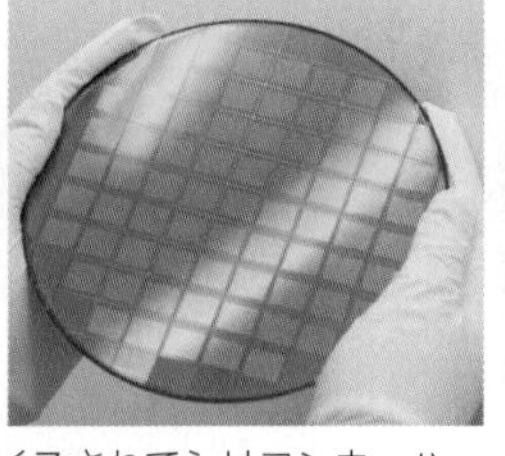

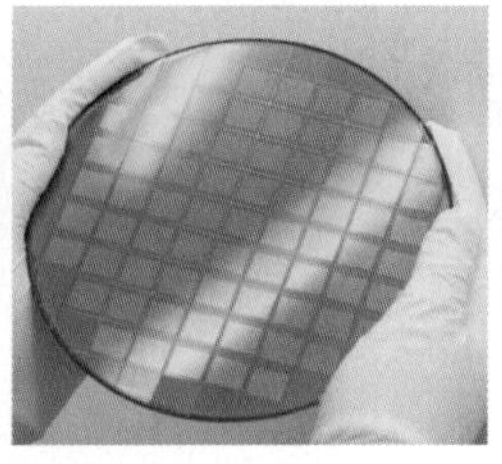

単結晶のケイ素は，厚さ1mm程度にスライスされてシリコンウェハーになる。これを基板として，集積回路が製造される。

ケイ素は半導体として，太陽光パネルやLED（発光ダイオード）としても利用される。

PLUS 半導体

電気を導きやすい金属などの導体や，電気抵抗の大きいガラスなどの絶縁体の中間の抵抗率を示す物質を，**半導体**という。ケイ素は，地球上に多く存在することや，加工がしやすいことから，半導体として広く使用されており，ヒ素 As やホウ素 B などを不純物として微量に加えることで，電気を通しやすくしている。

半導体はトランジスタの誕生や IC（集積回路）の発明によって，小型化，軽量化が可能になり，自動車や電化製品など幅広く使用されている。また，太陽電池や発光ダイオードにも利用されている。このように半導体は，我々のくらしになくてはならないものになっている。現在，自動車産業や電子機器の分野における半導体の需要が世界的に急拡大したことで，半導体不足となっており，安定的な供給が課題となっている。

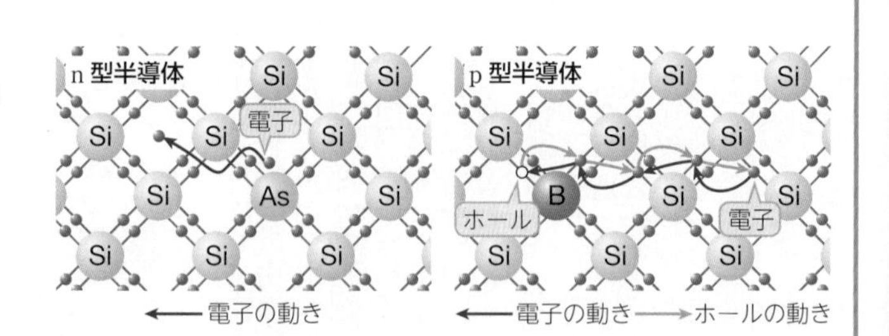

n **型半導体**…不純物の価電子5個のうち，4個が Si と共有結合をし，余った1個が半導体内を動きまわって，電流が流れる。

p **型半導体**…不純物の価電子3個が Si と共有結合をし，電子が不足した部分（ホール）に価電子が移動していくことで，電流が流れる。

Tips ケイ素の単結晶は，最も高純度で（現在99.9999999999999%まで高めることができる），欠陥の少ない結晶が実現されている材料の1つである。

2 二酸化ケイ素 silicon dioxide

二酸化ケイ素 SiO_2 は，共有結合の結晶であり，かたくて融点が高く，電気絶縁性がよい。

ⓐ 性質と利用

融点 1550℃
沸点 2950℃
密度 2.65 g/cm³

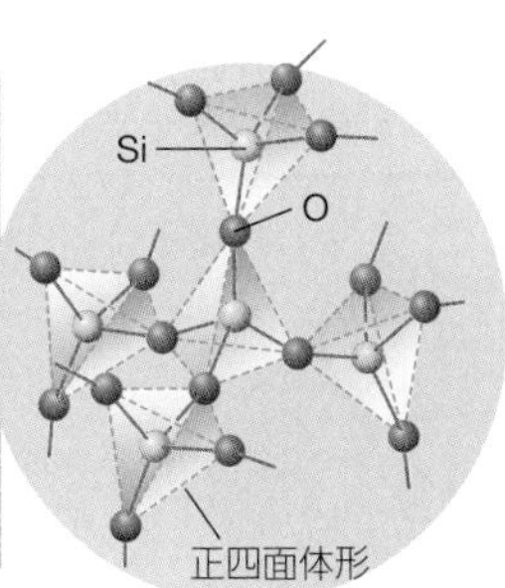

石英とその構造
二酸化ケイ素は，天然には，石英のほか，水晶やケイ砂などとして産出する。

水晶（クォーツ）時計
人工の水晶は，発振子などとして，時計などに利用される。

光ファイバー　**胃カメラ**
二酸化ケイ素を融解し，透明度の高い繊維としたものは，光通信や胃カメラに光ファイバーとして利用される。

ⓑ シリカゲルの生成

NaOHとともに融解し，水を加えて加熱 ▶

ケイ砂（二酸化ケイ素 SiO_2）

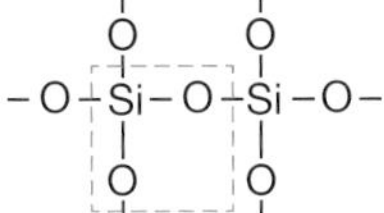

二酸化ケイ素を NaOH とともに融解すると，ケイ酸ナトリウム Na_2SiO_3 になる。

$SiO_2 + 2NaOH \longrightarrow Na_2SiO_3 + H_2O$

これに水を加えて加熱すると，**水ガラス**になる。

水ガラス

水ガラス

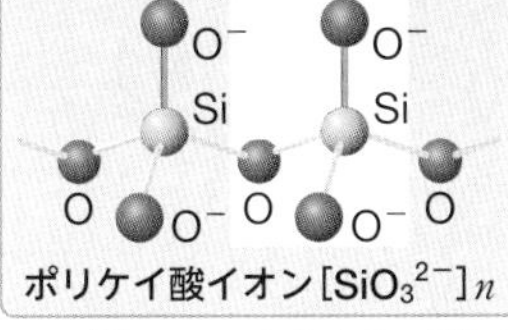

ポリケイ酸イオン $[SiO_3^{2-}]_n$

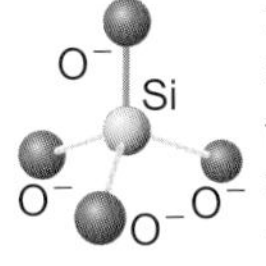

オルトケイ酸イオンが鎖状に結合している。
オルトケイ酸イオン SiO_4^{4-}

塩酸 ▶

ケイ酸ゲル

ケイ酸 H_2SiO_3

水ガラスに塩酸を加えると，ゲル状のケイ酸が遊離する。

$Na_2SiO_3 + 2HCl \longrightarrow H_2SiO_3 + 2NaCl$

ケイ酸は組成が一定でなく，$mSiO_2 \cdot nH_2O\ (m > n)$ とも表される。

加熱乾燥 ▶

シリカゲル

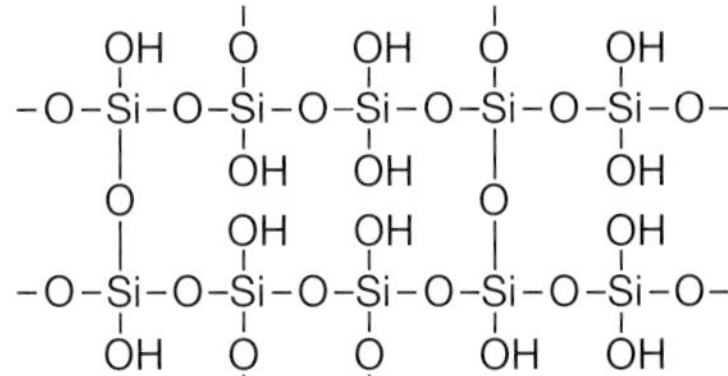

ケイ酸ゲルを加熱乾燥したものを**シリカゲル**という。シリカゲルは，多孔質で，表面積が非常に大きいため，吸着力が強く，吸着剤や乾燥剤として用いられる。

Close-up（クローズアップ） 世界をつなぐ光海底ケーブル

私たちは，インターネットを通じて世界中と情報のやり取りをしている。また，海外のスポーツを見るにしても，“つぶやき”を海外に届けるにしても，そのやり取りは，ほとんど瞬時に行われる。このような快適な通信環境は，世界中の海底に張り巡らされた光海底ケーブルのおかげである。

光海底ケーブルは，1本の長さが数千 km 以上もある光ファイバーによってできている。海底の環境はさまざまであり，ケーブルは漁船が通るような浅いところから水深 8500 m もの深海を通ることもある。このため，ケーブルの外装は水深に合わせて使い分けられる。光ケーブルは，ケーブルシップとよばれる船で海底に敷設されていくが，数千 km ものケーブルは，船への積み込みだけでも1カ月以上を要することがある。気の遠くなるような地道な作業によって，現在では，世界をつなぐケーブルの長さは地球30周分にも達している。

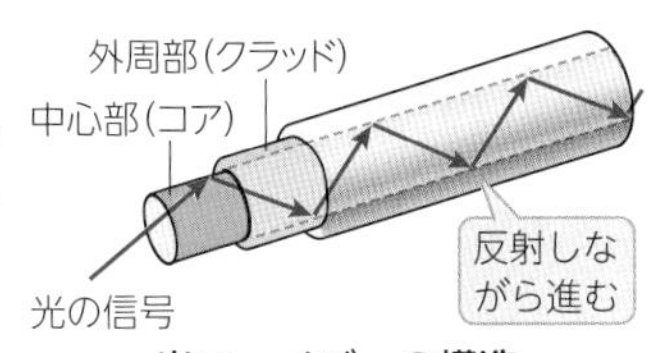

光ファイバーの構造

光ケーブル
深さによって使い分けされる。

海底ケーブルの敷設

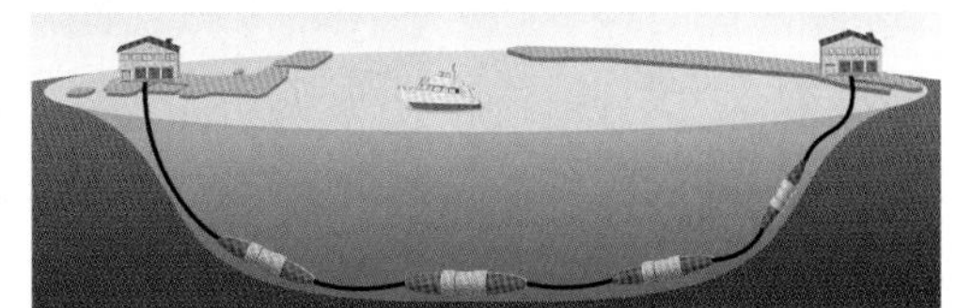

Tips 石綿（アスベスト）は，二酸化ケイ素を主成分とする天然の繊維状鉱物であり，耐久性や耐熱性，電気絶縁性などにすぐれ，安価である。そのため，建設資材などとして広く使用されてきたが，飛散した石綿を長期間吸入すると，肺がんなどを誘因することが指摘され，現在はその使用が禁止されている。

8 セラミックス 化学

セラミックスの分類
- セラミックス
  - 陶磁器
    - 土器
    - 陶器
    - 磁器
  - ガラス
  - セメント
  - ファインセラミックス

1 ケイ酸塩鉱物 silicate

カンラン石，輝石，長石，黒雲母などは，岩石を構成する鉱物であり，ケイ酸塩や，そのケイ素の一部がアルミニウムに置換されたアルミノケイ酸塩からできている。

カンラン石

輝石

長石

黒雲母

陶磁器やセメントの原料として使われる粘土は，これらのケイ酸塩鉱物が，風化して生成したものである。

2 セラミックス ceramics

二酸化ケイ素やケイ酸塩を主成分とする化合物を水と練って成形し，焼き固めてつくられた製品を**セラミックス**といい，陶器やガラス，セメントなどがある。これらを製造する工業を**ケイ酸塩工業(窯業)**という。

a 土器・陶器・磁器

土器，陶器，磁器は，いずれも粘土などの原料を水で練って成形し，焼き固めたものである。

土器

焼成温度：600〜900℃
通気性や吸水性を示す。

陶器

焼成温度：900〜1200℃
吸水性を示し，うわぐすりが施される。

磁器

焼成温度：1100〜1650℃
ガラス化した部分が多い。ち密で透明性がある。

うわぐすり

石英や長石，石灰石などと水を混ぜたもの。吸水を防ぎ，陶器や磁器に美しい色やつやを与える。

b ガラス

ガラスは，構成粒子の数が不規則で，加熱するとしだいに軟化し，一定の融点を示さない。

石英ガラス

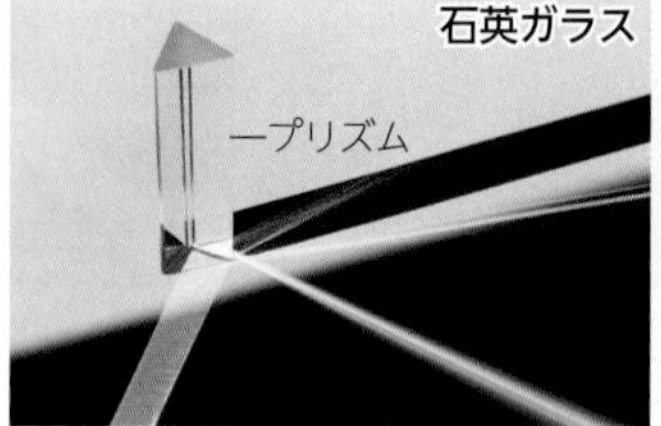

SiO_2 のみでできており，光をよく通す性質をもつ。物質の吸光度の測定やプリズムなどに使われる。

ソーダ石灰ガラス

原料：SiO_2，Na_2CO_3，$CaCO_3$
安価であり，一般的なガラス製品に広く使われる。

ホウケイ酸ガラス

原料：SiO_2，$Na_2B_4O_7$
耐熱性や耐食性にすぐれるため，実験器具などに使われる。

鉛ガラス

原料：SiO_2，Na_2CO_3，PbO
屈折率が大きく，放射線を通さない性質をもつ。

トピック 色ガラスをつくろう

加える金属塩の種類によってさまざまな色のガラスをつくることができる。

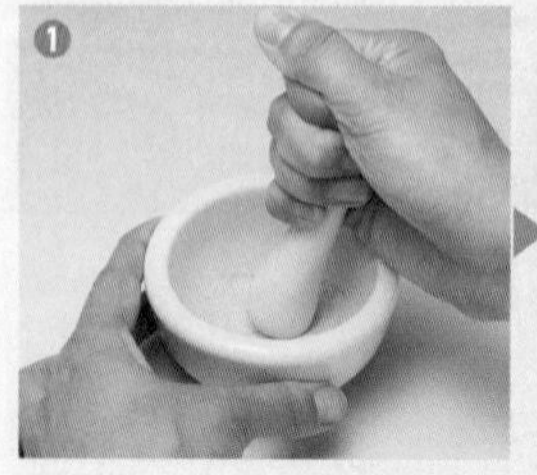

❶ホウ砂，炭酸ナトリウム，酸化鉛(Ⅱ)，金属塩をよく混ぜて粉末にする。

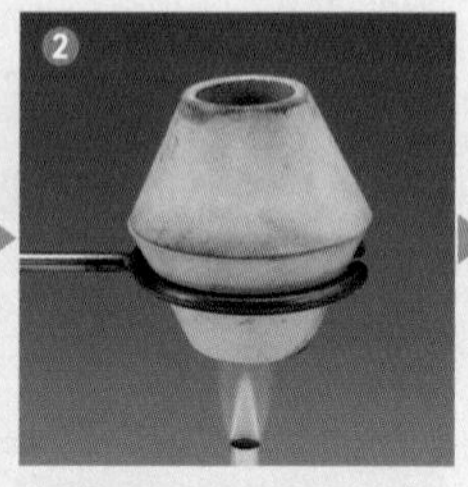

❷❶の混合物をるつぼに入れて加熱して溶融する。

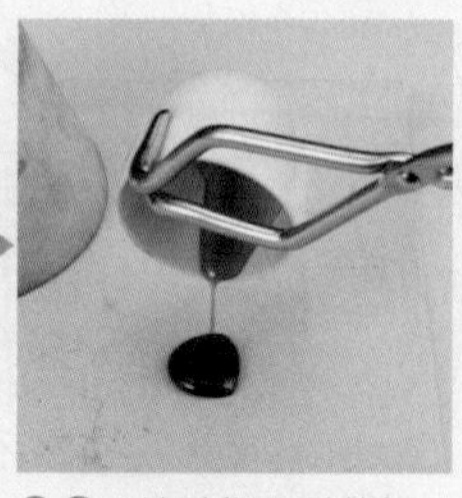

❸❷の溶融物を耐熱板に流して冷却する。

Cu^{2+} (淡青色)

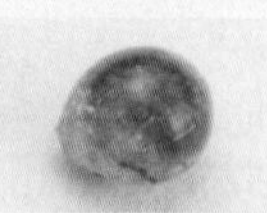

Mn^{2+} (赤紫色)

Fe^{2+} (青緑色)

Fe^{3+} (黄色)

Tips ガラスの製造は，今から4000年前ごろには始まり，メソポタミアやエジプトがその発祥地として挙げられている。初期のガラス製の容器は，土でできた芯に，融かしたガラスを巻きつける方法でつくられていたと考えられている。

Ⓒ セメントとコンクリート

セメント

石灰石と粘土にスラグを加えて粉砕し，加熱して粒状のかたまりとしたのち，セッコウを加えて再び粉砕したもの。

セメントに砂と砂利，水を加えて練り，固化したもの。主成分 CaO が，水と反応して $Ca(OH)_2$ となるので，コンクリートは塩基性を示す。

強度を補ったり，乾燥や収縮による割れを防いだりするため，鉄筋を入れたものが用いられる。

雨風にさらされると，塩基性を示すコンクリートは中和されて痛んでいく。

ⓓ ゼオライト

ケイ酸塩の Si の一部が Al に置換されたアルミノケイ酸塩であり，その結晶構造中には空洞がある。Si が Al に置換されて生じる負電荷は，この空洞に含まれる Na^+ などの陽イオンによって打ち消される。

●基本単位と結晶構造

Si あるいは Al を中心とする正四面体形の構造が基本単位である。これらが3次元に連なり，網目状構造をなしている。

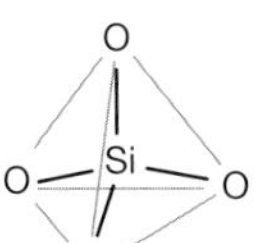

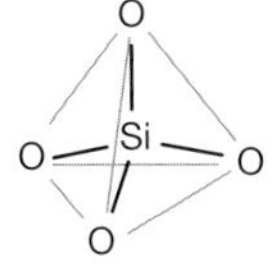

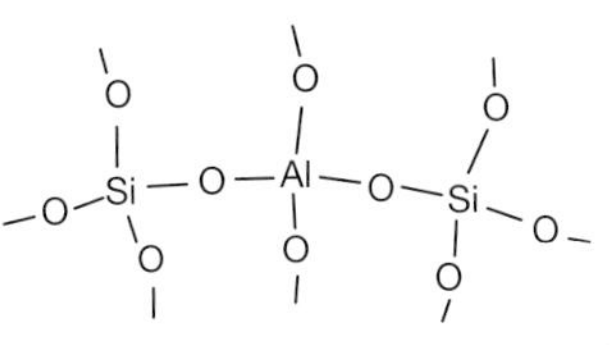

Si − O − Si および Al − O − Al をそれぞれ1本の直線で表して，右図のように示される。200 種類以上の結晶構造が知られている。

●性質と利用

❶ イオン交換：分子内の陽イオンと水中の陽イオンを容易に交換する。
空洞に Na^+ を含むゼオライトのイオン交換作用によって，界面活性剤の機能を低下させる水中の Ca^{2+} や Mg^{2+} を除去している。この働きから，ゼオライトは洗剤に最も多く利用されている。

❷ 触媒：空洞内に選択的に分子を取り込み，反応させることができるため，触媒としても利用される。これは，重油や軽油からガソリンを生産するときに利用される。

❸ 吸着：水質浄化や脱臭のような，物質を吸着させる吸着剤としても利用される。園芸やペットの脱臭剤として身のまわりにも利用されている。

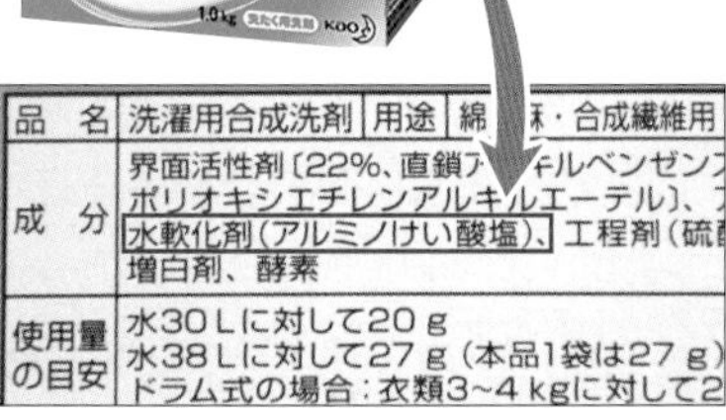

品　名	洗濯用合成洗剤 | 用途 | 綿・麻・合成繊維用
成　分	界面活性剤〔22%、直鎖アルキルベンゼンス…、ポリオキシエチレンアルキルエーテル〕、水軟化剤（アルミノけい酸塩）、工程剤（硫酸…）、増白剤、酵素
使用量の目安	水30Lに対して20g 水38Lに対して27g（本品1袋は27g） ドラム式の場合：衣類3～4kgに対して2…

3 ファインセラミックス
fine ceramics

新しい機能や特性をもたせるために，高純度の無機物質を原料とし，焼き固める温度や時間を精密に制御してつくられたセラミックスを，特に**ファインセラミックス**という。

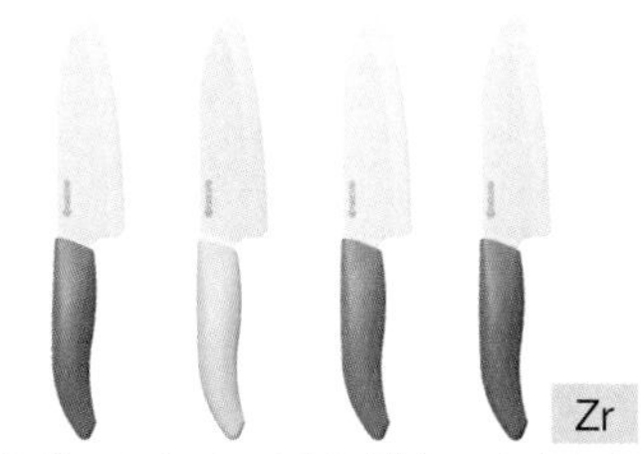

非常にかたく，耐摩耗性にすぐれたものがあり，刃物や切削工具などに用いられる。

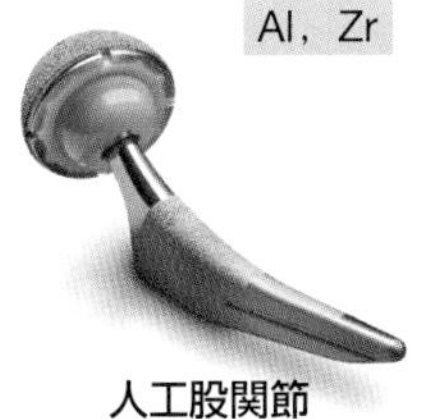

Al_2O_3 や ZrO_2 を用いたファインセラミックスは生体適合性にすぐれ，人工関節などに用いられる。

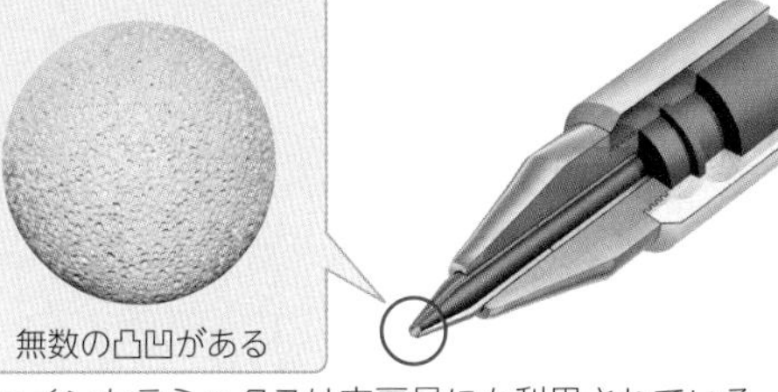

ファインセラミックスは文房具にも利用されている。セラミック製のボールには表面に無数の凸凹があるため，より多くのインクを保持することができ，滑らかに書くことができる。

PLUS 超伝導

ある温度以下で，金属やその酸化物などの電気抵抗が 0 になる現象を**超伝導**という。超伝導を示す物質（超伝導体）は，磁場を完全に排除する性質をもつため，磁石を近づけると，強い反発力が生じる。
超伝導は，1911年，水銀を液体ヘリウム（沸点−269℃）で冷却して発見された。その後，液体窒素の沸点−196℃以上の温度で超伝導を示す物質も発見された。このとき発見された物質は，酸化イットリウム（Ⅲ）Y_2O_3，炭酸バリウム $BaCO_3$，酸化銅（Ⅱ）CuO を適切な量で混合し，電気炉で焼いて得られるセラミックスであった。このことから，セラミックスにも超伝導体になり得る物質があることが明らかとなり，研究が加速した。液体窒素は，液体ヘリウムに比べてはるかに安価であることから，超伝導体の応用範囲は広がってきており，MRI（磁気共鳴画像診断装置）やリニアモーターカーなどで，すでに実用化もされている。

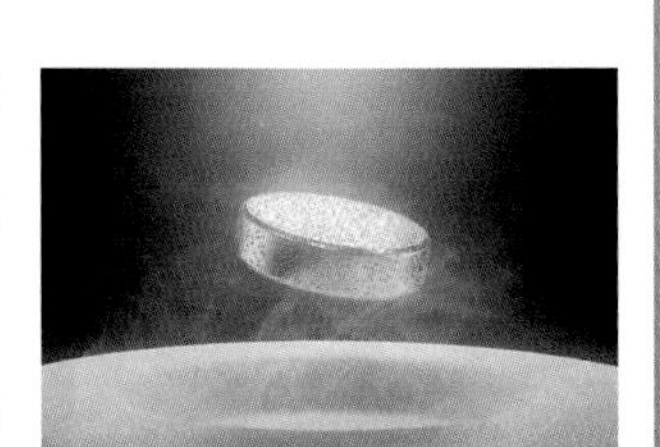

超伝導状態の物質に磁石を近づけると，反発力が生じて宙に浮く。

Tips 「セラミックス（ceramics）」の呼称は，ギリシャ語で陶工をケラメウス（kerameus），陶工のつくる製品をケラモス（keramos）とよぶことに由来するといわれている。

9 気体の製法と性質 化学

気体の製法，性質および検出法を整理してみよう。

1 気体の実験室的製法と捕集法

気体	化学反応式	反応の様式	性質	乾燥剤					捕集法
				酸性		中性	塩基性		
				十酸化四リン	濃硫酸	塩化カルシウム	酸化カルシウム	ソーダ石灰	
水素	$Zn+H_2SO_4 \longrightarrow ZnSO_4+H_2$	酸化還元	中性	○	○	○	○	○	水上
塩素	$MnO_2+4HCl \longrightarrow MnCl_2+2H_2O+Cl_2$	酸化還元	酸性	○	○	○	×	×	下方
	$Ca(ClO)_2 \cdot 2H_2O+4HCl \longrightarrow CaCl_2+4H_2O+2Cl_2$	酸化還元							
酸素	$2H_2O_2 \longrightarrow 2H_2O+O_2$	酸化還元	中性	○	○	○	○	○	水上
	$2KClO_3 \longrightarrow 2KCl+3O_2$	酸化還元							
オゾン	$3O_2 \longrightarrow 2O_3$	無声放電	中性	○	○	○	○	○	−
窒素	$NH_4NO_2 \longrightarrow 2H_2O+N_2$	熱分解	中性	○	○	○	○	○	水上
塩化水素	$NaCl+H_2SO_4 \longrightarrow NaHSO_4+HCl$	揮発性の酸発生	酸性	○	○	○	×	×	下方
硫化水素	$FeS+H_2SO_4 \longrightarrow FeSO_4+H_2S$	弱酸の遊離	酸性	○	×*	○	×	×	下方
アンモニア	$2NH_4Cl+Ca(OH)_2 \longrightarrow CaCl_2+2H_2O+2NH_3$	弱塩基の遊離	塩基性	×	×	×**	○	○	上方
	$(NH_4)_2SO_4+2NaOH \longrightarrow Na_2SO_4+2H_2O+2NH_3$	弱塩基の遊離							
二酸化硫黄	$Cu+2H_2SO_4 \longrightarrow CuSO_4+2H_2O+SO_2$	酸化還元	酸性	○	○	○	×	×	下方
	$2NaHSO_3+H_2SO_4 \longrightarrow Na_2SO_4+2H_2O+2SO_2$	弱酸の遊離							
一酸化窒素	$3Cu+8HNO_3 \longrightarrow 3Cu(NO_3)_2+4H_2O+2NO$	酸化還元	中性	○	○	○	○	○	水上
二酸化窒素	$Cu+4HNO_3 \longrightarrow Cu(NO_3)_2+2H_2O+2NO_2$	酸化還元	酸性	○	○	○	×	×	下方
一酸化炭素	$HCOOH \longrightarrow H_2O+CO$	脱水	中性	○	○	○	○	○	水上
二酸化炭素	$CaCO_3+2HCl \longrightarrow CaCl_2+H_2O+CO_2$	弱酸の遊離	酸性	○	○	○	×	×	下方***
	$2NaHCO_3 \longrightarrow Na_2CO_3+H_2O+CO_2$	熱分解							

*濃硫酸は硫化水素と酸化還元反応をおこす。　**塩化カルシウムはアンモニアと反応して $CaCl_2 \cdot 8NH_3$ などを生じる。　***水上置換でもよい。

a 気体発生反応のおもな様式

弱酸の塩＋強酸 ⟶ 強酸の塩＋**弱酸**(気体)　(例) $FeS+H_2SO_4 \longrightarrow FeSO_4+H_2S$

弱塩基の塩＋強塩基 ⟶ 強塩基の塩＋**弱塩基**(気体)　(例) $2NH_4Cl+Ca(OH)_2 \longrightarrow CaCl_2+2H_2O+2NH_3$

揮発性の酸の塩＋不揮発性の酸 ⟶ 不揮発性の酸の塩＋**揮発性の酸**(気体)　(例) $NaCl+H_2SO_4 \longrightarrow NaHSO_4+HCl$

b 気体の乾燥装置

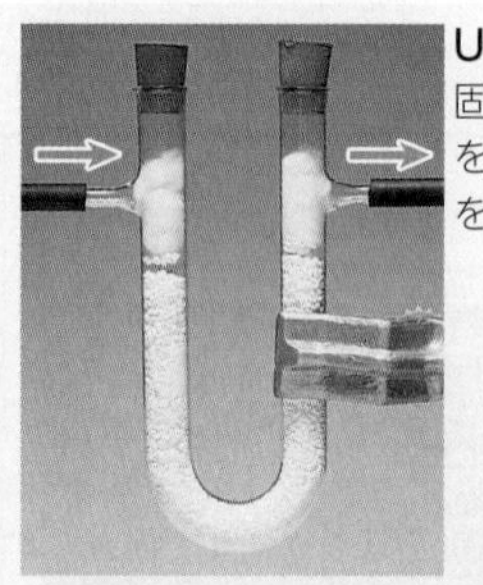

U字管
固体の乾燥剤を入れて気体を通じる。

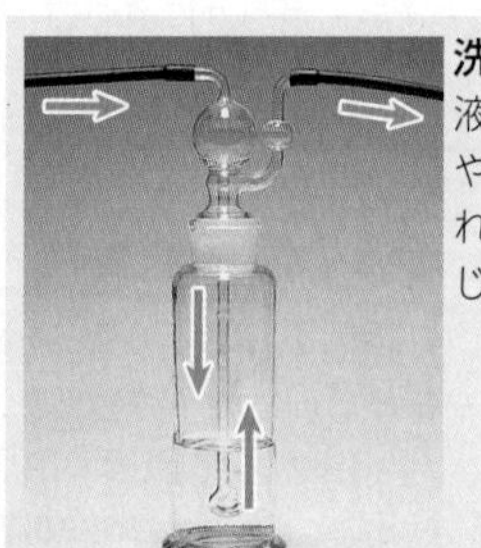

洗気びん
液体の洗浄剤や乾燥剤を入れて気体を通じる。

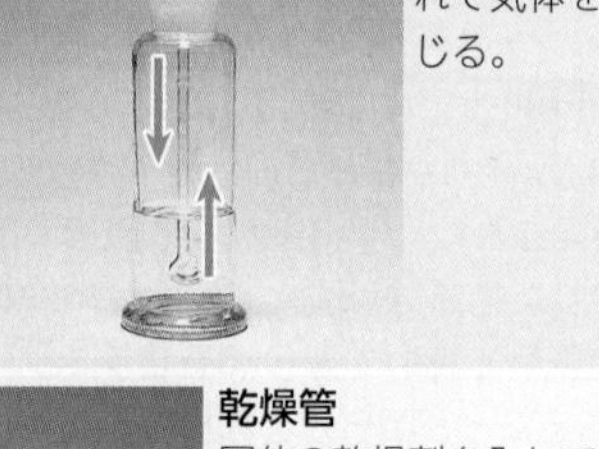

乾燥管
固体の乾燥剤を入れて気体を通じる。

c 気体の捕集法の決め方

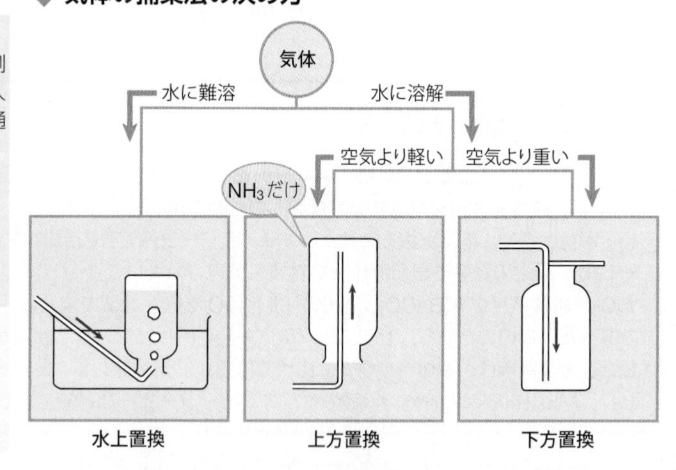

Tips 乾燥剤には，結晶水として水を取り込むものや，水と化学反応して脱水を化学的に行うもの，シリカゲルやアルミナのように多孔質の隙間に水を吸着させることで物理的に乾燥させるものがある。

2 気体の性質

気体	色	におい	水への溶解	水溶液	酸化・還元	毒性	おもな特徴	参照
水素	無	無	難溶		還元作用		酸素との混合物に点火すると爆発的に燃焼する。	p.154
塩素	黄緑	刺激臭	少し溶ける	酸性	酸化作用	有毒	強い酸化作用を示し，殺菌・漂白に利用される。	p.157
酸素	無	無	難溶		酸化作用		植物の光合成で生成する。多くの物質と酸化物をつくる。	p.160
オゾン	淡青	特異臭	少し溶ける		酸化作用	有毒	強い酸化作用を示し，殺菌・漂白に利用される。	p.160
窒素	無	無	難溶				常温では安定。乾燥空気中に約78%(体積)含まれる。	p.166
フッ化水素	無	刺激臭	よく溶ける	酸性		有毒	水溶液(フッ化水素酸)はガラスを侵す。ポリエチレン製容器に保存する。	p.158
塩化水素	無	刺激臭	よく溶ける	酸性		有毒	硫酸，硝酸と並ぶ代表的な強酸。水溶液は塩酸とよばれる。	p.158
硫化水素	無	腐卵臭	少し溶ける	酸性	還元作用	有毒	火山ガスや温泉水に含まれる。多くの金属イオンと硫化物の沈殿をつくる。	p.161
アンモニア	無	刺激臭	よく溶ける	塩基性		有毒	塩化水素と反応して塩化アンモニウム NH_4Cl の白煙を生じる。	p.167
二酸化硫黄	無	刺激臭	溶ける	酸性	還元作用*	有毒	亜硫酸ガスともよばれ，水溶液は亜硫酸とよばれる。	p.162
一酸化窒素	無	無	難溶		還元作用		酸素と容易に反応して二酸化窒素 NO_2 となる。	p.167
二酸化窒素	赤褐	刺激臭	よく溶ける	酸性		有毒	四酸化二窒素 N_2O_4 と平衡状態にある。水と反応して硝酸を生じる。	p.167
一酸化炭素	無	無	難溶		還元作用	有毒	石油などの不完全燃焼で生じ，中毒事故の原因となる。	p.171
二酸化炭素	無	無	少し溶ける	酸性			石灰水を白濁させる。固体はドライアイス，水溶液は炭酸水とよばれる。	p.171

*反応する相手によって酸化作用を示す場合もある。

a 気体の検出

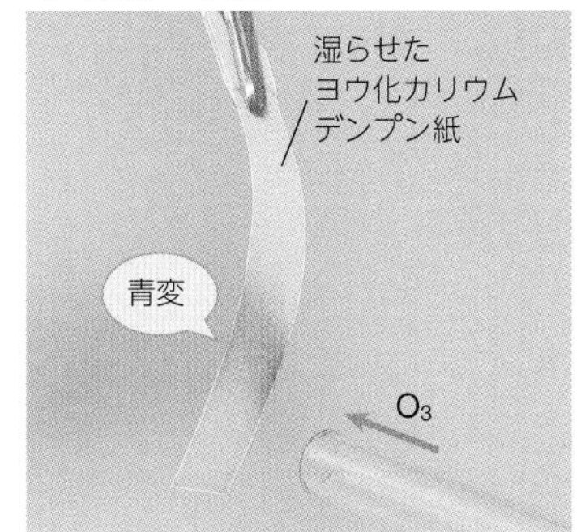

強い酸化作用を示すオゾンや塩素は，ヨウ化カリウムデンプン紙を青変する。
$O_3+2KI+H_2O \longrightarrow O_2+I_2+2KOH$

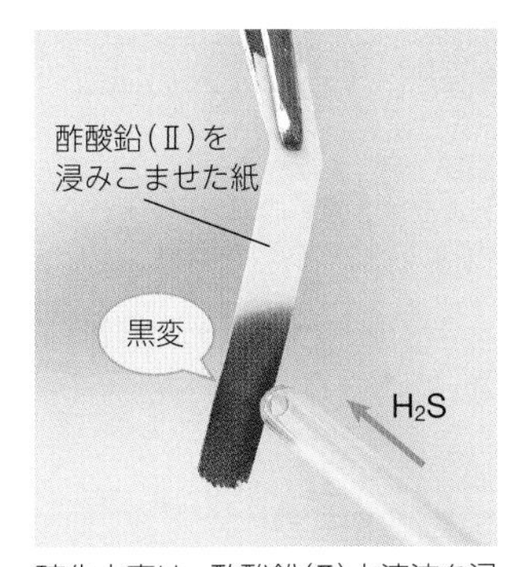

硫化水素は，酢酸鉛(Ⅱ)水溶液を浸みこませた紙(鉛糖紙)を黒変する。
$H_2S+(CH_3COO)_2Pb \longrightarrow PbS+2CH_3COOH$

アンモニアは塩基性を示し，塩化水素と反応して白煙を生じる。
$NH_3+HCl \longrightarrow NH_4Cl$

石灰水に二酸化炭素を通じると，炭酸カルシウムを生じて白濁する。
$CO_2+Ca(OH)_2 \longrightarrow CaCO_3+H_2O$

トピック キップの装置による気体の発生

オランダのキップは，19世紀半ば，固体と液体を反応させて，少量の気体を簡単に取り出すことができる装置を開発した。キップの装置は，常温で起こる反応であればコックの開閉によって，必要な量の気体を簡単に取り出せるため，ガスボンベが普及するまではよく用いられた。

固体を入れてから液体を入れる。

活栓を開けると液体がBへ流れこみ，固体と反応し，気体が発生する。

活栓を閉じると，発生した気体で内部の圧力が上昇し，液体が押し上げられる。

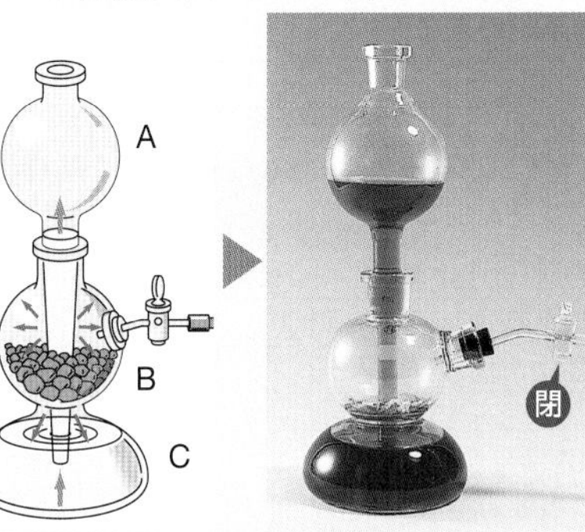

固体と液体が分離し，反応が停止する。

Tips 塩基性を示す気体はアンモニアだけなので，湿らせた赤色リトマス紙を気体に近づけて青変すれば，その気体はアンモニアとみなすことができる。

10 金属元素の分類と特徴 化学

1 金属元素の分類 metallic element

現在知られている118種類の元素のうち，非金属元素は20種類あまりで，ほかは金属元素である。典型元素には金属元素と非金属元素の両方があるのに対して，遷移元素はすべて金属元素である。

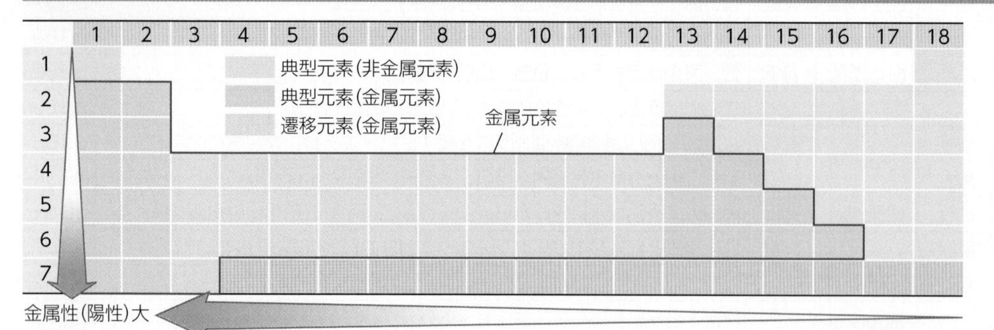

金属元素

①周期表の左寄りに配置されている。
②原子は，価電子の数が少なく，電子を放出して陽イオンになりやすい。
③単体は，常温で固体であり(水銀のみが液体)，金属光沢を示す。
④単体は，電気や熱をよく導く。
⑤単体や酸化物は，硫酸などの酸と反応しやすい。

典型元素 typical element	遷移元素 transition element
①単体は軽金属*が多い。 ②単体は融点の低いものが多い。 ③陽イオンの価数は，一般に族番号の一の位の数と一致している。 ④イオンや化合物はほとんどが無色である。	①単体は重金属*が多い。 ②単体の融点は一般に高い。 ③陽イオンの価数は，2または3のものが多い。 ④水和したイオンや化合物は有色のものが多い。

*密度が4〜5 g/cm^3よりも小さい金属を**軽金属**，大きいものを**重金属**という。

周期	原子番号	元素	K	L	M	N
1	1	H	1			
	2	He	2			
2	3	Li	2	1		
	4	Be	2	2		
	5	B	2	3		
	6	C	2	4		
	7	N	2	5		
	8	O	2	6		
	9	F	2	7		
	10	Ne	2	8		
3	11	Na	2	8	1	
	12	Mg	2	8	2	
	13	Al	2	8	3	
	14	Si	2	8	4	
	15	P	2	8	5	
	16	S	2	8	6	
	17	Cl	2	8	7	
	18	Ar	2	8	8	
4	19	K	2	8	8	1
	20	Ca	2	8	8	2
	21	Sc	2	8	9	2
	22	Ti	2	8	10	2
	23	V	2	8	11	2
	24	Cr	2	8	13	1
	25	Mn	2	8	13	2
	26	Fe	2	8	14	2
	27	Co	2	8	15	2
	28	Ni	2	8	16	2
	29	Cu	2	8	18	1
	30	Zn	2	8	18	2
	31	Ga	2	8	18	3
	32	Ge	2	8	18	4
	33	As	2	8	18	5
	34	Se	2	8	18	6
	35	Br	2	8	18	7
	36	Kr	2	8	18	8

2 典型(金属)元素と遷移元素 typical element and transition element

第4周期の典型元素(金属元素)

族	1	2	13	14
単体	カリウム $_{19}K$	カルシウム $_{20}Ca$	ガリウム $_{31}Ga$	ゲルマニウム $_{32}Ge$
融点〔℃〕	63.7	839	27.8	937
密度〔g/cm^3〕	0.86	1.55	5.91	5.32
イオン(水溶液の色)	K^+(無色)	Ca^{2+}(無色)	Ga^{3+}(無色)	−

12族元素の亜鉛 $_{30}Zn$ は典型元素に分類される場合もある。

第4周期の遷移元素

族	3	4	5	6	7	8	9	10	11	12
単体	スカンジウム $_{21}Sc$	チタン $_{22}Ti$	バナジウム $_{23}V$	クロム $_{24}Cr$	マンガン $_{25}Mn$	鉄 $_{26}Fe$	コバルト $_{27}Co$	ニッケル $_{28}Ni$	銅 $_{29}Cu$	亜鉛 $_{30}Zn$
融点〔℃〕	1541	1660	1887	1860	1244	1535	1495	1453	1083	420
密度〔g/cm^3〕	2.99	4.54	6.11	7.19	7.44	7.87	8.90	8.90	8.96	7.13
イオン(水溶液の色)	Sc^{3+}(無色)	Ti^{3+}(紫色)	V^{2+}(紫色) V^{3+}(青色)	Cr^{2+}(青色) Cr^{3+}(緑色)	Mn^{2+}(淡赤色)	Fe^{2+}(淡緑色) Fe^{3+}(黄褐色)	Co^{2+}(淡赤色) Co^{3+}(青色)	Ni^{2+}(緑色)	Cu^{2+}(青色)	Zn^{2+}(無色)
各イオンを含む水溶液			V^{3+}	Cr^{3+}		Fe^{3+}	Co^{2+}			

Tips 水素の単体に超高圧をかけると，金属の性質を示す水素(金属水素)が得られると，1935年に予測された。その後，高圧物理学の分野において，金属水素の実現は究極の目標となり，現在も研究が進められているが，その実在は証明されていない。木星や土星などの巨大ガス惑星の内部には，大量の金属水素が存在するといわれている。

3 金属の特徴

金属は，電気や熱をよく導き，輝くような光沢をもつ固体(水銀を除く)である。また，展性・延性を示し，水溶液中では陽イオンになる。金属の利用に際しては，特徴のほか，価格なども考慮され，総合的に判断される。

密度の大きい金属

1

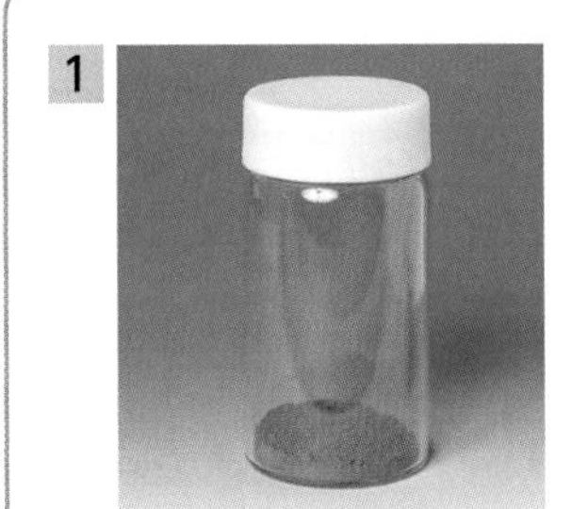

オスミウム Os
22.59 g/cm³

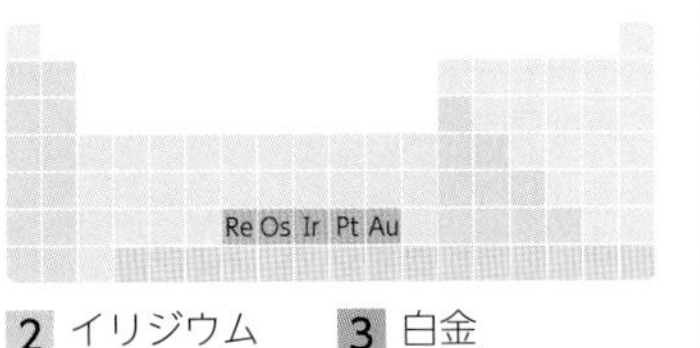

2 イリジウム Ir 22.56 g/cm³
3 白金 Pt 21.5 g/cm³
4 レニウム Re 21.0 g/cm³
5 金 Au 19.3 g/cm³

密度の小さい金属

1

リチウム Li
0.53 g/cm³

2 カリウム K 0.86 g/cm³
3 ナトリウム Na 0.97 g/cm³
4 ルビジウム Rb 1.53 g/cm³
5 カルシウム Ca 1.55 g/cm³

融点の高い金属

1

タングステン W
3410℃

2 レニウム Re 3180℃
3 オスミウム Os 3054℃
4 タンタル Ta 2996℃
5 モリブデン Mo 2617℃

融点の低い金属

1

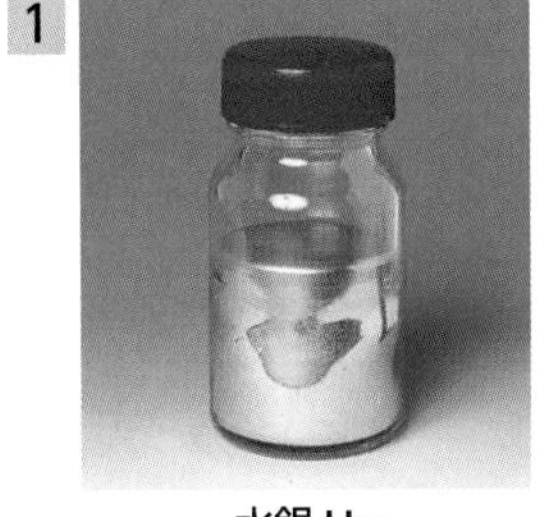

水銀 Hg
−39℃

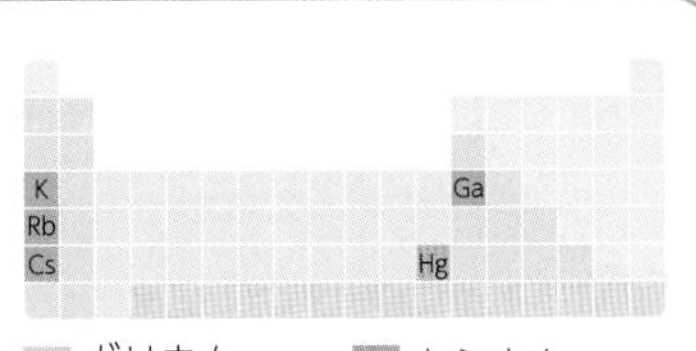

2 ガリウム Ga 27.8℃
3 セシウム Cs 28.4℃
4 ルビジウム Rb 39℃
5 カリウム K 64℃

展性，延性にすぐれた金属

1

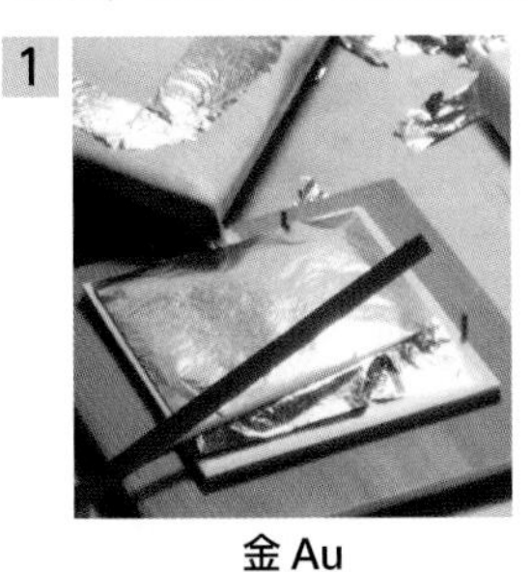

金 Au

展性

2 銀 Ag
3 鉛 Pb
4 銅 Cu
5 アルミニウム Al

延性

2 銀 Ag
3 白金 Pt
4 鉄 Fe
5 ニッケル Ni

電気伝導性にすぐれた金属

1 銀 Ag 105

2

銅 Cu 100

3 金 Au 76
4 アルミニウム Al 62
5 ベリリウム Be 55

熱伝導性も同じ順位になる。

数字は銅の電気伝導性を100としたときの相対値。

銀の価格は，銅に比べて約90倍近いため，電線には銅が用いられる。

地殻中の存在比率(質量)が高い金属

1

アルミニウム Al
(ボーキサイト)

2 鉄 Fe
3 カルシウム Ca
4 マグネシウム Mg
5 ナトリウム Na

地殻中に存在する元素は酸素 O とケイ素 Si で約75％が占められており，金属で最も多いアルミニウムは約8％である。

赤鉄鉱

人体中の存在比率(質量)が高い金属

1

カルシウム Ca
(リン酸カルシウム：骨)

2 カリウム K
3 ナトリウム Na
4 マグネシウム Mg
5 鉄 Fe

人体は，酸素 O，炭素 C，水素 H，窒素 N，カルシウム Ca，リン P の6元素で体重の 98.5％が占められる。

Tips 遷移元素の化合物の水溶液には有色のものが多い。また，同じ元素であっても構造が違えばその色は異なる。たとえば，7価のマンガンのイオンである MnO_4^- を含む水溶液は赤紫色であるが，Mn^{2+} を含む水溶液は淡赤色を呈する。

11 アルカリ金属 化学

1 アルカリ金属の特徴
alkali metal

1 族元素のうち，水素以外の元素を**アルカリ金属**という。アルカリ金属の原子は，価電子を 1 個もち，第 1 イオン化エネルギーが小さく，1 価の陽イオンになりやすい。

元素		電子配置 K	L	M	N	O	P	Q	原子半径〔nm〕	第1イオン化エネルギー〔kJ/mol〕	イオン半径〔nm〕	単体 融点〔℃〕	密度〔g/cm³〕	炎色反応	地殻の元素存在度（質量%）
リチウム lithium	$_{3}$Li	2	1						0.152	520	0.090	181	0.53	赤	0.0018%
ナトリウム sodium	$_{11}$Na	2	8	1					0.186	496	0.116	98	0.97	黄	2.36%
カリウム potassium	$_{19}$K	2	8	8	1				0.231	419	0.152	64	0.86	赤紫	2.14%
ルビジウム rubidium	$_{37}$Rb	2	8	18	8	1			0.247	403	0.166	39	1.53	紅紫	0.0078%
セシウム caesium	$_{55}$Cs	2	8	18	18	8	1		0.266	376	0.181	28	1.87	青紫	0.00034%
フランシウム francium	$_{87}$Fr	2	8	18	32	18	8	1	−	−	−	−	−	−	−

2 アルカリ金属の性質

アルカリ金属の単体は，いずれも融点の低い銀白色の軽金属である。強い還元作用を示し，常温で水と激しく反応して水酸化物を生じ，水素を発生する。原子番号の大きいものほど反応性が大きい。

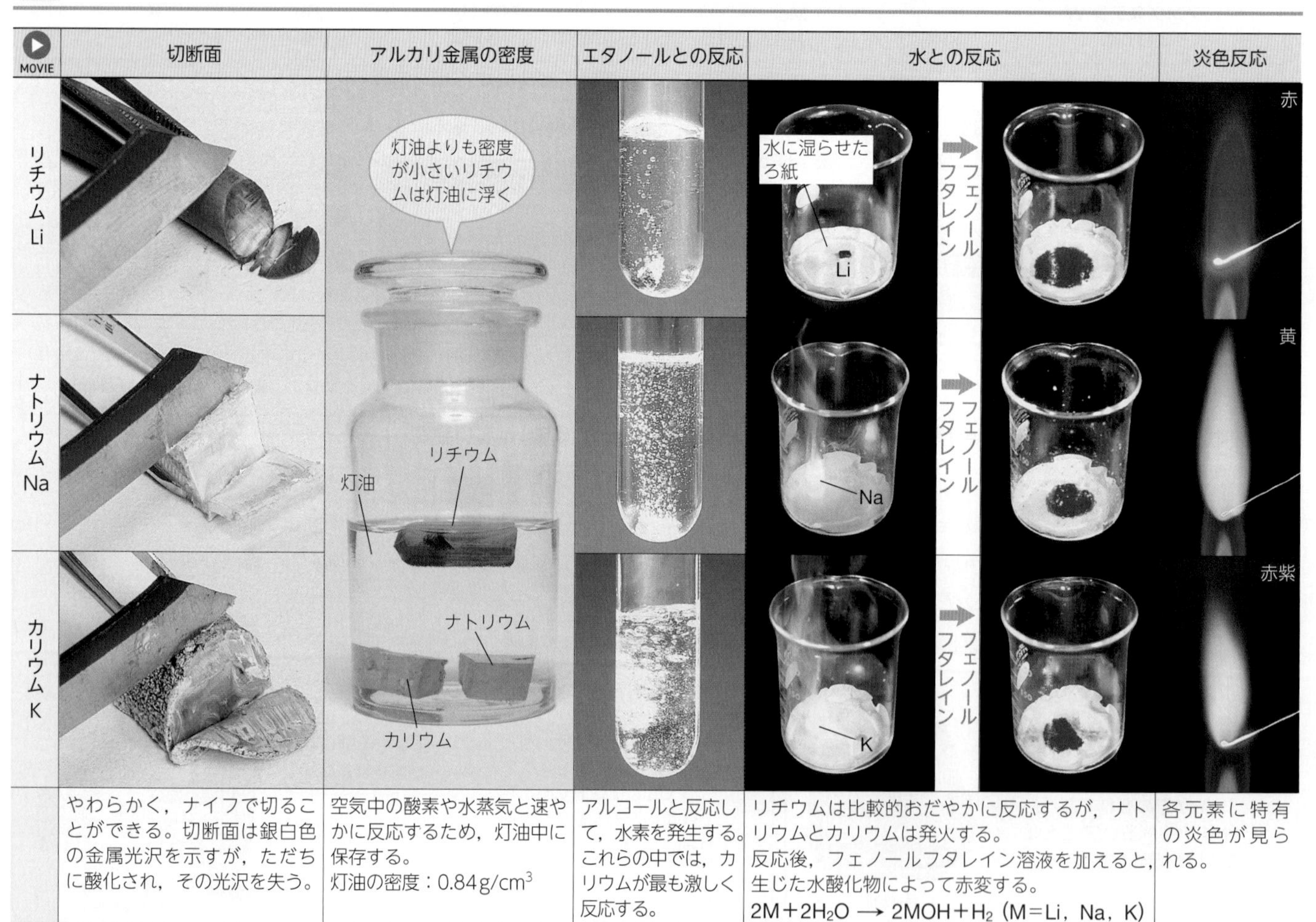

切断面：やわらかく，ナイフで切ることができる。切断面は銀白色の金属光沢を示すが，ただちに酸化され，その光沢を失う。

アルカリ金属の密度：空気中の酸素や水蒸気と速やかに反応するため，灯油中に保存する。灯油の密度：0.84 g/cm³

エタノールとの反応：アルコールと反応して，水素を発生する。これらの中では，カリウムが最も激しく反応する。

水との反応：リチウムは比較的おだやかに反応するが，ナトリウムとカリウムは発火する。反応後，フェノールフタレイン溶液を加えると，生じた水酸化物によって赤変する。
$2M + 2H_2O \longrightarrow 2MOH + H_2$（M＝Li，Na，K）

炎色反応：各元素に特有の炎色が見られる。

Tips 人体内のナトリウムイオン Na^+ は，細胞外に存在する体液（細胞外液）中に多く，その浸透圧を一定に保ったり，神経や筋肉の働きを調整したりしている。体液中のナトリウムイオンが不足すると，筋肉のけいれんがおきたり，時には意識障害がおきたりする場合もある。

3 アルカリ金属の製法

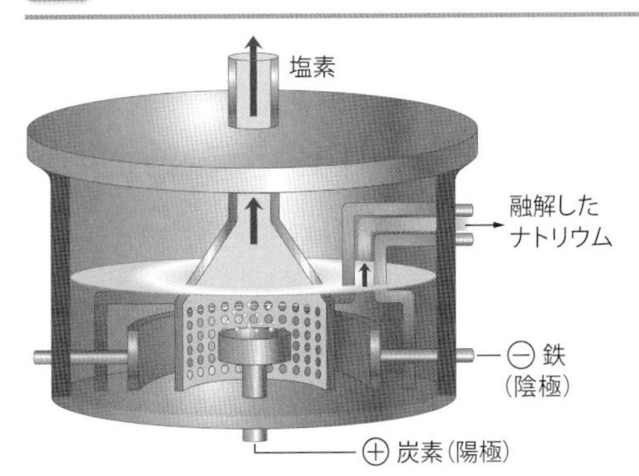

塩化ナトリウムの溶融塩電解

融解した NaCl を電気分解すると，陰極にナトリウムが析出する。

陰極　$Na^{+} + e^{-} \longrightarrow Na$

陽極　$2Cl^{-} \longrightarrow Cl_2 + 2e^{-}$

NaCl の融点は801℃と高温なため，約60％の塩化カルシウムを加えて，約600℃で電気分解を行う。

析出した Na には，約5％のカルシウムが含まれるが，融点の違いを利用して除去される。

key person デービー

デービー
(1778〜1829 イギリス)

19世紀初頭，ボルタによって電池が発明され，電気分解という新しい手法を用いた研究が盛んに行われるようになった。

そのような中，デービーは，1807年，融解した水酸化カリウムの電気分解によって，陰極に銀色に輝く小球を見出した。

これが初めて取り出されたアルカリ金属の単体カリウム K である。彼は，さらに電気分解の実験を続け，ナトリウム Na，マグネシウム Mg，カルシウム Ca，バリウム Ba，ホウ素 B などの単体を次々に発見した。

また，デービーは，塩酸を電気分解しても酸素が得られないことを示し，酸は酸素の化合物だとするラボアジエの定義を否定した。このほか，一酸化二窒素の麻酔作用を発見したり，塩素を現在の名称である「chlorine」と名付けたことでも知られている。「電気分解の法則」を発見したイギリスのファラデー(1791〜1867)は，王立研究所でデービーの講演を聞いて科学者を志し，彼の助手となって数々の業績を残した。

のちに，デービーの最大の発見は，ファラデーを見出したことといわれるまでになったが，デービー自身は，これを快く思っていなかったともいわれている。

4 ナトリウムと塩素の反応

塩素の気体中にナトリウムの小片を入れると，激しく反応して，塩化ナトリウムの白煙を生じる。

$$2Na + Cl_2 \longrightarrow 2NaCl$$

MOVIE
塩化ナトリウムの白煙

5 アルカリ金属の利用

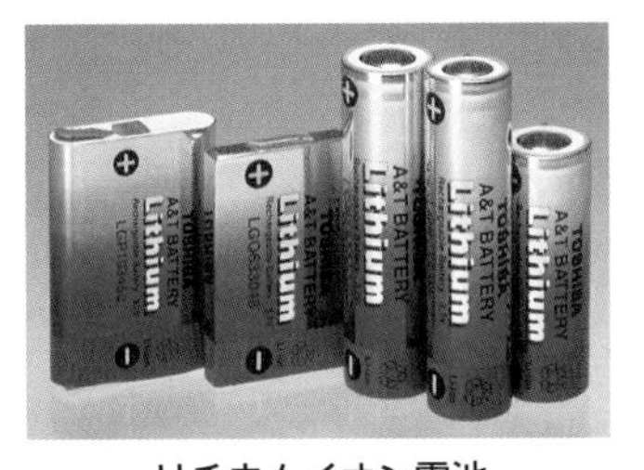

リチウムイオン電池
リチウムを含む電池は，起電力が大きく，電子機器などに用いられる(➡p.95)。

ナトリウムランプ
ナトリウム(気体)の放電で得られる黄色の光は霧に吸収されにくく，遠くまで照らすことができる。

カリウム肥料
カリウムは，すべての植物に必要な元素であり，欠乏すると葉の黄化などがみられる。

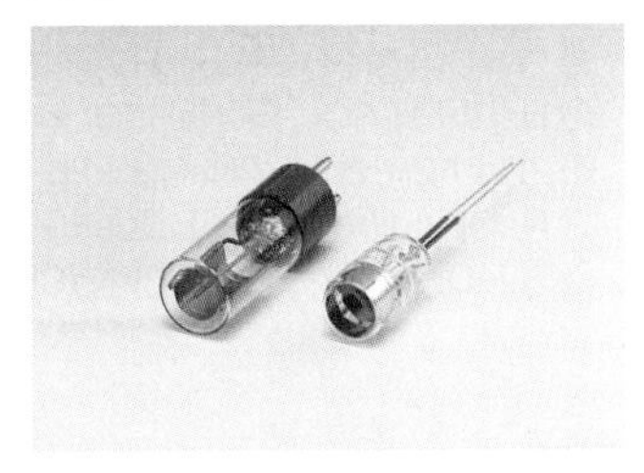
光電管
セシウムは，光をあてると電子が飛び出す性質(光電効果)があり，光電管に用いられている。

Close-up(クローズアップ) 炎色反応の原理

原子は，通常は，最も安定な状態をとっており，これを**基底状態**という。基底状態の原子にエネルギーを加えると，電子はエネルギーを受け取ってエネルギーの高い状態(**励起状態**)になる。励起状態では，電子がエネルギーの高い電子殻に移動するなどして不安定なため，すぐに基底状態にもどる。このとき，励起状態と基底状態のエネルギーの差に相当する波長の光が放出される。この光の波長が可視光の波長の範囲(約400〜800 nm)にあるとき，それぞれの元素に固有の色の光が見える。これが**炎色反応**である。

ナトリウム原子の場合，基底状態では，価電子は M 殻中の3s 軌道に存在しているが，エネルギーを受け取ると電子が 3p 軌道に励起され，これが 3s 軌道に戻るときに，エネルギーの差に相当する波長の光が確認できる。このときの波長は589 nm であり，その色は黄色である。同様に，リチウム原子の場合，L 殻中の 2s 軌道に存在している電子が 2p 軌道に励起されて，再び 2s 軌道に戻るときに赤色の光(670 nm)が放出される。

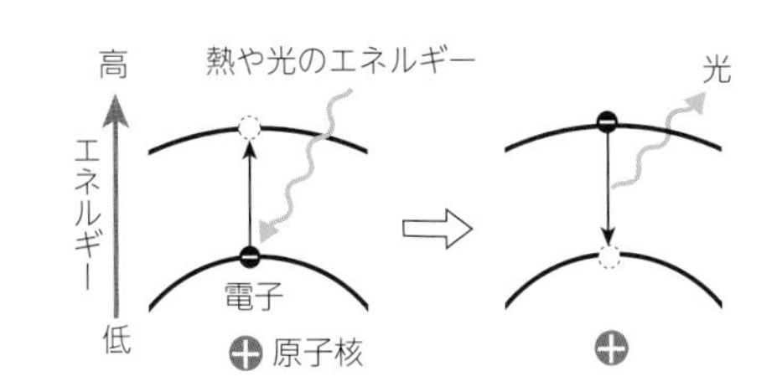

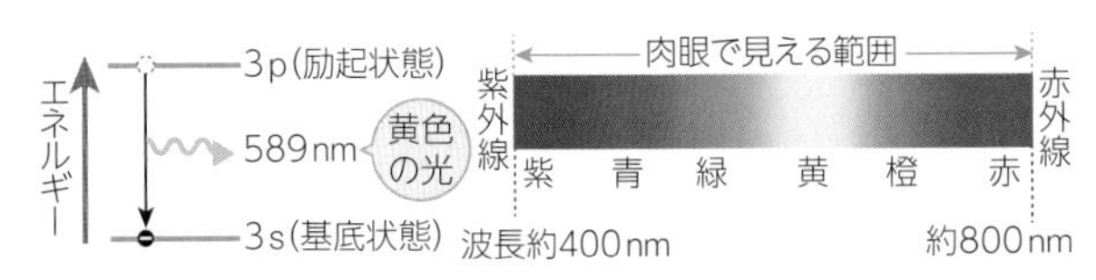

ナトリウムの炎色反応　可視光線の色と波長の関係

Tips ルビジウムとセシウムは，原子が励起する電磁波の周波数に基づいて正確な時間を測る原子時計に利用されている。ルビジウムを用いたものは3千〜20万年に1秒，セシウムを用いたものは3000万年に1秒の誤差しか生じないといわれている。

12 ナトリウムの化合物 化学

1 塩化ナトリウムとナトリウム化合物 sodium chloride

塩化ナトリウム NaCl は，ナトリウムおよびナトリウム化合物の製造原料として利用される。

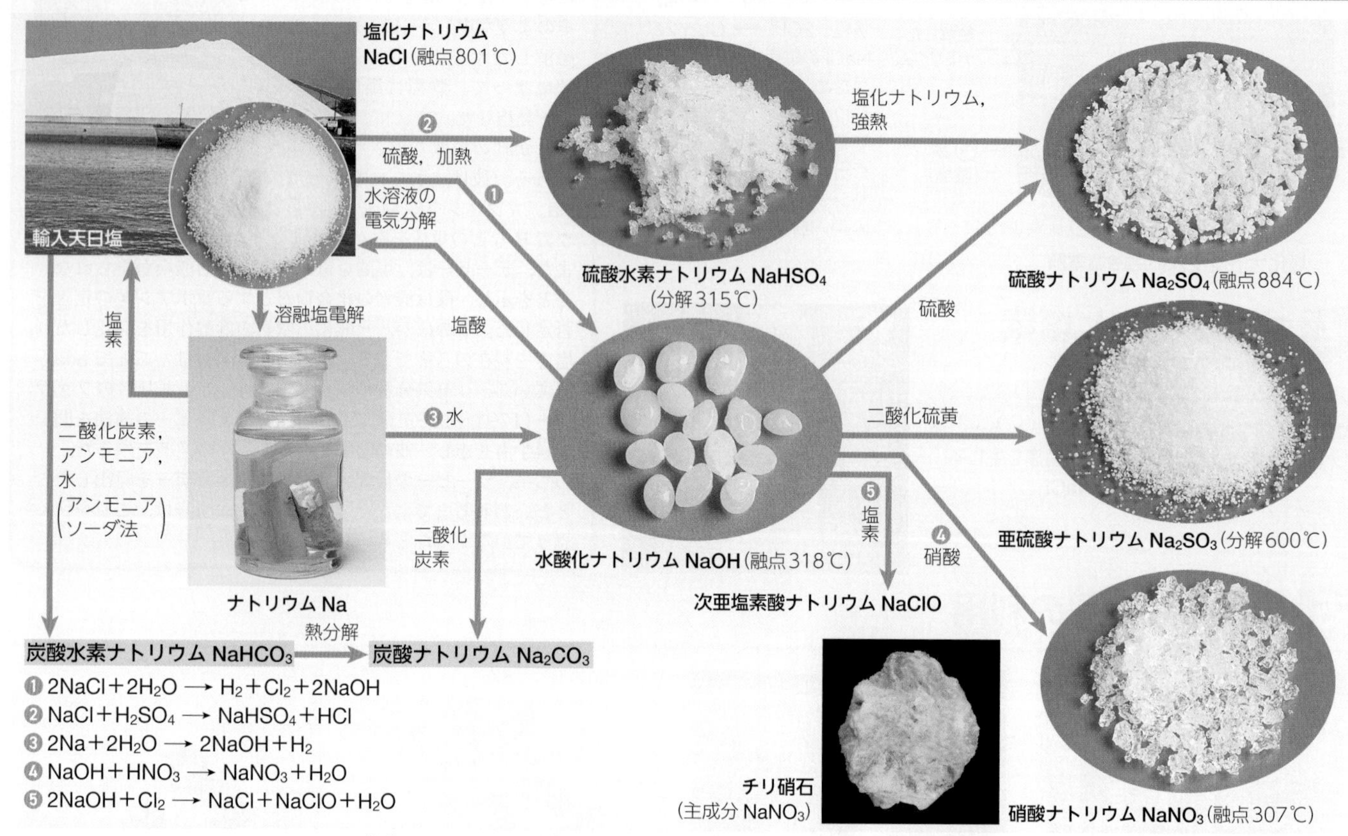

塩化ナトリウムは，岩塩として産出するほか，海水中におよそ2.8％含まれる。工業的には主に岩塩が用いられる。

2 水酸化ナトリウム sodium hydroxide

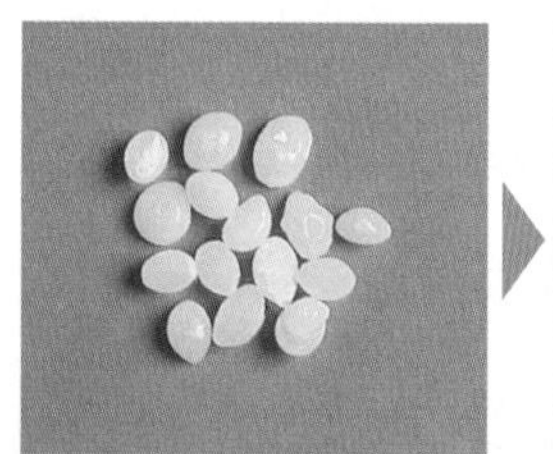
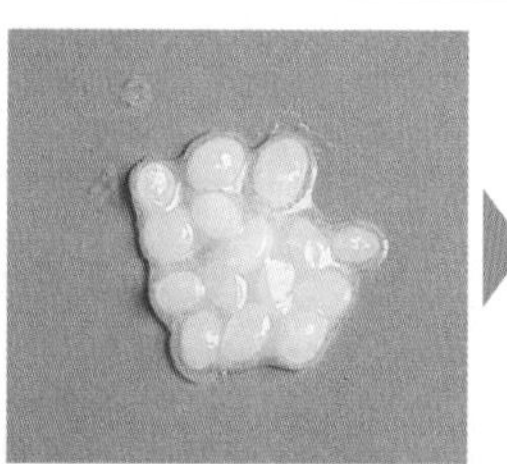
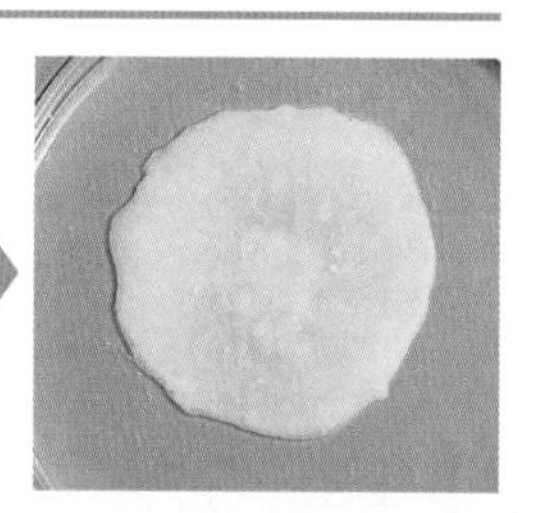

水酸化ナトリウムの潮解

水酸化ナトリウム NaOH は白色の固体で，空気中に放置すると，水蒸気を吸収して水溶液になる（潮解）。水溶液は強い塩基性を示す。

ソーダ工業

ナトリウムの化合物は，英語の sodium から工業的には「ソーダ」とよばれ，水酸化ナトリウムや炭酸ナトリウムの製造は**ソーダ工業**とよばれる。水酸化ナトリウムは種々の物質を腐食させる性質（苛性）をもつことから，苛性ソーダともよばれる。

トピック 水酸化ナトリウム水溶液の保存

水酸化ナトリウム水溶液を試薬びんに入れて保存するときは，シリコーンゴム栓やゴム栓を使用する。
ガラスの栓を用いると，ガラス栓と試薬びんの口との間に炭酸ナトリウムを生じ，栓がとれなくなる。

◀ガラス栓をして長時間放置したもの

水酸化ナトリウムは苛性（かせい）ソーダともよばれる。「苛性」は種々の物質を腐食させる性質のことであり，「ソーダ」は化学工業の分野において，ナトリウム（英語名 sodium）およびその化合物を指す通称である。

3 炭酸水素ナトリウムと炭酸ナトリウム

sodium hydrogen carbonate　　sodium carbonate

炭酸水素ナトリウム $NaHCO_3$ や炭酸ナトリウム Na_2CO_3 の水溶液は，塩基性を示す。

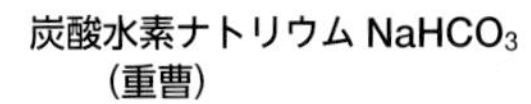

炭酸水素ナトリウム $NaHCO_3$（重曹）

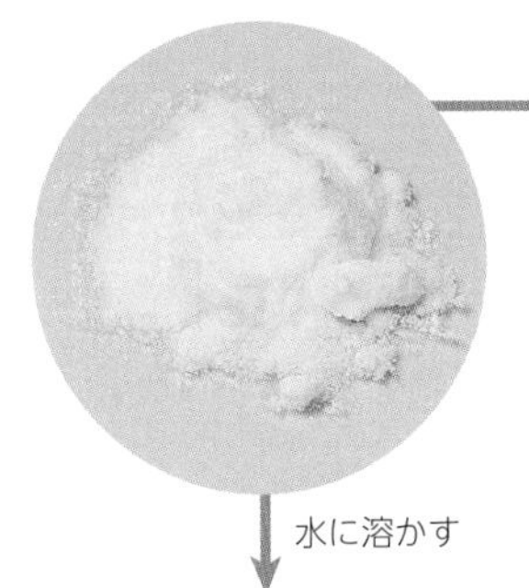

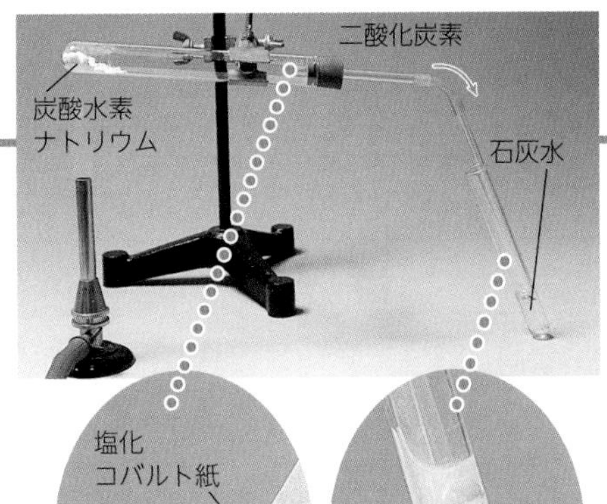

水に溶かす

水100gに対する溶解度（20℃）9.55g

水溶液は弱い塩基性を表し，フェノールフタレインで薄い赤色になる。

$HCO_3^- + H_2O \rightleftarrows H_2CO_3 + OH^-$

炭酸水素ナトリウムの熱分解

$NaHCO_3$を加熱すると，分解してNa_2CO_3と水，二酸化炭素を生じる。水は塩化コバルト紙の赤変，二酸化炭素は石灰水の白濁で確認できる。

$2NaHCO_3 \rightleftarrows Na_2CO_3 + H_2O + CO_2$

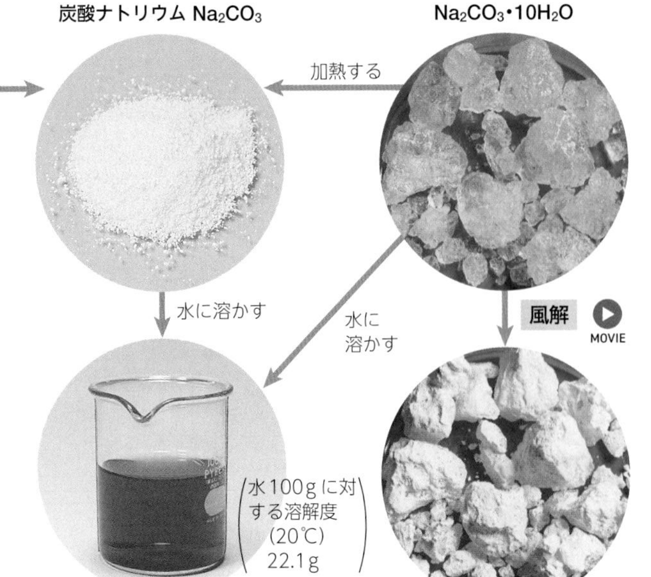

水溶液は塩基性を示し，フェノールフタレインで赤色になる。

$CO_3^{2-} + H_2O \rightleftarrows HCO_3^- + OH^-$

$Na_2CO_3 \cdot H_2O$

空気中に放置すると，結晶水の一部を失って粉末状になる現象を**風解**という。

4 ナトリウム化合物の利用

セッケンの製造・紙の製造

セッケンの製造や，木材チップからセルロースを溶かして紙を製造するために用いられるなど，工業原料として重要である。

食品添加物

亜硝酸ナトリウム $NaNO_2$ は，食肉中のヘモグロビンなどに作用し，赤色を保つ効果があるため発色剤とし用いられる。

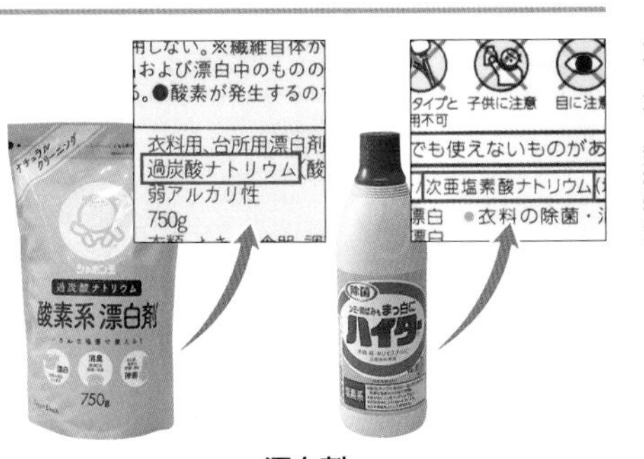

漂白剤

次亜塩素酸ナトリウム $NaClO$ は塩素系漂白剤，過炭酸ナトリウム $2Na_2CO_3 \cdot 3H_2O_2$ は酸素系漂白剤として，衣類の漂白に用いられる。

トピック　塩化ナトリウムの意外な用途

わが国で消費される塩化ナトリウムは約850万トンであり，そのうち，約75％はソーダ工業に利用され，食用で用いられる塩化ナトリウムは約10％である。

一方，アメリカでは，工業利用は40％程度であり，それに匹敵する量が冬季の融雪剤（凍結防止剤）に用いられている。年間に約2000万トンもの塩化ナトリウムが散布されており，環境への影響が懸念されている。

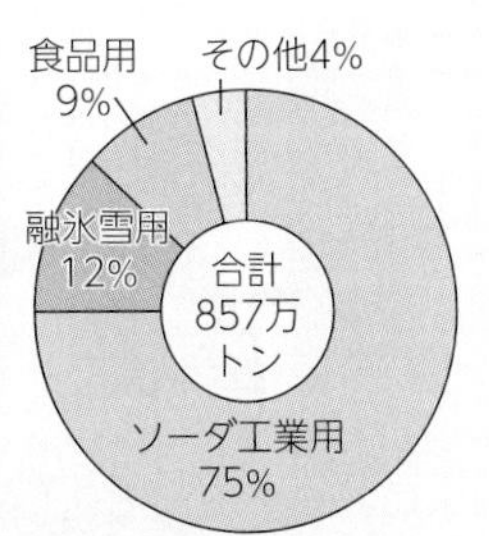

日本の塩の消費量（2021）

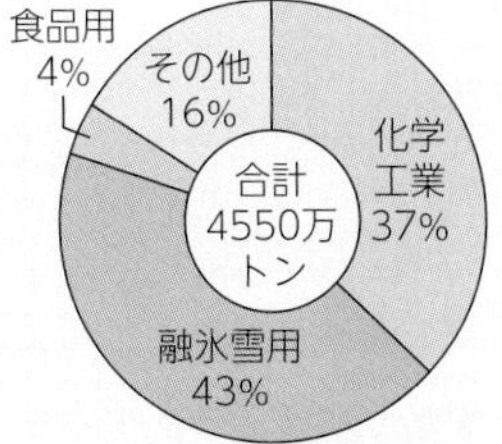

アメリカの塩の消費量（2017）

Tips　塩素系漂白剤は，漂白作用が強く，衣類の染料も脱色してしまうため，白物衣類にのみ使用できる。一方，酸素系漂白剤は，色物・柄物の衣類にも使用することができる。また，酸素系漂白剤は40℃以上のお湯を使用しないと，ほとんど効果が得られないので，使用の際は注意が必要である。

13 アルカリ土類金属 化学

1 アルカリ土類金属の特徴

2族元素の原子は，価電子を2個もち，2価の陽イオンになりやすい。2族元素を**アルカリ土類金属**という。

元素	電子配置							原子半径〔nm〕	第1イオン化エネルギー〔kJ/mol〕	単体		炎色反応	地殻の元素存在度(質量%)	水との反応
	K	L	M	N	O	P	Q			融点〔℃〕	密度〔g/cm^3〕			
ベリリウム $_{4}Be$	2	2						0.111	899	1282	1.85	示さない	0.00024%	反応しない
マグネシウム $_{12}Mg$	2	8	2					0.160	738	649	1.74	示さない	2.20%	熱水と反応
カルシウム $_{20}Ca$	2	8	8	2				0.197	590	839	1.55	橙赤	3.85%	冷水と反応
ストロンチウム $_{38}Sr$	2	8	18	8	2			0.215	549	769	2.54	赤	0.0333%	冷水と反応
バリウム $_{56}Ba$	2	8	18	18	8	2		0.217	503	729	3.59	黄緑	0.0584%	冷水と反応
ラジウム $_{88}Ra$	2	8	18	32	18	8	2	—	509	700	5	—	—	冷水と反応

ベリリウム　マグネシウム

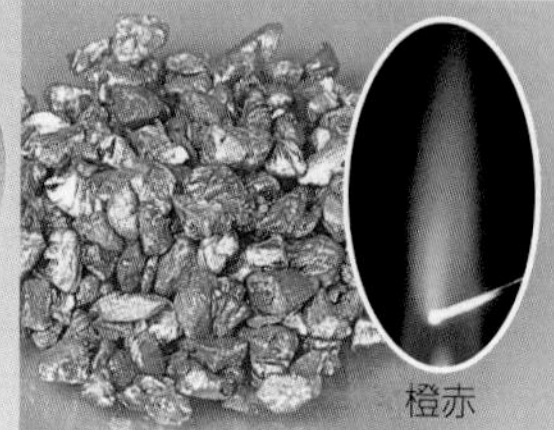

カルシウム

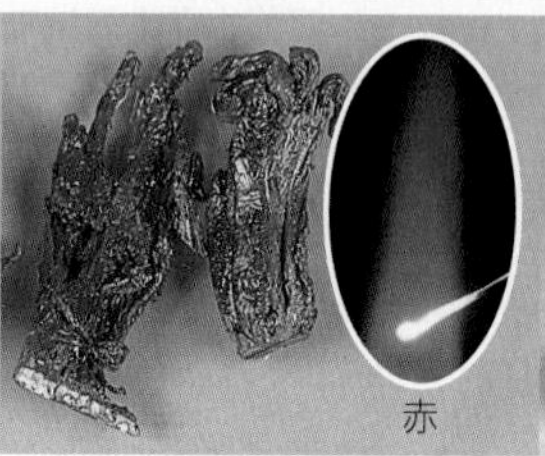

ストロンチウム

バリウム

2 マグネシウムとバリウム

2族元素のうち，カルシウムが最も身近な元素であるが，マグネシウムやバリウムも身のまわりで利用されている。

a マグネシウムの反応

MOVIE

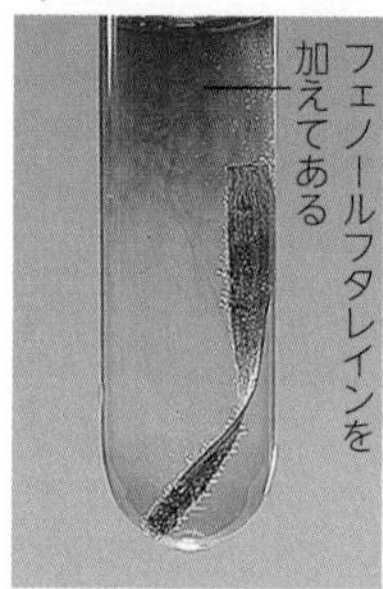

熱水との反応
$Mg + 2H_2O \longrightarrow Mg(OH)_2 + H_2$

燃焼
$2Mg + O_2 \longrightarrow 2MgO$

二酸化炭素との反応
$2Mg + CO_2 \longrightarrow 2MgO + C$

b 塩化マグネシウム

にがりは，塩化マグネシウム $MgCl_2$ を主成分とし，豆腐を製造する際の凝固剤として利用されている。

塩化マグネシウム六水和物 $MgCl_2 \cdot 6H_2O$ の潮解

c 硫酸バリウム

水酸化バリウム $Ba(OH)_2$ の水溶液は強い塩基性を示す。

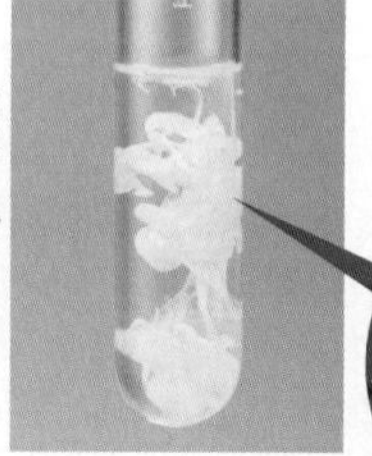

硫酸を加えると，硫酸バリウムの白色沈殿を生じる。

硫酸バリウムは，水に溶けにくい。
硫酸バリウム $BaSO_4$

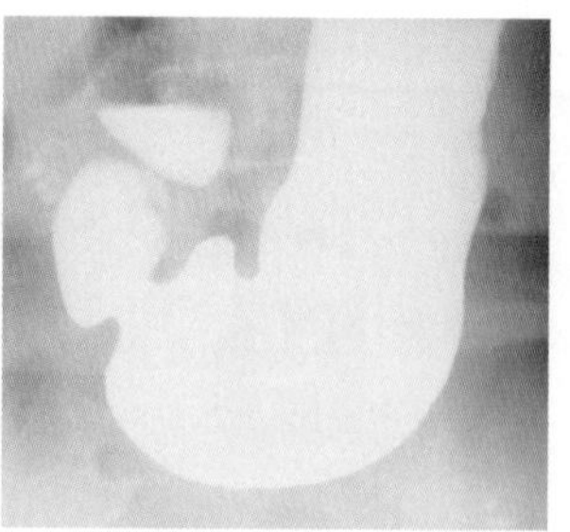
ヒトの胃のレントゲン写真

■2族元素の化合物の水溶性

元素	水酸化物	炭酸塩	硫酸塩	硝酸塩
Be	×	△	○	○
Mg	×	×	○	○
Ca	△	×	△	○
Sr	△	×	×	○
Ba	○	×	×	○

○よく溶ける　△わずかに溶ける　×溶けにくい

硫酸バリウムは，X線を透過させにくいため，レントゲン写真の造影剤として利用される。一般に，バリウムの化合物は有毒なものが多いが，硫酸バリウムは体内に入っても胃液や腸液などに溶解せず，そのまま体外へ排出されるため，毒性を示さない。

3 カルシウムとその化合物

多くのカルシウム化合物は石灰岩(主成分：炭酸カルシウム)を原料としてつくられる。石灰岩は，わが国でほぼ100% 自給され，セメントなどに大量に利用される。

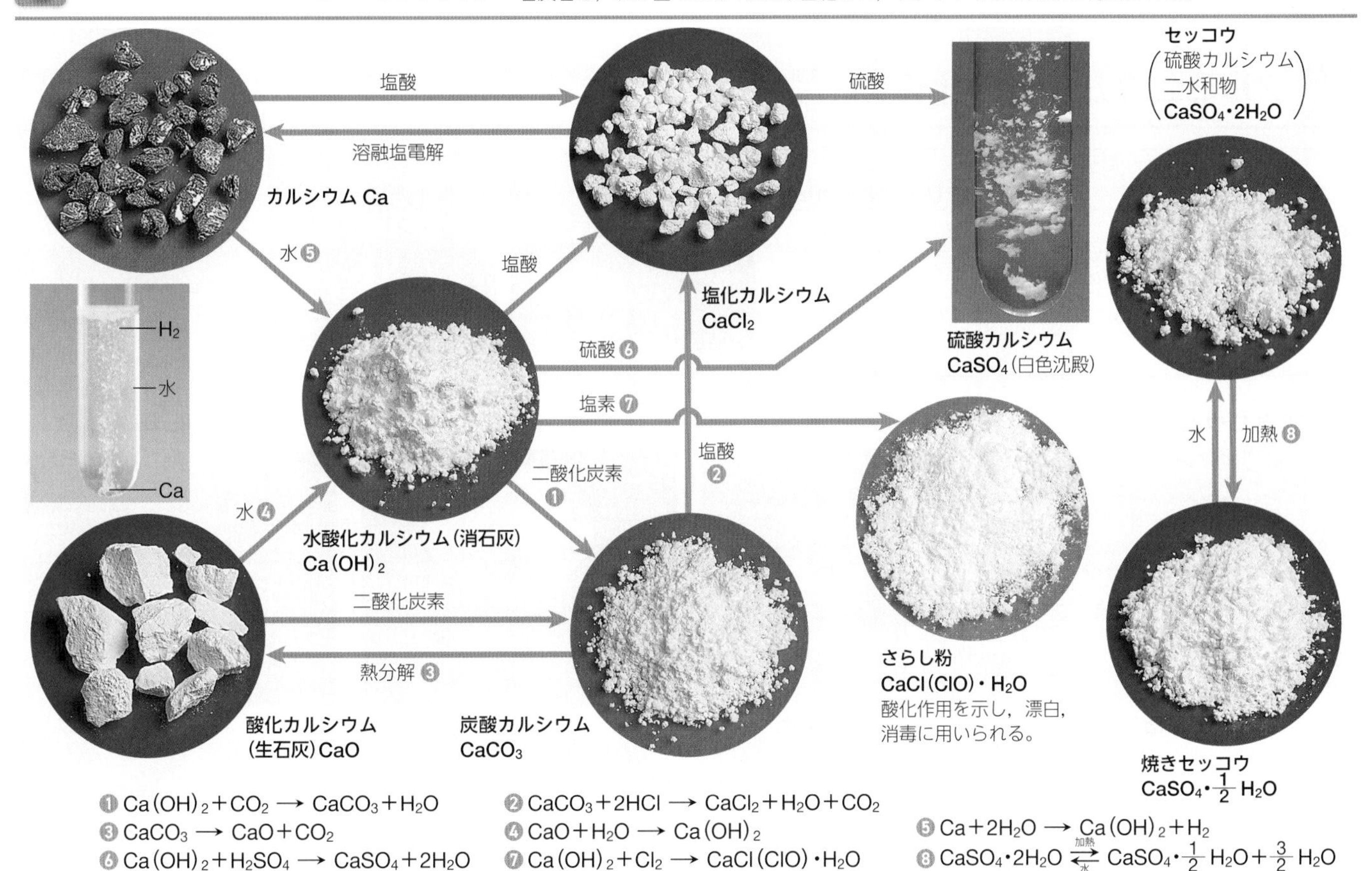

① $Ca(OH)_2 + CO_2 \longrightarrow CaCO_3 + H_2O$
② $CaCO_3 + 2HCl \longrightarrow CaCl_2 + H_2O + CO_2$
③ $CaCO_3 \longrightarrow CaO + CO_2$
④ $CaO + H_2O \longrightarrow Ca(OH)_2$
⑤ $Ca + 2H_2O \longrightarrow Ca(OH)_2 + H_2$
⑥ $Ca(OH)_2 + H_2SO_4 \longrightarrow CaSO_4 + 2H_2O$
⑦ $Ca(OH)_2 + Cl_2 \longrightarrow CaCl(ClO) \cdot H_2O$
⑧ $CaSO_4 \cdot 2H_2O \underset{水}{\overset{加熱}{\rightleftarrows}} CaSO_4 \cdot \frac{1}{2}H_2O + \frac{3}{2}H_2O$

■カルシウムの利用

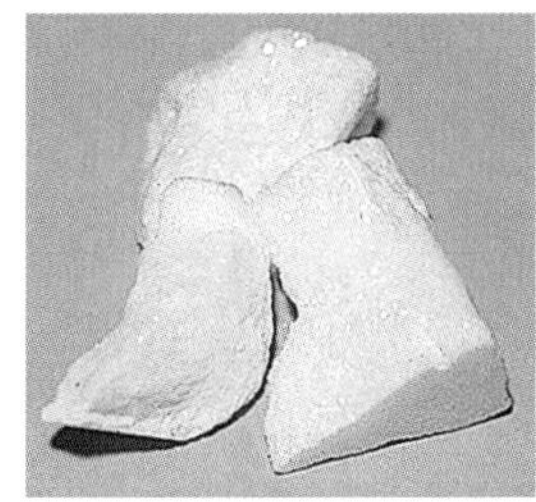

大理石
主成分は炭酸カルシウムで，建築材料として用いられる。

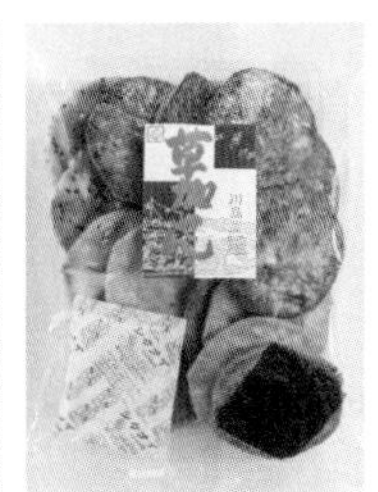

乾燥剤
酸化カルシウムは食品の乾燥剤，塩化カルシウムは押し入れ用乾燥剤に利用されている。

セッコウ像
焼きセッコウに水を加えると，セッコウになる。

漆喰(しっくい)の壁
漆喰中の水酸化カルシウムが空気中の二酸化炭素と反応して，炭酸カルシウムとなり，強固な壁になる。

PLUS 鍾乳洞ができる原理

石灰水($Ca(OH)_2$ の飽和水溶液)に二酸化炭素を通じると，炭酸カルシウムの白色沈殿を生じる(①)。さらに通じると，水に溶けやすい炭酸水素カルシウム $Ca(HCO_3)_2$ を生じて溶ける。

$$CaCO_3 + CO_2 + H_2O \longrightarrow Ca(HCO_3)_2 \quad ②$$

水溶液を加熱すると，再び炭酸カルシウムを生じて白濁する。

$$Ca(HCO_3)_2 \longrightarrow CaCO_3 + CO_2 + H_2O \quad ③$$

石灰岩地帯では，二酸化炭素を含む水に石灰岩が溶け，鍾乳洞ができる。また，炭酸水素カルシウムを含む水が蒸発すると，炭酸カルシウムが析出し，鍾乳石や石筍ができる。

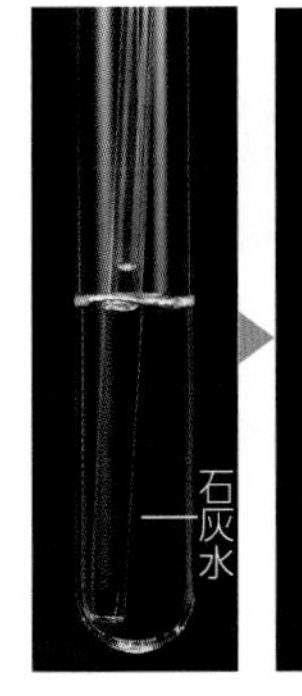

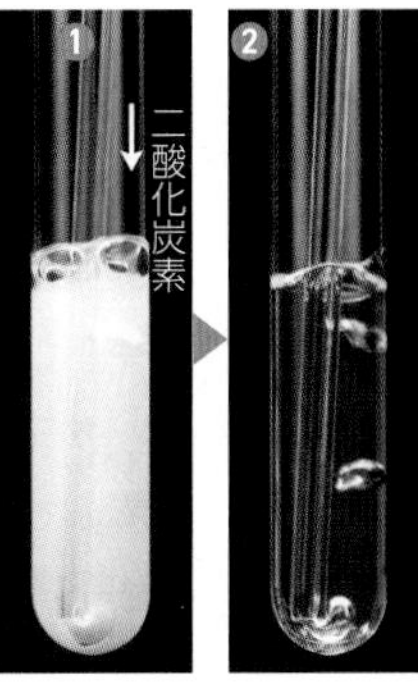

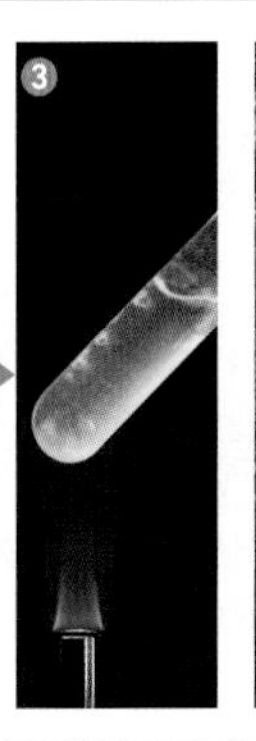

Tips 酸化カルシウムを水酸化ナトリウムの濃厚溶液に浸し，加熱してつくられた白色粒状の固体は，ソーダ石灰とよばれ，塩基性の乾燥剤として利用される(➡ p.176)。

14 アルミニウム 化学

1 アルミニウムとその化合物
aluminium

アルミニウム Al は酸とも塩基とも反応する**両性金属**である。アルミニウム原子は，価電子3個をもち，3価の陽イオンになりやすい。

元素	電子配置					単体	
	K	L	M	N	O	融点〔℃〕	密度〔g/cm^3〕
ホウ素 $_5$B	2	3				2300	2.34
アルミニウム $_{13}$Al	2	8	3			660	2.70
ガリウム $_{31}$Ga	2	8	8	3		28	5.90
インジウム $_{49}$In	2	8	18	8	3	157	7.31

ホウ素

ガリウム

ボーキサイト
アルミニウムはボーキサイトから得られる(➡p.217)。

ⓐ アルミニウムの性質

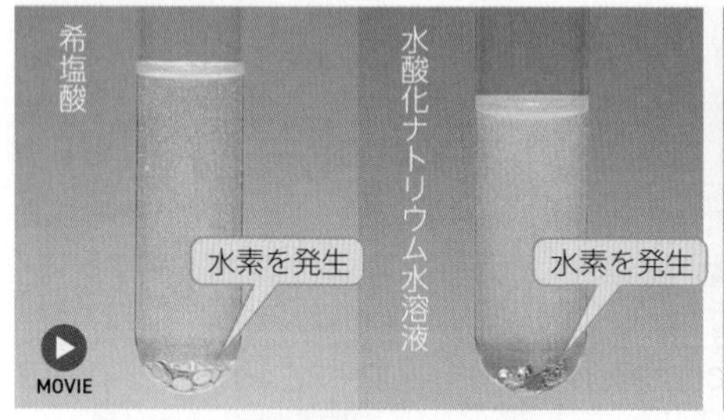

アルミニウムと酸・塩基の反応
アルミニウムは，酸とも強塩基とも反応する。
$2Al + 6HCl \longrightarrow 2AlCl_3 + 3H_2$
$2Al + 2NaOH + 6H_2O \longrightarrow 2Na[Al(OH)_4] + 3H_2$

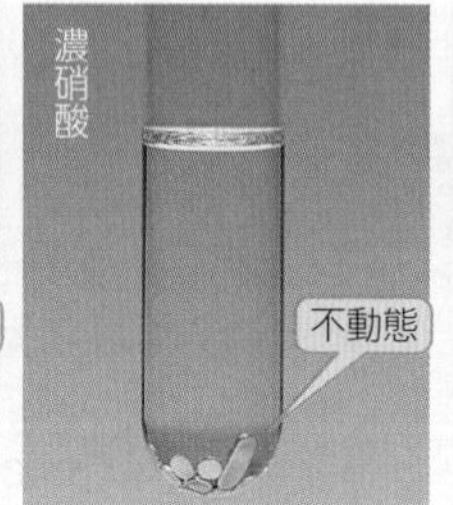

不動態
濃硝酸とは表面に酸化物の被膜を生じ，反応が進まない(**不動態**)。

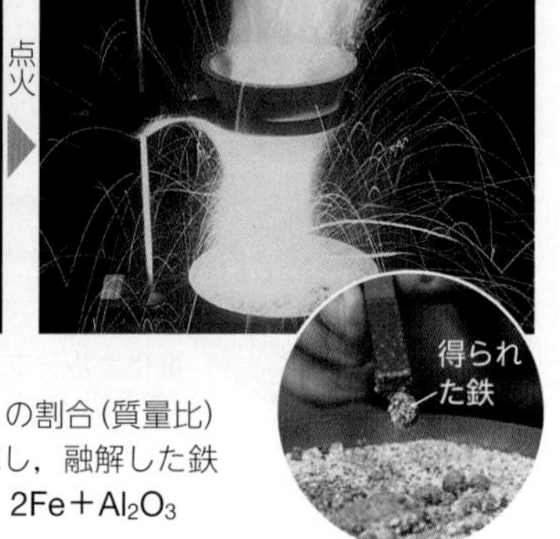

テルミット反応
Al の粉末と Fe_2O_3 の粉末を約 1：3 の割合(質量比)で混合して点火すると，激しく反応し，融解した鉄の単体が得られる。$2Al + Fe_2O_3 \longrightarrow 2Fe + Al_2O_3$

2 アルミニウムの利用

アルミニウムは，鉄の約 1/3 の密度であり，非常に軽い金属である。展性や電気伝導性もすぐれるほか，表面に酸化被膜をつくると，すぐれた耐食性を示すため，さまざまな用途がある。

アルミニウム箔
展性にすぐれ，加工しやすいため，箔として利用される。

鍋
熱伝導性にすぐれ，調理器具に用いられる。

送電線
アルミニウムは軽く，電気をよく導くので，送電線として利用される。

アルミニウム合金
アルミニウム合金は，軽く強度にすぐれ，飛行機や車両に用いられる。

アルミニウムを蒸着させた袋
酸素や光による劣化を防ぐ。

ルビー

サファイア

酸化アルミニウムの結晶であり，ルビーは微量のクロム，サファイアは微量のチタンや鉄を含む。

トピック アルマイト

人工的に酸化被膜を付けたアルミニウム製品はアルマイトとよばれ，1923年にわが国で発明された。アルミニウムを陽極として，硫酸やシュウ酸などの水溶液を電気分解すると，アルミニウムの表面に酸化アルミニウムの被膜が形成される。この被膜は多孔質であるが，沸騰水中でしばらく煮沸すると，孔が封じられて，ち密で耐食性にすぐれた被膜となる。アルマイトは電気絶縁性を示し，耐食性や耐摩耗性にすぐれるため，調理器具や建材などに用いられる。

Tips アルミニウムは，地殻中に最も多く含まれる金属元素であるにもかかわらず，イオン化傾向が比較的大きく，鉱石を還元して得るのが困難であった。そのため，単体が得られるようになったのは，電気を使う方法(溶融塩電解)が開発された19世紀後半である。

3 アルミニウムの反応

酸化アルミニウムは**両性酸化物**であり，塩酸や水酸化ナトリウム水溶液と反応して溶ける。また，水酸化アルミニウムは**両性水酸化物**であり，塩酸や水酸化ナトリウム水溶液と反応して溶ける。

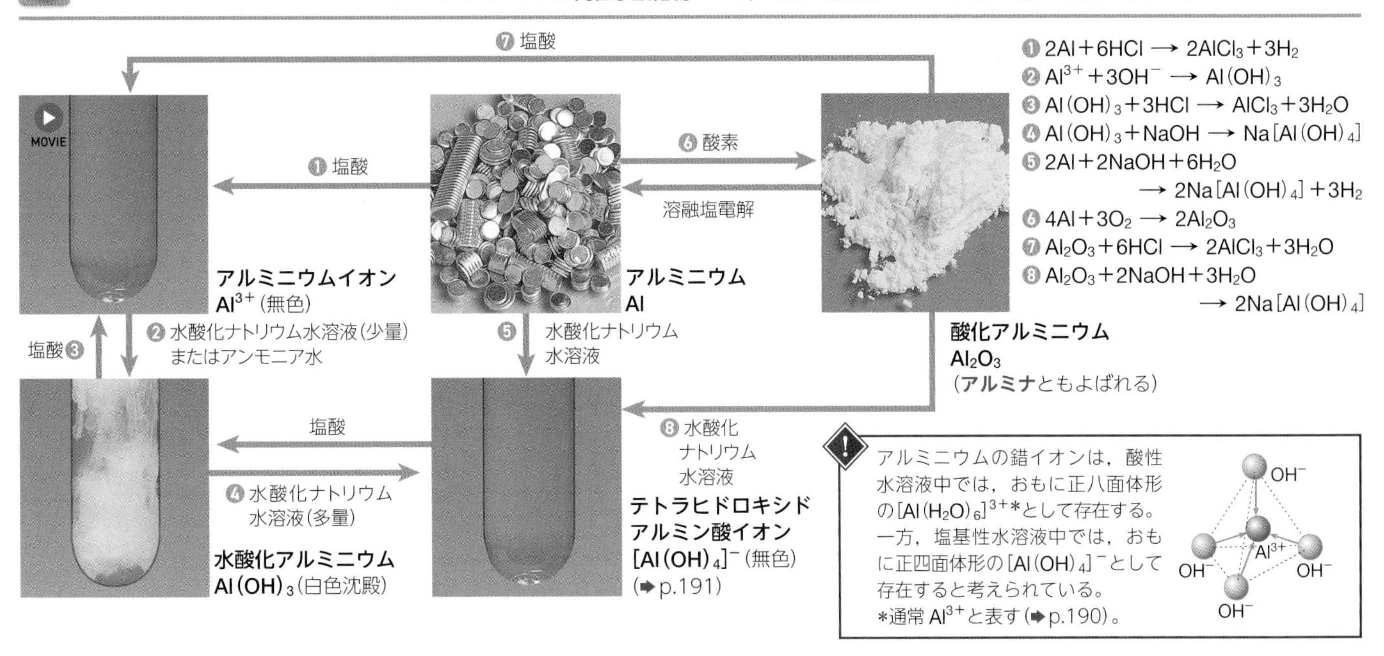

❶ $2Al + 6HCl \longrightarrow 2AlCl_3 + 3H_2$
❷ $Al^{3+} + 3OH^- \longrightarrow Al(OH)_3$
❸ $Al(OH)_3 + 3HCl \longrightarrow AlCl_3 + 3H_2O$
❹ $Al(OH)_3 + NaOH \longrightarrow Na[Al(OH)_4]$
❺ $2Al + 2NaOH + 6H_2O \longrightarrow 2Na[Al(OH)_4] + 3H_2$
❻ $4Al + 3O_2 \longrightarrow 2Al_2O_3$
❼ $Al_2O_3 + 6HCl \longrightarrow 2AlCl_3 + 3H_2O$
❽ $Al_2O_3 + 2NaOH + 3H_2O \longrightarrow 2Na[Al(OH)_4]$

! アルミニウムの錯イオンは，酸性水溶液中では，おもに正八面体形の$[Al(H_2O)_6]^{3+}$*として存在する。一方，塩基性水溶液中では，おもに正四面体形の$[Al(OH)_4]^-$として存在すると考えられている。
*通常Al^{3+}と表す(➡p.190)。

4 アルミニウムの化合物

アルミニウムには種々の塩が存在しいずれも無色である。硫酸アルミニウムと硝酸カリウムの混合水溶液を濃縮すると複塩である**ミョウバン**が得られる。

塩化アルミニウム $AlCl_3$

硫酸アルミニウム $Al_2(SO_4)_3$

ミョウバン $AlK(SO_4)_2 \cdot 12H_2O$
(硫酸カリウムアルミニウム十二水和物)
2種類以上の塩から生じ，もとのイオンがそのまま存在する塩を**複塩**という。

泥水の凝析
泥で濁った水にミョウバンを加えると，凝析して透明な水が得られる。浄水場では，ポリ塩化アルミ(PAC)が凝集剤として利用されている。
MOVIE

PLUS ホウ素とガリウム

ホウ素は，13族元素のうち，アルミニウムに次いで多く産出し，ホウケイ酸ガラスや陶磁器の釉薬などに用いられる。ガリウムは，融点が約30℃と非常に低い金属である。ヒ素 As との化合物や窒素との化合物は，半導体材料として用いられる。

ホウケイ酸ガラス
硬質で耐熱性にすぐれ，実験器具などに用いられる。

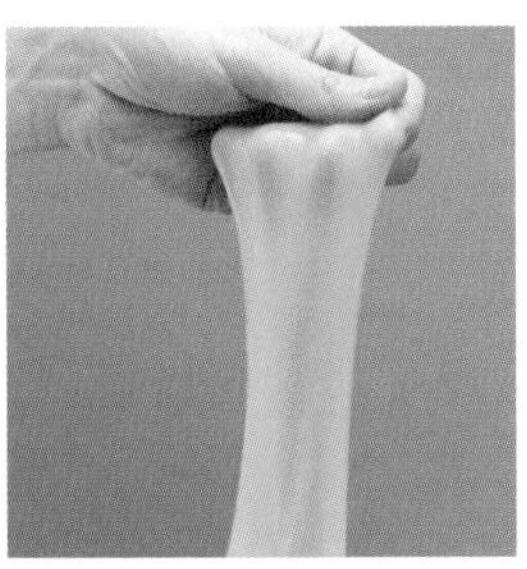
スライム
洗濯のりとホウ砂を混ぜ合わせると，ゲル状物質が生じる。

窒化ガリウム半導体
窒化ガリウム GaN の半導体は，充電器などに用いられる。

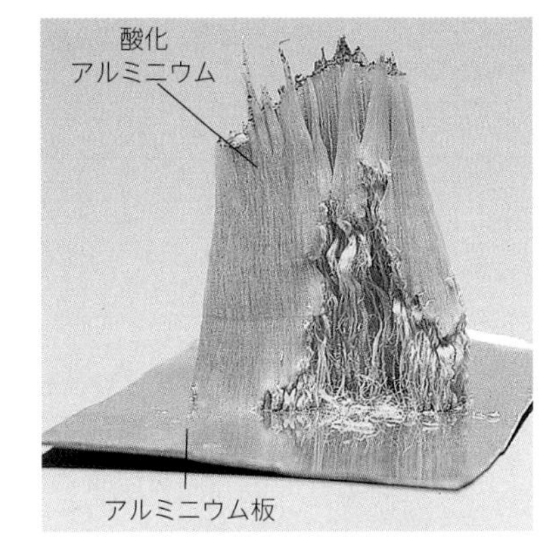

アルミニウムアマルガムの生成とアルミニウムの酸化
水銀(Ⅱ)イオン Hg^{2+}を含む水溶液をアルミ板に滴下すると，イオン化傾向の小さい水銀の単体が生じ，これにアルミニウムが溶けてアマルガム(水銀と他の金属の合金)になる。アマルガム中の Al は容易に酸化されて，綿状の Al_2O_3を生じる。

硫酸カリウムアルミニウム十二水和物の無水塩は焼きミョウバンとよばれ，食品添加物として，漬物の変色防止や煮物の煮崩れ防止，あく抜きなどに用いられる。

15 スズ・鉛 化学

1 14族の金属元素

14族元素の原子は，最外殻に電子を4個もつ。
スズ，鉛の酸化物は酸とも塩基とも反応する両性酸化物である。

元素	電子配置						原子半径	イオン半径	単体		
	K	L	M	N	O	P	〔nm〕	〔nm〕	化学式	融点〔℃〕	密度〔g/cm^3〕
スズ $_{50}Sn$	2	8	18	18	4		0.141	Sn^{4+} 0.083	Sn	232	7.31
鉛 $_{82}Pb$	2	8	18	32	18	4	0.175	Pb^{4+} 0.092	Pb	328	11.35

2 スズとその化合物

tin

スズは，化合物中では酸化数が+2または+4の状態をとる。Sn^{2+}は，酸化されやすいため，通常の環境では+4の状態がより安定である。酸化物は，酸・塩基のいずれの水溶液にも溶ける。

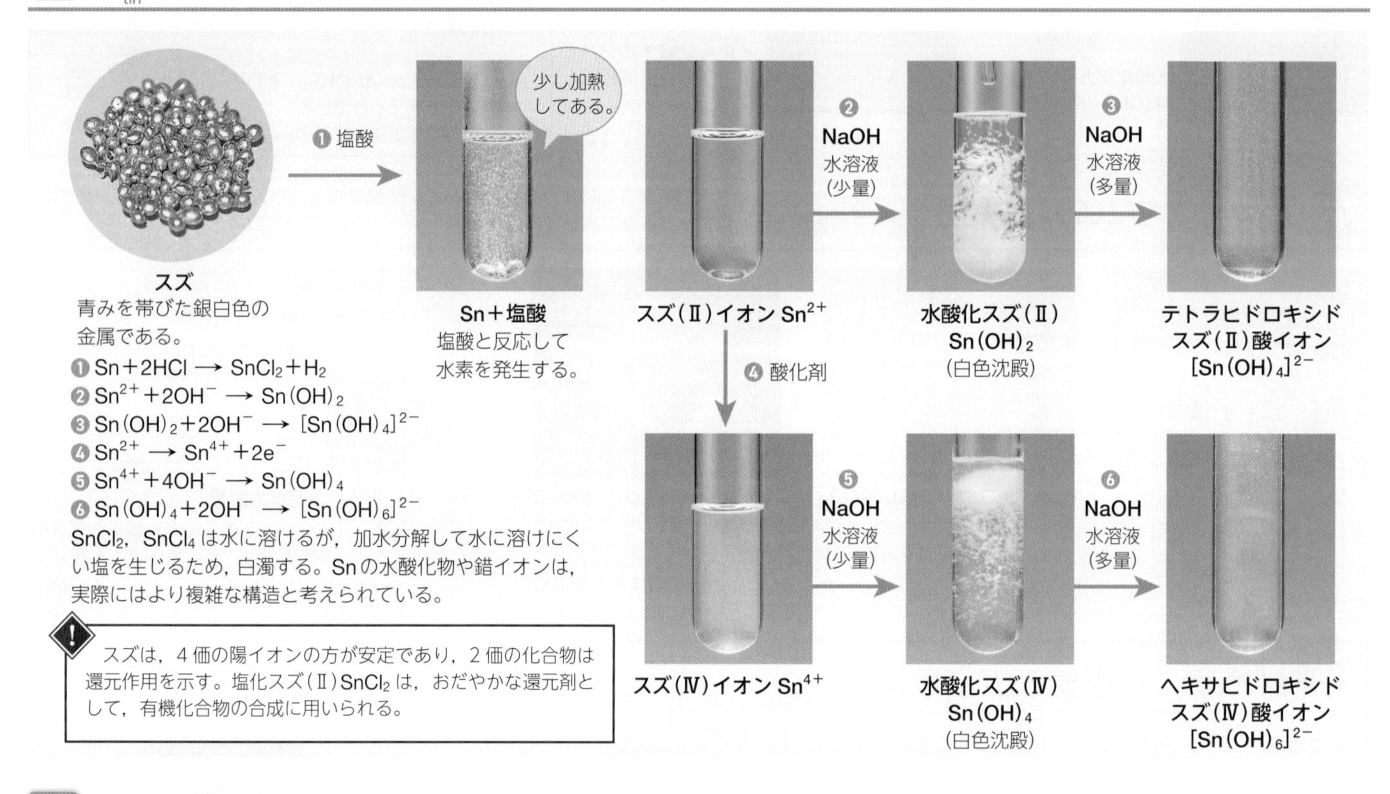

3 スズの利用

スズは，展性，延性に富み，加工しやすい。合金として利用されることが多い。

無鉛はんだ　金属どうしを接続するために，はんだが用いられる。従来のはんだは鉛とスズの合金であったが，鉛が有害であるため，銀や銅とスズの合金からなる無鉛はんだが開発された。

銅像　スズと銅の合金を青銅(ブロンズ)という。鋳造に適し，銅像などに用いられる。

ブリキ　鉄にスズをめっきしたものをブリキという(➡p.91)。

パイプオルガン　オルガンのパイプは，スズと鉛の合金からなり，スズを50～75％含んでいる。

Tips ナポレオン軍がロシア遠征に失敗した原因の1つは，冬の極寒の中，兵士のスズ製ボタンがぼろぼろに砕けたためといわれている。これは，低温で，スズが別の同素体に変化したためであり，このような現象はスズペストとよばれている。

4 鉛とその化合物
lead

鉛は，化合物中では酸化数が＋2，または＋4の状態をとり，＋2の状態がより安定である。

a 鉛の単体

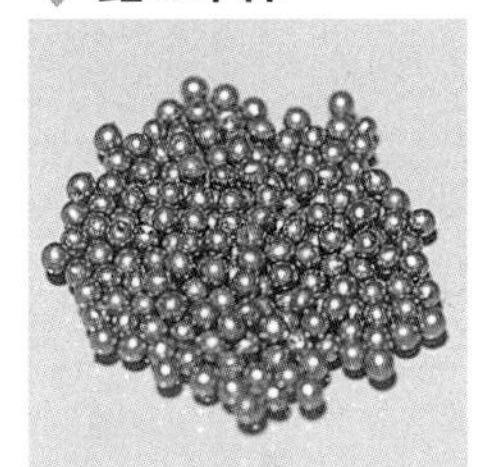

鉛
青白色の金属で，柔らかく，密度が大きい。

Pb＋希硝酸　**Pb＋希硫酸**　**Pb＋希塩酸**
鉛は，水素よりもイオン化傾向が大きく，酸と反応するが，塩酸や希硫酸とは表面に難溶性の塩を生じて溶けなくなる。

b 鉛の化合物

酸化鉛（Ⅱ）PbO
顔料や鉛ガラスに利用される。

酸化鉛（Ⅳ）PbO_2
鉛蓄電池の正極に利用される。

四酸化三鉛Pb_3O_4
鉛丹ともよばれ，顔料や陶器の釉薬に用いられる。

5 鉛（Ⅱ）イオンの反応

鉛（Ⅱ）イオンは，S^{2-}や$CrO_4{}^{2-}$と反応して，難溶性の塩を生じる。

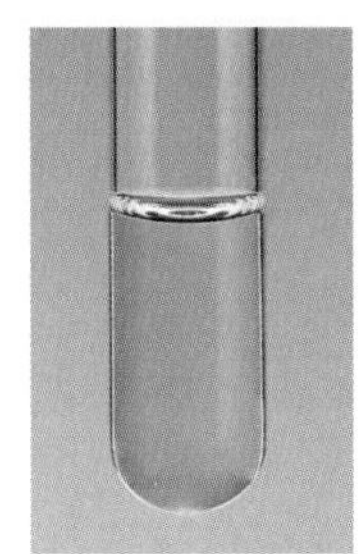

Pb^{2+}を含む水溶液
（無色）

水酸化鉛（Ⅱ）
$Pb(OH)_2$
（白色沈殿）

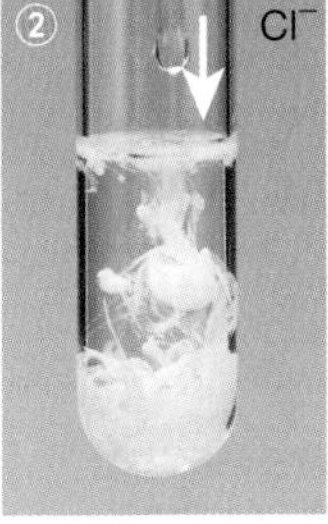

塩化鉛（Ⅱ）
$PbCl_2$
（白色沈殿）

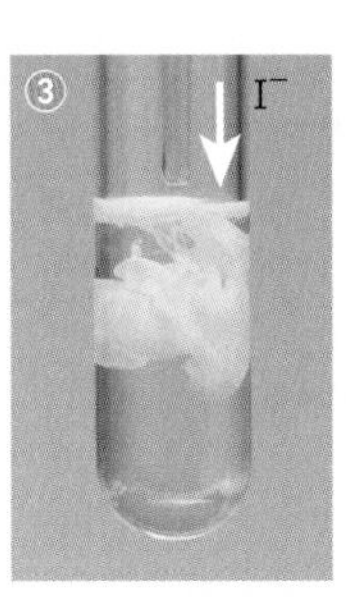

ヨウ化鉛（Ⅱ）
PbI_2
（黄色沈殿）

硫酸鉛（Ⅱ）
$PbSO_4$
（白色沈殿）

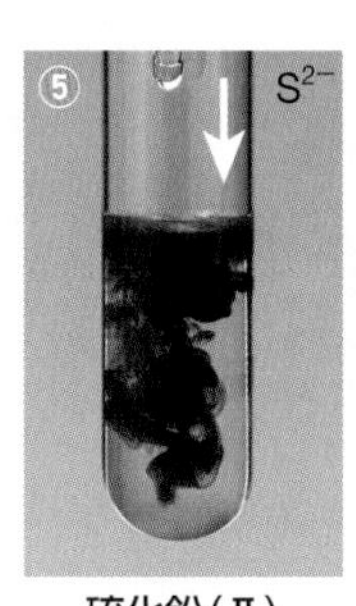

硫化鉛（Ⅱ）
PbS
（黒色沈殿）

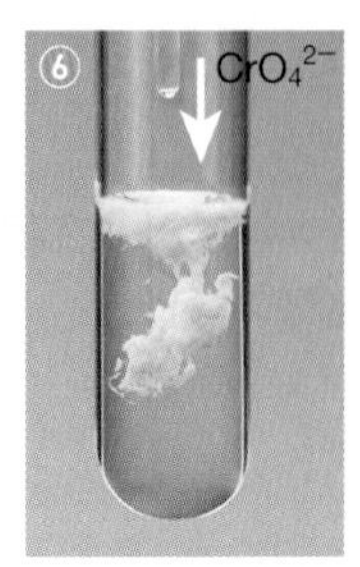

クロム酸鉛（Ⅱ）
$PbCrO_4$
（黄色沈殿）

↓ OH^-（多量）　↓ 加熱

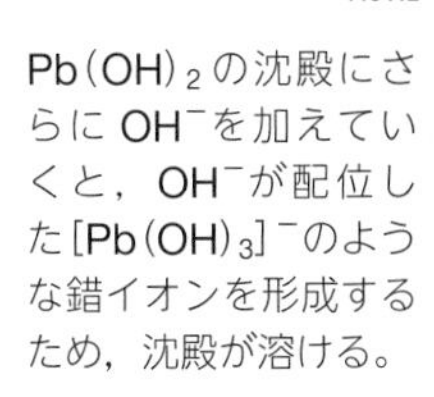

MOVIE

$Pb(OH)_2$の沈殿にさらにOH^-を加えていくと，OH^-が配位した$[Pb(OH)_3]^-$のような錯イオンを形成するため，沈殿が溶ける。

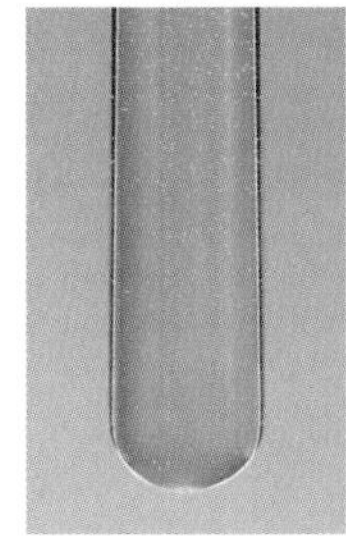

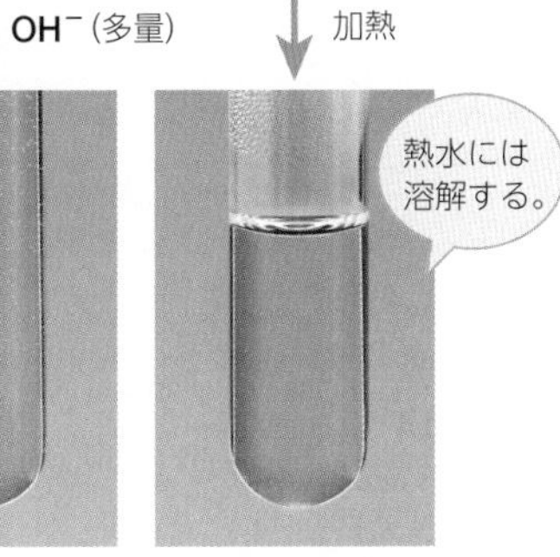

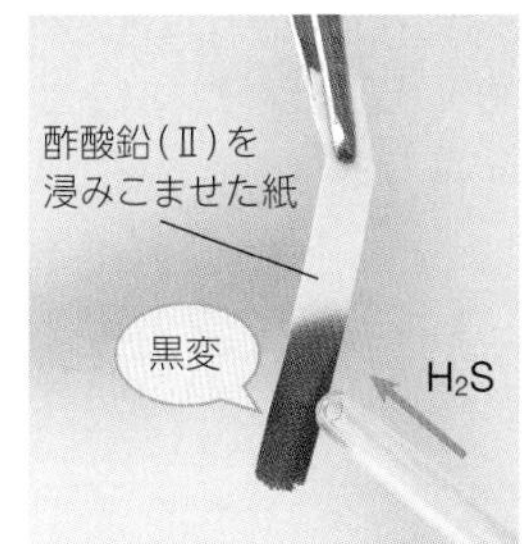

酢酸鉛（Ⅱ）試験紙
$(CH_3COO)_2Pb$を浸みこませた試験紙（鉛糖紙）で，H_2Sによって黒変する。

鉛の反応
❶ $Pb^{2+}+2OH^- \longrightarrow Pb(OH)_2$
❷ $Pb^{2+}+2Cl^- \longrightarrow PbCl_2$
❸ $Pb^{2+}+2I^- \longrightarrow PbI_2$
❹ $Pb^{2+}+SO_4{}^{2-} \longrightarrow PbSO_4$
❺ $Pb^{2+}+S^{2-} \longrightarrow PbS$
❻ $Pb^{2+}+CrO_4{}^{2-} \longrightarrow PbCrO_4$

6 鉛の利用

鉛蓄電池に最も多量に用いられている。有毒なため，代替が可能な場合は，別の素材への転換が進められている。

鉛蓄電池
鉛蓄電池の負極に鉛，正極に酸化鉛（Ⅳ）が用いられる（➡p.93）。

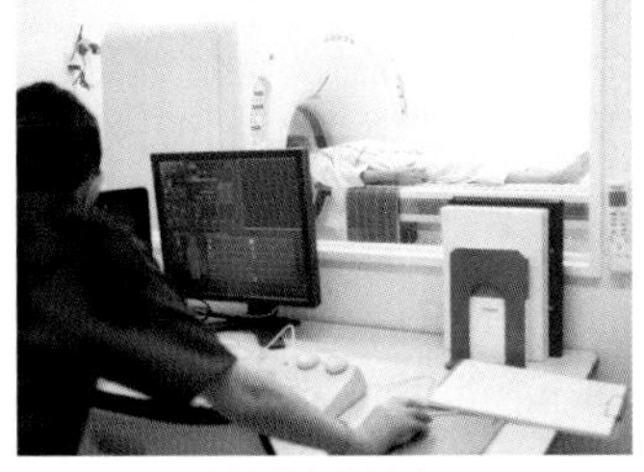

放射線遮蔽窓
鉛は放射線をよく吸収するため，放射線遮蔽材として用いられる。

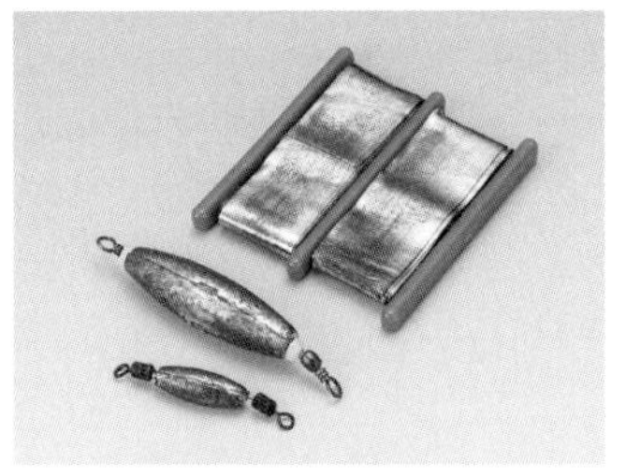

釣り用のおもり
密度が大きく，柔らかく成形しやすいため，おもりとして用いられる。

はんだ
高温のはんだごてで，はんだをとかし，金属どうしを接続する。

Tips 鉛は，古くから人類が利用してきた金属のひとつであり，ローマ帝国の水道管としても用いられた。しかし，有毒で，身体への蓄積性があるため，わが国では水道の鉛管や有鉛塗料は代替物質への置き換えが進められ，有鉛ガソリンの廃止などの対策もとられている。

16 錯イオン 基礎 化学

1 錯イオン 基礎

錯イオン complex ion

非共有電子対をもつ分子やイオンが金属イオンに配位結合してできたイオンを**錯イオン**という。
錯イオンを含む塩を**錯塩**（complex salt），錯イオンを含む化合物を**錯体**（complex）という。

非共有電子対　配位結合

H–N: + Ag^+ + :N–H → H–N :Ag^+: N–H

銀イオンAg^+

アンモニア分子 NH_3　アンモニア分子 NH_3

配位子　中心金属　配位子

錯イオン

- **配位子**（ligand）…錯イオン中で金属イオンに配位結合をしている分子やイオン。
- **配位数**（coordination number）…錯イオン中で金属イオンと結合している配位子の数。

■ 非共有電子対

おもな配位子	NH_3	H_2O	OH^-	CN^-	Cl^-
名称	アンミン	アクア	ヒドロキシド	シアニド	クロリド

2 錯イオンの表し方と名称 化学

a 錯イオンの表し方

中心元素，陰性の配位子（CN^-やCl^-など），陽性の配位子，中性の配位子（NH_3やH_2Oなど）の順に並べ，[　]で囲む。ただし，水分子を配位子とするアクア錯イオンは，H_2Oを省略して示すことが多い。

b 名称のつけ方

❶ 配位子の数と名称の次に，中心元素の名称とその酸化数を記す。陰イオンの場合は，語尾を「酸イオン」とする。

❷ 複雑な原子団をもつ場合，配位子の個数には次の数詞を用いる。

2個：ビス　3個：トリス　4個：テトラキス　5個：ペンタキス

例 $[CoCl_2(NH_3)_4]^+$
中心元素　陰性配位子　中性配位子

例 $[Fe(CN)_6]^{4-}$
ヘキサ シアニド 鉄 （Ⅱ） 酸 イオン
配位子の数　配位子の名称　中心元素の名称　酸化数　陰イオンに付す

例 $[Ag(S_2O_3)_2]^{3-}$
ビス（チオスルファト）銀（Ⅰ）酸イオン

ギリシャ語の数詞		
1	mono	モノ
2	di	ジ
3	tri	トリ
4	tetra	テトラ
5	penta	ペンタ
6	hexa	ヘキサ

3 錯イオンの構造 化学

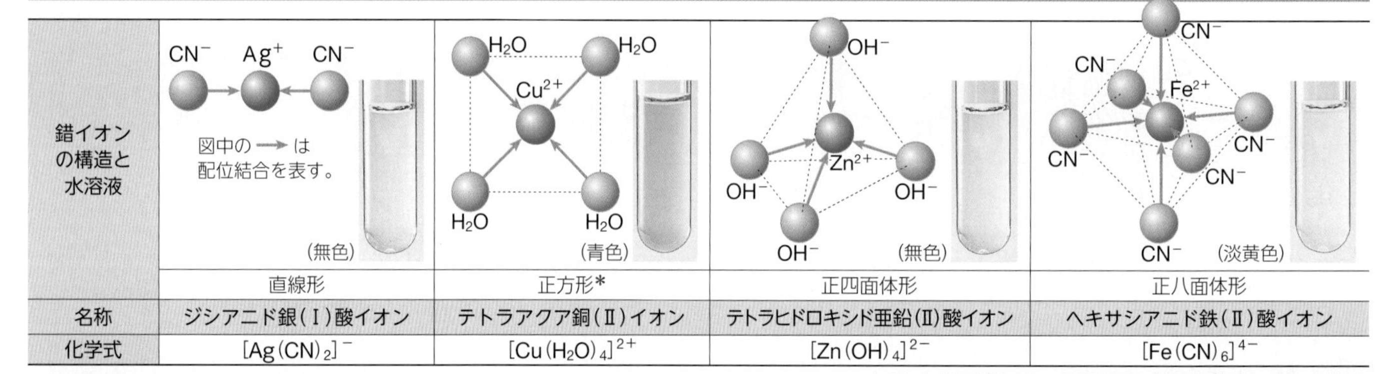

錯イオンの構造と水溶液	（無色）	（青色）	（無色）	（淡黄色）
	直線形	正方形*	正四面体形	正八面体形
名称	ジシアニド銀（Ⅰ）酸イオン	テトラアクア銅（Ⅱ）イオン	テトラヒドロキシド亜鉛（Ⅱ）酸イオン	ヘキサシアニド鉄（Ⅱ）酸イオン
化学式	$[Ag(CN)_2]^-$	$[Cu(H_2O)_4]^{2+}$	$[Zn(OH)_4]^{2-}$	$[Fe(CN)_6]^{4-}$

*さらに水分子が結合し，四角錐形や八面体形をとる場合もある。

トピック 錯体の色

■身近な錯体の色

錯体には色鮮やかな化合物が多い。例えば，血液の赤色は，赤血球のヘモグロビンを構成するヘムとよばれる錯体の色である。
また，植物の緑色は，葉緑体中のマグネシウムイオンを中心金属にもつ錯体，クロロフィルの色である。

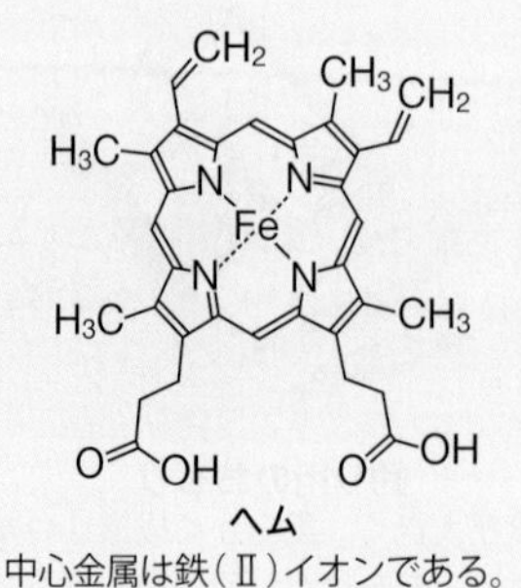

ヘム
中心金属は鉄（Ⅱ）イオンである。

■錯体の色の利用

錯体には，熱や光によって，配位子の数や種類が変化し，錯体の色が変化するものがある。温度によって色が変化する現象は，サーモクロミズムとよばれる。

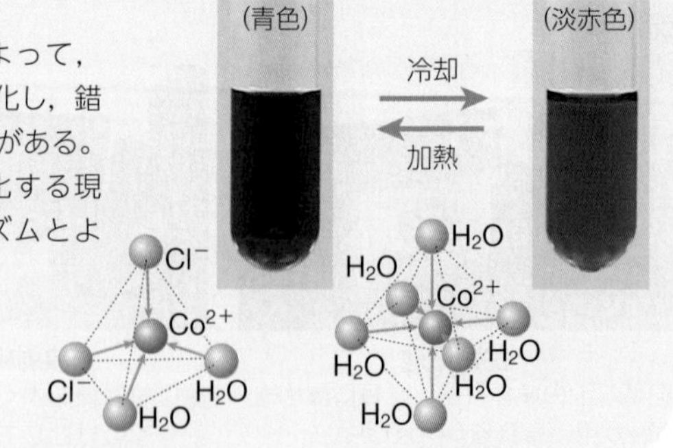

Tips 19世紀末まで，錯体はどのような構造かわからなかったため，英語では「複雑な」を意味するcomplexと名付けられ，日本語では「錯綜（さくそう）」の錯が当てられた。

4 おもな錯イオン 化学

錯イオンは，中心金属の種類や，配位数に応じて，その構造がほぼ決まっている。

中心金属	錯イオンと名称	配位数	形	色
Al^{3+}	$[Al(H_2O)_6]^{3+}$ ヘキサアクアアルミニウムイオン	6	正八面体形	無色
	$[Al(OH)_4]^-$ テトラヒドロキシドアルミン酸イオン	4	正四面体形	無色
Zn^{2+}	$[Zn(OH)_4]^{2-}$ テトラヒドロキシド亜鉛(Ⅱ)酸イオン	4	正四面体形	無色
	$[Zn(NH_3)_4]^{2+}$ テトラアンミン亜鉛(Ⅱ)イオン	4	正四面体形	無色
Ag^+	$[Ag(NH_3)_2]^+$ ジアンミン銀(Ⅰ)イオン	2	直線形	無色
Cu^{2+}	$[Cu(NH_3)_4]^{2+}$ テトラアンミン銅(Ⅱ)イオン	4	正方形	深青色
	$[Cu(H_2O)_4]^{2+}$ テトラアクア銅(Ⅱ)イオン	4	正方形	青色

中心金属	錯イオンと名称	配位数	形	色
Fe^{2+}	$[Fe(CN)_6]^{4-}$ ヘキサシアニド鉄(Ⅱ)酸イオン	6	正八面体形	淡黄色
	$[Fe(H_2O)_6]^{2+}$ ヘキサアクア鉄(Ⅱ)イオン	6	正八面体形	淡緑色
Fe^{3+}	$[Fe(CN)_6]^{3-}$ ヘキサシアニド鉄(Ⅲ)酸イオン	6	正八面体形	黄褐色
	$[Fe(H_2O)_6]^{3+}$ ヘキサアクア鉄(Ⅲ)イオン	6	正八面体形	黄褐色
Co^{2+}	$[Co(NH_3)_6]^{2+}$ ヘキサアンミンコバルト(Ⅱ)イオン	6	正八面体形	淡赤色
Co^{3+}	$[Co(NH_3)_6]^{3+}$ ヘキサアンミンコバルト(Ⅲ)イオン	6	正八面体形	黄橙色
Ni^{2+}	$[Ni(NH_3)_6]^{2+}$ ヘキサアンミンニッケル(Ⅱ)イオン	6	正八面体形	青紫色

5 錯イオンの幾何異性体 化学

geometrical isomer

同じ化学式で示される錯イオンであっても，八面体形では構造の異なるものがあり，これらを互いに**異性体**（isomer）という（➡p.224）。

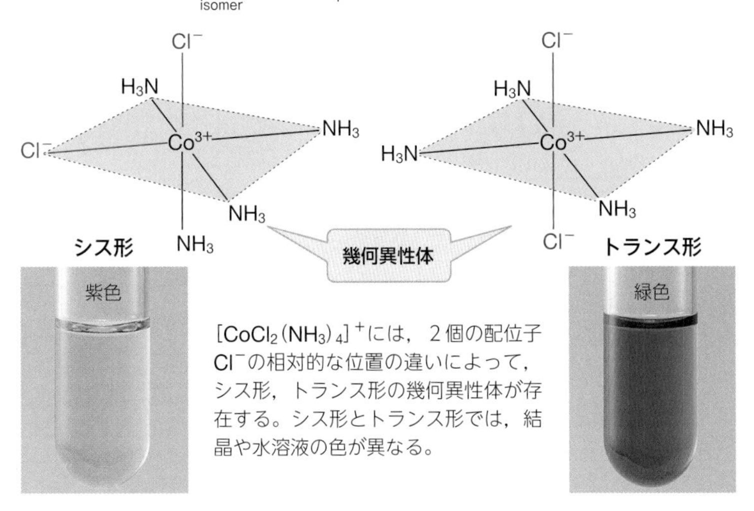

$[CoCl_2(NH_3)_4]^+$には，2個の配位子Cl^-の相対的な位置の違いによって，シス形，トランス形の幾何異性体が存在する。シス形とトランス形では，結晶や水溶液の色が異なる。

PLUS コバルトのアンミン錯体

コバルト(Ⅲ)イオンには，複数のアンミン錯体がある。

錯体	名称	水溶液の色
$[Co(NH_3)_6]Cl_3$	ヘキサアンミンコバルト(Ⅲ)塩化物	黄橙
$[CoCl(NH_3)_5]Cl_2$	クロリドペンタアンミンコバルト(Ⅲ)塩化物	赤紫
$[CoCl_2(NH_3)_4]Cl$	ジクロリドテトラアンミンコバルト(Ⅲ)塩化物	紫(シス形) 緑(トランス形)

錯体中の塩化物イオンの数は同じであるが，その水溶液に十分な量の硝酸銀水溶液を加えると，沈殿の量に違いを生じる。それぞれ1molからは，次のように塩化銀が沈殿する。

$[Co(NH_3)_6]\underline{Cl_3}$ → 3molの$AgCl$
$[Co\underline{Cl}(NH_3)_5]\underline{Cl_2}$ → 2molの$AgCl$
$[Co\underline{Cl_2}(NH_3)_4]\underline{Cl}$ → 1molの$AgCl$

沈殿の量はイオン結合をしている塩化物イオンの数に比例

配位結合をしている塩化物イオン

イオン結合をしている塩化物イオン

錯体には，顔料や触媒などに利用されるものがある。銅(Ⅱ)イオンに，配位子フタロシアニンが結合した錯体は，フタロシアニンブルーやフタロシアニングリーンとよばれ，新幹線の車体の塗料などに用いられている。

17 鉄・コバルト・ニッケル 化学

1 鉄の単体 iron

鉄 Fe は，イオン化傾向が比較的大きく，反応性が高い。磁鉄鉱，赤鉄鉱などの鉄鉱石から製錬され，金属の中で最も大量に利用される。

元素	電子配置				単体	
	K	L	M	N	融点〔℃〕	密度〔g/cm^3〕
鉄 $_{26}$Fe	2	8	14	2	1535	7.87
コバルト $_{27}$Co	2	8	15	2	1495	8.90
ニッケル $_{28}$Ni	2	8	16	2	1453	8.90

鉄

赤鉄鉱（主成分 Fe_2O_3）

酸化鉄（Ⅲ）
Fe_2O_3

磁鉄鉱
（主成分 Fe_3O_4）

四酸化三鉄
Fe_3O_4

a 鉄の性質

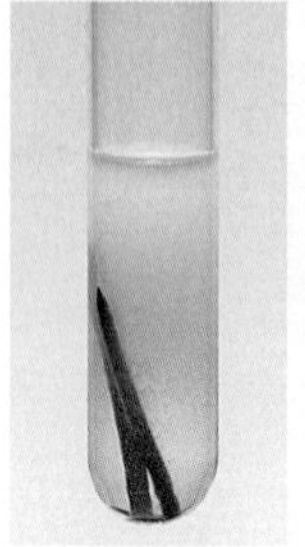
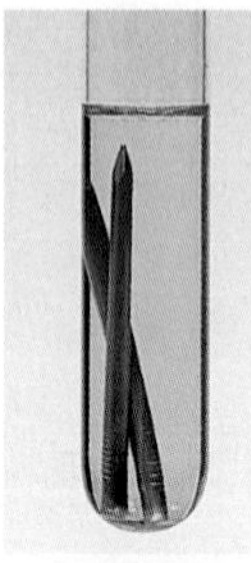
鉄＋希硫酸　鉄＋濃硝酸
酸と反応するが，濃硝酸とは**不動態**をつくり，反応しない。

$Fe + H_2SO_4 \longrightarrow FeSO_4 + H_2$

スチールウールの燃焼
スチールウールは，空気中で燃焼すると，黒色の四酸化三鉄 Fe_3O_4 などになる。

$3Fe + 2O_2 \longrightarrow Fe_3O_4$

鉄の赤さび
赤さびの主成分は FeO(OH) であり，加熱すると酸化鉄（Ⅲ）Fe_2O_3 になる。

鉄の黒さび
主成分は Fe_3O_4 であり，これを表面に生じさせると，内部の酸化を防ぐことができる。

2 Fe^{2+} と Fe^{3+} の反応

鉄のイオンには，鉄（Ⅱ）イオン Fe^{2+} と鉄（Ⅲ）イオン Fe^{3+} の２種類がある。

MOVIE

加える試薬		水酸化ナトリウム水溶液	$K_4[Fe(CN)_6]$ ヘキサシアニド鉄（Ⅱ）酸カリウム水溶液	$K_3[Fe(CN)_6]$ ヘキサシアニド鉄（Ⅲ）酸カリウム水溶液	硫化水素（酸性）	硫化水素（塩基性）	KSCN チオシアン酸カリウム水溶液	過酸化水素水
$FeSO_4 \cdot 7H_2O$ 鉄（Ⅱ）イオン Fe^{2+}	Fe^{2+} を含む淡緑色水溶液	水酸化鉄（Ⅱ）$Fe(OH)_2$（緑白色沈殿）	青白色沈殿	濃青色沈殿*（ターンブルブルー）	変化なし	硫化鉄（Ⅱ）FeS（黒色沈殿）	変化なし	Fe^{3+} を含む黄褐色水溶液（Fe^{2+} が酸化される）
$FeCl_3 \cdot 6H_2O$ 鉄（Ⅲ）イオン Fe^{3+}	Fe^{3+} を含む黄褐色水溶液	水酸化鉄（Ⅲ）（赤褐色沈殿）	濃青色沈殿*（紺青）	暗褐色水溶液	Fe^{2+} を含む淡緑色水溶液（Fe^{3+} が還元される）**	硫化鉄（Ⅱ）FeS***（黒色沈殿）	血赤色水溶液	酸素が発生（Fe^{3+} が触媒作用を示す）

*ターンブルブルーと紺青は同一の化合物であることが知られている。　**実際には H_2S の還元作用によって Fe^{2+} に還元されると同時に，$H_2S \longrightarrow S + 2H^+ + 2e^-$ の反応がおこり，硫黄が生じて白濁する。　*** Fe^{2+} に還元されたのち，硫化鉄（Ⅱ）FeS を生じる。

Tips 地球の中心部をなす核（地表から 2900 km 以深）は，岩石からなる地殻やマントルと違い，その 86 % が鉄，5 % がニッケルであると推定されている。

3 鉄の利用

ステンレス鋼
鉄，クロム，ニッケルの合金で，さびにくい。

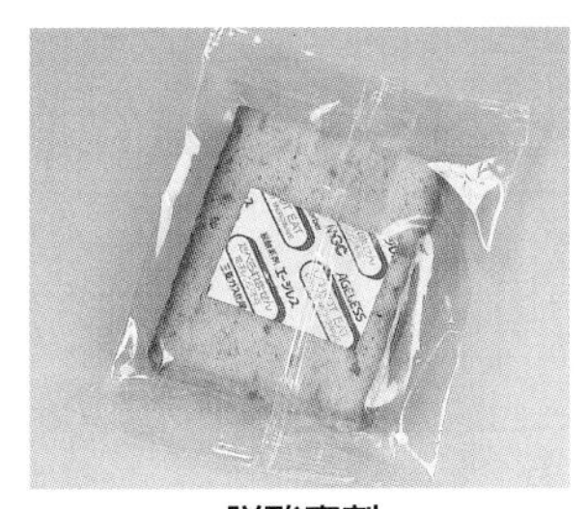

脱酸素剤
鉄粉が詰められており，酸素と反応して酸素を取り除く。

顔料(紺青)
紺青は青色顔料に利用されている。

フェライト磁石
加工しやすく，安価で一般的な磁石である。

PLUS 磁性を示す金属

金属の多くは，磁石にくっつくように思われるが，磁石にくっつく(磁性を示す)金属は，鉄 Fe，コバルト Co，ニッケル Ni などに限られている。これらの金属は，磁石を近づけると，各原子がもつ磁気の向きがそろって，金属自身が磁石になるため，磁石とくっつくことができる。このような性質を**強磁性**という。
金属の単体では，磁石を遠ざけると，そろっていた磁気の向きがばらばらに戻ってしまい，磁石としての機能が失われる。そこで，合金にしたり，化合物にし，磁気の向きを保てるようにしたものが永久磁石である。

磁石	おもな成分	性質
KS鋼	Fe, Co, W, Cr	世界初の磁石用合金。1916 年に東北帝国大学の本多光太郎と高木弘によって開発された。
MK鋼	Fe, Ni, Al	1931年に東京帝国大学の三島徳七が開発した。KS 鋼の約2〜3倍の磁力をもち，Co の代わりに Ni を用いたため，安価であった。
フェライト磁石	Fe_2O_3, Ba, Sr	最も一般的な永久磁石。磁気テープやハードディスクなどに利用される。
サマリウムコバルト磁石	Sm, Co	希土類磁石。ネオジム磁石に次ぐ磁力をもつ。高温で使用でき，スピーカーなどに使用される。
ネオジム磁石	Nd, Fe, B	希土類磁石。実用化されている磁石のうちで最も強力で，小型でも大きな磁力が得られる。携帯電話などに使用される。

4 コバルトとその化合物 cobalt

コバルト Co は，展性・延性に富む強磁性体の金属で，磁性合金(永久磁石)や耐熱合金など，合金として利用される。コバルト(Ⅱ)イオン Co^{2+} は水溶液中で淡赤色を呈する。

コバルト

コバルト＋塩酸
水素を発生して溶け，淡赤色の水溶液になる。
$Co + 2HCl \longrightarrow CoCl_2 + H_2$

塩化コバルト(Ⅱ)六水和物
$CoCl_2 \cdot 6H_2O$

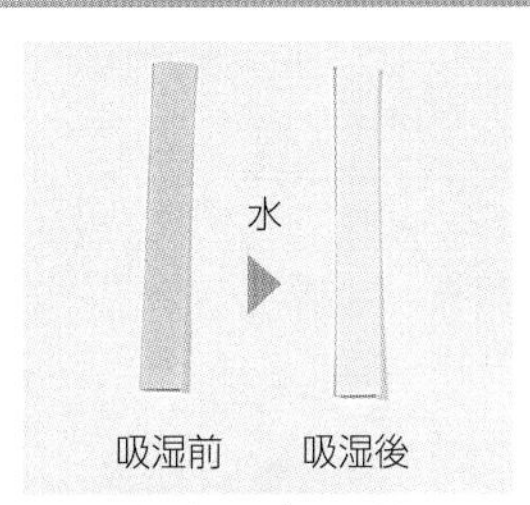

塩化コバルト紙
(水の検出に用いられる)

塩化コバルト(Ⅱ)六水和物の赤色は，$[Co(H_2O)_6]^{2+}$ の色であり，Co^{2+} (無水塩)では青色になる。

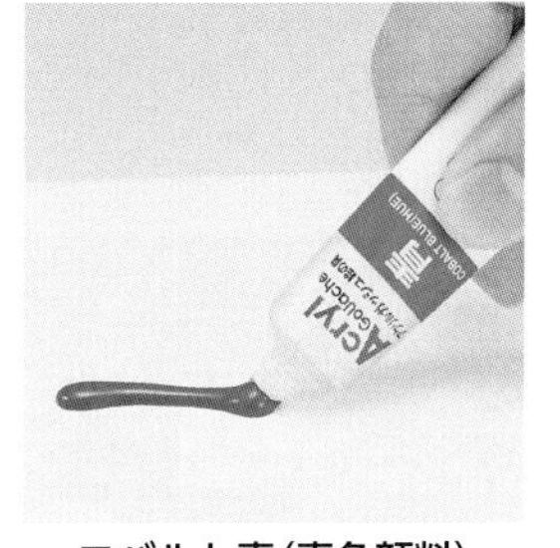

コバルト青(青色顔料)
アルミン酸コバルト $CoAl_2O_4$ は，コバルトブルーともよばれる。

5 ニッケルとその化合物 nickel

ニッケル Ni は，強磁性体の金属で，めっきや触媒として利用される。ニッケル(Ⅱ)イオン Ni^{2+} は水溶液中で緑色を呈する。

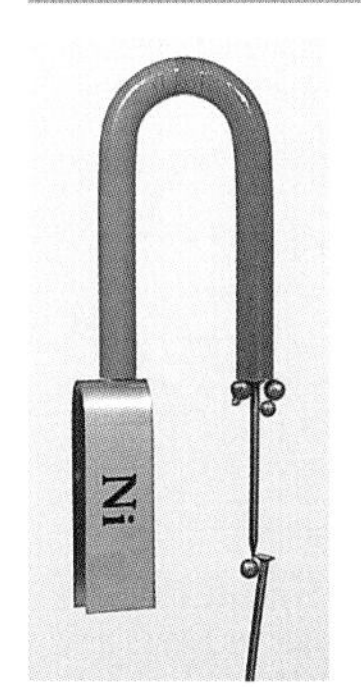

ニッケル

ニッケル＋希硫酸
反応して溶け，緑色の水溶液になる。
$Ni + H_2SO_4 \longrightarrow NiSO_4 + H_2$

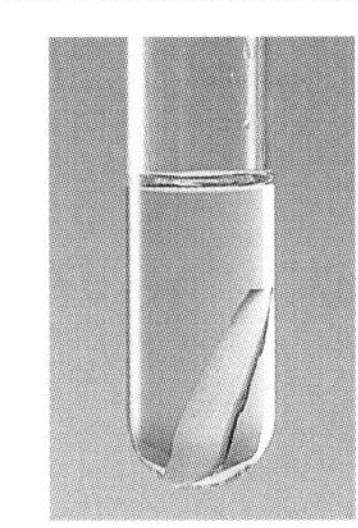

ニッケル＋濃硝酸
不動態を形成して溶けない。

硫酸ニッケル(Ⅱ)七水和物
$NiSO_4 \cdot 7H_2O$
風解して白色になる。

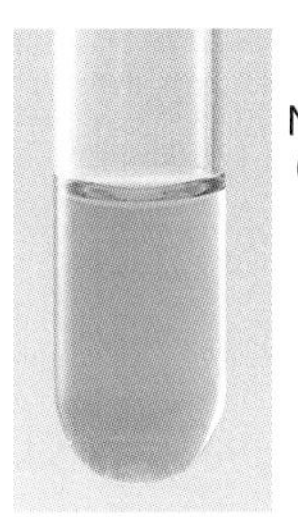

ニッケル(Ⅱ)イオン
Ni^{2+} (緑色)

NH_3 水(少量)

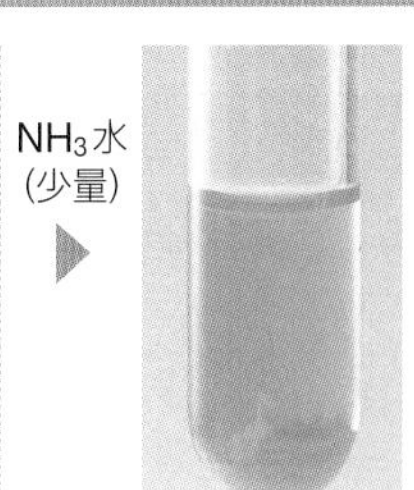

水酸化ニッケル(Ⅱ)
$Ni(OH)_2$ (淡緑色沈殿)
水酸化ナトリウム水溶液には溶けない。

NH_3 水(多量)

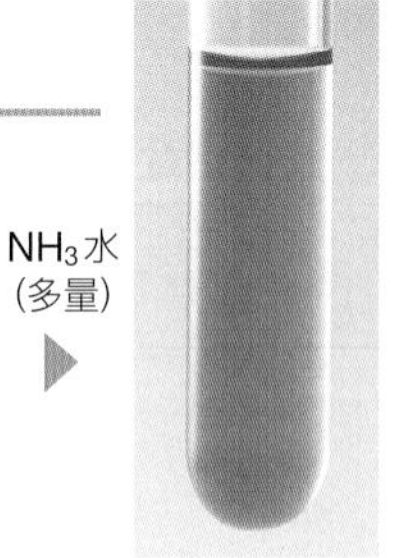

ヘキサアンミンニッケル(Ⅱ)イオン
$[Ni(NH_3)_6]^{2+}$
(青紫色)

Tips 磁石を表す英語 magnet は，ギリシャのマグネシア地方で天然磁石(磁鉄鉱)が産出したことに由来するといわれている。

18 銅とその化合物 化学

11
Cu

1 銅の単体 copper

銅 Cu は，赤味を帯びた金属光沢を示す。また，展性・延性に富み，電気や熱をよく伝える。
銅は，塩酸や希硫酸とは反応しないが，酸化作用の強い希硝酸や濃硝酸，熱濃硫酸とは反応して溶ける。

銅は単体として天然にも存在するが，おもには黄銅鉱（主成分 $CuFeS_2$）などから取り出される（➡p.216）。

元素	電子配置				原子半径〔nm〕	イオン半径〔nm〕	単体		
	K	L	M	N			化学式	融点〔℃〕	密度〔g/cm³〕
銅 $_{29}Cu$	2	8	18	1	0.128	Cu^{2+} 0.087	Cu	1083	8.96

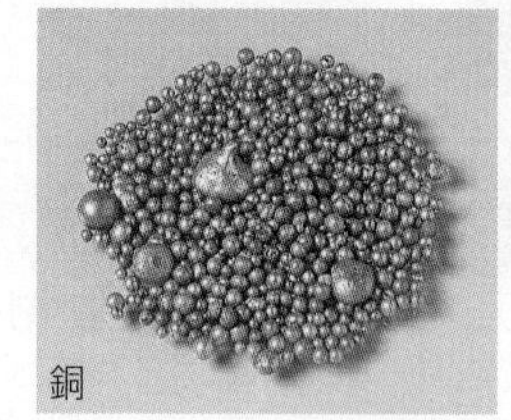
銅

黄銅鉱（主成分 $CuFeS_2$）

銅の単体と鉱石

a 性質

銅は，イオン化傾向が水素よりも小さく，**塩酸や希硫酸には溶けない。**

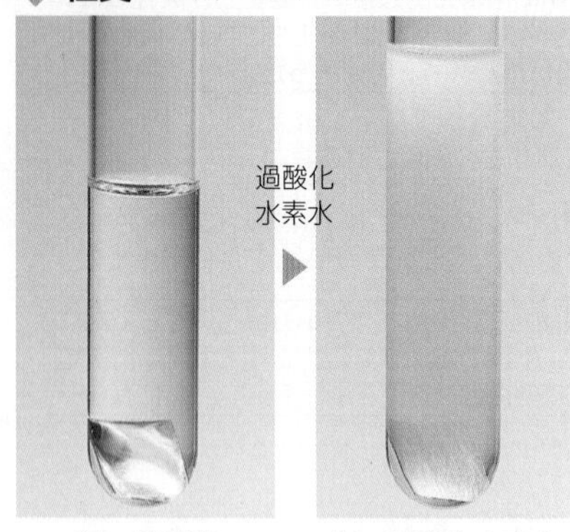

銅＋希硫酸　　銅＋過酸化水素水

希硫酸とは反応しないが，硫酸酸性の過酸化水素水とは反応する。

$Cu + H_2O_2 + H_2SO_4 \longrightarrow CuSO_4 + 2H_2O$

銅＋熱濃硫酸

銅＋希硝酸

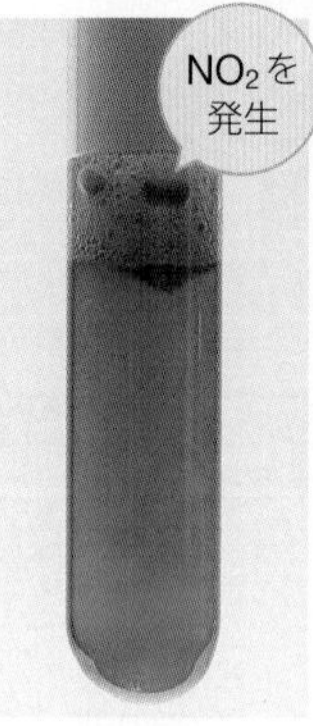

銅＋濃硝酸

MOVIE 酸化作用をもつ熱濃硫酸や硝酸と反応する。

$Cu + 2H_2SO_4 \longrightarrow CuSO_4 + 2H_2O + SO_2$

$3Cu + 8HNO_3 \longrightarrow 3Cu(NO_3)_2 + 4H_2O + 2NO$

$Cu + 4HNO_3 \longrightarrow Cu(NO_3)_2 + 2H_2O + 2NO_2$

銅と塩素の反応

加熱した銅線を塩素中に入れると，激しく反応して褐色の塩化銅（Ⅱ）$CuCl_2$ を生じる。

$Cu + Cl_2 \longrightarrow CuCl_2$

塩化銅（Ⅱ）を水に溶かすと，青色を呈する。

b 利用

電線
銀に次ぐ電気伝導性を示す。

銅なべ
銀に次ぐ熱伝導性を示す。

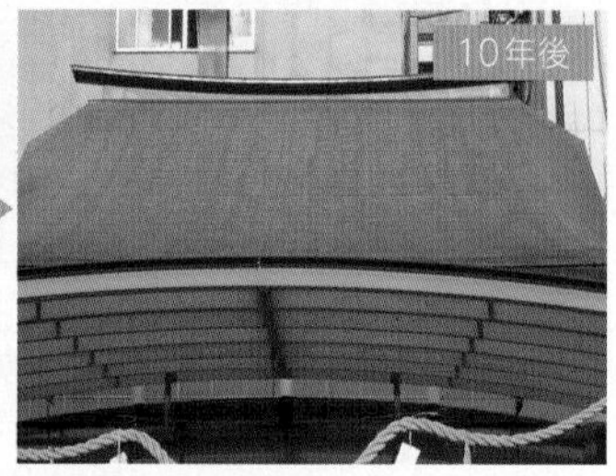

緑青（ろくしょう）$CuCO_3 \cdot Cu(OH)_2$
乾燥空気中では酸化されにくいが，湿った空気中では徐々に酸化され，青緑色のさび（緑青）を生じる。

NET Research 日本銅センター
http://www.jcda.or.jp/
身近な利用例などが解説されている。

c 銅の合金

合金	 **黄銅（真鍮（しんちゅう））**・brass（英） 亜鉛 Zn との合金で，さびにくく，展性に富む。楽器や家具，五円硬貨などに使われている。	 **青銅**・bronze（英） スズ Sn との合金で，鋳造に適し，銅像やつり鐘，十円硬貨などに使われている。	  **白銅**・cupro-nickel（英） ニッケル Ni との合金で，五十円硬貨，百円硬貨に使われている。
成分〔%〕	銅60～70/ 亜鉛30～40	銅80～90/ スズ3～20/ 亜鉛5/ 鉛1～3	銅75/ ニッケル25

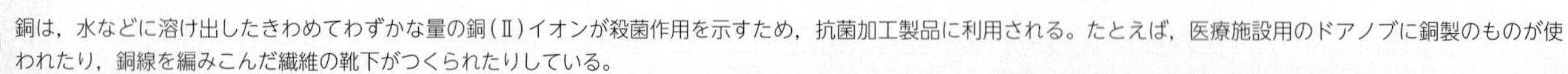
Tips 銅は，水などに溶け出したきわめてわずかな量の銅（Ⅱ）イオンが殺菌作用を示すため，抗菌加工製品に利用される。たとえば，医療施設用のドアノブに銅製のものが使われたり，銅線を編みこんだ繊維の靴下がつくられたりしている。

2 銅(Ⅱ)イオンの反応

水溶液中の銅(Ⅱ)イオン Cu^{2+} は，水分子が配位結合したテトラアクア銅(Ⅱ)イオン $[Cu(H_2O)_4]^{2+}$ として存在しており(通常，配位結合した水は省略して示される)，青色を示す。

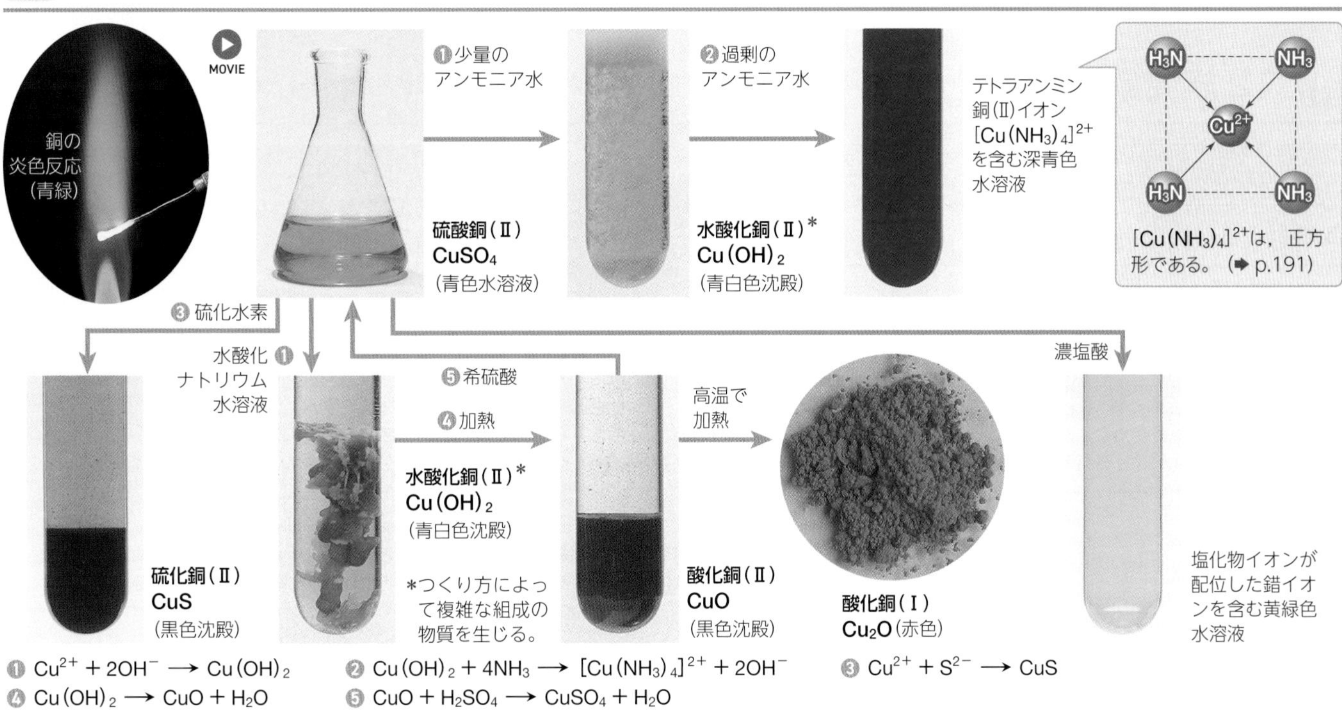

❶ $Cu^{2+} + 2OH^- \longrightarrow Cu(OH)_2$
❷ $Cu(OH)_2 + 4NH_3 \longrightarrow [Cu(NH_3)_4]^{2+} + 2OH^-$
❸ $Cu^{2+} + S^{2-} \longrightarrow CuS$
❹ $Cu(OH)_2 \longrightarrow CuO + H_2O$
❺ $CuO + H_2SO_4 \longrightarrow CuSO_4 + H_2O$

3 硫酸銅(Ⅱ)五水和物

硫酸銅(Ⅱ)五水和物 $CuSO_4 \cdot 5H_2O$ は青色の固体であり，加熱していくと，段階的に結晶水が失われ，白色になる。

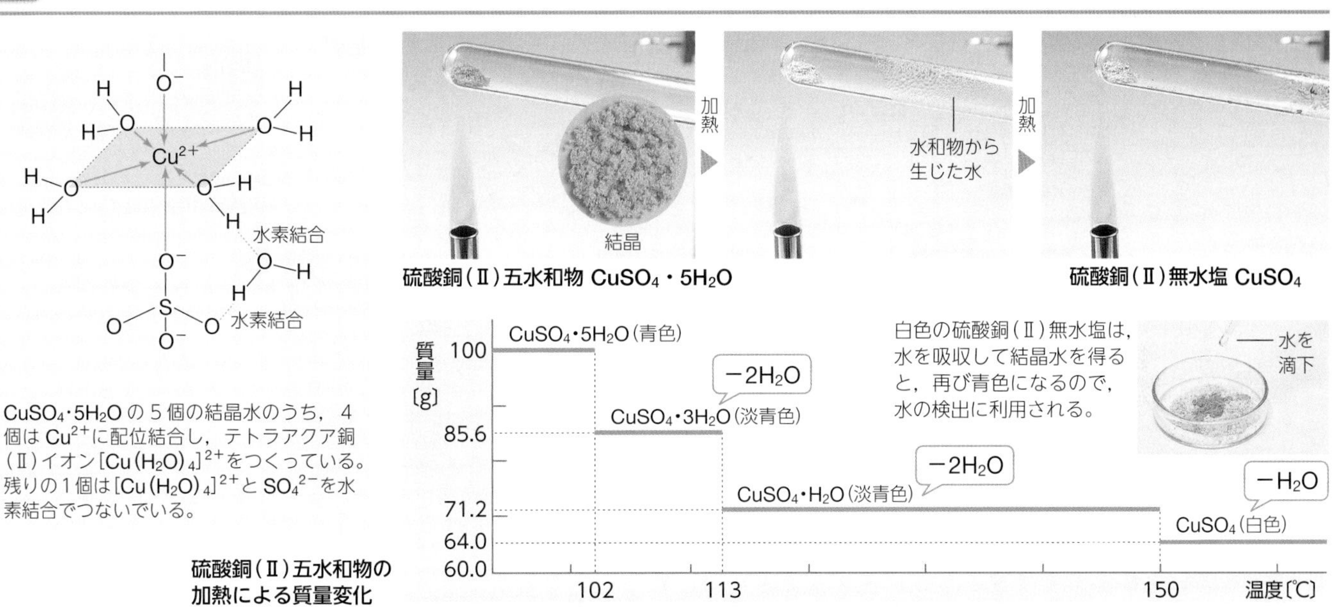

$CuSO_4 \cdot 5H_2O$ の5個の結晶水のうち，4個は Cu^{2+} に配位結合し，テトラアクア銅(Ⅱ)イオン $[Cu(H_2O)_4]^{2+}$ をつくっている。残りの1個は $[Cu(H_2O)_4]^{2+}$ と SO_4^{2-} を水素結合でつないでいる。

硫酸銅(Ⅱ)五水和物の加熱による質量変化

白色の硫酸銅(Ⅱ)無水塩は，水を吸収して結晶水を得ると，再び青色になるので，水の検出に利用される。

トピック ボルドー液 bordeaux mixture

硫酸銅(Ⅱ)と酸化カルシウムを水に溶いて調製する溶液をボルドー液といい，病気を防ぐ殺菌剤として，果樹などに散布される。19世紀後半，フランスのボルドー地方のブドウ畑などで使われ始め，わが国でも，すでに100年以上の歴史をもつ。比較的安全性は高く，日本農林規格(JAS)では，ボルドー液を使用した作物も，「有機農産物」として取り扱うことができる。しかし，果実にまだら模様が出やすく，近代的な殺菌剤を使用する生産者が多い。

Tips 銅は，人類が道具として最初に利用した金属といわれている。紀元前5500年頃には，ペルシャ(現在のイラン)で孔雀石から銅がつくられていた。紀元前3600年頃には，銅とスズを含む鉱石から，銅よりも加工しやすく強度が高い青銅の製造が行われ，武器や生活用品として広く使われるようになった。

19 亜鉛・水銀・カドミウム 化学

12
Zn
Cd
Hg

1 12族元素の特徴

12族元素の原子は，いずれも最外殻電子を２個もち，２価の陽イオンになる。

元素	電子配置						単体	
	K	L	M	N	O	P	融点〔℃〕	密度〔g/cm^3〕
亜鉛 $_{30}Zn$	2	8	18	2			420	7.13
カドミウム $_{48}Cd$	2	8	18	18	2		321	8.65
水銀 $_{80}Hg$	2	8	18	32	18	2	−39	13.55

12族元素は，典型元素と類似した性質を示すため，以前は典型元素として分類される場合が多かった。現在では，電子の配置のされ方にもとづいて，d軌道に電子が収容されていく３〜12族元素は，遷移元素に分類することが推奨されている。

閃亜鉛鉱（せんあえんこう）
閃亜鉛鉱は，硫化亜鉛 ZnS を主成分とする鉱石である。

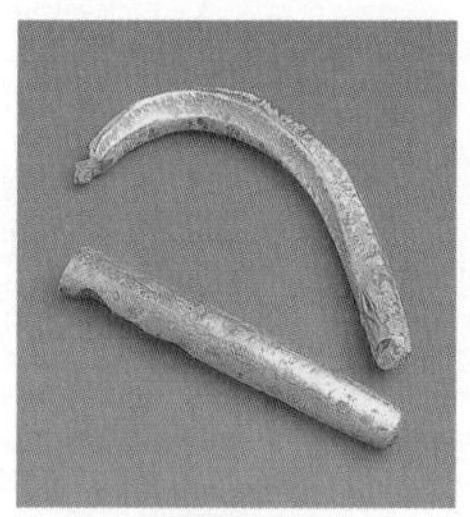

カドミウム
人体に有害で，腎臓を侵す。イタイイタイ病を引き起こす。

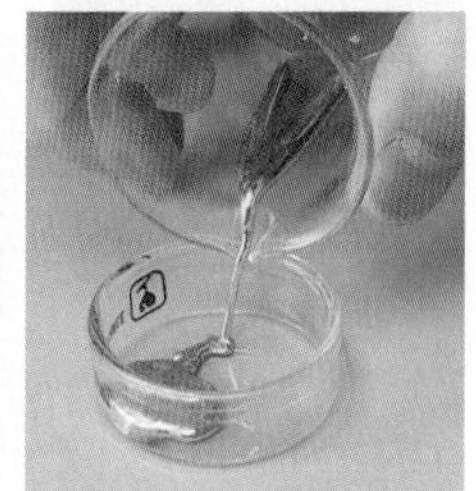

水銀
常温で唯一液体の金属。天然には辰砂（HgS の鉱物）として産出する。

2 亜鉛とその化合物 zinc

亜鉛 Zn は青みを帯びた銀白色の金属で，酸とも強塩基とも反応する。また酸化亜鉛 ZnO や水酸化亜鉛 $Zn(OH)_2$ は，いずれも水に溶けにくいが，酸とも塩基とも反応する両性酸化物，両性水酸化物である。

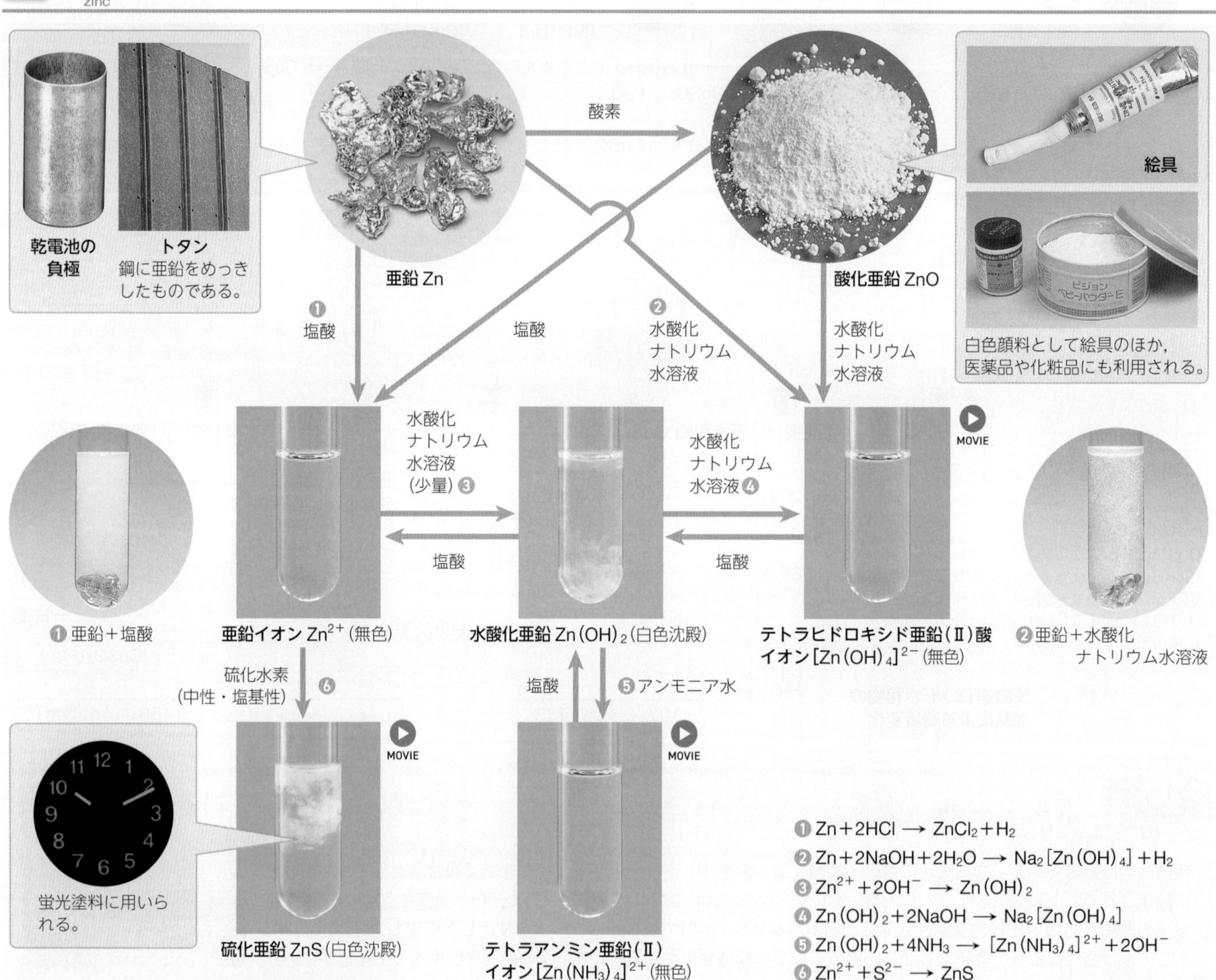

❶ $Zn + 2HCl \longrightarrow ZnCl_2 + H_2$
❷ $Zn + 2NaOH + 2H_2O \longrightarrow Na_2[Zn(OH)_4] + H_2$
❸ $Zn^{2+} + 2OH^- \longrightarrow Zn(OH)_2$
❹ $Zn(OH)_2 + 2NaOH \longrightarrow Na_2[Zn(OH)_4]$
❺ $Zn(OH)_2 + 4NH_3 \longrightarrow [Zn(NH_3)_4]^{2+} + 2OH^-$
❻ $Zn^{2+} + S^{2-} \longrightarrow ZnS$

Tips 酸化亜鉛 ZnO の粉末は亜鉛華（あえんか）ともよばれる。酸化亜鉛は収れん作用（肌を引き締める作用）や殺菌作用を示すため，軟こうやファンデーション，ベビーパウダーなどに用いられる。

3 カドミウムの利用
cadmium

硫化カドミウム CdS
硫化カドミウムは，黄色を示し，顔料として用いられる。硫化カドミウムを用いた絵具はカドミウムイエローとよばれる。

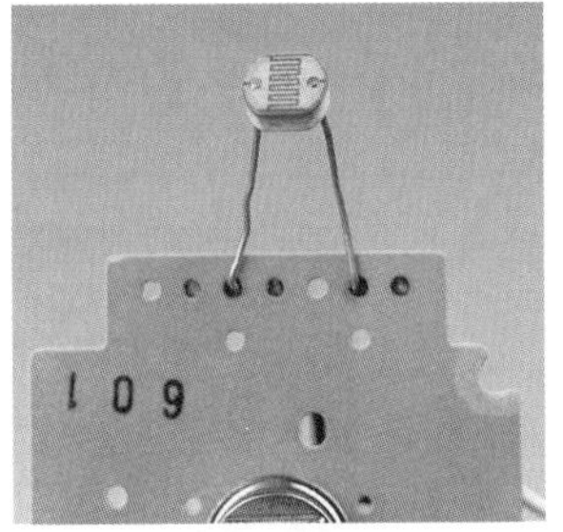

光センサー
硫化カドミウムは，光があたると電気抵抗が変化する性質をもち，光センサーとして街路灯の自動点灯装置などに用いられる。

街路灯

トピック 絵具と無機化合物

絵具には，さまざまな無機化合物が利用されている。

色の名前	成分（例）
カドミウムイエロー	CdS
コバルトブルー	$CoO \cdot Al_2O_3$
セルリアンブルー	Co_2SnO_4
ジンクホワイト	ZnO
プルシアンブルー	紺青（➡p.192）
バーミリオン	HgS
ビリジアン	Cr_2O_3

現在では，クロムなどの有毒な化合物は有機顔料に置き換えられているものが多い。

4 水銀とその化合物
mercury

水銀 Hg は常温で唯一液体の金属である。蒸気や有機水銀化合物は毒性が強い。水銀には，他の金属が溶解して合金をつくる。水銀の合金を**アマルガム**という。

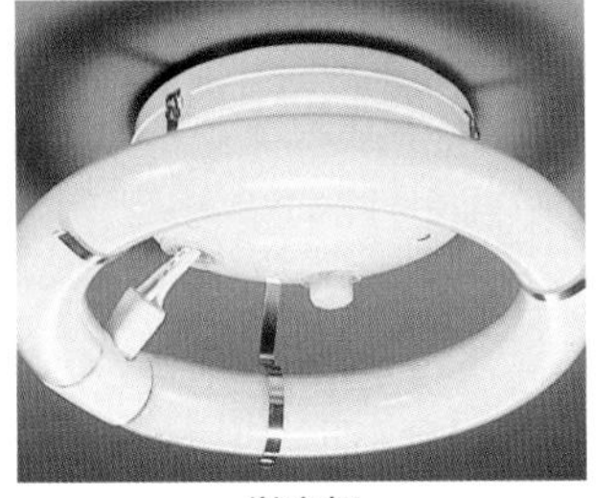

蛍光灯
微量の水銀（蒸気）が封入されている。水銀の原子に電子が衝突することによって紫外線が発生し，それが蛍光物質にあたって発光する。

朱（赤色顔料）
辰砂として産出した硫化水銀（Ⅱ）HgS は，古くから赤色顔料に用いられてきた。鳥居などの朱もかつては硫化水銀（Ⅱ）が用いられていた。

彩画鏡

硫化水銀（Ⅱ）

東大寺大仏（奈良）
8世紀半ばに建立された当時の大仏は，金メッキが施されていた。この金メッキは，金のアマルガムを表面に塗布したのち，水銀を蒸発させて施されたといわれている。

PLUS 水銀削減の取り組み

水銀は，触媒作用を示すため，化学工業においてアセチレンからアセトアルデヒドを合成する触媒として用いられた。

$$CH \equiv CH + H_2O \xrightarrow{HgSO_4} CH_3CHO$$

アセチレン　　　　　アセトアルデヒド

しかし，この過程では，副生成物として，硫酸水銀（Ⅱ）$HgSO_4$ よりも毒性が高いメチル水銀が生じる。メチル水銀が工場から排水などとして環境中へ排出されると，魚介類などに取り込まれてしまう。わが国では，1950年代に，熊本県の水俣湾付近で，メチル水銀が蓄積した魚介類を摂取した人たちの間でさまざまな健康被害が発生した。現在では，この悲劇を経て，アセトアルデヒドの合成において，水銀触媒を用いない合成方法が開発されている。

一方，水銀は，金鉱山における小規模な金の製錬にも利用されている。水銀は，金を溶かし，アマルガムをつくるため，金鉱石を細かく砕き，水銀と混ぜ合わせると，金が抽出されて金のアマルガムになる。これを加熱すると，水銀が蒸発して除かれ，金だけが得られる。この方法は高度な装置や技術を必要としないため，発展途上国に広まり，環境破壊や労働者の水銀中毒が引き起こされている。しかし，金の採掘は，生計手段として経済的にその社会に取り込まれており，問題は複雑になっている。

水銀に関する水俣条約
日本国内では，水銀の削減が進んでいるが，世界的には水銀による環境破壊が続いている。2017年に「水銀に関する水俣条約」が発効され，輸出入，使用にいたるまで規制がされている。

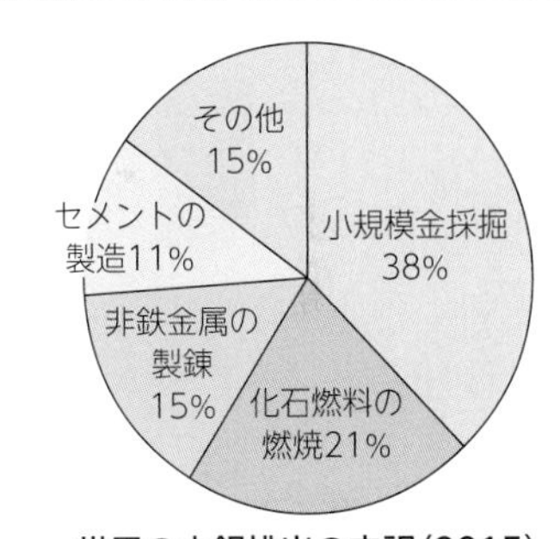

世界の水銀排出の内訳（2015）

さまざまな用途において水銀の削減が進んでいる。

Tips 高松塚古墳の壁面における赤色の部分からは，水銀が検出されており，朱が用いられていたと考えられている。

20 銀・金・白金 化学

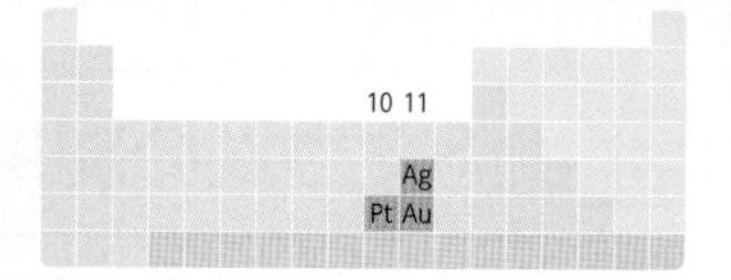

1 銀 silver

銀 Ag は，価電子を1個もち，1価の陽イオンになりやすい。銀は金属のうちで最も電気伝導性，熱伝導性にすぐれる。また，金に次ぐ展性や延性を示す。

元素	電子配置					単体	
	K	L	M	N	O	融点〔℃〕	密度〔g/cm^3〕
銀 $_{47}Ag$	2	8	18	18	1	952	10.50

天然には輝銀鉱（主成分 Ag_2S）として存在するが，主には，電解精錬の陽極泥から得られる。

輝銀鉱（主成分 Ag_2S）

銀食器
銀はさびにくく，食器や装飾品などに用いられる。

鏡
鏡の鏡面は，銀鏡反応によってつくられる（➡p.237）。

ⓐ 性質

イオン化傾向が小さく，塩酸や希硫酸には溶けないが，酸化力の強い酸には反応して溶ける。

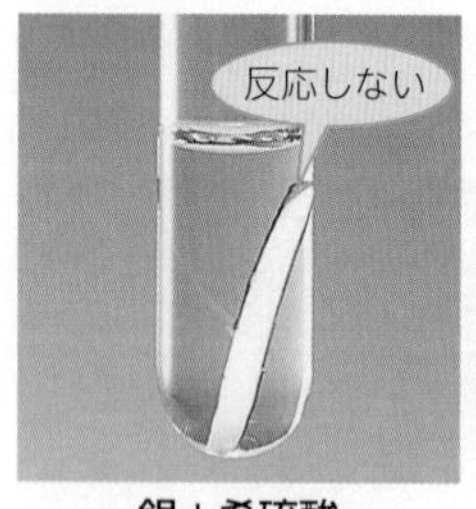

銀＋希硫酸
塩酸や希硫酸とは反応しない。

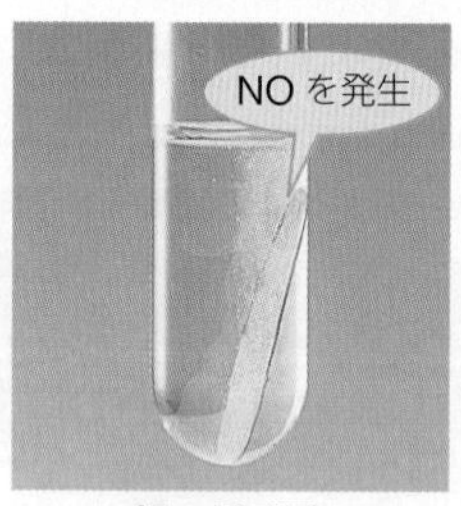

銀＋希硝酸
$3Ag + 4HNO_3 \longrightarrow 3AgNO_3 + 2H_2O + NO$

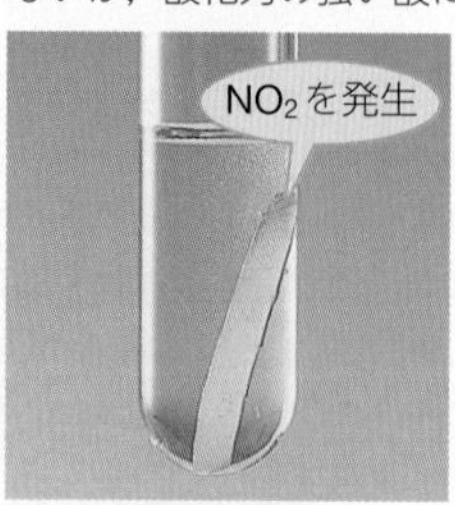

銀＋濃硝酸
$Ag + 2HNO_3 \longrightarrow AgNO_3 + H_2O + NO_2$

銀＋熱濃硫酸
$2Ag + 2H_2SO_4 \longrightarrow Ag_2SO_4 + 2H_2O + SO_2$

光で分解するため，褐色びんに保存する。

硝酸銀水溶液
皮膚につくと黒くなるため，手につかないように注意する。

2 銀イオンの反応

塩化銀 AgCl や酸化銀 Ag_2O はアンモニア水に溶けて，無色のジアンミン銀（Ⅰ）イオンを生じる。

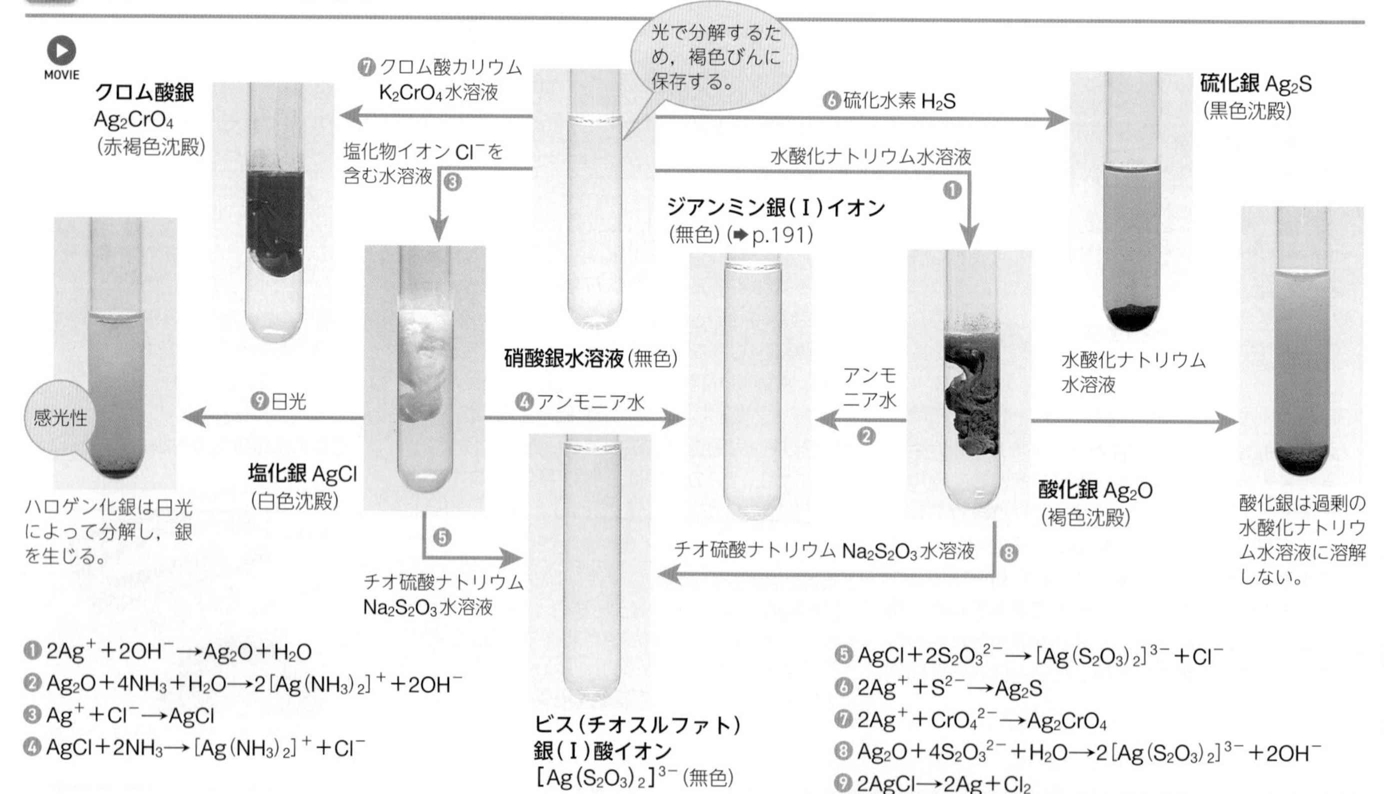

① $2Ag^+ + 2OH^- \longrightarrow Ag_2O + H_2O$
② $Ag_2O + 4NH_3 + H_2O \longrightarrow 2[Ag(NH_3)_2]^+ + 2OH^-$
③ $Ag^+ + Cl^- \longrightarrow AgCl$
④ $AgCl + 2NH_3 \longrightarrow [Ag(NH_3)_2]^+ + Cl^-$
⑤ $AgCl + 2S_2O_3^{2-} \longrightarrow [Ag(S_2O_3)_2]^{3-} + Cl^-$
⑥ $2Ag^+ + S^{2-} \longrightarrow Ag_2S$
⑦ $2Ag^+ + CrO_4^{2-} \longrightarrow Ag_2CrO_4$
⑧ $Ag_2O + 4S_2O_3^{2-} + H_2O \longrightarrow 2[Ag(S_2O_3)_2]^{3-} + 2OH^-$
⑨ $2AgCl \longrightarrow 2Ag + Cl_2$

Tips 金の純度は質量の24分率で表される。24金は金100％，18金は18/24，すなわち金の含有量が75％であり，残りの25％は銀や銅など他の金属が含まれることを表している。

金 gold

金 Au は，銀と同じ周期表の 11 族に属し，そのイオン化傾向は銅や銀よりも小さく，反応性がきわめて低い。金は，地殻中に広く分布し，海水中にも，他の金属元素と同様にわずかであるが含まれる。

融点	原子半径	密度
1064℃	0.144nm	19.3 g/cm^3

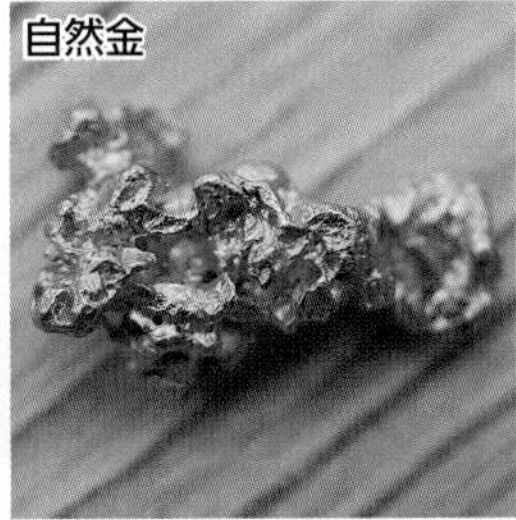

金は反応性がきわめて低く，単体としても産出する。

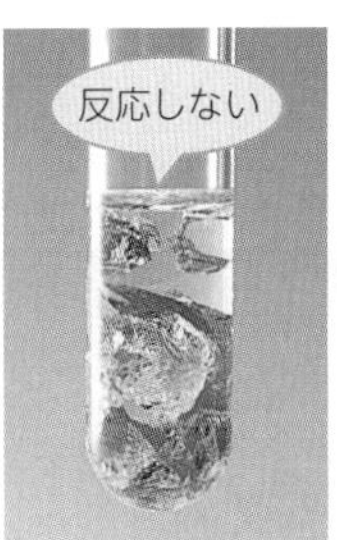

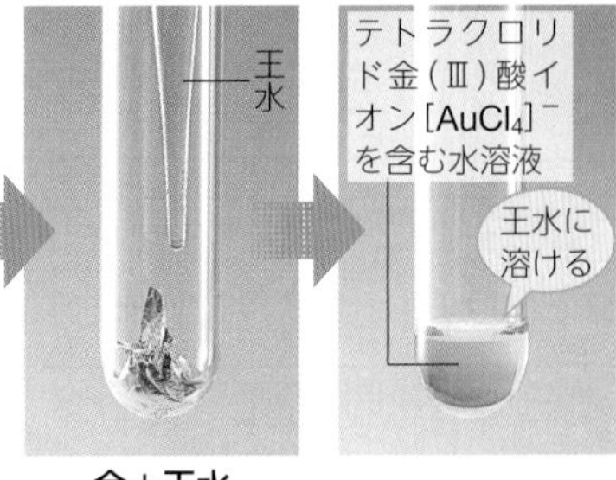

金＋塩酸　　**金＋王水**

金は塩酸や硝酸などの酸には溶けないが，王水には反応して溶ける(➡p.91)。

$$Au + HNO_3 + 4HCl \longrightarrow H[AuCl_4] + 2H_2O + NO$$

■**利用**

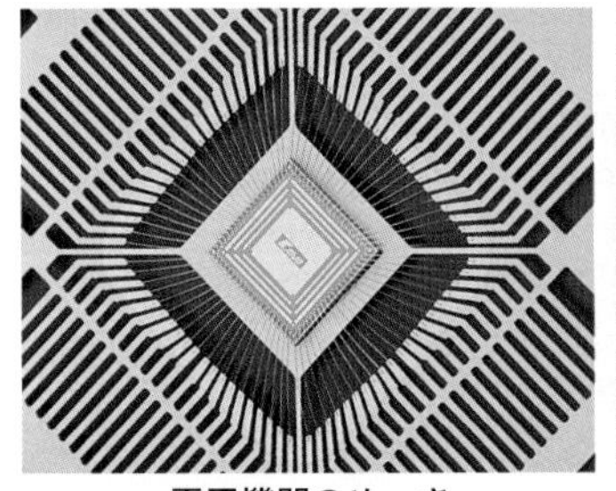

電子機器のめっき

金は腐食せず，電気を導きやすい。

金箔工芸(洛中洛外図　金沢市立安江金箔工芸館所蔵)

金は非常に展性にすぐれ，1gの金は，面積 0.5 m^2，厚さ 100nm の箔に広げることができる。

赤色ガラス

ガラス中に金コロイドを分散させることによって赤色に着色している。

白金 platinum

白金 Pt は，金白色の金属で，イオン化傾向が小さく，反応性が極めて低い。金と同様に，塩酸や硝酸などの酸には溶けないが，王水には反応して溶ける。白金は，比較的やわらかく，加工しやすい。金や白金は貴金属とよばれる。

白金族元素

白金，パラジウム，ロジウムなど，周期表の第 5，6周期の8，9，10族元素は，いずれも似た性質を示し，これらは白金族元素ともよばれる。

自動車の排気ガス浄化触媒

白金は，パラジウム Pd やロジウム Rh とともに，自動車の排気ガス中に含まれる有害物質(炭化水素，一酸化炭素，窒素酸化物など)を浄化する触媒に用いられている。

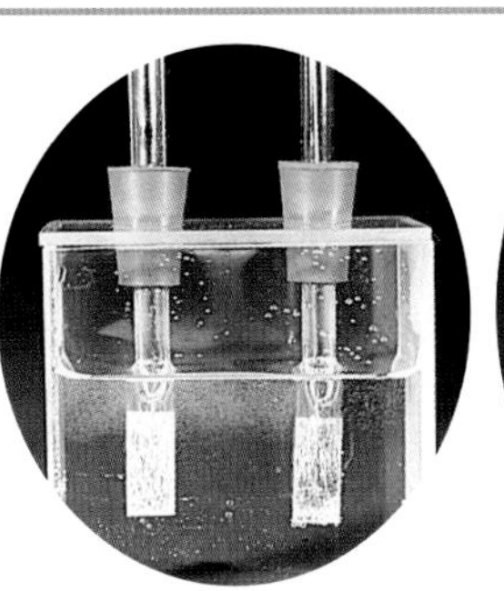

電極(電気分解用)

白金は化学的に安定で酸化されにくいため，電極に用いられる。

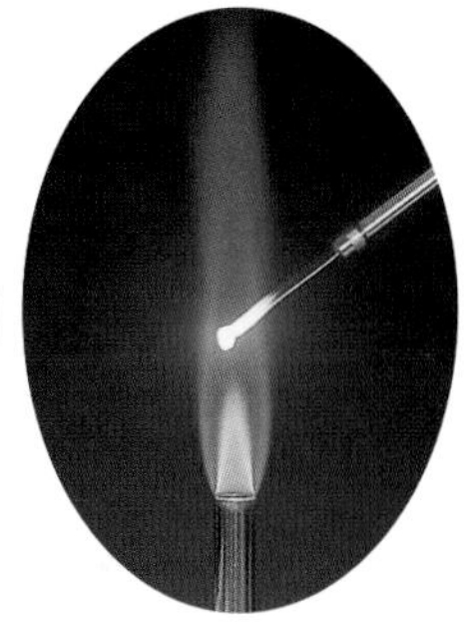

白金線(炎色反応用)

白金は，耐食性にすぐれるので，炎色反応の検出によく用いられている。

トピック　銀イオンの除菌作用

銀は，古くから食器や装飾品などとして，広く生活に利用されてきた。また，銀の硬貨を井戸の底に沈めておくと，その井戸の水からは伝染病が発生しないなど，銀イオンに除菌効果があることも知られていた。

銀イオンは，おもに次のような原理で除菌効果を示すといわれている。

❶ 銀イオン Ag^+が水中で負の電荷をもつ菌に付着する。

❷ 銀イオンが付着した菌は，活動を抑制されて，さらなる増殖ができなくなり，死滅する。

銀イオンは，比較的人体への安全性が高く，また，アルコールのような揮発性がなく，長時間にわたって除菌効果を発揮するため，抗菌剤として広く利用されている。

銀イオンを利用した除菌製品

Tips　これまでに人類が得た白金の総量は約4000トンである。これは，体積に換算すると，約200 m^3(一辺が約5.9mの立方体)にすぎない。

21 クロム・マンガン・チタン 化学

1 クロム chromium

クロム Cr はクロム鉄鉱などから得られる銀白色の金属である。耐食性，耐摩耗性にすぐれ，クロムめっきに使われるほか，合金としても利用される。クロムは，濃硝酸中で不動態となる。

元素	原子半径〔nm〕	融点〔℃〕	密度〔g/cm³〕
クロム ${}_{24}Cr$	0.125	1860	7.19

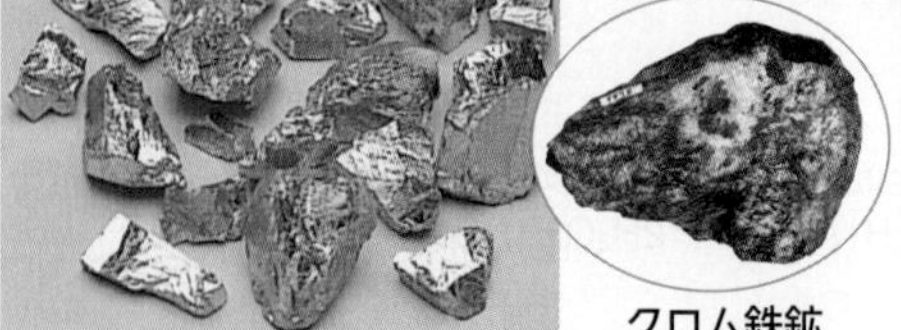

クロム

クロム鉄鉱
（主成分 $FeCr_2O_4$）

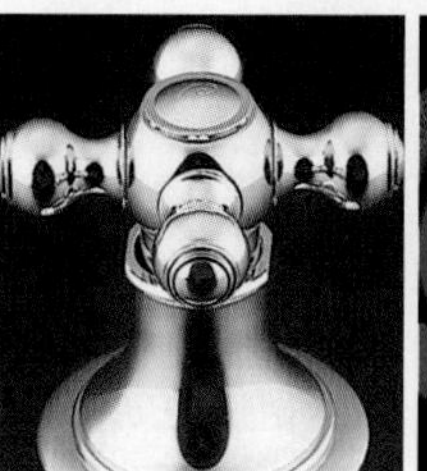

クロムめっき
さびにくく，水栓金具などに用いられる。

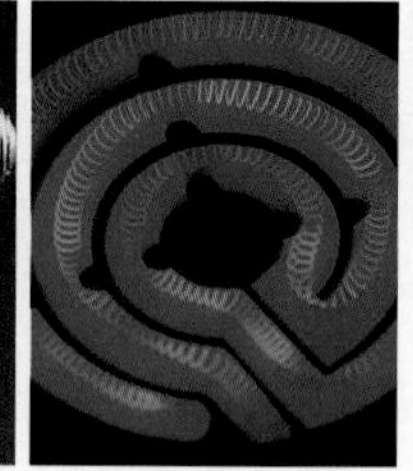

ニクロム
ニッケルとの合金は，電熱線に利用される。

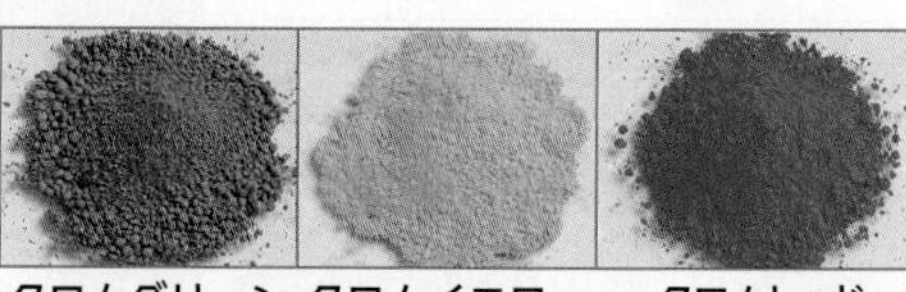

クロムグリーン Cr_2O_3　**クロムイエロー** $PbCrO_4$　**クロムレッド** $PbCrO_4 \cdot Pb(OH)_2$

クロムの化合物には顔料として使われるものもある。

NET Research 日本硬質クロム工業会
http://hcpaj.jp
クロムめっきに関する資料が充実している。

2 クロム酸イオンとニクロム酸イオン

クロム酸イオン CrO_4^{2-} を含む水溶液を酸性にするとニクロム酸イオン $Cr_2O_7^{2-}$ に変化し，塩基性にすると CrO_4^{2-} にもどる。

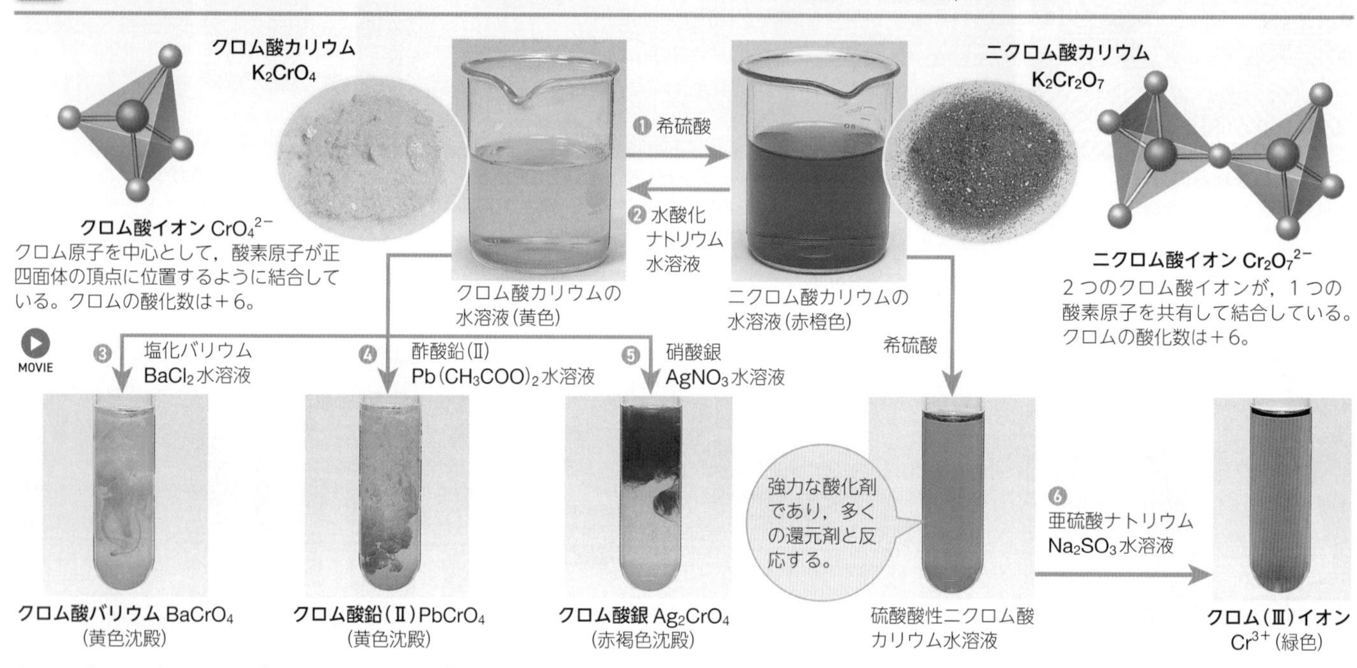

❶ $2CrO_4^{2-} + 2H^+ \longrightarrow Cr_2O_7^{2-} + H_2O$
❷ $Cr_2O_7^{2-} + 2OH^- \longrightarrow 2CrO_4^{2-} + H_2O$
❸ $CrO_4^{2-} + Ba^{2+} \longrightarrow BaCrO_4$
❹ $CrO_4^{2-} + Pb^{2+} \longrightarrow PbCrO_4$
❺ $CrO_4^{2-} + 2Ag^+ \longrightarrow Ag_2CrO_4$
❻ $K_2Cr_2O_7 + 4H_2SO_4 + 3Na_2SO_3 \longrightarrow K_2SO_4 + Cr_2(SO_4)_3 + 3Na_2SO_4 + 4H_2O$

3 マンガン manganese

マンガン Mn は菱マンガン鉱や軟マンガン鉱などから得られる銀白色の金属である。マンガンは鉄よりもかたいが，もろい。また，鉄よりも反応性が高く，空気中では表面が酸化される。

元素	原子半径〔nm〕	融点〔℃〕	密度〔g/cm³〕
マンガン ${}_{25}Mn$	0.112	1244	7.44

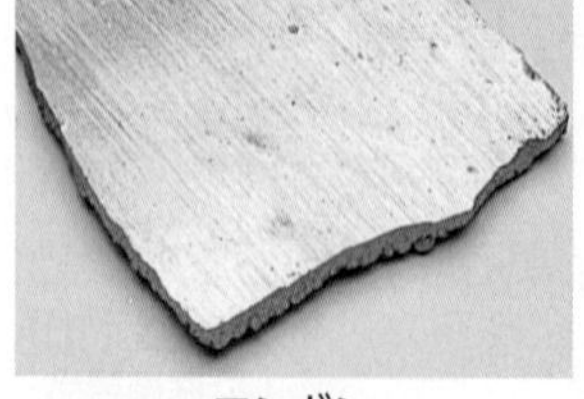

マンガン

菱マンガン鉱
（主成分 $MnCO_3$）
宝石に利用される。

マンガン団塊
鉱石のほか，深海洋底でマンガン団塊として存在する。

瀬戸大橋
マンガンを含むマンガン鋼は，船や橋などの建造に用いられる。

スクリュー
マンガンを含む黄銅は，海水にも侵されにくい。

Tips 「クロム」の名称は，ギリシャ語の「色」を表す chroma に由来する。クロムの化合物は，酸化数＋3と＋6をとるものが多く，＋3の化合物は毒性をもたないが，＋6の化合物は六価クロムとよばれ，きわめて毒性が高い。

4 マンガンの化合物

過マンガン酸カリウム $KMnO_4$ は酸性水溶液中で強い酸化剤として働く。また，中性や塩基性の水溶液でも酸化剤として働く。酸化マンガン(Ⅳ) MnO_2 も酸性水溶液中で酸化剤として働く。

過マンガン酸カリウム $KMnO_4$
黒紫色の針状結晶。水に溶けて，MnO_4^-（赤紫色）を生じる。

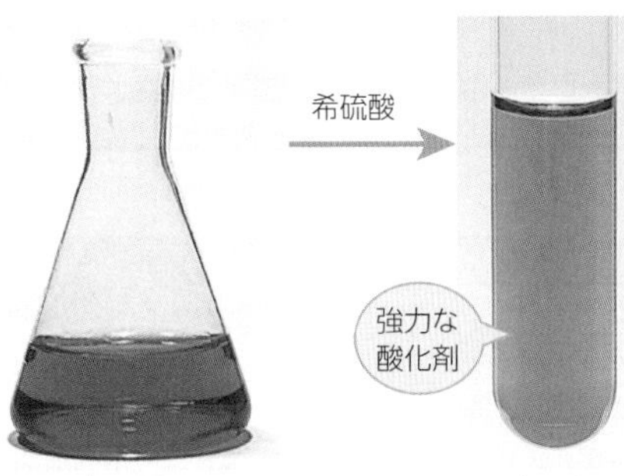

過マンガン酸カリウム水溶液

過マンガン酸カリウム水溶液（硫酸酸性）

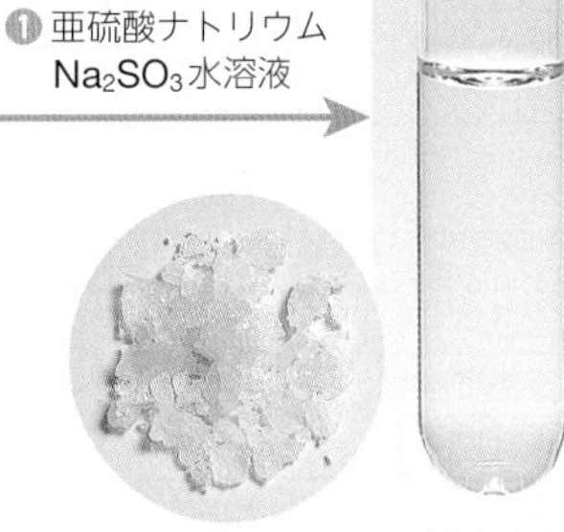

$MnSO_4 \cdot H_2O$

Mn^{2+} を含む水溶液（淡赤色）

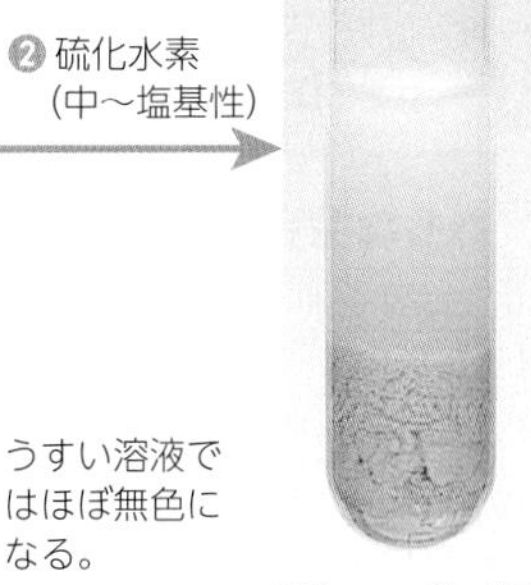

うすい溶液ではほぼ無色になる。

硫化マンガン（Ⅱ）
MnS（淡赤色沈殿）

亜硫酸ナトリウム
Na_2SO_3 水溶液

黒色の粉末で水に溶けにくい。乾電池の正極合剤や触媒などに用いられる。

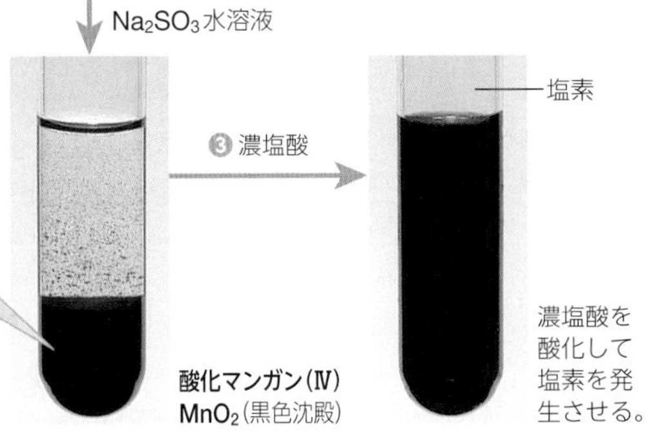

酸化マンガン(Ⅳ)
MnO_2（黒色沈殿）

濃塩酸を酸化して塩素を発生させる。

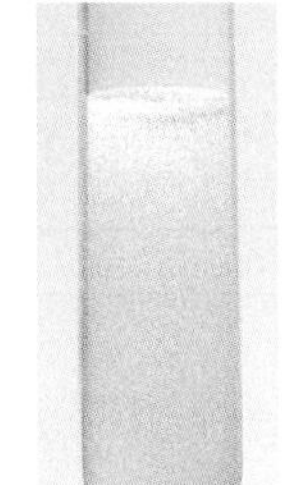

❶ $2KMnO_4 + 3H_2SO_4 + 5Na_2SO_3$
$\longrightarrow K_2SO_4 + 2MnSO_4 + 5Na_2SO_4 + 3H_2O$

❷ $Mn^{2+} + S^{2-} \longrightarrow MnS$

❸ $MnO_2 + 4HCl \longrightarrow MnCl_2 + 2H_2O + Cl_2$

❹ $2H_2O_2 \longrightarrow 2H_2O + O_2$

❹ 酸化マンガン(Ⅳ)は触媒として働き，過酸化水素を分解して酸素を発生させる。

5 チタン titanium

チタン Ti は，ルチルやチタン鉄鉱などから得られる銀白色の金属である。耐食性，耐熱性にすぐれ，さらに軽くて強いため，航空機や自転車などに用いられる。また，高い生体適合性を示し，人工関節などにも用いられる。

元素	原子半径〔nm〕	融点〔℃〕	密度〔g/cm³〕
チタン $_{22}Ti$	0.145	1660	4.54

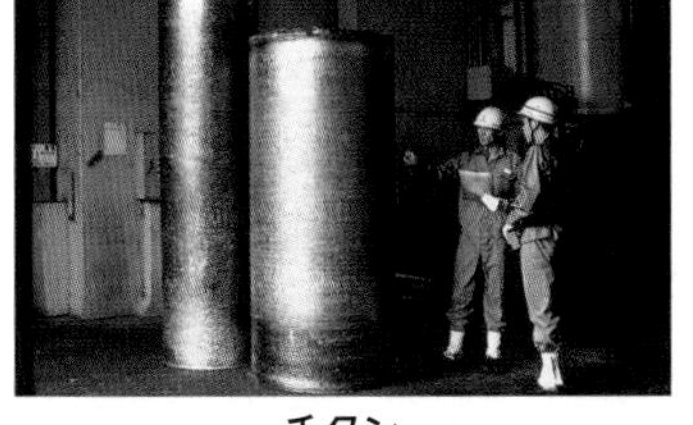

チタン

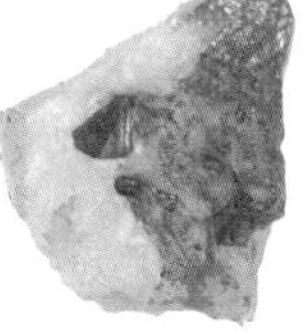

ルチル（金紅石）
（主成分 TiO_2）

ゴルフクラブ
チタンは軽く，強度に富み，航空機材料やゴルフクラブなどに利用される。

カラーチタンのマグカップ
チタンは表面に生じた酸化被膜の厚さに応じて，さまざまな色を呈する。

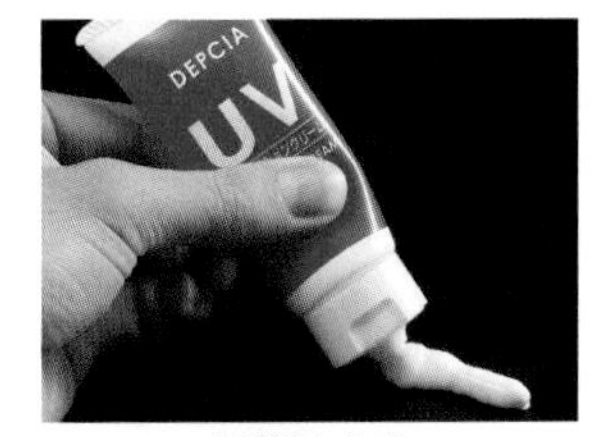

日焼け止め
酸化チタン（Ⅳ）TiO_2 は，化学的に安定であり，おもに白色顔料として，化粧品や医薬品などに添加されている。

PLUS 光触媒 photo catalyst

くらし

光によって触媒としての働きを示す物質を光触媒といい，酸化チタン(Ⅳ)は，その代表的な物質である。光（紫外線）にあたった酸化チタン(Ⅳ)は，強い酸化作用，超親水作用などの性質を示す。両方の性質を利用した汚れにくいビル外壁や住宅用窓ガラスも実用化されている。

強い酸化作用

酸化チタン(Ⅳ)に光をあてると，電子が励起され，電子の不足した部分（正孔）が生じる。生じた正孔は，強い酸化作用を示し，たとえば水酸化物イオン OH^- を酸化して，$\cdot OH$ などを生じる。このような不対電子（・）をもつ原子団は，ラジカルとよばれ，高い反応性を示し，汚れやにおいの元になる有機化合物を分解する。酸化チタン(Ⅳ)は，空気清浄器や水質浄化器などに用いられている。

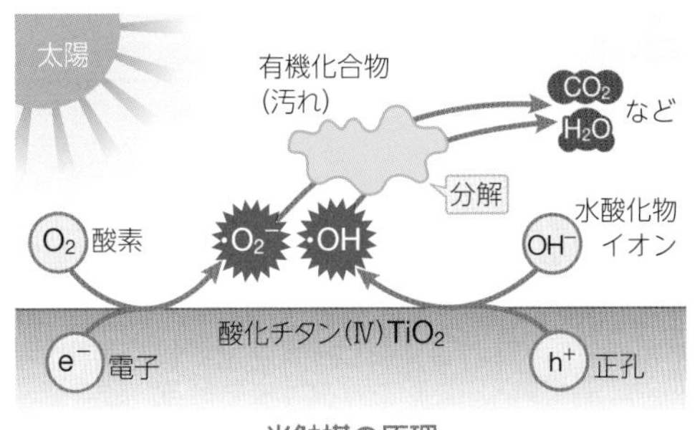

光触媒の原理

大屋根には光触媒がコーティングされている。

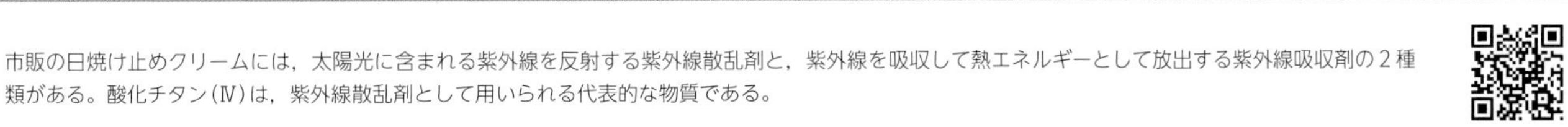

Tips 市販の日焼け止めクリームには，太陽光に含まれる紫外線を反射する紫外線散乱剤と，紫外線を吸収して熱エネルギーとして放出する紫外線吸収剤の２種類がある。酸化チタン(Ⅳ)は，紫外線散乱剤として用いられる代表的な物質である。

22 金属材料－合金・レアメタル－ 

1 合金 alloy

金属に他の金属を溶かし合わせてつくられたものを**合金**という。合金は，もとの金属とは異なる性質を示す。

a おもな合金とその特徴

合金の名称	成分	特性	利用
ステンレス鋼	Fe Cr Ni C	さびにくい	台所用品，工具
マンガン鋼	Fe Mn C	安価で強い	橋などの建造材料
黄銅(真鍮(しんちゅう))	Cu Zn	さびにくい，加工しやすい	硬貨，機械部品，楽器
青銅(ブロンズ)	Cu Sn Zn Pb	鋳物にしやすくかたい	銅像，メダル，釣鐘
白銅	Cu Ni	さびにくい	硬貨
ジュラルミン	Al Cu Mg Mn	軽くて強い	航空機材料
無鉛はんだ	Sn Ag Cu	融点が低い	金属の接合剤
ウッド合金	Bi Pb Sn Cd	融点が低い	ヒューズ
ニクロム	Ni Cr	電気抵抗が比較的大きい	電熱器
MK鋼	Fe Ni Al	磁性材料になる	永久磁石
チタン合金	Ti Al Zn	強い，さびにくい	航空機，スポーツ用品
洋白	Cu Zn Ni	銀白色でさびにくい	食器，装飾品，楽器

鉄 Fe の単体はさびやすいが，クロム Cr やニッケル Ni を加えた合金(ステンレス鋼)は，表面にクロムの酸化物のち密な被膜を生じて内部が保護され，きわめてさびにくい。ステンレス鋼は流し台や包丁などに用いられる。

b 合金の利用

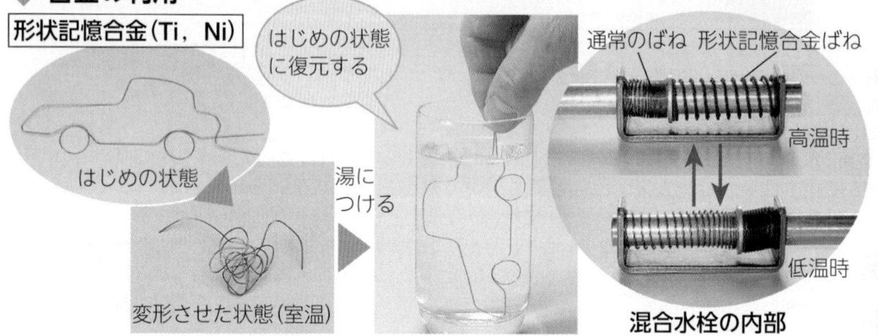

チタンとニッケルなどの合金には，変形させても，ある温度(高温)で元の形に戻るものがあり，形状記憶合金とよばれる。形状記憶合金は，ばねなどに加工され，温度に応じて作動する部品として，混合水栓などに利用されている。

ニッケル・水素電池

チタンやマンガン，ニッケルなどの合金には，冷却すると，その体積の1000倍もの水素を吸蔵するものがあり，ニッケル・水素電池に利用されている。

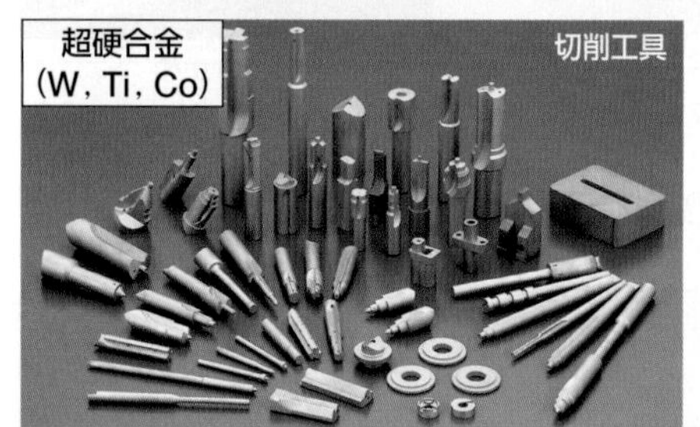

非常にかたく，高温時でも硬度が低下しにくいので，金属加工用の切削工具やトンネル工事の掘削機などに用いられている。

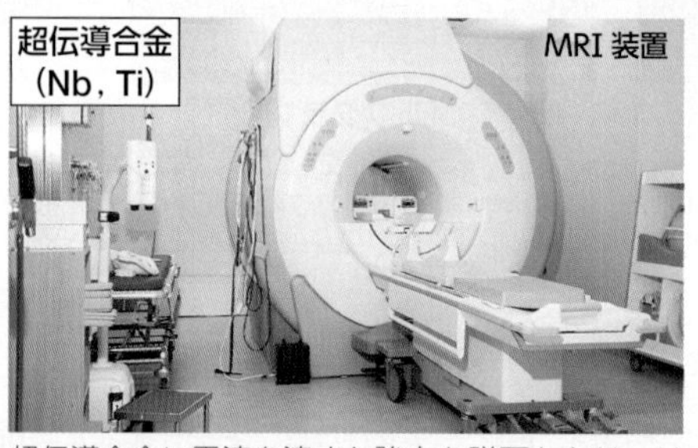

超伝導合金に電流を流すと強力な磁石となり，リニアモーターカーや医療用 MRI(磁気共鳴断層撮影装置)などに利用されている。

軽量で，電磁波の遮断性にすぐれているため，ノートパソコンやカメラなどに利用されている。資源が豊富で，リサイクルしやすい。

PLUS 合金の種類

合金は，原子の配列によって，置換型合金と侵入型合金に分類される。

■置換型合金

結晶格子の原子の位置に他の原子が入っている合金。多くの合金は置換型合金である。
金属原子の大きさが近いものどうしは置換されやすい。

例 Au－Cu 合金(12金，18金など)

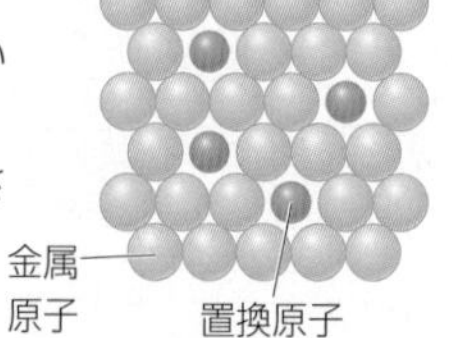

■侵入型合金

結晶格子の原子のすき間に他の原子が入り込んでいる合金。金属原子に，水素，炭素，窒素，ホウ素などの比較的小さな原子が侵入してつくられる。融点が高く，きわめてかたい。

例 Fe－C 合金

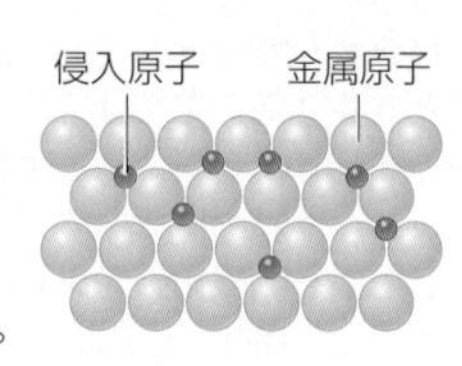

水素吸蔵合金には，パラジウム Pd やロジウム Rh の合金なども用いられる。一般に，水素分子は，水素吸蔵合金の結晶格子のすき間に水素原子として取りこまれ，金属水素化合物が生じることで，吸蔵されている。

2 レアメタル rare metal

金属元素のうち，存在量が少なかったり，単体として取り出すことが難しいため，生産量が少ないものを**レアメタル**(希少金属)という。レアメタルは，携帯電話や自動車など，わたしたちの生活の中に広く利用されている。

a おもなレアメタルとその特徴

H																	He
Li	Be											B	C	N	O	F	Ne
Na	Mg											Al	Si	P	S	Cl	Ar
K	Ca	Sc	Ti	V	Cr	Mn	Fe	Co	Ni	Cu	Zn	Ga	Ge	As	Se	Br	Kr
Rb	Sr	Y	Zr	Nb	Mo	Tc	Ru	Rh	Pd	Ag	Cd	In	Sn	Sb	Te	I	Xe
Cs	Ba	La	Hf	Ta	W	Re	Os	Ir	Pt	Au	Hg	Tl	Pb	Bi	Po	At	Rn
Fr	Ra	Ac	Rf	Db	Sg	Bh	Hs	Mt	Ds	Rg	Cn	Nh	Fl	Mc	Lv	Ts	Og

レアアース(1種類に数える)

一般に，レアメタルとよばれる金属元素は，上の周期表に■で示した 31 種類の元素である。このうち，3族元素のスカンジウム Sc，イットリウム Y，ランタノイド(La～Lu)の 17 元素は，特に性質が似ており，混合物からそれぞれを分離することが難しい。これらの元素は特に**レアアース**と総称される。

レアメタル		利用例
リチウム	Li	リチウム電池，リチウムイオン電池
バナジウム	V	バナジウム鋼，触媒，航空機の機体
クロム	Cr	ステンレス鋼，切削工具，めっき，触媒
マンガン	Mn	マンガン鋼，乾電池，磁性材料
コバルト	Co	超硬合金工具，永久磁石，DVD
ニッケル	Ni	めっき，ステレオのスピーカー，燃料電池
モリブデン	Mo	ステンレス鋼，触媒，モーター，潤滑剤
インジウム	In	半導体材料，めっき
タングステン	W	切削工具，電球のフィラメント

b レアメタルの利用

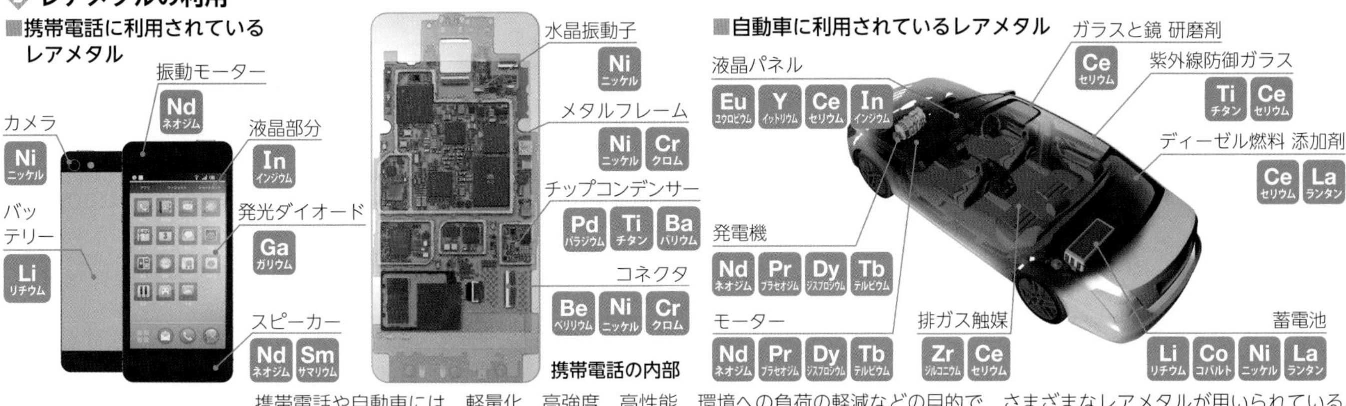

携帯電話や自動車には，軽量化，高強度，高性能，環境への負荷の軽減などの目的で，さまざまなレアメタルが用いられている。

c 都市鉱山とその課題

金属の多くは，国内で産出されず，輸入に頼っている。しかし，国内に存在する使用済みの電子機器に使用された金属を分離，回収すると，その量は，世界有数の資源国の埋蔵量に匹敵するといわれている。これは**都市鉱山**とよばれ，近年，大量に廃棄された電子機器から，レアメタルや有用な金属を回収して再利用する試みがなされている。
都市鉱山から金属を得ると，天然資源の採掘量やエネルギー消費量が抑制され，環境への負荷が軽減される一方，廃棄物の分別や解体作業に高いコストがかかるという課題も残されている。

廃棄された携帯電話
金，銀などの貴金属，レアメタルなど，さまざまな金属が含まれる。

金属	都市鉱山蓄積量(t)
Al	60,000,000
Cr	16,000,000
Co	130,000
Cu	38,000,000
Au	6,800
Ag	60,000
Sn	660,000
Zn	13,000,000

わが国の都市鉱山蓄積量(2008年)

PLUS リチウムの確保

資源としてのリチウム Li は，リチウム鉱石や塩湖，海水などに含まれる。リチウム鉱石の埋蔵量は，アメリカが最も多く，全体の約50％を占めると推定されている。
一方，塩湖は南米に多く，世界最大で，世界一の埋蔵量と推定されるウユニ塩湖(ボリビア)やアタカマ塩湖(チリ)，リンコン塩湖(アルゼンチン)などでは，塩湖の水(塩湖かん水)を濃縮したのち，系統的な化学処理を行い，炭酸リチウム Li_2CO_3 を生産している。この生産過程で，食塩 NaCl，炭酸ナトリウム Na_2CO_3，水酸化マグネシウム $Mg(OH)_2$，ホウ酸 H_3BO_3 などの有用物質も得られている。海水からの Li の回収法は，現在開発中である。海水中の Li の存在割合は，塩湖かん水のそれに比べるとはるかに低いが，海水は無尽蔵に存在する。海水中の Li^+ の効率的な吸着剤の開発が待たれている。

ウユニ塩湖

Tips レアメタルに対して，鉄 Fe や銅 Cu，アルミニウム Al，亜鉛 Zn，鉛 Pb などのように古くから大量に利用されている金属は，コモンメタル(汎用金属)またはベースメタルとよばれる。

23 金属イオンの沈殿反応 化学

※沈殿を生じる変化を □ で示した。

加える試薬＼陽イオン		銀イオン Ag^{+} (無色)	鉛(Ⅱ)イオン Pb^{2+} (無色)	銅(Ⅱ)イオン Cu^{2+} (青色)	鉄(Ⅱ)イオン Fe^{2+} (淡緑色)

硫化水素 H_2S	酸性	 黒色沈殿 Ag_2S	 黒色沈殿 PbS	 黒色沈殿 CuS	 沈殿を生じない。
	塩基性	 黒色沈殿 Ag_2S	 黒色沈殿 PbS	 黒色沈殿 CuS	 黒色沈殿 FeS
アンモニア NH_3 水	少量	 褐色沈殿 Ag_2O	 白色沈殿 $Pb(OH)_2$	 青白色沈殿 $Cu(OH)_2$	 緑白色沈殿 $Fe(OH)_2$
	過剰量 Ag^{+} ， Cu^{2+} ， Zn^{2+} では，生じた沈殿が錯イオンをつくって溶ける。	 無色溶液 $[Ag(NH_3)_2]^{+}$	 白色沈殿 $Pb(OH)_2$	 深青色溶液 $[Cu(NH_3)_4]^{2+}$	 緑白色沈殿 $Fe(OH)_2$
水酸化ナトリウム $NaOH$ 水溶液	少量	 褐色沈殿 Ag_2O	 白色沈殿 $Pb(OH)_2$	 青白色沈殿 $Cu(OH)_2$	 緑白色沈殿 $Fe(OH)_2$
	過剰量 両性金属のイオン(Pb^{2+}，Zn^{2+}，Al^{3+})では，生じた沈殿が溶ける。	 褐色沈殿 Ag_2O	 無色溶液 OH^{-}が配位した錯イオンの溶液	 青白色沈殿 $Cu(OH)_2$	 緑白色沈殿 $Fe(OH)_2$
その他の試薬		希塩酸 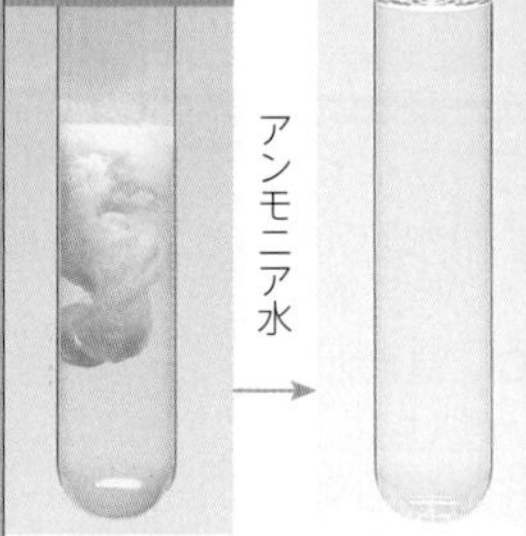 白色沈殿 $AgCl$ → アンモニア水 → 無色溶液 $[Ag(NH_3)_2]^{+}$	希塩酸  白色沈殿 $PbCl_2$ 熱水に溶ける。	濃塩酸  黄緑色溶液 $[CuCl_4]^{2-}$などClが配位した錯イオンの溶液	$K_3[Fe(CN)_6]$水溶液  濃青色沈殿 (ターンブル青) $Fe_4[Fe(CN)_6]_3$
			K_2CrO_4水溶液  黄色沈殿 $PbCrO_4$	$K_4[Fe(CN)_6]$水溶液  赤褐色沈殿 $Cu_2[Fe(CN)_6]$	過酸化水素水(酸性)  黄色溶液 Fe^{3+}

Tips 銀イオン Ag^{+}と水酸化物イオン OH^{-}が反応すると，水酸化銀 $AgOH$ を生じるが，これは不安定であり，ただちに酸化銀 Ag_2O に変化する。

$2AgOH \longrightarrow Ag_2O + H_2O$

ここに取り上げた陽イオンの変化はイオンの分離や検出に利用される。なお，沈殿の中には塩基性塩などの複雑なものもあるが，ここでは主成分の簡単なものを示した。

＊鉄(Ⅲ)イオンの水酸化物(水酸化鉄(Ⅲ))は，$Fe(OH)_3$と表されることがあるが，実際には複雑な組成をしている。

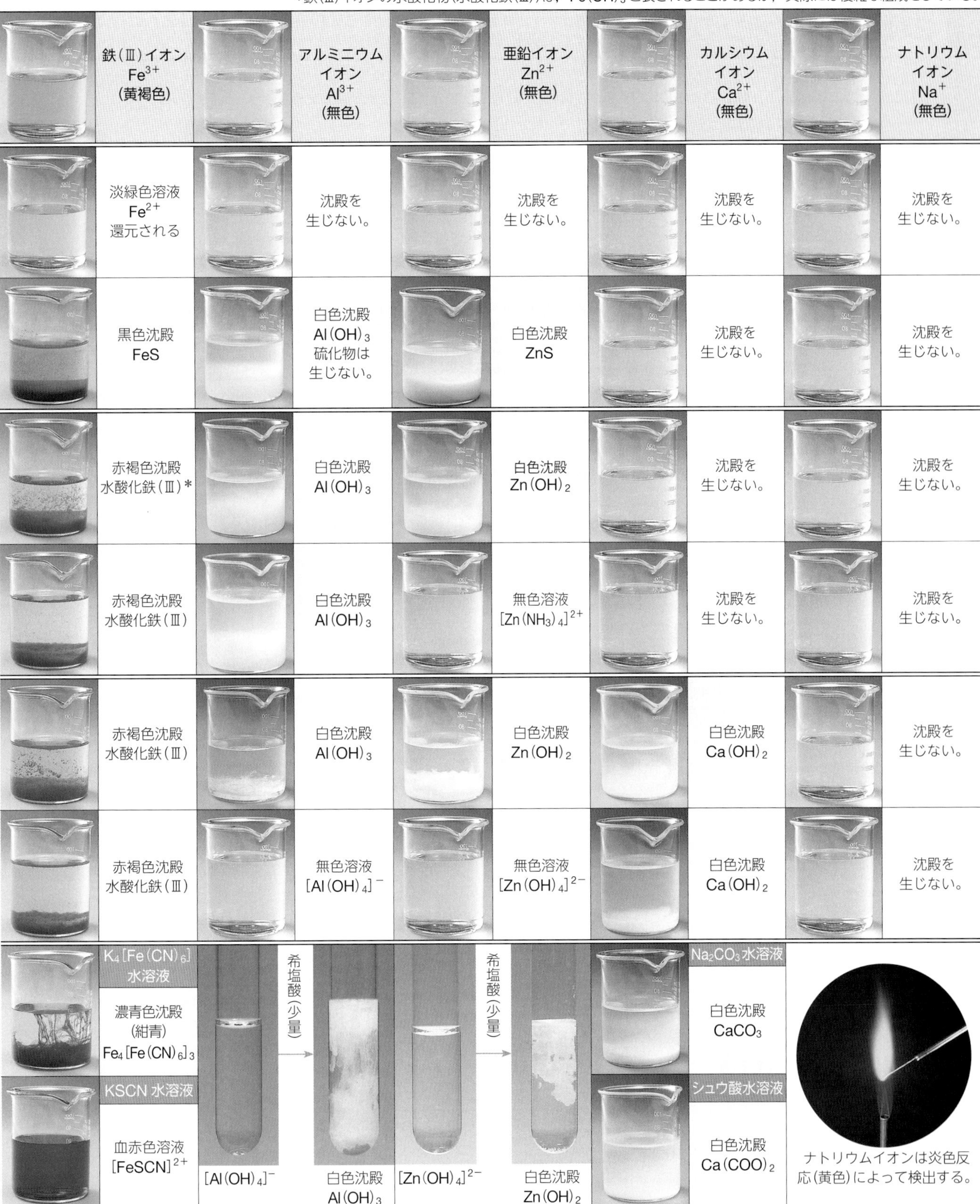

ナトリウムイオンは炎色反応(黄色)によって検出する。

第5章◆無機物質

Tips 純粋な$Fe(OH)_2$は白色であるが，一部が酸化されて，水酸化鉄(Ⅲ)との混合水酸化物になるため，緑白色に見える。さらに$Fe(OH)_2$は酸化され，徐々に水酸化鉄(Ⅲ)になるため，赤褐色に変化していく。

24 金属イオンの分離 化学

1 2種の金属イオンの分離

各金属イオンが特定の試薬と沈殿を生じる反応を利用して，2種の金属イオンを含む水溶液からそれぞれを分離，確認できる。

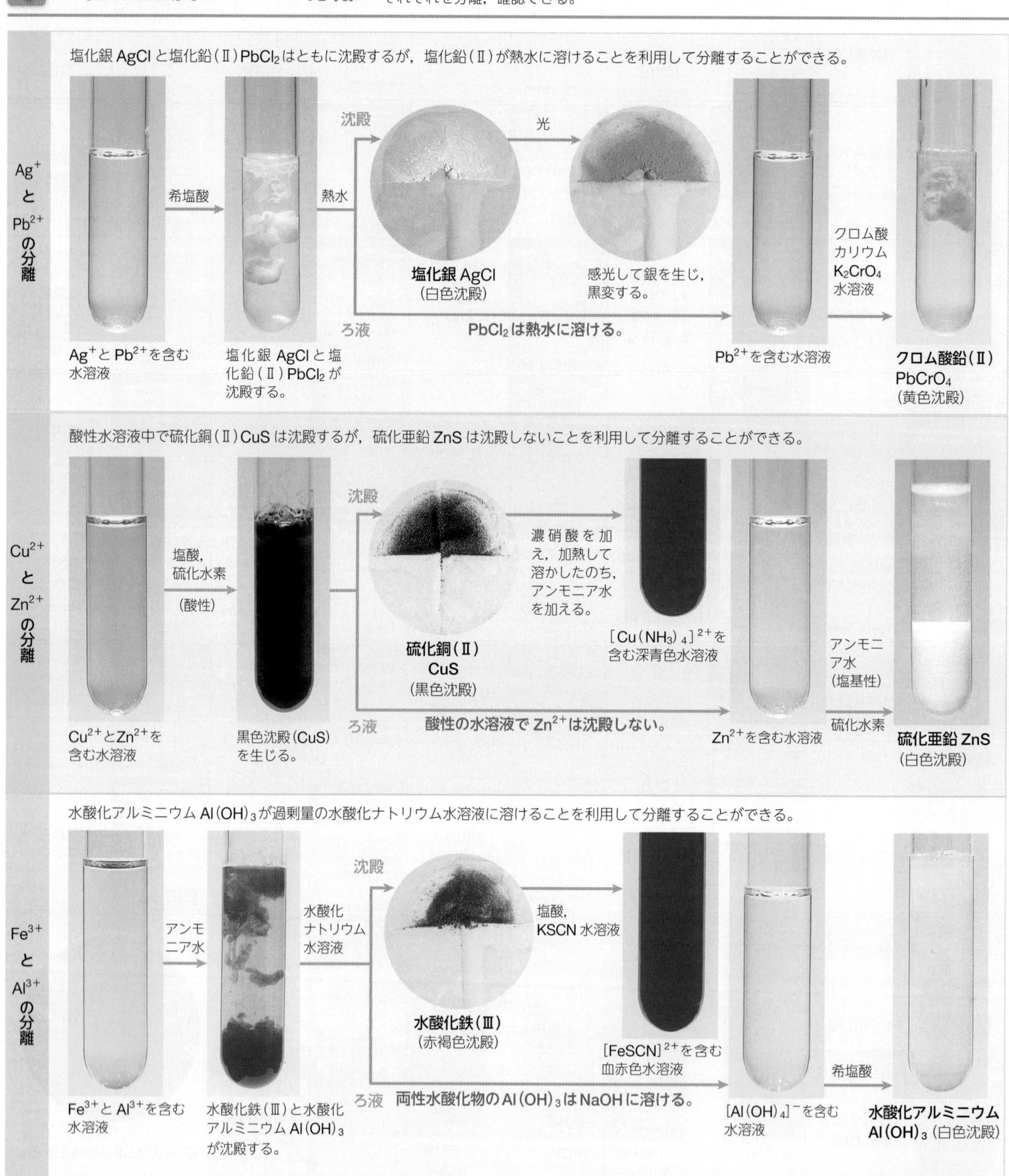

Ag^+ と Pb^{2+} の分離
塩化銀 AgCl と塩化鉛(Ⅱ) $PbCl_2$ はともに沈殿するが，塩化鉛(Ⅱ)が熱水に溶けることを利用して分離することができる。
希塩酸
熱水
沈殿
光
ろ液
塩化銀 AgCl
(白色沈殿)
感光して銀を生じ，黒変する。
$PbCl_2$ は熱水に溶ける。
クロム酸カリウム K_2CrO_4 水溶液
Ag^+ と Pb^{2+} を含む水溶液
塩化銀 AgCl と塩化鉛(Ⅱ) $PbCl_2$ が沈殿する。
Pb^{2+} を含む水溶液
クロム酸鉛(Ⅱ) $PbCrO_4$ (黄色沈殿)
Cu^{2+} と Zn^{2+} の分離
酸性水溶液中で硫化銅(Ⅱ) CuS は沈殿するが，硫化亜鉛 ZnS は沈殿しないことを利用して分離することができる。
塩酸，硫化水素
(酸性)
沈殿
濃硝酸を加え，加熱して溶かしたのち，アンモニア水を加える。
硫化銅(Ⅱ) CuS
(黒色沈殿)
$[Cu(NH_3)_4]^{2+}$ を含む深青色水溶液
ろ液
酸性の水溶液で Zn^{2+} は沈殿しない。
アンモニア水 (塩基性)
硫化水素
Cu^{2+} と Zn^{2+} を含む水溶液
黒色沈殿(CuS)を生じる。
Zn^{2+} を含む水溶液
硫化亜鉛 ZnS (白色沈殿)
Fe^{3+} と Al^{3+} の分離
水酸化アルミニウム $Al(OH)_3$ が過剰量の水酸化ナトリウム水溶液に溶けることを利用して分離することができる。
アンモニア水
水酸化ナトリウム水溶液
沈殿
塩酸，KSCN 水溶液
水酸化鉄(Ⅲ)
(赤褐色沈殿)
$[FeSCN]^{2+}$ を含む血赤色水溶液
ろ液
両性水酸化物の $Al(OH)_3$ は NaOH に溶ける。
希塩酸
Fe^{3+} と Al^{3+} を含む水溶液
水酸化鉄(Ⅲ)と水酸化アルミニウム $Al(OH)_3$ が沈殿する。
$[Al(OH)_4]^-$ を含む水溶液
水酸化アルミニウム $Al(OH)_3$ (白色沈殿)

Tips $Al(OH)_3$ や $Zn(OH)_2$，$Pb(OH)_2$ などは両性水酸化物であり，過剰量の水酸化ナトリウム水溶液に錯イオンを形成して溶ける。また，$Zn(OH)_2$ や $Cu(OH)_2$，Ag_2O などは，過剰量のアンモニア水に錯イオンを形成して溶ける。

2 3種の金属イオンの分離

3種以上の金属イオンを含む場合にも，沈殿反応を順序よく繰り返して，金属イオンを1種類ずつ分離，確認することができる。

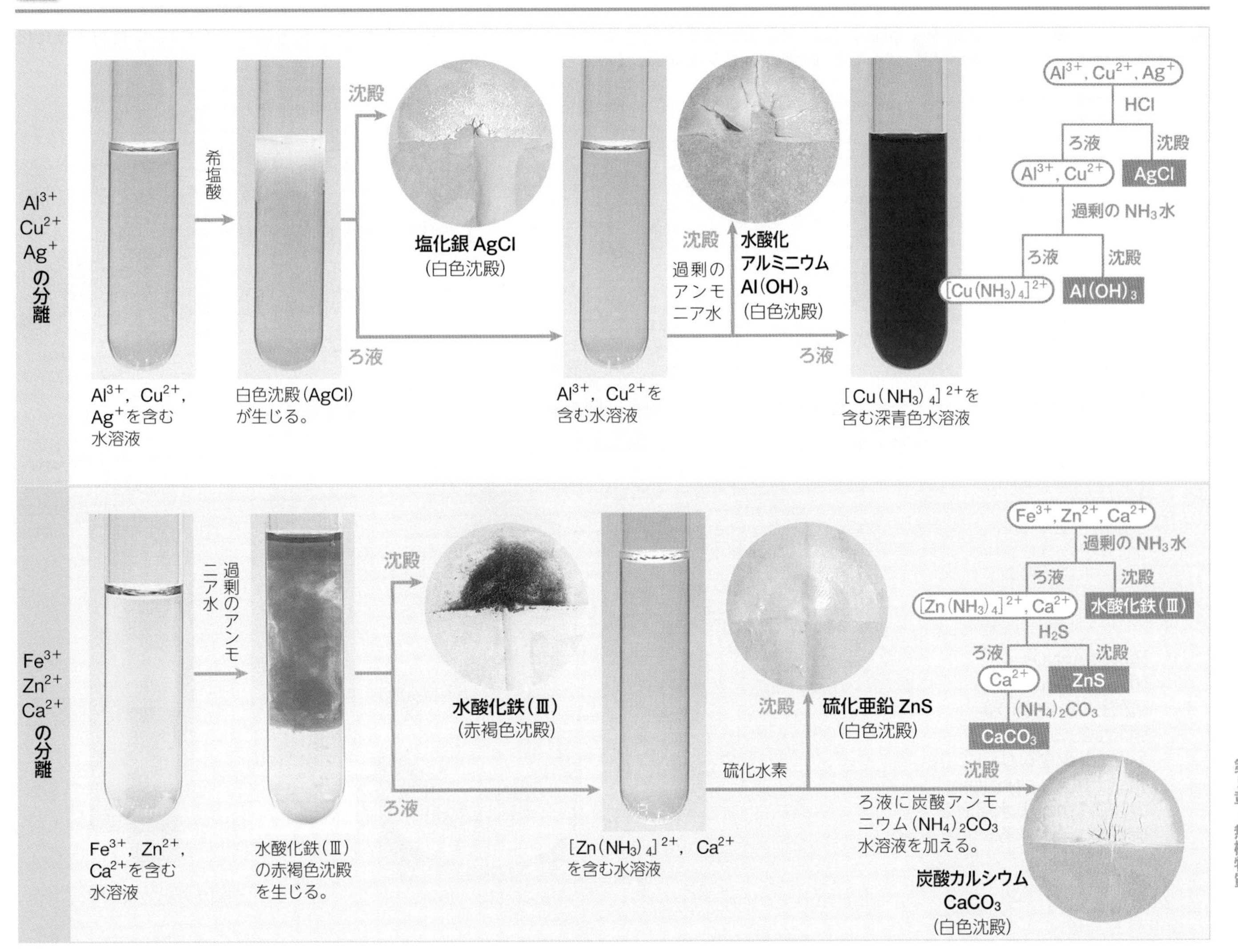

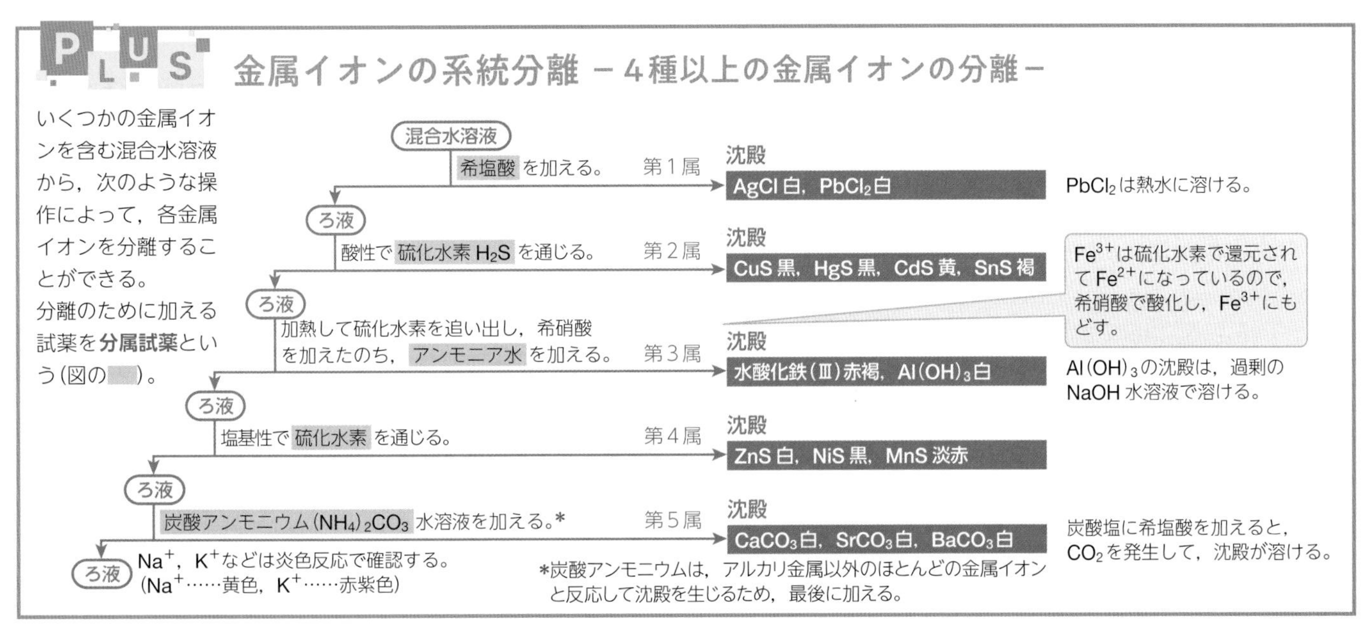

Tips ナスの漬物をつくる際に鉄くぎを入れておくと，鉄のイオンがナスの色素と結びつき，色鮮やかな青紫色に漬け上がる。鉄のイオンのほか，アルミニウムイオンも同じような効果を示すため，ミョウバン(硫酸カリウムアルミニウム十二水和物)を用いることもできる。

探究活動

13. 金属イオンの分離と確認

目的 6種の金属イオンを含む混合水溶液から，沈殿反応を利用して各イオンを分離し，各イオンに特有の反応によってそれぞれのイオンを確認してみよう。

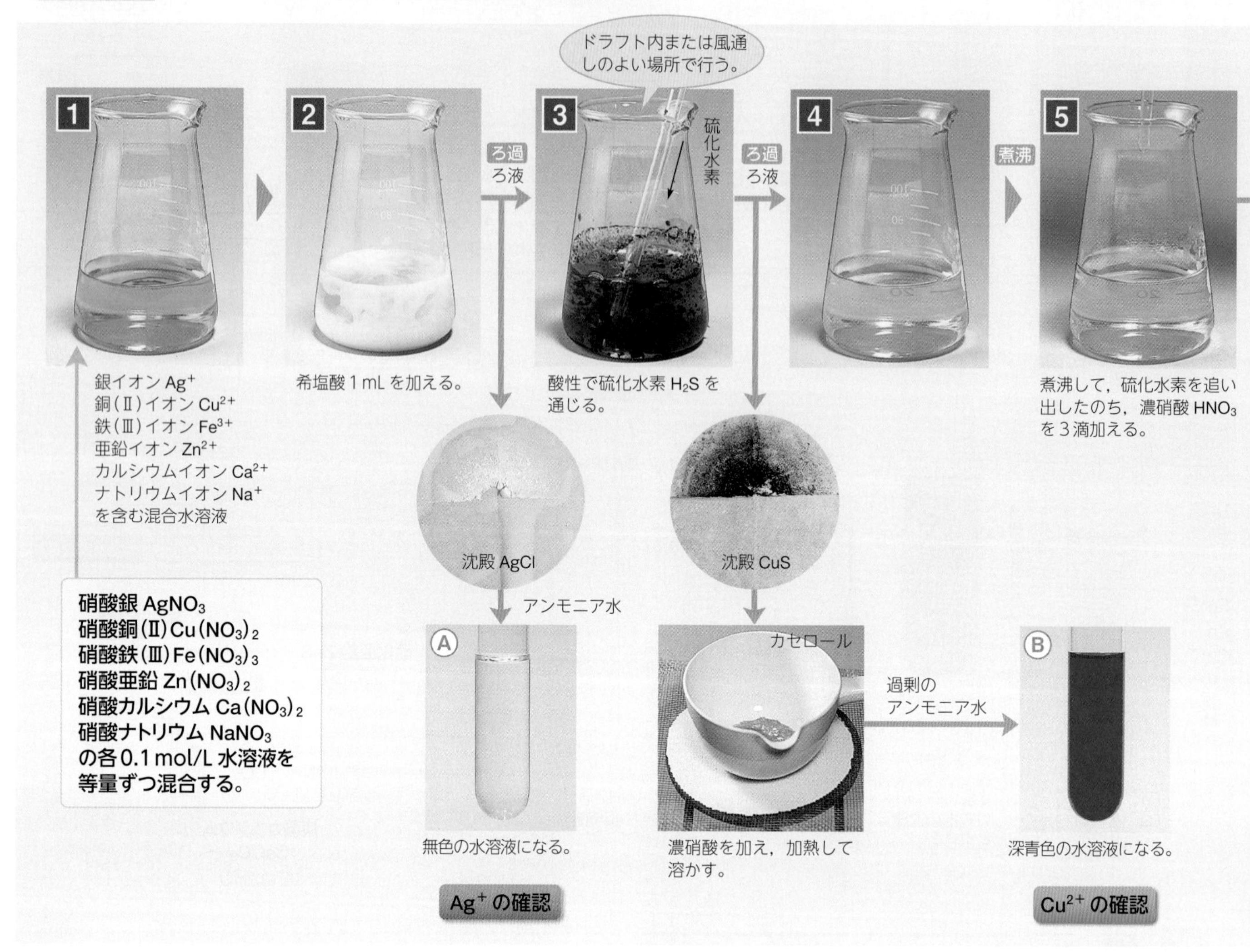

考察 1 上の操作を流れ図で表せ。

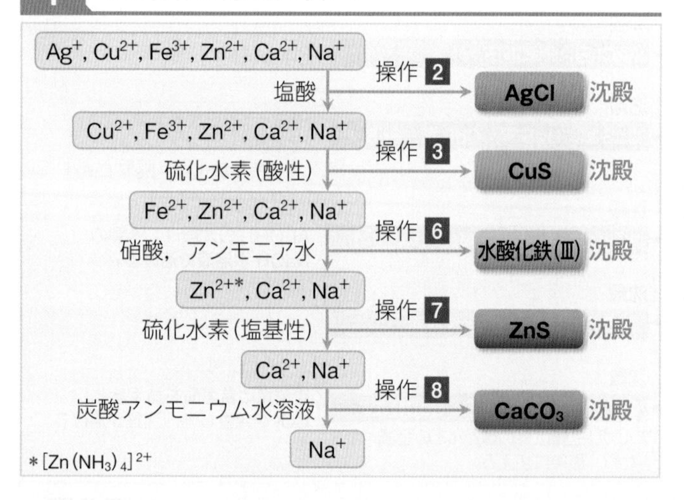

考察 2 操作 1 で，混合する金属塩がすべて硝酸塩であるのはなぜか。

陽イオンの特性を調べるので，陰イオンを共通なものにする方が都合がよいため。また，いずれの硝酸塩も，水によく溶けるため。

考察 3 操作 3 で，鉄(Ⅲ)イオン Fe^{3+} はどのように変化するか。

硫化水素によって還元され，鉄(Ⅱ)イオン Fe^{2+} になる。

考察 4 操作 5 で，煮沸によって硫化水素が追い出されたことは，どのようにして確認できるか。

酢酸鉛(Ⅱ) $(CH_3COO)_2Pb$ 水溶液をしみこませたろ紙(鉛糖紙(えんとうし))を水溶液に近づけると，硫化水素が残っている場合は，硫化鉛(Ⅱ) PbS を生じて黒変する。

Tips ある種のシダが高濃度でヒ素を吸収することが発見されて以来，重金属を吸収・貯蔵する植物を用いた土壌浄化の研究が行われている。たとえば，アブラナ科のハクサンハタザオは土壌からカドミウムや亜鉛を吸収する。収穫したハクサンハタザオを乾燥・燃焼させ，カドミウムを分離し，亜鉛を回収する。

準備	薬品	器具
	硝酸銀，硝酸銅(Ⅱ)，硝酸鉄(Ⅲ)，硝酸亜鉛，硝酸カルシウム，硝酸ナトリウムの各0.1mol/L 水溶液，2mol/L 塩酸，硫化鉄(Ⅱ)，濃硝酸，2mol/L アンモニア水，0.1mol/L 炭酸アンモニウム水溶液，0.1mol/L ヘキサシアニド鉄(Ⅱ)酸カリウム水溶液，2mol/L 水酸化ナトリウム水溶液，0.1mol/L シュウ酸ナトリウム水溶液	ビーカー，こまごめピペット，ろうと，ろうと台，ガラス棒，加熱装置，カセロール，気体発生装置，白金線，ろ紙

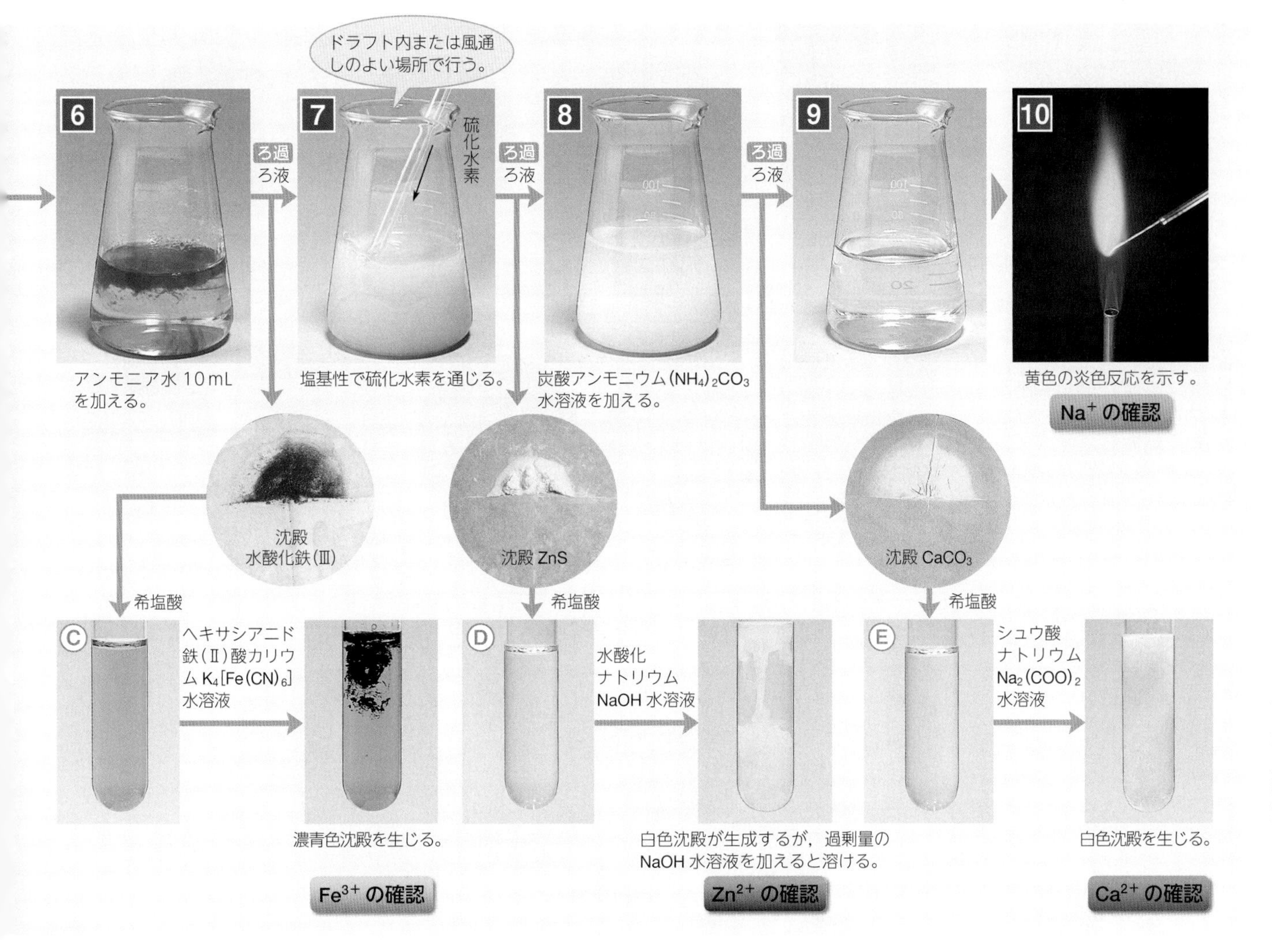

考察 5 操作 5 で，硝酸はどのような働きをするか。

Fe^{2+}を酸化して，Fe^{3+}にもどす。

考察 6 水溶液Ⓐに含まれる錯イオンを示せ。

ジアンミン銀(Ⅰ)イオン$[Ag(NH_3)_2]^+$

考察 7 水溶液Ⓑに含まれる錯イオンを示せ。

テトラアンミン銅(Ⅱ)イオン$[Cu(NH_3)_4]^{2+}$

考察 8 水溶液Ⓒにヘキサシアニド鉄(Ⅱ)酸カリウム水溶液を加えたときに生じた沈殿は，何とよばれるか。

紺青

考察 9 水溶液Ⓓに水酸化ナトリウム水溶液を加えたときの変化をイオン反応式で表せ。

$Zn^{2+}+2OH^- \longrightarrow Zn(OH)_2$　　$Zn(OH)_2+2OH^- \longrightarrow [Zn(OH)_4]^{2-}$

考察 10 水溶液Ⓔにシュウ酸ナトリウム水溶液を加えたときに生じた沈殿は，何という物質か。

シュウ酸カルシウム$(COO)_2Ca$

チャレンジ課題　金属イオンの分離

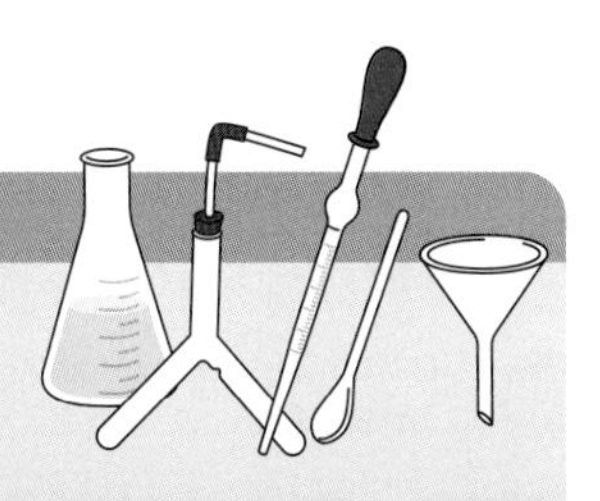

Cu^{2+}，Zn^{2+}，Ca^{2+}の混合水溶液が三角フラスコに入っている。沈殿反応を利用してイオンを分離したい。どのような操作を行えばよいか。操作をなるべく詳細に記せ。ただし，試薬は下に挙げたものが用意されている。
試薬：アンモニア水，炭酸アンモニウム水溶液，塩酸，硫化鉄(Ⅱ)

25 陰イオンの検出 化学

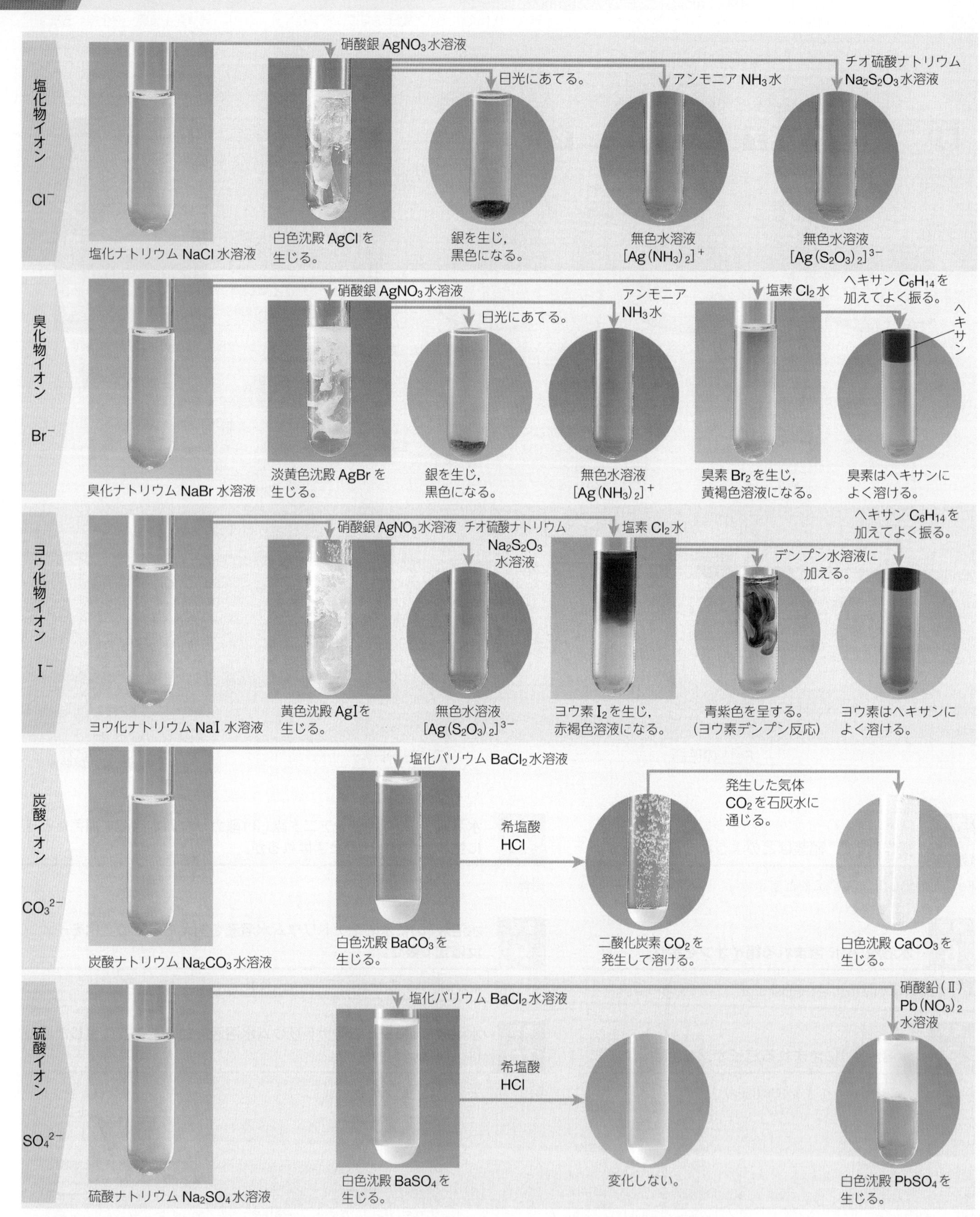

塩化物イオン Cl^-
塩化ナトリウム $NaCl$ 水溶液
硝酸銀 $AgNO_3$ 水溶液
白色沈殿 $AgCl$ を生じる。
日光にあてる。
銀を生じ，黒色になる。
アンモニア NH_3 水
無色水溶液 $[Ag(NH_3)_2]^+$
チオ硫酸ナトリウム $Na_2S_2O_3$ 水溶液
無色水溶液 $[Ag(S_2O_3)_2]^{3-}$
臭化物イオン Br^-
臭化ナトリウム $NaBr$ 水溶液
硝酸銀 $AgNO_3$ 水溶液
淡黄色沈殿 $AgBr$ を生じる。
日光にあてる。
銀を生じ，黒色になる。
アンモニア NH_3 水
無色水溶液 $[Ag(NH_3)_2]^+$
塩素 Cl_2 水
臭素 Br_2 を生じ，黄褐色溶液になる。
ヘキサン C_6H_{14} を加えてよく振る。
ヘキサン
臭素はヘキサンによく溶ける。
ヨウ化物イオン I^-
ヨウ化ナトリウム NaI 水溶液
硝酸銀 $AgNO_3$ 水溶液
黄色沈殿 AgI を生じる。
チオ硫酸ナトリウム $Na_2S_2O_3$ 水溶液
無色水溶液 $[Ag(S_2O_3)_2]^{3-}$
塩素 Cl_2 水
ヨウ素 I_2 を生じ，赤褐色溶液になる。
デンプン水溶液に加える。
青紫色を呈する。（ヨウ素デンプン反応）
ヘキサン C_6H_{14} を加えてよく振る。
ヨウ素はヘキサンによく溶ける。
炭酸イオン CO_3^{2-}
炭酸ナトリウム Na_2CO_3 水溶液
塩化バリウム $BaCl_2$ 水溶液
白色沈殿 $BaCO_3$ を生じる。
希塩酸 HCl
二酸化炭素 CO_2 を発生して溶ける。
発生した気体 CO_2 を石灰水に通じる。
白色沈殿 $CaCO_3$ を生じる。
硫酸イオン SO_4^{2-}
硫酸ナトリウム Na_2SO_4 水溶液
塩化バリウム $BaCl_2$ 水溶液
白色沈殿 $BaSO_4$ を生じる。
希塩酸 HCl
変化しない。
硝酸鉛(Ⅱ) $Pb(NO_3)_2$ 水溶液
白色沈殿 $PbSO_4$ を生じる。

Tips ハロゲン化銀のうち，臭化銀 $AgBr$ は最も感光性が大きく，光によって分解し，銀 Ag の微粒子を生じる。 $2AgBr \xrightarrow{光} 2Ag + Br_2$
この性質を利用して，臭化銀は写真（印画紙）の感光剤として用いられている。

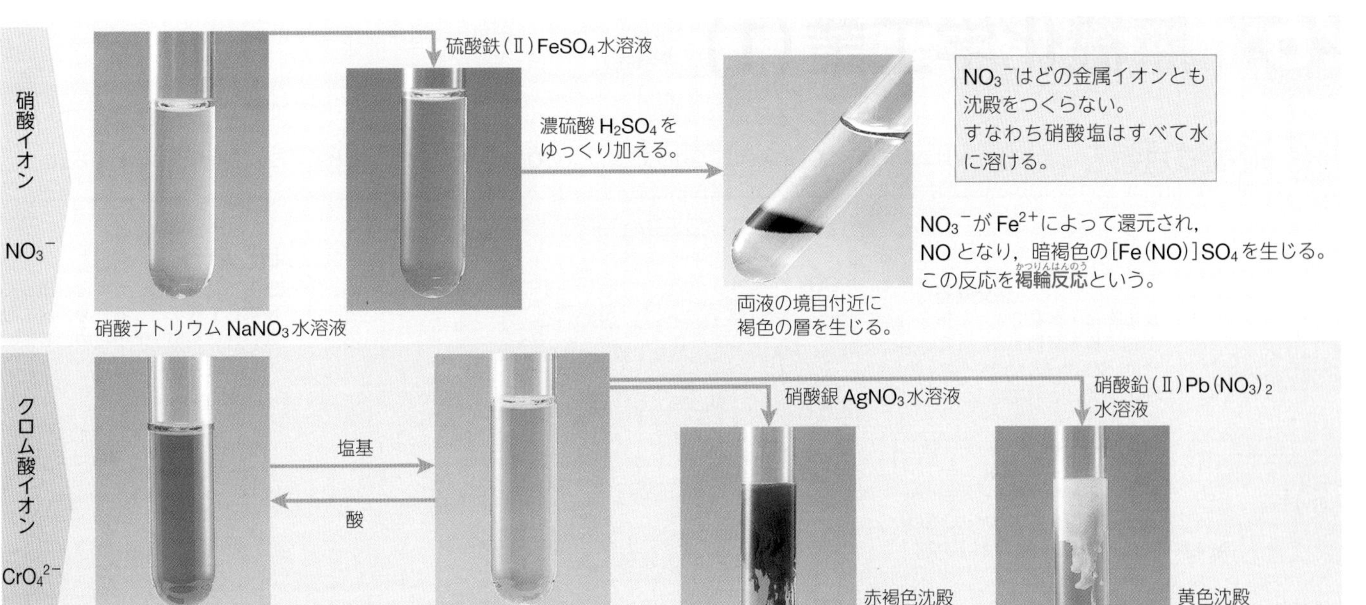

PLUS 陰イオンの分離・確認

塩化ナトリウム NaCl，硫酸ナトリウム Na_2SO_4，炭酸ナトリウム Na_2CO_3 を含む水溶液(試料)に以下の操作をすると，沈殿生成や気体発生を通じて，陰イオンが分離・確認できる。

- **操作1** 硝酸バリウム水溶液を加え，ろ過する。
- **操作2** 操作1 のろ液に硝酸銀水溶液を加え，ろ過する。
- **操作3** 操作1 で得られた沈殿に希塩酸を加え，ろ過する。
- **操作4** 操作3 で発生する気体を石灰水に通じる。

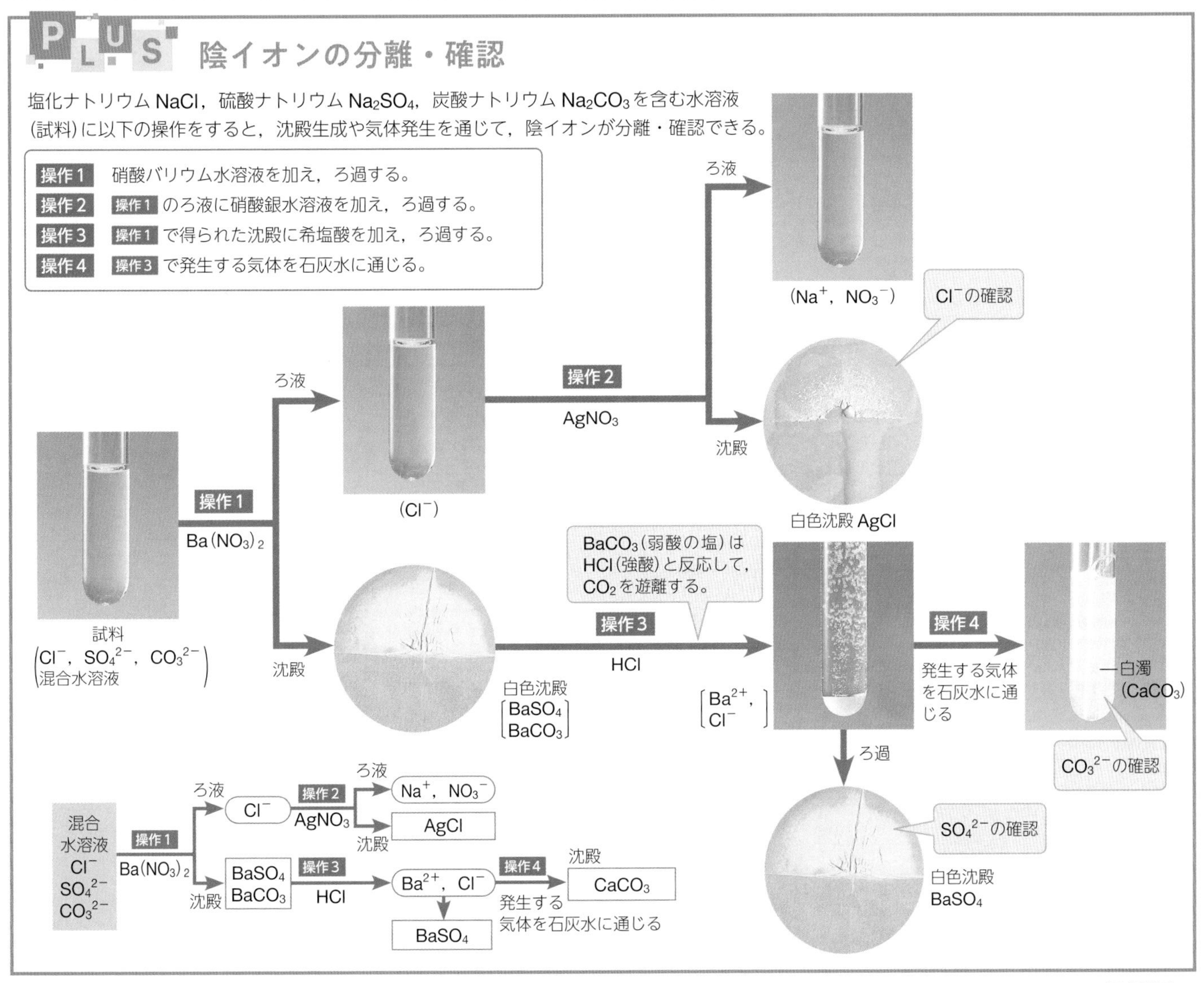

Tips 褐輪反応は褐色環反応ともよばれ，硝酸イオン NO_3^- の検出に利用されている。褐輪反応で生じる褐色の層は不安定であり，常温で放置しておくと，徐々に分解して消失する。

26 無機化学工業(1) 化学

1 硫酸の製法 sulfuric acid

硫酸H_2SO_4は二酸化硫黄SO_2を原料に，酸化バナジウムV_2O_5を触媒として製造される。この工業的製法を**接触法**という。

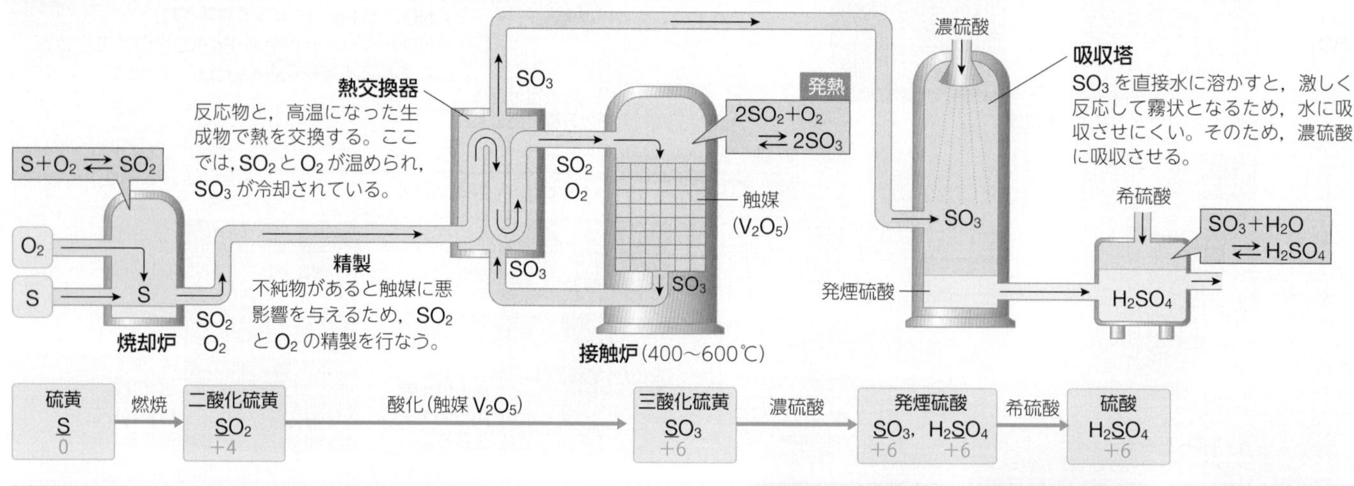

銅の製錬(➡p. 216)で生じる排ガスには，高濃度のSO_2が含まれている。これは，黄銅鉱($CuFeS_2$)から銅を得る過程で次のようにSO_2が生成するためである。

$$4CuFeS_2+9O_2 \longrightarrow 2Cu_2S+2Fe_2O_3+6SO_2$$

$$Cu_2S+O_2 \longrightarrow 2Cu+SO_2$$

このときに生じたSO_2は回収されたあと，硫酸工場へと送られ，硫酸の原料として利用される。わが国の硫酸の製造は，主に製錬で生じたSO_2を原料としている。

三酸化硫黄

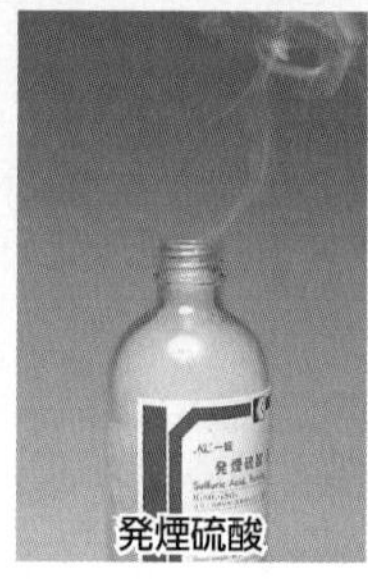
発煙硫酸

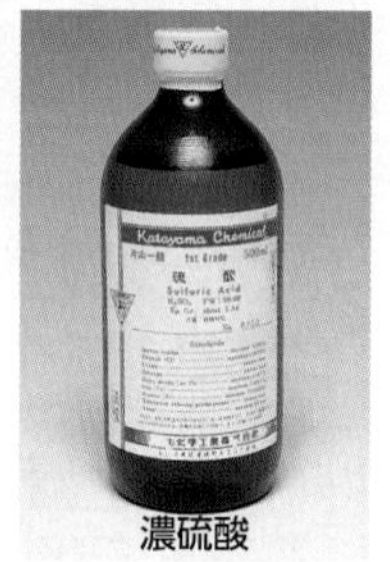
濃硫酸

2 アンモニアの製造 ammonia

アンモニアNH_3は，窒素N_2と水素H_2を原料として製造される。この工業的製法を**ハーバー・ボッシュ法**という。

ハーバー・ボッシュ法は，1913年にハーバー(ドイツ)とボッシュ(ドイツ)らによって開発された。窒素肥料の原料となるアンモニアを合成する研究が盛んにおこなわれる中，ハーバーは，窒素と水素から少量のアンモニアを得ることに成功した。しかし，工業化には，高い圧力に耐える反応容器と，反応が速やかに進む触媒が必要だった。その後，ミタッシュ(ドイツ)らが触媒を開発し，ボッシュが反応容器を開発したことで工業化が実現した。

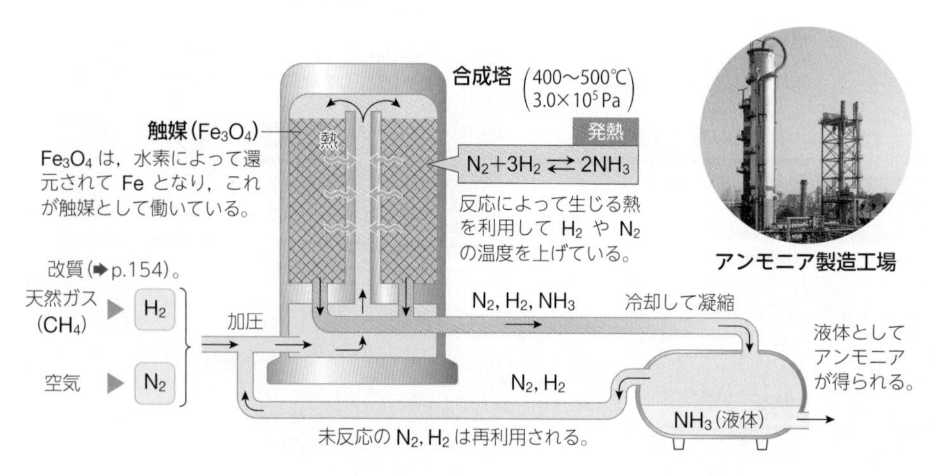

アンモニア製造工場

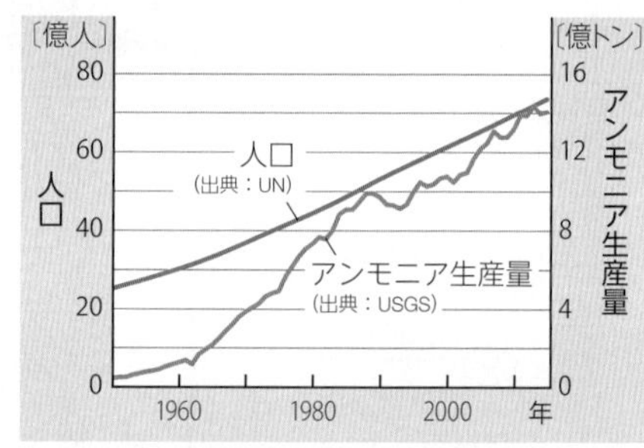

アンモニアの生産量

アンモニアの生産量の80～90％は肥料の原料として用いられており，アンモニアの工業生産がなければ，食糧が不足していたと考えられる。このことから，ハーバーは「空気からパンをつくった人」として，その功績がたたえられている。一方で，アンモニアは爆薬の原料としても重要であり，ハーバー・ボッシュ法の登場は第一次世界大戦の開戦に影響を与えたともいわれる。

Tips 発煙硫酸は，濃硫酸に過剰の三酸化硫黄SO_3を吸収させたものである。空気にふれると白煙(SO_3の蒸気)を発するため，この名がつけられた。

3 硝酸の製法
nitric acid

硝酸 HNO_3 はアンモニア NH_3 を原料に，白金を触媒として製造される。この工業的製法は**オストワルト法**という。

オストワルト法は，1902 年にオストワルト(ドイツ)によって開発された。

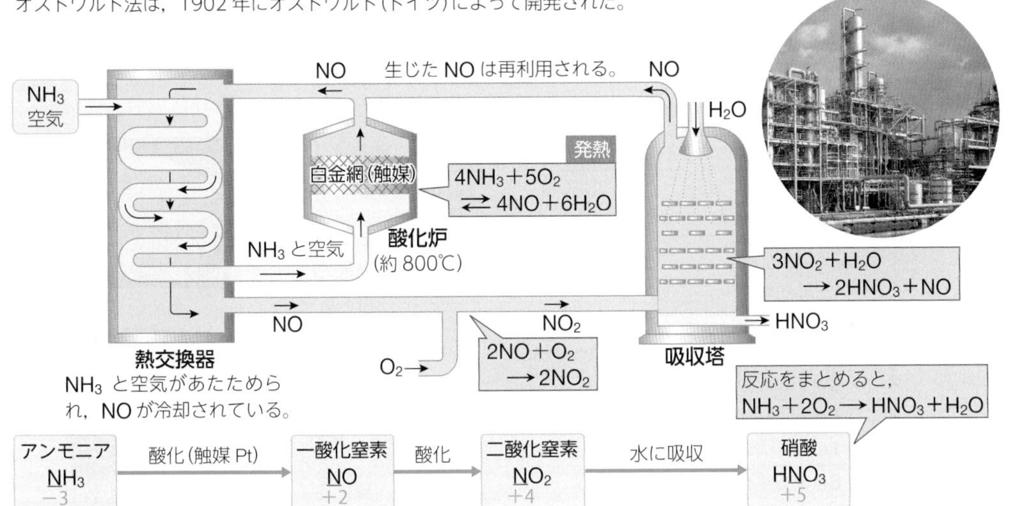

空中窒素の固定

アンモニアや硝酸などの窒素化合物は肥料に用いられることが多い。窒素 N は植物の生育の欠かせない元素であるが，植物は空気中の窒素 N_2 を直接は利用できず，水に溶けやすいアンモニウム塩などの窒素化合物が必要である。

自然界では，一部の細菌などによって空気中の窒素がアンモニウム塩などに変換(窒素の固定)されている。

人工的に固定される窒素の量は，自然界で固定される窒素の量を上回っており，地球全体の窒素循環の中で，大きな位置を占めるまでになっている。

4 炭酸ナトリウムの製法
sodium carbonate

炭酸ナトリウム Na_2CO_3 は塩化ナトリウム NaCl などを原料としてつくられる。この工業的製法は，**アンモニアソーダ法**という。

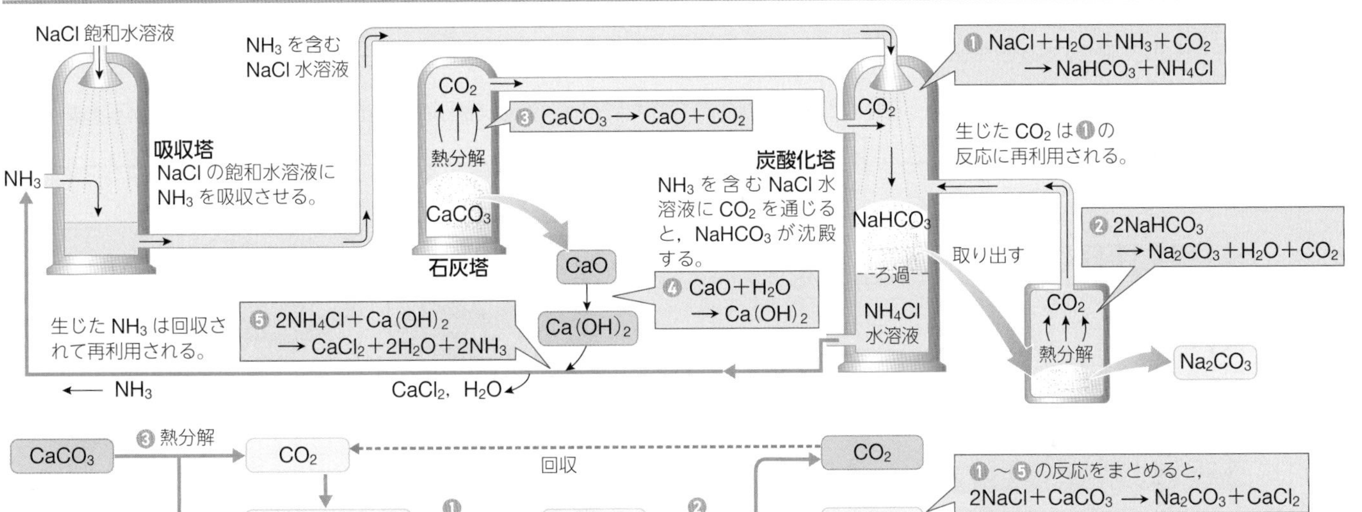

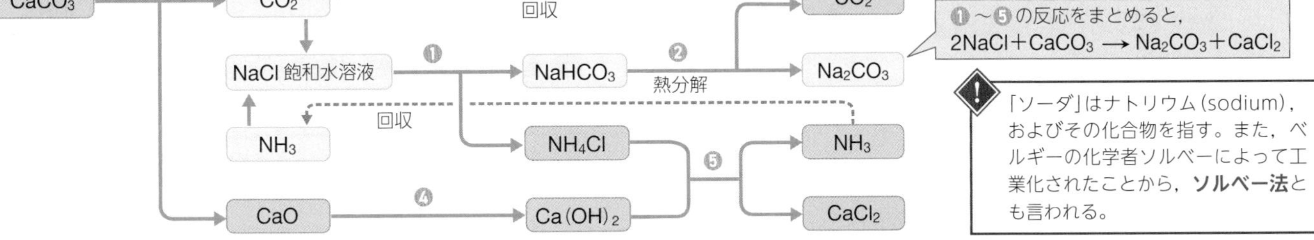

❶～❺の反応をまとめると，
$2NaCl + CaCO_3 \longrightarrow Na_2CO_3 + CaCl_2$

「ソーダ」はナトリウム(sodium)，およびその化合物を指す。また，ベルギーの化学者ソルベーによって工業化されたことから，**ソルベー法**とも言われる。

PLUS 炭酸水素ナトリウムの実験室的製法

❶ 塩化ナトリウムの飽和水溶液に，アンモニアを十分に通じる。アンモニアは，塩化アンモニウムと水酸化カルシウムの混合物を加熱させて発生させる。

❷ ❶の水溶液にドライアイスを加え，しばらく放置すると，炭酸水素ナトリウムが析出する。

Tips 硝酸の工業的製法は，ドイツの化学者オストワルト(1853～1932)によって発明された。彼の研究は，化学平衡，反応速度，触媒など多岐にわたり，彼は物理化学分野の確立にも大きく貢献した。また，絵を描くことが趣味で，晩年は色彩論の研究を行った。

27 無機化学工業(2)−鉄− 基礎 化学

1 製錬法 基礎
metallurgy

鉱石中の金属元素の化合物を還元して単体にする操作を**製錬**といい，その方法は，金属のイオン化傾向の大小で異なる。製錬によって取り出された金属の純度が低い場合は，純度を高める操作を行う必要がある。この操作を**精錬**という。

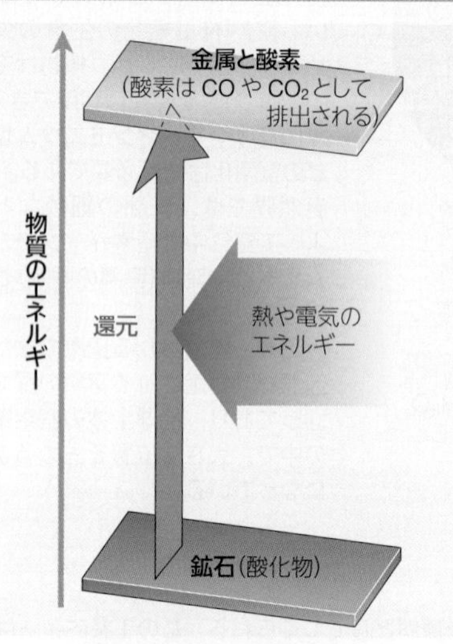

鉱石と金属のエネルギー

金属は，その鉱石中に酸化物や硫化物として安定に存在する。鉱石から金属の単体を得るには熱や電気のエネルギーを加えて還元する必要がある。

金属のイオン化傾向と製錬法

(イオン化傾向 大 ↑ ↓ 小)

金属	おもな鉱石(主成分の組成)		製錬法
Li	リチア輝石	($LiAlSi_2O_6$)	融解して電気分解し，陰極に析出させる(**溶融塩電解**)。$CaCO_3$と$MgCO_3$は，$CaCl_2$や$MgCl_2$の塩化物に変えてから溶融塩電解を行う。
K	カリ岩塩	(KCl)	
Ca	石灰石	($CaCO_3$)	
Na	岩塩	(NaCl)	
Mg	マグネサイト	($MgCO_3$)	
Al	ボーキサイト	($Al_2O_3 \cdot nH_2O$)	
Zn	せん亜鉛鉱	(ZnS)	高温で炭素や一酸化炭素によって還元する。ZnS，NiS，PbSなどの硫化物は，空気とともに強熱し，酸化物に変えてから炭素で還元する。
Fe	赤鉄鉱	(Fe_2O_3)	
Ni	けいニッケル鉱	($Ni_6Si_4O_{10}(OH)_8$)	
Sn	すず石	(SnO_2)	
Pb	方鉛鉱	(PbS)	
Cu	黄銅鉱	($CuFeS_2$)	空気とともに強熱して還元する。
Hg	しん砂	(HgS)	
Ag	輝銀鉱	(Ag_2S)	シアン化ナトリウム水溶液に溶かしてから，亜鉛粉末で還元する。
Pt	自然白金	(Pt)	
Au	自然金	(Au)	

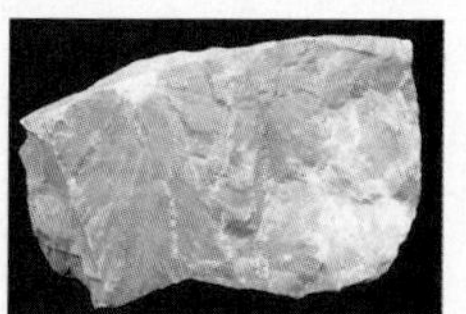
石灰石 $CaCO_3$

閃亜鉛鉱 ZnS

自然金 Au

2 鉄の製錬 基礎 化学

金属は，自動車や機械の部品，建築材料など，さまざまな用途で大量に利用されている。中でも鉄は，その生産量が圧倒的に多い。

ⓐ 鉄の生産量

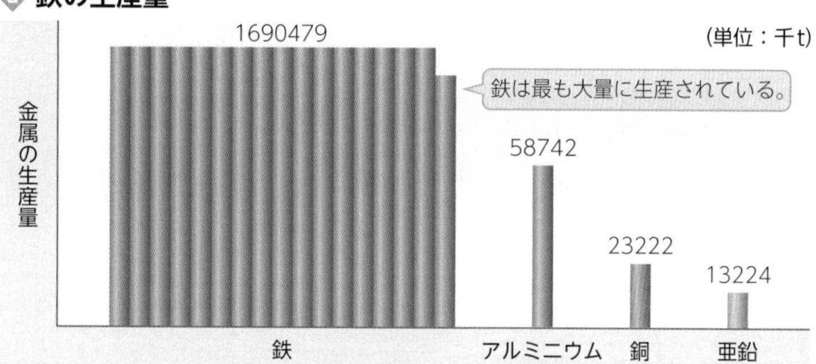

おもな金属の生産量(2017年)

ビルの鉄骨

橋梁(明石海峡大橋)

ⓑ 鉄鉱石とその産出

鉄鉱石の採掘
地表から採掘する「露天掘り」のようすである。

鉄鉱石の運搬船
鉄鉱石だけでなく，石炭などの運搬にも利用される。

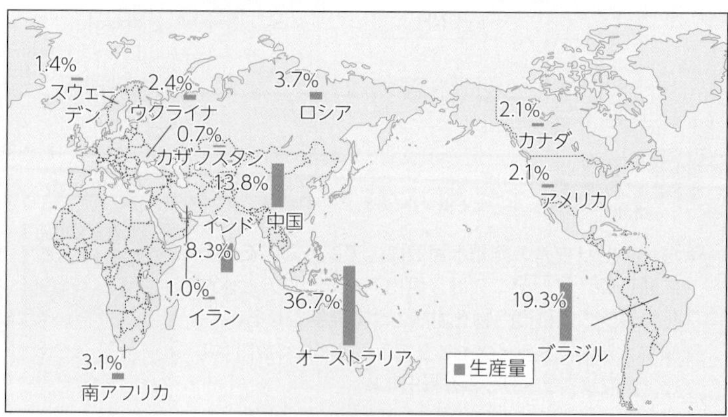

鉄鉱石の生産量(2018年)

原始海洋の海水中には，活発な火山活動などによって多量の鉄イオンが溶存していた。この鉄イオンは，約27億年前に現れたシアノバクテリアなどの光合成生物によってつくられた酸素で酸化され，酸化鉄(Ⅲ)Fe_2O_3となった。これが沈殿・堆積し，赤鉄鉱の鉱床が形成されたと考えられている。

C 鉄の製錬工程

溶鉱炉(高炉)で得られた鉄は，炭素のほか，微量のケイ素やリン，硫黄を含み，**銑鉄**(せんてつ)といわれる。銑鉄は硬いがもろい。これを転炉に移し，高圧の酸素で不純物を除くと，**鋼**(こう)が得られる。鋼は硬くて強く，建築材などに利用される。

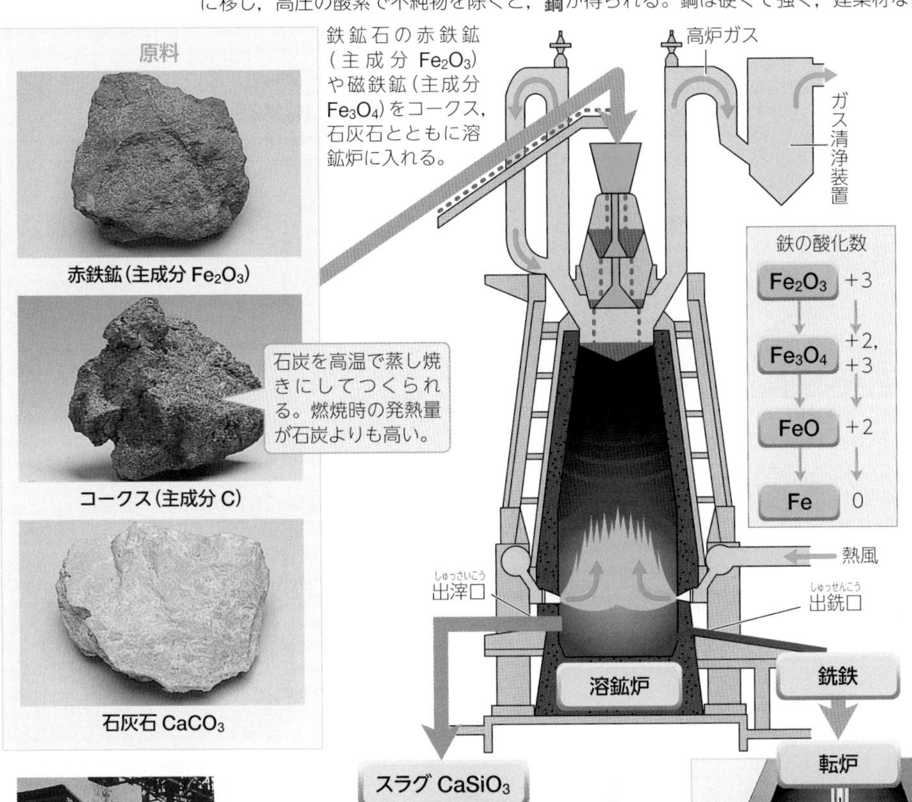

熱風でコークスを燃焼させ，生じる一酸化炭素COによって，鉄の酸化物を還元する。

$$C + O_2 \longrightarrow CO_2$$
$$CO_2 + C \longrightarrow 2CO$$

$$Fe_2O_3 + 3CO \longrightarrow 2Fe + 3CO_2$$

最大級の溶鉱炉では，1日に1万トンもの銑鉄をつくることができる。

スラグ $CaSiO_3$

石灰石は，熱分解してCaOを生じ，これが鉄鉱石中の二酸化ケイ素 SiO_2 と化合してケイ酸カルシウム $CaSiO_3$ となる。これを主成分とする副産物を**スラグ**という。スラグには，鉄鉱石中のアルミニウムやマグネシウムの酸化物も含まれる。スラグは，鉄よりも密度が小さく，銑鉄に浮くため，容易に分離・回収され，セメントの原料などに用いられる。

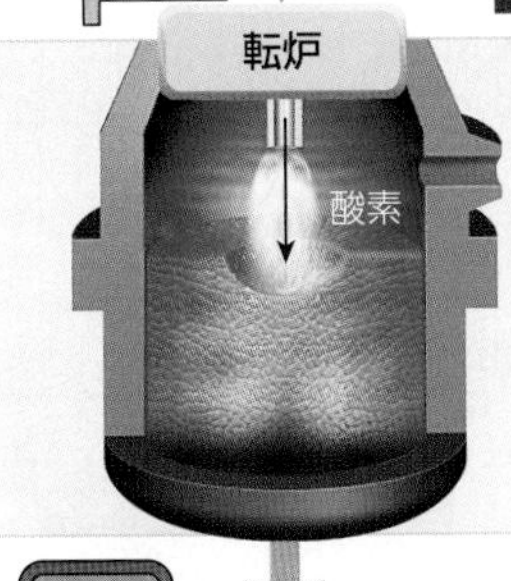

溶鉱炉(高炉)では，炭素や一酸化炭素を還元剤として使うため，銑鉄は約4%の炭素を含む。転炉では，高圧の酸素をふき込むことで銑鉄に含まれる炭素などを酸化して取り除く。
鉄は，炭素の含有率の違いによって，性質が大きく異なり，一般に，炭素を多く含むと硬くなり，少ないと軟らかくなる。転炉では，この成分調整を行っている。

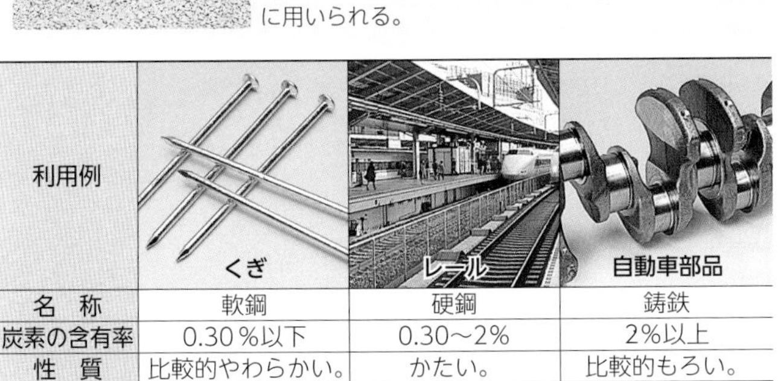

利用例	くぎ	レール	自動車部品
名称	軟鋼	硬鋼	鋳鉄
炭素の含有率	0.30%以下	0.30〜2%	2%以上
性質	比較的やわらかい。	かたい。	比較的もろい。

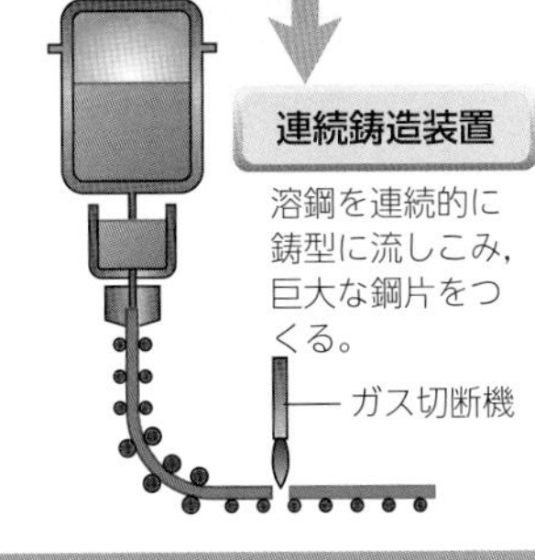

溶鋼を連続的に鋳型に流しこみ，巨大な鋼片をつくる。

圧延工程

鋼片を約1250℃に再加熱し，圧力をかけて鋼を帯状に延ばし，巻き取る。

トピック たたら製鉄

たたら製鉄は，わが国古来の製錬法である。工業的には明治時代まで行われ，農具などの生活用品がつくられた。たたら製鉄の名称は，炉に空気を送るフイゴが「たたら」とよばれたことに由来する。炉に原料の砂鉄と木炭を交互に入れ，フイゴで空気を送り，比較的低い温度(約1400〜1450℃)で還元するため，不純物の少ない良質の鉄が得られる。特に良質の部分は玉鋼(たまはがね)とよばれ，日本刀の素材となる。

砂鉄の投入

砂鉄は，おもに磁鉄鉱(主成分 Fe_3O_4)からなるため，黒色を呈し，磁石に引き寄せられる。

砂鉄

鉄の取り出し

1回の操業で，砂鉄と木炭をそれぞれ約15トン使用し，鉄が約2.25トン，玉鋼が約0.75トン得られる。

玉鋼

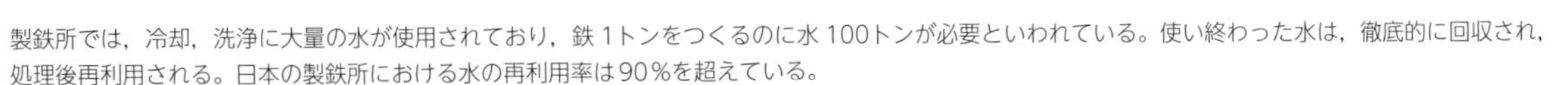

Tips 製鉄所では，冷却，洗浄に大量の水が使用されており，鉄1トンをつくるのに水100トンが必要といわれている。使い終わった水は，徹底的に回収され，処理後再利用される。日本の製鉄所における水の再利用率は90%を超えている。

28 無機化学工業(3)－銅，アルミニウム－ 化学

1 銅の製錬

鉱石の黄銅鉱から，まず硫化銅(Ⅰ)Cu_2S を得る。融解した硫化銅(Ⅰ)を転炉に移し，熱風を送ると，1％程度の不純物を含む**粗銅**が得られる。粗銅から純度99.99％程度の**純銅**をつくるには，電気分解を利用する(**電解精錬**)。

ⓐ 黄銅鉱とその産出

黄銅鉱

主成分の組成は，$CuFeS_2$ で表される。不純物として微量の Au，Ag，Sn，Zn などを含む。

銅鉱山

わが国は，世界第2位の銅消費国である。銅資源のほとんどを輸入に頼っており，輸入先第1位はチリである。

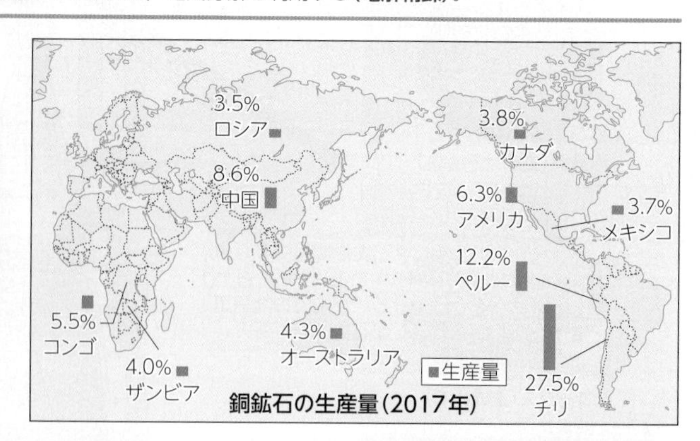

銅鉱石の生産量(2017年)

ⓑ 銅の製錬工程

黄銅鉱 $CuFeS_2$ ＋ コークス C，石灰石 $CaCO_3$，ケイ砂 SiO_2 → 溶鉱炉 → 硫化銅(Ⅰ) Cu_2S(カワ)／スラグ $CaSiO_3$，$FeSiO_3$

硫化銅(Ⅰ) Cu_2S(カワ) → 転炉 → 粗銅(純度99％) Cu → 電解精錬 → 純銅(純度99.99％) Cu

溶鉱炉や転炉で生じる二酸化硫黄 SO_2 は回収され，硫酸の原料となる。

溶鉱炉 黄銅鉱をコークス，石灰石，ケイ砂とともに溶鉱炉で強熱すると，硫化銅(Ⅰ)(カワとよばれる)を生じる。 $4CuFeS_2 + 9O_2 \longrightarrow 2Cu_2S + 2Fe_2O_3 + 6SO_2$

Fe_2O_3 はケイ酸塩となり，スラグとして分離される。

転炉 転炉に移された硫化銅(Ⅰ)の融解液に熱風を通じると，粗銅を生じる。

$Cu_2S + O_2 \longrightarrow 2Cu + SO_2$

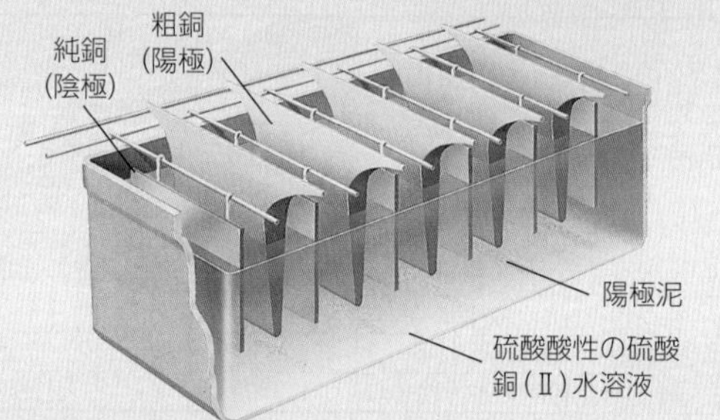

銅の電解精錬 粗銅を陽極，純銅を陰極とし，硫酸酸性の硫酸銅(Ⅱ)水溶液に浸して電気分解すると(電圧は約0.3V)，陰極に純銅が析出する。

(陽極) $Cu \longrightarrow Cu^{2+} + 2e^-$

(陰極) $Cu^{2+} + 2e^- \longrightarrow Cu$

粗銅中に含まれる鉄 Fe やニッケル Ni は，Fe^{2+} や Ni^{2+} として電解液中に溶け出し，イオン化傾向の小さい銀 Ag や金 Au は，単体のまま陽極の下に**陽極泥**としてたまる。

陽極泥 陽極泥には，銀や金のほかにも，白金 Pt，ビスマス Bi，鉛 Pb，セレン Se，テルル Te，アンチモン Sb などが含まれ，希少な金属を得る手段になっている。

トピック くじゃく石から銅をつくる

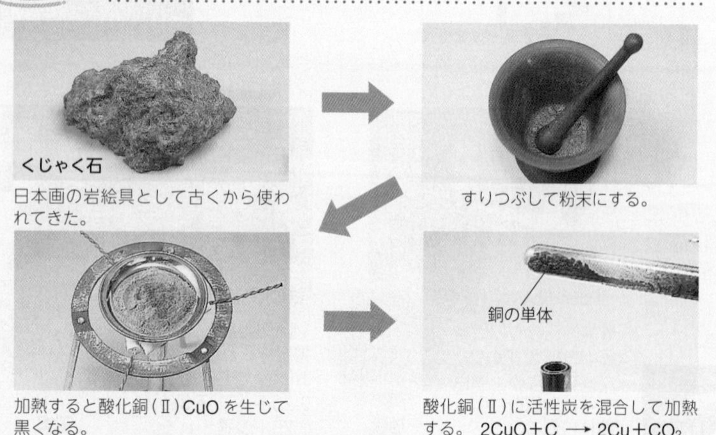

日本画の岩絵具として古くから使われてきた。

すりつぶして粉末にする。

加熱すると酸化銅(Ⅱ)CuO を生じて黒くなる。

酸化銅(Ⅱ)に活性炭を混合して加熱する。 $2CuO + C \longrightarrow 2Cu + CO_2$

Tips 銅の電解精錬で得た陽極泥は貴金属工場に運ばれ，抽出や還元，電解などの工程を経て，金 Au や銀 Ag，セレン Se などに分けられる。

2 アルミニウムの製錬

鉱石のボーキサイトから純粋な酸化アルミニウム(アルミナ)Al_2O_3をつくる。これを約1000℃で融解した氷晶石Na_3AlF_6に溶かし，炭素を電極として電気分解する。

a ボーキサイトとその産出

ボーキサイト

主成分の組成は，$Al_2O_3 \cdot nH_2O$と表される。不純物としてFe，Siなどが酸化物として含まれる。

ボーキサイトの採掘

熱帯雨林では，岩石の風化が早く進むため，ボーキサイト鉱床は熱帯雨林または過去に熱帯雨林であった地域に多く見つかる。

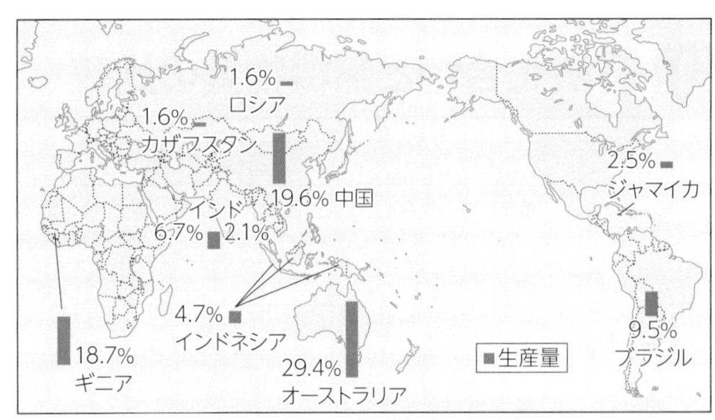

ボーキサイトの生産量(2019年)

b アルミニウムの製錬工程

■酸化アルミニウムの製造(バイヤー法)

テトラヒドロキシドアルミン酸ナトリウム $Na[Al(OH)_4]$ → 水酸化アルミニウム $Al(OH)_3$ →(加熱)→ 酸化アルミニウム Al_2O_3

沈殿槽

ボーキサイトを粉砕し，水酸化ナトリウム水溶液に混ぜると，Alは$Na[Al(OH)_4]$を生じて溶けるが，鉄Feなどの不純物は沈殿し，分離される。

$$Al_2O_3 + 2NaOH + 3H_2O \longrightarrow 2Na^+ + 2[Al(OH)_4]^-$$

これを冷却して水を加えると，OH^-の濃度が低下し，次の反応が右向きに進んで，水酸化アルミニウム$Al(OH)_3$が沈殿する。

$$[Al(OH)_4]^- \rightleftarrows Al(OH)_3 + OH^-$$

加熱炉

$Al(OH)_3$を約1200℃に加熱すると，Al_2O_3が得られる。

$$2Al(OH)_3 \longrightarrow Al_2O_3 + 3H_2O$$

■酸化アルミニウムの溶融塩電解(ホール・エルー法)

酸化アルミニウム Al_2O_3 →(電気分解)→ アルミニウム Al

酸化アルミニウムの融点は2054℃であるが，融解した氷晶石に入れると約1000℃で液体になる。

$$Al_2O_3 \rightleftarrows 2Al^{3+} + 3O^{2-}$$

これを電気分解すると，次のような変化がおこる。

(陽極) $C + O^{2-} \longrightarrow CO + 2e^-$
$C + 2O^{2-} \longrightarrow CO_2 + 4e^-$

(陰極) $Al^{3+} + 3e^- \longrightarrow Al$

現在，わが国では，アルミニウムの製錬は行われていない。

PLUS 氷晶石

氷晶石は，Na_3AlF_6からなる鉱物であり，1799年にグリーンランドで発見された。当初は「融けない氷」と考えられ，外見が非常に氷に似ていることから，この名がつけられた。融点は1012℃であり，その融解液は，酸化アルミニウム(融点2054℃)を容易に溶かしこむ。そのため，ホール・エルー法における溶融塩電解は，氷晶石の融解液に約5%の酸化アルミニウムを溶解させ，炭素電極を用いて行われる。

氷晶石

トピック アルミニウムのリサイクル

アルミニウムの溶融塩電解では，まず溶融塩を得るための電気炉で，大量の電気エネルギーが消費される。さらに，電気分解には，得られるアルミニウム1kgあたり，次の電気量が必要となる。

$$9.65 \times 10^4 C/mol \times \frac{1.0 \times 10^3 g}{27 g/mol} \times 3 = 1.1 \times 10^7 C$$

これは，銅1kgを得るための電気分解に要する電気量の約3.5倍に相当する。このように，製錬に莫大な電力を必要とするため，アルミニウムは「電気の缶詰め」ともよばれている。

アルミニウムは，さびにくいため，容易に再生できる。再生に要するエネルギーは，ボーキサイトから同じ質量のアルミニウムを得る場合の約3%といわれている。そのため，リサイクルが重視され，廃品回収が行われる。2000年以降，アルミニウム容器の分別回収を行っている自治体は，全体の90%を超えている。

回収されたアルミニウム製品

得られたアルミニウムの融解液

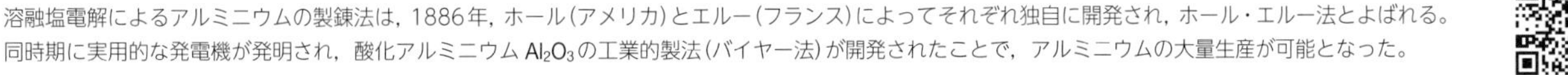

Tips 溶融塩電解によるアルミニウムの製錬法は，1886年，ホール(アメリカ)とエルー(フランス)によってそれぞれ独自に開発され，ホール・エルー法とよばれる。同時期に実用的な発電機が発明され，酸化アルミニウムAl_2O_3の工業的製法(バイヤー法)が開発されたことで，アルミニウムの大量生産が可能となった。

1 有機化合物の特徴と分類 化学

1 有機化合物と無機物質の比較
organic compound　inorganic substance

炭素原子を骨格とする化合物を一般に**有機化合物**という。有機化合物の構成元素は比較的少ないが，有機化合物の種類はきわめて多い。

	有機化合物	無機物質
構成元素	● すべて炭素 C を含むほか，水素 H，酸素 O，窒素 N，硫黄 S，リン P，塩素 Cl などから構成され，元素の種類は少ない。	● ほぼすべての元素から構成され，元素の種類は多い。
化合物の種類	● 非常に多い。	● 比較的少ない。
おもな性質	● 分子からできているものが多い。 ● 融点・沸点が一般に低く，燃えやすく，分解しやすいものが多い。	● 融点の高いもの，低いものがある。 ● 燃えにくく，分解しにくいものが多い。
溶解性と水溶液の性質	● 非電解質が多く，水に溶けにくいものが多い。 ● 有機溶媒に溶けやすいものが多い。	● 電解質が多く，水に溶けやすいものが多い。 ● 有機溶媒に溶けにくいものが多い。

二酸化炭素 CO_2 のような炭素の酸化物や，炭酸カルシウム $CaCO_3$ のような炭酸塩は，炭素を含むが，無機物質として扱われる。

■ 燃焼

有機化合物は燃えやすいものが多く，燃料に用いられるものもある。

■ 融点

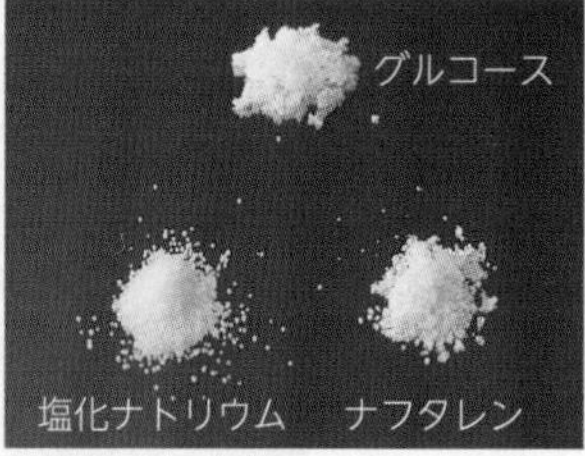

加熱

有機化合物（グルコース，ナフタレン）は融点が低い。融点よりも低い温度で分解するものもある。

融点〔℃〕

有機化合物	融点〔℃〕	無機物質
	3000	
		酸化マグネシウム
	2500	
融点の低いものが多い	2000	融点の高いものも低いものもある
	1500	二酸化ケイ素
	1000	塩化ナトリウム
グルコース		
ナフタレン	500	
フェノール		
酢酸		硫酸銅(Ⅱ)
アセトン	0	水
エタノール		アンモニア
ブタン		塩化水素
メタン	−273	一酸化炭素

■ 溶解性

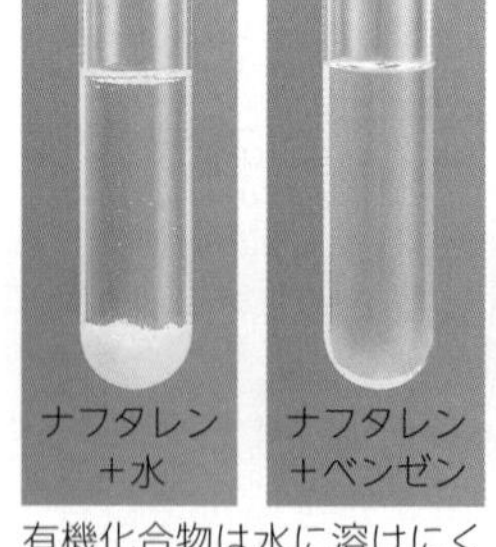

有機化合物は水に溶けにくく，有機溶媒に溶けるものが多い。

■ 電気伝導性

水に溶けても電離しないものが多い

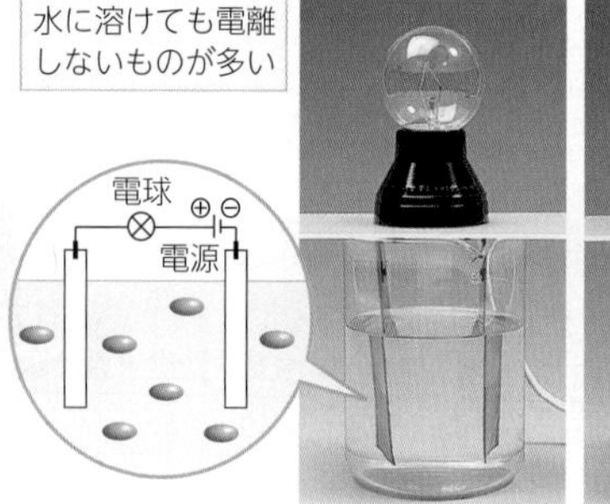

グルコース水溶液

電離で生じたイオンが電気を導く

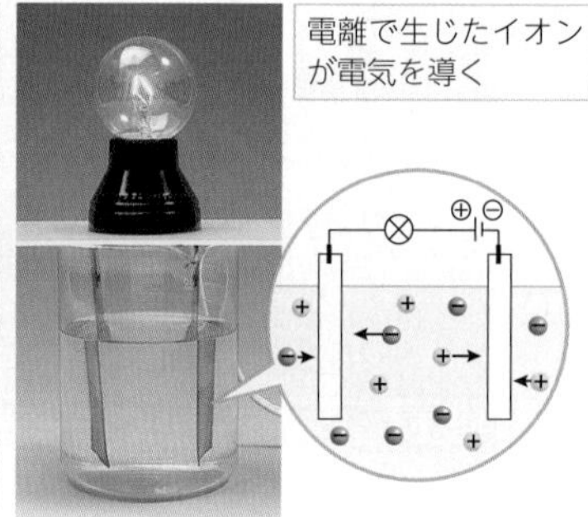

塩化ナトリウム水溶液

トピック 有機化学の誕生

ベルセリウス
(1779〜1848 スウェーデン)

1806年
「有機化学」「有機化合物」の語を初めて使用した。当時，有機化合物は生命が宿す特別な力によってつくられるとされた（**生気論**）。

ウェーラー
(1800〜1882 ドイツ)

1828年
シアン酸アンモニウム NH_4OCN（無機物）から尿素 $CO(NH_2)_2$（有機物）を合成した。
$NH_4OCN \rightarrow CO(NH_2)_2$
生気論は終焉を迎えた。

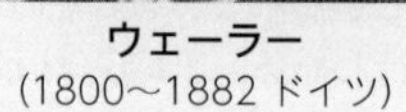

天然の有機化合物を単離，精製し，組成や構造式を決めるそれまでの有機化学から，新しい有用な有機化合物の合成が1つの流れとなり，19世紀後半には有機合成化学の基礎が築かれた。その後，新しい有機化合物の合成と，それらの反応の研究が有機化学の主流を占めるようになった。20世紀初めから発展した量子力学にもとづく有機電子論や，スペクトルの測定などの物理的手法による有機化合物の構造と反応の研究も進んだ。
現代の有機化学は，「天然物有機化学」，「有機合成化学」，「物理有機化学」が三本柱をなしている。

Tips 現在，1億種以上の有機化合物が知られている。1990年に1000万種，1999年に2000万種を超え，近年，急速に新しい化合物が見出されている。

2 有機化合物の分類

ⓐ 炭素骨格による分類

炭化水素（炭素と水素の化合物）を例に示している。
炭素原子間の二重結合や三重結合は**不飽和結合**と総称され，二重結合や三重結合を含む化合物は，不飽和化合物とよばれる。

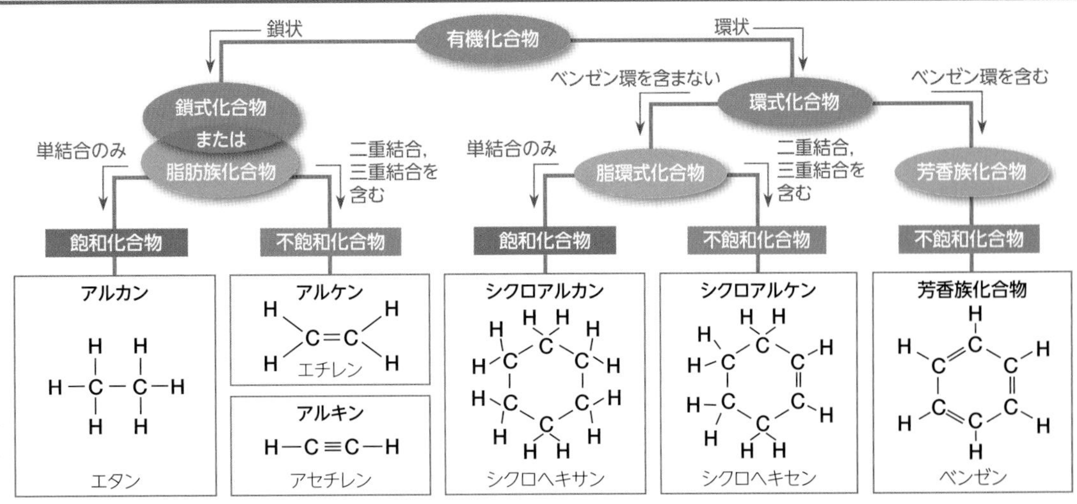

脂環式化合物は，脂肪族化合物に含められることもあり，互いに性質が似ている。芳香族化合物と脂環式不飽和化合物は，異なる性質を示す。

ⓑ 官能基にもとづく特性による分類

有機化合物の特性を決める原子団を**官能基**という。同じ官能基をもつ化合物は，類似の性質を示す。官能基以外の炭素と水素で構成されている部分を**炭化水素基**という。

官能基の種類	官能基の構造	化合物の分類	一般式	有機化合物の例	
ヒドロキシ基	−OH	アルコール	R−OH	エタノール	C_2H_5OH
		フェノール類	R−OH	フェノール	C_6H_5OH
エーテル結合	−O−	エーテル	R^1−O−R^2	ジエチルエーテル	$C_2H_5OC_2H_5$
ホルミル基（アルデヒド基）	−C(=O)−H	アルデヒド	R−CHO	アセトアルデヒド	CH_3CHO
カルボニル基	−C(=O)−	ケトン	R^1−CO−R^2	アセトン	CH_3COCH_3
カルボキシ基	−C(=O)−OH	カルボン酸	R−COOH	酢酸	CH_3COOH
エステル結合	−C(=O)−O−	エステル	R^1−COO−R^2	酢酸エチル	$CH_3COOC_2H_5$
ニトロ基	$-NO_2$	ニトロ化合物	$R-NO_2$	ニトロベンゼン	$C_6H_5NO_2$
アミノ基	$-NH_2$	アミン	$R-NH_2$	アニリン	$C_6H_5NH_2$
スルホ基	$-SO_3H$	スルホン酸	$R-SO_3H$	ベンゼンスルホン酸	$C_6H_5SO_3H$

ⓒ 有機化合物の構成

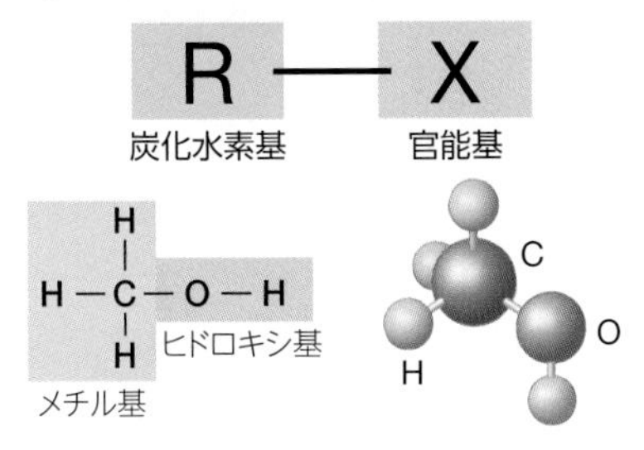

炭化水素基	名称
CH_3-	メチル基
CH_3CH_2-	エチル基
$CH_3CH_2CH_2-$	プロピル基
$CH_3CH(CH_3)-$	イソプロピル基
$-CH_2-$	メチレン基
$CH_2=CH-$	ビニル基
C_6H_5-	フェニル基

3 構造式と示性式

有機化合物を表すには，原子が分子中でどのような結合をしているかを示す**構造式**や，炭化水素基と官能基を組み合わせて表す**示性式**を用いる。

原子		電子式	原子価
水素	H−	H・	1
炭素	−C−（上下にも結合）	・C・（上下にも・）	4
窒素	−N−（下にも結合）	・N・（上に：，下に・）	3
酸素	−O−	・O・（上下に：）	2
塩素	Cl−	：Cl・（上下に：）	1

構造式は，各原子の原子価を満たすように示される。

	1−プロパノール C_3H_8O	2−プロパノール C_3H_8O	プロピオン酸 $C_3H_6O_2$
構造式	H H H H−C−C−C−O−H H H H	H H H H−C−C−C−H H O−H H	H H H−C−C−C−O−H H H O
簡略化した構造式	$CH_3-CH_2-CH_2-OH$	$CH_3-CH(OH)-CH_3$	CH_3-CH_2-COOH
示性式	$CH_3CH_2CH_2OH$ （C_3H_7OH でもよい）	$CH_3CH(OH)CH_3$	CH_3CH_2COOH （C_2H_5COOH）
CとHを省略した表し方	／＼／OH	OH（中央から下へ）	OH，O（骨格式）

Tips 構造式の表記においては，構造式中の一部の線（特にHの結合を表す線）を省略して表すことも多い。（例）エタノール　CH_3-CH_2-OH（C_2H_5-OH でもよい）

2 化学式の決定 化学

1 化学式決定の流れ

有機化合物の化学式を決定するには，元素分析や分子量の測定，物質の性質を調べる必要がある。

有機化合物の化学式は，次のような手順で決定される。

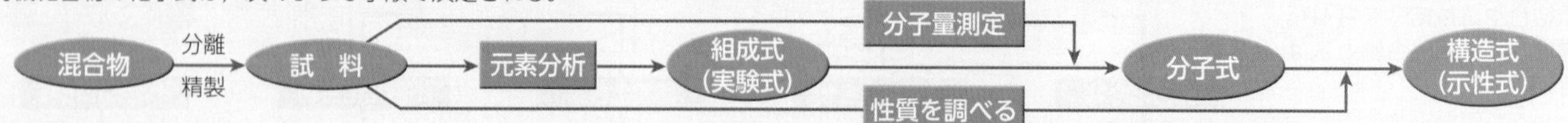

試料の分離・精製法には，ろ過，蒸留，分留，再結晶，抽出，クロマトグラフィーなどがある(➡p.18)。

2 成分元素の検出

有機化合物の成分元素は，次のような操作によって確認することができる。

炭素 C と水素 H の検出

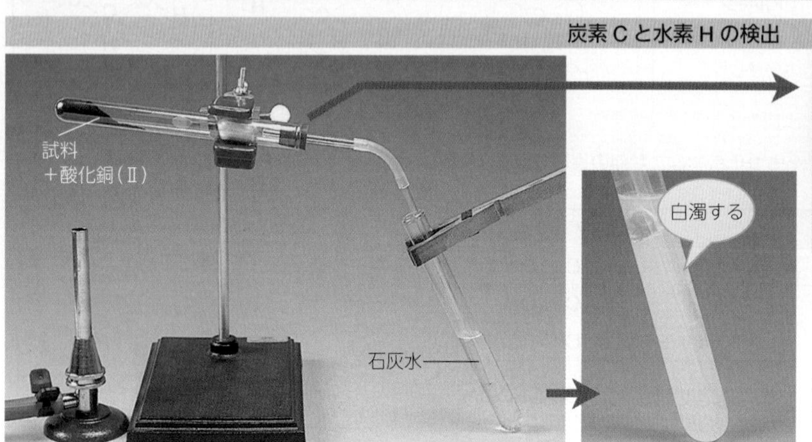

試料に酸化銅(Ⅱ)CuO を加えて，完全燃焼させる。

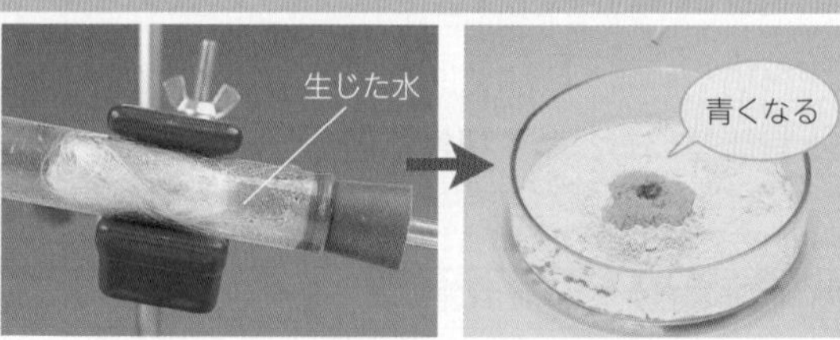

生じた液体が硫酸銅(Ⅱ)無水塩を青変させれば水を含み，水素の存在が確認される。

$CuSO_4 + 5H_2O \longrightarrow CuSO_4 \cdot 5H_2O$

水酸化カルシウム水溶液(石灰水)が白濁すれば，発生した気体が二酸化炭素を含み，炭素の存在が確認される。

$Ca(OH)_2 + CO_2 \longrightarrow CaCO_3 + H_2O$

窒素 N の検出

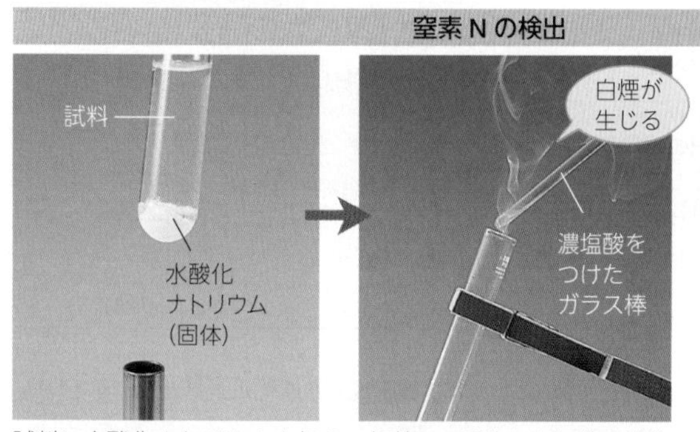

試料に水酸化ナトリウムを加えて加熱し，発生した気体に濃塩酸を近づけて塩化アンモニウムの白煙が生じれば，窒素の存在が確認される。 $HCl + NH_3 \longrightarrow NH_4Cl$

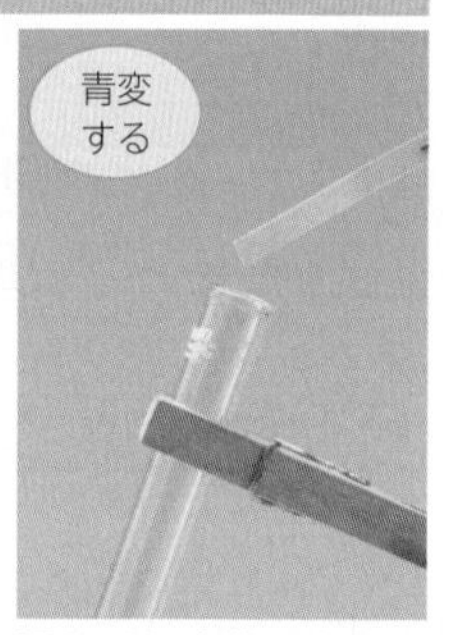

湿らせた赤色リトマス紙を用いて確認することもできる。

塩素 Cl の検出

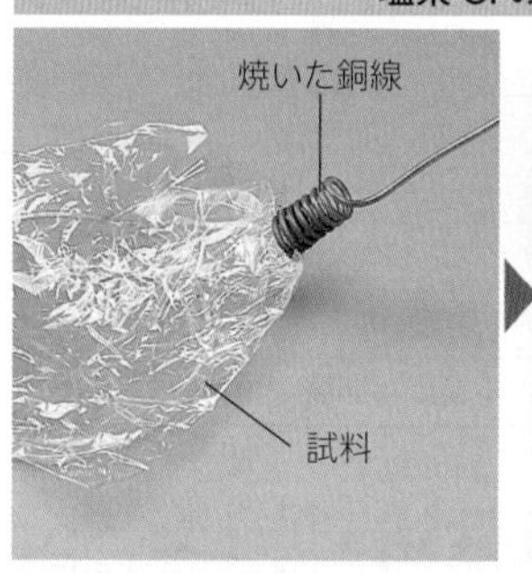

銅単体では炎色反応を示さない。焼いた銅線を，塩素を含む試料につけると塩化銅(Ⅱ)が生成して炎色反応を示し，塩素の存在が確認される(バイルシュタインテスト)。

硫黄 S の検出

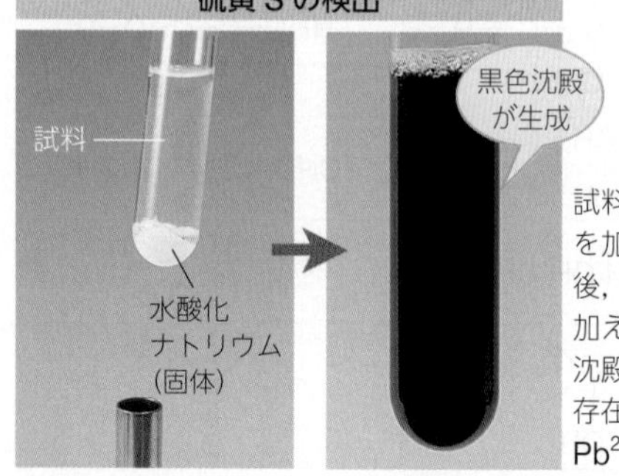

試料に水酸化ナトリウムを加えて加熱する。冷却後，酢酸鉛(Ⅱ)水溶液を加えて硫化鉛(Ⅱ)の黒色沈殿が生じれば，硫黄の存在が確認される。

$Pb^{2+} + S^{2-} \longrightarrow PbS$

key person(キーパーソン) リービッヒ

1830 年ごろ，有機物質の分析には熟練した技術が必要であり，特に二酸化炭素の質量の測定が課題となっていた。そこでリービッヒは，二酸化炭素を水酸化カリウム水溶液に吸収させる方法を考え，「カリ球」とよばれる分析装置を発明した。リービッヒによって有機物質の分析を簡便かつ正確に行えるようになり，有機化学の発展に多大な影響を与えた。

リービッヒ
(1803〜1873 ドイツ)

元素分析法の原型は，リービッヒ冷却器で有名なリービッヒによってつくられた。彼は，自分が研究していた雷酸銀(AgONC)と，ウェーラーが発表したシアン酸銀(AgOCN)が，性質は全く異なるが，同一組成であったことから，異性体の概念を見出した。

3 元素分析による組成式の決定
elementary analysis

確認された各元素の含有量から，化合物を構成する元素の質量組成を決定する操作を**元素分析**という。

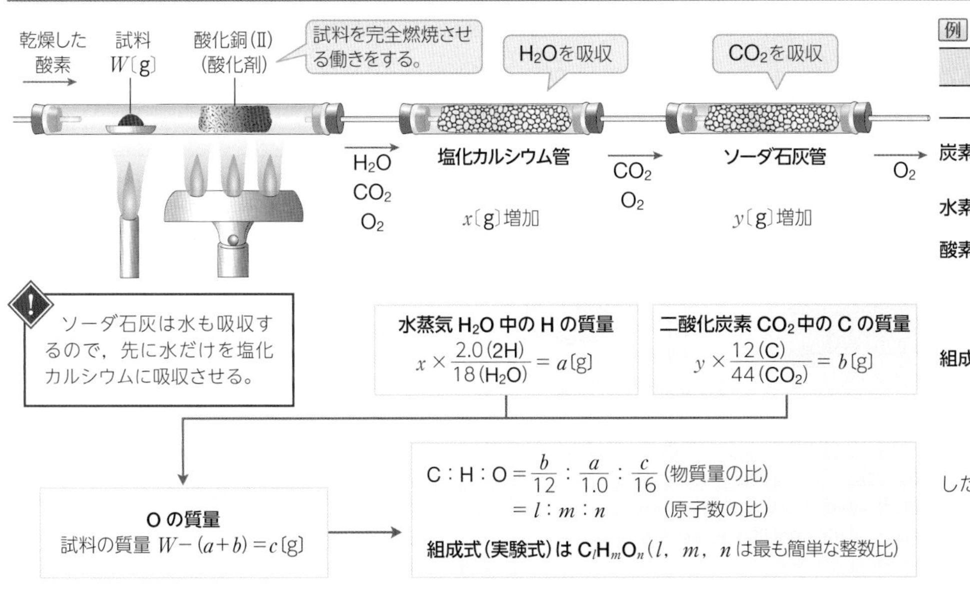

例

試料	水	二酸化炭素
8.05mg	9.45mg	15.40mg

炭素 $15.40\,\text{mg} \times \frac{12}{44} = 4.20\,\text{mg}$

水素 $9.45\,\text{mg} \times \frac{2.0}{18} = 1.05\,\text{mg}$

酸素 $8.05\,\text{mg} - (4.20\,\text{mg} + 1.05\,\text{mg})$
$= 2.80\,\text{mg}$

組成式 C : H : O $= \frac{4.20}{12} : \frac{1.05}{1.0} : \frac{2.80}{16}$
$= 0.35 : 1.05 : 0.175$
$= 2 : 6 : 1$

したがって，組成式は C_2H_6O

4 分子量および分子式の決定

分子式は，組成式の式量と分子量から求められる。

(組成式の式量)× n = 分子量
(組成式)× n = 分子式

組成式 CH_2O で示される化合物

物質	分子式	分子量
ホルムアルデヒド	CH_2O	30
酢酸	$C_2H_4O_2$	60
乳酸	$C_3H_6O_3$	90
グルコース	$C_6H_{12}O_6$	180

同じ組成式でも分子量の異なるいくつかの化合物があり得る。

気体の状態方程式の利用	凝固点降下度(沸点上昇度)の測定	浸透圧の測定	中和滴定の利用
$M = \frac{wRT}{PV}$	$M = \frac{Kw}{\Delta tW}$	$M = \frac{wRT}{\Pi V}$	$acV = a'c'V'$
P：圧力〔Pa〕 V：体積〔L〕 w：気体の質量〔g〕 R：気体定数〔Pa·L/(K·mol)〕 T：絶対温度〔K〕	Δt：凝固点降下度(沸点上昇度)〔K〕 w：溶質の質量〔g〕 W：溶媒の質量〔kg〕 K：モル凝固点降下〔K·kg/mol〕(モル沸点上昇)	Π：溶液の浸透圧〔Pa〕 V：溶液の体積〔L〕 w：溶質の質量〔g〕 R：気体定数〔Pa·L/(K·mol)〕 T：絶対温度〔K〕	a，a'：酸，塩基の価数 c，c'：酸，塩基のモル濃度〔mol/L〕 V，V'：酸，塩基の水溶液の体積〔L〕
気体になりやすい物質の場合は，加熱して気体として分子量を求める。	気体になりにくい物質の場合は，水や有機溶媒に溶かして，凝固点や沸点，浸透圧などを測定して分子量を求める。		酸や塩基の場合には，中和滴定を利用して分子量を求めることができる。

5 構造式の決定

有機化合物には，分子式が同一であっても，性質の異なるものが多くみられる。これらを区別するため，構造式が用いられる。構造式は，化学的な性質をもとに官能基を推定し，各原子の価標を満たすように決定される。

a 化学的な性質による決定

官能基の種類が異なると，物質の化学的性質が異なる。反応性を確認することによって，その物質に含まれている官能基を決定する。

例 分子式 $C_2H_4O_2$ で示される化合物

	酢酸	ギ酸メチル
構造	H-C(H)(H)-C(=O)-O-H	H-C(=O)-O-C(H)(H)-H
官能基	カルボキシ基 $-COOH$	エステル結合 $-COO-$
性質	Na と反応して H_2 を発生する	Na と反応しない

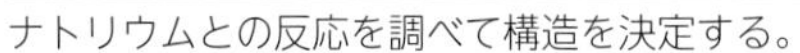
ナトリウムとの反応を調べて構造を決定する。

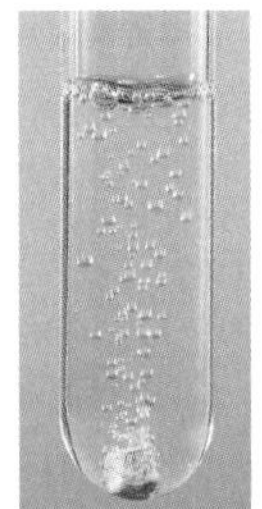
酢酸
+Na

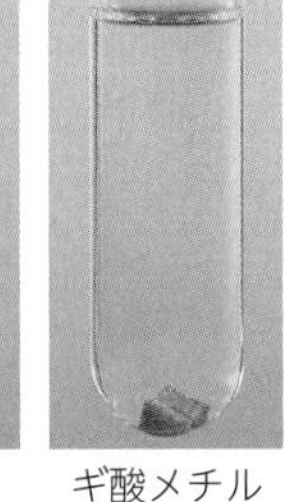
ギ酸メチル
+Na

b 物理的な性質による決定

物理的な性質(沸点，融点，密度など)を測定し，文献値と比較して，物質を確認する。

例 分子式 C_4H_6 で示される三重結合をもつ化合物

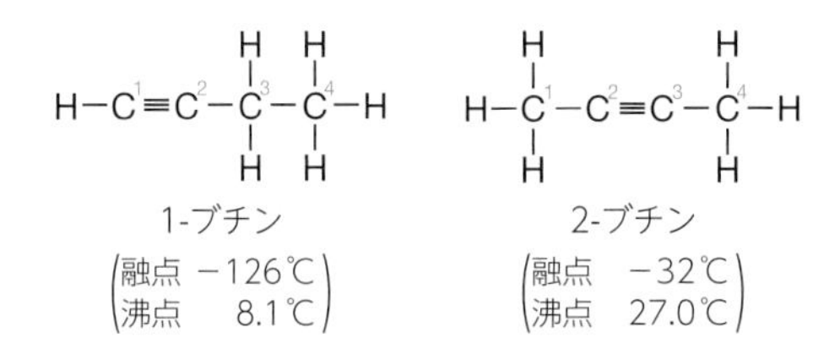

化学的な性質に大きな違いがないため，融点や沸点を調べて，構造を決定する。

Tips フグがもつ毒はテトロドトキシンとよばれ，猛毒であるが，医療用の鎮痛剤としても用いられる。テトロドトキシンの構造は長い間解明されていなかったため，世界中で研究が競われ，1964年，京都で開催された学会で，3つの研究室(東京大学，名古屋大学，ハーバード大学)から同時に同じ構造が発表された。

特集 7 機器分析

1 ガスクロマトグラフィー
Gas Chromatography (GC)

▶気化しやすい化合物を対象に，その種類を決めたり，定量したりすることができる。

沸点が比較的低い有機化合物が混合している試料がある場合，これを蒸発させて気体とし，吸着剤を入れたカラム(円筒状の容器)を通すことで分離することができる。
具体的には，右図のように，カラム内にヘリウムを流しながら，恒温槽よりも高温にした注入口から試料を注入し，気体にする。気体となった試料は，ヘリウムとともにカラム内に運ばれる。カラムの温度は，試料が気体の状態を保つことができるように設定されており，沸点が低く，吸着剤に吸着されにくい物質から検出器に到達する。有機化合物が検出器を通ると，記録計によってピークが記録される。試料が注入されてから検出器に到達するまでの時間(保持時間)は，条件が同じであれば，物質によって決まっているため，この時間によって化合物を推定することができる。

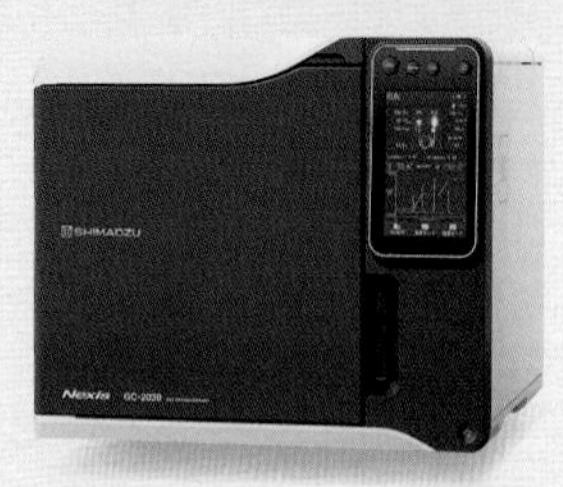
島津製作所 Nexis GC-2030

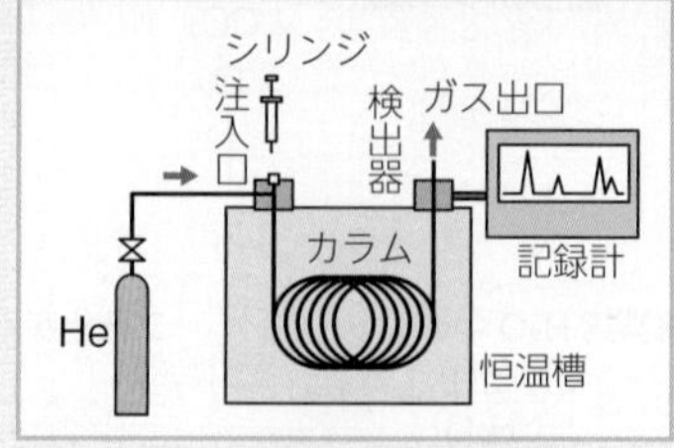

ガスクロマトグラフィー装置

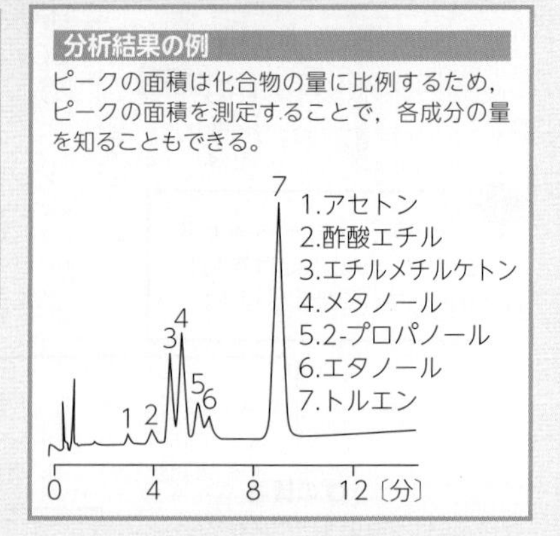

2 紫外可視吸光光度法
Ultraviolet-Visible Absorption Spectroscopy (UV-Vis)

▶紫外線や可視光線を試料に透過させ，透過率を測定することで，含まれる物質を特定し，定量することができる。

有機化合物の分子内にある不飽和結合(C=C，C=Oなど)に関与する電子には，特定の波長の紫外線や可視光線を吸収する性質がある。

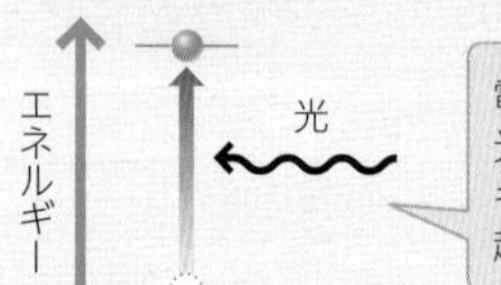

有機化合物がどの波長の紫外線あるいは可視光線を吸収するかによって，分子内の不飽和結合や，ベンゼン環に関する情報を得ることができる。吸収される光の量は，吸光度とよばれる指標で表される。

島津製作所 UV-1900i

紫外可視分光光度計
光源からの光(白色光)を分光器で波長ごとの光(単色光)に分け，これを試料中に通すことで，どの波長の光を吸収するかを測定する。

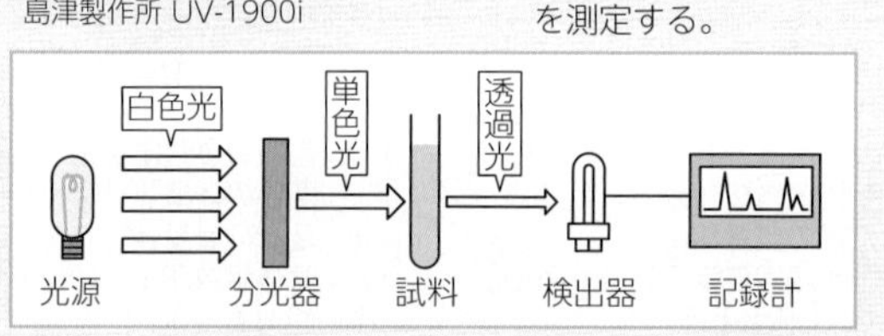

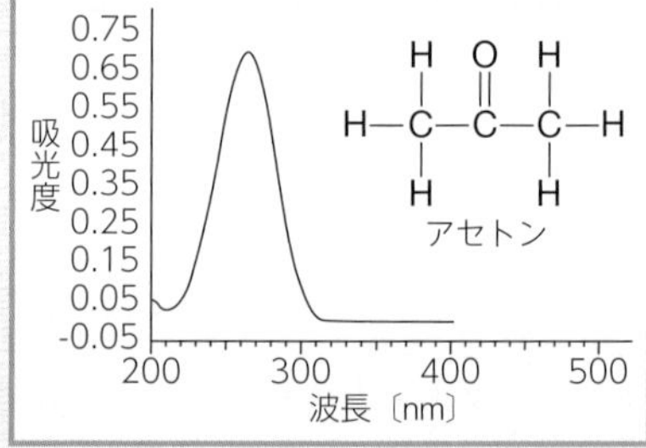

3 赤外吸光分光法
Infrared Absorption Spectroscopy (IR)

▶赤外線を試料に透過させ，その透過光を分光して得られるスペクトルから，官能基や結合の種類を知ることができる。

有機化合物の分子では，C−H，C=C，C=O，O−H，N−Hなどの結合が伸縮などの振動をしている。これらの振動は，結合や振動の種類に応じた波長の赤外線(波長1〜1000μm)を吸収する。

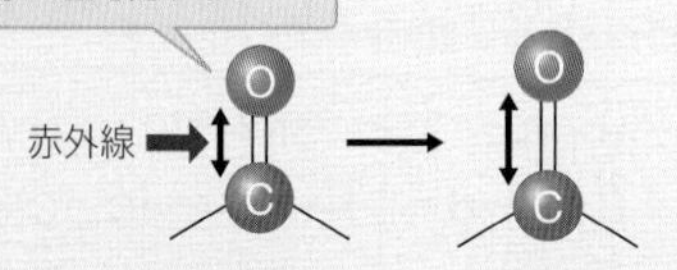

したがって，有機化合物の分子が，どの波長の赤外線を吸収するかを調べることによって，分子内に含まれる官能基の種類がわかる。
吸収される赤外線の波長の例を右表に示す。

赤外分光光度計
島津製作所 IRTracer-100

結合と振動	波数 /cm^{-1}
O−H 伸縮振動	3650〜3200
C−H 伸縮振動	3000〜2840
C=C 伸縮振動	1650〜1640
C≡C 伸縮振動	2260〜2100
C=O 伸縮振動	1750〜1700

赤外分光法では，赤外線の波長を波数（1cmあたりに含まれる波の数，単位：cm^{-1}）で表すことが多い。

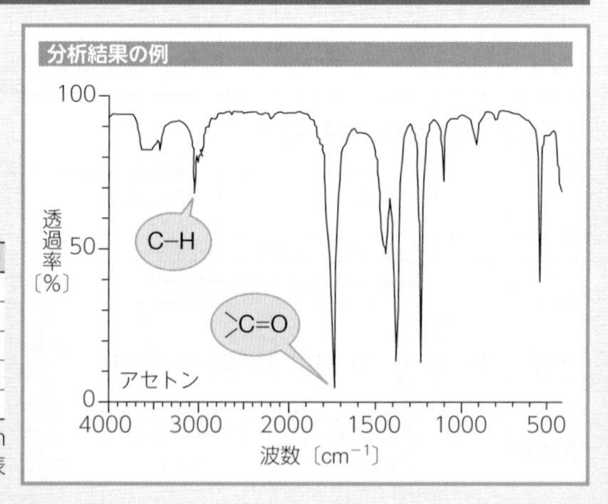

紫外可視吸光光度法では，電子の遷移にもとづいて光が吸収され，赤外吸光分光法では，分子の振動や運動にもとづいて光が吸収される。

有機化合物の分子量や構造を調べる方法のうち，
現代の主流は，さまざまな機器を用いる分析法である。

Nuclear Magnetic Resonance Spectroscopy (NMR)

4 核磁気共鳴分光法(NMR)

▶強い磁場中に置かれた試料が吸収する電磁波の波長を観測することで，分子構造を詳細に解析できる。

^{1}H の原子核は，微小な磁石とみなすことができる。このような原子核は，磁場のないときは，いずれも同じエネルギー状態であるが，強い磁場の中に置かれると，一定のエネルギー差(ΔE)をもつ異なるエネルギー状態のものに分かれ，エネルギーの低い原子核の方がわずかに多い状態で平衡に達する。これに電磁波を照射すると，ΔE に相当する波長の電磁波を吸収し，低いエネルギーの原子核が高いエネルギー状態に遷移する。

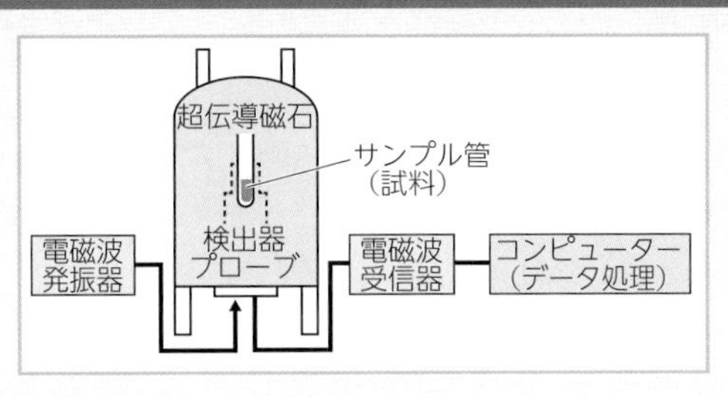

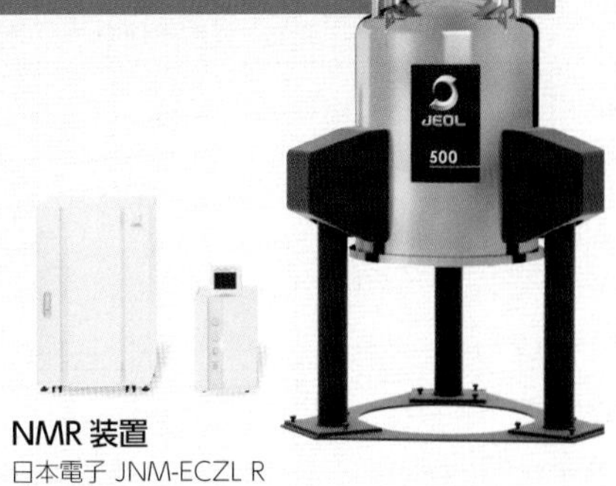

NMR 装置
日本電子 JNM-ECZL R

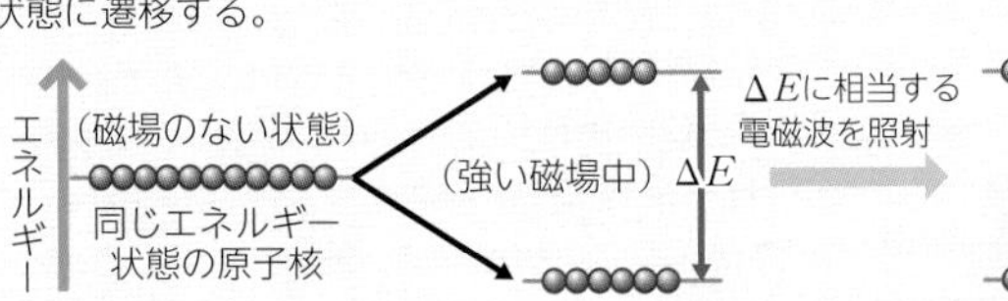

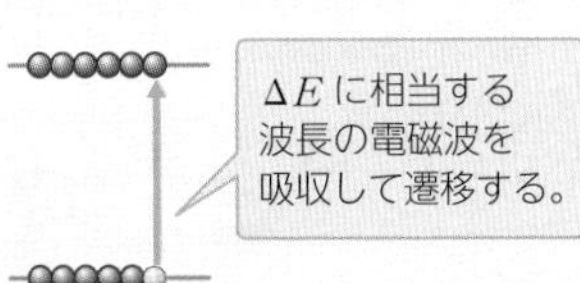

このような現象は，有機化合物内の ^{1}H の原子核でも観測される。強い磁場の中に置かれた有機化合物内の ^{1}H は，特定の波長の電磁波を吸収し，その波長は分子内で ^{1}H 原子がどの原子と結合しているか，などの条件によって変化することが知られている。この変化は，化学シフト(単位 ppm)とよばれる数値として得られる。また，隣接する炭素原子に何個の ^{1}H 原子が結合しているかによって，ピークの分裂のようすが異なる。さらに，ピークの面積は，同一の原子に結合している ^{1}H 原子の数に比例する。これらの情報から，有機化合物の分子の構造を詳細に知ることができる。

化学シフトの例

^{1}H	化学シフト〔ppm〕
$-CH_3$	0.9〜1.1
$-CH_2-$	1.3〜1.5
$C=C-CH_3$	1.1〜1.9
⌬$-CH_3$	2.0〜2.6
$C\equiv C-H$	2.2〜2.8
$C-O-CH_3$	3.5〜4.3
$C=CH_2$	4.5〜4.9
⌬$-H$	6.5〜8

分析結果の例

NMR は ^{1}H のほか，^{13}C(同位体として微量含まれるもの)について測定される場合もある。

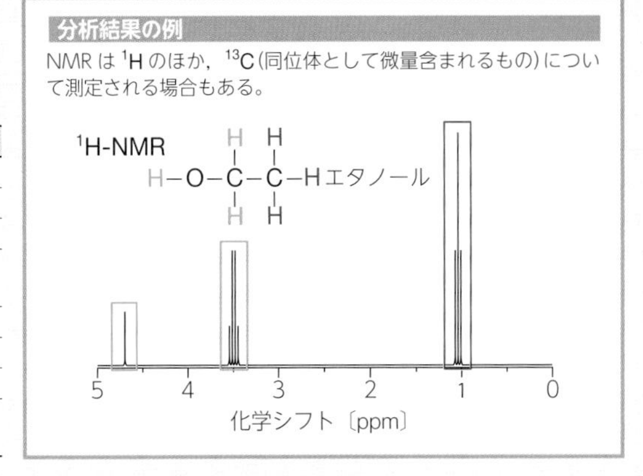

Mass Spectroscopy (MS)

5 質量分析法

▶分子をイオン化して飛行させ，磁気的な作用などで電荷や質量に応じて分離，これを検出することで，イオンや分子の質量を知ることができる。

分子に高エネルギーの電子を衝突させると，電子が 1 個放出された陽イオンになる。生成したイオンがまだ十分なエネルギーをもつ場合には，さらに分解し，フラグメントとよばれる陽イオンや電荷を持たない原子団が生成する。これらを加速して磁場の中を通すと，正の電荷をもつフラグメントの場合は，その質量に応じて軌道が曲げられ，検出部の異なる位置に衝突する。

最も重いフラグメントは，分子から電子が 1 個放出されたものである。これは，分子イオンとよばれ，その質量は分子量に相当する。フラグメントの生成パターンは，分子構造によって決まるため，フラグメントの質量分布から，最初の分子構造を経験的に推測することができる。この推測には，コンピュータのデータベースが利用される。

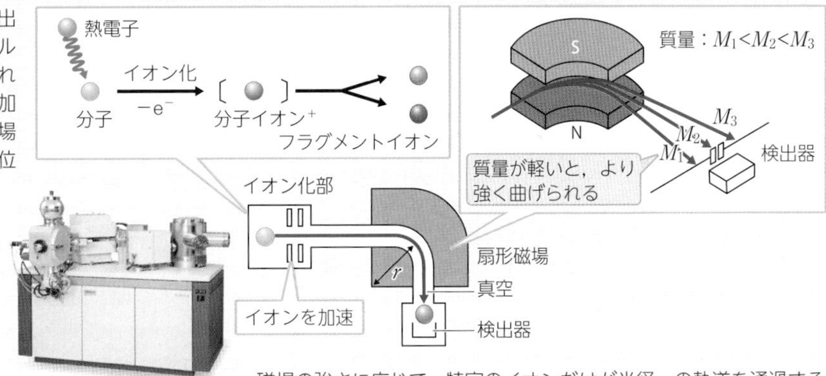

質量分析計

磁場の強さに応じて，特定のイオンだけが半径 r の軌道を通過する。
(タンパク質の質量測定 ➡ p.301)

分析結果の例

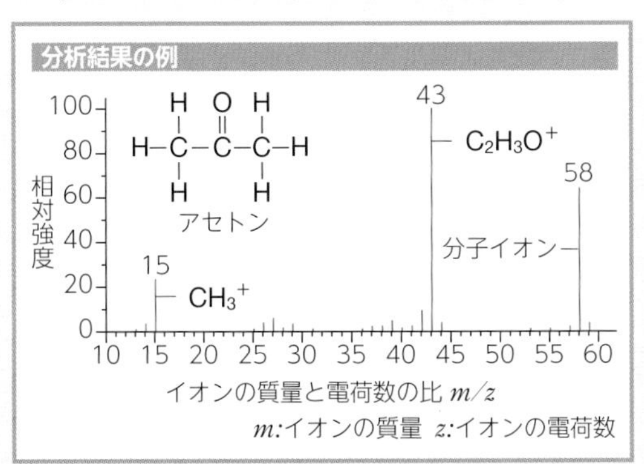

PLUS ガスクロマトグラフィーと質量分析法との組み合わせ

有機化合物の分析を行う場合，試料が混合物であり，通常の方法では個々の成分の分離が難しい場合が多い。このような場合には，ガスクロマトグラフィー(GC)と質量分析計(MS)とを組み合わせた装置(GC-MS)を用いると便利である。

まず，ガスクロマトグラフィーによって，混合物の試料を分離する。分離された成分を，順次，質量分析計に送りこみ，分析することによって，もとの混合物に含まれる成分を推測することができる。

3 異性体 化学

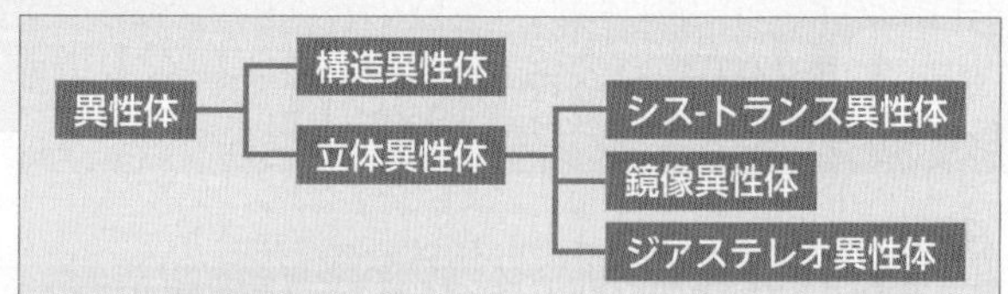

1 構造異性体 structural isomer

分子式は同じであるが，構造式の異なる化合物を互いに**構造異性体**という。

異なるところ	異なる理由	分子式	異性体の例
骨格異性体（炭素骨格の違いによる異性体）	炭素原子の並び方が異なる。	C_4H_{10}	ブタン（融点 −138℃ 沸点 −0.5℃）／2-メチルプロパン（イソブタン）（融点−160℃，沸点−12℃）
位置異性体（置換基の結合位置の違いによる異性体）	炭素骨格は同じでも，置換基や不飽和結合の位置が異なる。	C_3H_7Cl	1-クロロプロパン（融点−122℃，沸点47℃）／2-クロロプロパン（融点−117℃，沸点35℃）
		C_4H_6	1-ブチン（融点 −126℃ 沸点 8.1℃）／2-ブチン（融点 −32℃ 沸点 27.0℃）
	*ベンゼン環につく2個の置換基の位置を表すのに，オルト（*o*-），メタ（*m*-），パラ（*p*-）を用いる。	C_8H_{10}	*o*-キシレン*（融点 −25℃ 沸点 144℃）／*m*-キシレン*（融点 −48℃ 沸点 139℃）／*p*-キシレン*（融点 13℃ 沸点 138℃）
官能基異性体（官能基の違いによる異性体）	官能基が異なる。	C_2H_6O	エタノール（融点 −114.5℃ 沸点 78℃）／ジメチルエーテル（融点 −142℃ 沸点 −25℃）
		C_3H_6O	プロピオンアルデヒド（融点 −80℃ 沸点 48℃）／アセトン（融点 −95℃ 沸点 56℃）
		$C_2H_4O_2$	酢酸（融点 17℃ 沸点 118℃）／ギ酸メチル（融点 −99℃ 沸点 32℃）

化合物名中の数字は，置換基や不飽和結合が主鎖（分子中で最も長い炭素骨格）の何番目の炭素原子に結合しているかを示したものである。数字は，置換基の結合している炭素原子の位置がなるべく小さい値になるようにつける。

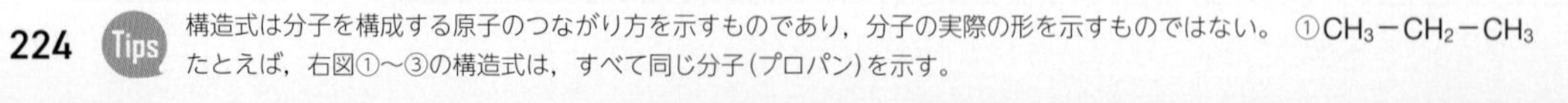
Tips 構造式は分子を構成する原子のつながり方を示すものであり，分子の実際の形を示すものではない。たとえば，右図①～③の構造式は，すべて同じ分子（プロパン）を示す。

① $CH_3-CH_2-CH_3$　② CH_3-CH_2（CH_3 が CH_2 に上から結合）　③ CH_3 CH_2 CH_3（折れ線状）

2 立体異性体
stereo isomer

構造式は同じであるが，立体的な構造が異なる異性体を互いに**立体異性体**という。

a シス-トランス異性体（幾何異性体）
geometrical isomer

二重結合を軸とした分子内の回転ができないために生じる。同種の原子または原子団が，二重結合に対して同じ側にあるものを**シス形**，反対側にあるものを**トランス形**という。脂環式化合物の場合にも，シス-トランス異性体が存在する。

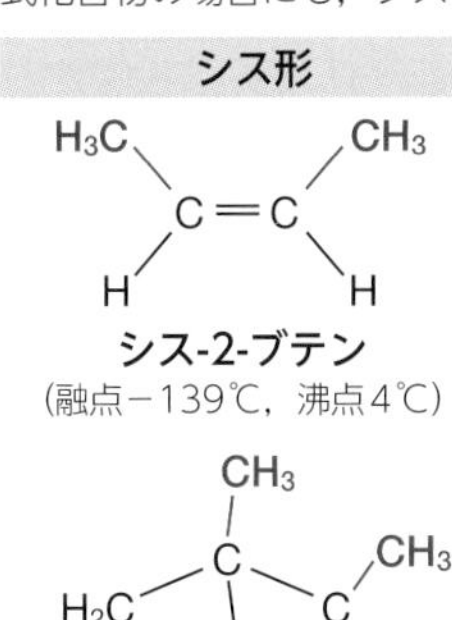

シス形	トランス形
シス-2-ブテン（融点 −139℃，沸点 4℃）	トランス-2-ブテン（融点 −106℃，沸点 1℃）
シス-1, 2-ジメチルシクロペンタン（融点 −52.5℃，沸点 99.2℃）	トランス-1, 2-ジメチルシクロペンタン（融点 −119℃，沸点 91.8℃）

b 鏡像異性体（光学異性体）
enantiomer　optical isomer

炭素原子に結合している4つの原子（または原子団）がそれぞれ異なっているとき，この炭素原子を**不斉炭素原子**という。分子内に不斉炭素原子をもつ化合物の場合，原子または原子団の配置が立体的に異なる**鏡像異性体**が存在する。

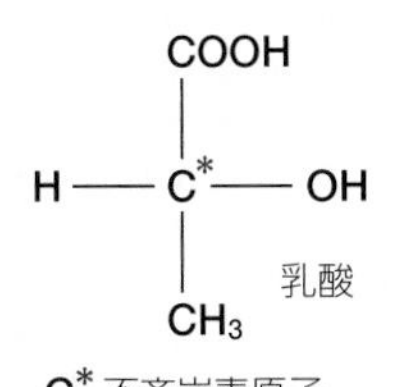

C^* 不斉炭素原子

- 鏡像異性体は右手と左手，鏡に対する実体と鏡像の関係にある。
- 一方をD体，他方をL体として区別する。
- 融点や密度などは等しいが，光に対する性質や，味・においなどが異なる。

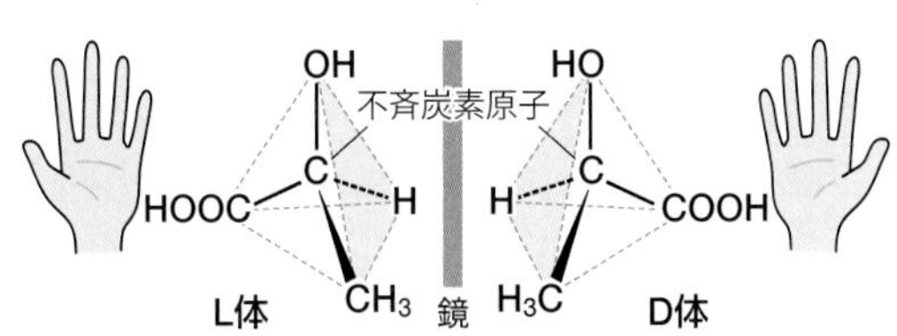

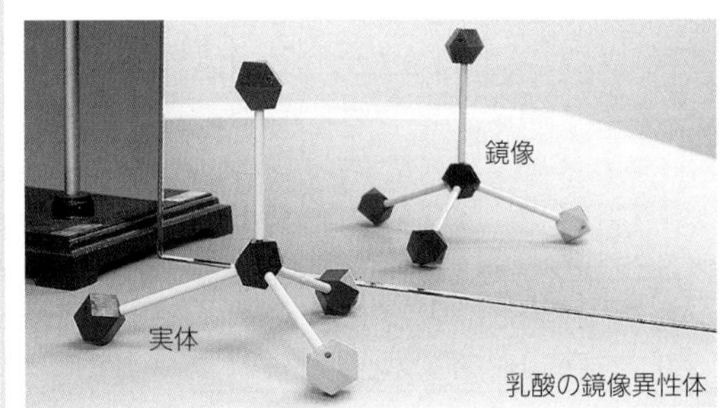

乳酸の鏡像異性体

c ジアステレオ異性体（ジアステレオマー）
diastereomer

不斉炭素原子を n 個もつ分子では，立体異性体が最大で 2^n 個存在する。例えば，アミノ酸のトレオニン（2-アミノ-3-ヒドロキシ酪酸）は，分子内に2個の不斉炭素原子をもち，次の4個の立体異性体が存在する。

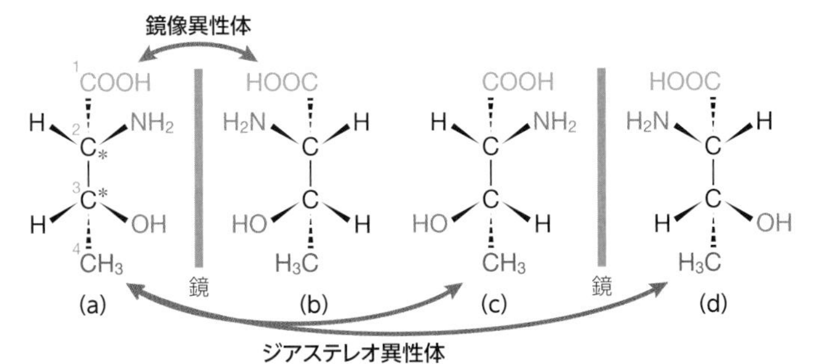

このうち，(a)と(b)は鏡像異性体の関係にあるが，(a)と(c)，(a)と(d)は鏡像異性体の関係にはない。このように，鏡像異性体の関係にない立体異性体を**ジアステレオ異性体（ジアステレオマー）**という。鏡像異性体は融点や沸点などの物理的性質や化学的性質が等しいが，ジアステレオ異性体では，これらの性質が互いに異なる。

d メソ化合物

不斉炭素原子を2個もちながら，立体異性体が3個しか存在しないものもある。例えば，ワインなどに含まれる酒石酸は不斉炭素原子を2個もち，次の4個の構造が考えられるが，(d)を180°回転させると，(c)と同じ構造であることがわかる。

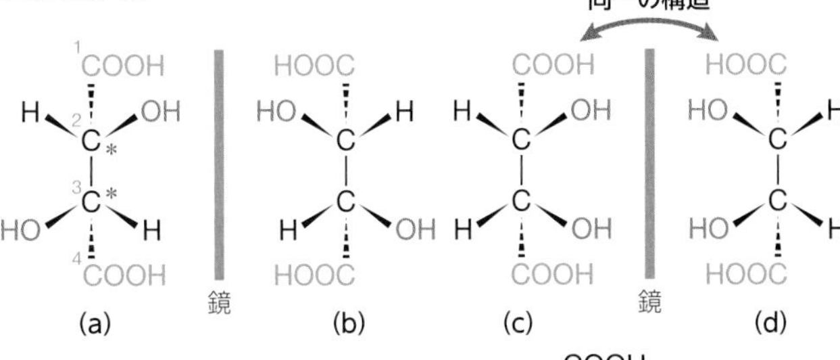

これは，(c)の分子内に，対称面が存在するからである。このように，不斉炭素原子が存在するにも関わらず，鏡像と重ね合わせることができる，すなわち，鏡像異性体が存在しない化合物を**メソ化合物**という。

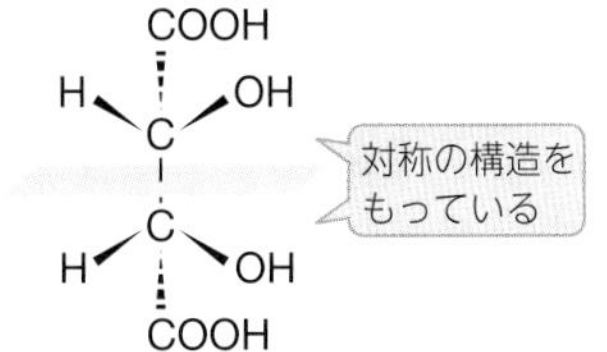

PLUS 鏡像異性体の光に対する性質

光を偏光板に通すと，振動面が一方向の光（**偏光**）が得られる。得られた偏光を鏡像異性体の溶液中に通すと，振動面が回転する。この性質を**旋光性**といい，旋光性を示すことを**光学活性**があるという。鏡像異性体は，互いに振動面を回転させる方向は異なるが，回転角の大きさ（旋光度）は同じである。

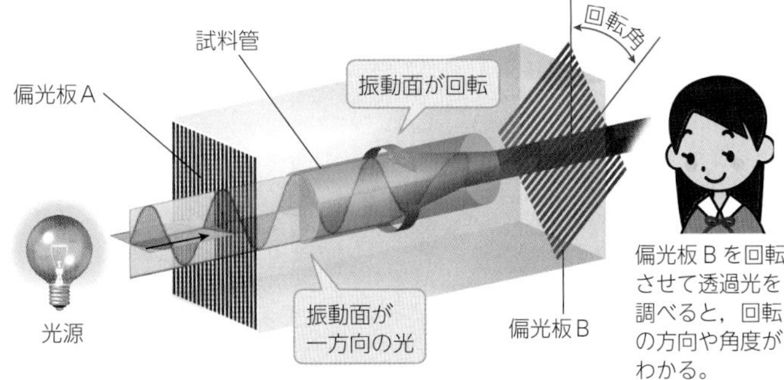

旋光計

Tips 光学活性をもつ酒石酸をはじめて分離したのは，フランスの生物学者パスツールであった。当時，彼は「生物でしか，光学活性をもつ物質は合成できない」と唱えたが，現在では，合成することが可能になっている。

第6章 ◆ 有機化合物

4 アルカンとシクロアルカン 化学

1 アルカン C_nH_{2n+2}

alkane

炭素と水素だけからなる有機化合物を**炭化水素**という。炭化水素のうち，メタン CH_4 やプロパン C_3H_8 のような鎖式飽和炭化水素を**アルカン**（メタン系炭化水素）という。

- **同族体**…分子式が CH_2 ずつ異なる一群の化合物。互いに化学的性質が似ている。
  homologue
  直鎖のアルカンでは，$-CH_2-$ が1個増えるごとに分子間のファンデルワールス力が増大し，沸点が上昇する。

直鎖アルカン（一般式 C_nH_{2n+2}）

名 称	分子式	名 称	分子式
メタン	CH_4	ウンデカン	$C_{11}H_{24}$
エタン	C_2H_6	ドデカン	$C_{12}H_{26}$
プロパン	C_3H_8	トリデカン	$C_{13}H_{28}$
ブタン	C_4H_{10}	テトラデカン	$C_{14}H_{30}$
ペンタン	C_5H_{12}	ペンタデカン	$C_{15}H_{32}$
ヘキサン	C_6H_{14}	ヘキサデカン	$C_{16}H_{34}$
ヘプタン	C_7H_{16}	ヘプタデカン	$C_{17}H_{36}$
オクタン	C_8H_{18}	オクタデカン	$C_{18}H_{38}$
ノナン	C_9H_{20}	ノナデカン	$C_{19}H_{40}$
デカン	$C_{10}H_{22}$	イコサン	$C_{20}H_{42}$

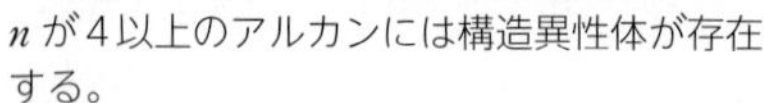

n が4以上のアルカンには構造異性体が存在する。

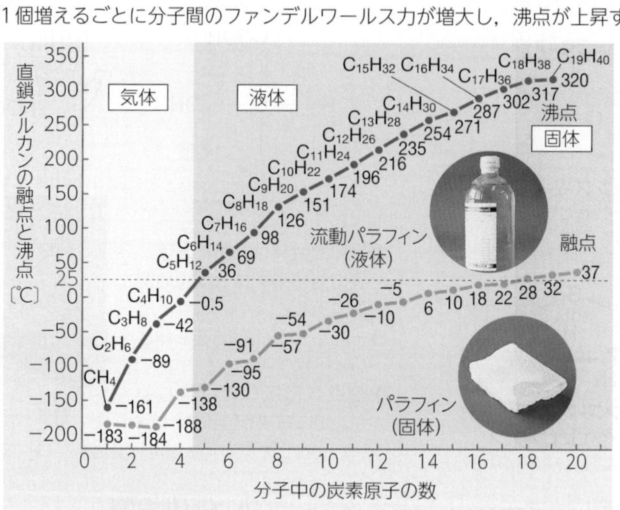

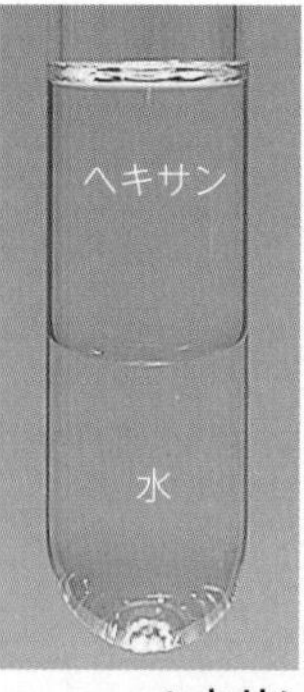

ヘキサンの溶解性

炭化水素は水に溶けにくいが，ジエチルエーテルなどの有機溶媒にはよく溶ける。液体や固体のアルカンは，水に浮く。

2 いろいろなアルカン

メタンは，無色無臭の気体で，空気よりも軽く，水に溶けにくい。メタン分子は正四面体の構造をとり，エタン分子やプロパン分子も，この正四面体を連結したような構造である。

メタン
沸点 −161℃
融点 −183℃

エタン
沸点 −89℃
融点 −184℃

プロパン
沸点 −42℃
融点 −188℃

ブタン
沸点 −0.5℃
融点 −138℃

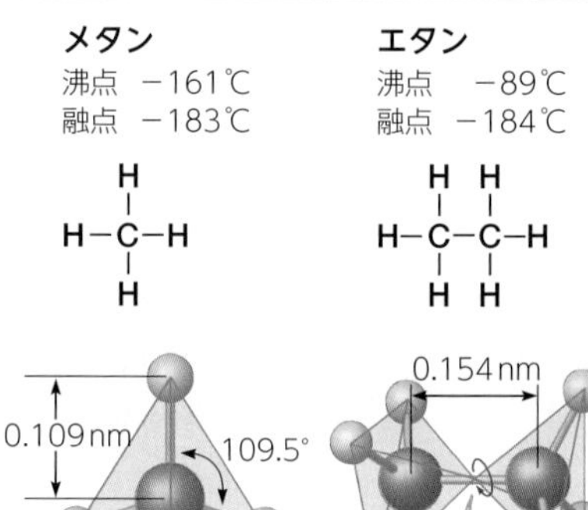

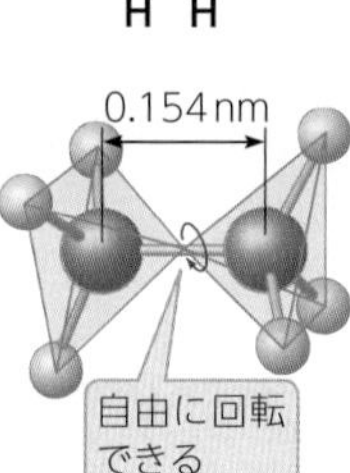

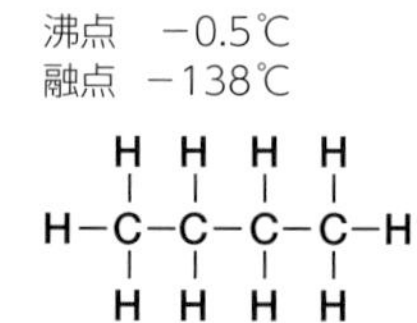

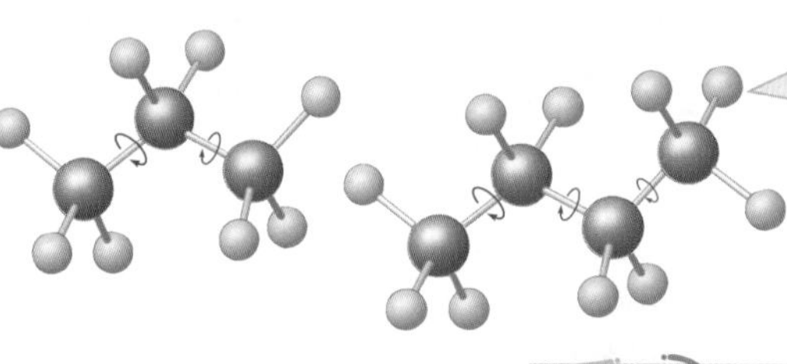

ブタンは常温・常圧では気体であるが，圧力をかけて液化させ，利用されている。

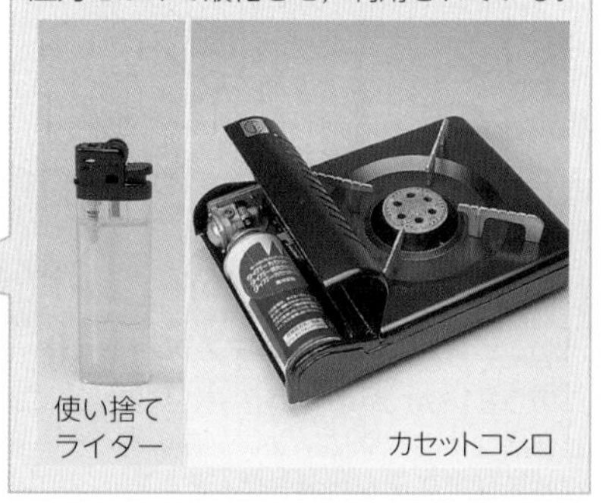

使い捨てライター　　カセットコンロ

a メタンの製法と利用

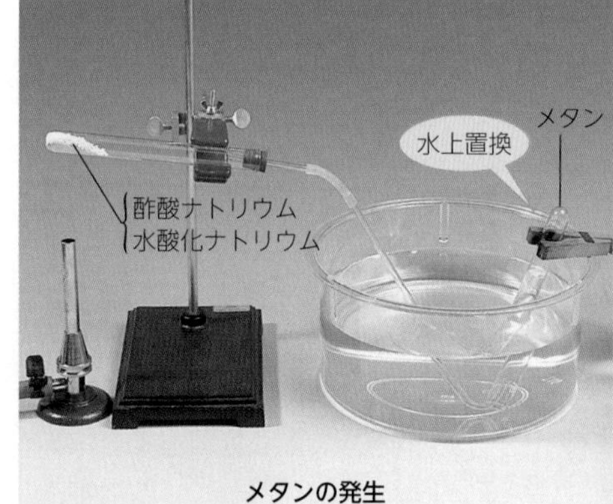

メタンの発生

$CH_3COONa + NaOH \longrightarrow CH_4 + Na_2CO_3$

天然ガスの主成分はメタンである。液体にして輸送する。

液化天然ガス（LNG）タンカー

トピック メタンハイドレート

メタンハイドレートは，氷の結晶中にメタン分子が取り込まれた構造の物質である。外観は雪のようでありながら火を近づけるとよく燃えるため，「燃える氷」ともよばれる。深海底に存在することが知られている。

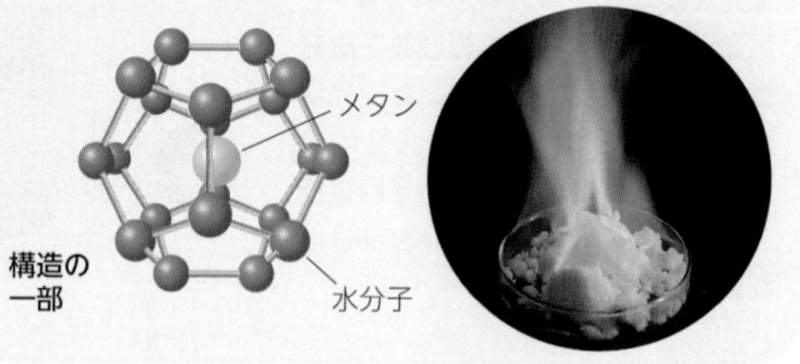

LNG は liquefied natural gas（液化天然ガス）の略で，主成分はメタンである。また，LPG は liquefied petroleum gas（液化石油ガス）の略で，主成分はプロパンやブタンである。LNG も LPG も燃料として広く利用されている。

3 構造異性体
structual isomer

炭素原子の数が4以上のアルカンには，構造異性体が存在する。たとえば，分子式 C_5H_{12} で示されるアルカンには，3つの構造異性体が存在する。

ペンタンとその構造異性体 枝分かれの少ない異性体ほど，分子間のファンデルワールス力が強く働き，沸点は高くなる。

ペンタン C_5H_{12}
融点 −130℃
沸点 36℃

2-メチルブタン C_5H_{12}
融点 −160℃
沸点 28℃

2, 2-ジメチルプロパン C_5H_{12}
融点 −17℃
沸点 10℃

枝分かれがあると，他の分子と接触する面積が小さくなり，分子間に働くファンデルワールス力が小さくなる。

球体に近い形になっている。

アルカンの異性体の数

炭素原子の数	分子式	異性体の数
4	C_4H_{10}	2
5	C_5H_{12}	3
6	C_6H_{14}	5
7	C_7H_{16}	9
8	C_8H_{18}	18
9	C_9H_{20}	35
10	$C_{10}H_{22}$	75
11	$C_{11}H_{24}$	159
14	$C_{14}H_{30}$	1858
20	$C_{20}H_{42}$	366319

炭素原子の数が多くなると，異性体の数は飛躍的に増える。

4 アルカンの置換反応
substitution reaction

化合物中の原子または原子団が他の原子または原子団と置き換わる反応を**置換反応**という。

メタンの置換反応

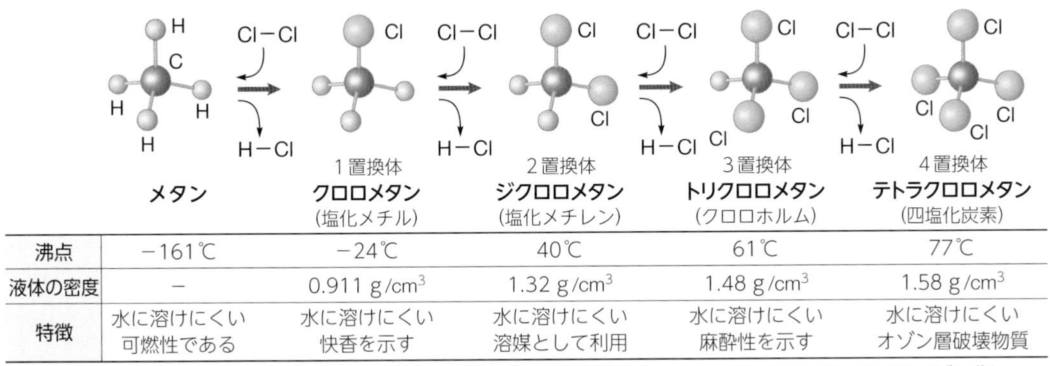

	メタン	クロロメタン	ジクロロメタン	トリクロロメタン	テトラクロロメタン
沸点	−161℃	−24℃	40℃	61℃	77℃
液体の密度	−	0.911 g/cm^3	1.32 g/cm^3	1.48 g/cm^3	1.58 g/cm^3
特徴	水に溶けにくい 可燃性である	水に溶けにくい 快香を示す	水に溶けにくい 溶媒として利用	水に溶けにくい 麻酔性を示す	水に溶けにくい オゾン層破壊物質

メタンは安定な化合物であるが，ハロゲンと混合して光をあてると，次々と連続して置換反応が起こる(**ハロゲン化**)。塩素の化合物を生成する反応は，特に**塩素化**とよばれる。

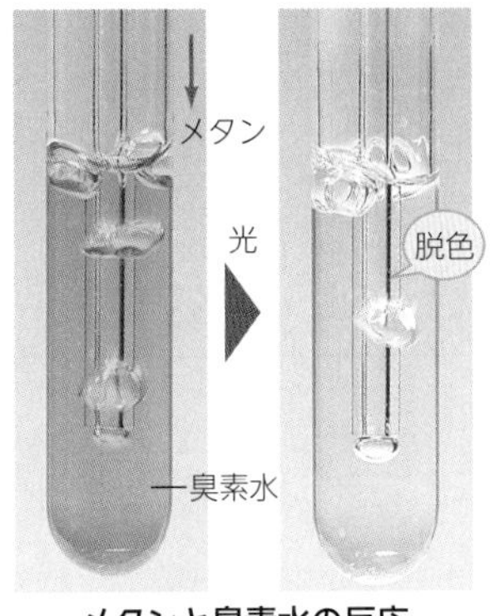

メタンと臭素水の反応
光をあてると置換反応が起こり，臭素水の赤褐色が消える。

5 シクロアルカン C_nH_{2n}
cycloalkane

飽和炭化水素のうち，環式のものを**シクロアルカン**という。

ⓐ シクロヘキサンの立体構造

シクロヘキサンは，構造式のような正六角形ではなく，いす形とよばれる構造をとっている。いす形構造では，炭素原子間の結合角が111.5°であり，正四面体形の結合角109.5°に近い角度になっている。舟形構造も取りうるが，立体的な反発を生じるため，いす形よりも不安定である。

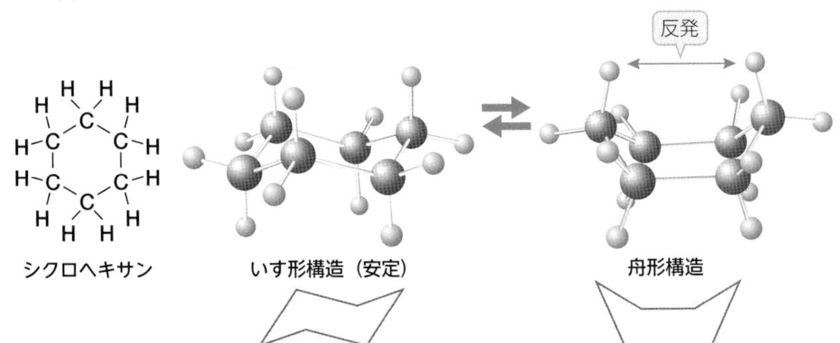

ⓑ シクロプロパンとシクロブタン

シクロプロパンやシクロブタンでは，メタン(正四面体)の結合角と比較して炭素原子間の結合角が小さく，環がひずんでいる。そのため，反応性が高く，環を開く反応が起こりやすい。

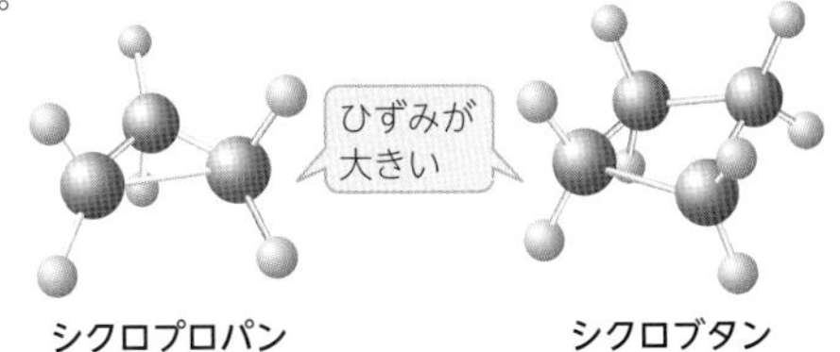

例 **シクロプロパンの開環**
シクロプロパンは臭素と反応して，環を開く反応が起こる。

$$\text{(CH}_2\text{)}_3 \text{(環)} + Br_2 \longrightarrow Br-CH_2-CH_2-CH_2-Br$$

1, 3-ジブロモプロパン

Tips プロパンは，本来，無色無臭の気体であるが，燃料として用いられているプロパンガス(プロパンを主成分とする液化石油ガス)は，玉ねぎの腐ったような刺激臭をもつ。これは，ガスもれが発生した際，すぐに気づくことができるよう，人工的ににおいをつけているためである。

特集 8 石油 -Petroleum-

POINT 1 石油は，地下資源として得られる炭化水素を主成分とする液状の混合物である。地下から採取されたままの状態のものは，原油ともよばれる。

採掘

地下に大量の原油を埋蔵している地域を**油田**という。

油田における原油のくみ出し

写真の装置はポンプジャックとよばれる。上下に動き，原油をくみ出す。

海底油田の石油プラットフォーム

海底の石油埋蔵量は地球上の埋蔵量の約25%といわれている。原油に含まれる揮発成分は，爆発などの危険があるため，集めて燃焼させる。

資源探査衛星で調べた地表のようすや，人工地震の解析結果などから原油の所在地を推定し，井戸（油井）を掘る。採算の見込める油井は，100本中2〜3本といわれる。油井の深さは数千mに達し，深いものは1万mを超える。

原油

原油の主成分は**炭化水素**である。

元素組成

原油の一般的な元素組成（質量%）は，次の範囲である。

炭素C：83〜87%，水素H：11〜14%
硫黄S：5%以下，窒素N：0.4%以下
酸素O：0.5%以下，金属：0.5%以下

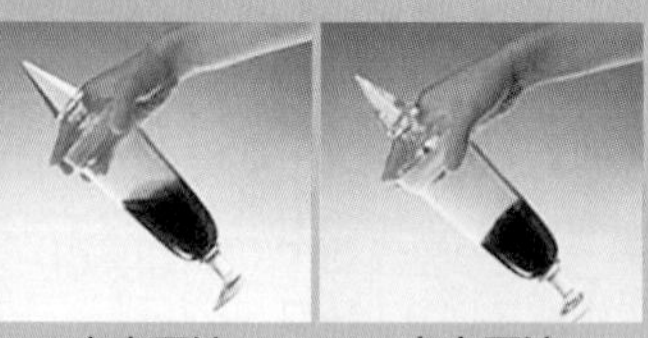

原油の元素組成（質量%）

化合物組成

原油は，無数の化合物からなる混合物であり，個々の化合物の確認は難しい。そのため，主成分の炭化水素は，分子構造によって，次の4タイプに類別して扱われる場合が多い。

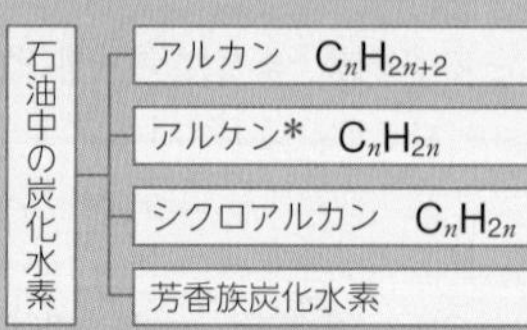

*アルケンは一般に原油には含まれない。熱分解や接触分解などの分解反応で生じる。

炭素と水素以外の元素は，元素含量としては微量であるが，有機化合物の成分として存在するため，炭化水素以外の化合物の含量は多くなる。その含量は，産出地ごとに著しく異なり，性質も異なる。

中東原油　南方原油

石油の成因

石油は，数億年前の海にいたプランクトンなどの生物の遺骸が化学変化をおこして生じたものと考えられている。

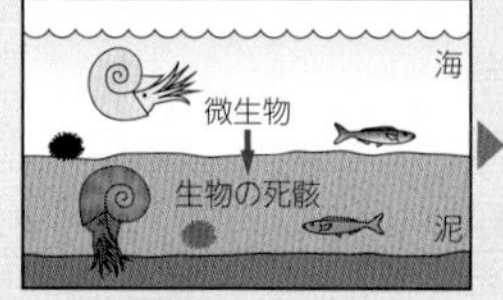

①有機物と土砂の堆積
太古の海に生息したプランクトンや藻類などの生物の遺骸が泥とともに海底に堆積し，埋没する。

②ケロジェンの生成
埋没した泥は泥岩になる。この泥岩には，**ケロジェン**とよばれる石油の根源物質（有機物の塊）が含まれる。

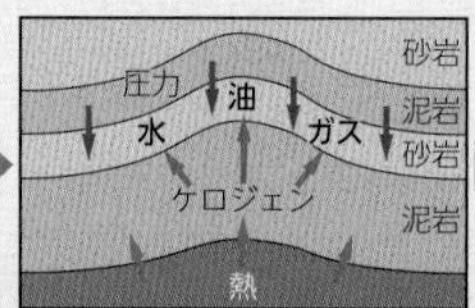

③熟成・石油の生成
ケロジェンは，長期間，地下の高い温度と圧力の影響を受けて，液体の炭化水素（石油）に変わる。

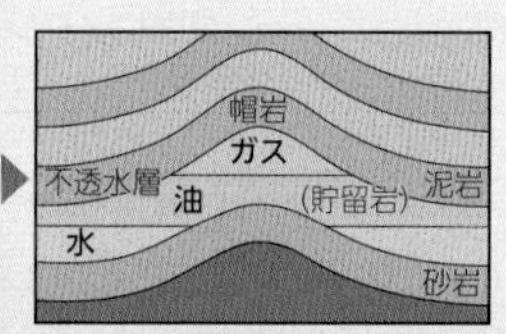

④石油の移動・集積
石油は，地下の圧力で上方に浸透するが，帽岩とよばれる不透水層にさえぎられ，下部の砂岩などに貯留する。

PLUS 上記のような説明は，一般に，石油の**有機成因説**とよばれる。この説は，最も広く支持されており，石油は有限な資源とされている。これに対して，石油は，生物を経由しない炭素化合物（おもには地球の始原物質のメタン CH_4）から形成され，ほぼ無尽蔵であるとする説がある。これを**無機成因説**という。

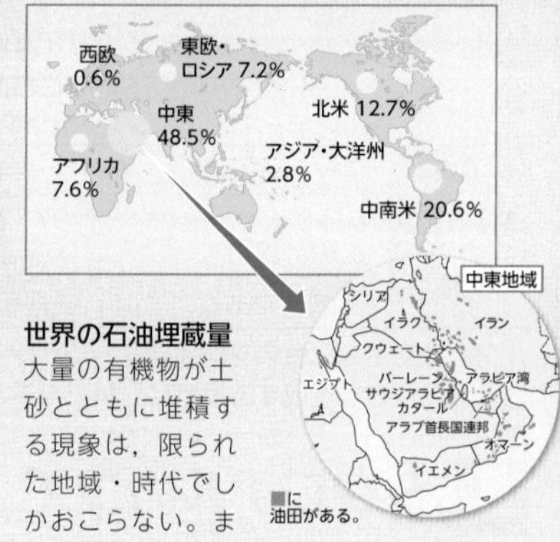

世界の石油埋蔵量
大量の有機物が土砂とともに堆積する現象は，限られた地域・時代でしかおこらない。また，石油の貯留は，限られた地質構造でしかみられない。そのため，石油は，世界的に偏って存在している。

PLUS 有機成因説の根拠

有機成因説の根拠の1つは，石油を構成する炭化水素中の炭素の同位体組成である。炭素には ^{12}C と ^{13}C の安定同位体が存在し，その存在比（重量比）は，^{12}C：^{13}C = 98.90：1.10である。

メタン中で放電を繰り返すと，メタンが重合し，エタン C_2H_6 やプロパン C_3H_8，ブタン C_4H_{10} などの，炭素数の増えた炭化水素を生じる。このとき生じる各炭化水素中の ^{13}C の割合は，炭素数の大きい炭化水素ほど小さくなっている。一方，ヘキサン C_6H_{14} を熱分解して生じる炭化水素中の ^{13}C の割合は，炭素数の大きい炭化水素ほど大きくなっており，重合の場合とは，逆のパターンを取ることが知られている。
これは，重合（メタン中での放電実験）においても，分解（ヘキサンの熱分解）においても，重い ^{13}C の反応速度の方が，^{12}C の反応速度よりも小さく*，重合が進むほど，また，分解が進むほど，それぞれの生成物に含まれる ^{13}C の割合が小さくなるためである。このような実験事実に対して，石油を構成する炭化水素は，ヘキサンの熱分解の場合と同様に，炭素数の大きいものほど ^{13}C の割合が大きい。これは，石油が有機物の塊（ケロジェン）からの熱分解で生成したとする有機成因説に合致している。

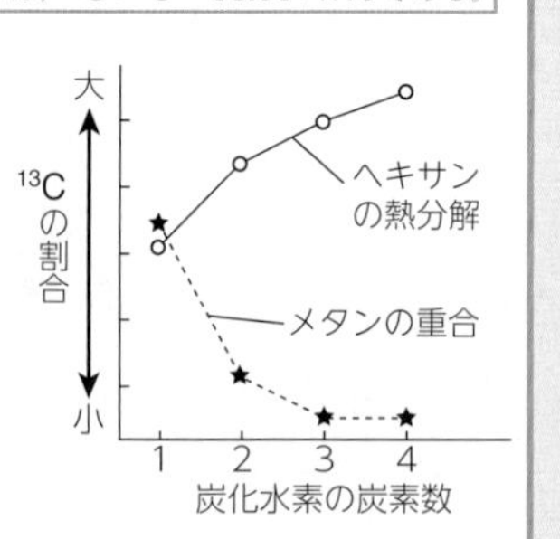

炭素同位体組成の変化

*化合物を構成する原子の同位体に起因して，反応速度などが変化することを**同位体効果**という。

NETO Research 石油情報センター

http://oil-info.ieej.or.jp/

石油の成因，用途をはじめとする内容に加え，統計などの関連情報も詳しい。

POINT 2 原油は，分留によって各成分に分けられる。分けられた成分は，さらに精製されて利用される。一般に，炭化水素以外の化合物は，沸点の高い留分に，より多く含まれる。

精製

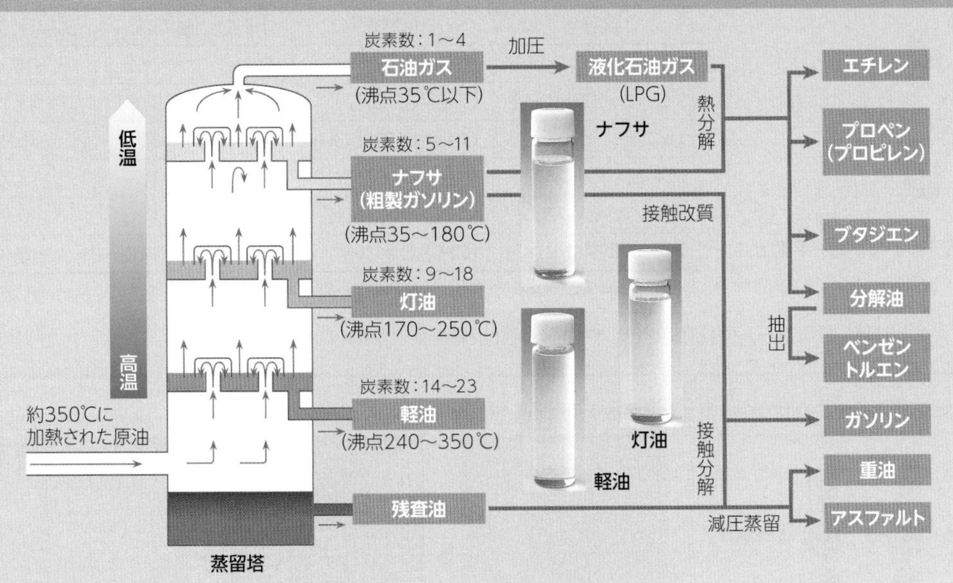

熱分解や接触分解は**クラッキング**(cracking)，接触改質は**リホーミング**(reforming)ともよばれる。

熱分解 高温でナフサをエチレンや分解油に変える操作。

接触改質 触媒を用いてナフサを枝分かれの多い炭化水素などに変える操作。

接触分解 触媒を用いて残査油を沸点の低い炭化水素に分解する操作。

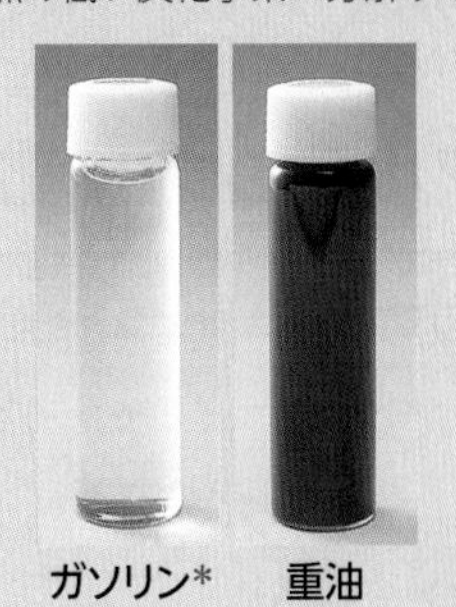

*市販のガソリンは，安全のため着色されている。

PLUS ナフサの熱分解

約 800℃に加熱した熱分解管に水蒸気とナフサの蒸気を通じると，ナフサは熱分解し，より炭素数の少ない炭化水素を生じる。このとき，エチレンとプロペンの生成割合が最大となるよう，温度などを設定する。ナフサの主成分は炭素数が 6〜8 の液体であるが，熱分解で炭素数が 1〜3 の気体となる。

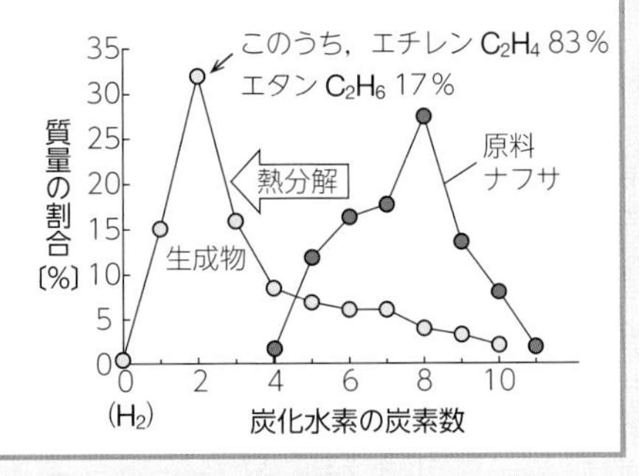

トピック わが国の油田

奈良時代に成立した歴史書『日本書紀』には，天智天皇に，越の国(現在の新潟県付近)から燃える水が献上されたとある。この燃える水こそ，わが国で産出した石油と考えられている。

わが国における本格的な石油開発は，明治初期から新潟県を中心に行われており，現在でも北海道，秋田県，新潟県で商業生産が行われている。

八橋(やばせ)油田(秋田県)

しかし，2013 年度の国産原油の生産量は，70 万 kL 程度にとどまっている。日本は，世界第 3 位の石油消費大国であり，この生産量は，わが国の石油消費量の 0.3% に過ぎない。そのため，海外からの輸入に依存(99.7%)している。

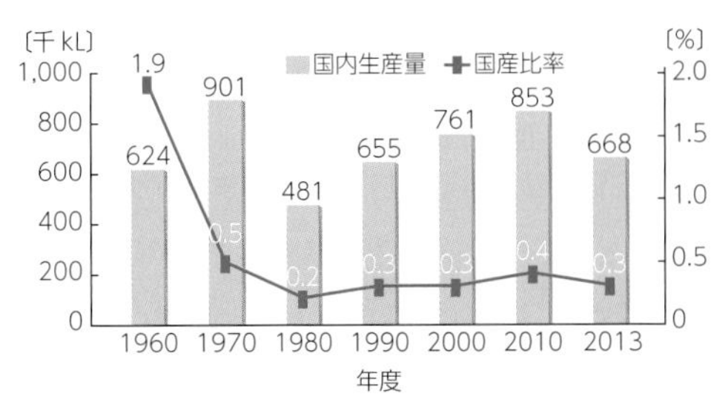

国内原油生産量の推移

石油の利用

石油の用途は，動力源，熱源，化学製品の原料に大別される。

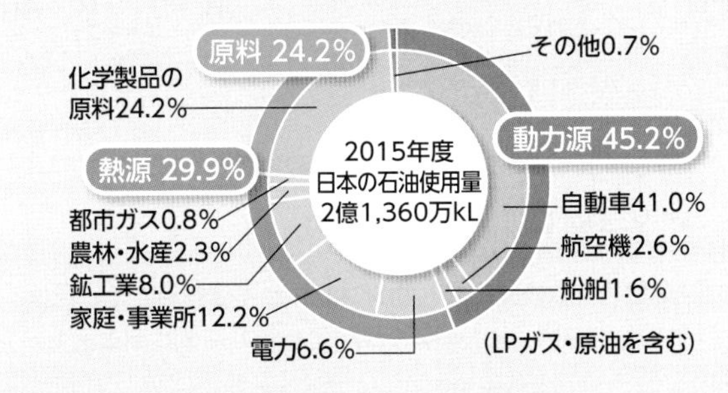

動力源に利用される石油製品

製品	炭化水素の炭素数	密度〔g/cm³〕	主要用途	性質等
LPG(LP ガス)	1〜4	0.50〜0.60	タクシー	ガス漏れ対策でにおいが付けられる。
ガソリン	5〜11	0.72〜0.76	ガソリン車	引火点は－40℃以下。
ジェット燃料	9〜18(灯油型)	0.78〜0.82	航空機	灯油とほぼ同じ成分。
軽油	14〜23	0.80〜0.85	ディーゼル車	引火点は45℃以上。
重油	—	0.82〜0.95	船舶	硫黄分および微量の無機化合物を含む。

5 アルケン 化学

1 アルケン C_nH_{2n} alkene

エチレン C_2H_4 のように，炭素原子間に二重結合を 1 つもつ鎖式不飽和炭化水素を**アルケン**(エチレン系炭化水素)という。炭素原子の数が 3 以上のアルケンには，構造異性体としてシクロアルカンがある。

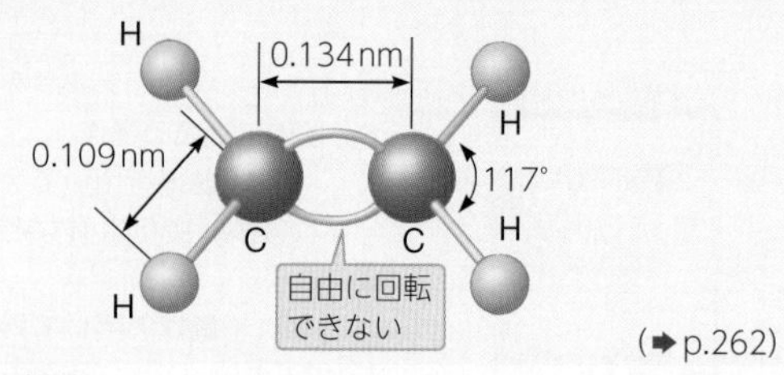

(➡p.262)

エチレンの構造 エチレン分子を構成する原子は**すべて同一平面上**にある。

名称	化学式	分子式	融点〔℃〕	沸点〔℃〕
エテン(エチレン)	$CH_2=CH_2$	C_2H_4	−169	−104
プロペン(プロピレン)	$CH_2=CHCH_3$	C_3H_6	−185	−47
1-ブテン	$CH_2=CHCH_2CH_3$	C_4H_8	−185	−6.3
シス-2-ブテン	$CH_3CH=CHCH_3$	C_4H_8	−139	3.7
トランス-2-ブテン	$CH_3CH=CHCH_3$	C_4H_8	−106	0.9
2-メチルプロペン	$(CH_3)_2C=CH_2$	C_4H_8	−140	−6.9

2-ブテンには，シス-トランス異性体が存在する(➡p.225)。

2 アルケンの反応

アルケンは反応性に富み，付加反応を行いやすく，酸化反応を受けやすい。

ⓐ 付加反応 addition reaction

二重結合などの不飽和結合の部分に他の分子が結合する反応を**付加反応**という。

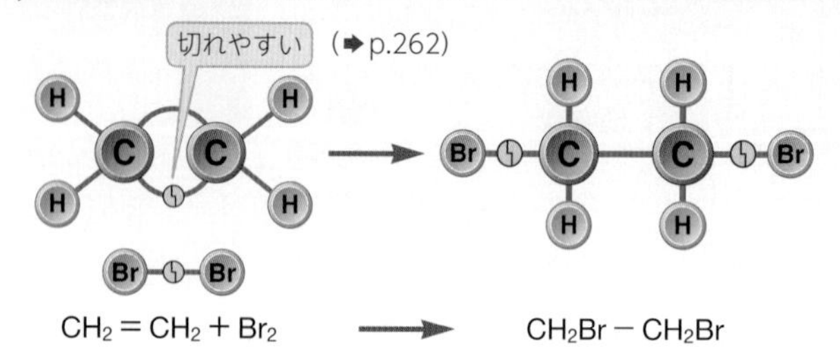

二重結合のうちの一方は切れやすい。臭素などが近づくと，結合が切れて，新しい結合をつくる。臭素の化合物を生じる反応を**臭素化**という。

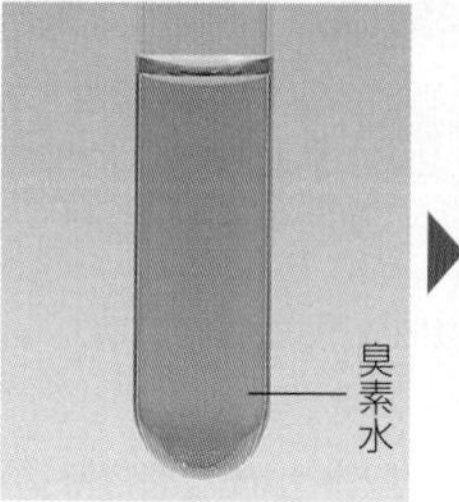

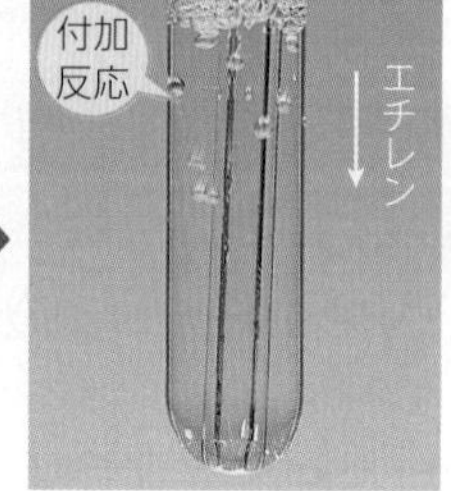

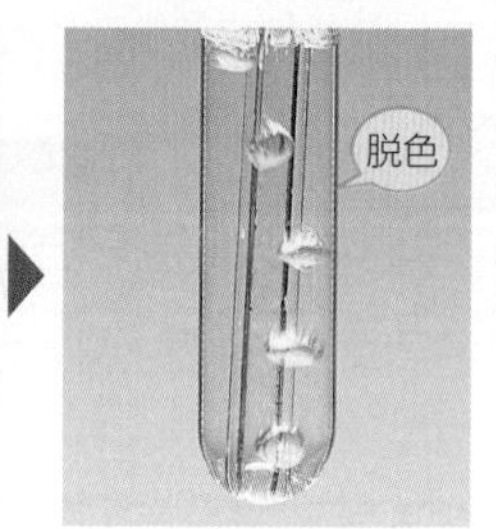

臭素水の脱色 臭素水(赤褐色)にエチレンを通じると，臭素の付加反応が起こり，赤褐色が消えていく。このとき，おもには CH_2Br-CH_2OH が生じている。

ⓑ 酸化反応

過マンガン酸カリウム $KMnO_4$ 水溶液による酸化は，MnO_4^- の赤紫色が脱色されることから，アルケンの検出に利用される。

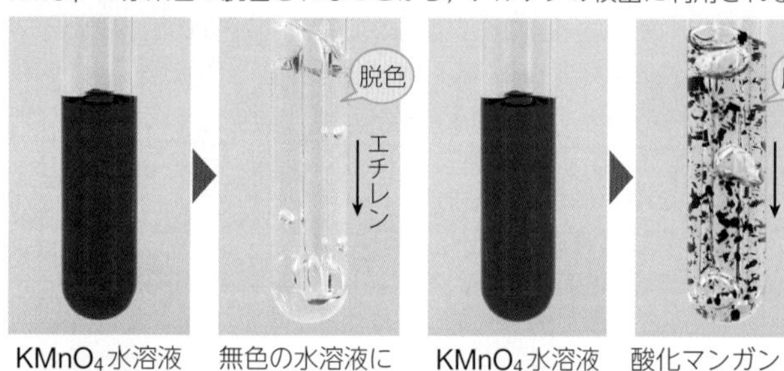

KMnO₄水溶液(硫酸酸性) / 無色の水溶液になる。 / KMnO₄水溶液(塩基性) / 酸化マンガン(Ⅳ)を生じる。

硫酸酸性条件

炭素原子間の二重結合が切断されて 2 つの分子が生じる。アルデヒドが生じる場合は，酸化がさらに進行してカルボン酸を生じる。

$$\underset{\text{アルケン}}{(H)(R^1)C=C(R^2)(R^3)} \xrightarrow[H^+]{KMnO_4} \left(\underset{\text{アルデヒド}}{(H)(R^1)C=O} + \underset{\text{ケトン}}{O=C(R^2)(R^3)}\right) \longrightarrow \underset{\text{カルボン酸}}{(HO)(R^1)C=O} + \underset{\text{ケトン}}{O=C(R^2)(R^3)}$$

中性・塩基性条件

ヒドロキシ基 2 個が導入される。

$$\underset{\text{アルケン}}{(H)(R^1)C=C(R^2)(R^3)} \xrightarrow[OH^-]{KMnO_4} \underset{\text{1, 2-ジオール}}{R^1-CH(OH)-C(R^2)(OH)-R^3}$$

PLUS オゾン O_3 によるアルケンの酸化

アルケンにオゾンを作用させると，不安定な化合物(オゾニド)を生じる。これを亜鉛で還元すると，アルケンの二重結合が完全に切断された形の，2 つの分子(アルデヒドまたはケトン)を生じる。

$$\underset{\text{アルケン}}{(H)(R)C=C(R')(R'')} \xrightarrow{O_3} \left(\underset{\text{オゾニド}}{(H)(R)C\langle O\text{-}O\text{-}O\rangle C(R')(R'')}\right) \xrightarrow{Zn} (H)(R)C=O + O=C(R')(R'')$$

この反応は，**オゾン分解**とよばれる。たとえば，2-メチル-2-ブテンをオゾン分解すると，アセトアルデヒドとアセトンを生じる。

$$\underset{\text{2-メチル-2-ブテン}}{(H)(CH_3)C=C(CH_3)(CH_3)} \xrightarrow{\text{オゾン分解}} \underset{\text{アセトアルデヒド}}{(H)(CH_3)C=O} + \underset{\text{アセトン}}{O=C(CH_3)(CH_3)}$$

オゾン分解で生じた物質の構造を決定できれば，もとのアルケンの構造も決めることができる。

Tips エチレンが植物ホルモンであることは，19 世紀後半，エチレンを含むガスを使ったガス灯付近で，植物の落葉が早まったことから見出された。現在では，エチレンが，種子の発芽を促進したり，果実を成熟させたりするなど，植物に対してさまざまな作用を示すことが知られている。

ⓒ 付加重合 addition polymerization

付加反応によって多数の分子が結合し，高分子になる反応を**付加重合**という(➡p.267)。

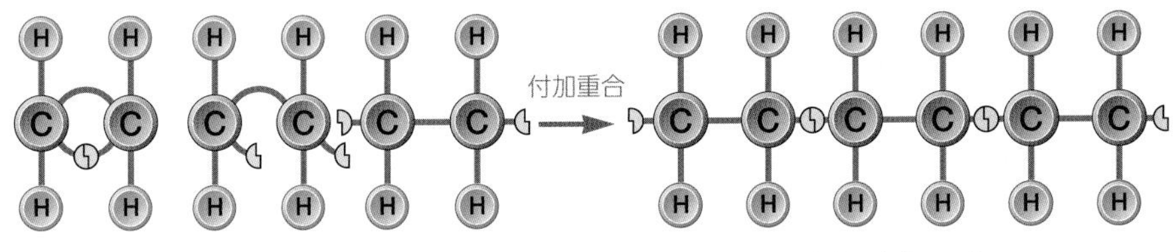

単量体(モノマー)
$n CH_2{=}CH_2$
エチレン

高分子(ポリマー)
$\text{-}[CH_2-CH_2]_n\text{-}$
ポリエチレン

ポリエチレン
(➡p.286)

ポリプロピレン
(➡p.286)

3 エチレン ethylene

エチレン C_2H_4 は，水に溶けにくく，かすかに甘いにおいのある無色の気体で，付加反応を起こしやすい。触媒(リン酸)を用いて水を付加させるとエタノールを生じる。

ⓐ 製法

エタノールと濃硫酸の混合物を160～170℃に加熱すると得られる。

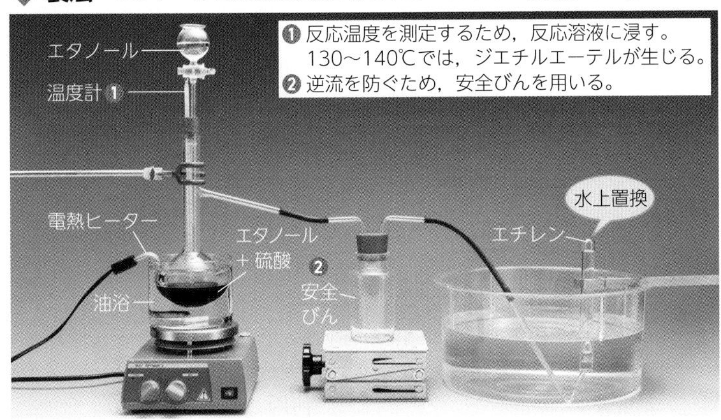

$$C_2H_5OH \xrightarrow[160\sim170℃]{H_2SO_4} C_2H_4 + H_2O$$

(➡p.235)

ⓑ 性質と利用

合成原料
触媒(リン酸)を用いて水を付加させるとエタノールを生じる。
$C_2H_4 + H_2O \longrightarrow C_2H_5OH$

燃焼
明るい炎を上げて燃える。
$C_2H_4 + 3O_2 \longrightarrow 2CO_2 + 2H_2O$

果実の熟成
植物ホルモンとして果実を熟成させる。

4 シクロアルケン C_nH_{2n-2} cycloalkene

シクロアルケンは，分子中に二重結合を1つもつ環式不飽和炭化水素である。性質はアルケンに似ており，付加反応を起こしやすい。

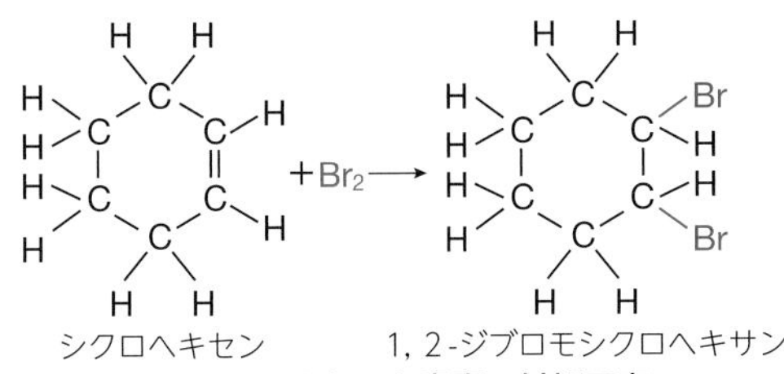

シクロヘキセンと臭素の付加反応

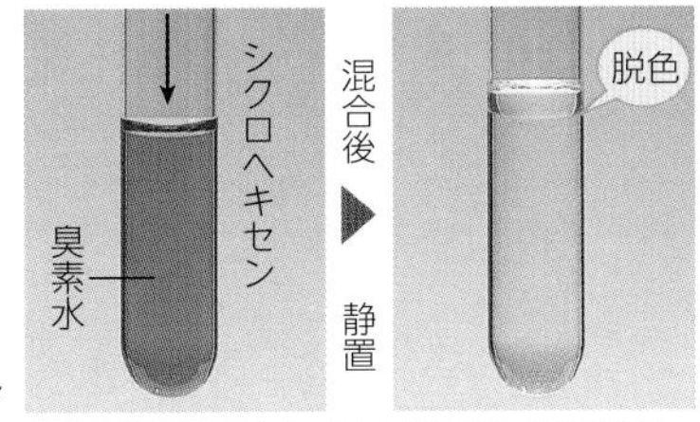

シクロヘキセンによる臭素水の脱色

名称	分子式	融点〔℃〕	沸点〔℃〕
シクロブテン	C_4H_6	—	1.0
シクロペンテン	C_5H_8	－135	44
シクロヘキセン	C_6H_{10}	－104	83
シクロヘプテン	C_7H_{12}	－56	114.5

Close-up(クローズアップ) プロペンに水が付加すると，何ができるか

論述対策

プロペンにH－X型の分子が付加するとき，次の2つの場合が考えられるが，水素は，水素原子が多く結合している炭素原子に結合する傾向が強い。このような傾向は，一般にアルケンへの付加の際にみられ，**マルコフニコフ則**とよばれる。

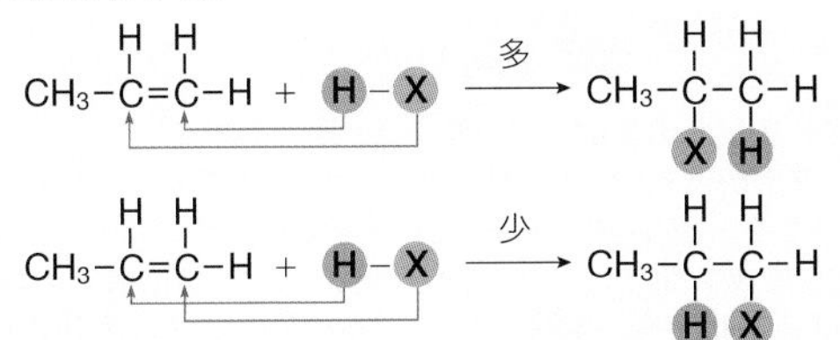

プロペンに水が付加する場合，2-プロパノールの方が，1-プロパノールよりも多く生成する。

$$CH_3-CH{=}CH_2 \;(\text{プロペン}) + H_2O \;(\text{水}) \xrightarrow{\text{多}} CH_3-CH(OH)-CH_3 \;\; \text{2-プロパノール}$$

$$CH_3-CH{=}CH_2 + H_2O \xrightarrow{\text{少}} CH_3-CH_2-CH_2OH \;\; \text{1-プロパノール}$$

ザイツェフ則 (➡p.235)

Tips 1，2-ジクロロエタンから塩化ビニルが生じるとき塩化水素がとれる反応のように，1つの分子から簡単な分子がとれる反応を脱離反応という。一方，2つの分子から簡単な分子がとれて新しい分子ができる反応を縮合反応という。

6 アルキン 化学

1 アルキン C_nH_{2n-2}
alkyne

炭素原子間に三重結合を１つもつ鎖式不飽和炭化水素を**アルキン**（アセチレン系炭化水素）という。アルキンはアルケンに似た化学的性質を示す。

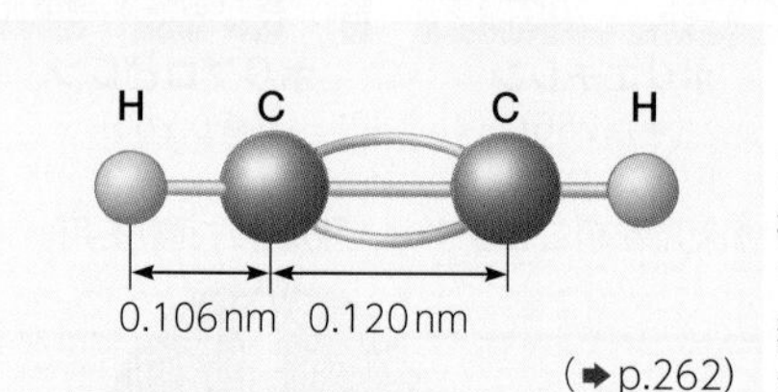

（➡p.262）

アセチレン分子の構造
構成原子４個が一直線上に並んでいる。三重結合を形成する炭素原子間の距離は，単結合や二重結合の場合よりも短い。

名称	化学式	分子式	融点［℃］	沸点［℃］
アセチレン（エチン）	CH≡CH	C_2H_2	−82	−74
プロピン	$CH \equiv CCH_3$	C_3H_4	−103	−23
1-ブチン	$\overset{1}{C}H \equiv \overset{2}{C}\overset{3}{C}H_2\overset{4}{C}H_3$	C_4H_6	−126	8.1
2-ブチン	$\overset{1}{C}H_3\overset{2}{C} \equiv \overset{3}{C}\overset{4}{C}H_3$	C_4H_6	−32	27

■付加反応 アルキンは，三重結合の部分で２段階の付加反応を行う。白金やニッケルなどが触媒として用いられる。

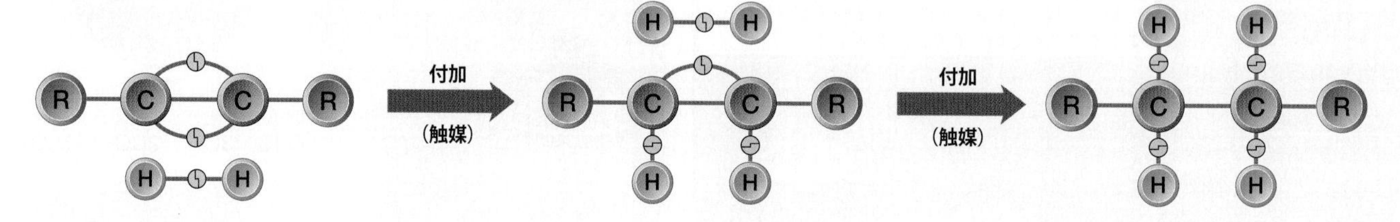

2 アセチレン
acetylene

アセチレン C_2H_2 は，無色の気体で，水にわずかに溶ける。純粋なものは無臭で，工業的には石油の熱分解で得られる。また，金属と置換反応をして，アセチリドを生成する。アセチリドは，加熱や衝撃によって爆発しやすい。

ⓐ 製法

炭化カルシウム
実験室では，炭化カルシウム（カーバイド）CaC_2と水を反応させて得られる。

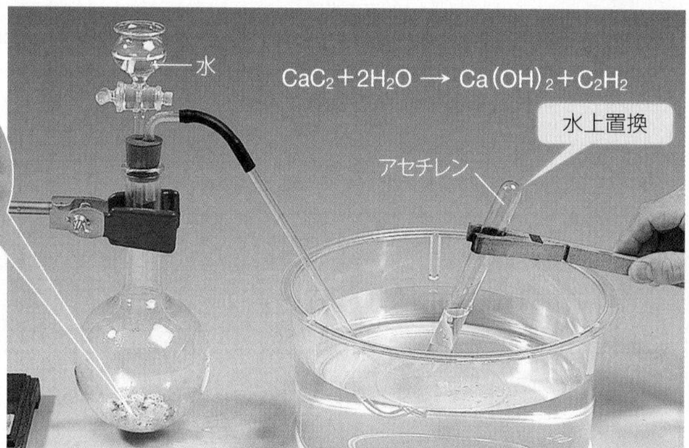

燃焼
空気中ではすすを出して燃える。
$2C_2H_2 + 5O_2$
$\longrightarrow 4CO_2 + 2H_2O$

ⓑ 反応

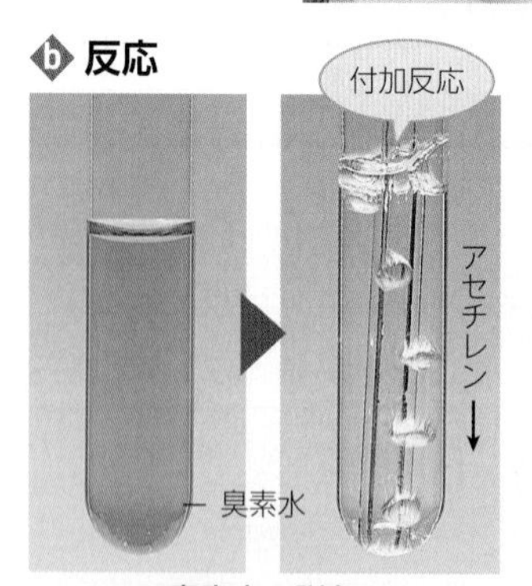

臭素水の脱色
臭素水にアセチレンを通じると，アセチレンに臭素が付加して，臭素水が脱色される。

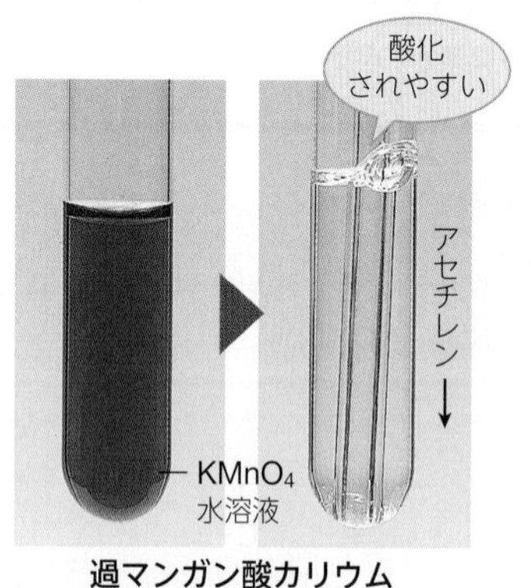

過マンガン酸カリウム水溶液の脱色
過マンガン酸カリウム$KMnO_4$水溶液（硫酸酸性）の赤紫色を脱色する。

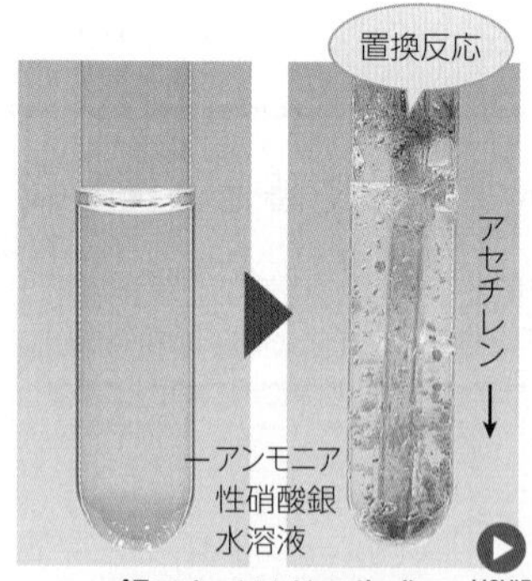

銀アセチリドの生成
アンモニア性硝酸銀水溶液に通じると，銀アセチリド $AgC \equiv CAg$ の白色沈殿が生成する。
$2[Ag(NH_3)_2]OH + HC \equiv CH$
$\longrightarrow AgC \equiv CAg + 2H_2O + 4NH_3$

ⓒ 利用

アセチレンバーナー
酸素を混合して燃焼させると3000℃以上の高温となるため，酸素アセチレン炎として溶接に用いられる。

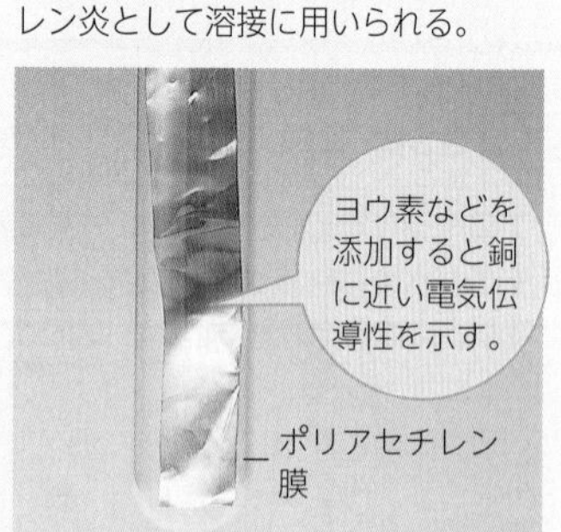

ポリアセチレン $\left[CH = CH \right]_n$
多量の触媒によって付加重合し，薄膜状の高分子になる。導電性樹脂（➡p.289）などに利用される。

アセチレンをアンモニア性硝酸銀水溶液に吹き込むと銀アセチリドの白色沈殿ができ，硫酸銅（Ⅱ）水溶液に吹き込むと銅（Ⅱ）アセチリド CuC_2 の赤色沈殿が生じる。銀アセチリドも銅（Ⅱ）アセチリドも，乾燥すると，わずかな衝撃で爆発をおこす。

3 エタン・エチレン・アセチレンの比較

エタン，エチレン，アセチレンは，それぞれ単結合，二重結合，三重結合をもつ化合物の代表的なものである。

	エタン C_2H_6（➡ p.226）	エチレン C_2H_4（➡ p.231）	アセチレン C_2H_2
分子構造	0.154 nm 2つの正四面体が結合した形	0.134 nm 6原子がすべて同一平面上にある	0.120 nm 4原子が一直線上にある
	炭素原子間の結合の長さは，**単結合＞二重結合＞三重結合**の順である。		
炭素原子間の結合	H:C:C:H（各Cに上下にHが結合） 1対の共有電子対がある（**単結合**）。結合を軸に分子内の回転ができる。	H:C::C:H（各Cに上にHが結合） 2対の共有電子対がある（**二重結合**）。結合を軸に分子内の回転ができない。	H:C⋮⋮C:H 3対の共有電子対がある（**三重結合**）。
結合エネルギー	370 kJ/mol	723 kJ/mol	960 kJ/mol
臭素水との反応	日光にあてると**置換反応**が起こり，赤褐色が消える。	容易に**付加反応**が起こり，赤褐色が速やかに消える。	2段階の**付加反応**が起こり，赤褐色が消える。
$KMnO_4$水溶液との反応	変化しない。	赤紫色を脱色する。	
アンモニア性硝酸銀水溶液との反応	変化しない。		銀アセチリドの白色沈殿を生じる。（置換反応）

4 エチレンとアセチレンの反応

工業的には，アセトアルデヒド，塩化ビニル，酢酸ビニルはエチレンからつくられ，アクリロニトリルはプロペンからつくられている。

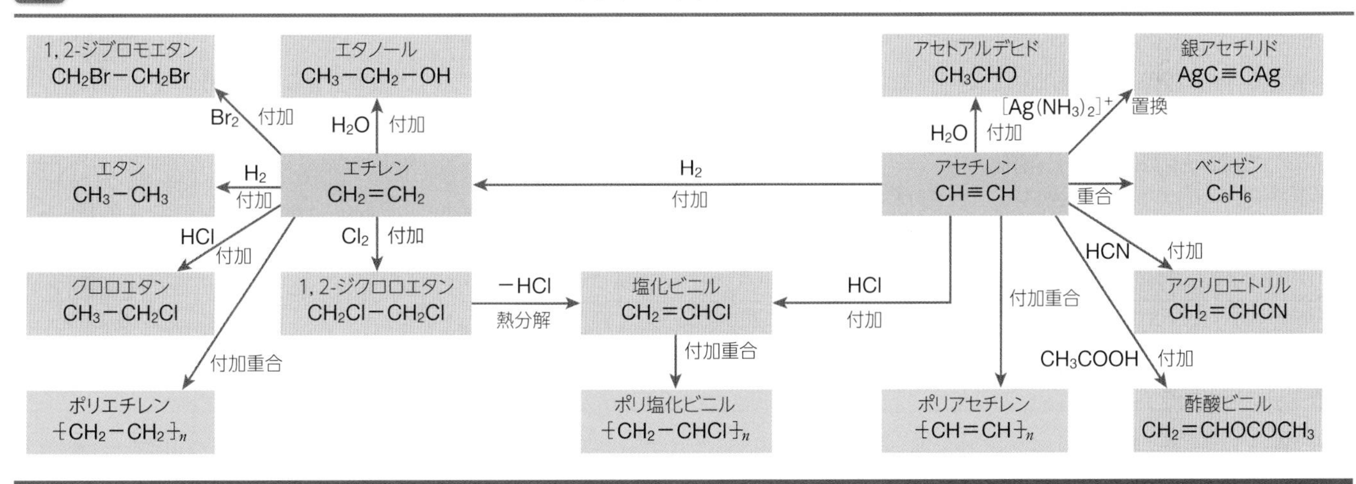

Close-up（クローズアップ） なぜアセチレンからビニルアルコールは生成しないの？

アセチレンに水を付加させると，ビニルアルコールが得られるように思われるが，実際にはアセトアルデヒドが得られる。

一般に，$-\underset{|}{\overset{|}{C}}=\underset{OH}{\overset{|}{C}}$ と $-\underset{H}{\overset{|}{C}}-\underset{O}{\overset{|}{\underset{\|}{C}}}-$ の構造は，互いに入れかわることができ，前者を**エノール形**，後者を**ケト形**という（図ⓐ，ケト - エノール互変異性）。エノール形，ケト形のいずれの構造をとるかは，官能基のまわりに存在する原子や原子団によるが，炭素原子の数が少ない分子では，ケト形が得られる場合が多い。プロピン $CH\equiv C-CH_3$ に水を付加させると，エノール形ではなく，ケト形のアセトンが得られる（図ⓑ）。

$$CH\equiv CH + H_2O \longrightarrow H-\underset{}{\overset{H}{C}}=\underset{OH}{\overset{H}{C}} \rightleftarrows H-\underset{H}{\overset{H}{C}}-\underset{O}{\overset{H}{C}}$$

アセチレン　**エノール形**（ビニルアルコール）　**ケト形**（アセトアルデヒド）　ケト形が安定

図ⓐ　アセチレンへの水の付加

$$CH\equiv C-CH_3+H_2O \longrightarrow H-\overset{H}{C}=\underset{OH}{\overset{CH_3}{C}} \rightleftarrows H-\underset{H}{\overset{H}{C}}-\underset{O}{\overset{CH_3}{C}}$$

プロピン　**エノール形**　**ケト形**（アセトン）　ケト形が安定

図ⓑ　プロピンへの水の付加

Tips　公害病として認定された水俣病は，中毒性の中枢神経系疾患である。高度経済成長期といわれた1950年代頃，熊本県水俣市の工場で，アセトアルデヒドの製造工程で副生されたメチル水銀化合物が工場排水とともに排出され，食物連鎖で濃縮した高濃度のメチル水銀を含む魚介類を摂取した地域住民らが発症した。

7 アルコールとエーテル 化学

1 アルコール R−OH
alcohol

炭化水素の水素原子をヒドロキシ基−OH で置換した化合物 R−OH を**アルコール**という。

R−OH
ヒドロキシ基
ヒドロキシ基は水和しやすく，
炭化水素基は水和しにくい。

❶炭素原子の数の少ないアルコール（**低級アルコール**）は水に溶けやすく，炭素原子の数が多くなると，水に溶けにくくなる。
❷分子間で水素結合を形成し，分子量が同程度の炭化水素よりも沸点が高い。
❸ヒドロキシ基は電離しにくく，水溶液は中性を示す。

ⓐ ヒドロキシ基の数による分類
ヒドロキシ基の数で**1価**，**2価**，**3価**に分類され，2価以上のアルコールを**多価アルコール**という。

価数	名称	化学式	融点〔℃〕	沸点〔℃〕	水への溶解
1価	メタノール	CH_3OH	−98	65	∞
	エタノール	CH_3CH_2OH	−115	78	∞
	1-プロパノール	$CH_3CH_2CH_2OH$	−127	97	∞
	1-ブタノール	$CH_3CH_2CH_2CH_2OH$	−90	117	少し溶ける❶
	1-ドデカノール	$CH_3(CH_2)_{11}OH$	24	259	溶けにくい
2価	エチレングリコール	$CH_2(OH)CH_2OH$	−13	198	∞
3価	グリセリン	$CH_2(OH)CH(OH)CH_2OH$	18	291（分解）	∞

∞は任意の割合で混合する。❶水100gに6.4g溶ける（20℃）。

よく溶ける

アルコール

溶けにくい

ⓑ 炭化水素基の数による分類
ヒドロキシ基をもつ炭素原子に結合した炭化水素基の数によって分類される。

	第一級アルコール	第二級アルコール	第三級アルコール
一般式	R^1-CH_2-OH（C に H, H が結合）	$R^1-CH(R^2)-OH$（C に H, R^2 が結合）	$R^1-C(R^2)(R^3)-OH$
化学式と名称（沸点）	$\overset{4}{C}H_3\overset{3}{C}H_2\overset{2}{C}H_2-\overset{1}{C}H_2-OH$ 1-ブタノール（117℃） $\overset{3}{C}H_3-\overset{2}{C}H(CH_3)-\overset{1}{C}H_2-OH$ 2-メチル-1-プロパノール（108℃）	$\overset{4}{C}H_3\overset{3}{C}H_2-\overset{2}{C}H(\overset{1}{C}H_3)-OH$ 2-ブタノール（99℃）	$\overset{3}{C}H_3-\overset{2}{C}(\overset{1}{C}H_3)(CH_3)-OH$ 2-メチル-2-プロパノール（83℃）

分子量が同じとき，アルコールの沸点は，第一級＞第二級＞第三級の順になる。

ⓒ おもなアルコール

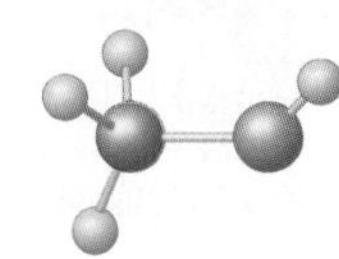

メタノール CH_3OH
無色の有毒な液体。工業的には，酸化亜鉛 ZnO を触媒として，一酸化炭素と水素を反応させてつくられる。

$$CO + 2H_2 \longrightarrow CH_3OH$$

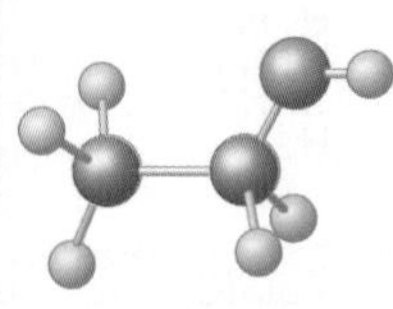

エタノール C_2H_5OH
無色の液体。工業的には，リン酸を触媒として，エチレンに水を付加させてつくられる。

$$C_2H_4 + H_2O \longrightarrow C_2H_5OH$$

アルコール発酵でも得られる（➡p.280）。

エチレングリコール $C_2H_4(OH)_2$
（1, 2-エタンジオール）
無色で粘性の大きい液体。不凍液や合成繊維の原料として用いられる。

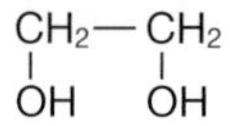

不凍液

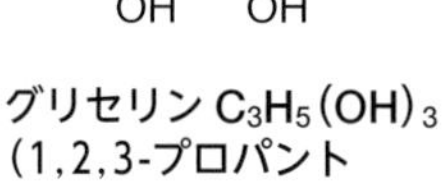

グリセリン $C_3H_5(OH)_3$
（1,2,3-プロパントリオール）
無色で粘性の大きい液体。保水性を示し，化粧品などに用いられる。

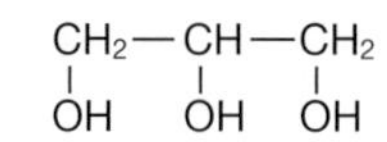

口腔洗浄剤

2 エーテル R^1-O-R^2
ether

アルコールのヒドロキシ基−OH の水素原子を炭化水素基で置換した化合物 R^1-O-R^2 を**エーテル**という。

R^1-O-R^2
エーテル結合

❶異性体の関係にあるアルコールが存在する。
❷異性体のアルコールに比べて，沸点が低く，水に溶けにくい。

名称	化学式	沸点〔℃〕
ジメチルエーテル	CH_3OCH_3	−25
エチルメチルエーテル	$C_2H_5OCH_3$	6.6
ジエチルエーテル	$C_2H_5OC_2H_5$	34

ⓐ エーテルの製法
アルコール2分子の縮合で生じる。次のような反応によって，炭化水素基が異なるエーテルをつくることもできる。

$$C_2H_5-I + Na-O-CH_3 \longrightarrow C_2H_5-O-CH_3 + NaI$$

ヨウ化エチル　ナトリウムメトキシド　エチルメチルエーテル

ⓑ ジエチルエーテルの性質
特有のにおいをもつ無色，揮発性の液体で，引火性が強い。麻酔作用を示す。さまざまな有機化合物を溶かし，溶媒として用いられる。

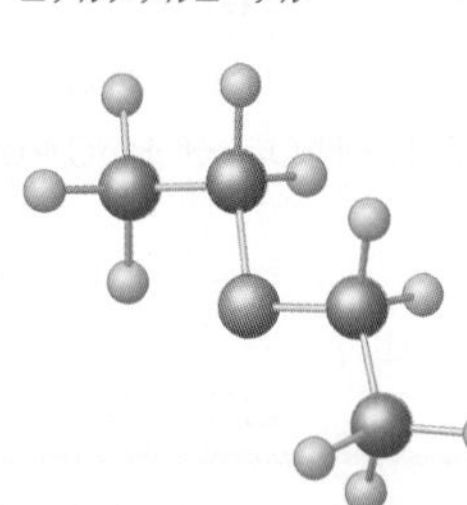

密度 0.708g/cm³
ジエチルエーテル
水溶液
ジエチルエーテル＋油脂

ジエチルエーテルの溶解性
水に溶けにくいが，油脂を溶かす。

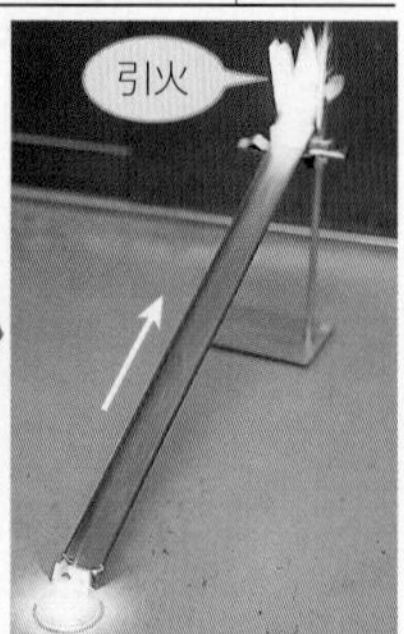

ジエチルエーテルの引火性
蒸気は空気よりも重く，引火性が強い。 MOVIE

メタノールは，体内に入ると分解され，ホルムアルデヒドを生じる。このホルムアルデヒドが視神経を傷めるため，メタノールの毒性は目に最も強く作用し，8〜20gの経口摂取で失明する。また，30〜50gでは死に至るといわれている。

3 アルコールとエーテルの反応

炭素原子の数が少ないアルコールは水に溶けやすく，反応しやすい。一方，エーテルは水に溶けにくく，反応しにくい。

ⓐ 置換反応（ナトリウムとの反応） substitution reaction

メタノールにナトリウムを加えると，ヒドロキシ基の水素原子がナトリウム原子と置換する。

$$2CH_3OH + 2Na \longrightarrow 2CH_3ONa + H_2$$

（CH_3ONa：ナトリウムメトキシド）

ナトリウムメトキシドは加水分解して塩基性を示す。

> 一般に，アルコール ROH は，ナトリウムと反応してナトリウムアルコキシド RONa を生じる。

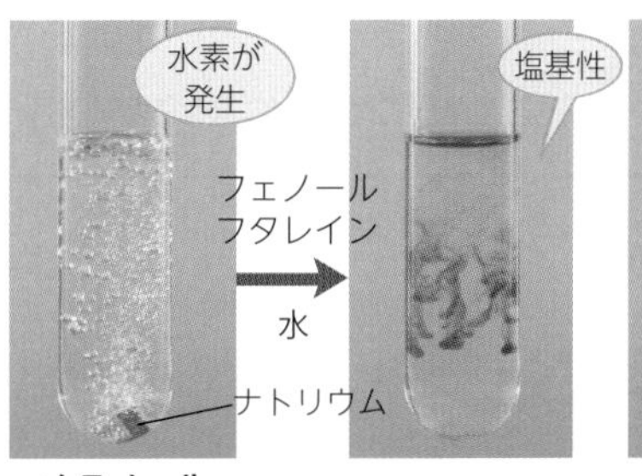

メタノール

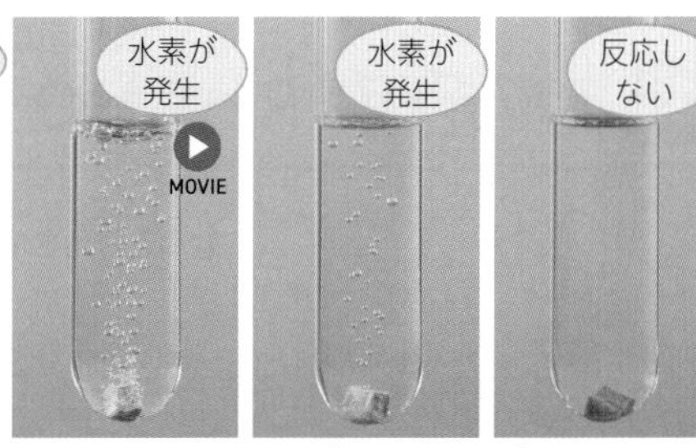

エタノール　1-ブタノール　ジエチルエーテル

炭素原子の数が多いアルコールほど，反応が穏やかである。エーテルは，ナトリウムと反応しない。

ⓑ 酸化 oxidation

アルコールを酸化すると，その級数によって生成物が異なる。

第一級アルコール	第二級アルコール	第三級アルコール
$R^1-CH_2-OH \xrightarrow{酸化} R^1-CHO \xrightarrow{酸化} R^1-COOH$ 第一級アルコール → アルデヒド → カルボン酸	$R^1-CH(OH)-R^2 \xrightarrow{酸化} R^1-CO-R^2$ 第二級アルコール → ケトン	$R^1-C(R^3)(OH)-R^2$ 第三級アルコール 酸化されにくい。
1-プロパノールを酸化すると，プロピオンアルデヒドを経てプロピオン酸になる。 $CH_3CH_2CH_2-OH \longrightarrow CH_3CH_2-CHO \longrightarrow CH_3CH_2-COOH$ （プロピオンアルデヒド，プロピオン酸）	2-プロパノールを酸化すると，アセトンになる。 $CH_3-CH(OH)-CH_3 \longrightarrow CH_3-C(=O)-CH_3$（アセトン）	$CH_3-C(CH_3)(OH)-CH_3$ 2-メチル-2-プロパノールは酸化されにくい。
$K_2Cr_2O_7$ 水溶液（硫酸酸性），1-プロパノール　加熱 ▶ Cr^{3+}（緑色）に還元	$K_2Cr_2O_7$ 水溶液（硫酸酸性），2-プロパノール　加熱 ▶ Cr^{3+}（緑色）に還元	$K_2Cr_2O_7$ 水溶液（硫酸酸性），2-メチル-2-プロパノール　加熱 ▶ 変化しない

ⓒ 濃硫酸による脱水

加熱した濃硫酸にアルコールを加えると，温度によって異なる化合物が生成する。反応物2分子から水のような簡単な分子がとれて，両分子が結合し，別の分子が生成する反応を**縮合**（condensation）という。水分子がとれる反応は，**脱水反応**（dehydration reaction）とよばれる。

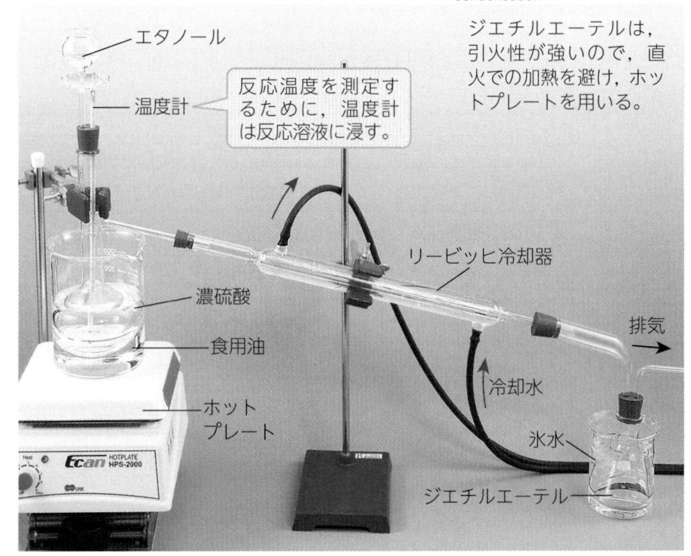

ジエチルエーテルの生成

濃硫酸を 130～140℃に加熱してエタノールを滴下すると，ジエチルエーテルが生成する。ジエチルエーテルは沸点が低い（34℃）ため，氷水で冷やしながら捕集する。

A 130～140℃のとき（分子間脱水）

$$C_2H_5-O-H + H-O-C_2H_5 \longrightarrow C_2H_5-O-C_2H_5 + H_2O$$

（ジエチルエーテル）

B 160～170℃のとき（分子内脱水）（➡ p.231）

$$H-CH_2-CH_2-OH \longrightarrow CH_2=CH_2 + H_2O$$

（エチレン）

PLUS ザイツェフ則 Zaitsev rule

2-ブタノールの分子内脱水では，1-ブテンと2-ブテンが生成する。しかし，生成する割合が多いのは2-ブテンである。一般に，−OH が結合している炭素原子の隣の炭素原子のうち，結合している水素原子の数がより少ない炭素原子から水素原子が失われたアルケンの方が生成しやすい。この傾向を**ザイツェフ則**という。

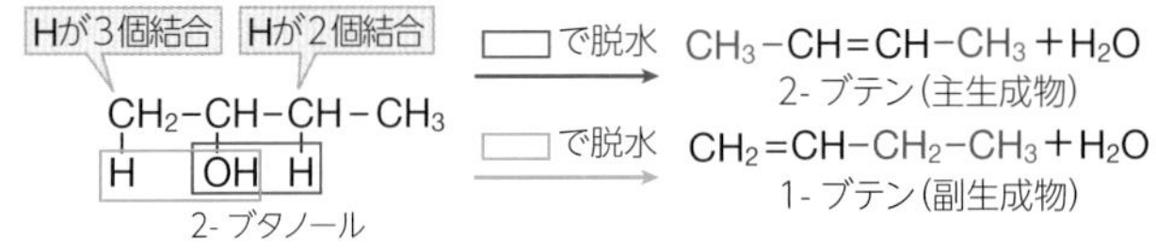

Tips お酒を飲むと，エタノールは体内で酸化されてアセトアルデヒドになり，さらに酢酸となって，最終的には水と二酸化炭素に分解される。このとき生じるアセトアルデヒドは毒性が強く，頭痛，吐き気，喉の渇き，身体の震えなどの悪酔いを引きおこす。

8 アルデヒドとケトン 化学

1 アルデヒド R−CHO
aldehyde

ホルミル基−CHOをもつ化合物を**アルデヒド**という。アルデヒドは，酸化されやすく，還元作用を示す。

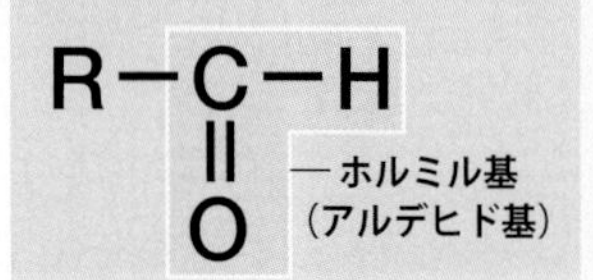

❶還元作用を示す。
❷第一級アルコールの酸化によって得られる。

$$R-CH_2-OH \xrightarrow{酸化} R-C(=O)-H$$

名称	化学式	沸点[℃]
ホルムアルデヒド	$HCHO$	−19
アセトアルデヒド	CH_3CHO	20
プロピオンアルデヒド	CH_3CH_2CHO	48

ⓐ ホルムアルデヒド HCHO

有毒な，無色・刺激臭の気体で，水に溶けやすい。ホルマリン(ホルムアルデヒドを約37% 含む水溶液)や合成樹脂の原料などに用いられる。

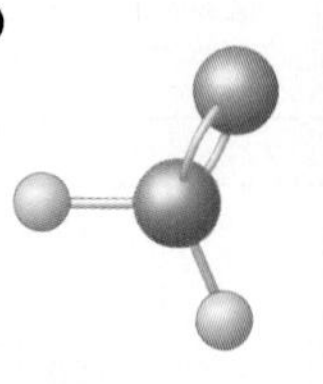

ホルマリン

製法 メタノールの酸化によって得られる。

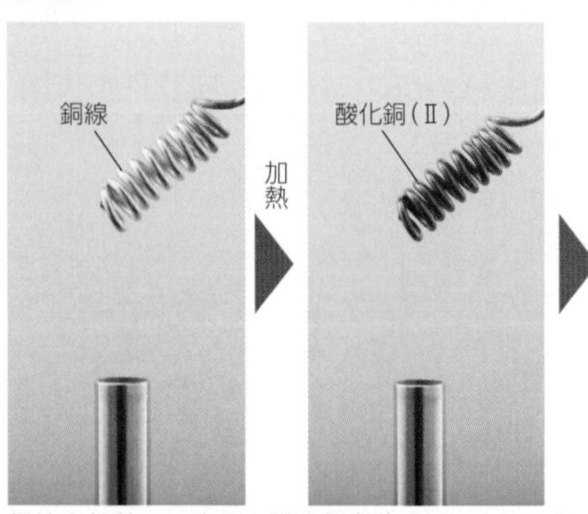

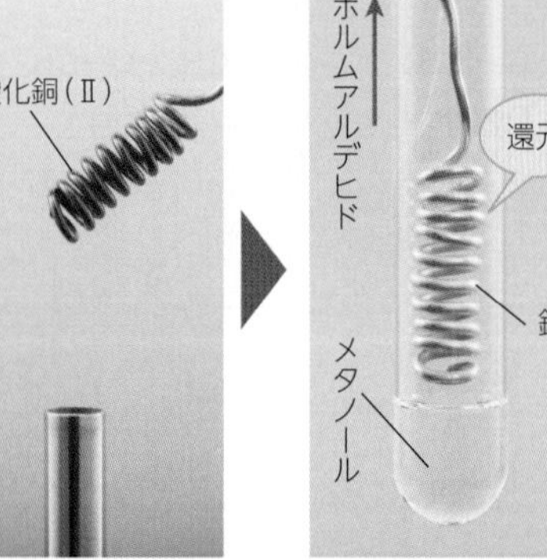

銅線を加熱して生じた酸化銅(Ⅱ)CuOでメタノール CH_3OH を酸化すると，刺激臭のあるホルムアルデヒド HCHO が生じる。

$$CH_3OH + CuO \longrightarrow Cu + HCHO + H_2O$$

MOVIE

ⓑ アセトアルデヒド CH₃CHO

有毒な，無色・刺激臭の液体で，水に溶けやすい。ヨードホルム反応を示す。酢酸エチルなどの有機化合物の原料に用いられる。

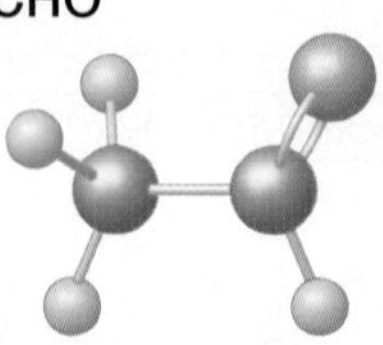

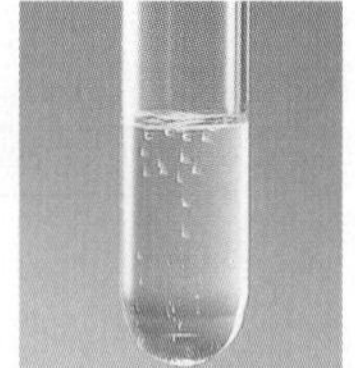

アセトアルデヒド
常温で沸騰する。

製法 エタノールの酸化によって得られる。

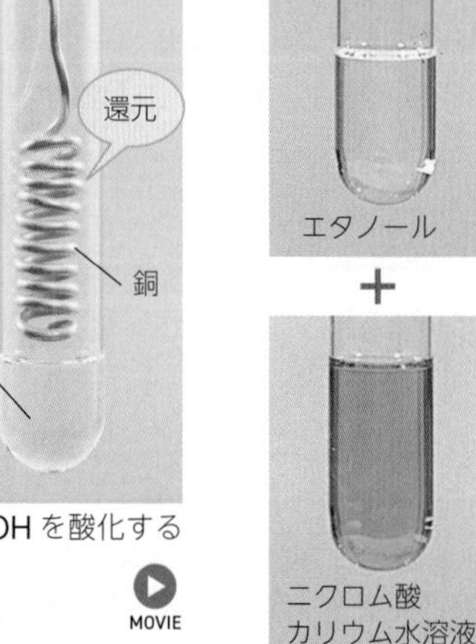

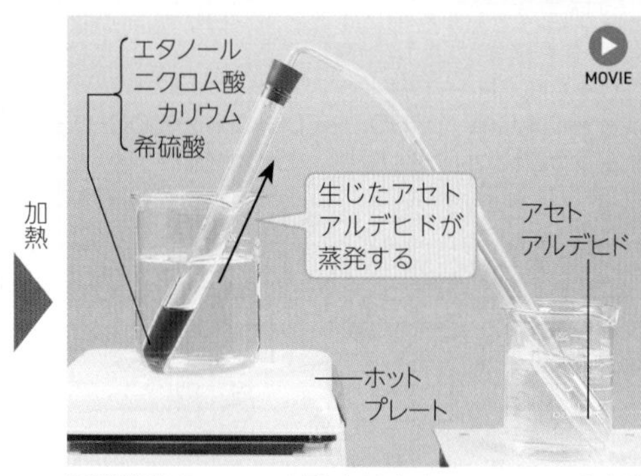

硫酸酸性のニクロム酸カリウムでエタノールを酸化すると，アセトアルデヒド CH_3CHO が生じる。アセトアルデヒドは沸点が低く，蒸発しやすいため，冷水中に水溶液として捕集する。

2 ケトン R¹−CO−R²
ketone

カルボニル基に炭化水素基が2つ結合した化合物 R^1-CO-R^2 をケトンという。ケトンは，酸化されにくく，還元作用を示さない。

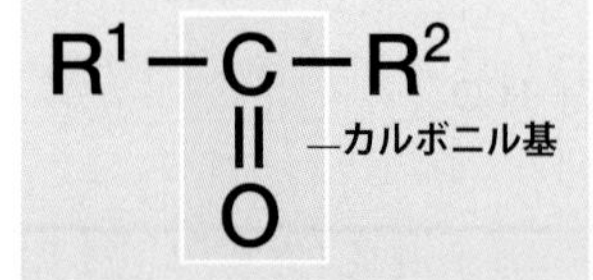

❶還元作用を示さない。
❷第二級アルコールの酸化によって得られる。

$$R^1-CH(OH)-R^2 \xrightarrow{酸化} R^1-C(=O)-R^2$$

名称	化学式	沸点[℃]
アセトン	CH_3COCH_3	56
エチルメチルケトン	$CH_3COC_2H_5$	80
ジエチルケトン	$C_2H_5COC_2H_5$	102

ⓐ アセトン CH₃COCH₃

無色で芳香をもつ揮発性の液体で，水によく溶ける。ヨードホルム反応を示す。水も油もよく溶かすため，溶媒として用いられる。

製法 2-プロパノールの酸化や酢酸カルシウムの**乾留**(空気を遮断して行う加熱分解)によって得られる。

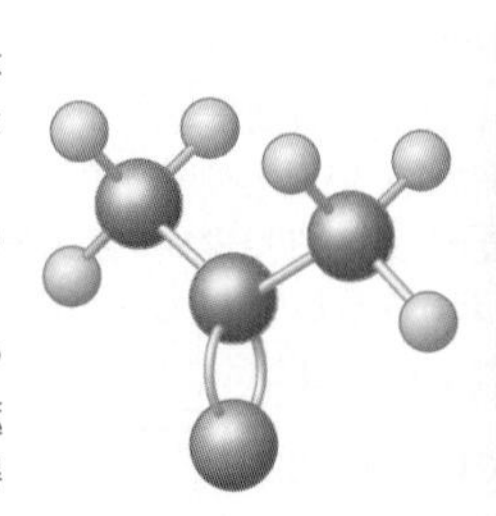

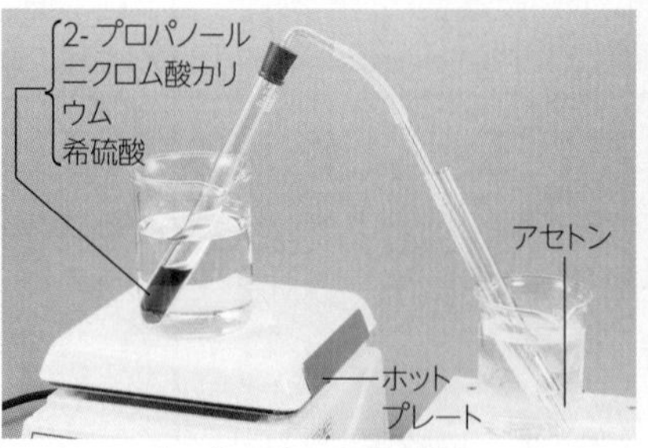

2-プロパノールの酸化

$$CH_3CH(OH)CH_3 \xrightarrow{酸化} CH_3COCH_3$$

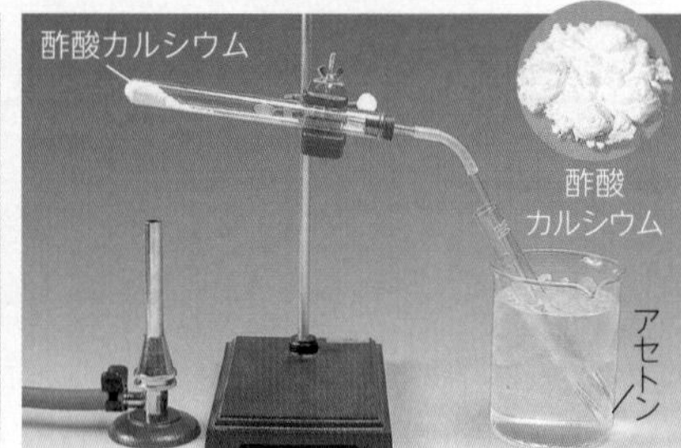

酢酸カルシウムの乾留

$$(CH_3COO)_2Ca \longrightarrow CH_3COCH_3 + CaCO_3$$

Tips フェーリングA液・B液は使用する直前に混合する。これは事前に混合し，放置しておくと，溶液中の銅の錯イオンが空気酸化などを受けて還元されにくくなり，試薬としての十分な効果を示さなくなるためである。

3 アルデヒドとケトンの検出反応

アルデヒドは還元作用を示し，容易に酸化されてカルボン酸を生じる。ケトンは酸化されにくく，還元作用を示さない。

a フェーリング液の還元 Fehling's solution

アルデヒドは，**フェーリング液を還元**し，酸化銅(Ⅰ) Cu_2O の赤色沈殿を生成する。

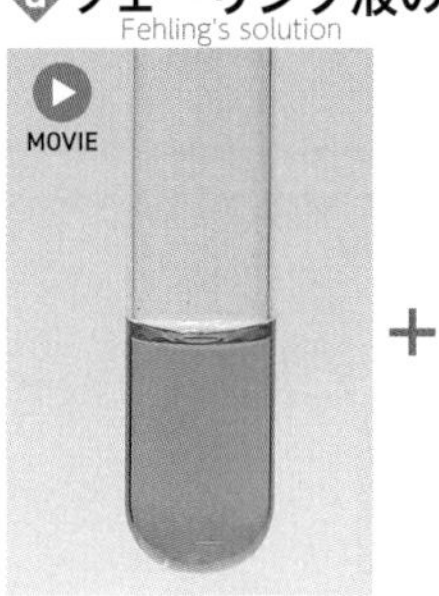

フェーリングA液
硫酸銅(Ⅱ)五水和物を水に溶解させたもの。

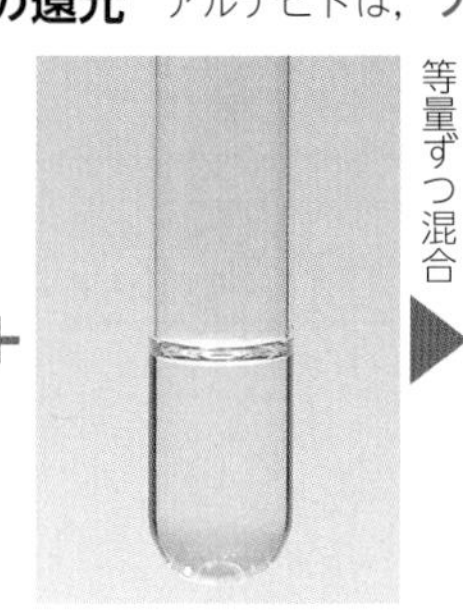

フェーリングB液
ロッシェル塩(酒石酸ナトリウムカリウム四水和物)とNaOHを水に溶解させたもの。

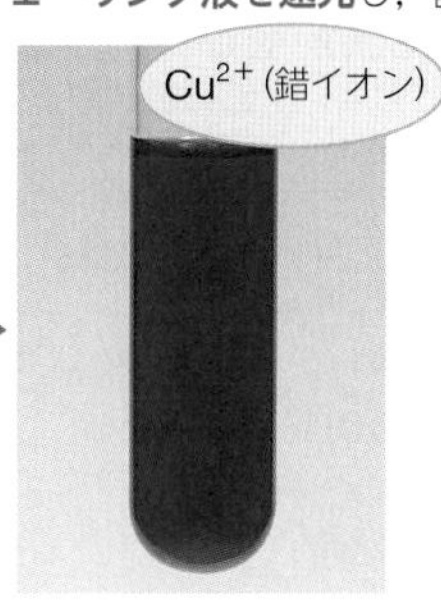

フェーリング液
はじめ $Cu(OH)_2$ の青白色沈殿を生じるが，やがて深青色の溶液になる。

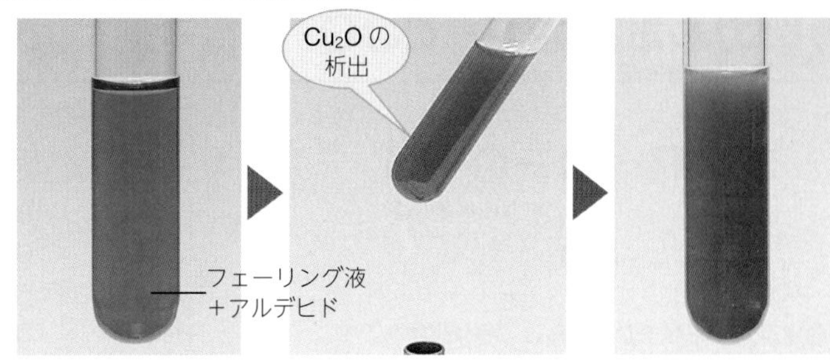

フェーリング液にアルデヒドを加えて加熱すると，酸化銅(Ⅰ) Cu_2O の赤色沈殿を生じる。

$$RCHO+2Cu^{2+}+5OH^- \longrightarrow RCOO^-+Cu_2O+3H_2O$$

酸化数：+2　　+1

b 銀鏡反応 silver mirror reaction

アルデヒドは，アンモニア性硝酸銀水溶液を還元し，銀を析出する(**銀鏡反応**)。

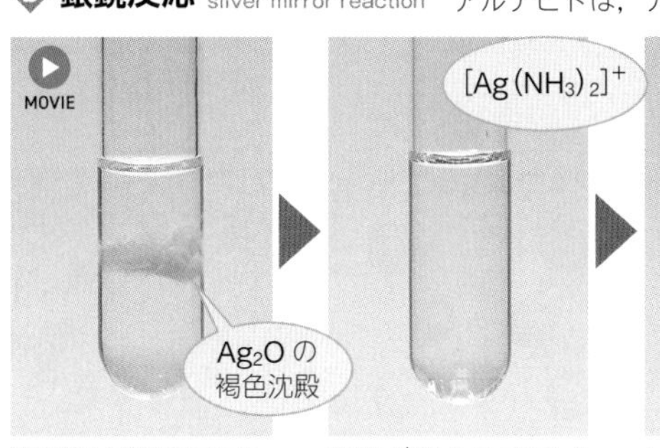

硝酸銀水溶液にアンモニア水を少しずつ加える。

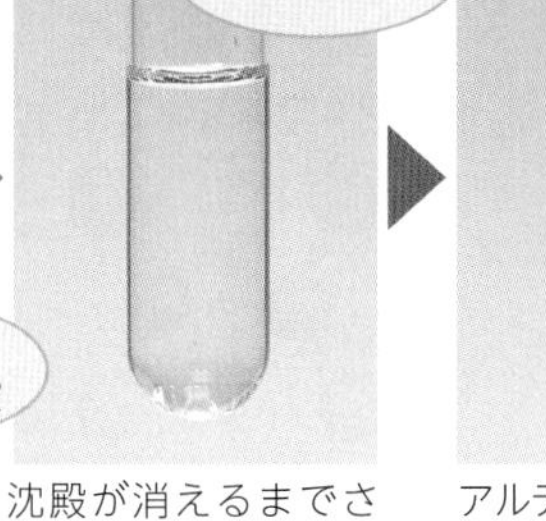

沈殿が消えるまでさらにアンモニア水を加える。

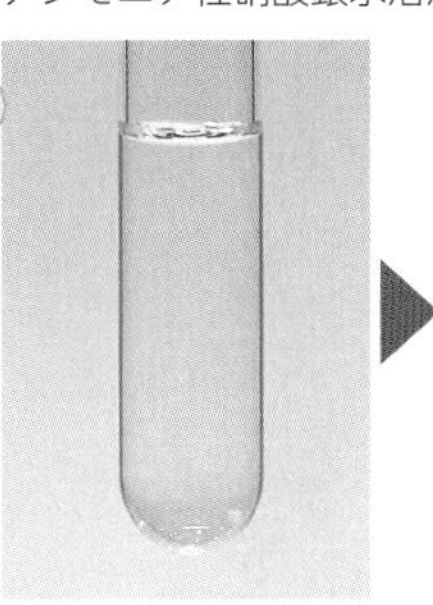

アルデヒドを加える。

約50℃の湯で温める。

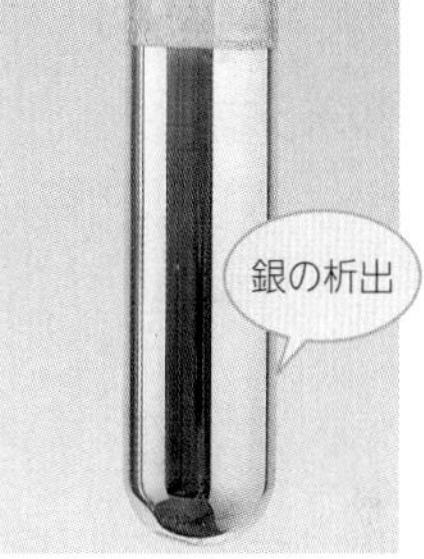

試験管壁に銀が析出し，鏡のようになる。

市販されている鏡の多くは，銀鏡反応を利用して製造されている。

$$RCHO+2[Ag(NH_3)_2]^++2OH^- \longrightarrow RCOONH_4+3NH_3+H_2O+2Ag$$

酸化数：+1　　0

c ヨードホルム反応 iodoform reaction

塩基性の水溶液中でヨウ素と反応して，特有のにおいをもつヨードホルム CHI_3 の黄色沈殿を生じる反応。CH_3CO- をもつケトンやアルデヒド，酸化によってアセチル基 CH_3CO- を生じる $CH_3CH(OH)-$ をもつアルコールに特有の反応で，これらの検出に用いられる。

ヨードホルム反応を示す構造

$CH_3-C(=O)-R$　　$CH_3-CH(OH)-R$

Rは，水素H，または，炭化水素基を示す。

(!) 酢酸 CH_3COOH や，酢酸メチル CH_3COOCH_3 などは，ヨードホルム反応を示さない。

・CH_3COR で表される化合物のヨードホルム反応

$$CH_3COR+3I_2+4NaOH \longrightarrow CHI_3+R-COONa+3NaI+3H_2O$$

・$CH_3CH(OH)R$ で表される化合物のヨードホルム反応

$$CH_3CH(OH)R+4I_2+6NaOH \longrightarrow CHI_3+R-COONa+5NaI+5H_2O$$

CHI_3 に加え，もとの化合物よりも炭素原子が1つ少ないカルボン酸の塩を生じる。

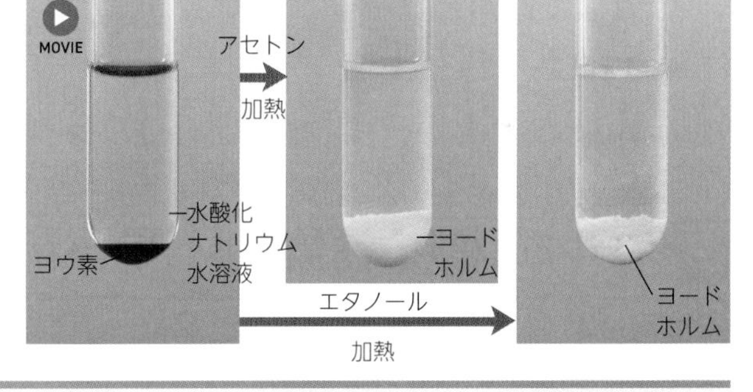

トピック 電気分解を利用したヨードホルム反応

ヨードホルム反応は電気分解を利用することによっても確認することができる。まず，ヨウ化カリウム水溶液に炭素棒を挿入して一定時間通電する。このとき陽極では，$2I^- \longrightarrow I_2+2e^-$ の反応によってヨウ素が生成し，ヨウ化カリウム水溶液に溶解する。一方，陰極では，$2H_2O+2e^- \longrightarrow H_2+2OH^-$ の反応によって水酸化物イオンが生成し，水溶液が塩基性になる。これにエタノールやアセトンなどを加えて，さらに通電すると，ヨードホルムの黄色沈殿が生成する。この方法では，加熱が不要で，ヨウ素を直接扱わなくてすむ。この方法は，100年以上前に開発され，殺菌・消毒剤であるヨードホルムの工業的製法として使われていた。

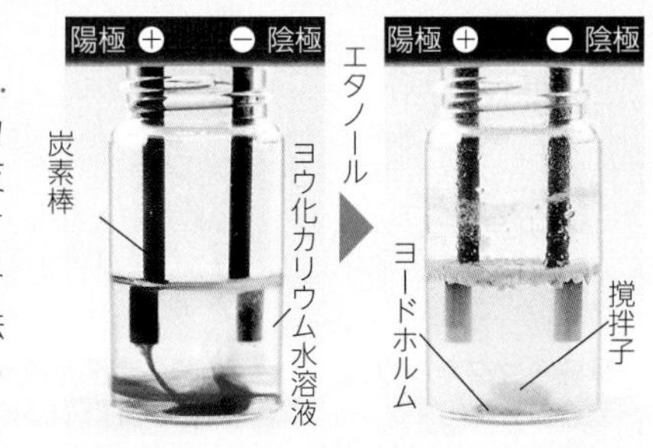

Tips 市販されている鏡の多くは，ガラス板に銀がめっきされたものであり，その製造には銀鏡反応が利用されている。一般にガラスはめっきされにくいため，この方法ではガラスの表面に塩化スズ(Ⅱ)水溶液を接触させて，銀めっきを施している。

9 カルボン酸とエステル 化学

1 カルボン酸 R−COOH
carboxylic acid

分子中にカルボキシ基−COOHをもつ化合物を**カルボン酸**という。カルボキシ基の数に応じて，1価，2価，・・・に分類される。1価の鎖式カルボン酸を**脂肪酸**という。

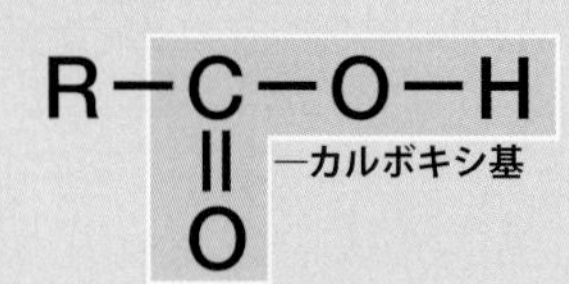

❶**水溶液中でわずかに電離し，弱い酸性を示す。**
❷炭素原子の数が少ないものは水によく溶け，多いものは溶けにくい。
❸水素結合によって，**二量体**を形成する。
❹第一級アルコールやアルデヒドを酸化して得られる。

$$R-CH_2OH \xrightarrow{酸化} R-\underset{\underset{O}{\|}}{C}-H \xrightarrow{酸化} R-\underset{\underset{O}{\|}}{C}-OH$$

	名称	化学式	融点〔℃〕	沸点〔℃〕	水への溶解性
1価	ギ酸	HCOOH	8.4	101	○
	酢酸	CH_3COOH	17	118	○
	プロピオン酸	C_2H_5COOH	−21	141	○
	酪酸（らくさん）	C_3H_7COOH	−5.3	164	○
2価	シュウ酸	COOH | COOH	187 (分解)	―	○
	マレイン酸 (シス形)	H−C−COOH ‖ H−C−COOH	133*	160 (分解)	○
	フマル酸 (トランス形)	H−C−COOH ‖ HOOC−C−H	300 〜302	昇華	×

*133〜134℃で一部フマル酸に変化する。

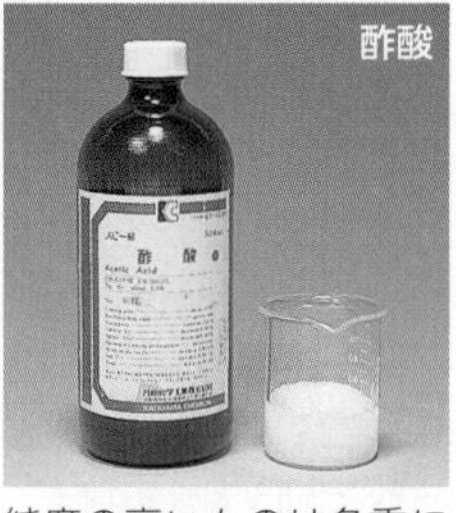

純度の高いものは冬季に凍結し，**氷酢酸**とよばれる。

ⓐ いろいろなカルボン酸

ギ酸 HCOOH

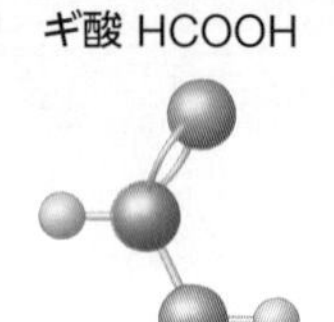

アリの毒液中に含まれる。還元作用を示す。

酢酸 CH_3COOH

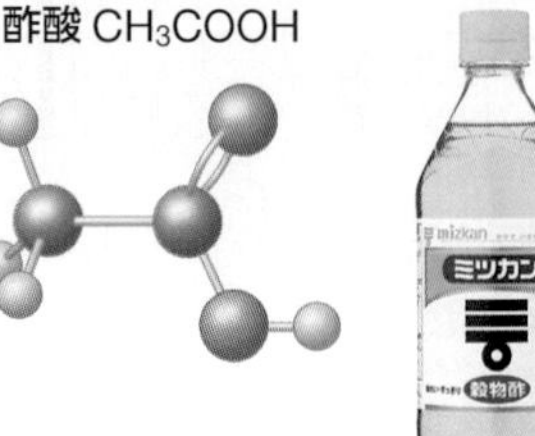

食酢中に含まれる。

シュウ酸 $(COOH)_2$

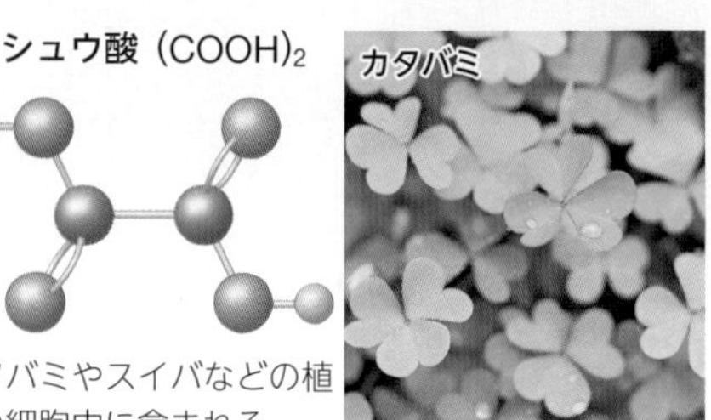

カタバミやスイバなどの植物の細胞中に含まれる。

ⓑ ヒドロキシ酸

ヒドロキシ基をもつカルボン酸を**ヒドロキシ酸**という。このほか，アミノ基をもつカルボン酸(**アミノ酸**)などもある(➡p.276)。

乳酸(融点17℃)

```
      H
      |
CH3 - C - COOH
      |
      OH
```

不斉炭素原子をもち，鏡像異性体が存在する。乳酸菌の発酵で糖類から生成する。

クエン酸(融点153℃)

```
     H
     |
   H-C-COOH
     |
  HO-C-COOH
     |
   H-C-COOH
     |
     H
```

オレンジやレモンなどの果実中に含まれる。

酒石酸(融点170℃)

```
     H
     |
  HO-C-COOH
     |
  HO-C-COOH
     |
     H
```

ブドウなどの果実やワインに含まれる。

2 カルボン酸の性質

カルボン酸は，水に溶けるとわずかに電離し，水溶液は弱い酸性を示す。また，塩基を中和する。

ⓐ 酸の強さ

カルボン酸の酸性は，塩化水素や硫酸よりも弱く，炭酸よりも強い。

酸性の強さ 硫酸，塩化水素＞カルボン酸＞炭酸

酢酸＋マグネシウム

$2CH_3COOH + Mg \longrightarrow (CH_3COO)_2Mg + H_2$

酢酸＋炭酸水素ナトリウム

$CH_3COOH + NaHCO_3 \longrightarrow CH_3COONa + H_2O + CO_2$

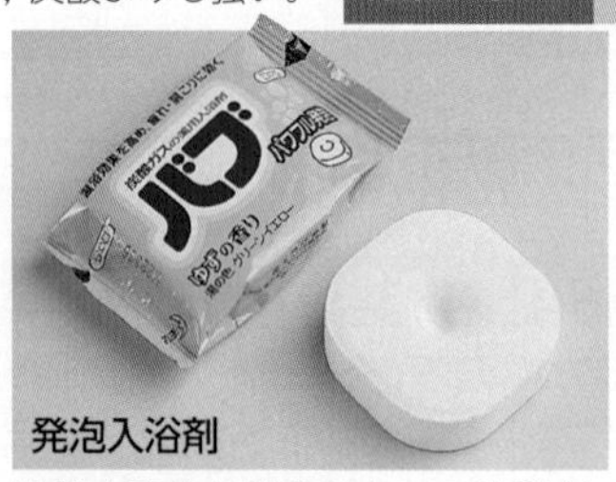

炭酸水素ナトリウムとフマル酸(カルボン酸)が含まれており，その混合物が水に溶けると，二酸化炭素を発生し，発泡する。

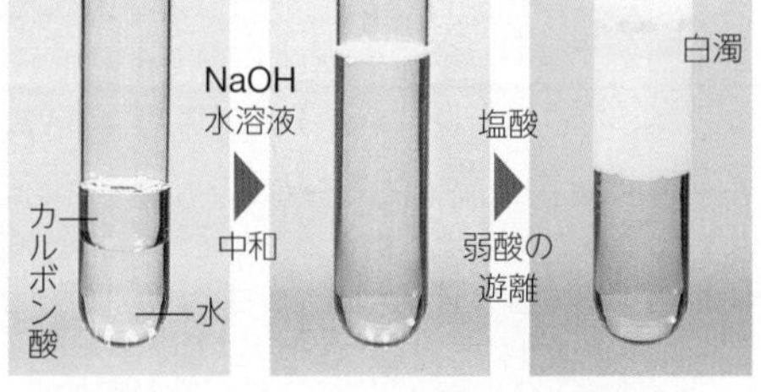

炭素原子の数が多いカルボン酸は水に溶けにくいが，中和されて塩になると水に溶ける。

$$RCOOH \xrightarrow{NaOH} RCOONa \xrightarrow{HCl} RCOOH$$

Tips 炭素原子の数が少ないカルボン酸は不快臭をもつものが多く，酪酸(炭素数4)は腐敗臭，カプロン酸(炭素数6)$C_5H_{11}COOH$は汗の悪臭の原因の一つといわれている。汗は本来無臭であるが，皮膚上の細菌などが皮脂を分解するときにカプロン酸などを生じ，これが汗のにおいとして感じられる。

ⓑ 酸無水物
acid anhydride

2個のカルボキシ基から，1分子の水が取れて縮合した化合物を**酸無水物**という。

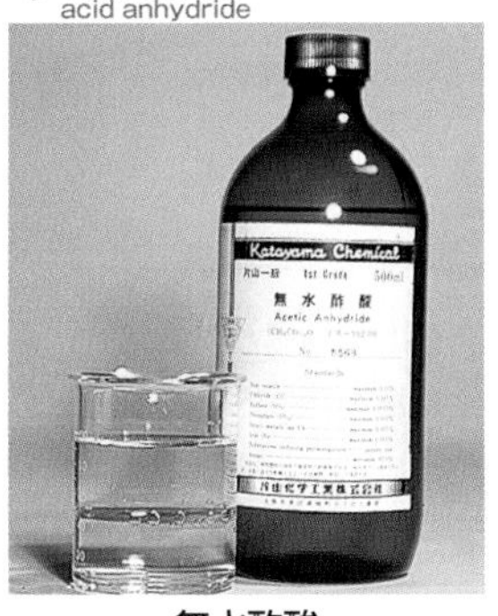

無水酢酸

酢酸を十酸化四リンで，脱水すると得られる。

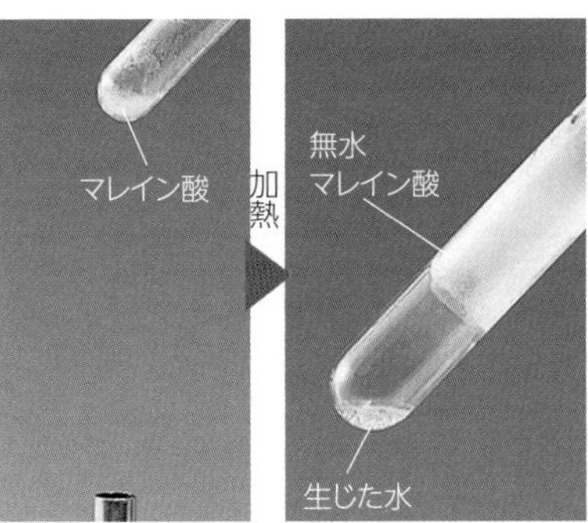

マレイン酸の加熱

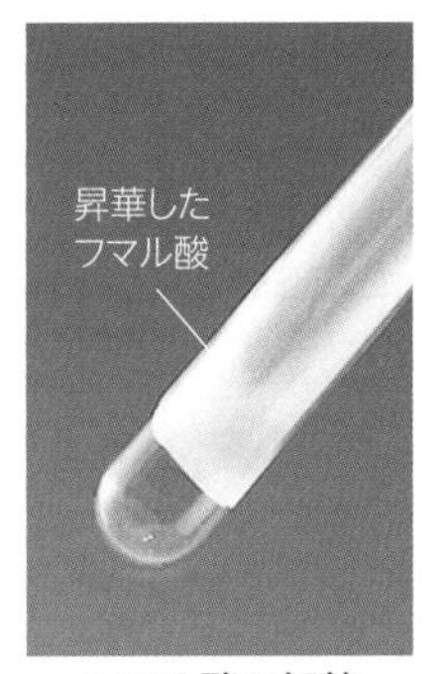

フマル酸の加熱

マレイン酸を加熱すると，脱水して無水マレイン酸を生じる。フマル酸では，2つのカルボキシ基が離れているため脱水しにくい。

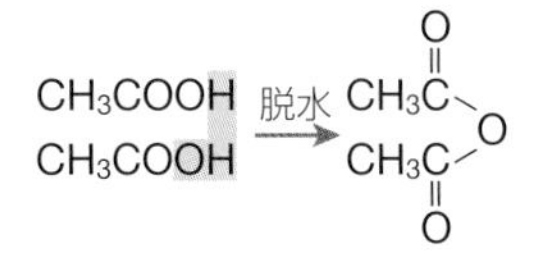

無水酢酸　マレイン酸　無水マレイン酸　フマル酸

ⓒ ギ酸の還元作用

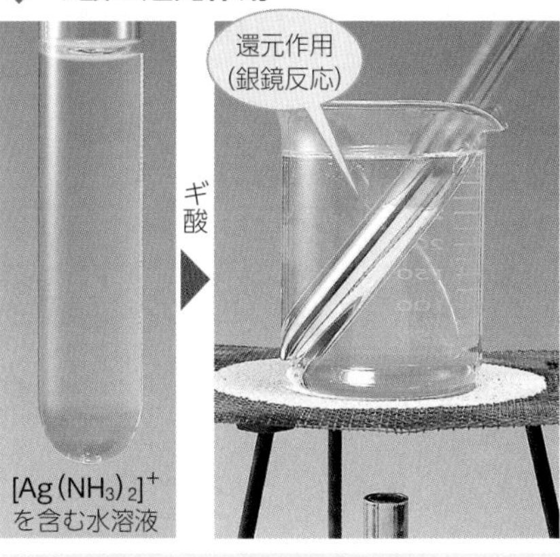

カルボキシ基
還元性を示す→ H−C(=O)−O−H ←酸性を示す
ホルミル基

ギ酸の構造

3 エステル $R^1-COO-R^2$
ester

エステル結合 −COO− をもつ化合物 $R^1-COO-R^2$ を**エステル**という。

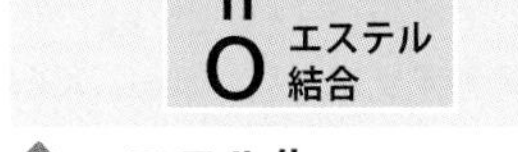

$R^1-C(=O)-O-R^2$ エステル結合

❶ 水に溶けにくい。有機化合物を溶かすので，溶媒に用いられる。
❷ 分子量の小さいものは，芳香をもつ液体で，香料として用いられる。
❸ カルボン酸とアルコールの縮合によって得られる(**エステル化**)。

ⓐ エステル化

$$R^1-C(=O)-O-H + H-O-R^2 \underset{\text{加水分解}}{\overset{\text{エステル化}}{\rightleftarrows}} R^1-C(=O)-O-R^2 + H_2O$$

カルボン酸　アルコール　エステル

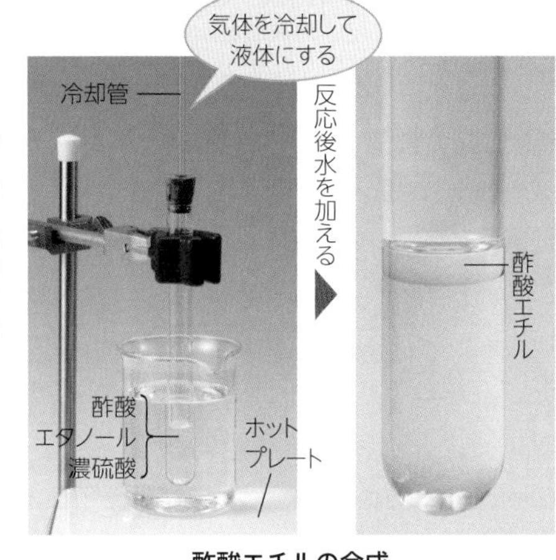

酢酸エチルの合成

$$CH_3COOH + C_2H_5OH \longrightarrow CH_3COOC_2H_5 + H_2O$$

ⓑ エステルの反応

エステルに酸と水を加えて加熱すると，カルボン酸とアルコールを生じる(**エステルの加水分解**)。また，エステルに塩基と水を加えて加熱すると，カルボン酸の塩とアルコールを生じる(**けん化**)。

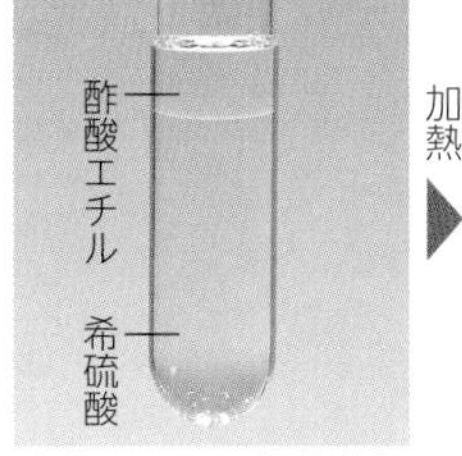

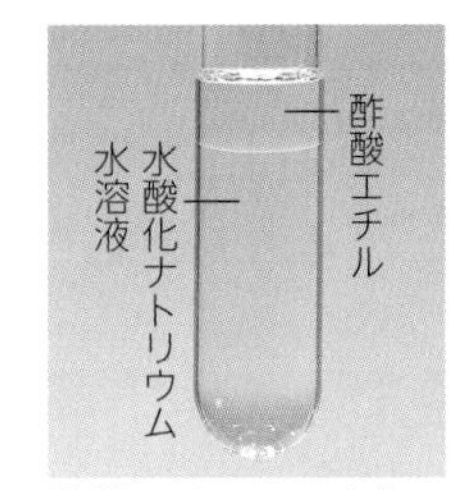

酢酸エチルの加水分解

$$CH_3COOC_2H_5 + H_2O \longrightarrow CH_3COOH + C_2H_5OH$$

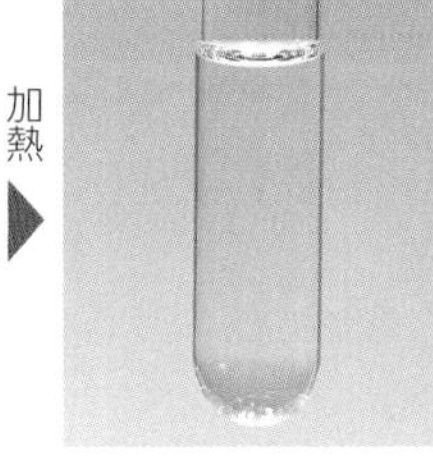

酢酸エチルのけん化

$$CH_3COOC_2H_5 + NaOH \longrightarrow CH_3COONa + C_2H_5OH$$

ⓒ 硫酸や硝酸のエステル

硝酸や硫酸などの無機酸もアルコールと反応してエステルを生じる。

例　グリセリンに，濃硫酸と濃硝酸の混合物(混酸)を作用させると，硝酸エステルであるニトログリセリンが得られる。

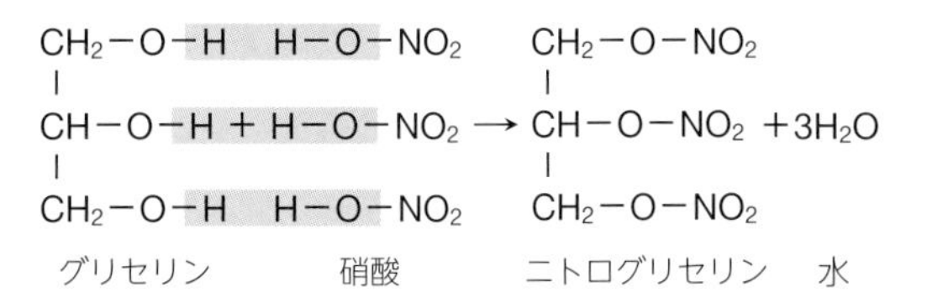

$$\begin{array}{l} CH_2-O-H \quad H-O-NO_2 \\ CH-O-H + H-O-NO_2 \\ CH_2-O-H \quad H-O-NO_2 \end{array} \longrightarrow \begin{array}{l} CH_2-O-NO_2 \\ CH-O-NO_2 \\ CH_2-O-NO_2 \end{array} + 3H_2O$$

グリセリン　硝酸　ニトログリセリン　水

鉱山の発破

ニトログリセリンはダイナマイトに用いられる。

歯みがき粉

硫酸エステルが含まれる。

トピック エステルのかおり

果実のかおりはエステルによるものが多い。食品用のエッセンスは，低級脂肪酸と低級1価アルコールをエステル化してつくられる。

食品用エッセンス

モモのかおりに含まれるエステル

エステル	化学式
ギ酸エチル	$HCOOCH_2CH_3$
酢酸プロピル	$CH_3COOCH_2CH_2CH_3$
酢酸ベンジル	$CH_3COOCH_2C_6H_5$

リンゴのかおりに含まれるエステル

エステル	化学式
ギ酸ペンチル	$HCOOCH_2CH_2CH_2CH_2CH_3$
酪酸メチル	$CH_3CH_2CH_2COOCH_3$

ろうそくには和ろうそくと西洋ろうそくがある。和ろうそくは，芯に和紙を用いて，蝋(ろう)にはハゼの実からとった木蝋(もくろう)や，エステルを主成分とする蜂の巣から取り出した蜜蝋(みつろう)などが用いられる。一方，西洋ろうそくは，芯に糸を用いて，蝋には石油から作ったパラフィンが用いられる。

10 油脂 化学

1 油脂の構成

fats and oils

油脂には，大豆油などの常温で液体のもの（**脂肪油**）と，牛脂などの固体のもの（**脂肪**）がある。

$$\begin{array}{l} R^1\text{-COOH} \\ R^2\text{-COOH} \\ R^3\text{-COOH} \end{array} + \begin{array}{l} HO\text{-}CH_2 \\ HO\text{-}CH \\ HO\text{-}CH_2 \end{array} \underset{\text{加水分解}}{\overset{\text{エステル化}}{\rightleftarrows}} \begin{array}{l} R^1\text{-CO-O-}CH_2 \\ R^2\text{-CO-O-}CH \\ R^3\text{-CO-O-}CH_2 \end{array} + 3H_2O$$

高級脂肪酸　グリセリン　油脂（エステル結合）　水

高級脂肪酸とグリセリンのエステル。

❶ 天然に存在する油脂は，いろいろな脂肪酸を含む混合物である。

❷ 油脂を構成する脂肪酸（R^1～R^3）の炭素原子の数が多いほど，油脂の融点は高くなる。

❸ 脂肪酸には炭素原子間に二重結合をもつ**不飽和脂肪酸**と，すべて単結合の**飽和脂肪酸**があり，不飽和結合が多くなるほど，油脂の融点は低くなる。

	構成脂肪酸		C=C結合の数	油脂（組成は質量%）			
				牛脂	ヤシ油	綿実油	大豆油
飽和脂肪酸	ラウリン酸	$C_{11}H_{23}COOH$	0	—	40～50	—	—
飽和脂肪酸	ミリスチン酸	$C_{13}H_{27}COOH$	0	2～5	15～20	1～2	1～2
飽和脂肪酸	パルミチン酸	$C_{15}H_{31}COOH$	0	24～34	9～12	18～25	6～10
飽和脂肪酸	ステアリン酸	$C_{17}H_{35}COOH$	0	15～30	2～4	1～2	2～4
不飽和脂肪酸	オレイン酸	$C_{17}H_{33}COOH$	1	35～45	6～9	17～38	20～30
不飽和脂肪酸	リノール酸	$C_{17}H_{31}COOH$	2	1～3	0～0	45～55	50～58
不飽和脂肪酸	リノレン酸	$C_{17}H_{29}COOH$	3	0～1	—	—	5～10
融点				35～55℃	20～28℃	−6～4℃	−8～−7℃
けん化価				190～202	245～271	189～199	188～196
ヨウ素価				25～60	7～16	88～121	114～138
分類				不乾性油		半乾性油	乾性油

ⓐ 油脂の性質

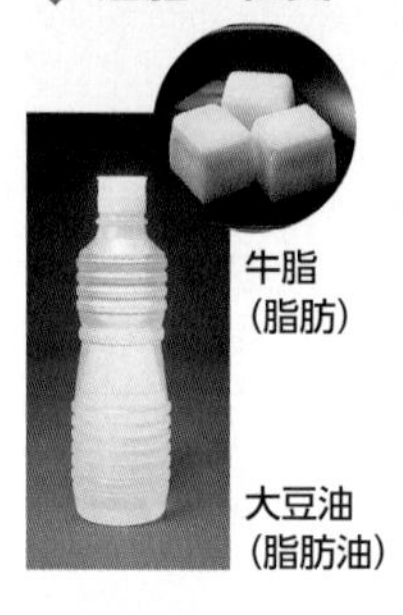

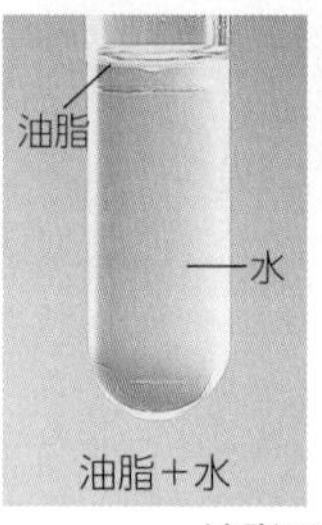

油脂＋水

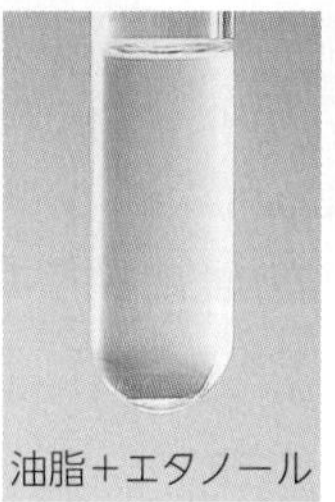
油脂＋エタノール

油脂の溶解性

油脂の燃焼

ⓑ 油脂を構成する脂肪酸

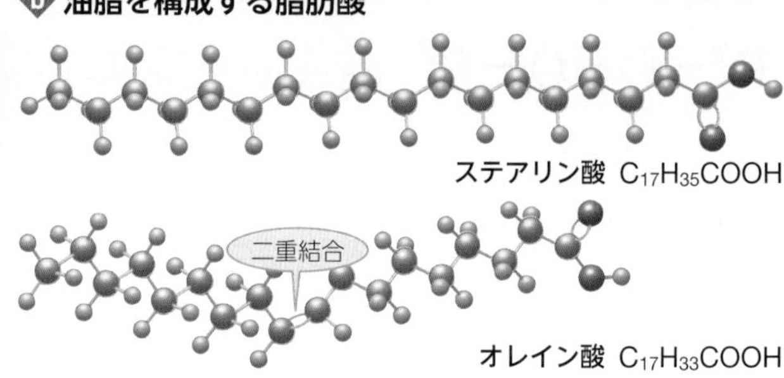

油脂を構成する脂肪酸の炭素原子の数は偶数で，枝分かれしていない。天然の不飽和脂肪酸の多くはシス形構造をとる。

2 油脂の抽出

油脂は，ヘキサンやジエチルエーテルなどの溶媒を用いて抽出される。

落花生をすりつぶして円筒ろ紙に入れる。

ヘキサンを溶媒に用いてソックスレー抽出器で抽出を行う。

溶媒を除去する

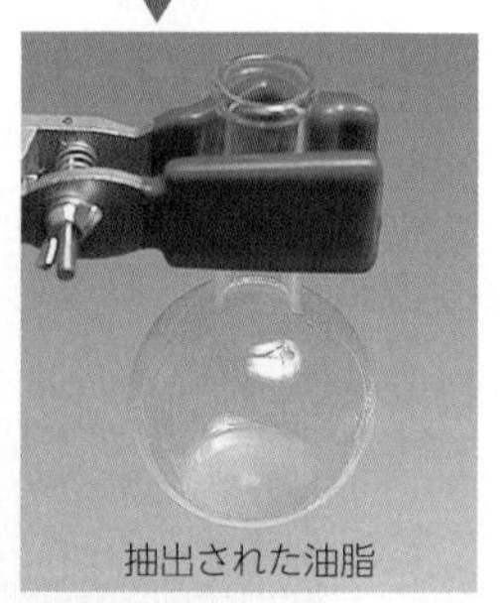

蒸留によってヘキサンを除去すると，フラスコに油脂が残る。

ソックスレー抽出器の原理

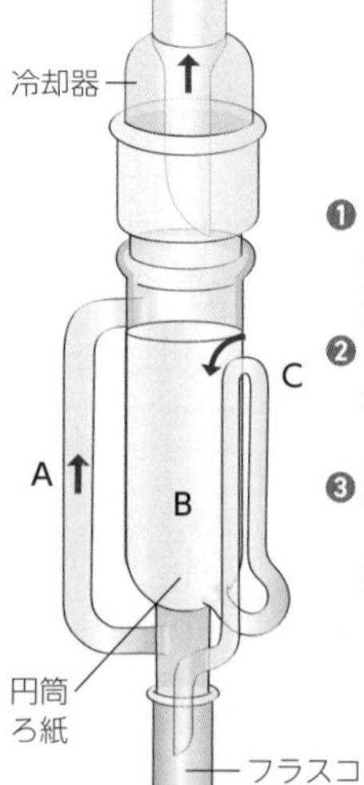

❶ フラスコで温められた溶媒が蒸気となって A を通って上昇する。

❷ 溶媒の蒸気が冷却管で凝縮して B に貯まり，油脂を抽出する。

❸ 溶液の高さが C よりも高くなると，溶液は C を通ってフラスコに戻る。

Tips 天然の不飽和脂肪酸は一般にシス形であるが，油脂の水素付加や高温処理によって，微量のトランス形の脂肪酸（トランス脂肪酸）を生成する。トランス脂肪酸をとりすぎると，LDL コレステロール（悪玉コレステロール）が増えて，心臓病のリスクが高まるといわれており，使用を規制する国もある。

3 油脂のけん化
saponification

油脂をけん化すると，脂肪酸の塩とグリセリンが得られる。

$$\begin{matrix} R^1COO-CH_2 \\ | \\ R^2COO-CH \\ | \\ R^3COO-CH_2 \end{matrix} + 3KOH \longrightarrow \begin{matrix} R^1COOK \\ R^2COOK \\ R^3COOK \end{matrix} + \begin{matrix} CH_2-OH \\ | \\ CH-OH \\ | \\ CH_2-OH \end{matrix}$$

油脂　　水酸化カリウム　　脂肪酸のカリウム塩　　グリセリン

油脂 1 mol に対して水酸化カリウム 3 mol が反応する。

- **けん化価**（saponification value）…油脂 1 g のけん化に要する水酸化カリウム KOH（式量 56）の質量〔mg〕の数値を**けん化価**という。けん化価から，構成脂肪酸の分子量を推定することができる。

$$\text{けん化価} = 56 \times \frac{1}{M} \times 3 \times 10^3$$

（M：油脂の分子量）

けん化価	構成脂肪酸
大	分子量が小さい
小	分子量が大きい

分子量の異なる 2 種類の油脂をけん化するとき，油脂の質量が同じであれば，分子量の小さい油脂ほど多くの水酸化カリウムが反応する。

4 油脂の付加反応

不飽和脂肪酸には水素やヨウ素などが付加する。不飽和脂肪酸の多い油脂は常温で液体で，酸化されて固化しやすいものを**乾性油**，固化しにくいものを**不乾性油**，その中間の性質を示すものを**半乾性油**という。

ⓐ 水素の付加

液体の脂肪油に触媒を用いて水素を付加すると，固体の**硬化油**になる。

$$\begin{matrix} CH_2-OCOC_{17}H_{35} \\ | \\ CH-OCOC_{17}H_{31} \\ | \\ CH_2-OCOC_{17}H_{31} \end{matrix} + 4H_2 \xrightarrow{\text{ニッケル触媒}} \begin{matrix} CH_2-OCOC_{17}H_{35} \\ | \\ CH-OCOC_{17}H_{35} \\ | \\ CH_2-OCOC_{17}H_{35} \end{matrix}$$

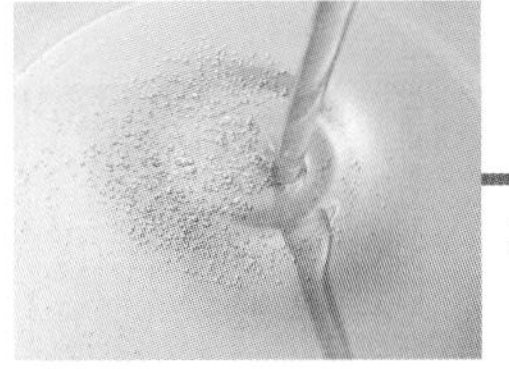

水素の付加
ニッケル触媒

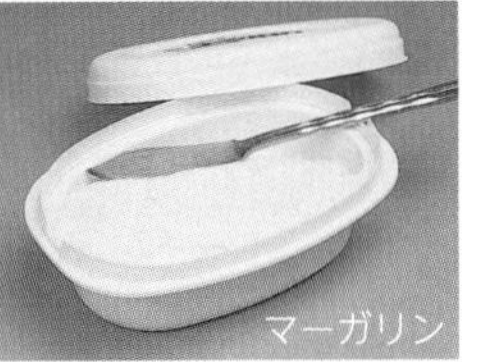

硬化油　マーガリンは，液体の植物性油脂に水素を付加させて，固体の脂肪（硬化油）にしたものである。

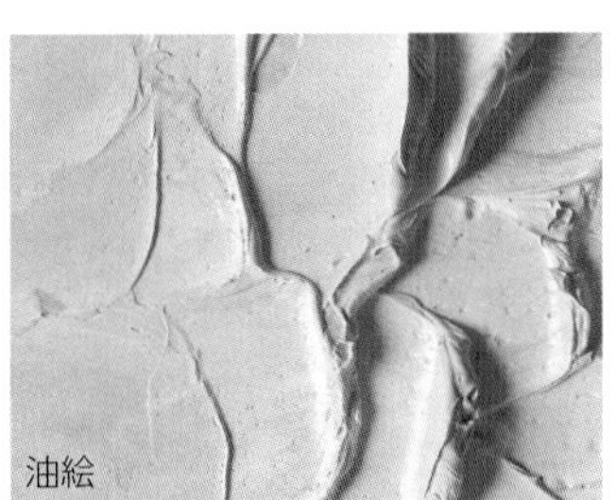

油脂の酸化
顔料をアマニ油などの乾性油で練り上げた油絵具を用いて描かれる。空気中に放置すると，乾性油が樹脂状に固化し，定着する。

ⓑ ヨウ素の付加

不飽和脂肪酸中の炭素原子間の二重結合 1 個にはヨウ素分子 1 個が付加する。

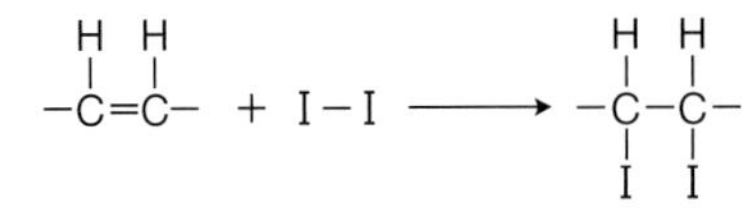

$$\begin{matrix} H\ \ H \\ |\ \ \ | \\ -C=C- \end{matrix} + I-I \longrightarrow \begin{matrix} H\ \ H \\ |\ \ \ | \\ -C-C- \\ |\ \ \ | \\ I\ \ \ I \end{matrix}$$

- **ヨウ素価**（iodine number）…油脂 100 g に付加できるヨウ素 I_2（分子量 254）の質量〔g〕の数値を**ヨウ素価**という。油脂のヨウ素価から，構成脂肪酸の不飽和の度合いを知ることができる。

$$\text{ヨウ素価} = 254 \times \frac{100}{M} \times n$$

M：油脂の分子量
n：油脂1分子に含まれる C=C 結合の数

ヨウ素価	構成脂肪酸
大	不飽和脂肪酸…多い
小	不飽和脂肪酸…少ない

	乾性油 drying oil	半乾性油 semidrying oil	不乾性油 nondrying oil
例	アマニ油，大豆油，きり油	ゴマ油，なたね油，綿実油	オリーブ油，ヤシ油，つばき油
特徴	不飽和脂肪酸を多く含む。空気中で樹脂状の固体に変化しやすい。	乾性油と不乾性油の中間の性質を示す。	飽和脂肪酸または不飽和度の小さい脂肪酸を多く含む。樹脂状にはならない。
用途	ペンキ，塗料，油絵の具	食用油，セッケンの原料	潤滑油，頭髪油，食用油
ヨウ素価	130以上	100〜130	100以下

トピック　油脂と食品

油脂の酸敗
油脂は，空気や水分，熱や光などの作用によって酸化され，悪臭が生じたり味が劣化したりする。このような現象を酸敗という。そのため，油脂を含む食品などには，酸化防止剤が添加されることが多い。特に油に溶けやすい性質をもつビタミン E が，油脂の酸化防止剤としてよく用いられる。

ビタミンE（α-トコフェロール）

一般に，不飽和脂肪酸が多い油脂ほど酸化されやすく，酸素と反応して過酸化物を生じる。

トランス脂肪酸
天然の不飽和脂肪酸のほとんどはシス形であるが，マーガリンの製造での水素添加などによってトランス形の脂肪酸が生じることがある。これをトランス脂肪酸という。

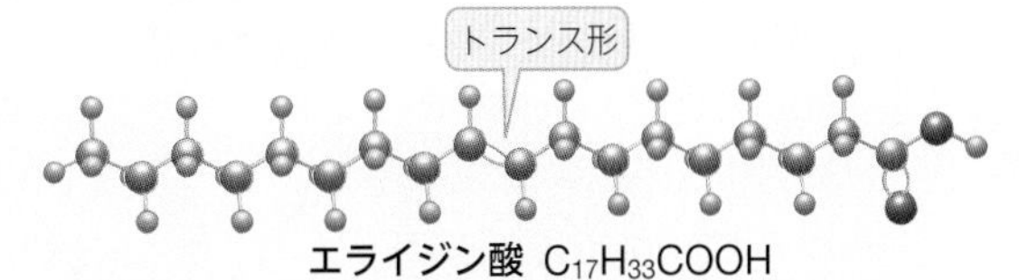

エライジン酸 $C_{17}H_{33}COOH$
（オレイン酸のシス－トランス異性体）

トランス脂肪酸を多く摂取すると心臓病のリスクが上がるといわれており，摂取を控えることが推奨されている。現在では，製造業者の努力により，食品に含まれるトランス脂肪酸の量は大幅に削減されている。

Tips　マーガリンは植物性油脂から作られるため，カロリーやコレステロールが高いバターよりも健康によいといわれていたが，近年になって，製造時における水素付加の過程で生成するトランス脂肪酸が健康によくないと指摘されている。

11 セッケンと合成洗剤 化学

1 セッケン R−COONa

soap

高級脂肪酸のナトリウム塩を**セッケン**という。

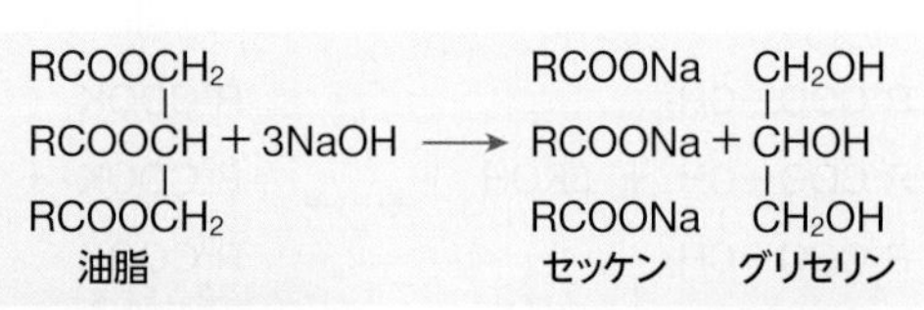

a セッケンの合成

油脂を水酸化ナトリウムでけん化すると，グリセリンとセッケンが得られる。

油脂にエタノールと水酸化ナトリウムを加えて加熱しながらよく混ぜる。油脂がけん化され，均一な溶液になる。

セッケン

得られた溶液を塩化ナトリウムの飽和水溶液に加えると，塩析によってセッケンが析出する。

b セッケンの構造

セッケンは，弱酸と強塩基の塩であり，その水溶液は弱塩基性を示す。

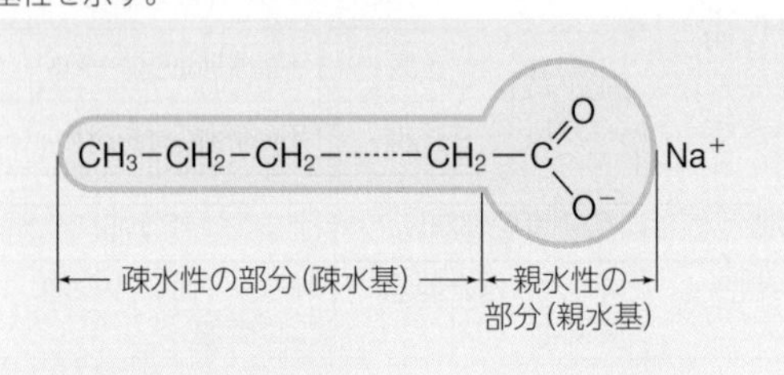

c ミセル

セッケンは，水溶液中で，ある濃度以上になると，疎水性の部分が集まった集団（**ミセル** micelle）をつくり，コロイド溶液の性質を示す。

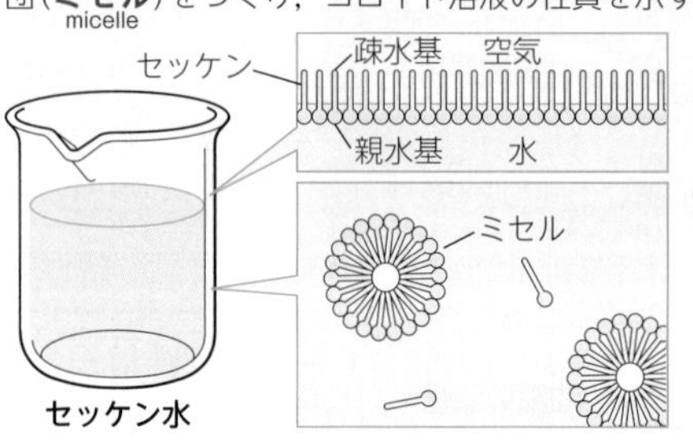

セッケン水

ミセル

レーザー光線

セッケン水のチンダル現象

d 界面活性剤の性質

セッケンは水の表面張力を低下させ，固体表面をぬれやすくする。このような作用を**界面活性作用**（surface activity）といい，この作用を示す物質を**界面活性剤**という。

セッケン水

表面張力が低下して1円玉が沈む。

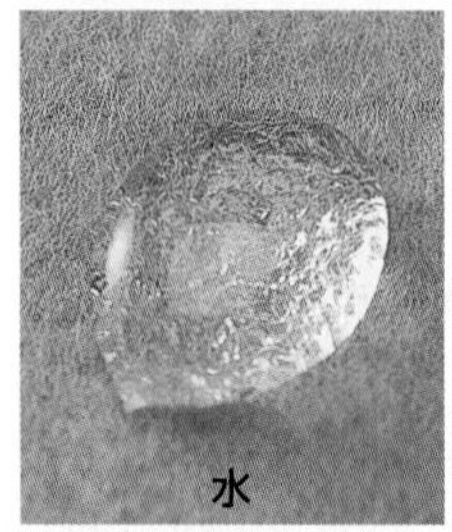

水

繊維にしみこみやすい

セッケン水

水がしみこみにくい繊維にも，セッケン水はしみこむ。

e 界面活性剤の洗浄作用

油で汚れた繊維をセッケン水に入れると，セッケンが繊維に付着した油汚れを疎水性（親油性）の部分で取り囲み，親水性の部分を外側に向けて水中に分散させ（**乳化作用** emulsification），セッケン水は乳濁液になる。

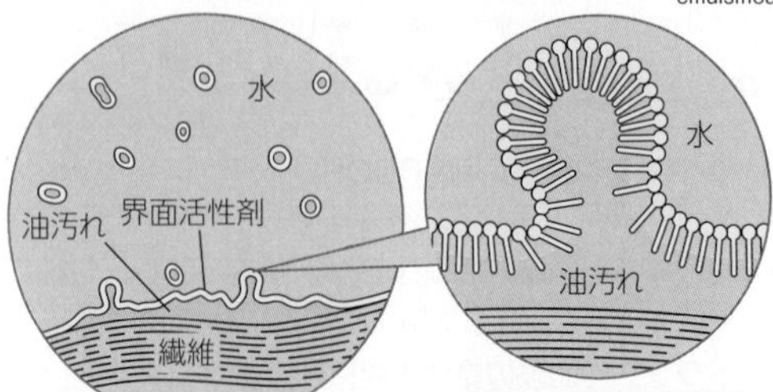

繊維と油汚れの分離

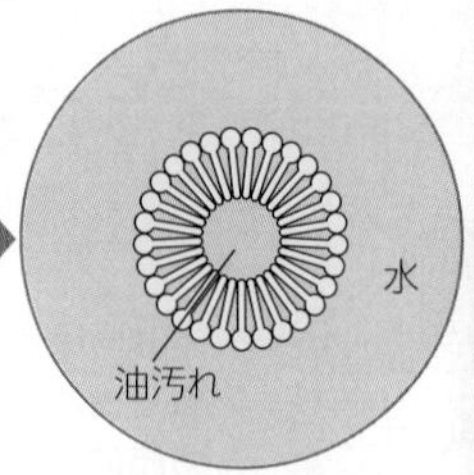

分離された油汚れ

トピック シャボン玉

シャボン玉の膜は，表側と裏側に並ぶ界面活性剤が，水層をはさみこんで構成されている。太陽光などがあたると，膜の表面と裏側で反射した光が干渉し，虹色に見える。

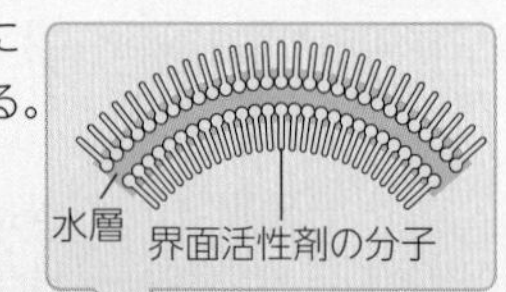

Tips 泡消火剤は，泡で酸素の供給を遮断し，消火する。また，界面活性剤が燃えているものの表面を水でぬれやすくするため，消火効果が高い。少ない水の量で消火が可能となるため，集合住宅などでの消火作業では，近隣への影響も抑えることができる。

2 合成洗剤
synthetic detergent

石油から合成される硫酸アルキルナトリウムやアルキルベンゼンスルホン酸ナトリウムなどの界面活性剤は，**合成洗剤**とよばれる。

ⓐ 合成洗剤の合成
高級アルコールを硫酸でエステル化し，水酸化ナトリウムで中和すると得られる。

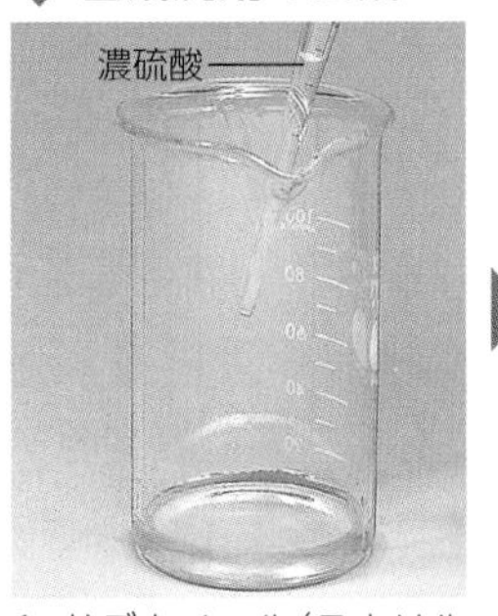

1-ドデカノール（ラウリルアルコール）$C_{12}H_{25}OH$ に濃硫酸を加える。

湯浴中で加熱したのち，かき混ぜながら水に加える。

$$R-OH \xrightarrow[\text{エステル化}]{H_2SO_4} R-O-SO_3H \xrightarrow[\text{中和}]{NaOH} R-O-SO_3Na$$

フェノールフタレイン溶液を加え，溶液が薄い赤色になるまで水酸化ナトリウム水溶液を加える。

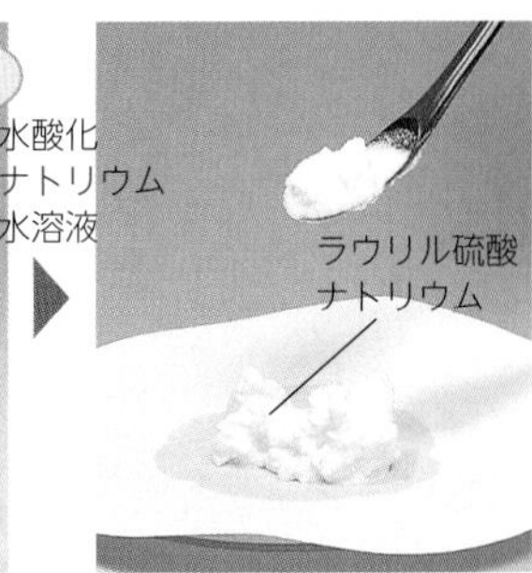

生じた白色の固体（合成洗剤）を取り，ろ紙で水分を除く。

ⓑ 合成洗剤の構造
合成洗剤は強酸と強塩基（水酸化ナトリウム）の塩であり，その水溶液は中性を示す。そのため，**中性洗剤**ともよばれる。

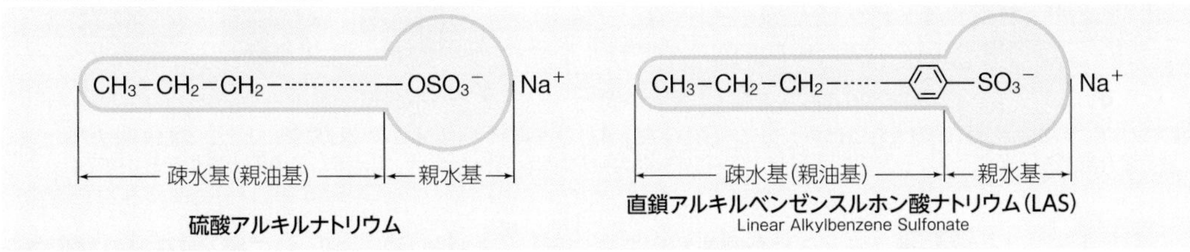

合成洗剤

かつては，炭化水素基に枝分かれのある合成洗剤が用いられていたが，微生物によって分解されにくく，環境への負荷が大きかったため，現在では，直鎖状の比較的分解されやすいものが用いられるようになっている。

3 セッケンと合成洗剤の比較
セッケンは弱酸（脂肪酸）の塩，合成洗剤は強酸の塩であるため，性質の違いがみられる。

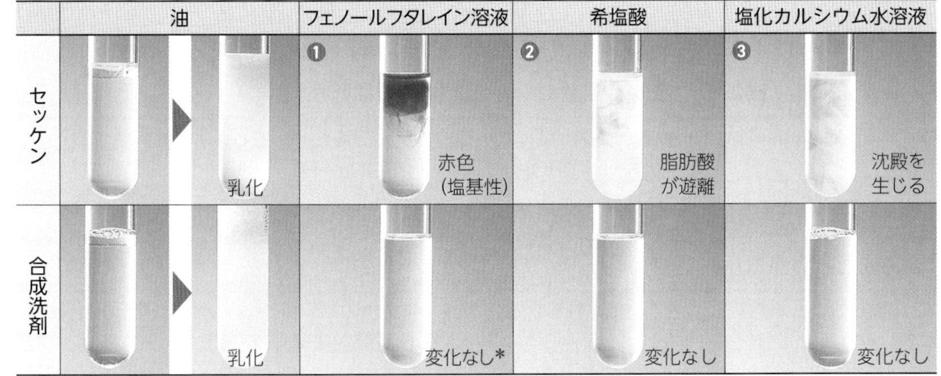

❶セッケン水は，加水分解によって塩基性を示す。

$$RCOO^- + H_2O \rightleftarrows RCOOH + OH^-$$

そのため，塩基性に弱い羊毛などの動物繊維の洗浄には適さない。

*市販の合成洗剤は，アルカリ剤などの洗浄補助剤が加えられ，中性でないものも多い。

❷セッケン水に希塩酸を加えると，弱酸である脂肪酸が遊離し，白濁する。

$$RCOO^- + HCl \longrightarrow RCOOH + Cl^-$$

❸セッケン水に Ca^{2+} や Mg^{2+} を多く含む水（**硬水**）を加えると，難溶性の塩を生じ，洗浄力が低下する。

MOVIE
$$2RCOO^- + Ca^{2+} \longrightarrow (RCOO)_2Ca$$

PLUS 界面活性剤の種類
陰イオンが主体の界面活性剤のほか，陽イオンや双性イオン，分子が主体のものもある。

種類	陰イオン系界面活性剤	陽イオン系界面活性剤	両性界面活性剤	非イオン系界面活性剤
構造	$CH_3-CH_2-CH_2-CH_2-CH_2-\cdots-COO^-$ Na^+ セッケン	$CH_3-CH_2-CH_2-CH_2-CH_2-\cdots-N^+(CH_3)_3$ Cl^- アルキルトリメチルアンモニウム塩化物	$CH_3-CH_2-CH_2-\cdots-N^+(CH_3)_2-CH_2-COO^-$ *N*-アルキルベタイン	$CH_3-CH_2-CH_2-CH_2-\cdots-O(CH_2-CH_2-O)_nH$ ポリオキシエチレンアルキルエーテル
	水溶液中の電離で生じた陰イオンが界面活性剤の主体となる。	水溶液中の電離で生じた陽イオンが界面活性剤の主体となる。	pHに応じて，親水基が正の電荷や負の電荷を帯びたりする。	水溶液中では電離せず，分子そのものが界面活性剤の主体となる。
用途	セッケン，シャンプー，洗剤類	薬用セッケン，リンス，撥水剤	シャンプー，食器用洗剤	中性洗剤，食品や水性塗料の乳化剤

Tips 市販の洗濯用セッケンには，炭酸ナトリウムが20～40％（質量比）配合されている。これは，汚れによって洗濯液が酸性に傾いて中和反応がおこり，洗浄力が低下するのを防ぐためである。

14. 有機化合物の識別

目的 同じ分子式で表されるアルコール・エーテルおよびカルボン酸・エステルを，特有の反応を利用してそれぞれ特定しよう。

準備

薬品	器具
1-ブタノール，2-ブタノール，2-メチル-2-プロパノール，ジエチルエーテル，ナトリウム，0.1mol/L ニクロム酸カリウム水溶液，6mol/L 硫酸，2mol/L 水酸化ナトリウム水溶液，ヨウ素ヨウ化カリウム水溶液	試験管，こまごめピペット，ピンセット，ナイフ，ガスバーナー

$C_4H_{10}O$ の分子式で表される4種の化合物 **A**～**D** がある。これらは，1-ブタノール，2-ブタノール，2-メチル-2-プロパノール，ジエチルエーテルのいずれかであることがわかっている。この4種の化合物を簡単な方法で識別する。

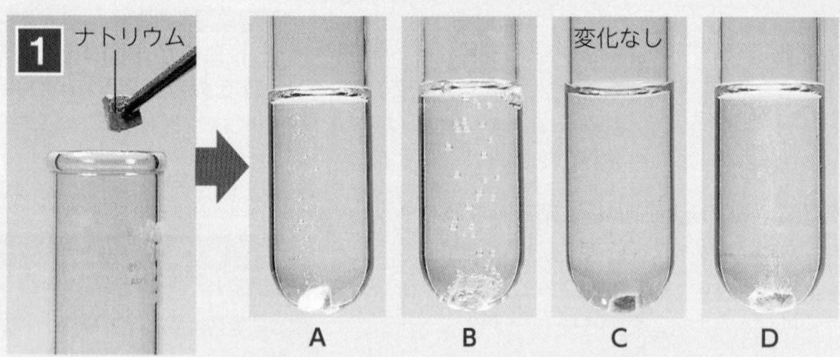

試料 **A**～**D** をそれぞれ6mLずつ試験管にとり，米粒の半分程度の大きさに切ったナトリウム片をピンセットで入れ，各液の変化を観察する。

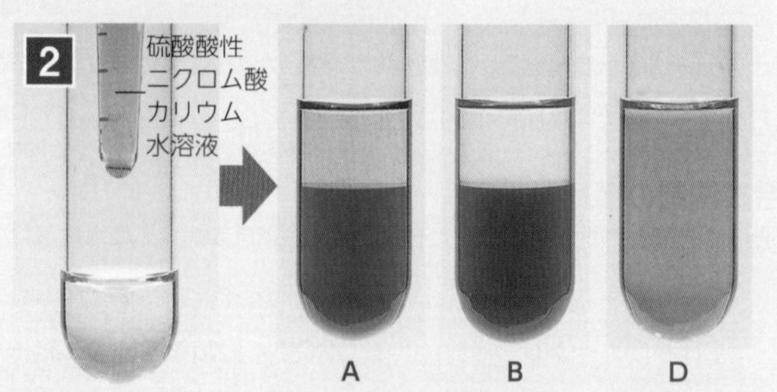

試料 **A**，**B**，**D** をそれぞれ2mLずつ試験管にとり，硫酸酸性のニクロム酸カリウム水溶液を4mL加えて，各溶液の変化を観察する。

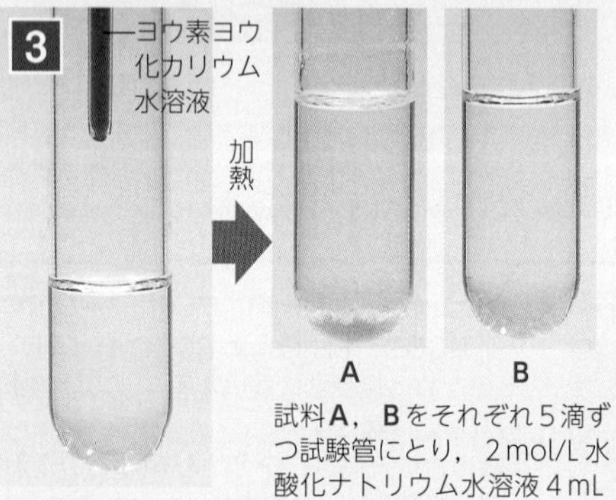

試料 **A**，**B** をそれぞれ5滴ずつ試験管にとり，2mol/L 水酸化ナトリウム水溶液4mLを加える。さらにヨウ素ヨウ化カリウム水溶液1.5mLを加えて加熱し，各溶液の変化を観察する。

考察1 与えられた物質を構造式で示し，それぞれ第一級，第二級，第三級のアルコールおよびエーテルに分類せよ。

$CH_3-CH_2-CH_2-CH_2-OH$	$CH_3-CH_2-CH(OH)-CH_3$	$CH_3-C(CH_3)_2-OH$	$CH_3-CH_2-O-CH_2-CH_3$
1-ブタノール（第一級アルコール）	2-ブタノール（第二級アルコール）	2-メチル-2-プロパノール（第三級アルコール）	ジエチルエーテル（エーテル）

考察2 操作 1 で気体を発生しなかった試料 C は何か。

アルコールはナトリウムと反応して，ナトリウムアルコキシドを生じ，水素を発生する。

$$2ROH + 2Na \longrightarrow 2RONa + H_2$$

一方，エーテルはナトリウムと反応しない。したがって，**C** はジエチルエーテルである。

考察3 操作 2 の結果から，試料 D は何であることがわかるか。

第一級，第二級アルコールは，硫酸酸性のニクロム酸カリウム水溶液によって酸化される。このとき，赤橙色のニクロム酸イオンは還元され，緑色のクロム(Ⅲ)イオンとなり，溶液は緑色に変化する。第三級アルコールは酸化されにくい。したがって，**D** は第三級アルコールの2-メチル-2-プロパノールである。

考察4 操作 3 で変化がみられた試料 A は何か。

$CH_3-CH(OH)-$ または CH_3-CO- の構造をもつ物質がヨードホルム反応を示すので，試料 **A** は2-ブタノールである。

以上の結果から，試料 **A** は2-ブタノール，**B** は1-ブタノール，**C** はジエチルエーテル，**D** は2-メチル-2-プロパノール となる。

考察5 2-メチル-1-プロパノールについて，上と同様の実験を行うと，試料 A～D のどれと同じ反応を示すか。

2-メチル-1-プロパノールは次の構造式で表される。

$CH_3-CH(CH_3)-CH_2-OH$

2-メチル-1-プロパノールは第一級アルコールなので，1 では気体を発生し，2 では緑色に変化する。しかし，3 では $CH_3-CH(OH)-$ または CH_3-CO- の構造がないので，ヨードホルムを生成しない。したがって，1-ブタノールと同じ反応を示す。

Tips 1-ブタノール，1-プロパノールはそれぞれブチルアルコール，プロピルアルコールともよばれる。

準備

薬品	器具
ギ酸イソプロピル，酢酸エチル，プロピオン酸メチル，酪酸，炭酸水素ナトリウム，6 mol/L 水酸化ナトリウム水溶液，2 mol/L アンモニア水，0.1mol/L 硝酸銀水溶液，ヨウ素ヨウ化カリウム水溶液	試験管，こまごめピペット，薬さじ，ビーカー(300mL)，ガラス管つきゴム栓，三脚，金網，ガスバーナー，スタンド

実験 2 $C_4H_8O_2$の分子式で表される4種の化合物 **A**～**D** がある。これらは，エステルまたは直鎖のカルボン酸であることがわかっている。これらの化合物を簡単な方法で識別する。

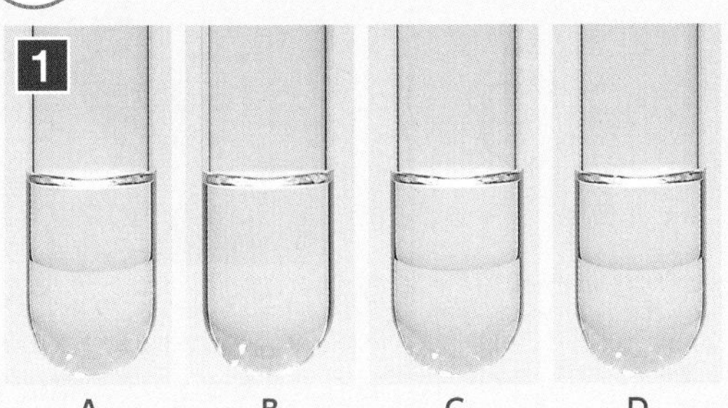

試料 **A**～**D** をそれぞれ2mLずつ試験管にとり，蒸留水2mLを加えてよく振り，各溶液の変化を観察する。

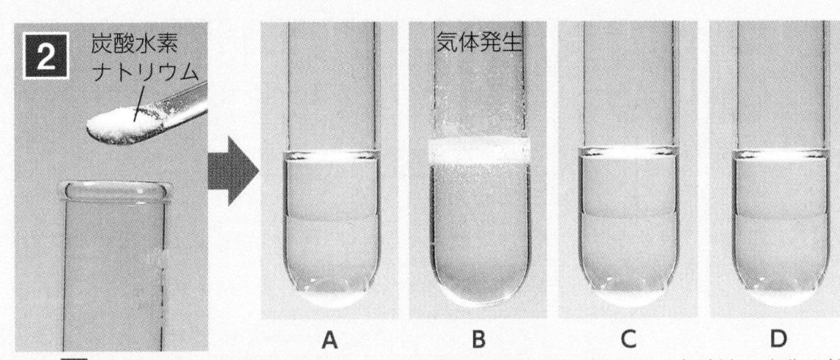

操作**1**の試験管に，炭酸水素ナトリウムの粉末をそれぞれ加えて，各溶液の変化を観察する。

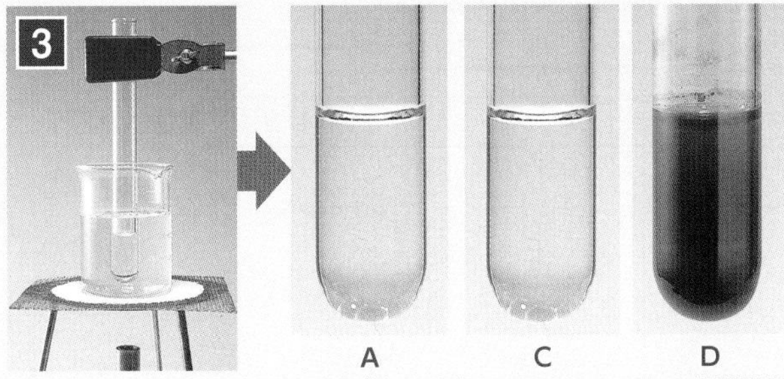

試料 **A**，**C**，**D** をそれぞれ5滴ずつ試験管にとり，アンモニア性硝酸銀水溶液を加えて，温湯中で加熱する。各溶液の変化を観察する。

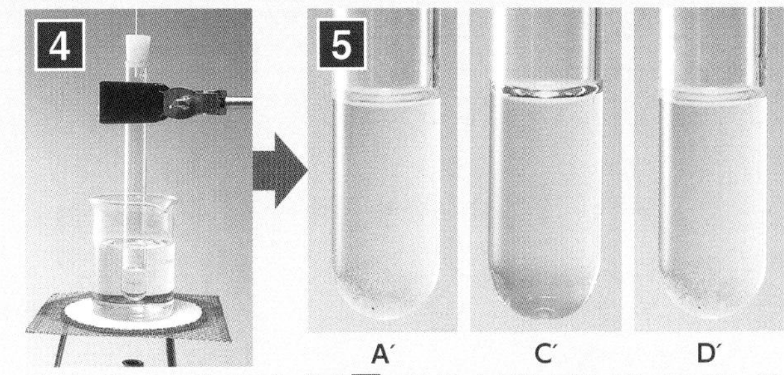

試料 **A**，**C**，**D** 2mLに6mol/L水酸化ナトリウム水溶液2mLをそれぞれ加え，ガラス管つきゴム栓をとりつけて，温湯中で加熱する。

操作**4**で生成した溶液をそれぞれ **A′**，**C′**，**D′** とする。これらを2mLずつとり，ヨウ素ヨウ化カリウム水溶液を加えて加熱し，各溶液の変化を観察する。

考察 1 $C_4H_8O_2$の分子式で表されるエステルおよびカルボン酸の構造式をすべて示せ。

エステル（4種類）

- H－COO－CH_2－CH_2－CH_3 ギ酸プロピル
- H－COO－CH(CH_3)－CH_3 ギ酸イソプロピル
- CH_3－COO－CH_2－CH_3 酢酸エチル
- CH_3－CH_2－COO－CH_3 プロピオン酸メチル

カルボン酸（2種類）

- CH_3－CH_2－CH_2－COOH 酪酸
- CH_3－CH(CH_3)－COOH 2-メチルプロピオン酸

考察 2 操作 2 の結果から，試料 B として考えられる化合物の構造式を示せ。

カルボン酸は炭酸よりも強い酸なので，炭酸水素ナトリウムと反応して二酸化炭素を発生させる。したがって，**B**はカルボン酸と決まる。また，**B** は直鎖のカルボン酸なので，CH_3－CH_2－CH_2－COOH と決まる。

B：$CH_3CH_2CH_2COOH$

考察 3 操作 3 の結果から，試料 D として考えられる化合物の構造式を示せ。

還元作用を示したので，**D** はギ酸エステルである。したがって，

H-COO-CH_2-CH_2-CH_3 または H-COO-CH(CH_3)-CH_3

H-C(=O)-O-R ホルミル基

考察 4 試料 A，C，D の構造式を示せ。

それぞれのエステルをけん化したときの生成物は，表のようになる。

エステル	生成物とそのヨードホルム反応	
$HCOOCH_2CH_2CH_3$	$HCOONa$ と $CH_3CH_2CH_2OH$	示さない
$HCOOCH(CH_3)CH_3$	$HCOONa$ と $CH_3CH(OH)CH_3$	示す
$CH_3COOCH_2CH_3$	CH_3COONa と CH_3CH_2OH	示す
$CH_3CH_2COOCH_3$	CH_3CH_2COONa と CH_3OH	示さない

操作**3**から，**D**は還元作用を示し，操作**5**から，**A′**，**D′** がヨードホルム反応を示したので，**A** は $CH_3COOCH_2CH_3$，**D** は $HCOOCH(CH_3)CH_3$ と決まる。**C** は，還元作用を示さず，**C′** もヨードホルム反応を示さないので，$CH_3CH_2COOCH_3$ と決まる。

A：$CH_3COOCH_2CH_3$，**C**：$CH_3CH_2COOCH_3$，
D：$HCOOCH(CH_3)CH_3$

チャレンジ課題 有機化合物の識別

$C_3H_6O_2$の分子式で示されるカルボン酸とエステルがある。これらを識別するにはどのような実験を行えばよいか。実験方法とその結果をそれぞれ記せ。

12 芳香族炭化水素 化学

1 ベンゼン benzene

ベンゼンは代表的な芳香族炭化水素である。ベンゼンにみられる正六角形の炭素骨格を**ベンゼン環**といい，ベンゼン環をもつ化合物を**芳香族化合物**という。

a 構造と構造式

ベンゼンの構造は，ケクレによって明らかにされた。

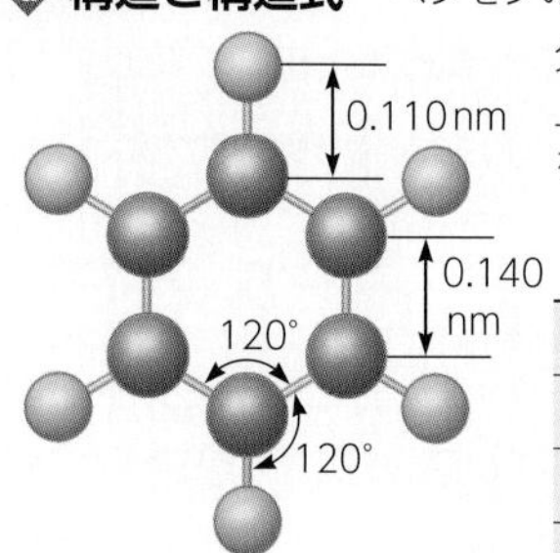

分子式 C_6H_6 で表され，原子はすべて同一平面上にある。炭素原子を頂点とする正六角形の環をつくっており，この環を**ベンゼン環**という。

炭素原子間の距離

エタン	(C－C)	0.154nm
ベンゼン		0.140nm
エチレン	(C＝C)	0.134nm
アセチレン	(C≡C)	0.120nm

単結合と二重結合の中間の値

b ベンゼン環の表記法

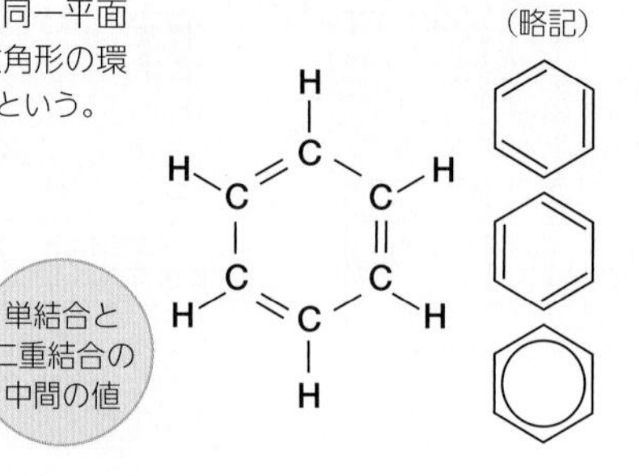

（略記）

key person（キーパーソン）

ケクレ（1829～1896 ドイツ）
1858年，炭素原子に4本の結合の手があるとした有機化合物の構造理論を発表し，1865年，ベンゼンの構造式を提案した。

2 おもな芳香族炭化水素 aromatic hydrocarbon

芳香族化合物のうち，炭素と水素だけで構成されているものを**芳香族炭化水素**という。

物質	トルエン	*o*-キシレン（オルト）	*m*-キシレン（メタ）	*p*-キシレン（パラ）	エチルベンゼン	スチレン	ナフタレン
構造と特徴	CH_3 無色で揮発性の液体	CH_3, CH_3 いずれも無色で揮発性の液体	CH_3, CH_3	CH_3, CH_3	CH_2CH_3 無色で揮発性の液体	CH＝CH_2 無色で揮発性の液体	無色の固体。昇華しやすい。
示性式	$C_6H_5CH_3$	$C_6H_4(CH_3)_2$			$C_6H_5CH_2CH_3$	$C_6H_5CH=CH_2$	$C_{10}H_8$*
融点〔℃〕	－95	－25	－48	13	－95	－31	81
沸点〔℃〕	111	144	139	138	136	145	218

*ナフタレンは分子式で示している。

異性体の名称

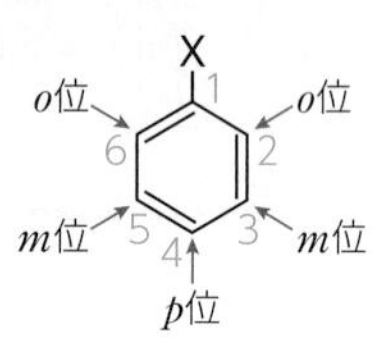

置換基Xを基準に，*o*-，*m*-，*p*-を付けて表す。

3 ベンゼンの性質

特異臭をもつ揮発しやすい無色の液体である。発がん性があり，有毒なので，蒸気を吸わないように注意する。

燃焼

ベンゼン（密度 0.88g/cm³）
水
水に溶けにくい

水への溶解

4 ベンゼン環の反応性 benzene ring

ベンゼン環の二重結合は，付加反応や酸化反応を受けにくい。

物質＼操作	Br_2水溶液に加える。付加反応の確認	$KMnO_4$水溶液に加える。酸化反応の確認
ベンゼン	臭素水 ▶ 付加しない 臭素は水よりもベンゼンに溶けやすい。	$KMnO_4$水溶液 ▶ 酸化されない
シクロヘキセン	▶ 付加する	▶ 酸化される

Tips ケクレは，夢の中でヘビが尾をくわえて環になったようすをイメージし，ベンゼンの環状構造を思いついたといわれている。当時，環内の炭素間の結合は，二重結合と単結合が交互になっているとされたが，現在では，二重結合は特定の炭素原子間に固定されていないことが明らかになっている。

5 ベンゼンの置換反応

substitution

ベンゼンの置換反応には，水素原子がハロゲン原子と置換される**ハロゲン化**，ニトロ基 $-NO_2$ と置換される**ニトロ化**，スルホ基 $-SO_3H$ と置換される**スルホン化**などがある。

a ハロゲン化 halogenation

臭素化 bromination MOVIE

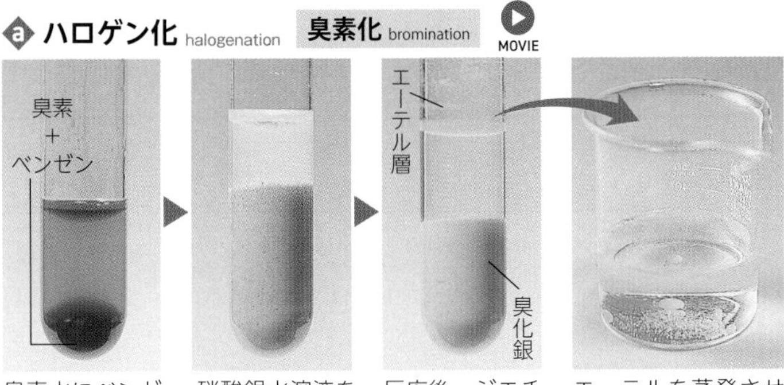

臭素水にベンゼンを加える。

硝酸銀水溶液を加えて反応させる。

反応後，ジエチルエーテルで抽出する。

エーテルを蒸発させて水を加えると，ブロモベンゼンが沈む。

$$C_6H_6 + Br_2 + AgNO_3 \longrightarrow C_6H_5Br + AgBr + HNO_3$$

ブロモベンゼン(沸点156℃)

硝酸銀中の Ag^+ が Br_2 を活性化し，AgBr を生成しながら臭素化が進行する。

塩素化 chlorination

鉄粉を触媒として，Cl_2 を反応させると，クロロベンゼンを生じる。

$$C_6H_6 + Cl_2 \xrightarrow{\text{鉄粉}} C_6H_5Cl + HCl \quad (\text{塩素化})$$

クロロベンゼン(沸点132℃)

クロロベンゼンに Cl_2 を反応させると，*p*-ジクロロベンゼンを生じる。

$$C_6H_5Cl + Cl_2 \longrightarrow C_6H_4Cl_2 + HCl$$

p-ジクロロベンゼン(沸点174℃)

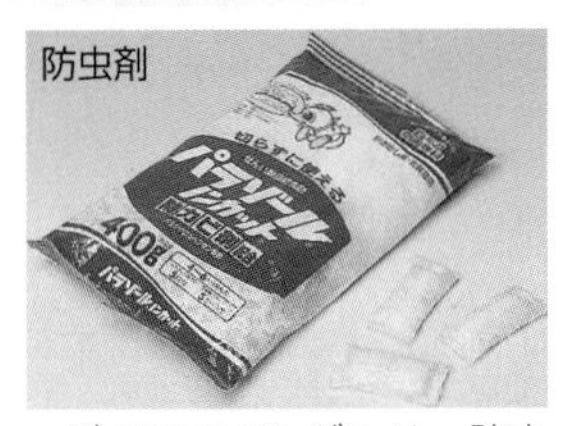

p-ジクロロベンゼンは，防虫剤などに用いられる。

b ニトロ化 nitration MOVIE

混酸(濃硝酸と濃硫酸の混合物)にベンゼンを加えて，約60℃に加熱すると，ニトロベンゼンが生成する。ニトロベンゼンは水に溶けにくく，密度が大きい(密度 $1.20 g/cm^3$)ので，反応液を水に加えると，ニトロベンゼンが沈む。

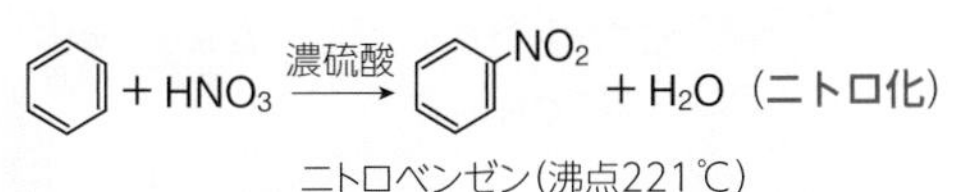

$$C_6H_6 + HNO_3 \xrightarrow{\text{濃硫酸}} C_6H_5NO_2 + H_2O \quad (\text{ニトロ化})$$

ニトロベンゼン(沸点221℃)

c スルホン化 sulfonation MOVIE

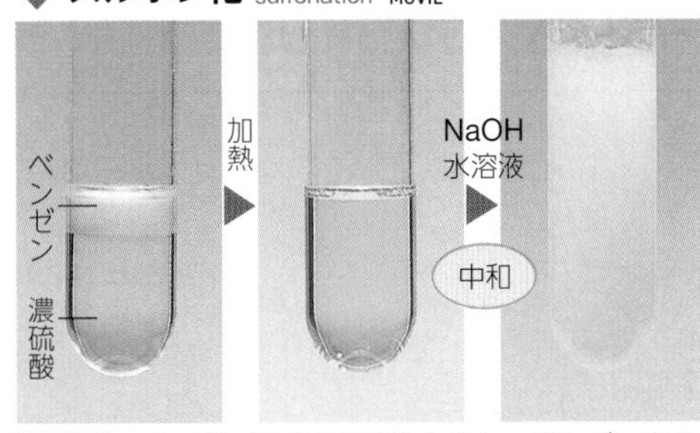

ベンゼンスルホン酸ナトリウム

濃硫酸にベンゼンを加えて加熱すると，ベンゼンスルホン酸が生成する。

$$C_6H_6 + H_2SO_4 \longrightarrow C_6H_5SO_3H + H_2O \quad (\text{スルホン化})$$

ベンゼンスルホン酸(融点65〜66℃)

これに水酸化ナトリウム水溶液を少しずつ加えると，中和されてベンゼンスルホン酸ナトリウムが析出する。

$$C_6H_5SO_3H + NaOH \longrightarrow C_6H_5SO_3Na + H_2O$$

6 ベンゼンの付加反応

addition

条件を整えれば付加反応を起こすことができる。

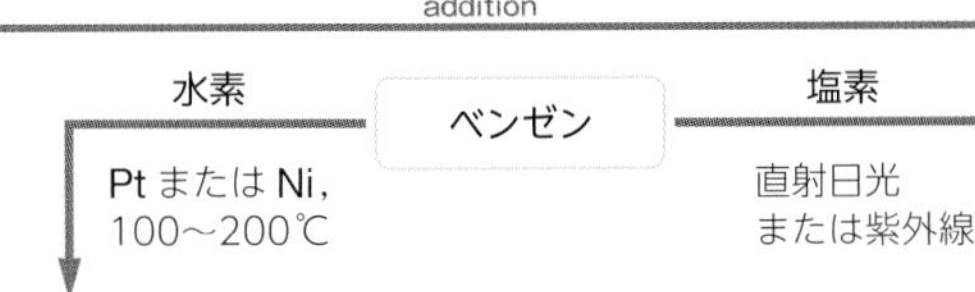

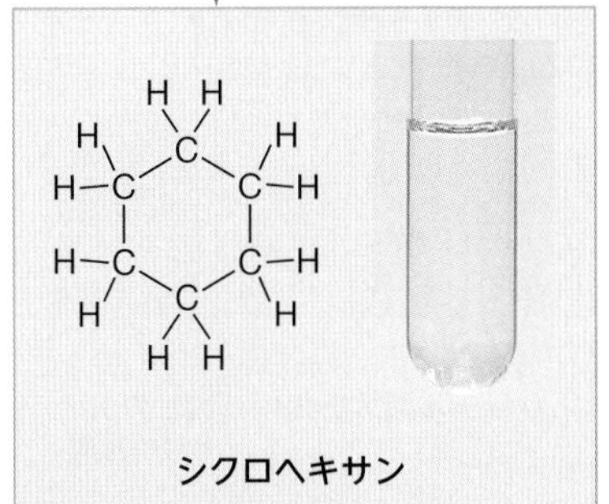

シクロヘキサン

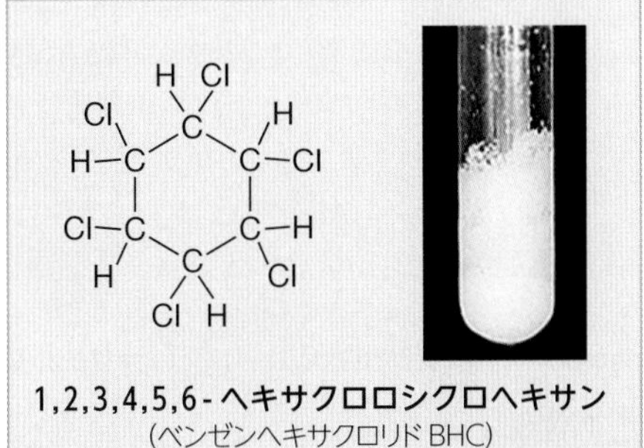

1,2,3,4,5,6-ヘキサクロロシクロヘキサン

(ベンゼンヘキサクロリド BHC)

PLUS DDT と BHC

人類によって合成された物質には，当初は有用であっても，のちに弊害が指摘され，使用や製造が禁止されたものも多い。ジクロロジフェニルトリクロロエタン(DDT)や，ベンゼンヘキサクロリド(BHC)は，かつて殺虫剤として多量に使用され，大きい成果をあげた。しかし，これらは，自然界では分解されにくく，食物連鎖によって生物濃縮され，最終的に人体への蓄積による被害が懸念されるようになった。そのため，現在わが国では，その製造や使用が禁止されている。

DDT

Tips 芳香族の名称が使われるようになったのは19世紀前半で，当時は，バニリン，桂皮油，アニス油など「芳香をもつ一群の化合物」を芳香族化合物とよんでいた。その後，これらの化合物の多くがベンゼン環をもつことが知られ，「ベンゼン環をもつ化合物」が芳香族化合物と定義された。

13 フェノール類 化学

1 フェノール類

phenol

ベンゼン環の炭素原子にヒドロキシ基 −OH が結合した化合物を総称して，**フェノール類**という。

(例)フェノール

OH
ヒドロキシ基

- ナトリウムと反応したりエステルを生じたりする。
- 弱い酸として作用する。そのため，フェノール類のヒドロキシ基は，**フェノール性ヒドロキシ基**とよばれ，アルコールのものとは区別される。

名称 示性式	構造	融点〔℃〕 沸点〔℃〕	名称 示性式	構造	融点〔℃〕 沸点〔℃〕	名称 示性式	構造	融点〔℃〕 沸点〔℃〕
フェノール C_6H_5OH		41 182	*o*-クレゾール $C_6H_4(CH_3)OH$		31 191	ヒドロキノン $C_6H_4(OH)_2$		174 285
1-ナフトール $C_{10}H_7OH$		96 288	*m*-クレゾール $C_6H_4(CH_3)OH$		12 203	サリチル酸 $C_6H_4(OH)COOH$		159 (昇華)
2-ナフトール $C_{10}H_7OH$		122 296	*p*-クレゾール $C_6H_4(CH_3)OH$		35 202	ピクリン酸 (2, 4, 6-トリニトロフェノール) $C_6H_2(NO_2)_3OH$		123

2 フェノール類とアルコール

o-クレゾールとベンジルアルコールは，分子式 C_7H_8O で表される異性体である。

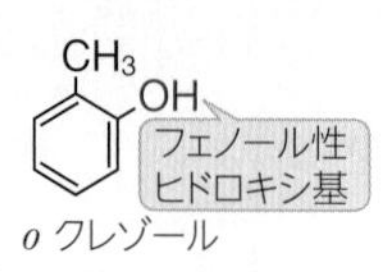

o-クレゾール

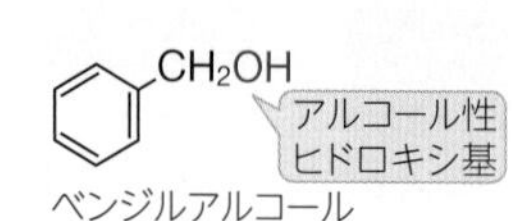

ベンジルアルコール

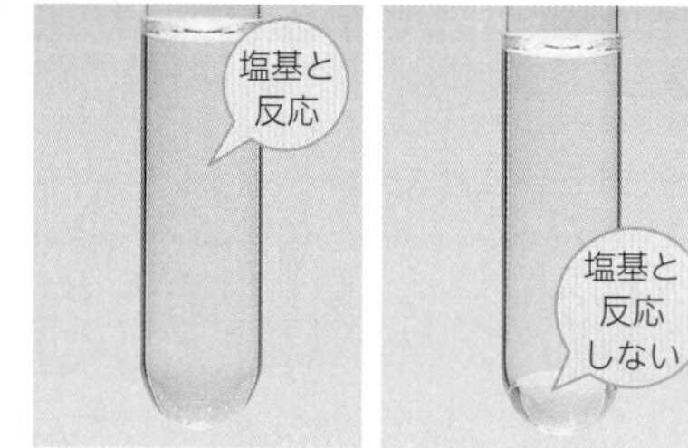

o-クレゾール　**ベンジルアルコール**　**o-クレゾール**　**ベンジルアルコール**

水溶液の性質(BTB による呈色)

o-クレゾールは弱い酸性を示し，ベンジルアルコールは中性である。

水酸化ナトリウムとの中和

o-クレゾールは中和され，塩をつくって水によく溶ける。ベンジルアルコールは反応せず，溶けにくい。

トピック ポリフェノール

赤ワインの赤色は，ブドウの実の皮に含まれる色素アントシアニンによる。この分子には，フェノール性ヒドロキシ基が2 個以上含まれており，このような物質は，ポリフェノールと総称される。

ポリフェノールは酸化されやすく，老化や心疾患などの原因とされる活性酸素を減らすといわれている。

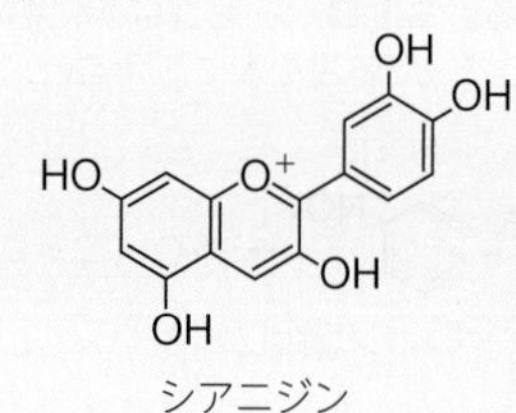

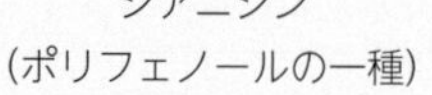
シアニジン
(ポリフェノールの一種)

3 フェノール類の検出

MOVIE

フェノール類は塩化鉄(Ⅲ) $FeCl_3$ 水溶液中の鉄(Ⅲ)イオン Fe^{3+} によって，赤紫から青紫色に呈色する。この反応は，フェノール類の検出に用いられる。

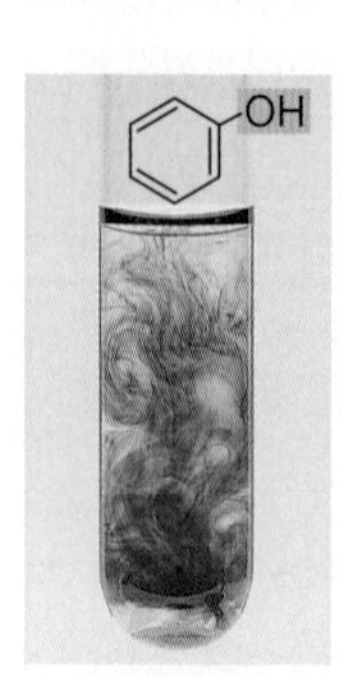

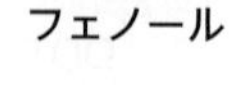
フェノール

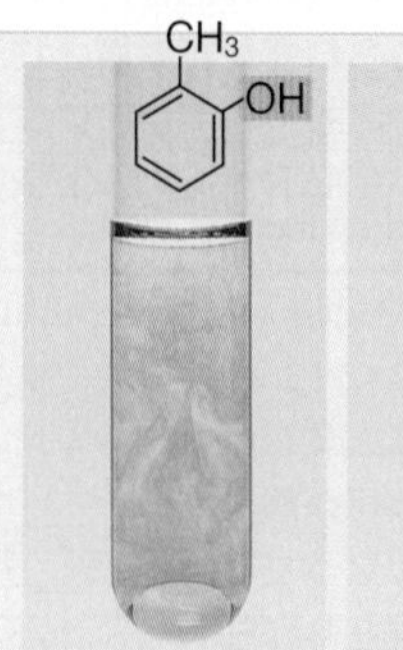

o-クレゾール

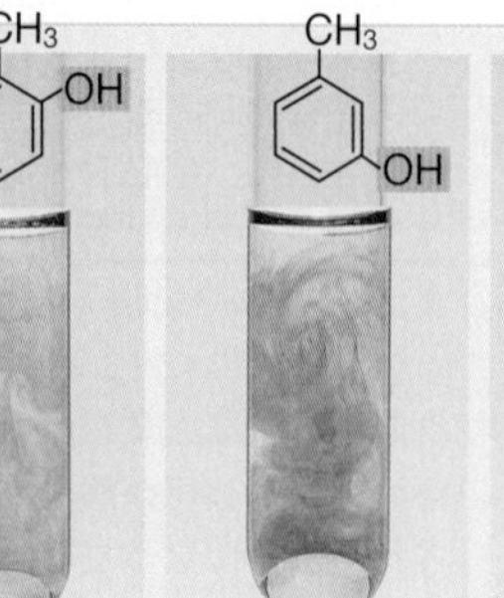

m-クレゾール

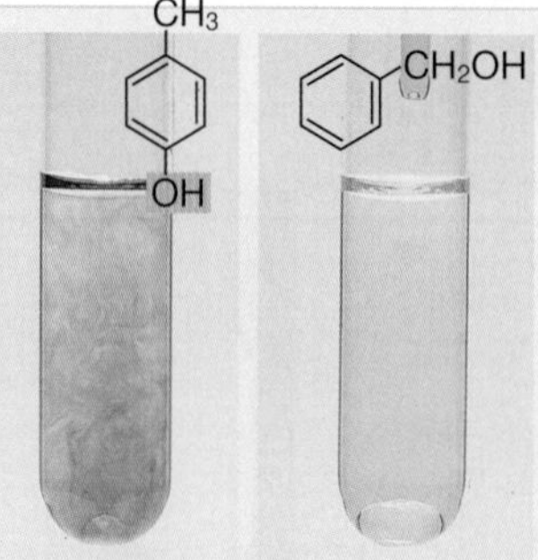

p-クレゾール　ベンジルアルコール

異性体(分子式 C_7H_8O)

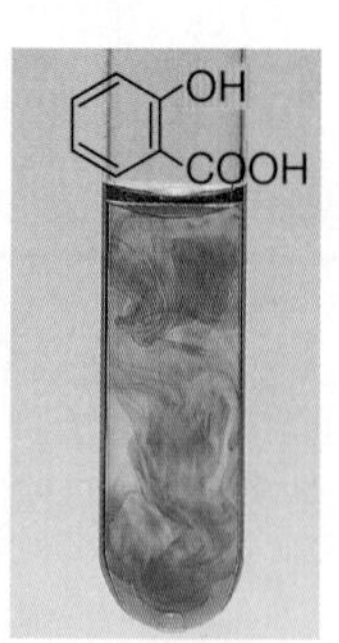

サリチル酸

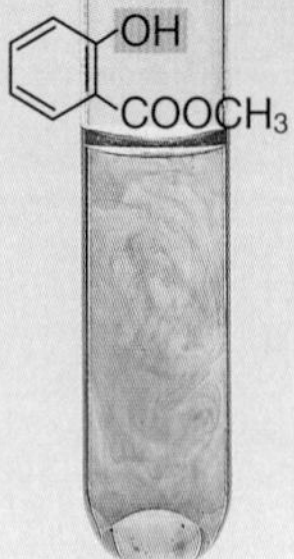

サリチル酸メチル

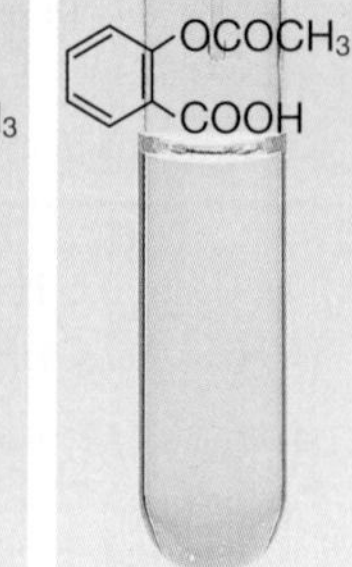

アセチルサリチル酸

フェノール性ヒドロキシ基をもたないため，呈色しない

Tips ポリフェノールには，アントシアニンのほか，紅茶に含まれるフラボノイド(色素)やタンニン(渋み成分)なども知られている。

4 フェノールの合成

フェノールはベンゼンから合成される。フェノールの代表的な工業的製法を**クメン法**という。また，ベンゼンスルホン酸を経由する実験室的製法などがある。

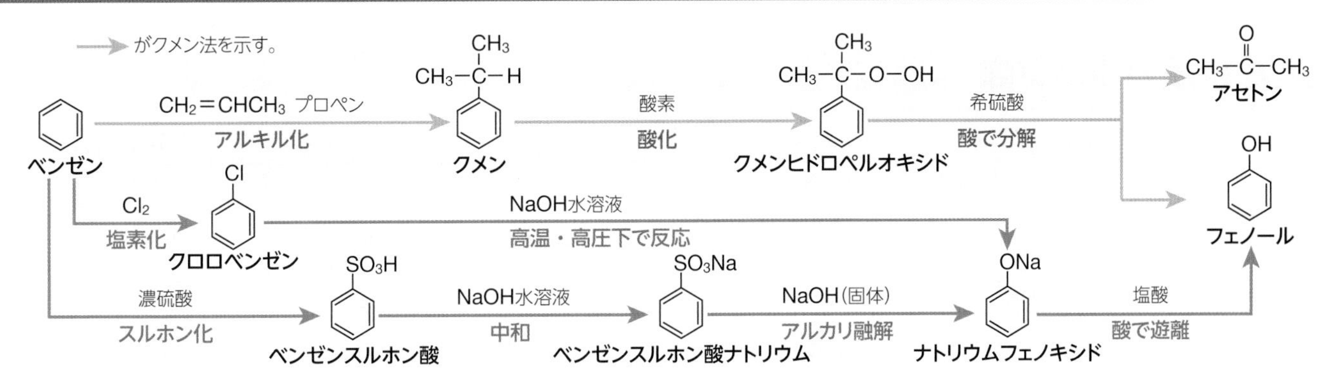

■実験室的製法

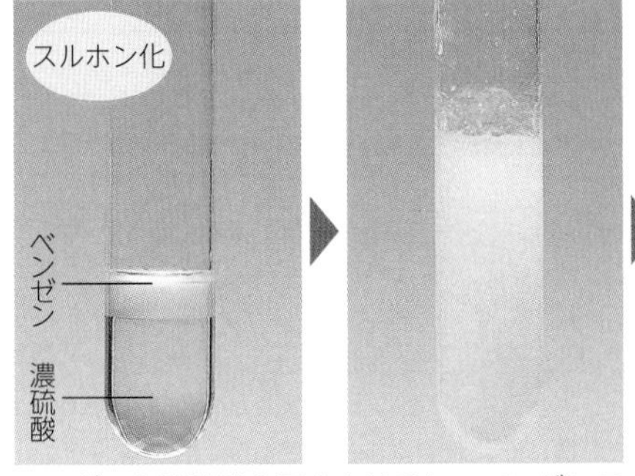

ベンゼンと濃硫酸を反応させると，ベンゼンスルホン酸が得られる。得られた溶液に水酸化ナトリウム水溶液を注ぎ，冷却すると，ベンゼンスルホン酸ナトリウムが得られる。

アルカリ融解

固体の水酸化ナトリウムを強熱して融解させたのち，ベンゼンスルホン酸ナトリウムを少しずつ加えて反応させる。

放冷後，塩酸を加えると，フェノールが遊離する。

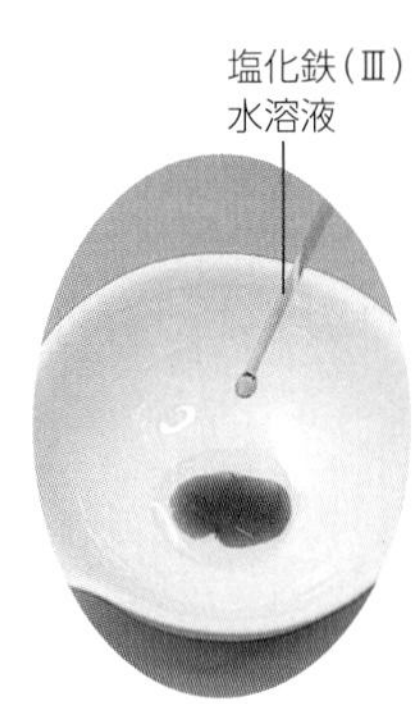

塩化鉄（Ⅲ）水溶液で呈色することから，フェノールの生成が確認できる。

5 フェノールの合成

フェノールは，無色・特異臭の有毒な固体で，冷水には溶けにくい。フェノールは，ベンゼンに比べて容易に置換反応をおこす。

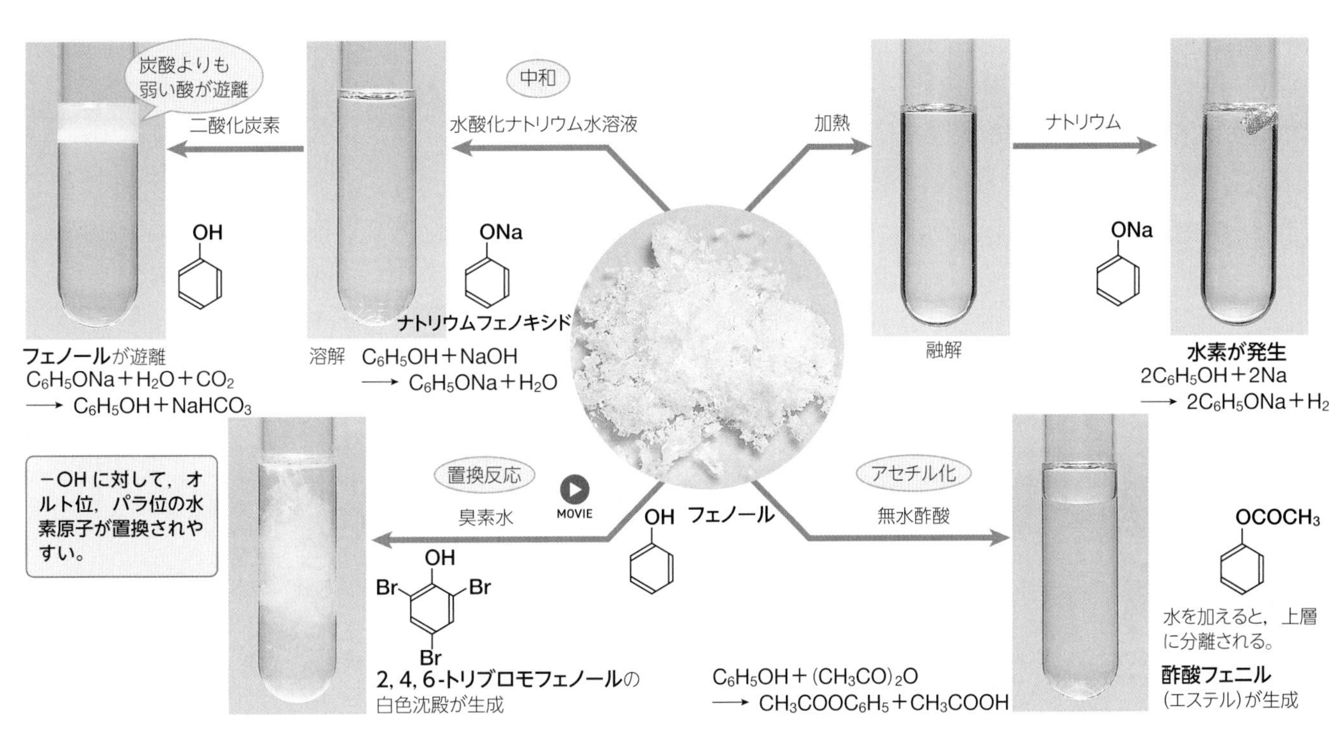

第6章・有機化合物

Tips フェノールは，石炭から得られるコールタール中ではじめて見出されたので，古くは石炭酸とよばれた。フェノールは，皮膚や粘膜を侵す性質（腐食性）があり，取扱いには十分な注意が必要である。

14 芳香族カルボン酸 化学

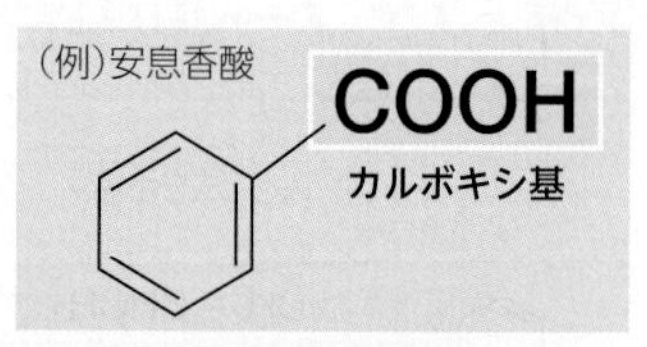

1 芳香族カルボン酸 aromatic carboxylic acid

ベンゼン環にカルボキシ基－COOHが結合した化合物を総称して**芳香族カルボン酸**といい，水溶液は弱い酸性を示す。

物質	安息香酸	フタル酸	イソフタル酸	テレフタル酸	サリチル酸
構造	COOH	COOH, COOH (異性体 ↔)	COOH, COOH (異性体 ↔)	COOH, COOH	OH, COOH
示性式	C_6H_5COOH	$C_6H_4(COOH)_2$	$C_6H_4(COOH)_2$	$C_6H_4(COOH)_2$	$C_6H_4(OH)COOH$
融点	123℃	234℃	349℃	300℃で昇華	159℃

2 安息香酸の合成と性質 benzoic acid

安息香酸は，トルエンの酸化で得られる白色・無臭の固体で，冷水には溶けにくいが，熱水には溶けて，弱い酸性を示す。

ⓐ 安息香酸の合成(トルエンの酸化)

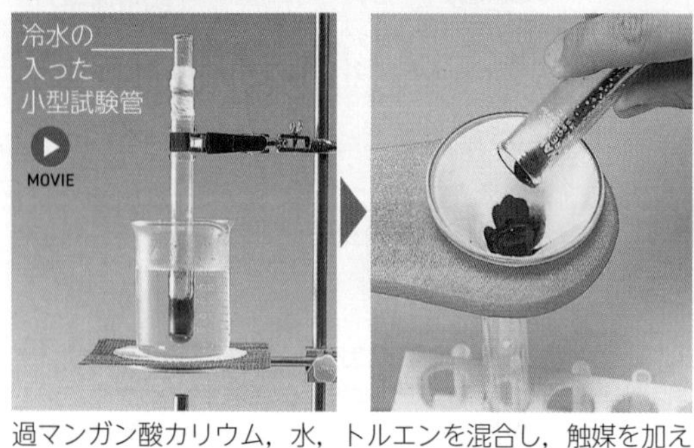

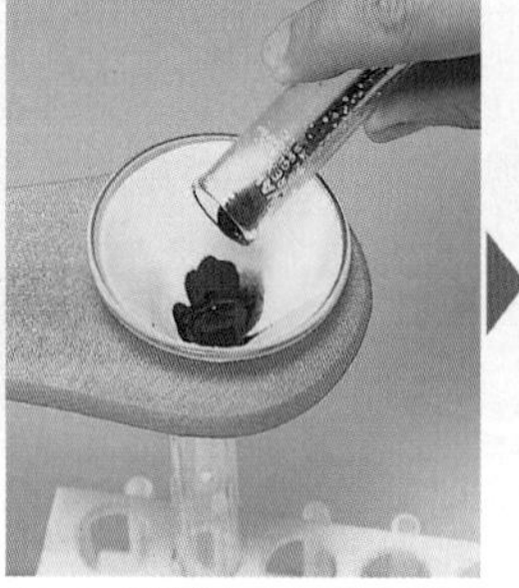

過マンガン酸カリウム，水，トルエンを混合し，触媒を加えて加熱する。生じた酸化マンガン(Ⅳ)をろ過して取り除く。

ろ液に塩酸を加えると，安息香酸の白色結晶が析出する。

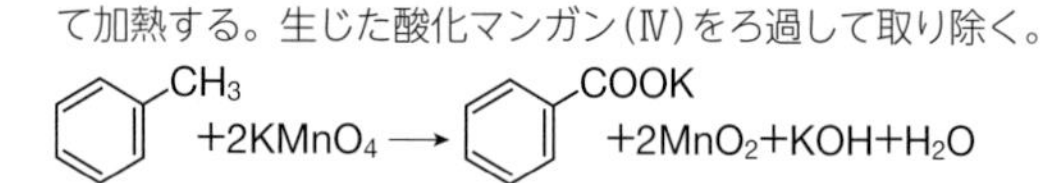

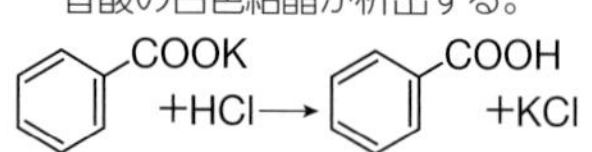

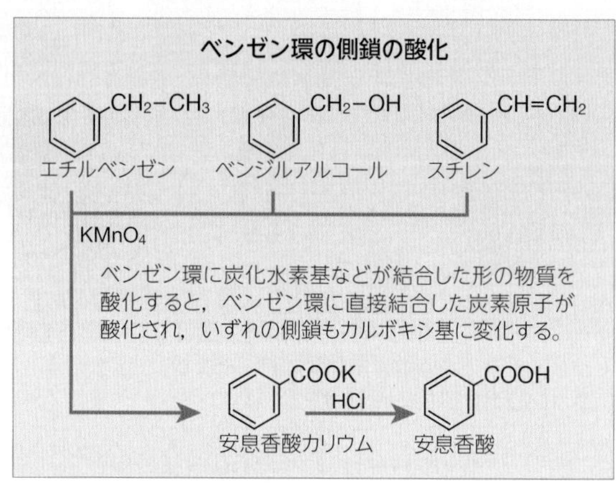

ⓑ 安息香酸の性質

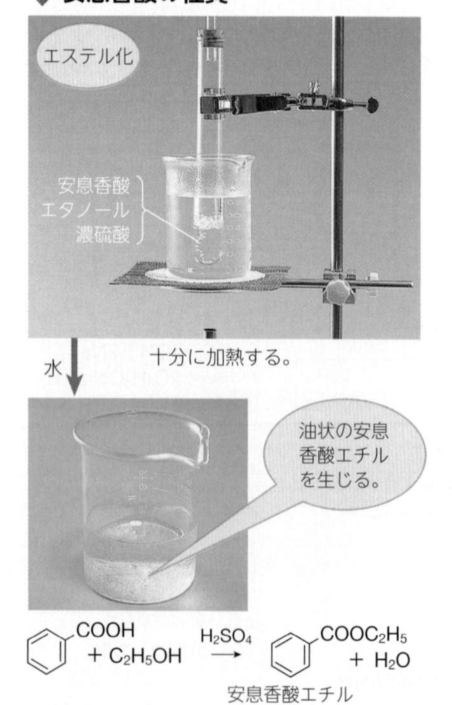

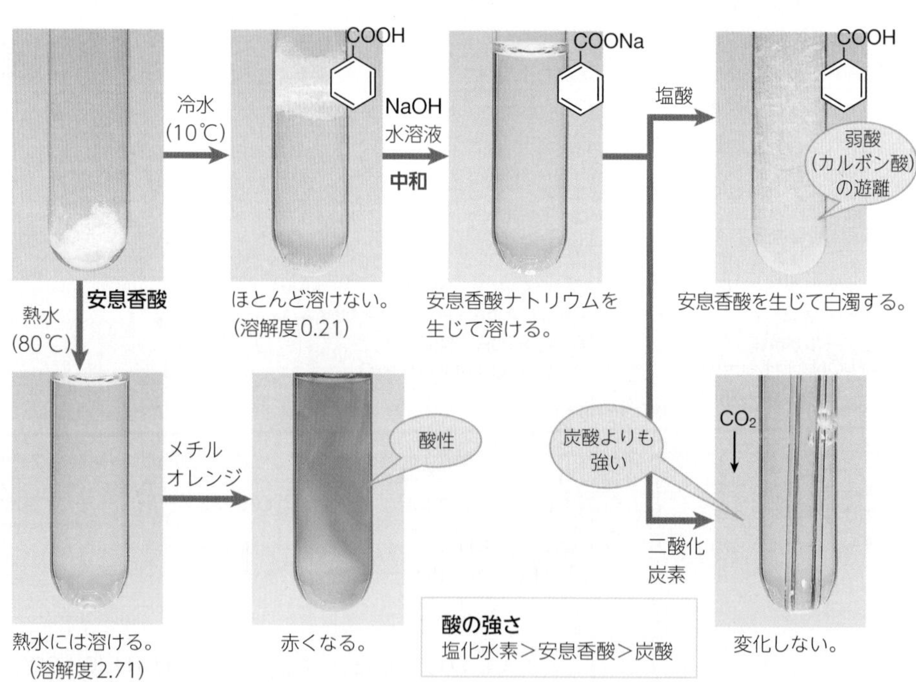

Tips 安息香酸の名称は，東南アジアにみられるエゴノキ科の植物の樹液から，安息香(香料)の成分として得られたことに由来する。安息香酸は抗菌作用があり，そのナトリウム塩(安息香酸ナトリウム)は，清涼飲料の保存料として利用されている。

3 フタル酸とテレフタル酸
phthalic acid　terephthalic acid

フタル酸とテレフタル酸は2価の芳香族カルボン酸であり，合成樹脂や合成繊維の原料として多量に用いられている。

ⓐ フタル酸
o－キシレンを酸化すると得られる。フタル酸を加熱すると，分子内で脱水が起こり，無水フタル酸が得られる。ナフタレンを酸化しても得られる。

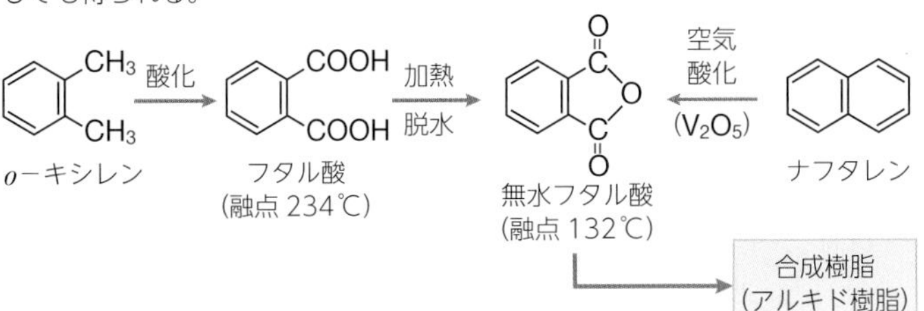

ⓑ テレフタル酸
触媒を用いて *p*－キシレンを酸化するとテレフタル酸が得られる。テレフタル酸はポリエチレンテレフタラート(PET)の原料として用いられる。

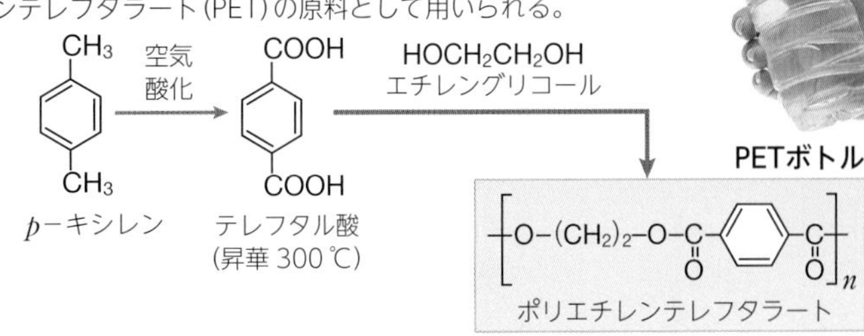

PETボトル

4 サリチル酸の合成
salicylic acid

サリチル酸は，フェノールのヒドロキシ基のオルト位にカルボキシ基が結合した構造である。フェノール性ヒドロキシ基とカルボキシ基をもち，フェノール類とカルボン酸のそれぞれの性質を示す。

ⓐ サリチル酸

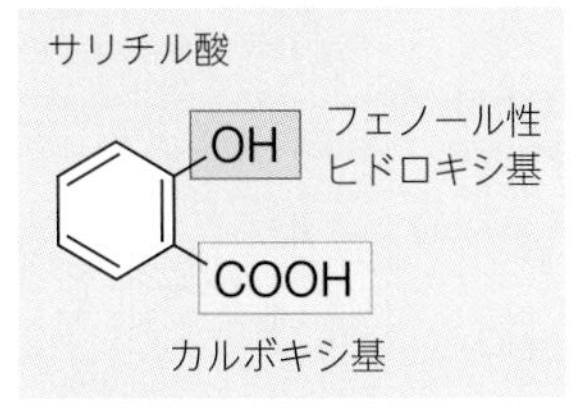

■サリチル酸の合成
ナトリウムフェノキシドに高温・高圧化で二酸化炭素を反応させるとサリチル酸ナトリウムをつくり，これを塩酸と反応させるとサリチル酸が得られる。

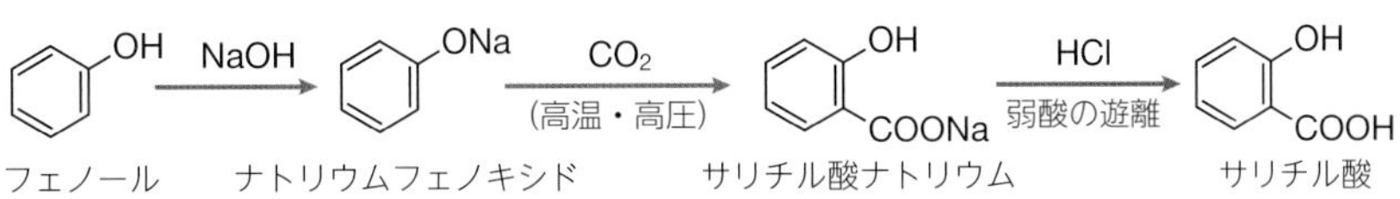

ⓑ サリチル酸メチルの合成(エステル化)
メタノールとカルボキシ基－COOHが反応して，サリチル酸メチルが生じる(**エステル化**)。

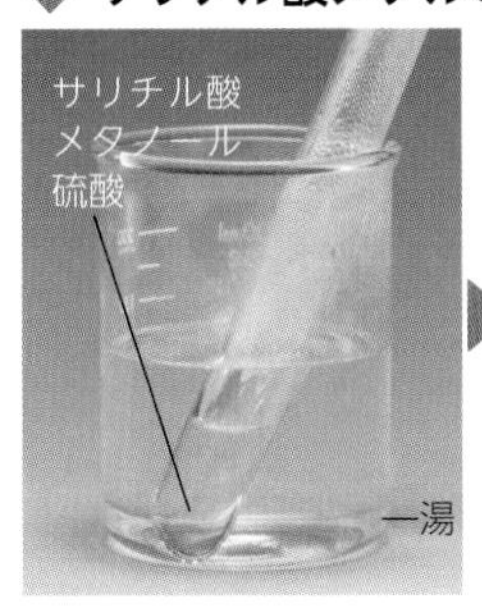

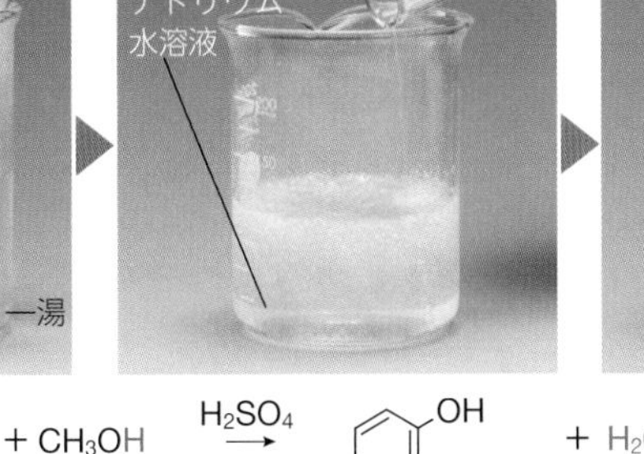

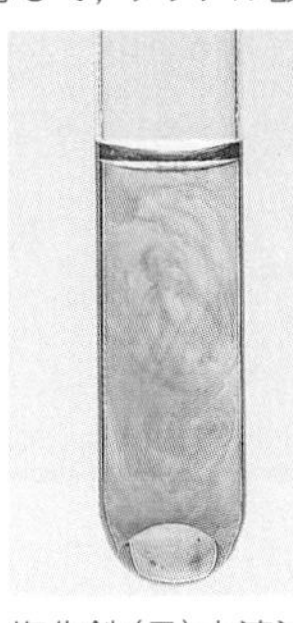

塩化鉄(Ⅲ)水溶液を加えると呈色する。

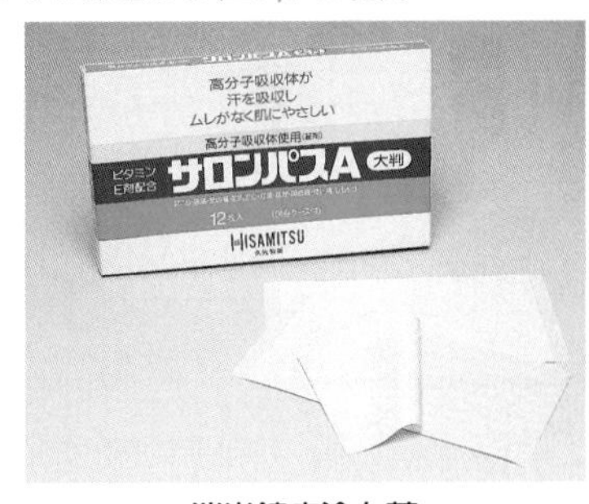

消炎鎮痛塗布薬
サリチル酸メチルは消炎鎮痛塗布薬として用いられる。

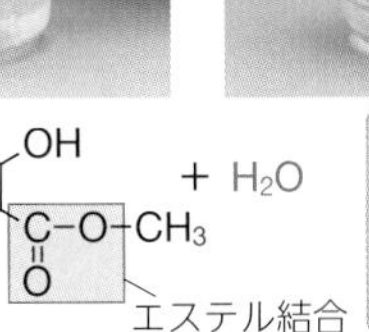

サリチル酸 ＋ CH_3OH（メタノール） $\xrightarrow{H_2SO_4}$ サリチル酸メチル ＋ H_2O

エステル結合

硫酸と未反応のサリチル酸が中和して，油状のサリチル酸メチルが遊離する。

ⓒ アセチルサリチル酸の合成(アセチル化)
無水酢酸とヒドロキシ基－OHが反応して，アセチルサリチル酸を生じる(**アセチル化**)。

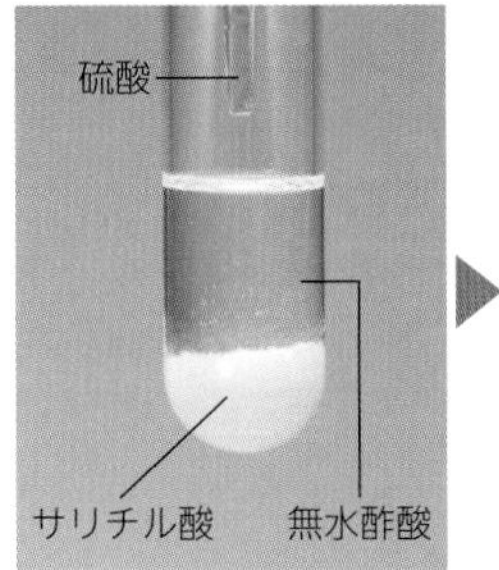

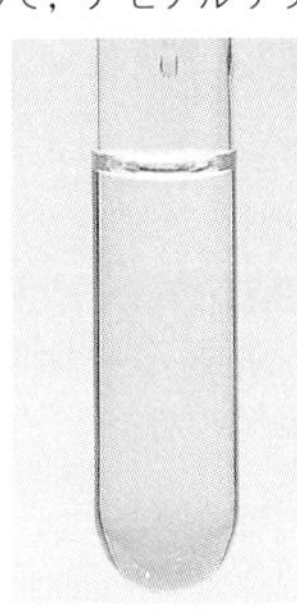

塩化鉄(Ⅲ)水溶液を加えても呈色しない。

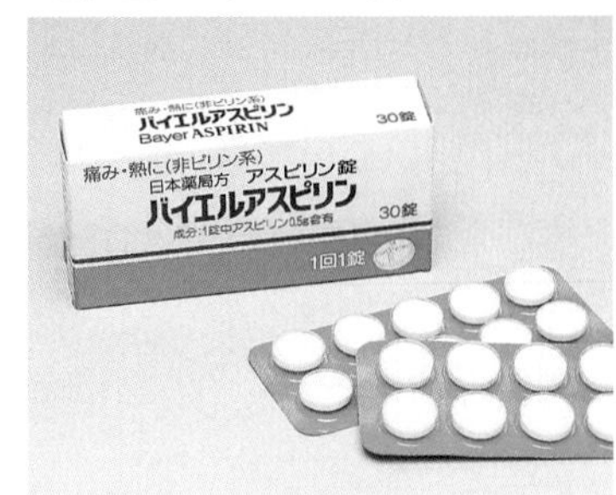

解熱鎮痛薬
アセチルサリチル酸はアスピリンともよばれ，解熱鎮痛薬として用いられる。

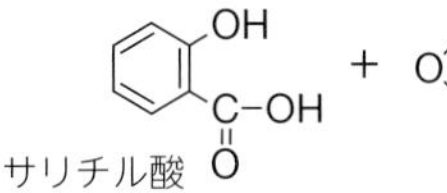

＋

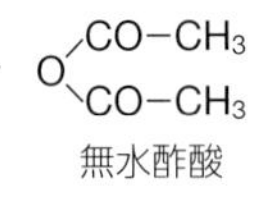

→

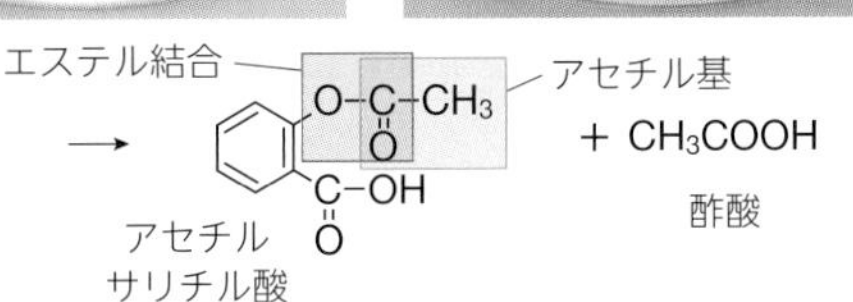

＋ CH_3COOH
酢酸

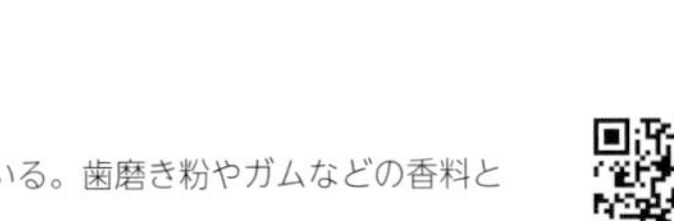

Tips　サリチル酸メチルは，特有の芳香をもつ無色の液体で，天然には冬緑(とうりょく)油や白樺油の主成分として存在している。歯磨き粉やガムなどの香料として用いられるほか，消炎鎮痛塗布薬として用いられる。

15 芳香族ニトロ化合物とアミン 化学

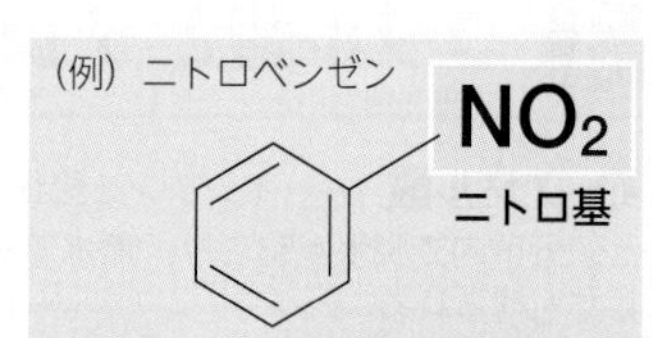

1 ニトロ化合物 nitro compound

ベンゼン環の炭素原子にニトロ基$-NO_2$が結合した化合物は**芳香族ニトロ化合物**と総称される。

名前	ニトロベンゼン	*m*-ジニトロベンゼン(1,3-ジニトロベンゼン)	1,3,5-トリニトロベンゼン	2,4,6-トリニトロトルエン(TNT)	2,4,6-トリニトロフェノール(ピクリン酸)
融点	6℃	92℃	124℃	81℃	123℃
構造	NO_2	NO_2, NO_2	NO_2, O_2N, NO_2	CH_3, O_2N, NO_2, NO_2	OH, O_2N, NO_2, NO_2
性質	淡黄色の液体，水に不溶	黄色の固体，水に不溶	黄色の固体，水に不溶	黄色の固体，水に不溶 爆発性がある。	黄色の固体，水に可溶 爆発性がある。

TNTは爆薬に用いられる。

a ニトロ化

ベンゼンに，濃硝酸と濃硫酸の混合物(混酸)を加えて加熱すると，ニトロベンゼンが生じる。

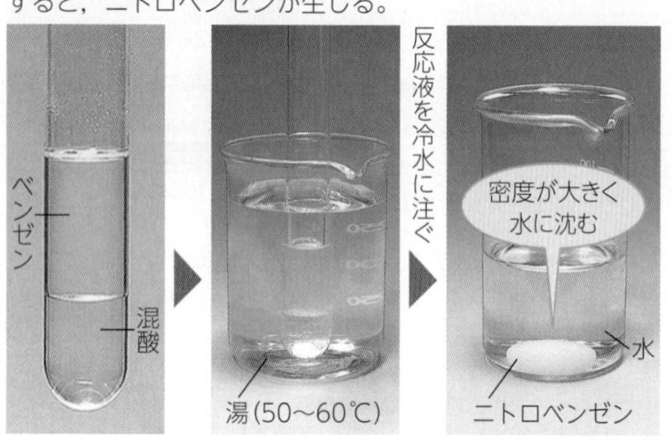

$$C_6H_6 + HNO_3 \xrightarrow{H_2SO_4} C_6H_5NO_2 + H_2O$$

■ニトロベンゼンのニトロ化

ニトロベンゼンをニトロ化すると，メタ位の水素原子が置換される。

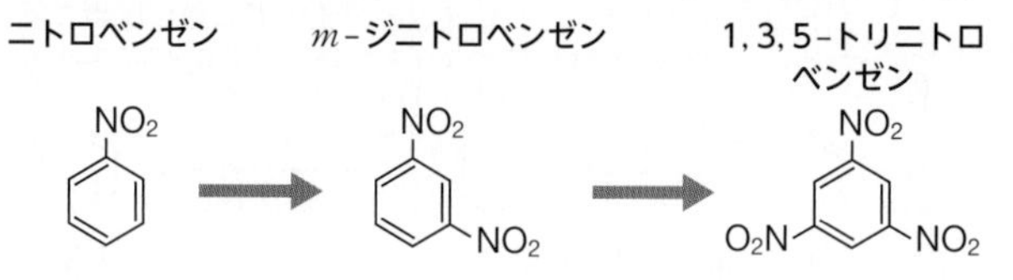

オルト位，パラ位が置換された化合物はごく少量しか生成しない。

■トルエンのニトロ化

トルエンをニトロ化すると，オルト位とパラ位の水素原子が置換される。

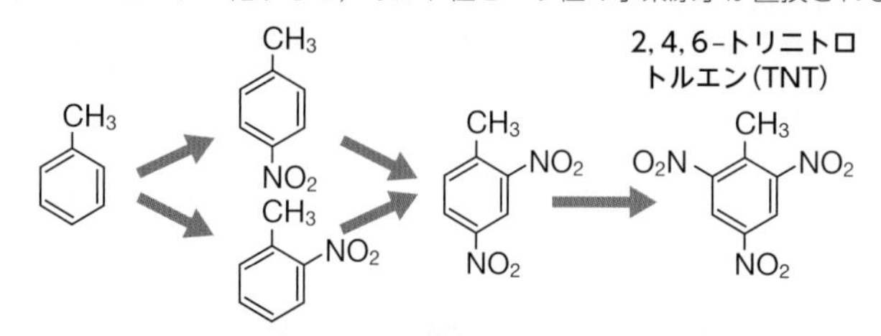

メタ位が置換された化合物はごく少量しか生成しない。

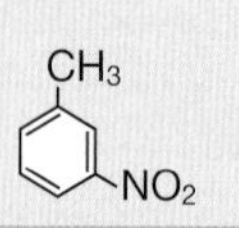

Close-up(クローズアップ) 芳香族化合物の置換反応は，どの位置で起こりやすいの？ (➡p.263)

ベンゼンに置換基Xをもつ物質に2つ目の置換基が入る場合，その置換基がどこに入りやすいかは，置換基Xの種類によって決まり，これを置換基の**配向性**という。

(図：X，*o*位，*o*位，*m*位，*m*位，*p*位)

オルト・パラ配向性 *o*位，*p*位に置換した化合物が多く得られる。

OH —ニトロ化→ *o*体(多) + *m*体(少) + *p*体(多)

メタ配向性 *m*位に置換した化合物が多く得られる。

NO_2 —ニトロ化→ *o*体(少) + *m*体(多) + *p*体(少)

オルト・パラ配向性の置換基	$-OH$，$-OCH_3$，$-NH_2$，$-NHCOCH_3$，$-CH_3$，$-Br$，$-Cl$
メタ配向性の置換基	$-NO_2$，$-SO_3H$，$-COCH_3$，$-CHO$，$-COOH$

合成と配向性 2つの置換基をもつ芳香族化合物を合成するとき，反応の順序を考慮することが重要である。例えば，ベンゼンを原料に*m*-ブロモベンゼンスルホン酸を合成するとき，スルホン化と臭素化を行なう必要があり，2つの経路が考えられる。

(ベンゼン —スルホン化 or 臭素化→ ? —臭素化 or スルホン化→ SO_3H, Br)

経路Ⅰ 臭素化→スルホン化

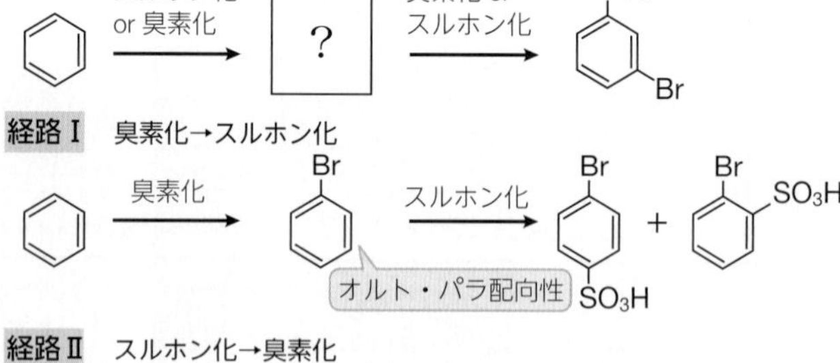

経路Ⅱ スルホン化→臭素化

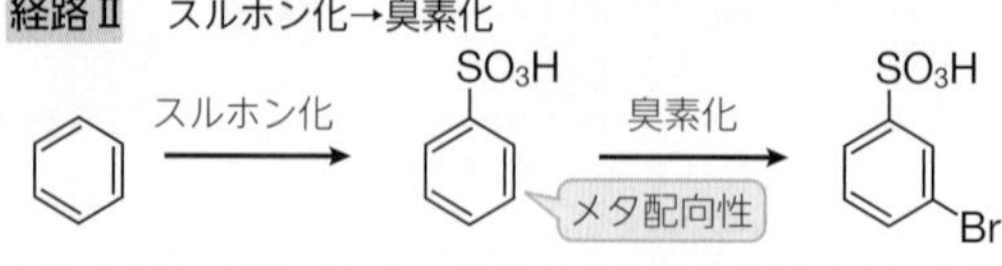

このように，スルホン化→臭素化の順序で反応を行った場合に，目的の*m*-ブロモベンゼンスルホン酸が得られる。

Tips ピクリン酸は，かつて強力な火薬として大砲などに多く使われていた。しかし，不安定で，常に爆発の危険があるため，取扱いには細心の注意が必要であった。現在では，ピクリン酸に代わり，より安定で扱いやすい爆薬として，2,4,6-トリニトロトルエン(TNT)が使用されている。

2 アミン amine

アンモニアの水素原子を炭化水素基で置換した構造の化合物は**アミン**と総称され，ベンゼン環をもつものは，**芳香族アミン**とよばれる。

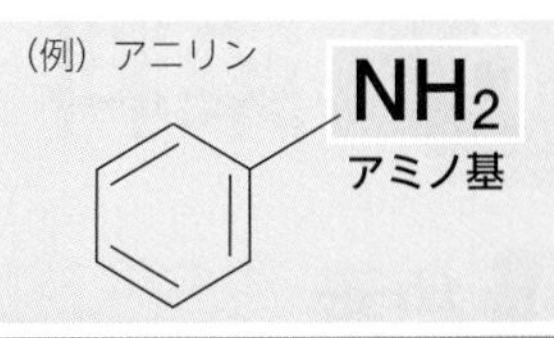

ⓐ アニリンの合成 aniline

アニリン $C_6H_5NH_2$ は，ニトロベンゼンのニトロ基を還元することによって得られる。工業的には，ニッケルや白金などを触媒として，ニトロベンゼンを水素で還元して得られる。

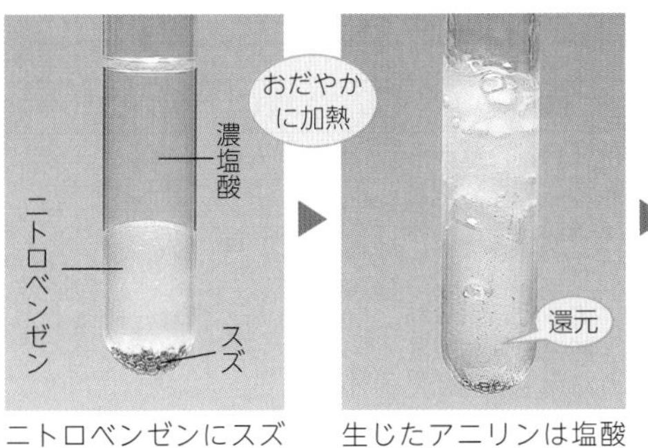

ニトロベンゼンにスズと濃塩酸を加える。*

生じたアニリンは塩酸塩として含まれる。

スズを除き，水酸化ナトリウム水溶液で塩基性にする。**

遊離したアニリンをジエチルエーテルで抽出する。

ジエチルエーテルを蒸発させて除くと，アニリンが得られる。

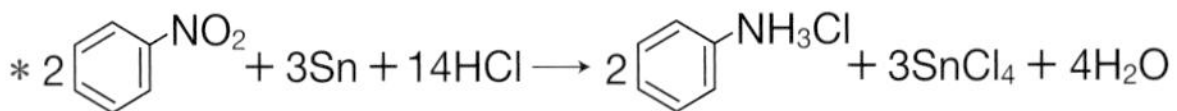
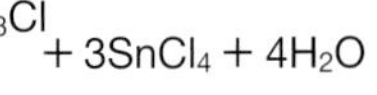
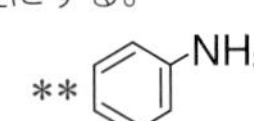

$$* \ 2\,C_6H_5NO_2 + 3Sn + 14HCl \longrightarrow 2\,C_6H_5NH_3Cl + 3SnCl_4 + 4H_2O$$

$$** \ C_6H_5NH_3Cl + NaOH \longrightarrow C_6H_5NH_2 + NaCl + H_2O$$

ⓑ アニリンの性質

酸化されやすく，空気中で徐々に褐色になる。無色の液体（沸点185℃）で，水に溶けにくく，弱い塩基性を示す。

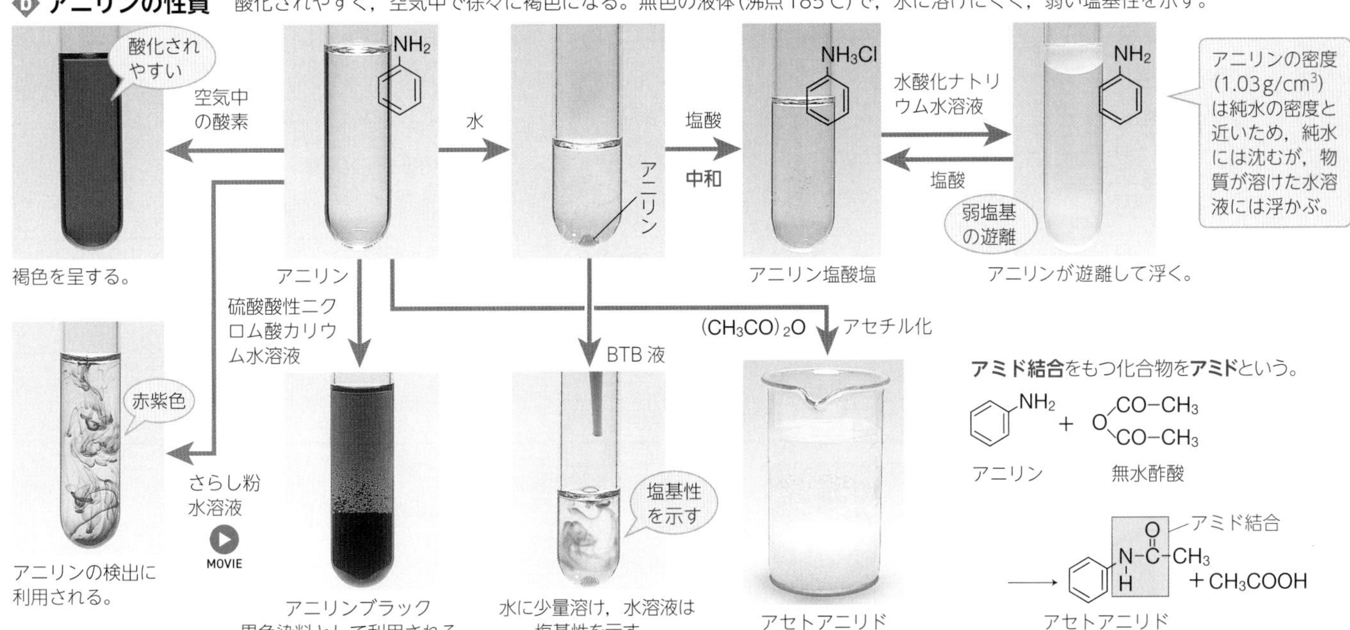

褐色を呈する。

アニリン

アニリン塩酸塩

アニリンが遊離して浮く。

アニリンの検出に利用される。

アニリンブラック
黒色染料として利用される。

水に少量溶け，水溶液は塩基性を示す。

アセトアニリド

アミド結合をもつ化合物を**アミド**という。

$$C_6H_5NH_2 + O(CO{-}CH_3)_2 \longrightarrow C_6H_5{-}NH{-}CO{-}CH_3 + CH_3COOH$$

アニリン　無水酢酸　→　アセトアニリド（アミド結合）

3 ジアゾ化とカップリング diazotization coupling

MOVIE

アゾ基 −N=N− をもつ化合物を**アゾ化合物**，色素を**アゾ染料**という。アゾ染料はアニリンを原料として**ジアゾ化**と**カップリング**により合成される。

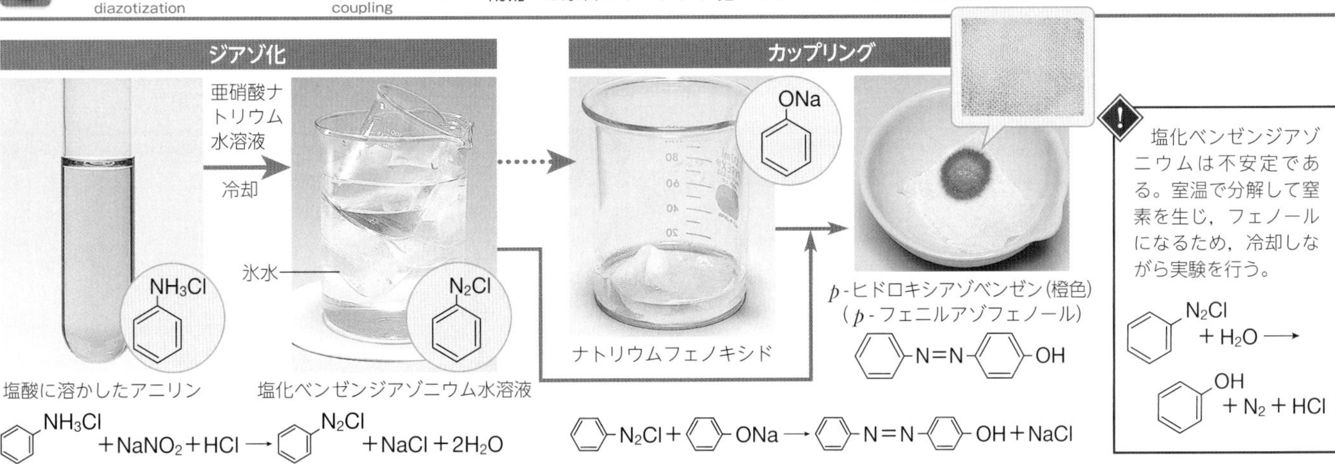

塩酸に溶かしたアニリン

塩化ベンゼンジアゾニウム水溶液

ナトリウムフェノキシド

p-ヒドロキシアゾベンゼン（橙色）
（*p*-フェニルアゾフェノール）

$$C_6H_5{-}N{=}N{-}C_6H_4{-}OH$$

$$C_6H_5NH_3Cl + NaNO_2 + HCl \longrightarrow C_6H_5N_2Cl + NaCl + 2H_2O$$

$$C_6H_5N_2Cl + C_6H_5ONa \longrightarrow C_6H_5{-}N{=}N{-}C_6H_4{-}OH + NaCl$$

! 塩化ベンゼンジアゾニウムは不安定である。室温で分解して窒素を生じ，フェノールになるため，冷却しながら実験を行う。

$$C_6H_5N_2Cl + H_2O \longrightarrow C_6H_5OH + N_2 + HCl$$

Tips アンモニアの水素原子をベンゼン環以外の炭化水素基で置換した構造をもつ化合物を脂肪族アミンといい，メチルアミン CH_3NH_2 やジメチルアミン $(CH_3)_2NH$ などがある。これらは水に溶け，塩基性を示す。また，特異臭をもち，ジメチルアミンは魚臭，トリメチルアミンは生臭みを示す。

16 染料 化学

1 色素 coloring matter

物体が色づいて見えるとき，その色を示す物質を**色素**という。

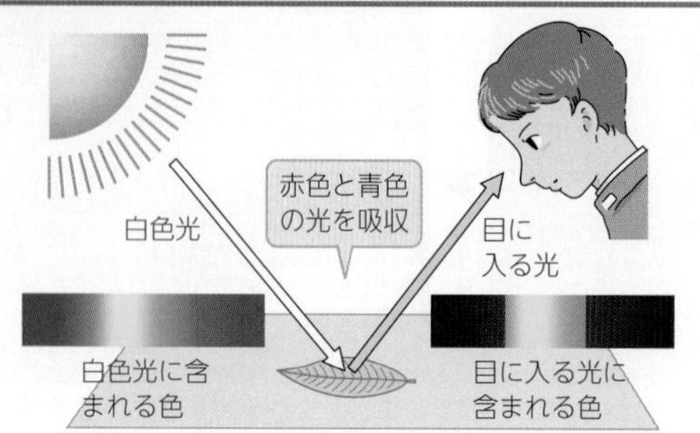

太陽光の下で，物体が色づいて見えるのは，物体に含まれる物質が特定の色の光を吸収し，残りの色の光を散乱，あるいは透過させ，その光が目に届くためである。

フェノールフタレインの色と構造

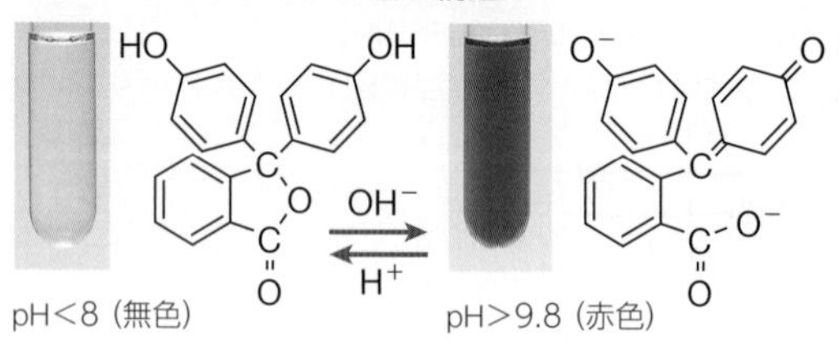

二重結合と単結合の繰り返しが多く含まれる有機化合物は，可視光をよく吸収する傾向がある。例えば，フェノールフタレインは中性では左の構造を取っており無色だが，塩基性では右の構造になり，赤色を示す。

2 染料 dye

水や有機溶媒に溶け，繊維などの染色に用いられる色素を**染料**という。動植物から得られる**天然染料**と，合成される**合成染料**がある。

	名称と色	所在など	含まれる色素の構造式
天然染料	藍（青）	タデアイなどの葉から得られる。葉を発酵させてインジゴの還元体をつくる。	インジゴ
天然染料	茜（赤）	アカネの根から得られる。金属塩の水溶液に浸した繊維に染液を入れて染色する。	アリザリン
天然染料	紅花（紅）	ベニバナの花弁から得られる。含まれる黄色素を除いて，赤色素が利用される。	カルタミン（赤色素）
天然染料	コチニール（深紅）	サボテン類に寄生するコチニール虫のメスから得られる。	カルミン酸
天然染料	貝紫（紫）	アクキガイなどから得られた物質を日光や酸素にさらすと，色素が生成する。	ジブロモインジゴ
合成染料	オレンジⅡ（橙）	化学合成によって得られるアゾ染料の一種である。	オレンジⅡ（アゾ基）

3 染色 dyeing

染料分子を繊維に結合，吸着させることを**染色**という。染色のされやすさは，染料分子や繊維の化学構造によって決められる。

インジゴによる木綿布の染色（アイ染め）

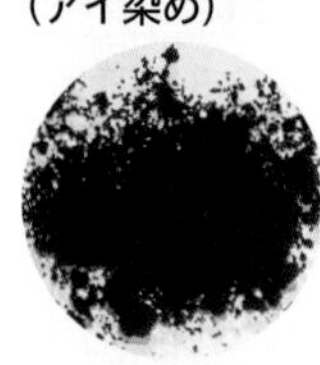
インジゴ

水にインジゴと還元剤を入れ，かき混ぜる。

塩基性にして加熱すると黄色の水溶液になる。

木綿布を3分間浸し，よくもむ。

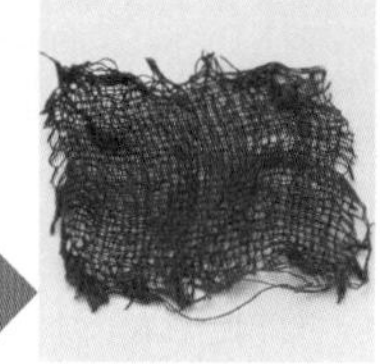
取り出して，空気に触れさせると，藍色に変化する。

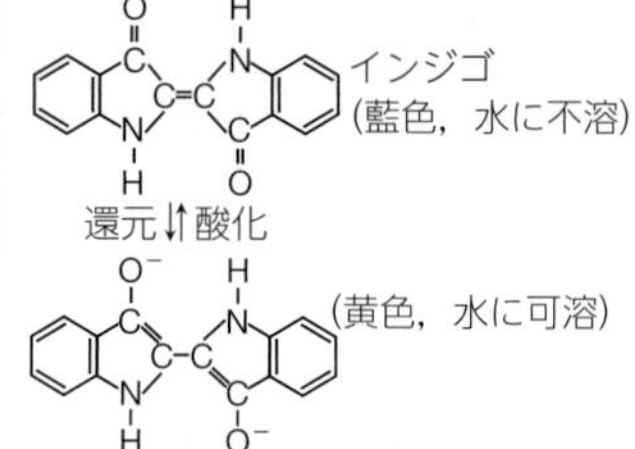

インジゴは水に溶けないが，還元すると水に溶けるようになる。還元されたインジゴは，空気中で酸化されてインジゴに戻る。

トピック 染色のしくみ

繊維は，染料の分子と化学的に結びつくことによって染色される。染料と繊維が結びつきにくい場合，金属イオンを用いると，金属イオンと染料が繊維上で結合し，染料が定着しやすくなる。このような方法を**媒染法**という。さまざまな金属イオンが用いられるが，金属イオンによってそれぞれ染色されたときの色合いが異なる。

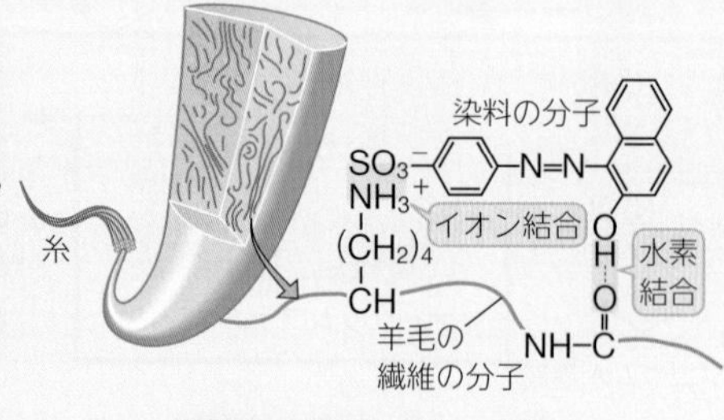

塩酸中の羊毛とオレンジⅡ

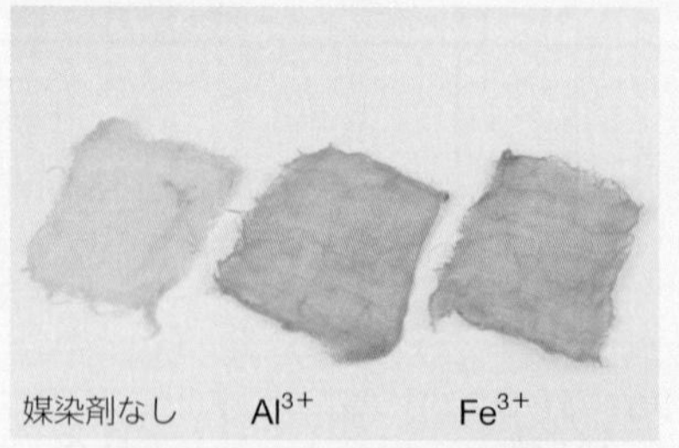

金属イオンによる色合いの違い

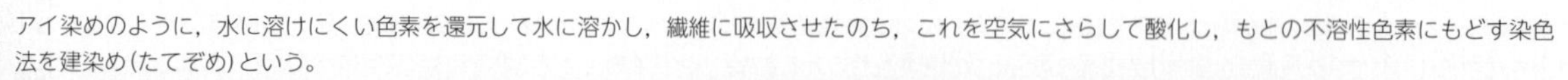
Tips アイ染めのように，水に溶けにくい色素を還元して水に溶かし，繊維に吸収させたのち，これを空気にさらして酸化し，もとの不溶性色素にもどす染色法を建染め（たてぞめ）という。

探究活動 15. アゾ染料の合成

MOVIE

目的 アニリン $C_6H_5NH_2$ から多くの芳香族化合物を合成することができる。ここでは，アニリンをジアゾ化し，カップリングによってアゾ染料を合成しよう。

準備

薬品	器具
アニリン，2-ナフトール，2 mol/L 水酸化ナトリウム水溶液，2 mol/L 塩酸，亜硝酸ナトリウム $NaNO_2$(固)，氷	試験管，ガラス棒，メートルグラス，薬さじ，ピンセット，ビーカー(50 mL，100 mL，300 mL)，こまごめピペット，ガーゼ(5×5 cm)，新聞紙

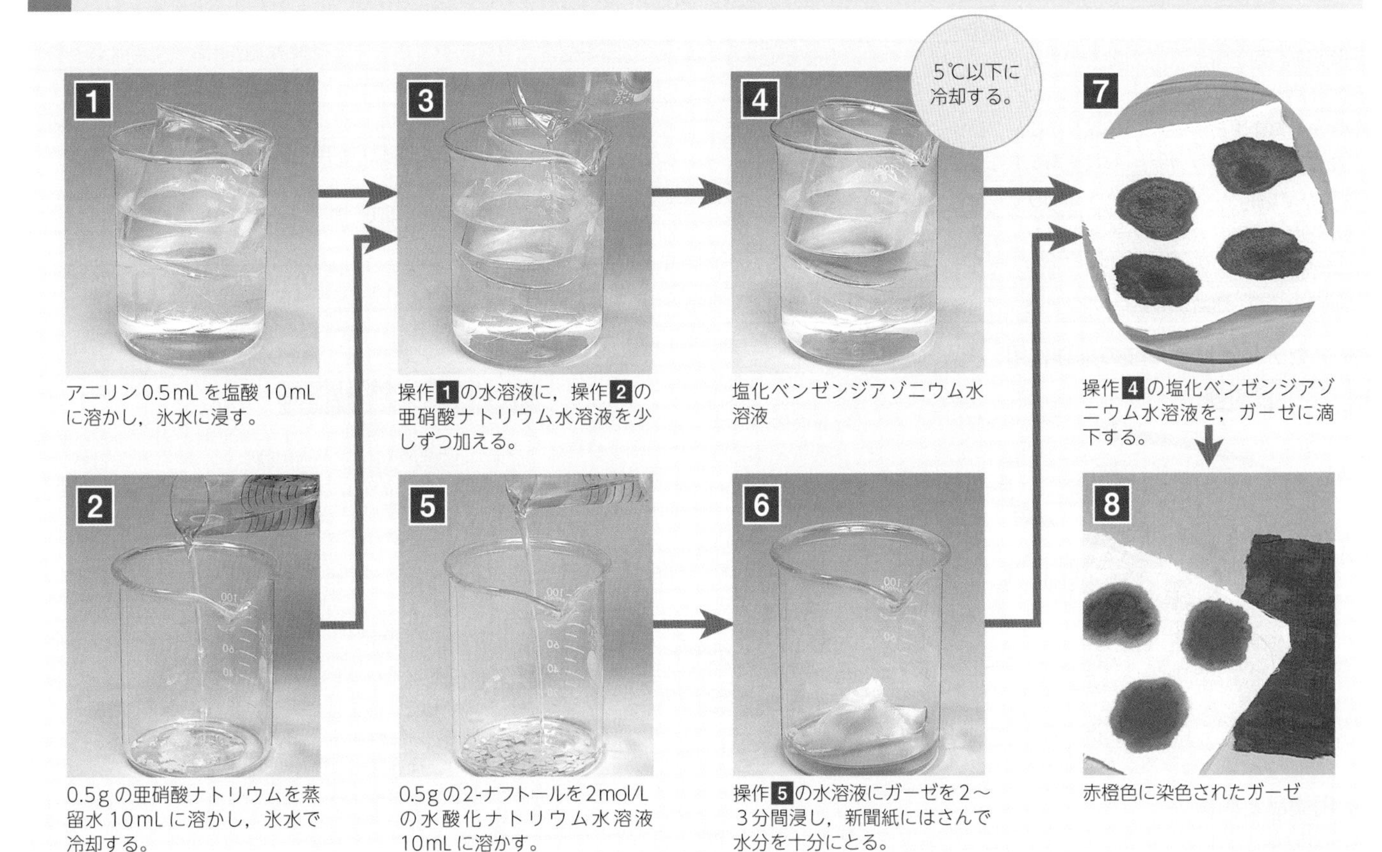

1 アニリン0.5 mL を塩酸 10 mL に溶かし，氷水に浸す。

2 0.5 g の亜硝酸ナトリウムを蒸留水 10 mL に溶かし，氷水で冷却する。

3 操作1の水溶液に，操作2の亜硝酸ナトリウム水溶液を少しずつ加える。

4 塩化ベンゼンジアゾニウム水溶液

5 0.5 g の2-ナフトールを2 mol/L の水酸化ナトリウム水溶液 10 mL に溶かす。

6 操作5の水溶液にガーゼを2～3分間浸し，新聞紙にはさんで水分を十分にとる。

7 操作4の塩化ベンゼンジアゾニウム水溶液を，ガーゼに滴下する。

8 赤橙色に染色されたガーゼ

考察1 操作1～3におけるアニリンと塩酸，亜硝酸ナトリウムとの反応を化学反応式で表せ。

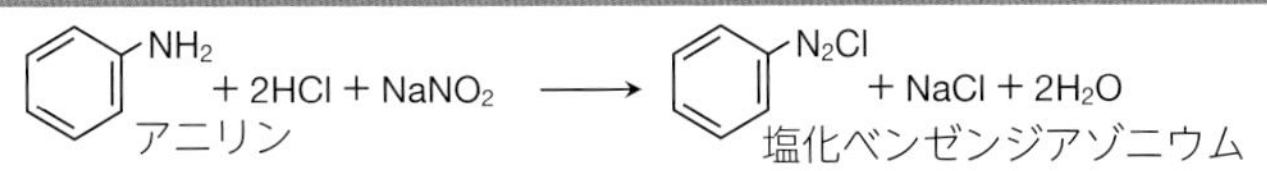

考察2 操作4の塩化ベンゼンジアゾニウム水溶液を室温で放置すると，どのような変化がおこるか。

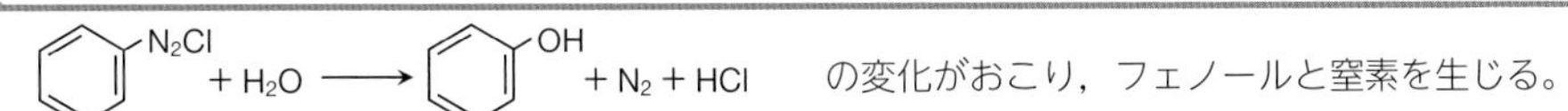

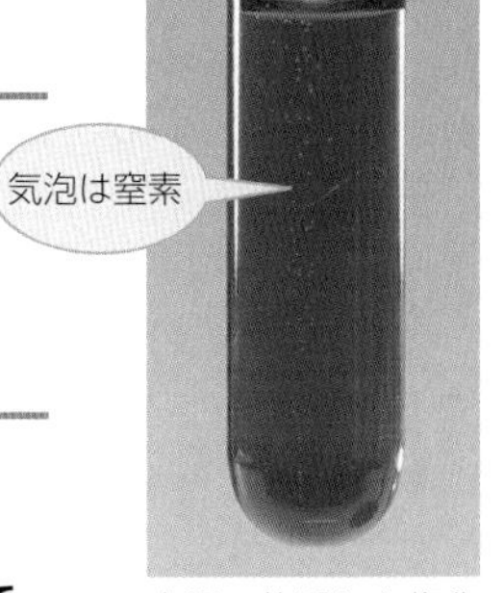

室温で放置した塩化ベンゼンジアゾニウム水溶液は，生成したフェノールと塩化ベンゼンジアゾニウムがカップリングし，しだいに橙色になる。

考察3 操作7における塩化ベンゼンジアゾニウム塩と2-ナフトールのナトリウム塩との反応を化学反応式で表せ。

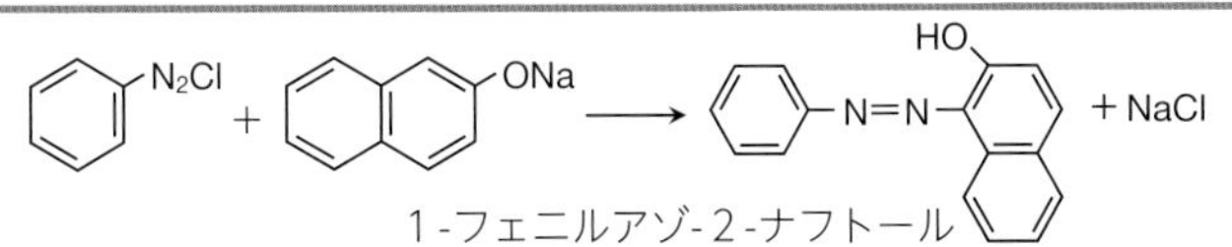

チャレンジ課題 メチルオレンジの合成

メチルオレンジは，p-アミノベンゼンスルホン酸と N，N-ジメチルアニリンから合成される。探究活動の操作を参考にして，合成の手順を考えよ。

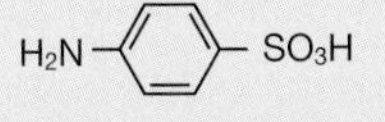

p-アミノベンゼンスルホン酸

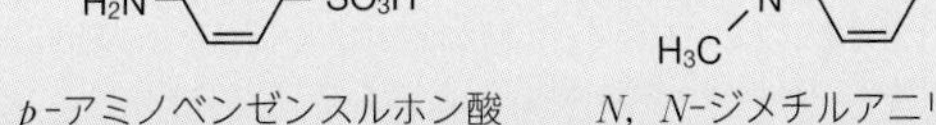

N，N-ジメチルアニリン

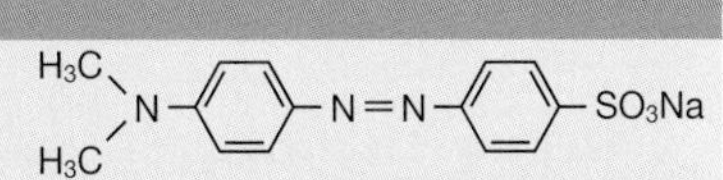

メチルオレンジ

17 医薬品 化学

1 医薬品と薬理作用 medicine pharmacologic action

医薬品は，ヒトや動物の病気の診断，治療，予防に用いられる化学物質である。医薬品が生体に対してさまざまな変化を引きおこすことを**薬理作用**という。

a 薬理作用を示す化学物質

薬理作用	化合物例
解熱鎮痛作用	アセチルサリチル酸，アセトアミノフェン
消炎鎮痛作用	サリチル酸メチル
麻酔作用	一酸化二窒素
殺菌・消毒作用	エタノール，クレゾール，過酸化水素，ヨウ素
制酸作用	炭酸水素ナトリウム，水酸化マグネシウム
血管拡張作用	ニトログリセリン
保湿作用	グリセリン，尿素
利尿作用	カフェイン
病原菌の発育や活動を阻害	サルファ剤，ペニシリンなどの抗生物質

b 主作用と副作用

医薬品には，病気を治療し，健康を維持する作用(**主作用**)がある一方で，意図しない作用を示すこともあり，これを**副作用**という。

医薬品	おもな副作用
アセチルサリチル酸	胃痛，食欲の低下，胃粘膜からの出血
抗生物質	ショック症状，アレルギー症状，腎臓障害，血液障害
サリドマイド	催奇形性(妊婦が服用すると，子供の四肢に重い障害を生じる場合がある)
抗がん剤	骨髄障害，嘔吐，脱毛，白血球の減少
風邪薬	眠気

c アセチルサリチル酸の薬理作用

痛み発現の原理

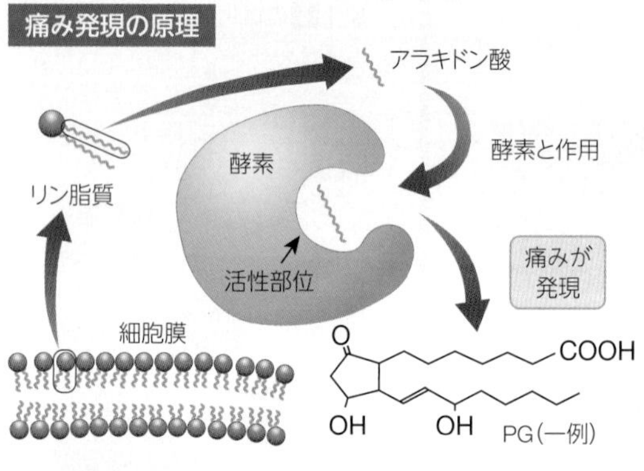

ヒトの体内には，神経系に痛みを与えるプロスタグランジン(PG)があり，病気などでPGが増えると，痛みを感じる。

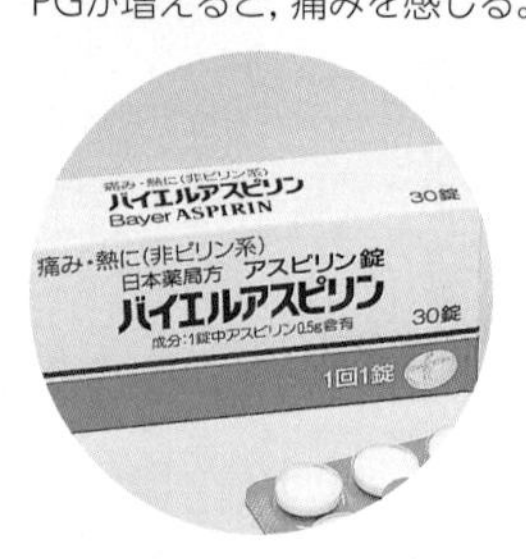

アセチルサリチル酸の作用

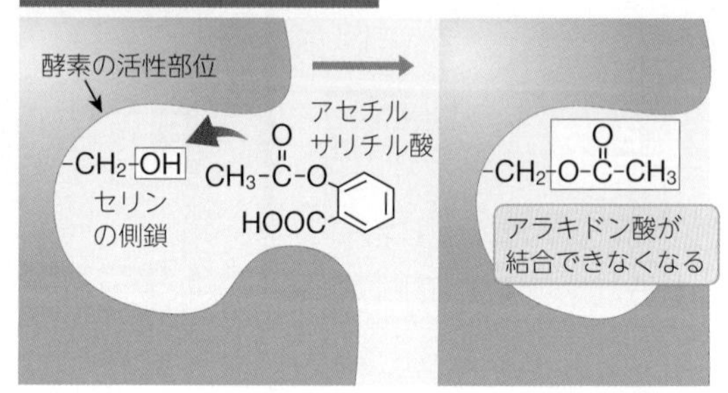

アセチルサリチル酸をはじめとする多くの解熱鎮痛剤は，PG合成に関わる酵素のはたらきを妨げることによって，熱を下げたり，痛みを和らげたりする。

d 医薬品と構造

わずかな構造の違いで，薬理作用などが大きく変わることがあるため，医薬品の開発には細心の注意が必要である。

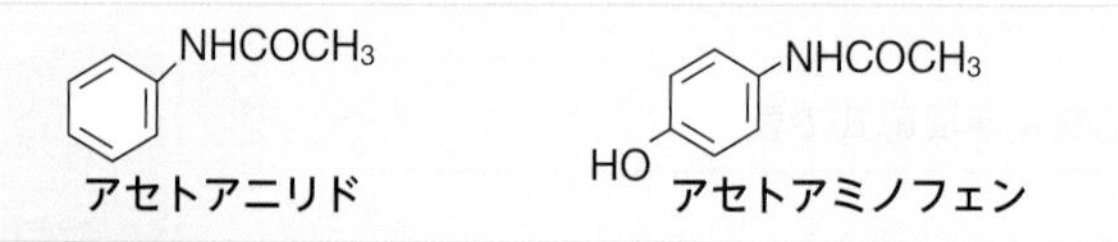

アセトアニリドは解熱剤として利用されていたが，肝機能障害を引き起こすため，現在では用いられない。パラ位に$-OH$を導入したアセトアミノフェンは，副作用の少ない解熱剤として用いられる。

■アセトアミノフェンの合成

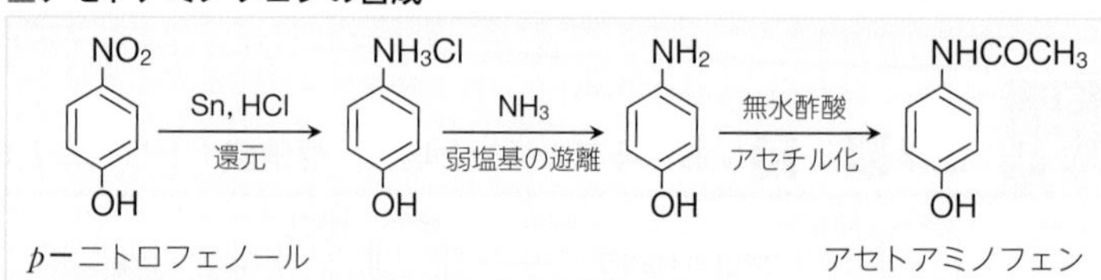

アセチル化はフェノール性のヒドロキシ基の部分でもおこりうるが，アミノ基の方が無水酢酸と反応しやすく，アミノ基だけをアセチル化できる。

PLUS プロドラッグ

医薬品を生体内の目的の部位に届ける技術を**ドラッグデリバリーシステム(DDS)**といい，その1つに**プロドラッグ**がある。通常，医薬品は食べ物などと同様に消化，分解などを受け，薬理作用を示さない状態へと変換される。この過程を利用し，生体内の目的の部位で構造が変化して薬理作用を発揮するようにしたものがプロドラッグである。例えば，肝臓でのコレステロールの生成を阻害する高脂血症薬のシンバスタチンがある。薬理作用をもつのは右の構造だが，腸から吸収されにくいという欠点があった。そこで，構造の一部を変えて吸収を良くしたものがシンバスタチンである。吸収された後，肝臓で構造が変化して薬理作用を示す。

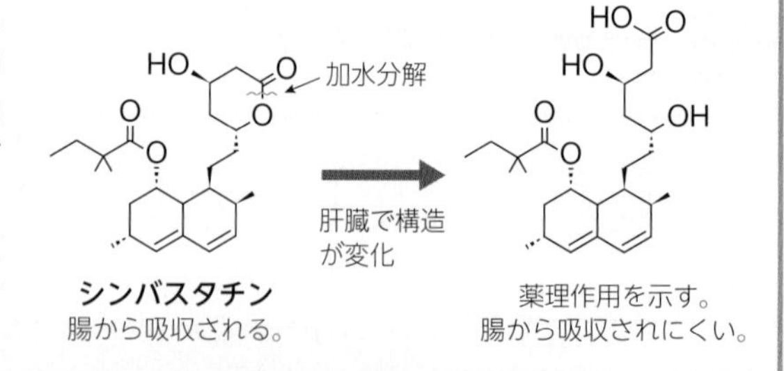

Tips 医薬品には，それぞれ適正な量と正しい服用の仕方がある。これを誤ると，薬効が現れないばかりか，副作用によって健康を損なう場合がある。また，複数の医薬品の摂取に際しては，それらが相互作用を示す場合があり，注意が必要である。

2 化学療法薬 chemotherapy

体内に侵入した病原菌を除去するなど，病気の原因を取り除くために用いる医薬品を**化学療法薬**といい，サルファ剤や抗生物質などがある。

ⓐ 化学療法薬

サルバルサン

（実際にはヒ素原子Asの数が3～8の環状構造化合物の混合物といわれている）

エールリッヒと秦佐八郎が開発した最初の化学療法薬（梅毒の特効薬）である。

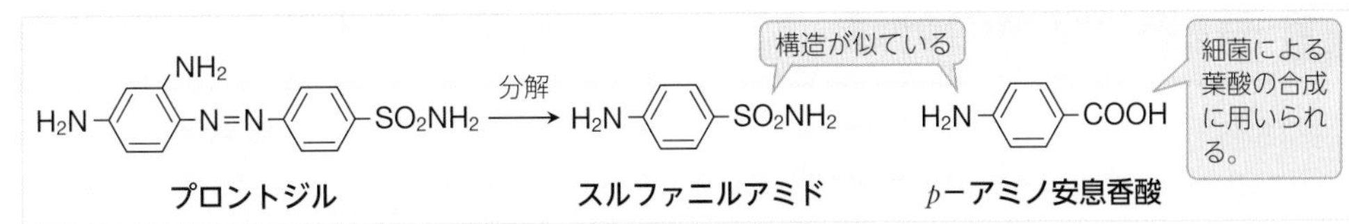

アゾ染料のプロントジルは，体内で分解してスルファニルアミドを生成し，これが細菌を死滅させる。このような骨格をもつ化学療法薬を**サルファ剤**という。サルファ剤は，細菌が発育に必要な *p*-アミノ安息香酸の代わりに酵素に取り込まれることで細菌の発育を阻害する。

ⓑ 化学療法薬

微生物によって生産され，病原菌の活動や繁殖を妨げる物質を**抗生物質**という。現在では，化学的に合成されたものもある。

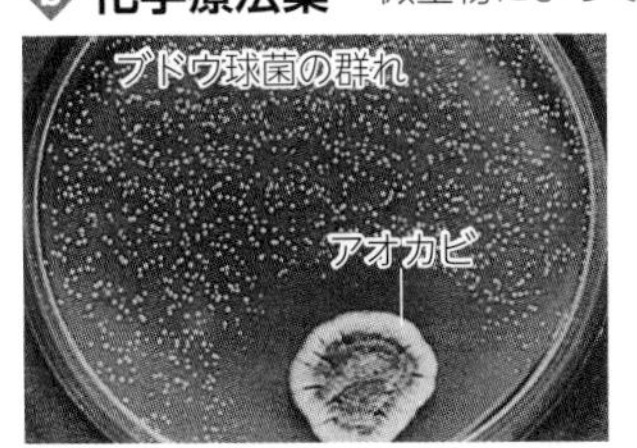

フレミングは，アオカビがブドウ球菌の発育を抑制する物質を生産することを発見し，これをペニシリンと名づけた（1928年）。

ペニシリン（顕微鏡写真）

最初に発見された抗生物質であり，現在では，多種多様の抗生物質が製品化されている。

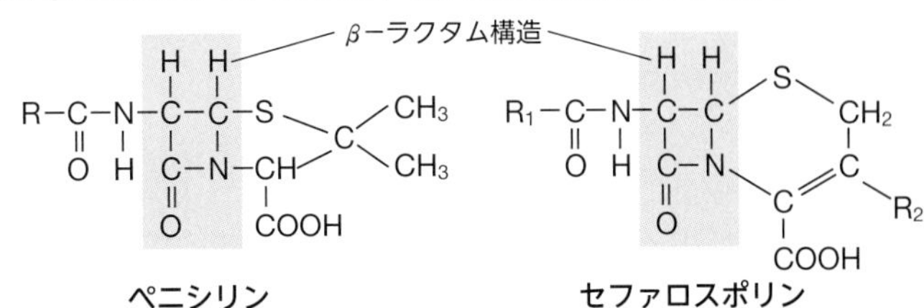

β-ラクタム構造をもつ抗生物質は，β-ラクタム系と分類され，ペニシリンのほかにセファロスポリンなどがある。ペニシリンは細菌が細胞壁を作る反応を阻害する。動物細胞には細胞壁がないため，ヒトへの影響は少ない。

β-ラクタム系以外の代表的な抗生物質

分類	アミノグリコシド系	テトラサイクリン系
構造上の特徴	アミノ基をもつ糖類	4個の六員環構造が結合
代表的な対象	結核菌，髄膜炎菌	ジフテリア菌，肺炎菌
化合物の例とその構造（一部の炭素と水素を省略して示している。）	ストレプトマイシン	テトラサイクリン

PLUS 耐性菌 resistant bacteria

小論文対策

抗生物質や化学療法剤に強い抵抗性をもつ細菌を**耐性菌**という。無数の細菌の中には耐性菌が必ず存在し，薬を乱用すると，耐性菌だけが生き残り，危険な感染症を引きおこす。耐性菌の出現を遅らせるために，抗生物質や化学療法剤の使用は最小限にとどめていかなければならない。耐性の生化学的な機構としては，①薬剤が作用するタンパク質が，遺伝子の変異によって影響を受けなくなる，②薬剤を無毒化する酵素を産出するなどが考えられている。

トピック 薬ができるまで

1つの医薬品ができるまでには，9～17年の時間と数百億～数千億円規模の費用が必要であり，薬の候補となる化合物が実際に薬になる確率は約25,000分の1と言われている。感染症拡大などの緊急事態に対応するため，すみやかに承認される場合もある（緊急承認）。

基礎研究	薬になる可能性のある物質を探したり，作る方法を研究したりする。	2～3年
非臨床試験	薬の候補となる物質を，動物などを用いて試験し，有効性や安全性を確かめる。	3～5年
臨床試験	候補物質をヒトに使用して，有効性や安全性を確かめる。	3～7年
承認・申請	薬として製造・販売するための許可を厚生労働省に申請し，審査が行われる。	1～2年
製造販売後調査	販売されたあとも安全性や有効性の情報を集め，分析が行われる。	半年～10年

臨床試験は治験とよばれ，次の3ステップが行われる。

第1相試験 フェーズ1	健康な成人に使用して，副作用がないかなど，安全性の確認を行う。
第2相試験 フェーズ2	少数の患者に使用し，効果と安全性を調べる。また，最適な使い方を調べる。
第3相試験 フェーズ3	多数の患者に使用し，効果と安全性のほか，既存の薬と比べて有効かどうかを調べる。

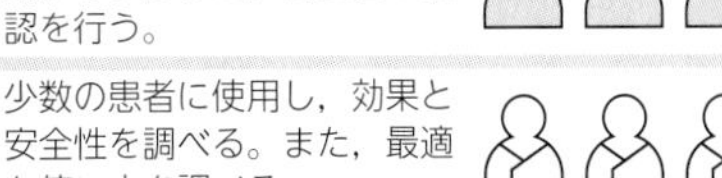

Tips サリドマイドは睡眠薬としてドイツで開発され，日本では1958年に発売されたが，胎児への催奇形性が社会問題となり，1962年に製造，販売が禁止された。しかし，近年，骨髄がんなどへの薬効が確認され，2008年，厚生労働省によって製造，販売が再承認された。

18 有機化合物の分離 化学

1 有機化合物の分離

有機化合物の混合物は，各物質のもつ性質(水や有機溶媒への溶解性，酸・塩基の強弱など)を利用して，分離できる。一般に，水に溶けにくい有機化合物でも塩になると水に溶けやすくなる。

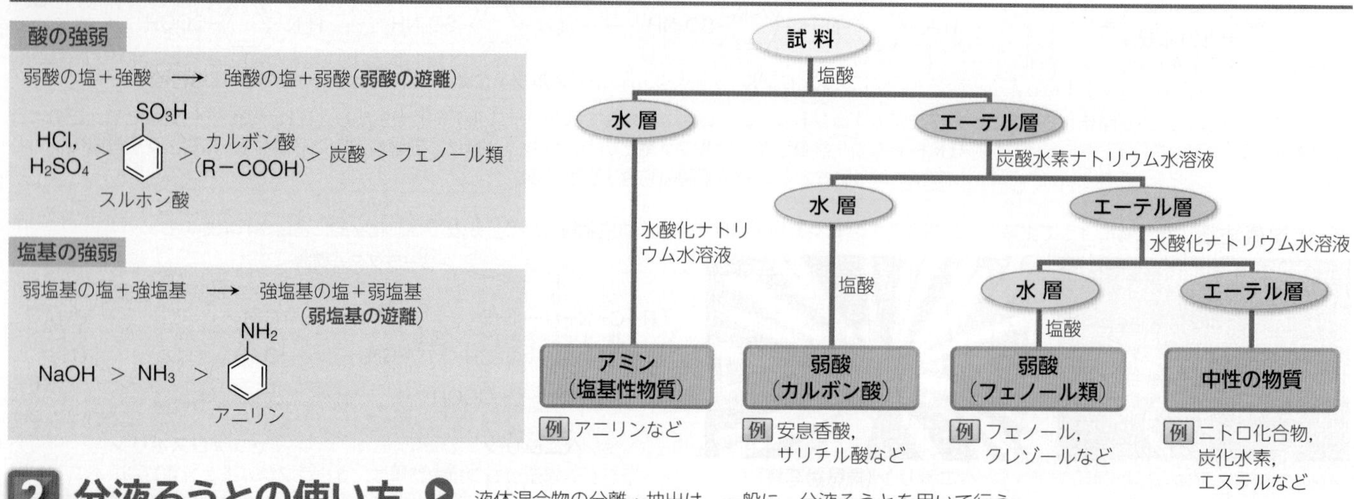

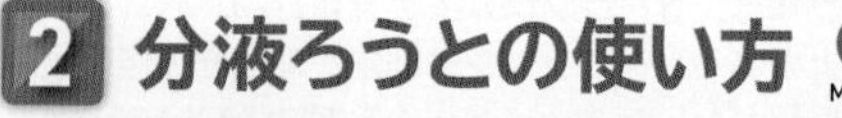

2 分液ろうとの使い方

MOVIE

液体混合物の分離・抽出は，一般に，分液ろうとを用いて行う。

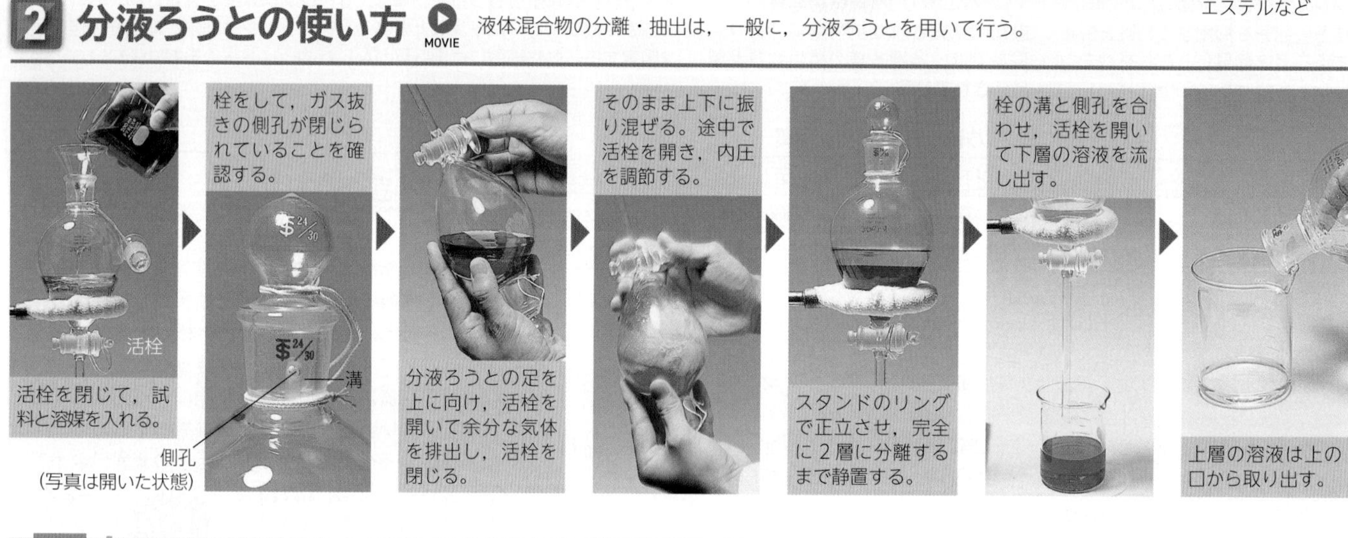

PLUS 抽出における分配平衡

物質Sが1 mol溶けた水溶液1.0 Lから，有機溶媒1.0 Lを用いてSを抽出するとき，有機溶媒1.0 Lを用いて1回抽出を行った場合(**方法Ⅰ**)と，0.50 Lずつ2回抽出を行った場合(**方法Ⅱ**)を比較する。水相(水溶液の相)中のSと有機相(有機溶媒の相)中のSの間に次の平衡(**分配平衡**)が成り立つ。

$S_{(aq)} \rightleftarrows S_{(org)}$　(aqとorgは，それぞれ水相と有機相を表す)

この平衡定数 K_D は**分配係数**とよばれ，次式で表される。

$K_D = [S_{(org)}]/[S_{(aq)}]$

ここで，$K_D = 3.0$ として考えると，**方法Ⅰ**で，有機相に抽出されるSの物質量 x は，次式で求められる。

$$K_D = [S_{(org)}]/[S_{(aq)}] = \frac{x/1.0\,L}{(1.0-x)/1.0\,L} = 3.0 \qquad x = 0.75\,mol$$

方法Ⅱでは，1回目の抽出でSが0.60 mol抽出され，水相に0.40 mol残る。2回目の抽出で0.24 molが抽出され，抽出された総量は0.84 molとなる。このように，抽出操作では，溶媒の体積を等分し，繰り返し抽出を行った方が，効率がよくなる。

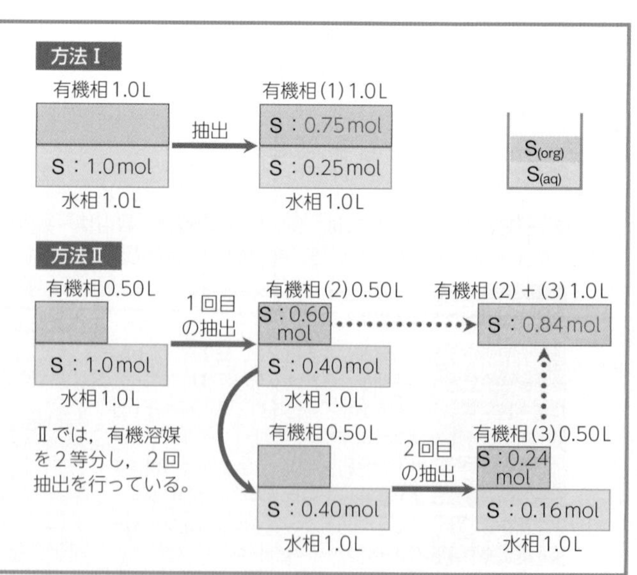

Tips 有機化合物の分離に用いられる有機溶媒には，沸点が低く，揮発性の大きい物質が適しており，ジエチルエーテル(沸点34℃，密度0.74 g/cm³)などが用いられる。

3 抽出法による分離

アニリン，安息香酸，フェノール，ニトロベンゼンは，抽出法によって相互に分離することができる。

エーテル層 試料は次の4種類の化合物である。

- NH_2 アニリン（塩基性の物質）
- $COOH$ 安息香酸（酸性の物質）
- OH フェノール（酸性の物質）
- NO_2 ニトロベンゼン（中性の物質）

試料のジエチルエーテル溶液

希塩酸 ❶ アニリンを塩にする

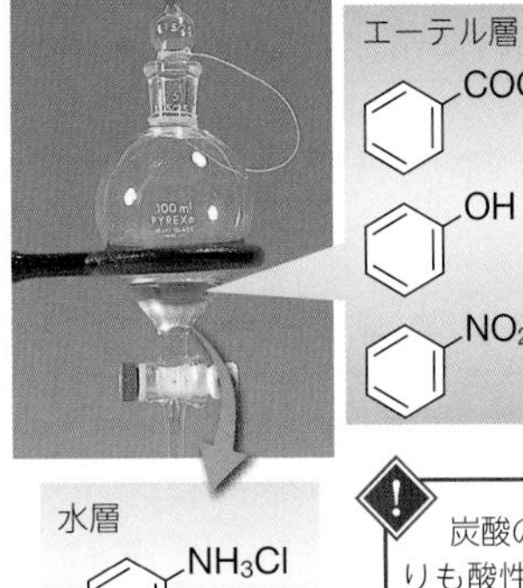

エーテル層：$COOH$，OH，NO_2

水層：NH_3Cl

炭酸水素ナトリウム水溶液 ❸ 安息香酸を塩にする

! 炭酸の方がフェノールよりも酸性が強いため，フェノールは塩にならない。

エーテル層：OH，NO_2

水層：$COONa$

水酸化ナトリウム水溶液 ❺ フェノールを塩にする

水層：ONa

エーテル層：NO_2

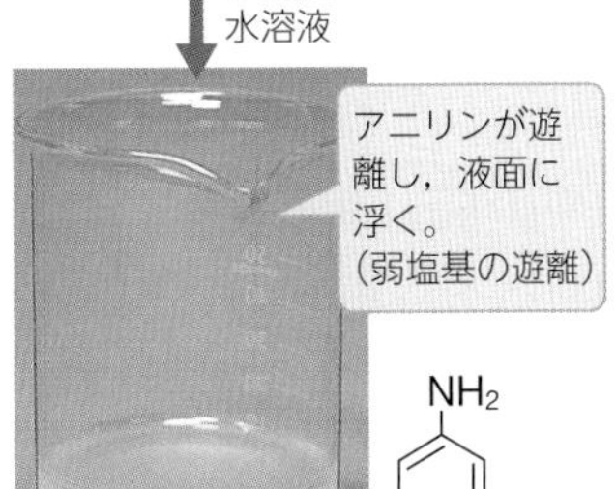

水酸化ナトリウム水溶液 ❷

アニリンが遊離し，液面に浮く。（弱塩基の遊離）

NH_2

ジエチルエーテルで抽出し，蒸発させる。

検出法 さらし粉水溶液で赤紫色を呈する。

塩酸 ❹

安息香酸が，白色結晶として遊離する。（弱酸の遊離）

$COOH$

結晶をろ過したのち，再結晶法で生成する。

検出法 融点（123℃）を測定する。

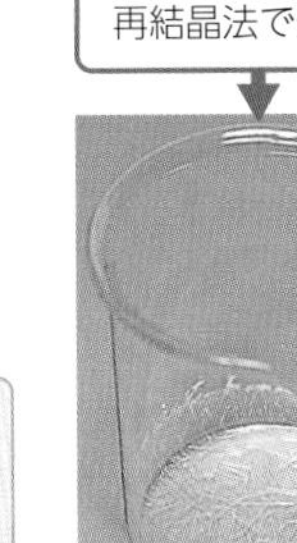

塩酸 ❻

フェノールが遊離し，白濁する。（弱酸の遊離）

OH

ジエチルエーテルで抽出し，蒸発させる。

検出法 塩化鉄(Ⅲ)水溶液で青紫色を呈色する。

NO_2

ジエチルエーテルを蒸発させる。

検出法 特有の臭気があり，水に沈む。

❶～❻の変化は，それぞれ次の化学反応式で表される。

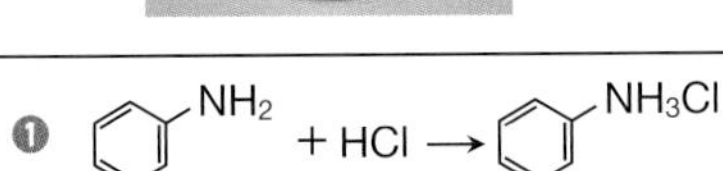

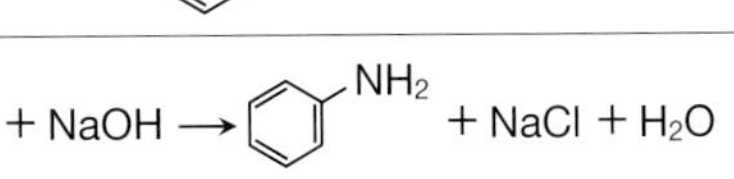

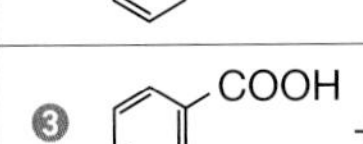

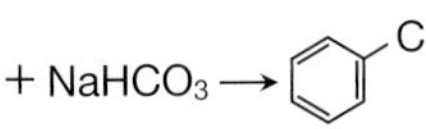

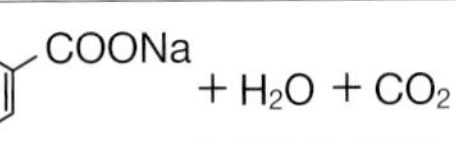

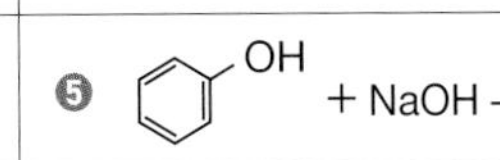

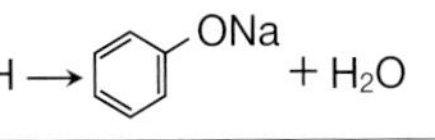

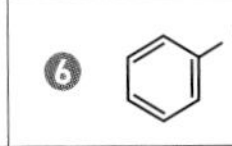

❶ $C_6H_5NH_2 + HCl \longrightarrow C_6H_5NH_3Cl$	❹ $C_6H_5COONa + HCl \longrightarrow C_6H_5COOH + NaCl$
❷ $C_6H_5NH_3Cl + NaOH \longrightarrow C_6H_5NH_2 + NaCl + H_2O$	❺ $C_6H_5OH + NaOH \longrightarrow C_6H_5ONa + H_2O$
❸ $C_6H_5COOH + NaHCO_3 \longrightarrow C_6H_5COONa + H_2O + CO_2$	❻ $C_6H_5ONa + HCl \longrightarrow C_6H_5OH + NaCl$

Tips 上の「抽出法による分離」で，安息香酸の代わりにサリチル酸を用いても，安息香酸と同じ操作で分離される。また，フェノールの代わりに *o*-クレゾールを用いても，フェノールと同じ操作で分離される。

19 有機化合物の相互関係 化学

1 おもな脂肪族化合物の相互関係

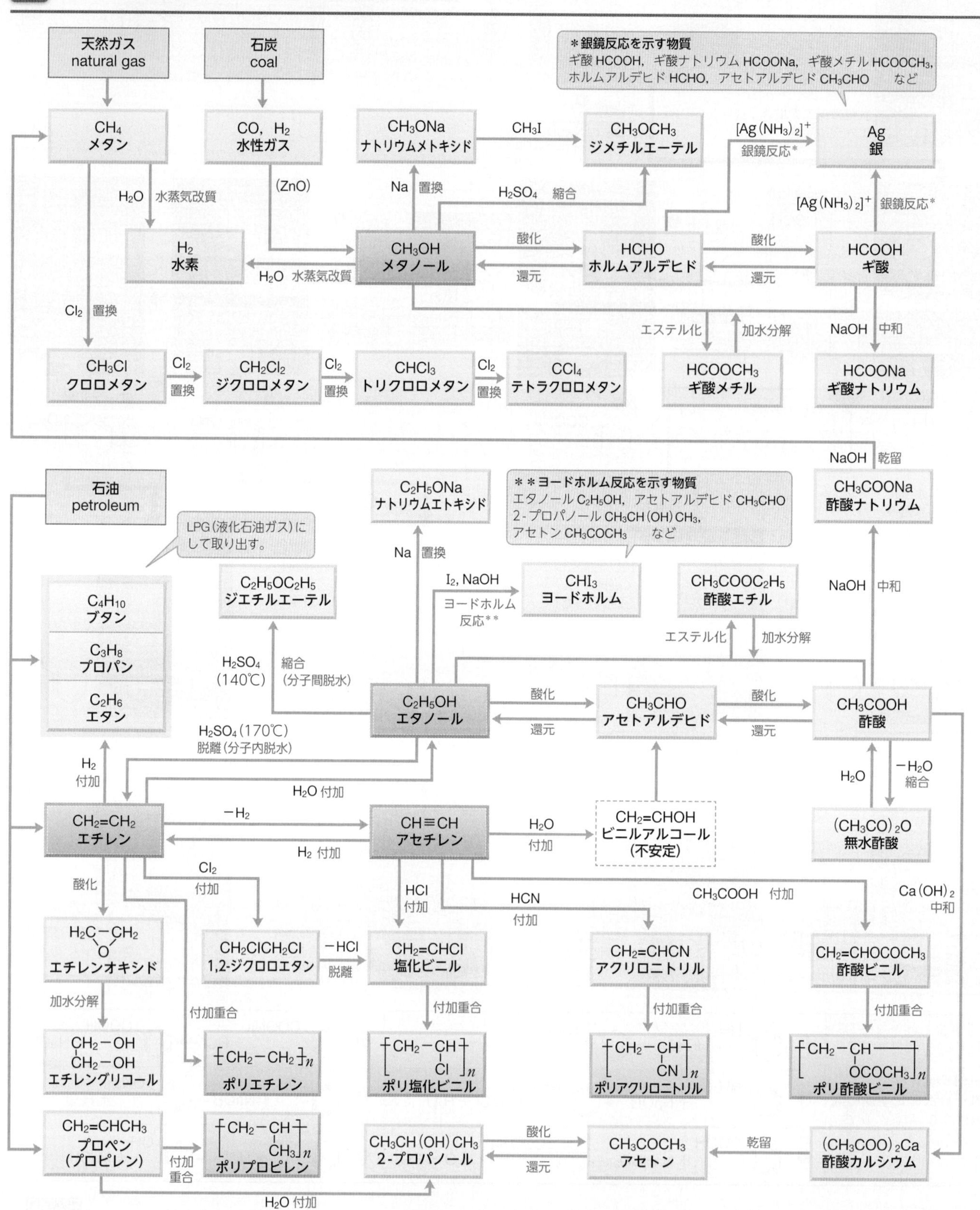

2 おもな芳香族化合物の相互関係

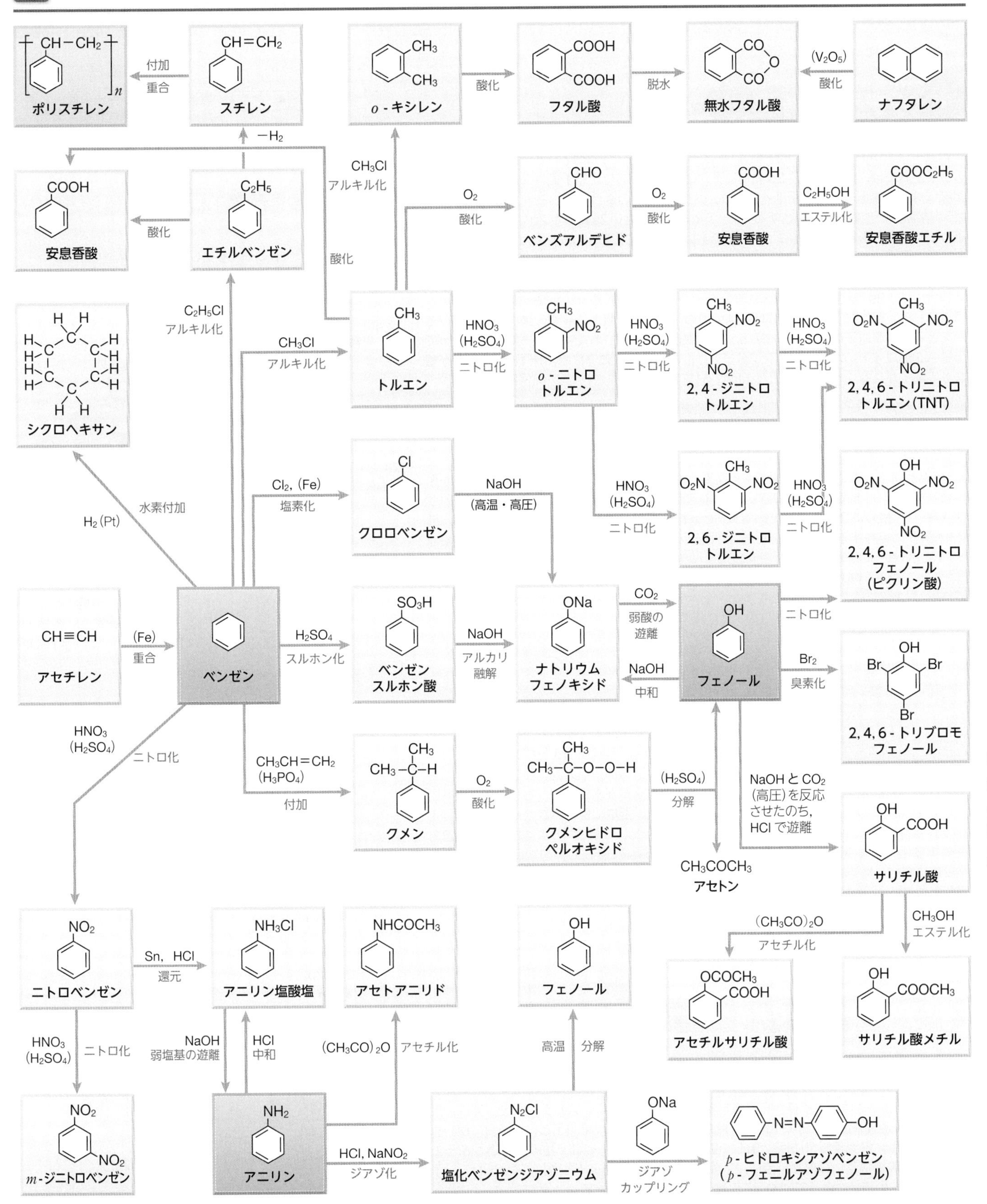

特集 9 混成軌道と分子の形

1 メタンの構造

炭素原子 $_6C$ の電子配置は，原子軌道(➡ p.30)を用いると，図1のように表される。この電子配置では，炭素原子の 2p 軌道に不対電子が 2 個あり，原子価は 2 になる。しかし実際には，炭素原子の原子価は 4 であり，メタン CH_4 のような化合物が存在する。これは，炭素原子が他の原子と結合する際に，エネルギーの近い 2s 軌道と 2p 軌道を融合させ，それぞれが同じ形状とエネルギーをもつ新しい軌道を形成するためと考えられる。このような軌道を**混成軌道**という。

メタンをはじめとするアルカン分子のように，炭素原子が単結合のみで他の原子と結合する場合には，2s 軌道と 3 個の 2p 軌道をすべて使い，4 個❶の **sp^3 混成軌道**を形成すると考えられる。sp^3 混成軌道は，正四面体の重心に原子核を置き，4 個の頂点方向に伸びた形をとる。炭素原子は，それぞれの sp^3 混成軌道内に配置された 4 個の不対電子を使って単結合を形成する。たとえばメタン分子では，各 sp^3 混成軌道に水素原子の 1s 軌道が重なって電子が共有され，**σ 結合**❷とよばれる共有結合が形成されている(図2)。

❶融合させる前の原子軌道の数と同じ数の混成軌道ができる。
❷σ 結合では，結合を軸として原子を回転させることができる。

水分子とアンモニア分子の形

炭素と同じ，第 2 周期の元素である窒素と酸素の原子でも，結合の際に混成軌道が形成される。たとえばアンモニア分子 NH_3 では，sp^3 混成軌道の 1 個に非共有電子対が存在し，残りの 3 個を使って水素原子と σ 結合を形成する。一般に，分子の形は，最も外側に存在する原子の中心を結んだ図形で表され，アンモニア分子の形は，窒素原子と 3 個の水素原子を結んだ三角錐形になる(図3)。

また，水分子 H_2O では，sp^3 混成軌道の 2 個に非共有電子対が存在し，残りの 2 個を使って水素原子と σ 結合を形成する。したがって，水分子は折れ線形となる(図3)。

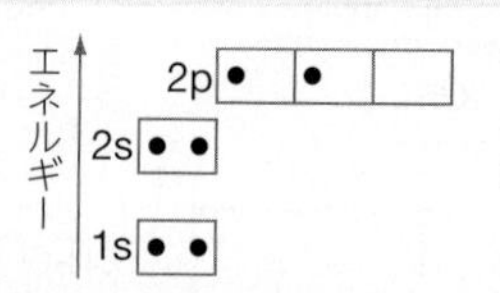

電子は，エネルギーの低い軌道から順番に収容される。また，2p 軌道などの，エネルギーが同じ軌道にはできるだけ対をつくらないように収容される。

図1 炭素原子の電子配置

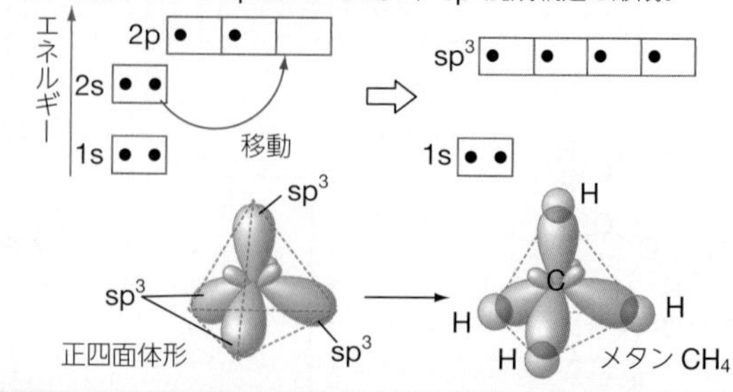

図2 sp^3 混成軌道とメタン分子の構造

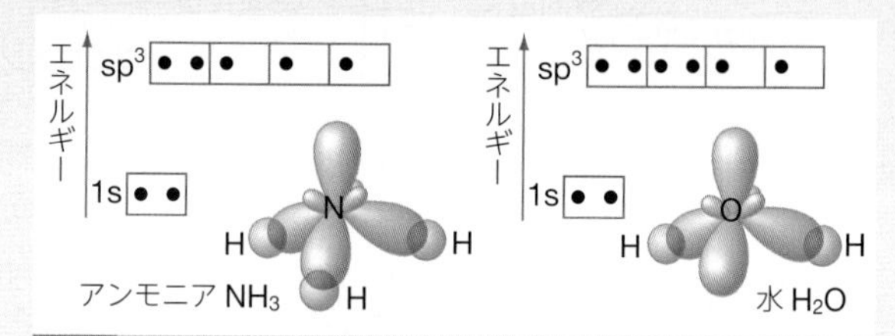

図3 窒素原子 $_7N$ と酸素原子 $_8O$ の混成軌道

2 エチレンの構造

エチレン C_2H_4 のようなアルケンの分子内には，炭素原子間の二重結合が存在する。このときは，2s 軌道と 2 個の 2p 軌道とが融合し，3 個の **sp^2 混成軌道**を形成すると考えられる。sp^2 混成軌道は，正三角形の重心に原子核を置き，3 個の頂点方向に伸びた形をとる。エチレン分子では，炭素原子の sp^2 混成軌道のうちの 2 個が水素原子，もう 1 個が炭素原子との σ 結合に使われる。このとき，各炭素原子には，混成に使われなかったそれぞれ 1 個の p 軌道がある。これらの p 軌道は互いに重なり合い，**π 結合**❸とよばれる共有結合を形成する(図4)。π 結合の電子(π 電子)は，結合の外側に存在し，付加反応のような化学反応に関与しやすい。エチレン分子では，これらの結合によって，すべての原子が同一平面上にある。

❸片方の炭素原子を，炭素原子間の結合を軸に 90°回転させると，p 軌道の重なりが無くなり，結合が切れる。炭素原子間の二重結合が自由に回転できないのは，この π 結合の性質による。

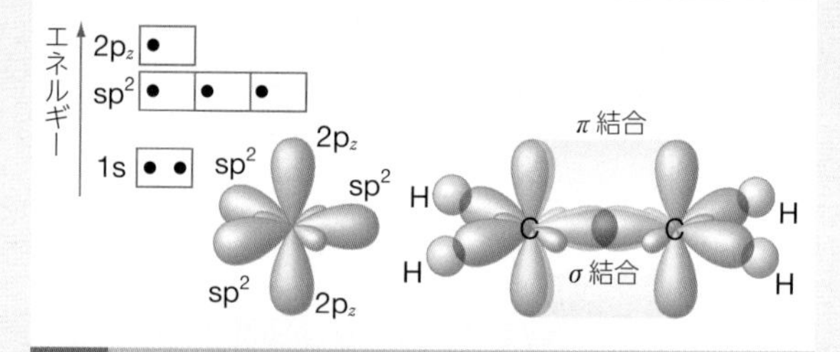

図4 sp^2 混成軌道とエチレン分子の二重結合(σ 結合と π 結合)

3 アセチレンの構造

アセチレン C_2H_2 のようなアルキンの分子内には，炭素原子間の三重結合が存在する。このときは，2s 軌道と 1 個の 2p 軌道とが融合し，2 個の **sp 混成軌道**を形成すると考えられる。sp 混成軌道は，原子核から直線方向に伸びる形をとる。アセチレン分子では，炭素原子の sp 混成軌道のうちの 1 個が水素原子，もう 1 個が炭素原子との σ 結合に使われる。このとき，各炭素原子には，混成に使われなかったそれぞれ 2 個の p 軌道がある。これらの p 軌道は互いに重なり合い，2 個の π 結合を形成する(図5)。アセチレン分子では，これらの結合によって，すべての原子が同一直線上にある。

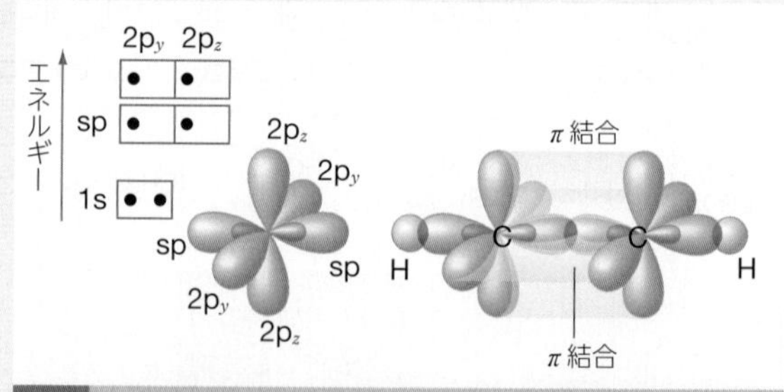

図5 sp 混成軌道とアセチレン分子の三重結合(σ 結合と 2 つの π 結合)

二酸化炭素分子の形

二酸化炭素分子 CO_2 における炭素原子は sp 混成軌道を，酸素原子は sp^2 混成軌道を形成すると考えられる。炭素原子の 2 個の sp 混成軌道は，それぞれ隣接する 2 個の酸素原子の sp^2 混成軌道と重なり合い，σ結合を形成する。また，炭素原子の 2 個の p 軌道は，それぞれ隣接する 2 個の酸素原子の p 軌道と重なり合い，π結合を形成する(図6)。したがって，炭素原子と酸素原子との間の共有結合は，二重結合になる。二酸化炭素分子では，これらの結合によって，2 個の酸素原子と炭素原子が同一直線上に並び，分子は直線形となる。

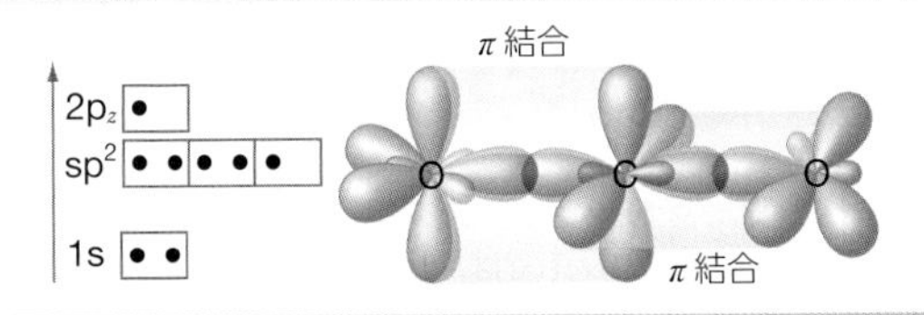

図6 酸素原子の sp^2 混成軌道と二酸化炭素分子における結合

4 ベンゼンの構造

ベンゼン分子 C_6H_6 では，各炭素原子が sp^2 混成軌道を形成している。各炭素原子の 3 個の sp^2 混成軌道のうち，2 個は隣接する炭素原子と，1 個は水素原子とのσ結合に使われる。混成軌道に使われなかった 2p 軌道は，図7のように，互いに重なり合い，π結合を形成する。このとき，6 個のπ電子は，特定の炭素原子間に固定されず，すべての炭素原子間に均等に広がって存在する。このような状態を，電子の**非局在化**という。これによって電子のもつエネルギーが低くなり，分子全体が安定化する[4]。電子の非局在化によって，ベンゼン分子内の炭素原子間の結合距離はすべて等しくなり，分子全体では，正六角形の構造となる。

ベンゼンを構造式で表すときには，図8のような，3 通りの表し方が認められている。これは，ベンゼン環上のπ電子が，このように非局在化していることによる。

❹電子のような小さい粒子は，なるべく広い空間に広がろうとする。ベンゼン分子内でπ電子が非局在化するのは，このような電子の性質による。

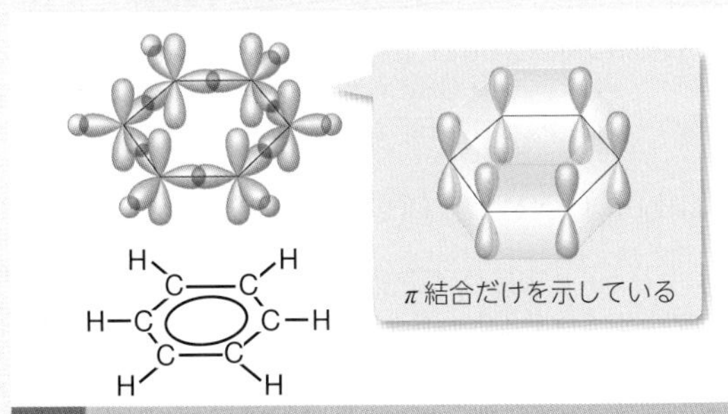

図7 ベンゼンの結合

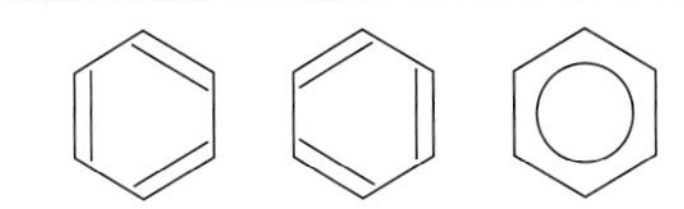

図8 ベンゼンの構造式

PLUS ベンゼン環の電子の分布と配向性

ベンゼン分子では，6 個の炭素原子にπ電子が均等に分布している。コンピューターを使って，ベンゼン分子における 1 個の炭素原子がもつ平均の電子数を計算すると，下図のように，すべて等しくなる。しかし，水素原子の 1 個が官能基で置換されると，その影響で，ベンゼン環上のπ電子の分布が不均一になる。このことによって，ハロゲン化やニトロ化，スルホン化のような，ベンゼン環に結合した水素原子が置換される反応において，水素原子の置換のされやすさが異なってくる。この性質を，**配向性**(➡ p. 252)という。一般に，ハロゲン化，ニトロ化，あるいはスルホン化のような置換反応は，電子を多くもつ炭素原子に結合した水素原子でおこりやすいことが知られている。

たとえば，ベンゼン分子の水素原子 1 個がヒドロキシ基 −OH で置換されたフェノール分子 C_6H_5OH では，酸素原子の非共有電子対が，ベンゼン環のπ電子の分布に影響を与える。フェノール分子における 1 個の炭素原子に分布する電子数を計算すると，下図のように，ヒドロキシ基のオルトの位置(o 位)とパラの位置(p 位)の炭素原子の電子数が多くなっており，フェノール分子が，この位置に結合した水素原子で置換反応をおこしやすい性質(**オルト・パラ配向性**)をもつことが説明できる。この性質は，酸素原子の非共有電子対に，ベンゼン環上のπ電子を押す性質(**電子供与性**)があることによる，と説明される。

これに対して，ベンゼン分子の水素原子 1 個がニトロ基 $-NO_2$ で置換されたニトロベンゼン分子 $C_6H_5NO_2$ で同様の計算を行うと，下図のように，ニトロ基のメタの位置(m 位)の炭素原子の電子数が多くなっており，ニトロベンゼン分子が，m 位に結合した水素原子で置換反応をおこしやすい性質(**メタ配向性**)をもつことが説明できる。この性質は，ニトロ基にベンゼン環上のπ電子を引きつける性質(**電子吸引性**)があることによる，と説明される。

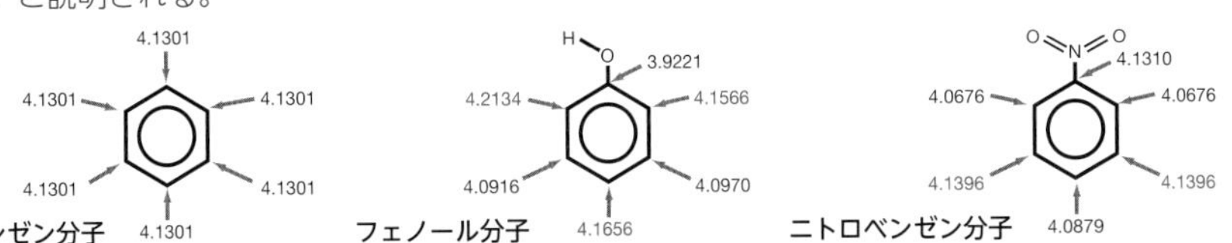

フェノール分子では，ヒドロキシ基の水素原子の向きによって，計算上，2 カ所の o 位と m 位の炭素原子がもつ電子の数が異なっている。実際には，左右の o 位または m 位の電子数の平均値になると考えてよい。

図 ベンゼン・フェノール・ニトロベンゼン分子のベンゼン環を形成する炭素原子上に分布する電子の数

特集 10 有機化合物の反応のしくみ

1 反応の途中で何がおこっているか？

教科書で学習する有機化合物の反応では，おもに反応物と生成物の関係が扱われている。しかし，実際の反応では，反応の途中でさまざまな変化が進行している。反応の途中でおこっている変化(**反応機構**という)について知ることができると，未知の反応に出会ったときにも，反応の結果をある程度推測することができる。

有機化合物では，分子を構成する各原子の電気陰性度の違いによって分子内に電子のかたよりができ，その結果，分子内に部分正電荷($\delta+$)と部分負電荷($\delta-$)が生じる。このような分子内の電子のかたよりが，反応のきっかけになることが多い。

たとえば，ブロモメタン CH_3Br と水酸化物イオン OH^- を反応させると，メタノール CH_3OH と臭化物イオン Br^- が生成する。

$$CH_3Br + OH^- \rightarrow CH_3OH + Br^- \quad \cdots\cdots(1)$$

炭素原子 C と臭素原子 Br の電気陰性度を比べると，Br 原子の方が大きい。そのため，ブロモメタン分子内の C−Br 結合では，C 原子が $\delta+$，Br 原子が $\delta-$ の部分電荷をもつ。この C 原子に OH^- の O 原子が接近すると，C−Br 結合が開裂し，C−O 結合ができる。このとき，図1のような，電子対の移動がおこる。

式(1)の反応は置換反応であるが，分子内の部分正電荷を帯びた C 原子で置換反応がおこる場合，これを特に**求核置換反応**という。また，この反応における OH^- のように，分子内の正電荷に結合しようとするイオンや分子を**求核試薬**という。

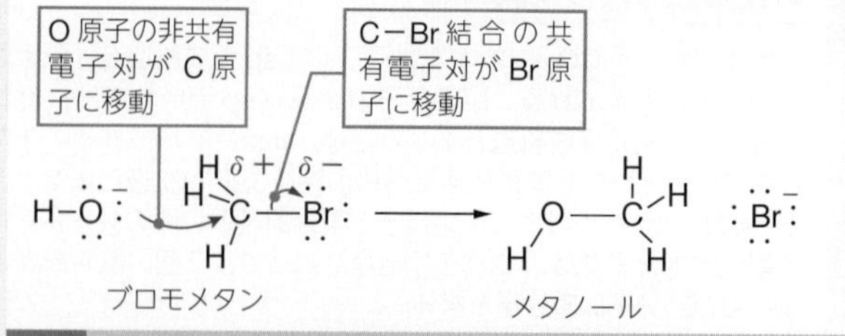

O 原子の非共有電子対が C 原子に移動

C−Br 結合の共有電子対が Br 原子に移動

ブロモメタン　　メタノール

図1 ブロモメタンの置換反応における電子対の動き

電子対の移動は，曲がった矢印(⟶)を使って表される。

反応機構における曲がった矢印の描き方には，以下のような規則がある。

❶ 非共有電子対，または二重結合あるいは三重結合における π 結合(➡ p.262)の電子対が，まず移動する。

❷ 電子対の移動先は，正電荷(部分正電荷を含む)をもつ原子である。

❸ 電子対の移動によってある原子の原子価が過剰になる場合は，その原子から電子対の移動がおこる。このとき，図1のような共有結合の開裂や π 結合の電子対の移動などがおこる。

2 エタノールからエチレン・ジエチルエーテルが生成する反応

上記❶～❸の規則にもとづいて，教科書で学習した反応の反応機構を考えてみよう。

エタノールからエチレンが生成する反応(170℃)

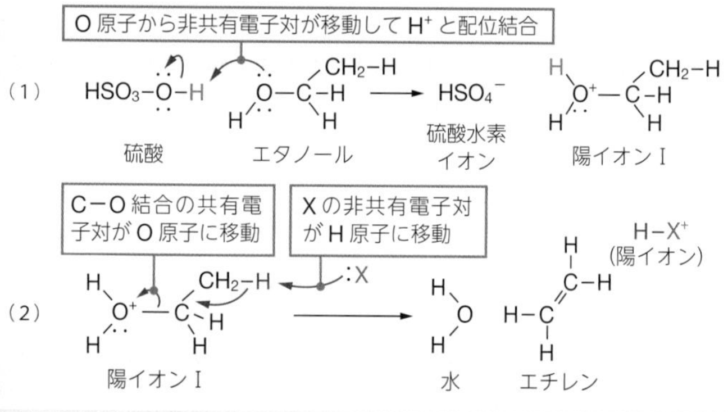

(1) O 原子から非共有電子対が移動して H^+ と配位結合

硫酸　エタノール　硫酸水素イオン　陽イオンⅠ

(2) C−O 結合の共有電子対が O 原子に移動　X の非共有電子対が H 原子に移動

陽イオンⅠ　水　エチレン　$H-X^+$(陽イオン)

エタノールと濃硫酸を混合すると，(1)のようにして，エタノール分子の酸素原子に H^+ が配位結合をした陽イオンⅠが生じる。陽イオンⅠの酸素原子は，一組の非共有電子対を結合に使っているため，電子が不足する。このような酸素原子は，周囲の共有電子対を強く引きつける。

反応温度が約 170℃の場合，まず，陽イオンⅠにおける C−O 結合の共有電子対が O 原子に移動して C−O 結合が切れようとする。ここに，非共有電子対をもつ分子 X が接近すると，X からメチル基の H 原子への非共有電子対の移動が助けとなって，水分子とエチレン分子，陽イオン $H-X^+$ が生じる(この反応における X としては，水，エタノールが想定される)。

この反応のように，有機化合物の分子から水などの分子がはずれる反応を**脱離**という。

エタノールからジエチルエーテルが生成する反応(140℃)

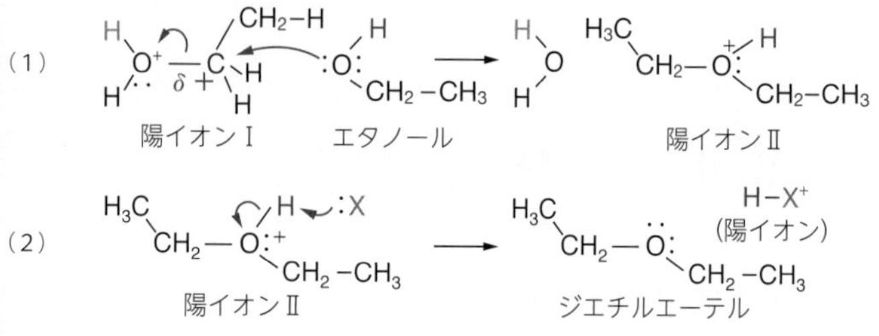

(1) 陽イオンⅠ　エタノール　陽イオンⅡ

(2) 陽イオンⅡ　ジエチルエーテル　$H-X^+$(陽イオン)

一方，反応温度が約 140℃の場合は，陽イオンⅠの C−O 結合が切れにくい。陽イオンⅠでは，酸素原子に水素イオンが配位結合をしているため，C−O 結合の共有電子対が酸素原子側にかたより，中央の炭素原子が部分正電荷を帯びている。ここに，(1)のように，他のエタノール分子が接近し，酸素原子の非共有電子対が炭素原子の部分正電荷に引き寄せられる。これがきっかけとなって水分子がはずれ，求核置換反応が進行する。

陽イオンⅡからは，(2)のように，水素イオンがはずれてジエチルエーテルが生成する。この場合も，脱離の場合と同様に，非共有電子対をもつ分子 X が作用する。

POINT 1 分子の立体構造は，分子内の電子のようすによって説明される（➡ p.39，252-253）。化学反応のしくみもまた，電子の挙動によって説明することができる。

3 反応の進行とエネルギー

図2は，エチレンへの塩化水素 HCl の付加反応の反応機構を表している。塩化水素分子では，H 原子が部分正電荷をもつ。この H 原子に対して，エチレン分子の π 結合の電子対が移動し，中間体となる（**過程A**）。この中間体における塩化物イオンが，正電荷をもつ炭素原子と結合し，クロロエタンが生成する(**過程B**)。

この反応の進行に伴うエネルギー変化を図3(エネルギー図)に示す。この反応の A と B の 2 つの過程には，それぞれに遷移状態がある。中間体のエネルギーは，これらの遷移状態のエネルギーよりも低いため，エネルギー図には谷がある。過程 A の活性化エネルギー E_A と，過程 B の活性化エネルギー E_B を比べると，前者の方が大きい。エネルギー図から，この反応では，過程 A が進行しにくいものの，いったん中間体になると，過程 B は比較的円滑に進むことがわかる。したがって，この反応全体の速さは，過程 A の速さによって決まり，過程 A が律速段階である。また，中間体のエネルギーは，反応物(エチレンと塩化水素)や生成物(クロロエタン)のエネルギーよりも高く，中間体が不安定な状態であることがわかる。

エチレンへの塩化水素の付加反応は，塩化水素がエチレンの π 結合の電子対に接近し，これを引きつけることで進行する。このときの塩化水素のような作用をする物質を**求電子試薬**とよび，このような付加反応を**求電子付加反応**という。

一方，アルデヒド R−CHO のカルボニル基にアルコール R[1]−OH が付加反応をする場合は，図4のように，アルデヒド分子内のカルボニル基の炭素原子における部分正電荷に対して，アルコール分子の酸素原子の非共有電子対が接近し，C−O 結合と O−H 結合ができる。このときのアルコールは求核試薬であり，このような付加反応を**求核付加反応**という。

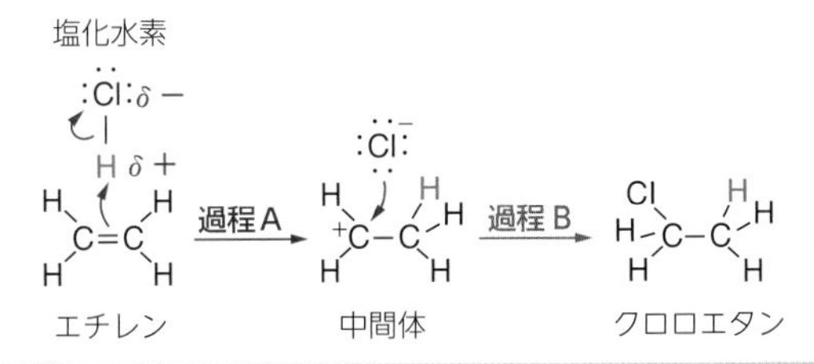

図2 エチレンと塩化水素の付加反応

中間体には炭素原子上に正電荷をもつ陽イオンと塩化物イオンとが含まれる。

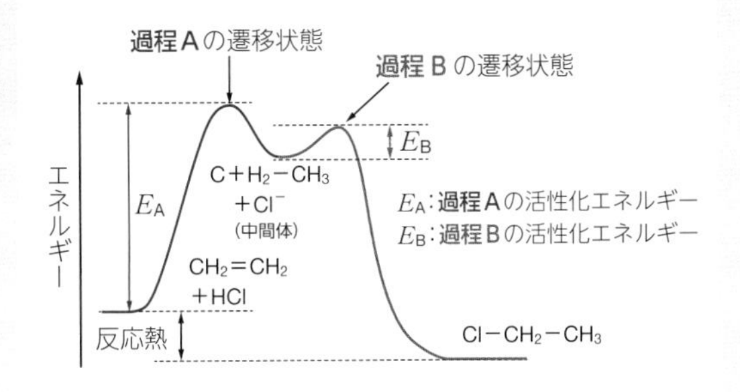

図3 エネルギー図

4 芳香族化合物の置換反応

鉄粉を加えてベンゼンと臭素を反応させると，ベンゼン分子の水素原子が臭素原子に置換され，ブロモベンゼンが生成する。この反応では，まず，鉄と臭素の反応によって臭化鉄(Ⅲ) $FeBr_3$ が生成する。この臭化鉄(Ⅲ)が触媒となって，次のように反応が進む(図5)。

(1) 臭化鉄(Ⅲ)と臭素が反応し，錯イオン $[FeBr_4]^-$ とブロモニウムイオン Br^+ が生じる。臭素原子は，臭化物イオン Br^- となるとき，クリプトン原子と同じ電子配置となり，安定化する。しかし，Br^+ は，臭素原子よりも電子が少なく，強い求電子試薬になる。
(2) Br^+ はベンゼン環の π 電子を引きつけて，ある炭素原子に結合し，不安定な中間体となる。この中間体の水素原子が，共有電子対を与え，水素イオンとなってはずれる。このとき，安定な構造であるベンゼン環が回復し，ブロモベンゼンが生じる。
(3) はずれた水素イオンは，(1)で生じた $[FeBr_4]^-$ と反応し，触媒である臭化鉄(Ⅲ)と臭化水素 HBr が生成する。

ベンゼンのニトロ化(求電子試薬：ニトロニウムイオン NO_2^+)，スルホン化(求電子試薬：三酸化硫黄 SO_3)も，これと同様の反応機構で進行する。このような置換反応は，特に**芳香族求電子置換反応**とよばれる。

フェノール分子では，ベンゼン環の水素原子のうち，ヒドロキシ基の *o* 位と *p* 位の水素原子に置換反応がおこりやすい(➡ p. 252)。また，その置換反応は，ベンゼンよりも進行しやすい。これは，フェノール分子のベンゼン環の電子が，ベンゼン分子よりも豊富であることを示している。O 原子の電気陰性度は，C 原子よりも大きく，σ 結合である C−O 結合の電子対は，O 原子側にかたよっている。しかし，O 原子の非共有電子対は，図6のように，ベンゼン環に流入して π 電子とともに移動を繰り返し，ベンゼン環を電子が豊富な状態にしている。このとき，ヒドロキシ基の *o* 位と *p* 位に負電荷(非共有電子対による)が現れるため，この位置の炭素原子に求電子試薬が引きつけられて反応する(➡ p. 263)。実際のフェノール分子では，図6に示した 5 つの状態が共存していると考えられている。このような現象を**共鳴**という。

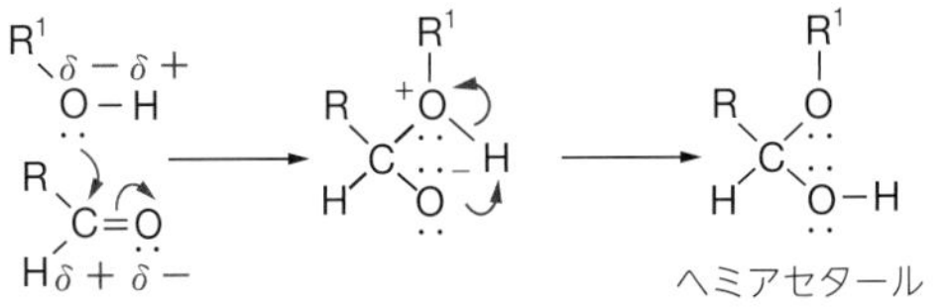

ヘミアセタール

図4 アルデヒドへのアルコールの付加反応

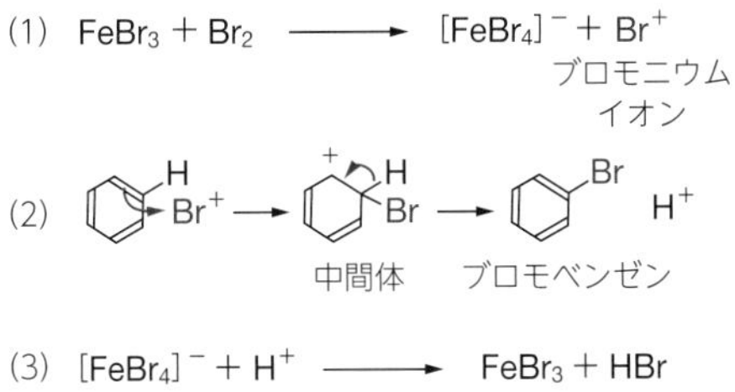

(1) $FeBr_3 + Br_2 \longrightarrow [FeBr_4]^- + Br^+$ （ブロモニウムイオン）

(2) ベンゼン $+ Br^+ \longrightarrow$ 中間体 $\longrightarrow$ ブロモベンゼン $+ H^+$

(3) $[FeBr_4]^- + H^+ \longrightarrow FeBr_3 + HBr$

図5 ベンゼンと臭素の置換反応

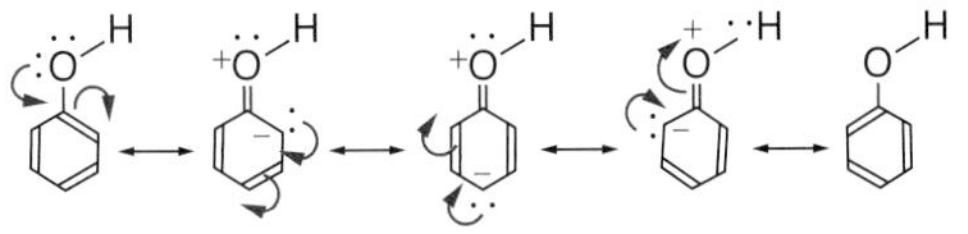

図6 フェノール分子における共鳴

1 高分子化合物の性質 化学

1 高分子化合物の分類 polymer

分子量が約1万以上の分子からなる物質を**高分子化合物(高分子)**という。炭素原子を骨格とする**有機高分子化合物**とケイ素原子などを骨格とする**無機高分子化合物**がある。

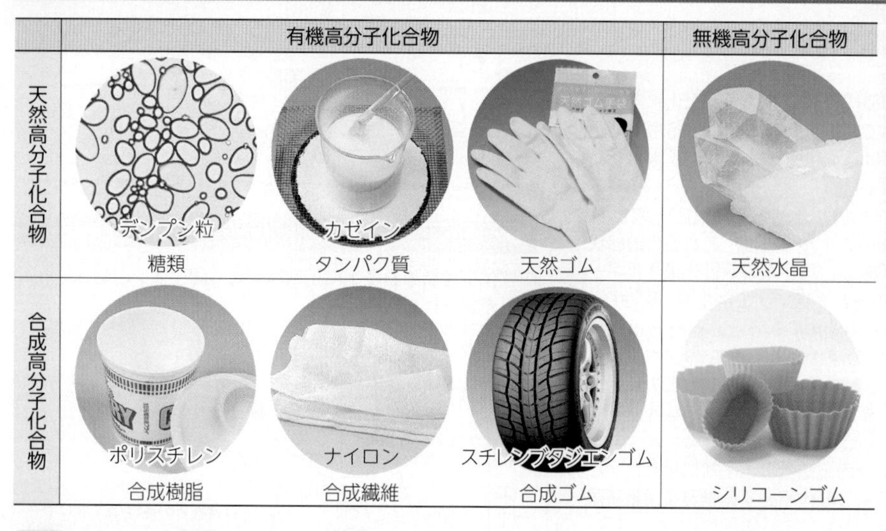

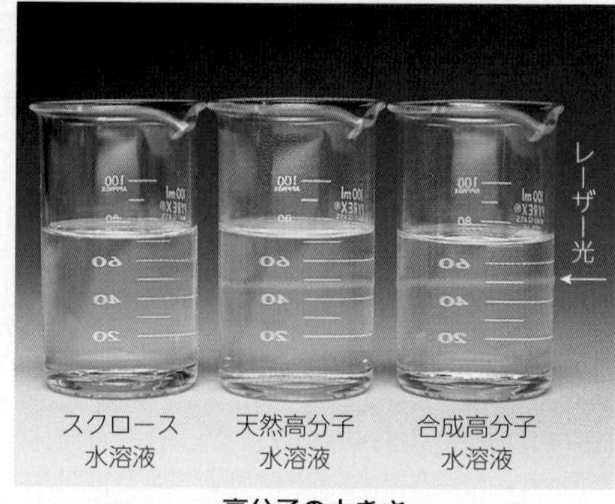

高分子の大きさ
溶媒に溶けた高分子は，コロイド粒子の大きさになり，チンダル現象を示す。

2 高分子化合物の分子量

多くの高分子化合物は，分子量が異なる高分子が集合してできているため，分子量には**平均分子量**が用いられる。平均分子量は溶液の浸透圧や粘度を測定して求められる。

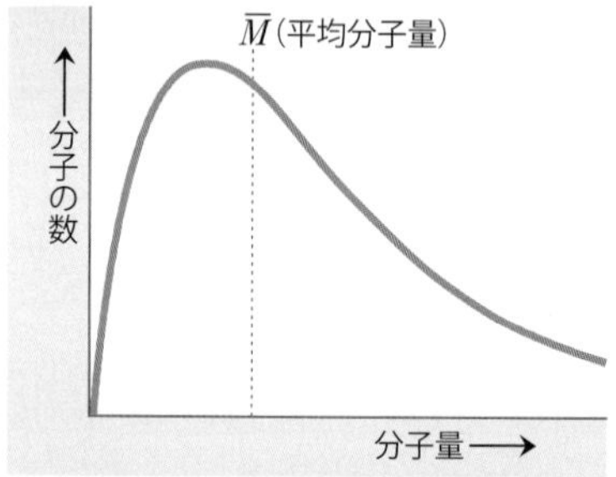

合成高分子化合物の分子量分布

現在では，分子の大きさの違いにもとづいて高分子を分離し，平均分子量$\overline{M}$だけでなく，分子量分布を求めることが可能になっている。

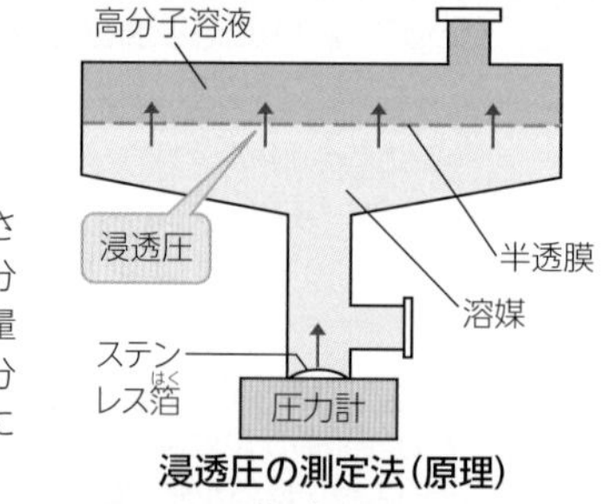

浸透圧の測定法(原理)
ステンレス箔がたわもうとする力を測定する。

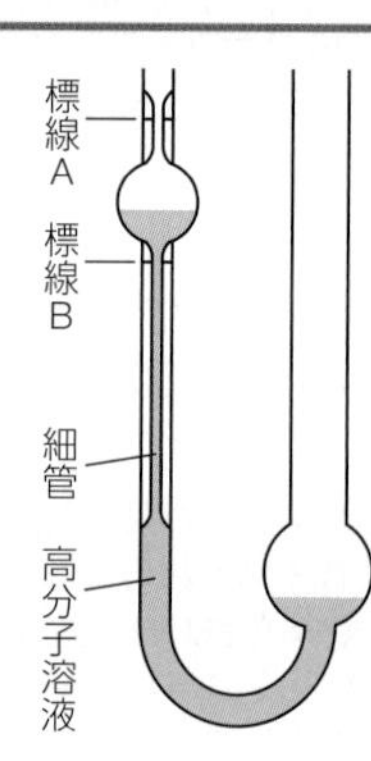

オストワルト粘度計

高分子化合物の溶液の液面が，AB間を通過する時間を測定する。
分子量が大きくなるほど分子間力が大きくなり，溶液の粘度が大きくなるため，細管を通過する時間が長くなる。

3 合成高分子化合物の熱的性質

合成高分子化合物は，高分子の形態によって，熱可塑性のものと，熱硬化性のものに分類される。また，結晶領域の割合によって，かたさなどが異なる。

分子の形態	鎖状構造	立体網目状構造
分子のモデル	糸まり状になるものや部分的に結晶になるものもある。	
性質	熱を加えると軟化し，加工しやすくなる(**熱可塑性**)。	合成する際，加熱によってしだいに硬化する(**熱硬化性**)。
例	ポリエチレン，ポリプロピレン，ポリスチレン，ポリ塩化ビニル，ナイロン66など	フェノール樹脂，尿素樹脂，メラミン樹脂，エポキシ樹脂など

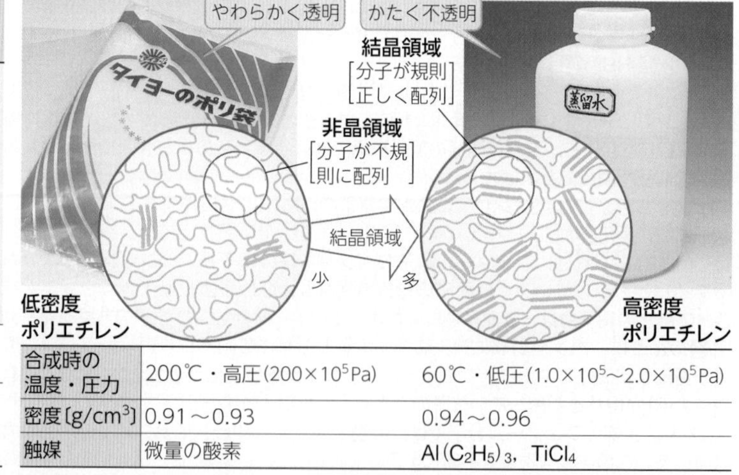

	低密度ポリエチレン	高密度ポリエチレン
合成時の温度・圧力	200℃・高圧(200×10^5Pa)	60℃・低圧(1.0×10^5〜2.0×10^5Pa)
密度〔g/cm³〕	0.91〜0.93	0.94〜0.96
触媒	微量の酸素	$Al(C_2H_5)_3$，$TiCl_4$

Tips 切手の裏についているのりの主成分はポリビニルアルコールであり，わが国で最初に用いられた。洗濯のりや，それを材料にしてつくられる玩具「スライム」も，主成分はポリビニルアルコールである。

4 合成高分子の合成

合成高分子化合物は，多数の小さい分子を次々に結合させてつくられる。このような反応を**重合**といい，原料となる小さい分子を**単量体（モノマー）**，生成した高分子を**重合体（ポリマー）**という。

	縮合重合 condensation polymerization	付加重合 addition polymerization	開環重合 ring-opening polymerization
結合の種類	単量体の分子間から簡単な分子が離脱しながら重合する反応。	C=C 結合をもつ単量体が互いに付加反応しながら重合する反応。	環状の単量体が，環を開きながら重合する反応。
例	ナイロン66，ポリエチレンテレフタラート（PET）	ポリエチレン，ポリスチレン	ナイロン6

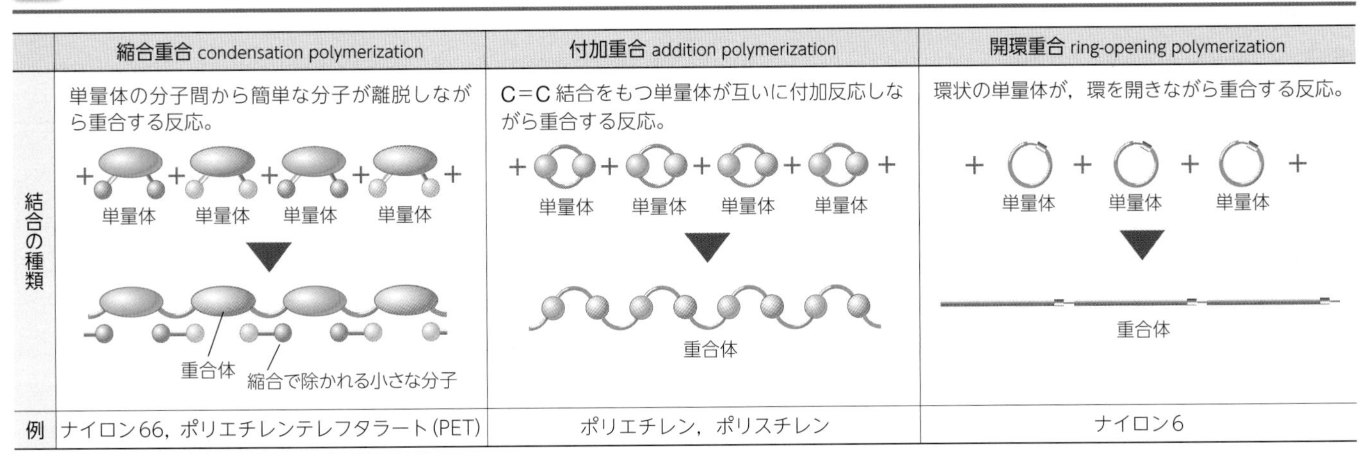

2 種類以上の単量体が連なる重合は，**共重合**とよばれる。

■ポリスチレンの合成

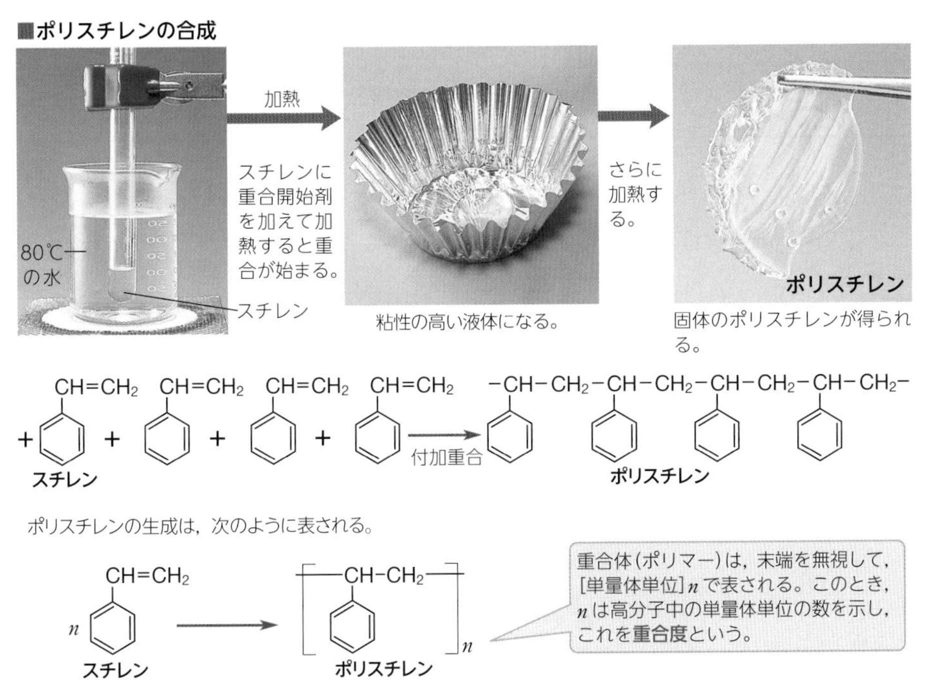

粘性の高い液体になる。

固体のポリスチレンが得られる。

$$CH=CH_2 \text{（スチレン）} + \cdots \xrightarrow{\text{付加重合}} -CH-CH_2-CH-CH_2-CH-CH_2-CH-CH_2- \text{（ポリスチレン）}$$

ポリスチレンの生成は，次のように表される。

$$n\,CH=CH_2 \text{（スチレン）} \longrightarrow \left[CH-CH_2 \right]_n \text{（ポリスチレン）}$$

重合体（ポリマー）は，末端を無視して，[単量体単位]n で表される。このとき，n は高分子中の単量体単位の数を示し，これを**重合度**という。

PLUS 発泡スチロール

発泡スチロールは，ポリスチレンにブタンなどを含ませたビーズを加熱して，発泡させる。その後，型に入れて加熱し，成形する。ビーズは約50倍に膨張しており，発泡スチロールの98％は空気である。

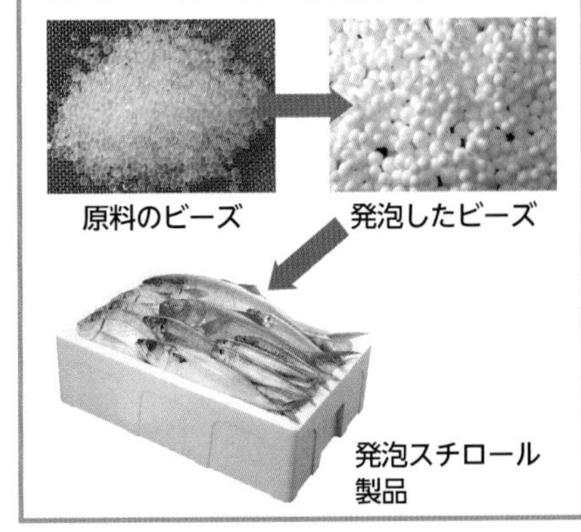

トピック 生き物と天然高分子化合物

天然高分子化合物である糖類やタンパク質は，植物や動物などの構造をつくる役割を果たしている。

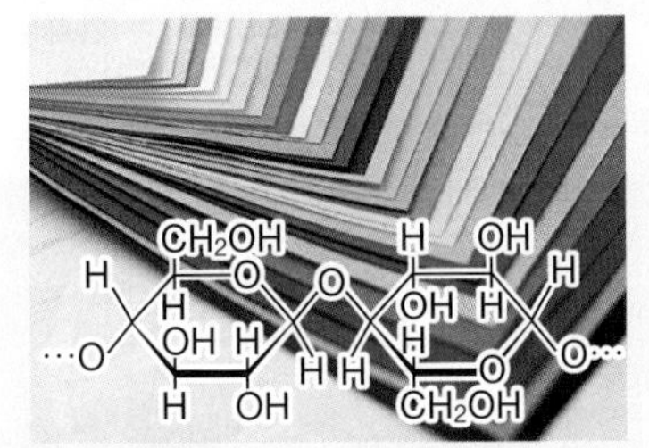

紙の原料は，植物の構造をつくるセルロースである。

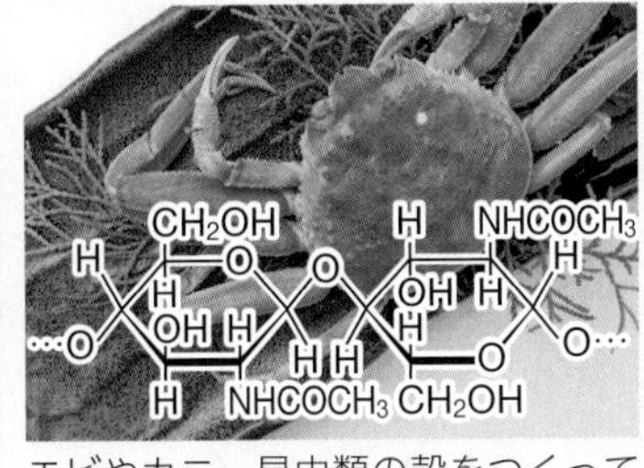

エビやカニ，昆虫類の殻をつくっているのはキチンという糖類である。

動物の皮膚や筋肉は，主にタンパク質のケラチンで構成されている。

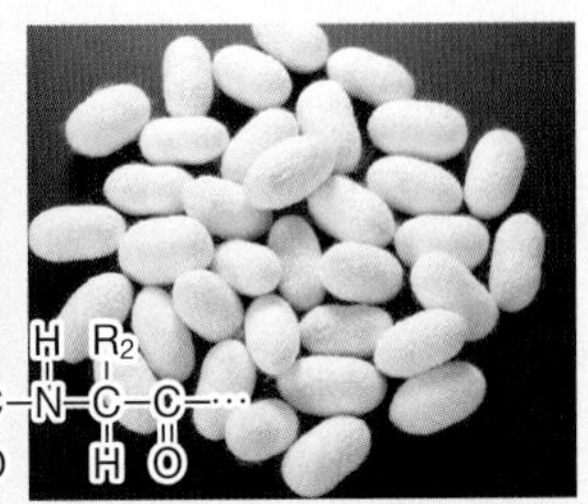

絹はカイコガのつくる糸からできており，タンパク質のフィブロインが主成分である。

Tips 重合は連鎖的におこるものが多く，そのきっかけをつくる触媒を重合開始剤（重合触媒）という。また，単量体によっては，触媒を必要とせず，自然に重合をおこすものもあり，そのような単量体には重合禁止剤が添加されているものがある。

2 単糖・二糖 化学

1 糖類の分類 saccharides

糖類は，一般式 $C_mH_{2n}O_n$ または $C_m(H_2O)_n$ で表され，**炭水化物**ともよばれる。糖類は，加水分解されるかどうかなどによって，**単糖**，**二糖**，**多糖**に大別される。

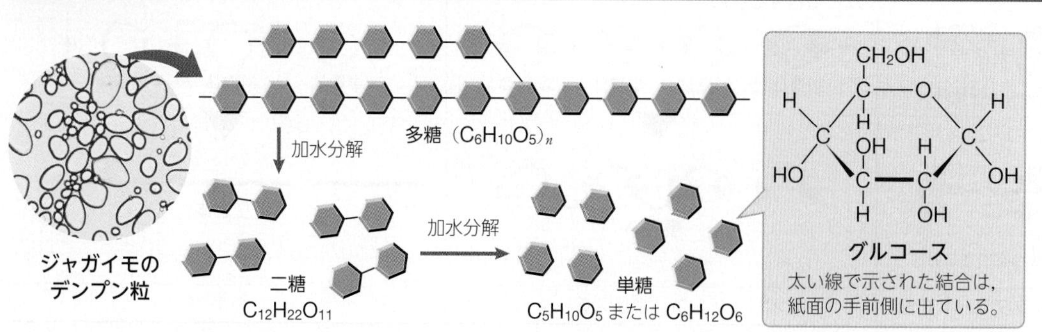

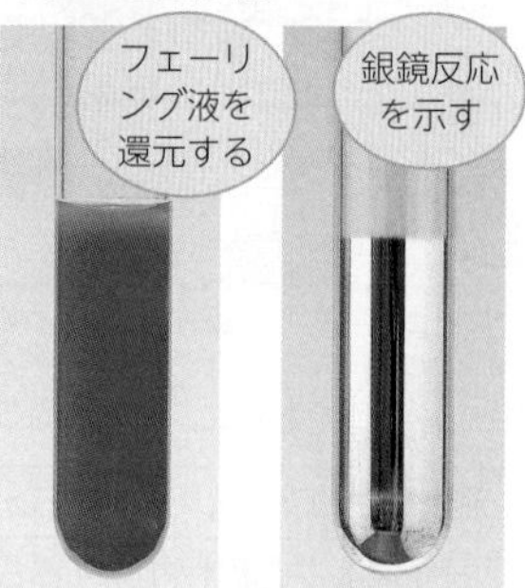

単糖の水溶液は還元作用を示す。

単糖には，1分子中に炭素原子が6個の**ヘキソース**（六炭糖）と炭素原子が5個の**ペントース**（五炭糖）がある。天然には，ヘキソースが多い。1分子から2〜10個程度の単糖を生じるのは，**オリゴ糖**とよばれる。

2 単糖の構造

単糖は無色の結晶で，分子中にヒドロキシ基が多く，水に溶けやすくて甘味がある。還元作用を示す糖は**還元糖**ともよばれる。

a グルコース（ブドウ糖） glucose

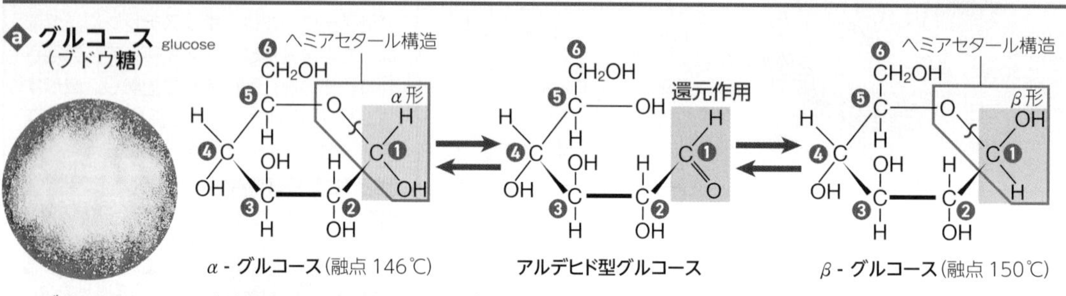

グルコース
光合成によってつくられる。

水溶液中では，3種類の異性体が平衡状態にある。水溶液中でアルデヒド型の構造を生じる単糖を**アルドース**といい，水溶液は還元性を示す。アルデヒド型構造の❺のヒドロキシ基が❶のホルミル基に付加すると，環状のヘミアセタールになる。

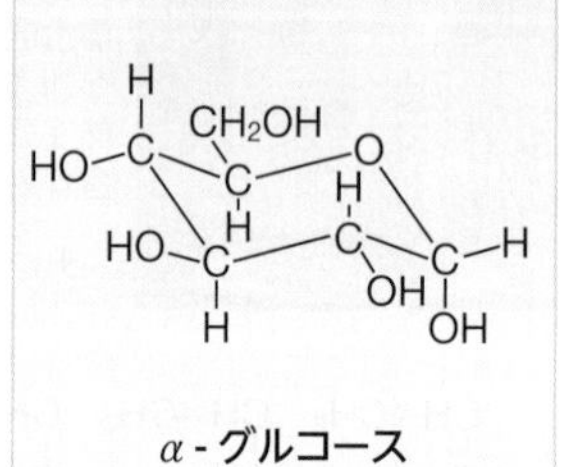

グルコースの環を構成する原子は，図のような位置関係にあり，同一平面上にはない。

b フルクトース（果糖） fructose

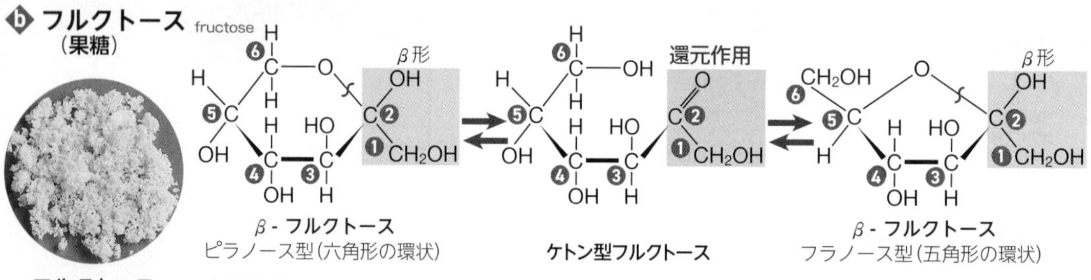

フルクトース
糖類のうちで最も甘味が強い。

水溶液中では，β - フルクトース，ケトン型フルクトースなどの異性体（5種類）が平衡状態にある。この水溶液が還元作用を示すのは，ケトン型構造の❶，❷の$-CO-CH_2OH$ が酸化されやすいためである。水溶液中でケトン型の構造を生じる単糖を**ケトース**という。

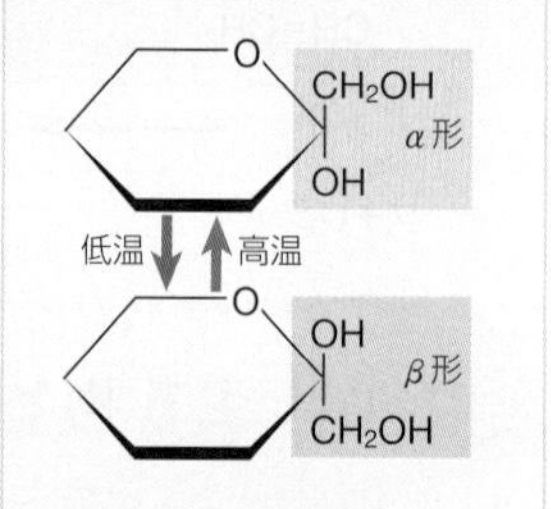

α形よりもβ形のフルクトースの方が甘味が強く，低温にするとその割合が増加する。

c ガラクトース galactose

α - ガラクトース

寒天の主成分は，ガラクトースからできた多糖である。

d マンノース mannose

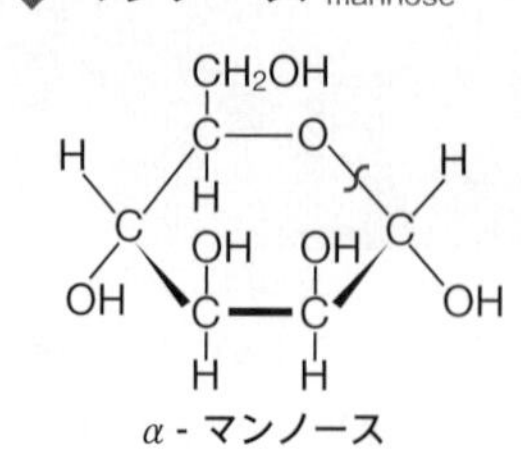
α - マンノース

こんにゃくの主成分は，グルコースとマンノースからできた多糖である。

オリゴ糖のうち，3〜5個の単糖からなるものは甘味を示すが消化されにくく，低カロリー甘味料として用いられる。これは，ヒトはオリゴ糖を分解する消化酵素をもたず，体内では分解されないためである。

3 二糖 disaccharide

加水分解されて，1分子から2分子の単糖が生じるものを二糖という。マルトース，セロビオース，スクロース，ラクトースなどがあり，これらは互いに異性体である。二糖は無色の結晶で，分子中にヒドロキシ基が多く，水に溶けやすくて甘味がある。

名称	加水分解生成物	触媒	還元性	製法・所在
マルトース（麦芽糖）	グルコース	マルターゼ 希硫酸	あり	デンプンをアミラーゼで加水分解*
セロビオース	グルコース	セロビアーゼ 希硫酸	あり	セルロースをセルラーゼで加水分解*
スクロース（ショ糖）	グルコース フルクトース	スクラーゼ インベルターゼ 希硫酸	なし	砂糖きび，テンサイ（ビート）
ラクトース（乳糖）	グルコース ガラクトース	ラクターゼ 希硫酸	あり	ほ乳動物の乳汁（牛乳に4～6%含有）

$*(C_6H_{10}O_5)_{2n} + nH_2O \longrightarrow nC_{12}H_{22}O_{11}$

主成分はマルトースである。

スクロースを加水分解して得られるグルコースとフルクトースの混合物は，**転化糖**とよばれ，甘味が強い。上白糖は，独特のしっとり感をもたせるため，少量の転化糖が加えられている。

4 二糖の構造

ヘミアセタール構造をもつマルトースやセロビオースは還元作用があり，銀鏡反応を示し，フェーリング液を還元する。ヘミアセタール構造をもたないスクロースは還元作用を示さない。

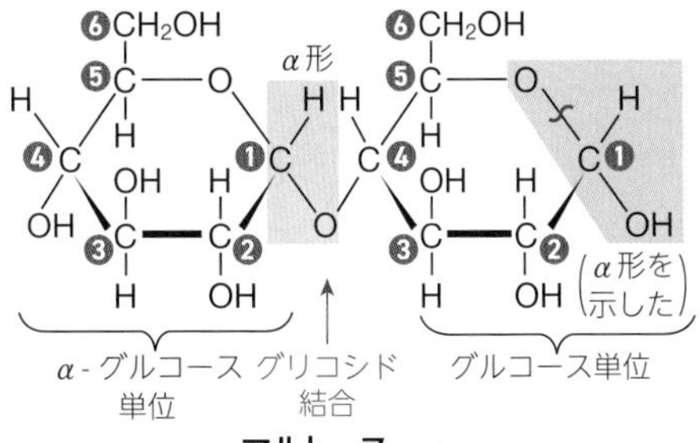

マルトース maltose

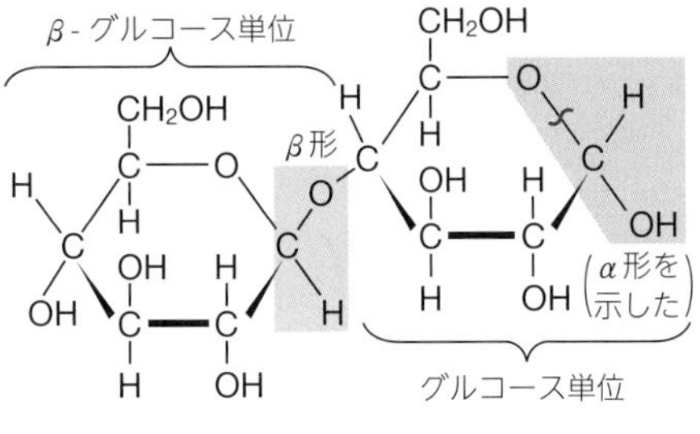

セロビオース cellobiose

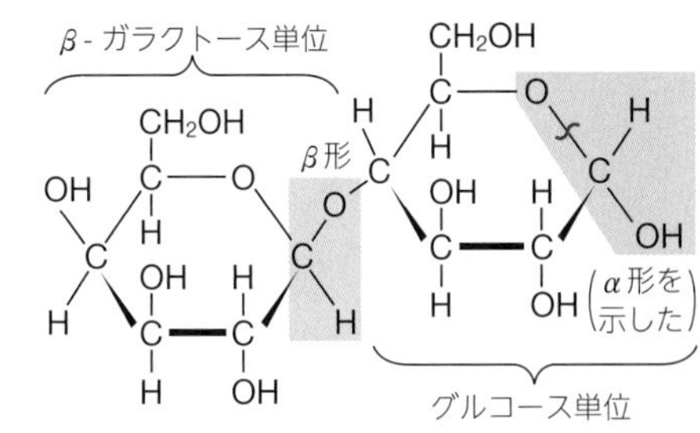

ラクトース lactose

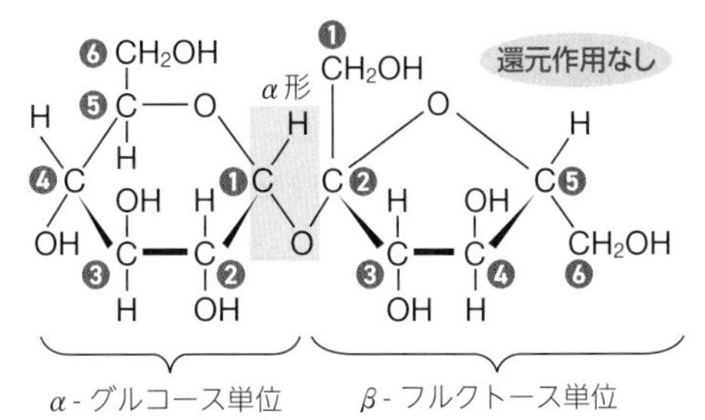

スクロース（ショ糖） sucrose

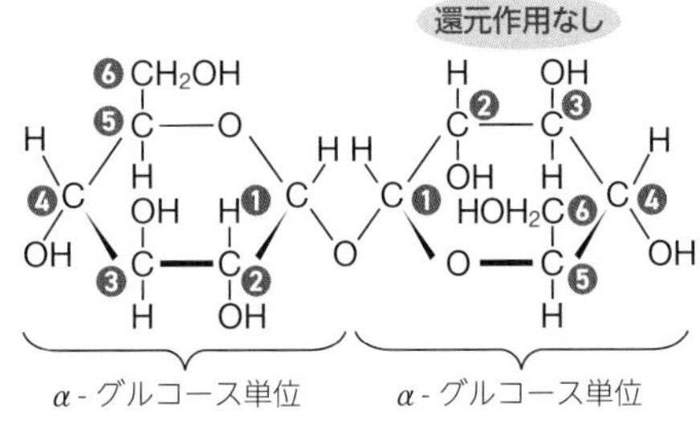

トレハロース trehalose

鎖状構造を取れないため，還元作用を示さない

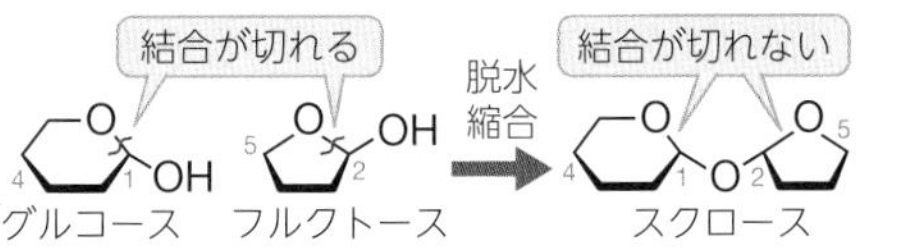

鎖状構造を取れないため，還元作用を示さない

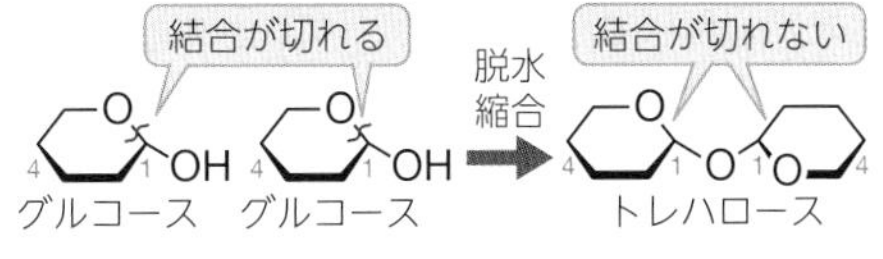

トレハロースを使用した製品

水分を保持する作用があり，食品や化粧品などに広く利用されている。

PLUS フルクトースの還元作用 ーエンジオール構造の性質

フルクトースは，塩基性の水溶液中でエンジオール構造と平衡状態となる。エンジオール構造は容易に酸化され，ジケトン構造に変化しやすい。そのため，フルクトースは還元作用を示す。このほか，エンジオール構造をもち，その水溶液が還元作用を示す物質には，ビタミンC（アスコルビン酸）がある。

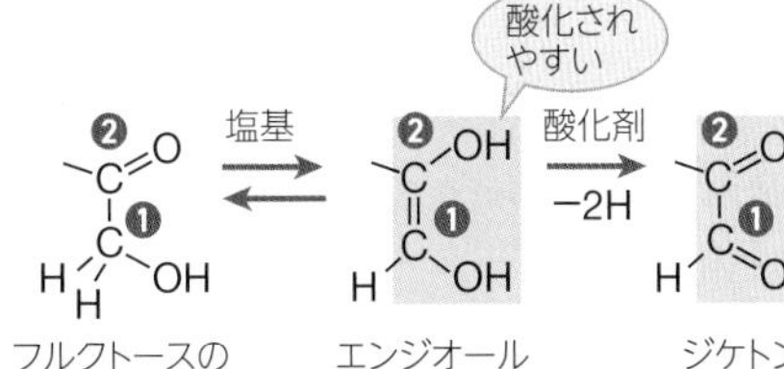

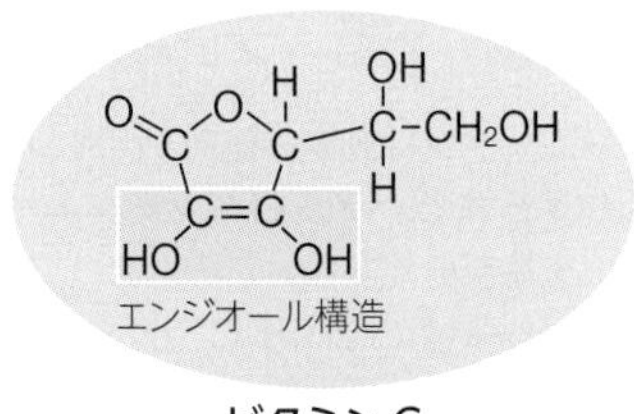

ビタミンC

Tips 花の蜜は濃度が約10%のスクロース水溶液である。ミツバチはこれを集め，グルコースとフルクトースに加水分解し，濃縮して保存している。これがはちみつである。

3 多糖 化学

1 デンプンとグリコーゲン
starch glycogen

デンプンは，多数のα-グルコースが脱水縮合した構造をもつ高分子化合物であり，分子式$(C_6H_{10}O_5)_n$で表される。多数の水素結合によってらせんの形が保たれている。

a デンプンの構造
一般に，デンプンはアミロースとアミロペクチンで構成されている。

アミロースの構造 分子量10^4～10^5程度

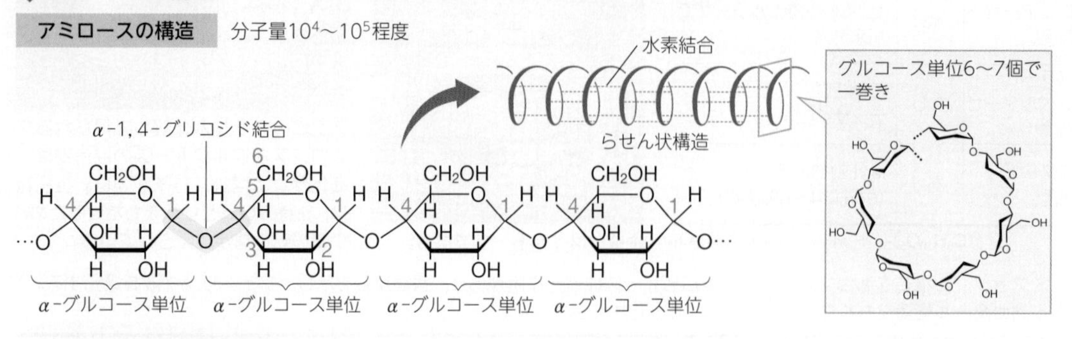

うるち米(通常の食用米)
アミロース 20～30%
アミロペクチン 70～80%

アミロペクチンの構造 分子量10^7～10^8程度

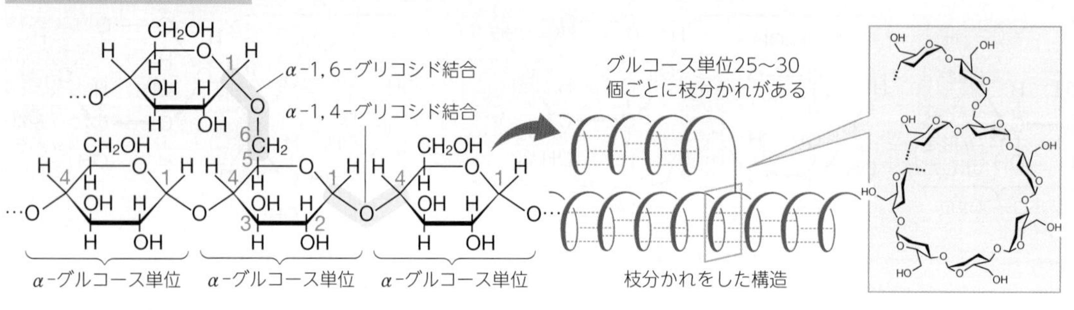

もち米
アミロペクチン 100%

b ヨウ素デンプン反応 iodine-starch reaction
MOVIE

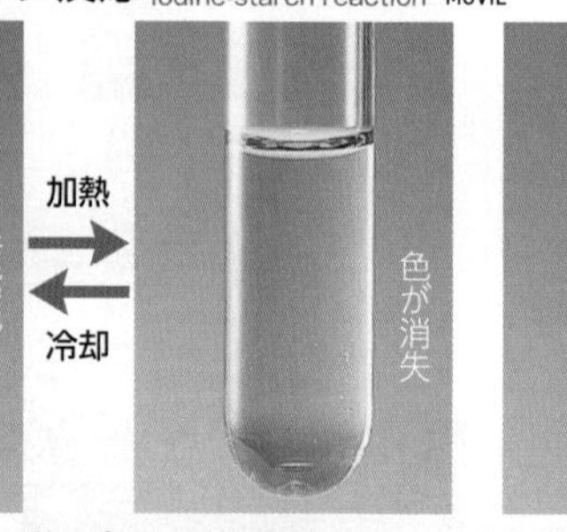

ジャガイモデンプン＋ヨウ素液 **もち米デンプン＋ヨウ素液**

ヨウ素がらせんに取り込まれて着色する。加熱により分子の熱運動が激しくなると，色が消失する。色の違いは，デンプン分子中のらせん構造の長さによるものと考えられている。

加熱 ⇄ 冷却

c デンプンの加水分解
MOVIE

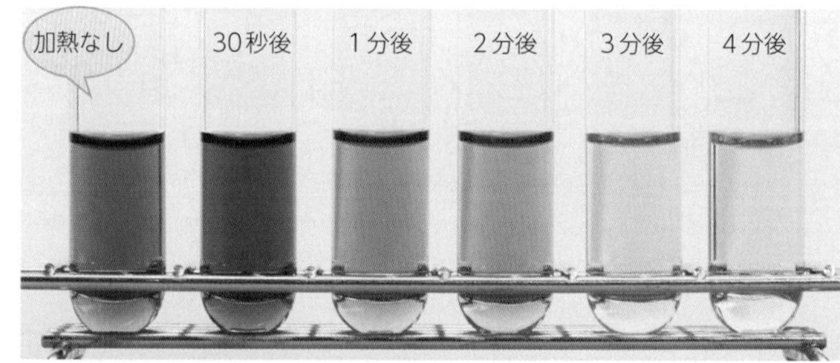

デンプンに希硫酸を加え，加熱時間を変えてヨウ素デンプン反応を調べると，加水分解が進むようすがわかる。デンプンは，分子量がやや小さい**デキストリン**を経てマルトースになり，さらにグルコースになる。

デンプン → デキストリン → マルトース → グルコース

PLUS グリコーゲン

グリコーゲンは動物の体内でグルコースからつくられ，筋肉や肝臓にたくわえられる。アミロペクチンよりも枝分かれが多い構造をもっており，末端部分が多い。このため，グルコースが不足した際に，末端部分から早く多量に取り出すことができ，体内の血糖値(グルコースの濃度)を一定に保つ役割を果たしている。ヨウ素でんぷん反応は褐色を示す。

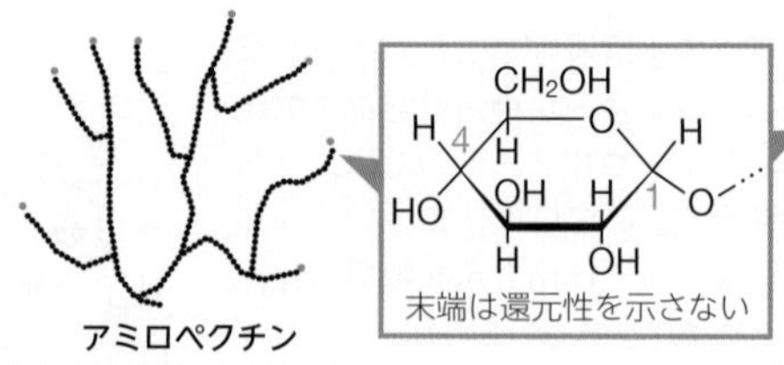

アミロペクチン
20～25個ごとに枝分かれ

グリコーゲン
約10個ごとに枝分かれ

Tips 片栗粉は，ユリ科のカタクリの根茎から得られるデンプンである。また，クズの根から得られるデンプンを葛粉(くず粉)，ワラビから得られるデンプンをわらび粉という。現在では，葛粉，わらび粉にジャガイモのデンプンを混ぜていることがある。また，市販されている片栗粉はジャガイモからつくられるものがほとんどである。

2 セルロース

セルロースは，β-グルコースが多数縮合した構造をもつ高分子化合物であり，分子式$(C_6H_{10}O_5)_n$で表される。

a セルロースの構造

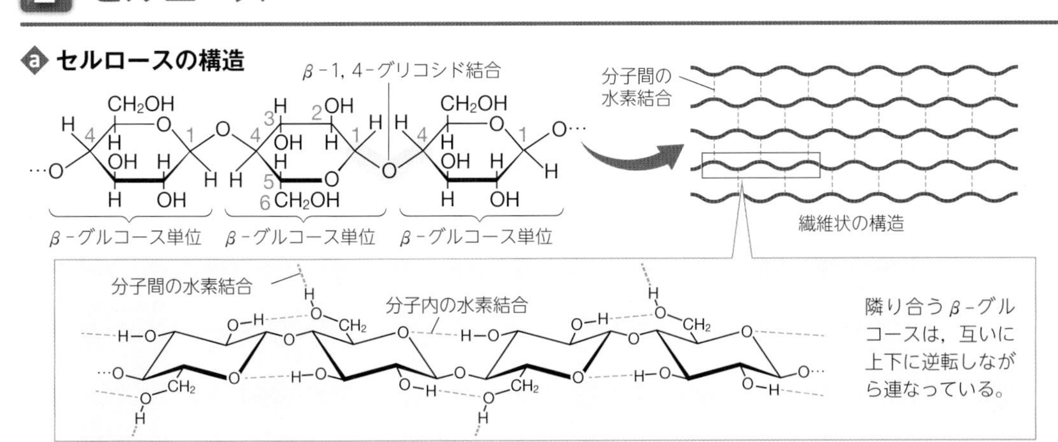

綿花
セルロースは，植物細胞の細胞壁の主成分であり，綿花や木材などの植物繊維に多く含まれる。

b 加水分解

セルロースを加水分解すると，グルコースが生じる。

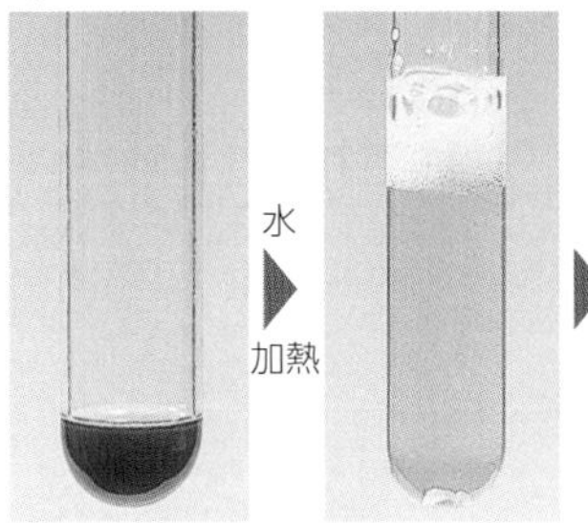
脱脂綿を濃硫酸に溶かす。

水 加熱

炭酸ナトリウムで中和する。

フェーリング液を加える。

Cu₂Oの赤色沈殿

c セルロースの硝酸エステル化

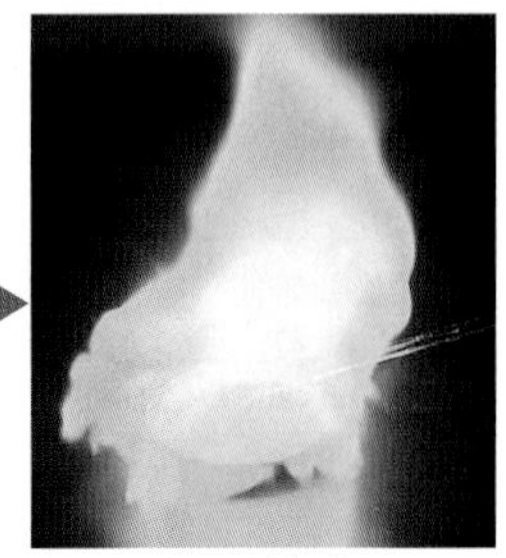

脱脂綿を濃硝酸と濃硫酸の混合物に浸すと，セルロースのヒドロキシ基がエステル化されて，トリニトロセルロース(綿火薬)が生じる。

$$(C_6H_{10}O_5)_n + 3nHNO_3 \longrightarrow [C_6H_7O_2(ONO_2)_3]_n + 3nH_2O$$

d 再生繊維

セルロースを適当な試薬を含む溶液に溶かしたのち，繊維として再生させたもの。セルロース分子の構造は変化していない。

ビスコースレーヨン

ろ紙をNaOH水溶液に浸したのち，CS_2と反応させる。

ろ紙をNaOH水溶液に溶かすと，粘性の大きい液体(ビスコース)が得られる。

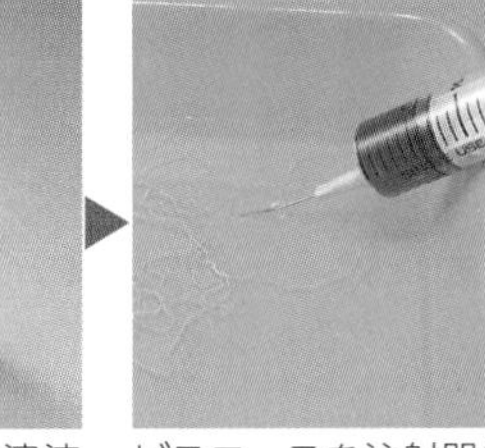
ビスコースを注射器にとって，希硫酸中に押し出す。

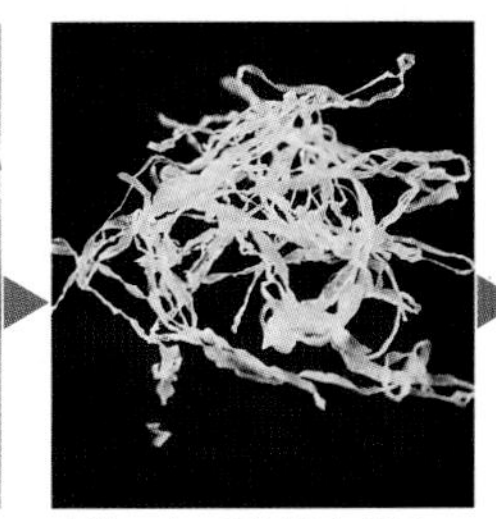
水洗いして乾燥させると，繊維が得られる。

ビスコースレーヨンの利用例

銅アンモニアレーヨン(キュプラ)

ろ紙をちぎって細かくする。

ろ紙をシュワイツァー試薬($[Cu(NH_3)_4]^{2+}$を含む水溶液)に溶かす。

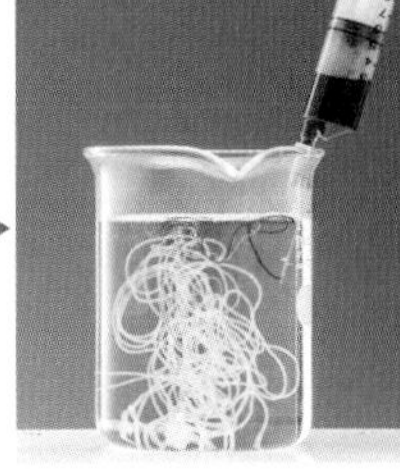
溶かした溶液を注射器にとって，希硫酸中に押し出す。

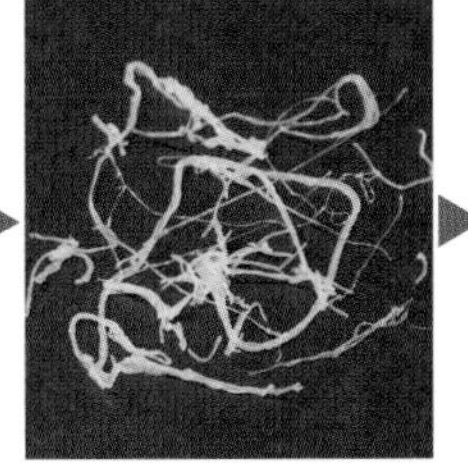
水洗いして乾燥させると，繊維が得られる。

銅アンモニアレーヨンの利用例

e 半合成繊維

セルロースを化学的に処理し，ヒドロキシ基の一部を変化させたのち，繊維としたもの。

アセテート

$[C_6H_7O_2(OH)_3]_n$
セルロース

↓ アセチル化

$[C_6H_7O_2(OCOCH_3)_3]_n$
トリアセチルセルロース

↓ 加水分解(一部)

$[C_6H_7O_2(OH)(OCOCH_3)_2]_n$
ジアセチルセルロース

トリアセチルセルロースは，有機溶媒や水に溶けにくいため，一部を加水分解してジアセチルセルロースにする。ジアセチルセルロースをアセトンに溶かして紡糸すると，アセテート繊維が得られる。

! トリアセチルセルロースを紡糸した繊維はトリアセテート繊維とよばれる。

ニトロセルロースと樟脳(しょうのう)などから合成される合成樹脂をセルロイドという。セルロイドは，最初の人工の熱可塑性樹脂である。アニメーション制作に使われる「セル画」の名称は，当初セルロイドのシートが使用されていたことにちなみ，現在も名前として残っている。

探究活動

16. 糖類の性質

目的　糖類の還元性の有無を確認しよう。また，スクロースとデンプンをそれぞれ加水分解して，生成物の性質を調べよう。さらに，ビスコースレーヨンをつくってみよう。

1. フェーリング液の還元

■グルコース水溶液とフェーリング液の反応

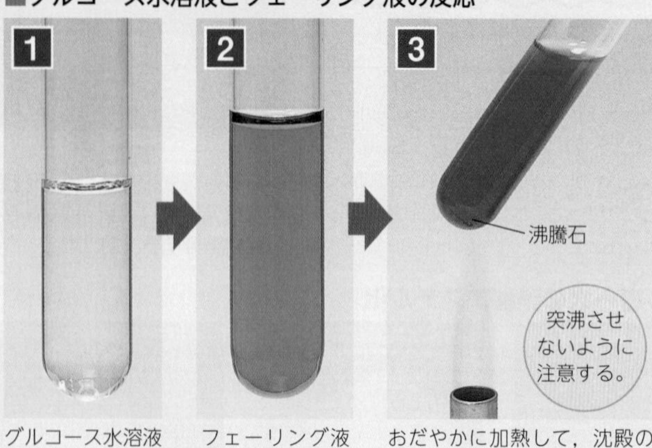

1 グルコース水溶液 8 mL

2 フェーリング液 2 mL を加える。

3 おだやかに加熱して，沈殿の有無や色の変化を観察する。

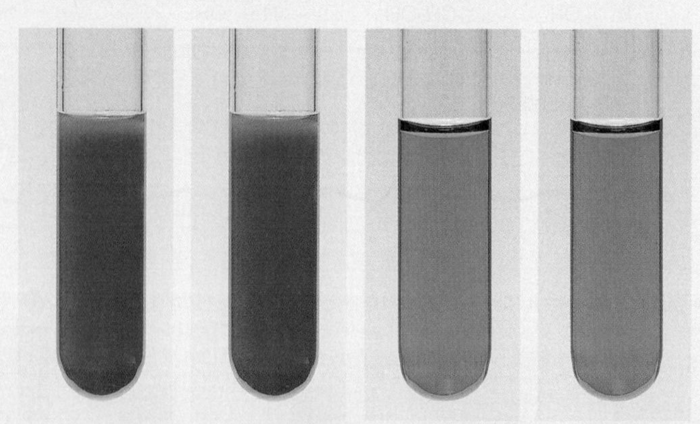

フルクトース水溶液　マルトース水溶液　スクロース水溶液　デンプン水溶液

フルクトース水溶液，マルトース水溶液，スクロース水溶液，デンプン水溶液についても同様な操作を行い，それぞれ沈殿の有無や色の変化を観察する。

2. 銀鏡反応

■グルコース水溶液とアンモニア性硝酸銀水溶液との反応

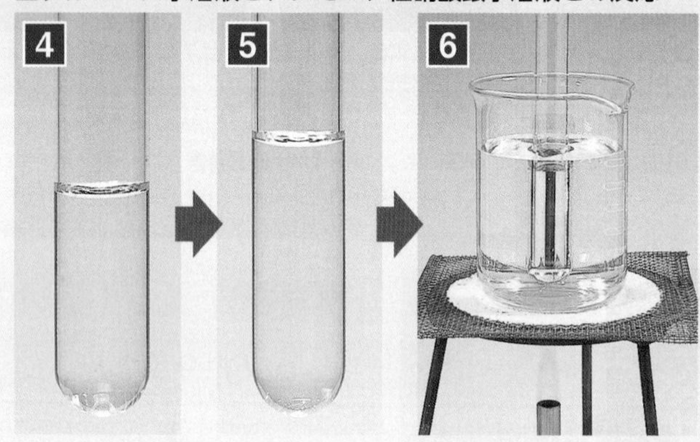

4 アンモニア性硝酸銀水溶液 8 mL

5 グルコース水溶液 2 mL を加え，よく混ぜる。

6 約60℃の温水に浸し，変化を観察する。

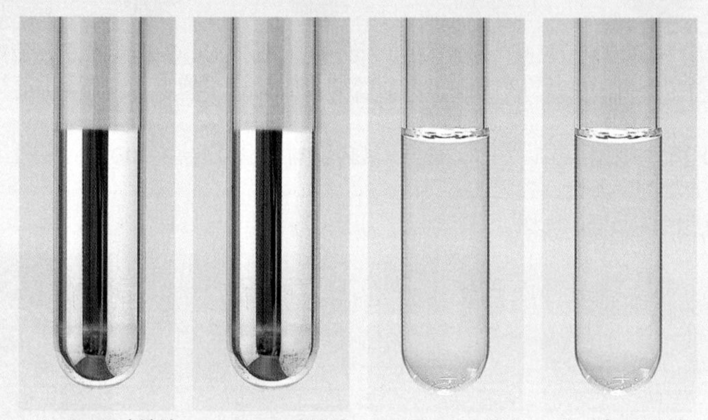

フルクトース水溶液　マルトース水溶液　スクロース水溶液　デンプン水溶液

フルクトース水溶液，マルトース水溶液，スクロース水溶液，デンプン水溶液についても同様の操作を行い，それぞれ変化を観察する。

考察 1　実験の結果を表にまとめよ。

	フェーリング液の還元	銀鏡反応	ヨウ素デンプン反応
グルコース水溶液	赤色沈殿生成	銀鏡生成	
フルクトース水溶液	赤色沈殿生成	銀鏡生成	
マルトース水溶液	赤色沈殿生成	銀鏡生成	
スクロース水溶液	変化なし	変化なし	
デンプン水溶液	変化なし	変化なし	
スクロースの加水分解による生成物	赤色沈殿生成		
デンプンの加水分解による生成物	赤色沈殿生成		示さない

考察 2　実験 1 ～ 6 の結果から，どのようなことがわかるか。

スクロースとデンプンの水溶液は還元作用を示さず，グルコース，フルクトース，マルトースの水溶液は還元作用を示す。

考察 3　実験 7 ～ 15 の結果から，どのようなことがわかるか。

スクロースの加水分解による生成物は，還元作用を示す。この場合，グルコースとフルクトースが生じている。デンプンの加水分解による生成物は，ヨウ素デンプン反応を示さず，還元作用を示す。この場合，グルコースを生じている。

準備	薬品	器具
	1％グルコース水溶液，1％フルクトース水溶液，1％マルトース水溶液，1％スクロース水溶液，1％デンプン水溶液，3 mol/L 硫酸水溶液，炭酸ナトリウム，ヨウ素ヨウ化カリウム水溶液，フェーリング A 液，フェーリング B 液，0.1mol/L 硝酸銀水溶液，1 mol/L アンモニア水	試験管15本，ビーカー（300 mL），ビーカー（50 mL）2個，メスシリンダー（10 mL），薬さじ，試験管たて，ガスバーナー，ガラス棒，こまごめピペット，温度計

3. スクロースの加水分解

7 スクロース水溶液 6 mL に硫酸水溶液 2 mL を加える。

8 3分間，おだやかに加熱する。

9 反応液をビーカーに移し，水 5 mL を加えたのち，炭酸ナトリウム Na_2CO_3 の粉末を泡が出なくなるまで少しずつ加える。

10 炭酸ナトリウムを加えた反応液 5 mL にフェーリング液 1 mL を加え，加熱して変化を観察する。

4. デンプンの加水分解

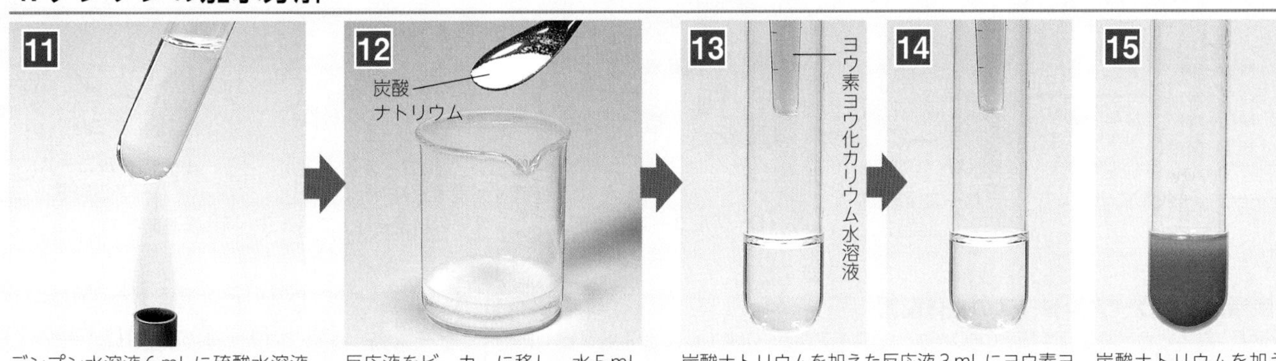

11 デンプン水溶液 6 mL に硫酸水溶液 2 mL を加えて，3分間加熱する。

12 反応液をビーカーに移し，水 5 mL を加えたのち，炭酸ナトリウムの粉末を泡が出なくなるまで少しずつ加える。

13・14 炭酸ナトリウムを加えた反応液 3 mL にヨウ素ヨウ化カリウム水溶液 2～3 滴を加えて，変化を観察する。

15 炭酸ナトリウムを加えた反応液 3 mL にフェーリング液 0.5 mL を加え，加熱して変化を観察する。

PLUS バーフォード試薬を用いた単糖類と二糖類の区別

バーフォード反応は，バーフォード試薬（酢酸銅（Ⅱ）水溶液）を用いた糖類の検出反応である。フェーリング液の還元と同様に，Cu^{2+} の還元反応を利用するが，単糖類のみが反応するため，単糖類と二糖類の区別に用いられる。

❶ グルコース，フルクトース，マルトース，スクロース，デンプンの各水溶液 2 mL を別々の試験管にとる。

❷ バーフォード試薬 3 mL * を加えて，沸騰水中で 5 分間加熱し，変化を観察する。加熱時間が長すぎると，二糖類でも少量の赤褐色沈殿が生じる。

＊酢酸銅（Ⅱ）一水和物 6.7 g を蒸留水 100 mL に溶かした水溶液。

赤褐色沈殿
グルコース

赤褐色沈殿
フルクトース

変化なし
マルトース

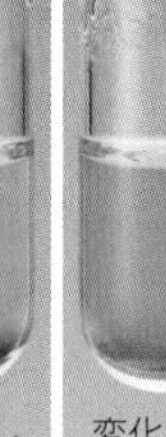
変化なし
スクロース

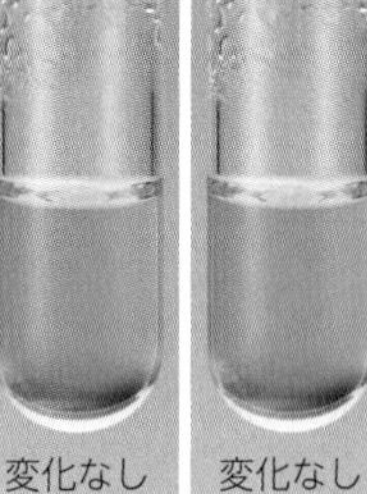
変化なし
デンプン

チャレンジ課題 糖類の識別

グルコース，スクロース，デンプン，塩化ナトリウムの水溶液を試験管に取り分けておいたが，それぞれを特定できなくなってしまった。各試験管に含まれる水溶液を特定するには，どのような操作を行えばよいか。実験方法とその結果をそれぞれ記せ。

4 糖類の立体構造 化学

1 単糖の立体化学

糖類は多くの不斉炭素原子をもっており，多数の立体異性体が存在する。糖類の立体構造を表すために，**フィッシャー投影式**と**ハース投影式**が用いられる。

ⓐ ヘキソース（六炭糖）の立体化学

炭素数が６の単糖は**ヘキソース（六炭糖）**とよばれる。グルコースは水溶液中で鎖状のアルデヒド型，環状のα-グルコースとβ-グルコースの３つの異性体が平衡状態で存在する。鎖状のグルコースはカルボニル基 >C=O とヒドロキシ基 −OH をもち，両者が反応して環状のヘミアセタール（同一炭素にヒドロキシ基 −OH とエーテル結合 −O− をもつ）をつくる。

CHO / H−C−OH / HO−C−H / H−C−OH / H−C−OH / CH_2OH
D-グルコース（くさび型による表記）

→ 同じ構造 →

CHO / H−C−OH / HO−C−H / H−C−OH / H−C−OH / CH_2OH

→ 回転させる →

$HOCH_2$−C−C−C−C−CHO（上：H H OH H，下：OH OH H OH）

フィッシャー投影式
水平な線（−）が紙面の手前側，垂直な線（|）が紙面の奥側を示し，交点が不斉炭素原子を表す。

→ 炭素鎖を曲げる →

CH_2OHを上方に配置

−OHをホルミル基に付加させる

フィッシャー投影式で右側にある基は，ハース投影式では下側を向く。
※C5原子に結合している基は除く。

CHO / H−C−OH / HO−C−H / H−C−OH / H−C−OH / CH_2OH → ホルミル基に付加する −OH

フィッシャー投影式　　**ハース投影式**

α-D-グルコースのモデル

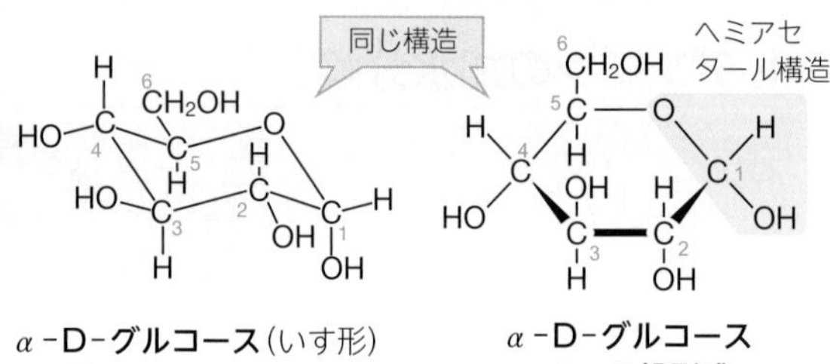

α-D-グルコース（いす形）
環を構成する原子は，実際にはいす形の構造をとっている。

α-D-グルコース ハース投影式
環状構造を表すときに用いる。

ⓑ 炭素数６のD−アルドースの立体配置

鎖状構造となったときホルミル基 −CHO をもつ単糖を**アルドース**といい，炭素数が６であるアルドースを**アルドヘキソース**という。アルドヘキソースには４つの不斉炭素原子（C*）があるため，$2^4=16$ の可能な立体異性体が存在する。

D-アルドースの立体異性体

	D-アロース	D-アルトロース	D-グルコース	D-マンノース
C1	CHO	CHO	CHO	CHO
C2	H−C*−OH	HO−C−H	H−C−OH	HO−C−H
C3	H−C*−OH	H−C−OH	HO−C−H	HO−C−H
C4	H−C*−OH	H−C−OH	H−C−OH	H−C−OH
C5	H−C*−OH	H−C−OH	H−C−OH	H−C−OH
C6	CH_2OH	CH_2OH	CH_2OH	CH_2OH

（C*：不斉炭素原子）

	D-グロース	D-イドース	D-ガラクトース	D-タロース
C1	CHO	CHO	CHO	CHO
C2	H−C−OH	HO−C−H	H−C−OH	HO−C−H
C3	H−C−OH	H−C−OH	HO−C−H	HO−C−H
C4	HO−C−H	HO−C−H	HO−C−H	HO−C−H
C5	H−C−OH	H−C−OH	H−C−OH	H−C−OH
C6	CH_2OH	CH_2OH	CH_2OH	CH_2OH

D-アルドースの中で最も重要なのはD-グルコースである。ここに示した８種のD-アルドースにはそれぞれ対応するL-アルドースが存在するため，立体異性体は16個となる。

PLUS D，L表記について

多数の不斉炭素原子をもつ単糖であっても，すべての単糖の鏡像異性体は，DとLを用いて区別される。ホルミル基から最も離れた不斉炭素原子に結合する−OHの配置によって，その単糖がDかLかが決まる。

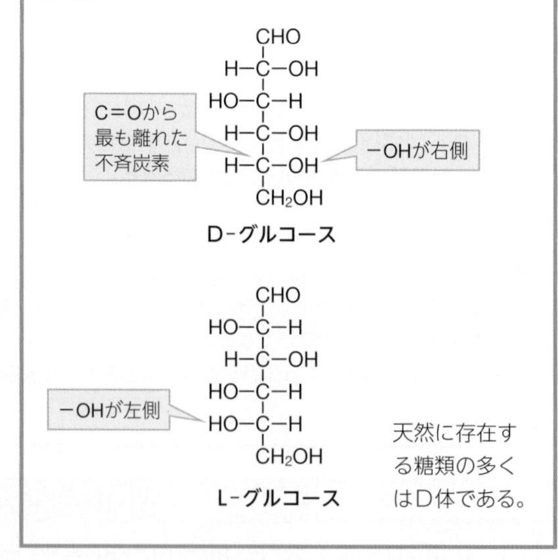

天然に存在する糖類の多くはD体である。

Tips グルコースは自然界において大量に存在する糖類である。一方，アロースは自然界において多量に存在せず，このような糖類は希少糖とよばれる。希少糖は，一般に摂取しても代謝されないため，カロリーの少ない甘味料などとして期待されている。

2 二糖類の立体化学

二糖は 1 つの単糖の C1 原子に結合した－OH と，もう一方の単糖の－OH とが脱水縮合してつながった構造をもつ化合物である。

ⓐ マルトース

α-グルコースの C1 原子と別のグルコース（α でも β でもよい）の C4 原子に結合する－OH どうしが脱水縮合でつながった構造。

α-グルコース　α-グルコース　→　マルトース

ヘミアセタール構造があり，鎖状構造がとれるので，α 型と β 型の立体異性体が存在する。

ⓑ スクロース

α-グルコースの C1 原子と β-フルクトースの C2 原子に結合する－OH どうしが脱水縮合でつながった構造。

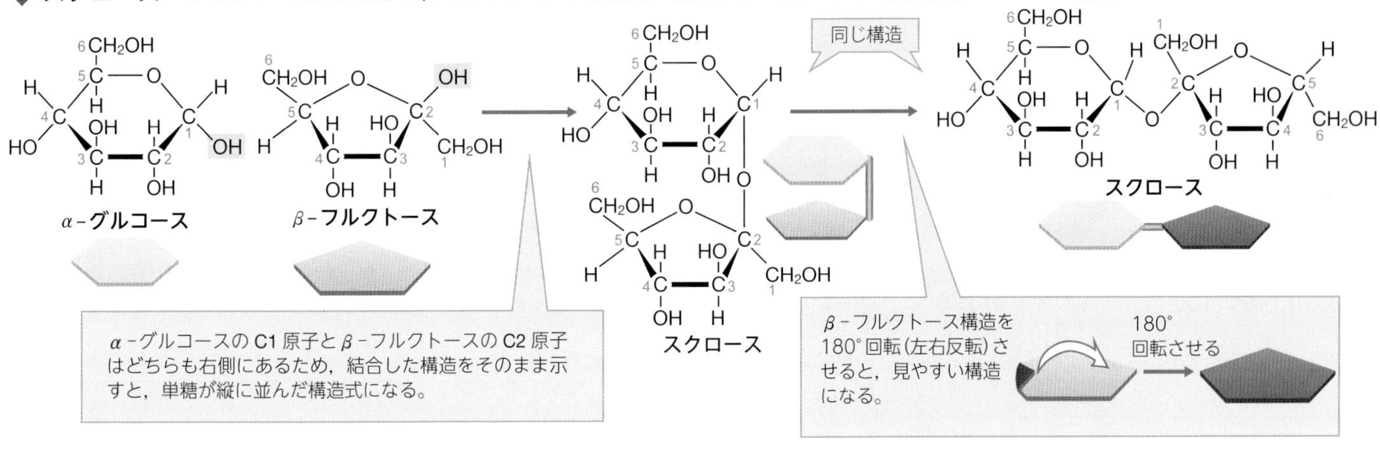

α-グルコース
β-フルクトース
スクロース
同じ構造
スクロース
α-グルコースの C1 原子と β-フルクトースの C2 原子はどちらも右側にあるため，結合した構造をそのまま示すと，単糖が縦に並んだ構造式になる。
β-フルクトース構造を 180° 回転（左右反転）させると，見やすい構造になる。
180° 回転させる

ⓒ セロビオース

β-グルコースの C1 原子と別のグルコース（α でも β でもよい）の C4 原子に結合する－OH どうしが脱水縮合でつながった構造。

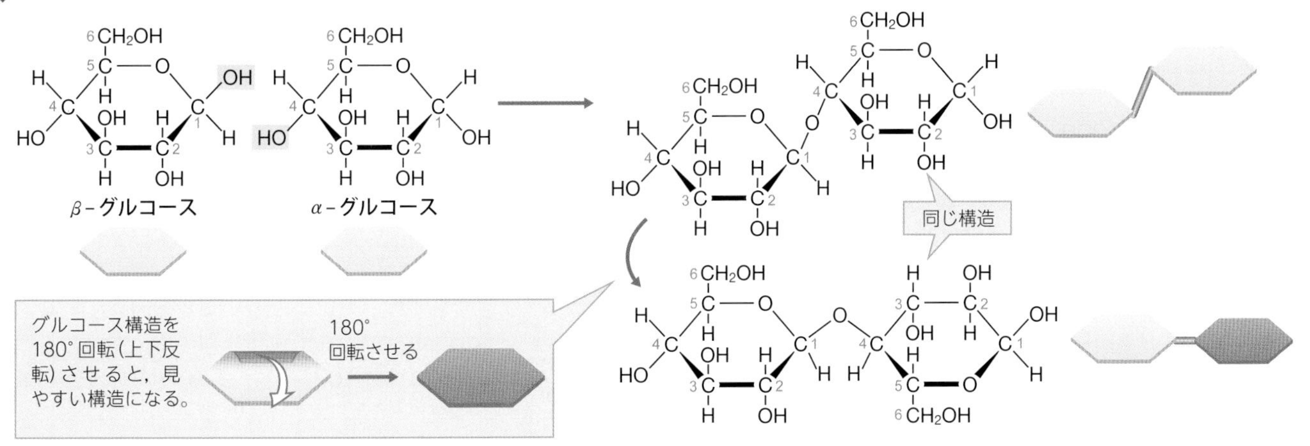

β-グルコース
α-グルコース
同じ構造
グルコース構造を 180° 回転（上下反転）させると，見やすい構造になる。
180° 回転させる

PLUS アノマー炭素

アルデヒド型グルコースは，溶液中で炭素間の結合の回転により，C1 のホルミル基と C5 のヒドロキシ基が近づき環状構造となる。このとき，C1 は不斉炭素原子となり，この部分について立体配置が異なる 2 つの立体異性体が生じる。この不斉炭素原子を**アノマー炭素**という。

アノマー炭素　α形　α-グルコース　⇄　アルデヒド型グルコース　⇄　アノマー炭素　β形　β-グルコース

C5 に結合する－CH_2OH が上向きであるとき，C1 に結合する－OH が下方に向かって書くと α-グルコース，上方に向かって書くと β-グルコースとなる。

5 α-アミノ酸 化学

1 α-アミノ酸 amino acid

アミノ酸は，タンパク質を構成するおもな成分であり，分子内にアミノ基$-NH_2$とカルボキシ基$-COOH$をもつ化合物である。アミノ酸のうち，同一の炭素原子にアミノ基とカルボキシ基が結合したものを**α-アミノ酸**という。

a タンパク質の構成

タンパク質を希塩酸や希硫酸，酵素などを用いて加水分解すると，約20種類のα-アミノ酸が得られる。

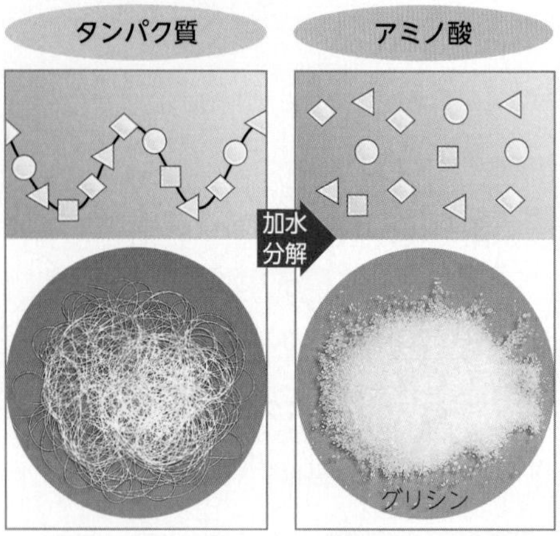

絹(フィブロイン)　種々のα-アミノ酸

絹中のアミノ酸組成

α-アミノ酸	質量〔g〕
グリシン	43.6
アラニン	29.7
セリン	16.2
チロシン	12.8
バリン	3.6
フェニルアラニン	3.4
その他	11.5

100gの絹を加水分解して得られるα-アミノ酸の質量を示している

b α-アミノ酸の構造

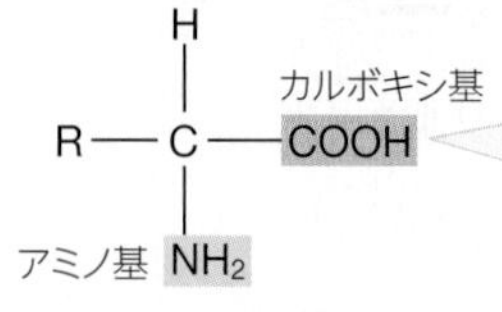

α-アミノ酸

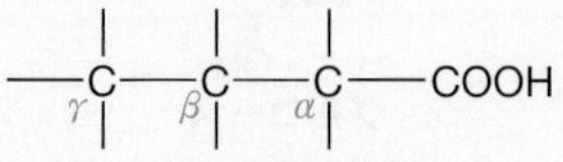

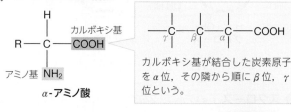

カルボキシ基が結合した炭素原子をα位，その隣から順にβ位，γ位という。

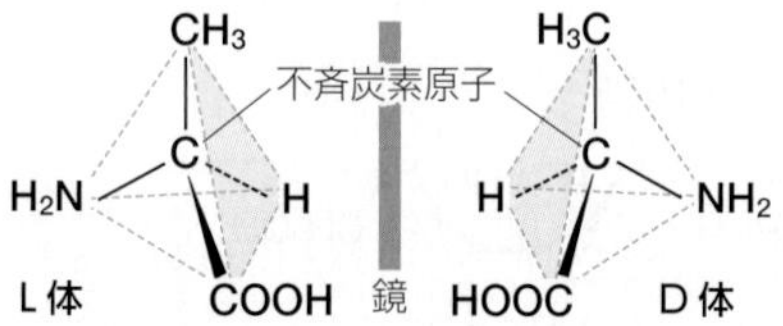

α-アミノ酸には，R=Hのグリシンを除いて，すべてに鏡像異性体が存在する。L体とD体で区別され，天然に存在するα-アミノ酸は，すべてL体である。

化学調味料

L-グルタミン酸モノナトリウムは化学調味料として用いられる。D体はうま味を示さない。

タンパク質を構成するα-アミノ酸　α-アミノ酸は，一般式$RCH(NH_2)COOH$で表される。

α-アミノ酸	R−の構造	特徴・所在	等電点	α-アミノ酸	R−の構造	特徴・所在	等電点
グリシン Gly	H−	最も簡単なα-アミノ酸。コラーゲンに多く含まれる。鏡像異性体がない。	5.97	アラニン Ala	CH_3-	ほとんどすべてのタンパク質に含まれる。	6.00
バリン* Val	$CH_3-CH(CH_3)-$	多くのタンパク質，特に繊維状タンパク質に含まれる。	5.96	ロイシン* Leu	$CH_3-CH(CH_3)-CH_2-$	ほとんどすべてのタンパク質に含まれる。	5.98
プロリン Pro	 (環状のアミノ酸)	ゼラチンやカゼインに多く含まれる。ニンヒドリン反応では黄色を示す。アミノ基をもたない。	6.30	イソロイシン* Ile	$CH_3-CH_2-CH(CH_3)-$	2個の不斉炭素原子をもち，4種の立体異性体が存在する。	6.02
トレオニン* Thr	$CH_3-CH(OH)-$	2個の不斉炭素原子をもつ。フィブリンに含まれる。	6.16	セリン Ser	$HO-CH_2-$	セリシン，フィブロインなどに多く含まれる。	5.68
メチオニン* Met	$CH_3-S-CH_2-CH_2-$	硫黄を含み，カゼインに含まれる。	5.74	システイン Cys	$HS-CH_2-$	−SHをもち，毛，つめなどに多く含まれる。	5.07
アスパラギン酸 Asp	$HOOC-CH_2-$	1分子中に2個の−COOHをもち，発芽したマメ類に多く含まれる。	2.77	グルタミン酸 Glu	$HOOC-CH_2-CH_2-$	1分子中に2個の−COOHをもち，小麦のグルテンなどに多く含まれる。	3.22
アスパラギン Asn	$H_2N-CO-CH_2-$	植物に多く含まれる。アスパラガス中に発見された。	5.41	グルタミン Gln	$H_2N-CO-CH_2-CH_2-$	ほとんどの動植物のタンパク質に含まれる。	5.65
アルギニン Arg	$HN=C(NH_2)-NH-(CH_2)_3-$	多くの動物タンパク質に含まれる。	10.76	リシン* Lys	$H_2N-(CH_2)_4-$	1分子中に2個の$-NH_2$をもち，多くのタンパク質に含まれる。	9.74
ヒスチジン* His	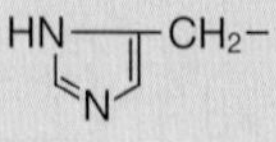	酵素やヘモグロビンなどに多く含まれる。	7.59	フェニルアラニン* Phe	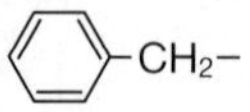	ベンゼン環をもち，カゼインやフィブロインなどに含まれる。	5.48
チロシン Tyr	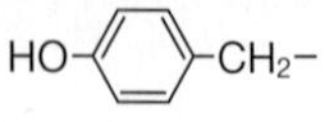	ベンゼン環をもち，カゼインやフィブロインなどに含まれる。	5.66	トリプトファン* Trp	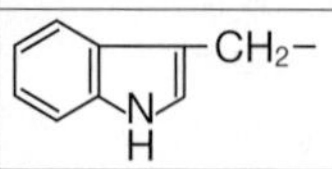	カゼインなどに多く含まれる。ニンヒドリン反応を示す。	5.89

酸性アミノ酸(−COOHをもつアミノ酸)
塩基性アミノ酸($-NH_2$をもつアミノ酸)

タンパク質を構成するα-アミノ酸のうち，体内で合成することができないか，できても十分量でなく，食物として摂取しなければならないアミノ酸を**必須アミノ酸** essential amino acid という。ヒト(成人)の必須アミノ酸は9種類であり，表中に*で示した。

Tips　みそやしょうゆには，糖分や塩分に加えて，材料の大豆に含まれるタンパク質の加水分解によって生じるα-アミノ酸(おもにグルタミン酸)が含まれる。このα-アミノ酸が「うま味」の要因といわれている。

2 α-アミノ酸の性質

α-アミノ酸は，カルボキシ基とアミノ基をもち，酸と塩基の両方の性質をもつ。結晶中のα-アミノ酸は，カルボキシ基の H^+ がアミノ基に移動し，分子内に正と負の両電荷をもつ**双性イオン**になっている。

ⓐ 双性イオンの形成 zwitter ion

水溶液中では，陽イオン，双性イオン，陰イオンが平衡状態にあり，pH に応じて，それらの濃度が変化する。特定の pH では，水溶液中で正負の電荷がつりあい，全体として電荷が0になる。このときの pH の値を**等電点**という。

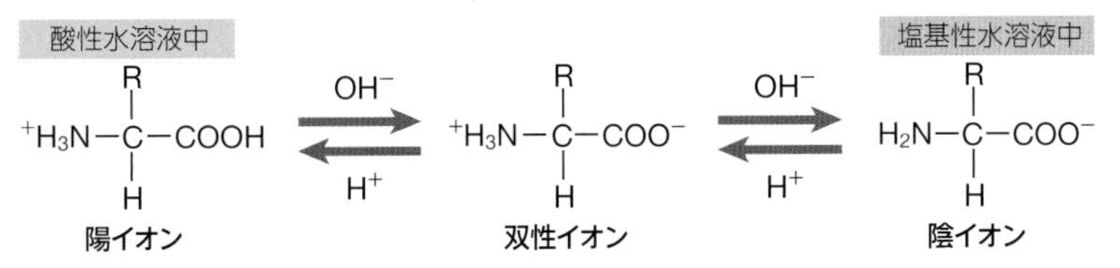

ⓑ α-アミノ酸のおもな性質

❶ α-アミノ酸の結晶は，双性イオンからなり，比較的融点が高い。
❷ 有機溶媒に溶けにくく，水に溶けるものが多い。
❸ 酸性や塩基性の水溶液には塩を形成して，よく溶ける。
❹ 水溶液にニンヒドリン溶液を加えて加熱すると，赤～青紫色を呈する(**ニンヒドリン反応**)。

MOVIE

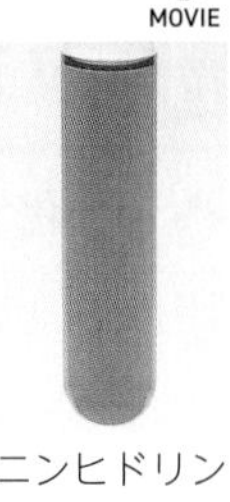
ニンヒドリンによる呈色

ⓒ アミノ酸の電離平衡と電気泳動

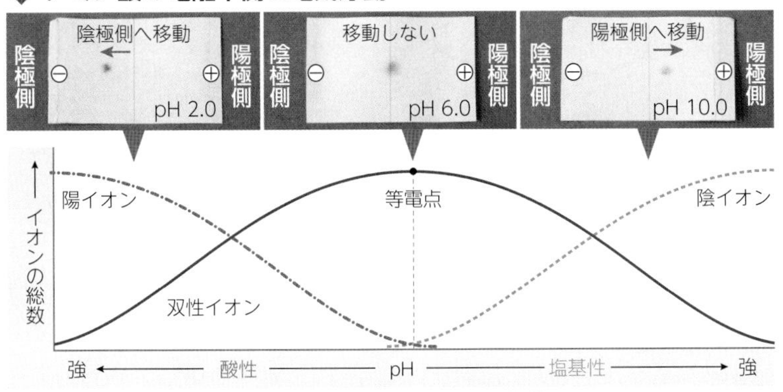

アラニン(等電点6.0)の電気泳動

pH2.0，6.0，10.0の緩衝液で湿らせたろ紙の中心にアラニンの水溶液をつけ，直流電圧をかける。電気泳動を行ったのち，ニンヒドリン溶液を吹き付けて加温し，発色させる。

ⓓ 電気泳動によるアミノ酸の分離

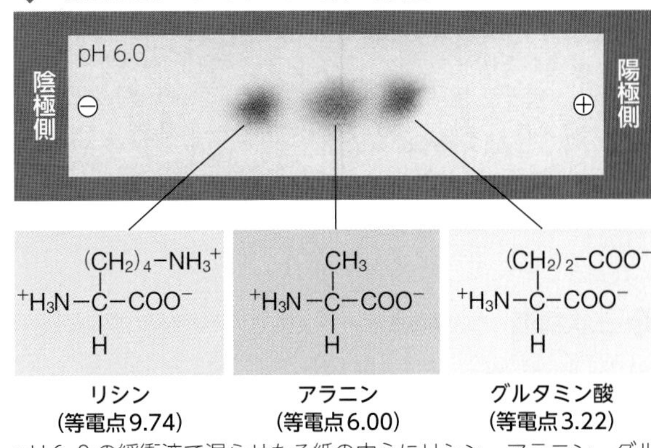

リシン(等電点9.74)　アラニン(等電点6.00)　グルタミン酸(等電点3.22)

pH 6.0 の緩衝液で湿らせたろ紙の中心にリシン，アラニン，グルタミン酸の混合水溶液をつけ，電気泳動すると，等電点の違いによって，3種のアミノ酸が分離される。

ⓔ エステル化

エタノールと酸を加えてカルボキシ基をエステル化すると，エステルを生じる。

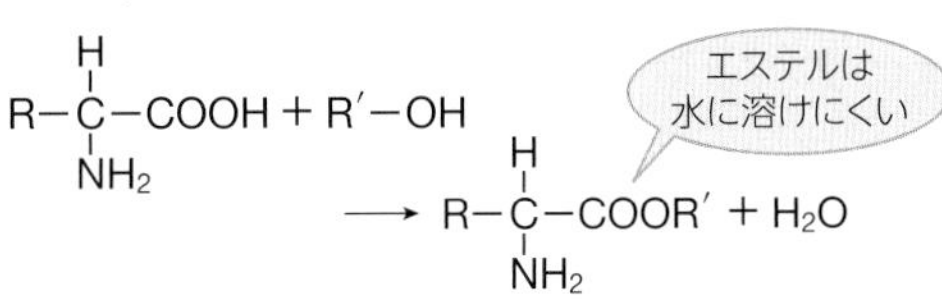

$$R-CH(NH_2)-COOH + R'-OH \longrightarrow R-CH(NH_2)-COOR' + H_2O$$

エステルは水に溶けにくい

グリシン＋エタノール

ⓕ アセチル化

無水酢酸と反応してアミノ基がアセチル化され，アミドを生じる。

$$R-CH(NH_2)-COOH + (CH_3CO)_2O \longrightarrow R-CH(NHCOCH_3)-COOH + CH_3COOH$$

酢酸を生じて酸性を示す

アラニン＋無水酢酸

ⓖ ペプチドの形成 peptide

α-アミノ酸が脱水縮合して生じた化合物は**ペプチド**と総称され，α-アミノ酸2分子の脱水縮合で生じた化合物は**ジペプチド**とよばれる。このとき生じるアミド結合 −CONH− は，特に**ペプチド結合**という。タンパク質は，多数のアミノ酸がペプチド結合で連なった**ポリペプチド**である。

$$H_2N-CH(R_1)-CO-OH + H-NH-CH(R_2)-COOH \longrightarrow H_2N-CH(R_1)-CO-NH-CH(R_2)-COOH + H_2O$$

N末端　ペプチド結合　C末端

ペプチドの構造式は，一般に，N末端を左側，C末端を右側に書く。

トピック アスパルテーム aspartame

アスパルテームはノンカロリーの清涼飲料水などに添加される甘味料であり，アスパラギン酸と，フェニルアラニンのメチルエステルが縮合してできたジペプチドである。スクロースの約200倍の甘さを示すが，独特の後味もある。少量で甘さが得られるため，低カロリーである。体内に取りこまれると，2種類のアミノ酸とメタノールに分解される。水溶液中では，加水分解が徐々に進行し，長期安定性に劣るという欠点がある。

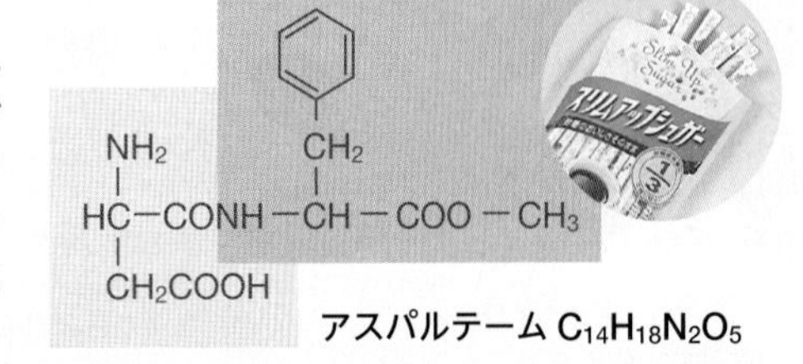

アスパルテーム $C_{14}H_{18}N_2O_5$

Tips 「うま味」の成分であるL-グルタミン酸ナトリウムを発見したのは，わが国の化学者，池田菊苗(1864～1936)であり，昆布の煮汁から取り出すことに成功した。これが，現在のうま味調味料「味の素」の起源となっている。

6 タンパク質 化学

1 タンパク質の構造 protein

タンパク質はα-アミノ酸がペプチド結合によって多数連なったポリペプチドである。タンパク質分子を構成するα-アミノ酸の種類と配列は，タンパク質ごとに決まっている。

a 一次構造

タンパク質を構成するα-アミノ酸の配列順序をタンパク質の**一次構造**という。

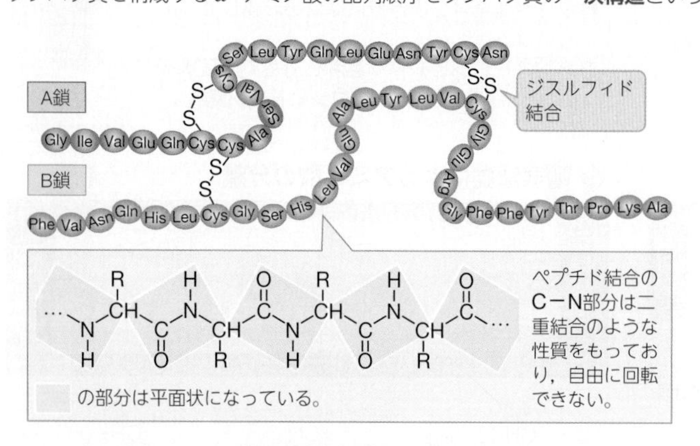

b 二次構造

水素結合によって安定化された立体構造を**二次構造**という。

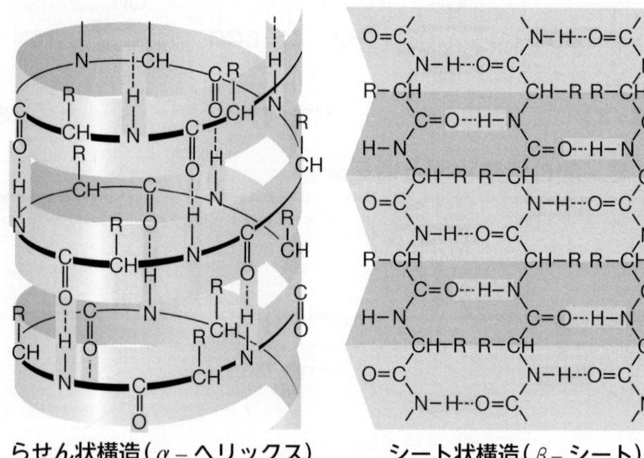

c 三次構造

二次構造をとるポリペプチドがさらに複雑に折りたたまれて複雑な立体構造（**三次構造**）をなす。

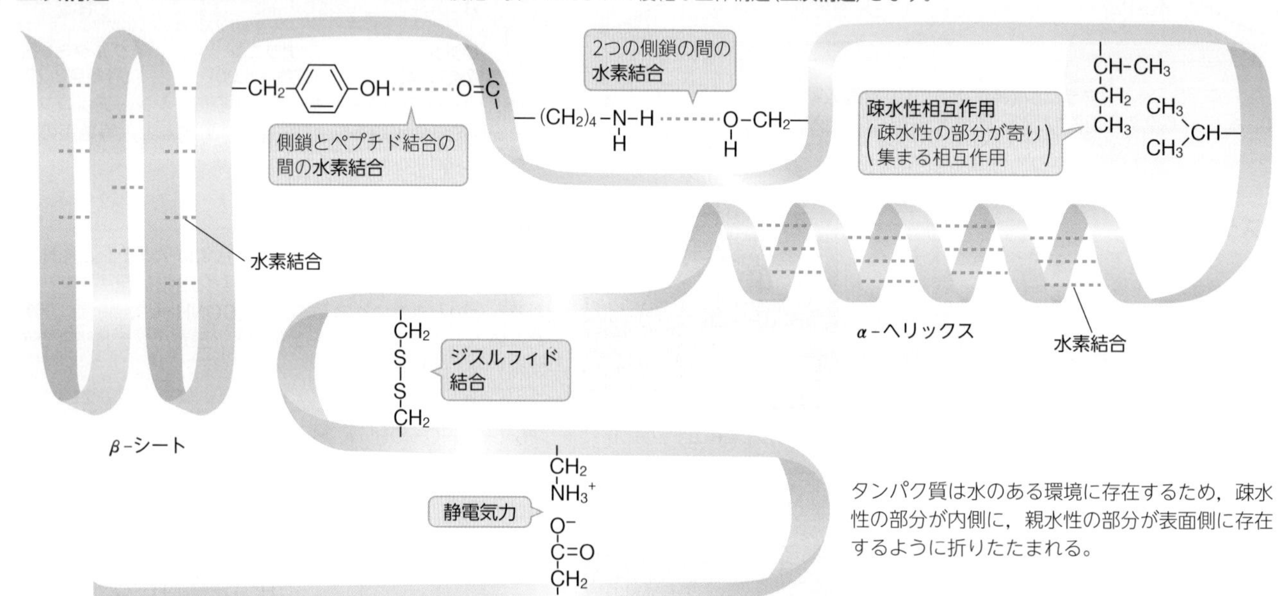

タンパク質は水のある環境に存在するため，疎水性の部分が内側に，親水性の部分が表面側に存在するように折りたたまれる。

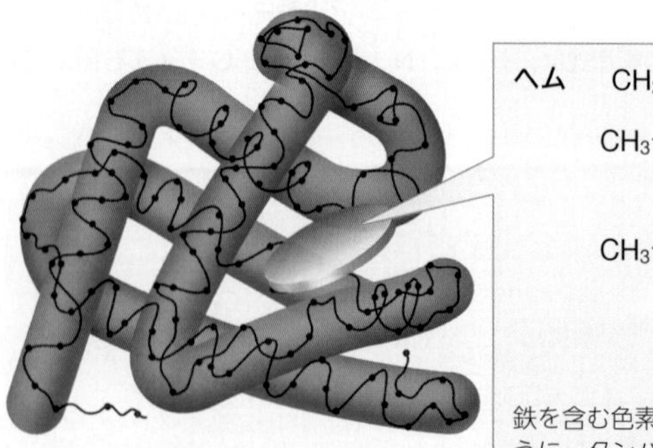

ミオグロビン
筋肉中で酸素を運ぶタンパク質。

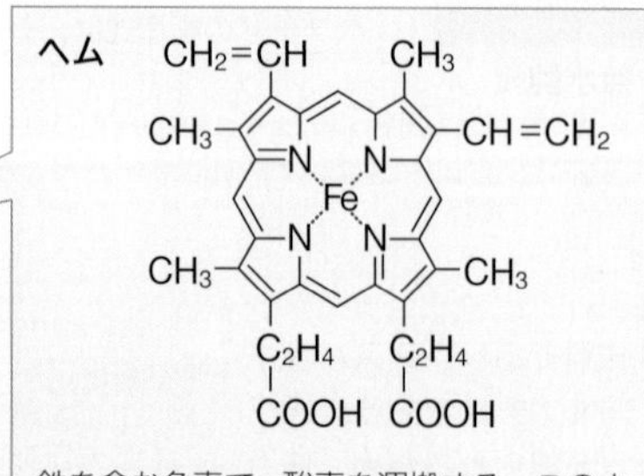

鉄を含む色素で，酸素を運搬する。このように，タンパク質にはα-アミノ酸以外の物質が含まれることもある。

d 四次構造

三次構造をもつポリペプチドがいくつか集合し，複雑な立体構造（四次構造）をなす。個々のポリペプチドをサブユニットという。

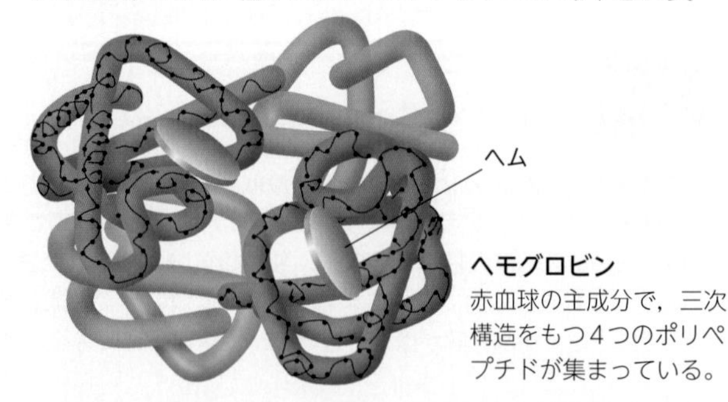

ヘモグロビン
赤血球の主成分で，三次構造をもつ4つのポリペプチドが集まっている。

Tips タンパク質は漢字で「蛋白質」と書かれ，「蛋白」は卵の白身を意味する。「蛋」は，鳥の卵を意味する漢字であり，江戸時代，川本幸民によってオランダ語から翻訳された。

2 タンパク質の性質

タンパク質を加熱したり，酸，塩基を加えたりすると，水素結合の組み換えなどが起こってタンパク質の立体構造(高次構造)が変化し，性質が変わる。これを**タンパク質の変性**という。

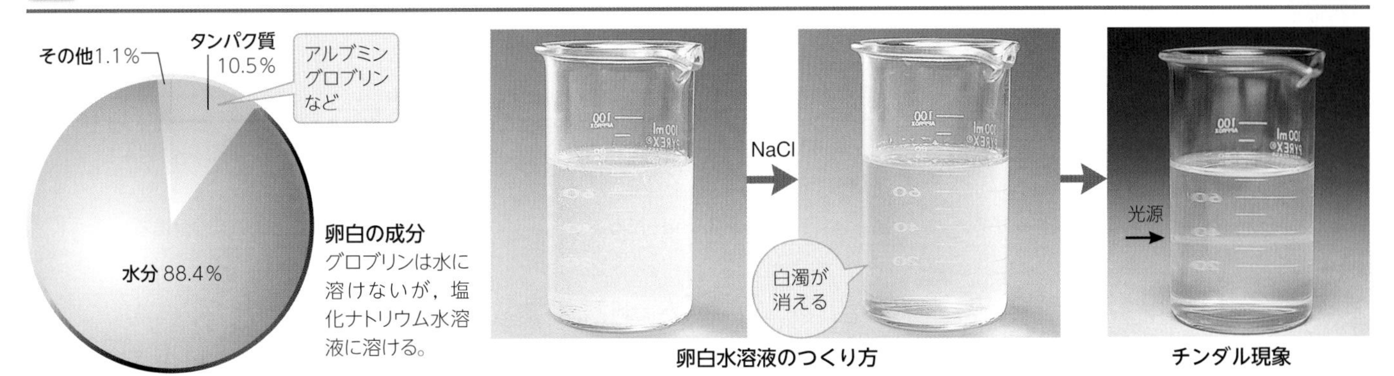

卵白の成分
グロブリンは水に溶けないが，塩化ナトリウム水溶液に溶ける。

卵白水溶液のつくり方

チンダル現象

ⓐ 変性

タンパク質は，熱や酸，塩基，重金属イオン，アルコールによって変性する。変性したタンパク質は，元の状態に戻らないことが多い。

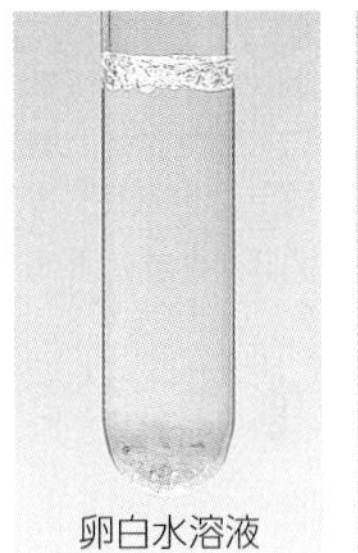

卵白水溶液

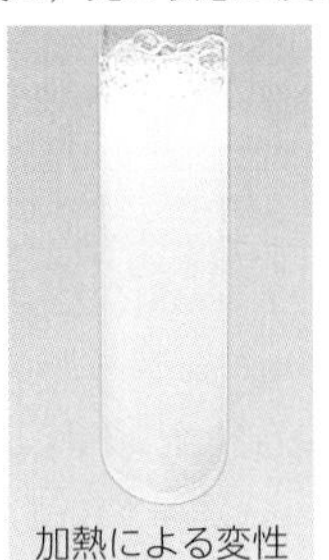

加熱による変性

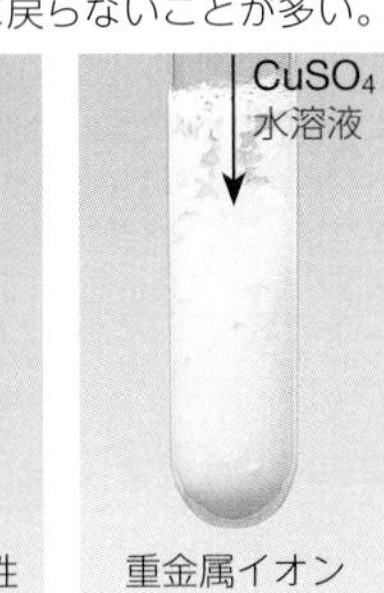

重金属イオン

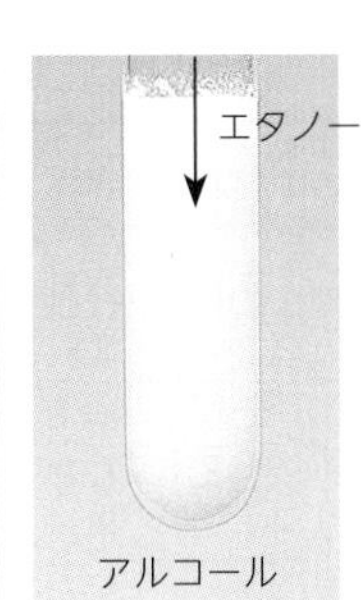

アルコール

ⓑ キサントプロテイン反応

タンパク質を構成するアミノ酸に，ニトロ化されやすいベンゼン環をもつアミノ酸が含まれていることが確認できる。

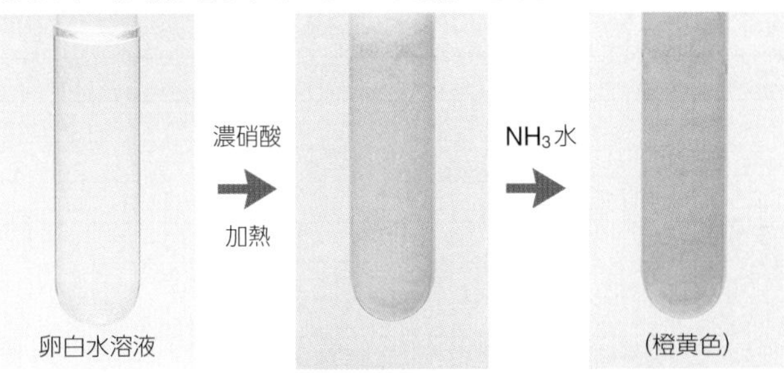

ⓒ ビウレット反応

2個以上のペプチド結合をもつ分子が含まれることが確認できる。

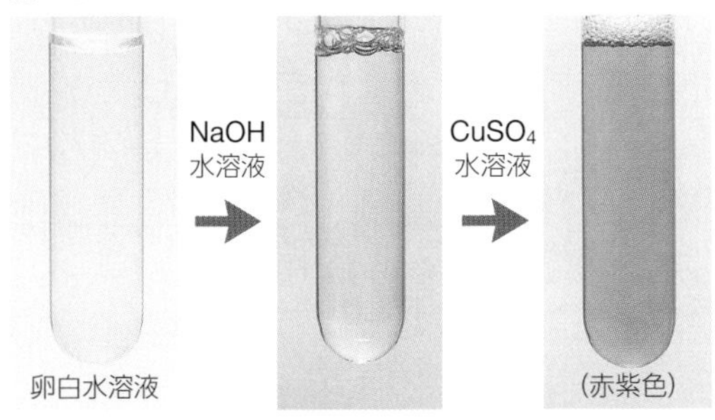

ⓓ ニンヒドリン反応

ペプチド結合を形成していないアミノ基の存在を確認できる。

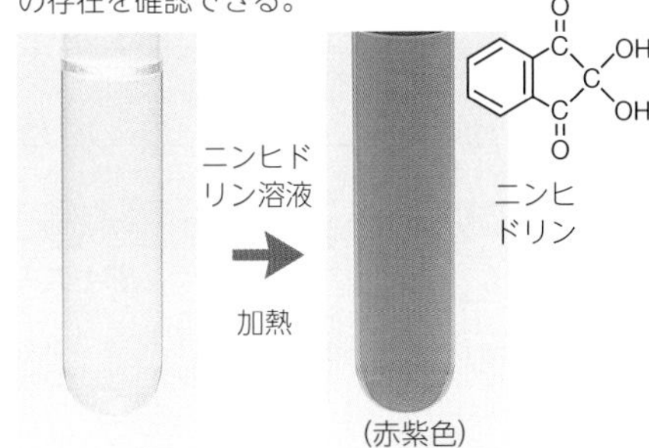

ⓔ 窒素元素，硫黄元素の確認

NH_3 の発生から窒素元素が，PbS の黒色沈殿が生じたことから硫黄元素が確認できる。

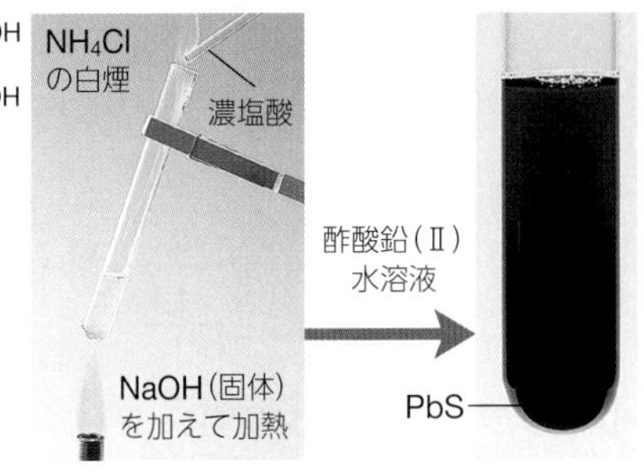

3 タンパク質の分類

タンパク質は，その形態から**繊維状タンパク質**と**球状タンパク質**に分類される。また，α－アミノ酸だけからなるタンパク質を**単純タンパク質**，α－アミノ酸のほか，糖，リン酸，色素なども含むタンパク質を**複合タンパク質**という。

分類		タンパク質	性質	所在
単純タンパク質	繊維状タンパク質	ケラチン	硫黄を含む。水に不溶。	髪，羊毛，羽，つめ
		フィブロイン	水に不溶。	絹
		コラーゲン	水と煮るとゼラチンになる。	骨，軟骨，腱(けん)
	球状タンパク質	アルブミン	水に可溶。食塩水に可溶。	卵白，血清
		グロブリン	水に不溶。食塩水に可溶。	卵白，血清，筋肉
		グルテリン	水に不溶。食塩水に不溶。	小麦，米
複合タンパク質		ムチン	糖を含む。	だ液
		ヘモグロビン	色素と結合している。	血液
		カゼイン	リン酸を含む。水に不溶。	牛乳

複合タンパク質の多くは，球状タンパク質である。

トピック チーズの製作

牛乳は，タンパク質のカゼインがコロイド粒子となって分散している。牛乳に酢酸やレモン汁などを加えて酸性にするとカゼインが沈殿する。ろ過によって沈殿物を分離すると，チーズが得られる。ヨーグルトも同様の原理でできており，乳酸菌が作り出す乳酸によってカゼインが沈殿している。

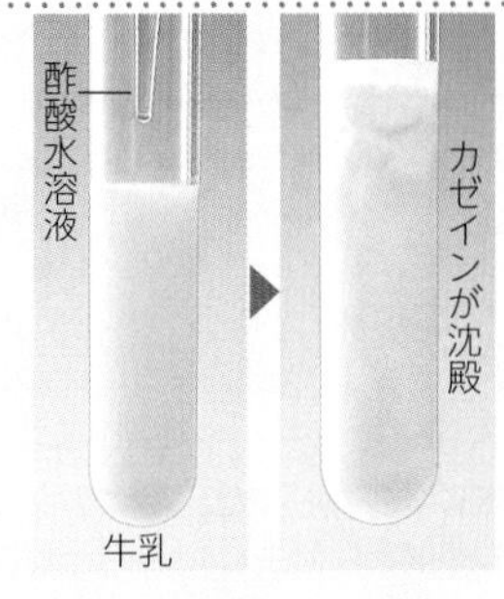

牛乳には，カゼインとよばれるタンパク質が含まれており，酸性にすると分離される。これがカッテージチーズである。また，加熱した牛乳にできる膜も主成分はカゼインである。

7 酵素と ATP 化学

1 酵素 enzyme

デンプンを試験管内で加水分解するには，希硫酸を加えて加熱しなければならないが，体内では，約37℃で加水分解される。これは各種の触媒が働くためである。生体内で働く触媒は，タンパク質で構成されており，**酵素**と総称される。

a 酵素の特徴

酵素はおもにタンパク質からできているので，熱などによって変性し，その触媒作用を失う(**失活する**)ことが多い(➡p.279)。

基質特異性 substrate specificity

特定の物質の特定の化学反応だけに作用する。

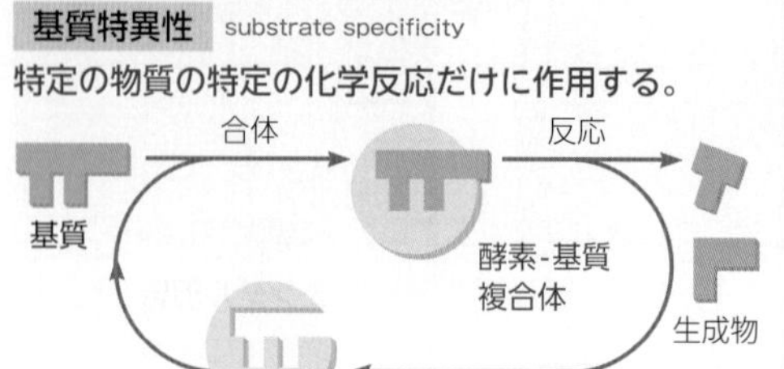

酵素とそれが作用する物質(基質)は，鍵穴と鍵の関係にたとえられる。

最適温度 optimum temperature

最もよく作用する温度条件がある。

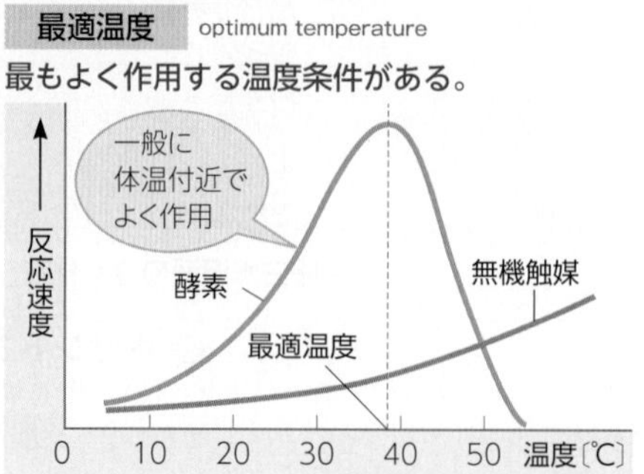

最適 pH optimum pH

最もよく作用する pH の条件がある。

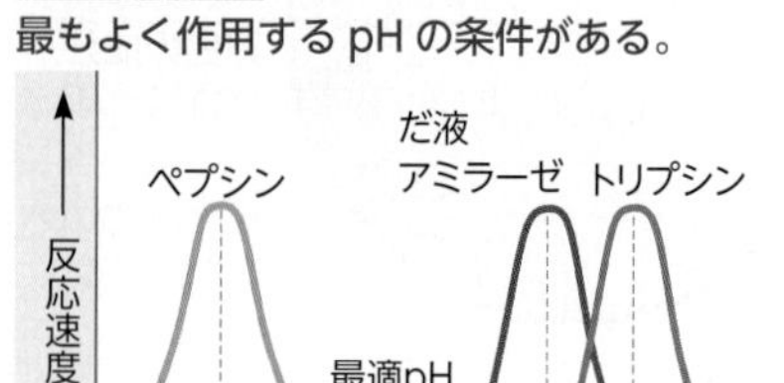

酵素		作用する物質	生成物	最適 pH	所在
アミラーゼ	α-アミラーゼ	デンプン	デキストリン，マルトース	6.6〜7.0	だ液，すい液
	β-アミラーゼ		マルトース	4.5	麦芽，大豆
	グルコアミラーゼ		グルコース	−	細菌，カビ
マルターゼ		マルトース	グルコース	5〜7	腸液，だ液
スクラーゼ，インベルターゼ		スクロース	転化糖(グルコース，フルクトース)	5〜7	植物，酵母菌，カビ，腸液
チマーゼ(発酵に関与する酵素群)		グルコース	エタノール，二酸化炭素	−	酵母菌
セルラーゼ		セルロース	セロビオース	4〜5	植物，菌類，細菌類
セロビアーゼ		セロビオース	グルコース	3〜7	植物，肝臓
プロテアーゼ	ペプシン	タンパク質	ポリペプチド	1.6〜2.4	胃液
	トリプシン		ポリペプチド，アミノ酸	8.0	すい液
リパーゼ		油脂	高級脂肪酸，モノグリセリド	8.0	すい液，胃液，植物
カタラーゼ		過酸化水素	酸素，水	6.8	血液，肝臓，植物

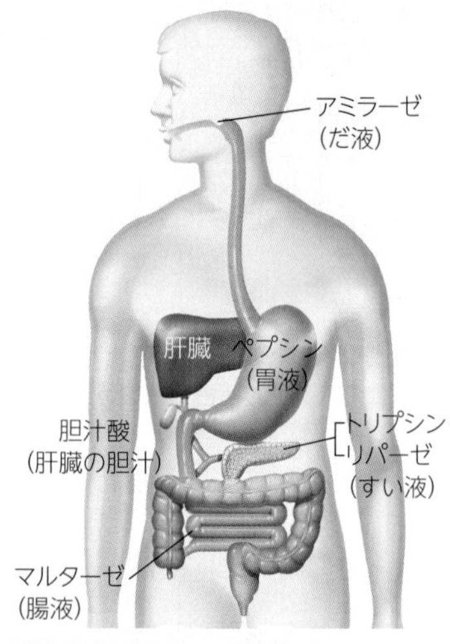

消化酵素の最適 pH は，作用する場所の体液の pH とほぼ同じである。

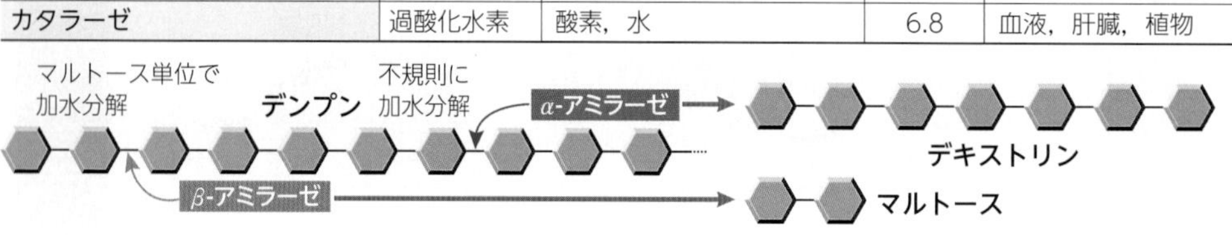

b カタラーゼと酸化マンガン(Ⅳ)の触媒作用

レバーには生体内で生じる有毒で酸化作用の強い過酸化水素 H_2O_2 を水と酸素に分解する酵素であるカタラーゼが含まれる。

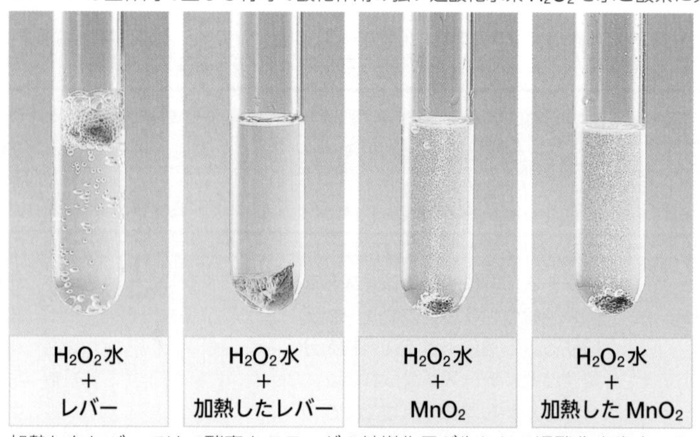

加熱したレバーでは，酵素カタラーゼの触媒作用が失われ，過酸化水素水に入れても酸素が発生しない。酸化マンガン(Ⅳ)では，触媒作用は変わらない。

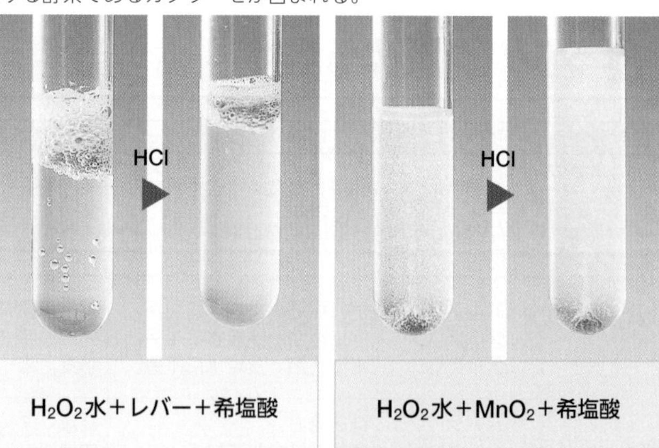

希塩酸を加えると酸性が強くなり，レバーでは酸素が発生しなくなる。酸化マンガン(Ⅳ)では，触媒作用は変わらない。

Tips 酵素入りの洗剤には，タンパク質分解酵素プロテアーゼや油脂分解酵素リパーゼが配合されている。酵素反応を利用しているため，最適温度や最適 pH があり，体温に近い温度でより大きな効果が得られる。

2 物質代謝 metabolism

生命体内でおこる生物の生命を維持するための化学反応を**物質代謝**，または単に**代謝**という。代謝は，**同化**と**異化**に分けられる。

同化…外界から物質を取り入れ，生命活動に必要な物質を合成する働き。光エネルギーを用いて，二酸化炭素と水から糖類を生産する光合成は，**炭酸同化作用**とよばれる。

異化…体内の有機物質を簡単な物質に分解する働き，たとえば，呼吸がある。呼吸によってデンプンやタンパク質が分解され，このときエネルギーが放出され，生命活動に用いられる。

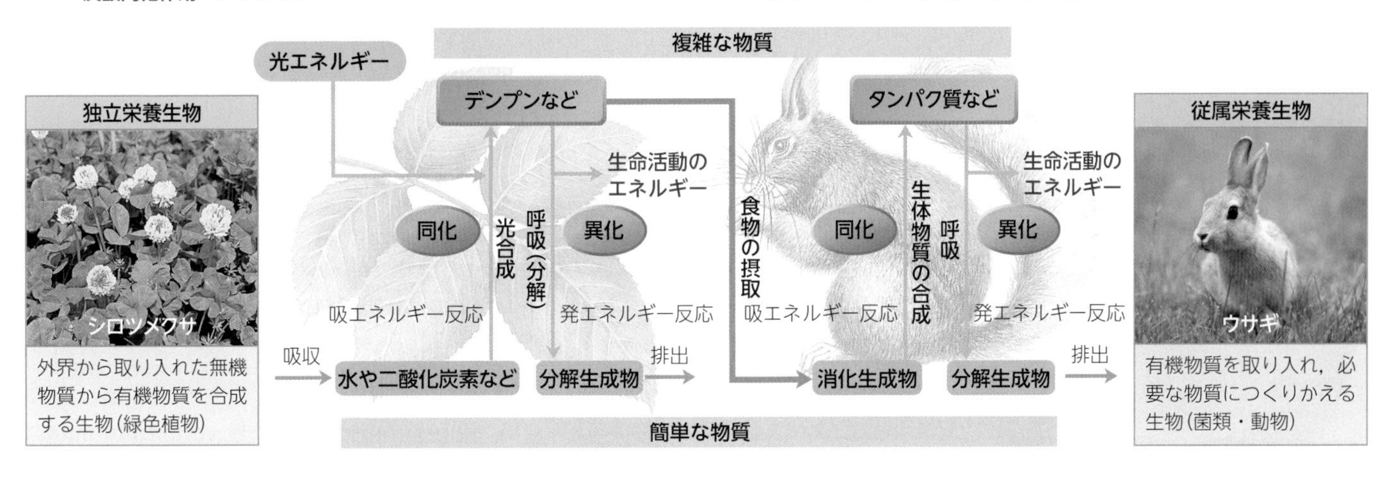

3 同化・異化と ATP

摂取された食物は，呼吸で取り入れられた酸素と反応する（異化）。このとき生じるエネルギーが ATP にたくわえられ（同化），生命を維持するため，必要に応じて取り出される。

ⓐ ATP の構造 adenosine triphosphate

高エネルギーリン酸結合

高エネルギーリン酸結合

NH_2

$H_2C-O-P-O-P-O-P-OH$

アデノシン

AMP（アデノシン一リン酸）

ADP（アデノシン二リン酸）

ATP（アデノシン三リン酸）

ⓑ ATP の働き

糖類の分解などで発生したエネルギーは，ADP が ATP に変わるために使われ，ATP としてたくわえられる。逆に，ATP が ADP に変わるとき，たくわえられていたエネルギーが放出される。

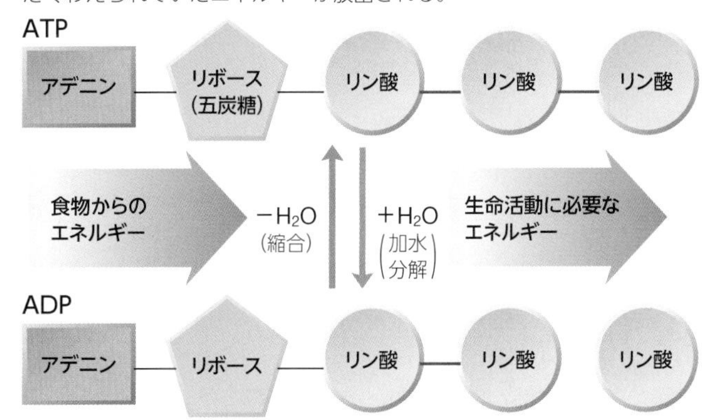

ATPがADPに変化するとき，1 molあたり約30 kJのエネルギーが放出される。

PLUS 酵素反応の速さ－ミカエリス－メンテンの式

酵素反応は，酵素 E と基質 S が合体して酵素基質複合体 ES をつくり，これが分解して生成物 P と酵素 E を生成すると説明される。

$$E+S \underset{k_2}{\overset{k_1}{\rightleftarrows}} ES \xrightarrow{k_3} P+E$$

（k_1，k_2，k_3は，各反応における反応速度定数を表す）

基質濃度[S]が小さい場合，生成物 P が生成する速さ v は，[S]にほぼ比例して大きくなる。しかし，[S]が大きくなると，ES の量が一定値に達し，単位時間に反応できる S の量も一定となる。このとき，v は最大の速さ V_{max} を示し，一定となる。

右図の関係をミカエリス（ドイツ）とメンテン（カナダ）は，次式にまとめた。

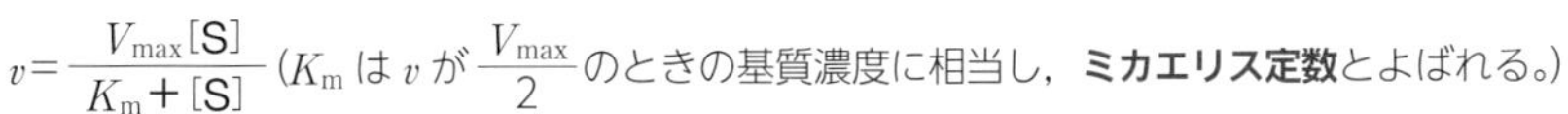

$$v=\frac{V_{max}[S]}{K_m+[S]}$$

（K_m は v が $\frac{V_{max}}{2}$ のときの基質濃度に相当し，**ミカエリス定数**とよばれる。）

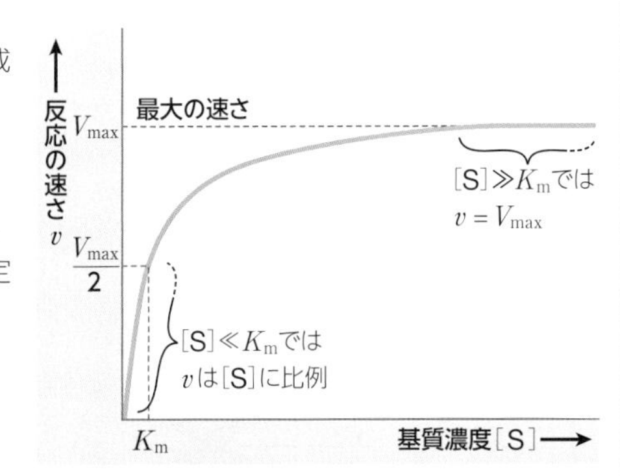

Tips ATP は「生体のエネルギー通貨」とよばれ，ADP になるとき，リン酸無水結合が切れる反応とともに，エネルギーを放出する。そのため，この結合を高エネルギーリン酸結合という。

8 核酸 化学

1 細胞の構造 cell

細胞はすべての生物に共通する基本的な単位であり，さまざまな化合物を含む水溶液が膜で包まれた構造になっている。細胞内では複雑な化学反応によって，生命体に必要な物質やエネルギーがつくられている。

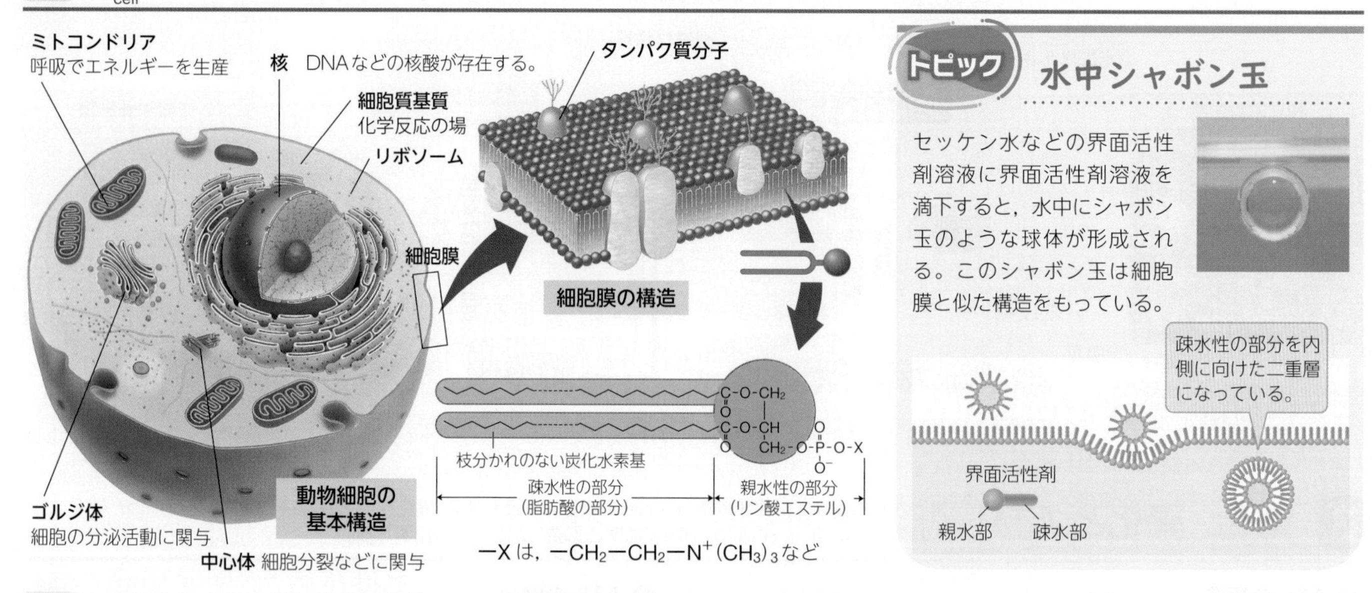

2 核酸とその基本構造 nucleic acid

核酸には**デオキシリボ核酸**(**DNA**)と**リボ核酸**(**RNA**)がある。糖とリン酸が結合した基本骨格に，側鎖として有機塩基が結合した構造の高分子である。

a ヌクレオチド nucleotide

核酸はリン酸，糖および塩基からなる**ヌクレオチド**が脱水縮合によって重合した鎖状の高分子である。

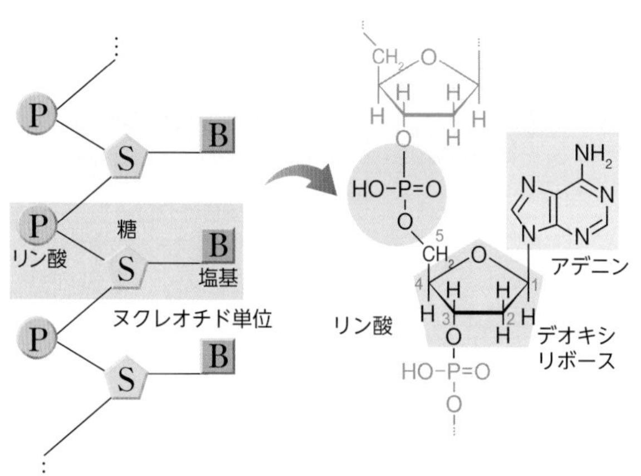

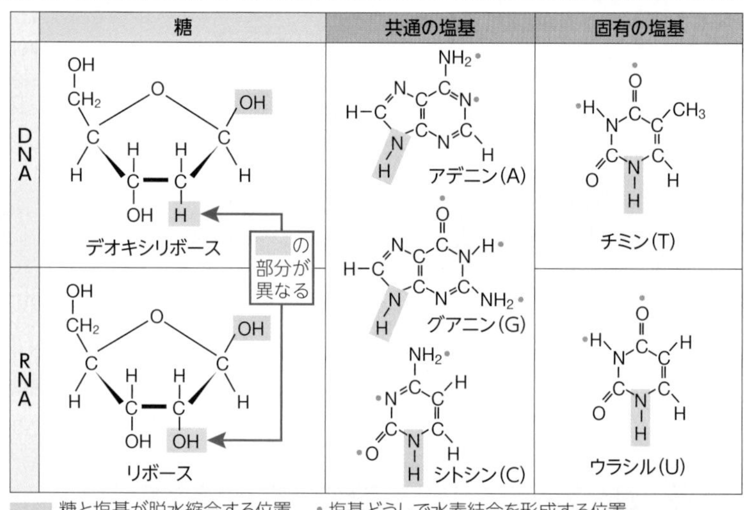

■ 糖と塩基が脱水縮合する位置　• 塩基どうしで水素結合を形成する位置

b DNA の構造

2本のポリヌクレオチド鎖が右まわりのらせん構造をとっている。AとT，GとCが水素結合によって常に対をつくっており，これらの塩基は，互いに**相補的である**といわれる。

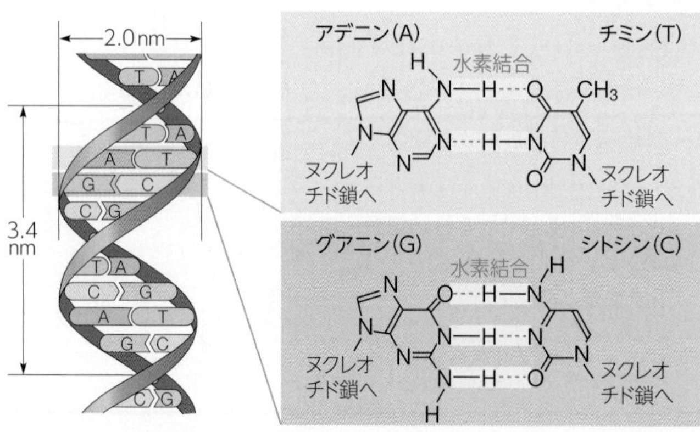

DNA の塩基組成

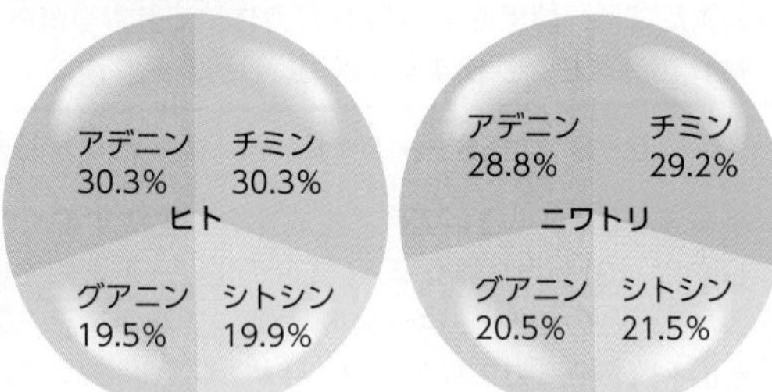

DNA 中の各塩基の物質量は，AとT，GとCがほぼ等しくなっている。この事実は，1949 年，アメリカのシャルガフによって発見された。

Tips 「細胞」を示す語 “cell” は，「小さな部屋」を意味する。イギリスの科学者ロバート・フックは，1665 年，顕微鏡で植物組織を観察したとき，隣り合った小部屋のように分かれている構造を見出し，これを “cell” と名づけた。

3 核酸の働き

核酸のもつ遺伝情報にもとづいて，新しいDNAの複製やタンパク質の合成などが行われる。

ⓐ DNAの複製

細胞が分裂して増殖するとき，おなじ塩基配列のDNAが2組作られる(**複製**)。

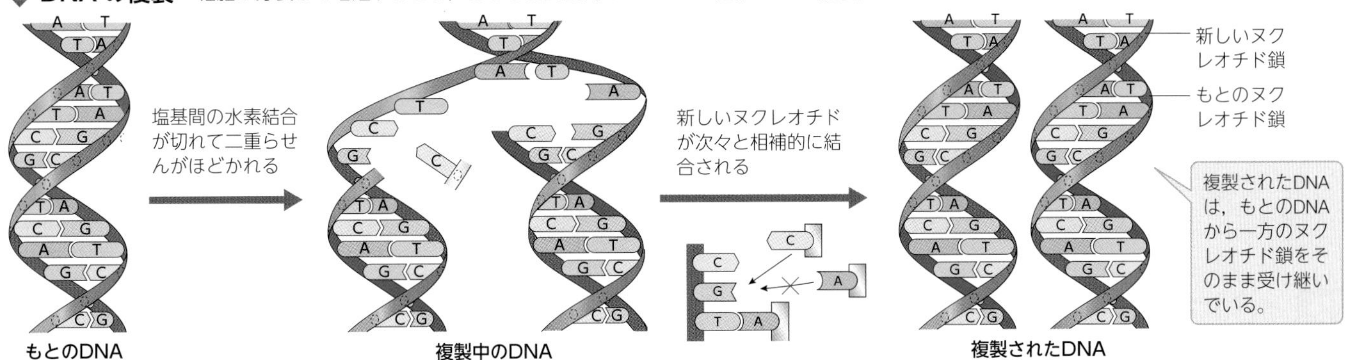
塩基間の水素結合が切れて二重らせんがほどかれる
新しいヌクレオチドが次々と相補的に結合される
新しいヌクレオチド鎖
もとのヌクレオチド鎖
複製されたDNAは，もとのDNAから一方のヌクレオチド鎖をそのまま受け継いでいる。
もとのDNA
複製中のDNA
複製されたDNA

ⓑ 遺伝情報の流れ

タンパク質はDNAの塩基配列にもとづいて合成される。まずDNAの塩基配列がRNAの塩基配列に写し取られる(**転写**)。その後，RNAの塩基配列をもとにしてタンパク質が合成される(**翻訳**)。このように，DNAの塩基配列は遺伝情報の源であり，遺伝情報は一般に，DNA ⟶ RNA ⟶ タンパク質へと一方向に伝えられる。

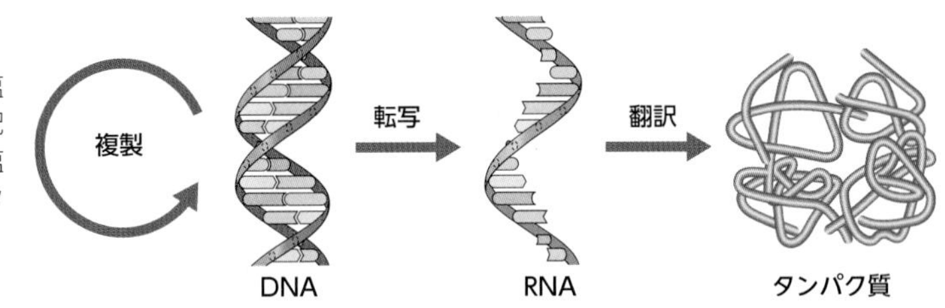
複製
転写
翻訳
DNA
RNA
タンパク質

ⓒ タンパク質の合成

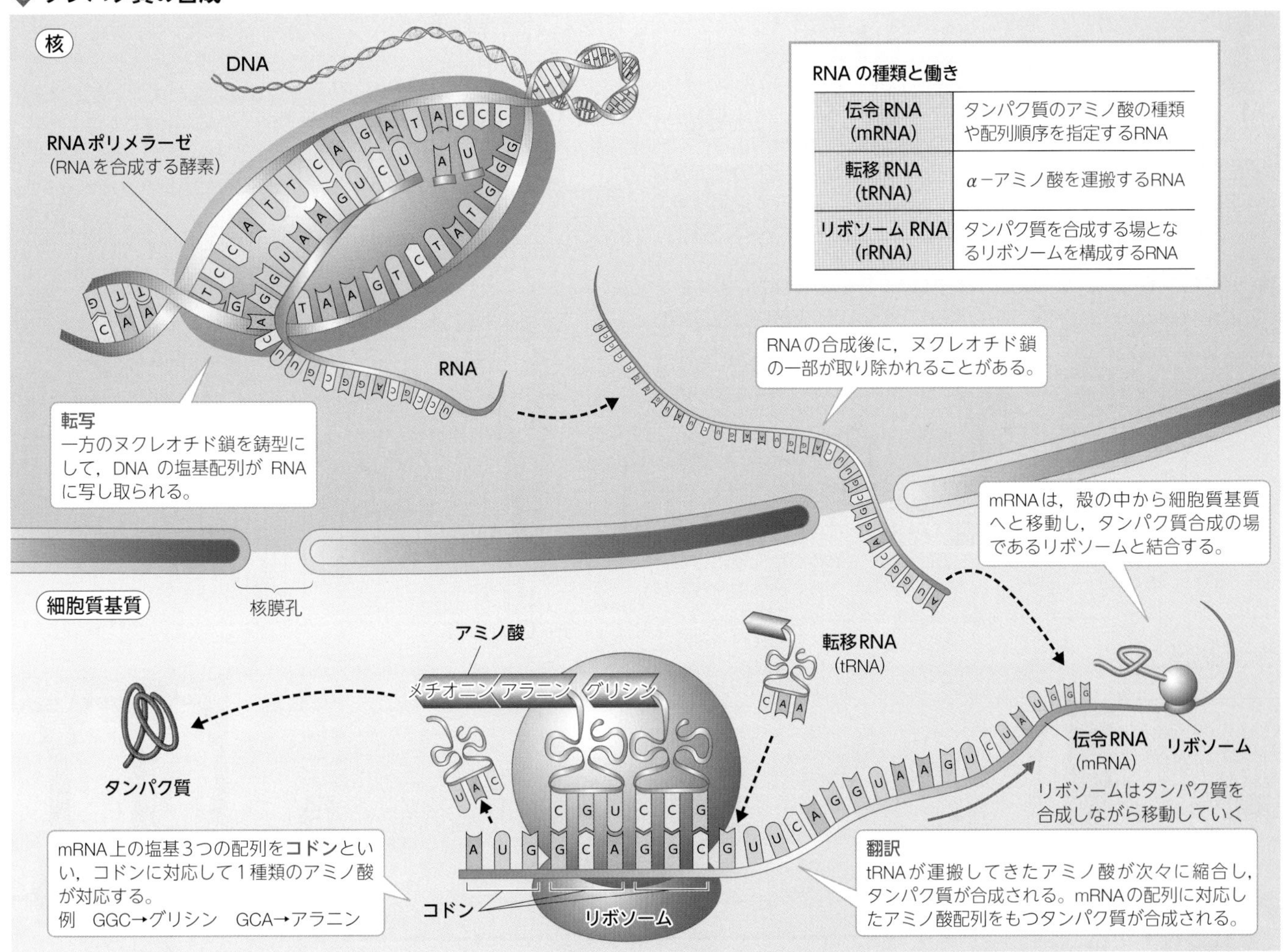
核
DNA
RNAポリメラーゼ
(RNAを合成する酵素)
RNA
転写
一方のヌクレオチド鎖を鋳型にして，DNAの塩基配列がRNAに写し取られる。
RNAの合成後に，ヌクレオチド鎖の一部が取り除かれることがある。
mRNAは，殻の中から細胞質基質へと移動し，タンパク質合成の場であるリボソームと結合する。
細胞質基質
核膜孔
アミノ酸
メチオニン
アラニン
グリシン
転移RNA
(tRNA)
タンパク質
伝令RNA
(mRNA)
リボソーム
リボソームはタンパク質を合成しながら移動していく
mRNA上の塩基3つの配列をコドンといい，コドンに対応して1種類のアミノ酸が対応する。
例　GGC→グリシン　GCA→アラニン
コドン
リボソーム
翻訳
tRNAが運搬してきたアミノ酸が次々に縮合し，タンパク質が合成される。mRNAの配列に対応したアミノ酸配列をもつタンパク質が合成される。

RNAの種類と働き

伝令RNA (mRNA)	タンパク質のアミノ酸の種類や配列順序を指定するRNA
転移RNA (tRNA)	α-アミノ酸を運搬するRNA
リボソームRNA (rRNA)	タンパク質を合成する場となるリボソームを構成するRNA

Tips　DNAの二重らせん構造は，1953年のNature誌に発表された。2ページにも満たない論文ではあったが，塩基配列として記録された遺伝情報が，DNAの複製によって伝達されることが説明できるようになり，分子生物学の発展に大きな影響を与えた。

9 合成繊維 化学

1 繊維の分類

繊維は，動物や植物から得られる**天然繊維**と，化学的な工程を経て製造される**化学繊維**に大別される。

天然繊維には，植物から得られる**植物繊維**と，動物から得られる**動物繊維**がある。化学繊維には，石油をおもな原料とする**合成繊維**や，天然繊維（セルロース）を化学的に処理して得られる**再生繊維**，**半合成繊維**がある。

天然繊維	植物繊維	木綿，麻
	動物繊維	羊毛，絹
化学繊維	合成繊維	ナイロン，ポリエステル，アクリル繊維，ビニロン
	再生繊維	銅アンモニアレーヨン，ビスコースレーヨン
	半合成繊維	アセテート

2 ポリアミド polyamide

MOVIE

単量体がアミド結合によって多数連なった高分子を**ポリアミド**という。ポリアミドの繊維には，**ナイロン66**（**6,6-ナイロン**）や**ナイロン6**（**6-ナイロン**）などのほか，**アラミド繊維**がある。

ⓐ ナイロン66 nylon66

ナイロン66はアジピン酸とヘキサメチレンジアミンからつくられる。実験室では，アジピン酸ジクロリドを用い，界面重合でつくることができる。

$$n\mathrm{HOOC-(CH_2)_4-COOH} + n\mathrm{H_2N-(CH_2)_6-NH_2} \xrightarrow{\text{縮合重合}} \mathrm{\left[OC-(CH_2)_4-CO-NH-(CH_2)_6-NH\right]_{\mathit{n}}} + 2n\mathrm{H_2O}$$

アジピン酸　ヘキサメチレンジアミン　ナイロン66（アミド結合）

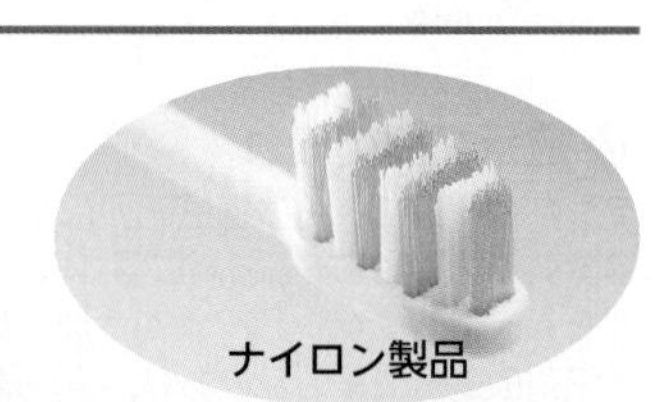
ナイロン製品

アジピン酸ジクロリド $\mathrm{ClOC(CH_2)_4COCl}$ のヘキサン溶液

＋

ヘキサメチレンジアミンの水酸化ナトリウム水溶液

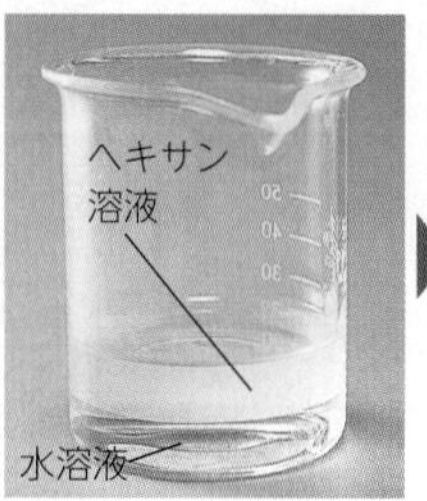

水酸化ナトリウム水溶液にヘキサン溶液を加えると，2層になる。

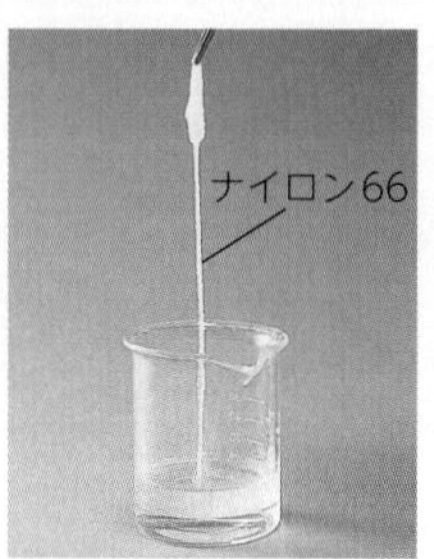

両溶液の境界面で生じた高分子の膜をピンセットで引き上げる。

ⓑ ナイロン6 nylon6

ナイロン6はカプロラクタムの開環重合によってつくられる。

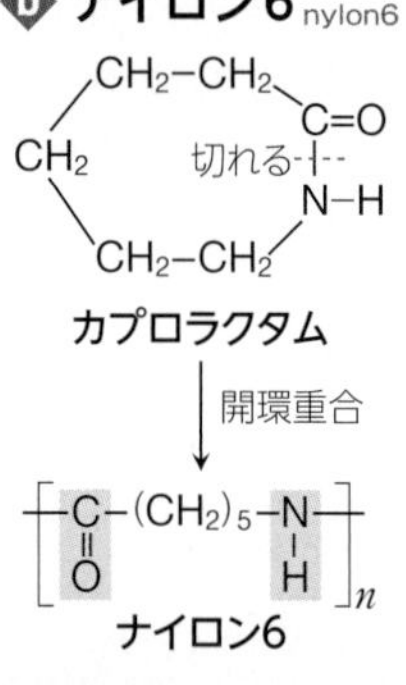

カプロラクタムに6-アミノ-*n*-カプロン酸を加えて加熱，融解する。

液体の粘性が増したところで試験管から流し出し，巻きとる。

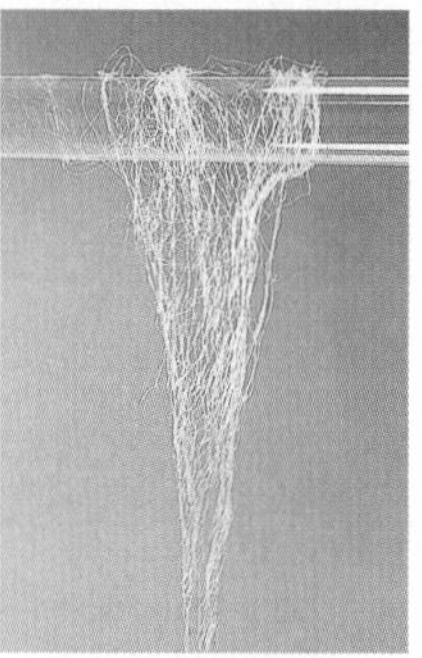
ナイロン6

トピック アラミド繊維

ベンゼン環を含むポリアミド繊維は，アラミド繊維とよばれる。ベンゼン環が規則正しく並行に並ぶことによって，分子間力が強く働き，強靭な繊維になる。
アラミド繊維は，熱に強く，高い強度を示し，消防服などに用いられる。

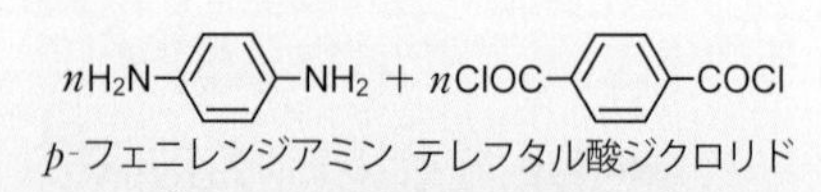

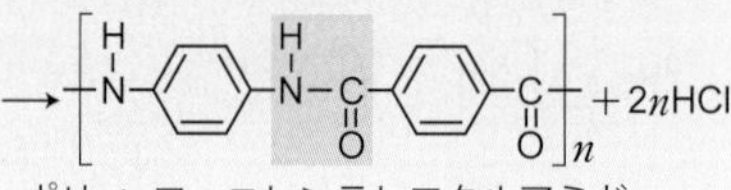

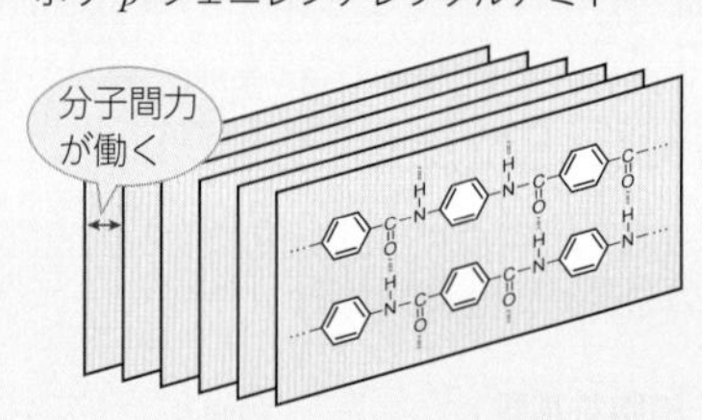

■繊維の紡糸と加工

ナイロンやポリエステルを融解して紡糸をしたのち，これを引きのばすと繊維が得られる。

ナイロンの融解紡糸

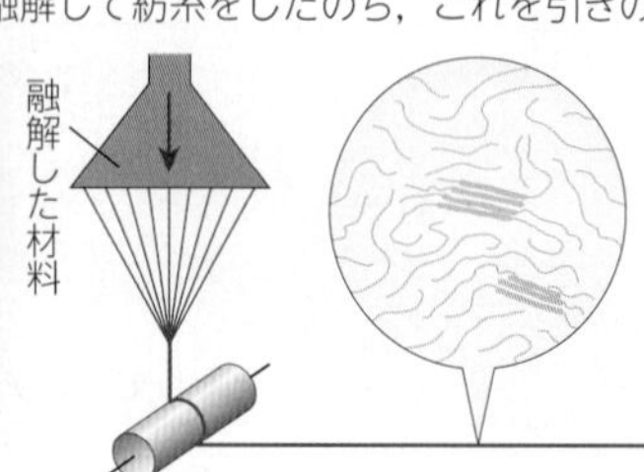

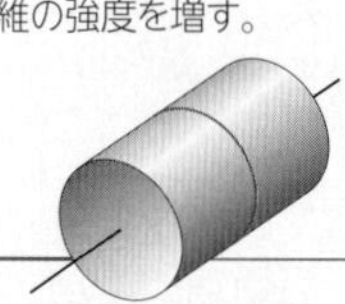

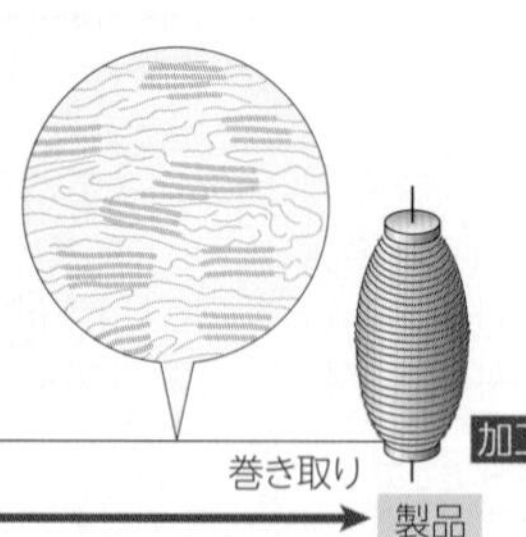

ナイロンの糸

Tips ナイロン66やナイロン6の数字は，それぞれの単量体の分子内の炭素数を表しており，たとえば，ナイロン610はヘキサメチレンジアミン（$C_6H_{16}N_2$）とセバシン酸（$C_{10}H_{18}O_4$）の縮合重合で得られる。セバシン酸はアジピン酸と同様にカルボキシ基を両端にもつ直鎖状の分子である。

3 ポリエステル polyester

単量体がエステル結合によって連なった高分子を**ポリエステル**という。ポリエステルの繊維には，テレフタル酸とエチレングリコールの縮合重合で得られる**ポリエチレンテレフタラート(PET)**などがある。

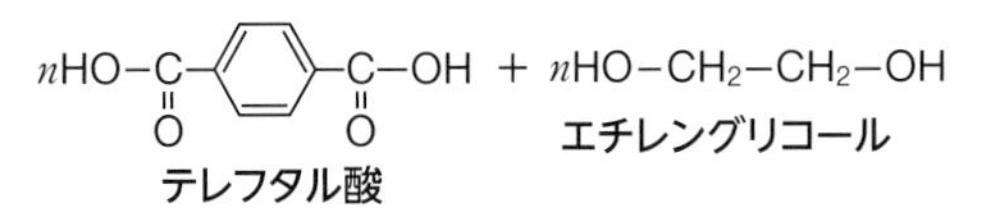

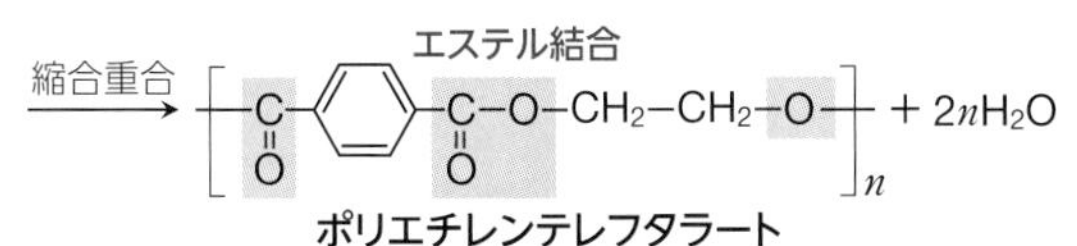

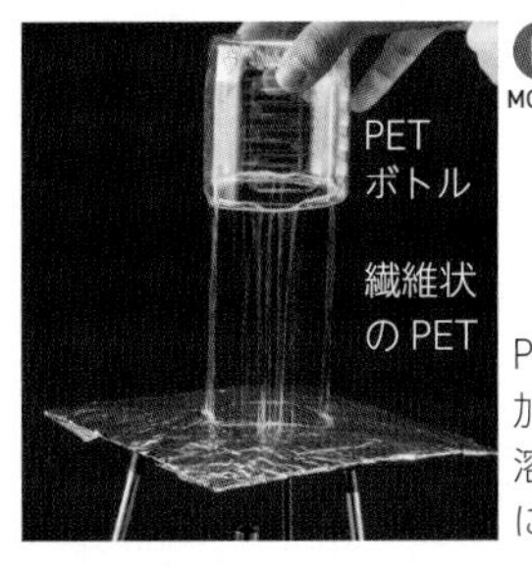

PET ボトルを加熱すると，溶けて繊維状になる。

ポリエステル製品

4 アクリル繊維 acrylic fiber

アクリロニトリルに少量のアクリル酸メチルや塩化ビニルを加え，付加重合(共重合)させてつくられた合成繊維を**アクリル繊維**という。羊毛に似た性質を示し，やわらかく，軽量である。

単量体	共重合体の構造(一部)	特徴
$CH_2=CHCN$ アクリロニトリル　$CH_2=CHCOOCH_3$ アクリル酸メチル	$\cdots-CH_2-CH(CN)-CH_2-CH(COOCH_3)-\cdots$	アクリロニトリルだけから得られるポリアクリロニトリルは染色しにくいため，アクリル酸メチルを加えて，染色しやすくしている。
$CH_2=CHCN$ アクリロニトリル　$CH_2=CHCl$ 塩化ビニル	$\cdots-CH_2-CH(CN)-CH_2-CH(Cl)-\cdots$	塩化ビニルを共重合させて得られる繊維は，燃えにくく，防炎カーテンなどに用いられる。

アクリル繊維の製品

5 ビニロン vinylon

ポリ酢酸ビニルを加水分解するとポリビニルアルコールになる。この溶液を細孔から硫酸ナトリウム水溶液中に押し出すと，ポリビニルアルコールの繊維が得られる。これをホルムアルデヒドと希硫酸で処理して得られる繊維を**ビニロン**という。

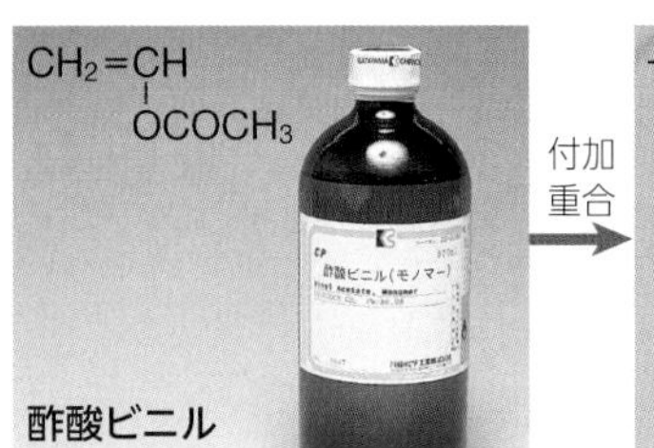

酢酸ビニル

付加重合 →

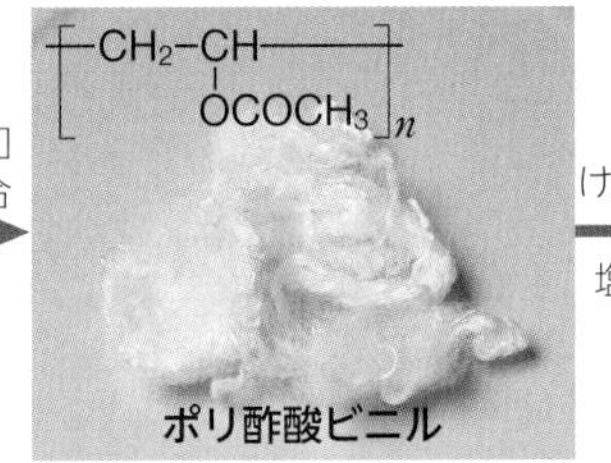

ポリ酢酸ビニル

けん化 塩基 →

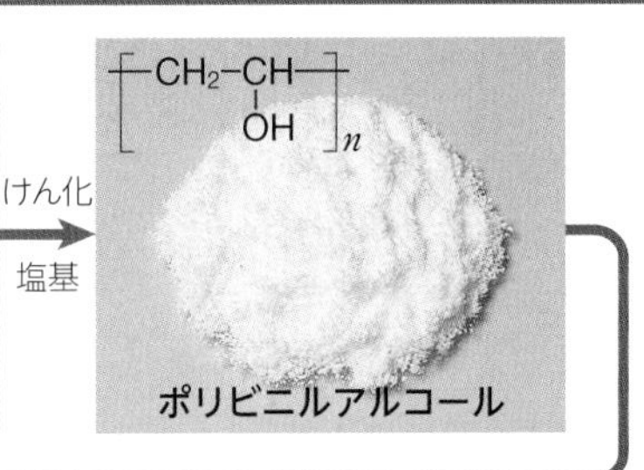

ポリビニルアルコール

ビニロンはロープや漁網などに用いられる。

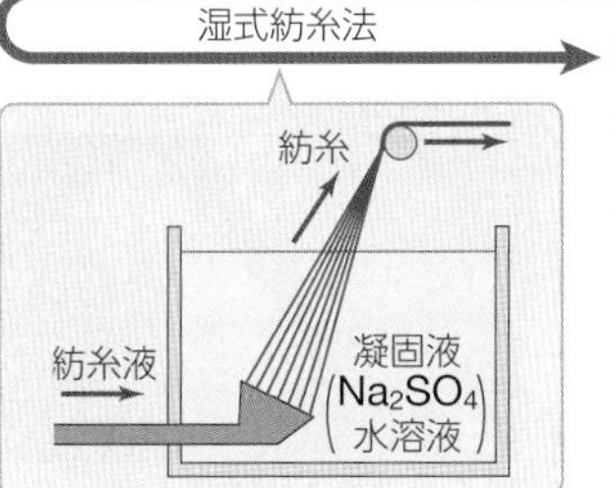

$\cdots-CH_2-CH(OH)-CH_2-CH(OH)-CH_2-CH(OH)-\cdots$ ポリビニルアルコール $\xrightarrow[\text{アセタール化}]{HCHO}$ $\cdots-CH_2-CH-CH_2-CH-CH_2-CH(OH)-\cdots$（$O-CH_2-O$ で架橋） ビニロン

ポリビニルアルコール(ポバール，PVA)は，ヒドロキシ基が多く水溶性であるが，紡糸後，ホルムアルデヒドと反応させると，$-O-CH_2-O-$構造がつくられて(**アセタール化**)，水に溶けないビニロンが得られる。アセタール化の割合は30～40％の程度であり，残ったヒドロキシ基によって，ビニロンは適度な吸湿性を示す。

PLUS 炭素繊維とその利用

アクリル繊維などを原料に，酸素のない状態で高温に加熱し，炭素成分のみを残して製造される繊維を**炭素繊維**という(炭素は質量比で90％以上)。

炭素繊維は，軽く(密度：約1.8g/cm^3)，弾力に富み，丈夫で熱にも強い。そのため，ゴルフクラブやテニスラケットのようなスポーツ用品から航空機，自動車，宇宙船まで，幅広く利用されている。

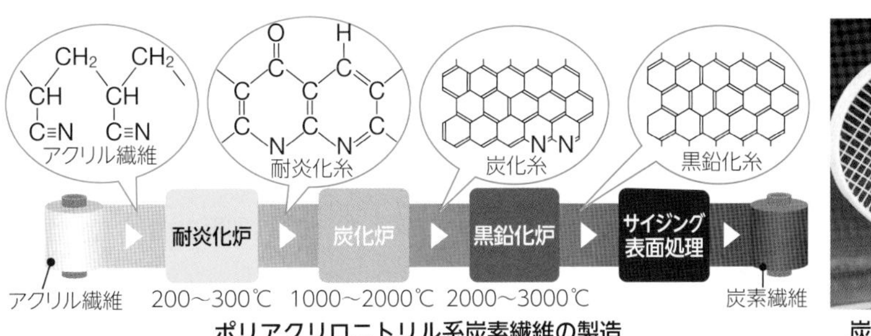

ポリアクリロニトリル系炭素繊維の製造

炭素繊維の利用

Tips ビニロンは1939年，京都帝国大学の桜田一郎を中心として合成された。桜田は，粘度から高分子の分子量を求める式(粘度式)を研究するなど，高分子に関するさまざまな研究を行い，日本の高分子化学の基礎を築いた。

10 合成樹脂 化学

1 熱可塑性樹脂 thermoplastic resin

加熱すると軟化し，冷却すると再び硬化する樹脂を**熱可塑性樹脂**という。付加重合で合成されるものが多く，鎖状構造が多い。

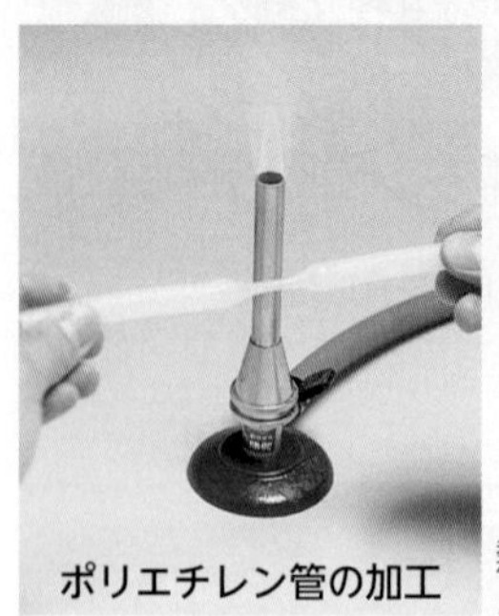

ポリエチレン管の加工

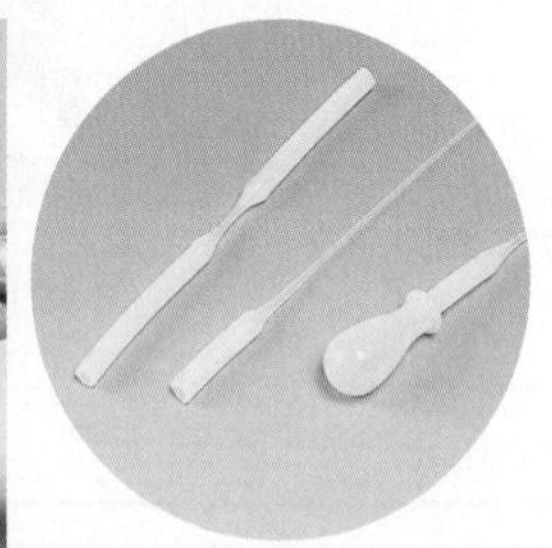

熱可塑性樹脂が軟化しはじめる温度を**軟化点**または**ガラス転移点**という。

ペレット状の高分子

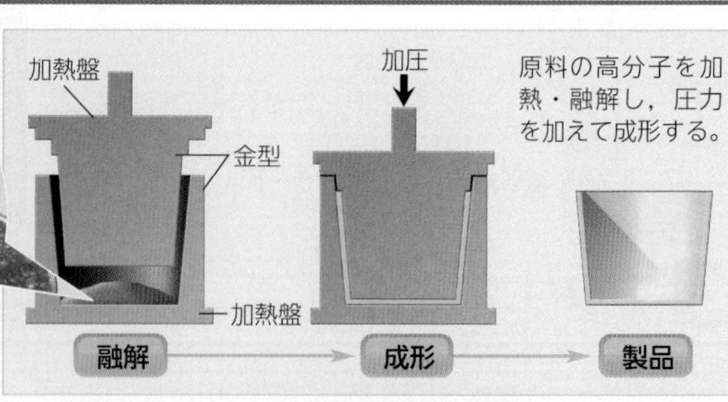

熱可塑性樹脂の加工(原理)

名称		ポリエチレン(PE)	ポリプロピレン(PP)	ポリ塩化ビニル(PVC)	ポリスチレン(PS)	ポリメタクリル酸メチル(PMMA)
構造		$\mathrm{\left[CH_2-CH_2 \right]_n}$	$\mathrm{\left[CH_2-CH(CH_3) \right]_n}$	$\mathrm{\left[CH_2-CHCl \right]_n}$	$\mathrm{\left[CH_2-CH(C_6H_5) \right]_n}$	$\mathrm{\left[CH_2-C(CH_3)(COOCH_3) \right]_n}$
単量体		エチレン $\mathrm{CH_2=CH_2}$	プロペン(プロピレン) $\mathrm{CH_2=CH-CH_3}$	塩化ビニル $\mathrm{CH_2=CH-Cl}$	スチレン $\mathrm{CH_2=CH-C_6H_5}$	メタクリル酸メチル $\mathrm{CH_2=C(CH_3)-COOCH_3}$
特徴		耐水性，耐薬品性，電気絶縁性にすぐれる。染色しにくい。フィルムは光をよく通す。	耐熱性にすぐれる。引っ張りに強く，弾性も大きい。染色，接着されにくく，紫外線に弱い。	耐薬品性，耐水性にすぐれ，染色しやすい。可塑剤の量によって，軟質，硬質のものがつくられる。	耐水性，耐薬品性，電気絶縁性にすぐれ，着色しやすい。発泡させたものは発泡ポリスチレンとよばれる。	メタクリル樹脂ともよばれ，光を通しやすく，加工しやすい。有機ガラスともいう。
	軟化点	低密度　100℃前後 高密度　120℃前後	140～160℃	70℃前後	80～100℃	70～120℃
	密度	低密度 約0.92 g/cm^3 高密度 約0.95 g/cm^3	約0.91 g/cm^3	約1.4 g/cm^3	約1.04～1.07 g/cm^3	約1.19～1.22 g/cm^3
	燃焼	融解しながら燃焼。	融解しながら煙を出して徐々に燃焼。	炎の中では燃焼し，外に出すと消える。塩化水素を発生。	多量のすすを発生して燃焼。	やや明るい炎をあげて燃焼。特異臭。
利用		ビニールハウス	車のバンパー	パイプ	カップめんの容器	水槽

ポリエチレンは密度の違いによって，**低密度ポリエチレン(LDPE)**，**高密度ポリエチレン(HDPE)**に分離され，異なる用途で用いられることがある。

合成樹脂の燃焼

ポリエチレン
融解する。

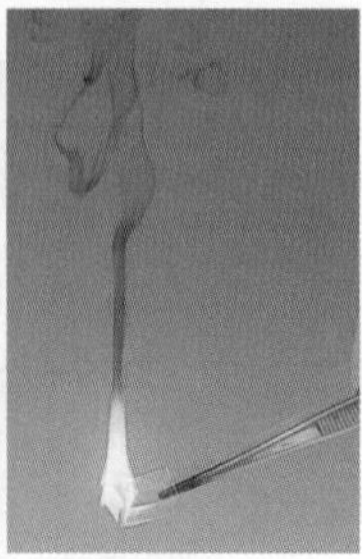

ポリスチレン
多量のすすを発生。

合成樹脂の溶解性

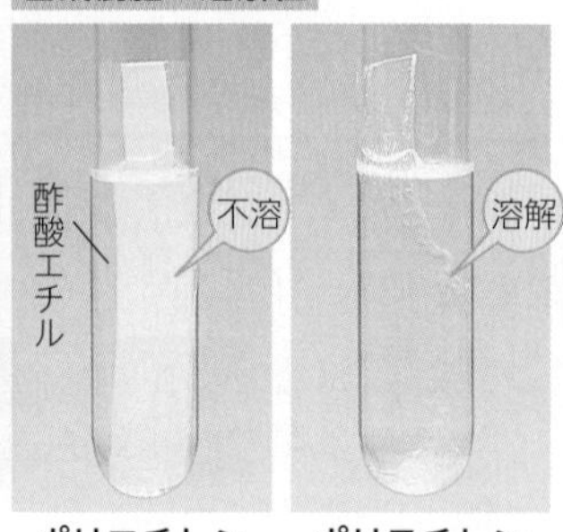

ポリエチレン　**ポリスチレン**
ポリスチレンは酢酸エチルに溶ける。

縮合重合で合成される熱可塑性樹脂

名称		ナイロン66	ポリエチレンテレフタラート
特徴		耐摩耗性にすぐれ，弾性が大きい。	耐久性にすぐれる。
		融点 264℃/ 密度 1.34 g/cm^3	融点 265℃/ 密度 1.14 g/cm^3
利用			

これらの樹脂は合成繊維としても用いられる。

人類初の合成高分子化合物といわれているのはフェノール樹脂である。ベルギー生まれのアメリカ人化学者，レオ・ヘンドリック・ベークランドが，1907年，工業化に成功し，このフェノール樹脂をベークライトと名づけた。

2 熱硬化性樹脂
thermosetting resin

合成するときに，加熱によって反応が進み，しだいに硬化する樹脂を**熱硬化性樹脂**という。単量体が付加と縮合を繰り返す**付加縮合**で合成されるものが多く，立体網目状構造が多い。

名称	フェノール樹脂	尿素樹脂（ユリア樹脂）	メラミン樹脂	アルキド樹脂	シリコーン樹脂
構造（一部）	…-H_2C-(OH付きベンゼン環)-CH_2-(OH付きベンゼン環)-CH_2-…（各環に CH_2 ⋮）	…-CH_2-N-CH_2-N-CH_2-… C=O　C=O …-CH_2-NH　NH-CH_2-…	$NHCH_2$-… …-NH-(トリアジン環)-NH H_2C　NH_2 NH-(トリアジン環)-NH-…	(ベンゼン環)-C(=O)-O-CH_2-CH-CH_2-… C(=O)-O-CH_2 CH-CH_2-…	R　R　R …-Si-O-Si-O-Si-… O　R　O
単量体	(ベンゼン環)-OH フェノール HCHO ホルムアルデヒド	$CO(NH_2)_2$ 尿素 HCHO ホルムアルデヒド	NH_2, H_2N, NH_2 (トリアジン環) メラミン HCHO ホルムアルデヒド	無水フタル酸 CH_2-OH / CH -OH / CH_2-OH グリセリン	R_nSiCl_{4-n} (n = 1, 2, 3) アルキルクロロシラン H_2O 水
特徴	耐熱性，耐薬品性，電気絶縁性にすぐれる。	耐熱性，耐薬品性にすぐれる。接着や着色しやすい。	耐久性，耐熱性にすぐれる。高い強度を示す。	耐久性にすぐれる。接着しやすく，弾力がある。	耐水性，耐熱性，電気絶縁性にすぐれる。
利用	電気器具	合板の接着剤	流し台	塗料	

尿素樹脂やメラミン樹脂などは，**アミノ樹脂**と総称される。

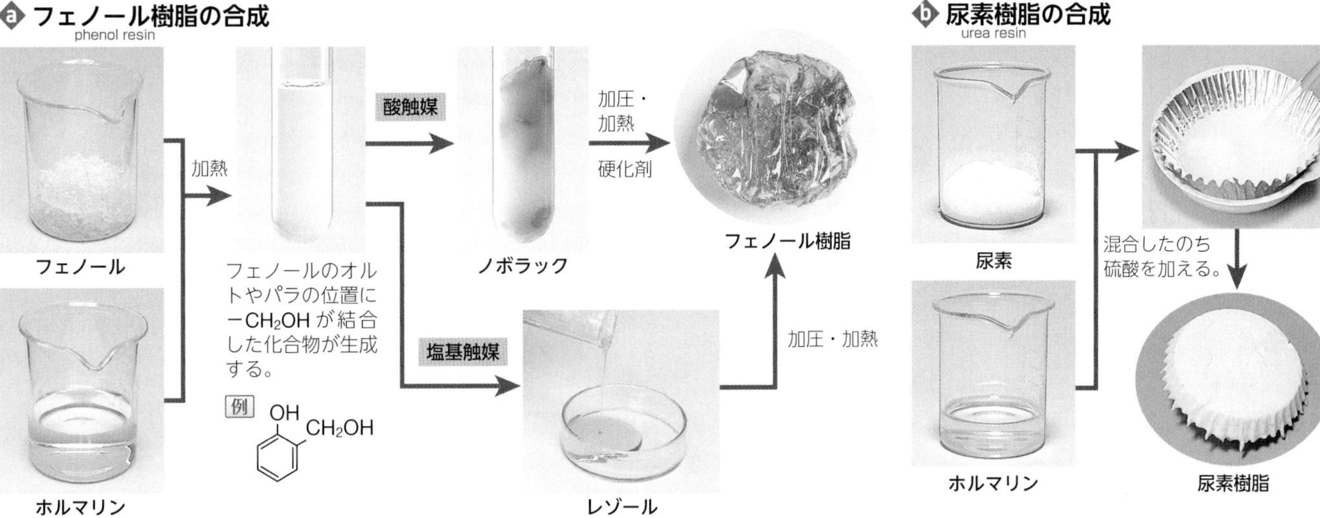

PLUS ノボラックとレゾール

フェノール樹脂の合成には，付加と縮合が関与している。

$$C_6H_5OH + HCHO \longrightarrow C_6H_4(OH)CH_2OH \quad \text{(付加)} \cdots (a)$$

$$C_6H_4(OH)CH_2OH + C_6H_5OH \longrightarrow C_6H_4(OH)-CH_2-C_6H_4(OH) \quad \text{(縮合)} \cdots (b)$$

酸を触媒として反応させると，付加よりも縮合が起こりやすくなり，直鎖状の分子が生成する。

$$C_6H_4(OH)-CH_2-C_6H_4(OH) \xrightarrow[\text{縮合}]{C_6H_4(OH)CH_2OH} C_6H_4(OH)\left[CH_2-C_6H_3(OH)\right]_n CH_2-C_6H_4(OH) \quad (n = 4 \sim 9)$$

ノボラックはこれらの混合物であり，熱可塑性を示す固体である。

一方，塩基を触媒とすると，付加が起こりやすくなり，下のようなものが得られる。さらに，2分子が縮合し，ホルムアルデヒドが付加した形の化合物も得られる。**レゾール**はこれらの分子の混合物であり，黄褐色の粘性のある液体である。

$C_6H_4(OH)CH_2OH$（オルト体），$C_6H_4(OH)CH_2OH$（パラ体），$C_6H_3(OH)(CH_2OH)_2$ など

ノボラックには，橋架けをするための $-CH_2OH$ 構造が少なく，立体網目状の樹脂になりにくい。そのため，硬化剤を加えて反応させ，樹脂を得る。一方，レゾールには $-CH_2OH$ 構造が多く，加圧・加熱すると重合し，樹脂になる。

Tips フッ素樹脂（ポリテトラフルオロエチレン $\left[CF_2-CF_2\right]_n$）は，テトラフルオロエチレン $CF_2=CF_2$ の付加重合で合成されるが，熱可塑性を示さない。耐熱性，耐水性，耐油性にすぐれ，フライパンの表面加工（テフロン加工やフッ素樹脂加工といわれる）などに用いられる。

11 機能性高分子化合物 化学

1 イオン交換樹脂
ion-exchange resin

合成高分子化合物のうち，特別な機能を備えたものを**機能性高分子化合物**という。そのひとつに，水溶液中の陽イオンや陰イオンを，水素イオンや水酸化物イオンと交換する**イオン交換樹脂**がある。

イオン交換樹脂は，スチレンと p-ジビニルベンゼンを共重合させて得られる立体網目状の樹脂に，$-SO_3H$ や $-CH_2N^+R_3$（R はアルキル基）を導入させてつくられる。

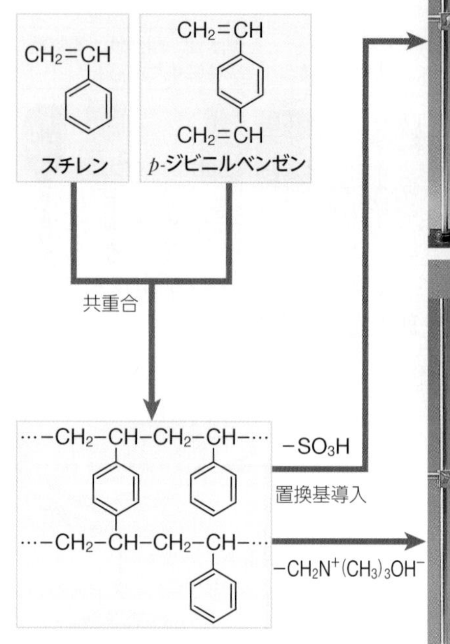

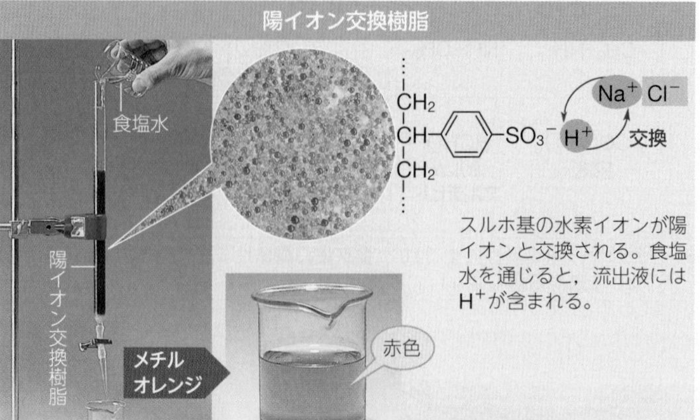

スルホ基の水素イオンが陽イオンと交換される。食塩水を通じると，流出液には H^+ が含まれる。

流出液は酸性を示す。

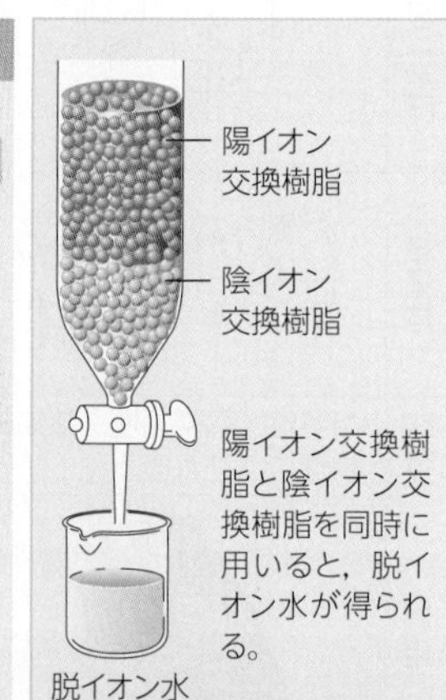

陽イオン交換樹脂と陰イオン交換樹脂を同時に用いると，脱イオン水が得られる。

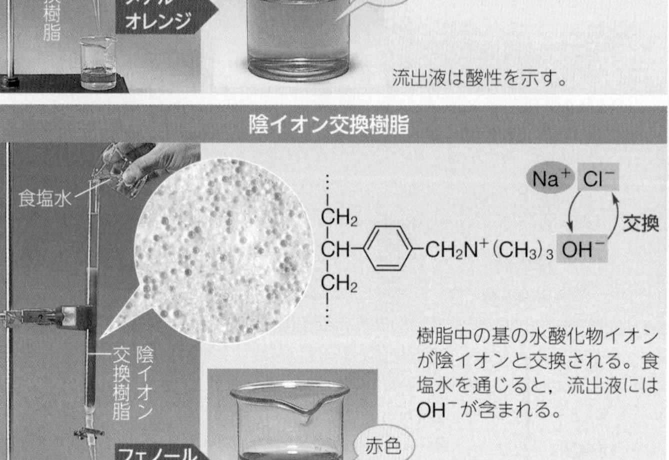

樹脂中の基の水酸化物イオンが陰イオンと交換される。食塩水を通じると，流出液には OH^- が含まれる。

流出液は塩基性を示す。

製塩工場
イオン交換樹脂の膜は，イオンを選択的に透過させ，海水の濃縮に利用される（➡ p.99）。

PLUS イオン交換と水溶液のモル濃度

塩化ナトリウム水溶液の濃度測定　水溶液をイオン交換樹脂に通し，流出液の pH を測定することで，水溶液のモル濃度を求めることができる。

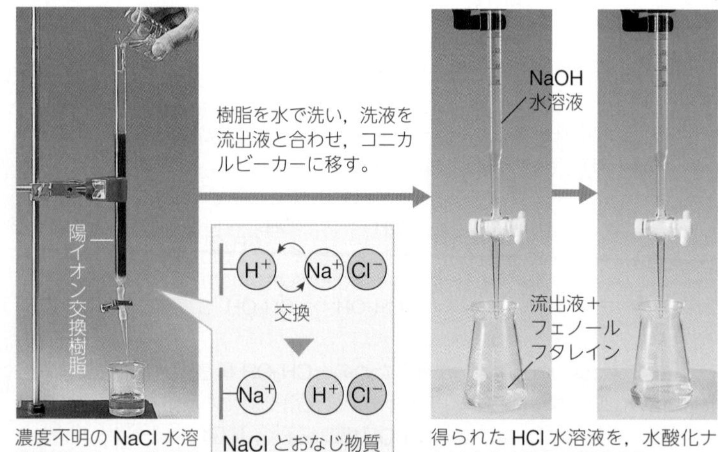

濃度不明の NaCl 水溶液を陽イオン交換樹脂に通す。

NaCl とおなじ物質量の HCl が生成。

得られた HCl 水溶液を，水酸化ナトリウム水溶液で滴定する。

例　濃度不明の NaCl 水溶液 20.0 mL を，十分な量の陽イオン交換樹脂に通し，流出液を集めた。次に，この樹脂に水を通して洗い，その水洗液も流出液に合わせ，0.0500 mol/L の NaOH 水溶液で中和滴定をしたところ，26.0 mL を要した。

HCl の物質量を求める

HCl の物質量を n〔mol〕とすると，

$$1\times n\,[\mathrm{mol}]=1\times 0.0500\,\mathrm{mol/L}\times\frac{26.0}{1000}\,\mathrm{L}$$

$$n=1.30\times10^{-3}\,\mathrm{mol}$$

NaCl の物質量を求める

HCl と NaCl の物質量は等しいので，NaCl 水溶液を c〔mol/L〕とすると，

$$c\,[\mathrm{mol/L}]\times\frac{20.0}{1000}\,\mathrm{L}=1.30\times10^{-3}\,\mathrm{mol}$$

$$c=6.50\times10^{-2}\,\mathrm{mol/L}$$

Tips　イオン交換樹脂は，硬水（Ca^{2+} や Mg^{2+} を多く含む水）の Ca^{2+} や Mg^{2+} を H^+ に交換することで，Ca^{2+} や Mg^{2+} の少ない軟水に変えることや，海水の淡水化に利用されている。

2 その他の機能性高分子化合物

イオン交換樹脂のほかにも，**高吸水性樹脂**や**導電性樹脂**など，さまざまな機能性高分子化合物が利用されている。

ⓐ 高吸水性樹脂

ポリアクリル酸ナトリウムのような高分子は，水に溶解する。このような高分子が立体網目状になるように，適切な物質と共重合させると，水に溶解せず，多量の水を吸収してふくらむ**高吸水性樹脂**が得られる。高吸水性樹脂は，紙おむつ，生理用品，土壌保水剤などに利用される。

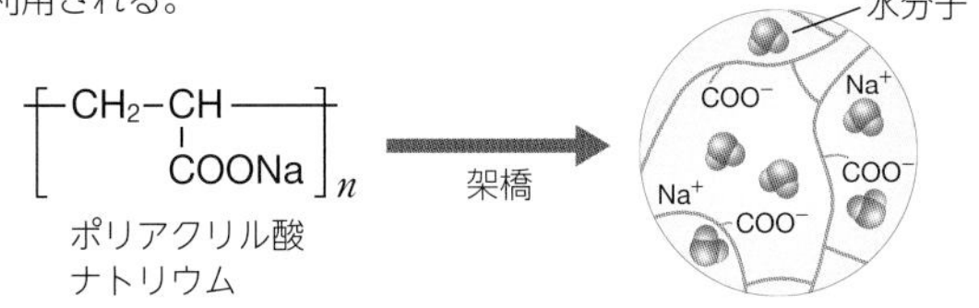

高吸水性樹脂と水

吸水した樹脂

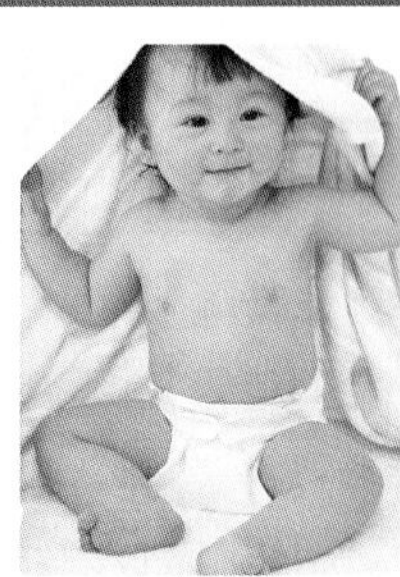

紙おむつ

吸水能力は，タオルなどの数100～数1000倍に達する。

ⓑ 導電性樹脂

アセチレン C_2H_2 をチーグラー触媒で重合させると，ポリアセチレンが得られる(➡ p.300)。これに，ヨウ素を添加すると，金属に近い電気伝導性を示す**導電性樹脂**ができる。

ポリアセチレン

−CH=CH−CH=CH−CH=CH−CH=CH−CH=CH−

↓ I_2添加

導電性樹脂

−CH=CH−CH=CH−CH−CH−CH=CH−CH=CH−（電子•，正孔∘，I^-）

添加されたヨウ素原子は，炭素原子の電子を受け取り，炭素原子の一部に正孔(価電子帯の電子が不足した状態)ができる。ここに，となりの炭素原子の電子が移り，このような移動が順次おこることで電気が流れる。

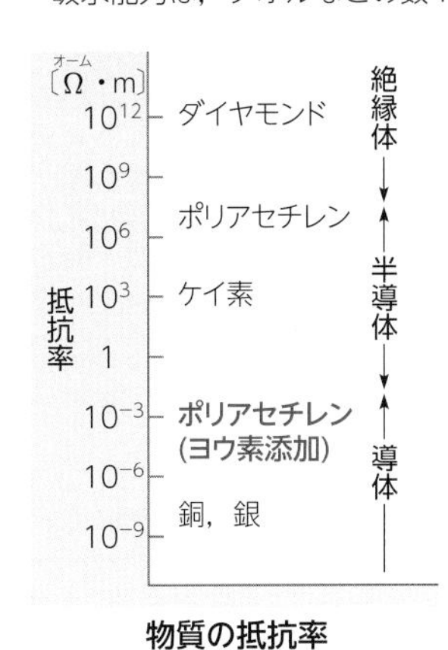

物質の抵抗率

抵抗率が小さいほど，電気を流しやすい。

ポリアセチレン膜

導電性樹脂の利用例

タッチパネルなどに利用される。

ⓒ 生分解性樹脂

自然界の微生物の作用で分解し，環境に負荷を与えないプラスチックは，**生分解性樹脂**とよばれ，代表的なものに，**ポリ乳酸**がある。生分解性樹脂は，手術の縫合糸などに利用される。

ポリ乳酸の製造

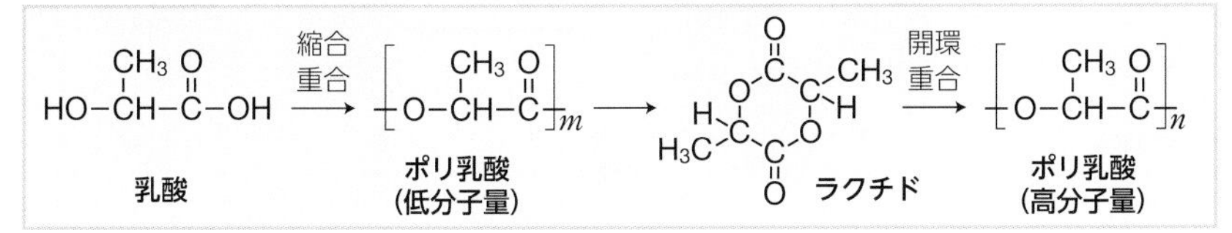

低分子量のポリ乳酸から，乳酸 2 分子が脱水縮合した形のラクチドをつくり，これを開環重合させて，高分子量のポリ乳酸を得ている。

分解前　分解後

生分解性樹脂の製品

ⓓ 感光性樹脂

光によって，性質を変える樹脂を**感光性樹脂**という。光にあたると凝固するもの，溶解性や電気伝導性を変化させるものなどがある。光硬化性を示すものは，印刷用刷版や，歯の治療用充填剤などに利用されている。

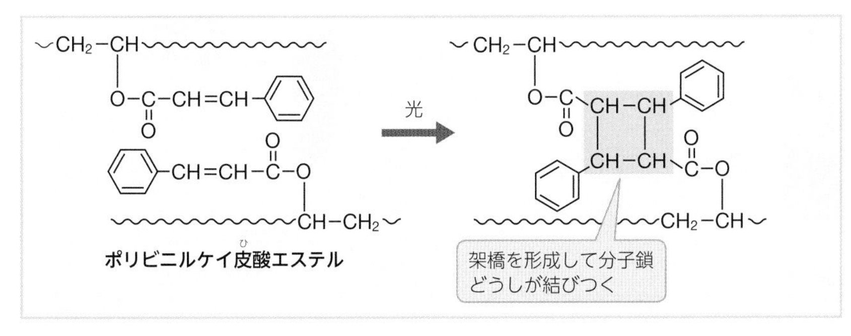

■光硬化性樹脂の利用(原理)

❶ 光硬化性樹脂を塗布した基材に光をあてると，光があたった部分が硬くなり，水に不溶となる。

❷ 硬化していない部分を水で洗い流すと，硬化した部分だけが残る。

■歯の治療用充填剤

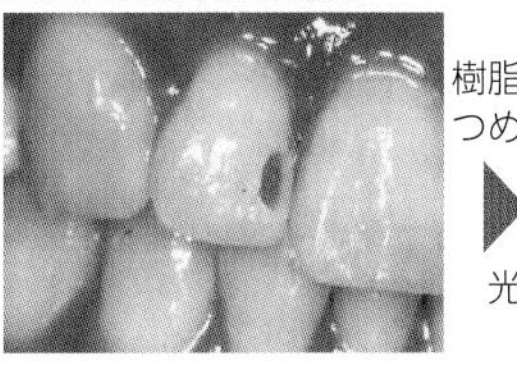

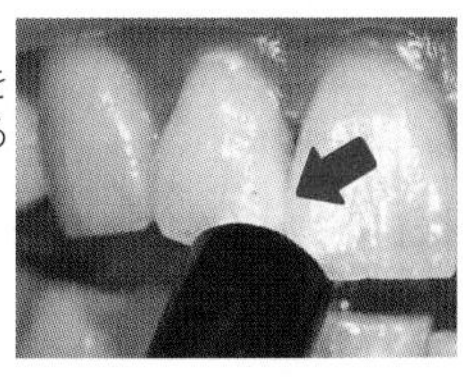

第7章・高分子化合物

Tips 導電性樹脂には，安定性，透明性，成膜性にすぐれるポリアニリンもある。ポリアニリンは，酸化されると一部がアニリンブラックになる。

12 天然ゴムと合成ゴム 化学

1 天然ゴム natural rubber

ゴムノキの樹皮に傷をつけると，**ラテックス**とよばれる乳濁液が浸出する。ラテックスに酢酸などを加えると，ポリイソプレンを主成分とした**生ゴム**が沈殿する。この生ゴムを加硫し，**弾性ゴム**として利用する。

ⓐ 生ゴム raw rubber

ラテックスには，ゴムの成分となる炭化水素が30～40％含まれる。酢酸水溶液を加えてかき混ぜると，生ゴムが分離する。

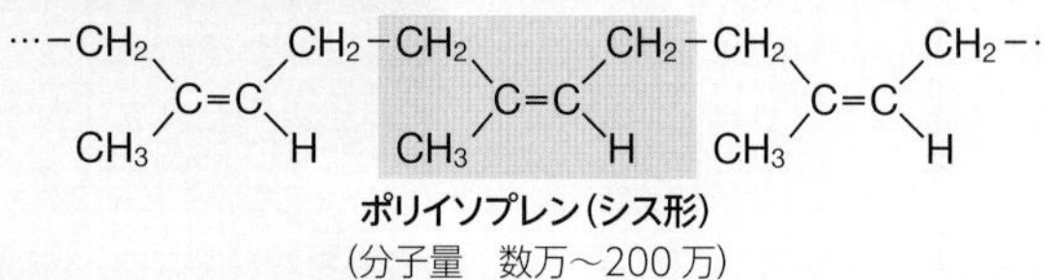

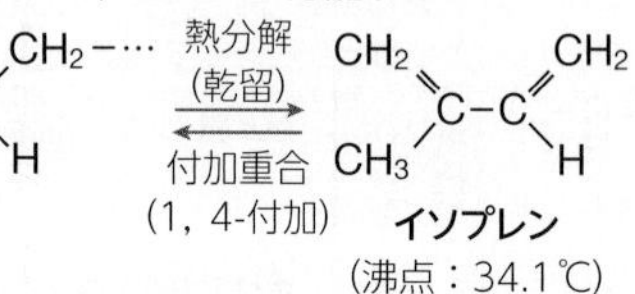

ポリイソプレン（シス形）
（分子量　数万～200万）

イソプレン
（沸点：34.1℃）

ⓑ 加硫 cure

生ゴムに硫黄を加えて加熱する操作を**加硫**という。加硫によって，鎖状のゴム分子どうしの間に，硫黄原子による**架橋構造**がつくられ，弾性が大きくなる。

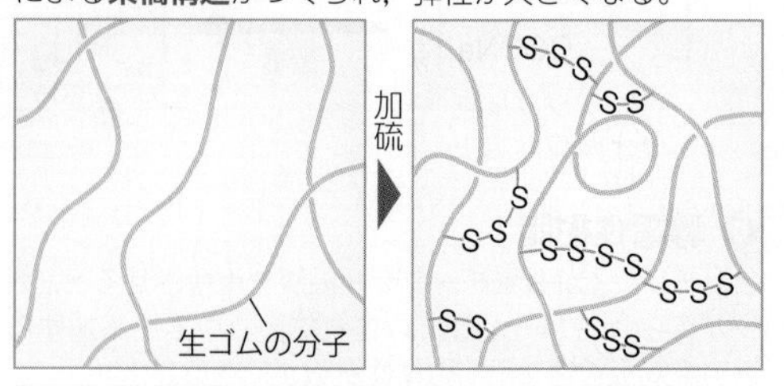

トランス形のポリイソプレンは**グタペルカ**とよばれ，分子鎖が直線状に並びやすく，分子間力が強く働く。そのため，かたく，弾性に乏しいので，ゴムとして利用できない。

2 ゴムの弾性

ゴムの分子は折れ曲がり，丸まった状態になっているが，力を加えると，C−C結合を軸とした回転ができるため，引きのばされる。これが熱運動によって，もとの状態にもどろうとして，ゴムの弾性が生じる。

ⓐ ゴムの構造とゴムの弾性

加硫ゴムは，長い分子鎖の架橋構造をもつ網目状構造であり，ゴムを伸縮させると，網目の部分が伸縮する。

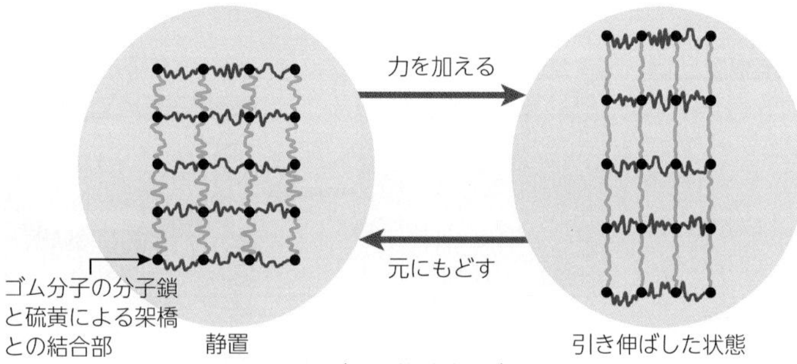

ゴムの構造（モデル）

ⓑ ゴムの弾性と熱運動

ゴムを加熱すると，ゴムの分子の熱運動が激しくなり，丸まった状態にもどろうとする力が強くなる。

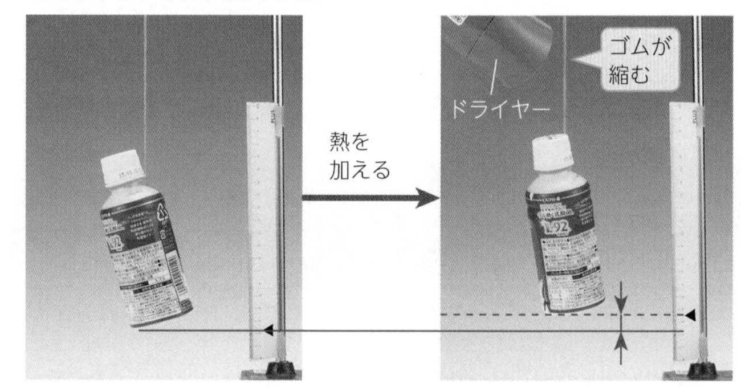

3 加硫生成物

加硫では，まず硫黄や炭素の粉末などを加えてローラーで練る。この操作を混練り（こんねり）という。混練りしたゴムを成形加工したのち，加硫釜に入れて加熱する。加硫度（加えた硫黄の割合〔％〕）に応じて，性質の異なるものが得られる。

混練り

成形したのち加熱

加硫度とゴム弾性

生ゴムの場合，加硫度が5％のときに最もよく伸縮する。30％以上のものは樹脂状で，ほとんど伸縮せず，**エボナイト**とよばれる。

生ゴムは，暑い場所では弾性がなくなってべとつき，寒い場所ではかたくなるという欠点があった。アメリカのグッドイヤーは，加硫法を開発し，これらの欠点を解消した。彼の息子も父の発明の才能を受け継ぎ，グッドイヤーウェルト法という靴の製法を生み出した。

4 合成ゴム
synthetic rubber

イソプレンやイソプレンに似た単量体を，単独で付加重合，あるいは2種類以上で共重合させると，生ゴムに似た性質をもつ重合体が得られる。これらの重合体を**合成ゴム**といい，生ゴムと同じように，加硫して用いる。

合成ゴム	略号	単量体	重合体	特徴
イソプレンゴム	IR	イソプレン $CH_2=C(CH_3)-CH=CH_2$	$[-CH_2-C(CH_3)=CH-CH_2-]_n$	耐摩耗性にすぐれる。性能も生ゴムに似る。
クロロプレンゴム	CR	クロロプレン $CH_2=C(Cl)-CH=CH_2$	$[-CH_2-C(Cl)=CH-CH_2-]_n$	難燃性で，耐熱性にすぐれる。接着性もよい。
ブタジエンゴム	BR	1,3-ブタジエン $CH_2=CH-CH=CH_2$	$[-CH_2-C(H)=CH-CH_2-]_n$	耐摩耗性，耐寒性にすぐれる。
スチレンブタジエンゴム	SBR	$CH_2=CH-CH=CH_2$ 1,3-ブタジエン $CH_2=CH(C_6H_5)$ スチレン	$\cdots-CH_2-CH=CH-CH_2-CH_2-CH(C_6H_5)-\cdots$	耐熱性，耐摩耗性，耐老化性にすぐれる。品質が安定し，最も多量に生産されている。
アクリロニトリルブタジエンゴム	NBR	$CH_2=CH-CN$ アクリロニトリル $CH_2=CH-CH=CH_2$ 1,3-ブタジエン	$\cdots-CH_2-CH=CH-CH_2-CH_2-CH(CN)-\cdots$	耐油性にすぐれる。油に関係する工業用品に使用される。耐寒性にやや劣る。
ブチルゴム	IIR	$CH_2=C(CH_3)-CH=CH_2$ イソプレン $CH_2=C(CH_3)_2$ 2-メチルプロペン	$\cdots-CH_2-C(CH_3)=CH-CH_2-CH_2-C(CH_3)_2-\cdots$	気体透過性が小さく，電気絶縁性，耐熱性，耐候性などにすぐれた特殊なゴム。
シリコーン*ゴム	VMQ（一例）	$Cl-Si(CH_3)_2-Cl$ ジクロロジメチルシラン $Cl-Si(CH_3)(CH=CH_2)-Cl$ ジクロロメチルビニルシラン H_2O など	$[-Si(CH_3)_2-O-]_m[-Si(CH=CH_2)(CH_3)-O-]_n$	耐熱性，耐寒性にすぐれる。
フッ素ゴム*	FKM	$CF_2=CF_2$ テトラフルオロエチレン $CF_3-CF=CF_2$ ヘキサフルオロプロペン	$[-CF_2-CF_2-]_m[-CF(CF_3)-CF_2-]_n$	耐油性，耐熱性，耐候性にすぐれる。

*シリコーンゴムやフッ素ゴムはポリイソプレンのような構造をもたないが，ゴムとしての性質をもつ。

ゴルフボールの糸ゴム
IR製品

ゴルフボールの中心球
BR製品

タイヤ
SBR製品

印刷用ブランケット
NBR製品
*インクを紙に転写する部品

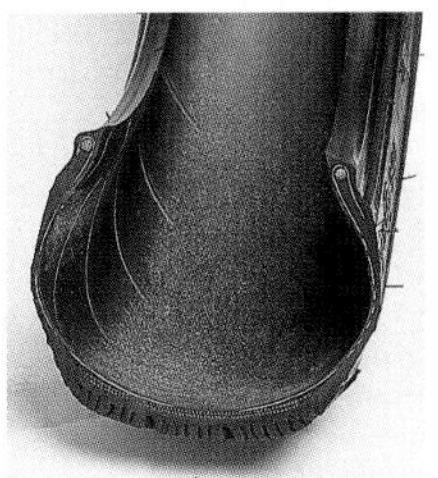
チューブレスタイヤ
IIR製品

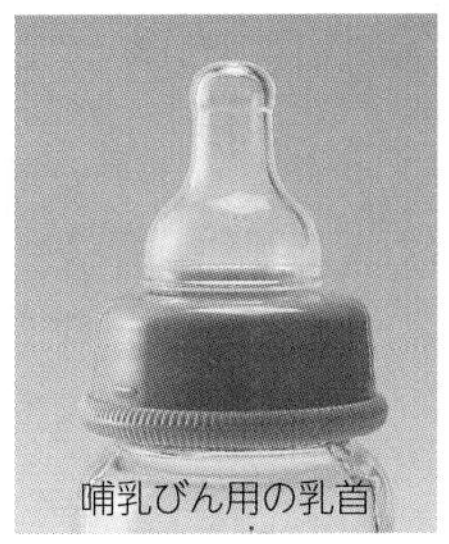
哺乳びん用の乳首
シリコーンゴム

PLUS ジエンの付加重合と共重合

生ゴム中の二重結合は，すべてシス形であるが，合成ゴム中の二重結合はシス形とは限らない。ジエン化合物の付加重合によって生成する物質の構造は，用いる触媒によって異なる。たとえば，1,3-ブタジエン $CH_2=CHCH=CH_2$ の付加重合では，触媒に応じて次の構造のものが得られる。

❶1,4付加（シス形）　$[-CH_2-CH=CH-CH_2-]_n$（2つのHが同じ側）
❷1,4付加（トランス形）　$[-CH_2-CH=CH-CH_2-]_n$（2つのHが反対側）
❸1,2付加　$[-CH_2-CH(CH=CH_2)-]_n$

チーグラー系触媒を用いると，❶のシス形を97％以上含むポリブタジエンが得られる。

単量体A，Bから得られる共重合体には，次の3種類がある。

……AABABBBAAB……　ランダム共重合体
……AAAAAABBBBBB……AAAA……ブロック共重合体
……ABABABABAB……　交互共重合体

スチレンブタジエンゴムSBRは，触媒や重合方法を選ぶことによって，ランダム共重合体やブロック共重合体が得られ，それぞれの性質に応じて利用されている。

ブロック共重合体のモデル
樹脂成分とゴム成分からなる。

Tips　ゴムは製造後，酸化や分子の切断などのため，亀裂の発生，軟化，硬化，べとつきなどが見られる。このようなゴムの劣化現象を特に老化という。老化は光，温度，水などで加速される。

1 大気と環境

1 人間活動と環境

人間や生物の活動に直接または間接の影響を与える外界・周囲の状況を**環境**といい，その中でも特に自然に関係する諸問題を**環境問題**という。

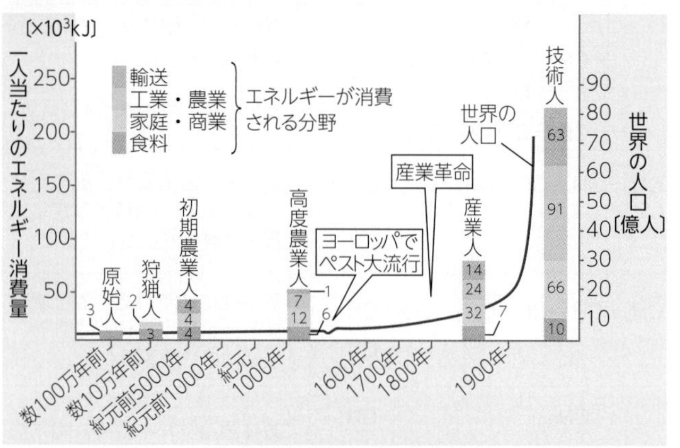

人口とエネルギーの変化
18 世紀の産業革命以降，人口は爆発的に増え，エネルギー消費量も急増した。

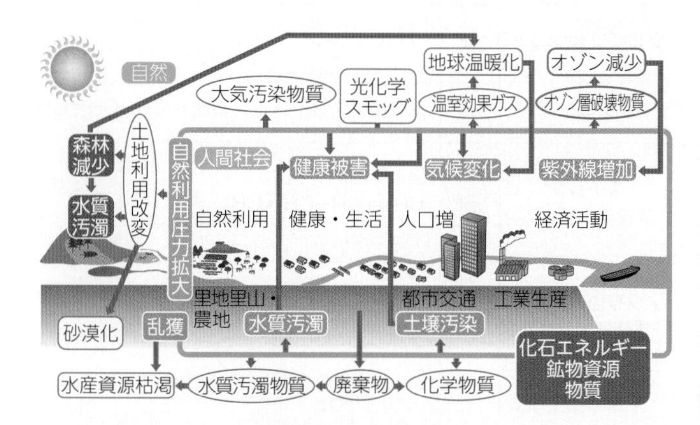

人間活動と環境のかかわり
人間活動が，自然がもつ浄化能力を超え，大気汚染や地球温暖化，水質汚濁などの環境問題を引き起こすようになった。

2 大気汚染

人間や動植物に悪影響を及ぼすほど有害な物質が大気中に存在し，大気が汚染されることを，**大気汚染**という。大気汚染は，排出される物質によって，地域的な問題や地球的な問題になり得る。

a 酸性雨

通常の雨水は，大気中の CO_2 が溶けこみ，pH5.6程度の酸性を示すが，これよりも pH の値が小さい雨を一般に**酸性雨**という。

酸性雨のメカニズム
化石燃料の燃焼で，SO_2 などの硫黄酸化物 SO_x（**ソックス**）が生じる。また，自動車のエンジンなどでは，高温下で N_2 と O_2 が反応し，窒素酸化物 NO_x（**ノックス**）が生じる。これらは，空気中でさらに酸化され，それぞれ H_2SO_4 や HNO_3 などとして雨水に溶け込む。

酸性雨に侵食された石像

火力発電所の排煙脱硫装置
排ガス中の二酸化硫黄 SO_2 を石灰石 $CaCO_3$ と反応させ，セッコウ $CaSO_4$ に変えて除去している。

$$SO_2 + CaCO_3 + \frac{1}{2}H_2O \longrightarrow CaSO_3 \cdot \frac{1}{2}H_2O + CO_2$$

$$CaSO_3 \cdot \frac{1}{2}H_2O + \frac{1}{2}O_2 + \frac{3}{2}H_2O \longrightarrow CaSO_4 \cdot 2H_2O$$

安価な石灰石を用いることができ，副産物としてセッコウを回収・販売できることから，火力発電所で広く採用されている。

b 光化学スモッグ

大気中の NO_x やメタン以外の炭化水素は，紫外線による光化学反応によって，O_3 やアルデヒド R−CHO などに変化する。これらは強い酸化作用を示し，目やのどの粘膜に刺激を与え，**光化学オキシダント**とよばれる。これに酸性の微小な水滴（ミスト）が混合して，**光化学スモッグ**が生じる。

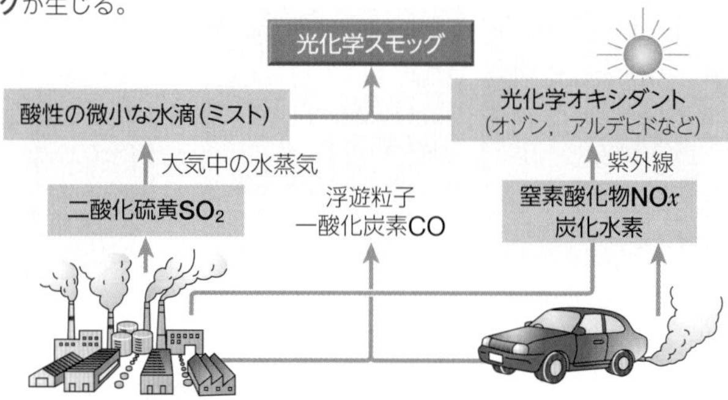

c オゾン層の破壊

フロン（クロロフルオロカーボン）は化学的に安定な物質で，冷蔵庫などの冷媒，電子部品の洗浄，スプレー缶の噴射剤などに利用されたが，オゾン層を破壊することが知られ，代替物質が用いられるようになった。

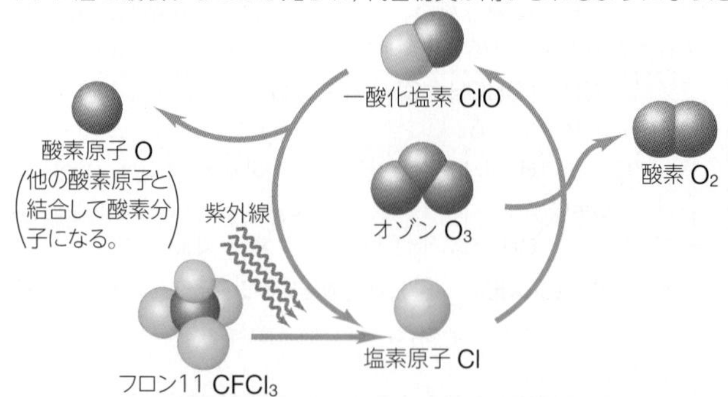

大気中に浮遊する粒子状の物質のうち，特に粒径が 2.5 μm以下の微小粒子状物質を PM2.5 という。PM2.5は，すす，土壌粒子，粉じんや揮発性物質が変質したものなどからなる。

3 地球温暖化

大気中の二酸化炭素などが増加し続けると，温室効果が強まり，**地球温暖化**を招くと考えられている。その結果，気候が変動するほか，生態系への影響もあると懸念されている。

a 地球温暖化の現状とその影響

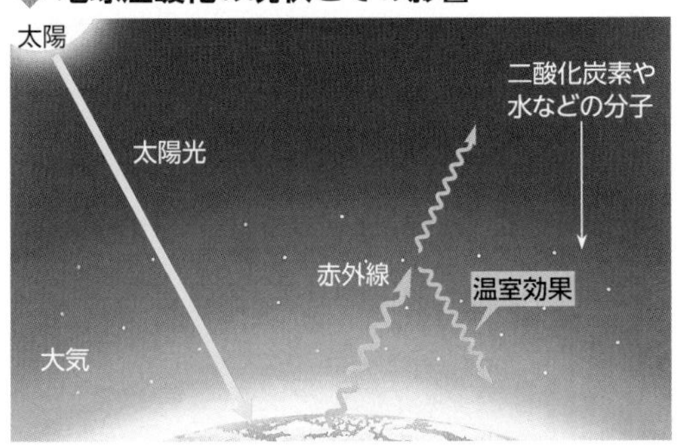

温室効果のメカニズム

地表面は，太陽からのエネルギーを赤外線として放出する。大気中の CO_2，水蒸気，CH_4 などは，赤外線を吸収し，再放出するため，これらの気体が存在しない場合に比べて気温が上昇する。この現象を**温室効果**という。

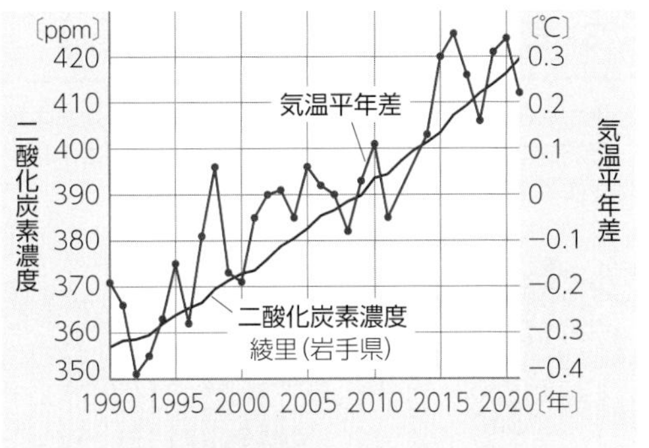

二酸化炭素濃度と地球の平均気温

気温平年差は，1991年～2020年の平年値との差である。平均気温は，産業革命前と比べて，2011～2020年で1.09℃上昇したと報告されている。

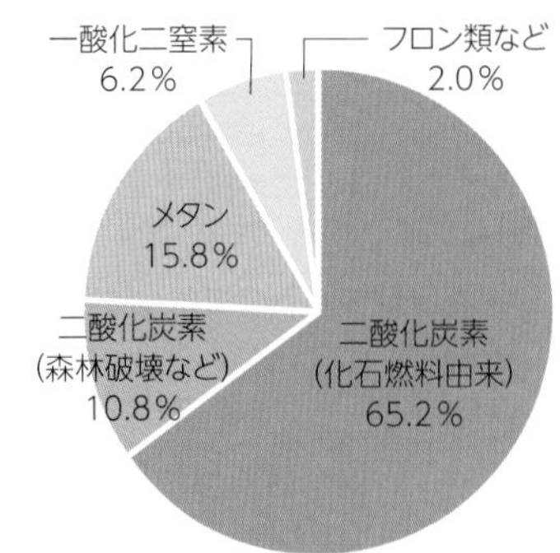

温室効果ガスの存在比〔%〕

大気中には，50種類以上の**温室効果ガス**が存在する。CH_4 は CO_2 の約23倍の温室効果を示す。

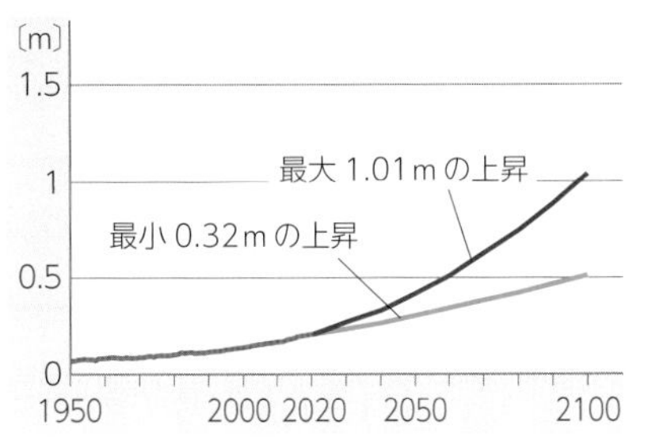

海水面の上昇

1901～2018年で，平均海水面は約 0.20 m 上昇した。IPCC の第6次評価報告書（2021年）では，海水面は 2100年までに最小 0.32 m，最大1.01 m上昇すると予測される。

干ばつ地域の増加

干ばつになる地域が増加している。土地が劣化していくため，砂漠化を引き起こす。

極端な降水

1 時間あたりの降水量が 50 mm 以上を観測する回数は，1976～2021年で 10年あたり 27.5回も増えている（気象庁）。

北極域の海氷面積の減少

北極域の海氷面積は減少を続け，2021年までで 1 年あたり 7.6～10.2万 km^2 減少している。

b 地球温暖化への取り組み

二酸化炭素をはじめとする温室効果ガスの排出量から，植林，森林管理などによって増加した吸収量を差し引いて，合計を実質的にゼロにする考え方を**カーボンニュートラル**という。わが国では，2050 年までのカーボンニュートラル実現を目標としている。

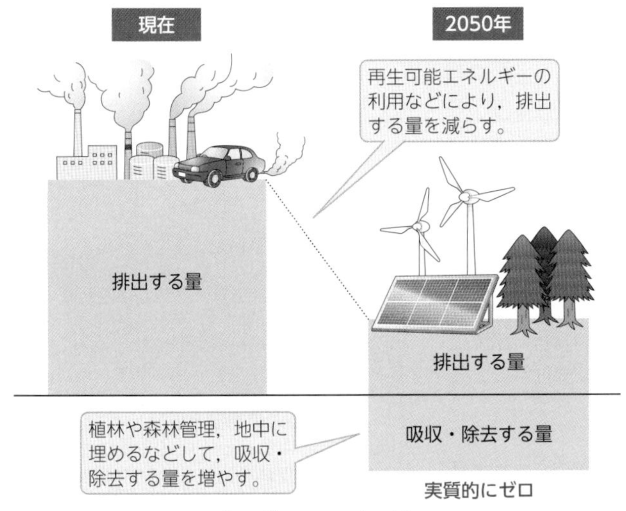

カーボンニュートラル

PLUS 環境配慮型コンクリート

コンクリートは，セメントに砂，砂利，水などを混ぜてつくられるが，原料のセメント製造時に多くの CO_2 が排出され，結果的にコンクリート $1 m^3$ あたり 288 kg の CO_2 が排出されることが課題である。

この課題を解決できるひとつの技術が，わが国で開発された製造時の CO_2 の排出量を実質ゼロ以下にできる「CO_2-SUICOM（スイコム）」である。

セメントを産業副産物に置き換えて CO_2 排出量を低減し，さらに $Ca(OH)_2$ とケイ石を原料とする物質が CO_2 と反応して硬化する技術をあわせて 306 kg/m^3 の CO_2 を削減する。

CO_2-SUICOM のブロック

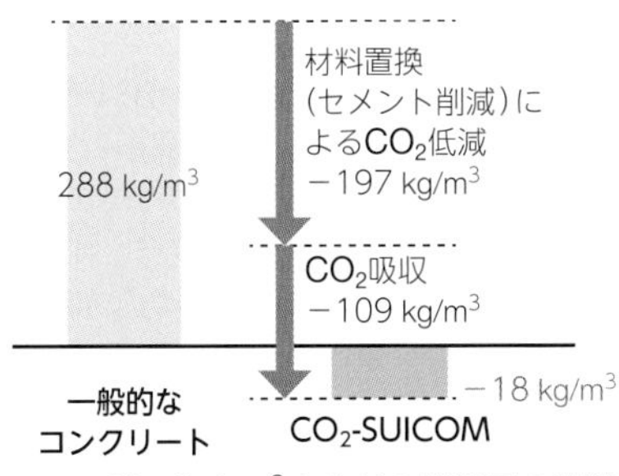

コンクリート 1 m^3 あたりの排出量の比較

Tips グリーンランドの氷床がすべて溶けると，海水面が7m 上昇すると予測されている。

2 エネルギーと資源

1 エネルギーをめぐる現状

私たちは，暮らしの中で電気・ガス・交通機関の利用など，さまざまな形でエネルギーを消費している。また，物質の製造時にも，多量のエネルギーが必要である。

石油，天然ガス，石炭，原子力，太陽光，風力など，エネルギーのもともとの状態を**一次エネルギー**という。一次エネルギーは，発電によって電力に変えたり，ガソリンなどの燃料として供給され，最終的に私たちが消費している。これを**最終エネルギー消費**という。一次エネルギーは，エネルギーの転換の際に失われていくので，最終エネルギー消費は一次エネルギーに比べて小さくなる。

(出典：エネルギー白書2022)

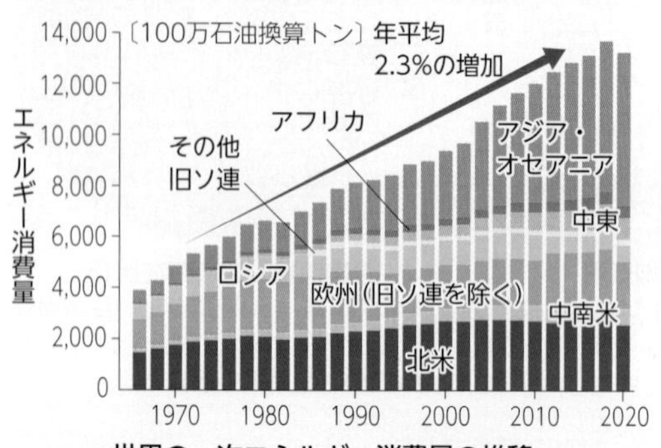

世界の一次エネルギー消費量の推移

世界の一次エネルギーの消費量は，アジアなどを中心に増加している。

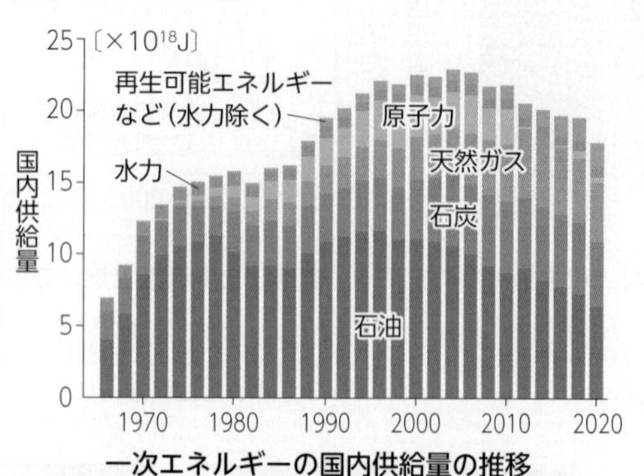

一次エネルギーの国内供給量の推移

わが国では，2005年ごろをピークに，国内での一次エネルギーの供給量は減少傾向にある。

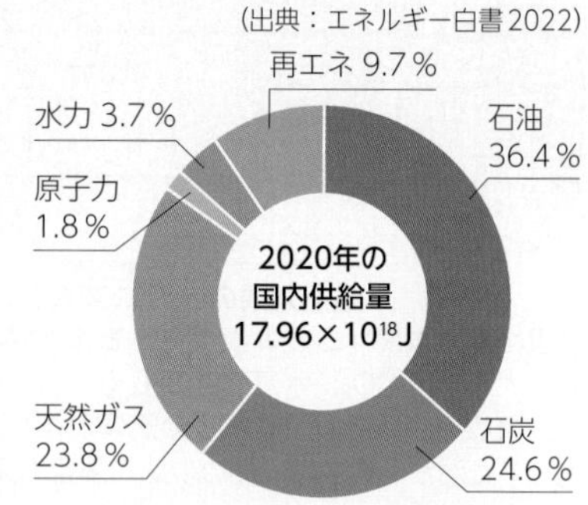

一次エネルギーの構成割合

一次エネルギーのうち，84.8％は化石燃料に由来している。

2 化石燃料

現在供給される一次エネルギーの大部分は，化石燃料によるものであり，化石燃料は，電力，ガス，石油製品(ガソリンなど)として，私たちに届けられる。また，化学製品の原料として欠かせないものである(➡p.229)。

おもな化石燃料

	石油	石炭	天然ガス
化石燃料	(写真)	(写真)	(写真)
用途	自動車の燃料　約40％ 化学製品　約25％	発電　約60％ 鉄鋼　約30％	発電　約60％ 都市ガス　約30％
特徴	アルカン・シクロアルカン・芳香族炭化水素などの炭化水素を主成分とする。分留によってさまざまな成分に分けられる。	おもに芳香環を骨格とした有機化合物からなる。石油，天然ガスと異なり，酸素を2〜30％程度(質量％)含む。	メタンを主成分とする。常温では気体のため，パイプラインで供給されたり，冷却して液体にしたLNGとして運搬される。

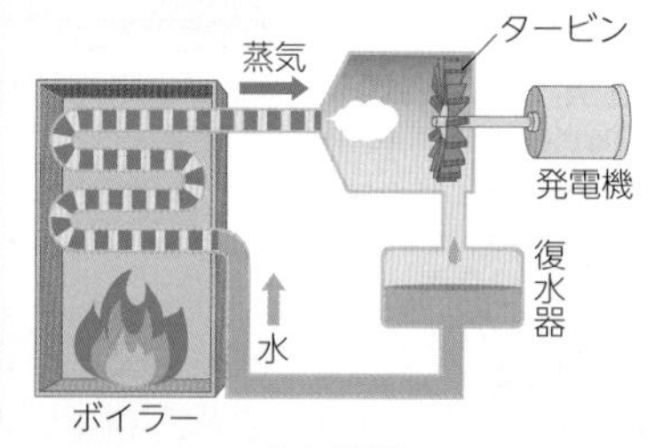

火力発電

化石燃料を燃焼させた際に生じる熱で水を水蒸気にする。水蒸気によってタービンを回転させ，電力を得る。タービンを回転させて発電するしくみは，多くの発電方法で共通である。

特徴
- 安定して発電できる。
- エネルギーの変換効率が高い。
- 発電量を調整しやすい。

課題
- 二酸化炭素や NO_x，SO_x を生じる。
- 化石燃料に限りがある。

PLUS 水素エネルギーの可能性

CO_2 排出の削減が迫られる中，再生可能エネルギーを利用したさまざまな発電方法の開発が進んでいる。しかし，電気エネルギーは，そのままの形で蓄えておくことはできず，エネルギーの需要と供給のバランスをとることが難しい。一方，化石燃料のように，化学エネルギーの形でエネルギーを蓄えることができれば，必要に応じてエネルギーを取り出すことができる。そこで，化学エネルギーを蓄える物質として，「水素」が注目されている。水素(➡p. 154)は，地球上に大量に存在し，燃焼しても CO_2 を排出しないため，適切な方法で水素を生成できれば，CO_2 の排出削減につなげることができる。水素は，製造時の CO_2 排出に着目すると，次のように分類できる。

- グレー水素…化石燃料をもとに製造された水素で，製造過程で CO_2 が排出される。
- ブルー水素…製造工程で生じる CO_2 を回収・利用することで，CO_2 排出量を抑えて製造された水素。
- グリーン水素…再生可能エネルギーを利用した水の電気分解によって製造された水素。

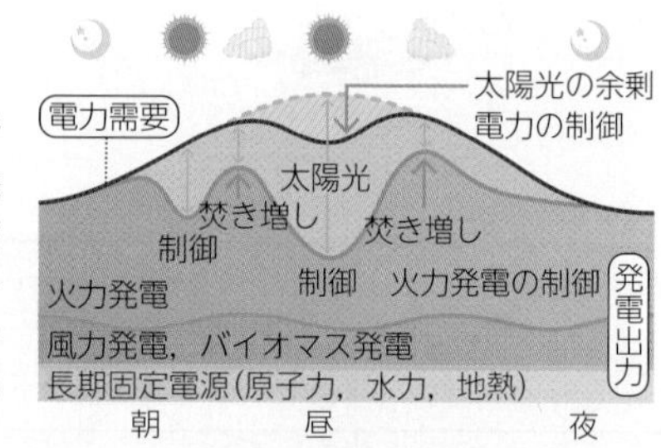

電力の需要と供給

太陽光発電の場合，日中の発電量が需要を上回り，発電自体を抑制しなければならないケースも多い。

Tips 火力発電における二酸化炭素の排出を削減するために，石炭などの燃料にアンモニアを混ぜて燃焼させるアンモニア発電や水素を混ぜて燃焼させる水素発電の研究が進められている。

3 再生可能エネルギー

太陽光や風力など，自然界に常に存在するエネルギーを**再生可能エネルギー**という。再生可能エネルギーは，全体として CO_2 を排出しないことが特徴である。

ⓐ 再生可能エネルギー

	風力発電	地熱発電	バイオマスエネルギー	水力発電
発電システム	高知県梼原町	八丁原発電所（大分）	輪島バイオマス発電所（石川）	黒部ダム（富山）
発電方法	風のエネルギーによってタービンを回転させて電力を得る。	火山地帯の地下深くまで井戸を掘り，熱水や蒸気を取り出して発電する。	化石燃料以外の動植物に由来する有機物（バイオマス）を利用したエネルギー。バイオマスは，発電以外に，燃料としても利用される。	ダムなどに蓄えた水を高いところから低いところへ流し（位置エネルギーを利用し），タービンを回すことで電力を得る。
特徴	・再生可能エネルギーの中では変換効率が高い。 ・陸上に限らず，海洋上への設置も可能である。	・日本は世界3位の資源量を誇る。 ・天候に左右されず，安定している。	・燃焼時に CO_2 を排出するが，大気中の CO_2 を固定したものなので，全体としては CO_2 を排出しない。 ・廃棄物を有効利用できるものもある。	・山が多く，起伏の大きい日本に向いている。 ・比較的出力が安定している。
課題	・発電量が風力に応じて変わる。 ・騒音被害や景観への影響，バードストライクなどがある。	・開発可能な地点の多くが国立公園内に存在している。 ・設置に長い期間を要する。	・資源が分散しており，収集・輸送コストが高い。 ・資源をそのまま使用できず，前処理が必要。	・極端な渇水時に発電できない。 ・周辺の環境を大きく変えてしまう（小規模な水力発電システムも開発されている）。

ⓑ 太陽光発電

太陽電池は，光エネルギーを電気エネルギーに変換する装置である。主にケイ素からなる半導体を組み合わせて作られる。現時点で最も普及が進む再生可能エネルギーであり，2021年に新設された再生可能エネルギーの発電量のうち，約40％を占める。

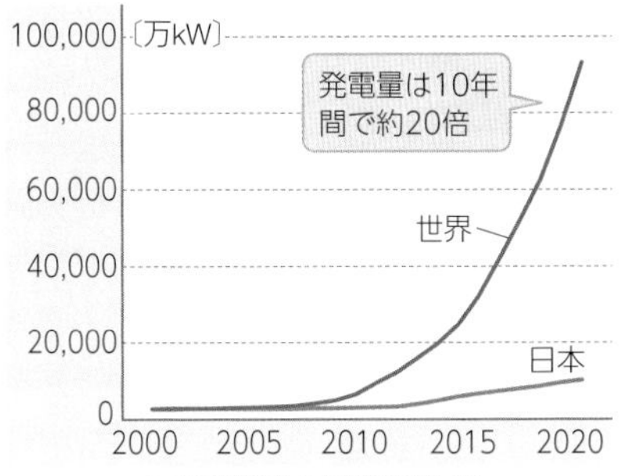

太陽光発電の累積導入量

太陽電池の原理

n型とp型の半導体を接合すると，接合面で電子と正孔が互いの電荷を打ち消し合う。ここに光があたると，正孔と電子が生成し，電流が流れる。

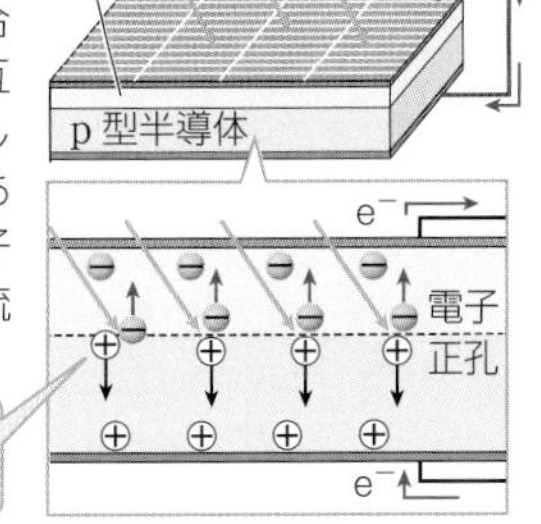

課題

・天候に左右されやすい。
・適切に計画・管理されないと，環境・景観への悪影響を与えたり，災害を引き起こす恐れがある。
・発電パネルの耐用年数は約20～25年であるが，リサイクル法が確立されていない。

■ ZEH（ネット・ゼロ・エネルギー・ハウス）

断熱性能を高めたり，効率の良い設備を導入することによってエネルギー消費量を削減するとともに，再生可能エネルギーを導入し，住宅単位でエネルギーの収支を0以下にしている。

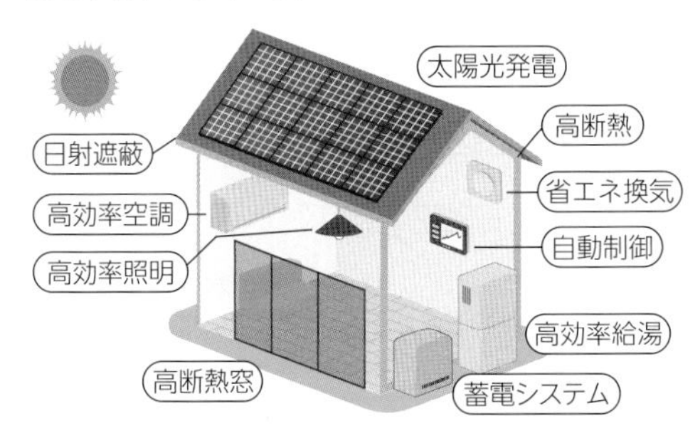

わが国で消費される最終エネルギーの15.8％は，家庭で消費されている（2020年）。

トピック 安定的に電気を届けるために

世界の約8億人弱が，未だに電力を使えない暮らしをしている。SDGsの目標7は，2030年までに世界中の誰もが，安く安定してエネルギーを利用できるようにすることがターゲットとして掲げられている。太陽光のエネルギーは地球上で最も豊富なエネルギー資源であることから，太陽電池の技術開発が進められている。

次世代の太陽電池として注目されているのが，**ペロブスカイト太陽電池**である。ペロブスカイトという結晶構造をもつ $NH_3CH_3PbI_3$ を材料として用いたこの電池は，太陽光の吸収効率が高いため，Siを用いたシリコン系太陽電池よりも薄くすることができ，軽くて折り曲げることもできるという特徴がある。そのため，建築物の屋根だけでなく，壁面や，耐荷重性の低い建築物の上などにも設置することができると言われており，今後もさらなる研究が期待されている。

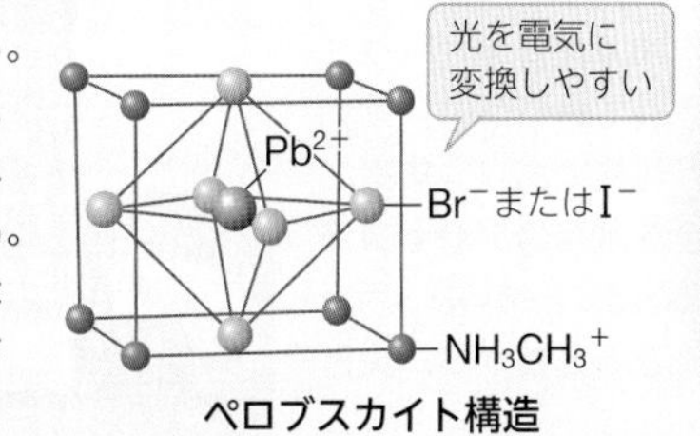

ペロブスカイト構造

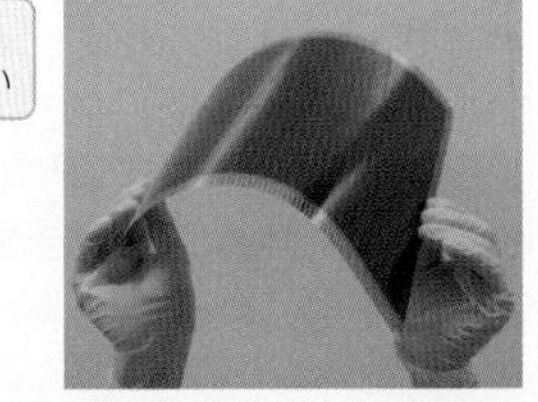
ペロブスカイト太陽電池

月の引力などによる潮の干満の差を利用する発電を潮汐発電という。フランスのランス川河口の発電所は，最大で13.5mに達する干満差を利用して，最大で約24万kWの電力を供給している。

3 水と環境

1 水資源の現状と課題

私たちが利用できる水は，河川や地下水などであり，ごく限られた範囲にしか存在しない。

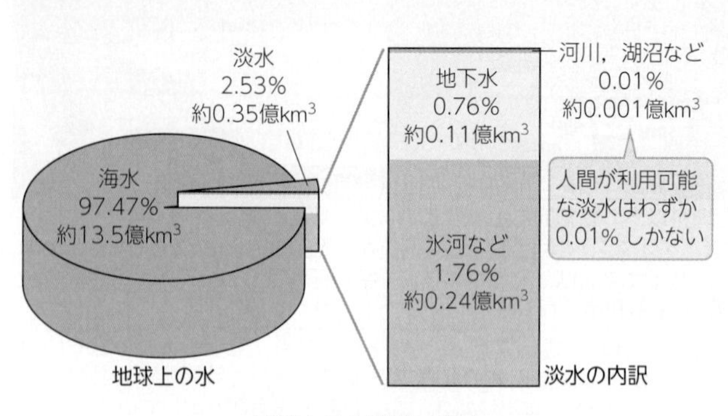

地球上の水資源の割合
地球の表面のおよそ3分の2が水で覆われているが，その多くは海水である。また，地球上の淡水の多くは氷や氷河として南極や北極に存在しているため，実際に私たちが利用しやすい淡水（河川，湖沼の水や地下水の一部）は，地球全体の水のうちの約0.01％しかない。

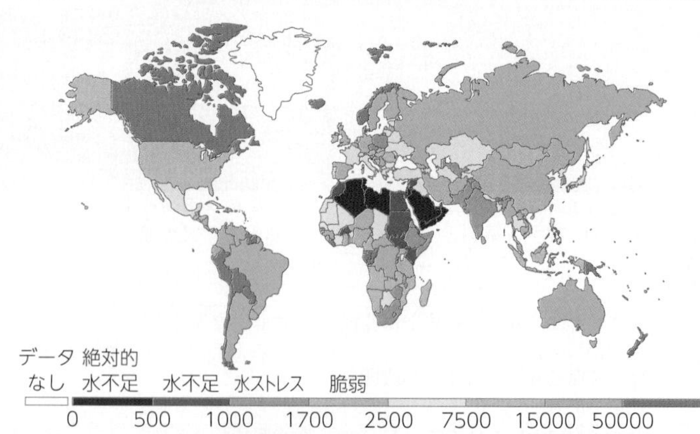

1人あたりが利用できる水資源（2013年，国土交通省）
水資源は偏在しており，1人あたりが利用できる水資源は地域によって大きく異なり，深刻な水不足に陥っている地域もある。

2 水資源の確保

私たちが利用している水道水は，浄水場で処理され，安全に供給されている。

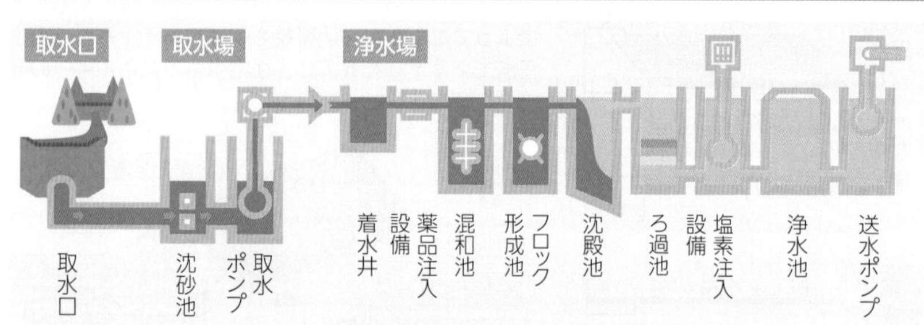

水道水の浄化システム（例）
河川などから取り入れられた水には，さまざまな浄化・処理が施される。

オゾン処理
オゾン O_3 は酸化作用が強く，カビ臭やトリハロメタンの元になる物質を分解する。

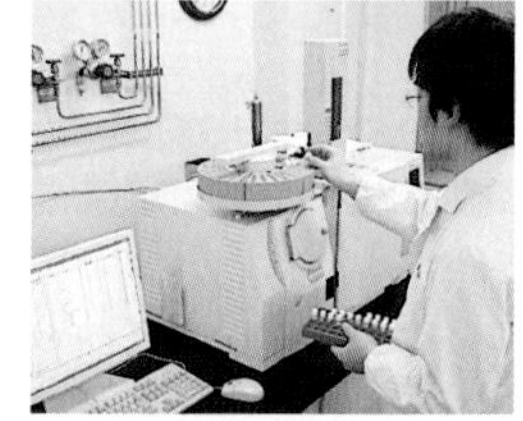

水質の管理・検査
浄水処理の各工程において，水質検査が毎日行われている。

トピック 安全な水を届ける取り組み

2019年，ユニセフと世界保健機関（WHO）が共同で発表した水と衛生に関する報告によると，安全に管理された水が飲めない人は22億人，安全に管理されたトイレを利用できない人は42億人，そして30億人が基本的な手洗いができない暮らしをしている。そのため，世界ではさまざまな浄水技術の研究がなされており，日本で開発された技術が実際に世界で用いられている事例もある。

■**セラミック膜ろ過システム**

微細孔があいたセラミック膜を用いて，その細孔よりも大きな粒子を取り除く物理的なろ過を，**セラミック膜ろ過システム**という。強度や耐摩耗性にすぐれているため，破断するリスクが低く，省スペースで設置することが可能である。

このシステムを簡素化した車載式セラミックろ過装置は，発電機も搭載されているため，電力供給のない地域でも浄水が可能であり，東南アジアやアフリカなどの安全な水へのアクセスが困難な地域で稼働している。また，非常に汚れた水でも安定的にろ過ができることから，災害時にも活用できる。

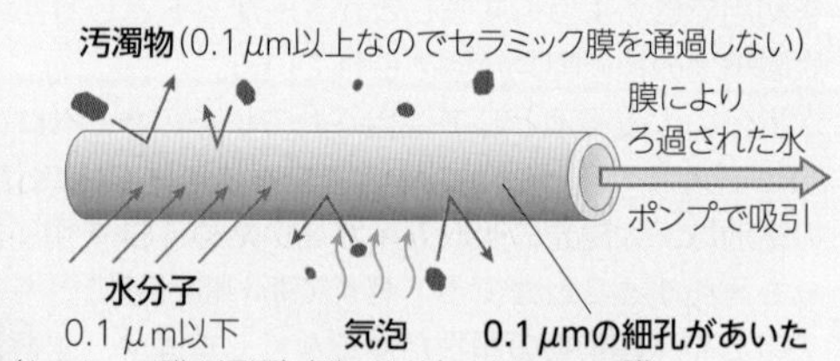

セラミック膜ろ過の仕組み

Tips 水質汚濁の度合いを知る方法として，化学的酸素要求量（COD（➡p.88））のほか，生物化学的酸素要求量（BOD），溶存酸素量（DO）など，複数の指標がある。

3 水質汚濁

わが国では，戦後の急速な経済発展に伴って，産業排水や家庭排水による河川や湖沼，内海などの水質が悪化し，様々な問題がひきおこされた。その後，産業排水の規制や公共下水道の整備など生活排水対策が実施され，水質は改善されてきている。

a 水質汚濁の現状

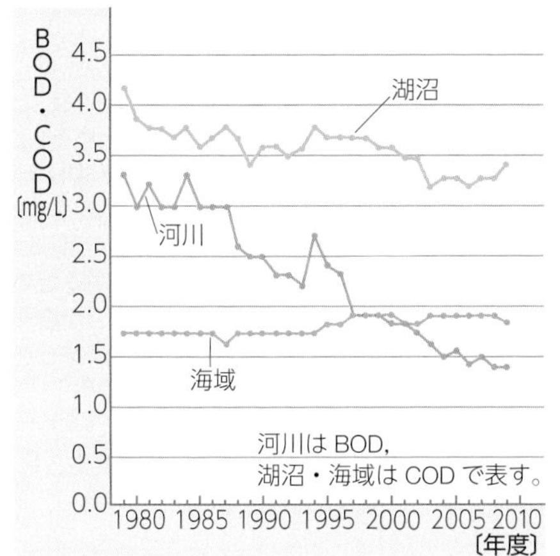

近年，産業排水による汚染は少なくなってきており，家庭排水がおもな汚染源となっている。

b 水質汚濁と生態系

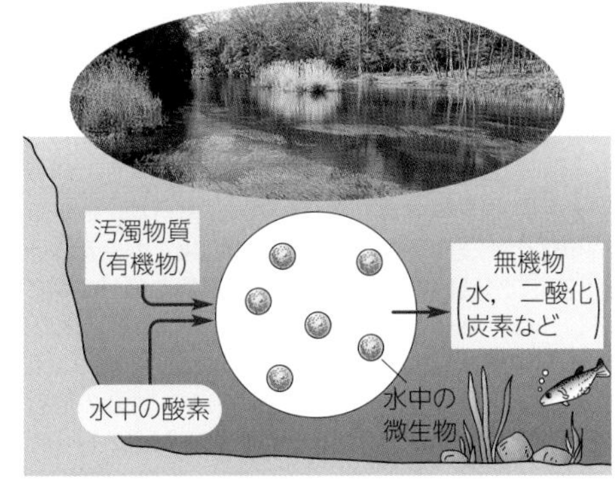

汚濁物質は，水中の微生物などによって自然に分解・除去される。このような働きを**自浄作用**という。しかし，汚濁物質が極端に増加すると，水中の微生物が異常繁殖し，多量の酸素を消費して，生態系に影響を与える。

赤潮

アオコ

水域に窒素Nやリン Pの化合物が増えることを**富栄養化**という。富栄養化がもたらす植物プランクトンの異常繁殖で，海水面が赤褐色になるものを**赤潮**，湖沼の水面が緑色になるものを**アオコ**という。

c 水質汚濁の指標

指標	内容
COD 化学的酸素要求量	水中の有機物を酸化するために消費された酸化剤の量を，酸素の量に換算した値〔mg/L〕(=ppm)で示される。CODの値が1以下はヤマメやイワナが住むきれいな渓流，3以下はサケやアユが住める水，5以下はコイやフナが住める水とされ，CODの値が大きいほど，有機物が多く，水は汚染されている。一般に，河川の下流のCODは2〜10，下水は10以上の値を示す。
BOD 生物化学的酸素要求量	水中の微生物（バクテリア）が生育するために消費する酸素の量〔mg/L〕で表される。水中の微生物は生育する際に有機物を分解し，酸素を消費する。この酸素の消費量を調べることによって，水中に存在する有機物の量を間接的に知ることができる。調査する水を容器に入れて密封し，20℃に保ったまま一定期間（通常5日間）放置して，酸素の減少量を測定する。BODの値が大きいほど，有機物が多く，水は汚染されている。
DO 溶存酸素量	水中に溶解している酸素（溶存酸素）の量〔mg/L〕で表される。水中に有機物を多く含む水では，微生物の酸素消費量が多くなり，溶存酸素が減少する。DOの値が小さいほど，水は汚染されている。
SS 浮遊物質量	水中に浮遊する直径2mm以下の粒子の量〔mg/L〕で表される。SSの値が大きくなると太陽の光が届きにくくなり，水生生物の光合成などが妨げられたり，魚類のえらが詰まり死ぬなどの影響がある。SSの値が大きいほど，水は汚染されている。
窒素，リンの存在量	窒素，リンは，動植物の生育に欠かせない元素であり，適度に存在する必要がある。しかし，水中に過剰に存在すると（富栄養化），それを栄養とする微生物が増加し，赤潮やアオコの発生原因となる。

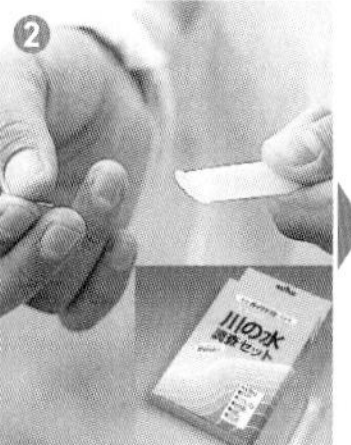

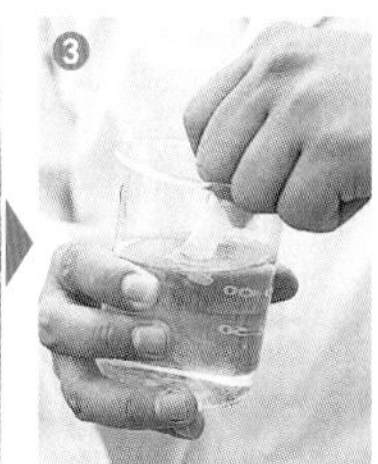
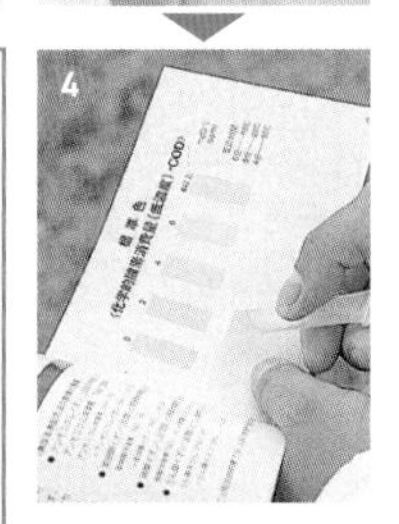

COD の測定方法

1. 川の水を採取し，水温を測定する。
2. 調査用パックテストのチューブについているピンを引き抜く。穴を上にして，チューブ内の空気を追い出す。
3. 穴を下にして，採取した水をチューブに吸いこませる。
4. 軽く振り混ぜて反応させ，指定時間後に標準比色表と比較する。

調査用パックテストには，酸化剤として，一般に過マンガン酸カリウム $KMnO_4$ が用いられている。酸素要求量は，還元される過マンガン酸イオン MnO_4^- の量から測定される。

4 海洋汚染とプラスチック

海洋汚染には，特にプラスチックごみが大きく影響している。現状のまま増えると，2050年には，海洋プラスチックの量が海にいる魚の量を上回るとも予測されている。

近年，微粒子となったプラスチック（**マイクロプラスチック**）が，海水などに含まれることが明らかとなっており，さまざまな影響が懸念されている。

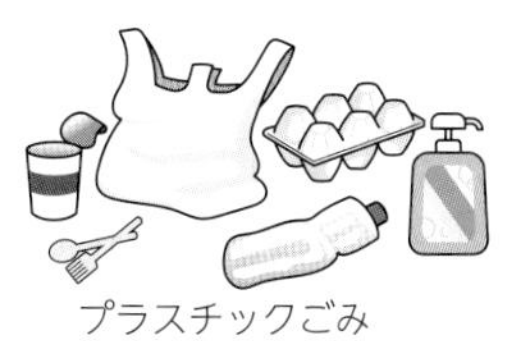

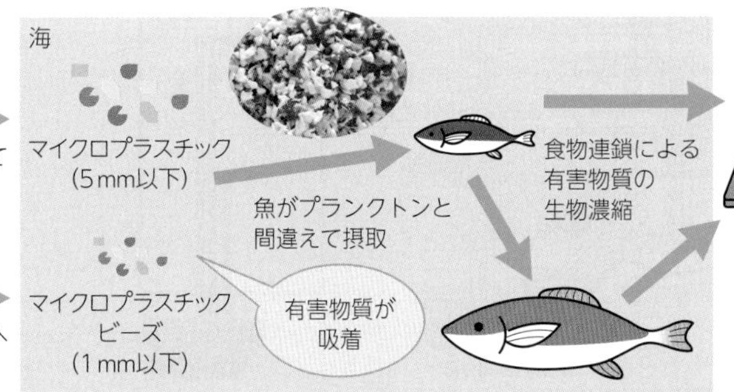

第8章・環境と化学

特集 11 原子力エネルギーと原発事故

1 安全神話の崩壊

● 原子核分裂のエネルギー

ウランの同位体の1つ ^{235}U は，約7億年の半減期のため，この宇宙や地球の生成の歴史から見ると，減少はしているが，なお同位体比で0.7％存在する。^{235}U に中性子が吸収されてできる ^{236}U は，不安定で分裂（**核分裂**）し，大小のさまざまな核分裂生成物と中性子になる。この中性子がさらに別の ^{235}U に1個ずつ過不足なく順次吸収される状態を**臨界状態**という。生成する中性子と核分裂生成物の質量の総和は，^{236}U の質量よりも小さく，その質量差をエネルギーに換算すると，^{235}U の1gあたり 8.3×10^{18} J という莫大な量になる。

臨界状態を制御して持続させれば，火力発電所における化石燃料の燃焼と同様に，核分裂エネルギーを熱源として利用できる。その発電装置が原子力発電炉である。

ウラン ^{235}U の核分裂

核分裂の連鎖反応が次に1個以上の核分裂をおこす状態を超臨界といい，瞬時に大きなエネルギーを放出する。この例が広島に投下された ^{235}U の原子（核）爆弾である。

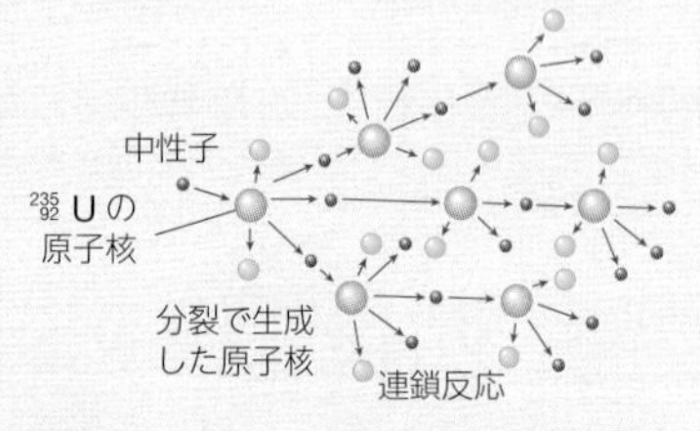

核分裂では，何種類もの原子核が生じるが，ここでは，それらを●で示している。

● 原子力発電の原理と安全神話

沸騰水型原子力発電では，ウラン核燃料（^{235}U を約3％に濃縮）に中性子を反応させ，持続的な核分裂連鎖反応のエネルギーで水を沸騰させる。得られた水蒸気でタービンを回し，発電する。この水蒸気は，外部の海水などで冷却され，水になって循環する。非常時に原子炉の核分裂を止めるには，制御棒（中性子吸収体）を核燃料の間に挿入し，中性子の供給を遮断する。

一方，核燃料棒群は，核分裂や核分裂生成物の放射性崩壊熱によって継続的に発熱している。その熱に耐えられるように，核燃料は耐火性セラミックスのペレットとされ，それらをジルコニウム Zr 合金の容器に収納し，それを高圧に耐える原子炉圧力容器内に置く。さらにそれを頑丈な原子炉格納容器で囲み，冷却水が喪失した場合の非常用炉心冷却系なども備えて，これらは分厚いコンクリート壁の原子炉建屋で保護され，合計5重の防備がなされていた。この「止める，冷やす，取り囲む」の3原則の安全対策があれば原子炉は安全，という「安全神話」が流布され，信じられていた。

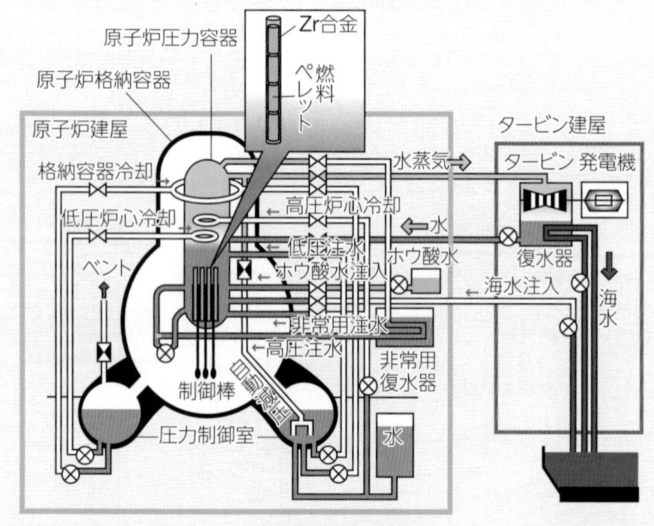

沸騰型原子炉概念図

● 地震発生と水素爆発

運転中の福島第一原発の1，2，3号炉では，2011年3月11日，14時46分の大地震を感知して直ちに全制御棒が挿入され，核分裂の連鎖反応を「止める」ことには成功したが，地震による送電線の倒壊などで，外部電源の補給が止まった。約1時間後には，大津波で代替電源一切も失われた。

その結果，非常用復水回路以外の回路は，電動ポンプが機能せず，炉心は冷却不能に陥り，炉内の温度と圧力上昇が招く圧力容器の破裂を防ぐためのベント（内部気体の外部開放）が行われた。すでに核分裂生成物の崩壊熱によるメルトダウン（溶融漏洩）で原子炉格納容器の底までの漏洩があったとみられ，大量の放射性物質が環境にも放出された。

その翌12日に1号機で水素爆発がおきた。常温では水と反応しないジルコニウム Zr も，高温では反応性が高まり，水蒸気との反応で水素を発生させ（$Zr + 2H_2O \longrightarrow ZrO_2 + 2H_2$），これが空気中の酸素と反応して爆発し，1号炉の建屋を破壊した。

14日には3号炉も水素爆発をおこし，建屋も壊れた。4号炉の建屋に漏れたとみられる水素の爆発で，4号炉建屋も崩壊した。4号炉は運転停止中で，その全核燃料は水冷プールに保管されていたが，その冷却水も循環せず，崩壊熱による事故も懸念され，2014年末までに別の水冷プールにすべて移送された。

15日，建屋の破壊のなかった2号炉で，圧力抑制装置の破損とみられる爆発があり，建屋内に高い放射能汚染排水が漏出した。1～3号炉はすべてメルトダウンしたと推定されているが，各原子炉の事故の原因究明は，現場の高放射能汚染のために未だ不明な点が多く，また，これらの廃炉の完了には約40年を要するとされ，「安全神話」はその信頼性を完全に失った。

事故後の東京電力福島第一原子力発電所（2011年3月31日撮影）
2号炉以外の建屋は，水素爆発などによって崩壊している。

2 放射能汚染と社会的影響

● 原発事故の事後対策

1，2，3号炉で，過熱によるさらなるメルトダウンが懸念されたため，循環系や直接の注水によって冷却された。制御棒は融解変形して再臨界の恐れもあり，中性子を吸収しやすいホウ素 ^{10}B を含むホウ酸水も注入された。原子炉内に窒素を入れ，水素や酸素の分圧を下げて水素爆発を防ぐ作業もなされた。

破壊された原子炉を外部から冷却するため，汚染核分裂生成物をろ過装置で除去する外部冷却循環系が設置され，一応は低温状態保持の段階に達した。海水などによる腐食や，爆発などの破損もあり，これらの炉の廃炉処分が決定されたが，高い放射能汚染のため，40年以上の年月を要するとされる。国際基準で，1986年のチョルノービリ原子炉事故並みの最大事故に分類された。

POINT 1 2011年3月11日に発生した東日本大震災で，東京電力福島第一原子力発電所から大量の放射性物質が漏れ出る重大な事故が発生した。ここでは，原子力発電と事故の概要について理解しておこう。

● 放射性物質による環境汚染

汚染された原子炉建屋に浸入する地下水も循環水系に含まれ，循環水は増加し続ける上に，原子炉で副生する放射性三重水素 ^{3}H を含む $^{3}H_2O$ は，水と化学的に分離できない。外海に廃棄すれば環境汚染を招くため，廃液処分の難問も生じており，排水貯蔵タンクから地下や外海への漏洩も報告されている。

事故直後に大気中に放出された放射性物質のうち，ヨウ素 ^{131}I は大量であったが，半減期が約8日であり，半年後にはほぼ消滅した。しかし，同様に大量発生したセシウム ^{137}Cs は，半減期が約30年と長く，減衰するまで今後数百年にわたる環境汚染が懸念されている。セシウムCsはカリウムKと同じアルカリ金属元素で，その化学的挙動も類似しており，植物に取り込まれて循環するため，表面汚染の除去だけでは不十分であり，食物連鎖による他の生態系の汚染や濃縮の問題も発生する。山林すべての除染は不可能であり，旧住宅地や農地の除染作業も難航し，放射能災害を避けて近隣住民約15万人が域外退避する事態となった。

3 放射能の測定と放射線の単位

● 放射線の種類とエネルギー

放射線（α線，β線，γ線など ➡p.27）を放射する物質は，**放射性物質**とよばれ，放射線を出して別の原子核に変わる。この能力は，**放射能**とよばれる。放射線による影響は，放射線の粒子の種類やエネルギーによって異なり，それを受ける物質によっても異なる。放射性物質の量を表すには，国際単位系（SI）で，放射能の強さを崩壊頻度の**ベクレル**で表し，放射線が物質に吸収されるときに物質に与えるエネルギーを**グレイ**で表す。被曝対象が人体の場合には，一般の物質と異なることもあり，**シーベルト**で表す。これらの量は換算できるが，放射性物質の種類，エネルギー，距離などを考慮しなければならない。

放射線測定単位	説明
ベクレル (Bq)	放射能の強さ（頻度）を表す単位。1秒間に原子核が1個崩壊するとき，その放射能を1Bqという。
グレイ (Gy)	放射線が物質に吸収されたときに，その物質に与えるエネルギー（吸収線量）を示す単位。物体1kgあたり1Jのエネルギーを吸収するとき，その吸収線量を1Gyという。
シーベルト (Sv)	放射線が人体に与える影響を示す単位。放射線の種類やエネルギー，被曝する組織・器官によって人体への影響が異なることを考慮した値として，次の2つの線量がある。 **等価線量**：放射線の種類やエネルギーによる影響を考慮した係数を乗じた吸収線量（X線やγ線の係数は1で，Gyと同じ値）。 **実効線量**：被曝する組織・器官による影響を考慮した係数を等価線量に乗じ，すべての組織・器官で足し合わせたもの。

4 放射線の人体への影響の理解と対応

● 放射線が人体におよぼす影響

被曝によって，放射線のエネルギーは細胞に吸収される。放射線は細胞に含まれる水分子に作用し，活性イオンやラジカル（➡p.201）を生成する。放射線自体も細胞内のDNAに保存された遺伝情報を破壊するが，放射線で生成した活性イオンやラジカルによる破壊もある。細胞内には，遺伝情報を修復する機能もあるが，破壊の規模が大きい場合は，完全な破壊や突然変異を引きおこすこともある。この影響は，遺伝子や細胞の複製が活発な臓器や幼児ほど大きい。

500mSv以上の全身被曝では，被曝後に血球の減少が見られ，3000～5000mSvで50%が死に至る。また，被曝後数年や数十年の期間を経て，白血病やがんを発症する。これらのデータは，広島や長崎の被爆者，チョルノービリ原発事故被曝者の調査などから得られており，被曝線量が年間100～200mSvを超えると，被曝線量にほぼ比例する発症があるとわかっている。100～200mSv以下では，他の発症要因による影響と区別できないが，ICRP（国際放射線防護委員会）は比例関係があるとして，一般公衆が余分に受ける被曝放射線量を年間1mSv以下に保つよう勧告しており，わが国もこれを基準にしている。

体内に入った放射性物質は，その元素や放射線の種類，エネルギーによって，臓器や体内滞留時間による影響が異なるので，さらに配慮が必要となる。不要な追加的放射線被曝は避けるべきであるが，医療での検査や治療などで利益となる最小限の放射線の利用までを忌避するのは賢明ではない。放射線，さらには自然科学への正しい理解が重要である。

チョルノービリの事故では，水蒸気爆発による原子炉格納容器の破壊で，大量の炉内核分裂生成物が飛散し，世界中で汚染が観測された。その事故対応を参考に，「社会的・経済的要因を考慮し，合理的で達成可能な限り，閾値（しきいち）なしで影響は比例すると考え，被曝線量を低く抑える応急的・過渡的な放射線防護策」をICRPは勧告している。福島原発事故への日本の対応もこれに準拠し，年間被曝許容限度を20mSvから，できるだけ1mSvまで順次引き下げるとされている。

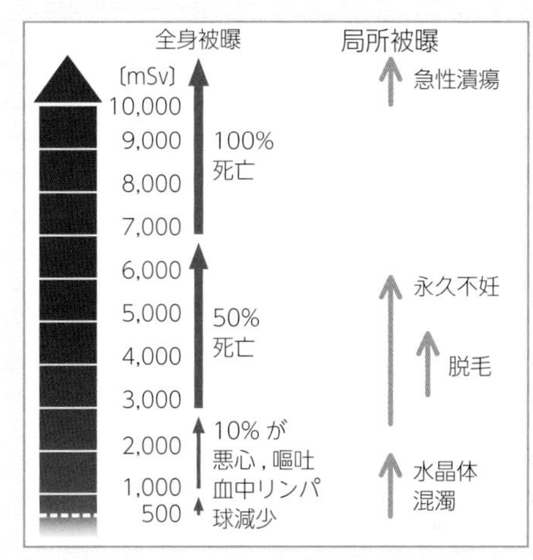

被曝による人体への影響
わが国では，天然の放射性物質から年間約1.5mSvの被曝がある。X線検査などの医療行為では，平均2.3mSvの年間被曝があるとされる。宇宙線の影響は高度とともに増し，航空機による東京－ニューヨークの往復で0.2mSvの被曝がある。放射線の局所被曝効果の応用として，全身被曝を避けながら，がん細胞を狙い撃ちし，死滅させる技術も開発されている。

● 将来に残された原子力利用の問題

安全に運転された原発も約40年経過すると，各所に放射線損傷が進行するため，廃炉解体されるが，その処理には10数年を要する。大事故をおこした福島原発1～4号炉の廃炉処分には，さらに困難が多く，40年以上が必要とされるが，廃炉に伴う高濃度放射性廃棄物の国内最終処分場は確保されていない。

核廃棄物の永久保存場所としては，先進国では，フィンランド，スウェーデンでのみ安定地層への最終処分処理場が初めて確保決定された。ドイツでは，日本のようなハイテク技術国での事故を「他山の石」として，放射性廃棄物の国内処分や原子力発電からの撤収など，原子力政策の見直しがなされた。これは，自然界の変化は「乱雑さ（エントロピー）の増す方向に進む」という原則があり，放射性廃棄物の拡散防止が容易ではないことを示している。

放射能の寿命が尽きるまでの安全な保管が重要であるが，安定な地層の選定や確保が難しく，処理方法未定の国が多い。しかし，開発途上国では，最終処分方法未開発のまま，エネルギー供給源としての原子炉の需要も続いている。

特集12 ノーベル化学賞の日本人受賞者

福井 謙一
【ふくい　けんいち】
1918～1998

1 分子軌道とその相互作用 1981年受賞

福井謙一博士は，分子間の化学反応について理論的に研究し，1954 年，次のように説明した。分子中の電子は，いずれも対をつくり，それぞれの分子軌道 MO(molecular orbital) に収められている。その軌道は，被占軌道 OMO (occupied MO) とよばれる(図1)。そのほか，分子には，電子を受け入れることのできる分子軌道も存在し，これらは，空軌道 UMO(unoccupied MO) とよばれる。また，エネルギーが最も高い状態の被占軌道は最高被占軌道 HOMO(highest occupied MO)，最も低い状態の空軌道は最低空軌道 LUMO(lowest unoccupied MO) とよばれる。分子 A と B から分子 C が生成するような反応では，一方の分子の HOMO と，他方の分子の LUMO が，まず相互作用し，新しい分子の分子軌道が形成される(図 2)。両軌道のエネルギーの差が小さいほど，反応が起こりやすい。化学反応では，HOMO と LUMO の相互作用が特に重要であり，両軌道は，まとめてフロンティア分子軌道とよばれる。一方，電子には，波としての性質がある。波には山の部分と谷の部分があり，山と山，谷と谷が重なると，波の振幅は大きくなるが，山と谷が重なると，波は打ち消される。分子軌道の相互作用にも，有効になるときと，無効になるときとがある。この効果は，対称性の保存則とよばれる。この法則から，多くの有機化学反応に固有の性質が明らかになった。

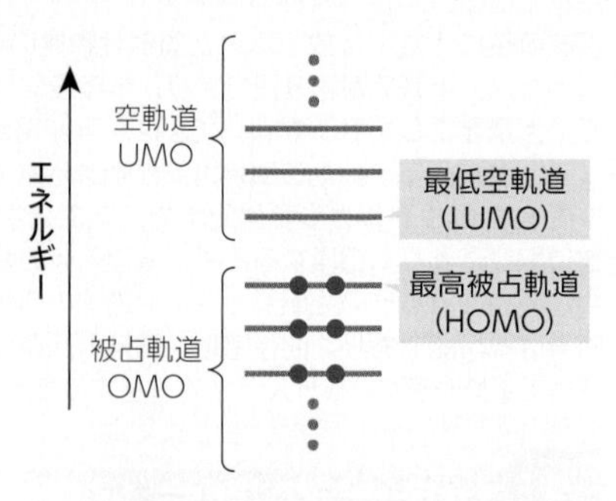

図1　多原子分子の分子軌道のエネルギー関係
分子軌道にはエネルギーが同一のものもありうる。

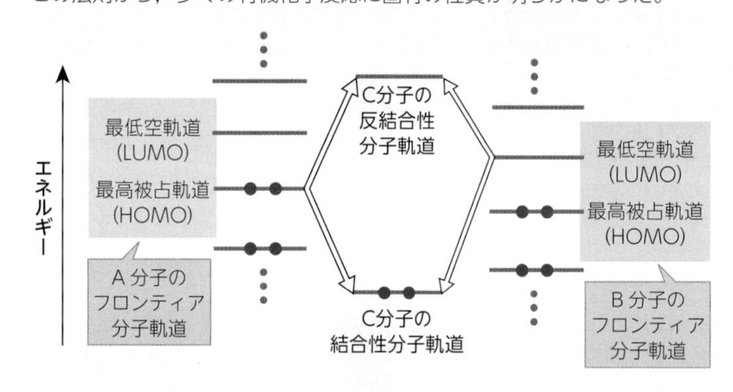

図2　A＋B→ Cにおけるフロンティア分子軌道の相互作用
A の LUMO と B の HOMO のエネルギー差は大き過ぎて相互作用しにくい。生成分子の HOMO のエネルギーは，出発物(A 分子，B 分子)よりも低下し，反応が進む。

白川 英樹
【しらかわ　ひでき】
1936～

2 導電性プラスチックの開発 2000年受賞

白川英樹博士は，偶発的な実験から，膜状のポリアセチレンの合成に成功し，これが，プラスチックに導電性をもたせる端緒となった。アセチレンは，チタンの化合物とアルミニウムの化合物の複合体(チーグラー触媒)を用いて加熱すると重合し，黒色の粉末を生じる。この物質は，空気中で発火し，ただちに分解してしまう。ところが，トルエンなどの溶媒に溶けるチーグラー触媒を，通常の 1000 倍量用いてアセチレンを重合させると，金属光沢を示す薄膜状のポリアセチレン(図 3)が生成することを，白川博士らが見出した。その後，白川博士は，この薄膜について，製法，構造，性質などを研究した。その結果，このポリアセチレンにヨウ素などを微量に注入するドーピングを行うと，導電性が飛躍的に増大し(約 107 倍)，金属の銅にも匹敵することが見出された(図 4)。現在では，炭素，水素のほか，窒素元素を含むポリピロールや，硫黄元素を含むポリチオフェンなどのプラスチックも，導電性を示すことが知られている(図 5)。これらの中には，空気中で安定なものもあり，種々の IT 機器に広く利用され，その軽量化や小型化に寄与している。

図3　ポリアセチレン
金属光沢を示す。

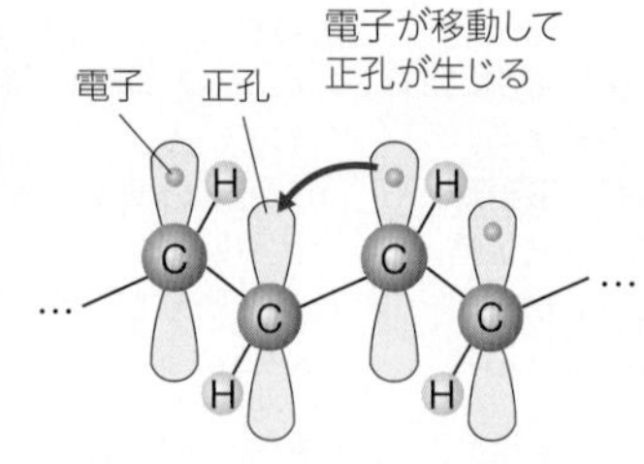

図4　電流が流れる原理
ドーピングにより生じた正孔に電子が移動する。次々に電子が移動して，電流が流れる。

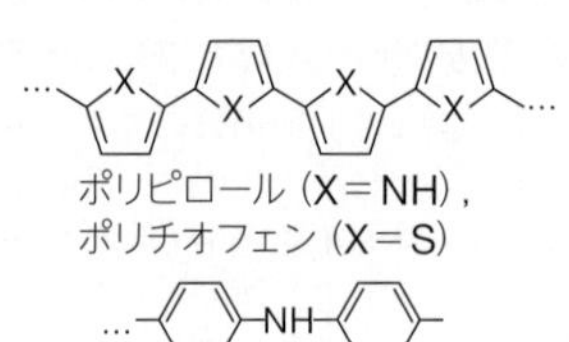

ポリピロール (X＝NH)，
ポリチオフェン (X＝S)
ポリアニリン

図5
その他の導電性プラスチック

野依 良治
【のより　りょうじ】

1938～

3 不斉合成 2001年受賞

有機化合物の分子や錯体の配位子には，不斉炭素原子をもつものや，ベンゼンなどの平面状の環が2つ直結しているものがある。このような場合，2種類の立体異性体(鏡像異性体)が生じる。一方，図6のように，R_1基とR_2基が異なるケトンに，水素H_2がカルボニル基の平面の片側だけから付加すれば，片方の鏡像異性体だけが生じる。この種の反応を利用した合成法は，不斉合成とよばれる。二重結合に対する水素の付加反応では，触媒として，白金やニッケルのほかに，ロジウム Rh やルテニウム Ru などにホスフィン(有機リン化合物)の配位した錯体が用いられる。このホスフィン配位子として鏡像異性体の片方を用いることによって，野依良治博士は，不斉合成を実用化することに成功した。野依博士が開発したホスフィン配位子に，BINAP(バイナップ)がある(図7)。この化合物の分子には，環のねじれる向きの異なる異性体が2種類存在し，それぞれを分離して取り出すことができる。たとえば，その一方がルテニウムに配位した錯体を触媒に用いて，図6の反応を行うと，第二級アルコールの純粋な鏡像異性体が得られる。現在，医薬品，香料，α-アミノ酸などの鏡像異性体が，BINAP配位子をもつ錯体を用いた不斉合成によって，工業的に製造されている(図8)。

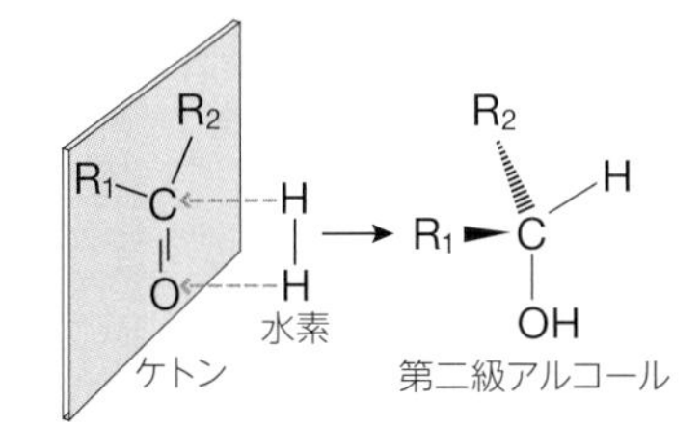

図6　ケトンへの水素付加(還元)
カルボニル基は平面上である。水素H_2が平面の右側から付加する場合を示す。

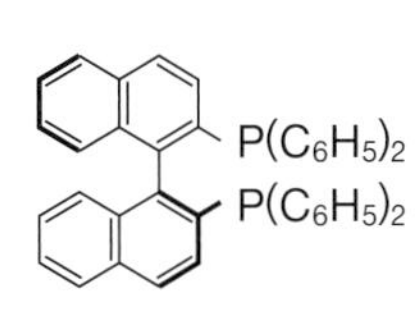

図7　BINAP の (S)形鏡像異性体
2つのナフタレンの平面が互いにねじれており，下のリン原子 P は紙面の上側に，上のリン原子は下側になっている。

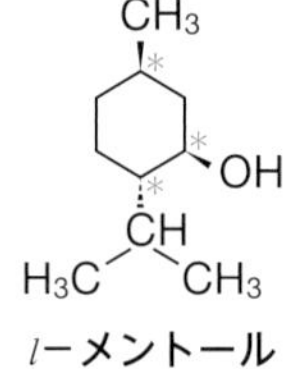

図8　メントール
メントールは多くの立体異性体があるが，香料として用いられているのはl－メントールであり，不斉合成によってつくられる。

田中 耕一
【たなか　こういち】

1959～

4 タンパク質の質量測定 2002年受賞

真空中で試料に高速の電子などを衝突させると，試料分子は陽イオンになって気化する。このイオンは，電場で加速したり，磁場で屈折させると，質量に応じて分離される。各陽イオンは，質量数mと電荷数zとの比(m/z)の値として検出される。これが，従来の質量分析法(MS法)である。しかし，この方法では，タンパク質は分解してしまう。田中耕一氏は，当初，ニッケルの微粉末に特定のレーザー光を照射すると，瞬時に高温に達することに着目した。そこで，タンパク質の試料とニッケルの粉末をグリセリン(媒体)に分散させ，真空中でレーザー光を照射したところ，タンパク質の一部の分子は，媒体から水素イオンH^+を受け取り，陽イオンとして気化することがわかった。この陽イオンの分析には，電場で加速された陽イオンの飛行時間が，その質量によって異なる現象(TOF法)が利用され，タンパク質のm/z値が得られた(図9)。この装置を用いて，たとえば，酸化酵素チトクロムCの分子量が12384と求められた。 現在は，レーザー光で瞬時に高温に達する媒体(マトリックス)が用いられ，マトリックス支援レーザー脱離イオン化(MALDI)法とよばれる。これにTOF法を組み合わせた質量分析法は，MALDI-TOF-MSとよばれ，生化学や医学の研究に役立っている(図10)。

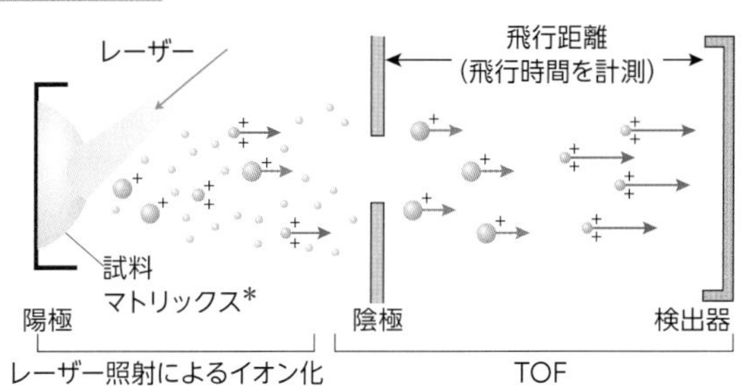

図9　質量分析の原理の例
媒体分子は真空中に飛散する。m/zと時間との関係は，既知の合成高分子を用いて定められる。

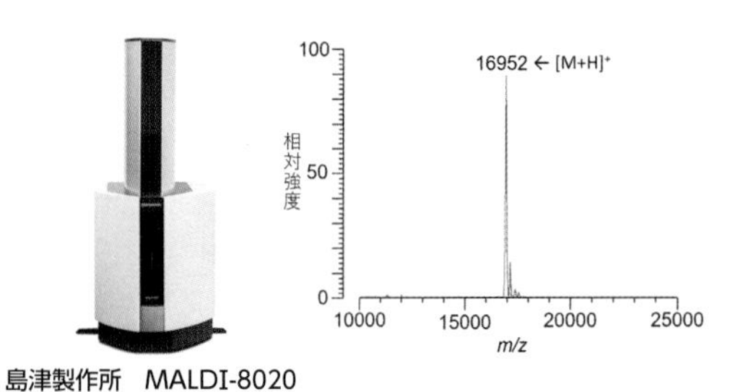

図10　質量分析計とタンパク質の測定例(アポミオグロビン)

下村　脩

【しもむら　おさむ】

1928～2018

5 緑色蛍光タンパク質の発見 2008年受賞

下村脩博士は，1950年代，ウミホタルの発光物質の化学構造を明らかにしたのち，1960年代に，アメリカ西岸に生息するオワンクラゲの発光物質について研究した。その結果，この物質(イクオリン)は，クラゲの筋肉が収縮すると，カルシウムイオン Ca^{2+} の濃度が高くなるのに応じて，波長465nmの光を発するタンパク質であることを明らかにした。同時に，その光を受けて，緑色の蛍光(波長508nm)を出す別のタンパク質が存在することも見出した。この緑色蛍光タンパク質(GFP)の発見が，ノーベル化学賞の受賞対象である。GFPは238分子のアミノ酸で構成されている(図11)。細胞中のタンパク質にGFPを組み入れて標識し，紫外線を照射することによる蛍光で，細胞内における働きを可視化することが可能になった(図12)。現在では，遺伝子操作で発色団の構造を変え，青色や黄色，赤色などの蛍光を示すタンパク質がつくりだされている。生体内からは赤色が特に透過しやすく，種々の細胞の，実際の働き方の観測が容易になり，医学などへの応用が広がった(図13)。

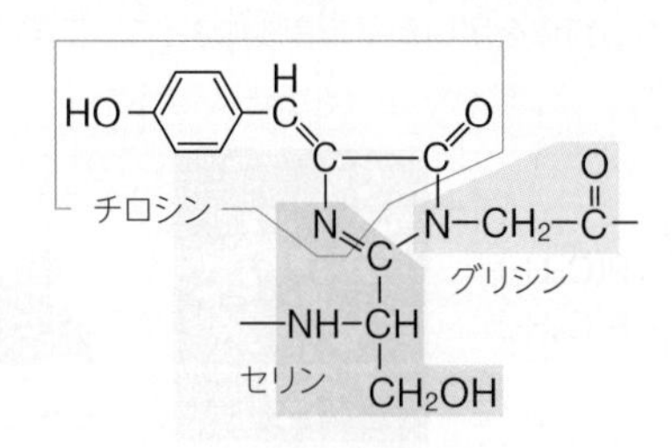

図11　GFPの蛍光発色団
3つのアミノ酸から，環化や酸化によって発色団が生じる。

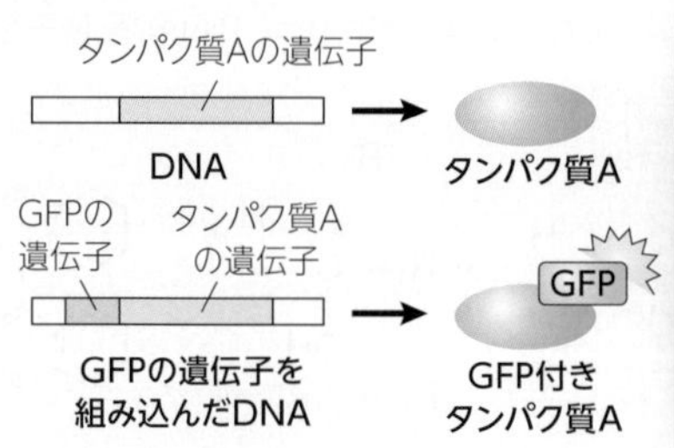

図12　GFPの利用
GFPの遺伝子を組み込むことで，目的のタンパク質を光らせることができる。

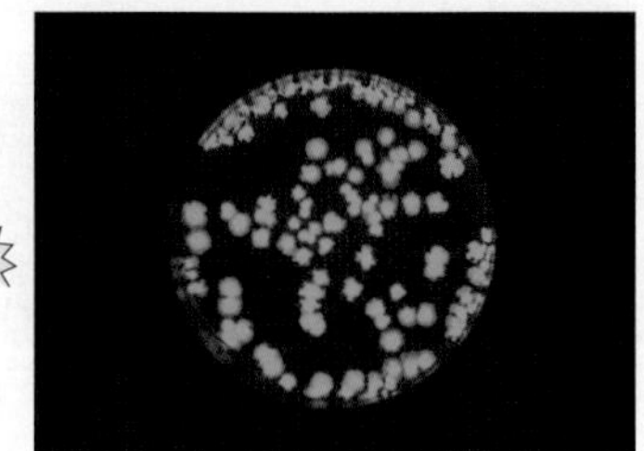

図13　GFPによる発光
GFPの遺伝子を組みこまれた大腸菌に紫外線を照射すると発光する。

鈴木　章

【すずき　あきら】

1930～

根岸 英一

【ねぎし　えいいち】

1935～2021

6 パラジウム触媒クロスカップリング 2010年受賞

クロスカップリング反応(交差カップリング反応)とは，2種類の異なる化合物を結合させる反応であり，おもに炭素−炭素結合の形成を伴う反応を指す。古くから行われてきたカップリング反応では，同じ化合物どうしが反応する副反応が問題となっていたが，1972年，熊田誠，玉尾皓平両博士らは，ニッケル触媒が，有機マグネシウム化合物と有機ハロゲン化合物を，高い効率でクロスカップリングさせることを発見した(熊田−玉尾クロスカップリング)。また，その後，パラジウムも触媒となることを明らかにした。しかし，有機マグネシウム化合物は反応性が高く，合成できる化合物に制限があった。根岸英一博士らは，1978年，安定性の高い有機亜鉛化合物をこの反応に用いることに成功し，さまざまな置換基をもつクロスカップリング生成物が効率よく合成できるようになった(根岸クロスカップリング)。さらに，鈴木章，宮浦憲夫両博士は，1979年，有機金属化合物の代わりに，有機ホウ素化合物を適用することに成功し，クロスカップリング反応の多様性が一段と広がった。また，その後の改良によって，水が存在しても適用できる反応に仕上がった(鈴木−宮浦クロスカップリング)。根岸クロスカップリング，および鈴木−宮浦クロスカップリングの両反応は，医薬品や液晶材料など，生命や日常生活を支える製品を合成するための重要な反応として，広く利用されている(図14)。

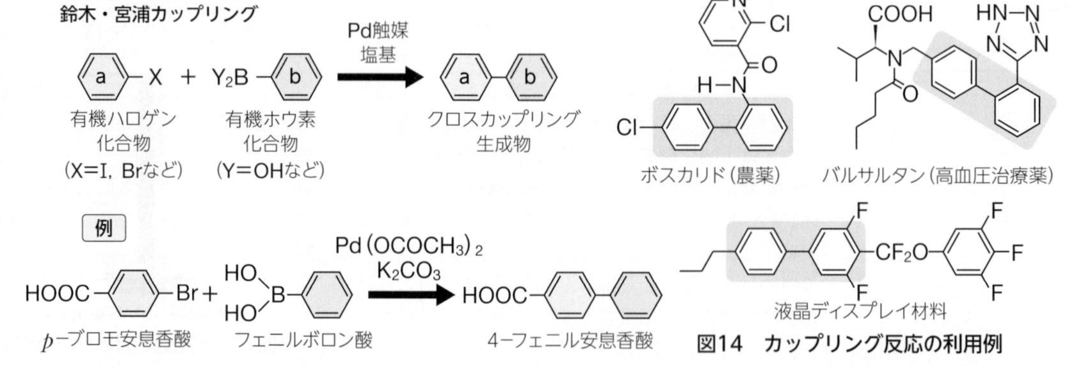

図14　カップリング反応の利用例

吉野　彰

【よしの　あきら】

1948～

7 リチウムイオン電池の開発 2019年受賞

2019年，吉野彰博士は，リチウムイオン電池の開発への貢献によって，スタンリー・ウィッティンガム博士，ジョン・グッドイナフ博士とともにノーベル化学賞を受賞した。リチウムイオン電池は「リチウムを含む炭素材料を負極活物質，リチウムイオンを含む遷移金属化合物を正極活物質とし，リチウム塩を含む有機溶媒を電解液に用いる二次電池」である。ウィッティンガム博士は，1970年代，電極材料にリチウムイオンが出入りする現象（インターカレーション）を発見し，リチウムイオン電池の原型をつくった。その後，グッドイナフ博士がこれを改良し，1980年，正極活物質として用いられるコバルト酸リチウム $LiCoO_2$ を見出した。さらに，1985年，吉野博士はリチウムを含む炭素材料を負極活物質とすることによって，実用化へと導いた（図15）。リチウムイオン電池では，有機溶媒にホウフッ化リチウム $LiBF_4$ などの電解質を溶かした電解液が用いられている。リチウムイオン電池の開発初期には，2000年にノーベル化学賞を受賞した白川英樹博士のポリアセチレンが負極材料として検討された。ポリアセチレンを用いた二次電池では，軽量化はできたが，小型化ができなかった。しかし，この検討が，吉野博士の発見の基礎となった。なお，ポリアセチレンの存在と性質は，1981年にノーベル化学賞を受賞した福井謙一博士のフロンティア軌道理論によって予想されていた（➡p.300）。このように，吉野博士のノーベル化学賞受賞には，我が国におけるノーベル化学賞の系譜が見られる。

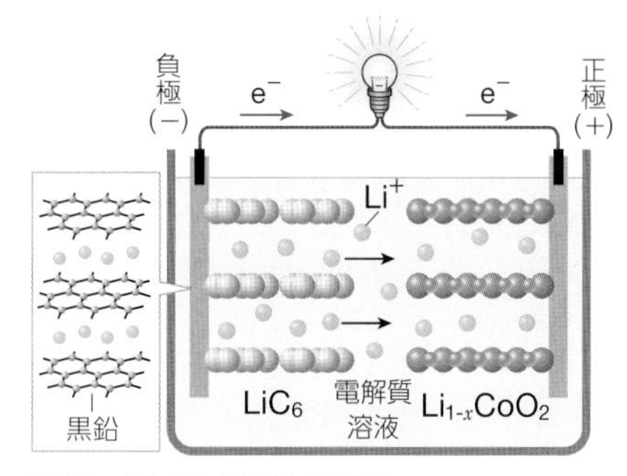

図15　リチウム電池の原理

図16　リチウム電池のマーク
マークの表示が義務づけられている。

図17　リチウム電池の利用例
主にスマートフォンやノートパソコンに用いられている。

トピック　ノーベル賞の設立

ダイナマイトを開発し，莫大な事業収入を手に入れたアルフレッド・ベルンハルト・ノーベルは，社会への還元を望み，1895年，遺産の利子を，次の各分野で世界のために画期的な貢献をした人たちに，賞として毎年与えるよう書き残した。すなわち，①物理学，②化学，③文学，④生理学または医学，⑤世界平和である。アルフレッドは翌年に亡くなり，1901年以来，命日にあたる12月10日，スウェーデンのストックホルムで授賞式が行われている（平和賞のみノルウェーのオスロ）。なお，1969年からは，経済学賞が追加された。

アルフレッド・ベルンハルト・ノーベル（1833-1896）の肖像が刻まれたノーベル賞のメダル

NET Research　ノーベル財団
http://www.nobelprize.org/

年	日本人受賞者	賞
1949	湯川　秀樹	物理学賞
1965	朝永振一郎	物理学賞
1968	川端　康成	文学賞
1973	江崎玲於奈	物理学賞
1974	佐藤　栄作	平和賞
1981	福井　謙一	化学賞
1987	利根川　進	生理学医学賞
1994	大江健三郎	文学賞
2000	白川　英樹	化学賞
2001	野依　良治	化学賞
2002	小柴　昌俊	物理学賞
	田中　耕一	化学賞
2008	南部陽一郎*	物理学賞
	小林　誠	物理学賞
	益川　敏英	物理学賞
	下村　脩	化学賞

年	日本人受賞者	賞
2010	鈴木　章	化学賞
	根岸　英一	化学賞
2012	山中　伸弥	生理学医学賞
2014	赤﨑　勇	物理学賞
	天野　浩	物理学賞
	中村　修二*	物理学賞
2015	大村　智	生理学医学賞
	梶田　隆章	物理学賞
2016	大隅　良典	生理学医学賞
2018	本庶　佑	生理学医学賞
2019	吉野　彰	化学賞
2021	眞鍋　淑郎*	物理学賞

*現在はアメリカ国籍を取得されている。

特集 13 大学で学ぶ化学

高校化学の先をチラ見せ

梶井 宏樹

サイエンス
コミュニケーター

化学の面白さってどんなところだろう？―― この問いに対して自分なりの答えを既に見つけている人もいれば，モヤモヤしながら授業を受けている人もいるかもしれません。私はというと，研究室時代に自分でつくった分子と夢の中で話せるようになってぼんやりと着地点が見えたかと思えば，科学館でいろいろな人と対話をする中で新しい発見を見つけるなど，実のところ今もさぐりさぐりの状態です。今回はその続きをみなさんと一緒に考えたいと思い，高校の先の化学に携わる3名に話を聞きました。その中で見えてきたのは大学の化学を楽しむヒントや，「つながる」ことの面白さでした。

01 大学生に聞いてみた

つながりが増えると，やりたいことに挑みやすくなる

「化学ってやっぱり面白いんですよ！」と口調に熱がこもるのは，大学3年生の本田さん。楽しそうに話す化学者に惹かれて進路を選択したといいますが，どうやら入学後も化学にどっぷりと夢中な様子です。高校と大学の化学の違いや，本田さんならではの楽しみ方を話してくれました。

本田 麻里子さん

理工学部・3年生

高校では有機化学，無機化学，理論化学という化学の3本柱の基礎を学習しますが，大学になるともっともっとたくさんの領域の内容を学びます。呼吸や遺伝といった生物に関わることを化学的に考える「生物化学」，原子・分子の性質や化学反応を物理学の理論から記述する「物理化学」，有機化学と無機化学の間の子のような「金属錯体化学」などです。学びを進めるにつれて分野や領域の境界がなくなるように感じる時があることも面白いポイントですね。赤血球中のタンパク質であるヘモグロビンの理解を深める時には，酸素分子と直接結びつくのはヘムという金属錯体の中心にある鉄イオンなので，生物化学に加えて金属錯体化学の知識が自然と必要になるといった具合です。化学という大きな枠組みで考えると，ちゃんとつながっているんだなと……。私はいわゆるフラスコを振るような有機化学の研究をしたいと思っていて，大学の制度を活用して早い段階から有機化学の研究室の先生の指導を受けています。ですが，その先生は機械学習や統計学といった手法や分野に強みを持っている方で，気がついたら私もそういった勉強ばかりをしているんですよ。化学に限らない話かもしれませんが，大学は本当に選択肢が豊かなので，挑戦しがいがありますし，いろいろな物事や人とつながっていく中で予期せぬ発見が生まれることもあって楽しいです。

二人が手元に置いている教科書を見せてもらいました。比べてみると，大学ごとの違いや，個人の興味関心，専門性の違いなどが見えてきますね。

02 大学院生に聞いてみた

つながりを活かすと，自分の研究をもっと楽しめる

多くの理系学部では，学生は3年生から4年生のどこかで研究室に配属して卒業研究に取り組みます。まだ答えの見つかっていない問いに対し，自ら仮説を立てて実験するなどして挑むのです。それまでに広げてきた知識はどのように活きるのでしょうか？大学卒業後に大学院で有機化学の研究を進める波田さんに聞きました。

研究室に入ってからの化学は楽しみ方が変わります。高校だと，問題文から「こういった官能基がついているのかな？」「でもそれだと炭素の数が合わないから……」といったことを予測していきますよね。大学の途中までの化学も複雑さや難しさは違いますが，教科書から答えを導くという意味ではその延長線上です。しかし，研究室でいざ実験をしてみると，操作が想像以上に難しかったり予期せぬ副生成物が出たりと，教科書からは外れます。その中では自分は何を知りたいのかということを整理して，手法を選ぶことが大切です。例えば，ある分子の形を知りたければ「構造化学」の手法を，どのくらい酸化(➡p.82)されやすいのかを知るためには電子の移動しやすさを「電気化学」の手法を用いて調べます。化学に多くの専門領域があることや，それらを勉強することは，結局のところ自分の研究をより深く理解する，つまりもっと面白がることにつながるのです。せっかく努力の末に世界で初めてつくったような分子なのに，「つくれました！」で終わらせるのはもったいない。なぜつくれるのか，どういう性質を持っているのかといったことまで知りたいじゃないですか。指導してくれている先生や博士課程の先輩と話すのも面白いですよ。「生物化学ではこういったところでよく使われている分子だよね」といった知らない世界に触れることができ，自分の研究が豊かになります。

波田 和人さん

北海道大学大学院
理学研究院 修士2年

筆者の紹介 1990年，茨城県生まれ。修士(理学)。筑波大学大学院で化学を学んだ後，国立の科学館や大学でサイエンスコミュニケーションに携わっています。みなさんが気になる科学技術の話題は何ですか？どんな点にワクワク，モヤモヤしますか？その心の動きと向き合うことが科学技術とつながることの第一歩です。

03 研究者に聞いてみた

つながりをつくると，可能性が大きく広がる

従来までの科学は「実験科学」「理論科学」「計算科学」の3つの方法論で進められてきましたが，近年，第4の科学と呼ばれる「データ科学」が台頭しました。この変化は化学にどのような可能性をもたらすのでしょうか？データ科学を応用して触媒研究の進め方の革新を狙う北海道大学 准教授の髙橋さんは次のように話します。

データ科学は統計学，機械学習，各種のデータ解析や可視化の手法などを統合し，総合的に事象の理解やデータからの知識の抽出にアプローチする方法です。自然界で起こっていることや物質の性質は何らかの傾向の上に成り立っています。人間は従来までの科学的な試行錯誤を繰り返し，長い時間をかけてそれらを見つけ出してきました。しかし，3次元空間で事象を捉えている私たちに，100次元空間の問題を考えてくださいと言ってもそれは難しいかと思います。機械学習はそういった複雑なデータでも処理できるのです。また，データを学習した機械に「こういう性質の材料が欲しいよ」と聞くと「こういう材料がいいよ」と答えてもらうことができます。この答えから知識を抽出する「逆解析」が可能であることはデータ科学の大きな特徴です。実際にこれまでの実験による材料や触媒開発において，人間では考えつかない材料や触媒をデータ科学は人間を上回るスピードで提案してくれます。私たちのチームでは現在，データ科学を触媒開発に適用した「触媒インフォマティクス」という新領域を開拓している最中です。これからの触媒開発を高速化する一手になれば嬉しいですね。現在，化学データは累乗的に毎日増えてきています。それに対してデータ科学者は不足していて，化学の知識も持った人材ともなるとさらに少ないです。実験，理論，計算，データ科学には，それぞれの役割があり，どれか1つを学べば良いというわけではありません。4つの化学を理解したうえで，それらを状況に応じて使い分けたり，組み合わせて使うことが今後の化学では求められていると思います。

髙橋 啓介さん

北海道大学大学院
理学研究院 准教授

〈提供：JST news〉

触媒の世界地図

髙橋さんの率いる研究チームがつくりあげた，メタンを酸化する反応の触媒に関するネットワーク。触媒の調整からはじめ，約7万件もの実験データを集めてつくりあげたというから驚きです。Yield(収率)と書かれた黄色の円に近い条件に注目することで，欲しい触媒の組成や適切な実験条件を抽出することができます。

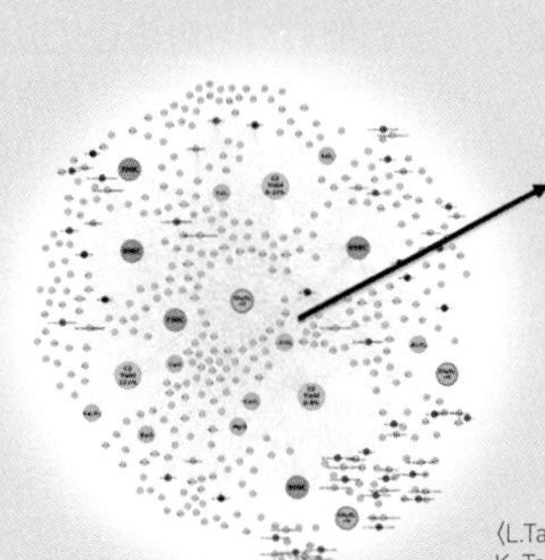

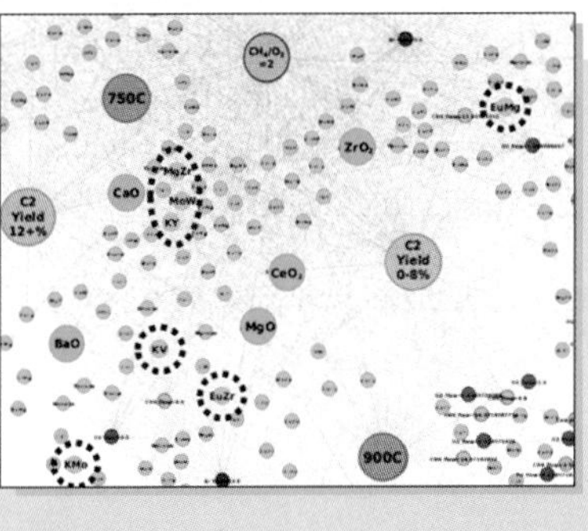

〈L.Takahashi, T.N.Nguyen, S.Nakanowatari, A.Fujiwara, T.Taniike and K. Takahashi, Chem.Sci., 2021, 12, 12546 DOI: 10.1039/D1SC04390K〉

サイエンスコミュニケーション　～科学と社会をつなぐ，科学を通して人とつながる～

科学技術はさまざまな形で私たちの生活を支えています。一方で，原子力発電所の事故のように一歩間違うと取り返しのつかない事態を招くことも忘れてはいけません。科学技術がどう発展して社会の中でどう使われるかは，私たちの未来に直結することで，多様な人々が共に考えていく必要があります。例えば，ハーバー・ボッシュ法(➡p.212)は，食糧生産を力強く支え続けてきました。しかし，世界のエネルギー消費量の数パーセントが投じられているなどの問題もあります。この状況に対して，私たちがとることのできる選択肢はさまざまで，立場によっても異なります。研究者として高性能な触媒の開発を行う，非専門家として研究者を応援する，フードロスを減らして化学肥料の消費を抑えることもよいかもしれません。「サイエンスコミュニケーション」は，このようなことを考えるきっかけをつくり，社会と科学技術のよりよい関係を目指す息の長い取り組みです。“chemistry”には「(人と人との)相性」という意味もあり，“We have good chemistry!”といった具合に使います。科学技術が世界によりよい形で貢献していくためには，関係する人とのつながりを大切にして，少し立ち止まって一緒に考える機会を増やしていくことが遠回りのようで実は一番の近道だと私は思っています。

［望ましくない例］

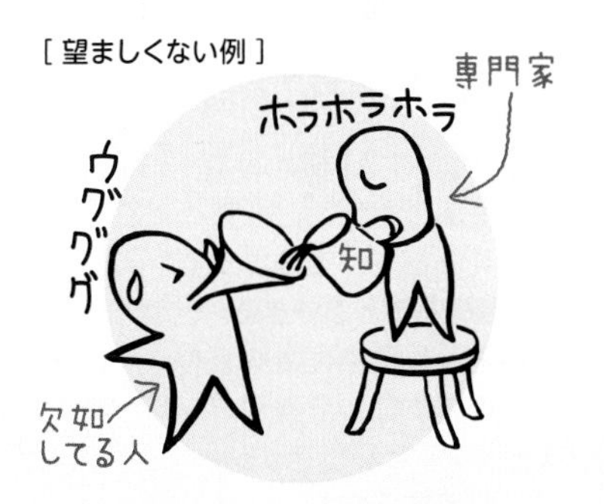

科学に不信感をもつ人々を，知識が不足している対象とみなし，知識を与えることで問題は解決するという考え方は，サイエンスコミュニケーションでは批判されています。

〈図版提供：川本思心（北海道大学）〉

探究活動への取り組み

探究活動への取り組みのきっかけは，授業やクラブ活動だけでなく，身のまわりの事象に対するふとした疑問や興味・関心であることも多い。

探究活動の一般的な手順

下図の手順は一例である。また，1から7に向かう一方向のものではなく，課題の解決に向けて行ったり来たりもする。今の自分がどの段階にいるのかを意識しながら取り組めば，探究活動を着実に進めていくことができる。

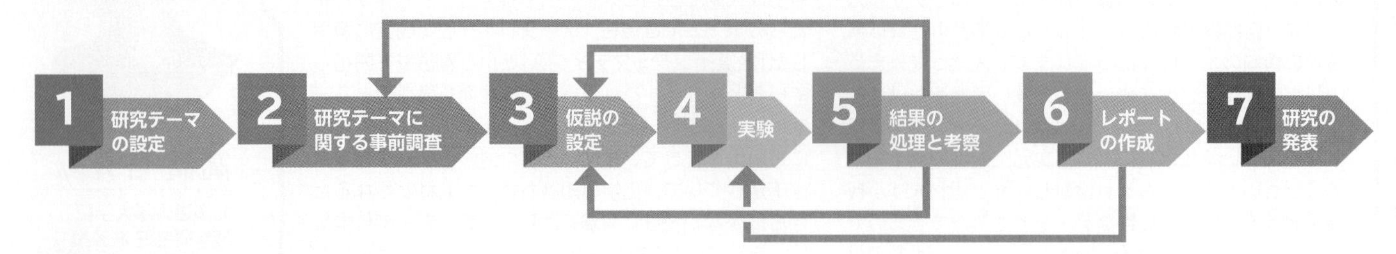

1 研究テーマの設定

探究活動では，身近な疑問や問題意識から探究テーマを見つけ出すことができる。普通なんとなく抱いている趣味・関心があれば，これらに関する情報収集を行うことが探究活動の第一歩となる。

情報収集

研究テーマを見つけ出すために，新聞，テレビ，書籍，雑誌，インターネット上の文献などから幅広く情報を入手する。科学系の部活動があれば，先輩や同級生の論文や，現在行われている研究も参考になる。そのほか，学校で案内される専門家の講演会や，大学が主催する高校生向けの公開講座なども活用できる。

情報の整理

収集した情報は，自身の興味や関心にも照らして取捨選択する。このとき，進学したい学部や学科，就きたい職業など，自分自身の将来の目標と関連づけて整理することも考えられる。

学術分野との関係

理学，工学，医学，薬学，農学のような大きな領域から，物理，化学，生物，地学，さらには物理化学，無機化学，有機化学，量子化学，分析化学，生化学といったように領域を狭めていき，どの学術分野との関連が深いかを明確にしておくと，研究テーマに関する事前調査に取り組みやすくなる。

2 研究テーマに関する事前調査

事前調査の目的

❶研究を無駄にしないため，取り組もうとする研究テーマが，すでに報告されているものでないかを確認する。
❷研究テーマに関連する知識を身につける。
❸実験に使用する物質の性質，特に試薬の毒性などを調べておくことで，実験の安全性を高めることができる。

科学用語や物質の性質などを調べる場合には，辞典やデータ集を用いると便利である。また，関連する文献は，インターネットの論文検索サイトなどを利用して調査することができる。

役立つ辞典やWEBサイト

●用語の調査

『理化学辞典』岩波書店　『標準化学用語辞典』丸善出版
『化学大辞典』東京化学同人　『化学辞典』森北出版

●物性の調査

『化学便覧(基礎編，応用化学編)』丸善出版
『理科年表』丸善出版
『CRC Handbook of Chemistry and Physics』CRC Press

CiNii(NII 学術情報ナビゲータ[サイニィ])
https://cir.nii.ac.jp/
➡大学図書館の蔵書，国内大学の博士論文などが検索できる。

国立研究開発法人 科学技術振興機構
https://www.jstage.jst.go.jp/

日本化学会
https://www.chemistry.or.jp/

研究目的の明確化

研究テーマが明確になれば，そのテーマに沿った「問い」を立て，再び情報を収集し，何を探究(解決)するのかという「目的」を明確にする。このとき立てた「問い」が，なぜそのようなことが起こるのかという原因を明らかにするためのものなのか，何がその違いを生じさせているのかという比較を行うためのものなのか，あるいは，先行研究で示された課題を解決するためのものなのかなど，自分の立てた「問い」の性格を認識しておくと，次のステップ(仮設の設定)につながりやすい。

3 仮説の設定

「仮説」の条件

「仮説」は，研究テーマに沿って立てた「問い」に対して，予想される「結論」を示したものである。
仮説を設定することによって，研究テーマのどの部分に焦点を当てているか，どこから取りかかるかがはっきりし，やみくもに「問い」に取り組むよりも，効果的なアプローチをすることができる。また，「仮説」という基準ができることによって，仮説が誤っていることが確認されれば，問いに対応したさらなる仮説の設定が可能となる。このように，研究を進めるにあたって，仮説の設定はきわめて重要な要素であり，適切な「仮説」を立てることは研究の質に直結している。適切な「仮説」には，一般に，次のようなことが求められる。

❶仮説が正しいか，誤りかを検証できる。
❷仮説が検証されることで，「問い」の解決につながる。
❸仮説を立てた根拠（理由）を示すことができる。

トピック 研究倫理

研究やその結果の公表は，互いに情報を共有することで，将来の新たな発見につながることを期待して行われる。したがって研究は，信頼される方法を用いて行い，信頼される結果を生み出さなければならない。このような科学的な信頼性を守るために，研究活動を行う研究者が備えておかなければならない倫理観が，研究倫理である。
日本学術会議＊は，科学者の行動規範として，次の２点を提言している。

＊https://www.scj.go.jp/

❶科学者は自らが生み出す専門知識や技術の質を担保する責任を有し，さらに自らの専門知識，技術，経験を活かして，人類の健康と福祉，社会の安全と安寧，そして地球環境の持続性に貢献するという責任を有する。
❷科学者は，常に正直，誠実に判断，行動し，自らの専門知識・能力・技芸の維持向上に努め，科学研究によって生み出される知の正確さや正当性を科学的に示す最善の努力を払う。

このような規範は，法律などによって強制的に守らされるものではなく，研究倫理にもとづくものであり，研究者は常に意識しておかなければならない。
研究者が守るべき規範から逸脱する行為（不正行為）は，典型的なものとして，次の３つが挙げられている。

捏造（ねつぞう） (Fabrication)	存在しない研究データや研究結果を勝手に作り上げること。
改竄（かいざん） (Falsification)	研究資料や研究過程，使用する機器の変更などを行って，研究データや研究結果を都合の良いものに作り変えること。
盗用（とうよう） (Plagiarism)	他の研究者のアイデアや研究方法，研究結果や論文内容などを，それらの研究に関わった研究当事者の了解もしくは適切な表示を行わずに流用すること。

これらは，英語の頭文字を取って「**FFP**」とよばれる。
不正行為を行わないこと以外にも，実験における安全の確保，校外でフィールドワークを行うときの危機管理，動物などの生物を扱うときの配慮事項，アンケート調査などにおける個人情報の取り扱いなど，研究を進めるうえで留意すべき規範は多い。
自らの研究倫理に照らし，研究を始める前にはもちろん，研究を進めている途中であっても，気になることがあった場合は，すぐに先生や専門家に相談することが肝要である。

NETで Research **研究倫理教育教材**

https://www.jsps.go.jp/j-kousei/rinri.html

日本学術振興会のサイト内のページ。教材「科学の健全な発展のために－誠実な科学者の心得－」の日本語版，英語版のPDFなどをダウンロードすることができる。

4 実験計画の立て方

使用できる試薬や時間は限られており，1 回の実験を通して，できるだけ多くの情報を得なければならない。そのためには，綿密な実験計画が必要である。また，使用する試薬の性質や，器具の操作方法を事前に理解しておくことで，安全かつ効率的に実験を進めることができる。

目的の明確化
実験は，仮説を説明するために行うものであり，研究テーマに沿って検証可能な仮説を設定する。仮説を設定したのちに，実験によって何を明らかにしたいのか（実験の目的）を明確にする。

▶

先行研究の調査
研究テーマを決めるときに調べた先行研究を参考に，どのような実験を行えばよいかを検討する。また，実験の原理や，各手順の意味を理解しておくことも，予期せぬミスを防ぐために重要である。

▶

試薬と器具の準備
使用する試薬と器具がそろっているかを確認する。使用する試薬は，必要な量や濃度だけでなく，危険物や毒物であるかどうか，安全に使用するために注意すべきことは何か，使用後の廃液処理はどのように行えばよいかなどを事前に確認しておく。

▶

予備実験
実験の手順を確認し，実験がうまくいくかどうかを確認するために，簡易的な実験（予備実験）を行うことが望ましい。予備実験の結果を踏まえて，実験の条件を微調整したり，方法を再検討したりする。

実験計画書の例

実験方法の確認や調査を終えたのち，実験計画書を作成し，実験に取り組もう。

■仮説

ビタミン C（アスコルビン酸）は，食品添加物として清涼飲料水などに添加されており，還元剤として働く。ビタミン C の量は，清涼飲料水を空気に触れさせないようにしておけば変化しない。また，酸素によって酸化され，温度や光の影響では減少しない。

■目的

条件を変えてビタミン C の変化量を調べる。
空気に触れさせる／させない，常温／低温（冷蔵庫の中など），光にあてる／あてないという条件でビタミン C の量の変化を明らかにする。

■先行研究の調査

先行研究によると，ビタミン C の量の測定にはヨウ素滴定を用いるとよいことがわかった。還元剤であるビタミン C に，ヨウ素を酸化剤として反応させるものであり，その変化は次の化学反応式で示される。

$$C_6H_8O_6 + I_2 \longrightarrow C_6H_6O_6 + 2I^- + 2H^+$$

この化学反応式から，ビタミン C とヨウ素は 1 ： 1 の物質量で反応することがわかる。したがって，反応したヨウ素の物質量からビタミン C の物質量を求めることができる。
反応の終点を知るためには，ヨウ素デンプン反応を用いる。ビタミン C がすべて反応すると，反応溶液に加えておいたデンプンとヨウ素が反応し，溶液が青紫色になることで終点がわかる。

■試薬と器具の準備

試薬

ある清涼飲料水 200 mL（＝ 0.200 L）には，ビタミン C を 1.0 g 含むと書いてあった。学校にあるメスフラスコの体積は 250 mL であったため，ビタミン C を 1.0 g ×（250/ 200）＝ 1.25 g 溶かして同じ濃度の水溶液を調製する。一方，ビタミン C の分子量が 176 であることから，ビタミン C のモル濃度は次のように求められる。

$$\frac{1.0\ \mathrm{g}}{176\ \mathrm{g/mol}} = 0.0056\ \mathrm{mol} \qquad \frac{0.0056\ \mathrm{mol}}{0.200\ \mathrm{L}} = 0.028\ \mathrm{mol/L}$$

ビタミン C とヨウ素は 1 ： 1 の物質量で反応するため，ヨウ素の水溶液も 0.028 mol/L 程度となるように調製する。使用できるメスフラスコの体積が（250 mL ＝）0. 250 L であり，ヨウ素の分子量が 254 なので，次のようにして，必要なヨウ素の質量を求めることができる。

$$\frac{\dfrac{x}{254\ \mathrm{g/mol}}}{0.250\ \mathrm{L}} = 0.028\ \mathrm{mol/L} \qquad x = 1.778\ \mathrm{g}$$

ヨウ素は，水には溶けにくいため，ヨウ化カリウム水溶液に溶かす。先行研究にもとづき，ヨウ化カリウムを 10 g 加える。また，ヨウ素は有毒であるため，手袋をして，風通しのよいところで取り扱う。
100 g の水に 1 g のデンプンを溶かし，1％のデンプン水溶液を調製する。

器具

ホールピペット（10 mL），ビュレット（25 mL），こまごめピペット（2 mL），コニカルビーカー（100 mL），ろうと，かく拌装置，かく拌子，ビュレット台

■実験方法

❶ビタミン C 水溶液をホールピペットで正確に 10.0 mL はかり取り，コニカルビーカーに入れる。
❷❶のコニカルビーカーにデンプン水溶液をこまごめピペットで 2 mL 加えたのち，かく拌子を入れ，かく拌装置にのせる。
❸ビュレットの目盛りを読み，滴下前のヨウ素ヨウ化カリウム水溶液の体積を記録する。
❹かく拌子を回転させながら，ビュレットから水溶液を滴下する。
❺水溶液の色が青紫色になったところで滴定をやめ，滴下後のヨウ素ヨウ化カリウム水溶液の体積を記録する。

■予備実験

予備実験を 5 回行ったところ，ヨウ素ヨウ化カリウム水溶液の滴下量は 10 mL 前後であった。ビタミン C とヨウ素のモル濃度が同じであり，化学反応式から，1 ： 1 の物質量で反応することがわかっているため，ヨウ素ヨウ化カリウム水溶液の滴下量は，ビタミン C 水溶液の体積と同じになる。したがって，この実験方法でビタミン C の量を測定できると考えられるため，本実験に取り組む。

実験ノートの書き方

学校で行う実験では，結果を記録するワークシートなどが用意される場合が多い。しかし，自分でテーマを探して行う探究活動や，大学で行う研究などでは，自分自身で実験結果をまとめる必要があり，記録用の「実験ノート」を用意する。実験ノートは，実験の結果をメモしておけばよいというものではなく，それを見れば，他の人が実験を再現できるように書かれていなければならない。
また，実験ノートには，実験結果の証拠としての役割もあり，その書き方にはいくつかの基本的なルールがある。

実験の事前準備

❶実験ノートは，保存しておく必要があるため，綴じてあるノートタイプを用いる。単なるコピー用紙やルーズリーフのように，ばらばらになる可能性のあるものは用いない。
❷記録は，鉛筆や消せるペンではなく，ボールペンで行う。誤って書きこんだものは，消しゴムや修正液で消さずに，二重線を引いて消す。
❸実験を始める前に，事前に実験の目的，方法，使用する薬品の性質などを書いておき，実験書などを参照しなくても，スムーズに実験を行えるようにしておく。

実験中の記録のとり方

❶実験を行った日付や時間帯を記入する。必要に応じて，天候や温度，気圧も記録する。
❷事前に書いた実験操作と異なる箇所が生じた場合は，その都度，変更点を書きこむ。
❸実験中に観察されたこと（色の変化，沈殿の有無，においなど）は，詳細に記録する。
写真などの画像だけでは状況がわからないため，必ず記述に残すこと。都合の悪い結果となった場合も必ず記録する。
❹実験中の気づきなどは，キーワードを書き残すだけでなく，後で読んだときにも意味がわかるように，文章で記録する。
❺物質名は正確に記録する（たとえば，1- プロパノールなのか，2- プロパノールなのかわからなくなるため「プロパノール」とは書かない）。
❻試薬の量は，単位も添えて正確に記録する（たとえば，20g なのか，20mL なのかわからなくなるため，測定値を「20」のように書かない）。
❼測定値はすぐに記録する。覚えておいて後で記録しようとしても，正確な数値を忘れてしまう。
❽実験ノートを自宅に持ち帰って清書してはならない。すべての情報は，実験中に記録する。
❾振り返ったときに読み取れなかったり，読み違えたりしないように，走り書きはせず，読み取りやすい文字で記録する。

［注］実験ノートの書き方は，研究分野などによって，細かい点で異なる場合がある。

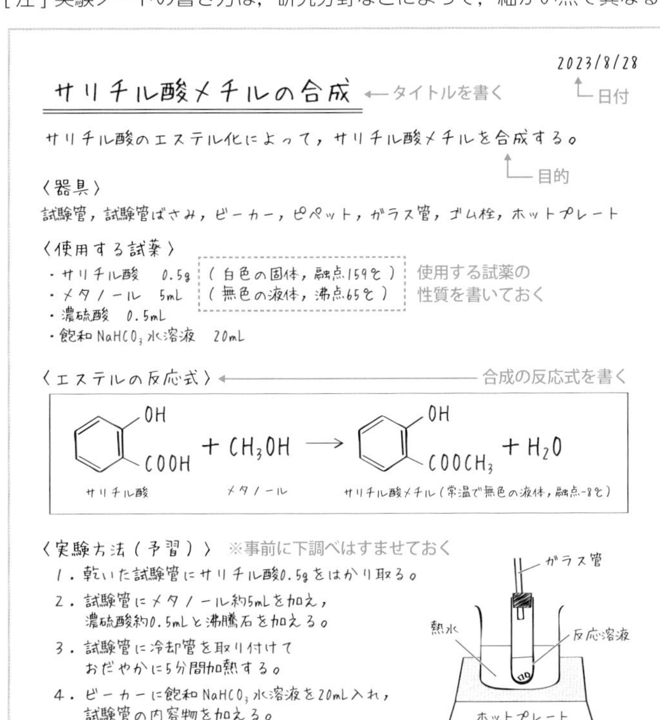

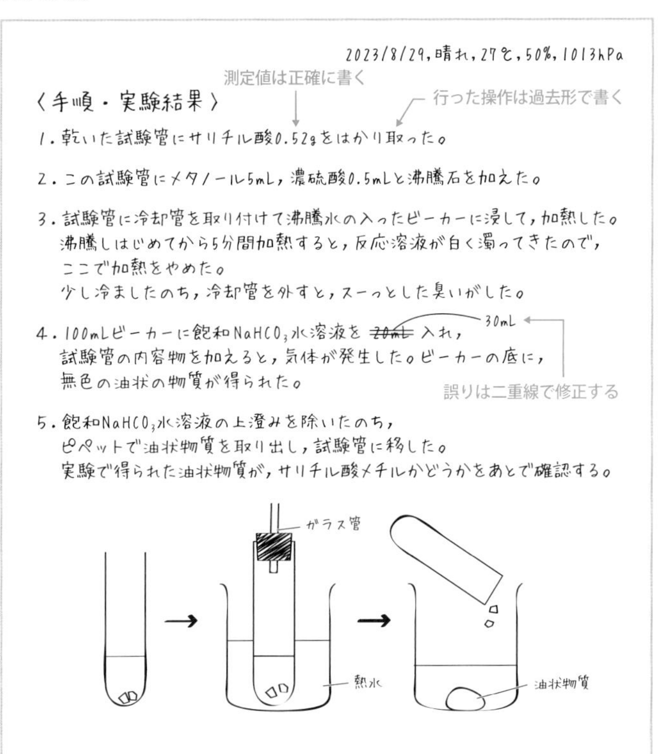

5 結果の処理と考察

実験で数値データが得られた場合は，考察を行うために，グラフ化などが必要である。

結果の処理

数値データの種類などにもとづいて，適切なグラフ化が求められる。グラフには，棒グラフ，折れ線グラフ，円グラフ，帯グラフ，散布図などがある。
ここでは，一般的なグラフの描き方を説明する。

❶横軸には変化させた量(独立変数)，縦軸には変化した量(従属変数)の見出しと単位を示す。このとき，目盛りは最大値を考えてとる。
❷得られたデータを記入する。同じグラフの中に異なるデータをプロットする場合は，●や▲などのように形を変えて示すとともに，それぞれが，どの実験で得られたものかわかるように凡例を示す。
❸得られたデータには誤差が含まれることを考慮し，●や▲をなめらかな曲線でつなぐ方がよいのか，直線を引く方がよいのかを考える。
❹直線を引くときには，目安として，直線の上下に同じ数のプロットがくるようにする。

種類	見せたい数値のポイント	概形
棒グラフ	**変化**と**比較**	0
折れ線グラフ	**変化**	0
円グラフ	全体に対する各項目の**割合**	
帯グラフ	**割合**と**変化**や**比較**	A B C D
散布図(相関図)	2種類の**関係性**	0

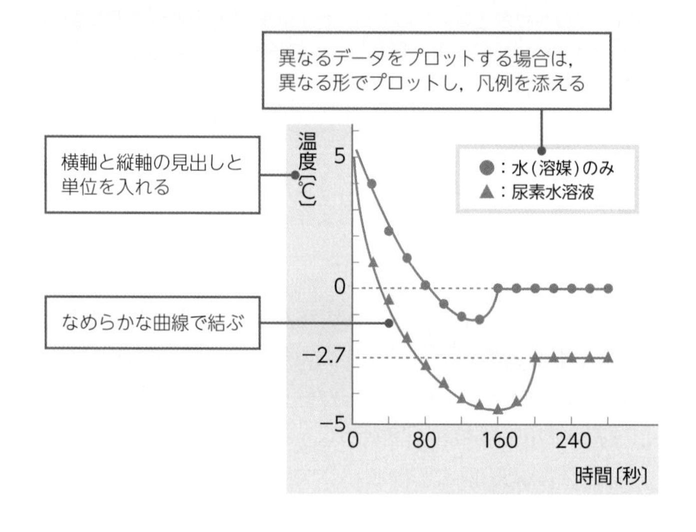

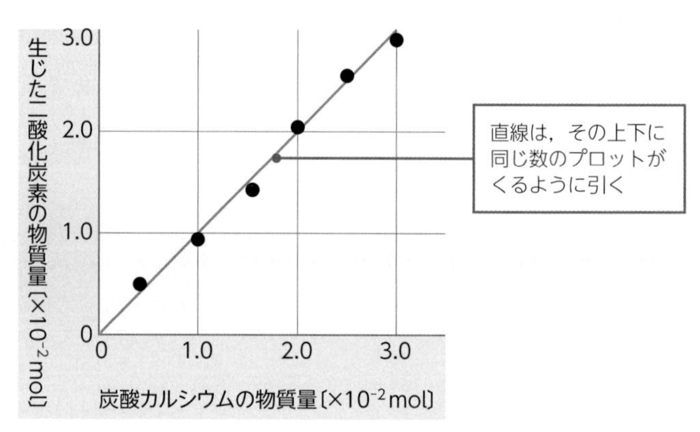

考察

考察は，実験結果にもとづいて，仮説が検証できたかどうかなどの結論を導くための過程である。一般には，次の項目が考察として示される。

❶結果の評価 信頼できる結果か，結果の精度に問題はないか，実験方法は適切だったか，再現性があるか，先行研究の研究成果に照らしてどのようなことが言えるかなど，結果の評価を行う。

❷結果の解釈 実験結果が示す事実は何か，さらに多くの事実を説明できる新たな仮説が成り立つのではないかなど，結果の解釈を行う。

❸結果の展開 実験はうまくいったか，うまくいかなかった場合は何が問題か，結果から導かれる新事実を実証する方法や，仮説の応用の可能性などにも触れ，結果の意義をまとめる。

結論

結論は，実験結果を考察して得られた帰結である。結論の有用性や今後の課題，研究テーマの見通し，そのための研究計画などを示すことも考えられる。客観的かつ簡潔に述べるよう留意する。

参考図書

改訂 化学のレポートと論文の書き方
芝哲夫監修(化学同人)

6 レポート(報告書)の作成

レポートは，研究活動の詳細を記録として残すものであり，自分の研究を成果として認めてもらうために必要なものである。素晴らしい実験結果が得られていたとしても，それがレポートにまとめられ，発表されていなければ，一般に，研究成果としては認められない。
レポートは，基本的に次のような構成で作成される。

表紙	研究のタイトルや名前を示す。
要旨	研究内容を短くまとめたものであり，全体像がとらえられるように示す。 目的・方法・結果・考察・結論・課題のそれぞれを一文程度で表すとよい。
目的	研究の目的を示す。研究のテーマを設定する際に調べた内容などを踏まえて，たとえば研究の背景や，先行研究との関係を示しながら，わかりやすく説明する。
仮説	研究の仮説を示す。
方法	実験の原理と必要な準備物，実験方法を示す。 ❶原理：実験を行うために用いた原理や理論を示す。たとえば，実験ノートの書き方の例に示したサリチル酸メチルの合成であれば，合成反応の化学反応式や，この反応が起こる原理を示す。 ❷準備：必要な試薬(溶液の場合は濃度も記す)と器具(器具によっては容量も記す)を示す。 ❸方法：実験操作の手順を示す。実際に行ったことであるため，一般には過去形を用いる。実験の器具や操作は，図示するとわかりやすい。操作について工夫を行った場合は，その理由とともに示す。
結果	実験結果を示す。色やにおいの変化，沈殿物の発生，熱の出入りなど，考察をする上で必要な観察結果も示す。 測定結果の数値には単位を添える。 結果は，図(写真も可)や表を用いて整理し，わかりやすく示す。図や表には，それぞれタイトルと説明文を付す。一般にタイトルは，図の場合はその下側，表の場合はその上側に置く。図や表を複数示す場合は，それぞれに通し番号を付ける。
考察	客観的な実験事実と，そこから導かれるレポート作者の考え(意見)を混同しないこと。 結果の項には実験結果のみを示し，考察を書かないように留意するとよい。
結論	一連の研究の過程から明らかになった結論を端的に示す。
課題・展望	研究では明らかにできなかった内容や，それを解決するために考えている実験，新たに生じた疑問などを示す。 また，研究の意義(研究成果が学術面や社会にもたらす貢献の内容)と関連づけて今後の展望を示す。
引用文献 参考文献	引用した文献や参考にした文献を示す。インターネットで得られた情報は，必ず信頼性の検討を行う。 アドレス末尾の「.ac.jp」は日本の高等教育機関や学術研究機関などのサイト，「.go.jp」は日本の政府機関や各省庁所管の研究所などのサイトを示しており，比較的信頼性の高い情報を入手しやすい。

トピック 論理的な文章の書き方

レポートなどに適した論理的な文章を書くための方法に「パラグラフライティング」がある。「パラグラフ」とは段落のことであり，各パラグラフは，いくつかの文章が集まって構成される。このとき各パラグラフは，1つの話題だけで構成されている必要がある。これが，パラグラフライティングの第1のルールである。
もう1つのルールは，各パラグラフの冒頭に最も重要な文章を置き，その1文でパラグラフを要約するというものである。すなわち各パラグラフは，最も重要な1文から始まり，あとには，それを補足する文章が続くことになる。
したがって，各パラグラフの冒頭を拾い上げて読んでいけば，レポートの内容を大まかに理解することができる。このとき，冒頭の要約文の並び(論理展開)に無理や矛盾がないかを確認する。必要に応じて，順番を入れ替えたり，修正を加えたりすることで，より論理的な構成になる。

参考図書
倉島保美
論理が伝わる 世界標準の「書く技術」
講談社

レポートをチェック！

ここに示したレポート（一部抜粋）は，大理石に含まれる炭酸カルシウムの割合を求めるために行った実験のものである。
レポートとして不十分な点や不適切な点を指摘してみよう。ただし，表紙，要旨，引用・参考文献などは省略している。

2．目的

大理石中に含まれる炭酸カルシウムの割合を決定する。

3．仮説

炭酸カルシウムは塩酸と反応して二酸化炭素を発生させる。この発生した二酸化炭素の量を測定し，炭酸カルシウムの質量を算出することで，大理石中に含まれる炭酸カルシウムの割合を決定することができる。

4．方法

（1）原理

炭酸カルシウム $CaCO_3$ と塩酸 HCl の反応は次の化学反応式で表される。

$$CaCO_3 + 2HCl \longrightarrow CaCl_2 + H_2O + CO_2$$

この化学反応式の $CaCO_3$ と CO_2 の係数の比は1：1である。このことから，反応する炭酸カルシウムの物質量と発生する二酸化炭素の物質量は等しい。したがって，発生した二酸化炭素の質量から反応した炭酸カルシウムの質量を求めることができる。

（2）準備物

①器具：乳鉢，乳棒，薬包紙，薬さじ，電子天秤，コニカルビーカー
②試薬：大理石，塩酸

（3）操作

①乳鉢に大理石を適量入れ，乳棒を用いてすりつぶして粉末状にした。このとき，できるだけ細かくなるように入念にすりつぶした。
②コニカルビーカーにホールピペットを用いて塩酸を入れ，質量を測定した。
③薬包紙に粉末状にした大理石をはかり取り，②のコニカルビーカーに加えた。このとき，大理石をはかり取った薬包紙でコニカルビーカーにフタをし，内容物が飛び出さないようにした。
④二酸化炭素が発生しなくなったら，薬包紙をコニカルビーカーに入れ，薬包紙上に残っている大理石も反応させた。また，器壁に飛び散った大理石が付着していた場合には，コニカルビーカーを傾けて未反応の大理石を完全に反応させた。
⑤発生した二酸化炭素を追い出すために，コニカルビーカーをよく振り混ぜた。
⑥コニカルビーカーの質量を測定した。
⑦大理石の質量を0.50 g ずつ増やしながら，②〜⑥の操作を繰り返して行った。

5．結果

（1）実験結果

実験結果を表1として下記に示す。

表1　反応させた大理石の質量と発生した CO_2 の質量

大理石の質量〔g〕	0.50	1.00	1.50	2.00	2.50	3.00
CO_2 の質量〔g〕	0.21	0.40	0.62	0.70	1.03	1.26

（2）結果の処理

図1は，表1の結果をもとに，大理石の質量と CO_2 の質量との関係をグラフ化したものである。

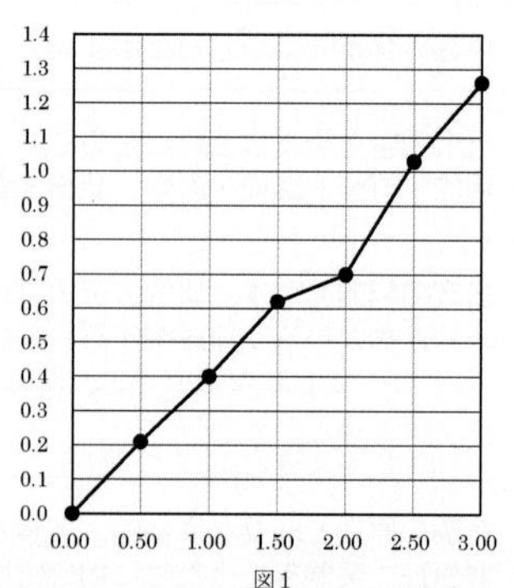

図1

6．考察

5．結果の（2）結果の処理に示した図1から大理石の質量と CO_2 の質量は比例関係であることが分かる。つまり，大理石の質量増加に伴って，発生する CO_2 も一定の割合で増加しており，実験結果は信頼できると考えられる。そこで，1つ1つの値を用いて $CaCO_3$ の質量を算出するのではなく，グラフ中の直線の傾きを求め，傾きから $CaCO_3$ の質量を算出する。

傾きを求めるために，計算しやすい大理石の質量1.00g のときの値を用いて，計算すると，$\frac{0.40\text{g}}{1.00\text{g}} = 0.40$

傾きから，大理石が2.00g のとき，CO_2 の質量は0.80 g と求められる。CO_2 と $CaCO_3$ の物質量の比は1：1なので，次式が成り立ち，反応した $CaCO_3$ の質量が求まる。

$$100\text{g/mol} \times \frac{0.80\text{ g}}{44\text{g/mol}} \fallingdotseq 1.818\text{g}$$

したがって，大理石に含まれる $CaCO_3$ の割合は，$\frac{1.818\text{g}}{2.00\text{ g}} \times 100 = 90.9\%$　よって91％

7．結論

・実験で用いた大理石中に含まれる炭酸カルシウムの割合は91%である。
・発生する二酸化炭素の質量から目的とした大理石中に含まれる炭酸カルシウムの割合を決定することができたので，仮説は正しいといえる。

レポートのチェックリスト

次の項目をチェックし，レポートの完成度を高めよう。

☑ **表紙**　研究のタイトルや名前，所属などを示している。
共同実験者などの必要な情報を示している。

☑ **要旨**　研究内容について全体像が捉えられるようになっている。

☑ **目的**　研究を行った目的が明確に示されている。

☑ **仮説**　どのような仮説にもとづいて研究を進めたか示されている。

☑ **方法**　他人が再現できるように準備物や方法が示されている。

☑ **結果**　必要な実験結果が省略されずに示されている。
図や表，グラフなどを用いてわかりやすく整理されている。
色の変化や沈殿の生成などの観察結果が正確に示されている。
測定結果の数値が，適切な有効数字で，正しい単位を添えて示されている。
実験結果のみが示され，自分の考えなどは書かれていない。

☑ **考察**　結果（事実）と自分の考えが明確に区別されている。
考察が実験結果にもとづいてなされている（飛躍がない）。

☑ **結論**　研究で明らかになったことが明確に示されている。

☑ **課題**　明らかにできなかった課題や今後の展望が示されている。

☑ **引用・参考文献**　参考文献や引用文献は，すべて記載している。

レポート全体

☑ 表現にあいまいさはないか（読み手ごとに解釈が異ならないか）。
☑ 長すぎる一文はないか。
☑ 一つの段落は，一つの内容のまとまりで構成されているか。
☑ 文体（語尾の表現など）が統一されているか。
☑ いずれの文章も主語は明確になっているか。
☑ 過去形や現在形は正しく使い分けられているか。

7 研究の発表

どんなにすばらしい研究であっても，相手にうまく伝えることができなければ，その価値はかすんでしまう。研究の成果を正当に評価してもらうためには，発表のための準備が重要となる。

準備のポイント

聴き手を確認する	どのような人に向けた発表なのかを確認する。 化学に詳しいか，そうでないかなど，相手の前提知識に応じて発表の仕方を変える必要がある。
発表時間を確認する	発表時間と質疑応答の時間を確認し，発表時間を超過しないように時間配分を考える。 導入→本論→結論の流れで，発表時間が10分であれば，導入2分，本論7分，結論1分ぐらいが適当である。
研究の目的を明解にする	自分の研究の独自性(先行研究とどう異なるか)を端的に説明できるようにする。 発表の価値を伝えるために，短くても必ず盛り込む。
発表のねらいを整理する	発表で何を伝えたいのかを明確にする。 この部分があいまいであると，研究結果の羅列になってしまい，伝えるべきことが伝わらなくなる。
発表内容を頭に入れる	できるだけ(原稿を見ずに)聞き手を見ながら発表できるようにする。
予行練習を行う	発表と同じ条件で，予行練習を行う。 友人などに発表を聞いてもらい，わかりにくかった点などを把握し，修正する。 **予行練習でチェックすべきポイント** □声量は適切か。後方で聞いている聴衆まで届くか。 □話すスピードは適切か。早口になっていないか。あるいは遅すぎないか。 □ポイントとなる箇所のメリハリがつけられているか。 □必要に応じて，身振りや手振りを交えてポイントを強調できているか。
想定される質問を考える	発表後に想定される質問を事前に考えておき，それに対する答えを用意する。 聞き手との質疑応答を通した討論を通して，それまで気づかなかった問題点や，新たな視点などの気づきが得られ，研究の進展に寄与する場合が多い。

PLUS スライド作成のコツ

スライドは，発表を円滑に進めるための基本的なツールであり，その仕上がりによって，発表のしやすさ，わかりやすさも変わってくる。作成に際しては次の点などに注意する。

❶共通するルールやデザインを設定し，統一感を演出する。
❷見やすさに配慮し，適切な文字サイズや色使いに留意する。
❸文字はできるだけ減らし，図や表，グラフなどを用いて，視覚的にわかりやすくする。
❹１枚のスライドに情報を詰め込みすぎない。情報過多の場合は，スライドを分ける。
❺文字による説明が難しい場合は，アニメーションなどを使用する。ただし，必要以上にアニメーションを使うことは避ける。スライドは，単純明解であることを原則とする。
❻図や表にはタイトルもしくは簡単な説明文を添える。

参考図書
宮野公樹
研究発表のためのスライドデザイン
講談社

わかりにくいスライドの例

石油の分留

原油の分離……油田からくみ上げられた石油（原油）は，蒸留塔で加熱され，沸点の違いを利用していくつかの成分に分けられる。このような操作を**分留**という。

分留によって，沸点の低い方から順に**石油ガス**(沸点35°C以下)，**ナフサ**(**粗製ガソリン**，沸点35～180°C)，**灯油**(沸点170～250°C)，**軽油**(沸点240～350°C)，**残査油**(沸点350°C以上)などが得られる。残査油からは**重油**が取り出され，残ったもの(**アスファルト**)は道路の舗装などに用いられる。

▶ わかりやすいスライドの例

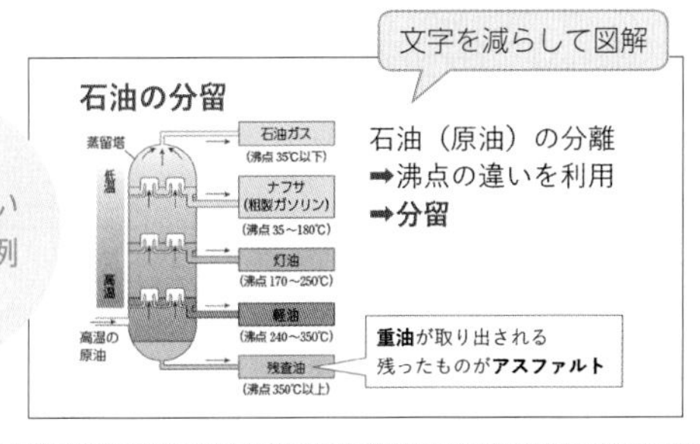

巻末資料

1 SI基本単位と定数

❶ 国際単位系(SI)-SI基本単位とSI組立単位-

物理学，化学，地学，土木学，気象学などさまざまな分野で使用されていた単位を，国際的に統一する目的で，国際度量衡総会において国際単位系(SI)が決められた(1960年)。国際単位系(SI)は，7つの基本単位と，この基本単位を組み合わせてつくられるSI組立単位からできている。また，これらのSI単位の10の整数乗倍を表すために，SI接頭語が使用されている。

なお，SI単位から除外された，cal，mmHg，atm，Å(オングストローム)などの単位は，徐々に使われなくなりつつあるが，栄養学(cal)，医学(mmHg)などの分野では，現在も使用されている。また，体積Lなどは，従来どおりの使用が認められている。

基本単位

物理量	単位	
	名称	記号
長さ	メートル	m
質量	キログラム	kg
時間	秒	s
電流	アンペア	A
熱力学温度	ケルビン	K
物質量	モル	mol
光度*	カンデラ	cd

*光源の明るさを表す単位。

組立単位(例)

物理量	単位		基本単位による表し方
	名称	記号	
力	ニュートン	N	$m \cdot kg/s^2$
圧力	パスカル	$Pa = N/m^2$	$kg/(m \cdot s^2)$
エネルギー，熱量，仕事	ジュール	$J = N \cdot m$	$m^2 \cdot kg/s^2$
電荷，電気量	クーロン	C	$A \cdot s$
電圧，電位差	ボルト	$V = J/C = W/A$	$m^2 \cdot kg/(A \cdot s^3)$
仕事率，電力	ワット	$W = J/s$	$m^2 \cdot kg/s^3$
セルシウス温度	セルシウス度	℃	K

SI接頭語

倍数	接頭語	記号	倍数	接頭語	記号
10^{24}	ヨタ	Y	10^{-1}	デシ	d
10^{21}	ゼタ	Z	10^{-2}	センチ	c
10^{18}	エクサ	E	10^{-3}	ミリ	m
10^{15}	ペタ	P	10^{-6}	マイクロ	μ
10^{12}	テラ	T	10^{-9}	ナノ	n
10^{9}	ギガ	G	10^{-12}	ピコ	p
10^{6}	メガ	M	10^{-15}	フェムト	f
10^{3}	キロ	k	10^{-18}	アト	a
10^{2}	ヘクト	h	10^{-21}	ゼプト	z
10	デカ	da	10^{-24}	ヨクト	y

❷ 単位の換算

従来から使われてきた単位とSI単位との関係を，いくつかの例で示す。

物理量	単位		単位の換算
	名称	記号	
長さ	オングストローム	Å	$1 Å = 10^{-8} \cdot 10^{-2} m = 10^{-10} m = 10^{-1} \cdot 10^{-9} m = 0.1 nm$
体積	リットル	L	$1 L = 10^3 mL = 10^{-3} \cdot (10^2)^3 cm^3 = 10^3 cm^3$
圧力	標準大気圧 ミリメートル水銀柱 バール	atm mmHg bar	$1 atm = 760 mmHg = 1.01325 \times 10^5 Pa = 1013.25 \times 10^2 Pa = 1013.25 hPa$ $1 bar = 10^5 Pa$
エネルギー，熱量，仕事	カロリー	cal	$1 cal = 4.184 J$
温度	セルシウス度	℃	$t/℃ = T/K - 273.15$　$0℃ = 273.15K$

❸ 基本定数

化学と関係の深い基本定数のいくつかを示す。

基本定数	記号	値
アボガドロ定数	N_A	$6.02214076 \times 10^{23}/mol$
1molの気体の体積($0℃, 1.013 \times 10^5 Pa$)	V_0	$22.414 L/mol$
電子の電荷		$-1.60218 \times 10^{-19} C$
陽子の電荷		$+1.60218 \times 10^{-19} C$
電子の質量	m_e	$9.10938 \times 10^{-31} kg$
陽子の質量	m_p	$1.67262 \times 10^{-27} kg$
中性子の質量	m_n	$1.67493 \times 10^{-27} kg$
絶対零度		$-273.15℃ = 0K$
気体定数	R	$8.314 \times 10^3 Pa \cdot L/(K \cdot mol)$
ファラデー定数	F	$9.64853 \times 10^4 C/mol$

❹ ギリシャ文字

大文字	小文字	読み方
Α	α	アルファ
Β	β	ベータ
Γ	γ	ガンマ
Δ	δ	デルタ
Ε	ε	イプシロン
Ζ	ζ	ゼータ
Η	η	イータ
Θ	θ	シータ
Ι	ι	イオタ
Κ	κ	カッパ
Λ	λ	ラムダ
Μ	μ	ミュー
Ν	ν	ニュー
Ξ	ξ	グザイ
Ο	ο	オミクロン
Π	π	パイ
Ρ	ρ	ロー
Σ	σ	シグマ
Τ	τ	タウ
Υ	υ	ウプシロン
Φ	φ	ファイ
Χ	χ	カイ
Ψ	ψ	プサイ
Ω	ω	オメガ

❺ ギリシャ語の数詞

数	名称
1	mono(モノ)
2	di(ジ)
3	tri(トリ)
4	tetra(テトラ)
5	penta(ペンタ)
6	hexa(ヘキサ)
7	hepta(ヘプタ)
8	octa(オクタ)
9	nona(ノナ)
10	deca(デカ)
11	undeca(ウンデカ)
12	dodeca(ドデカ)

❻ ローマ数字

数	1	2	3	4	5	6	7	8	9	10	11	12
表記	Ⅰ	Ⅱ	Ⅲ	Ⅳ	Ⅴ	Ⅵ	Ⅶ	Ⅷ	Ⅸ	Ⅹ	Ⅺ	Ⅻ

2 有効数字と計算

❶ 測定値と誤差

実験では，質量や体積，温度，圧力などのデータを，それぞれの目的に応じた機器や器具を用いて測定することがある。例えば，中和滴定や酸化還元滴定のとき，滴下した水溶液の体積は，ビュレットの最初の目盛りと最後の目盛りの差として求められる。右図の目盛りは，それぞれ 5.78 mL，14.44 mL と読みとれる。これらの測定値において，小数第2位の値は，最小目盛りである 0.1 mL の 1/10 まで読みとったものである。そのため，5.78 および 14.44 の小数第2位の値は，不確かな値となる。このとき，真の値は，それぞれ次の範囲内の値と考えられる。

5.775 ≦ 真の値 ＜ 5.785

14.435 ≦ 真の値 ＜ 14.445

真の値と測定値との差を**誤差**という。誤差が小さいほど測定値の信頼性は高い。

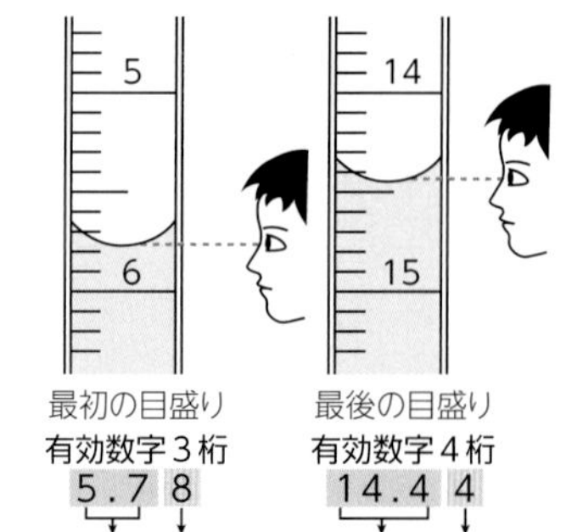

❷ 有効数字

測定で読みとった桁までの数字を有効数字という。例えば，ビュレットで読みとった 5.78 mL および 14.44 mL では，5, 7, 8 また 1, 4, 4, 4 が有効数字であり，それぞれ3桁および4桁であるという。

有効数字の桁数を明らかにする場合，

通常 $A \times 10^n\,(1 \leqq A < 10)$ の形を用いる。

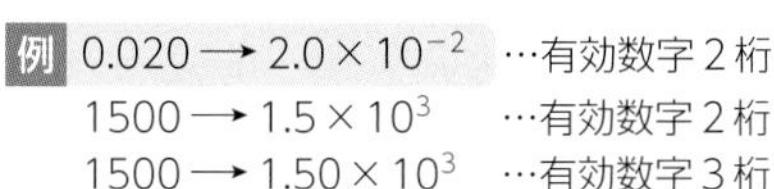

例 0.020 → 2.0×10^{-2} …有効数字２桁

1500 → 1.5×10^3 …有効数字２桁

1500 → 1.50×10^3 …有効数字３桁

❸ 有効数字の足し算・引き算

位取りが異なる場合

足し算（引き算）では，和（差）を求めたのち，最も位取りの大きいものに合わせる。

例 15.2 cm と 7.59 cm の和はいくらか。

解 15.2 cm ＋ 7.59 cm ＝ 22.79 cm ＝ 22.8 cm

別解 15.2 cm＋7.59 cm＝15.2 cm＋7.6 cm＝22.8 cm

（注）この例のように，小数第１位の方が小数第２位よりも位取りが大きい。

位取りが同じ場合

足し算（引き算）では，そのまま和（差）を求める。

例 14.44 mL と 5.78 mL の差はいくらか。

解 14.44 mL － 5.78 mL ＝ 8.66 mL

❹ 有効数字の掛け算・割り算

有効数字の桁数が異なる場合

例 縦 15.2 cm，横 5.6 cm の長方形の面積はいくらか。

解 誤差を考えると真の面積 S の値は次の範囲にある。

$$(15.2 - 0.05) \times (5.6 - 0.05) \leqq S < (15.2 + 0.05) \times (5.6 + 0.05)$$

$$85.12 - 1.0375 \leqq S < 85.12 + 1.0425$$

$$84.0825 \leqq S < 86.1625$$

このことから，１桁目は信頼がおけるが，２桁目は不確実さを含み，３桁目以降は，信頼がおけないことがわかる。したがって，次のようにして，計算するとよい。

$15.2\,\text{cm} \times 5.6\,\text{cm} = 85.1\,\text{cm}^2 = 85\,\text{cm}^2$

有効数字３桁　有効数字２桁　３桁まで求めたのち，四捨五入して有効数字２桁で示す。

例 体積が 80 L（0℃，1.013×10^5 Pa）の気体は何 mol か。

解 有効数字２桁……80 L ／ 有効数字３桁……22.4 L/mol

$$\frac{80\,\text{L}}{22.4\,\text{L/mol}} = 3.57\,\text{mol} = 3.6\,\text{mol}$$

３桁まで求めたのち，四捨五入して有効数字２桁で表す。

（注）途中計算では桁数の最も少ない有効数字よりも１桁多く求めたのち，四捨五入して有効数字の最も少ない桁数にそろえる。

有効数字の桁数が同じ場合

例 1.8 mol の二酸化炭素（モル質量 44 g/mol）の質量はいくらか。

解 $44\,\text{g/mol} \times 1.8\,\text{mol} = 79.2\,\text{g} = 79\,\text{g}$

有効数字２桁　有効数字２桁　３桁まで求めたのち，四捨五入して有効数字２桁で表す。

3 指数と対数

❶ 指数とその拡張

$a = a^1$，$a \times a = a^2$，$a \times a \times a = a^3$，……のように，$a$ を n 個かけ合せたものを a^n とかき，このとき，n を a^n の**指数**という。指数は，正の整数のほか，０や負の整数の場合にも定められる。一般に，$a \neq 0$ で，n を正の整数として，a^0 および a^{-n} をそれぞれ次のように定義する。

非常に小さい数値や，非常に大きい数値を扱う場合に用いられる。

$$a^0 = 1 \qquad a^{-n} = \frac{1}{a^n}$$

（例）$10^{-2} = \dfrac{1}{10^2} = 0.01$

❷ 指数法則

$a \neq 0$，$b \neq 0$ で，m，n を整数として，次の関係が成立する。

$a^m \times a^n = a^{m+n}$

（例）$10^2 \times 10^3 = 10^{2+3} = 10^5$

$a^m \div a^n = a^{m-n}$

（例）$10^5 \div 10^3 = 10^{5-3} = 10^2$

$(a^m)^n = a^{m \times n}$

（例）$(10^2)^3 = 10^{2 \times 3} = 10^6$

$(ab)^n = a^n b^n$

（例）$(2x)^3 = 2^3 \times x^3 = 8x^3$

❸ 常用対数

$M > 0$ で，$M = 10^n$ とするとき，ある M に対する n の値がただ１つ定まる。この値を M の**常用対数**といい，$n = \log_{10} M$ のように表す。

$M > 0$，$N > 0$ で，r を実数として，次の関係が成立する。

$\log_{10} 1 = 0 \qquad \log_{10} 10 = 1$

$\log_{10} MN = \log_{10} M + \log_{10} N$

$\log_{10} \dfrac{M}{N} = \log_{10} M - \log_{10} N$

$\log_{10} M^r = r \log_{10} M$

4 元素の存在度と単体の性質

原子番号	元素	大陸地殻における存在度〔μg/g〕	単体		
			融点〔℃〕	沸点〔℃〕	密度〔g/cm³〕
1	H	1400	−259.14	−252.87	0.08988*
2	He	0.008	-272.2^{26atm}	−268.934	0.1785^{0}*
3	Li	13	180.54	1347	0.534^{20}
4	Be	1.5	1282	2970加圧	1.8477^{20}
5	B	10	2300	3658	2.34^{20}
6	C	200	3550	4800昇華	3.513^{20}ダイヤモンド
7	N	20	−209.86	−195.8	1.2506*
8	O	466000	−218.4	−182.96	1.429^{0}*
9	F	625	−219.62	−188.14	1.696^{0}*
10	Ne	0.00007	−248.67	−246.05	0.8999^{0}*
11	Na	23000	97.81	883	0.971^{20}
12	Mg	32000	648.8	1090	1.738^{20}
13	Al	84100	660.32	2467	2.6989^{20}
14	Si	267700	1410	2355	2.3296
15	P	1050	44.2	280	1.82^{20}（黄リン）
16	S	260	112.8	444.674	2.07^{20}（α）
17	Cl	130	−101.0	−33.97	3.214^{0}*
18	Ar	1.2	−189.3	−185.8	1.784^{0}*
19	K	9100	63.65	774	0.862^{20}
20	Ca	52900	839	1484	1.55^{20}
21	Sc	30	1541	2831	2.989^{20}
22	Ti	5400	1660	3287	4.54^{20}
23	V	230	1887	3377	6.11^{19}
24	Cr	185	1860	2671	7.19^{20}
25	Mn	1400	1244	1962	7.44^{20}（α）
26	Fe	70700	1535	2750	7.874^{20}
27	Co	29	1495	2870	8.90^{20}
28	Ni	105	1453	2732	8.902
29	Cu	75	1083.4	2567	8.96^{20}
30	Zn	80	419.53	907	7.134
31	Ga	18	27.78	2403	5.907^{20}
32	Ge	1.6	937.4	2830	5.323^{20}
33	As	1.0	817^{28atm}	616昇華	5.78^{20}（灰色）
34	Se	0.05	217	684.9	4.79^{20}（金属セレン）
35	Br	2.5	−7.2	58.78	3.1226^{20}
36	Kr	0.00001	−156.66	−152.3	3.7493^{0}*
37	Rb	32	39.31	688	1.532^{20}
38	Sr	260	769	1384	2.54^{20}
39	Y	20	1522	3338	4.47^{20}
40	Zr	100	1852	4377	6.506^{20}
41	Nb	11	2468	4742	8.57^{20}
42	Mo	1000	2617	4612	10.22^{20}
43	Tc		2172	4877	11.5^{20}（計算値）
44	Ru	0.01	2310	3900	12.37^{20}
45	Rh	0.005	1966	3695	12.41^{20}
46	Pd	0.001	1552	3140	12.02^{20}
47	Ag	0.08	951.93	2212	10.500^{20}
48	Cd	0.098	321.0	765	8.65^{20}
49	In	0.05	156.6	2080	7.31
50	Sn	2.5	231.97	2270	7.31^{20}（β）
51	Sb	0.2	630.63	1635	6.691^{20}
52	Te	0.01	449.5	990	6.24^{20}
53	I	0.5	113.5	184.3	4.93^{20}
54	Xe	0.000002	−111.9	−107.1	5.8971^{0}*
55	Cs	1	28.4	678	1.873^{20}
56	Ba	250	729	1637	3.594^{20}
57	La	16	921	3457	6.145
58	Ce	33	799	3426	6.749（β）
59	Pr	3.9	931	3512	6.773^{20}（α）
60	Nd	16	1021	3068	7.007^{20}
61	Pm		1168	2700	7.22
62	Sm	3.5	1077	1791	7.52^{20}
63	Eu	1.1	822	1597	5.243^{20}
64	Gd	3.3	1313	3266	7.90
65	Tb	0.6	1356	3123	8.229^{20}
66	Dy	3.7	1412	2562	8.55^{20}
67	Ho	0.78	1474	2695	8.795
68	Er	2.2	1529	2863	9.066
69	Tm	0.32	1545	1950	9.321^{20}
70	Yb	2.2	824	1193	6.965^{20}（α）
71	Lu	0.3	1663	3395	9.84
72	Hf	3	2230	5197	13.31^{20}
73	Ta	1	2996	5425	16.654^{20}
74	W	1	3410	5657	19.3^{20}
75	Re	0.0005	3180	5596	21.02^{20}
76	Os	0.005	3054	5027	22.59^{20}
77	Ir	0.0001	2410	4130	22.56^{13}
78	Pt	0.01	1772	3830	21.45^{20}
79	Au	0.003	1064.43	2807	19.32^{20}
80	Hg	0.08	−38.87	356.58	13.546^{20}
81	Tl	0.36	304	1457	11.85^{20}
82	Pb	8	327.5	1740	11.35^{20}
83	Bi	0.06	271.3	1610	9.747^{20}
84	Po		254	962	9.32^{20}（α）
85	At		302	約337	
86	Rn		−71	−61.8	9.73^{0}*
87	Fr		27	677	
88	Ra		700	1140	5
89	Ac		1050	3200	10.06
90	Th	3.5	1750	4790	11.72^{20}
91	Pa		1840	—	15.37（計算値）
92	U	0.91	1132.3	3745	18.950^{20}（α）

・大陸地殻における存在度　地殻1g中に含まれる元素の質量〔μg〕を示す。（地学事典）
・融点・沸点　右肩に圧力を示したもの以外は1.013×10^{5}Paでの値である。
・密度　右肩の数字は測定温度〔℃〕を示す。それ以外は 25℃における値。
　＊印の単位は〔g/L〕である。　　（化学便覧改訂6版，理化学辞典第5版）

5 乾燥空気の組成

気体	分子量	体積組成〔%〕	質量組成〔%〕
窒素 N_2	28.0134	78.084	75.476
酸素 O_2	31.9988	20.948	23.29
アルゴン Ar	39.948	0.934	1.2874
二酸化炭素 CO_2	44.0095	0.0410*	0.04783
ネオン Ne	20.1797	0.001818	0.001266
ヘリウム He	4.002602	0.000524	0.0000724
クリプトン Kr	83.798	0.000114	0.0000330
水素 H_2	2.01588	~0.00005	0.0000035
キセノン Xe	131.293	0.0000087	0.0000394

＊CO_2は経年的に増加しており，2019年では0.0410%　（化学便覧改訂6版）

6 海水中のおもな元素

成分元素	濃度〔g/L〕	成分元素	濃度〔g/L〕	成分元素	濃度〔g/L〕
塩素	19.35	窒素	0.0083	ルビジウム	0.00012
ナトリウム	10.78	ストロンチウム	0.0078	ヨウ素	0.000058
マグネシウム	1.28	ホウ素	0.0045	リン	0.000062
硫黄	0.898	酸素	0.0028	バリウム	0.000015
カルシウム	0.412	ケイ素	0.0028	モリブデン	0.00001
カリウム	0.399	フッ素	0.0013	ウラン	0.0000032
臭素	0.067	アルゴン	0.00062	ヒ素	0.0000012
炭素	0.027	リチウム	0.00018	バナジウム	0.000002

（化学便覧改訂6版）

7 天然に存在する同位体の存在比

原子をイオン化したのち，電圧をかけたり，磁力を加えたりすると，質量に応じて，異なる運動をする。このことを利用して，同位体の存在比を求めることができる。このための装置が質量分析器である。大部分の元素は，地球や月，隕石における各種の物質中で，同位体存在比が一定であるが，一部の元素は試料による差がみられる。

原子番号	同位体	相対質量	天然存在比〔%〕
1	^{1}H	1.008	99.9885
	^{2}H	2.014	0.0115
2	^{3}He	3.016	0.000137
	^{4}He	4.003	99.999863
3	^{6}Li	6.015	7.59
	^{7}Li	7.016	92.41
4	^{9}Be	9.012	100
5	^{10}B	10.013	19.9
	^{11}B	11.009	80.1
6	^{12}C	12	98.93
	^{13}C	13.003	1.07
7	^{14}N	14.003	99.632
	^{15}N	15.000	0.368
8	^{16}O	15.995	99.757
	^{17}O	16.999	0.038
	^{18}O	17.999	0.205
9	^{19}F	18.998	100
10	^{20}Ne	19.992	90.48
	^{21}Ne	20.994	0.27
	^{22}Ne	21.991	9.25
11	^{23}Na	22.990	100
12	^{24}Mg	23.985	78.99
	^{25}Mg	24.986	10.00
	^{26}Mg	25.983	11.01
13	^{27}Al	26.982	100
14	^{28}Si	27.977	92.2297
	^{29}Si	28.976	4.67
	^{30}Si	29.974	3.0872
15	^{31}P	30.974	100
16	^{32}S	31.972	94.93
	^{33}S	32.971	0.76
	^{34}S	33.968	4.29
	^{36}S	35.967	0.02
17	^{35}Cl	34.969	75.78
	^{37}Cl	36.966	24.22
18	^{36}Ar	35.968	0.3365
	^{38}Ar	37.963	0.0632
	^{40}Ar	39.962	99.6003
19	^{39}K	38.964	93.2581
	^{40}K	39.964	0.0117
	^{41}K	40.962	6.7302

原子番号	同位体	相対質量	天然存在比〔%〕
20	^{40}Ca	39.963	96.941
	^{42}Ca	41.959	0.647
	^{43}Ca	42.959	0.135
	^{44}Ca	43.955	2.086
	^{46}Ca	45.954	0.004
	^{48}Ca	47.953	0.187
21	^{45}Sc	44.956	100
22	^{46}Ti	45.953	8.25
	^{47}Ti	46.952	7.44
	^{48}Ti	47.948	73.72
	^{49}Ti	48.948	5.41
	^{50}Ti	49.945	5.18
23	^{50}V	49.947	0.250
	^{51}V	50.944	99.750
24	^{50}Cr	49.946	4.345
	^{52}Cr	51.941	83.789
	^{53}Cr	52.941	9.501
	^{54}Cr	53.939	2.365
25	^{55}Mn	54.941	100
26	^{54}Fe	53.940	5.845
	^{56}Fe	55.935	91.754
	^{57}Fe	56.935	2.119
	^{58}Fe	57.933	0.282
27	^{59}Co	58.933	100
28	^{58}Ni	57.935	68.0769
	^{60}Ni	59.931	26.2231
	^{61}Ni	60.931	1.1399
	^{62}Ni	61.928	3.6345
	^{64}Ni	63.928	0.9256
29	^{63}Cu	62.930	69.17
	^{65}Cu	64.928	30.83
30	^{64}Zn	63.929	48.63
	^{66}Zn	65.926	27.90
	^{67}Zn	66.927	4.10
	^{68}Zn	67.925	18.75
	^{70}Zn	69.925	0.62
31	^{69}Ga	68.926	60.108
	^{71}Ga	70.925	39.892
32	^{70}Ge	69.924	20.84
	^{72}Ge	71.922	27.54
	^{73}Ge	72.923	7.8
	^{74}Ge	73.921	36.28
	^{76}Ge	75.921	7.61
33	^{75}As	74.922	100

原子番号	同位体	相対質量	天然存在比〔%〕
34	^{74}Se	73.922	0.89
	^{76}Se	75.919	9.37
	^{77}Se	76.920	7.63
	^{78}Se	77.917	23.77
	^{80}Se	79.917	49.61
	^{82}Se	81.917	8.73
35	^{79}Br	78.918	50.69
	^{81}Br	80.916	49.31
36	^{78}Kr	77.920	0.35
	^{80}Kr	79.916	2.28
	^{82}Kr	81.913	11.58
	^{83}Kr	82.914	11.49
	^{84}Kr	83.912	57.00
	^{86}Kr	85.911	17.30
37	^{85}Rb	84.912	72.17
	^{87}Rb	86.909	27.83
38	^{84}Sr	83.913	0.56
	^{86}Sr	85.909	9.86
	^{87}Sr	86.909	7.00
	^{88}Sr	87.906	82.58
47	^{107}Ag	106.905	51.839
	^{109}Ag	108.905	48.161
51	^{121}Sb	120.904	57.21
	^{123}Sb	122.904	42.79
53	^{127}I	126.904	100
56	^{130}Ba	129.906	0.106
	^{132}Ba	131.905	0.101
	^{134}Ba	133.905	2.417
	^{135}Ba	134.906	6.592
	^{136}Ba	135.905	7.854
	^{137}Ba	136.906	11.232
	^{138}Ba	137.905	71.698
79	^{197}Au	196.967	100
82	^{204}Pb	203.973	1.4
	^{206}Pb	205.974	24.1
	^{207}Pb	206.976	22.1
	^{208}Pb	207.977	52.4
92	^{234}U	234.041	0.0055
	^{235}U	235.044	0.7200
	^{238}U	238.051	99.2745

（化学便覧改訂6版）

8 原子の電子配置

周期	原子番号	元素記号	K s	L s	L p	M s	M p	M d	N s	N p	N d	N f	O s	O p	備考
1	1	H	1												典型元素
1	2	He	2												典型元素
2	3	Li	2	1											典型元素
2	4	Be	2	2											典型元素
2	5	B	2	2	1										典型元素
2	6	C	2	2	2										典型元素
2	7	N	2	2	3										典型元素
2	8	O	2	2	4										典型元素
2	9	F	2	2	5										典型元素
2	10	Ne	2	2	6										典型元素
3	11	Na	2	2	6	1									典型元素
3	12	Mg	2	2	6	2									典型元素
3	13	Al	2	2	6	2	1								典型元素
3	14	Si	2	2	6	2	2								典型元素
3	15	P	2	2	6	2	3								典型元素
3	16	S	2	2	6	2	4								典型元素
3	17	Cl	2	2	6	2	5								典型元素
3	18	Ar	2	2	6	2	6								典型元素
4	19	K	2	2	6	2	6		1						典型元素
4	20	Ca	2	2	6	2	6		2						典型元素
4	21	Sc	2	2	6	2	6	1	2						遷移元素
4	22	Ti	2	2	6	2	6	2	2						遷移元素
4	23	V	2	2	6	2	6	3	2						遷移元素
4	24	Cr	2	2	6	2	6	5	1						遷移元素
4	25	Mn	2	2	6	2	6	5	2						遷移元素
4	26	Fe	2	2	6	2	6	6	2						遷移元素
4	27	Co	2	2	6	2	6	7	2						遷移元素
4	28	Ni	2	2	6	2	6	8	2						遷移元素
4	29	Cu	2	2	6	2	6	10	1						遷移元素
4	30	Zn	2	2	6	2	6	10	2						遷移元素
4	31	Ga	2	2	6	2	6	10	2	1					典型元素
4	32	Ge	2	2	6	2	6	10	2	2					典型元素
4	33	As	2	2	6	2	6	10	2	3					典型元素
4	34	Se	2	2	6	2	6	10	2	4					典型元素
4	35	Br	2	2	6	2	6	10	2	5					典型元素
4	36	Kr	2	2	6	2	6	10	2	6					典型元素
5	37	Rb	2	2	6	2	6	10	2	6			1		典型元素
5	38	Sr	2	2	6	2	6	10	2	6			2		典型元素
5	39	Y	2	2	6	2	6	10	2	6	1		2		遷移元素
5	40	Zr	2	2	6	2	6	10	2	6	2		2		遷移元素
5	41	Nb	2	2	6	2	6	10	2	6	4		1		遷移元素
5	42	Mo	2	2	6	2	6	10	2	6	5		1		遷移元素
5	43	Tc	2	2	6	2	6	10	2	6	5		2		遷移元素
5	44	Ru	2	2	6	2	6	10	2	6	7		1		遷移元素
5	45	Rh	2	2	6	2	6	10	2	6	8		1		遷移元素
5	46	Pd	2	2	6	2	6	10	2	6	10				遷移元素
5	47	Ag	2	2	6	2	6	10	2	6	10		1		遷移元素
5	48	Cd	2	2	6	2	6	10	2	6	10		2		遷移元素
5	49	In	2	2	6	2	6	10	2	6	10		2	1	典型元素
5	50	Sn	2	2	6	2	6	10	2	6	10		2	2	典型元素
5	51	Sb	2	2	6	2	6	10	2	6	10		2	3	典型元素
5	52	Te	2	2	6	2	6	10	2	6	10		2	4	典型元素
5	53	I	2	2	6	2	6	10	2	6	10		2	5	典型元素
5	54	Xe	2	2	6	2	6	10	2	6	10		2	6	典型元素

周期	原子番号	元素記号	K s	L s	L p	M s	M p	M d	N s	N p	N d	N f	O s	O p	O d	O f	P s	P p	P d	Q s	備考
6	55	Cs	2	2	6	2	6	10	2	6	10		2	6			1				典型元素
6	56	Ba	2	2	6	2	6	10	2	6	10		2	6			2				典型元素
6	57	La	2	2	6	2	6	10	2	6	10		2	6	1		2				ランタノイド(15種) 遷移元素
6	58	Ce	2	2	6	2	6	10	2	6	10	1	2	6	1		2				ランタノイド(15種) 遷移元素
6	59	Pr	2	2	6	2	6	10	2	6	10	3	2	6			2				ランタノイド(15種) 遷移元素
6	60	Nd	2	2	6	2	6	10	2	6	10	4	2	6			2				ランタノイド(15種) 遷移元素
6	61	Pm	2	2	6	2	6	10	2	6	10	5	2	6			2				ランタノイド(15種) 遷移元素
6	62	Sm	2	2	6	2	6	10	2	6	10	6	2	6			2				ランタノイド(15種) 遷移元素
6	63	Eu	2	2	6	2	6	10	2	6	10	7	2	6			2				ランタノイド(15種) 遷移元素
6	64	Gd	2	2	6	2	6	10	2	6	10	7	2	6	1		2				ランタノイド(15種) 遷移元素
6	65	Tb	2	2	6	2	6	10	2	6	10	9	2	6			2				ランタノイド(15種) 遷移元素
6	66	Dy	2	2	6	2	6	10	2	6	10	10	2	6			2				ランタノイド(15種) 遷移元素
6	67	Ho	2	2	6	2	6	10	2	6	10	11	2	6			2				ランタノイド(15種) 遷移元素
6	68	Er	2	2	6	2	6	10	2	6	10	12	2	6			2				ランタノイド(15種) 遷移元素
6	69	Tm	2	2	6	2	6	10	2	6	10	13	2	6			2				ランタノイド(15種) 遷移元素
6	70	Yb	2	2	6	2	6	10	2	6	10	14	2	6			2				ランタノイド(15種) 遷移元素
6	71	Lu	2	2	6	2	6	10	2	6	10	14	2	6	1		2				ランタノイド(15種) 遷移元素
6	72	Hf	2	2	6	2	6	10	2	6	10	14	2	6	2		2				
6	73	Ta	2	2	6	2	6	10	2	6	10	14	2	6	3		2				
6	74	W	2	2	6	2	6	10	2	6	10	14	2	6	4		2				
6	75	Re	2	2	6	2	6	10	2	6	10	14	2	6	5		2				
6	76	Os	2	2	6	2	6	10	2	6	10	14	2	6	6		2				
6	77	Ir	2	2	6	2	6	10	2	6	10	14	2	6	7		2				
6	78	Pt	2	2	6	2	6	10	2	6	10	14	2	6	9		1				
6	79	Au	2	2	6	2	6	10	2	6	10	14	2	6	10		1				
6	80	Hg	2	2	6	2	6	10	2	6	10	14	2	6	10		2				
6	81	Tl	2	2	6	2	6	10	2	6	10	14	2	6	10		2	1			典型元素
6	82	Pb	2	2	6	2	6	10	2	6	10	14	2	6	10		2	2			典型元素
6	83	Bi	2	2	6	2	6	10	2	6	10	14	2	6	10		2	3			典型元素
6	84	Po	2	2	6	2	6	10	2	6	10	14	2	6	10		2	4			典型元素
6	85	At	2	2	6	2	6	10	2	6	10	14	2	6	10		2	5			典型元素
6	86	Rn	2	2	6	2	6	10	2	6	10	14	2	6	10		2	6			典型元素
7	87	Fr	2	2	6	2	6	10	2	6	10	14	2	6	10		2	6		1	典型元素
7	88	Ra	2	2	6	2	6	10	2	6	10	14	2	6	10		2	6		2	典型元素
7	89	Ac	2	2	6	2	6	10	2	6	10	14	2	6	10		2	6	1	2	アクチノイド(15種) 遷移元素
7	90	Th	2	2	6	2	6	10	2	6	10	14	2	6	10		2	6	2	2	アクチノイド(15種) 遷移元素
7	91	Pa	2	2	6	2	6	10	2	6	10	14	2	6	10	2	2	6	1	2	アクチノイド(15種) 遷移元素
7	92	U	2	2	6	2	6	10	2	6	10	14	2	6	10	3	2	6	1	2	アクチノイド(15種) 遷移元素
7	93	Np	2	2	6	2	6	10	2	6	10	14	2	6	10	4	2	6	1	2	アクチノイド(15種) 遷移元素
7	94	Pu	2	2	6	2	6	10	2	6	10	14	2	6	10	6	2	6		2	アクチノイド(15種) 遷移元素
7	95	Am	2	2	6	2	6	10	2	6	10	14	2	6	10	7	2	6		2	アクチノイド(15種) 遷移元素
7	96	Cm	2	2	6	2	6	10	2	6	10	14	2	6	10	7	2	6	1	2	アクチノイド(15種) 遷移元素
7	97	Bk	2	2	6	2	6	10	2	6	10	14	2	6	10	9	2	6		2	アクチノイド(15種) 遷移元素
7	98	Cf	2	2	6	2	6	10	2	6	10	14	2	6	10	10	2	6		2	アクチノイド(15種) 遷移元素
7	99	Es	2	2	6	2	6	10	2	6	10	14	2	6	10	11	2	6		2	アクチノイド(15種) 遷移元素
7	100	Fm	2	2	6	2	6	10	2	6	10	14	2	6	10	12	2	6		2	アクチノイド(15種) 遷移元素
7	101	Md	2	2	6	2	6	10	2	6	10	14	2	6	10	13	2	6		2	アクチノイド(15種) 遷移元素
7	102	No	2	2	6	2	6	10	2	6	10	14	2	6	10	14	2	6		2	アクチノイド(15種) 遷移元素
7	103	Lr	2	2	6	2	6	10	2	6	10	14	2	6	10	14	2	6	1*	2*	アクチノイド(15種) 遷移元素
7	104	Rf	2	2	6	2	6	10	2	6	10	14	2	6	10	14	2	6	2	2	
7	105	Db	2	2	6	2	6	10	2	6	10	14	2	6	10	14	2	6	3	2	
7	106	Sg	2	2	6	2	6	10	2	6	10	14	2	6	10	14	2	6	4	2	
7	107	Bh	2	2	6	2	6	10	2	6	10	14	2	6	10	14	2	6	5	2	
7	108	Hs	2	2	6	2	6	10	2	6	10	14	2	6	10	14	2	6	6	2	

(rsc.org)

*P 殻の d 軌道に電子が入らず，Q 殻の s 軌道に 2 個，p 軌道に 1 個の電子が入る配置の方がより安定と考えられている。

9 原子半径・イオン半径

貴ガスを除く非金属元素の原子の原子半径は共有結合半径（単結合），貴ガスの原子半径はファンデルワールス半径で示した。金属元素の原子の原子半径は金属結合半径である(➡p.37)。

（凡例）原子／イオン　1.11：原子半径〔$\times 10^{-1}$nm〕　0.50：イオン半径〔$\times 10^{-1}$nm〕　Be^{2+}

1	2	3	4	5	6	7	8	9	10	11	12	13	14	15	16	17	18
0.37 — (H)																	1.40 — (He)
1.52 0.90 Li^{+}	1.11 0.50 Be^{2+}											0.82 — (B)	0.77 — (C)	0.75 — (N)	0.73 1.26 O^{2-}	0.71 1.19 F^{-}	1.54 — (Ne)
1.86 1.16 Na^{+}	1.60 0.86 Mg^{2+}						0.75 Fe^{2+}			0.91 Cu^{+}		1.43 0.68 Al^{3+}	1.11 — (Si)	1.06 — (P)	1.02 1.70 S^{2-}	0.99 1.67 Cl^{-}	1.88 — (Ar)
2.31 1.52 K^{+}	1.97 1.14 Ca^{2+}	1.63 0.88 Sc^{3+}	1.45 0.75 Ti^{4+}	1.31 0.78 V^{3+}	1.25 0.76 Cr^{3+}	1.12 0.81 Mn^{2+}	1.24 0.69 Fe^{3+}	1.25 0.79 Co^{2+}	1.25 0.83 Ni^{2+}	1.28 0.87 Cu^{2+}	1.33 0.88 Zn^{2+}	1.22 0.76 Ga^{3+}	1.20 0.67 Ge^{4+}	1.19 — (As)	1.16 1.84 Se^{2-}	1.14 1.82 Br^{-}	2.02 — (Kr)
2.47 1.66 Rb^{+}	2.15 1.32 Sr^{2+}	1.78 1.04 Y^{3+}	1.59 0.86 Zr^{4+}	1.43 0.86 Nb^{3+}	1.36 0.83 Mo^{3+}	1.35 0.79 Tc^{4+}	1.33 0.82 Ru^{3+}	1.35 0.81 Rh^{3+}	1.38 1.00 Pd^{2+}	1.44 1.29 Ag^{+}	1.49 1.09 Cd^{2+}	1.63 0.94 In^{3+}	1.41 0.83 Sn^{4+}	1.45 0.90 Sb^{3+}	1.35 2.07 Te^{2-}	1.33 2.06 I^{-}	2.16 — (Xe)
2.66 1.81 Cs^{+}	2.17 1.49 Ba^{2+}	* 1.87 1.17 La^{3+}	1.56 0.85 Hf^{4+}	1.43 0.86 Ta^{3+}	1.37 0.80 W^{4+}	1.37 0.69 Re^{6+}	1.34 0.77 Os^{4+}	1.36 0.82 Ir^{3+}	1.39 0.94 Pt^{2+}	1.44 1.51 Au^{+}	1.50 1.16 Hg^{2+}	1.70 1.03 Tl^{3+}	1.75 0.92 Pb^{4+}	1.56 1.17 Bi^{3+}			

＊ランタノイドの原子半径とイオン半径は，$_{57}$La のものを代表して示している。

（化学便覧改訂６版）

10 イオン化エネルギー・電子親和力・電気陰性度

原子番号	元素記号	第１イオン化エネルギー〔kJ/mol〕	第２イオン化エネルギー〔kJ/mol〕	第３イオン化エネルギー〔kJ/mol〕	電子親和力〔kJ/mol〕	電気陰性度
1	H	1312	—	—	73	2.2
2	He	2372	5250	—	<0	—
3	Li	520	7298	11815	60	1.0
4	Be	899	1757	14848	<0	1.6
5	B	801	2427	3660	27	2.0
6	C	1086	2353	4620	122	2.6
7	N	1402	2856	4578	−7	3.0
8	O	1314	3388	5300	141	3.4
9	F	1681	3374	6050	328	4.0
10	Ne	2081	3952	6122	<0	—
11	Na	496	4562	6912	53	0.9
12	Mg	738	1451	7733	<0	1.3
13	Al	578	1817	2745	43	1.6
14	Si	787	1577	3231	134	1.9
15	P	1012	1903	2912	72	2.2
16	S	1000	2251	3361	200	2.6
17	Cl	1251	2297	3822	349	3.2
18	Ar	1521	2666	3931	<0	—
19	K	419	3051	4411	48	0.8
20	Ca	590	1145	4912	<0	1.0
21	Sc	631	1235	2389	18	1.4
22	Ti	658	1310	2652	8	1.5
23	V	650	1414	2828	51	1.6
24	Cr	653	1592	2987	64	1.7
25	Mn	717	1509	3248	<0	1.6
26	Fe	759	1561	2957	16	1.8
27	Co	759	1646	3232	64	1.9
28	Ni	737	1753	3393	112	1.9
29	Cu	745	1958	3554	118	1.9
30	Zn	906	1733	3833	<0	1.7
31	Ga	579	1979	2963	29	1.8
32	Ge	762	1537	3302	116	2.0
33	As	947	1798	2735	78	2.2
34	Se	941	2045	2974	195	2.6
35	Br	1140	2103	3473	325	3.0
36	Kr	1351	2350	3565	<0	3.0
37	Rb	403	2632	3859	47	0.8
38	Sr	549	1064	4207	<0	1.0
39	Y	616	1181	1980	30	1.2
40	Zr	660	1267	2218	41	1.3
41	Nb	664	1382	2416	86	1.6
42	Mo	685	1558	2621	72	2.2
43	Tc	702	1472	2850	53	1.9
44	Ru	711	1617	2747	101	2.2
45	Rh	720	1744	2997	110	2.3
46	Pd	805	1875	3177	54	2.2
47	Ag	731	2073	3361	126	1.9
48	Cd	868	1631	3616	<0	1.7
49	In	558	1821	2704	29	1.8
50	Sn	709	1412	2943	116	2.0
51	Sb	834	1595	2441	103	2.1
52	Te	869	1795	2698	190	2.1
53	I	1008	1846	3184	295	2.7
54	Xe	1170	2046	3097	<0	2.6
55	Cs	376	2422	—	46	0.8
56	Ba	503	965	—	<0	0.9

（化学便覧改訂６版）

11 水の密度 1.01325×10⁵ Pa のときの値，単位は g/cm^3，縦の欄は十の位，横の欄は一の位を示す。

温度〔℃〕	0	1	2	3	4	5	6	7	8	9
0	0.99984	0.99990	0.99994	0.99996	0.99997	0.99996	0.99994	0.99990	0.99985	0.99978
10	0.99970	0.99960	0.99950	0.99938	0.99924	0.99910	0.99894	0.99877	0.99859	0.99840
20	0.99820	0.99799	0.99777	0.99754	0.99730	0.99704	0.99678	0.99651	0.99623	0.99594
30	0.99565	0.99534	0.99502	0.99470	0.99437	0.99403	0.99368	0.99333	0.99296	0.99259
40	0.99221	0.99183	0.99143	0.99103	0.99062	0.99021	0.98979	0.98936	0.98892	0.98848
50	0.98803	0.98757	0.98711	0.98664	0.98617	0.98569	0.98520	0.98471	0.98421	0.98370
60	0.98319	0.98267	0.98215	0.98162	0.98109	0.98055	0.98000	0.97945	0.97889	0.97833
70	0.97776	0.97719	0.97661	0.97602	0.97543	0.97484	0.97424	0.97363	0.97302	0.97241
80	0.97178	0.97116	0.97053	0.96989	0.96925	0.96861	0.96796	0.96730	0.96664	0.96597
90	0.96530	0.96463	0.96395	0.96327	0.96258	0.96188	0.96118	0.96048	0.95977	0.95906
100	0.95835*									

*化学便覧改訂6版による。

（理科年表平成29年版）

12 水溶液の密度（1） 20℃での値（KOH は15℃，H_2O_2 は18℃での値），単位は g/cm^3，濃度の単位は質量パーセント濃度

濃度〔%〕	塩酸 HCl	硝酸 HNO_3	硫酸 H_2SO_4	アンモニア NH_3	水酸化ナトリウム NaOH	水酸化カリウム KOH	過酸化水素 H_2O_2
1	1.0032	1.0036	1.0051	0.9939	1.0095	1.0083	1.0022
6	1.0279	1.0312	1.0384	0.9730	1.0648	1.0544	1.0204
10	1.0474	1.0543	1.0661	0.9575	1.1089	1.0918	1.0351
16	1.0776	1.0903	1.1094	0.9362	1.1751	1.1493	1.0574
20	1.0980	1.1150	1.1394	0.9229	1.2191	1.1884	1.0725
26	1.1290	1.1534	1.1863	0.9040	1.2848	1.2489	1.0959
30	1.1493	1.1800	1.2185	0.8920	1.3279	1.2905	1.1122
35	1.1789*	1.2140	1.2599		1.3798	1.3440	1.1327
40	1.1980	1.2463	1.3028		1.4300	1.3991	1.1536
45		1.2783	1.3476		1.4779	1.4558	1.1749
50		1.3100	1.3951		1.5253	1.5143	1.1966

*36%のときの値

（理科年表令和4年度版）

13 水溶液の密度（2） 20℃での値，単位は g/cm^3

塩＼濃度	4%	10%	20%	30%	40%	50%
KCl	1.02391	1.06329	1.13277			
KNO_3	1.02341	1.06266	1.13258			
K_2SO_4	1.0310	1.0817				
NaBr	1.02981	1.08030	1.17446	1.28410	1.41381	
NaI	1.02978	1.08042	1.17688	1.29064	1.42708	1.59415
$CaCl_2$	1.0316	1.0835	1.1775	1.2816	1.3957	
NaCl	1.02677	1.07065	1.14776			
$NaNO_3$	1.0254	1.0674	1.1429	1.2256	1.3175	
CH_3COONa	1.0186	1.0495	1.1021			
$CuSO_4$	1.0401	1.0840				
$ZnSO_4$	1.0403	1.1071				
$MgCl_2$	1.0311	1.0816	1.1706	1.2688		

塩＼濃度	4%	10%	20%	30%	40%	50%
$FeCl_3$	1.0324	1.0851	1.1820	1.2910	1.4175	1.5510
$SrCl_2$	1.0344	1.0925	1.2010	1.325*		
$MgSO_4$	1.0392	1.1034	1.2198	1.2701		
$BaCl_2$	1.0341	1.0921	1.2031	1.2531*		
NH_4Cl	1.0107	1.0286	1.0567			
KBr	1.02744	1.07396	1.16002	1.25924	1.37451	
KI	1.02808	1.07607	1.16594	1.27115	1.39587	1.54572
K_2CO_3	1.0345	1.0904	1.1898	1.2979	1.4141	1.5404
LiCl	1.02145	1.05591	1.11501	1.17914		
$AgNO_3$	1.0327	1.0882	1.1715			
$CdCl_2$	1.0339	1.0912	1.1992	1.3273	1.4833	1.6762
NH_4NO_3	1.0147	1.0397	1.0828	1.1277	1.1754	1.2258

*24%のときの値

（理科年表令和4年度版）

14 気体の密度　密度は0℃，1.01325×10^{5}Paにおける値。比重は0℃，1.01325×10^{5}Paにおける空気の質量を1としたときの値を示す。

気体	分子量	密度〔×10^{-3}g/cm^3〕	比重	1molの体積〔L〕
水素	2.016	0.0899	0.0695	22.42
ヘリウム	4.003	0.1785	0.138	22.43
メタン	16.04	0.717	0.555	22.37
アンモニア	17.03	0.771	0.597	22.09
水蒸気(100℃)	18.02	0.598	0.463	30.13
ネオン	20.18	0.900	0.696	22.42
アセチレン	26.04	1.173	0.907	22.20
一酸化炭素	28.01	1.250	0.967	22.41
窒素	28.02	1.250	0.967	22.42
エチレン	28.05	1.260	0.974	22.26
空気	28.97	1.293	1	22.41
一酸化窒素	30.01	1.340	1.036	22.40
エタン	30.07	1.356	1.049	22.18
酸素	32.00	1.429	1.105	22.39
硫化水素	34.09	1.539	1.190	22.15
塩化水素	36.46	1.639	1.268	22.25
フッ素	38.00	1.696	1.312	22.41
アルゴン	39.95	1.784	1.380	22.39
二酸化炭素	44.01	1.977	1.529	22.26
一酸化二窒素	44.02	1.978	1.530	22.25
プロパン	44.09	2.02	1.56	21.83
ジメチルエーテル	46.07	2.108	1.630	21.85
オゾン	48.00	2.14	1.66	22.43
二酸化硫黄	64.07	2.926	2.264	21.90
塩素	70.90	3.214	2.486	22.06
臭化水素	80.91	3.644	2.818	22.20
クリプトン	83.80	3.739	2.891	22.41
ヨウ化水素	127.9	5.789	4.477	22.09
キセノン	131.3	5.887	4.553	22.30

（理科年表令和４年度版）

15 蒸気圧　単位は×10^{5}Pa

物質		温度〔℃〕										
		0	10	20	30	40	50	60	70	80	90	100
メタノール	CH_3OH	0.0403	0.0741	0.1300	0.2187	0.3545	0.5557	0.8454	1.253	1.809	2.559	3.537
エタノール	C_2H_5OH	0.0158	0.0313	0.0586	0.1046	0.1790	0.2947	0.4689	0.7219	1.085	1.583	2.270
1-プロパノール	$CH_3CH_2CH_2OH$	0.0044	0.0098	0.0199	0.0384	0.0700	0.1218	0.2032	0.3277	0.5085	0.7673	1.128
ジエチルエーテル	$C_2H_5OC_2H_5$	0.2468	0.3871	0.5860	0.8592	1.225	1.702	2.314	3.080	4.027	5.177	6.556
ギ酸	$HCOOH$	0.0150	0.0264	0.0446	0.0725	0.1140	0.1739	0.2580	0.3735	0.5284	0.7325	0.9964
酢酸	CH_3COOH	0.0042	0.0083	0.0154	0.0274	0.0466	0.0763	0.1206	0.1849	0.2754	0.4006	0.5681
ベンゼン	C_6H_6	0.0349	0.0605	0.1001	0.1591	0.2440	0.3625	0.5233	0.7344	1.013	1.361	1.804
トルエン	$C_6H_5CH_3$	0.0089	0.0165	0.0291	0.0489	0.0789	0.1229	0.1855	0.2716	0.3888	0.5423	0.7423
ナフタレン	$C_{10}H_8$	0.0000	0.0001	0.0002	0.0005	0.0009	0.0018	0.0033	0.0057	0.0097	0.0157	0.0247
ヨウ素	I_2	0.0005	0.0009	0.0016	0.0029	0.0050	0.0083	0.0134	0.0109	0.0326	0.0356	0.0727

（化学便覧改訂５版，改訂６版）

16 水の蒸気圧　単位は×10^{5}Pa，表の縦の欄は十の位，横の欄は一の位を示す。

温度〔℃〕	0	1	2	3	4	5	6	7	8	9
0	0.006117	0.006571	0.007060	0.007581	0.008136	0.008726	0.009354	0.010021	0.010730	0.011483
10	0.012282	0.013130	0.014028	0.014981	0.015990	0.017058	0.018188	0.019384	0.020647	0.021983
20	0.023393	0.024882	0.026453	0.028111	0.029858	0.031699	0.033639	0.035681	0.037831	0.040092
30	0.042470	0.044969	0.047596	0.050354	0.053251	0.056290	0.059479	0.062823	0.066328	0.070002
40	0.073849	0.077878	0.082096	0.086508	0.091124	0.095950	0.10099	0.10627	0.11177	0.11752
50	0.12352	0.12978	0.13631	0.14312	0.15022	0.15762	0.16533	0.17336	0.18171	0.19041
60	0.19946	0.20888	0.21867	0.22885	0.23943	0.25042	0.26183	0.27368	0.28599	0.29876
70	0.31201	0.32575	0.34000	0.35478	0.37009	0.38595	0.40239	0.41941	0.43703	0.45527
80	0.47414	0.49367	0.51387	0.53476	0.55635	0.57867	0.60173	0.62556	0.65017	0.67558
90	0.70182	0.72890	0.75684	0.78568	0.81541	0.84608	0.87771	0.91030	0.94390	0.97852
100	1.01420									

（化学便覧改訂６版）

17 固体の溶解度

溶質	水和水	温度〔℃〕							
		0	10	20	30	40	60	80	100
$AgNO_3$	0	121	167	216	265	312	441	585	733
$AlCl_3$	6	43.9	46.4	46.6	47.1	47.3	47.7	48.6	49.9
$Al_2(SO_4)_3$	16	37.9	38.1	38.3	38.9	40.4	44.9	55.3	80.5
$BaCl_2$	2→1	31.2	33.3	35.7	38.3	40.6	46.2	52.2	60.0^{102}
$Ba(OH)_2$	8	1.71	2.57	3.77	5.65	8.74	23.1	—	—
$CaCl_2$	6→4→2	59.5	64.7	74.5	$100^{30.1}$	$130^{45.1}$	137	147	159
$Ca(OH)_2$(細粉)	0	0.17	—	0.16	—	0.14	0.11	0.092	0.073
$CaSO_4$	2→1/2	0.18	0.19	0.21	0.21	0.21^{42}	0.15	0.10	0.067
$CuCl_2$	2	68.6	70.9	73.3	76.7	79.9	87.3	98.0	111
$CuSO_4$	5	14.0	17.0	20.2	24.1	28.7	39.9	56.0	—
$FeCl_2$	6→4→2	49.7	$60.3^{12.3}$	62.6	65.6	68.6	78.3	$90.1^{76.5}$	94.9
$FeCl_3$	6→2→0	74.4	82.1	91.9	107	150	373	526	535
$FeSO_4$	7→4→1	15.7	20.8	26.3	32.8	$54.6^{56.6}$	55.0	$55.3^{63.7}$	—
I_2	0	0.014	0.020	0.029	0.039	0.052	0.101	0.226	0.452
KBr	0	53.6	59.5	65.0	70.6	76.1	85.5	94.9	104.1
KCl	0	27.8	30.9	34.0	37.1	40.0	45.8	51.2	56.4
$KClO_3$	0	3.13	4.90	7.23	10.2	13.7	23.1	36.8	57.9
K_2CrO_4	0	58.7	61.6	63.9	66.1	68.1	72.1	76.4	80.2
$K_2Cr_2O_7$	0	4.60	6.61	12.2	18.1	25.9	46.4	70.1	96.9
$K_3[Fe(CN)_6]$	0	30.2	38.7	45.8	52.7	59.2	70.6	82.8	91.2
$K_4[Fe(CN)_6]$	3→0	14.3	21.1	28.2	35.1	42.0	55.3	$70.4^{87.3}$	74.2
KI	0	127	136	144	153	160	176	192	207
$KMnO_4$	0	2.83	4.24	6.34	9.03	12.5	22.2	$25.3^{(65)}$	—
KNO_3	0	13.3	22.0	31.6	45.6	63.9	109	169	245
KOH	2→1	96.9	103	112	$135^{32.5}$	138	152	161	178
K_2SO_4	0	7.51	9.36	11.2	13.0	14.8	18.2	21.4	24.3
$MgCl_2$	6	52.9	53.6	54.6	55.8	57.5	61.0	66.1	73.3
$MgSO_4$	7→6→1	22.0	28.2	33.7	36.4	49.3^{48}	59.0^{69}	55.8	50.4
NH_4Cl	0	29.7	33.5	37.5	41.6	45.9	55.0	65.0	76.2
NH_4NO_3	0	118	150	190	238	$245^{32.3}$	418	$663^{84\sim85}$	931
$(NH_4)_2SO_4$	0	70.5	72.6	75.0	77.8	80.8	87.4	94.1	102
Na_2CO_3	10→7→1	7.0	12.1	22.1	45.3^{32}	$49.5^{35.37}$	46.2	45.1	44.7
$NaCl$	2→0	37.6	37.7	37.8	38.0	38.3	39.0	40.0	41.1
$NaHCO_3$	0	6.93	8.13	9.55	11.1	12.7	16.4	—	23.6
NaI	2→0	160	169	179	191	205	$298^{68.1}$	295	302
$NaNO_3$	0	73.0	80.5	88.0	96.1	105	124	148	175
$NaOH$	2→1→0	83.5^{5}	103^{12}	109	119	129	223	$288^{61.8}$	365^{110}
Na_2SO_4	10→0	4.5	9.0	19.0	41.2	$49.7^{32.4}$	45.1	43.3	42.2
$PbCl_2$	0	0.67	0.81	0.98	1.18	1.42	1.96	2.63	3.34
$Pb(NO_3)_2$	0	38.9	48.4	56.5	66.1	75.1	94.9	115.1	138.7
$ZnSO_4$	7→6→1	41.6	47.3	53.8	$69.4^{37.9}$	70.5	72.1	65.0	60.5
安息香酸	—	0.17	0.21	0.29	0.41	0.55	1.15	2.71	5.88
サリチル酸	—	—	0.13	0.18	0.26	0.40	0.87	—	—
フマル酸	—	—	—	—	0.81	1.07	2.35	5.26	9.77
マレイン酸	—	—	—	—	88.7	112	149	223	$393^{(98)}$
グルコース	—	—	—	—	$203^{(28)}$	209	295	432	$564^{(91)}$
スクロース	—	—	$195^{(19)}$	198	216	235	287	363	—
尿素	—	66.7	85.2	108	135	167	251	400	733
シュウ酸二水和物	—	3.54	6.08	9.52	14.2	21.5	44.3	84.5	—

(1)水和水の欄に記した数値は，飽和溶液と平衡状態にある固体(無機物質)の水和水の数が変化することを示す。　(化学便覧改訂６版)
(2)溶解度の右肩の数値は転移温度〔℃〕を示し，溶解度はその温度における値である。
(3)右肩に(　)のついた溶解度は，(　)内の温度〔℃〕における値である。

18 気体の溶解度

気体	温度〔℃〕										
	0	10	20	30	40	50	60	70	80	90	100
水素 H_2	9.83×10^{-4}	8.83×10^{-4}	8.17×10^{-4}	7.67×10^{-4}	7.42×10^{-4}	7.33×10^{-4}	7.33×10^{-4}	7.45×10^{-4}	7.67×10^{-4}	—	—
窒素 N_2	1.07×10^{-3}	8.56×10^{-4}	7.17×10^{-4}	6.00×10^{-4}	5.56×10^{-4}	5.20×10^{-4}	4.95×10^{-4}	4.85×10^{-4}	—	—	—
酸素 O_2	2.22×10^{-3}	1.72×10^{-3}	1.41×10^{-3}	1.19×10^{-3}	1.04×10^{-3}	9.50×10^{-4}	8.89×10^{-4}	8.50×10^{-4}	—	—	—
一酸化炭素 CO	1.45×10^{-3}**	1.27×10^{-3}	1.05×10^{-3}	8.99×10^{-4}	7.97×10^{-4}	7.34×10^{-4}	6.75×10^{-4}	6.67×10^{-4}	6.58×10^{-4}	—	—
一酸化窒素 NO	3.32×10^{-3}	2.59×10^{-3}	2.01×10^{-3}	1.80×10^{-4}	1.59×10^{-3}	1.44×10^{-4}	1.34×10^{-4}	1.29×10^{-4}	1.26×10^{-4}	—	—
二酸化炭素 CO_2*	7.76×10^{-2}	5.39×10^{-2}	3.95×10^{-2}	3.00×10^{-2}	2.39×10^{-2}	1.97×10^{-2}	1.67×10^{-2}	1.46×10^{-2}	1.31×10^{-2}	—	—
二酸化硫黄 SO_2*	2.94**	2.41	1.67	1.20	0.883	0.670	—	—	—	—	—
アンモニア NH_3*	21.3	17.5	14.2	11.5	9.19	7.33	5.82	4.54	3.64	2.87	2.26
塩化水素 HCl*	23.1	21.2	19.7	18.4	17.2	16.2	15.1	—	—	—	—
メタン CH_4	2.52×10^{-3}**	1.96×10^{-3}	1.57×10^{-3}	1.31×10^{-3}	1.14×10^{-3}	—	—	—	—	—	—
エタン C_2H_6	3.60×10^{-3}**	3.04×10^{-3}	2.20×10^{-3}	1.68×10^{-3}	1.40×10^{-3}	1.16×10^{-3}	—	—	—	—	—

1.01325×10^5 Pa 下のデータ(溶液中の気体のモル分率)から，水1Lに溶解する気体の物質量〔mol〕を求めている。 (化学便覧改訂3,5版)

*溶解した気体と水が反応して生じた物質の総和を溶解量とみなす。

**CO は4℃，SO_2 は5℃，CH_4 は1℃，C_2H_6 は2℃における値である。

19 モル沸点上昇(K_b)

溶媒	沸点〔℃〕	K_b
水	100	0.515
アセトン	56.29	1.71
アニリン	184.40	3.22
アンモニア	−33.25	0.34
エタノール	78.29	1.160
エチルメチルケトン	79.64	2.28
ギ酸	100.56	2.4
クロロベンゼン	131.687	4.15
クロロホルム	61.152	3.62
酢酸	117.90	2.530
酢酸エチル	77.114	2.583
酢酸メチル	56.323	2.061
ジエチルエーテル	34.55	1.824
四塩化炭素	76.75	4.48
シクロヘキサン	80.725	2.75
1,1-ジクロロエタン	57.28	3.20
1,2-ジクロロエタン	83.483	3.44
ジクロロメタン	39.75	2.60
1,2-ジブロモエタン	131.36	6.608
ショウノウ	207.42	5.611
水銀	357	11.4
トルエン	110.625	3.29
ナフタレン	217.955	5.80
ニトロベンゼン	210.80	5.04
二硫化炭素	46.225	2.35
フェノール	181.839	3.60
プロピオン酸	140.83	3.51
ブロモベンゼン	155.908	6.26
ヘキサン	68.740	2.78
ヘプタン	98.427	3.43
ベンゼン	80.10	2.53
無水酢酸	136.4	3.53
メタノール	64.70	0.785
ヨウ化エチル	72.30	5.16
ヨウ化メチル	42.43	4.19
酪酸	163.27	3.94

K_b の単位は K·kg/mol。 (化学便覧改訂6版)

20 モル凝固点降下(K_f)

溶媒	凝固点〔℃〕	K_f
水	0	1.853
H_2SO_4	10.36	6.12
$H_2SO_4\cdot H_2O$	8.4	4.8
NaCl	800	20.5
$CaCl_2\cdot 6H_2O$	29.35	4.15
$HgCl_2$	265	34.0
$HgBr_2$	238.5	37.45
$SnBr_4$	29.5	27.6
NaOH	327.6	20.8
$LiNO_3$	246.7	6.04
$NaNO_3$	305.8	15.0
KNO_3	335.08	29.0
$AgNO_3$	208.6	25.74
Na_2SO_4	885	62
$Na_2SO_4\cdot 10H_2O$	32.383	3.27
I_2	114	20.4
NH_3	177.9	17.4
アセトアミド	80.00	4.04
アセトン	−94.7	2.40
アニリン	−5.98	5.87
安息香酸	119.53	8.79
アントラセン	213	11.65
ギ酸	8.27	2.77
p-キシレン	13.263	4.3
p-クレゾール	34.739	6.96
クロロホルム	−63.55	4.90
酢酸	16.66	3.90
シクロヘキサン	6.544	20.2
m-ジニトロベンゼン	91	10.6
ジフェニルメタン	26.3	6.72
1,2-ジブロモエタン	9.79	12.5
ステアリン酸	69	4.5
ナフタレン	80.290	6.94
ニトロベンゼン	5.76	6.852
尿素	132.1	21.5
パルミチン酸	62.65	4.313
ピリジン	−41.55	4.75
フェノール	40.90	7.40
t-ブチルアルコール	25.82	8.37
ブロモホルム	8.05	14.4
ベンゼン	5.533	5.12
ホルムアミド	2.55	6.65
四塩化炭素	−22.95	29.8
四臭化炭素	92.7	87.1
ショウノウ	178.75	37.7

K_f の単位は K·kg/mol。 (化学便覧改訂6版)

反応エンタルピーは，25℃，1.01325×10^5 Pa における値。(化学便覧改訂4，6版)

21 燃焼エンタルピー

物質	燃焼エンタルピー	
黒鉛 C	C(黒鉛) + $O_2 \longrightarrow CO_2$	$\Delta H = -394$ kJ
ダイヤモンド C	C(ダイヤモンド) + $O_2 \longrightarrow CO_2$	$\Delta H = -395$ kJ
水素 H_2	$H_2 + \frac{1}{2}O_2 \longrightarrow H_2O$(気体)	$\Delta H = -242$ kJ
水素 H_2	$H_2 + \frac{1}{2}O_2 \longrightarrow H_2O$(液体)	$\Delta H = -286$ kJ
一酸化炭素 CO	$CO + \frac{1}{2}O_2 \longrightarrow CO_2$	$\Delta H = -283$ kJ
メタン CH_4	$CH_4 + 2O_2 \longrightarrow CO_2 + 2H_2O$	$\Delta H = -891$ kJ
エタン C_2H_6	$C_2H_2 + \frac{7}{2}O_2 \longrightarrow 2CO_2 + 3H_2O$	$\Delta H = -1561$ kJ
プロパン C_3H_8	$C_3H_8 + 5O_2 \longrightarrow 3CO_2 + 4H_2O$	$\Delta H = -2219$ kJ
ブタン C_4H_{10}	$C_4H_{10} + \frac{13}{2}O_2 \longrightarrow 4CO_2 + 5H_2O$	$\Delta H = -2878$ kJ
ヘキサン C_6H_{14}	$C_6H_{14} + \frac{19}{2}O_2 \longrightarrow 6CO_2 + 7H_2O$	$\Delta H = -4163$ kJ
オクタン C_8H_{18}	$C_8H_{18} + \frac{25}{2}O_2 \longrightarrow 8CO_2 + 9H_2O$	$\Delta H = -5470$ kJ

物質	燃焼エンタルピー	
エチレン C_2H_4	$C_2H_4 + 3O_2 \longrightarrow 2CO_2 + 2H_2O$	$\Delta H = -1411$ kJ
アセチレン C_2H_2	$C_2H_2 + \frac{5}{2}O_2 \longrightarrow 2CO_2 + H_2O$	$\Delta H = -1300$ kJ
メタノール CH_3OH	$CH_3OH + \frac{3}{2}O_2 \longrightarrow CO_2 + 2H_2O$	$\Delta H = -726$ kJ
エタノール C_2H_5OH	$C_2H_5OH + 3O_2 \longrightarrow 2CO_2 + 3H_2O$	$\Delta H = -1368$ kJ
ホルムアルデヒド HCHO	$HCHO + O_2 \longrightarrow CO_2 + H_2O$	$\Delta H = -571$ kJ
アセトン CH_3COCH_3	$CH_3COCH_3 + 4O_2 \longrightarrow 3CO_2 + 3H_2O$	$\Delta H = -1821$ kJ
酢酸 CH_3COOH	$CH_3COOH + 2O_2 \longrightarrow 2CO_2 + 2H_2O$	$\Delta H = -873$ kJ
ベンゼン C_6H_6	$C_6H_6 + \frac{15}{2}O_2 \longrightarrow 6CO_2 + 3H_2O$	$\Delta H = -3268$ kJ
ナフタレン $C_{10}H_8$	$C_{10}H_8 + 12O_2 \longrightarrow 10CO_2 + 4H_2O$	$\Delta H = -5166$ kJ
フェノール C_6H_5OH	$C_6H_5OH + 7O_2 \longrightarrow 6CO_2 + 3H_2O$	$\Delta H = -3054$ kJ
グルコース $C_6H_{12}O_6$	$C_6H_{12}O_6 + 6O_2 \longrightarrow 6CO_2 + 6H_2O$	$\Delta H = -2798$ kJ

22 生成エンタルピー

物質	生成エンタルピー	
塩化水素 HCl	$\frac{1}{2}H_2 + \frac{1}{2}Cl_2 \longrightarrow HCl$	$\Delta H = -92.3$ kJ
臭化水素 HBr	$\frac{1}{2}H_2 + \frac{1}{2}Br_2 \longrightarrow HBr$	$\Delta H = -36.4$ kJ
ヨウ化水素 HI	$\frac{1}{2}H_2 + \frac{1}{2}I_2 \longrightarrow HI$	$\Delta H = +26.5$ kJ
水 H_2O(気体)	$H_2 + \frac{1}{2}O_2 \longrightarrow H_2O$(気体)	$\Delta H = -242$ kJ
水 H_2O(液体)	$H_2 + \frac{1}{2}O_2 \longrightarrow H_2O$(液体)	$\Delta H = -286$ kJ
過酸化水素 H_2O_2(液体)	$H_2 + O_2 \longrightarrow H_2O_2$(液体)	$\Delta H = -188$ kJ
オゾン O_3	$\frac{3}{2}O_2 \longrightarrow O_3$	$\Delta H = +143$ kJ
硫化水素 H_2S	$H_2 + S \longrightarrow H_2S$	$\Delta H = -20.6$ kJ
二酸化硫黄 SO_2	$S + O_2 \longrightarrow SO_2$	$\Delta H = -297$ kJ
アンモニア NH_3	$\frac{1}{2}N_2 + \frac{3}{2}H_2 \longrightarrow NH_3$	$\Delta H = -45.9$ kJ
一酸化窒素 NO	$\frac{1}{2}N_2 + \frac{1}{2}O_2 \longrightarrow NO$	$\Delta H = +90.3$ kJ
硝酸 HNO_3	$\frac{1}{2}H_2 + \frac{1}{2}N_2 + \frac{3}{2}O_2 \longrightarrow HNO_3$	$\Delta H = -174$ kJ
十酸化四リン P_4O_{10}	$4P + 5O_2 \longrightarrow P_4O_{10}$	$\Delta H = -2984$ kJ
一酸化炭素 CO	C(黒鉛) + $\frac{1}{2}O_2 \longrightarrow CO$	$\Delta H = -111$ kJ
二酸化炭素 CO_2	C(黒鉛) + $O_2 \longrightarrow CO_2$	$\Delta H = -394$ kJ
酸化マグネシウム MgO	$Mg + \frac{1}{2}O_2 \longrightarrow MgO$	$\Delta H = -602$ kJ
酸化カルシウム CaO	$Ca + \frac{1}{2}O_2 \longrightarrow CaO$	$\Delta H = -635$ kJ
酸化アルミニウム Al_2O_3	$2Al + \frac{3}{2}O_2 \longrightarrow Al_2O_3$	$\Delta H = -1676$ kJ
酸化鉄(Ⅲ) Fe_2O_3	$2Fe + \frac{3}{2}O_2 \longrightarrow Fe_2O_3$	$\Delta H = -824$ kJ
酸化銅(Ⅱ) CuO	$Cu + \frac{1}{2}O_2 \longrightarrow CuO$	$\Delta H = -157$ kJ
酸化亜鉛 ZnO	$Zn + \frac{1}{2}O_2 \longrightarrow ZnO$	$\Delta H = -348$ kJ
酸化銀 Ag_2O	$2Ag + \frac{1}{2}O_2 \longrightarrow Ag_2O$	$\Delta H = -31.1$ kJ
水酸化ナトリウム NaOH	$Na + \frac{1}{2}O_2 + \frac{1}{2}H_2 \longrightarrow NaOH$	$\Delta H = -426$ kJ

物質	生成エンタルピー	
水酸化カリウム KOH	$K + \frac{1}{2}O_2 + \frac{1}{2}H_2 \longrightarrow KOH$	$\Delta H = -425$ kJ
水酸化カルシウム $Ca(OH)_2$	$Ca + O_2 + H_2 \longrightarrow Ca(OH)_2$	$\Delta H = -986$ kJ
塩化ナトリウム NaCl	$Na + \frac{1}{2}Cl_2 \longrightarrow NaCl$	$\Delta H = -411$ kJ
塩化カリウム KCl	$K + \frac{1}{2}Cl_2 \longrightarrow KCl$	$\Delta H = -437$ kJ
塩化カルシウム $CaCl_2$	$Ca + Cl_2 \longrightarrow CaCl_2$	$\Delta H = -796$ kJ
塩化鉄(Ⅲ) $FeCl_3$	$Fe + \frac{3}{2}Cl_2 \longrightarrow FeCl_3$	$\Delta H = -399$ kJ
塩化銅(Ⅱ) $CuCl_2$	$Cu + Cl_2 \longrightarrow CuCl_2$	$\Delta H = -220$ kJ
塩化銀 AgCl	$Ag + \frac{1}{2}Cl_2 \longrightarrow AgCl$	$\Delta H = -127$ kJ
メタン CH_4	$C + 2H_2 \longrightarrow CH_4$	$\Delta H = -74.9$ kJ
エタン C_2H_6	$2C + 3H_2 \longrightarrow C_2H_6$	$\Delta H = -83.8$ kJ
プロパン C_3H_8	$3C + 4H_2 \longrightarrow C_3H_8$	$\Delta H = -105$ kJ
ブタン C_4H_{10}	$4C + 5H_2 \longrightarrow C_4H_{10}$	$\Delta H = -126$ kJ
エチレン C_2H_4	$2C + 2H_2 \longrightarrow C_2H_4$	$\Delta H = +52.5$ kJ
アセチレン C_2H_2	$2C + H_2 \longrightarrow C_2H_2$	$\Delta H = +227$ kJ
メタノール CH_3OH	$C + 2H_2 + \frac{1}{2}O_2 \longrightarrow CH_3OH$	$\Delta H = -239$ kJ
エタノール C_2H_5OH	$2C + 3H_2 + \frac{1}{2}O_2 \longrightarrow C_2H_5OH$	$\Delta H = -277$ kJ
アセトン CH_3COCH_3	$3C + 3H_2 + \frac{1}{2}O_2 \longrightarrow CH_3COCH_3$	$\Delta H = -248$ kJ
ギ酸 HCOOH	$C + H_2 + O_2 \longrightarrow HCOOH$	$\Delta H = -425$ kJ
酢酸 CH_3COOH	$2C + 2H_2 + O_2 \longrightarrow CH_3COOH$	$\Delta H = -486$ kJ
ベンゼン C_6H_6	$6C + 3H_2 \longrightarrow C_6H_6$	$\Delta H = +82.6$ kJ
ナフタレン $C_{10}H_8$	$10C + 4H_2 \longrightarrow C_{10}H_8$	$\Delta H = +150$ kJ
フェノール C_6H_5OH	$6C + 3H_2 + \frac{1}{2}O_2 \longrightarrow C_6H_5OH$	$\Delta H = -165$ kJ
グルコース $C_6H_{12}O_6$	$6C + 6H_2 + 3O_2 \longrightarrow C_6H_{12}O_6$	$\Delta H = -1273$ kJ

23 中和エンタルピー

中和エンタルピー	
HClaq + NaOHaq $\longrightarrow$ NaClaq + H_2O	$\Delta H = -56.4$ kJ
$\frac{1}{2}H_2SO_4$aq + NaOHaq $\longrightarrow$ $\frac{1}{2}Na_2SO_4$aq + H_2O	$\Delta H = -56.6$ kJ
C_6H_5OHaq + NaOHaq $\longrightarrow$ C_6H_5ONaaq + H_2O	$\Delta H = -33.1$ kJ

中和エンタルピー	
CH_3COOHaq + NaOHaq $\longrightarrow$ CH_3COONaaq + H_2O	$\Delta H = -56.8$ kJ
HNO_3aq + NaOHaq $\longrightarrow$ $NaNO_3$aq + H_2O	$\Delta H = -57.3$ kJ*
HClaq + $C_6H_5NH_2$aq $\longrightarrow$ $C_6H_5NH_3Cl$aq	$\Delta H = -28.2$ kJ

弱酸や弱塩基が関係する中和では，電離が吸熱反応であることから，強酸と強塩基の中和エンタルピーよりも値が大きくなる。

*18℃における値。

24 溶解エンタルピー

物質	溶解エンタルピー
塩素 Cl_2	$Cl_2 + aq \longrightarrow Cl_2aq$　$\Delta H = -23.4$kJ
臭素 Br_2	$Br_2 + aq \longrightarrow Br_2aq$　$\Delta H = -2.6$kJ
ヨウ素 I_2	$I_2 + aq \longrightarrow I_2aq$　$\Delta H = +22.6$kJ
フッ化水素 HF	$HF + aq \longrightarrow HFaq$　$\Delta H = -61.5$kJ
塩化水素 HCl	$HCl + aq \longrightarrow HClaq$　$\Delta H = -74.9$kJ
臭化水素 HBr	$HBr + aq \longrightarrow HBraq$　$\Delta H = -85.2$kJ
ヨウ化水素 HI	$HI + aq \longrightarrow HIaq$　$\Delta H = -81.7$kJ
硝酸 HNO_3	$HNO_3 + aq \longrightarrow HNO_3aq$　$\Delta H = -33.3$kJ
硫酸 H_2SO_4	$H_2SO_4 + aq \longrightarrow H_2SO_4aq$　$\Delta H = -95.3$kJ
硫化水素 H_2S	$H_2S + aq \longrightarrow H_2Saq$　$\Delta H = -19.1$kJ
リン酸 H_3PO_4	$H_3PO_4 + aq \longrightarrow H_3PO_4aq$　$\Delta H = +1.7$kJ
水酸化ナトリウム NaOH	$NaOH + aq \longrightarrow NaOHaq$　$\Delta H = -44.5$kJ
水酸化カルシウム $Ca(OH)_2$	$Ca(OH)_2 + aq \longrightarrow Ca(OH)_2aq$　$\Delta H = -16.7$kJ
アンモニア NH_3	$NH_3 + aq \longrightarrow NH_3aq$　$\Delta H = -34.2$kJ
塩化ナトリウム NaCl	$NaCl + aq \longrightarrow NaClaq$　$\Delta H = +3.9$kJ
塩化カリウム KCl	$KCl + aq \longrightarrow KClaq$　$\Delta H = +17.2$kJ
塩化カルシウム $CaCl_2$	$CaCl_2 + aq \longrightarrow CaCl_2aq$　$\Delta H = -81.3$kJ
塩化鉄(Ⅲ) $FeCl_3$	$FeCl_3 + aq \longrightarrow FeCl_3aq$　$\Delta H = -151$kJ
塩化亜鉛 $ZnCl_2$	$ZnCl_2 + aq \longrightarrow ZnCl_2aq$　$\Delta H = -73.1$kJ
塩化銀 AgCl	$AgCl + aq \longrightarrow AgClaq$　$\Delta H = +65.5$kJ
塩化アンモニウム NH_4Cl	$NH_4Cl + aq \longrightarrow NH_4Claq$　$\Delta H = +14.8$kJ
臭化カリウム KBr	$KBr + aq \longrightarrow KBraq$　$\Delta H = +19.9$kJ
ヨウ化カリウム KI	$KI + aq \longrightarrow KIaq$　$\Delta H = +20.3$kJ
硝酸カリウム KNO_3	$KNO_3 + aq \longrightarrow KNO_3aq$　$\Delta H = +34.9$kJ
硝酸銀 $AgNO_3$	$AgNO_3 + aq \longrightarrow AgNO_3aq$　$\Delta H = +22.6$kJ
硫酸ナトリウム Na_2SO_4	$Na_2SO_4 + aq \longrightarrow Na_2SO_4aq$　$\Delta H = -2.4$kJ
硫酸マグネシウム $MgSO_4$	$MgSO_4 + aq \longrightarrow MgSO_4aq$　$\Delta H = -91.2$kJ
硫酸銅 $CuSO_4$	$CuSO_4 + aq \longrightarrow CuSO_4aq$　$\Delta H = -73.1$kJ
硫酸アンモニウム $(NH_4)_2SO_4$	$(NH_4)_2SO_4 + aq \longrightarrow (NH_4)_2SO_4aq$　$\Delta H = +6.57$kJ
メタノール CH_3OH	$CH_3OH + aq \longrightarrow CH_3OHaq$　$\Delta H = -7.28$kJ
エタノール C_2H_5OH	$C_2H_5OH + aq \longrightarrow C_2H_5OHaq$　$\Delta H = -10.5$kJ
アセトアルデヒド CH_3CHO	$CH_3CHO + aq \longrightarrow CH_3CHOaq$　$\Delta H = +18.4$kJ
酢酸 CH_3COOH	$CH_3COOH + aq \longrightarrow CH_3COOHaq$　$\Delta H = -1.67$kJ
尿素 $CO(NH_2)_2$	$CO(NH_2)_2 + aq \longrightarrow CO(NH_2)_2aq$　$\Delta H = +15.4$kJ

25 単体・化合物の融解エンタルピーと蒸発エンタルピー

物質	融点〔℃〕	融解エンタルピー	沸点〔℃〕	蒸発エンタルピー
H_2	−259.1	+0.12	−252.9	+0.90
He	−272.2	+0.02	−268.9	+0.08
C(黒鉛)	3530	—	—	+715.0(昇)
N_2	−209.9	+0.72	−195.8	+5.58
O_2	−218.4	+0.44	−183.0	+6.82
F_2	−219.6	+1.56	−188.1	+6.32
Ne	−248.7	+0.33	−246.1	+1.80
Na	97.8	+2.60	883	+89.1
Mg	648.8	+8.48	1090	+132
Al	660.3	+10.7	2467	+291
Si	1410	+50.2	2355	—
P(赤リン)	—	+18.54	—	+12.4
S	112.8	+1.72	444.7	+9.62
Cl_2	−101.1	+6.41	−34.0	+20.41
Ar	−189.3	+1.18	−185.8	+6.52
K	63.7	+2.32	774	+77.4
Ca	839	+8.54	1484	+150
Fe	1535	+13.81	2750	+354
Zn	419.5	+7.32	907	+114.8
HF	−83	+4.58	19.5	+7.5
HCl	−114.2	+1.97	−84.9	+16.2
H_2O	0.0	+6.01	100.0	+40.66
H_2S	−85.5	+2.38	−60.7	+18.67
H_2SO_4	10.4	+10.7	338	—
NH_3	−77.7	+5.66	−33.4	+23.35
CO_2	−56.6*	+8.33	−78.5(昇)	+25.23(昇)
SiO_2(石英)	1550	+7.70	2950	—
NaOH	318.4	+5.82	1390	—
KOH	360.4±0.7	+7.9	1320〜1324	+134
NaCl	801	+28.16	1413	+215(昇)
KCl	770	+26.28	1500(昇)	+207(昇)
$MgCl_2$	714	+37.66	1412	+120
$CaCl_2$	772	+28.55	1600以上	+222(昇)
$BaCl_2$	962	+15.85	1560	+238
$FeCl_3$	304	+43.1	332	+43.8
$ZnCl_2$	283	+10.3	732	+129
AgCl	455	+13.05	1550	+183
$CaSO_4$	1450	+25.4	—	—
メタン	−182.8	+0.939	−161.5	+8.18
エタン	−183.6	+6.46	−89	+14.72
プロパン	−187.7	+3.52	−42.1	+18.77
ブタン	−138.3	+4.661	−0.50	+22.39
ヘキサン	−95.3	+13.08	68.7	+28.85
シクロヘキサン	6.5	+2.628	80.7	+33.33
メタノール	−97.8	+3.215	64.7	+35.21
エタノール	−114.5	+4.931	78.3	+38.6
1-プロパノール	−126.5	+5.37	97.2	+41.0
1-ブタノール	−89.5	+9.372	117.3	+44.39
ジエチルエーテル	−116.3	+7.19	34.5	+26.5
アセトアルデヒド	−123.5	+3.22	20.2	+27.2
アセトン	−94.8	+5.69	56.3	+29.0
酢酸	16.6	+11.72	117.8	+24.4
ベンゼン	5.5	+9.866	80.1	+30.72
ナフタレン	80.5	+19.07	218	+49.4
トルエン	−95.0	+6.64	110.6	+33.5
フェノール	41.0	+11.51	181.8	+48.5
サリチル酸	159	—	—	+85.8(昇)
ニトロベンゼン	5.9	+12.12	211.0	+47.7

1.01325×10^5 Pa における値。融点と沸点の単位は℃，融解エンタルピー・蒸発エンタルピーの単位は kJ/mol 。（化学便覧改訂6版）
沸点の(昇)は昇華点，蒸発エンタルピーの(昇)は昇華エンタルピーを表す。　* CO_2 の融点は，5.3×10^5 Pa での値。

26 結合エネルギー

結合（分子）	結合エネルギー
H－H	436
H－F	570
H－Cl	432
H－Br	366
H－I	299
C－C（C_2H_6）	370
C＝C（C_2H_4）	723
C≡C（C_2H_2）	960
C－H（CH_4）	415*
C－F（CH_3F）	476
C－Cl（CH_3Cl）	346

結合（分子）	結合エネルギー
C－Br（CH_3Br）	294
C－I（CH_3I）	235
C＝O（CO_2）	803*
C＝S（CS_2）	577
C－N（CH_3NH_2）	362
C≡N（CN）	749
N－N（N_2O_4）	278
N≡N	945
N－H（NH_3）	390*
O－O（H_2O_2）	211
O＝O	498

結合（分子）	結合エネルギー
O－H（H_2O）	463*
F－F	159
Cl－Cl	243
Br－Br	194
I－I	153
Si－H（SiH_4）	320*
Si－F（SiF_4）	595*
Sn－H（SnH_4）	253
P－H（PH_3）	321*
S－H（H_2O）	366*
S＝O（SO_2）	553

25℃における値を示す。単位は kJ/mol。
結合エネルギーは（ ）内の分子における値である。
（化学便覧改訂 6 版）

＊印を付した値は，結合を複数開裂させた場合の1個あたりの平均値である。

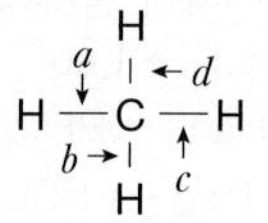

C－Hの結合エネルギー $= \dfrac{a+b+c+d}{4}$

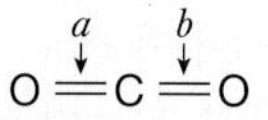

C＝Oの結合エネルギー $= \dfrac{a+b}{2}$

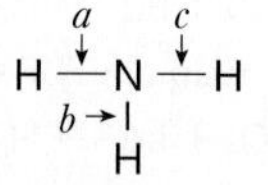

N－Hの結合エネルギー $= \dfrac{a+b+c}{3}$

27 標準電極電位

金属イオン M^{n+} の濃度が1 mol/L の水溶液中に金属単体 M を入れたとき，金属イオン M^{n+} と金属単体 M との間には，次の平衡が成立する。

$$M^{n+} + ne^- \rightleftarrows M$$

このとき，水溶液と金属単体との間に生じる電位差を**標準電極電位**という。この電位差は直接測定することができないため，標準となる電極と組み合わせ，その差として測定される。標準となる電極には，1 mol/L の塩酸中に白金黒付白金電極を浸し，これに気体の水素 H_2 を吹きこんだ電極が用いられる。このとき，水素電極の電位を 0 ボルト〔V〕とする。標準電極電位の値から，金属のイオン化傾向の大小がわかる。標準電極電位は，酸化剤や還元剤についても測定されている。

❶ 金属

＊25℃での値

電極での反応	標準電極電位〔V〕*
$Li^+ + e^- \rightleftarrows Li$	－3.045
$K^+ + e^- \rightleftarrows K$	－2.925
$Rb^+ + e^- \rightleftarrows Rb$	－2.924
$Ba^{2+} + 2e^- \rightleftarrows Ba$	－2.92
$Sr^{2+} + 2e^- \rightleftarrows Sr$	－2.89
$Ca^{2+} + 2e^- \rightleftarrows Ca$	－2.84
$Na^+ + e^- \rightleftarrows Na$	－2.714
$Mg^{2+} + 2e^- \rightleftarrows Mg$	－2.356
$Al^{3+} + 3e^- \rightleftarrows Al$	－1.676
$Mn^{2+} + 2e^- \rightleftarrows Mn$	－1.18
$Zn^{2+} + 2e^- \rightleftarrows Zn$	－0.7626
$Fe^{2+} + 2e^- \rightleftarrows Fe$	－0.44
$Cr^{3+} + e^- \rightleftarrows Cr^{2+}$	－0.424
$Cd^{2+} + 2e^- \rightleftarrows Cd$	－0.4025
$Co^{2+} + 2e^- \rightleftarrows Co$	－0.277
$Ni^{2+} + 2e^- \rightleftarrows Ni$	－0.257
$Sn^{2+} + 2e^- \rightleftarrows Sn$	－0.1375
$Pb^{2+} + 2e^- \rightleftarrows Pb$	－0.1263
$2H^+ + 2e^- \rightleftarrows H_2$	0.0000
$Cu^{2+} + 2e^- \rightleftarrows Cu$	＋0.340
$Hg_2^{2+} + 2e^- \rightleftarrows 2Hg$(液)	＋0.7960
$Ag^+ + e^- \rightleftarrows Ag$	＋0.7991
$Pt^{2+} + 2e^- \rightleftarrows Pt$	＋1.188
$Au^{3+} + 3e^- \rightleftarrows Au$	＋1.52

❷ 酸化剤・還元剤

＊25℃での値

名称		電極での反応	標準電極電位〔V〕*
フッ素	F_2	F_2(気) $+ 2e^- \rightleftarrows 2F^-$	＋2.87
オゾン	O_3	$O_3 + 2H^+ + 2e^- \rightleftarrows O_2 + H_2O$	＋2.075
過酸化水素	H_2O_2	$H_2O_2 + 2H^+ + 2e^- \rightleftarrows 2H_2O$	＋1.763
過マンガン酸イオン	MnO_4^-	$MnO_4^- + 4H^+ + 3e^- \rightleftarrows MnO_2 + 2H_2O$	＋1.70
酸化鉛(Ⅳ)	PbO_2	$PbO_2 + 4H^+ + SO_4^{2-} + 2e^- \rightleftarrows PbSO_4 + 2H_2O$	＋1.698
塩素	Cl_2	Cl_2(aq) $+ 2e^- \rightleftarrows 2Cl^-$	＋1.396
二クロム酸イオン	$Cr_2O_7^-$	$Cr_2O_7^{2-} + 14H^+ + 6e^- \rightleftarrows 2Cr^{3+} + 7H_2O$	＋1.36
酸化マンガン(Ⅳ)	MnO_2	$MnO_2 + 4H^+ + 2e^- \rightleftarrows Mn^{2+} + 2H_2O$	＋1.23
酸素	O_2	$O_2 + 4H^+ + 4e^- \rightleftarrows 2H_2O$	＋1.229
臭素	Br_2	Br_2(aq) $+ 2e^- \rightleftarrows 2Br^-$	＋1.0874
硝酸イオン	NO_3^-	$NO_3^- + 4H^+ + 3e^- \rightleftarrows NO$(気) $+ 2H_2O$	＋0.957
		$2NO_3^- + 4H^+ + 2e^- \rightleftarrows N_2O_4$(気) $+ 2H_2O$	＋0.803
鉄(Ⅲ)イオン	Fe^{3+}	$Fe^{3+} + e^- \rightleftarrows Fe^{2+}$	＋0.771
酸素	O_2	$O_2 + 2H^+ + 2e^- \rightleftarrows H_2O_2$(aq)	＋0.695
ヨウ素	I_2	I_2(固) $+ 2e^- \rightleftarrows 2I^-$	＋0.5355
亜硫酸	H_2SO_3	$H_2SO_3 + 4H^+ + 4e^- \rightleftarrows S + 3H_2O$	＋0.500
酸素	O_2	$O_2 + 2H_2O + 4e^- \rightleftarrows 4OH^-$	＋0.401
硫黄	S	$S + 2H^+ + 2e^- \rightleftarrows H_2S$(気)	＋0.174
硫酸イオン	SO_4^{2-}	$SO_4^{2-} + 4H^+ + 2e^- \rightleftarrows H_2SO_3 + H_2O$	＋0.158
スズ(Ⅳ)イオン	Sn^{4+}	$Sn^{4+} + 2e^- \rightleftarrows Sn^{2+}$	＋0.15
水素イオン	H^+	$2H^+ + 2e^- \rightleftarrows H_2$	0.0000
硫酸鉛(Ⅱ)	$PbSO_4$	$PbSO_4 + 2e^- \rightleftarrows Pb + SO_4^{2-}$	－0.3505
二酸化炭素	CO_2	$2CO_2 + 2H^+ + 2e^- \rightleftarrows H_2C_2O_4$(aq)	－0.475
ナトリウムイオン	Na^+	$Na^+ + e^- \rightleftarrows Na$	－2.714

（化学便覧改訂 5, 6 版）

28 酸・塩基の電離定数

酸	電離式	電離定数
フッ化水素	$HF \rightleftarrows H^+ + F^-$	1.07×10^{-3}
塩化水素	$HCl \rightleftarrows H^+ + Cl^-$	7.94×10^{5}
臭化水素	$HBr \rightleftarrows H^+ + Br^-$	6.31×10^{8}
ヨウ化水素	$HI \rightleftarrows H^+ + I^-$	3.16×10^{9}
亜硝酸	$HNO_2 \rightleftarrows H^+ + NO_2^-$	5.75×10^{-4}
硝酸	$HNO_3 \rightleftarrows H^+ + NO_3^-$	26.9
亜硫酸	$H_2SO_3 \rightleftarrows H^+ + HSO_3^-$	2.20×10^{-2}
	$HSO_3^- \rightleftarrows H^+ + SO_3^{2-}$	1.51×10^{-7}
硫酸	$H_2SO_4 \rightleftarrows H^+ + HSO_4^-$	1.95×10^{3}
	$HSO_4^- \rightleftarrows H^+ + SO_4^{2-}$	1.03×10^{-2}
硫化水素	$H_2S \rightleftarrows H^+ + HS^-$	1.26×10^{-7}
	$HS^- \rightleftarrows H^+ + S^{2-}$	3.31×10^{-14}
リン酸	$H_3PO_4 \rightleftarrows H^+ + H_2PO_4^-$	1.48×10^{-2}
	$H_2PO_4^- \rightleftarrows H^+ + HPO_4^{2-}$	2.34×10^{-7}
	$HPO_4^{2-} \rightleftarrows H^+ + PO_4^{3-}$	3.47×10^{-12}
シュウ酸	$H_2C_2O_4 \rightleftarrows H^+ + HC_2O_4^-$	9.12×10^{-2}
	$HC_2O_4^- \rightleftarrows H^+ + C_2O_4^{2-}$	1.51×10^{-4}
炭酸	$H_2CO_3 \rightleftarrows H^+ + HCO_3^-$	4.47×10^{-7}
	$HCO_3^- \rightleftarrows H^+ + CO_3^{2-}$	4.69×10^{-11}
次亜塩素酸	$HClO \rightleftarrows H^+ + ClO^-$	3.39×10^{-8}
ギ酸	$HCOOH \rightleftarrows H^+ + HCOO^-$	2.88×10^{-4}
酢酸	$CH_3COOH \rightleftarrows H^+ + CH_3COO^-$	2.69×10^{-5}
プロピオン酸	$C_2H_5COOH \rightleftarrows H^+ + C_2H_5COO^-$	2.40×10^{-5}

酸	電離式	電離定数
酪酸	$C_4H_9COOH \rightleftarrows H^+ + C_4H_9COO^-$	2.69×10^{-5}
乳酸	$CH_3CH(OH)COOH \rightleftarrows H^+ + CH_3CH(OH)COO^-$	2.29×10^{-4}
アクリル酸	$CH_2=CHCOOH \rightleftarrows H^+ + CH_2=CHCOO^-$	5.62×10^{-5}
安息香酸	(ベンゼン環)$-COOH \rightleftarrows$ (ベンゼン環)$-COO^- + H^+$	1.00×10^{-4}
フェノール	(ベンゼン環)$-OH \rightleftarrows$ (ベンゼン環)$-O^- + H^+$	1.35×10^{-10}
2-ナフトール	(ナフタレン環)$-OH \rightleftarrows$ (ナフタレン環)$-O^- + H^+$	3.09×10^{-10}
サリチル酸	(ベンゼン環)$(OH)(COOH) \rightleftarrows$ (ベンゼン環)$(OH)(COO^-) + H^+$	1.66×10^{-3}
	(ベンゼン環)$(OH)(COO^-) \rightleftarrows$ (ベンゼン環)$(O^-)(COO^-) + H^+$	3.63×10^{-14}
o-クレゾール	(ベンゼン環)$(CH_3)(OH) \rightleftarrows$ (ベンゼン環)$(CH_3)(O^-) + H^+$	5.89×10^{-11}
ピクリン酸	(ベンゼン環)$(OH)(NO_2)_3 \rightleftarrows$ (ベンゼン環)$(O^-)(NO_2)_3 + H^+$	4.17×10^{-1}

塩基	電離式	電離定数
アンモニア	$NH_3 + H_2O \rightleftarrows NH_4^+ + OH^-$	2.29×10^{-5}
メチルアミン	$CH_3NH_2 + H_2O \rightleftarrows CH_3NH_3^+ + OH^-$	3.24×10^{-4}
アニリン	(ベンゼン環)$-NH_2 + H_2O \rightleftarrows$ (ベンゼン環)$-NH_3^+ + OH^-$	5.25×10^{-10}

25℃での値。単位は mol/L。

（化学便覧改訂 5, 6 版）

29 緩衝液

❶ 酢酸ー酢酸ナトリウム緩衝液 0.2 mol/L の $CH_3COOHaq$ x〔mL〕に 0.2 mol/L の $CH_3COONaaq$ y〔mL〕を加え，全体を 100 mL に希釈。pH3.4〜5.9（23℃）

x〔mL〕	9.50	9.00	8.75	8.15	7.40	6.40	5.30	4.15	3.05	2.20	1.55	1.00	0.50
y〔mL〕	0.50	1.00	1.25	1.85	2.60	3.60	4.70	5.85	6.95	7.80	8.45	9.00	9.50
pH	3.4	3.7	3.8	4.0	4.2	4.4	4.6	4.8	5.0	5.2	5.4	5.6	5.9

❷ リン酸緩衝液 0.2 mol/L の NaH_2PO_4aq x〔mL〕に 0.2 mol/L の Na_2HPO_4aq y〔mL〕を加え，全体を 200 mL に希釈。pH5.7〜8.0（25℃）

x〔mL〕	93.5	92.0	87.7	81.5	73.5	62.5	51.0	39.0	28.0	19.0	13.0	8.5	5.3
y〔mL〕	6.5	8.0	12.3	18.5	26.5	37.5	49.0	61.0	72.0	81.0	87.0	91.5	94.7
pH	5.7	5.8	6.0	6.2	6.4	6.6	6.8	7.0	7.2	7.4	7.6	7.8	8.0

（❶緩衝液―その原理と選び方・作り方―，❷生物化学実験のてびき）

30 溶解度積

名称・化学式		溶解度積
塩化銀	$AgCl$	3.16×10^{-10}
臭化銀	$AgBr$	7.94×10^{-13}
ヨウ化銀	AgI	1.58×10^{-16}
硫化銀	Ag_2S	6.31×10^{-49}
クロム酸銀	Ag_2CrO_4	5.01×10^{-12}
炭酸カルシウム	$CaCO_3$	2.51×10^{-8}
硫酸バリウム	$BaSO_4$	6.31×10^{-10}
硫化亜鉛	ZnS	1.58×10^{-24}
硫化銅（Ⅱ）	CuS	3.98×10^{-35}
硫化鉛（Ⅱ）	PbS	1.58×10^{-26}
フッ化カルシウム	CaF_2	1.58×10^{-10}
水酸化亜鉛	$Zn(OH)_2$	2.51×10^{-16}
水酸化アルミニウム	$Al(OH)_3$	2.51×10^{-32}
水酸化銅（Ⅱ）	$Cu(OH)_2$	6.31×10^{-19}
水酸化マグネシウム	$Mg(OH)_2$	3.98×10^{-11}

XY（固）$\rightleftarrows X^+ + Y^-$　$K_{sp} = [X^+][Y^-]\ (mol/L)^2$　X_2Y（固）$\rightleftarrows 2X^+ + Y^{2-}$　$K_{sp} = [X^+]^2[Y^{2-}]\ (mol/L)^3$

0℃における値を示す。（分析化学ハンドブック）

31 pH 指示薬と変色域

指示薬	略号	低 pH の色	変色域	高 pH の色
チモールブルー	TB	赤	1.2〜2.8	黄
ブロモフェノールブルー	BPB	黄	3.0〜4.6	紫
メチルオレンジ	MO	赤	3.1〜4.4	橙黄
ブロモクレゾールグリーン	BCG	黄	3.8〜5.4	青
メチルレッド	MR	赤	4.2〜6.2	黄
クロロフェノールレッド	CPR	黄	4.8〜6.4	赤

指示薬	略号	低 pH の色	変色域	高 pH の色
ブロモクレゾールパープル*	BCP	黄	5.2〜6.8	紫
ブロモチモールブルー	BTB	黄	6.0〜7.6	青
フェノールレッド	PR	黄	6.4〜8.0	赤
チモールブルー	TB	黄	8.0〜9.6	青
フェノールフタレイン	PP	無	8.0〜9.8	赤
チモールフタレイン	TP	無	9.3〜10.5	青

*理科年表令和 4 年版

(化学便覧改訂 4 版)

32 pH 標準溶液

標準溶液	温度	pH 値	水溶液(調製法)
フタル酸塩	20℃	4.00	0.05 mol/L フタル酸水素カリウム水溶液 (10.21 g のフタル酸水素カリウム $C_6H_4(COOH)COOK$ を水に溶かし，さらに水を加えて全体を 1 L にする)
	25℃	4.01	
リン酸塩	20℃	6.88	0.025 mol/L リン酸二水素カリウムと 0.025 mol/L リン酸水素二ナトリウムの水溶液(3.40 g のリン酸二水素カリウム KH_2PO_4 および 3.55 g のリン酸水素二ナトリウム Na_2HPO_4 を水に溶かし，さらに水を加えて全体を 1 L にする)
	25℃	6.86	
ホウ酸塩	20℃	9.22	0.01 mol/L 四ホウ酸ナトリウム十水和物(ホウ砂)水溶液 (3.81 g の四ホウ酸ナトリウム十水和物(ホウ砂) $Na_2B_4O_7 \cdot 10H_2O$ を水に溶かし，さらに水を加えて全体を 1 L にする)
	25℃	9.18	
酒石酸塩*	25℃	3.56	0.214 mol/L 酒石酸水素カリウム水溶液 (30 g の酒石酸水素カリウム $KHC_4H_4O_6$ を水約 1 L に加え，25℃で 20 分間振り混ぜて静置し，上澄み液を使用する)
	30℃	3.55	

*25℃以上の温度で使用する。

(緩衝液―その原理と選び方・作り方―)

33 おもな試薬の調製法

酸・塩基試薬の調製法

試薬	市販品	密度	モル濃度	水溶液	調製法
塩酸	37 %	1.19 g/cm³	12 mol/L	6 mol/L	市販の濃塩酸を，体積が 2 倍になるように水で薄める。
				1 mol/L	市販の濃塩酸を，体積が 12 倍になるように水で薄める。
硫酸水溶液*	96 %	1.84 g/cm³	18 mol/L	3 mol/L	市販の濃硫酸 10 mL を水 40 mL の中に少しずつ加える。温度が下がったら水を加えて，60 mL にする。
				1 mol/L	3 mol/L の水溶液を，体積が 3 倍になるように水で薄める。
硝酸水溶液	60 %	1.38 g/cm³	13 mol/L	6 mol/L	市販の濃硝酸を，体積が 2.2 倍になるように水で薄める。
				1 mol/L	6 mol/L の水溶液を，体積が 6 倍になるように水で薄める。
酢酸水溶液	99 %	1.05 g/cm³	17.5 mol/L	6 mol/L	市販の氷酢酸を体積が 2.9 倍になるように水で薄める。
				1 mol/L	市販の氷酢酸を体積が 17.5 倍になるように水で薄める。
アンモニア水	28 %	―	15 mol/L	6 mol/L	市販の濃アンモニア水を体積が 2.5 倍になるように水で薄める。
				1 mol/L	市販の濃アンモニア水を体積が 15 倍になるように水で薄める。
水酸化ナトリウム水溶液*	―	―	―	6 mol/L	固体 240 g を水に溶かして 1 L とする。
				2 mol/L	固体 80 g を水に溶かして 1 L とする。

*濃硫酸や水酸化ナトリウムは，水に溶かすときに激しく発熱するので注意する。

検出用試薬の調製法

試薬	調製法
フェノールフタレイン溶液	フェノールフタレイン 1 g を 96 %エタノール 80 mL に溶かし，水を加えて 100 mL にする。
メチルオレンジ水溶液	メチルオレンジ 0.1 g を温水 100 mL に溶かし，冷えてからろ過する。
ブロモチモールブルー(BTB)溶液	ブロモチモールブルー 0.1 g を 96 %エタノール 20 mL に溶かし，水を加えて 100 mL にする。
石灰水	水に過剰の水酸化カルシウムを加えてよく振り，静置して上澄液(水酸化カルシウムの飽和水溶液)をろ過して取り出す。
ヨウ素液	ヨウ化カリウム 8 g を水 20 mL に溶かし，ヨウ素 2.5 g を加えて，水で 100 mL とする。
ヨウ化カリウムデンプン溶液 (ヨウ化カリウムデンプン紙)	デンプン 0.1 g に冷水 10 mL を加えてよくかき混ぜながら煮沸する。このデンプン水溶液に，ヨウ化カリウム 0.1 g を水 10 mL に溶かした溶液を加える。(ヨウ化カリウムデンプン紙は，ろ紙をこの溶液に浸してつくる。)
フェーリング液	(A 液)硫酸銅(Ⅱ)五水和物 7 g を水に溶かして 100 mL にする。 (B 液)酒石酸ナトリウムカリウム 35 g と水酸化ナトリウム 10 g を，水に溶かして 100 mL にする。 A 液と B 液は，使用する直前に混合する。
アンモニア性硝酸銀水溶液	硝酸銀水溶液に希アンモニア水を滴下し，一度生じた沈殿が消えるまで加える。

34 おもな物質の製法

物質	状態(常温)	製法	化学反応式
水素 H_2	無色の気体	亜鉛と希硫酸の反応	$Zn + H_2SO_4 \longrightarrow ZnSO_4 + H_2$
		メタンと水蒸気の反応(触媒:Ni)	$CH_4 + H_2O \longrightarrow CO + 3H_2$
塩素 Cl_2	黄緑色の気体，刺激臭	濃塩酸と酸化マンガン(Ⅳ)の反応(加熱)	$MnO_2 + 4HCl \longrightarrow MnCl_2 + 2H_2O + Cl_2$
		高度さらし粉と塩酸の反応	$Ca(ClO)_2 \cdot 2H_2O + 4HCl \longrightarrow CaCl_2 + 4H_2O + 2Cl_2$
		塩化ナトリウム水溶液の電気分解	$2NaCl + 2H_2O \longrightarrow 2NaOH + H_2 + Cl_2$
フッ化水素 HF	無色の気体，刺激臭	フッ化カルシウムと濃硫酸の反応(加熱)	$CaF_2 + H_2SO_4 \longrightarrow CaSO_4 + 2HF$
塩化水素 HCl	無色の気体，刺激臭	塩化ナトリウムと濃硫酸の反応(加熱)	$NaCl + H_2SO_4 \longrightarrow NaHSO_4 + HCl$
		水素と塩素の反応	$H_2 + Cl_2 \longrightarrow 2HCl$
酸素 O_2	無色の気体	過酸化水素の分解(触媒:MnO_2)	$2H_2O_2 \longrightarrow 2H_2O + O_2$
		塩素酸カリウムの熱分解(触媒:MnO_2)	$2KClO_3 \longrightarrow 2KCl + 3O_2$
オゾン O_3	淡青色の気体，特異臭	酸素中での無声放電	$3O_2 \longrightarrow 2O_3$
硫化水素 H_2S	無色の気体，腐卵臭	硫化鉄(Ⅱ)と希硫酸の反応	$FeS + H_2SO_4 \longrightarrow FeSO_4 + H_2S$
二酸化硫黄 SO_2	無色の気体，刺激臭	銅と濃硫酸の反応(加熱)	$Cu + H_2SO_4 \longrightarrow CuSO_4 + 2H_2O + SO_2$
		亜硫酸ナトリウムと希硫酸の反応	$2NaHSO_3 + H_2SO_4 \longrightarrow Na_2SO_4 + 2H_2O + 2SO_2$
		硫黄の燃焼	$S + O_2 \longrightarrow SO_2$
三酸化硫黄 SO_3	無色の固体	二酸化硫黄の酸化(触媒:V_2O_5)	$SO_2 + O_2 \longrightarrow 2SO_3$
硫酸 H_2SO_4	無色の液体	接触法	$SO_3 + H_2O \longrightarrow H_2SO_4$
窒素 N_2	無色の気体	亜硝酸アンモニウム水溶液の熱分解	$NH_4NO_2 \longrightarrow 2H_2O + N_2$
アンモニアNH_3	無色の気体，刺激臭	ハーバー・ボッシュ法	$N_2 + 3H_2 \rightleftarrows 2NH_3$
一酸化窒素NO	無色の気体	銅と希硫酸の反応	$3Cu + 8HNO_3 \longrightarrow 3Cu(NO_3)_2 + 4H_2O + 2NO$
		アンモニアの酸化(触媒:Pt)	$4NH_3 + 5O_2 \longrightarrow 4NO + 6H_2O$ …❶
二酸化窒素NO_2	赤褐色の気体，刺激臭	銅と濃硝酸の反応	$Cu + 4HNO_3 \longrightarrow Cu(NO_3)_2 + 2H_2O + 2NO_2$
		一酸化窒素の酸化	$2NO + O_2 \longrightarrow 2NO_2$ …❷
硝酸HNO_3	無色の液体，刺激臭	オストワルト法	$3NO_2 + H_2O \longrightarrow 2HNO_3 + NO$ …❸ ❶，❷，❸より，$NH_3 + 2O_2 \longrightarrow HNO_3 + H_2O$
十酸化四リンP_4O_{10}	白色の粉末	リンの燃焼	$4P + 5O_2 \longrightarrow P_4O_{10}$
リン酸H_3PO_4	無色の結晶	リン鉱石と硫酸の反応	$Ca_3(PO_4)_2 + 3H_2SO_4 \longrightarrow 2H_3PO_4 + 3CaSO_4$
一酸化炭素CO	無色の気体	炭素の不完全燃焼	$2C + O_2 \longrightarrow 2CO$
		ギ酸の脱水(触媒:濃 H_2SO_4)	$HCOOH \longrightarrow H_2O + CO$
二酸化炭素CO_2	無色の気体	炭酸カルシウムと塩酸の反応	$CaCO_3 + 2HCl \longrightarrow CaCl_2 + H_2O + CO_2$
ナトリウムNa	銀白色の金属	塩化ナトリウムの溶融塩電解	$2NaCl \longrightarrow 2Na + Cl_2$
炭酸ナトリウムNa_2CO_3	白色の粉末	アンモニアソーダ法	$NaCl + H_2O + NH_3 + CO_2 \longrightarrow NaHCO_3 + NH_4Cl$ $2NaHCO_3 \longrightarrow Na_2CO_3 + H_2O + CO_2$
メタン CH_4	無色の気体	酢酸ナトリウムとソーダ石灰の反応(加熱)	$CH_3COONa + NaOH \longrightarrow CH_4 + Na_2CO_3$
エタン CH_3CH_3	無色の気体	エチレンへの水素付加(触媒:Pt または Ni)	$CH_2{=}CH_2 + H_2 \longrightarrow CH_3CH_3$
エチレン $CH_2{=}CH_2$	無色の気体 かすかに甘い臭い	エタノールの脱水(触媒:濃 H_2SO_4，170℃)	$CH_3CH_2OH \longrightarrow CH_2{=}CH_2 + H_2O$
		アセチレンへの水素付加(触媒:Pt または Ni)	$CH{\equiv}CH + H_2 \longrightarrow CH_2{=}CH_2$
アセチレン $CH{\equiv}CH$	無色の気体	炭化カルシウム(カーバイド)と水の反応	$CaC_2 + 2H_2O \longrightarrow CH{\equiv}CH + Ca(OH)_2$
塩化ビニル $CH_2{=}CHCl$	気体	1,2-ジクロロエタンの熱分解(脱塩化水素)	$CH_2Cl{-}CH_2Cl \longrightarrow CH_2{=}CHCl + HCl$
メタノール CH_3OH	無色の気体	一酸化炭素と水素の反応 (触媒:ZnO，高温高圧)	$CO + 2H_2 \longrightarrow CH_3OH$
エタノール CH_3CH_2OH	無色の気体	エチレンの水付加(高温高圧，触媒:H_3PO_4)	$CH_2{=}CH_2 + H_2O \longrightarrow CH_3CH_2OH$
		グルコースに酵母を作用(アルコール発酵)	$C_6H_{12}O_6 \longrightarrow 2CH_3CH_2OH + H_2O$
ジエチルエーテル $C_2H_5OC_2H_5$	無色の気体	エタノールと濃硫酸の加熱(140℃)	$2CH_3CH_2OH \longrightarrow C_2H_5OC_2H_5 + H_2O$
ホルムアルデヒド HCHO	無色の気体，刺激臭	メタノールの空気酸化(触媒:Cu または Pt)	$2CH_3OH + O_2 \longrightarrow 2HCHO + 2H_2O$
アセトアルデヒド CH_3CHO	無色の気体，刺激臭	エチレンの空気酸化(触媒:$PdCl_2$，$CuCl_2$)	$2CH_2{=}CH_2 + O_2 \longrightarrow 2CH_3CHO$
アセトン CH_3COCH_3	無色の液体	2-プロパノールの酸化	$2(CH_3)_2CHOH + O_2 \longrightarrow 2CH_3COCH_3 + 2H_2O$
		酢酸カルシウムの熱分解(乾留)	$(CH_3COO)_2Ca \longrightarrow CH_3COCH_3 + CaCO_3$
ギ酸 HCOOH	無色の液体，刺激臭	ホルムアルデヒドの空気酸化	$2HCHO + O_2 \longrightarrow 2HCOOH$
酢酸 CH_3COOH	無色の液体，刺激臭	アセトアルデヒドの空気酸化	$2CH_3CHO + O_2 \longrightarrow 2CH_3COOH$
		メタノールと一酸化炭素から合成	$CH_3OH + CO \longrightarrow CH_3COOH$
ベンゼン 	無色の液体 特有の臭いをもつ	アセチレンの重合反応(触媒:Fe)	$3CH{\equiv}CH \longrightarrow$ 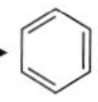
フェノール 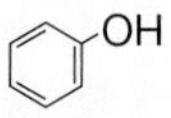 OH	無色の固体，特異臭	クメンヒドロペルオキシドの分解(クメン法)	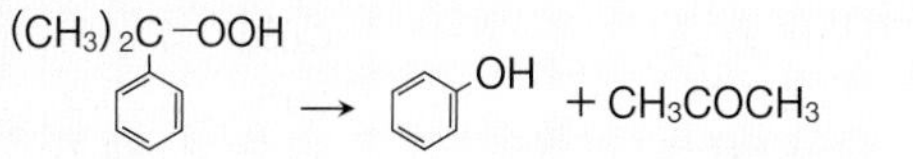 $(CH_3)_2C{-}OOH$ $\longrightarrow$ OH $+ CH_3COCH_3$
アニリン 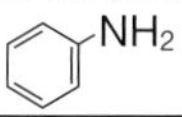 NH_2	無色の気体 特有の臭いをもつ	ニトロベンゼンと水素との反応 (還元，触媒:Ni や Pt，高温)	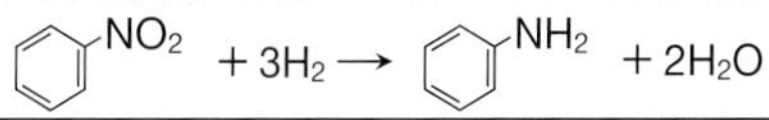 NO_2 $+ 3H_2 \longrightarrow$ NH_2 $+ 2H_2O$

35 おもな無機化合物の性質

- **融点・沸点**　右肩に圧力を示したもの(単位は atm)以外は 1.013×10^{5} Pa での値である。「分：」,「昇：」はそれぞれのその温度で分解すること，昇華が顕著になることを示す。また，「$-n H_2O$」とあるのは，その温度で n〔mol〕の結晶水を失うことを示す。
- **密度**　右肩の数字は測定温度を示す。示していないものは室温付近における値である。＊は気体の値〔g/L〕を示す。
- **状態**　無…無色，固…固体，液…液体，気…気体
- **水溶性**　○は水に溶けることを示す。○のないものは難溶。

	名称	化学式	式量	融点〔℃〕	沸点〔℃〕	密度〔g/cm^3〕	状態(常温)	水溶性	性質など
水素化合物	水素化ナトリウム	NaH	24.0	分：800		0.92	灰白・固	○	水と反応して水素発生
	水素化カルシウム	CaH_2	42.1	分：600		1.90	灰白・固	○	水と反応して水素発生
	ジボラン	B_2H_6	27.7	−165.5	−92.5	1.23＊	無・気	○	特異臭，有毒
	シラン	SiH_4	32.1	−185	−111.8	1.46＊	無・気		悪臭，有毒
	アンモニア	NH_3	17.0	−77.7	−33.4	0.639^{0}＊	無・気	○	刺激臭，弱塩基性
	ホスフィン	PH_3	34.0	−133	−87.7	1.531＊	無・気	○	悪臭，有毒
	水	H_2O	18.0	0.0	100.0	$0.999973^{3.98}$	無・液	—	溶媒
	硫化水素	H_2S	34.1	−85.5	−60.7	1.539^{0}＊	無・気	○	腐卵臭，弱酸性，還元性，有毒
	フッ化水素	HF	20.0	−83	19.5		無・気	○	刺激臭，弱酸性，ガラスを侵す
	塩化水素	HCl	36.5	−114.2	−84.9	1.639^{0}＊	無・気	○	刺激臭，強酸性(水溶液は塩酸)
	臭化水素	HBr	80.9	−88.5	−67.0	3.64＊	無・気	○	刺激臭，強酸性
	ヨウ化水素	HI	127.9	−50.8	−35.1	5.66＊	無・気	○	刺激臭，強酸性
酸化物	酸化リチウム	Li_2O	29.9	～1430		2.013	無・固	○	水と反応して LiOH 生成
	酸化ナトリウム	Na_2O	62.0	920	昇：1275	2.39	無・固	○	水と反応して NaOH 生成
	酸化カリウム	K_2O	94.2	分：350		2.33	無・固	○	水と反応して KOH 生成
	酸化マグネシウム	MgO	40.3	2826	3600	3.58	無・固		医薬品
	酸化カルシウム	CaO	56.1	2572	2850	3.40	無・固	○	生石灰，乾燥剤，発熱剤
	酸化アルミニウム	Al_2O_3	102.0	2054	2980±60	4.0	無・固		ルビー，サファイア，ボーキサイト
	一酸化炭素	CO	28.0	−205.0	−191.5	1.250^{0}＊	無・気		有毒
	二酸化炭素	CO_2	44.0	$-56.6^{5.2}$	昇：−78.5	1.976^{0}＊	無・気	○	水に溶けて弱酸性
	二酸化ケイ素	SiO_2	60.1	1550	2950	2.65^{600}(石英)	無・固		石英，水晶
	一酸化二窒素	N_2O	44.0	−90.8	−88.5	1.9084^{0}＊	無・気		麻酔作用
	一酸化窒素	NO	30.0	−163.6	−151.8	1.3402^{0}＊	無・気		酸素と反応して赤褐色
	二酸化窒素	NO_2	46.0	−9.3	21.3	1.4927^{0}＊	赤褐・気	○	有毒，N_2O_4 と共存
	十酸化四リン(五酸化二リン)	P_4O_{10}	283.9	580	昇：～350	2.30	無・固	○	潮解性，脱水剤，乾燥剤
	二酸化硫黄	SO_2	64.1	−75.5	−10	1.46^{-10}	無・気	○	刺激臭，還元性
	三酸化硫黄	SO_3	80.1	62.4	昇：50	2.29	無・固	○	酸化力，昇華性，水中で H_2SO_4
	七酸化二塩素	Cl_2O_7	182.9	−91.5	分：83		無・液	○	酸化力，水中で $HClO_4$
	酸化マンガン(Ⅳ)	MnO_2	86.9	分：535		5.03	黒・固		触媒，酸化剤
	酸化鉄(Ⅱ)	FeO	71.8	～1370		5.7	黒・固		不安定
	酸化鉄(Ⅲ)	Fe_2O_3	159.7	分：1565		5.1～5.2	赤褐・固		赤鉄鉱の主成分，べんがら
	四酸化三鉄	Fe_3O_4	231.5	1538		5.24	黒・固		磁鉄鉱の主成分
	酸化銅(Ⅰ)	Cu_2O	143.1	1235		6.14	赤・固		フェーリング液の還元で生成
	酸化銅(Ⅱ)	CuO	79.5	1236		6.315	黒・固		HCl，H_2SO_4 に可溶
	酸化亜鉛	ZnO	81.4	$1975^{\text{加圧}}$	昇華	5.67	無・固		白色顔料
	酸化銀	Ag_2O	231.7	分：＞200		7.220	暗褐・固		NH_3 水に可溶
	酸化鉛(Ⅱ)	PbO	223.2	886	1470	9.53	赤・固		顔料，ガラスの原料
	酸化鉛(Ⅳ)	PbO_2	239.2	分：290		9.773	褐・固		鉛蓄電池
硫化物	硫化ナトリウム	Na_2S	78.0	1180		1.86	無・固	○	水に溶けて S^{2-} 生成(塩基性)
	硫化鉄(Ⅱ)	FeS	87.9	1193	分解	約4.7	黒褐・固		希酸と反応して H_2S 発生
	硫化銅(Ⅱ)	CuS	95.6	分：220		4.64	黒・固		希 HNO_3 に溶ける
	硫化亜鉛	ZnS	97.5	1700^{50}	昇：1180	4.087	無・固		蛍光塗料，白色顔料
	硫化銀	Ag_2S	247.8	825		7.326	黒・固		輝銀鉱の主成分
	硫化カドミウム	CdS	144.5	1750^{100}	昇：$980^{N_2\text{中}}$	4.8	黄橙・固		黄色顔料，露出計
	硫化スズ(Ⅱ)	SnS	150.8	880	1230	5.08^{0}	灰黒・固		濃 HCl に溶ける
	硫化水銀(Ⅱ)	HgS	232.7	昇：583		8.06～8.12	赤・固		赤色顔料(朱)
	硫化鉛(Ⅱ)	PbS	239.3	1114		7.59	黒・固		方鉛鉱の主成分，露出計

	名称	化学式	式量	融点〔℃〕	沸点〔℃〕	密度〔g/cm³〕	状態（常温）	水溶性	性質など
ハロゲン化物	塩化リチウム	$LiCl$	42.4	605	1325～1360	2.07	無・固	○	潮解性，Li 製造の原料
	塩化ナトリウム	$NaCl$	58.4	801	1413	2.164	無・固	○	岩塩，調味料（食塩）
	塩化マグネシウム	$MgCl_2$	95.2	714	1412	2.33	無・固	○	吸湿性
	塩化アルミニウム	$AlCl_3$	133.3	$190^{2.5}$	$182.7^{0.99}$		無・固	○	潮解性
	塩化カリウム	KCl	74.6	770	昇：1500	1.98	無・固	○	肥料
	臭化カリウム	KBr	119.0	730	1435	2.75	無・固	○	写真材料
	ヨウ化カリウム	KI	166.0	680	1330	3.12	無・固	○	医薬品，写真用調剤
	塩化カルシウム	$CaCl_2$	111.0	772	＞1600	2.152	無・固	○	潮解性，乾燥剤
	フッ化カルシウム	CaF_2	78.1	1403	2500	3.180	無・固		ホタル石
	塩化鉄（Ⅱ）	$FeCl_2$	126.8	670～674	昇華	3.16	緑黄・固	○	不安定で酸化されやすい
	塩化鉄（Ⅲ）六水和物	$FeCl_3 \cdot 6H_2O$	270.3	36.5	280		黄褐・固	○	潮解性
	塩化銅（Ⅱ）二水和物	$CuCl_2 \cdot 2H_2O$	170.5	$100～200^{-2H_2O}$	分解	2.39	緑・固	○	有毒，潮解性
	塩化コバルト（Ⅱ）六水和物	$CoCl_2 \cdot 6H_2O$	237.9	86	$～55^{-4H_2O}$	1.92	赤・固	○	湿度指示薬，顔料
	塩化亜鉛	$ZnCl_2$	136.3	283	732	2.98	無・固	○	潮解性，乾電池材料
	塩化銀	$AgCl$	143.3	455	1550	5.56	無・固		感光性
	臭化銀	$AgBr$	187.8	432	分：＞1300	6.473	淡黄・固		感光性，写真感光剤
	ヨウ化銀	AgI	234.8	552	1506	5.68	黄・固		感光性
	塩化スズ（Ⅱ）	$SnCl_2$	189.6	246.8	652	3.95	無・固	○	還元剤
	塩化水銀（Ⅰ）	Hg_2Cl_2	472.1	昇：400		7.15	無・固		NH_3水で黒変，昇華性
	塩化水銀（Ⅱ）	$HgCl_2$	271.5	276	302	5.44	無・固	○	有毒，防腐剤，消毒剤
	塩化鉛（Ⅱ）	$PbCl_2$	278.1	501	950	5.85	無・固		熱水に可溶
	ヨウ化鉛（Ⅱ）	PbI_2	461.0	402	954	6.16	黄・固		有毒
	塩化アンモニウム	NH_4Cl	53.5	昇：340	520	1.53	無・固	○	肥料，マンガン乾電池
硝酸塩・硫酸塩・炭酸塩など	硝酸リチウム	$LiNO_3$	68.9	264	分：600	2.37	無・固	○	潮解性
	硝酸ナトリウム	$NaNO_3$	85.0	306.8	分：380	2.26	無・固	○	肥料
	硫酸ナトリウム十水和物	$Na_2SO_4 \cdot 10H_2O$	322.2	32.4	100^{-10H_2O}	1.46	無・固	○	風解性
	炭酸ナトリウム	Na_2CO_3	106.0	851	分解	2.533	無・固	○	吸湿性，ガラスの原料
	炭酸水素ナトリウム	$NaHCO_3$	84.0	分：270		2.20	無・固	○	医薬品，ベーキングパウダー
	硫酸マグネシウム七水和物	$MgSO_4 \cdot 7H_2O$	246.5	67.5	150^{-6H_2O}	1.68	無・固	○	風解性，耐火剤，媒染剤
	炭酸マグネシウム	$MgCO_3$	84.3	分：600		3.04	無・固		医薬品，化粧品
	硫酸アルミニウム十八水和物	$Al_2(SO_4)_3 \cdot 18H_2O$	666.4	分：86.5		1.69	無・固	○	医薬品，媒染剤
	硫酸カリウムアルミニウム十二水和物	$AlK(SO_4)_2 \cdot 12H_2O$	474.4	92.5	200^{-12H_2O}	1.75	無・固	○	ミョウバン，媒染剤
	硝酸カリウム	KNO_3	101.1	339	分：400	2.11	無・固	○	火薬の原料
	硫酸カリウム	K_2SO_4	174.3	1069	1689	2.66	無・固	○	肥料，医薬品
	炭酸カリウム	K_2CO_3	138.2	891	分解	2.43	無・固	○	吸湿性，水溶液は塩基性
	塩素酸カリウム	$KClO_3$	122.5	356	分：400	2.326	無・固	○	酸化剤，花火やマッチの原料
	過マンガン酸カリウム	$KMnO_4$	158.0	分：200		2.703	黒紫・固	○	酸化剤，殺菌剤
	二クロム酸カリウム	$K_2Cr_2O_7$	294.2	398	分：500	2.68	橙赤・固	○	有毒，酸化剤，染料
	クロム酸カリウム	K_2CrO_4	194.2	975		2.73	黄・固	○	有毒，媒染剤
	硫酸カルシウム二水和物	$CaSO_4 \cdot 2H_2O$	172.2	$128^{-1.5H_2O}$		2.32	無・固		セッコウ
	炭酸カルシウム	$CaCO_3$	100.1	$1339^{102.5}$	分：900	2.72, 2.94	無・固		石灰石，方解石として産出
	リン酸カルシウム	$Ca_3(PO_4)_2$	310.2	1670		3.14	無・固		骨・歯の主成分
	リン酸二水素カルシウム一水和物	$Ca(H_2PO_4)_2 \cdot H_2O$	252.1	109^{-H_2O}	分：200	2.22	無・固	○	肥料
	硫酸マンガン（Ⅱ）一水和物	$MnSO_2 \cdot H_2O$	169.0	57～117	400^{-H_2O}	3.15	淡桃・固	○	防さび剤
	硫酸鉄（Ⅱ）七水和物	$FeSO_2 \cdot 7H_2O$	278.0	64	90^{-6H_2O}	1.895	淡緑・固	○	不安定で酸化されやすい
	硫酸銅（Ⅱ）五水和物	$CuSO_4 \cdot 5H_2O$	249.7	102^{-2H_2O}		2.286	青・固	○	殺菌剤，媒染剤
	硫酸銅（Ⅱ）	$CuSO_4$	159.6	200	分：650	3.606	無・固	○	水分を吸収して青色
	硝酸銀	$AgNO_3$	169.9	212	分：444	4.352	無・固	○	有毒
	クロム酸銀	Ag_2CrO_4	331.7			5.625	暗赤・固		
	硫酸バリウム	$BaSO_4$	233.4	1149		4.470	無・固		X 線造影剤
	炭酸バリウム	$BaCO_3$	197.3	分：1450		4.2865	無・固		光学ガラス・ガラス繊維の原料
	酢酸鉛（Ⅱ）三水和物	$Pb(CH_3COO)_2 \cdot 3H_2O$	379.3	75^{-H_2O}	分：200	2.55	無・固	○	有毒，鉛糖紙
	硫酸鉛（Ⅱ）	$PbSO_4$	303.3	1070～1084		6.2	無・固		鉛蓄電池で生成
	硝酸アンモニウム	NH_4NO_3	80.0	169.6	分：210	1.725	無・固	○	肥料
	硫酸アンモニウム	$(NH_4)_2SO_4$	132.1	分：＞280		1.77	無・固	○	肥料

36 おもな有機化合物の性質

- **融点・沸点** 右肩に圧力を示したもの(単位は水銀柱のミリメートル数)以外は 1 atm(1.013×10^5 Pa)での値である。「昇:」はその温度で昇華が顕著になることを示す。
- **密度** 右肩の数字は測定温度を示す。示していないものは室温付近における値である。*は気体の値〔g/L〕を示す。
- **状態** 無…無色, 固…固体, 液…液体, 気…気体
- **水溶性** ○は水に溶けることを示す。○のないものは難溶。

	名称	化学式	分子量	融点〔℃〕	沸点〔℃〕	密度〔g/cm^3〕	状態(常温)	水溶性	性質など
炭化水素	メタン	CH_4	16.0	−182.76	−161.49	0.716^{0}*	無・気		可燃性, 天然ガスの主成分
	エタン	C_2H_6	30.1	−183.6	−89.0	0.5719^{0}	無・気		可燃性
	プロパン	C_3H_8	44.1	−187.69	−42.07	0.536^{0}	無・気		可燃性, LPG
	ブタン	$CH_3CH_2CH_2CH_3$	58.1	−138.3	−0.50	0.609^{0}	無・気		可燃性, LPG
	2-メチルプロパン	$CH_3CH(CH_3)_2$	58.1	−159.60	−11.73	0.604	無・気		可燃性, ブタンと構造異性体
	ペンタン	$CH_3CH_2CH_2CH_2CH_3$	72.15	−129.7	36.07	0.626	無・液		可燃性
	2-メチルブタン	$(CH_3)_2CHCH_2CH_3$	72.15	−159.900	27.852	0.620	無・液		ペンタンと構造異性体
	2, 2-ジメチルプロパン	$CH_3C(CH_3)_2CH_3$	72.15	−16.55	9.503	0.613	無・気		ペンタンと構造異性体
	エチレン	$CH_2=CH_2$	28.05	−169.2	−103.7	1.260^{0}*	無・気		合成樹脂の原料
	プロペン(プロピレン)	$CH_2=CHCH_3$	42.1	−185.25	−47.0	2.01*	無・気		合成樹脂の原料
	1-ブテン	$CH_2=CHCH_2CH_3$	56.1	−185.35	−6.25	$0.6255^{-6.47}$	無・気		脱水素でブタジエン
	シス-2-ブテン	$CH_3CH=CHCH_3$	56.1	−138.91	3.72		無・気		1-ブテンと構造異性体
	トランス-2-ブテン	$CH_3CH=CHCH_3$	56.1	−105.55	0.88		無・気		1-ブテンと構造異性体
	2-メチルプロペン	$CH_2=C(CH_3)_2$	56.1	−140.35	−6.9	$0.6266^{-6.6}$	無・気		1-ブテンと構造異性体
	アセチレン	$CH\equiv CH$	26.0	−81.8	-74^{760}	1.173*	無・気		可燃性, 燃焼時に高温
	シクロブタン	C_4H_8	56.1	<−80	12	0.7038^{0}	無・気		脂環式化合物
	シクロヘキサン	C_6H_{12}	84.2	6.47	80.74	0.779	無・液		溶媒, 脂環式化合物
	ベンゼン	C_6H_6	78.1	5.533	80.099	0.879	無・液		特異臭, 溶媒
	トルエン	$C_6H_5CH_3$	92.1	−94.99	110.626	0.8716	無・液		特異臭, 溶媒
	o-キシレン	$C_6H_4(CH_3)_2$	106.2	−25.18	144.41	0.88	無・液		溶媒
	m-キシレン	$C_6H_4(CH_3)_2$	106.2	−47.89	139.1	0.864	無・液		溶媒
	p-キシレン	$C_6H_4(CH_3)_2$	106.2	13.26	138.35	0.861	無・液		溶媒, 合成繊維の原料
	エチルベンゼン	$C_6H_5C_2H_5$	106.2	−94.98	136.19	0.867	無・液		スチレンの原料
	ナフタレン	$C_{10}H_8$	128.2	80.5	217.96	1.1517	無・固		特異臭, 昇華性, 防虫剤
	スチレン	$CH_2=CHC_6H_5$	104.1	−30.69	145.2	0.9090	無・液		芳香, 合成樹脂の原料
	1, 3-ブタジエン	$CH_2=CHCH=CH_2$	54.1	−108.915	−4.413	0.6211	無・気		合成ゴムの原料
ハロゲン化合物	クロロメタン	CH_3Cl	50.5	−97.72	−23.76	0.911	無・気		快香, 加水分解でメタノール生成
	ジクロロメタン	CH_2Cl_2	84.9	−96.8	40.21	1.317	無・液		溶媒
	トリクロロメタン(クロロホルム)	$CHCl_3$	119.4	−63.5	61.2	1.478	無・液		麻酔性, クロロホルム(別名)
	テトラクロロメタン(四塩化炭素)	CCl_4	153.8	−28.6	76.74	1.584	無・液		特異臭, 溶媒
	ヨードホルム	CHI_3	393.7	125	約218	4.008	黄・固		特異臭
	1, 2-ジブロモエタン	$BrCH_2CH_2Br$	187.9	10.06	131.41	2.0555	無・液		加水分解でエチレングリコールを生成
	クロロベンゼン	C_6H_5Cl	112.6	−45	132	1.1066	無・液		特異臭
	ブロモベンゼン	C_6H_5Br	157.0	−30.6	156.15	1.495	無・液		特異臭
アルコール	メタノール	CH_3OH	32.0	−97.78	64.65	0.7928	無・液	○	水には任意の割合で溶ける。有毒
	エタノール	C_2H_5OH	46.1	−114.5	78.32	0.789	無・液	○	水には任意の割合で溶ける。
	1-プロパノール	$CH_3CH_2CH_2OH$	60.1	−126.5	97.15	0.8075	無・液	○	水には任意の割合で溶ける。溶媒
	2-プロパノール	$CH_3CH(OH)CH_3$	60.1	−89.5	82.4	0.78095	無・液	○	水には任意の割合で溶ける。
	1-ブタノール	$CH_3CH_2CH_2CH_2OH$	74.1	−89.53	117.25	0.8102	無・液		溶媒
	2-ブタノール	$CH_3CH_2CH(OH)CH_3$	74.1	−114.7	98.5^{740}	0.8025	無・液		溶媒, 1-ブタノールと構造異性体
	2-メチル-1-プロパノール	$(CH_3)_2CHCH_2OH$	74.1	−108	108	0.8058	無・液		1-ブタノールと構造異性体
	2-メチル-2-プロパノール	$(CH_3)_3COH$	74.1	25.6	82.50	0.7858	無・液	○	1-ブタノールと構造異性体
	エチレングリコール	$HOCH_2CH_2OH$	62.1	−12.6	197.85	1.1132	無・液	○	合成繊維の原料, 不凍液
	グリセリン	$C_3H_5(OH)_3$	92.1	17.8	154^{5}	1.2613	無・液	○	水には任意の割合で溶ける。甘味
エーテル	ジメチルエーテル	CH_3OCH_3	46.1	−141.50	−24.82	2.108^{0}*	無・気	○	快香, H_2SO_4にも溶解
	エチルメチルエーテル	$CH_3OC_2H_5$	60.1		6.6		無・気	○	芳香
	ジエチルエーテル	$C_2H_5OC_2H_5$	74.1	−116.3	34.48	0.7364^{0}	無・液		特異臭, 麻酔性, 引火性

分類	名称	化学式	分子量	融点〔℃〕	沸点〔℃〕	密度〔g/cm³〕	状態（常温）	水溶性	性質など
アルデヒド	ホルムアルデヒド	$HCHO$	30.0	−92	−19.3	1.380*	無・気	○	刺激臭，ホルマリン(約37%水溶液)
	アセトアルデヒド	CH_3CHO	44.1	−123.5	20.2	0.78761	無・液	○	刺激臭，還元性
	プロピオンアルデヒド	C_2H_5CHO	58.1	−80.05	47.93	0.8071	無・液	○	刺激臭，還元性
	ベンズアルデヒド	C_6H_5CHO	106.1	−26	178	1.050	無・液		芳香，酸化されやすい
ケトン	アセトン	CH_3COCH_3	58.1	−94.82	56.3	0.7902^{20}	無・液	○	水には任意の割合で溶ける。溶媒
	エチルメチルケトン	$CH_3COC_2H_5$	72.1	−87.3	79.53	0.8047	無・液	○	溶媒
	アセトフェノン	$CH_3COC_6H_5$	120.1	19.65	202	1.0329	無・液		芳香
カルボン酸	ギ酸	$HCOOH$	46.0	8.4	100.8	1.2202	無・液	○	刺激臭，還元性，アリ・ハチの体内
	酢酸	CH_3COOH	60.1	16.635	117.8	1.0492	無・液	○	刺激臭，食酢の成分
	プロピオン酸	CH_3CH_2COOH	74.1	−20.83	140.80	0.99336	無・液	○	刺激臭，乳製品中
	酪酸	$CH_3CH_2CH_2COOH$	88.1	−5.26	164.05	0.9587	無・液	○	特異臭，エステルがバター中に存在
	イソ酪酸	$(CH_3)_2CHCOOH$	88.1	−47	154.5	0.9504	無・液	○	特異臭，酪酸の構造異性体
	シュウ酸二水和物	$(COOH)_2\cdot 2H_2O$	126.1	99.8〜100.7	$110^{昇華}$	1.653	無・固	○	還元剤，植物中に塩が存在
	ラウリン酸	$C_{11}H_{23}COOH$	200.3	44.8	298.9	0.883	白・固		やし油
	ミリスチン酸	$C_{13}H_{27}COOH$	228.4	54.1	248.7^{100}	0.8584	無・固		やし油，ろうの成分
	パルミチン酸	$C_{15}H_{31}COOH$	256.4	62.65	167.4^{1}	0.85362	無・固		油脂の成分，飽和
	ステアリン酸	$C_{17}H_{35}COOH$	284.5	70.5	283^{26}	0.847^{70}	無・固		油脂の成分，飽和
	オレイン酸	$C_{17}H_{33}COOH$	282.5	13.3	223^{10}	0.895	無・液		油脂の成分，二重結合１個
	リノール酸	$C_{17}H_{31}COOH$	280.4	−5.2〜−5.0	210^{5}	0.9022	黄・液		油脂の成分，二重結合２個
	リノレン酸	$C_{17}H_{29}COOH$	278.4	−11.3〜−11.0	197^{4}	0.9164	無・液		油脂の成分，二重結合３個
	酒石酸	$[CH(OH)COOH]_2$	150.1	170		1.7598	無・固	○	ヒドロキシ酸，ブドウ中，鏡像異性体
	乳酸	$CH_3CH(OH)COOH$	90.1	16.8	119^{12}		無・固	○	ヒドロキシ酸，鏡像異性体
	安息香酸	C_6H_5COOH	122.1	122.5		1.2659	無・固		熱水に溶解，100℃以下で昇華
	フタル酸	$C_6H_4(COOH)_2$	166.1	234	分解		無・固		オルト位，合成樹脂の原料
	テレフタル酸	$C_6H_4(COOH)_2$	166.1	昇：300		1.510	無・固		パラ位，合成繊維の原料
	イソフタル酸	$C_6H_4(COOH)_2$	166.1	348.5	昇華		無・固		メタ位
	サリチル酸	$C_6H_4(OH)COOH$	138.1	159	昇華	1.483	無・固		医薬品の原料
	マレイン酸	$HOOCCH{=}CHCOOH$	116.1	133	分解		無・固	○	シス形
	フマル酸	$HOOCCH{=}CHCOOH$	116.1	300〜302	昇華		無・固		トランス形
	アジピン酸	$HOOC(CH_2)_4COOH$	146.1	153〜153.1	205.5^{10}		無・固		合成繊維の原料
エステル	ギ酸エチル	$HCOOC_2H_5$	74.1	−79	54.1	0.922	無・液		芳香
	酢酸メチル	CH_3COOCH_3	74.1	−98.05	56.32	0.974	無・液	○	芳香，溶媒
	酢酸エチル	$CH_3COOC_2H_5$	88.1	−83.6	76.82	0.9006	無・液		芳香，溶媒
	酢酸イソアミル	$CH_3COOC_3H_5(CH_3)_2$	130.2		142	0.8719	無・液		芳香，溶媒
	ニトログリセリン	$C_3H_5(ONO_2)_3$	227.1	13.0*	125^{2}	1.60	無・液		爆薬，*不安定形
	サリチル酸メチル	$C_6H_4(OH)COOCH_3$	152.1	−8.3	223.3	1.184	無・液		鎮痛塗布薬
	アセチルサリチル酸	$C_6H_4(OCOCH_3)COOH$	180.2	135			無・固		解熱鎮痛剤
フェノール類	フェノール	C_6H_5OH	94.1	40.95	181.75	1.071	無・固		特異臭，合成樹脂の原料
	o-クレゾール	$C_6H_4(OH)CH_3$	108.1	31	191	1.0469	無・固		殺菌消毒剤
	m-クレゾール	$C_6H_4(OH)CH_3$	108.1	11.9	202.7	1.0336	無・液		殺菌消毒剤
	p-クレゾール	$C_6H_4(OH)CH_3$	108.1	34.7	201.9	1.0347	無・固		殺菌消毒剤
	ヒドロキノン	$C_6H_4(OH)_2$	110.1	173.8〜174.8	285^{730}	1.332	無・固	○	パラ位，還元剤
	1-ナフトール	$C_{10}H_7OH$	144.2	96	288		無・固		昇華性，防虫剤
	2-ナフトール	$C_{10}H_7OH$	144.2	122	296	1.217	無・固		合成染料の原料
窒素を含む化合物	ニトロベンゼン	$C_6H_5NO_2$	123.1	5.85	221.03	1.2037^{20}	淡黄・液		芳香
	2,4,6-トリニトロトルエン	$C_6H_2(CH_3)(NO_2)_3$	227.1	80.89	$245〜250^{50}$	1.654	淡黄・固		爆薬
	ピクリン酸	$C_6H_2(OH)(NO_2)_3$	229.1	122.5	255^{50}	1.763	黄・固		爆発性，染色性
	メチルアミン	CH_3NH_2	31.1	−93.46	−6.32	$0.699^{-10.8}$	無・気	○	刺激臭，塩基性
	ジメチルアミン	$(CH_3)_2NH$	45.1	−93.0	6.88	0.6786^{0}	無・気	○	特異臭，塩基性
	エチルアミン	$C_2H_5NH_2$	45.1	−81.0	16.6	0.7057	無・気	○	特異臭，塩基性
	ヘキサメチレンジアミン	$H_2N(CH_2)_6NH_2$	116.2	45〜46	81.5^{10}		無・固	○	合成繊維の原料
	アニリン	$C_6H_5NH_2$	93.1	−5.98	184.55	1.0268	無・液		空気中で黄〜褐色，塩基性
	アセトアニリド	$C_6H_5NHCOCH_3$	135.2	115	305	1.21^{4}	無・固		解熱剤(現在は使用されていない)

37 化合物命名法

化合物の名称は，国際純正および応用化学連合(IUPAC)で制定された命名法にしたがう。これにしたがい日本化学会が定めた日本語の命名法を用いる。

❶ 無機化合物の命名法

❶ 化学式のかき方

(1)電気的に陽性の部分を先にかく。陽性および陰性の部分が2種類以上の場合は，それぞれアルファベット順に示す。

例 $AlCl_3$　$AlK(SO_4)_2$

(2) 2種類の非金属元素からなる化合物では，次の順に，前の元素を先にかく。
B，Si，C，As，P，N，H，Se，S，O，I，Br，Cl，F

例 NH_3　H_2S　Cl_2O　OF_2　BF_3

❷ 化合物の名称

(1)化合物の名称は，成分元素とそれらの比を用いて表す。この場合，化学式の後にくる陰性部分は，原則として“～化”とし，次に化学式の前にある陽性部分の元素名をつける。

例 CO 一酸化炭素　CO_2 二酸化炭素

(2)成分比を示すときは，元素名の前に数字をつける。

例 NO_2 二酸化窒素　N_2O_4 四酸化二窒素

(3)中心元素の酸化数をローマ数字で示す場合は成分比は記さない(ただし，非金属元素間の化合物には通常用いない)。

例 $FeCl_2$ 塩化鉄(Ⅱ)　$FeCl_3$ 塩化鉄(Ⅲ)
MnO_2 酸化マンガン(Ⅳ)

❸ イオンの名称

(1)単原子の陽イオンの名称は，元素名をそのまま用いる。複数のイオン価をもつものは酸化数をローマ数字で示す。

例 H^+ 水素イオン　Fe^{3+} 鉄(Ⅲ)イオン

(2)単原子の陰イオンの名称は，元素名の語尾を“～化物イオン”と変えて表す。多原子の陰イオンにも“～化物イオン”とよぶものがあるが，オキソ酸の陰イオンは“～酸イオン”とよぶ。

例 H^- 水素化物イオン　Cl^- 塩化物イオン
OH^- 水酸化物イオン　CN^- シアン化物イオン
SCN^- チオシアン酸イオン　NO_3^- 硝酸イオン

(3)水素を含む多原子の陽イオンや多原子の陰イオンは，それぞれ右のように表す。

例 NH_4^+ アンモニウムイオン　HS^- 硫化水素イオン

❹ 錯イオン

(1)化学式は，次の順番に並べ[ ]で囲む。 中心元素，陰性配位子，陽性配位子，中性配位子

(2)名称は，配位子の数と名称を先につけ，次に中心元素の名称とその酸化数を記す。この場合，配位子の数は，ギリシャ語の数詞(➡p.314)を用いる。

配位子	NH_3	H_2O	F^-	Cl^-	Br^-	I^-	OH^-	$S_2O_3^{2-}$	CN^-
名　称	アンミン	アクア	フルオリド	クロリド	ブロミド	ヨージド	ヒドロキシド	チオスルファト	シアニド

(3)錯陽イオンの中心元素名はそのままでよいが，錯陰イオンでは元素名の語尾に“～酸”をつける。

例 $[Ag(NH_3)_2]^+$ ジアンミン銀(Ⅰ)イオン
$[Fe(CN)_6]^{4-}$ ヘキサシアニド鉄(Ⅱ)酸イオン

(4)複雑な原子団の個数を示すときは，次の数詞を用いる。
2個　ビス　　3個　トリス　　4個　テトラキス　　5個　ペンタキス

例 $Na_3[Ag(S_2O_3)_2]$
ビス(チオスルファト)銀(Ⅰ)酸ナトリウム

❷ 有機化合物の命名法

❶ 鎖式飽和炭化水素

(1)炭素数が1～4のアルカンについては，慣用名をそのまま用いる。

例 CH_4 メタン　C_2H_6 エタン　C_3H_8 プロパン
C_4H_{10} ブタン

(2)炭素数が5以上のアルカンは，炭素原子数を表すギリシャ語の語尾をane(アン)にする。

例 $CH_3CH_2CH_2CH_2CH_3$ ペンタン

(3)枝分かれした構造の炭化水素は，最も長い部分(主鎖)に相当する炭化水素名の前に，枝の部分(側鎖)の基名とその数をつけて表す。側鎖の位置は，主鎖の炭素原子の番号で示すが，なるべく小さい数にする。

例 $\overset{6}{C}H_3-\overset{5}{C}H_2-\overset{4}{C}H(CH_3)-\overset{3}{C}H_2-\overset{2}{C}H(CH_3)-\overset{1}{C}H_2$　2，4-ジメチルヘキサン

(4)アルカンから水素原子を1個取り除いた原子団をアルキル基といい，語尾aneをyl(イル)に変える。

例 CH_3- メチル基　C_2H_5- エチル基

❷ 鎖式不飽和炭化水素

(1)アルケン　アルカンの語尾aneをene(エン)に変える。二重結合の位置は，番号で示す。慣用名のエチレンは保存する。慣用名のプロピレンは，IUPAC名としては採用されていない。

例 $CH_2=CH-CH_3$ プロペン(プロピレン)
$CH_2=CH-CH_2-CH_3$ 1-ブテン
$CH_3-CH=CH-CH_3$ 2-ブテン

(2)二重結合を2個もつ炭化水素では，語尾aneをadiene(アジエン)とする。

例 $CH_2=CH-CH=CH_2$ 1,3-ブタジエン

(3)アルキン　アルカンの語尾aneをyne(イン)に変える。三重結合の位置は，番号で示す。慣用名のアセチレンは保存する。

例 $CH\equiv C-CH_3$ プロピン
$CH_3-CH_2-C\equiv CH$ 1-ブチン

(4)二重結合と三重結合を同時にもつ場合は，位置番号が最小になるようにする。
同じ番号がつく場合は，二重結合の方が小さい数字になるようにする。

例 $CH_3-CH=CH-C\equiv CH$ 3-ペンテン-1-イン
$CH_2=CH-CH_2-C\equiv CH$ 1-ペンテン-4-イン

❸ 脂環式炭化水素

相当する直鎖炭化水素名に，接頭語cyclo(シクロ)をつけて命名する。環の側鎖は置換基として扱い，位置番号が最小になるようにする。

例 （環：$\overset{1}{C}H-CH_3$，$\overset{2}{C}H-CH_3$，$\overset{3}{C}H_2$，$\overset{4}{C}H_2$，$\overset{5}{C}H_2$）
1,2-ジメチルシクロペンタン

❹ 芳香族炭化水素

ベンゼン，ナフタレンなどは，慣用名を用いる。その置換体にも慣用名を用いることが多いが，炭素骨格に番号をつけて示すほか，２置換体は，*o*-，*m*-，*p*- で表示してもよい。

例 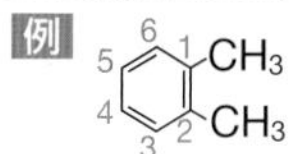

1,2 - ジメチルベンゼン
o - ジメチルベンゼン
慣用名 *o* - キシレン

❺ ハロゲン化合物

炭化水素の水素原子をハロゲン原子で置換したものとして表す。このとき，ハロゲンは，クロロ(Cl)，ブロモ(Br)，ヨード(I)などの接頭語で表す。また，アルキル基のハロゲン化物としてよぶこともある。

例 CH_3CH_2Cl クロロエタン
$CHBr{=}CHBr$ 1,2 - ジブロモエチレン

❻ アルコール

(1) 1価アルコールは，炭化水素の語尾の e を ol(オール)に変える。また，炭化水素基の名称の後にアルコールを付してよぶこともある。
(2) 2価，3価のアルコールでは，語尾の e を diol(ジオール)，triol(トリオール)に変える。

例 CH_3OH メタノール(メチルアルコール)
CH_3CH_2OH エタノール(エチルアルコール)

例 $HO{-}CH_2CH_3{-}OH$
1,2 - エタンジオール(エチレングリコール)

❸ その他の有機化合物

それぞれ命名法が定められているが，炭素数の少ない化合物には，慣用名をそのまま用いることが多い。以下に，代表的な化合物について述べる。

● エーテル

炭化水素の H－を RO－で置換したものとして命名する。または，炭化水素基の名称＋ether(エーテル)として命名する。

例 $CH_3OC_2H_5$ メトキシエタン(エチルメチルエーテル)

● アルデヒド・ケトン

アルデヒドは炭化水素の語尾 e を al(アール)に，ケトンは one(オン)に変える。アルデヒドは，相当する酸の語尾をアルデヒドと変えて命名する場合もある。慣用名が保存されているものも多い。

例 CH_3CHO エタナール(慣用名：アセトアルデヒド)
CH_3COCH_3 プロパノン(慣用名：アセトン)

● カルボン酸

炭化水素の語尾 e を carboxylic acid(カルボン酸)に変える方法と，oic acid(酸)に変える方法がある。慣用名が保存されているものも多い。

例 CH_3COOH エタン酸(慣用名：酢酸)

● エステル

先に炭化水素基名をかき，次にカルボン酸の陰イオン名 ＋ate(アート)をかく。比較的簡単なエステルでは，先に酸名をかき，次に炭化水素基名をかく，慣用の日本語名が用いられる。

例 $CH_3COOC_2H_5$ エチルアセタート
(慣用名：酢酸エチル)

38 危険・有毒な物質とその性質

毒物…体重 1kg あたり，経口致死量 50mg 以下のもの。
劇物…体重 1kg あたり，経口致死量 50～300mg のもの。

(左記は目安であり，法令では物質ごとに個別判断されるため，この範囲に適合しないものもある。)

物質	毒性	表示	性質
アンモニア	劇物	可燃性	刺激臭。少量でも粘膜や目に対する刺激が強い。
塩化水素	劇物		腐食性，刺激性が強く，有毒。
塩素			強い毒性をもち，低濃度でも粘膜や目を刺激する。
黄リン	毒物	発火性	空気中で自然発火するため，水中で保存。
過酸化水素	劇物	酸化性	強い腐食性があり，不安定なため，冷暗所で保存。
シアン化物	毒物		極めて強い毒性をもつ。
臭素	劇物	酸化性	腐食性があり，粘膜や目を侵す。
硝酸	劇物	酸化性	強い酸化剤で，可燃性物質や還元性物質と激しく反応する。
硝酸銀		酸化性	光で分解するので，褐色ビンに保存する。

物質	毒性	表示	性質
水銀	毒物		毒性が強く，蒸気は神経を侵す。
二硫化炭素	劇物	引火性	高い引火性をもつ。毒性も強い。
濃硫酸	劇物	酸化性	吸湿性をもち，強い酸化作用を示す。
フェノール	劇物		毒性・腐食性があり，高濃度では皮膚を侵す。
フッ化水素酸	毒物		毒性・腐食性が極めて高い。
ベンゼン		引火性	引火性が高く，毒性をもつ。
ホルムアルデヒド	劇物	可燃性	毒性をもち，粘膜や目を刺激する。
メタノール	劇物	引火性	蒸発しやすく，有毒である。特に目の網膜を著しく損傷させる。
硫化水素		可燃性	腐卵臭。毒性が極めて高い。

39 廃液処理の方法

- **重金属イオンを含む溶液** … 蒸発乾固して固体として保存し，専門の業者に依頼する。もしくは，水酸化カルシウムや炭酸カルシウムを加えて弱塩基性にして，金属イオンを水酸化物として沈殿させたのちろ過して，ろ液・沈殿物ともに専門の業者に処理を依頼する。
- **酸性溶液，塩基性溶液** … 中和したのち，大量の水で希釈して下水に流す。
- **有機溶媒** … 燃焼などで処理することもあるが，専門の業者に処理を依頼した方がよい。
- **その他** … 水銀系の廃液，シアン系の廃液，6価クロム系の廃液，フェノール系の廃液，含塩素有機系の廃液は分別して，専門の業者に処理を依頼する。

40 化学史年表

年代	人物(国名)	元素発見	物質の発見，合成法・化学工業	原理・法則・学説
B.C. 600頃	タレス(ギリシャ)			水の元素説
B.C. 450頃	エンペドクレス(ギリシャ)			四元素説(火，水，土，空気)
B.C. 400頃	デモクリトス(ギリシャ)			原子説
B.C. 350	アリストテレス(ギリシャ)			四元素説を継承
古代		C，S，Au，Ag，Cu，Fe，Hg		
3～17	錬金術師	Sn，Pb，P，As，Sb，Bi，Zn		
1643	トリチェリー(伊)			大気圧の測定
1660	ボイル(英)			元素の定義
1662	ボイル(英)			ボイルの法則
1703	シュタール(独)			フロギストン説
1742	セルシウス(スウェーデン)			セルシウス温度計
1746	ローバック(英)		鉛室式硫酸製造法	
1766	キャベンディシュ(英)	H		
1772	シェーレ(スウェーデン)	O		
1772	D. ラザフォード(英)	N		
1772	プリーストリー(英)	O		
1774	ラボアジエ(仏)			質量保存の法則
1774	シェーレ(スウェーデン)	Cl		
1777	シェーレ(スウェーデン)		硫化水素	
1778	ラボアジエ(仏)			燃焼の理論
1781	キャベンディシュ(英)			水素と酸素から水の合成
1783	キャベンディシュ(英)			空気の組成の決定
1787	シャルル(仏)			シャルルの法則
1789	クラップロート(独)	U		
1790	ルブラン(仏)		炭酸ナトリウムの製法	
1794	ガドリン(フィンランド)	Y		
1797	ボークラン(仏)	Be		
1799	プルースト(仏)			定比例の法則
1799	テナント(英)		さらし粉の製法	
1800	ボルタ(伊)			ボルタの電池
1800	ニコルソン(英)		水の電気分解	
1801	ドルトン(英)			ドルトンの分圧の法則
1802	ゲーリュサック(仏)			気体の膨張の法則
1803	ドルトン(英)			原子説
1805	ヘンリー(英)			ヘンリーの法則
1807	H. デービー(英)	Na，K		
1808	H. デービー(英)	B，Ca，Ba		
1808	ゲーリュサック(仏)			気体反応の法則
1811	クールトア(仏)	I		
1811	アボガドロ(伊)			アボガドロの法則
1818	テナール(仏)		過酸化水素	
1818	ベルセリウス(スウェーデン)			原子量の精密測定
1825	ファラデー(英)		ベンゼン	
1825	エールステッド(デンマーク)	Al		
1826	ウンフェルドルペン(独)		アニリン	
1826	リービッヒ(独)			異性体
1827	ブラウン(英)			ブラウン運動
1828	ウェーラー(独)		尿素の合成	
1829	デベライナー(独)			3つ組元素の概念
1831	リービッヒ(独)			有機化合物の分析法確立
1831	フィリップス(英)		硫酸の接触法による製法	
1833	ファラデー(英)			電気分解の法則
1836	E. デービー(英)		アセチレン	
1836	ダニエル(英)		ダニエル電池	
1837	宇田川榕菴(ようあん)(日)			舎密開宗(せいみかいそう)(日本最初の翻訳化学書)
1840	ヘス(露)			ヘスの法則
1844	グッドイヤー(米)		ゴムの加硫法	
1847	ヘルムホルツ(独)			エネルギー保存の法則
1848	ケルビン(英)			絶対温度
1849	グレアム(英)			透析
1855	ブンゼン(独)			分光分析
1855	ベッセマー(英)		転炉製鋼法	
1856	パーキン(英)		合成染料モーブ(最初の合成染料)	
1857	パスツール(仏)			微生物発酵の理論
1858	ケクレ(独)			炭素の原子価４価説
1859	ベルトゥロー(仏)		アセチレンの合成	
1859	プランテ(仏)		鉛蓄電池	
1861	グレアム(英)			コロイドの概念
1863	ソルベー(ベルギー)		アンモニアソーダ法(1866年に工業化)	
1864	ニューランズ(英)			オクターブ説
1865	ケクレ(独)			ベンゼンの構造式
1865	マルタン(仏)		平炉製鋼法	
1866	ノーベル(スウェーデン)		ダイナマイト	
1867	グルベルグ(ノルウェー) ボーゲ(ノルウェー)			化学平衡の法則(質量作用の法則)
1868	チンダル(英)			チンダル現象
1868	ルクランシェ(仏)		乾電池	
1869	メンデレーエフ(露)			元素の周期律，周期表
1873	ファンデルワールス(蘭)			実在気体の状態方程式 分子間力の概念
1875	ウインクラー(独)		硫酸の製造(接触法)	

年代	人物(国名)	事項		
		元素発見	物質の発見，合成法・化学工業	原理・法則・学説
1877	ペッファー(独)			浸透圧の測定
1883	アレニウス(スウェーデン)			電離説
1884	ルシャトリエ(仏)			ルシャトリエの原理
1886	ホール(米)，エルー(仏)		アルミニウムの電解精錬	
1887	ラウール(仏)			ラウールの法則
1887	ファントホッフ(蘭)			希薄溶液の理論
1889	ネルンスト(独)			溶解度積
1890	フィッシャー(独)		グルコース	
1892	高峰譲吉(日)		タカジアスターゼ(酵素を含む消化剤)	
1893	ウェルナー(スイス)			錯体の配位説
1894	ラムゼー，レイリー(英)	Ar		
1895	リンデ(独)		空気の液化	
1895	レントゲン(独)			X線の発見
1895	ラムゼー(英)	He		
1896	ベクレル(仏)			放射線の発見
1897	J.J. トムソン(英)		電子の発見	
1898	ラムゼー(英)ら	Ne，Kr，Xe		
1898	キュリー夫妻(仏)	Ra，Po		
1901	高峰譲吉(日)		アドレナリン	
1902	ラザフォード(英)			原子構造論
1902	ソディー(英)			原子の崩壊
1902	オストワルト(独)		硝酸の製法(オストワルト法)	
1903	長岡半太郎(日)			土星型原子模型
1905	ハーバー(独)		アンモニアの工業的製法	
1906	ツウェット(露)			クロマトグラフィー
1907	ベークランド(米)		フェノール樹脂の合成	
1908	ペラン(仏)			分子の実在を証明
1908	池田菊苗(日)		化学調味料の製造	
1909	セーレンセン(デンマーク)			pH の理論
1909	エールリヒ(独)		サルバルサン(梅毒の特効薬)の発見	
	秦佐八郎(日)			
1911	ラザフォード(英)			原子核の存在
1912	ブラッグ父子(英)			X線による結晶構造解析
1913	ハーバー(独)		アンモニア合成の工業化	
	ボッシュ(独)			
1913	ボーア(デンマーク)			原子模型
1913	ソディー(英)			同位体の概念
1916	コッセル(独)			価電子説
1916	ルイス(米)			オクテット説
1919	アストン(英)			同位体の存在比
1923	シジウィック(英)			共有結合の概念
1923	ブレンステッド(デンマーク)			酸・塩基の定義
	ローリー(英)			
1926	ドイツ		合成ゴム	
1927	ハイトラー(独)ら			共有結合の理論的説明
1928	フレミング(英)		ペニシリン(抗生物質)の発見	
1931	カロザース(米)		合成ゴムネオプレン	
1932	チャドウィク(英)		中性子	
1932	ユーリー(米)		重水素	
1934	J. キュリー夫妻(仏)			人工放射能の発見
1935	湯川秀樹(日)			中間子理論
1935	ドマーク(独)		サルファ剤の発明	
1935	アダムス(英)ら		イオン交換樹脂	
1935	カロザース(米)		ナイロン66	
1937	セグレ(伊)	Tc		
1938	ハーン(独)ら			U の原子核分裂
1939	桜田一郎(日)ら		ビニロンの合成	
1940	マックミラン(米)ら	Np		
1940	シーボーグ(米)ら	Pu		
1940	マッケンジー(米)ら	At		
1941	アメリカ		ペニシリン，DDT の生産	
1942	アメリカ			原子炉の建設
1944	シーボーグ(米)ら	Am，Cm		
1944	レッペ(独)		アセチレンからの合成化学	
1946	アメリカ		合成洗剤	
1949	カリフォルニア大学	Bk		
1950	カリフォルニア大学	Cf		
1952	チーグラー(独)		エチレンの常圧重合	
1952	カリフォルニア大学	Es		
1952	福井謙一(日)			フロンティア電子理論
1953	カリフォルニア大学	Fm		
1953	ワトソン(米)，クリック(英)			DNA の構造決定
1955	サンガー(英)			インスリン(タンパク質)の構造解明
1955	カリフォルニア大学	Md		
1958	ノーベル研究所ほか	No		
1961	国際純正および応用化学連合			$^{12}_{6}$C 基準の原子量
1961	下村脩(日)		緑色蛍光タンパク質 GFP	
1962	バートレット(カナダ)		キセノンの化合物	
1970	コラーナ(米)		DNA の合成	
1976	白川英樹(日)ら		導電性プラスチックの発見	
1977	野依良治(日)		不斉水素化反応	
1977	根岸英一(日)		根岸カップリング	
1978	アメリカ		遺伝子組換えによるインスリンの合成	
1979	鈴木章(日)		鈴木・宮浦カップリング	
1985	吉野彰(日)		リチウムイオン電池の基本構造完成	
1986	ミュラー(スイス)		高温超伝導体	
1987	田中耕一(日)		MALDI 法	
2016	森田浩介(日)ら	Nh	113番元素ニホニウム合成・命名	

「実験中にひそむ危険をみつけよう～こんな操作は危ない !!～」(➡ p.17)の解答

❶ 実験室内でジュースを飲んでいる。
実験室に食べ物や飲み物を持ち込むと，薬品や有害物質の蒸気などによって，汚染される危険があるため，実験室で飲食してはならない。

❷ 有害な気体が発生する実験を，ドラフト内で行っていない。
有害な気体が発生する実験操作は，ドラフト内か風通しのよい場所で行う。

❸ 白衣の袖をまくっている。
白衣の袖をまくると，肌が露出され，飛散した薬品が直接皮膚にふれて，危険である。また，自分が実験をしていないときでも，他の人がおこした事故によって薬品が自分にかかってしまう危険もあるため，実験室内では必ず長袖の白衣を着用し，袖はまくらないようにする。

❹ 試薬を流しに捨てている。
使用した試薬は，流しにむやみに捨ててはならない。先生の指示にしたがって，種類別にポリタンクに集めるなど，正しく処理を行う。

❺ 液体薬品を口で吸い上げている。
液体薬品をホールピペットで測りとる場合，口で吸い上げるのではなく，安全ピペッターを用いるようにする。ホールピペットを口につけて吸い上げると，誤って口の中に液体薬品が入ってしまうおそれがあり，大変危険である。

❻ ビーカーに入っている試薬の量が多すぎる。
試薬の量は，ビーカーでは半分以下，試験管では 1/ 4 以下にする。必要以上の量を用いると，激しく反応して，危険な場合がある。

❼ ビーカー中の反応をのぞきこんでいる。
突沸などによる試薬の飛散を避けるため，反応を観察するときは，ビーカーや試験管の口の側からのぞきこまない。

❽ 白衣を着ていない。
実験をするときは必ず白衣を着用する。白衣の着用は実験者自身を守ると同時に，実験で付着した試薬を実験室の外に出さないためでもある。また，フリルなど装飾が多くついた服は，薬品が付着したり，ガスバーナーの火が燃え移ったりしやすいため，着用しないようにする。

❾ 実験台の端で実験を行っている。
実験台の端で実験を行うと，誤って実験装置が倒れてしまい，大きな事故につながるため，実験は実験台の中央で行う。

❿ 実験台の足元に大きな荷物を置いている。
かばんなどの持ち物を通路や実験台の近くに置いたままにしておくと，転倒する危険がある。持ち物は実験の邪魔にならないように所定の位置に置くようにする。

⓫ 実験台の上が散らかっている。
実験台の上は整理しておき，不要なものは置かないようにする。

⓬ 可燃性物質をガスバーナーの近くに置いている。
可燃性物質を火の近くに置いていると，引火する危険がある。加熱操作を行う前に，周囲の可燃性物質は片づける。

⓭ 長い髪を束ねていない。
長い髪のまま実験を行うと，髪に薬品が付着したり，ガスバーナーの火が燃え移ったりする危険があるので，実験中，長い髪は必ず束ねる。

⓮ 加熱している試験管の口を人に向けている。
試験管を加熱するとき，突沸して，液体が吹き出すおそれがあるため，試験管の口は常に人のいない方に向ける。

⓯ ガスバーナーの炎が正常な色になっていない。
ガスバーナーの炎が黄色または赤色のときは，空気(酸素)が不足しており，不完全燃焼して，すすが発生する。このような場合，空気調節リングで空気の量を調整し，正常な青い炎になるようにする。

⓰ 試験管に鼻を近づけて，直接においをかいでいる。
多くの薬品は，目や口，鼻などの粘膜を刺激したり，中毒をおこしたりする危険がある。このため，薬品のにおいをかぐ必要がある場合は，直接鼻を近づけず，手で鼻の方へ気体をあおぎよせる。

⓱ サンダルを履いて実験を行っている。
サンダルなどの露出の多い履物を履いて実験を行うと，誤って足の上に直接試薬がかかってしまうおそれがある。また，サンダルはぬげやすいため，転倒の危険もある。実験中は，スニーカーなどの丈夫で転びにくい靴を履くようにする。

理系のための 小論文対策

なぜ小論文なのか？

昨今の大学入試において「小論文」は，1つの出題科目として完全に定着してきた。これは，学問研究に対する「適性と能力」を見るために，文章を書かせることが最も有効であるからにほかならない。

小論文において，この「適性と能力」は，おもに次の4つの観点から評価される。

1 理解力……与えられた課題を正確に把握し，的確に答えているか。

2 思考力……与えられた課題に対して，十分な考察がなされているか。

3 構成力……主張とその根拠が論理的に組み立てられているか。

4 表現力……言葉づかいは適切であるか。

作文との違い

主観(=自分の気持ちや意見)を中心につづられる「作文」に対して，「小論文」は，ある事柄についての自分の意見を，客観的に(=不特定多数の他者に分かるように)，論理的に(=筋道を立てて)述べた文章である。つまり，「主張」と，なぜそう考えるのかという「根拠」を備えた文章が小論文であり，作文との違いは，この「根拠」が示されているかどうかである。小論文は，自分の主張に説得力をもたせれば高く評価され，説得力に欠ければ低い評価となる。

しかし，難しく考える必要はない。「○○だから●●である」は，十分に根拠のある主張であり，この図式に具体例を盛りこむなどして説得力を付与すればよい。ここに独創性が備われば，評価はさらに高くなる。

小論文に「正解」はない。豊かな発想で，論理立てて述べることができれば，おのずと高い評価が得られる。

出題形式

出題形式は，次の3つに大別される。

1 テーマ型

「～について述べよ」というタイプの，最も基本的な出題形式である。受験生の独創性や論理構成力など，総合的な学力が試される。

2 課題文型

「次の文章を読み，筆者の主張を要約し，それに対するあなたの考えを述べよ」というタイプ。入試小論文の半数以上がこの出題形式であり，課題文が英文の場合も目立つ。課題文を的確に読み取れるか，また，それに対する自分の意見を論理的に組み立てられるかが問われる。理数系の各専門科目に特化した出題も多い。

3 データ型

「与えられたデータ(表やグラフ)をもとに考察せよ」というタイプ。図表から分かることを明らかにし，それについて自分の考えを述べる，図表を参考に自分の考えを述べる，などのパターンがある。データを読み取る能力や，分析力が問われる。

小論文の構成

一般的には，「序論・本論・結論」の構成で書くとよい。他にも書き方はあるが，まずは一番基本となるこの構成をマスターしよう。全体の構成を考えるとき，あれもこれもと盛りこむことは避ける。浅く広く書くのではなく，1つのテーマにしぼりこみ，深く書くことを心がけたい。

1 序論

全体の5～30%を目安に，「問題の所在」や「論じることの意義」を示す。課題文型小論文の場合は，「筆者は課題文の中で……と主張している」などと，簡潔に要約する。問題の所在を疑問形で提示し，これを受ける形で以降を展開するようにしても書きやすくなる。

2 本論

自説を展開し，それが正しいと考える根拠を述べる。根拠は，第一に……，第二に……などと，分かりやすく示す。できれば3つに限定したい。これをたたみかけることで説得力が増す。

小論文では，結論よりも，論拠の方が重要となる場合も多い。自説を補強するための具体例を盛りこむことも大切である。全体の60～80%を目安にしたい。

3 結論

結論は，書き手が訴えたいメッセージである。「以上の理由から，私は……と考える」のように，分かりやすく，ストレートに述べたい。このとき，結論は，序論の答えになっていることが必要である。全体の約10%を目安にしよう。

小論文の書き方

思いついたことを書き連ねただけでは，論理的な文章にはなりにくい。ここでは，どのように書いていけばよいのか，そのプロセスを確認しておこう。

1 課題の要求を正確に読み取る。

2 課題の要求に対する自分の考えを明確にする。

いろいろと書き出してみて，最も重要だと思うもの，
強く主張したいと思うものを選ぶ。

3 裏づけとなる「根拠」を示す。

いろいろな方向から考えてみよう。
考えたことは，できるだけ短文で書きとめよう。

4 段落構成を検討する。

5 文章全体の流れをチェックする。

ここまでで，制限時間の1/3程度を使う。

6 清書する。

7 読み返して推敲する。

原稿用紙は正しく使えているか？
文脈の乱れや誤字・脱字はないか？

諸注意

(1) 字数制限を厳守し，丁寧な字で書く。
(2) 誤字・脱字は減点対象となる。当て字や，漢字を使うべきところで使われていない場合も，減点されると考えてよい。自信のないときは，別の平易な言葉を探そう。
(3) 1文の長さは原則50字以内とする。長い文章は「ねじれ」が生じやすい。短く，きびきびした文章を心がけたい。
(4) 文体は常体（「だ・である」体）で統一する。敬体（「です・ます」体）や話し言葉は，原則として使用しない。「……と思う（感じる）」などの表現は避け，根拠を示して断定的に論じる。
(5) 解答欄が原稿用紙の形態になっている場合は，原稿用紙の使い方に留意する。以下は，横書き原稿用紙の場合の留意点である。
❶書き出しは1字下げる。段落を改めた後も1字下げる。
❷「门」などの略字を用いない。
❸アルファベットの大文字は1文字1マス，小文字は2文字で1マスを使う。算用数字も，2桁以上の場合は，2文字で1マスを使うのが基本。
❹数量は算用数字を用いて表すが，「一石二鳥」のような熟語の場合は，漢数字をそのまま用いる。
❺『　』は書名，または「　」内の引用にのみ用いる。
❻句読点や，とじかっこは，行頭には置かず，前行末の文字と同じマス目に書き入れる。ただし，最終行の末尾まで文字を入れ，そのマス目に句点（。）を入れた場合，字数オーバーとみなされることがあるので，句点も1字と数え，制限字数内にまとめる。

出題傾向と対策

❶ 出題傾向

【1】理・工・農・水産・獣医学系統（2020年）

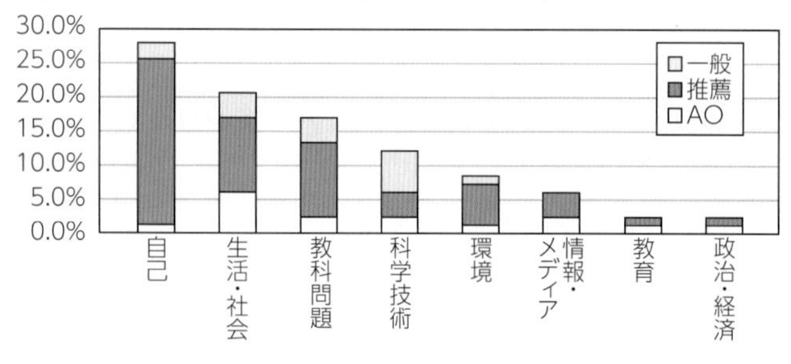

他の系統に比べて，理科や数学などの専門教科に関する出題が多い。将来，科学技術に携わる者としての社会的役割，姿勢については頻出である。また，志望する専攻分野において期待されている技術に対する関心や意欲について問われることが多い。

国際社会共通の目標SDGs（エスディージーズ）（持続可能な開発目標）でも課題とされている「環境問題」「エネルギー問題」「食糧問題」についてどのように貢献できるか押さえておきたい。そのほか，注目すべき出題として，日本で発生した自然災害の経験から，防災・減災に関する出題や，人工知能（AI）や自動運転車の開発などの新技術に関して，利点と課題，解決策についての出題がある。

【2】医・歯・薬・保健・看護学系統（2020年）

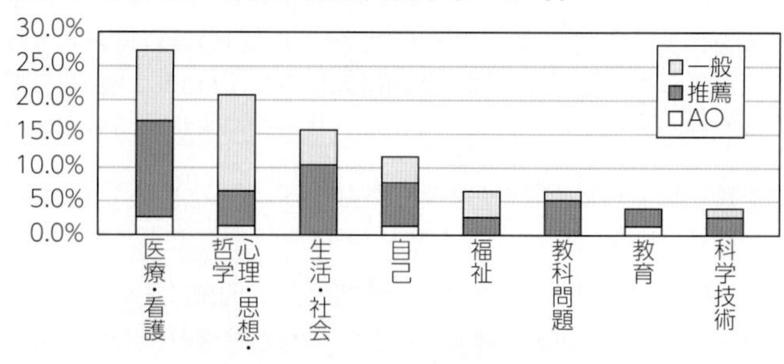

将来の職業と関連する分野からの出題が多く，生活習慣や健康に関する分野，医療・看護に関する分野から出題されている。

医療や医療従事者のあり方，患者と医療従事者のコミュニケーションに関して問われることが多いが，特に高齢社会が医療や福祉に与える影響とその対策，人工知能（AI）の技術の普及が医療現場にもたらす変化など，社会状況に関連した出題が見られる。

頻出テーマには，生命倫理，出生前診断，ターミナルケア，がん予防，再生医療（iPS細胞），臓器移植などがある。

※両系統とも，新型コロナウイルス感染症（COVID-19）関連の出題が予想される。科学や医療の現場を注視しておきたい。

❷ 対策

1 過去問題にあたる

各大学において，過去問題の形式を踏襲した出題が多く見られる。受験する学部・学科の過去問題にあたっておくことで，形式と出題傾向を確認できる。同系統の他大学・学部で傾向が似かよることもあり，これらの過去問題にあたっておくことも有益である。

2 ねらわれるテーマを探る

「環境問題」など，頻出テーマというものがある。また，時事的な問題も取り上げられる。さらに，これらと各学部・学科の特徴とを絡めた複合的な出題も多い。

3 自分の意見・考えをもつ

時事的な問題については，その概要を正確に押さえておくことも必要であるが，問題と指摘されている点を理解しておくと，自分の意見をまとめやすい。

4 トレーニングを行う

過去問題などに取り組み，実際に書いてみることが重要である。それを自分自身で評価してみるとともに，添削を受けるとよい。自身の評価と他者の評価を比較することによって，注意すべき点が明らかになってくる。

小論文対策❶ 化学と人間生活

わたしたちは，物質からなる衣料を身にまとい，物質からなる食品を摂取し，物質からなる住居で生活をしている。このように，わたしたちの生活は，物質と切り離すことができず，物質との関わりそのものであると言ってもよい。この物質を対象とする学問が「化学」である。化学によってもたらされた知見によって，あらゆる物質の違いや変化は，その構成粒子にもとづいて説明されるようになった。また，役立つ物質をつくり出すために，構成粒子をどのように変化させればよいかが知られるようになり，わたしたちの衣食住をさらに豊かにする新しい物質が，次々につくり出されている。

しかし一方で，危険な物質や有害な物質も生まれている。化学の知識が悪用されることもある。事故や環境汚染を防ぐとともに，自分と家族の健康を守るためにも，化学を学び，物質への理解をさらに深めていく必要がある。

出題例 新潟大学 農学部 平成23年

次の設問に解答しなさい。

数年前，外国でメラミン($C_3H_6N_6$，構造式を図1に示す)が人為的に添加された牛乳を原因とする健康被害が発生して大きな問題となった。この事件でメラミンは，牛乳のタンパク質含有量を多く見せかけるために添加されたと考えられている。どうしてメラミンの添加によってタンパク質含有量の偽装が可能となるのか，一般に牛乳中のタンパク質含有量が図2で示されるような測定法によって求められていることを踏まえて，化学的な見地から350~400字で述べなさい。

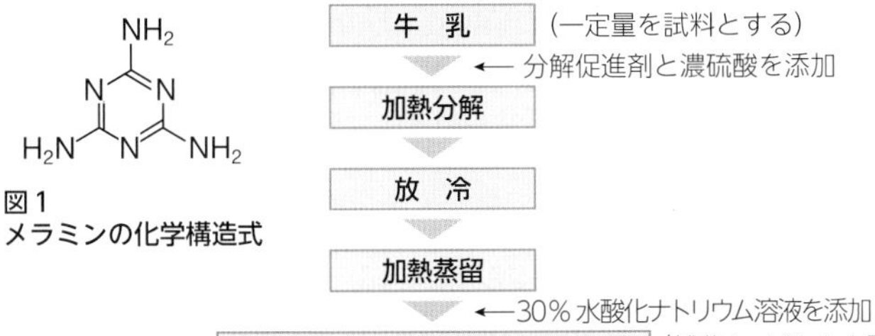

図1 メラミンの化学構造式

図2 牛乳中のタンパク質含量測定法の概略

出題のねらい

わたしたちが飲んでいる牛乳には，三大栄養素とよばれる糖類，タンパク質，脂肪(油脂)のほかに，ビタミンや無機塩類などが含まれている。これらの栄養素の中で，タンパク質だけが窒素元素を含んでいるため，牛乳中の窒素元素の量を測定することによって，タンパク質の含有量を推定することができる。

本題では，図2のような方法で窒素の定量が行われていることを理解した上で，このような定量法で生じうる問題点を考察する力が問われている。

解法のポイント

食品中のタンパク質は，他の栄養素とは異なり，構成元素として常に窒素を16% 程度含んでいる。したがって，一般にタンパク質の含有量は，窒素元素の量を求めたのち，これに100/ 16を乗じて算出されている。

本題の図2に示されている窒素元素の定量法は，ケルダール法とよばれる。この方法では，試料中の窒素を硫酸アンモニウムに変え，さらに強塩基と反応させてアンモニアとする。このアンモニアを濃度既知の酸に吸収させたのち，残存する酸を逆滴定で定量し，アンモニア中の窒素の量を求める。

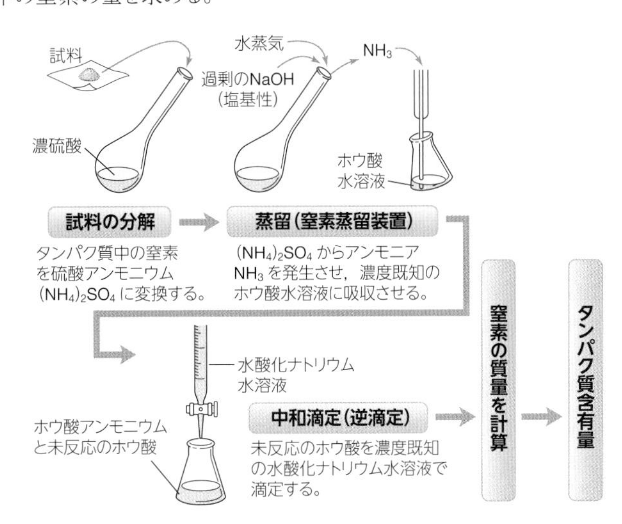

ケルダール法は正確で，再現性もよく，最も基本的な窒素元素の定量法として利用されている。しかし，この方法は，タンパク質に限らず，メラミンのような，濃硫酸によって分解され，アンモニアを生じるような化合物に対しても有効である。したがって，この方法で求められた窒素の量をタンパク質に由来するものと決めつけることは危険といえる。本題の図1に示されているメラミンの構造から，この分子中には多量の窒素が含まれていることがわかり(質量で66.7%)，牛乳にメラミンを混入することによって，タンパク質の含有量を大きく見せかけることができたと推定できる。

解答例文

図2の操作では，牛乳に含まれるタンパク質を分解促進剤と濃硫酸を用いて分解し，タンパク質分子内の窒素原子を硫酸アンモニウムに変化させている。これに，水酸化ナトリウムのような強塩基を加えると，弱塩基であるアンモニアが遊離するので，その量を中和滴定によって測定し，アンモニア分子に含まれる窒素原子の割合から窒素の量を算出，これに換算係数をかけて，タンパク質の含有量としている。

すなわち，この測定法では，タンパク質の量を直接測定しているのではなく，あくまでも窒素原子の定量を行っているのであり，図1に示された，分子内に窒素原子を含むメラミンのような有機化合物でも，窒素の含有量を測定することができる。したがって，メラミンを添加することによって，牛乳に含まれる窒素原子の総量を多くすることができ，タンパク質の含有量を多く見せかける偽装が可能になったと推定される。(377字)

化学－英語課題文

英文を読ませて解答させる形式の出題が年々増加している。医学部や薬学部では，これまでにも見られていたが，今後は，幅広い学部でこの傾向が強まるものと思われる。当然ながら，与えられた英文の内容をどこまで的確に読み取ることができるか，これがポイントである。過去に英文の読解を含む出題がなされている学部・学科を受験する場合は，同様の形式で出題される可能性がきわめて高いものとして，確かな英語力を身につけておく必要がある。ここでは，AO(現総合型選抜)入試に出題された問題を取り上げた。

出題例　北海道大学 理学部 平成19年

蒸留に関する次の文章を読み，以下の(1)，(2)に答えよ。

蒸留(distillation)によって，液体の沸点の違いを利用して，液体混合物から純粋な液体成分を分離精製することができる。以下は，蒸留装置の組み立て方について書かれた説明文である。

ただし，ガラス器具は図のように黒丸の部分を白丸の部分に差し込むだけで連結できる。

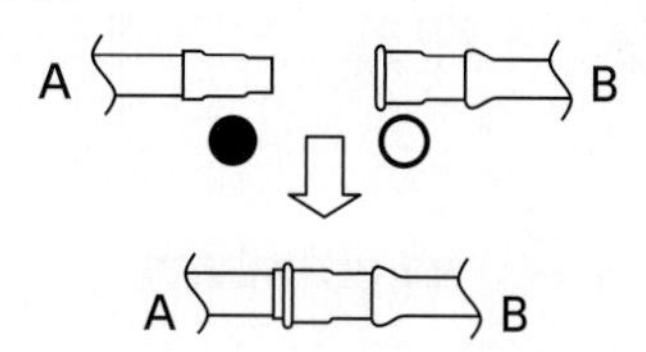

Setting Up a Simple Distillation Using Equipment in a Chemistry Laboratory： The following list of materials should be found in your Chemistry laboratory. All glass items will be found in your glassware set box.

Equipment

3 ring stands　　1 thermometer
3 clamps　　1 heating mantle(not shown below)
1 condenser　　1 distillation head
1 distilling flask(not shown below)　　2 water hoses
1 receiving flask　　1 distillation adaptor

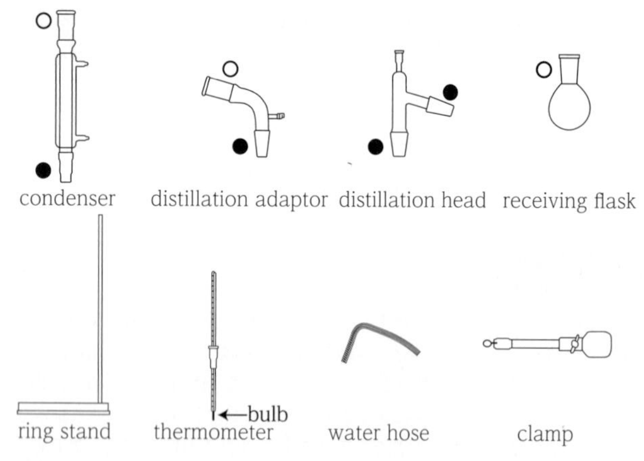

Procedure：

1) Take the condenser and clamp it in the center with one of the clamps. Attach the clamp with the condenser to the ring stand. Rotate the condenser at a slight angle with the side that fits into the distillation adaptor lower.
2) Attach the distillation adaptor to the lower tilted side of the condenser. The distillation adaptor should be facing down toward the ground.
3) Take the receiving flask and attach it to the distillation adaptor. Clamp the receiving flask to a different ring stand.
4) To the other higher side of the condenser attach the distillation head.
5) Add the impure liquid mixture to the distillation flask before attaching it to the distillation head.
6) Clamp the distillation flask to the distillation head and then clamp this to a third ring stand.
7) Take the ring clamp and attach it to the third ring stand. The ring part of the ring clamp should below under the distillation flask. Place the heating mantle on to the ring part and adjust the clamp so that the distillation flask fits into the cavity of the heating mantle.
8) Place the thermometer bulb to the distillation head. (ア)The bulb should be placed just below the side arm (the part connected to the condenser) of the distillation head.
9) Take one of the water hoses and attach one of its ends to the condenser that is closer to the distillation flask. (イ)The other end of this hose should be placed into the sink to allow exit of water from the condenser.
10) Take the other water hose and attach it to the opposite side of the condenser. Take the other end and connect it to the faucet with the water off. This will allow water to enter the condenser.

tilt：傾ける，faucet：蛇口，sink：流し
clamp：(動) はさむ，(名) クランプ

(1) 説明文にしたがって，蒸留装置の見取り図を完成させよ。説明文(6)と(7)の部分はすでに書いてあるので，残りの部分を書くこと。また，説明文(8)の下線部(ア)と(9)の下線部(イ)については，注意すべき要点を図の中に日本語で書け。

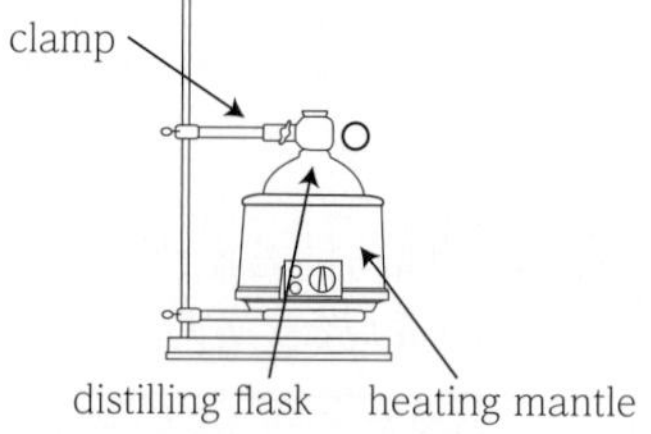

(2) 以下の文章は，蒸留装置についての一般的記述である。全文を和訳せよ。また，文中の下線部に相当する部品を上記の "Equipment" より選択し，英語で記入せよ。

The device used in distillation is referred to as a still and consists at a minimum of (ウ)a reboiler or pot in which the source material is heated, (エ)a glassware in which the heated vapor is cooled back to the liquid state, and (オ)a bottle in which the concentrated or purified liquid is collected.

和訳

*[ ]内は訳者による補足である。

化学実験室における簡単な[常圧]蒸留装置の組み立て：
以下に示すリストにある実験器具は，通常の化学実験室でよく見かけるものである。各ガラス器具は，ガラス器具用の収納箱中にある。

装置[組み立て用の器具：数字は配布されている個数]
リングスタンド[鉄製スタンド]…3　温度計…1
クランプ…3　マントルヒーター(下図にはない)…1
冷却器…1　蒸留用ヘッド[ト字管]…1
蒸留用フラスコ(下図にはない)…1　冷却水用ホース…2
受け器用フラスコ…1　蒸留用アダプター…1

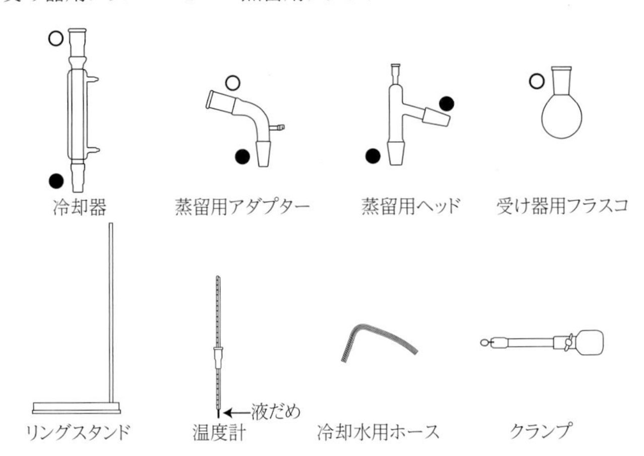

[蒸留の]手順
1) 冷却器の中央をクランプのうちの1個ではさみ，リングスタンドに固定する。冷却器の下端に蒸留用アダプターが接続できるように，少し傾けて固定する。
2) 冷却器の下端に蒸留用アダプターを接続する。このとき，アダプターの先端は真下に向ける。
3) 受け器用フラスコを取り出して，蒸留用アダプターの先端に接続する。この受け器用フラスコを，クランプでもう1つのリングスタンドに固定する。
4) 冷却器の他方の先端に，蒸留用ヘッドを接続する。
5) 蒸留用フラスコには，蒸留用ヘッドと接続する前に，不純物を含んだ液体混合物を入れておく。
6) 蒸留用フラスコを，クランプを使って3個目のリングスタンドに取り付ける。
7) リングクランプ[上記のリストにはない]を蒸留用フラスコの下部に置く。マントルヒーターをリングクランプの上に置き，マントルヒーター内部に蒸留用フラスコが収まるように，リングクランプの位置を決めて，スタンドに固定する。
8) 温度計の液だめを，蒸留用ヘッドの内部に差し入れて接続する。
(ア)温度計の液だめは，ちょうど蒸留用ヘッドの側管(冷却器が接続されている方の出口)部の真横に置く。
9) 冷却水用ホースを1本取り出し，その端を冷却器の蒸留用フラスコに近い方の接続部分につなぐ。
(イ)このホースの[冷却器に接続していない方の]先端は，冷却器から流れ出てくる水を排水するために，流しの中に入れておく。
10) もう1本の冷却水用ホースを取り出し，[その先端を]冷却器の他方の接続部分につなぐ。ホースの反対側の端は，水道の蛇口につなぐ。このとき蛇口は，水が出ないように閉めておくこと。この部分から冷却器内に水が流れこむ。

出題のねらい

一般に，科学英語は文法的に難しいものではないが，専門用語にとまどいやすい。実験操作についての知識だけでなく，図を見ながらの想像力も期待した出題である。

解法のポイント

蒸留の図は教科書に掲載されているので，それを思い出しながら英文を読み始めたい。いきなり読み始めると，知らない単語につまずき，しばしば読み進められなくなる。このように，科学英語を読む場合には，まず，与えられた図や表をながめ，何についての文章かをおおまかに把握すると，取り組みやすいことが多い。また，本文の後についている注(単語の訳など)も，大きなヒントになることがある。

解答例文

1

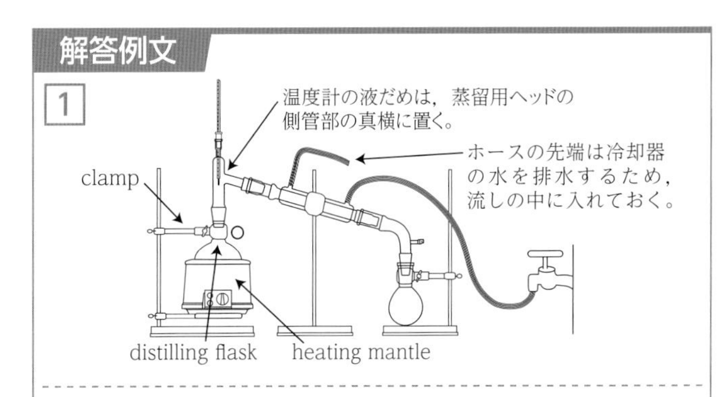

2 蒸留に用いられる装置は，一般に蒸留器とよばれ，最低限，蒸留される元の液体を入れる(ウ)リボイラーまたはポット［容器］，加熱によって生じた蒸気を冷却して液体の状態に戻すための(エ)ガラス器具，凝縮・精製された液体を集める(オ)ボトル[小容器]が必要である。

(ウ)distilling flask　(エ)condenser　(オ)receiving flask

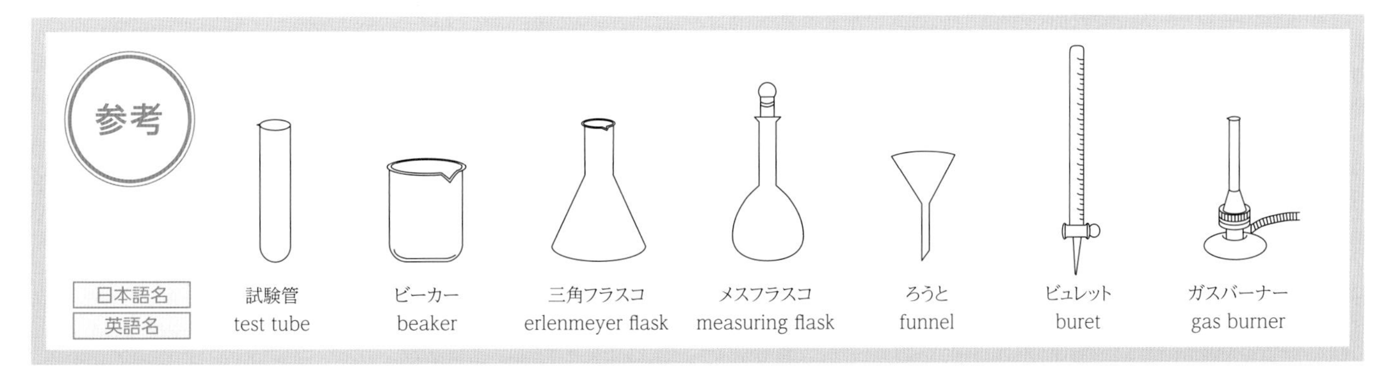

小論文対策 ❸ 東日本大震災

「東日本大震災」に被災された皆さまに心からお見舞い申し上げます。また，犠牲者の方々とご遺族の皆さまに深くお悔やみ申し上げます。被災地の一日も早い復興をお祈りしております。

未曽有の東日本大震災を経験し，この震災関連で出題される小論文入試が増えている。掲出の問題のように，医療系であれば，災害時の対応や貢献できることは何かを問う問題などが典型的である。理系志望者，特に工学部などでは，災害を事前に予知し，被害を少しでも少なくするための科学技術にどのようなものがあるか，災害に強い構築物とはどのようなものかなどを考えさせる出題が多くなっている。また，福島第一原発事故を受けて，自然エネルギーや化石燃料の代替エネルギーに関する出題が増えており，農学部などでは，土壌や生物に対する放射性物質の影響を考えさせる出題もある。

地震の予知が難しく，絶対に安全と宣伝されてきた原子力発電所で大事故がおこってしまった今，理系志望者は，根本に立ち返り，科学や科学技術の可能性と，その限界を考えておく必要がある。

●震災関係頻出テーマの観点●
- ！復興が十分に進まない現状を踏まえ，具体的な対策を問う。
- ！エネルギー問題への対応や，原発再稼働への意見を問う。
- ！志望する分野の立場から，どのように貢献できるかを問う。

出題例　琉球大学 医学部 平成24年

次の英文および表を読んで以下の各問に答えなさい。

90% of disaster 注釈1 casualties drowned

More than 90 percent of the people confirmed dead in the March 11 earthquake-tsunami disaster in the most severely hit prefectures of Iwate, Miyagi and Fukushima died from drowning, while over 65 percent of them were aged 60 or older, according to the National Police Agency.
Those in their 70s comprised the largest share of the victim total at 24.0 percent, it said. The tally illustrates that many seniors failed to escape the disaster on time and were trapped by the tsunami.
As of April 11, out of 13, 135 quake victims in the three prefectures on whom the police have completed 注釈2 autopsies, 12, 143, or 92.5 percent, drowned, it said in a report released Tuesday.
Of the remainder, 148, or 1.1 percent, died of burns and 578, or 4.4 percent, were either crushed to death or died from injuries, while the causes of deaths for 266, or 2 percent, could not be identified, the agency said.
The percentage of deaths by drowning was the highest in Miyagi at 95.7 percent, followed by 87.3 percent in Iwate and 87 percent in Fukushima.
The agency believes that deaths by drowning as well as the large majority of crush and injury deaths were the result of the massive tsunami, 注釈3 highlighting the difference between the 1995 Great Hanshin Earthquake, in which over 80 percent of the victims died in collapsed houses. Many of them had survived but were unable to be freed as later fires consumed whole neighborhoods.
Among 11, 108 victims of 3/ 11 whose ages were identified, those aged 60 or older accounted for 65. 2 percent. Those in their 60s stood at 2, 124, or 19. 1 percent, while those in their 70s were 2, 663, or 24. 0 percent, and 2, 454, or 22. 1 percent, were aged 80 or older.
Thursday, April 21, 2011, Japan Times（抜粋）
（http://search.japantimes.co.jp/cgi-bin/nn20110421a5.html，2011/09/03）

Table 1. Damage Situation and Police 注釈4 Countermeasures associated with 2011 Tohoku district-off the Pacific Ocean Earthquake

Type of damages / Prefecture	Personnel damages				
	Killed Person	Missing Person	Injured		
			Severely injured Person	Slightly injured Person	Total Person
Hokkaido	1			3	3
Aomori	3	1	16	45	61
Iwate	4,653	1,778			186
Miyagi	9,435	2,286			4,003
Akita			4	8	12
Yamagata	2		8	21	29
Fukushima	1,603	245	87	154	241
Tokyo	7		14	76	90
Ibaraki	24	1	33	667	700
Tochigi	4		8	124	132
Gunma	1		13	25	38
Saitama			6	36	42
Chiba	20	2	22	227	249
Kanagawa	4		17	112	129
Niigata				3	3
Yamanashi				2	2
Nagano				1	1
Shizuoka			1	3	4
Gifu					
Mie				1	1
Tokushima					
Kochi				1	1
Total	15,757	4,313			5,927

※2011年9月2日警察庁緊急災害警備本部発表（抜粋）
（http://www.npa.go.jp/archive/keibi/biki/higaijokyo_e.pdf，2011/09/03）

注釈1. casualties　死傷者　　注釈2. autopsies　検死解剖
注釈3. highlighting　目立つ　　注釈4. countermeasures　措置

問1　近年，日本では1995年1月の阪神・淡路大震災と2011年3月の東日本大震災という2つの大震災がありました。阪神・淡路大震災での人的被害は死者・行方不明者6,437名，負傷者43,792名であったと報告されています。2011年4月のJapan Timesの記事と9月に発表された警察庁緊急災害警備本部の報告からわかる東日本大震災の人的被害の特徴を日本語150字以内で説明してください。

問2　離島・地域医療に従事する医師が，その地域で災害が起きたとき，どのような貢献ができると思いますか。貴方の意見を日本語200字以内で記述してください。

和訳

災害死傷者の90％が溺れた

警察庁によると，3月11日の地震津波災害で最も深刻な被害を受けた岩手県，宮城県，福島県における死者のうち，90％が溺死で，その65％以上が60歳以上である。

70歳代は24.0％で，犠牲者の総数に占める割合は最大であった。

これは，多くの高齢者が災害時に逃げ遅れ，津波にのまれたことを示している。

4月11日時点で，警察が検死を終えた3つの県の震災犠牲者，13,135人のうち，12,143人（92.5％）が溺死であったと火曜日にリリースされた報告書で述べられている。

残りのうち，148人（1.1％）は焼死，578人（4.4％）は圧死あるいは負傷による死亡，そして266人（2％）は，その死因を特定できないかもしれないと警察庁は述べている。

溺死者の割合が最も高かったのは宮城県で95.7％，次いで岩手県が87.3％，福島県は87％であった。

警察庁は，大津波が多数の溺死者をもたらしたことが，1995年におこった阪神大震災（犠牲者の80％以上が倒壊家屋での死亡）との目立った違いと考えている。倒壊家屋の多くは残存したが，近隣全体を焼きつくした火災から逃れることはできなかった。

年齢が判明した3月11日の犠牲者11,108人の中で，60歳以上は65.2％を占める。60代は2,124人（19.1％），70代は2,663人（24.0％）であり，2,454人（22.1％）は80歳以上であった。

2011年4月21日木曜日，ジャパン・タイムズ（抜粋）

（http://search.japantimes.co.jp/cgi-bin/nn 20110421a 5.html，2011/09/03）

テーブル1 2011年東北地方太平洋沖地震の被害状況と警察措置

被害の種類 / 都道府県	人的被害				
	死者	行方不明者	負傷		
			重傷	軽傷	計
			人	人	人
北海道	1			3	3
青森県	3	1	16	45	61
岩手県	4,653	1,778			186
宮城県	9,435	2,286			4,003
秋田県			4	8	12
山形県	2		8	21	29
福島県	1,603	245	87	154	241
東京都	7		14	76	90
茨城県	24	1	33	667	700
栃木県	4		8	124	132
群馬県	1		13	25	38
埼玉県			6	36	42
千葉県	20	2	22	227	249
神奈川県	4		17	112	129
新潟県				3	3
山梨県				2	2
長野県				1	1
静岡県			1	3	4
岐阜県					
三重県				1	1
徳島県					
高知県				1	1
計	15,757	4,313			5,927

※2011年9月2日警察庁緊急災害警備本部発表（抜粋）
（http://www.npa.go.jp/archive/keibi/biki/higaijokyo_e.pdf，2011/09/03）

出題のねらい

出題形式は，英文の課題文と数値データの表が与えられた融合型である。課題文の内容が理解できるのか，表から特徴的な動向を読み取ることができるのかが問われている。英文は短く，高度な術語も扱われていない。英語力そのものが問われているというよりも，自分の考えを日本語でまとめ，伝える能力を測ることの方に主眼がある。表には，一見すると無意味に数値が羅列されているが，ここからどのような意味を読み取ることができるのか，受験生の力量を見ようとしている。数値データに意味が出てくるような仮説を立て，その仮説に沿って数値を解釈していくことができるかは，理系志望者に共通して求められる資質である。

わが国は，その地理的要因によって，災害大国である。地震，津波，台風，火山の噴火などの自然災害が常に懸念されている。今回の東日本大震災を契機として，地域の防災力をいかに高めていくかが，大きな課題となっている。多くの離島を抱えた沖縄という地域の中で，医療従事者として，災害時にどのような貢献ができるのか，その心構えのほどが問われている。受験校の置かれた地域の特性や課題をしっかり理解しておくことが大切である。

解法のポイント

問1 英文およびグラフから，東日本大震災の人的被害の特徴をまとめることが求められている。阪神・淡路大震災と比較することで，その特徴が浮かび上がってくる。まず，①津波による溺死者が多い，という特徴がつかめる。また，英文記事からは，②津波による溺死者の割合を調べてみると，高齢者の犠牲者が多かった，ということがわかる。表からは，③死者の数が岩手，宮城，福島の3県に集中していること，死者・行方不明者の数が負傷者の数を上回っていることが読み取れる。以上の3点を解答に盛りこみまとめること。

問2 地域医療の重要性が言われているが，ここでは，災害時に医師としてどのような貢献ができるかが問われている。災害が発生した場合，まずは負傷者への対処である緊急医療が必要になる。災害の規模によっては，医療物資が届くまで，1週間くらいは緊急時が継続することも考えられる。また，緊急事態を脱し，通常の生活がもどり始めても，災害で傷ついた人々の心のケア，壊滅した地域の医療拠点や医療サービスの再構築など，医師として取り組むべきことには終わりがない。東日本大震災から十年以上が経過したが，被災地では，今もって人々が仮設住宅で暮らし，地域の再興は果たされていない。震災発生当初から今日まで，医療従事者がどのような努力をしてきたかを調べ，志望大学のある地域において，東日本大震災の体験をどのように生かすことができるのかを考えておこう。

解答例文

問1 阪神・淡路大震災は火災による犠牲者が多かったが，東日本大震災では，津波による溺死者が90％以上を占め，その6割以上が60歳以上の高齢者であった。犠牲者は，岩手・宮城・福島に集中し，死者の数よりも負傷者の数が大きく上回った阪神・淡路大震災とは逆に，死者・行方不明者が負傷者の数を大きく上回った。（145字）

問2 災害直後にあっては，緊急医療がまず必要になるため，離島・地域医療に従事する医師は，負傷者の治療など，被災者の救護に貢献できると考える。災害時，地域の避難所には，負傷者や病人が運びこまれてくる。また，病院内では電気が通らない中，入院患者の容体を見守らなければならず，手術を行う必要も出てくる。このような状況下で緊急医療に取り組み，救える命を救うことこそが，医師の貢献できることである。（192字）

小論文対策❹ 環境問題

科学技術上の新発見が新聞やテレビを賑わすと，専門家でない多くの人々は，その夢のような技術がすぐに実用化できるものと錯覚しがちである。しかし，万能細胞と言われるiPS細胞にせよ，水素エネルギーで走る究極のエコカーにせよ，広く万人に使用可能なものとなるまでには，安全性やコスト面など，時間をかけてクリアーすべき問題が山積している。

若者に限らず，未来に夢をもつことは正しい。だが，科学を志す若者の新しい技術に関する夢は，それが環境保全のための技術である場合は特に，人々に幻想や依存心を植えつけるだけの荒唐無稽なものであってはならない。

出題例　信州大学　繊維学部　平成21年

下線以下の文章は久保田宏・松田智 著「････」(化学工学会監修，培風館，1995)からの抜粋である(出題の都合上一部省略してある)。

問1 **この文章を読んで，表題「････」を与えよ。**

問2 **❶環境問題への取り組みが難しいことが指摘されているが，その主たる問題点は何であろうか。**
❷これに対して高校生までの自分の学び方に反省点はあるか。
❸さらにこれから大学ではどのようにして学んで行かねばならないか。を考察し，600字以内で論ぜよ。ただし，その中には上記❶，❷，❸の全ての観点からの考察を含めよ。

いま，地球環境の保全が叫ばれる中で，やはり疑問のある技術開発課題の選択の問題として，排出量の最も多い温室効果ガス，すなわち化石燃料燃焼排ガス中からの二酸化炭素の固定の問題があげられる。例えば，火力発電所の燃焼排ガス中から二酸化炭素を吸着分離して，これを池の中に導いて太陽エネルギーによる光合成反応を利用して藻類の形で固定しようとするものや，水素と反応させてメタノールに変換しようなどとすることが，真面目に研究されている。前者では膨大な池の必要面積やその池を覆うプラスチックフィルム(?)*の量，また水を多量に含んだ藻類の後始末を考えれば，これが全くの荒唐無稽な試みであることは，すぐにわかるはずである。後者でも，反応の相手の水素をどうやって作るかが考えられていない。この水素を，太陽エネルギーを利用して作るのであれば，それを直接エネルギーとして利用することを考える方がまだましである。このようなアイデアは出てきてもよいが，技術的・経済的に研究・討論され，不可能であることがわかったならば，その段階で失敗を認める勇気が必要であろう。

(一部省略)

廃棄物のリサイクルについても，その技術開発についてその課題を選択する際には，その課題の正当性について十分な，特に社会的な貢献についての評価を行わないと，いまのリサイクルへの一般市民の関心と熱意に大きな水を差す結果になるであろう。

(一部省略)

技術の進歩のためには，技術者は，特に若い技術者は夢をもたなければならない。しかし，地球環境問題については，とうてい実現の見込みのない夢を語ることによって，一般の人々に「技術がすべて解決してくれる」という安易な依存心を植えつけてしまうことは避けなければならない。地球環境の保全は，経済を含む社会システムの変革とそれを支える新しい価値観の創造を前提として，新技術の開発がそれに協力する形で遂行されるときにはじめて達成されることを強調したい。

*「プラスチックフィルム(?)」は原文のまま。

出題のねらい

今や環境問題は，私たちの生活に最も密接にかかわる社会問題である。多くの人々の高い関心を集める話題であるだけに，環境保全に関する技術開発課題の選択には，慎重を期すべきだと指摘した文章を踏まえ，受験生に，大学で学ぶ姿勢を考えさせる問題となっている。

文章では，二酸化炭素の固定に関する技術を例に挙げ，技術開発が純粋な探究心による研究としての側面以外に，実効性や社会貢献度を考慮した一事業としての側面を併せもつことが述べられている。環境問題においては，特に後者の側面が重要になるという点をしっかり押さえておきたい。

表向きは環境問題を扱いながらも，受験生に今後の学び方を考えさせる意図があることは，設問にある3つの観点を読めば明らかである。環境問題への取り組みが難しい理由，その読み取りをきちんと反映させつつ，大学でどう学ぶのかを明確に示せる力が試されている。

解法のポイント

問1 では，文章に表題をつけることが求められているが，小論文の設問であり，しゃれたタイトルを工夫するといった配慮は必要ない。要旨をつかみ，それを一文で示すくらいの気持ちで取り組めば十分である。

問2 では，❶~❸の観点を含む考察が求められているため，要求が多く，難解に感じる受験生もいるだろう。しかし，設問とは，往々にして解法の道筋を示すヒントである。ヒントは多ければ多いほどよく，3つの観点を書き方の指標としてフルに活用したい。

❶は，単なる文章の読み取りである。読み取った内容を序論に示せば，問題提示—解決型小論文の書き出しとなる。❷の考察のためには，❶に示した問題点と，自身のこれまでの学び方との共通点を探し出すことが必要である。これは，小論文の本論として展開できる。続く結論で，❸への自分の考えを示せば，ほぼ問題提示—解決型に近い形の3段落構成で小論文ができ上がる。

また，環境保全のための技術開発に向けた筆者の苦言からは，「実用性に乏しいアイデアは，結局自己満足にすぎない」というメッセージを読み取ろう。高校生までの自分自身の学び方を振り返り，思い当たるケースを具体的に探し出すことが，本論の内容を充実させるために不可欠な要素となる。

解答例文

問1 環境保全のための技術開発は見込みのない夢であってはならない。

問2 環境問題への取り組みが難しいのは，これがもはや技術者だけの関心の対象ではないからである。一般市民の注目を集める環境保全技術の開発において，技術者が実用性に乏しい課題に深入りすれば，人々の関心や熱意に水を差し，技術への依存心を強めるだけの結果になりかねない。

この問題には，私たちの学ぶ姿勢に対する重要な示唆が含まれる。それは，知的探求もまた，実用性への配慮なしには成立し得ないということである。中学生の頃，私は自由研究のテーマにごみ問題を選んだ。ごみをスペースシャトルで宇宙に運び，廃棄するというアイデアに魅かれ，かなり強引にまとめたことを覚えている。しかし，それは，中学生の自由研究だから許された幼稚な空想に過ぎない。現実に可能かどうかという，決定的に重要な観点が欠落していた。

私は，大学では高分子化学を学び，将来は電機メーカーで有機ELディスプレイの開発などに携わる技術者になりたいと考えている。研究や技術開発に，人間の知的欲求を満たす一面があることは事実であるが，一方で，すべての技術や研究は，人々の生活に役立てられることなしには存在し得ない。大学では，学んだことを生かす際に伴う社会的責任を常に意識し，自らの研究が将来いかに社会に貢献できるか，コストや安全性の面で実現可能か，といった点を考慮しながら学んでいくつもりである。(598字)

索引

こ

さ

し

す

写真提供（敬称略・五十音順）

旭化成
朝日新聞フォトアーカイブ
アフロ
イーエムジャパン
Yale Peabody Museumu of Natural History
宇部興産
エア・ウォーター
エヌ・イー ケムキャット
エフピコ
大阪市立科学館
花王
鹿島建設
家庭化学工業
亀田総合病院
川崎重工業
気象庁
吉備高原都市
キヤノンメディカルシステムズ
九州電力
京セラ
金属資源情報センター
草津温泉観光協会
久家光雄
クラレ
クラレノリタケデンタル
KDDI
ゲッティイメージズ
講談社
神戸製鋼所
国立科学博物館
サンウェーブ工業
産業技術総合研究所
品木ダム水質管理所
島津製作所
島本
昭和電工
城田電機炉材
信越化学工業
水道機工
須磨
住友ゴム工業
住友化学
住友金属鉱山
住友ベークライト
セルスター工業
全国宝石学協会
相互発條
ダイキン
タイニー・カフェテラス
大日精化工業
高砂香料
田中貴金属工業
タンガロイ
地質調査総合センター地質標本館
中央電気工業
中国新聞社
中国電力
鉄道総合技術研究所
電気化学工業
東海合金工業
東京電力
東京濾器
東芝
東芝燃料電池システム
TOYOエネルギーファーム
東洋鋼鈑
東レ
東レメディカル
TOTO
DOWAホールディングス
トクヤマ
トヨタ自動車
内藤順一
NASA
日揮
日本アイソトープ協会
日本アイ・ビー・エム
日本海洋掘削
日本化学繊維協会
日本軽金属
日本合板工業組合連合会
日本酸素
日本触媒
日本水道協会
日本製鉄
日本電子
日本特殊陶業
日本ブチル
日本溶接協会
パイロット
発泡スチロール協会
パナソニック
パナソニック・エナジー
浜松ホトニクス
ビール酒造組合
PPS通信社
PIXTA
光製薬
日立金属
日立製作所
広島ガス
福岡地区水道企業団
平安
ホリエ
ポリプラスチックス
マツダ
マルアイ石灰工業
三井造船
三菱樹脂
三菱マテリアル
三菱レイヨン
メタウォーター
安江金箔工芸館
安田塗装
雪印メグミルク
ヨシザワ
理化学研究所
旅館とき川

●デザインレイアウト・図版製作　大日本印刷株式会社　●写真撮影　織田スタジオ　ニッショウプロ

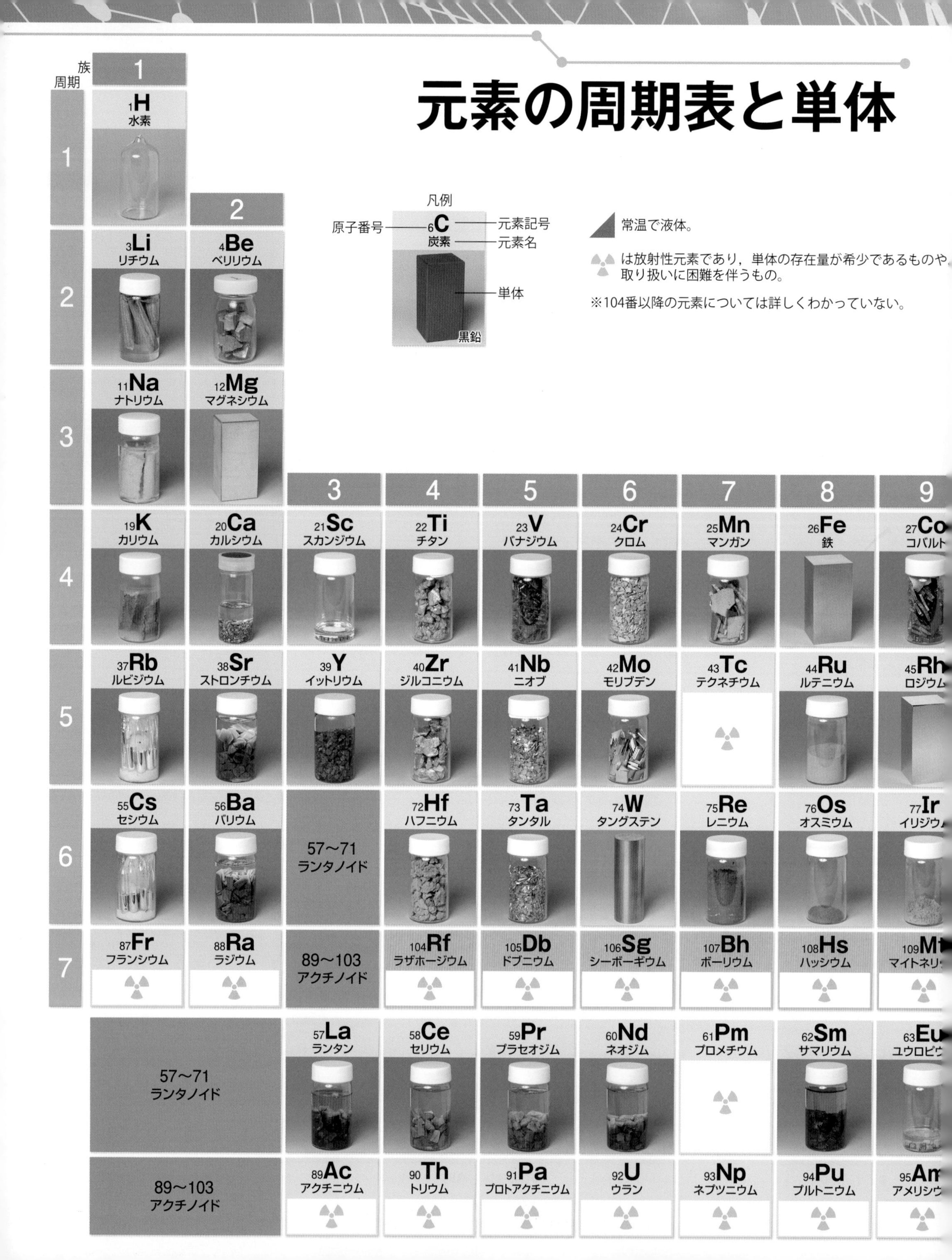
元素の周期表と単体
族
周期
凡例
原子番号
6C
炭素
元素記号
元素名
単体
黒鉛
常温で液体。
は放射性元素であり，単体の存在量が希少であるものや，取り扱いに困難を伴うもの。
※104番以降の元素については詳しくわかっていない。
1
2
3
4
5
6
7
8
9
1H 水素
3Li リチウム
4Be ベリリウム
11Na ナトリウム
12Mg マグネシウム
19K カリウム
20Ca カルシウム
21Sc スカンジウム
22Ti チタン
23V バナジウム
24Cr クロム
25Mn マンガン
26Fe 鉄
27Co コバルト
37Rb ルビジウム
38Sr ストロンチウム
39Y イットリウム
40Zr ジルコニウム
41Nb ニオブ
42Mo モリブデン
43Tc テクネチウム
44Ru ルテニウム
45Rh ロジウム
55Cs セシウム
56Ba バリウム
57～71 ランタノイド
72Hf ハフニウム
73Ta タンタル
74W タングステン
75Re レニウム
76Os オスミウム
77Ir イリジウム
87Fr フランシウム
88Ra ラジウム
89～103 アクチノイド
104Rf ラザホージウム
105Db ドブニウム
106Sg シーボーギウム
107Bh ボーリウム
108Hs ハッシウム
109Mt マイトネリウム
57～71 ランタノイド
57La ランタン
58Ce セリウム
59Pr プラセオジム
60Nd ネオジム
61Pm プロメチウム
62Sm サマリウム
63Eu ユウロピウム
89～103 アクチノイド
89Ac アクチニウム
90Th トリウム
91Pa プロトアクチニウム
92U ウラン
93Np ネプツニウム
94Pu プルトニウム
95Am アメリシウム